ELEKTRONEN · ATOME IONEN

BEARBEITET VON

W. BOTHE · H. FRÄNZ · W. GERLACH · O. HAHN · G. KIRSCH
L. MEITNER · ST. MEYER · F. PANETH · K. PHILIPP
K. PRZIBRAM

REDIGIERT VON H. GEIGER

MIT 163 ABBILDUNGEN

BERLIN
VERLAG VON JULIUS SPRINGER
1933

ISBN-13:978-3-642-88922-6 e-ISBN-13:978-3-642-90777-7
DOI: 10.1007/978-3-642-90777-7

SOFTCOVER REPRINT OF THE HARDCOVER 1ST EDITION 1933

HANDBUCH DER PHYSIK

ZWEITE AUFLAGE

HERAUSGEGEBEN VON

H. GEIGER UND KARL SCHEEL

BAND XXII · ERSTER TEIL

ELEKTRONEN · ATOME · IONEN

BERLIN
VERLAG VON JULIUS SPRINGER
1933

Vorwort zur zweiten Auflage.

Das Handbuch der Physik, dessen 24 Bände in den Jahren 1926 bis 1929 erschienen sind, hat bei den Fachgenossen des In- und Auslandes eine überaus freundliche Aufnahme gefunden. Der schnelle Absatz des Werkes hat schon jetzt eine Neuauflage der Bände XXII bis XXIV gefordert, deren Inhalt man kurz in dem Begriff Atomphysik zusammenfassen kann. Auf diesem Gebiet ist in den letzten Jahren theoretisch und experimentell außerordentlich viel gearbeitet worden, und die Zusammengehörigkeit der einzelnen Zweige hat sich teilweise nicht unerheblich verschoben. Hierdurch wurde eine Umgruppierung des Inhalts und zugleich bei der Fülle des Stoffes eine Unterteilung in 6 Halbbände nötig, die wir in schneller Folge der Öffentlichkeit übergeben. Möge dieser Teil des Gesamtwerkes auch im neuen Gewande sich seine bisherigen Freunde erhalten und neue dazu erwerben und den weiteren Ausbau der Atomphysik fördern.

Berlin und Tübingen, im Oktober 1932.

Die Herausgeber.

Inhaltsverzeichnis.

Kapitel 1.

Elektronen.

Von

Walther Gerlach, München.

Mit 41 Abbildungen.

Einem Gase kommt an sich keine elektrische Leitfähigkeit zu, weder metallische noch elektrolytische Leitung kann in einem Gase vorhanden sein. Dennoch zeigt die Erfahrung, daß das Isolationsvermögen eines Gases eine gewisse Maximalgrenze nicht überschreitet, daß also doch eine gewisse Leitfähigkeit herrschen muß. Eine ganz beträchtliche Steigerung dieser Leitfähigkeit tritt ein, wenn das Gas mit Röntgenstrahlen bestrahlt wird. Dabei wird Energie der Röntgenstrahlung verbraucht, „absorbiert“. Nach Aufhören der Strahlenwirkung klingt die Leitfähigkeit wieder auf ihren anfänglichen niedrigen Betrag ab. Dieselbe Wirkung ergibt Bestrahlung mit Radiumstrahlen (α-, β-, γ-Strahlen). Die geringe natürliche Leitfähigkeit wird durch Umhüllung des Gasraumes mit dicken Bleiwänden nochmals herabgesetzt, so daß die Annahme berechtigt ist, daß jene durch radioaktive Strahlung aus der Umgebung hervorgerufen ist.

Diese Erzeugung der Gasleitfähigkeit nennt man *Ionisation*; die Stromleitung ist eine elektrolytische, d. h. an Transport von Materie gebunden, ohne daß jedoch das Ohmsche Gesetz für sie gilt. Typisch für diese Ionisation durch Strahlung ist, daß gleich viel positive und negative Gasionen entstehen. Die charakteristische Größe für die Ionenleitung in Gasen ist die Beweglichkeit der Ionen; diese ist für positive und negative Ionen etwas verschieden.

Aus den beiden Tatsachen, daß gleich viel positive und negative Ionen entstehen, ohne daß der Druck des Gases dabei geändert wird, und daß die Ionen, sich selbst überlassen, sich wieder neutralisieren („Rekombination“), folgert man, daß keine Elektrizität (oder elektrische Ladung) durch die eingestrahlte absorbierbare Energie im Gase erzeugt wird, und daß die Ionenerzeugung nicht in einer Dissoziation der Gasmoleküle — analog der elektrolytischen Dissoziation — zu suchen ist.

Aufklärung über den Ionisationsvorgang erhält man aus einem weiteren Versuch. Führt man die Ionisation durch Röntgenstrahlenabsorption bei vermindertem Drucke aus, so behalten die positiven Ionen ihre normale Beweglichkeit, die Beweglichkeit der negativen Ionen steigt aber zu einer ganz anderen Größenordnung, so daß man sie nicht mehr als materielle Ionen ansehen kann. Diese „negativen Ionen“ bezeichnen wir als *Elektronen*. Während sie eine wesentlich kleinere Masse als die Gasionen haben müssen, ist die Gesamtladung der entstehenden negativen Ionen genau so groß wie die aller positiven Ionen.

Dies führt zu folgendem Ionisierungsmechanismus: die absorbierte Röntgenstrahlung trennt von einem elektrisch neutralen Gasmolekül ein (negatives) Elektron ab, das Gasmolekül bleibt als positives Molekülion zurück. Diese elektrische Dissoziation bezeichnet man als Ionisierung des Moleküls.

Elektronen der gleichen Art sind die Träger des elektrischen Stroms in den Kathodenstrahlen der selbständigen elektrischen Hochvakuumentladung. Elektronen der gleichen Art werden von Metallen bei Bestrahlung mit Röntgenlicht, ultraviolettem oder optischem Lichte emittiert, wobei das Metall sich um die gleiche Ladungsgröße positiv auflädt, welche als negative Ladung in den Elektronen emittiert wird. Sie können weiterhin durch Lichtabsorption von freien Atomen oder von Atomen in isolierenden Kristallen abgetrennt werden. Und Elektronen gleicher Art werden von — durch Strom oder Wärmeleitung — erhitzten Metallen emittiert.

Da dieser Aufladungsvorgang bzw. die Entziehung von Elektronen unabhängig von der Art der Materie, ihrem chemischen und physikalischen Zustand ist, folgert man weiter: Das Elektron ist ein universeller Bestandteil, einer der Bausteine aller Materie.

Der Bestimmung der elektrischen und materiellen Daten dieser Elektronen sind die folgenden Abschnitte gewidmet.

A. Die Ladung des Elektrons.

a) Ionen und Elektrizitätsquanten.

1. Historische Bemerkung. Die wissenschaftliche Fragestellung nach der Natur der Elektrizität und nach dem Unterschied zwischen einem elektrisch neutralen und einem „elektrisierten" Körper stammt aus der Mitte des 18. Jahrhunderts. BENJAMIN FRANKLIN ist der DEMOKRIT des elektrischen Atomismus. FRANKLIN würden wir heute einen Experimentalphysiker nennen, wie seinen großen geistigen Nachfolger FARADAY, aber einen Experimentator, der das Bedürfnis hatte, die gefundenen Erscheinungen möglichst einfach mechanisch sich vorzustellen. Er verstand, daß seine Experimente mit einer Welt vereinbar sind, in welcher es nur zwei Urformen gibt: Materie und Elektrizität; die elektrische Materie, die er der damals herrschenden Zweifluida-Theorie entgegensetzte, wird direkt als aus feinen Teilchen bestehend, die sich durch die materielle Materie ungehemmt hindurchbewegen können, bezeichnet. Man darf sich nicht der Illusion hingeben, daß FRANKLIN das Elektron vorgeahnt hat, so wenig, wie jemand DEMOKRIT als Vater der kinetischen Gastheorie anerkennen wird. Kaum einen sichereren Beweis hierfür mag es geben als die Tatsache, daß weder MICHAEL FARADAY, der die ersten untrüglichen Anzeichen des elektrischen Atomismus entdeckte, noch ein anderer Physiker des 19. Jahrhunderts diesen Atomismus auch erkannte. Selbst für WILHELM WEBER waren offenbar „die elektrischen Teilchen" nicht Atome der Elektrizität — die Atomistik der Materie war eben noch nicht so Gemeingut, daß das Analogon in der Elektrizität den Forschern möglich erschien.

Erst in den 70er und 80er Jahren des letzten Jahrhunderts erwachte die Atomistik der Elektrizität zu neuem Leben: es sind die bekannten Äußerungen von G. J. STONEY und H. HELMHOLTZ, welche aus der Atomistik der Materie in Verbindung mit den FARADAYschen Gesetzen der Elektrolyse auf die Atomistik der Elektrizität schlossen. Zwar hatte MAXWELL schon „aus Zweckmäßigkeitsgründen" zur Darstellung der FARADAYschen Gesetze das „Molekül der Elektrizität" eingeführt, aber es als „außerordentlich unwahrscheinlich" zurückgewiesen, daß man eine solche Theorie der Molekularladungen beibehalten werde. STONEY schreibt 1881[1] (16. Februar) — in der Veröffentlichung eines nach Angaben einer Fußnote in der „Section A of the British Association at the Belfast Meeting

[1] J. STONEY, Phil. Mag. Bd. 11, S. 384. 1881; „on the Physical Units of Nature".

in 1874" gehaltenen Vortrags —: „Now the whole of the quantitative facts of electrolysis may be summed up in the statement that a *definite quantity of electricity traverses the solution for each bond that is separeted.*" Und er bestimmt diese „quantity of electricity" aus dem elektrochemischen Äquivalent und der LOSCHMIDTschen Zahl. Und diese, wie es an einer anderen Stelle heißt, „single definite quantity of electricity" ist „independent of the particular bodies acted on".

H. v. HELMHOLTZ — in seiner Faraday-Gedächtnisrede am 5. April 1881 zu London — spricht von der „*elektrischen Ladung des Ions*": „Genau dieselbe bestimmte Menge, sei es positiver, sei es negativer Elektrizität, bewegt sich mit jedem einwertigen Ion oder mit jedem Valenzwert eines mehrwertigen Ions, und begleitet es unzertrennlich bei allen Bewegungen, die dasselbe durch die Flüssigkeit macht." Er nennt dann die Präexistenz unzerstörbarer Atome die wenn auch hypothetische, so doch beste Theorie der Materie und fährt fort:

„Auf die elektrischen Vorgänge übertragen, führt diese Hypothese in Verbindung mit FARADAYS Gesetz allerdings auf eine etwas überraschende Folgerung. Wenn wir Atome der chemischen Elemente annehmen, so können wir nicht umhin, weiter zu schließen, *daß auch die Elektrizität*, positive sowohl wie negative, *in bestimmte elementare Quanten geteilt ist, die sich wie Atome der Elektrizität verhalten.*"

Für die Ladung eines Wasserstoffatoms in der Elektrolyse, die „natural unit of electricity", die „natürliche Einheit der Elektrizität", schuf STONEY 1891[1] das Wort „Elektron". So vollständig klar uns die atomistische Struktur der Elektrizität heute in diesen Worten und Überlegungen erkannt erscheint, so deutlich muß betont werden, daß selbst STONEY noch nicht einmal an die Möglichkeit dachte, daß dieses „Elektron" etwa ein selbständiges, ein *physikalisches Gebilde* sein könne, existenzfähig ohne materiellen Träger, ohne Verbundenheit mit einem Atom. Es sind nur „the charges of electricity which are associated with chemical bonds".

Wir werden im folgenden, dem bei deutschen Physikern allgemein üblichen Brauche folgend, das Wort *Elektron* stets für das negativ-elektrische Elektrizitätsatom gebrauchen. Für die elektrische Ladung des ruhenden Elektrons gebrauchen wir den Ausdruck „elementare Ladungseinheit" oder „*Elementarquantum der Elektrizität*".

2. Elektrolyse und Elektron. In den FARADAYschen Gesetzen der Elektrolyse ist folgende experimentell ermittelte und allgemein bestätigte Tatsache enthalten: wird durch verschiedene Elektrolyte dieselbe Elektrizitätsmenge geschickt, so verhalten sich die durch die Elektrolyse an den Elektroden abgeschiedenen Substanzmengen wie die Atomgewichte (bzw. bei Elektrolyten aus mehrwertigen Atomen wie die Äquivalentgewichte). Legen wir die Auffassung der materiellen Atomistik zugrunde, daß sich jede einheitliche, chemisch elementare Substanzmenge aus einander gleichen Atomen aufbaut, so sagt das FARADAYsche Gesetz aus, daß durch die gleiche Elektrizitätsmenge die gleiche Anzahl von Atomen, unabhängig von dem Elementcharakter, sofern sie nur gleichwertig sind, abgeschieden werden. Anders formuliert kann man sagen, daß die gleiche Anzahl von Atomen bei der Elektrolyse die gleiche Elektrizitätsmenge mit sich führt. Es ist also für ein Element stets der Quotient

$$\frac{\Sigma E}{\Sigma M} = \frac{\text{gesamte Elektrizitätsmenge}}{\text{gesamte abgeschiedene Materie}} = \text{Konstante I.}$$

[1] J. STONEY, Proc. Dublin Soc. Bd. 4, S. 563. 1891. Diese Abhandlung hat den Titel „Über die Dublets der Alkalien"; ihr Studium ist äußerst interessant, da die Betrachtungen ganz in der Art quantentheoretischer Zahlenbeziehungen angestellt werden. HELMHOLTZ führt (1893) den Namen „Elementarquantum" ein.

Stellt man sich nun auf den Standpunkt, daß diese Elektrizitätsmenge gleichmäßig auf alle Atome verteilt ist — und zu dieser Extrapolation scheint man berechtigt, weil der Quotient $\Sigma E/\Sigma M$ unabhängig von der Absolutgröße der Elektrizitätsmenge und der Menge der abgeschiedenen Substanz ist —, so ist auch

$$\frac{\text{Kleinste Ladungsgröße}}{\text{Kleinste Massengröße}} = \text{Konstante II}$$

und ferner

$$\text{Konstante I} = \text{Konstante II}.$$

Zahlenmäßig ergibt sich diese Konstante für Silber aus der pro Sekunde durch die elektromagnetisch gemessene Strommenge 1 abgeschiedene Menge von 0,01118 g zu

$$\frac{E}{M_{\text{Ag}}} = 89{,}44 \text{ elm. Einh. pro Masseneinheit}$$

oder für Wasserstoff zu

$$89{,}44 \cdot \frac{\text{Atomgewicht von Silber}}{\text{Atomgewicht von Wasserstoff}} = 89{,}44\,\frac{107{,}88}{1{,}008} = 9573$$

oder aber für die Einheit m_0 der Atomgewichte, d. h. für $^1/_{16}$ Sauerstoffatomgewicht:

$$\frac{e}{m_0} = 9573 \cdot 1{,}008 = 96494 \pm 1 \text{ int. Coulombs.}$$

Da dieser Quotient unabhängig von den Absolutgrößen ist, bleibt er ungeändert, wenn man unter e die mittlere Ladung *eines* einwertigen Ions und unter m_0 den 16. Teil des Gewichtes eines Sauerstoffatoms in Gramm versteht.

Multipliziert man Zähler und Nenner mit N, der LOSCHMIDTschen Zahl, welche die Zahl der im Mol (Grammolekül) enthaltenen Atome angibt, so ergibt sich, da ja definitionsgemäß $N \cdot m_0 = 1$ ist:

$$F = Ne = 9649{,}4 \text{ int. elm. Einheiten (Faradaykonstante)}$$
$$= 289{,}50 \cdot 10^{12} \text{ int. elektrostat. Einheiten}$$

oder (mit $0{,}99995 \pm 0{,}00005$ auf absolute Einheiten umgerechnet)

$$F = 9648{,}9 \pm 0{,}7 \text{ abs. elm. Einh.}$$
$$= 2{,}8927 \pm 0{,}0002 \cdot 10^{14} \text{ abs. elektrostat. Einh.}$$

Wählt man statt N die Zahl n, die Anzahl der Atome in einem Kubikzentimeter von 0°C und 760 mm Hg-Druck (AVOGADROsche Zahl), so ist, da $N/n = 22412$:

$$ne = 1{,}292 \cdot 10^{10} \text{ int. elektrostat. Einheiten.}$$

Die Elektrolyse vermag also zu liefern die Größe e/m oder die Größe Ne, nicht aber die Ladung des einzelnen Ions allein, also nicht die hier noch hypothetisch eingeführte, für alle einwertigen Ionen gleiche Ladungsgröße. Nun gibt es zwar eine große Zahl von Methoden, die LOSCHMIDTsche Zahl experimentell zu bestimmen; aber alle diese Messungen liefern N nur mit beträchtlicher Unsicherheit, teilweise sogar nur unter Anwendung theoretischer Spekulationen. Mit anderen Worten: Die Elektrolyse liefert bisher weder einen *direkten* experimentellen Beweis für die Existenz eines Elektrons, d. h. für die Atomistik der Elektrizität, noch — unter Voraussetzung einer solchen — die Größe des Elementarquantums. Dagegen stellt sie nach Erkenntnis der elektrischen Ladungsatomistik und mit Kenntnis des Wertes des Elementarquantums die bisher genaueste Methode zur Bestimmung der AVOGADROschen bzw. LOSCHMIDTschen Zahl dar.

3. Bestimmung der Ionenladung aus Faradaykonstante und LOSCHMIDTscher Zahl. Seitdem KAPPLER[1] gezeigt hat, daß eine absolute Bestimmung von N aus der BROWNschen Bewegung einer genügend empfindlichen Torsionswaage durchführbar ist, wird hierdurch ein neuer Weg zur e-Bestimmung gegeben. Die bisherigen Untersuchungen KAPPLERS liefern $N = 60{,}59 \cdot 10^{22}$ mit einer Genauigkeit von 1%. Es ist jedoch zu erwarten, daß die Fehlergrenze sich wesentlich herabsetzen läßt, so daß hier ein neuer, von anderen Methoden gänzlich unabhängiger Wert für die Elementarladung erhalten wird.

Ein ganz anderer Weg zur Ermittlung von N und damit zur Bestimmung von e ist durch die Arbeiten BÄCKLINS eröffnet worden, der dann von ihm und von BEARDEN verfolgt wurde. In einem Raumgitter eines flächenzentrierten kubischen Kristalls mit dem Abstand d zweier Ionen (Beispiel NaCl) gehört zu jedem Ion ein Volumen d^3. Aus den Atomgewichten A_1 und A_2 ergibt sich das mittlere Gewicht pro Ion zu $\frac{1}{2}(A_1 + A_2)\frac{1}{N}$. Bezeichnet man die Dichte des Kristalls mit σ, so ist

$$d^3 = \frac{1}{2N \cdot \sigma}(A_1 + A_2).$$

Andererseits liefert die BRAGGsche Reflexionsbeziehung für Röntgenstrahlen der Wellenlänge λ am Kristallgitter

$$n\lambda = 2d \sin\varphi .$$

Zur λ-Berechnung ist also N erforderlich.

Der neue Weg besteht nun darin, eine *absolute* Messung einer Wellenlänge λ des Röntgenspektrums mit Hilfe eines geteilten Beugungsgitters (Strichgitters) zu machen, hiermit durch Reflexion am Steinsalz nach der BRAGGschen Beziehung d und damit aus vorstehender Beziehung für d^3 die LOSCHMIDTsche Zahl N, also auch das Elementarquantum zu bestimmen. Fußend auf den Untersuchungen von COMPTON und DOAN[2], die zuerst ein Röntgenstrahlbeugungsspektrum mit Strichgittern realisierten, hat BÄCKLIN[3] mit einem Plangitter (220 Striche pro mm) Präzisionsmessungen von $\mathrm{AlK}\alpha$, $\mathrm{MoL}\alpha_{12}$ u. a. aus sechs Beugungsordnungen durchgeführt, welche für d rund $1{,}5^0/_{00}$ größere Werte als die früheren Kristallgitterbeugungsmessungen unter Annahme von $N = 6{,}06 \cdot 10^{23}$ lieferten, so daß sich

$$\varepsilon = 4{,}793 \cdot 10^{-10} \text{ elektrostat. Einheiten}$$

ergab (bei einem maximal möglichen Fehler von $3^0/_{00}$), also um über $4^0/_{00}$ größer als der bisher angenommene MILLIKANsche Wert. Auf die von verschiedenen Seiten (A. H. COMPTON, WADLUND, BEARDEN, CORK, TU) vorgenommenen Nachprüfungen kann hier nicht eingegangen werden[4]. Es sind sowohl Bedenken gegen die Methode der Gittermessungen wie gegen die der Kristallinterferenzen[5] vorgebracht worden. Aber sie haben noch zu keiner endgültigen Entscheidung

[1] E. KAPPLER, Ann. d. Phys. Bd. 11, S. 233. 1931.

[2] A. H. COMPTON u. R. H. DOAN, Proc. Nat. Acad. Amer. Bd. 11, S. 598. 1925; J. J. THIBAUD, Journ. de phys. Bd. 8, S. 13, 447. 1927.

[3] E. BÄCKLIN, Diss. Upsala 1928; Fysisk Tidskr. Bd. 27, S. 143. 1929; Nature Bd. 125, S. 239. 1930.

[4] Vgl. hierzu M. SIEGBAHN, Spektroskopie der Röntgenstrahlen, 2. Aufl. Berlin: Julius Springer 1931.

[5] Letztere sucht YUCHING TU zu zerstreuen. Phys. Rev. Bd. 40, S. 662. 1932; daselbst ist eine Bestätigung der Abweichungen enthalten, daß der mit den absoluten λ-Messungen erhaltene d-Wert für Kalzit, Sylvin und Diamant um $>0{,}2\%$ größer ist als der aus N (= 6,06 bis $6{,}064 \cdot 10^{23}$) und σ errechnete. Dagegen liegt auffälligerweise die Abweichung für NaCl in entgegengesetzter Richtung. Vgl. auch J. A. PRINS, Physica Bd. 12, S. 15. 1932.

geführt, so daß der heutige Stand der Frage der ist: Die Abweichungen zwischen dem MILLIKANschen ε-Wert und dem aus den absoluten Röntgen-λ-Messungen ermittelten liegen außerhalb der ersichtlichen Fehlergrenzen.

4. Gasentladung und Elektron. Es ist eine heute unbestrittene Tatsache, daß die elektrische Leitfähigkeit der Gase an die Anwesenheit von *Gasionen* gebunden ist. Die hier in Betracht kommenden Untersuchungen, für welche alle wohl J. J. THOMSONs Ideen grundlegend waren, beziehen sich auf die Bewegung der Ionen in Gasen. Man konnte nämlich eine Beziehung zwischen Ionenbeweglichkeit B und Ionendiffusionskoeffizient D ableiten, welche außer diesen beiden (bei einem Druck P) experimentell bestimmbaren Größen nur noch die Gesamtladung von 1 cm³ Ionen unter Atmosphärendruck bei 0°C enthält. Schreibt man jedem Gasion die mittlere Ladung e zu, so ist diese Gesamtladung

$$n e = \frac{B}{D} \cdot P.$$

ne ist aber dieselbe Ladungsgröße, welche die Elektrolyse uns liefert. Es kann hier nicht auf die zahlreichen Ionenuntersuchungsmethoden und Messungen von B und D eingegangen werden, deren Diskussion oft zu erheblichen — vielleicht heute noch nicht restlos geklärten — Meinungsverschiedenheiten zwischen den verschiedenen Forschern, unter denen TOWNSEND an erster Stelle zu nennen ist, geführt hat. Das Ergebnis dieser Messungen ist ein qualitatives: Aus Messungen an negativen Ionen ergibt sich ein mittlerer Wert für die oben definierte Gesamtladung

$$n e = 1{,}23 \cdot 10^{10} \text{ stat. Einheiten}$$

oder für das Mol gerechnet

$$N e = 244 \cdot 10^{12} \text{ elektrostat. Einheiten.}$$

Dieser Wert liegt in auffälliger Nähe zu dem für einwertige elektrolytische Ionen gefundenen $1{,}292 \cdot 10^{10}$. Die Gesamtladung der positiven Ionen ergab sich in allen Fällen um etwas größer. Jedoch kann heute mit Sicherheit behauptet werden, daß dieses abweichende Verhalten der positiven Ionen nur ein *scheinbares bez. der elektrischen* Ladung, also ein zweifellos durch kinetische Ursachen bedingtes ist. Der Beweis für diese Behauptung ist in den direkten Beobachtungen der Ladungsgrößen der *Einzelionen* enthalten, worüber in späteren Abschnitten Näheres zu sagen ist.

b) Die Bestimmung der mittleren Ionenladung.

5. Der Gedanke der Methoden. Während die im vorangehenden Abschnitt beschriebenen Phänomene der Stromleitung durch elektrolytische Ionen und der Wanderung von Gasionen die Gesamtladung pro Mol Ionen $E = Ne$ zu ermitteln gestatten, wenden wir uns nun zu den Versuchen von J. S. TOWNSEND, J. J. THOMSON und H. A. WILSON: Man versuchte die unbekannte Zahl N zu vermeiden durch Zählung der Anzahl der Ladungsträger, welche insgesamt eine bestimmte gemessene Ladung E' transportieren. Da ein Zählen von Atomen bzw. Ionen nicht in Frage kommt, wurden als Träger der Ladungen Flüssigkeitströpfchen gewählt: nämlich die Wassertröpfchen, welche sich an Gasionen kondensieren. Die Zahl dieser Tröpfchen ergibt sich auf die folgende Weise. Man bestimmt die gesamte in der Tröpfchenwolke (Nebelwolke) enthaltene Wassermasse. Sodann bestimmt man aus der Fallgeschwindigkeit (Absink- oder Sedimentationsgeschwindigkeit) der Wolke unter der Wirkung des Erdfeldes den mittleren Radius, also auch die mittlere Masse der Tröpfchen, nach dem STOKESschen Gesetz. Der Quotient von dieser Tröpfchenmasse in die ganze

Masse der Wolke gibt die Anzahl der Tröpfchen. *Jedes* Tröpfchen wird als Träger *einer* Ladung angenommen.

In dieser letzteren Annahme ist bereits eine der wesentlichsten und dazu unbeweisbaren Voraussetzungen des Versuchs enthalten. Die Methode enthält aber auch die Annahme, daß sich an *jedem* Ion, dessen Ladung doch gemessen war, auch ein Wassertröpfchen anlagert. Macht man diese Annahmen aber, so ist es in der Tat möglich, die mittlere Ladung eines Ions zu bestimmen. Ist die Gesamtladung $E' = n'e$, so ist die einzelne Ionenladung

$$e = \frac{\text{Gesamtladung der Wolke} \cdot \text{mittlere Masse der Einzeltröpfchen}}{\text{Gesamtmasse der Wolke}} = \frac{E' \cdot m}{M},$$

da M/m die Zahl n' der Tröpfchen bzw. der Ionen ist.

Hierin kann die Gesamtladung der Wolke z. B. elektrometrisch, die Gesamtmasse der Wolke durch eine Wägung, und die mittlere Masse der Einzeltröpfchen durch Beobachtung der Absinkgeschwindigkeit, welche nach dem hydrodynamischen Gesetze von STOKES von dem Radius der Teilchen abhängt, bestimmt werden. Eine Prüfung der Voraussetzungen ist aber nicht möglich. Auch die Anwendung des STOKESschen Fallgesetzes enthält an sich eine Unsicherheit. Und schließlich ist es kaum möglich, daß die Fallbewegung, das Absinken der Nebelwolke, ohne irgendwelche die gleichmäßige Bewegung störende Luftströmungen verläuft, welche somit zu unsicheren Sinkgeschwindigkeiten führen. MILLIKAN hat in späteren Jahren (1906[1], die hier zu beschreibenden Methoden stammen aus den Jahren 1897 bis 1903) all diese Fehlerquellen auch experimentell aufgezeigt. Obwohl also diese Methoden — von J. S. TOWNSEND, J. J. THOMSON und H. A. WILSON — als Elementarquantumbestimmungen heute nicht mehr in Betracht kommen, so sind sie ihrer sinnreichen experimentellen Ausführung und ihrer historischen Bedeutung wegen doch an dieser Stelle einer wenn auch kurzen Darstellung wert.

6. Die Methode der Ionenwolke von TOWNSEND[2]. TOWNSEND benutzt eine lange bekannte Beobachtung, daß die bei Säure- oder Laugeelektrolyse mit starken Strömen entstehenden Gase (Wasserstoff und Sauerstoff) elektrische Ladung tragen. Strömen diese Gase durch eine Waschflasche mit Wasser, so treten sie als geladene Nebel aus. Streichen diese Nebel durch ein Trockenmittel, so wird das Wasser ihnen entzogen und die geladenen Gasmoleküle bleiben allein übrig. Der Ladungsverlust bei der Nebelbildung und dem Wasserentziehungsprozeß hält sich in mäßigen Grenzen (20 bis 25%). Man kann nun messen: 1. die Ladung eines gewissen Gasvolumens mit einem Elektrometer; 2. das Gesamtgewicht des Nebels durch Wägung der Massenzunahme des Trockenmittels. Es fehlt also nur noch die Zahl der Tröpfchen im Nebel und somit die Zahl der Ionen, unter der Annahme, daß sich an jedem einzelnen Ion ein Nebeltröpfchen ansetzt. Die Zahl erhält man aus dem Quotienten von Gesamtmasse durch Masse eines Tröpfchens; und letztere wieder wird ermittelt durch Beobachtung der Fallgeschwindigkeit des Nebels im Erdfeld nach dem STOKESschen Gesetze. TOWNSEND fand für die mittlere Einzelladung 2,4 bis 2,8 bzw. 2,9 bis $3{,}1 \cdot 10^{-10}$ stat. Einheiten, je nachdem der Sauerstoff positiv oder negativ geladen war.

7. J. J. THOMSONS Ionennebelmethode[3]. J. J. THOMSONS Methode ähnelt sehr der Methode von TOWNSEND, sie stellt eine Modifikation, aber keineswegs

[1] Zum Teil publiziert Phys. Rev. Bd. 26, S. 198. 1908.

[2] J. S. TOWNSEND, Proc. Cambridge Phil. Soc. Bd. 9, S. 244. 1897; Phil. Mag. Bd. 45, S. 125, 469. 1898.

[3] J. J. THOMSON, Phil. Mag. Bd. 46, S. 528. 1898.

eine Verbesserung derselben dar. THOMSON ionisiert einen Gasraum, welcher durch eine Wasseroberfläche und eine ihr parallele Metallplatte begrenzt ist, durch Röntgenstrahlen. Wasser und Metallplatte dienen als Elektroden, an welche eine Spannung V angelegt wird. Werden pro Kubikzentimeter ν Ionen eines Vorzeichens gebildet (d. h. ν positive und ν negative), und ist der Querschnitt des Gasraumes q, so fließt durch ihn ein Strom

$$i = q\nu e(u_+ + v_-)V,$$

wenn u_+ und v_- die Beweglichkeiten der positiven und negativen Ionen bedeuten. Da $u_+ + v_-$ bekannt, q, i und V zu messen sind, erhält man einen Wert der Ladung pro Kubikzentimeter.

Durch Expansion der Ionisationskammeratmosphäre wird eine Kondensation von Wasserdampf bewirkt, welcher sich als Nebeltröpfchen an die Ionen anlagert (WILSON; s. Ziff. 8). Die Masse des Nebels wird — wenn auch ungenau — aus der Abkühlung bei der Expansion berechnet, die mittlere Masse eines Nebelteilchens durch Beobachtung der Absinkgeschwindigkeit im Erdfelde (also genau wie bei TOWNSENDS Methode) bestimmt. Das Resultat der endgültigen Versuche[1] ist $\varepsilon = 3{,}4 \cdot 10^{-10}$ stat. Einheiten.

8. Die Tröpfchenmethode von H. A. WILSON[2]. Die durch plötzliche Expansion einer wasserdampfgesättigten Atmosphäre eintretende Temperaturerniedrigung führt bei Anwesenheit von Staub zu einer Nebelbildung. C. T. R. WILSON[3] machte die Entdeckung, daß auch *Ionen* — z. B. durch gleichzeitige Bestrahlung des Expansionsvolumens mit Röntgenstrahlen erzeugt — Kondensationskerne für Nebeltröpfchen darstellen, und daß negative Ionen allein bei einem Expansionsverhältnis von etwa 1,25 bis 1,3, positive Ionen (und negative dazu) aber erst bei einer stärkeren Übersättigung auftreten. Hiermit war zum ersten Male die Möglichkeit gegeben, Ionen *eines* Vorzeichens allein beobachtbar zu machen. Hierauf baut sich H. A. WILSONS Methode auf, welche bereits alle Charakteristika der späteren Methoden enthält.

WILSON zeigte nämlich, daß man die Fallgeschwindigkeit eines solchen Ionennebels beeinflussen kann durch ein elektrisches (vertikal gerichtetes) Feld, indem sich dann zu der Wirkung der Schwerkraft auf die Einzeltröpfchen der Masse m, nämlich mg, noch die Wirkung des an der Tröpfchenladung e angreifenden elektrischen Feldes $\mathfrak{E}$, also $e\mathfrak{E}$, arithmetisch addiert. Ist also v_g die Fallgeschwindigkeit des Nebels im Erdfeld, $v_{\mathfrak{E}}$ die im elektrischen Feld, so ist nach dem STOKESschen Gesetz (v proportional der wirkenden Kraft unabhängig von der Art der Kraft)

$$\frac{v_g}{v_{\mathfrak{E}}} = \frac{mg}{mg \pm e\mathfrak{E}},$$

wobei das Vorzeichen entsprechend der Richtung des elektrischen Feldes (parallel oder antiparallel zum Erdfeld) zu wählen ist. Die Masse m des Teilchens ergibt sich aus dem STOKESschen Gesetz

$$mg = (6\pi\mu a)\,v = \tfrac{4}{3}\pi a^3 \sigma g,$$

worin a der Radius des (kugelförmig angenommenen) Teilchens, σ das spezifische Gewicht des Teilchens und μ der Reibungskoeffizient der Luft ist. Das elektrische Feld liegt zwischen zwei horizontalen Metallplatten, zwischen welchen der negativ geladene Expansionsnebel erzeugt wird.

[1] J. J. THOMSON, Phil. Mag. Bd. 5, S. 354. 1903.
[2] H. A. WILSON, Phil. Mag. Bd. 5, S. 429. 1903.
[3] C. T. R. WILSON, Proc. Roy. Soc. London (A) Bd. 61, S. 240. 1897.

Es erübrigt sich, hier auf die Fehlerquellen der Methode einzugehen, sie werden in übersichtlicher Anordnung in Ziff. 14 u. f. genügend besprochen werden. WILSONS Werte seien noch genannt: für die Ladung der Tröpfchen ergab sich in vielen Versuchen (in 10^{-10} stat. Einheiten):

2,3 2,6 4,4 2,7 3,4 3,8 3,8 3,0 3,5 2,0 2,3

MILLIKAN und BEGEMAN erhielten mit WILSONS Methode unter etwas günstigeren Versuchsbedingungen Werte zwischen 3,66 und $4,37 \cdot 10^{-10}$.

9. Die α-Teilchen-Methode von RUTHERFORD und GEIGER[1]. Die in den folgenden Abschnitten behandelten Methoden liefern die mittlere Ladung gleichartiger positiver Atomionen, der α-Teilchen der radioaktiven Elemente. Hierin ist bereits ein wesentlicher Unterschied gegenüber den eben beschriebenen Methoden genannt: die *einzelnen Atomionen selbst,* nämlich die α-Teilchen, *werden gezählt,* und nicht Konglomerate von einem Ion (oder möglicherweise auch einmal mehreren Ionen) mit Wasser. Die Zählung der Ladungsträger ist hier in besonders zuverlässiger Weise möglich, sie erfolgt teils nach elektrischer Methode (im Versuch von RUTHERFORD und GEIGER), teils durch Beobachtung der Szintillationen fluoreszierender Substanzen, hervorgerufen durch α-Strahlen (Methode von REGENER).

Das Meßprinzip liegt darin, die Zahl n' der von einem Radiumpräparat pro Zeiteinheit ausgesandten α-Teilchen zu zählen und die Ladung E', welche diese n' α-Teilchen transportieren, zu messen. Die mittlere Ladung eines α-Teilchens ergibt sich dann zu

$$e_\alpha = \frac{E'}{n'}.$$

Die Zählung erfolgte so: Man ließ α-Teilchen, welche von einem Präparat in einem kleinen, genau gemessenen räumlichen Winkel ausgehen, in einen Kondensator eintreten; die hierin durch jedes α-Teilchen erzeugte Ionisation wird durch Stoßionisation vervielfacht, so daß sie leicht elektrometrisch (oder auch galvanometrisch) gemessen werden kann. Ist die Schwingungsdauer des Meßinstrumentes genügend kurz, die Aufeinanderfolge der α-Teilchen genügend langsam, so entspricht jeder Stromstoß der Wirkung eines α-Teilchens. Auf diese Weise ergab sich für die Zahl n der pro Sekunde von einem Gramm Radium insgesamt emittierten α-Teilchen $n = 3,4 \cdot 10^{10}$.

Die Gesamtladung der α-Teilchen wurde unter Anwendung weitgehender Vorsichtsmaßregeln gemessen: vor allem mußte jeder negative Ladungsverlust durch die von den α-Teilchen ausgelösten δ-Strahlen, den langsamen Sekundärelektronen, verhindert werden, was durch ein die δ-Strahlen zur Auffangeplatte zurückbiegendes magnetisches Feld gesichert erreicht werden kann. Verwendet wurde ein Präparat von Radium C, das in Radiumeinheiten geeicht wurde. Es ergab sich für die Ladung

$$e_\alpha = 9,3 \cdot 10^{-10}.$$

Dieser Wert der α-Teilchenladung ist etwa das Doppelte des Elementarquantums: das α-Teilchen ist aber in der Tat ein doppelt positiv geladenes Heliumatom, wie man aus anderen Versuchen — e/m-Bestimmung und Nachweis der chemischen Natur der neutralisierten α-Strahlen — ermittelt hat.

Für die Grundladung folgt also

$$\varepsilon = \tfrac{1}{2} e_\alpha = 4,65 \cdot 10^{-10} \text{ elektrostat. Einheiten.}$$

[1] E. RUTHERFORD u. H. GEIGER, Proc. Roy. Soc. London (A) Bd. 81, S. 162. 1908; Phys. ZS. Bd. 10, S. 42. 1909.

Aus neueren gleichartigen Messungen von BRADDICK und CAVE[1] (Ladungsmessung) und von WARD, WYNN-WILLIAMS und CAVE[2] (Zählung) leitet sich der im Vergleich zu MILLIKANS Ergebnis (Tabelle 5) relativ hohe Wert $\varepsilon = 4{,}781 \cdot 10^{-10}$ elektrostat. Einheiten ab[3] (vgl. jedoch auch die höheren Werte der Tabelle 6).

10. E. REGENERS Methode der α-Teilchenzählung[4]. Die eleganteste und direkteste Methode der Zählung der Träger, welche insgesamt eine bestimmte Ladung transportieren, hat E. REGENER ausgeführt. Träger der elektrischen Ladungen sind wieder die α-Teilchen, welche von Polonium emittiert werden.

REGENERS Methode baut sich auf dem Ergebnis einer vorangehenden Arbeit auf: die beobachtete Zahl der *Szintillationen*, welche α-Teilchen beim Auftreffen auf einen Leuchtschirm hervorrufen, ist gleich der Anzahl der auftreffenden α-Teilchen; also *jedes* α-Teilchen erzeugt einen Phosphoreszenzblitz. Als Leuchtschirm werden Kristalldünnschliffe, nämlich Zinkblende oder eine Diamantkristallplatte von 0,1 mm Dicke benutzt — Zinksulfidschirme od. dgl. hätten eine zu grobe Struktur, die die Sicherheit der Beobachtung *jeden* Aufblitzens herabsetzen würde —, deren Szintillationen mit dem Mikroskop beobachtet werden (Vergr. 170mal, Ap. 1,40). Von einem sehr dünnen Poloniumpräparat (Radium F) gehen die α-Strahlen in einem (Abb. 1) genau bekannten Öffnungswinkel auf den Diamantschliff. Aus der gemessenen Zahl der Szintillationen läßt sich also die Gesamtzahl der vom Präparat in den Kugelraum emittierten α-Teilchen berechnen. Werden auf der Fläche f des Schliffes während t Sekunden n' Szintillationen beobachtet, so ist die Gesamtzahl n der pro Sekunde vom Präparat ausgesandten α-Teilchen

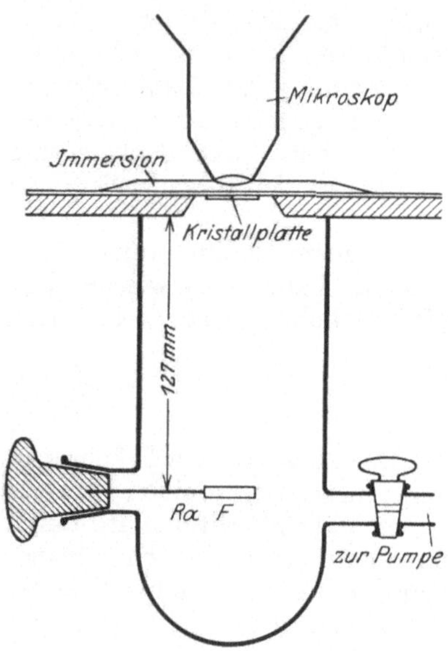

Abb. 1. REGENERS Versuchsanordnung zur Zählung der α-Teilchen nach der Szintillationsmethode.

$$n = \frac{n'}{t} \cdot \frac{2\pi R^2}{f},$$

wenn R der Abstand Präparat bis Kristallplatte (127 mm) ist. Darauf wurde die Gesamtladung bestimmt, welche die pro Sekunde vom Präparat ausgehenden α-Teilchen mit sich führen. Aus dem Quotient von Ladung und Zahl ergibt sich die *mittlere Einzelladung eines α-Teilchens* zu

$$e_\alpha = \frac{3{,}77 \cdot 10^{-4}}{3{,}935 \cdot 10^5} = 9{,}58 \cdot 10^{-10} \text{ stat. Einheiten}$$

mit einem Versuchsfehler von — ungünstigstenfalls — 3%. Also ist die mittlere Ladung der Elektrizitätseinheit

$$\varepsilon = \tfrac{1}{2} e_\alpha = 4{,}79 \cdot 10^{-10} \text{ elektrostat. Einheiten.}$$

Wir werden später sehen, daß dieser Wert nur um wenige Promille von dem heute angenommenen ε-Wert entfernt liegt.

---

[1] H. J. J. BRADDICK u. H. M. CAVE, Proc. Roy. Soc. London (A) Bd. 121, S. 367. 1928.

[2] F. A. B. WARD, C. E. WYNN-WILLIAMS u. H. M. CAVE, Proc. Roy. Soc. London (A) Bd. 125, S. 713. 1929.

[3] Vgl. auch Kap. 3A, Ziff. 22 des vorliegenden Bandes.

[4] E. REGENER, Berl. Ber. 1909, II, S. 948.

Es seien noch einige Versuchsdaten angegeben. Da das Poloniumpräparat mit der Zeit abklingt, mußten Zählungen und Ladungsmessungen aus der Zerfallskonstante des Poloniums auf ein und denselben Tag umgerechnet werden. Gezählt wurden:

I. 11. bis 23. XII. 1908 (umgerechnet auf 21. XII.) 3197 Szintillationen. $n = 8{,}99 \cdot 10^5$.

II. 6. bis 8. I. 1909 (umgerechnet auf 7. I.) 5532 Szintillationen. $n = 7{,}89 \cdot 10^5$.

I. und II. auf 31. XII. 1908 berechnet $8{,}56 \cdot 10^5$, $8{,}26 \cdot 10^5$, Mittel $8{,}37 \cdot 10^5$.

III. 5. VI. bis 18. VI. 1909 (umgerechnet auf 17. VI.) 8081 Szintillationen. $n = 3{,}405 \cdot 10^5$.

Der Gesamtstrom am 21. V. 1909 war $i = 0{,}000377$ stat. Einheiten, n für denselben Tag $3{,}935 \cdot 10^5$. Hieraus ist der oben mitgeteilte Wert errechnet.

11. Die Methode der radioaktiven Schwankungen von E. Meyer und E. Regener[1]. Meyer und Regener haben experimentell die Gültigkeit des Schweidlerschen Gesetzes der radioaktiven Schwankungen

$$\bar{\delta} = \frac{1}{\sqrt{Z}}$$

bestätigt. Hierin bedeutet $\bar{\delta}$ die mittlere Schwankung des Ionisationsstromes, welcher von den beim Zerfall von Z Atomen emittierten α-Teilchen herrührt (unter der Bedingung, daß für den Zerfall das Exponentialgesetz $n = Ne^{-\lambda t}$ gilt, und daß die Beobachtungszeit τ einer Schwankung klein gegen $1/\lambda$, die mittlere Lebensdauer eines Atoms, ist). Führt man nämlich statt der Zahl Z der zerfallenden Atome den Strom ein, welchen diese pro Sekunde liefern, nämlich $i = Z \cdot 94000 \cdot \varepsilon$, wo 94000 die Zahl der Ionenpaare ist, welche ein α-Teilchen auf seiner Reichweite erzeugt, so folgt für die Beobachtungszeit τ

$$\bar{\delta} = \sqrt{\frac{94000 \cdot 2}{i \cdot \tau}}.$$

Der Versuch lieferte für ε $1{,}3 \cdot 10^{-10}$ stat. Einheiten, also einen zu kleinen Wert. Allerdings ist auch keine Genauigkeit zu erwarten, da die Frage ungeklärt blieb, über welche Zeit τ das benutzte Elektrometer die Schwankungen der α-Emission integriert. Immerhin ergab sich — mit $\tau = 1$ sec — doch die richtige Größenordnung (vgl. auch Kap. 3A des vorliegenden Bandes).

12. Bestimmung des Elementarquantums aus radioaktiven Konstanten. E. Rutherford und H. Geiger[2] haben zwei weitere Methoden zur Bestimmung des Elementarquantums angegeben, von denen die eine die Annahme der doppelten Ladung der α-Teilchen enthält; die zweite ist dagegen hiervon unabhängig und benutzt nur die Faradaysche Konstante der Elektrolyse. Wenn auch beide Methoden nicht hohe Genauigkeit geben, so war doch zur Zeit ihrer Ausarbeitung es wünschenswert, nach möglichst verschiedenartigen Methoden und aus möglichst verschiedenartigen Erscheinungen die Realität einer Grund- oder Einheitsladung sicherzustellen. Und dieser Gesichtspunkt darf auch heute, in der Zeit nach Millikans Präzisionsmessung, nicht unbeachtet bleiben.

Die erste der genannten Methoden verwendet die direkte Messung der beim Zerfall des Radiums auftretenden Wärmemenge, deren weitaus größter Teil der kinetischen Energie der α-Teilchen zuzuordnen ist. Diese ist, wenn m_α ihre

[1] E. Meyer u. E. Regener, Ann. d. Phys. Bd. 25, S. 757. 1908.
[2] E. Rutherford u. H. Geiger, Proc. Roy. Soc. London (A) Bd. 81, S. 162. 1908.

Masse, v ihre Geschwindigkeit bezeichnet, $\frac{1}{2} m_\alpha v^2$ oder nach Division und Multiplikation mit der α-Teilchenladung e

$$\frac{m_\alpha v^2}{2e} \cdot e.$$

Die Ablenkung eines α-Teilchens der Geschwindigkeit v in einem senkrecht zur Bewegungsrichtung desselben wirkenden elektrostatischen Feld liefert direkt die Größe $\frac{1}{2} m_\alpha v^2/e$. Es ergab sich die Energie der $4n$ α-Teilchen, welche von 1 g Radium (im Gleichgewicht mit seinen Zerfallsprodukten) pro Sekunde ausgesandt werden, zu

$$E = 4{,}15 \cdot 10^4 \cdot n \cdot e \text{ Erg},$$

hierin ist n also auch die Zahl der pro Sekunde zerfallenden Radiumatome, die zu $3{,}4 \cdot 10^{10}$ bestimmt ist.

Kalorimetrisch ergab sich die Wärmeentwicklung pro Gramm Radium pro Stunde zu $110 \text{ cal} \cdot \text{g}^{-1} \cdot \text{Stunde}^{-1} = \frac{110 \cdot 4{,}19 \cdot 10^7}{3600} = 1{,}28 \cdot 10^6 \text{ Erg} \cdot \text{g}^{-1} \cdot \text{sec}^{-1}$. Somit ist

$$4{,}15 \cdot 10^4\, ne = 1{,}28 \cdot 10^6$$

$$e = 9{,}1 \cdot 10^{-10} \text{ elektrostat. Einheiten.}$$

Für die einfache Ladung folgt also $4{,}55 \cdot 10^{-10}$, ein Wert, der in Anbetracht der Unsicherheit der benutzten Daten noch als befriedigend angesehen werden kann.

Die zweite Methode benutzt die Zerfallskonstante des Radiums. Pro Sekunde zerfallen $n = \lambda N' = 1{,}09 \cdot 10^{-11} N'$ Radiumatome von einer Gesamtheit von N' Radiumatomen. Ist die Masse des Radiums 1 g, so ist die Zahl der Atome im Gramm gleich der AVOGADROschen Zahl N, dividiert durch das Molekulargewicht des Radiums, also die Zahl der pro Sekunde zerfallenden Atome

$$1{,}09 \cdot 10^{-11} \frac{N}{226} = 3{,}4 \cdot 10^{10} \text{ (s. oben)}.$$

Die FARADAYsche Konstante liefert

$$Ne = 2{,}89 \cdot 10^{14} \text{ elektrostat. Einheiten.}$$

Aus beiden Gleichungen hebt sich durch Division die AVOGADROsche Zahl fort und man erhält für die Grundladung:

$$e = 4{,}1 \cdot 10^{-10} \text{ stat. Einheiten.}$$

Der zu kleine Wert liegt wohl in Fehlern in der Bestimmung der Größe λ, der Halbwertsperiode des Radiums.

c) Die Bestimmung der Ladung von Einzelteilchen.

13. Die historische Entwicklung der Methode zur Bestimmung der Ladung von Einzelteilchen. Die prinzipiellen Unsicherheiten bei der Verwendung von Nebelwolken zur Bestimmung der Elementarladung (Ziff. 5) werden dadurch eliminiert, daß man aus ihnen *einzelne Teilchen* isoliert und deren Ladung mißt.

1907 hatte EHRENHAFT[1] gezeigt, daß es mit einer ultramikroskopischen Beobachtungsanordnung gelingt, die BROWNsche Bewegung *einzelner* mikroskopischer und submikroskopischer Teilchen in Gasen zu messen. Die Übertragung dieser Methodik auf Ladungsmessungen erfolgte von EHRENHAFT[2] 1909. Jedoch wurden hierbei die beiden zur Ladungsbestimmung erforderlichen Mes-

[1] F. EHRENHAFT, Wiener Ber. Bd. 106, Abt. IIA. 1907; vgl. auch Wiener Anz. vom 14. 2. 1907.

[2] F. EHRENHAFT, Phys. ZS. Bd. 10, S. 308. 1909; Wiener Ber. Bd. 118, Abt. IIA. 1909.

sungen, nämlich ihre Beweglichkeit im Erdfeld und im elektrischen Feld (vgl. z. B. die Formeln unter Ziff. 8), noch nicht an demselben Teilchen gemacht. EHRENHAFT untersuchte die Fallgeschwindigkeit ultramikroskopischer Teilchen im Erdfeld. Obwohl verschiedene Teilchen verschiedene Fallgeschwindigkeit haben, findet er, daß schon Mittelwerte über je 15 Messungen voneinander nur noch etwa 5% Abweichung haben. Dieses merkwürdige Ergebnis kommt offensichtlich daher, daß einmal, bei gegebener Erzeugungsmethode der Teilchen, wesentliche Teilchen einer mittleren Größe entstehen; zweitens tritt aber besonders dadurch eine Auswahl von allen Teilchen ein, daß größere Teilchen zu schnell fallen, kleinere Teilchen zu lichtschwach sind, um quantitativ beobachtbar zu sein. Sodann bringt er in seiner Küvette einen kleinen Plattenkondensator an, welcher ein *horizontal gerichtetes* elektrisches Kraftfeld liefert. Die Teilchen, welche geladen sind, bewegen sich dann je nach dem Vorzeichen ihrer Ladung in Richtung oder entgegengesetzt der Richtung des elektrischen Feldes. Ihre Geschwindigkeit im elektrischen Feld schwankt bei den einzelnen Teilchen bis zu 60%. Aber auch hier lieferten bereits wenige Messungen Mittelwerte, die auf 5% übereinstimmen. Obwohl also EHRENHAFT zuerst die Beobachtung einzelner mikroskopischer oder submikroskopischer Teilchen experimentell durchführbar machte, hat er hier noch nicht die Messung der Ladung von Einzelteilchen durchgeführt.

Etwa ein Jahr später erschien MILLIKANS[1] erste Untersuchung über die Ladung an Einzelteilchen (Wassertröpfchen). Im Gegensatz zu EHRENHAFTS horizontalem Kondensatorfeld behält MILLIKAN das vertikale Feld bei. Es werden dann — erstmalig — an ein und demselben Teilchen sowohl das sog. „Haltepotential" — das Feld, bei welchem das geladene Teilchen gegen die Schwerkraft schwebend gehalten wird — als auch die Fallgeschwindigkeit im Erdfeld gemessen[2]. Auch daß man ein Teilchen durch Aufheben bzw. Umpolen des Feldes mehrmals durch das Gesichtsfeld fallen und steigen lassen kann, wird genau beschrieben[3]. Solche Messungen an Einzelteilchen — Haltepotential und Fallzeit im Erdfeld — werden an gleichartigen Teilchen gemacht, wobei die Gleichartigkeit der Masse durch die Art der Expansion, die Gleichartigkeit der Ladung durch die Art der Ionisation des Gasraumes zu erreichen gesucht wird. Teilchen, die unter solchen gleichen Bedingungen gemessen wurden, werden, wenn sie etwa gleiches Haltepotential und etwa gleiche Fallzeit haben, dann zu einem Mittel zusammengefaßt, aus welchem die Ladung berechnet wird. Es konnten nur mehrfach geladene Teilchen gemessen werden[4].

Den nächsten methodischen Fortschritt liefert EHRENHAFT, indem er *beide* Messungen an demselben Einzelteilchen durchführt[5], die Methode, zu der in der gleichen Zeit offensichtlich auch MILLIKAN[6] überging und die bis heute im Prinzip nicht mehr variiert wurde.

---

[1] R. A. MILLIKAN, Phil. Mag. (6) Bd. 19, S. 209. 1910.

[2] R. A. MILLIKAN, l. c. (S. 216): „It was not found possible to balance the cloud as had been originally planned, but it was found possible to do something very much better; namely to hold individual charged drops suspended by the field for periods varying from 30 to 60 seconds." Und S. 219: „Furthermore since the observations upon the quantities occurring in equation are all made upon the same drop ..."

[3] R. A. MILLIKAN, l. c. S. 219.

[4] R. A. MILLIKAN, l. c. (S. 223): „it will be observed, that we did not succeed in balancing any single charged drop" (heißt nicht „einzelne geladene", sondern „einfach geladene" Tröpfchen).

[5] F. EHRENHAFT, Wiener Anz. Nr. 10 vom 21. 4. 1910; Nr. 13 vom 12. 5. 1910; Wiener Ber. Bd. 119, Abt. IIA. 1910.

[6] R. A. MILLIKAN, Phys. ZS. Bd. 11, S. 1097. 1910; zit. als „Eine Abhandlung der American Physical Society, vorgetragen am 23. 4. 1910".

14. Prinzip der Ladungsmessung von Einzelteilchen. Zwischen zwei horizontalen Metallplatten, voneinander elektrisch isoliert im Abstande von d cm gehalten, dem „Kondensator", befinde sich *ein* sehr kleines rundes Teilchen vom Halbmesser a, welches eine elektrische Ladung e CGS-Einheiten hat. Der Kondensator ist mit einem Gase der freien Weglänge λ, der inneren Reibung μ und der Dichte ϱ gefüllt. Das Teilchen habe die Masse $m = \frac{4}{3}\pi a^3 \sigma$. Unter dem Einfluß der Schwerkraft fällt das Teilchen vertikal mit einer konstanten Geschwindigkeit v, welche sich nach dem STOKESschen Gesetze (1) aus Teilchenradius und Reibungskoeffizient (oder Zähigkeitskoeffizient) des Gases ergibt (2):

$$m g = 6\pi\mu a v = \tfrac{4}{3}\pi a^3 (\sigma - \varrho)\, g, \tag{1}$$

$$v = \frac{2}{9} g \cdot a^2 \frac{\sigma - \varrho}{\mu}. \tag{2}$$

Wird im Innern des Kondensators durch Anlegung einer Potentialdifferenz von V Volt an die Platten des Kondensators ein elektrisches Feld $\mathfrak{E} = \frac{V}{300 \cdot d}$ CGS erzeugt, so greift an der Ladung e des Teilchens eine Kraft $e\mathfrak{E}$ dyn an. Wird Größe und Richtung des elektrischen Feldes so gewählt, daß die an der Ladung angreifende Kraft $e\mathfrak{E}$ gleich und entgegengesetzt gerichtet der an der Masse m angreifenden Schwerkraft ist, so lautet die Bedingung für das schwebende Teilchen:

$$\frac{4}{3}\pi a^3 (\sigma - \varrho)\, g = e\mathfrak{E} = e \frac{V}{300\, d}. \tag{3}$$

Diese Spannungsdifferenz V nennt man gewöhnlich kurz die „Schwebespannung" oder das „Haltepotential". Die Gesamtladung des Teilchens läßt sich also experimentell durch Messung von v und $\mathfrak{E}$ gemäß (2) und (3) bestimmen zu:

$$e = 9\sqrt{2} \cdot \pi \frac{\mu^{3/2}}{g^{1/2} (\sigma - \varrho)^{1/2}} \cdot \frac{v^{3/2}}{\mathfrak{E}} = k \frac{1}{\mathfrak{E}}. \tag{4}$$

Erteilt man dem Teilchen nun verschiedene Ladungen $e_1 e_2 \ldots$, während alle anderen Versuchsbedingungen konstant bleiben, so ergeben sich die Ladungsdifferenzen $\Delta e = e_1 - e_2, e_1 - e_3$ usw. zu

$$k\left(\frac{1}{\mathfrak{E}_1} - \frac{1}{\mathfrak{E}_2}\right), \quad k\left(\frac{1}{\mathfrak{E}_1} - \frac{1}{\mathfrak{E}_3}\right), \quad k\left(\frac{1}{\mathfrak{E}_2} - \frac{1}{\mathfrak{E}_3}\right) \text{ usw.}$$

Lassen sich alle beobachtbaren, alle überhaupt vorkommenden Δe-Werte als kleine Vielfache ein und derselben Größe darstellen, so liegt hierin ein Hinweis auf die Atomistik der elektrischen Ladung, und der größte gemeinsame Teiler ε, der durch absolute Messung der Konstanten k und der elektrischen Feldstärke erhalten wird, ist die kleinste vorkommende Ladungsgröße.

Ist diese an einem Teilchen ermittelte kleinste Ladungsänderung ε gleich der an anderen Teilchen ermittelten, und sind die Anfangsladungen e ganze Vielfache dieser selben Ladungsgröße ε, so ist diese Größe ε die universelle, die absolut kleinste Ladungsgröße, das Elementarquantum der elektrischen Ladung; und jede andere Ladung e ist ein ganzzahliges Vielfaches dieser Ladungseinheit.

Es entstehen also zwei Aufgaben für die experimentelle Forschung:

I. der Nachweis der atomistischen Struktur der elektrischen Ladung;

II. die absolute Messung der kleinsten Ladungseinheit.

Die hier im Prinzip gekennzeichnete Methode ist bei den Präzisionsmessungen meist etwas variiert, und zwar wesentlich deshalb, weil die *genaue* Schwebespannung nur unsicher ermittelt werden kann, besonders wenn das betrachtete Teilchen so leicht ist, daß es schon BROWNsche Molekularbewegung zeigt. Man wird dann eine — an sich beliebig große — Spannung an den Kondensator anlegen in solcher Richtung, daß die elektrische Kraft auf das Teilchen die Anziehungskraft der Erde überkompensiert. Dann wird das geladene Teilchen im Erdfelde allein mit der Geschwindigkeit v_g fallen, unter gemeinsamer Wirkung von Erdfeld und Kondensatorfeld $\mathfrak{E}$ mit der Geschwindigkeit $v_{\mathfrak{E}}$ *steigen*. Unter der Voraussetzung[1], daß in beiden Fällen, unabhängig von der Art der Kraft, die Geschwindigkeit des Teilchens der gesamten wirkenden Kraft proportional ist, ergibt sich aus

$$\left.\begin{aligned} mg &= k \cdot v_g \\ e\mathfrak{E} - mg &= k \cdot v_{\mathfrak{E}} \end{aligned}\right\} \tag{5}$$

für die Ladung e

$$e = k' \cdot (v_g + v_{\mathfrak{E}}) = \frac{mg}{\mathfrak{E} \cdot v_g}(v_g + v_{\mathfrak{E}}). \tag{6}$$

Nach einer Änderung der Ladung von e zu e' ergibt sich dann aus der geänderten Geschwindigkeit $v'_{\mathfrak{E}}$ für die Ladungsdifferenz $\Delta e = e' - e$:

$$\Delta e = \frac{mg}{\mathfrak{E} \cdot v_g}(v'_{\mathfrak{E}} - v_{\mathfrak{E}}), \tag{7}$$

worin $\left(\frac{mg}{\mathfrak{E} \cdot v_g}\right)$ für die gesamte Messung an einem Teilchen konstant ist, so daß nun ebenfalls die Atomistik allein geprüft (Ziff. 19) oder auch — nach Einführung der Gleichung (1) — der Absolutwert der Ladungsänderung und der Gesamtladung gemessen werden kann. Statt (4) würde sich z. B. ergeben:

$$e = 9\sqrt{2} \cdot \pi \cdot \frac{\mu^{3/2}}{g^{1/2}(\sigma - \varrho)^{1/2}} \cdot \frac{(v_g + v_{\mathfrak{E}})\, v_g^{1/2}}{\mathfrak{E}}. \tag{8}$$

Während die Methode zum Nachweis des atomistischen Aufbaus der Elektrizität *keine* anderen Gesetze enthält, als daß die Geschwindigkeit proportional der wirkenden Kraft ist — eine Annahme, deren Berechtigung sich durch Variation der Größe des elektrischen Feldes leicht prüfen ließ[2] —, stecken in der Methode zur Absolutbestimmung der Teilchenladungen oder -umladungen das STOKESsche Gesetz und der Reibungskoeffizient der Luft. Letzterer ist mehrfach neu bestimmt worden und darf wohl mit großer Sicherheit als bekannt angesehen werden. MILLIKAN verwendet für ihn den Wert $\mu_{23^\circ} = 0{,}0001822_7$ (HARRINGTON), VOGEL hält ihn für etwas zu klein (um *einige* Promille). Von ihm ist die Ladungsgröße erheblich abhängig, da μ in der $^3/_2$-Potenz eingeht.

Über das Fallgesetz der Teilchen wird an verschiedenen Stellen zu sprechen sein; deshalb begnügen wir uns hier mit den allgemeinen Gültigkeitsgrenzen desselben. Das Fallgesetz von STOKES ist ein hydrodynamisches Gesetz, welches voraussetzt, daß die fallende Kugel in einem unbegrenzten Kontinuum sich befindet und selbst starr und vollkommen glatt ist. Weiter ist angenommen, daß an der Grenze Kugel—Medium keine Gleitung stattfindet, und daß die fallende Kugel keine Energie zum Fortschieben von Teilen des umgebenden Mediums abgibt. Die erste Grundvoraussetzung, die der Homogenität des umgebenden Mediums, ist aber schon nicht erfüllt. Die Teilchenradien a sind, wenn mit Gasen von Atmosphärendruck gearbeitet wird, meist etwas größer als die freie Weglänge λ des umgebenden („reibenden") Mediums. Für diesen Fall — $\lambda/a \ll 1$ — hat CUNNINGHAM eine, die sog. Gleitung berücksichtigende kinetische Korrektion abgeleitet, nach welcher das Gesetz lautet:

$$K = 6\pi\mu a v\left(1 + A\,\frac{\lambda}{a}\right)^{-1} \quad \text{für } \frac{\lambda}{a} \ll 1, \tag{9}$$

[1] Über ein hierzu von EHRENHAFT geäußertes Bedenken vgl. Ziff. 20.

[2] Auch hierzu EHRENHAFTS Bedenken bezüglich des Einflusses der Elektrophotophorese (Ziff. 20).

worin A eine Konstante der ungefähren Größe 0,85 sein soll. Für sehr große Werte der freien Weglänge (Versuche bei vermindertem Druck) wird

$$K = 6\pi\mu a v \left(A' \frac{\lambda}{a}\right)^{-1} \quad \text{für } \frac{\lambda}{a} > 1. \tag{9a}$$

A' ist etwa 1,2. Für den Quotienten v/K schreibt man gewöhnlich die Beweglichkeit B.

Prüfungen solcher Gesetze — auch an makroskopischen Körpern — liegen in großer Zahl vor. Es ergab sich, daß diese Korrektion im allgemeinen nicht genügt, sondern daß ein Bewegungsgesetz der Form[1]

$$B = \frac{1}{6\pi\mu a}\left(1 + A_1 \frac{\lambda}{a} + A_2 \frac{\lambda}{a} e^{-c\frac{\lambda}{a}}\right) \tag{10}$$

für alle Teilchen bestimmt werden muß. Alle hiermit zusammenhängenden theoretischen Fragen müssen hier übergangen werden, was um so leichter fällt, als sich genügend Methoden finden ließen, die individuellen Fallgesetze experimentell — wenn erforderlich von Teilchen zu Teilchen — zu bestimmen: hierbei wird dann gleichzeitig auch eine weitere Unsicherheit, die in der oft fraglichen Kugelgestalt der Teilchen liegt, herabgesetzt. Es sei nur auf eines noch hingewiesen, daß es nämlich nicht möglich zu sein scheint, ein Widerstandsgesetz zu berechnen, wenn freie Weglänge und Teilchendurchmesser von etwa gleicher Größenordnung sind. H. A. LORENTZ betont, daß in diesem Zwischengebiet die Widerstandsformel ganz andere Form haben kann[2].

15. Das Prinzip der Versuchsanordnung. Ein Rahmen JJ aus Isoliermaterial, z. B. Hartgummi (Abb. 2), konstanter Dicke trägt die beiden Metallplatten $P_1 P_2$, deren Innenflächen eben geschliffen sind, den „*Kondensator*". Die obere Platte hat zentrisch eine sehr feine Durchbohrung O. k ist eine Kammer, in welcher die Teilchen erzeugt werden. Diese fallen durch O in den Kondensator. Zu ihrer Beobachtung werden sie durch das in den Isolierrahmen gebohrte Fenster F_1, das mit einer Glasplatte verkittet ist, beleuchtet, und senkrecht zur Beleuchtungsrichtung durch das Fenster F_3 mit Hilfe eines Mikroskopes anvisiert. Dies entspricht also der Methode der Beobachtung im Ultramikroskop.

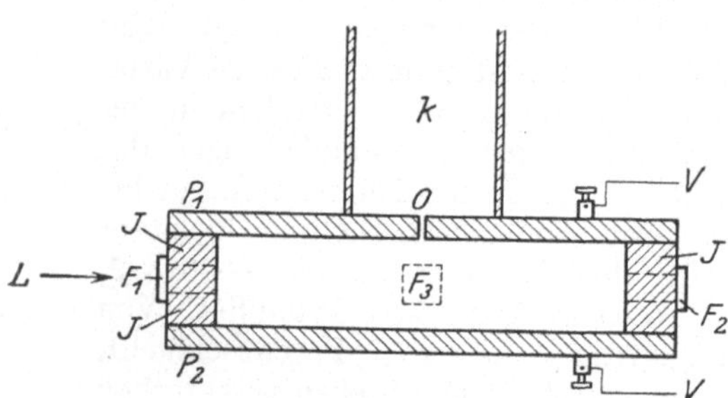

Abb. 2. Querschnitt durch den Versuchskondensator (schematische Anordnung) zur Messung an Einzelteilchen. $P_1 P_2$ Kondensatorplatten, JJ Isolierrahmen, $F_1 F_2 F_3$ Fenster, O Öffnung zum Eintritt der in Kammer k erzeugten Teilchen.

An die Platten $P_1 P_2$ können die Pole einer Batterie (VV) angelegt werden, um den Bewegungszustand des elektrisch geladenen Teilchens zu beeinflussen.

Das Fenster F_2 hat doppelte Bedeutung: einmal dient es dazu, das bei F_1 eintretende konzentrierte Beleuchtungslichtbündel L aus dem Kondensator wieder austreten zu lassen, um eine ungleichmäßige Erwärmung des Kondensators zu vermeiden, welche Luftbewegungen und damit Störungen der Eigenbewegung des Teilchens verursachen würde. Dann aber auch dient es zur Zulassung der Strahlungen, welche, z. B. durch Ionisation des Gases im Kondensator, die Umladung des Teilchens bewirken sollen.

[1] Z. B.: M. KNUDSEN u. S. WEBER, Ann. d. Phys. Bd. 36, S. 981. 1911. Gesamte Literatur s. bei E. MEYER u. W. GERLACH, Elster-Geitel-Festschrift 1915, S. 196. Braunschweig: Vieweg & Sohn.

[2] H. A. LORENTZ, Atti Congr. int. dei Fis. (Voltacongress) Bd. 6, S. 147. 1928.

Von Apparatkonstanten ist nur der Abstand der Platten $P_1 P_2$ zu messen. Zur Beobachtung werden je nach Größe der Teilchen Fernrohr oder Mikroskop verwendet. Die Fallgeschwindigkeitsmessung verlangt Marken bekannten Abstandes im Gesichtsfeld. Als solche dienen Okularfadenmikrometer, Fadenkreuze oder in das Beobachtungssystem hineingespiegelte Skalen.

16. Zwischenbemerkung. Über die Frage nach der Existenz und Größe des Elementarquantums der Elektrizität sind im Laufe der letzten 15 Jahre unter Anwendung der Methode der Einzelteilchen eine solche Menge von Abhandlungen erschienen, daß allein die Aufzählung der Titel Bogen füllen würde. Auf den ersten Blick mag es auch oft den Anschein haben können, als ob die ganze Frage heute noch ungelöst sei. Denn die Ergebnisse, zu welchen die beiden „Parteien", die um R. A. MILLIKAN und die um F. EHRENHAFT, gekommen sind, widersprechen sich in auffälligster Weise; und nicht nur dies: mehr als einmal wurden die in den Abhandlungen niedergelegten Versuchsprotokolle von der Gegenpartei gerade als Beweis für ihre Ansicht angesprochen! Bei eingehender Würdigung aller pro et contra Elementarquantum vorgebrachten Versuchsergebnisse — und es sei betont, daß es sich fast ausschließlich um Meinungsverschiedenheiten in rein experimentellen, also eben doch prüfbaren Fragen handelt — dringt aber doch mehr und mehr die Überzeugung durch, daß R. A. MILLIKANS Versuche sowohl die Existenz als auch die zahlenmäßige Größe der elektrischen Einheitsladung endgültig sichergestellt haben. Es steht außer Frage, daß die Versuche EHRENHAFTS und seiner Schüler eine ernste Würdigung verdienen; denn die gerade von ihm aufgeworfenen zweifelnden Fragen und ihre von anderen Forschern — wie wir glauben — im MILLIKANschen Sinne gegebene Beantwortung zeigen die überaus sichere experimentelle Fundierung dieses Ergebnisses. Jedoch werden wir manche dieser Experimente, die mit der Elektronenfrage nur noch in allzu losem Zusammenhange stehen, in der folgenden Diskussion übergehen müssen. Es sind dies vor allem zahlreiche Abhandlungen, welche sich mit verschiedenartigen Methoden der Größenbestimmung ultramikroskopischer Teilchen befassen. Die theoretische und experimentelle Diskussion dieser Fragen hat, wie EHRENHAFT es einmal sehr treffend kennzeichnet, die „Physik des millionstel Millimeter" begründet, aber zur Elektronenfrage eben doch nur recht wenig erfolgreiche Beiträge geliefert. Das will sagen: je mehr man die Fehler erkannte, welche bei der Extrapolation von makroskopischen auf mikroskopische oder submikroskopische Größenordnungen ursprünglich begangen wurden, je mehr man die richtigen Gesetze *experimentell* ermitteln lernte, desto mehr erkannte man die Berechtigung der MILLIKANschen Resultate.

An der *Existenz* einer Einheitsladung oder — will man ganz vorsichtig sein — einer Ladungsgröße, welcher bei allen Ionisationsvorgängen die ausschlaggebende Bedeutung zukommt, kann man (wollte man selbst EHRENHAFTS Einwände gegen die absolute Größenbestimmung nicht übergehen) schlechterdings nicht mehr zweifeln. Verf. stellt sich daher im folgenden auf den Standpunkt, daß R. POHLS Urteil aus dem Jahre 1911, „daß einstweilen kein Grund vorliegt, ε nicht als Naturkonstante anzusehen", trotz und wegen der Erweiterung der Versuche und Verbreiterung der Versuchsbasis auch heute noch volle Gültigkeit beanspruchen darf.

Eine andere Frage ist die nach der Genauigkeit der MILLIKANschen ε-Bestimmung. Bei aller Würdigung der sorgfältigen Fehlerabschätzung in MILLIKANS Versuchen scheint doch die Sicherheit des Endresultates etwas zu günstig beurteilt. Man darf schließlich nicht vergessen, daß immer wieder Einzelmessungen aus dem Mittel stark herausfallen; und wenn, so besonders durch REGENER und seine Schüler, hierfür die Gründe experimentell aufgezeigt wurden, so bleibt doch die Ungewißheit, ob sich nicht durch Kompensation von Fehlern auch „richtige" Werte ergeben haben, die eigentlich aus der Mittelwertsbildung auszuschließen wären.

Mathematisch-statistische Betrachtungen DAECKES[1] über die Realität der Subelektronen dürften überholt sein, nachdem durch SANZENBACHERS Arbeit (s. unten) die Unzulänglichkeit des Materials aufgezeigt wurde, auf welchem DAECKES Rechnungen beruhen.

Schließlich hat ja auch EHRENHAFT aus seinen Messungen über die Ladungen von Öltröpfchen eine Ladungseinheit erhalten, welche der des Elementarquantums der anderen Physiker sehr nahekommt, nämlich aus Messungen an 21 Tröpfchen mit Radien zwischen 3,6 und $11,5 \cdot 10^{-5}$ cm $e = 4,67 \cdot 10^{-10}$ elektrostat. Einheiten.

17. Das Material und die Erzeugung der Teilchen. Man verwendete für die oben beschriebene „Methode der Einzelteilchen" feste Teilchen und Flüssigkeitsteilchen, und zwar

metallische feste Teilchen,

feste Teilchen aus Isolatoren (u. a. Schwefel, Selen, Paraffin, Kolophonium, Schellack),

metallische Flüssigkeitströpfchen (Quecksilber rein oder mit Pb-Zusatz),

Flüssigkeitströpfchen (Öle, Glyzerin).

Es seien hier allgemeine Bemerkungen über Verhalten und Geeignetheit der Partikel aus den verschiedenen Materialien zusammengefaßt, besonders aber über die hiermit eng verbundene Frage nach den Methoden für die Herstellung der Teilchen. Die festen Metallpartikel werden ausnahmslos durch Zerstäubung im elektrischen Bogen oder Funken erzeugt. Entweder ist dieser so angeordnet, daß die Teilchen direkt in den Kondensator fallen können; oder ein Gasstrom bläst die Teilchen aus dem Bogen oder Funken in eine über dem Kondensator befindliche Kammer, aus welcher sie dann in den Kondensator fallen. Man hat in manchen Versuchen viel Sorgfalt darauf verwendet, die Teilchen in vollständig indifferenter Atmosphäre zu erzeugen, um Bildung von Metalloxyden, Metallnitriden u. dgl. zu vermeiden. Doch muß man gegenüber der Versicherung der Herstellung chemisch reiner Metallteilchen sehr skeptisch sein, da die Elektroden wohl stets genügend Gase enthalten, um Metallverbindungen zu bilden. Abgesehen von dieser Unsicherheit, welche sich in einer anderen *Dichte* der Partikel, als sie dem festen Material zukommt, bemerkbar macht[2], ist es a priori unwahrscheinlich — und auch in Versuchen genügend widerlegt —, daß solche Teilchen kompakt und kugelförmig sind.

Die festen Teilchen aus Isolatoren sind meist durch mechanische Zerstäubung der geschmolzenen Substanzen gewonnen. Auch bei ihnen ist die Frage, in welcher Form sie erstarren, nicht geklärt.

Quecksilbertröpfchen können auf verschiedene Weise hergestellt werden. Nach der einen Methode wird Quecksilber in einem Ansatzgefäß verdampft, der Dampf wird durch ein Rohr geleitet, welches in einem über dem Kondensator angebrachten Gefäß mündet; in dem Rohr kondensieren die Teilchen, und je nach seiner Länge, der Verdampfungstemperatur und der Geschwindigkeit des Dampfstromes werden Teilchen verschiedener Größe durch die kleine Öffnung des oberen Kondensators in diesen hineinfallen. Die zweite Methode besteht in dem Einblasen eines Luftstromes in den dichten Dampf siedenden Quecksilbers,

---

[1] H. DAECKE, ZS. f. Phys. Bd. 31, S. 552. 1925; Bd. 36, S. 143. 1926; Phil. Mag. Bd. 1, S. 637. 1925.

[2] Von neueren Arbeiten besonders PATTERSON u. GRAY, Proc. Roy. Soc. London (A) Bd. 113, S. 302. 1927. Die Dichten der zerstäubten Metallpartikel betragen bis zu ein Zehntel von der Dichte des kompakten Metalls (s. auch weiter unten).

aus welchem dann die Wolke der Teilchen in den Kondensator niederfällt. Bei einer dritten Methode wird Quecksilber mittels mechanischer Zerstäubung durch einen Gasstrom fein verteilt in den Meßapparat geblasen.

Auf die gleiche Weise werden die Ölteilchen erzeugt. Die Anordnung des Zerstäubers und die Überführung der Teilchen aus dem Zerstäubungsraum in den Kondensator ist aus der nachher (Abb. 3) zu besprechenden MILLIKANschen Versuchsanordnung zu ersehen.

Die Verwendung von Flüssigkeitströpfchen, vor allem von Quecksilber, verlangt beim Versuch besondere Aufmerksamkeit wegen der allmählichen Verdampfung dieser Teilchen. Dennoch ist deren Verwendung zur absoluten Messung der Ladungseinheit unbedingt der Vorzug zu geben, da bei ihnen die runde Form mit einiger Sicherheit anzunehmen ist; auch wird die Dichte dieser Teilchen gleich der Dichte des kompakten Materials sein.

Es scheint ferner, daß manchmal nicht genügend Sorgfalt darauf verwendet wurde, Staubteilchen aus dem Kondensator fernzuhalten, und MILLIKAN hat, auf eigene Erfahrungen gestützt, wiederholt darauf hingewiesen, daß gerade bei Verwendung kleinster (leichter) Teilchen solche Staubpartikel äußerst gefährlich werden können: sei es nun, daß man überhaupt Staubteilchen beobachtet, statt der gesuchten Partikel aus definiertem Material, sei es, daß die Staubteilchen sich bei der Zerstäubung an Öltröpfchen anlagern und dadurch deren Form verändern, sei es, daß sie sich an die Flüssigkeitströpfchen oder Metallteilchen anhängen und dadurch deren Form und Dichte verändern.

Über die genaue Größe der Teilchen ist an anderer Stelle zu sprechen. Hier sei nur deren Größenordnung erwähnt. MILLIKANS Öl- und Quecksilbertröpfchen liegen in dem Bereich von 10^{-4} bis $2 \cdot 10^{-5}$ cm Radius, während EHRENHAFT bis zu einigen 10^{-6} cm hinuntergeht — vorausgesetzt, daß seine Größenbestimmung dieser Teilchenradien wenigstens annähernd richtig sind[1]. Fast alle anderen Autoren nehmen Teilchenradien von 10^{-4} bis 10^{-5} cm.

18. Ladung und Umladung der Partikel. Ein großer Teil der Teilchen, welche nach den in vorstehender Ziffer beschriebenen Methoden hergestellt werden, sind elektrisch geladen. Bringt man z. B. eine Wolke von Metallteilchen, welche aus einem elektrischen Funken stammen, in den Kondensator, so beobachtet man, daß alle Teilchen fallen, je nach ihrer Größe mehr oder weniger schnell. Legt man nun ein elektrisches Feld an, so wird man im allgemeinen eine Dreiteilung der Wolke beobachten: ein Teil der Teilchen steigt, ein anderer fällt, und einige wenige werden fast oder vollständig schweben. Für diese letzteren sind die an Masse und an Ladung angreifenden Kräfte einander gleich und entgegengesetzt gerichtet, die Resultante R wird Null:

$$R = mg - e\mathfrak{E} = 0.$$

Man sieht, daß je nach dem Überwiegen der mechanischen oder der elektrischen Kraft und je nach der Richtung der letzteren die Resultante positiv oder negativ sein, das Teilchen also schneller oder langsamer fallen oder steigen kann. Man hat es nun in der Hand, ein bestimmtes Teilchen *allein* im Gesichtsfeld zu halten, indem man dieses zum Schweben bringt und wartet, bis alle anderen Teilchen sich an die Kondensatorplatten angelagert haben.

Auch die durch mechanische Zerstäubung erzeugten Flüssigkeitströpfchen, z. B. Öl oder Quecksilber, sind zu einem großen Teile infolge des Lenardeffektes elektrisch geladen.

---

[1] Nach PATTERSON und GRAY (l. c.) ist dies zu bezweifeln. Kleinere Dichte als das kompakte Material bedingt bei gegebener Fallgeschwindigkeit viel kleinere berechnete Radien, als wirklich vorliegen.

Verhältnismäßig wenig geladene Teilchen sind in einer durch Kondensation eines Dampfstrahls ohne mechanische Zerstäubungs- oder Einblasevorrichtung erzeugten Wolke vorhanden; um sie zu laden, muß man eine der gleich zu besprechenden künstlichen Aufladungsmethoden verwenden.

Wie bei der Darlegung des Prinzips der Ladungsmessung gezeigt wurde, ist zur Feststellung der atomistischen Struktur der Ladung erforderlich, die Ladung eines Probeteilchens zu verändern, um die kleinsten überhaupt vorkommenden Ladungsänderungen zu finden. Ladungsänderungen sind nach zwei verschiedenen Methoden ausführbar:

Zuführung von elektrischer Ladung zu dem Teilchen und

Abspaltung von elektrischer Ladung von dem Teilchen.

Für beide Methoden benutzt man Vorgänge, welche in den letzten 20 bis 30 Jahren der Mittelpunkt zahlreicher Forschungen waren: die *Anlagerung von Ionen*, d. h. elektrisch-positiv oder elektrisch-negativ geladener Moleküle (oder Atome) an das Teilchen oder die lichtelektrische *Abspaltung von negativer Ladung*, welche somit zu einer positiven Aufladung des Partikels führt. Wie in Abschnitt a ausgeführt wurde, geben Versuche mit Gasionen keinen Aufschluß über die Ladung des *einzelnen* Ions, sondern nur die Möglichkeit, die Größe Ne, die gesamte Ladung eines Mols von Ionen zu bestimmen. Auch die Untersuchungen des lichtelektrischen Effekts führten nur zur Feststellung des Verhältnisses von Ladung zur Masse der durch elektromagnetische Wellen von der Materie abgetrennten negativen Ladungen; sie lehrten so zwar die Atomistik der Elektrizität, aber nicht die Einheitsladung selbst kennen. Erst die Vereinigung von lichtelektrischem Effekt mit der Methode der Ladungsmessung an Einzelteilchen führte zu einem unmittelbaren Ergebnis (A. JOFFÉ, E. MEYER und W. GERLACH). Ebenso konnte MILLIKAN den Nachweis der gleichen Ladung aller Gasionen erbringen.

Der Vorgang der Zuführung von Ladung zu dem einzelnen Teilchen geht durch Anlagerung von Gasionen vor sich, welche sowohl positiv als auch negativ elektrisch sein können[1]. Die heute allgemeine Erkenntnis, daß „positive Aufladung" eines Moleküls, also die Bildung eines positiven Ions, durch Abspaltung eines Elektrons vom neutralen Molekül, die Bildung eines negativen Ions dagegen durch Anlagerung eines Elektrons an ein neutrales Molekül vor sich geht, ist für unser Problem ohne Bedeutung. Dagegen liefert es einen unmittelbaren Beweis für *die Gleichheit der beiden Ionenladungen.* Diese Ionen werden im Gase des Kondensators erzeugt, wenn dasselbe mit Röntgenstrahlen oder γ-Strahlen durchstrahlt wird. Solange das geladene Teilchen durch das elektrische Feld in der Schwebe gehalten wird, tritt eine Anlagerung von Ionen nur selten ein, da diese durch das elektrische Feld sofort an die Platten des Kondensators transportiert werden. Schaltet man aber einen Augenblick das Feld ab, wodurch das Teilchen unter der nun allein wirkenden Schwerkraft langsam fällt, so wird es auf seinem Wege Gasionen treffen, welche nun ohne die Einwirkung des Kondensatorfeldes nur ihre normale Molekularbewegung ausführen. Ob sich Ionen an das Probeteilchen angelagert haben, erkennt man sofort daran, daß bei Wiederanlegung des ursprünglichen Potentials an den Kondensator das Gleichgewicht zwischen elektrischer Kraft $e\mathfrak{E}$ und Schwerkraft mg nicht mehr vorhanden ist. Für die Richtigkeit dieser Vorstellung der Anlagerung von Gasionen sprechen auch MILLIKANS Versuche, daß bei vermindertem Druck im Kondensator entsprechend der dabei kleineren Anzahl der gebildeten Ionen

[1] Über den Mechanismus der Aufladung s. P. ARENDT u. H. KALLMANN, ZS. f. Phys. Bd. 35, S. 421. 1926.

auch die Ladungsaufnahme durch ein Teilchen sehr viel seltener erfolgt. Andererseits weist K. WOLTER darauf hin, daß bei einem Druck von 9 Atmosphären die Teilchen sich bei Feldabnahme außerordentlich leicht umladen, auch ohne daß eine äußere Ionisierungsquelle wirkt.

Die lichtelektrische Aufladung erfolgt so, daß das in Schwebe gehaltene Teilchen bestrahlt wird, z. B. durch ultraviolettes Licht oder durch Röntgenstrahlen, wobei nun darauf geachtet wird, daß keine Strahlung etwa auf die Platten des Kondensators auffällt. Diese photoelektrische Methode führt stets zu einer positiven Aufladung der Teilchen. Die Ablösung von Ladung vom Teilchen führt jedoch nicht unbedingt jedesmal auch zu einer *beobachtbaren* Ladungsänderung desselben; denn die abgelöste Ladung wird sich schon in unmittelbarer Umgebung mit einem Gasmolekül vereinigen, und dieses Ion kann mit dem Teilchen sich durch die elektrostatische Anziehung wiedervereinigen, ehe die vorübergehende Ladungsabspaltung durch eine Störung des Schwebegleichgewichtes beobachtet werden konnte. Nur wenn das Ion durch das äußere Kondensatorfeld weggeführt wird, tritt eine dauernde Aufladung des Probeteilchens ein. Diese Vorgänge sind von E. MEYER und W. GERLACH[1] eingehend experimentell untersucht und theoretisch geklärt worden; wesentlich bemerkt sei, daß entsprechend dieser Vorstellung des endgültigen Ladungsverlustes unter im übrigen ganz gleichen Versuchsbedingungen die *lichtelektrische* Aufladung bei niederem Gasdruck im Kondensator *schneller* erfolgt als bei hohem Druck: Die lichtelektrisch ausgelöste Ladung lagert sich bei größerer freier Weglänge erst in größerer Entfernung an ein Gasmolekül an, in welcher die elektrostatische Rückziehungskraft kleiner ist.

Beachtung verdient die Frage, wie sich an ein — sagen wir — positiv geladenes Probeteilchen trotz der elektrostatischen Abstoßung positive Gasionen anlagern können oder wie trotz der elektrostatischen Anziehung die durch Licht abgelöste negative Ladung (bzw. das sich mit dieser bildende Gasion) der rückziehenden Kraft des durch den Verlust negativer Ladung positiv gewordenen Probeteilchens entgehen kann. Beides ist leicht einzusehen durch Betrachtung der kinetischen Energie der Molekularbewegung der Gasionen.

Fassen wir die Vorgänge der Ladungsänderung eines kleinen Teilchens zusammen, so ergeben sich folgende Möglichkeiten:

A. Ladungsänderung durch Anlagerung von Ionen.

Die Ladung des Partikel nimmt *zu*: Einfang eines Ions gleicher Ladung.

Die Ladung des Partikel nimmt *ab*: Einfang eines Ions entgegengesetzter Ladung.

B. Ladungsänderung durch lichtelektrischen Effekt.

Das Partikel ist anfangs *positiv* geladen: die positive Ladung nimmt zu.

Das Partikel ist anfangs *negativ* geladen: die negative Ladung nimmt ab, das Partikel wird nach genügend langer Belichtung positiv geladen.

Man muß sich über diese Verhältnisse und ihre Einfachheit vollkommen klar sein bei der Beurteilung der sich anscheinend widersprechenden Versuchsergebnisse von MILLIKAN und vielen anderen auf der einen, F. EHRENHAFT und seinen Schülern auf der anderen Seite. Vor allem die Anlagerung von Ionen ist nach der oben gegebenen Darstellung ein sich im Gase abspielender Vorgang, bei dem das Teilchen nur der „Zeiger" ist, und *es kann eigentlich nicht zweifelhaft sein, daß dieser Vorgang unabhängig von der Größe des „Zeigers" sein muß.*

Zum Schlusse müssen wir noch fragen, woher die Anfangsladung der Teilchen stammt, welche auf so verschiedene Weise — elektrisch oder mechanisch —

[1] E. MEYER u. W. GERLACH, Ann. d. Phys. Bd. 45, S. 177. 1914; Bd. 47, S. 227. 1915.

hergestellt sind. Die bei der Funken- oder Bogenzerstäubung entstehenden Teilchen sind grobe, hocherhitzte Metallpartikel, welche bei dem explosiven Entladungsvorgang neben dem einatomigen Metalldampf entstehen; dies kann man durch spektroskopische Untersuchung des Funkens feststellen. Daneben sind in der Entladungsbahn Metallionen und Ionen der Gasmoleküle oder -atome der Atmosphäre vorhanden, in welcher die elektrische Entladung übergeht. Durch Anlagerung solcher Ionen an die gröberen Metallteilchen entsteht deren positive oder negative Ladung. Ganz anders bei den mechanisch zerstäubten Flüssigkeitsteilchen. Hier handelt es sich um reibungselektrische Vorgänge, welche die Ladung hervorbringen, wahrscheinlich um solche Prozesse, wie sie LENARD bei dem Zerspritzen von Flüssigkeitströpfchen nachgewiesen hat. Diese Feststellungen sind von Wichtigkeit im Hinblick auf die Universalität des Ladungsaufbaus, der allgemeinen Gleichheit der Ladungsquanten, unabhängig von ihrer „Erzeugung“.

19. Die atomistische Struktur der Elektrizität. Als Beispiel für die allgemeine Atomistik der Elektrizität, nämlich für den atomistischen Charakter der elektrischen Umladung bei Ionenanlagerung beiderlei Vorzeichens, bei lichtelektrischer Abspaltung *und* für die Gleichheit von Umladungsgröße und Einheit der Gesamtladung, geben wir zunächst ein MILLIKANsches Messungsresultat an. MILLIKAN mißt die Bewegung des Tröpfchens im Erdfeld allein (Fallgeschwindigkeit v_g) und im elektrischen Feld ($v_{\mathfrak{E}}$), dessen Größe und Richtung für alle Messungen einer Reihe konstant und so gerichtet ist, daß das Teilchen stets steigt (Geschwindigkeit des Steigens bei den verschiedenen Ladungen $e, e', \ldots, v_{\mathfrak{E}}, v'_{\mathfrak{E}}, \ldots$). Nach den Grundgleichungen (7) und (6) ist dann die Ladungsänderung gegeben durch

$$\Delta e = k' \cdot (v'_{\mathfrak{E}} - v_{\mathfrak{E}})$$

und die Gesamtladung durch

$$e = k'(v_g + v_{\mathfrak{E}}).$$

Statt der Geschwindigkeiten werden nur die gemessenen Fall- und Steigzeiten und die Differenzen ihrer Reziproken gegeben, da die stets konstante Beobachtungsstrecke — gleich groß für Fall- und Steigbewegung — in die Konstante einbezogen werden kann.

Das Verfahren des Versuchs ist das folgende: Es wird die Fallzeit im feldfreien Raum über eine bestimmte Strecke gemessen, sodann die Steigzeit im Felde $\mathfrak{E}$ für dieselbe Strecke, sodann wieder die Fallzeit im feldfreien Raum, wieder die Steigzeit im gleichen Felde $\mathfrak{E}$ für die gleiche Strecke. Die Zeitmessung erfolgt mit registrierendem Chronographen. t_g in Tabelle 1 (und damit v_g) ergibt sich für die ganze Messungsdauer konstant: d. h. das Teilchen änderte seine Masse nicht. $t_{\mathfrak{E}}$ dagegen ändert sich gelegentlich sprunghaft: nämlich dann, wenn die Ladung des Teilchens sich während des Fallens im feldfreien Raum geändert hat. Wenn die Umladung in atomistischen Quanten erfolgt, so müssen nach obiger Gleichung alle $(v'_{\mathfrak{E}} - v_{\mathfrak{E}})$- bzw. $(1/t'_{\mathfrak{E}} - 1/t_{\mathfrak{E}})$-Werte Vielfache *einer* Einheit sein. Wenn auch die Anfangsladung der Teilchen aus gleichen Quanten besteht, so müssen die $(v_g + v_{\mathfrak{E}})$- bzw. $(1/t_g + 1/t_{\mathfrak{E}})$-Werte *Vielfache der gleichen Einheit* sein. In der Tabelle 1 müssen also die Werte der 5. und 8. Vertikalreihe einander gleich sein, und die n'-Werte der 4. Spalte müssen die Differenzen zweier aufeinanderfolgender Werte der 7. Spalte sein. Die Tabelle gibt einen Auszug aus MILLIKANS Meßresultaten. Man sieht, wie außerordentlich gut die Konstanz der relativen Ladungseinheiten ist, wie sicher aus diesen, von allen Annahmen über die Struktur der Elektrizität, über die Struktur der Teilchen, über das Fallgesetz freien Versuchen die Atomistik der elektrischen Ladung folgt. Einzig und allein die Annahme steckt darin, daß die Geschwindigkeit der Teilchen stets proportional der wirkenden Kraft ist (vgl. Ziff. 20).

Tabelle 1. MILLIKANS Messungen über die Atomistik des elektrischen Umladungsvorganges (aus Phys. ZS. Bd. 14, S. 798. 1913).

Fallzeit im Erdfeld t_g	Steigzeit im elektr. Feld $t_{\mathfrak{E}}, t'_{\mathfrak{E}}$	Differenz der reziproken Steigzeiten (prop. v) nach Umladung $\frac{1}{t'_{\mathfrak{E}}} - \frac{1}{t_{\mathfrak{E}}}$	Vielfaches der *Umladung* n'	Relative Einheit der Umladung $\frac{1}{n'}\left(\frac{1}{t'_{\mathfrak{E}}} - \frac{1}{t_{\mathfrak{E}}}\right)$	Summe der reziproken Fall- und Steigzeiten $\left(\frac{1}{t_g} + \frac{1}{t_{\mathfrak{E}}}\right)$	Vielfaches der *Ladung* n	$\pm n'$	Relative Einheit der Gesamtladung $\frac{1}{n}\left(\frac{1}{t_g} + \frac{1}{t_{\mathfrak{E}}}\right)$
11,848	80,708				0,09655	18		0,005366
11,890	22,366	0,03234	6	0,005390			+6	
11,908	22,390				0,12887	24		0,005371
11,904	22,368	0,03751	7	0,005358			−7	
11,882	140,565				0,09138	17		0,005375
		0,005348	1	0,005348			+1	
11,906	79,600				0,09673	18		0,005374
11,838	34,748	0,01616	3	0,005387			+3	
11,816	34,762				0,11289	21		0,005376
11,776	34,846							
11,840	29,286						+1	
					0,11833	22		0,005379
11,904	29,236	0,026872	5	0,005375			−5	
11,870	137,308				0,09146	17		0,005380
		0,021572	4	0,005393			+4	
11,952	34,638				0,11303	21		0,005382
11,860		0,01623	3	0,005410			+3	
11,846	22,104							
					0,12926	24		0,005386
11,912	22,268	0,04307	8	0,005384			−8	
11,910	500,1				0,08619	16		0,005387
		0,04879	9	0,005421			+9	
11,918	19,704							
					0,13498	25		0,005399
11,870	19,668							
11,888	77,630	0,03874	7	0,005401			−7	
					0,09704	18		0,005390
							+2	
11,894	77,806	0,01079	2	0,005395	0,10783	20		0,005392
11,878	42,302							

Eine besonders sorgfältige Untersuchung über die Atomistik der Umladungen hat R. BÄR[1] ausgeführt. Niedrig geladene Aluminiumteilchen werden — durch Ionenfang oder lichtelektrischen Effekt — wiederholt aufgeladen und entladen. Bleibt ihre Masse während der Meßreihe konstant, so gilt für das Produkt Haltepotential V_i Volt (d. h. die Spannung, welche ein Feld erzeugt, das das Teilchen in der Schwebe hält) und Teilchenladung e_i die Beziehung:

$$mg = e_i \frac{V_i}{300\, d}$$

(mg Gewicht des Teilchens, d Abstand der Kondensatorplatten). Sind alle Ladungen e_i Vielfache n_i einer Einheitsladung e_0, so ist für ein Teilchen

$$\frac{300 \cdot dmg}{e_0} = n_i V_i = \text{konst.}$$

Durch Prüfung dieser Konstanz hatten MEYER und GERLACH[2] sowie A. JOFFÉ[3] die Atomistik der lichtelektrischen Aufladung sichergestellt. BÄR geht sorgfältiger

[1] R. BÄR, Ann. d. Phys. Bd. 57, S. 161. 1918.

[2] E. MEYER u. W. GERLACH, Ann. d. Phys. Bd. 56, S. 177. 1914; erste Mitt.: Arch. sc. phys. et nat. Bd. 35, S. 398. 1913.

[3] A. JOFFÉ, Münchener Ber. 1913, S. 19.

vor, indem er statt des ja immer nur unsicher zu bestimmenden Haltepotentials (oder Schwebepotentials) nach EHRENHAFTs Vorschlag zwei Potentiale $\overline{V_i}$ und $\underline{V_i}$ bestimmt, bei welchen noch *gerade* eine Steig- bzw. eine Fallbewegung konstatierbar war („Gabelungsverfahren"). Es werden dann Zahlen n_i so gewählt, daß $n_i\overline{V_1}$ und $n_i\underline{V_i}$ nahe konstant sind, dann werden aus dem Generalmittel aller $n_i V_i$-Werte $= C_0$ durch Division mit den einzelnen n_i die Haltepotentiale V_i^0 berechnet, welche innerhalb der Genauigkeit der Bewegungsabschätzung zwischen den gemessenen V_i liegen.

Hier einige Zahlen aus einer großen Tabelle:

Tabelle 2. Atomistik des Umladungsvorganges nach R. BÄR.

$\underline{V_i}$	$\overline{V_i}$	n_i	$n_i\underline{V_i} = \underline{C}$	$n_i\overline{V_i} = \overline{C}$	V_i^0
470	479	2	940	958	472,5
310	318	3	930	954	315
186	191	5	930	955	189
118	122	8	944	976	118
156	159	6	936	954	157,5
311	318	3	933	954	315
943	948	1	943	948	945
470	480	2	940	960	472,5
930	955	1	930	955	945
153	160	6	918	960	157,5
155	160	6	930	960	157,5

Die Konstanz der C ist augenfällig, es ist keine Frage, daß die n_i-Werte die Anzahl der diskreten freien Ladungen auf dem Teilchen sind, daß alle Ladungen aus n-Vielfachen derselben Einheitsladung bestehen.

Es liegen noch mannigfache Nachprüfungen dieser Atomistik des Umladungsvorganges vor. Erwähnt seien nur die Messungen von K. WOLTER sowie von B. DERIEUX: ersterer hat bei einem Druck von 9 Atmosphären, letzterer — ebenso wie MEYER und GERLACH — bei niederen Drucken die Atomistik der elektrischen Ladung festgestellt.

R. BÄR[1] hat einen bestimmten Fall der „fehlenden" Atomistik in einer (unter F. EHRENHAFTS Leitung) durch J. PARANKIEWICZ[2] ausgeführten Untersuchung kritisch nachgeprüft. Ein Ölteilchen vom Radius $\sim 4 \cdot 10^{-5}$ cm hatte folgende Ladungszahlen nach 3maliger Umladung durch Ionenfang ergeben: 12:63:22:23. Gemessen war nach dem Gabelungsverfahren. BÄR zeigt nun, daß die BROWNsche Molekularbewegung eines solchen Teilchens schon so groß ist, daß wegen der außerordentlich kleinen Meßstrecke des benutzten Kondensators (gesamter Plattenabstand nur wenige Millimeter!) eine Einengung des Schwebepotentials nur auf einige Prozent genau möglich ist. Es ist also zwanglos statt 12:63:22:23 zu setzen 1:6 (oder 5?):2:2. Bemerkenswerterweise erhält man mit diesen Ladungszahlen auch den richtigen Wert des Elementenquantums, nämlich rund $5 \cdot 10^{-10}$ (statt $0{,}45 \cdot 10^{-10}$, wie PARANKIEWICZ aus ihren großen Ladungszahlen berechnet). Nach allen Erfahrungen — und das ist auch ein gewichtiger Einwand gegen die EHRENHAFT-PARANKIEWICZsche Ansicht — *ist es auch absolut nicht einzusehen, wie ein Fang von 40 bis 50 Ionen bei einer Umladung zustande kommen soll.* Es muß als Überschätzung der Meßgenauigkeit bezeichnet werden, wenn EHRENHAFT dem Sinne nach schreibt, daß ein Verhältnis zweier Ladungen nach mehrfacher Messung von 0,9999 bis 1,0001 zu 2,0293 bis 2,0299 nicht gleich 1:2, sondern gleich 34:69 zu setzen ist; eine solche Genauigkeit

[1] R. BÄR, Ann. d. Phys. Bd. 67, S. 157. 1922.

[2] J. PARANKIEWICZ, Ann. d. Phys. Bd. 53, S. 551. 1917.

ist bei dem Ausschweben überhaupt nicht zu erreichen. Mit einwandfreier Apparatur und geeigneten Verhältnissen zur Feststellung der Atomistik — wie BÄR zahlenmäßig belegt — hat auch EHRENHAFT[1] 1914 die Atomistik bei niedrigen Umladungszahlen (2:3:2:1: —2: —3: —1: —2: —1) bestätigt gefunden.

Wir konstatieren also, daß alle beobachteten Umladungen eines Teilchens — durch Photoeffekt oder Ionenfang — sich als Anlagerung oder Abgabe streng atomistischer, unter sich gleicher Ladungseinheiten darstellen.

20. Die Elektrophotophorese. In letzter Zeit hat F. EHRENHAFT einen neuen Einwand gegen die atomistische Deutung der vorstehend beschriebenen Versuche vorgebracht, welche sich auf die von ihm als Elektrophotophorese bezeichnete Erscheinung gründet. Unter Photophorese versteht EHRENHAFT die Bewegung, welche manche ultramikroskopischen Teilchen (besonders z. B. Selen, aber auch aus einem Silberlichtbogen als Silber angesprochene Teilchen[2]) zeigen, wenn sie intensiv bestrahlt sind; hierbei gibt es ebensowohl Teilchen, welche sich in Richtung des Lichtes, wie solche, welche sich gegen die Richtung des Lichtes bewegen („positive" und „negative" Photophorese). Die neuere Entwicklung der Theorie des Radiometers hat Möglichkeiten aufgezeigt, diese Bewegungen als normale Radiometereffekte zu deuten[3], wenn auch nicht alle beobachteten Erscheinungen als hierdurch völlig geklärt bezeichnet werden können. Nun ist aber in verschiedenen neueren Arbeiten des Wiener-Instituts gezeigt worden, daß diese Photophorese durch elektrische Felder modifiziert, bei manchen Teilchen erst durch ein zur Beleuchtungsrichtung senkrechtes Feld hervorgerufen werden kann. Eine dieser sonderbaren Erscheinungen besteht darin, daß z. B. ein ungeladenes Teilchen, welches also zuerst bei schwacher Beleuchtung betrachtet, in einem elektrischen Feld nicht bewegt wird, eine Bewegung *in* Richtung des Feldes erfährt, wenn es intensiv bestrahlt wird, daß es diese Bewegung aber mit Unterbrechung der intensiven Bestrahlung sofort wieder verliert; es war also keine *dauernde* Aufladung durch Photoeffekt eingetreten[4]. Da gleiche Erscheinungen auch bei geladenen Teilchen eintreten (Änderung der Steiggeschwindigkeit im elektrischen Feld durch intensive Bestrahlung), schließt EHRENHAFT, daß auch bei früheren Beobachtungen die gleiche Erscheinung vorhanden gewesen sein muß, aber nicht beachtet wurde, und daß deshalb die auf die Verhältnisse der Steigzeiten bei verschiedener Ladung eines Teilchens gegründete Atomistik falsch sein müsse; ja er meint, daß experimentell gefundene Ganzzahligkeit ein Beweis für Nichtatomistik der Ladungen sei.

Wenn auch die Elektrophotophorese eine sehr unerwartete und noch gänzlich ungeklärte Erscheinung darstellt, so scheint bezüglich ihrer störenden Wirksamkeit auf andere Versuche keine zu große Befürchtung am Platze. Denn diese sind meist mit Öl gemacht, welches nach SELNER den Effekt nicht zeigt[5]; sie sind nicht mit so großen Beleuchtungsintensitäten gemacht, und schließlich müßte sich — weil die elektrophotophoretische Kraft der Feldstärke *nicht*

[1] F. EHRENHAFT, Wiener Ber. (2a) Bd. 123, S. 140. 1914.

[2] Wir wählen diese vorsichtige Bezeichnungsweise, weil nicht alle Ag-Teilchen, sondern vorzugsweise die lebhaft „gefärbten" die in folgendem beschriebenen Erscheinungen zeigen.

[3] Zuerst wohl W. GERLACH u. W. WESTPHAL, Verh. d. D. Phys. Ges. Bd. 21, S. 218. 1919; W. GERLACH, ZS. f. Phys. Bd. 2, S. 207. 1920. Dann theoretisch A. RUBINOWICZ, Ann. d. Phys. Bd. 62, S. 716. 1920, und andere Autoren, zuletzt G. HETTNER, ZS. f. Phys. Bd. 37, S. 179. 1926.

[4] Vgl. z. B. F. EHRENHAFT, Phys. ZS. Bd. 31, S. 478. 1930. Daselbst auch die ähnliche Erscheinung der „Magnetophotophorese"; P. SELNER, ZS. f. Phys. Bd. 71, S. 658. 1931; E. WILFINGER, ebenda Bd. 71, S. 666. 1931.

[5] Öl, Schwefel, Hg, P, Salmiak ebenfalls nicht; dagegen Se, Te, As, Bi, J, Fe, Ni, P nach P. SELNER (l. c.). (NB: Phosphor wird von SELNER [l. c.] S. 660 als positiv, S. 661 als negativ bezeichnet!)

proportional ist — ihr Einfluß in Abweichungen von der Atomistik zeigen. Wir halten also diesen Angriff EHRENHAFTS auf die Atomistik der Elektrizität für nicht begründet. Die Elektrophotophorese gehört zu dem großen Komplex sonderbarer Erscheinungen, die EHRENHAFT entdeckt hat[1]; vielleicht mag sie mit dem von WASSER[2] untersuchten „inversen" Photoeffekt zusammenhängen, kleinen *negativen* Aufladungen durch Licht von Teilchen mit Radien unter 10^{-5} cm.

21. Die Versuchsanordnung von R. A. MILLIKAN. Die Versuchsanordnung, mit welcher R. A. MILLIKAN seine endgültigen Versuchsreihen ausführte, soll an Hand der von MILLIKAN gegebenen[3] Apparatzeichnung (Abb. 3) erläutert werden.

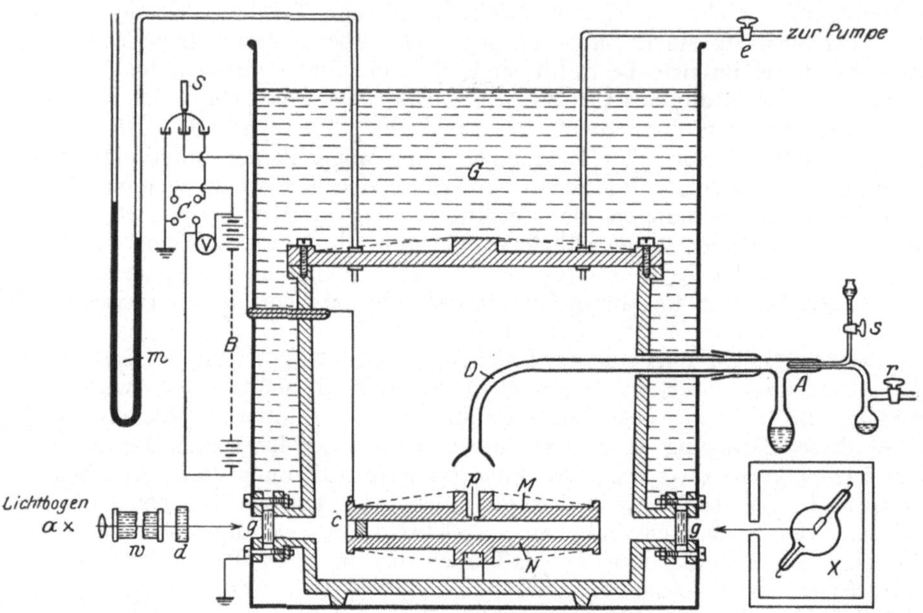

Abb. 3. R. A. MILLIKANS endgültige Versuchsanordnung. *MN* Kondensator. *AD* Zerstäuber. *G* Ölbad. *awdg* Beleuchtung des Teilchens.

Im Innern von *D* erkennt man den bei der Darstellung des Prinzips der Messung beschriebenen Kondensator. *MN* sind die optisch eben geschliffenen metallischen Kondensatorplatten von 22 cm Durchmesser. Sie sind durch drei Echelonplatten aus Glas von etwa 1 cm² Fläche und 14,9174 mm Dicke voneinander getrennt, welche so liegen, daß der Kondensator in drei Richtungen offen ist, nämlich für Beleuchtung, Beobachtung und Umladung des Teilchens. Das Kupfergefäß *D* ersetzt zum Teil die in Abb. 2 gezeichnete Kammer *K* zur Erzeugung der Versuchsteilchen. In der vorliegenden Abbildung ist die Zerstäubungsvorrichtung *A* eingezeichnet, welche zur Herstellung der Ölteilchen diente. Der Zerstäuber wird betätigt durch einen mit größter Sorgfalt getrockneten und entstaubten Luftstrom, welcher bei Hahn *r* eingeleitet werden kann. Durch das kleine in *M* eingebohrte Loch fällt das Teilchen in den eigentlichen

[1] Auch die elektrophotophoretische Geschwindigkeit zeigt als Funktion des Druckes die Radiometerfunktion. Ferner tritt diese Bewegung nicht plötzlich auf, sondern stellt sich erst nach einiger Zeit auf ihren Endwert ein.

[2] E. WASSER, ZS. f. Phys. Bd. 27, S. 203. 1924.

[3] R. A. MILLIKAN, Phys. Rev. Bd. 2, S. 136. 1913; Proc. Nat. Acad. Amer. Bd. 3, S. 231. 1917; vgl. auch: Das Elektron. Braunschweig: Fr. Vieweg & Sohn 1922.

Versuchsraum zwischen M und N (in der Abbildung durch p markiert). Der Kupferkasten D ist sehr massiv und vollständig abdichtbar, um den Druck des Gases im Kondensator variieren zu können. Bei e kann eine Pumpe zur Erhöhung oder Verminderung des Druckes im Kondensator, dessen Größe am offenen Quecksilbermanometer m ablesbar ist, angeschlossen werden.

Die Erzeugung des elektrischen Feldes im Kondensator geschieht so: die untere Kondensatorplatte N ist stets mit den übrigen Metallteilen, ausgenommen die Platte M, verbunden und geerdet. Die Spannung liefert eine Hochspannungsbatterie B, von der mit Hilfe des Kommutators C der eine oder andere Pol über den Schlüssel S an die obere Platte M angelegt werden kann, während der andere Pol der Batterie ebenfalls geerdet ist. Die Zuführung zu M ist durch D isoliert und gedichtet geleitet. Der Schlüssel S hat noch einen anderen Zweck: Soll das Feld vom Kondensator abgeschaltet werden, so erdet S (in der Abbildung dann nach links gelegt) auch die obere Kondensatorplatte M. Mit dem Voltmeter V wird die Feldspannung gemessen.

Die Anordnung des Kondensators NM in dem Gefäße D garantiert, daß sich bei Veränderung des Gasdrucks die Platten M und N nicht gegeneinander verbiegen, das elektrische Feld $\mathfrak{E} = V/300d$ also sicherlich unabhängig vom Druck ist. d, der Abstand der Platten MN, wird von MILLIKAN zu 14,9174 mm angegeben — mit 0,01% Sicherheit.

Das Kupfergefäß D befindet sich in einem großen Ölbad G (Ölvolumen etwa 40 l), welches eine weitgehende Temperaturkonstanz sichert. Es ist so gebaut, daß die Durchblicke zu den drei Fenstern in dem Ebonitrahmen des Kondensators ölfrei sind; ihnen gegenüber hat es Abschlußplatten gg. (Das — in der Abbildung nicht sichtbare, nach vorne liegende — Beobachtungsfenster ist bei MILLIKAN nicht rechtwinklig, sondern um 60° geneigt zur Beleuchtungsrichtung angebracht.)

a ist der als Beleuchtungsquelle dienende Lichtbogen, w und d sind dicke Filter zur Abhaltung der Wärmestrahlen (w 80 cm Wasserschicht, d Kupfersalzbad); schließlich ist X eine Röntgenröhre zur Ionisation des Kondensatorgases oder zur lichtelektrischen Aufladung des Teilchens.

Beobachtet wird von MILLIKAN mit einem kurzbrennweitigen Fernrohr ($f = 30$ mm, Vergrößerung 25fach), welches in dem Okular zwei Fäden im Abstand 1,0220 cm (Fehler <1 auf 2000) hat, um die Geschwindigkeit der Teilchenbewegung zu messen. Zur Zeitmessung dient ein Chronograph.

EHRENHAFTS Versuchsanordnung unterscheidet sich in einem Punkte — scheinbar nur äußerlich, aber doch prinzipiell — von der MILLIKANS: der Kondensator ist wesentlich kleiner, die Beobachtung erfolgt mit stark vergrößernden Mikroskopen, da für viele seiner Untersuchungen ganz wesentlich kleinere Teilchen verwendet werden. Hiermit können nur sehr kleine Fallstrecken der Partikel beobachtet werden, so daß in vielen Messungen die BROWNsche Bewegung so groß ist, daß die Fallbeobachtungen unsicher, Ausschwebungsversuche aber überhaupt illusorisch werden.

Alle anderen Autoren haben ähnliche Versuchsanordnungen verwendet. Für die Versuche von MEYER, GERLACH, BÄR u. a., die zum Teil auch zu Messungen bei niederen Drucken verwendet wurden, waren oft auch einfachere Anordnungen hinreichend zuverlässig. Eine solche — nach R. BÄR — stellt die Abb. 4 dar: $P_1 P_2$ ist der Kondensator, der oberen Platte wird von der äußeren Platte P_3 über eine Feder die Spannung zugeführt. Die Platte P_2 ruht auf vier, exakt 10 mm langen Bernsteinstiften B, auf Spitzen derselben leicht aufgelegt. Eine evakuierbare Apparatur stellt Abb. 5 dar, ebenfalls nach R. BÄR. Die Evakuierung erfolgte durch zehn in die untere Kondensatorplatte horizontal eingebohrte Löcher L von 1 mm Durchmesser und ein 0,2 mm weites Loch l, das zentrisch in die obere Platte gebohrt war. Mit einer solchen Anordnung ließ sich die Evakuierung am sichersten ausführen, ohne daß durch seitliche Strömungen das Teilchen aus dem Beobachtungsbereich gezogen wurde[1].

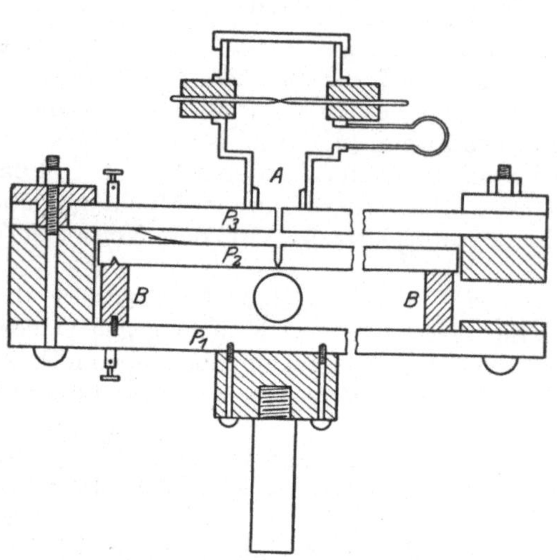

Abb. 4. Kondensator nach R. BÄR (Ann. d. Phys. Bd. 57, S. 161. 1918).

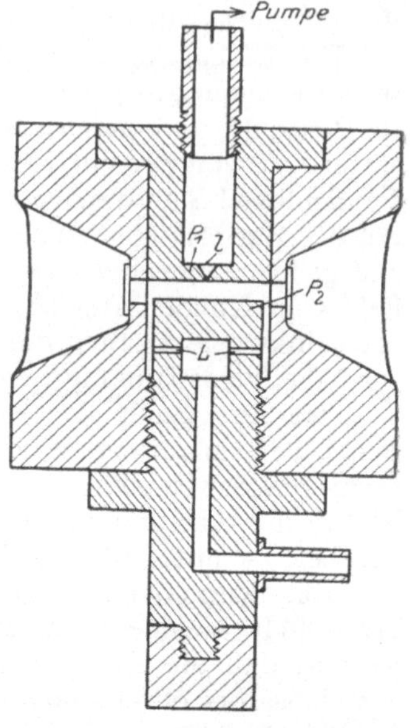

Abb. 5. Evakuierbarer Kondensator mit großer Temperaturkonstanz nach R. BÄR (Ann. d. Phys. Bd. 67, S. 157. 1922).

22. MILLIKANS Methode der Präzisionsmessung. Nachdem MILLIKAN den Nachweis geliefert hatte, daß die Umladungen ein und desselben Teilchens streng atomistisch erfolgten, ergab sich, daß die Gesamtladungen aller Teilchen nicht Vielfache des gleichen Einheitswertes waren, daß allerdings alle diese speziellen Einheitswerte für die verschiedenen Teilchen doch ziemlich nahe beieinander lagen. Aus systematischer Darstellung der Versuche ergab sich die nebenstehende Abb. 6. Hier sind die an den einzelnen Teilchen ermittelten Grundladungen (Ordinaten) dargestellt als Funktion der Fallgeschwindigkeit der entsprechenden Teilchen im Erdfeld, eine Größe, welche nach dem unkorrigierten STOKESschen Gesetze ein relatives Maß für den Radius, also die Größe des Teilchens sein soll. Man sieht, daß alle Teilchen oberhalb einer gewissen Geschwindigkeit, d. h. einer bestimmten Teilchengröße, denselben Wert der Einheitsladung geben, unterhalb aber mehr und mehr zunehmende Abweichungen zeigen. Hierin sah MILLIKAN einen Beweis dafür, daß das zugrunde gelegte einfache STOKESsche Gesetz falsch

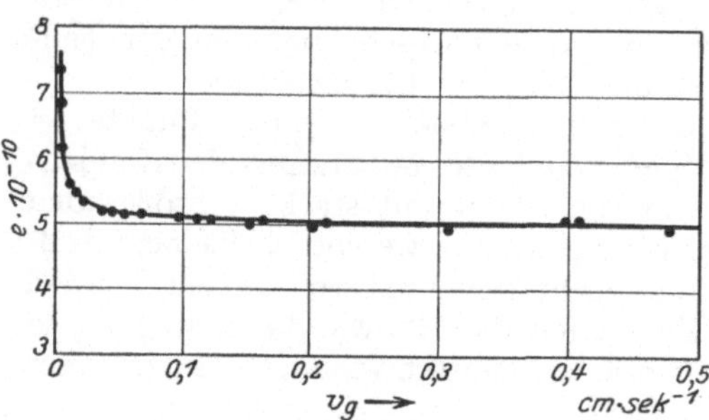

Abb. 6. MILLIKANS unkorrigierte ε-Werte als Funktion der Fallgeschwindigkeit im Erdfeld (i. e. Teilchenradius).

[1] Von anderen veröffentlichten Konstruktionen sei die von MATTAUCH (ZS. f. Phys. Bd. 32, S. 439. 1925) erwähnt. MATTAUCH zeigt auch, daß bei früheren Versuchen gefundene Anomalitäten des Fallgesetzes bei tiefen Drucken auf Strömungen beruhten.

sein muß. *Denn die Atomistik der Umladung war auch für die kleinsten Teilchen (kleinste Fallgeschwindigkeit) erwiesen, und der Mechanismus der Umladung — Anlagerung von Gasionen — war für die großen Teilchen und die kleinsten Teilchen genau derselbe.*

MILLIKAN erdachte deshalb ein graphisches Verfahren zur Eliminierung des unbekannten Fallgesetzes. Wie oben gezeigt, ist die STOKESsche Formel zu korrigieren, weil die grundlegende hydrodynamische Bedingung der Homogenität des reibenden Mediums für kleine Teilchen sicher nicht erfüllt sein kann. Maßgebend für die Größe der Korrektion ist der Quotient freie Weglänge λ zu Teilchenradius a oder, da λ umgekehrt proportional dem Druck p des reibenden Mittels ist, $1/pa$. Es ist also in den grundlegenden Formeln, die sich der Gleichung (1) bedienen, statt v_g zu setzen [vgl. (9)]

$$\frac{v_g}{1 + A' \frac{1}{p \cdot a}}, \tag{11}$$

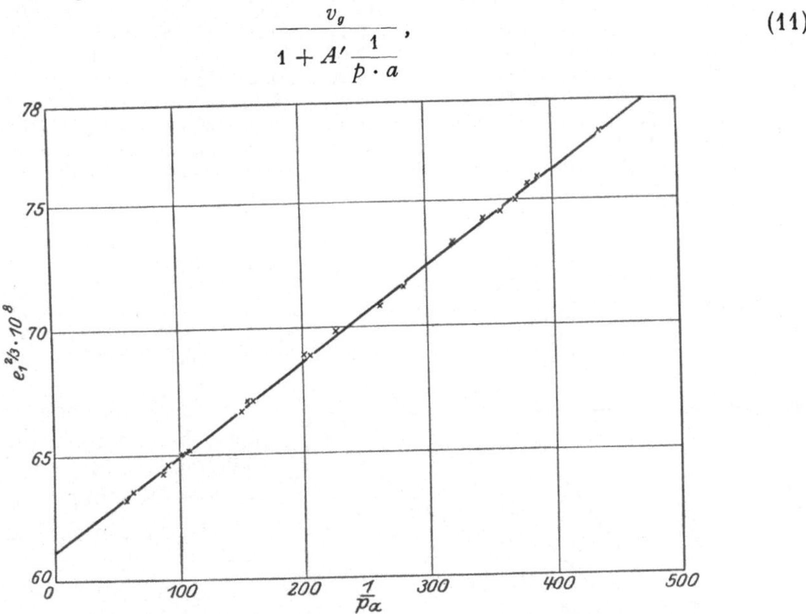

Abb. 7. Eine Serie aus MILLIKANS endgültigen Messungen; empirische Korrektion der Abhängigkeit vom Teilradius. Ölteilchen in Luft.

was in den Endformeln für die Ladung, da in ihnen $v^{2/3}$ vorkommt, zu dem korrigierten Ladungswert e_0 statt des nach Gleichung (6) ermittelten e führt:

$$e_0 = \frac{e}{\left(1 + A' \frac{1}{pa}\right)^{3/2}}$$

oder

$$e^{2/3} = e_0^{2/3}\left(1 + A' \frac{1}{pa}\right). \tag{12}$$

Diese lineare Beziehung führt für $1/p = \lambda = 0$ oder für $a = \infty$ zu $e = e_0$, d. h. für die Fälle, in welchen der Teilchenradius unendlich groß gegen die freie Weglänge ist, also für die rein hydrodynamische Bewegungsbedingung.

Sowohl p als auch a wurden variiert[1], und die direkt berechneten $e^{2/3}$-Werte als Funktion von $1/pa$ aufgetragen. Die Abb. 7 und die Tabelle 3 gibt die von

[1] Jedoch wurde noch nicht die Methode angewendet, *dasselbe* Teilchen bei verschiedenen Drucken zu untersuchen. Bezüglich solcher Versuche s. die folgenden Ziffern über die Versuche von E. MEYER, W. GERLACH, R. BÄR, J. MATTAUCH.

Tabelle 3. Auszug aus MILLIKANS Bestimmung der Elementarladung. Ölteilchen in Luft (nach Phil. Mag. Bd. 34, S. 1. 1917).

Nr.	Spannungs-unterschied (Volt)	t_g sec	v_g cm/sec	n	$a \cdot 10^5$	p cm Hg	$\frac{1}{pa}$	$\frac{\lambda}{a}$	$\varepsilon^{2/3} \cdot 10^8$	$\varepsilon_0^{2/3} \cdot 10^8$
1	6650	16,50	0,06194	7—13	23,40	74,49	57,45	0,04111	63,21	61,03
2	6100	16,76	0,06099	8—11	23,22	75,00	57,5	0,04115	63,204	61,03
3	5308	19,73	0,05180	7—15	21,34	74,49	63,0	0,04509	63,54	61,16
4	4132	37,82	0,02703	4—6	15,33	75,37	86,7	0,06205	64,27	60,97
5	4661	40,09	0,02521	3—6	14,84	75,00	90,6	0,06484	64,63	61,21
6	4111	51,53	0,01983	3—4	13,05	75,77	101,3	0,06502	65,02	61,19
7	5299	51,48	0,01985	2—5	13,05	74,98	102,4	0,07329	65,07	61,20
8	6661	56,06	0,01823	2—3	12,50	75,40	106,3	0,07608	65,13	61,11
9	6082	59,14	0,01728	1—4	12,17	75,04	109,7	0,07850	65,19	61,05
10	4077	57,46	0,01779	3—8	12,34	75,67	107,3	0,07680	65,21	61,16
11	4663	16,58	0,06165	10—12	22,72	29,26	150,6	0,1078	66,70	61,01
12	4661	29,18	0,03502	5—7	17,08	36,61	160,1	0,1146	67,12	61,07
13	4687	18,81	0,05432	8—10	21,26	30,27	155,6	0,1114	67,14	61,26
14	4651	47,65	0,02145	2—7	13,20	36,80	206,4	0,1477	68,90	61,11
15	4648	32,72	0,03129	4—6	15,92	31,35	200,7	0,1437	68,97	61,39
16	3393	18,34	0,05572	12—16	21,11	20,58	227,8	0,1630	69,88	61,27
17	4669	46,82	0,02294	2—4	13,12	29,10	262,4	0,1878	70,85	60,94
18	4691	26,62	0,03819	5—7	17,32	20,54	281,4	0,2014	71,60	60,98
19	3339	14,10	0,07249	15—19	23,00	13,24	321,4	0,2297	73,34	61,20
20	4682	39,24	0,02605	3—5	14,00	20,72	345,4	0,2472	74,27	61,22
21	3350	18,30	0,05585	10—13	20,47	13,62	359,1	0,2570	74,54	60,97
22	3370	43,88	0,02329	3—6	13,17	20,47	371,5	0,2659	75,00	60,97
23	3381	46,90	0,02179	3—6	12,69	20,74	380,6	0,2724	75,62	61,24
24	3345	19,65	0,05201	9—12	19,65	13,12	388,5	0,2781	75,92	61,24
25	3344	26,76	0,03819	6—9	16,57	13,80	438,3	0,3137	77,74	61,18

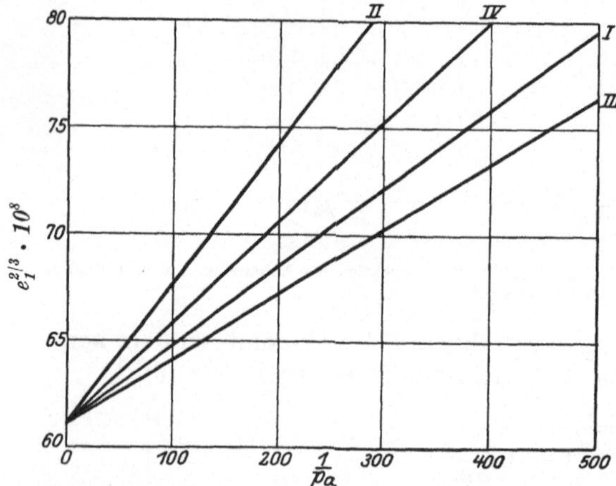

Abb. 8. *I*. Ölteilchen in Luft (nach MILLIKAN). *II*. Ölteilchen in Wasserstoff (nach MILLIKAN). *III*. Quecksilberteilchen in Luft (nach DERIEUX). *IV*. Schellackteilchen in Luft (nach LEE).

MILLIKAN als endgültig bezeichneten Messungsergebnisse von Ölteilchen in Luft, und die Abb. 8 analoge Messungen von

Öl in Luft (*I*) und Wasserstoff (*II*) nach MILLIKAN,

Quecksilber in Luft (*III*) nach J. B. DERIEUX,

Schellack in Luft (*IV*) nach L. Y. LEE.

Während die Neigungen dieser letzten Kurven gegen die $1/pa$-Achse für die verschiedenen Materialien und Gase verschieden sind, laufen sie doch für $1/pa = 0$ streng in denselben Punkt der Ordinate ein, d. h. welches auch das Fallgesetz ist, die korrigierte Einheitsladung ergibt sich als von ihm gänzlich unabhängig.

Das Ergebnis aller Messungen (vgl. die Diskussion in Ziff. 28) der Größe des Elementarquantums ist

$$\varepsilon = (4{,}774 \pm 0{,}005) \cdot 10^{-10} \text{ intern. elektrostat. Einheiten.}$$

Zu dieser graphischen Methode MILLIKANS müssen noch einige Worte gesagt werden. Sie verlangt die Kenntnis des Radius des Teilchens a. Dieser Radius wurde zunächst aus dem unkorrigierten STOKESschen Gesetz gemäß Gleichungen

(1) und (2) durch Messung der Fallgeschwindigkeit des Teilchens im Erdfeld v_g berechnet. Dann liefert die benutzte Darstellung von $\varepsilon^{2/3}$ und $1/pa$ in ihrer Neigung einen ersten Wert für die Korrektionskonstante im STOKESschen Gesetze, d. h. für A' in Gleichung (12). Jetzt erhält man einen endgültigen Wert des Teilchenradius a_0, berechnet nach der experimentell ermittelten Beziehung, welche aber keine Annahme, weder über die Struktur der elektrischen Ladung noch über ihre Größe enthält[1], nämlich nach

$$v_g = \frac{2}{9} g \cdot a_0^2 \frac{(\sigma - \varrho)}{\mu} \cdot \left\{1 + A' \frac{1}{pa}\right\}.$$

Ergänzend sei noch eines bemerkt: Nachdem einmal durch diese Methode die Existenz und die Größe des elektrischen Elementarquantums sichergestellt war, wurde auch die Möglichkeit gegeben, das Fallgesetz für jedes beliebige Teilchen zu ermitteln. MILLIKAN hat auch diese Berechnungen ausgeführt. Das korrigierte STOKESsche Gesetz ist nach ihnen zu ersetzen[2] durch eine — vorerst nur formale Bedeutung besitzende — Beziehung:

$$B = \frac{1}{6\pi\mu a}\left[1 + \frac{\lambda}{a}\left(0{,}864 + 0{,}290\, e^{-1{,}25\frac{a}{\lambda}}\right)\right]$$

für Öltröpfchen in trockener Luft, wenn man mit B die Beweglichkeit, die Geschwindigkeit unter der Kraft 1 bezeichnet. Die *Form* dieses Fallgesetzes ist offenbar eine universelle, jedoch hängen die Zahlenfaktoren sowohl von dem Material des Teilchens als auch des reibenden Mediums ab. Hierzu vergleiche man die verschiedene Neigung der Kurven in Abb. 8 und 9. Es sei noch bemerkt, daß M. KNUDSEN und S. WEBER[3] genau das gleiche Gesetz fanden für makroskopische Kugeln, nämlich für das Korrektionsglied:

$$1 + \frac{\lambda}{a}\left(0{,}68 + 0{,}35\, e^{-1{,}25\frac{a}{\lambda}}\right),$$

worin die freie Weglänge λ als $\sqrt{\frac{\pi}{8}} \cdot \frac{1}{0{,}2097} \cdot \frac{\mu}{p\sqrt{\varrho}}$ zu setzen ist[4].

ISHIDA[5] hat die MILLIKANschen Versuche in zahlreichen Gasen wiederholt. Zur e-Bestimmung fehlte aber die genaue Kenntnis der inneren Reibung; deshalb wurde umgekehrt unter der Annahme, daß die Einheitsladung unabhängig vom Gas ist,

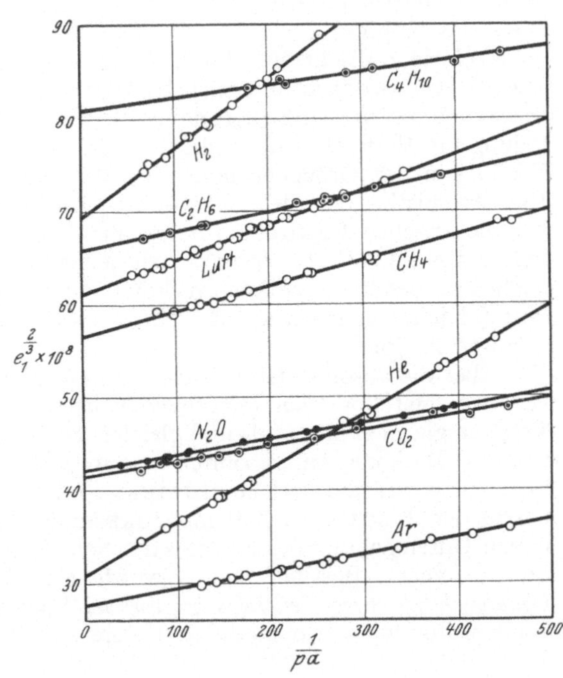

Abb. 9. Ladungsmessungen an Öltröpfchen in verschiedenen Gasen unter Annahme eines für alle Gase gleichen Reibungskoeffizienten (nach Y. ISHIDA).

[1] R. A. MILLIKAN, Phys. Rev. Bd. 26, S. 99. 1925.
[2] R. A. MILLIKAN, Phys. Rev. Bd. 1, S. 218. 1913.
[3] M. KNUDSEN u. S. WEBER, Ann. d. Phys. Bd. 36, S. 981. 1911.
[4] ϱ ist das spezifische Gewicht des Gases bei dem Druck von 1 dyn · cm^{-2}, p der Druck des reibenden Mediums.
[5] Y. ISHIDA, Phys. Rev. Bd. 21, S. 550. 1923; vgl. die direkten Messungen von K. S. VAN DYKE, ebenda Bd. 21, S. 250. 1923.

die Viskosität des letzteren gemessen. Man setzte zunächst in der $e^{2/3}$-Gleichung $\mu = 10^{-4}\,\mathrm{g \cdot cm^{-1}\,sec^{-1}}$ für alle Gase ein, dagegen für Luft[1] den Wert von $1{,}823 \cdot 10^{-4}$. Dann erhält man für die $(e^{2/3}, 1/pa)$-Funktion für sämtliche Gase gerade Linien (vgl. Abb. 9), allerdings mit ganz verschiedenen scheinbaren $e_0^{2/3}$-Werten für $1/pa = 0$. Aus der Abweichung gegen den wahren $e_0^{2/3}$-Wert für Öltröpfchen in Luft ergibt sich die Reibungskonstante der anderen Gase. Wichtig an diesen Versuchen ist für die vorstehende Diskussion, daß sich in allen Gasen gerade Linien ergeben.

Wir können das Ergebnis der bisherigen Betrachtungen nunmehr zusammenfassen. Während man den Nachweis der Atomistik der Elektrizität aus allen Versuchen — auch aus F. Ehrenhafts Experimenten trotz dessen Widerspruch — herauslesen muß, führen die absoluten Ladungsmessungen nur dann zu derselben atomistischen Einheit, wenn besondere Prüfung bzw. individuelle Bestimmung des Bewegungsgesetzes des Teilchens vorgenommen wird. Im folgenden werden wir uns mit umfassenden Versuchen über diese Fragen zu beschäftigen haben, die auch Aufschluß über den Bau kleinster Teilchen zu geben scheinen.

23. Die Untersuchungen von E. Meyer und W. Gerlach[2]. Einen neuen Gesichtspunkt, der in der Folgezeit von verschiedenen Seiten verwendet wurde, brachten die Untersuchungen von E. Meyer und W. Gerlach. Der Ausgangspunkt ihrer Experimente war die Untersuchung des lichtelektrischen Effekts an ultramikroskopischen Metallteilchen. In der Tat stellt ja der Millikankondensator das empfindlichste Elektrometer dar, indem er gestattet, die Auslösung eines einzigen Elektrons durch Licht aus einem Metallteilchen zu erkennen. Die zeitliche Beobachtung der lichtelektrischen Aufladung eines Metallteilchens — im Mittel von der Größenordnung 10^{-5} cm Radius — ergab eine stoßweise Aufladung um Beträge, welche kleine Vielfache einer Einheit waren, deren absolute Größe von der Größenordnung des Millikanschen Elementarquantums war[3]. Die Atomistik des lichtelektrischen Aufladungsvorganges (der Abgabe der lichtelektrischen Elektronen) folgte aus diesen Versuchen mit großer Sicherheit, indem die $n_i V_i$-Werte sowohl nach jeder lichtelektrischen Aufladung als auch nach zwischendurch zufällig vorkommendem, positivem oder negativem Ionenfang für jedes Teilchen (gemäß Ziff. 19) konstant waren. Zum gleichen Ergebnis gelangte A. Joffé.

Aber die absolute Größe dieser bei einem lichtelektrischen Elementarprozeß von dem Metallpartikel weggehenden negativen Ladung war bei verschiedenen Teilchen gleichen Materials und gleicher Herstellungsart verschieden groß. Dabei war die Methode der absoluten Ladungs- bzw. Ladungsänderungsbestimmung im Prinzip dieselbe, welche Millikan und Ehrenhaft verwendeten, indem die Größe der Teilchen nach dem Stokesschen Gesetz bestimmt wurde. Zur genauen Untersuchung des lichtelektrischen Vorgangs — zunächst nicht etwa zum Zwecke einer ε-Bestimmung — wurde eine *Methode* ausgearbeitet, *welche die Untersuchung eines Teilchens bei verschiedenen Drucken gestattete.* Der Millikankondensator wurde so modifiziert, daß aus ihm die Luft ausgepumpt werden

[1] E. L. Harrington, $1{,}8226 \cdot 10^{-4}$; van Dyke, 1,8221.

[2] E. Meyer u. W. Gerlach, Elster-Geitel-Festschrift 1915, S. 196. Braunschweig: Fr. Vieweg & Sohn; vgl. auch Ann. d. Phys. Bd. 45, S. 177. 1914.

[3] In einer Besprechung dieser Versuche durch R. A. Millikan scheint ein Mißverständnis enthalten zu sein. Millikan glaubt, daß das „gleichzeitige" Entweichen mehrerer Elektronen bei der Bestrahlung ein wesentliches Ergebnis dieser Versuche sei. Hiervon ist aber gar nicht die Rede, vielmehr wurde gezeigt, daß die Schnelligkeit des Elektronenverlustes von der Intensität des Lichtes, der Größe und der Ladung des Teilchens und dem Druck des umgebenden Gases abhängt; vgl. E. Meyer u. W. Gerlach, Ann. d. Phys. Bd. 45, S. 177. 1914, und besonders die zweite Abhandlung Ann. d. Phys. Bd. 47, S. 227. 1915.

konnte, während das Teilchen der Größenordnung 10^{-5} cm im Gesichtsfeld blieb. Es ergab sich nun, daß die Atomistik der lichtelektrischen Aufladung — wie zu erwarten war — auch bei niederen Drucken gefunden wurde, jedoch war die absolute Größe der kleinsten Ladungsänderung vom Drucke des umgebenden Gases abhängig. Diese beiden Ergebnisse: verschiedene Ladungsquanten bei verschiedenen Teilchen und — bei demselben Teilchen — bei verschiedenen Drucken, wurden so gedeutet, daß eine oder mehrere der in die ε-Berechnung eingehenden Annahmen ungültig sind. Als solches kam zunächst das *Fallgesetz*, aus welchem die Größe des Radius des Teilchens ermittelt wurde, in Betracht.

Nimmt man als selbstverständlich an, daß die Größe der lichtelektrisch ausgelösten Einheitsladung unabhängig vom umgebenden Gasdruck ist, so kann man nach einem Fallgesetze suchen, welches eine solche Abhängigkeit für die Bewegung des betrachteten Teilchens von dem Druck des umgebenden Gases gibt, daß der absolute Wert der Ladungseinheit unabhängig vom Drucke wird. Es wurden auf diese Weise acht theoretische Fallgesetze geprüft, aber *keines* für die verwendeten Teilchen aus Platin, durch Funkenelektrodenzerstäubung gewonnen, gültig gefunden. Die nach dem STOKESschen Gesetz mit den verschiedenartigsten einfachen Korrektionen (REINGANUM, CUNNINGHAM, KNUDSEN u. a.) berechneten Radien a nahmen mit abnehmendem Drucke ab. Dagegen war es möglich, Druckunabhängigkeit zu finden, wenn man statt des spezifischen Gewichts 21,4 des kompakten Platins den Wert 11,56 einsetzte[1], z. B. gerechnet nach STOKES-CUNNINGHAM ($A = 1{,}63$):

Teilchen Nr. 602	$p = 685$ mm	111 mm	30 mm
Spez. Gew. 21,4	$a =$ 5,75	5,27	4,99
Spez. Gew. 11,56	**$a =$ 12,7**	**12,9**	**12,8**

Ausgebaut wurde diese Methode im Züricher Institut von E. MEYER, BÄR, LUCHSINGER u. a. Speziell R. BÄR, dann auch J. MATTAUCH in Wien, haben sie zu exakten Bestimmungen des Elementarquantums an beliebigen Teilchen, für deren jedes das Fallgesetz (bzw. Dichte und Korrektionskonstante) individuell bestimmt wurde, verwendet (s. die folgenden Abschnitte). Eine interessante Notiz von R. BÄR sei noch erwähnt: er fand Beispiele, in welchen zwei Teilchen bei Atmosphärendruck gleiche Fallgeschwindigkeiten hatten, bei niedrigem Druck sich aber wesentlich unterschieden. Es ist einleuchtend, daß man dann aus der Messung bei Atmosphärendruck allein für beide nicht die gleiche Elektronenladung erwarten kann, daß der Grund hierfür aber wohl kaum in der Nichtexistenz einer Elementarladung zu suchen ist!

Im Zusammenhang mit den Versuchen, welche zeigen, daß die Metallteilchen, welche im elektrischen Bogen oder Funken durch Zerstäubung der Elektroden erzeugt sind, eine geringere Dichte als die des Elektrodenmaterials haben, müssen kurz Versuche von E. WEISS[2] (auf A. EINSTEINS Veranlassung ausgeführt), sowie von SCHIDLOF und TARGONSKI[3] erwähnt werden. Die Unterschreitungen der normalen Dichte sind nur durch nicht kompakte Struktur dieser Teilchen verständlich: solche Teilchen werden dann aber auch sicher *nicht* kugelförmig sein. In den genannten Experimenten hat man daher den interessanten Versuch gemacht, die Teilchen nach ihrer Erzeugung nochmals umzuschmelzen. Die Anordnung war dabei so getroffen, daß dasselbe Teilchen

[1] Vgl. Ziff. 24 H. S. PATTERSON und R. W. GRAY.
[2] E. WEISS, Wiener Ber. (2a) Bd. 120, S. 1021. 1911.
[3] A. SCHIDLOF u. A. TARGONSKI, Phys. ZS. Bd. 17, S. 376. 1916.

vor und nach dem Umschmelzen untersucht werden konnte, oder daß zerstäubtes geschmolzenes Metall sich rasch oder langsam abkühlte. Man fand tatsächlich eine beträchtliche Dichtevergrößerung, wobei die Dichte rückwärts aus der Ladungseinheit bestimmt wurde. So fanden SCHIDLOF und TARGONSKI z. B. für Teilchen aus Zinn: für zerstäubtes geschmolzenes Metall abgeschreckt die scheinbare Dichte 1,6, nach langsamer Abkühlung dagegen 2—4,2 (statt 7 normal).

24. Die Untersuchungen von E. MEYER und R. BÄR. Im Verfolg der von MEYER und GERLACH erhaltenen Resultate, daß kleine Metallteilchen eine andere Dichte als das kompakte Material, aus dem sie erzeugt werden, haben, sind in Zürich umfangreiche Versuche verschiedenster Art zur allgemeinen Aufklärung dieser Frage gemacht worden. Den Schlußstein setzte die im folgenden zu besprechende Untersuchung von R. BÄR[1]. Die von ihm gestellte Frage (zuerst von BÄR und LUCHSINGER diskutiert) ist die: Wird die Massenbestimmung der Teilchen falsch durch Ungültigkeit des Widerstandsgesetzes von STOKES oder durch abnorme Dichte der Teilchen?

Wir gehen aus von der STOKES-CUNNINGHAMschen Form:

$$K = mg = 6\pi\mu a v\left(1 + A\,\frac{\lambda}{a}\right)^{-1} = \frac{4}{3}\pi a^3 \sigma g.$$

Durch Messung der Fallgeschwindigkeit v ein und desselben Teilchens bei verschiedenen freien Weglängen (verschiedenen Drucken im Kondensator) läßt sich diese darstellen als

$$v = \alpha + \beta \cdot \lambda,$$

worin

$$\alpha = \frac{2\sigma a^2 g}{9\mu}, \qquad \beta = \frac{2\sigma a g}{9\mu} A.$$

Der Quotient β^2/α ergibt sich als unabhängig vom Radius a, nämlich zu

$$\frac{\beta^2}{\alpha} = \frac{2}{9}\,\frac{g}{\mu}\,\sigma A^2 = C.$$

Die *Konstante* ist somit für jedes *Material* berechenbar, sobald die Dichte σ und die Korrektionskonstante A im Fallgesetz als bekannt angenommen werden — ganz unabhängig von der Größe des Teilchens.

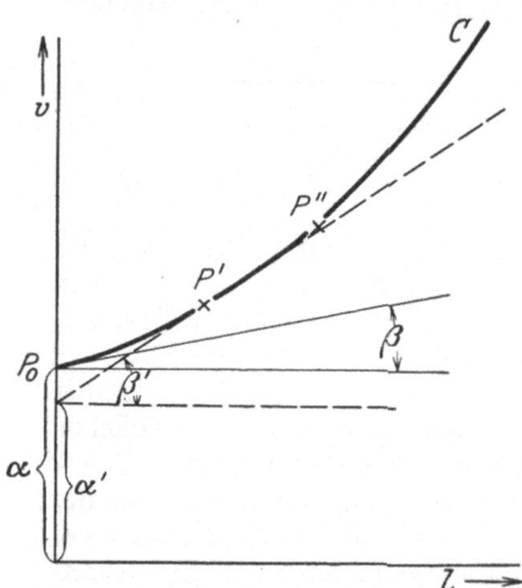

Abb. 10. R. BÄRs Methode zur experimentellen Ermittlung von Fallgesetz und Dichte jedes einzelnen Teilchens.

Der Versuch, der in Messung von v als Funktion von λ besteht, ergab nun für *größere* Teilchen in der Tat β^2/α = konst. Aber mit abnehmendem Radius ergaben sich zunehmende Abweichungen, β^2/α nahm dauernd zu, die Beziehung zwischen v und λ war nicht mehr als $v = \alpha + \beta\lambda$ darzustellen. Diese Zunahme kann aber nur darin begründet sein, daß A in obiger Gleichung, die CUNNINGHAMsche Korrektionskonstante, mit abnehmenden Drucken *größer* wird, denn σ kann *niemals* größere, nur kleinere Werte als das kompakte Material haben. Die Abb. 10 gibt in der Kurve C graphisch die Ergebnisse einer solchen Beobachtungsreihe der Fallgeschwindigkeit eines Teilchens unveränderlicher Masse als Funktion des Druckes oder der freien Weglänge. Man erhält aus ihr die richtigen Werte für α und β, wenn man die Tangente in P_0 anlegt, dagegen

[1] R. BÄR, Ann. d. Phys. Bd. 67, S. 157. 1922; R. BÄR u. F. LUCHSINGER, Phys. ZS. Bd. 22, S. 225. 1921.

falsche Werte $\alpha'\beta'$, wenn man etwa durch zwei gemessene Punkte $P'P''$ eine Gerade legt. Will man das Ergebnis durch eine Formel darstellen, so muß statt der „Korrektionskonstanten“ A gesetzt werden:

$$A = A_1 + A_2 e^{-A_3 \frac{a}{\lambda}},$$

wie das auch im MILLIKAN*schen Fallgesetz geschehen ist,* das auf ähnliche Weise, nur nicht durch Messung der λ-Abhängigkeit *am gleichen* Teilchen, gewonnen wurde.

Es sind auch Fälle beobachtet, in welchen $(\beta^2/\alpha)_{\text{ber.}}$ kleiner war als der aus der v, λ-Kurve bestimmte Wert. Dann ist es mindestens wahrscheinlich, daß das Teilchen eine kleinere Dichte als das kompakte Material hat.

Stets verschwanden bei Verwendung der experimentell ermittelten α, β-Werte die Unterschreitungen der Elektronenladung. Selbst bei für Präzisionsmessungen ganz ungeeigneten Teilchen — nicht kugelförmig und von Teilchen zu Teilchen variierende Dichte, also verschiedene Struktur — ergeben sich nach BÄRs Methode der A- bzw. σ-Bestimmung für *jedes* Teilchen annähernd MILLIKANsche Elementarquanten.

PATTERSON und GRAY[1] haben im Bogen zerstäubte Partikel aus verschiedenen Metallen und Metalloxyden untersucht und unter der Annahme des Elementarquantums gezeigt, daß ganz erhebliche Unterschreitungen der normalen Dichte vorkommen. Zur Kontrolle wurden auch Ölteilchen untersucht. Sie lieferten unabhängig von der Größe eine mittlere Dichte von 0,905 an Stelle von 0,884 für die Dichte des verwendeten Öls. Da die Genauigkeit der Versuche aber nicht sehr groß ist, besteht kein Grund, aus diesen Versuchen an der richtigen Dichte von Öltröpfchen zu zweifeln. Die Gold- und Silberteilchen lieferten Dichten, welche bis zu 20mal kleiner waren. Mit dieser Dichte gerechnet, würden die Radien der Teilchen um ein Vielfaches größer sein.

In der folgenden Tabelle ist eine solche Versuchsreihe wiedergegeben:

Tabelle 4. Gold. Normale Dichte 19,3.

Radius 10^5 cm . .	2,35	2,58	2,89	3,90	3,97	4,61	4,71	4,88	5,64	5,81	6,33	7,00	11,21
beobachtete scheinbare Dichte . .	8,00	7,60	1,21	0,62	0,94	0,68	3,20	0,90	0,45	3,80	1,28	0,34	0,21

Die Fortführung der gleichen Methodik durch EHRENHAFT[2] hat zu sehr merkwürdigen Ergebnissen geführt. Er findet, daß die Größe σA^2 für verschiedene Teilchen eines Materials zwar ziemlich stark um einen Mittelwert schwankt, jedoch nicht mehr als ohne Zwang der Größe A zugeordnet werden kann, so daß σ für alle Teilchen dasselbe wäre. Hierfür sieht er darin eine Stütze, daß die Mittelwerte von $A^2\sigma$ für verschiedene Teilchen aus ganz verschiedenem Material proportional zur normalen Dichte σ sind, und daß bei Annahme sehr kleiner Dichten A viel zu große Werte annehmen würde. EHRENHAFT schließt also, daß die Bestimmung von A aus der obigen Formel für β^2/α und der Dichte des kompakten Materials richtig ist, erhält aber starke Unterschreitungen der Elementarladung, und zwar charakteristischerweise um so stärkere, je größer die Dichte und je kleiner die betrachteten Teilchen sind, wobei dieses „kleiner“ natürlich wieder auf der Annahme normaler Dichte beruht! Bemerkenswert scheint mir allerdings, daß jetzt die Unterschreitungen *wesentlich* geringer sind,

[1] H. S. PATTERSON u. R. W. GRAY, Proc. Roy. Soc. London (A) Bd. 113, S. 302. 1927; vgl. auch V. KOHLSCHÜTTER u. J. L. TÜSCHER, ZS. f. Elektrochem. Bd. 27, S. 225. 1921.

[2] F. EHRENHAFT, Zusammenfassung von Messungen des Wiener Instituts. Atti Congr. inst. d. Fis. Como Bd. 2, S. 129. 1927.

als sie einige Jahre früher an dem gleichen Material gefunden wurden. Die ε-Werte steigen allmählich und haben für Öl bereits den MILLIKANschen Wert erreicht.

F. EHRENHAFT[1] glaubt allerdings beweisen zu können, daß Teilchen aus Gold, Silber und Quecksilber (bez. letzterer siehe jedoch die ausführlichen und das Gegenteil unmittelbar beweisenden Darstellungen in Ziff. 26), mit welchen er merkliche Unterschreitungen der Elementarladung erhält, nahezu die gleiche Dichte haben wie das kompakte Material. Jedoch scheint mir die benutzte Rechnungsmethode nicht genügend einwandfrei. Aus der bekannten Beziehung

$$v = \frac{2}{9} a^2 \cdot \frac{\sigma g}{\mu} \cdot f\left(\frac{\lambda}{a}\right)$$

erhält man durch Erweiterung mit λ^2

$$\frac{2}{9}\,\frac{\sigma g}{\mu} \cdot \frac{\lambda^2}{v} = \frac{\lambda^2}{a^2} \cdot \frac{1}{f\left(\frac{\lambda}{a}\right)}.$$

EHRENHAFT löst nun nach λ/a auf und schreibt

$$\lambda = a \cdot \varphi\left(\frac{\lambda^2 \sigma}{v\mu}\right); \qquad \log\lambda = \log a + \psi\left(\frac{1}{2}\log\frac{\lambda^2\sigma}{v\mu}\right).$$

Aus den gemessenen v-Werten als Funktion der freien Weglänge λ und aus den bekannten Werten λ, σ, μ ergeben sich in einem Koordinatensystem $\left(\log\lambda, \log\frac{\lambda^2\sigma}{v\mu}\right)$ für sechs Teilchen Kurven angenähert gleicher Krümmung, die aber wegen der logarithmischen Darstellung ähnlicher aussehen, als sie in Wirklichkeit sind; EHRENHAFT schließt aus ihnen, daß die Dichte σ auf etwa 20% der Dichte des kompakten Materials gleich sein dürfte.

Die vollständige Durchrechnung des EHRENHAFTschen Ansatzes liefert jedoch

$$\log\lambda = \log a + \frac{1}{2}\log\frac{2}{q}g + \frac{1}{2}\log\frac{\sigma\lambda^2}{\mu v} + \frac{1}{2}\log\left[f\left(\frac{\lambda}{a}\right)\right].$$

Es scheint mir physikalisch nicht statthaft zu sein, die Bedeutung des letzten Gliedes, welches doch gerade die unbekannte und strittige Funktion enthält, dadurch zu verschleiern, daß man dasselbe mit dem vorletzten zu

$$\psi\left(\frac{1}{2}\log\frac{\lambda^2\sigma}{v\mu}\right)$$

zusammenfaßt. Mit anderen Worten: Aus dem ungefähr gleichen Verlauf der Kurven $\left(\log a, \log\frac{\sigma\lambda^2}{v\mu}\right)$ ist ein eindeutiger Schluß auf die Dichte nicht zu ziehen, da mit einer Änderung von σ auch eine Änderung von $f(\lambda/a)$ verbunden ist.

Ganz anders als diese Ergebnisse für Selen-, Silber- und Goldteilchen sind die Resultate, welche nach genau gleichem Vorgehen in Messung und Berechnung von MATTAUCH an Öl- und Hg-Teilchen erhalten wurden.

25. Die Untersuchungen von J. MATTAUCH[2]. Eine — sowohl als Erweiterung wie Bestätigung der MILLIKANschen Ergebnisse gleich wertvolle — Untersuchung über die Korrektion des STOKESschen Fallgesetzes stammt von J. MATTAUCH. Es wird die Beweglichkeit von Öl- und Quecksilbertröpfchen von rund 4 bis $12 \cdot 10^{-5}$ cm Radius (a) in Stickstoff und Kohlensäure so bestimmt, daß ein und dasselbe Teilchen (nach dem Vorgang von E. MEYER und W. GERLACH)

[1] F. EHRENHAFT, Congr. intern d'electr. Paris 1932. 1er Section, Comm No O—C. S. 1 bis 8.

[2] J. MATTAUCH, ZS. f. Phys. Bd. 32, S. 439. 1925.

unter verschiedenen Drucken (Atmosphäre bis ca. 20 mm, Variation der freien Weglänge von $1 \cdot 10^{-5}$ bis $32 \cdot 10^{-5}$ cm) beobachtet wird, *aber sowohl in Stickstoff als auch in Kohlensäure.* Ist B die Beweglichkeit (Geschwindigkeit unter der Kraft 1), so ist, wenn v_g und $v_{\mathfrak{E}}$ (wie oben) die Geschwindigkeiten des Teilchens vom Radius a und der Gesamtladung e im Erdfeld (Fall) und elektrischen Feld $\mathfrak{E}$ (Steigen) bezeichnen,

$$\frac{v_g + v_{\mathfrak{E}}}{\mathfrak{E}} = e \cdot B = u\,,$$

worin B für die allgemeine Form des STOKESschen Gesetzes gesetzt ist

$$B = \frac{1}{6\pi\mu a} f\left(\frac{\lambda}{a}\right).$$

Man mißt nun[1]

$$u = eB = u_0 + \beta \cdot \lambda + \gamma\lambda^2 \ldots$$

als Funktion der freien Weglänge λ, erhält durch Extrapolation der Kurve zu $\lambda = 0$, u_0 und damit einen ersten angenäherten Wert des Radius des Teilchens

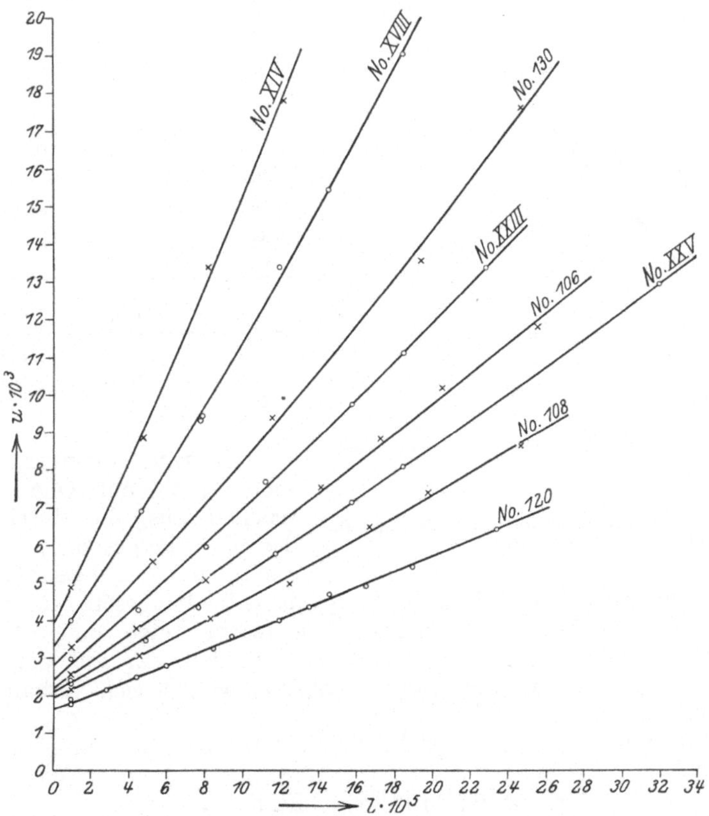

Abb. 11. Messungen von J. MATTAUCH: Beweglichkeit als Funktion der freien Weglänge für verschiedene Teilchen.

aus $eB = u_0$. Dieser sei a'. Die Abb. 11 gibt diese Messungen an einer Anzahl von Ölteilchen. Für jedes Teilchen wird die Funktion $u = u_0 + \beta\lambda + \gamma\lambda^2$ berechnet, also gewissermaßen für jedes Teilchen ein individuelles Fallgesetz

[1] Erweiterung der Methode von R. BÄR u. F. LUCHSINGER, vgl. Ziff. 24.

bestimmt. Daß die Näherungswerte a' für den Radius *eines* Teilchens in N_2 und CO_2 übereinstimmen, zeigen die Zahlen:

Nr. des Teilchens	$a' \cdot 10^5$ in N_2	$a' \cdot 10^5$ in CO_2	Differenz
125	10,960	11,047	+0,8%
126	7,885	7,924	+0,5%
127	10,309	10,251	−0,6%

Nun muß die Funktion $f(\lambda/a)$ ermittelt werden. Man bildet für jeden Punkt der Abb. 11 u/u_0 und λ/a' und erhält hiermit die Kurve Abb. 12. Diese Kurve enthält bereits das wichtige Resultat: *einmal zeigt sie, daß es ein allgemeines, für alle Ölteilchen in Stickstoff und in Kohlensäure gültiges Fallgesetz gibt; und zweitens ist der Verlauf der Kurve ganz entsprechend dem, welchen* MILLIKAN *für seine Ölteilchen fand.*

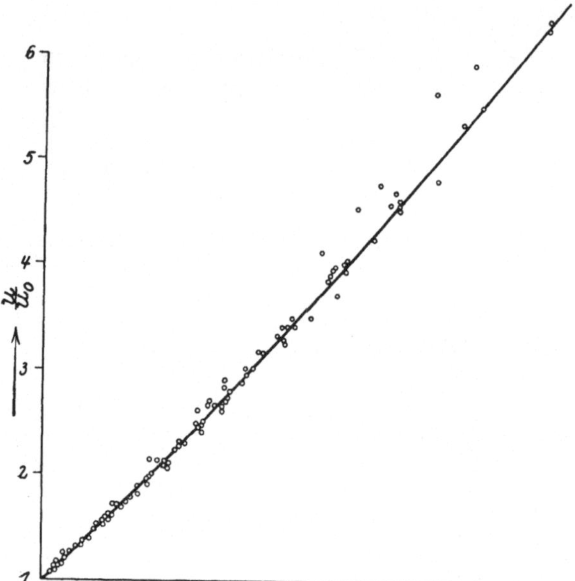

Abb. 12. Universelles Fallgesetz aller Ölteilchen in CO_2 und N_2 (Messung von J. MATTAUCH).

Das Fallgesetz hat also entsprechend der schwachen Krümmung der Kurve die Form

$$f\left(\frac{\lambda}{a}\right) = 1 + \frac{\lambda}{a}\left(A + B e^{-c\frac{a}{\lambda}}\right),$$

deren Konstanten sich nun durch Ausgleichsrechnung[1] aus allen Punkten der Abb. 12 ergeben (für λ/a zwischen 0,1 und 5):

	MATTAUCH (Öl in N_2)	MILLIKAN (Öl in Luft)
A	0,898	0,864
B	0,312	0,290
C	2,37	1,25

MATTAUCH dehnt seine Versuche auch auf Quecksilberteilchen aus, die durch Verdampfung hergestellt sind. Hier ergibt sich das überraschende Resultat, daß eine Anzahl von Teilchen (× ×) dasselbe Fallgesetz wie die Ölteilchen haben (in der Abb. 13 die ausgezogene Kurve), eine andere Gruppe aber ein gänzlich anderes. Diesen letzten ist offenbar ein viel geringeres spezifisches Gewicht eigen als den anderen, normal wie Öl sich verhaltenden (etwa $\sigma' = 1$ bis 2).

Aus den Ölversuchen wird ein sicherer Wert für das Elementarquantum erhalten, nämlich

$$\varepsilon = 4{,}758 \cdot 10^{-10} \text{ stat. Einh.}$$

aus 21 Teilchen bei mittleren Abweichungen von rund ±1%. Dieser Wert ist in *sehr* guter Übereinstimmung mit dem Wert von MILLIKAN, nämlich nur 0,34% kleiner. Die innere Übereinstimmung ist bei MILLIKAN besser, so daß

[1] Unter Zugrundelegung der Gleichung von KNUDSEN-WEBER (bezüglich der Konstanten B und C).

man dem MILLIKANschen Wert 4,774 wohl vorerst den Vorzug geben wird. Auch die Berechnung der Quecksilberversuche führt, allerdings mit wesentlich größerer Fehlergrenze, zu einem ähnlichen Mittelwert $4,74 \cdot 10^{-10}$.

Der soeben erwähnte Befund des Vorkommens von zwei Gruppen von Quecksilberteilchen mit vollständig verschiedenem Verhalten scheint in der nun folgenden Untersuchung von REGENER und SANZENBACHER überraschend schnell seine Aufklärung zu finden.

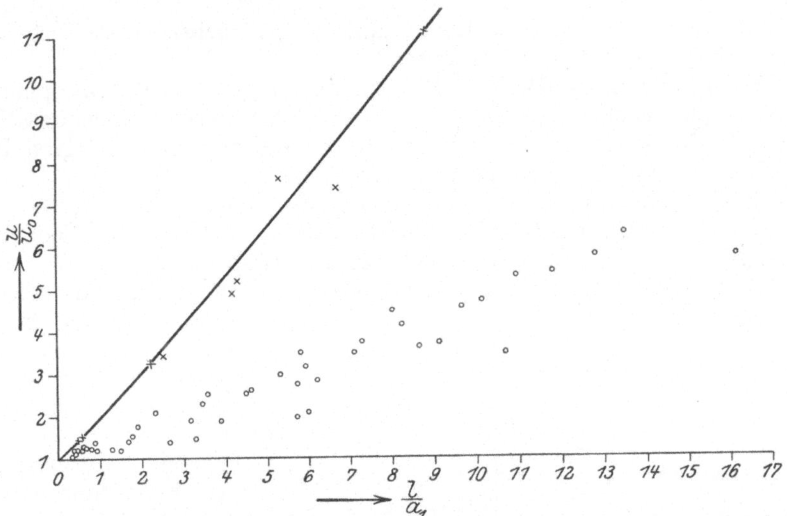

Abb. 13. Fallgesetz von Ölteilchen (ausgezogene Kurve), normalen Quecksilberteilchen (Kreuze), anormalen Quecksilberteilchen (Kreise).

26. Die Untersuchungen von E. REGENER. REGENER, der aus älteren Elementarquantenbestimmungen[1] nach der MILLIKANschen Methode Erfahrungen gesammelt hatte, legte sich die Frage vor, woher die offensichtlich falschen Massebestimmungen der kleinsten Teilchen kommen, besonders im Hinblick darauf, daß die Fehler um so größer werden, je kleiner die Teilchen sind. Seine Grundidee[2] ist die: aus mannigfachen Untersuchungen an makroskopischem Material kennt man die erheblichen Dicken adsorbierter Gasschichten; sie können von der Größenordnung der Durchmesser der Teilchen sein, mit welchen das Elementarquantum bestimmt wird. Die Massenbestimmungen nach dem Gesetz von STOKES müssen dann falsch werden, weil die mittlere „Dichte" eine andere ist, weil für die Reibung im Gase ein anderer Durchmesser in Betracht kommt, als das feste Teilchen hat. Es ist ferner nicht möglich, den Einfluß abzuschätzen, welchen eine Wechselwirkung zwischen Gasschicht und umgebendem Gas auf das Fallgesetz haben kann.

REGENER ließ durch RADEL[3] und KÖNIG[4] Untersuchungen ausführen über die Abhängigkeit der „Ladungseinheit" von der Größe der Teilchen und der Natur des Gases. Es ergab sich als allgemeines Resultat, daß — von größeren Teilchen angefangen — die Einheit der Ladung unabhängig von der Teilchengröße war, dagegen unterhalb einer kritischen Teilchengröße, deren Absolutbetrag bei gleichem Teilchenmaterial von der Natur des Gases abhing, *kontinuier-*

[1] E. REGENER, Phys. ZS. Bd. 12, S. 135. 1911.
[2] E. REGENER, Berl. Ber. 1920, S. 632.
[3] E. RADEL, ZS. f. Phys. Bd. 3, S. 63. 1920.
[4] M. KÖNIG, ZS. f. Phys. Bd. 11, S. 253. 1922; vgl. auch E. WASSER, ebenda Bd. 27, S. 226. 1924.

lich kleiner wurde. Als typisches Beispiel sei in der Abb. 14 eine Messung angegeben, die von M. KÖNIG mit elektrisch zerstäubten Hg-Teilchen in Luft und Kohlensäure ausgeführt wurde. Der „kritische Radius“, bei welchem die Unterschreitungen beginnen, liegt bei der stärker adsorbierbaren Kohlensäure höher als bei Luft.

In den späteren Versuchen von NESTLE ergab sich, daß ein solcher „kritischer“ Radius nicht eigentlich existiert, daß vielmehr die größeren Tröpfchen *vorwiegend* normale Hg-Kügelchen, die kleineren *vorwiegend* anomale Gebilde sind. NESTLE erhielt statt der Kurve von KÖNIG für „stabile“, d. h. nichtnormale Teilchen, die punktierte Kurve der Abb. 14 (s. unten).

Versuche bei höheren Drucken — K. WOLTER[1] ging bis zu 9 Atmosphären Kohlensäure — an Teilchen aus Öl, Metall und Quecksilber ergaben dasselbe Resultat wie die Versuche bei Atmosphärendruck; die zugrunde gelegten Beweglichkeitsformeln erwiesen sich als unabhängig vom Drucke.

Bezüglich der Adsorptionshypothese geben die Versuche keinen näheren Aufschluß. Denn wenn mit wachsendem Druck nicht die Dicke, sondern lediglich die Besetzungsdichte der Adsorptionsschicht zunimmt, so bleibt die Größe des Teilchens und seine Reibung im Gase unverändert und die geringe adsorbierte Gasmasse ändert die Dichte zu wenig, als daß es in den Versuchen von WOLTER zum Ausdruck kommen könnte.

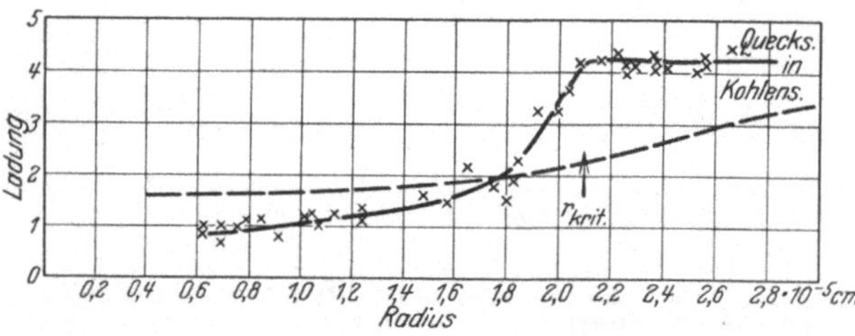

Abb. 14. Scheinbare Abhängigkeit des Wertes des Elementarquantums vom Teilchenradius. × × × Messungen von M. KÖNIG. — — — Messungen von R. NESTLE.

Ergebnisse von ganz besonderer Bedeutung haben im REGENERschen Institute SANZENBACHER[2], NESTLE[3] und SCHÄFER[4] erhalten. Sie untersuchten Teilchen aus Quecksilber in Wasserstoff, Stickstoff, Sauerstoff, Argon, Kohlensäure und Luft. Die Teilchen wurden teils durch Verdampfen, teils durch Funkenzerstäubung, teils durch mechanische Zerstäubung von Hg hergestellt.

Schon mehrfach wurde — genannt sei besonders eine umfassende Untersuchung von TARGONSKI[5] — festgestellt, daß „Quecksilberteilchen“ von verschiedener Art sich bilden können: solche, welche dauernd und kontinuierlich an Masse verlieren, also verdampfen, und solche, deren Masse beliebig lange Zeit konstant bleibt. Es wurden auch schon Fälle erwähnt, daß Quecksilberteilchen, welche zu Anfang verdampfen oder sogar wachsen[6], nach einiger Zeit eine konstante Endmasse annehmen. Der Schluß auf die Konstanz oder Nichtkonstanz der Masse der Teilchen geschieht dabei meist aus der Konstanz oder Nichtkonstanz der Fallzeiten t_g im feldfreien Raum (quantitative Berechnungen erfolgen nach dem STOKESschen Gesetz in der CUNNINGHAM-MILLIKANschen Form), bei Teilchen, deren Masse sich besonders schnell ändert, gelegentlich auch aus kontinuierlichen Veränderungen des Haltepotentials. TARGONSKIS Ergebnisse[7] lassen sich so zusammenfassen:

[1] K. WOLTER, ZS. f. Phys. Bd. 6, S. 339. 1921.
[2] R. SANZENBACHER, ZS. f. Phys. Bd. 39, S. 251. 1926.
[3] R. NESTLE, ZS. f. Phys. Bd. 77, S. 174. 1932.
[4] K. SCHÄFER, ZS. f. Phys. Bd. 77, S. 198. 1932.
[5] A. TARGONSKI, Arch. de Genève Bd. 41. 1916; Bd. 43. 1917.
[6] Z. B.: SOPHIE TAUBES, Ann. d. Phys. Bd. 76, S. 629. 1925.
[7] Vgl. auch SCHIDLOF u. KARPOWICZ, Arch. de Genève Bd. 9. 1916.

Quecksilber

mechanisch zerstäubt	elektrisch zerstäubt
Kleinste Ladungseinheit 4,68 · 10^{-10}, *unabhängig von den Dimensionen der Teilchen*	*Subelektronen, Unterschreitung des normalen Wertes um so größer, je kleiner das Teilchen*
Veränderliche Masse	Unveränderliche Masse
Radien nach STOKES-CUNNINGHAM gleich Radien nach der BROWNschen Bewegung	Kein Zusammenhang zwischen der Größebestimmung nach ST.-C. und der BROWNschen Bewegung
Die Beweglichkeit der Teilchen nimmt (normal) mit abnehmender Größe zu	*Die Beweglichkeit der Teilchen nimmt mit abnehmender Größe ab.*

Es ist für das Folgende sehr wichtig, daß auch EHRENHAFT und seine Schüler Quecksilberteilchen etwa gleicher Herstellung verwendet haben, und zwar gerade bei den Arbeiten, welche den Beweis dafür enthalten sollen, daß man überhaupt keinen experimentellen Nachweis einer Atomistik der Elektrizität erbringen könne. In den früheren Arbeiten der Wiener Schule ist nichts davon erwähnt, daß bei diesen Untersuchungen Quecksilberteilchen mit veränderlicher Masse beobachtet worden wären. Als Grund hierfür hat EHRENHAFT in einer Diskussionsbemerkung (1920 Nauheim) Zusatz von Blei zum Quecksilber angegeben. Aber es läßt sich wohl aus anderen Angaben in EHRENHAFTS Arbeiten ebenfalls auf *Massenänderungen* der beobachteten Teilchen schließen. So gibt er an, daß frisch zerstäubte Goldteilchen direkt nach der Herstellung eine viel größere BROWNsche Bewegung, also größere Beweglichkeit zeigen, als nach einer halben Stunde! Das sieht doch ganz so aus, als ob die wirksame Dicke der Teilchen zunimmt, also z. B. durch Adsorption von Gas im REGENERschen Sinne. Mindestens sind dies keine normalen Versuchsobjekte! Über besonderes Verhalten von Quecksilberteilchen hat EHRENHAFT keine ähnlichen Angaben gemacht. Das jetzt Folgende vorwegnehmend, würde das heißen, daß EHRENHAFT seine Hg-Teilchen nicht genügend schnell nach der Herstellung untersuchte oder Teilchen mit sichtbaren Masseänderungen überhaupt ausließ.

BÄR[1] hat aber schon 1922 darauf hingewiesen, daß nichtverdampfende Hg-Teilchen von einer Schicht bedeckt sein dürften, welche die Verdampfung hindert. Diese Vermutung — von EHRENHAFT ignoriert — hat sich neuerdings als berechtigt herausgestellt. Erst in der Arbeit von MATTAUCH — in der aber auch der MILLIKANsche Wert erhalten wird — ist auf Verdampfungserscheinungen an Quecksilberpartikeln geachtet (Ziff. 25, Abb. 13). Diese Punkte sind im Hinblick auf die nun zu besprechenden Versuche von REGENER und seinen Schülern im Auge zu behalten.

In diesen Experimenten wurde die Elementarladung in erster Linie an *verdampfenden Quecksilberpartikeln* bestimmt. Über die Versuchsanordnung ist noch zu sagen, daß die Vernebelung möglichst nahe bei der Beobachtungskammer erfolgte, so daß die Beobachtung der Partikel möglichst bald nach ihrer Erzeugung beginnen konnte. Im Gegensatz zu früheren Arbeiten, wo hauptsächlich sehr langsam fallende Teilchen beobachtet wurden, die durch schwache Erhitzung hergestellt waren, wurde hier der Hauptwert auf Messungen an solchen Teilchen gelegt, welche durch mehr oder weniger starkes Erhitzen des Quecksilbers erzeugt waren und sich *durch starke Verdampfung auszeichneten*. Diese Partikeln waren zu Anfang der Beobachtung meist relativ groß.

Die beiden Arbeiten von NESTLE und SCHÄFER behandeln speziell den Verdampfungsvorgang von Hg-Tröpfchen, der in Verbindung mit absoluten Ladungsmessungen zuerst von SANZENBACHER studiert wurde. Dabei ist bezüglich der Genauigkeit der ε-Bestimmung kein allzustrenger Maßstab anzuwenden, weil

[1] R. BÄR, Ann. d. Phys. Bd. 67, S. 157. 1922.

wegen der Variabilität der Masse nur Mittelwerte aus je zwei folgenden Messungen verwendet werden können.

SANZENBACHER erhielt durch Verdampfung von Hg in Kohlensäure und Luft stets Teilchen, deren Verdampfung zunächst stark war und dann in CO_2 asymptotisch aufhörte, in Luft dagegen meist bis zur Unterschreitung der Sichtbarkeitsgrenze weiterging. *Verdampfende* Teilchen ergaben in jedem Stadium bis $a = 8 \cdot 10^{-6}$ cm normale ε-Werte bis auf einen Fall unter etwa 60 Teilchen, wo ein Herabsinken der Elementarladung bis auf $2{,}5 \cdot 10^{-10}$ beobachtet wurde. Die Ladungen auf Teilchen mit konstanter Masse ergaben dagegen in Übereinstimmung mit den Befunden von KÖNIG und WASSER mit abnehmender Größe Unterschreitungen des Elementarquantums. Auch bei Anwendung von Funkenzerstäubung in Kohlensäure gelang es gelegentlich, *verdampfende* Teilchen zu finden, welche *normale* ε-Werte ergaben, während EHRENHAFT und TARGONSKI hierbei nur *stabile* Teilchen und mit ihnen „*Subelektronen*" erhielten.

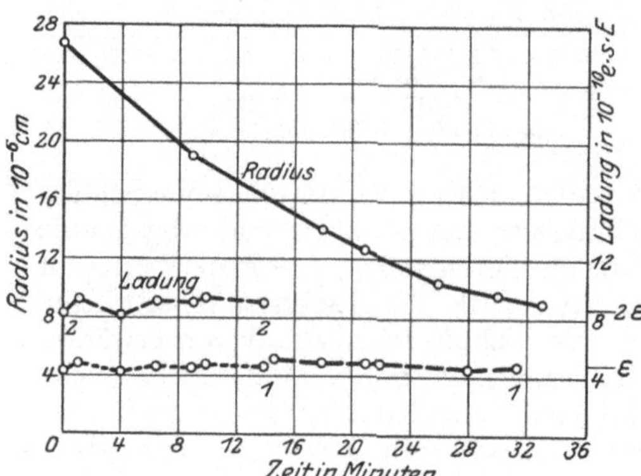

Abb. 15. Messung des Elementarquantums am verdampfenden Quecksilbertröpfchen in Kohlensäure (nach REGENER und SANZENBACHER).

In der Abb. 15 ist als Beispiel ein Hg-Teilchen enthalten, das durch Verdampfen hergestellt war. Die Kurve gibt Radius und Ladung in Abhängigkeit von der Beobachtungszeit wieder. Wie man sieht, hat das Teilchen innerhalb einer halben Stunde 98% seiner Masse verloren, die Ladung bestand zuerst aus zwei Elementarquanten, später aus einem einzigen. *Wie man sieht, bleibt die Elementarladung während der Massenänderung vollkommen konstant.*

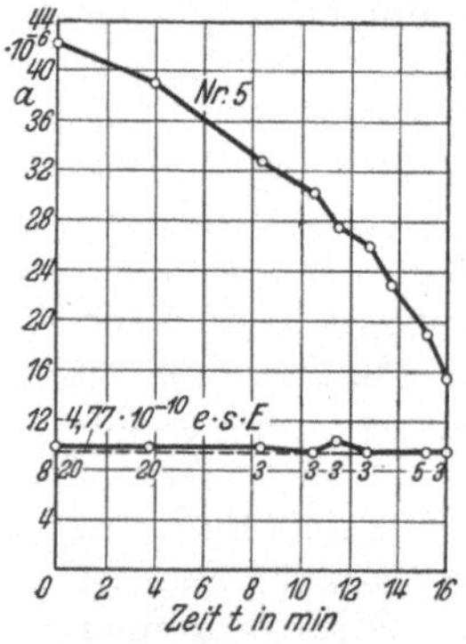

Abb. 16. In CO_2 durch Verdampfung erzeugtes normal verdampfendes Hg-Teilchen. (Die ganzen Zahlen bedeuten den gemessenen Ladungswert als vielfachen des Elementarquantums.) (Nach R. NESTLE.)

Abb. 16 und 17 geben zwei entsprechende Messungen von NESTLE, deren Teilchen ebenfalls, allerdings mit einer anderen Zeitabhängigkeit, verdampften.

In *Luft* wurden ausgeprägte Verdampfungserscheinungen, denen häufig starkes Wachsen voranging, beobachtet. Es ergaben sich normale ε-Werte. Die Verdampfung hörte nur in wenigen Fällen asymptotisch auf. Meist verdampfte das Teilchen geradeswegs bis zum völligen Verschwinden. Auch an mechanisch zerstäubtem Quecksilber konnten Verdampfungserscheinungen beobachtet werden. Der Grad der Verdampfung war jedoch sehr verschieden.

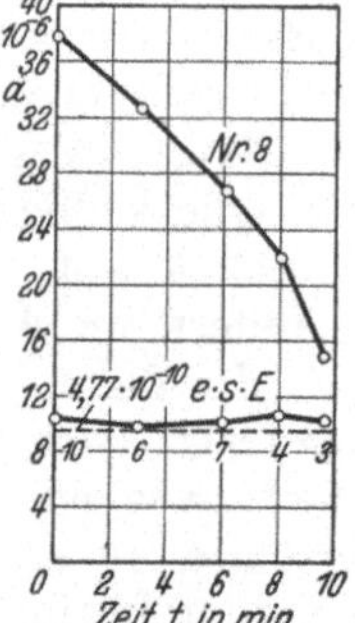

Abb. 17. Normal verdampfendes Hg-Teilchen in Argon (wie Abb. 16).

NESTLE und SCHÄFER haben nun festgestellt, daß man in allerreinsten, chemisch indifferenten Gasen durch Zerstäubung nur Tröpfchen erhält, welche bis zum völligen Verschwinden verdampfen. Abb. 18 gibt ein Beispiel für die Massenabnahme normal verdampfender Quecksilberteilchen in Stickstoff. Alle diese Teilchen verdampfen mit einer Geschwindigkeit, wie sie theoretisch aus dem Dampfdruck und der Diffusionsgeschwindigkeit zu erwarten ist. Anomal verdampfende oder stabile Teilchen haben entweder eine die Verdampfung beeinträchtigende Oberflächenschicht oder bestehen überhaupt nicht aus Quecksilber, sondern aus Quecksilberoxyd. Hierfür sprechen vor allem die Versuche, welche durch Funkenzerstäubung in nicht vollständig indifferenter Atmosphäre (mit Sauerstoff verunreinigte Gase oder auch reine Kohlensäure) ausgeführt wurden, wobei sich sogar makroskopisches Quecksilberoxyd bildete. Besonders schön geht dies aus Versuchen von SCHÄFER hervor, welche die Abnahme des Durchmessers als Funktion der Zeit zeigen, wenn durch Verdampfung erzeugte Quecksilbertröpfchen in verschieden reiner Kohlensäureatmosphäre hergestellt wurden. Abb. 19 zeigt, daß nur in allerreinster Kohlensäure (c) die beobachtete Verdampfungsgeschwindigkeit mit der theoretischen[1] übereinstimmt, daß aber bei Anwesenheit von Sauerstoff die Verdampfung langsamer vor sich geht, und schließlich stabile Teilchen erhalten werden. In reinem Wasserstoff ergab sich wieder starke Verdampfung, sehr nahe gleich der berechneten (Abb. 20), während in reinem Sauerstoff schon nach kurzer Zeit ein stabiles Teilchen erhalten wird (Abb. 21).

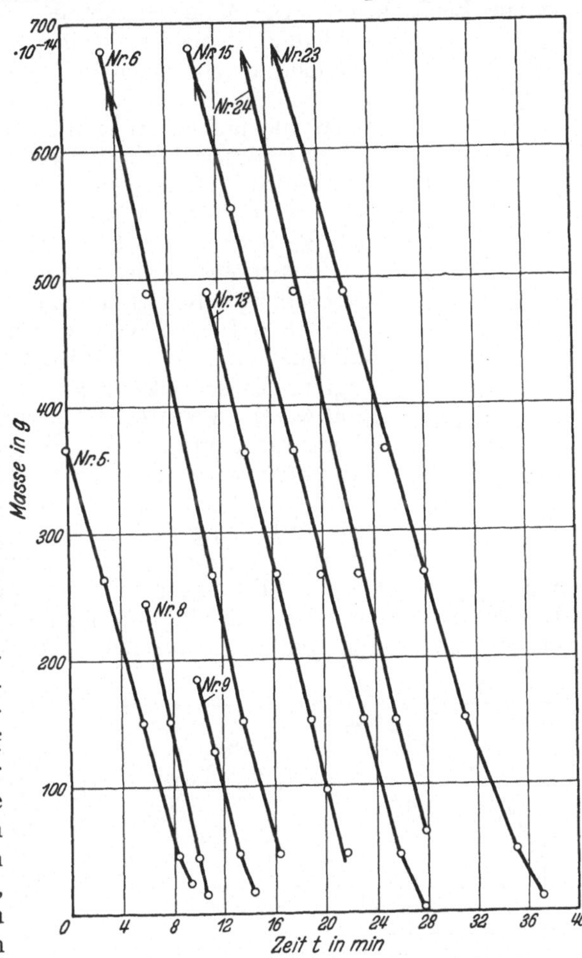

Abb. 18. Massenabnahme durch Verdampfung erzeugter normal verdampfender Hg-Teilchen in N_2.

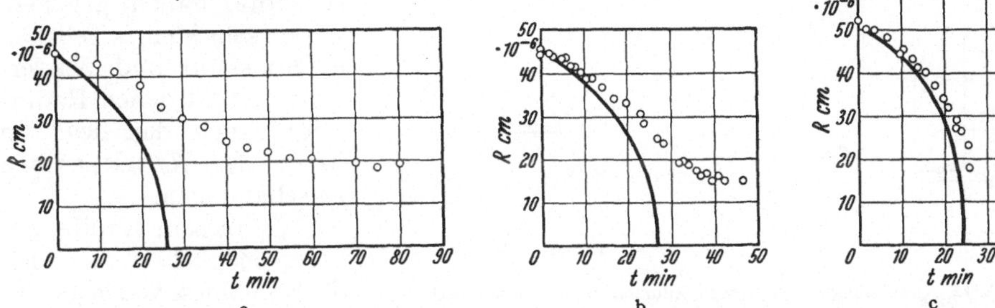

Abb. 19. a) Verdampfendes Quecksilbertröpfchen in Kohlensäure mit 1% Sauerstoffzusatz ($p = 73{,}4$ cm Hg, $T = 292°$). ——— berechnete Kurve. b) Verdampfendes Quecksilbertröpfchen in Kohlensäure ($p = 70{,}5$ cm Hg, $T = 292{,}6°$.) ——— berechnete Kurve. c) Verdampfendes Quecksilbertröpfchen in reiner Kohlensäure ($p = 71{,}5$ cm Hg, $T = 295{,}2°$). ——— berechnete Kurve.

[1] Berechnet aus Dampfdruck und Diffusionsgeschwindigkeit.

Schon SANZENBACHER hatte beobachtet, daß auch Teilchen auftreten, welche zunächst wachsen und dann erst abnehmen, NESTLE bestätigt diese an sich seltene Beobachtung. Die Massenzunahme kommt dann zustande, wenn eine größere Zahl kleinster Teilchen sich in dem Beobachtungsraum befindet, welche einen höheren Dampfdruck haben als das der Beobachtung unterliegende Teilchen. Erst wenn diese alle aufgezehrt sind, tritt eine Abnahme der Masse des beobachteten Teilchens ein. Abb. 22 gibt solche Messungen von SANZENBACHER, Abb. 23 von NESTLE, aus welchen sich stets der richtige Wert für das Elementarquantum ergab.

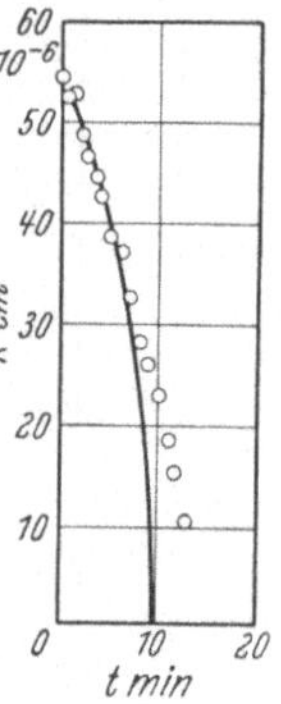

Abb. 20. Verdampfendes Quecksilbertröpfchen in reinem Wasserstoff ($p = 63{,}7$ cm Hg, $T = 294{,}3°$). —— berechnete Kurve.

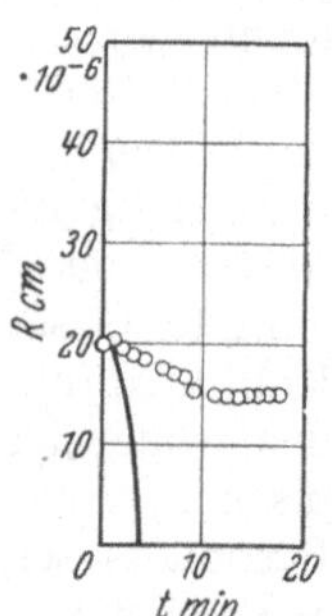

Abb. 21. Verdampfendes Quecksilbertröpfchen in reinem Sauerstoff ($p = 73{,}9$ cm Hg, $T = 294{,}8°$). —— berechnete Kurve.

Bemerkenswert ist noch, daß bei der Funkenzerstäubung in Kohlensäure fast nur stabile kleine Teilchen auftraten, welche meist *gefärbt* waren und eine auffallend kleine BROWNsche Bewegung zeigten. Diese Teilchen gaben, auch wenn sie groß waren, wesentliche Unterschreitungen des Elementarquantums[1]; allerdings ist es selten, daß große stabile Teilchen gebildet werden, wodurch die obenerwähnten Versuche von KÖNIG ihre Aufklärung finden.

Durch diese neueren Versuche finden manche Unstimmigkeiten in älteren Arbeiten ihre Deutung. Die früheren Beobachter hatten selten auf das Alter der Teilchen geachtet, so daß alte und neue Teilchen durcheinander beobachtet wurden. „Alte Teilchen" sind aber nach dem Vorstehenden meist stabile Teilchen, bei welchen die Oberflächenschicht ausgebildet ist (*wenn sie nicht überhaupt Staub sind*) und die infolgedessen, besonders wenn sie genügend klein sind, Unterschreitungen der Elementarladung geben, *während bei frischen, schnell verdampfenden Teilchen aller Größen normale ε-Werte erhalten werden.*

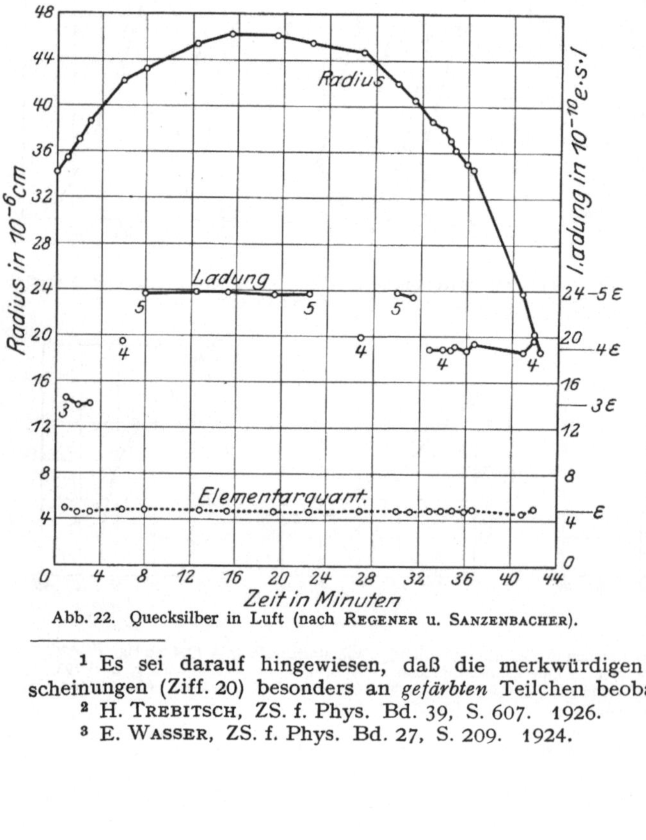

Abb. 22. Quecksilber in Luft (nach REGENER u. SANZENBACHER).

In den Versuchen von TREBITSCH[2] ist ein Beispiel (von drei Fällen) gegeben, wo *ein* sehr kleines Teilchen in Stickstoff und Wasserstoff verschiedenen Radius zeigt; auch das liegt im Sinne der REGENERschen Anschauungen.

Zu diesem Kapitel gehören möglicherweise auch die Ergebnisse von WASSER[3]

[1] Es sei darauf hingewiesen, daß die merkwürdigen elektrophotophoretischen Erscheinungen (Ziff. 20) besonders an *gefärbten* Teilchen beobachtet werden.

[2] H. TREBITSCH, ZS. f. Phys. Bd. 39, S. 607. 1926.

[3] E. WASSER, ZS. f. Phys. Bd. 27, S. 209. 1924.

über den lichtelektrischen Effekt an Quecksilberteilchen, indem nämlich größere Teilchen den normalen Effekt (positive Aufladung), kleinere Teilchen (die Größe berechnet unter Annahme normaler Dichte!) aber einen inversen Photoeffekt, also negative Aufladung durch Licht, zeigen. MILLIKAN[1] meint, daß letztere indirekt durch Fang negativer Ionen, die an der Kondensatorplatte ausgelöst sind, zustande kommt; dann hätte also das kleine Teilchen seine lichtelektrischen Eigenschaften völlig verloren, wäre also vielleicht gar nicht mehr Hg, sondern Oxyd oder Staub!

So ist durch die Versuche von REGENER, SANZENBACHER, NESTLE und SCHÄFER zum erstenmal für *eine* Substanz der Nachweis erbracht worden, daß man mit ihr ganz unabhängig von der Größe der Teilchen eine einheitliche Einheitsladung erhält, wenn man mit Hilfe eines sicheren Kriteriums feststellt, daß alle Teilchen aus der gleichen Substanz bestehen. Unterschreitungen treten dann auf, wenn mit Hilfe desselben Kriteriums festgestellt ist, daß die Teilchen nicht mehr aus bekanntem Material bestehen, sei es nun, daß eine adsorbierte Gasschicht allein, sei es, daß Oxydbildung vorliegt, oder daß schließlich die beobachteten Teilchen überhaupt nur aus Oxydkriställchen oder gar nur aus Staub bestehen. Wenn nun einmal an einem Material — wie hier bei Quecksilber — dieser Sachverhalt geklärt ist, so ist es naheliegend, daß auch in allen anderen Fällen, in denen Unterschreitungen beobachtet sind, gleiche oder ähnliche Störungen vorliegen. Daß die Unterschreitungen in den Wiener-Experimenten besonders an gefärbten Teilchen auftreten, daß auch die photophoretischen Erscheinungen an solchen Partikeln besonders auffallend sind, spricht alles dafür, daß solche Versuche bei der Behandlung der Frage nach dem Elementarquantum auszuscheiden haben, so daß diese Effekte ein weiteres Forschungsgebiet der „Physik des millionstel Millimeters" bilden, die mit Hilfe der bekannten Ladungseinheit nunmehr experimentell angreifbar wird.

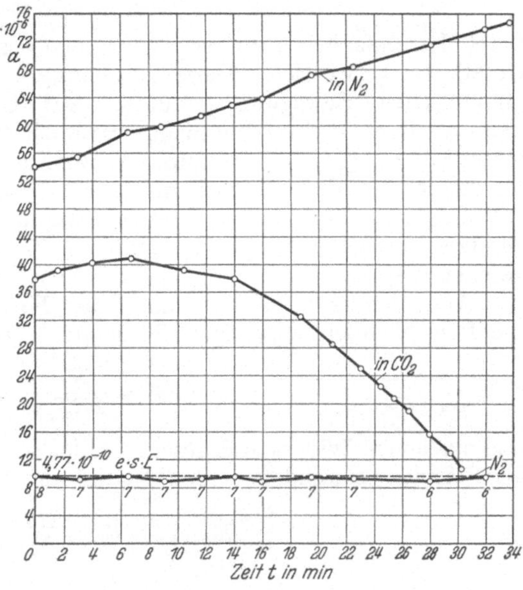

Abb. 23. Wachsende Hg-Teilchen (nach R. NESTLE).

27. BROWNsche Bewegung geladener Teilchen. Es war bereits an anderer Stelle darauf hingewiesen worden, daß die kleineren (und leichteren) Teilchen, mit welchen nach der Einzelteilchenmethode das Elementarquantum bestimmt wurde, BROWNsche Bewegung zeigen, welche zuerst von F. EHRENHAFT[2] untersucht wurde. Die Messung der BROWNschen Bewegung eines einzelnen Teilchens liefert nun nicht nur die Möglichkeit, das molekulare Bewegungsgesetz experimentell zu prüfen, sondern auch die Ladung des Teilchens zu messen. Allerdings liefert ein solches Experiment nicht die Ladung direkt, sondern nur das Produkt Ne. Von den früher genannten Versuchen zur Bestimmung von Ne unterscheidet sich diese Methode dadurch, daß e wirklich die Ladung eines einzelnen Teilchens ist, nicht ein Mittelwert der Ladungen sehr vieler Teilchen.

[1] R. A. MILLIKAN, Phys. Rev. Bd. 26, S. 99. 1925.
[2] F. EHRENHAFT, Wiener Ber. Bd. 116, Abt. IIa. 1907; Wiener Anz. vom 14. 2. 1907.

Die EINSTEINsche Formel für die BROWNsche Bewegung lautet für das mittlere Verschiebungsquadrat $\overline{\triangle x^2}$ in einer Richtung während der Zeit τ:

$$\overline{\triangle x^2} = \frac{2RT}{N} \cdot \mathfrak{B} \cdot \tau .$$

Hierin bedeuten R die Gaskonstante (pro Mol), T die absolute Temperatur und $\mathfrak{B}$ die Beweglichkeit des Teilchens, also die Geschwindigkeit unter Wirkung der Kraft 1. Setzt man hierfür das STOKESsche Gesetz ein, so ergibt sich mit

$$\mathfrak{B} = \frac{v}{K} = \frac{1}{6\pi\mu a},$$

$$\overline{\triangle x^2} = \frac{RT}{N} \frac{\tau}{3\pi\mu a}.$$

Statt des einfachen STOKESschen Gesetzes ist unter Umständen das korrigierte Gesetz zu verwenden. Diese Beziehung wird zur Prüfung des Gesetzes der BROWNschen Bewegung benutzt. Auf Grund zahlreicher Untersuchungen kann an ihrer Richtigkeit nicht gezweifelt werden[1]. Für N erhält z. B. FLETSCHER[2] $(60{,}3 \pm 1{,}2) \cdot 10^{22}$ unter Verwendung des MILLIKANschen Fallgesetzes. Da dieser Wert dem wahrscheinlichen N-Wert sehr nahe liegt, kann diese Untersuchung auch als eine direkte Bestätigung des MILLIKANschen Widerstandsgesetzes für Ölteilchen vom Radius $2{,}79 \cdot 10^{-5}$ bis $4{,}1 \cdot 10^{-5}$ cm in Luft angesehen werden.

Andererseits kann man nach der Formel für die BROWNsche Bewegung die Beweglichkeit experimentell ermitteln zu

$$\mathfrak{B} = \frac{N}{2RT} \frac{1}{\tau} \cdot \overline{\triangle x^2}$$

und aus einem Widerstandsgesetz — hier sei nur das einfache STOKESsche Gesetz als Beispiel verwendet — den Radius des Teilchens ermitteln:

$$a = \frac{1}{6\pi\mu} \frac{1}{\mathfrak{B}} = \frac{RT}{N} \frac{\tau}{3\pi\mu} \frac{1}{\overline{\triangle x^2}}.$$

Zur Ermittlung der Elementarladung ist die BROWNsche Bewegung erstmalig von DE BROGLIE[3] herangezogen worden. Doch ist seine Untersuchung nur historisch von Bedeutung. DE BROGLIE mißt außer $\overline{\triangle x^2}$ noch die Beweglichkeit geladener Teilchen im elektrischen Felde, dessen Kraftlinien *horizontal* verliefen. Die Bewegungsgleichung

$$\mathfrak{E} e = \frac{1}{\mathfrak{B}} v$$

wird mit der EINSTEINschen $\overline{\triangle x^2}$-Formel kombiniert, wobei die Beweglichkeit $\mathfrak{B}$ eliminiert wird. Man erhält durch Multiplikation

$$N \cdot e = \frac{2RT}{\mathfrak{E}} \cdot v \frac{\tau}{\overline{\triangle x^2}}.$$

[1] Vgl. den ausführlichen Bericht von R. FÜRTH, Jahrb. d. Radioakt. Bd. 16, S. 219. 1920, über neuere Versuche auf dem Gebiete der BROWNschen Bewegung. Die Mehrzahl der Arbeiten, auch wenn sie die Ermittlung der Elementarladung betreffen, haben für diese Frage geringere Bedeutung als für die Theorie der Molekularbewegung.

[2] Zum Vergleich z. B.:
NORDLUND (ZS. f. phys. Chem. Bd. 81, S. 40. 1914) $N = 5{,}91 \cdot 10^{23}$,
WESTGREN (Dissert. Upsala 1915) $N = 6{,}05 \cdot 10^{23}$.

[3] L. DE BROGLIE, C. R. Bd. 148, S. 1316. 1909.

Erst die Ausarbeitung der Methode der Einzeltröpfchen gestattete diese Methode weiter zu vervollkommnen. Nach Gleichung (6) (S. 15) ist nämlich für ein Teilchen mit der Ladung e

$$e = \frac{mg}{\mathfrak{E} \cdot v_g}(v_g + v_{\mathfrak{E}}) = \frac{1}{\mathfrak{B}\mathfrak{E}}(v_g + v_{\mathfrak{E}}),$$

wenn das Teilchen im Erdfeld mit der Geschwindigkeit v_g, im Erdfeld plus elektrischem Feld mit $v_{\mathfrak{E}}$ sich bewegt. v_g und $v_{\mathfrak{E}}$ können also gemessen werden. Durch Kombination mit der EINSTEINschen Formel ergibt sich

$$N e = \frac{2RT}{\mathfrak{E}}(v_g + v_{\mathfrak{E}}) \cdot \frac{\tau}{\overline{\triangle x^2}}.$$

Hierin ist nur das mittlere Verschiebungsquadrat zu messen, dessen Bestimmung mit einiger Sicherheit möglich ist, wenn ein *schwebendes* Teilchen beobachtet wird; denn dessen BROWNsche Bewegung läßt sich über eine sehr lange Zeit messend verfolgen. Man erhält also Ne, wobei e die Ladung gerade des Einzelteilchens ist, dessen $\overline{\triangle x^2}$ gemessen wurde, was bei DE BROGLIE nicht der Fall war. Dieser Ne-Wert ist unabhängig von der Größe des Teilchens und von dem Gesetze, nach welchem das Teilchen sich im Gase bewegt. Hat man durch Untersuchung der Atomistik des Umladungsvorganges bei verschiedenen Ladungen $e_1 e_2 \ldots$ (gleich $n_1\varepsilon, n_2\varepsilon, \ldots$) $\frac{v_g + v_{\mathfrak{E}}}{n} = (v_g + v_{\mathfrak{E}})_0$ bestimmt, so liefert die Methode das Produkt $N\varepsilon$, wo ε das Elementarquantum ist.

Die genauesten Messungen scheinen die — in MILLIKANS Laboratorium — von FLETSCHER[1] ausgeführten zu sein, deren Ergebnis allein hier genannt sei. Er erhielt für das Produkt $\sqrt{N\varepsilon} \cdot 10^7$ die Zahlen: 1,68, 1,67, 1,645, 1,695, 1,73, 1,65, 1,66, 1,785, 1,85, im Mittel 1,698; also für $N\varepsilon$

$$N\varepsilon = 2{,}88 \cdot 10^{14} \text{ int. elektrostat. Einh.},$$

während die Elektrolyse für ein einwertiges Ion $2{,}895 \cdot 10^{14}$ int. elektrostat. Einheiten liefert[2]. Mit dem MILLIKANschen ε-Wert ergibt sich hieraus die LOSCHMIDTsche Zahl zu $N = 6{,}03 \cdot 10^{23}$ Moleküle pro Mol. Wir begnügen uns hier mit diesen kurzen Bemerkungen der in vielfacher Wiederholung ausgeführten Versuche. Denn die Ausführung dieser Methode leidet wesentlich an drei Punkten. Zunächst ist es schwierig, an einem Einzelteilchen genügend viel Messungen des $\overline{\triangle x^2}/\tau$ auszuführen. In der Tat ist dieser Einwand auch — bes. von R. FÜRTH — gegen eine ganze Reihe von Untersuchungen berechtigt erhoben worden. Sodann hat MILLIKAN darauf hingewiesen, daß kleinste Massenänderungen — z. B. durch Verdampfen — beträchtliche Änderungen des $\overline{\triangle x^2}$ hervorrufen. Und schließlich wird durch die Komponente der BROWNschen Bewegung senkrecht zur Meßebene, also in der Beobachtungsrichtung, die Einstellschärfe des Teilchens dauernd verändert, so daß aus optischen Gründen nur dann ein richtiges $\triangle x$ gemessen wird, wenn das Teilchen genau in der Einstellebene liegt.

Immerhin ist das positive Ergebnis zu verzeichnen, daß auch diese Methode Resultate gibt, welche mit der Annahme eines Elementarquantums von dem MILLIKANschen Wert verträglich sind.

---

[1] H. FLETSCHER, Le Radium Bd. 8, S. 279. 1911; Phys. Rev. Bd. 33, S. 107. 1911.

[2] Zu der gleichen Zeit und unabhängig von MILLIKAN wurde diese Methode auf A. EINSTEINS Veranlassung von E. WEISS ausgearbeitet; er erhielt (Wiener Ber. Bd. 120, S. 1021. 1911) $N\varepsilon = 3{,}21 \cdot 10^{14}$ elektrostat. Einheiten.

28. Der wahrscheinlichste Wert des Elementarquantums. Als die zuverlässigsten Messungen dürften — wohl widerspruchslos — bisher die Bestimmungen von R. A. MILLIKAN bezeichnet werden. In der folgenden Tabelle sind alle die Messungen angegeben, welche bei der Beurteilung der Frage nach Existenz einer generellen Ladungseinheit und der wahrscheinlichsten Größe derselben zu beachten sind.

Tabelle 5.

Methode	Verfasser	Ergebnis in 10^{-10} intern. el.stat. Einh.	Bemerkungen
α-Teilchen	E. RUTHERFORD und H. GEIGER (Ziff. 9)	4,65	Mittelwert; Unsicherheit liegt in der Zählung der α-Teilchen.
	BRADDICK und CAVE; WARD, WYNN-WILLIAMS und CAVE (Ziff. 9)	4,781	
	E. REGENER (Ziff. 10) 1909	4,79	Versuchsfehler höchstens 3%.
Messung der Ladung von ultramikroskopischen Teilchen	R. A. MILLIKAN, 1913 bis 1917	4,774 ±0,005	Öltröpfchen bei einem Drucke zwischen 750 und 130 mm Hg. Letzte Diskussion (Rechtfertigung der Methode gegen EHRENHAFTS Einwände) Phys. Rev. Bd. 26, S. 99. 1925.
	Y. Y. LEE, Phys. Rev. (2) Bd. 4, S. 420. 1914	4,764	ohne Genauigkeitsangabe
	J. ISHIDA, Phys. Rev. Bd. 21, S. 550. 1923	4,770 ±0,014	Öltröpfchen. „The measurements in air give incidentally ... in good agreement with MILLIKAN's more accurate value".
	J. MATTAUCH, ZS. f. Phys. Bd. 32, S. 439. 1925	4,758 ±0,04 (4,735)	Öltröpfchen. Gleiches Tröpfchen unter verschiedenen Drucken und in verschiedenen Gasen. (Quecksilbertröpfchen viel unsicherer als Ölmessungen.)
	F. EHRENHAFT, Atti Congr. int. de Fis. Como 1927	4,67	Öltröpfchen. Fehlergrenze nicht ersichtlich.

In den letzten Jahren sind verschiedentlich Neuberechnungen der MILLIKANschen Messungen vorgenommen worden, besonders von MILLIKAN selbst und von BIRGE. Letzterer errechnet aus MILLIKANS Daten mit der Methode der kleinsten Quadrate (statt graphisch) folgende Werte[1], in welchen einheitlich für die Reibungskonstante der Luft $\mu = 0{,}00018227$ gesetzt ist:

	Messungen	ε in 10^{-10} intern. stat. Einh.
1913	58 Tröpfchen	4,7703 ± 0,0022
	23 „ mit kleinsten $1/pa$-Werten .	4,7665 ± 0,0058
1917	nur Werte mit $1/pa < 450$	
	13 kleine Tröpfchen	4,7759 ± 0,0058
	12 große „	4,7683 ± 0,0053
	wahrscheinlicher Mittelwert	4,772 ± 0,005

[1] R. T. BIRGE, Phys. Rev. Suppl.-Bd. 1, S. 1. 1929; vgl. auch ebenda Bd. 33, S. 265. 1929.

Diese Werte beruhen noch auf einem älteren Wert der Lichtgeschwindigkeit (2,999 statt 2,99796) und sind außerdem in internationalen, nicht in absoluten elektrostatischen Einheiten berechnet. Nach BIRGE (l. c.) ist ein int. Volt $= 1{,}00046 \pm 0{,}00005$ abs. Volt zu setzen[1]; beide Korrekturen, auf welche BIRGE zuerst hinwies, machen je zwei Einheiten der letzten Stelle aus. Die Umrechnung führt also zu

$$\varepsilon = \mathbf{4{,}770 \cdot 10^{-10}} \text{ (MILLIKAN) bzw. } \mathbf{4{,}768 \cdot 10^{-10}} \text{ (BIRGE)}$$
$$\pm\, \mathbf{0{,}005 \cdot 10^{-10}} \text{ abs. el.stat. Einh.}$$

Der Vergleich mit den aus Faradaykonstante und LOSCHMIDTscher Zahl N — gewonnen durch absolute Röntgen-λ-Messung und Bestimmung von N aus dem Kristallgitter und Röntgenstrahlinterferenz — zeigt eine die Fehlergrenze übersteigende Abweichung (s. Ziff. 3). Der Vollständigkeit[2] halber sind diese Messungen hier zusammengestellt:

Tabelle 6.

Verfasser	ε in 10^{-10} abs. Einh.	Benützte Wellenlänge in Å	
BÄCKLIN (Upsala Diss. 1928)	4,794 ±0,015	AlKα_1	8,333 ± 0,008
WADLUND (Phys. Rev. Bd. 32, S. 558. 1928)	4,7757 ±0,0076	CuKα_1	1,5373 ± 0,0008
BEARDEN (Phys. Rev. Bd. 33, S. 1088. 1929)	4,825 ±0,004	CuKα_1	1,5439 ± 0,0002
CORK (Phys. Rev. Bd. 35, S. 128. 1930)	4,814 ±0,006	MoLα_1 MoLβ_1	5,4116 5,1832
BEARDEN (Phys. Rev. Bd. 37, S. 1210. 1931)	4,806 ±0,003	CuKα_1	1,54172 ± 0,00015

29. Die LOSCHMIDTsche Zahl. Die Kombination des aus der Elektrolyse folgenden Wertes für $N\varepsilon$ (Ziff. 2) mit dem MILLIKANschen ε-Werte (Ziff. 28) ergibt für die LOSCHMIDTsche Zahl, die Zahl der Moleküle im Mol, den Wert

$$\boxed{N = 6{,}064_2 \text{ bzw. } 6{,}066_9 \cdot 10^{23}}$$

Dieses ist zur Zeit der sicherste Wert für N. Allerdings ist es noch unbefriedigend, daß die Untersuchung über die Atomistik der Elektrizität außer der Grundgröße der elektrischen Ladungsatomistik auch die wichtigste Konstante der materiellen Atomistik liefert. Daher ist es erforderlich, letztere auf unabhängige Weise zu bestimmen (vgl. Ziff. 3).

B. Die spezifische Ladung des Elektrons.

a) Die Grundlagen der experimentellen Methoden.

30. Die Bestimmung der Elektronenmasse. Unter der spezifischen Ladung des Elektrons versteht man das Verhältnis der Ladung des Elektrons, des Elementarquantums der Elektrizität, ε zu seiner Masse μ. Während eine direkte Messung der Ladung ε eines Elektrons, wie im vorangehenden Abschnitt gezeigt

[1] Vgl. hierzu W. GROTH, Diss. Tübingen 1927; Ann. d. Phys. Bd. 82, S. 1156. 1927. In dieser Arbeit wird experimentell gezeigt, daß eine Abweichung der internationalen von den absoluten elektrischen Maßeinheiten, welche größer ist als $^5/_{10\,000}$, nicht feststellbar ist.

[2] In einer neuen umfangreichen Diskussion der Zusammenhänge aller atomistischen Konstanten kommt BIRGE zu dem Schluß, daß diese in Tab. 6 genannten ε-Werte unmöglich richtig sein können (R. T. BIRGE, Phys. Rev. Bd. 40, S. 228. 1932; vgl. auch W. N. BOND, Phil. Mag. Bd. 10, S. 994. 1930; Bd. 12, S. 632. 1931). Diese Diskussion überschreitet den in diesem Kapitel des Handb. zu behandelnden Abschnitt.

wurde, möglich ist, hat eine direkte Bestimmung der Masse μ eines Elektrons bisher nicht erdacht werden können. Dagegen gelingt es, das Verhältnis von Ladung zu Masse experimentell zu bestimmen.

Die Methode der lichtelektrischen Elektronenemission an ultramikroskopischen Teilchen (Ziff. 18) stellt die einzig direkte Ladungsmessung des Elektrons dar: der Verlust eines Elektrons ändert die Ladung des Partikels um eine Einheit, während der mit dem Weggang des Elektrons verbundene Massenverlust unmerklich klein ist: die Fallgeschwindigkeit desselben Teilchens im feldfreien Raum bei verschieden starker Aufladung ist unabhängig von der Größe dieser Ladung. Deshalb ist die schwere Masse des Elektrons mit dieser Methode weder wahrnehmbar noch bestimmbar.

Erteilt man aber dem Elektron eine Geschwindigkeit — etwa unter der Einwirkung eines elektrischen Feldes —, so ist die träge Masse des Elektrons wirksam, wenn der Bewegungszustand des Elektrons durch äußere Kräfte geändert wird. Als solche Kräfte kommen elektrische und magnetische Kräfte in Betracht. *Alle Methoden*, welche auf diese Weise die träge Masse des Elektrons zu bestimmen ermöglichen, *enthalten aber stets das Verhältnis von Ladung zu Masse* ε/μ_v, wo μ_v die träge Masse des Elektrons bei der Geschwindigkeit v bezeichnet (μ_0 nennt man die „Ruhemasse" des Elektrons); denn die Bewegungsgleichung des Elektrons, welche die Beschleunigung des Elektrons mit den beschleunigenden elektrischen und magnetischen Kräften verbindet, lautet

$$\mu \frac{d\mathfrak{v}}{dt} = e\mathfrak{E} + \frac{\varepsilon}{c}[\mathfrak{v} \cdot \mathfrak{H}]$$

oder

$$\frac{d\mathfrak{v}}{dt} = \frac{\varepsilon}{\mu}\mathfrak{E} + \frac{\varepsilon}{\mu}\frac{1}{c}[\mathfrak{v} \cdot \mathfrak{H}].$$

Hierin bedeuten

ε, μ Ladung und Masse des Elektrons,
$\mathfrak{v}$ die Geschwindigkeit des Elektrons,
$\mathfrak{E}$, $\mathfrak{H}$ die elektrische bzw. magnetische Feldstärke,
c die Lichtgeschwindigkeit.

Weiterhin ist zu bemerken, daß es nicht möglich ist, den Bewegungszustand eines *einzelnen* Elektrons zu verfolgen: alle Wirkungen eines einzigen Elektrons sind zu klein, als daß sie in einer der im folgenden zu besprechenden Methoden sich nachweisen ließen. Man ist daher darauf angewiesen, die mittlere Wirkung einer großen Anzahl von Elektronen mit unter sich möglichst gleicher Geschwindigkeit zu messen.

Dies gilt auch für die Messung des Impulses und der Energie eines Elektrons: es ist nur möglich, die kinetische Energie einer großen Zahl von Elektronen zu bestimmen, ohne daß es gelingt, diese Zahl direkt zu messen, wie etwa die Zahl der α-Teilchen durch Szintillationen[1]. Nur unter Zuhilfenahme der Kenntnis des Wertes der *Ladung eines Elektrons* ist aus dem Gesamtbetrag der Ladung eines Elektronenstroms $E = n\varepsilon$ die Zahl n, und dann aus der kinetischen Energie des gleichen Elektronenstroms $K = \frac{1}{2}n\mu v^2$ und der Geschwindigkeit v die Masse μ zu berechnen: aber in dieser Berechnung

$$\mu = \frac{2K}{nv^2} = \frac{2K\varepsilon}{Ev^2}$$

ist eben wieder das gleiche Verhältnis ε/μ enthalten:

$$\frac{\varepsilon}{\mu} = \frac{Ev^2}{2K}. \tag{1}$$

[1] Stoßionisation und GEIGERsche Zählkammer, welche ebenfalls eine Zählung von Elektronen gestatten, sind für solche Messungen bislang nicht verwertet.

31. Die theoretischen Grundlagen der ε/μ-Bestimmungen. In einem feldfreien Raume befinde sich ein ruhendes Elektron der Ladung ε und der Masse μ. Wird in diesem Raum über eine Strecke l ein elektrisches Feld $\mathfrak{E}$ erzeugt, so wird das Elektron beschleunigt. Nachdem es die Strecke l des Feldes durchlaufen hat, besitzt es eine Geschwindigkeit $\mathfrak{v}$ in Richtung des Feldes, welche durch die Energiegleichung

$$\varepsilon \mathfrak{E} l = \tfrac{1}{2} \mu \mathfrak{v}^2 = \varepsilon V \tag{2}$$

gegeben ist; V nennt man kurz das beschleunigende Potential, εV die Energie in „Elektronenvolt".

Hatte das Elektron bereits eine Geschwindigkeit $\mathfrak{v}_0$ in Richtung des anzulegenden Feldes (man nennt das „longitudinales elektrisches Feld"), so gilt die entsprechende Gleichung

$$\tfrac{1}{2} \mu (\mathfrak{v}^2 - \mathfrak{v}_0^2) = \varepsilon \mathfrak{E} l = \varepsilon (V - V_0),$$

wenn statt des Feldes $\mathfrak{E}$ die Potentialdifferenz $V - V_0$ eingeführt wird. Die spezifische Ladung ist also

$$\frac{\varepsilon}{\mu} = \frac{\mathfrak{v}^2 - \mathfrak{v}_0^2}{2(V - V_0)}. \tag{2a}$$

Tritt das durch ein elektrisches Feld auf die Geschwindigkeit $\mathfrak{v}$ beschleunigte Elektron aus dem beschleunigenden elektrischen Felde in ein homogenes Magnetfeld ein, dessen Kraftlinien senkrecht zu $\mathfrak{v}$ sind, so wird nur die Richtung der Geschwindigkeit, nicht aber ihre Größe geändert. Die Richtungsänderung ist solcher Art, daß die Bewegungsrichtung stets senkrecht zu den magnetischen Kraftlinien bleibt; die auf das Elektron wirkende elektromagnetische Kraft $\varepsilon \cdot \mathfrak{v} \cdot \mathfrak{H}$ ist somit konstant, die Bahn des Elektrons also ein Kreis, dessen Krümmung $\varrho (= 1/R\,;\ R =$ Radius der Kreisbahn) sich aus der Bedingung für die Kreisbahn, nämlich Zentrifugalkraft gleich elektromagnetische Kraft, ergibt zu

$$\varrho = \frac{\varepsilon \mathfrak{H}}{\mu \cdot \mathfrak{v}} \tag{3}$$

oder

$$\frac{\varepsilon}{\mu} = \frac{\varrho \mathfrak{v}}{\mathfrak{H}}.$$

$\mathfrak{H} \cdot R$ bezeichnet man als die „Steifigkeit", $1/\mathfrak{H} R = \varrho/\mathfrak{H}$ als die „Ablenkbarkeit" des Elektronenstrahls. Entdeckt wurde die magnetische Ablenkung der Kathodenstrahlen 1869 durch W. Hittorf.

Wirkt auf das mit der Geschwindigkeit $\mathfrak{v}$ bewegte Elektron ein elektrisches Feld, dessen Kraftlinien senkrecht zu der ursprünglichen Richtung von $\mathfrak{v}$ stehen, so bleibt die Geschwindigkeit des Elektrons senkrecht zu den Kraftlinien konstant, in Richtung der Kraftlinien tritt aber eine Beschleunigung auf: das Elektron durchläuft im *transversalen* elektrischen Feld eine der Wurfbahn analoge, gegen die Kraftlinien geneigte Parabel. Die Ablenkung aus der ursprünglichen Richtung ergibt sich zu

$$s = \tfrac{1}{2} b t^2.$$

Die Beschleunigung b ergibt sich aus Kraft (= Feld $\mathfrak{E} \cdot$ Ladung ε) und Masse μ zu $\varepsilon \mathfrak{E}/\mu$, die Zeit t aus der Länge des Feldes l und der Geschwindigkeit $\mathfrak{v}$ senkrecht zu den Kraftlinien, d. h. der ursprünglichen Geschwindigkeit $\mathfrak{v}_0$ zu $t = l/\mathfrak{v}_0$. Somit folgt

$$s = \frac{1}{2} \frac{\varepsilon}{\mu} \mathfrak{E} \frac{l^2}{\mathfrak{v}_0^2}, \tag{4}$$

also

$$\frac{\varepsilon}{\mu} = \frac{2 \cdot s \cdot \mathfrak{v}_0^2}{l^2 \cdot \mathfrak{E}}.$$

Experimentell gefunden wurde die elektrostatische Ablenkung der Kathodenstrahlen 1876 durch E. GOLDSTEIN, richtig erkannt als solche aber erst 1883 durch HEINRICH HERTZ.

32. Die Erzeugung und Beschleunigung der Elektronen. Die Elektronen, deren spezifische Ladung gemessen wurde, sind auf sehr verschiedene Weisen ausgelöst worden. Die historisch erste Methode verwendet die *Kathodenstrahlen* einer selbständigen elektrischen Entladung im Hochvakuum. Ein solcher Kathodenstrahl besteht aus Elektronen annähernd gleicher Geschwindigkeit, wenn an der Entladungsröhre konstantes Entladungspotential anliegt. Nach Gleichung (2) ist die Geschwindigkeit der Strahlen, welche sie hauptsächlich im Kathodengefälle erhalten, durch Veränderung des Entladungspotentials variierbar, indem sich $\mathfrak{v}$ proportional $\sqrt{V}$ * ändert. Verwendet wurden Elektronen bis zu einer Geschwindigkeit von rund einer halben Lichtgeschwindigkeit. Das Verhältnis

$$\frac{\text{Elektronengeschwindigkeit}}{\text{Lichtgeschwindigkeit}} = \frac{\mathfrak{v}}{c}$$

bezeichnet man allgemein mit β.

Es sei gleich hier darauf hingewiesen, daß das beschleunigende Potential V der Gleichung

$$\tfrac{1}{2}\mu\mathfrak{v}^2 = \varepsilon V$$

im Falle der Kathodenstrahlen tatsächlich das Entladungspotential der Hochvakuumentladung ist. W. KAUFMANN[1] konnte durch Messung des Gesamtentladungspotentials und der Krümmung ϱ der Kathodenstrahlen in einem homogenen Magnetfeld $\mathfrak{H}$ zeigen, daß — gemäß Kombination der Gleichungen (2) und (3) — der Quotient

$$\frac{\varrho\cdot\sqrt{V}}{\mathfrak{H}} = \text{konst.}$$

ist: die Elektronen des Kathodenstrahls werden also offenbar als ruhende Elektronen in unmittelbarer Nähe der Kathode erzeugt und dann durch das Entladungspotential beschleunigt. Das Ergebnis dieser Untersuchung enthält somit auch eine wichtige Tatsache für die Theorie der selbständigen Entladung. KAUFMANN zeigte dann in einer späteren[2] eingehenderen Untersuchung, daß durch nachträgliche Beschleunigung oder Verzögerung des Kathodenstrahls in einem — in Richtung des Strahles, also „longitudinal", wirkenden — elektrischen Feld ebenfalls der Quotient $\varrho\sqrt{V'}/\mathfrak{H}$ konstant bleibt, wenn V' die arithmetische Summe des Entladungspotentials und des zusätzlichen beschleunigenden (bzw. verzögernden) Potentials darstellt. Zum gleichen Ergebnis kamen u. a. LENARD[3] und MALASSEZ[4] auf Grund von Versuchen nach prinzipiell gleicher Methode.

Noch schnellere Elektronen stehen in den *β-Strahlen* der radioaktiven Substanzen zur Verfügung, jedoch haben diese nicht mehr eine konstante Geschwindigkeit, sondern bestehen aus Elektronen sehr verschiedener Geschwindigkeiten. Um sie zu verwenden, ist also eine Aussonderung homogener Geschwindigkeiten, eine „Monochromatisierung", vorzunehmen. Die benutzten Geschwindigkeiten liegen im Bereich von 0,3 bis zu 0,85 Lichtgeschwindigkeit.

Statt Kathodenstrahlen einer selbständigen Entladung hat man die Kathodenstrahlen verwendet, welche von einer glühenden Elektrode (WEHNELT, RICHARDSON) ausgehen: „*Glühelektronen*". Diese Elektronen verlassen die Glühkathode

---

* Aus ε/μ_0 ergibt sich zahlenmäßig: $v = 5{,}9\sqrt{V}\cdot 10^7\,\text{cm}\,\text{sec}^{-1}$.

[1] W. KAUFMANN, Ann. d. Phys. Bd. 61, S. 544. 1897.

[2] W. KAUFMANN, Ann. d. Phys. Bd. 65, S. 431. 1898.

[3] P. LENARD, Ann. d. Phys. Bd. 65, S. 504. 1898.

[4] M. MALASSEZ, Ann. chim. phys. Bd. 23, S. 231. 1911.

mit einer kleinen Geschwindigkeit von einigen Volt. Sie können durch ein elektrisches Feld beschleunigt werden. Auf gleiche Weise werden die Elektronenstrahlen hoher Geschwindigkeit erhalten, welche aus beschleunigten lichtelektrisch ausgelösten Elektronen, den *Photoelektronen,* bestehen. Aus experimentellen Gründen war eine höhere Geschwindigkeit als etwa die halbe Lichtgeschwindigkeit bisher nicht erreichbar.

Die Kathodenstrahlen selbständiger Entladung und die aus der Glühkathode oder der lichtelektrischen Auslösung stammenden Elektronen unterscheiden sich noch dadurch, daß erstere nicht nur sämtlich gleiche Geschwindigkeit, sondern auch gleiche Richtung haben, während letztere aus der Elektrode nach allen Seiten austreten. Da jedoch, wie oben betont, die Austrittsgeschwindigkeit dieser Elektronen sehr klein ist, wird bei hohem beschleunigendem Felde auch eine Parallelisierung der Elektronen eintreten.

Bei kleinen beschleunigenden Spannungen kann die Unsicherheit der thermischen Austrittsgeschwindigkeit sowie der Einfluß meist vorhandener Kontaktpotentiale zu Schwierigkeiten bei der Berechnung der wahren Elektronengeschwindigkeit führen.

Glühelektronen und lichtelektrische Elektronen dienten als Versuchsobjekte auch für die direkte experimentelle Bestimmung des ε/μ_0-Wertes, d. h. der spezifischen Ladung *sehr langsam* bewegter Elektronen.

Auch die durch Röntgenbestrahlung von Metallen erzeugten „Sekundärelektronen" wurden zur ε/μ-Bestimmung herangezogen.

33. Die Geschwindigkeitsmessung von E. WIECHERT. Man sieht, daß in allen Fällen die Bestimmung der spezifischen Ladung abhängig ist von der Kenntnis der Geschwindigkeit des Elektrons. Wie sich bei der Besprechung der verschiedenen Methoden zur ε/μ-Messung ergeben wird, kann die Geschwindigkeit durch Kombination je zweier der in Ziff. 30 und 31 genannten Methoden bestimmt bzw. auch eliminiert werden. Jedoch machen diese Methoden von der Annahme Gebrauch, daß die Kathodenstrahlen aus Elektronen bestehen. Daher ist es wichtig, vorab *eine Methode* zu behandeln, *mit welcher die Geschwindigkeit der Kathodenstrahlen unmittelbar ohne jede elektronentheoretische Annahme bestimmt wurde*: die Methode[1] des Vergleichs der Geschwindigkeit der Kathodenstrahlen mit der Fortpflanzungsgeschwindigkeit elektrischer Wellen[2].

Ein Induktor (Abb. 24) erregt über die Funkenstrecke F *gleichzeitig* die elektrischen Schwingungskreise S_1 und S_2. S_1 ist gleichzeitig der Primärkreis eines Teslatransformators, dessen Sekundärspule an Kathode K und ringförmiger Anode A einer Geißlerröhre liegt. S_2 besteht aus zwei symmetrischen Kondensatoren und zwei Drahtwindungen, welche in dem in der Zeichnung angegebenen Sinne um die Geißlerröhre gelegt sind.

Der Teslatransformator betreibt die Röhre, deren Kathodenstrahlen durch ein senkrecht zur Zeichnungsebene gerichtetes Magnetfeld $\mathfrak{H}$ abgelenkt werden. Gleichzeitig wirkt aber auf die Kathodenstrahlen das *magnetische Wechselfeld* der Stromschleife M_1. Der Kathodenstrahl wird also durch dieses Feld im Takte der Schwingungen des Schwingungskreises S_2 gehoben oder niedergedrückt. Sind die Feldstärken von $\mathfrak{H}$ und von M_1 entsprechend abgeglichen, so wird der Kathodenstrahl gerade so hoch gehoben, daß er durch die Blende B_1 austreten kann und geradlinig weiter durch die Blende B_2 hindurchläuft. Jetzt tritt er in das Wechselfeld der zweiten Magnetspule M_2. Die Richtung der Ablenkung, welche der Kathodenstrahl in ihr relativ zu der Ablenkung durch M_1 erfährt,

[1] Zuerst angegeben von TH. DES COUDRES, Verh. d. D. Phys. Ges., Bd. 14, S. 85. 1895.

[2] E. WIECHERT, Schriften d. Königsb. Ges., Bd. 38. Januar 1897; Wied. Ann. Bd. 69, S. 739. 1899 (auch Göttinger Nachr. 1898, S. 269).

hängt ab von der Phase, in welcher M_2 so viel später als M_1 schwingt, als der Kathodenstrahl Zeit gebraucht hat, um von B_1 nach B_2 zu gelangen. Würde z. B. der Kathodenstrahl in einer Zeit von B_1 nach B_2 fliegen, welche sehr klein gegen die Schwingungsdauer des Magnetstroms ist, so käme er hinter B_2 in M_2 in ein Feld gleicher Richtung wie das war, in dem er vor B_1 abgelenkt wurde: der Strahl würde nochmals nach oben abgelenkt werden.

Braucht dagegen der Kathodenstrahl von B_1 zu B_2 eine Zeit, welche gleich einem Viertel der Schwingungsdauer des Kreises S_2 ist, so tritt er in dem Augenblick durch die Blende B_2 in die Spule M_2 ein, in welchem diese stromfrei, also feldfrei ist: Der Kathodenstrahl fällt jetzt auf den kleinen Fluoreszenzschirm *Fl* und erregt diesen zum Leuchten. Ist der Abstand der Blenden *s*, so ist die Geschwindigkeit des Kathodenstrahls

$$v = \frac{s}{t} = \frac{4s}{\tau},$$

wenn τ die aus den elektrischen Daten oder durch Vergleich mit einem Wellenmesser zu ermittelnde Schwingungsdauer des Schwingungskreises ist. Da die Schwingungsdauer der Kreise konstant gehalten wurde, mußte die Blende B_2 einschließlich des Fluoreszenzschirmes verschiebbar sein.

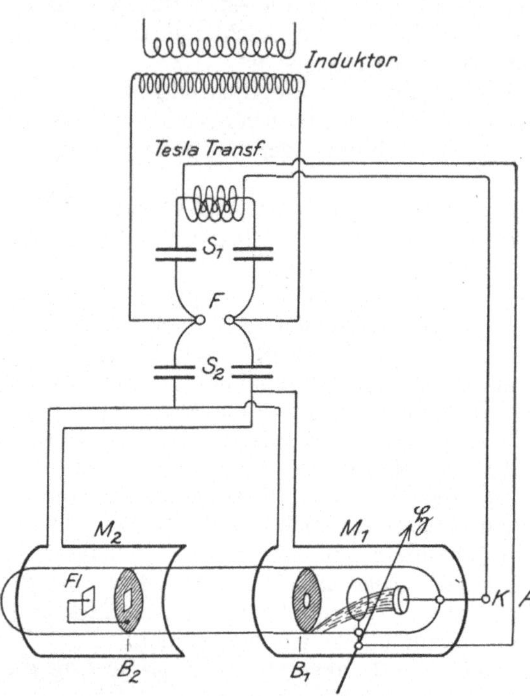

Abb. 24. E. WIECHERTS Methode zur direkten Bestimmung der Kathodenstrahlgeschwindigkeit.

Die Dimensionen der Apparatur waren: Glasrohr 40 mm Weite, Kathode *K* (Hohlspiegelkathode von 10 cm Radius) 20 mm Durchmesser, Blendenöffnungen 4 mm, der Abstand Kathode bis B_1 8 cm, die Verschiebungsmöglichkeit von B_2 etwa 1 m.

Das Ergebnis der Messungen war, daß die Geschwindigkeit der Kathodenstrahlen in der Tat von der gleichen Größenordnung gefunden wurde, welche die Bestimmung aus dem Entladungspotential liefert. Bezüglich des erhaltenen Wertes für ε/μ sei auf Ziff. 36 verwiesen.

34. Die Geschwindigkeitsmessung von F. KIRCHNER sowie von PERRY und CHAFFEE. Die Methode von WIECHERT wurde von F. KIRCHNER[1] sowie PERRY und CHAFFEE[2] in den letzten Jahren wieder aufgegriffen und zu der bis heute besten Bestimmung der Geschwindigkeit von Elektronenstrahlen ausgebaut.

Die Verbesserungen sind die folgenden: Die Gasentladung wurde durch eine Glühkathodenentladung im Hochvakuum ($p < 3 \cdot 10^{-5}$ mm Hg) ersetzt. Die elektrische Ablenkung im Wechselfeld zweier Kondensatoren tritt an Stelle der magnetischen; statt der Schwingungserregung mit Löschfunken wird eine ungedämpfte Schwingung eines Röhrengenerators benutzt, dessen Frequenz

[1] F. KIRCHNER, Phys. ZS. Bd. 30, S. 773. 1929; Ann. d. Phys. Bd. 8, S. 975. 1931.
[2] CH. T. PERRY u. E. L. CHAFFEE, Phys. Rev. Bd. 36, S. 904. 1930; vgl. auch E. L. CHAFFEE, ebenda Bd. 34, S. 474. 1912.

durch einen Piezoquarz kontrolliert ist, und schließlich wird zur Beschleunigung der Kathodenstrahlen nicht wie bei WIECHERT die gleiche Schwingung wie für das Ablenkungsfeld, sondern eine konstante Batteriespannung verwendet.

Abb. 25 zeigt das Prinzip der Anordnung: Der von einem Glühfaden F kommende, zur Anode A beschleunigte Elektronenstrahl tritt im feldfreien Raume durch das Diaphragma D_1 in den ersten Kondensator K_1, in welchem der Strahl durch das Wechselfeld eine schnelle Pendelbewegung erfährt. Alle Richtungen des Strahls werden durch eine Platte P_2 abgefangen, bis auf die Strahlen, welche genau in der Verbindungslinie der beiden Diaphragmen $D_1 - D_2$ fliegen. Es wird also in jeder Schwingungsperiode der Elektronenstrahl zweimal durch D_2 gehen und dann in den zweiten Kondensator K_2 eintreten, dessen Wechselfeld in gleicher Phase wie K_1 schwingt. Der Elektronenstrom, welcher K_1 im feldfreien Augenblick passiert hat, wird also je nach der Zeit, welche er zum Durchlaufen der Strecke $K_1 - K_2$ gebraucht hat, in K_2 eine Ablenkung erfahren, aber nicht mehr, wie hinter K_1, zu einem Band auseinandergezogen sein, sondern nur je in einen abwechselnd nach oben und nach unten gehenden scharfen Strahl, so daß auf einem Leuchtschirm S im allgemeinen zwei Fluoreszenzflecke entstehen, welche bei einheitlicher Strahlgeschwindigkeit die Größe des Diaphragmas D_1 haben. Wenn die Flugzeit von K_1 bis K_2 genau gleich $\frac{1}{2}\tau$ $\left(\text{bzw. } \frac{n}{2}\tau\right)$ ist — τ die Schwingungsdauer bzw. ν die Frequenz des Wechselfeldes —, so erhält man auf dem Leuchtschirm S nur mehr ein Bild in der Mitte. Wird also ν und die Flugstrecke $K_1 \rightarrow K_2 = l$ cm konstant gehalten, die Geschwindigkeit durch Variation der Beschleunigungsspannung variiert, so ist für den letztgenannten Fall

$$v = 2\nu l \quad \text{bzw.} \quad \frac{2\nu l}{n}.$$

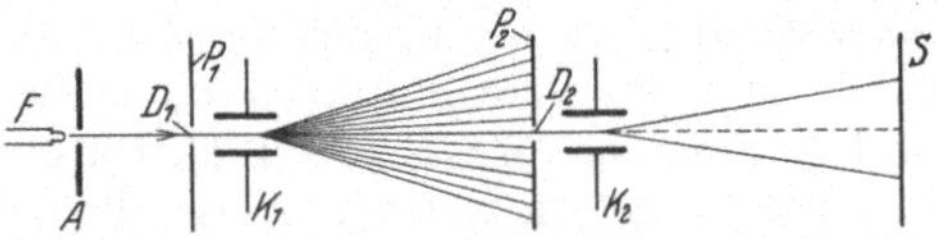

Abb. 25. Zur Erklärung der Methode von F. KIRCHNER.

KIRCHNERS Entladungsrohr besteht aus Messing (125 cm Länge, 6 cm Weite), die Kondensatoren sind 3 cm lang, 1 cm breit bei 1 cm Abstand; die Diaphragmen haben 0,2 bis 0,5 mm Durchmesser; die Flugstrecke zwischen den Kondensatoren betrug 50,346 cm. Er arbeitete mit kleinen Beschleunigungsspannungen ($\sim$1600 Volt, Hochspannungsbatterie). Das Wechselfeld, durch eine Elektronenröhre in HOLBORNscher Gegentaktschaltung erzeugt, hat eine Frequenz $\nu = 2{,}4488 \cdot 10^7$ und wird von einem Lecher-Drahtsystem an die Ablenkungskondensatoren angelegt, wobei besonders auch auf evtl. vorhandene Phasendifferenzen zwischen den beiden Kondensatoren geachtet wurde. Die Frequenz wurde an einen Quarzresonator der P.T.R. angeschlossen.

PERRY und CHAFFEE verwenden ein Pyrexglasrohr, die Flugstrecke ist 75,133 cm, die Kondensatoren sind $5 \cdot 3$ mm² bei 3 mm Abstand, die Beschleunigungsspannung lag zwischen 10000 und 20000 Volt. Die Frequenzen des Wechselfeldes betrugen 4 bis $8 \cdot 10^7$ sec^{-1}. Sonst ist alles ganz ähnlich wie bei KIRCHNERS Messung. Nur ist, worauf KIRCHNER hinweist, das „Auflösungsvermögen" seiner Apparatur wesentlich größer, d. h. die Geschwindigkeitsänderung, welche an einer Verbreiterung des Fluoreszenzflecks noch beobachtet werden konnte, wesentlich kleiner als bei PERRY und CHAFFEE.

Sorgfältig ist bei KIRCHNER der Einfluß der endlichen Länge der Kondensatoren diskutiert, infolge deren der Strahl nicht nur im feldfreien Augenblick sich im Kondensator befindet, wodurch er eine Parallelverschiebung erfährt; daher muß er aus K_1 etwas schräg austreten, da er sonst nicht durch das zweite Diaphragma hindurchgehen könnte.

Die Ergebnisse der ε/μ-Messung werden in Ziff. 44 besprochen.

35. Die Abhängigkeit der Masse von der Geschwindigkeit. Ehe wir zu den experimentellen Methoden übergehen, ist noch ein Wort über die Masse des Elektrons zu sagen. Diese ist definiert durch die mechanische Grundgleichung

$$\mathfrak{K} = \frac{d\mathfrak{G}}{dt},$$

worin $\mathfrak{K}$ die Kraft und $\mathfrak{G}$ die Bewegungsgröße bezeichnen. Letztere setzt sich zusammen aus der mechanischen Bewegungsgröße $\mathfrak{G}_m$ und der elektromagnetischen Bewegungsgröße $\mathfrak{G}_e$ des vom Elektron erzeugten umgebenden elektromagnetischen Feldes. Bezeichnet man mit $\mathfrak{v}$ die Geschwindigkeit des Elektrons, so ist

$$\mathfrak{K} = \frac{d}{dt}(\mathfrak{G}_m + \mathfrak{G}_e) = \mu_m \cdot \frac{d\mathfrak{v}}{dt} + \frac{d\mathfrak{G}_e}{dt};$$

hierin bezeichnet μ_m die „mechanische", d. h. die konstante, von $\mathfrak{v}$ unabhängige *träge Masse* des Elektrons. Stellt man nun das zweite Glied ebenfalls in der Form eines Produktes $m\frac{d\mathfrak{v}}{dt}$ dar, so kann man setzen

$$\mathfrak{K} = (\mu_m + \mu_e)\frac{d\mathfrak{v}}{dt} = \mu \cdot \frac{d\mathfrak{v}}{dt};$$

μ_e nennt man die *elektromagnetische Masse* des Elektrons, deren Größe aber *nicht* konstant ist, vielmehr mit Größe und Richtung von $\mathfrak{G}_e$ und $d\mathfrak{G}_e/dt$ variiert. Das heißt aber, daß μ_e abhängig ist von dem Betrag der Geschwindigkeit des Elektrons $\mathfrak{v}$ und von ihrer Richtung zur Kraft $\mathfrak{K}$. Wirkt beispielsweise die Kraft $\mathfrak{K}$ in der Richtung der Geschwindigkeit — man spricht dann von *longitudinaler* Kraft —, so ergibt sich aus $d\mathfrak{G}_e/dt$ ein anderer Faktor μ_e als bei *transversaler* Kraft ($\mathfrak{v} \perp \mathfrak{K}$). Die Faktoren μ_e nennt man entsprechend *longitudinale Masse* und *transversale Masse* des Elektrons.

Die Frage, in welcher Weise die „elektromagnetische Masse" μ_e bzw. μ_{trans} und μ_{long} von der Geschwindigkeit abhängt, ist gleichbedeutend mit der Frage nach der Struktur des ruhenden und des bewegten Elektrons: die Lösung ist abhängig von der Annahme über die Verteilung der Ladung — z. B. räumliche Ladung oder Oberflächenladung — im Elektron, und von der Annahme über die Deformierbarkeit — starres Elektron oder Deformation in Abhängigkeit von der Geschwindigkeit — des Elektrons. Unabhängig von speziellen Annahmen ist nur das Ergebnis, daß die „Masse" μ_e mit zunehmender Geschwindigkeit zunimmt, während μ_m geschwindigkeitsunabhängig ist. Aus KAUFMANNS Versuchen (s. unten) folgerte man erstmalig, daß die Gesamtmasse des Elektrons elektromagnetischer Natur ist, d. h. daß $\mu_m = 0$ zu setzen ist.

Experimentell zu unterscheiden ist zwischen den aus den verschiedenen Theorien sich ergebenden Geschwindigkeitsfunktionen $\mu_v = f(v)$. Da eine ältere durchgearbeitete Theorie von A. H. BUCHERER sich bei der Prüfung derselben durch BUCHERER selbst sofort als nicht berechtigt ergeben hatte, sehen wir von ihrer Diskussion gänzlich ab. Es bleiben damit nur die Theorien von H. A. LORENTZ und von M. ABRAHAM. Letztere führt mit der Annahme des starren Kugelelektrons zu dem Verhältnis von Masse bei der Geschwindigkeit $\mathfrak{v}\,\mu_v$ zur „Ruhemasse" μ_0

$$\frac{\mu_v}{\mu_0} = 1 + \frac{6}{15}\beta^2 + \frac{9}{35}\beta^4 + \frac{12}{63}\beta^6 + \cdots,$$

und zwar ist μ_v hier die *transversale* elektromagnetische Masse, welche bei den experimentellen Anordnungen bislang allein in Betracht kommt. Die Energie des bewegten Elektrons ergibt sich nach dieser Theorie zu

$$K = \frac{3}{4}\mu_0 c^2\left(\frac{1}{\beta}\ln\frac{1+\beta}{1-\beta} - 2\right).$$

β ist stets das Verhältnis v/c

Die Theorie von H. A. LORENTZ sowie die spezielle Relativitätstheorie führen zu dem Verhältnis μ_v/μ_0 — gleichfalls für die transversale Masse —

$$\frac{\mu_v}{\mu_0} = \frac{1}{\sqrt{1-\beta^2}} \, *$$

bzw.

$$K = \mu_0 c^2 \left(\frac{1}{\sqrt{1-\beta^2}} - 1\right).$$

Charakteristischerweise nimmt μ mit v so zu, daß für

$$v = c \quad : \quad \mu = \infty$$

wird; für $v = 0$ ist $\mu = \mu_0$, gleich der Ruhemasse des Elektrons. Die Lichtgeschwindigkeit c stellt also die obere Grenze der von den Elektronen erreichbaren Geschwindigkeiten dar.

b) Experimentelle Bestimmungen der spezifischen Ladung.

36. Die Methode von A. SCHUSTER und ihre Ausführungen. Wir besprechen zunächst die älteren Methoden[1] zur Bestimmung der spezifischen Ladung, welche heute nur noch als Vorarbeiten für die späteren Untersuchungen gewisse Bedeutung haben.

A. SCHUSTER[2] hat zuerst eine solche Methode erdacht (1884). Ein beschleunigendes Potential V erzeugt Kathodenstrahlen, welche in einem magnetischen Felde $\mathfrak{H}$ zu einem Kreise von dem Radius R gekrümmt werden. Aus den Gleichungen

$$\tfrac{1}{2}\mu v^2 = \varepsilon V,$$

$$\frac{\mu v}{\varepsilon} = R\mathfrak{H}$$

ergibt sich Geschwindigkeit v und spezifische Ladung ε/μ zu

$$v = \frac{2V}{R\mathfrak{H}}; \qquad \frac{\varepsilon}{\mu} = \frac{2V}{R^2\mathfrak{H}^2}.$$

Als beschleunigendes Potential wird in der ersten Untersuchung die Potentialdifferenz zwischen Kathode und einer in den Strahl geführten Sonde angenommen, wobei die Krümmung bis zu dieser Sonde gemessen wird, später das gesamte Entladungspotential. Zu hoher Gasdruck in der Röhre fälschte das Resultat wesentlich. Das Ergebnis war $3{,}6 \cdot 10^6$ (1890, nach einer Korrektur der Feldmessung 1898) bzw. $1{,}3$ bis $1{,}9 \cdot 10^7$ (1898) in elektromagnetischen Einheiten.

1897 hat E. WIECHERT[3] aus dem Beschleunigungspotential und der magnetischen Ablenkung, also wie SCHUSTER, ε/μ zu $4 \cdot 10^7$ elm. Einheiten ermittelt. (Der Wert stellt die obere Grenze dar. Die Betrachtungen über die untere Grenze sind durch spätere Untersuchungen von KAUFMANN irrelevant geworden.)

Das letzte Ergebnis zeigt also eindeutig, daß die Kathodenstrahlen keine Masse haben können, welche auch nur in der Größenordnung vergleichbar ist

---

* Für die longitudinale Masse: $1/(\sqrt{1-\beta^2})^3$.

[1] Eine ausführliche und durch ihre kritischen Bemerkungen besonders wertvolle Diskussion der älteren Arbeiten hat A. BESTELMEYER gegeben im Handb. d. Radiol. Bd. V. Literatur bis 1914. Die hier gegebene Darstellung weicht in einzelnen Fragen von der BESTELMEYERschen ab.

[2] A. SCHUSTER, Proc. Roy. Soc. London (A) Bd. 37, S. 331. 1884; Bd. 47, S. 545. 1890; Wied. Ann. Bd. 69, S. 877. 1898.

[3] E. WIECHERT, Schriften d. Königsb. Ges. Bd. 38. 1897 (7. Jan. 1897).

mit bekannten Atommassen. Denn der größte e/m-Wert, den die Elektrolyse liefert, ist von der Größenordnung 10^4. *Also muß die Masse der Kathodenstrahlen noch etwa 2000mal kleiner als die der leichtesten Ionen sein. Diese klare Aussage findet sich zum ersten Male in der zitierten Abhandlung von* E. WIECHERT. WIECHERT stand also damit im Gegensatz zu der damals in Deutschland vorherrschenden Ansicht, daß die Kathodenstrahlen Vorgänge im Äther seien (u. a. LENARD). W. WIEN und J. J. THOMSON gaben im gleichen Jahre (s. unten) für die WIECHERTsche Anschauung neue experimentelle Beweise. Im Jahre 1898 schließt LENARD[1] sich dieser Anschauung an.

Während in diesen Methoden die Ermittlung von Geschwindigkeit und spezifischer Ladung auf den gleichen Grundannahmen beruhen, hat WIECHERT später (1899)[2] mit der (Ziff. 33) näher beschriebenen Methode die Geschwindigkeit der Strahlen direkt gemessen und aus der Ablenkung in einem bekannten Magnetfeld ε/μ zu 1,01 bis $1{,}55 \cdot 10^7$, im Mittel zu $1{,}26 \cdot 10^7$ elm. Einheiten bestimmt. Die Extremwerte sind 0,87 und $1{,}84 \cdot 10^7$ elm. Einheiten.

W. KAUFMANN[3] hat zuerst die SCHUSTERsche Methode eingehend kritisch untersucht und mannigfach variiert durchgeführt. Er erhielt für langsame Kathodenstrahlen $\varepsilon/\mu = 1{,}77$ und $1{,}86 \cdot 10^7$ elm. Einheiten, S. SIMON[4], der KAUFMANNS Versuche fortsetzte, $1{,}865 \cdot 10^7$. LERP[5] wiederholte später unter geänderten Bedingungen die Versuche nochmals und fand — mit 3% maximalem Fehler — 1,72 für ε/μ_0. Es ist heute nicht mehr zu entscheiden, warum die Ergebnisse so weit auseinanderliegen. BESTELMEYER (l. c.) hat mehrfach mögliche Fehlerquellen in diesen Untersuchungen diskutiert.

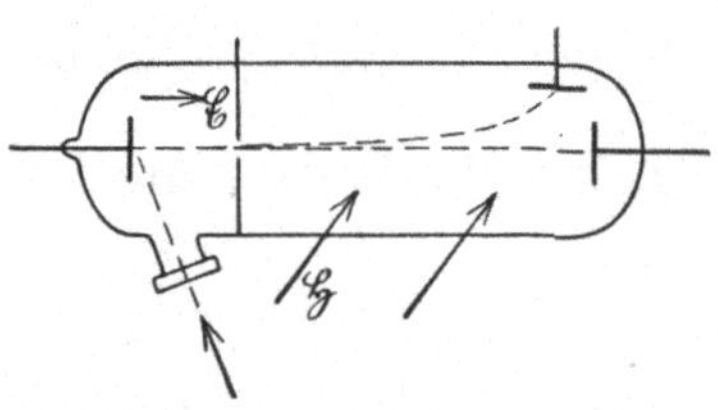

Abb. 26. LENARDS Anordnung zur Bestimmung von ε/μ von Photoelektronen.

LENARD[6] benutzt 1900 (Abb. 26) ebenfalls die SCHUSTERsche Methode zur Bestimmung der spezifischen Ladung von Photoelektronen. Diese werden durch ein elektrisches Feld $\mathfrak{E}$ beschleunigt und durch ein Magnetfeld $\mathfrak{H}$ so abgelenkt, daß sie auf eine seitliche Auffangeelektrode fallen. Er findet $1{,}16 \cdot 10^7$, unabhängig vom Beschleunigungspotential, das zwischen 600 und 12000 Volt variierte. REIGER[7] findet rund $1 \cdot 10^7$ mit gleicher Methode.

Methodisch von Bedeutung ist eine Untersuchung von SEITZ[8] (1902), in welcher drei verschiedene Methoden zur Bestimmung von ε/μ miteinander verglichen werden, nämlich die Kombinationen Wärmeenergie und Ladung, Entladungspotential und transversale elektrische Ablenkung bzw. magnetische Ablenkung.

Er fand durch vergleichende Messungen die Berechtigung der den einzelnen Methoden zugrunde liegenden Annahmen.

A. WEHNELT[9] modifizierte die Methode von SCHUSTER so, daß er die im Magnetfeld abgelenkten langsamen Elektronen einen Kreis durchlaufen läßt; auf dieser Methode bauen sich die später zu besprechenden Untersuchungen von CLASSEN und BESTELMEYER auf. Er findet ε/μ_0 zu 1,3 bis $1{,}8 \cdot 10^7$.

---

[1] PH. LENARD, Ann. d. Phys. Bd. 64, S. 279. 1898.
[2] E. WIECHERT, Ann. d. Phys. Bd. 69, S. 739. 1899; vorl. Mitt. Göttinger Nachr. 1898, S. 269.
[3] W. KAUFMANN, Ann. d. Phys. Bd. 62, S. 569. 1897.
[4] S. SIMON, Ann. d. Phys. Bd. 69, S. 589. 1899.
[5] K. TH. LERP, Diss. Göttingen 1911.
[6] P. LENARD, Ann. d. Phys. Bd. 2, S. 359. 1900.
[7] R. REIGER, Ann. d. Phys. Bd. 17, S. 947. 1905.
[8] W. SEITZ, Ann. d. Phys. Bd. 8, S. 233. 1902.
[9] A. WEHNELT, Ann. d. Phys. Bd. 14, S. 461. 1904.

Auf der SCHUSTERschen Methode baut sich auch die von A. BECKER[1] auf, wenngleich mit einer sehr wichtigen Abänderung. Die im Entladungsraum erzeugten Kathodenstrahlen treten durch ein LENARDsches Fenster in den hochevakuierten Ablenkungsraum ein, wo sie zunächst in einem longitudinalen elektrischen Feld beschleunigt oder verzögert und dann magnetisch abgelenkt werden. Er erhielt ($\beta = 0{,}28$) $\varepsilon/\mu = 1{,}747 \cdot 10^7$ mit etwa $\pm 1{,}5\%$ Fehlergrenzen oder, reduziert nach LORENTZ-EINSTEIN, $\varepsilon/\mu_0 = 1{,}815 \cdot 10^7$, während für $\beta = 0{,}045$ direkt $\varepsilon/\mu_0 = 1{,}874 \cdot 10^7$ gefunden wurde.

37. Die Methoden von J. J. THOMSON. Zur gleichen Zeit (1897) beginnen die Untersuchungen von J. J. THOMSON[2], in welchen zum ersten Male die Kombination von elektrischem und magnetischem Ablenkungsfeld durchgeführt wird. Die klassische Anordnung ergibt die folgende Abb. 27. Die Diaphragmen $D_1 D_2$ blenden aus dem von K kommenden Kathodenstrahl ein enges gradliniges Bündel aus, welches zuerst der Ablenkung des elektrischen Feldes, dann der in der gleichen Richtung wirkenden Ablenkung des magnetischen Feldes ausgesetzt wird. Die Verlagerung des Kathodenstrahldurchstoßungspunktes durch ein transversales elektrisches Feld oder durch ein transversales magnetisches Feld wird an der Verschiebung des Fluoreszenzfleckes an dem Ende der Glasröhre gemessen. LENARD[3] modifizierte diese Anordnung, indem er den Erzeugungs-

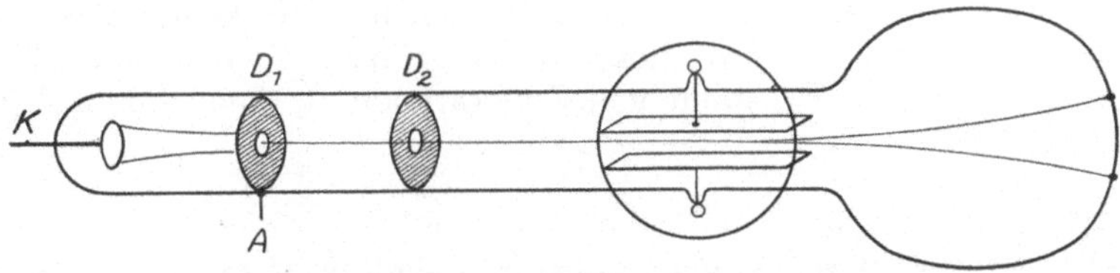

Abb. 27. Prinzip der Methoden von J. J. THOMSON.

raum der Kathodenstrahlen von dem Ablenkungsraum durch eine dünne Aluminiumfolie trennte, deren Durchlässigkeit für Kathodenstrahlen von HEINRICH HERTZ entdeckt worden war. Er erhielt $0{,}6 \cdot 10^7$. Mit der gleichen Methode, ebenfalls unter Verwendung eines LENARDschen Fensters, fand W. WIEN[4] $\varepsilon/\mu = 2 \cdot 10^7$ für Kathodenstrahlen von $^1/_3$ Lichtgeschwindigkeit.

W. SEITZ[5] fand $\varepsilon/\mu = 0{,}645 \cdot 10^7$, gleichgültig, ob er die Kathodenstrahlen im Entladungsgefäß oder nach Durchdringung einer Aluminiumfolie (2,18 bzw. 6,24 μ Dicke) verwendete ($\beta = 0{,}23$).

REIGER[6] verwendet Striktionskathodenstrahlen (und findet nach der THOMSONschen Methode $\varepsilon/\mu = 1{,}32 \cdot 10^7$) oder aus der durchlochten Anode nach rückwärts austretende „Anodenkathodenstrahlen", deren ε/μ sich zu $1{,}68 \cdot 10^7$ ergibt.

Die zweite von J. J. THOMSON — ebenfalls 1897 — angegebene Methode beruht auf der Messung der von einem Kathodenstrahl mitgeführten Energie und Elektrizitätsmenge in Kombination mit der magnetischen Ablenkung des Kathodenstrahls. Die Energie wird mittels eines in den Strahlengang gesetzten absoluten Bolometers (nach KURLBAUMS Methode zur absoluten Strahlungsmessung) gemessen:

$$W = \tfrac{1}{2} n \mu v^2 .$$

[1] A. BECKER, Ann. d. Phys. Bd. 17, S. 381. 1905.
[2] J. J. THOMSON, Phil. Mag. Bd. 44, S. 293. 1897.
[3] P. LENARD, Wied. Ann. Bd. 64, S. 279. 1898.
[4] W. WIEN, Wied. Ann. Bd. 65, S. 440. 1898.
[5] W. SEITZ, Ann. d. Phys. Bd. 6, S. 1. 1901.
[6] R. REIGER, Ann. d. Phys. Bd. 17, S. 947. 1905.

n ist die Anzahl der Elektronen, welche sich aus der transportierten Elektrizitätsmenge pro Sek., dem Strom, berechnet:

$$n\varepsilon = i; \qquad n = \frac{i}{\varepsilon}.$$

Also

$$\frac{W}{i} = \frac{1}{2}\frac{\mu}{\varepsilon}v^2.$$

Durch Verbindung mit dem Radius R der durch das Magnetfeld $\mathfrak{H}$ erzeugten Kreisbahn folgt

$$\frac{\varepsilon}{\mu} = \frac{2W}{i \cdot R^2 \cdot \mathfrak{H}^2}.$$

Die dritte[1] Methode J. J. THOMSONS (1899) besteht in der Kombination von longitudinalem elektrischen und transversalem magnetischen Feld. Die Elektronen werden durch ultraviolette Bestrahlung einer Zinkplatte K (Abb. 28) erzeugt und zwischen Zinkplatte und einem Drahtnetz A elektrisch beschleunigt. Das senkrecht zu der elektrischen Kraftrichtung gleichzeitig wirkende magnetische Feld M (Kraftlinien senkrecht zur Zeichenebene) biegt die Bahnen der Elektronen wieder zurück. Durch passende Wahl des elektrischen Beschleunigungsfeldes und des magnetischen Feldes läßt es sich erreichen, daß keine Elektronen auf die Elektrode A gelangen: wenn nämlich der Abstand von Zinkkathode zu Anodennetz d gleich ist

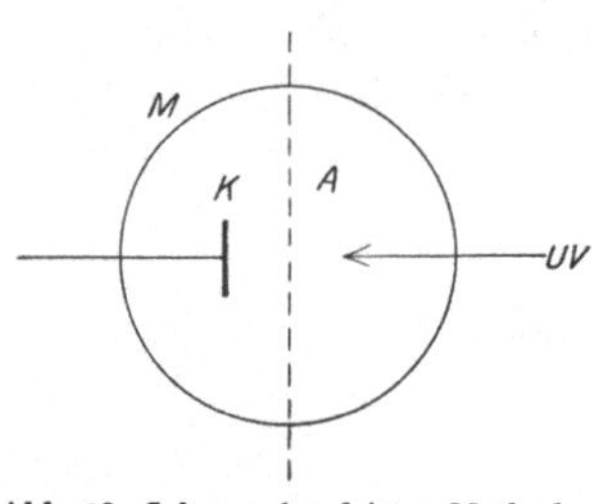

Abb. 28. Schema der dritten Methode von J. J. THOMSON (longitudinales elektrisches Feld und transversales Magnetfeld).

$$d = 2\frac{\mathfrak{E}}{\mathfrak{H}^2} \cdot \frac{\mu}{\varepsilon}.$$

$\mathfrak{H}$ wird konstant gehalten, $\mathfrak{E}$ zunächst groß gewählt. Solange nun $\mathfrak{E}$ größer ist als $\mathfrak{H}^2 d/2 \cdot \varepsilon/\mu$, wird stets die gleiche Zahl Elektronen auf das Netz fallen. Sobald aber $\mathfrak{E}$ kleiner als diese Größe wird, kommt (bei gleicher Geschwindigkeit aller Elektronen) keine negative Ladung mehr auf das Netz A.

Die Ergebnisse der drei THOMSONschen Methoden sind: ε/μ etwa gleich $0{,}8 \cdot 10^7$ (erste und dritte Methode) und $2 \cdot 10^7$ elm. Einheiten (zweite Methode). Große innere Genauigkeit hat THOMSON in keiner seiner Messungsreihen erreicht.

SEITZ[2] hat 1902 die THOMSONschen Methoden mit der SCHUSTERschen Methode verglichen und gefunden, daß die Ergebnisse dieser Methoden auf etwa 1% übereinstimmen, wenn Elektronengeschwindigkeiten von rund 0,2 Lichtgeschwindigkeit verwendet wurden. Er findet für ε/μ bei dieser Geschwindigkeit $1{,}87 \cdot 10^7$ elm. Einheiten.

GREINACHER[3] hat THOMSONS dritte Methode sehr vereinfacht, jedoch nicht vollständig durchgeführt. Er verwendet Elektronen von einer drahtförmigen Wehneltkathode K, welche zentrische Innenelektrode eines Zylinderkondensators C ist. Die den Kondensator enthaltende Vakuumröhre befindet sich in einem homogenen Spulenfeld S (s. Abb. 29). Zweifellos hat diese Anordnung Vorteile gegenüber der von THOMSON, da vor allem die Felder viel besser definiert sind. GREINACHER hat die Theorie der Anordnung eingehend entwickelt.

O. W. RICHARDSON[4] arbeitete eine weitere Modifikation der THOMSONschen Anordnung aus; er wollte das ε/μ bzw. e/m der Elektronen bzw. der Ionen be-

[1] J. J. THOMSON, Phil. Mag. Bd. 48, S. 547. 1899.
[2] W. SEITZ, Ann. d. Phys. Bd. 8, S. 233. 1902.
[3] H. GREINACHER, Verh. d. D. Phys. Ges. Bd. 14, S. 856. 1912.
[4] O. W. RICHARDSON, Phil. Mag. Bd. 16, S. 740. 1908.

stimmen, welche von heißen Drähten ausgehen; THOMSON selbst hatte seine Methode ebenfalls schon zur Untersuchung der ε/μ der Glühelektronen verwendet. RICHARDSON erzeugt das beschleunigende elektrische Feld zwischen zwei parallelen Platten. Jede dieser Platten hat einen Schlitz: in dem einen liegt der Glühdraht, in dem anderen ein als Auffänger der Elektronen dienender, mit einem Elektrometer verbundener Draht. Auf die von der Elektronenquelle zum Auffangedraht fliegenden Elektronen wirkt ein Magnetfeld, senkrecht zur elektrischen Feldrichtung; bei hinreichender Stärke desselben kann kein Elektron mehr zum Auffänger kommen. Die Berechnung ist im Prinzip die gleiche wie bei THOMSON. Er findet für ε/μ aus glühenden Kohlenfäden bei sehr niederen elektrischen Potentialen Werte um $1{,}5 \cdot 10^7$ elm. Einheiten.

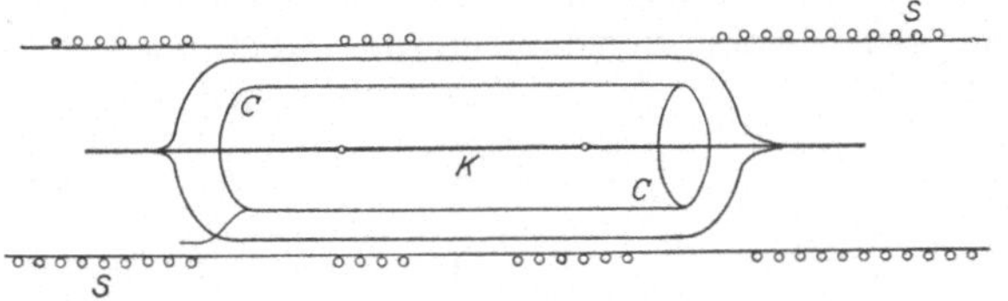

Abb. 29. GREINACHERS Modifikation der dritten THOMSONschen Methode.

38. Die Methode von W. WIEN. Im Jahre 1897 untersucht W. WIEN[1] die transversale elektrische Ablenkung der Kathodenstrahlen, welche durch eine Aluminiumfolie hindurchgegangen sind. Er will auf diese Weise eine eventuelle Wirkung der Entladung auf die Eigenschaften der Kathodenstrahlen ausschließen, um so die Frage nach der Natur derselben zu klären, besonders die Entscheidung über den Transport von negativer Ladung in dem Kathodenstrahl treffen. Er kommt zu dem gleichen Ergebnis wie PERRIN, WIECHERT, MCCLELLAND und THOMSON, jedoch mit jetzt zweifellos besser fundierten Experimenten, daß die Kathodenstrahlen nicht „Vorgänge im Äther" (LENARD) sein können, sondern daß es geladene *Teilchen* sein müssen, welche „mit den gewöhnlichen chemischen Molekülen nichts zu tun haben". Er mißt die elektrostatische Ablenkung und erkennt die magnetische Ablenkung der Strahlen als Ablenkung der Strombahn, die LENARD für die Folge einer magnetischen Polarisation des Äthers gehalten hatte[2].

Sodann zeigt W. WIEN, daß man die transversale elektrische Ablenkung der Kathodenstrahlen durch ein gleichzeitig wirkendes, dem elektrischen Feld überlagertes magnetisches Feld geeigneter Stärke und Richtung rückgängig machen, kompensieren kann, wenn nämlich die Richtung der magnetischen Kraftlinien senkrecht zu der der elektrischen Kraftlinien steht. Die Kompensationsbedingung

$$\varepsilon \mathfrak{E} = \varepsilon v \mathfrak{H}$$

liefert die Geschwindigkeit der benutzten Kathodenstrahlen zu $\beta = \frac{1}{3}$; die spezifische Ladung ergibt sich zu $2 \cdot 10^7$ elm. Einh.

Diese Methode der „*kompensierten Strahlen*" von W. WIEN wird später von BESTELMEYER und BUCHERER verwendet (s. Ziff. 48 u. 49).

c) Präzisionsbestimmungen der spezifischen Ladung für langsame Elektronen.

39. Die erste Präzisionsmessung von ε/μ durch J. CLASSEN[3]. Verwendet werden Elektronen, welche von einer Wehneltkathode stammen. Zwischen der Wehneltkathode *WK* und der Anode *A* (Abb. 30) liegt eine beschleunigende Spannung der Größenordnung 1000 Volt, welche die Elektronen auf einer

[1] W. WIEN, Verh. d. D. Phys. Ges. 1897, S. 164; 1898, S. 10; Ann. d. Phys. Bd. 65, S. 440. 1898.

[2] P. LENARD, Ann. d. Phys. Bd. 52, S. 23. 1894.

[3] J. CLASSEN, Verh. d. D. Phys. Ges. Bd. 10, S. 700; Phys. ZS. Bd. 9, S. 762. 1908.

Strecke von etwa 1 mm beschleunigt. Die Elektronen treten durch eine 1 mm große Öffnung in der Anode A mit der Geschwindigkeit v, gegeben durch

$$\varepsilon V = \tfrac{1}{2}\mu v^2$$

aus. Im Magnetfeld, das von einer Doppelspule M in GAUGAIN-HELMHOLTZscher Anordnung geliefert wird — Kraftlinien senkrecht zur Zeichnungsebene — werden sie zu einem Halbkreis mit dem Radius R gekrümmt und fallen rücklaufend auf eine auf der Anode befestigte photographische Platte P; es wird die gleiche Aufnahme mit kommutiertem Felde wiederholt. Der gesuchte Radius R ist dann gleich dem vierten Teil des Abstandes der beiden Schwärzungspunkte.

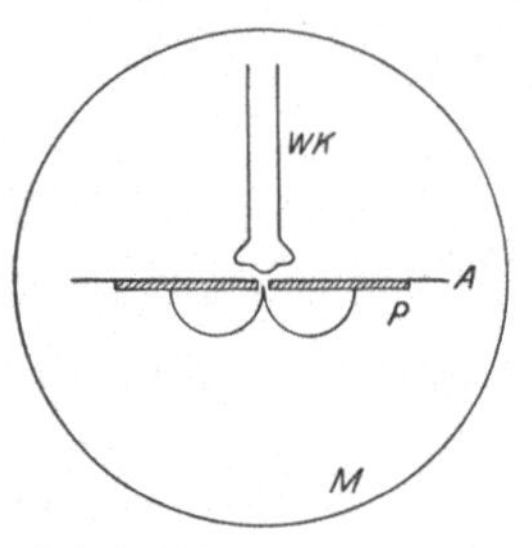

Abb. 30. Anordnung von J. CLASSEN.

Aus ihm ergibt sich nach

$$\varepsilon v \mathfrak{H} = \mu \frac{v^2}{R}$$

unter Einsetzung von v aus der ersten Gleichung

$$\frac{\varepsilon}{\mu} = \frac{2V}{R^2 \mathfrak{H}^2}.$$

Magnetfeld und Krümmungsradius konnten sehr genau gemessen werden. Das Beschleunigungspotential kann wenige Volt durch ein evtl. bestehendes Kontaktpotential unsicher sein. Als Ergebnis fand CLASSEN $(1 \cdot 774 \pm 0{,}004) \cdot 10^7$; möglich ist, daß aus dem eben genannten Grunde der Wert um 2 bis $3^0/_{00}$ falsch ist, d. h. 4 bis 5 Einheiten der letzten Stelle.

Dieser Wert wurde für 1000-Volt-Elektronen erhalten. Durch vergleichende Messungen mit 4000-Volt-Elektronen ergab sich das Verhältnis der Massen $\mu_{4000\,\text{Volt}} : \mu_{1000\,\text{Volt}}$ aus verschiedenen Versuchen zu 1,008, 1,010, 1,006, 1,004, im Mittel 1,007, während die Theorie von LORENTZ 1,006 verlangt. Der obengenannte Fehler in V würde das Verhältnis μ_{4000}/μ_{1000} um 1,004 ändern.

Eine Modifikation — besser definiertes Feld und engere Austrittsöffnung in der Anode (0,3 mm) — lieferte:

$$\frac{\varepsilon}{\mu_{1000}} = 1{,}7728\,; \qquad \frac{\mu_{4000}}{\mu_{1000}} = 1{,}004\,;$$

also sehr nahe die gleichen Werte wie die erste Anordnung.

40. Modifikation der CLASSENschen Methode durch BESTELMEYER. A. BESTELMEYER[1] verwendete die gleiche Methode, jedoch insofern nicht unwesentlich verbessert, als die Bahn des im Magnetfeld abgelenkten Elektronenstrahls nicht nur über einen Halbkreis, sondern fast über einen Vollkreis ausgemessen wurde. Mit zunehmendem Vakuum ergab sich eine kleine Abnahme der Krümmung dieses magnetisch abgelenkten Strahls, ein Beweis dafür, daß bei Anwesenheit von Gasmolekülen die Geschwindigkeit der Elektronen etwas abnimmt. Hierauf deutet auch die Zunahme der Diffusität des Strahles sowie die Abnahme seiner Helligkeit hin. Auch ergab sich im Magnetfeld kein scharfer, sondern ein verbreiterter Strahl, welcher zeigte, daß im Strahl nicht eine einheitliche Geschwindigkeit v, sondern ein Intervall $v \pm 1{,}4\%$ enthalten ist.

Als Ergebnis für Strahlen von 870-Volt-Geschwindigkeit erhielt BESTELMEYER $1{,}766 \cdot 10^7$ elm. Einh. Würde das *wirksame* Beschleunigungspotential um 5 Volt von dem gemessenen abweichen, so änderte sich die vorletzte Stelle um eine Einheit. Gerade wegen der Unklarheit über das zugrunde zu legende Potential hält BESTELMEYER die Methode für nicht allzu sicher. Es muß jedoch

[1] A. BESTELMEYER, Ann. d. Phys. Bd. 35, S. 909. 1911; vorl. Mitt. Phys. ZS. Bd. 12, S. 972. 1911.

darauf hingewiesen werden, daß nach CLASSENs Versuchen mit 1000- und 4000-Volt-Strahlen ein Fehler von mehr als einigen Einheiten der letzten Stelle nicht zu erwarten ist, geschweige denn ein Fehler von gar 0,01 oder mehr[1].

41. Erweiterung der Versuche durch ALBERTI. 1912 verwendet E. ALBERTI[2] durch ultraviolette Strahlung aus einer Kupferkathode ausgelöste Elektronen, welche durch 15000 bis 21000 Volt — geliefert von einer Influenzmaschine — beschleunigt werden. Hierbei sind die Bedenken von CLASSEN und BESTELMEYER nicht mehr zu beachten, dafür wird aber auch die magnetische Ablenkbarkeit geringer, so daß kein Kreis mehr, sondern nur noch eine kleine Krümmung im Magnetfeld erzielt und gemessen wird. Die Krümmung wird aus der Ablenkung des Auftreffpunktes des Elektronenstrahls auf eine fluoreszierende Platte gemessen. Die aus der Messung folgenden ε/μ-Werte sind nach der LORENTZ-EINSTEINschen Formel auf die Geschwindigkeit 0 reduziert; die Berechnung nach der ABRAHAMschen Theorie würde alle Werte um $0{,}001 \cdot 10^7$ vergrößern. Die einzelnen Meßreihen ergaben folgende Mittelwerte für ε/μ_0: 1,761, 1,754, 1,755, 1,760, 1,757, 1,752, 1,772, 1,757, 1,753, 1,751, 1,756, 1,743, als Mittel (129 Einzelbeobachtungen) $1{,}756 \cdot 10^7$ elm. Einh.

Aus dem Vergleich des Magnetfeldes mit der Normalspule der Physikalisch-Technischen Reichsanstalt ergibt sich, daß letztere etwas kleinere Felder liefert, als ALBERTI ausgerechnet hatte. Setzt er diesen *P-T-R*-Wert ein, so folgt als Endergebnis $1{,}766 \cdot 10^7$.

42. Die Versuche von MALASSEZ und PROCTOR. Langsame Kathodenstrahlen verwendet M. MALASSEZ[3] 1911 zur ε/μ-Bestimmung nach der ersten KAUFMANNschen Methode. Wesentlich in dieser Untersuchung ist die nochmalige Kontrolle, daß die Geschwindigkeit der Kathodenstrahlen durch das Entladungspotential gegeben wird. Für ε/μ ($\beta = 0{,}26$; $v = 0{,}791 \cdot 10^{10}$ cm/sec) ergibt sich auf 1% 1,760, für ε/μ_0, reduziert nach LORENTZ-EINSTEIN, $1{,}769 \cdot 10^7$ elm. Einh. Analoge Versuche von C. A. PROCTOR[4] mit Wehneltstrahlen von 10000 Volt lieferten $1{,}859 \cdot 10^7$, doch scheint dieser Wert weniger sicher, da auch die Messungen des gleichen Verfassers über die Abhängigkeit der Masse von der Geschwindigkeit Resultate geben, welche im Widerspruch zu denen aller anderen Beobachter stehen.

Somit liefern diese Bestimmungen für ε/μ_0 in elm. Einh. g^{-1}:

Beobachter	β	$\frac{\varepsilon}{\mu_0} \cdot 10^{-7}$	Methode		
CLASSEN	$\backsim 0{,}06$	$1{,}77_3$	elektrische Beschleunigung und magnetische Ablenkung	von	Wehneltstrahlen
BESTELMEYER	$\backsim 0{,}06$	$1{,}76_6$			Wehneltstrahlen
ALBERTI	$\backsim 0{,}3$	1,766			Photoelektronen
MALASSEZ	0,26	1,769 (1%)			Kathodenstrahlen

43. Die Methode des longitudinalen Magnetfeldes von H. BUSCH[5]. Während in allen bisher besprochenen Methoden die Richtung des ablenkenden magnetischen Feldes senkrecht zur Bewegungsrichtung der Elektronen stand, verwendet BUSCH die sammelnde, konzentrierende Wirkung, welche ein longitudinales Magnetfeld auf ein divergierendes Elektronenbündel ausübt, d. h. ein Magnetfeld, dessen Richtung in die Achse eines von einer kleinen Fläche ausstrahlenden

[1] In seiner vorläufigen Mitteilung korrigiert BESTELMEYER seinen Wert auf $1{,}75 \cdot 10^7$, doch hat er diese Änderung in der endgültigen Arbeit nicht erwähnt.

[2] E. ALBERTI, Ann. d. Phys. Bd. 39, S. 1133. 1912.

[3] M. MALASSEZ, Ann. chim. phys. Bd. 23, S. 231 ff., 397 ff., 491 ff. 1911.

[4] C. A. PROCTOR, Phys. Rev. Bd. 30, S. 53. 1910.

[5] H. BUSCH, Phys. ZS. Bd. 23, S. 438. 1922; Ann. d. Phys. Bd. 81, S. 974. 1926; vgl. auch E. RIECKE, Wied. Ann. Bd. 13, S. 191. 1881; J. ROBINSON, Phys. ZS. Bd. 13, S. 276. 1912.

Elektronenkegels fällt. Ein solches Feld beeinflußt die genau in der Feldrichtung fliegenden Elektronen gar nicht, die schief zur Feldrichtung laufenden Elektronenstrahlen werden zu einer Schraube gekrümmt, deren Achse parallel zur Feldrichtung liegt. Hat ein Elektron in dem Felde eine ganze Umdrehung der Schraube durchlaufen, so befindet es sich in einem Punkte der magnetischen Kraftlinie, welche gerade durch seinen Ausgangspunkt hindurchgeht. Dient als Strahlenquelle ein enges Diaphragma, durch welches von einer Kathode her Kathodenstrahlen kommen, so werden die Elektronen, je nach dem räumlichen Winkel, unter welchem bei dem Austritt aus dem Diaphragma ihre Bewegungsrichtung gegen die Richtung der longitudinalen magnetischen Kraftlinien geneigt ist, Bahnen beschreiben, deren Projektionen auf eine zur Feldrichtung senkrechte Ebene die Kreise in Abb. 31 darstellen. D ist der Durchstoßungspunkt der durch das Diaphragma gehenden Kraftlinie. Die Theorie dieser Krümmung zeigt nun, daß die Zeit für das Durchlaufen einer Schraubenumdrehung unabhängig von dem Radius des Kreises, d. h. unabhängig von der Geschwindigkeit der Elektronen und von dem Divergenzwinkel ist, und daß die Lineargeschwindigkeit der Elektronen in der Flugrichtung unabhängig von der Größe der Kreisbahn ist.

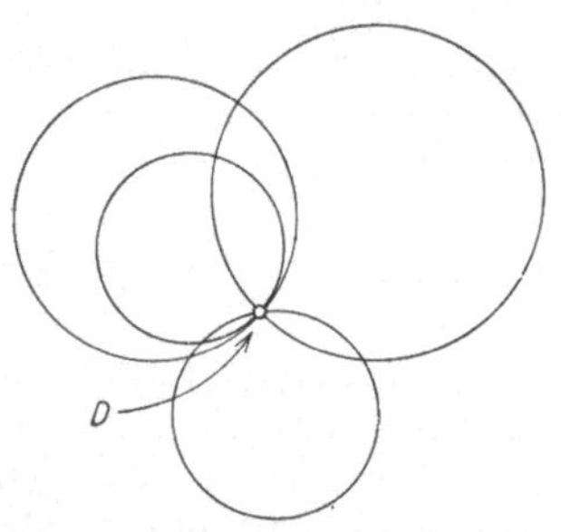

Abb. 31. Projektion der Elektronenbahnen.

Man nennt dies gewöhnlich die „fokussierende“ Wirkung eines parallel zur Achse eines divergenten Elektronenstrahlbüschels gerichteten Magnetfeldes; dabei erfolgt eine „aberrationsfreie Fokussierung“ nur für ein genügend enges Bündel.

Eine mit v cm/sec unter den Winkel α gegen die Kraftlinien eines Magnetfeldes $\mathfrak{H}$ bewegte Ladung erfährt senkrecht zu der Longitudinalgeschwindigkeit $v_l = v \cos\alpha$ die Kraft

$$K = \varepsilon \cdot v \cdot \sin\alpha \cdot \mathfrak{H}$$

($v \sin\alpha = v_r$ = Radialkomponente), infolge deren das Elektron eine Kreisbahn (Radius R) beschreibt:

$$\mathfrak{H} \varepsilon v_r = \frac{\mu v_r^2}{R}; \qquad R = \frac{v_r}{\frac{\varepsilon}{\mu} \cdot \mathfrak{H}}.$$

Die Umlaufszeit ist dann

$$\tau = \frac{2\pi R}{\mathfrak{H} \frac{\varepsilon}{\mu} R},$$

also *un*abhängig vom Radius.

Da τ unabhängig von der Longitudinalgeschwindigkeit der Elektronen ist, laufen alle Elektronen zur gleichen Zeit wieder durch die Diaphragmenachse D. Haben aber alle Elektronen die gleiche Longitudinalgeschwindigkeit, so erfolgt dieses *gleichzeitige* Durchlaufen aller Elektronen durch die D-Achse auch *gleich weit* von D entfernt. Dieser Abstand l von D ergibt sich zu

$$l = v_z \tau = \frac{2\pi v \cos\alpha}{\frac{\varepsilon}{\mu} \mathfrak{H}}.$$

Verlassen daher alle Elektronen ihren Ausgangspunkt unter dem gleichen Winkel, und sei das Bündel so eng, daß $\cos\alpha \approx 1$, so treffen alle Elektronen in einem Punkte wieder zusammen, der vom Magnetfeld und Entladungspotential abhängt.

So ergibt sich die Beziehung für ε/μ:

$$\frac{\varepsilon}{\mu} = \frac{8\pi^2 V}{\mathfrak{H}^2 \cdot l^2}\cos^2\alpha .$$

Die Anordnung, mit welcher F. WOLF[1] Präzisionsmessungen nach der BUSCHschen Methode ausführte, ist aus Abb. 32 zu ersehen.

Um zu erreichen, daß die Elektronen von einem Punkte des Diaphragmas gleichzeitig in mehreren Richtungen austreten, wird zwischen Glühkathode K und Diaphragma D ein transversales elektrisches Wechselfeld angebracht. Dasselbe besteht aus sechs Platten von 10 cm Länge und 1,6 cm Breite. Sie sind in das Glasrohr so eingeschmolzen, daß sie exakte Flächenstücke eines Sechskants bilden. Die von der Glühkathode K (Wolframdraht) kommenden Elektronen werden gegen die Anode A mit Hilfe einer Hochspannungsmaschine beschleunigt. Die Anode A besteht aus einem 15 cm langen Kupferrohr, welches mittels der Kupferringe R_1, R_2 zentrisch in dem Glasrohr fixiert wird. Zum völligen elektrostatischen Schutz ist das Rohr innen soweit als möglich mit geerdeten Kupfernetzen N_1, N_2 belegt, welche mit der Anode verbunden sind. Auf der der Glühkathode zugewandten Seite trägt die Anode das schon genannte Diaphragma D, auf der anderen Seite eine zur Rohrachse konzentrische Schlitzblende B. Aus Justierungsgründen war das Ende des Rohres, welches auch den Fluoreszenzschirm F enthält, mit einem Schliff S abgeschlossen. Über das Rohr wird eine lange Feldspule geschoben, so daß die Strecke $D - B - F$ ($= 2 \cdot 15$ cm) in dem mittelsten Spulenfeld liegt. Die Feldstärke ändert sich in diesem Bereich nach beiden Seiten symmetrisch um 1,7%. Diese Inhomogenität wird genau bestimmt und ihr Einfluß auf den Verlauf der Elektronenbahnen berechnet. Die Beschleunigungsspannung wird mit dem halben Spannungsabfall im Glühdraht korrigiert. Da der negative Pol der Heizspannung an dem Ende des Glühdrahtes lag, an dem die Abzweigung zum Spannungsmesser fortführte, betrug diese Korrektion $-1^0/_{00}$. Die Entfernung $D - B$ ist genau gemessen, die $\cos\alpha$-Korrektion macht (wegen $\cos^2\alpha$) etwa $\pm 0{,}4^0/_{00}$ aus. Die Beschleunigungsspannungen wurden zwischen 3500 und 5000 Volt variiert. Die Reduktion auf die Ruhemasse wird nach LORENTZ-EINSTEIN

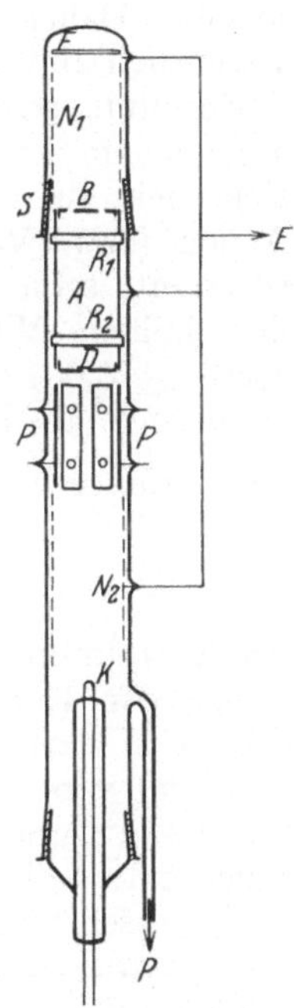

Abb. 32. Anordnung nach WOLF (H. BUSCH) (aus Ann. d. Phys. Bd. 83, S. 849. 1927).

$$\frac{\varepsilon}{\mu_0} = \frac{\varepsilon}{\mu_V}\left(1 + \frac{1}{2}\cdot\frac{\varepsilon}{\mu}\cdot\frac{E}{c^2}\right)$$

ausgeführt. Sie beträgt für $\beta =$ ca. 0,13, etwa 4 bis $5^0/_{00}$.

Die Messungen zeigen eine außerordentlich hohe *innere* Genauigkeit. Von 70 Messungen zeigen nur zwei eine Abweichung von $\pm 2^0/_{00}$ vom Mittel, bei 65 Messungen liegt die Abweichung unter $1^0/_{00}$. Als Endergebnis ergibt sich

$$\frac{\varepsilon}{\mu_0} = 1{,}767_9 \cdot 10^7 \text{ int. elm. Einh. g}^{-1}.$$

Ältere Messungen mit der gleichen Methode, die BUSCH ausgeführt hatte, hatten zu dem Wert 1,768 geführt. Dabei ist bemerkenswert, daß die BUSCHsche Anordnung in wesentlichen Punkten anders war, daß vor allem zur Erreichung des gleichmäßig-divergenten Bündels nicht ein elektrisches Wechselfeld, sondern ein magnetisches Drehfeld verwendet wurde.

[1] F. WOLF, Ann. d. Phys. Bd. 83, S. 849. 1927.

44. Die Methode von KIRCHNER[1] und PERRY und CHAFFEE[2]. Diese Methode kombiniert die direkte Geschwindigkeitsmessung (Ziff. 34) mit der Messung der Beschleunigungsspannung V:

$$\varepsilon V = \frac{1}{2}\mu v^2; \qquad \frac{\varepsilon}{\mu} = \frac{v^2}{2V} = \frac{2\nu^2 l^2}{n^2 V}.$$

Die Bedeutung der Symbole ist in Ziff. 34 gegeben. Es ist also keine Ablenkung und kein Ablenkungsfeld zu messen, dessen Inhomogenität stets Schwierigkeiten macht. Daher ist diese Methode prinzipiell die sicherste. Sie hat aber ein wesentlich anderes Ergebnis als die Ablenkungsversuche geliefert. In der ersten Abhandlung erhielt KIRCHNER für $\sim$1600 Voltstrahlen $\varepsilon/\mu_0 = (1{,}7598 \pm 0{,}0025)$ 10^7 abs. elm. Einh. In einer Neubestimmung[3] wurde versucht, die größte Unsicherheit, die des unbekannten Kontaktpotentials P zwischen Glühfaden und Anode (bzw. Vakuum) zu eliminieren. Wenn dies auch nicht völlig gelang, so konnte seine Größe doch so weit bestimmt werden, daß die Fehlergrenze auf den halben Wert reduziert wurde, so daß sich jetzt (mit $P \sim 1{,}5$ Volt) $1{,}7585 \pm 0{,}0012 \cdot 10^7$ ergab. Nach weiteren experimentellen Verbesserungen ergab sich als Endresultat für ε/μ_0 bei 1638,0 abs. Volt $1{,}7518 \cdot 10^7$ oder nach Reduktion auf die Ruhemasse $\left(\beta = 0{,}13;\ \frac{\varepsilon}{\mu} \cdot \frac{3\beta^2}{4} = +0{,}0083 \cdot 10^7\right)$

$$\frac{\varepsilon}{\mu_0} = (1{,}7590 \pm 0{,}0015) \cdot 10^7 \text{ abs. elm. Einh. g}^{-1}.$$

An Korrektionen stecken in diesem Wert: die Korrektur wegen der endlichen Länge der Kondensatorplatten von $-0{,}06\%$, der halbe Spannungsabfall an dem die Elektronen liefernden Glühdraht (1,1 Volt = 0,06%) und das Kontaktpotential von etwa 1,3 Volt.

PERRY und CHAFFEE — wie in Ziff. 34 erwähnt, nach gleicher Methode arbeitend — benützten wesentlich größere Elektronengeschwindigkeiten und auch verschiedene Frequenzen des Wechselfeldes. Ihre Ergebnisse sind:

Geschwindigkeit v in 10^{10} cm/sec^{-1}	Zahl der Beobachtungen	$\frac{\varepsilon}{\mu_0} \cdot 10^{-7}$ abs. elm. Einh.	Abweichungen vom Mittel	Abweichungen der Einzelbeobachtungen vom Mittel
0,60619	88	1,7613	0,0004	0,0011
0,61882	37	1,7612	0,0003	0,0012
0,70723	37	1,7608	0,0001	0,0014
0,75774	31	1,7601	0,0008	0,0013
0,79563	36	1,7600	0,0009	0,0010
0,80826	38	1,7610	0,0001	0,0006

Als Mittelwert wird

$$\boxed{\frac{\varepsilon}{\mu_0} = (1{,}7609 \pm 0{,}0010) \cdot 10^7 \text{ abs. elm. Einh. g}^{-1}}$$

gegeben.

Daß dieser Wert in bemerkenswerter Übereinstimmung mit KIRCHNERS Ergebnis steht, ist um so bedeutungsvoller, als in beiden Arbeiten mit weit verschiedenen Elektronengeschwindigkeiten gearbeitet wird, und daß bei PERRY und CHAFFEE Kontaktpotentiale zu vernachlässigen sind. Man sieht, daß die

[1] F. KIRCHNER, Phys. ZS. Bd. 30, S. 773. 1929; Ann. d. Phys. Bd. 8, S. 975. 1931.
[2] CH. T. PERRY u. E. L. CHAFFEE, Phys. Rev. Bd. 36, S. 904. 1930; vgl. auch E. L. CHAFFEE, ebenda Bd. 34, S. 474. 1912.
[3] F. KIRCHNER, Ann. d. Phys. Bd. 12, S. 503. 1932.

Grenzwerte 1,7605 bis 1,7575 (Kirchner) und 1,7619 bis 1,7599 (Perry und Chaffee) sich gut überdecken.

Es ist eine betrübliche Tatsache, daß die beiden besten Präzisionsmessungen für ε/μ_0, nämlich die von Busch und Wolf und die von Kirchner und Perry und Chaffee, Ergebnisse liefern, die um ein Vielfaches der *inneren* Genauigkeit voneinander abweichen. Der Grund hierfür ist heute noch völlig ungeklärt. Man kann zunächst annehmen, daß vielleicht eine der benutzten Eichungsnormalen nicht in Ordnung oder daß das Vakuum in der Röhre von Wolf nicht genügend hoch war. Da andererseits die Ergebnisse der Buschschen Methode mit den Präzisionsmessungen von Bestelmeyer und Malassez sowie auch mit denen von Bucherer und Neumann-Schäfer, die alle in ganz verschiedener Weise ausgeführt wurden, übereinstimmen und diese sämtlich größere Werte liefern als die Kirchner-Perry-Chaffee-Methode, liegt es immerhin nahe, nach einem noch unbekannten prinzipiellen Grund der Abweichung dieser Ergebnisse zu suchen. Einige hierzu gemachte Ansätze, welche zunächst nur die Differenz zwischen den neueren spektroskopischen Methoden und den alten Ablenkungsversuchen betrafen, waren aber ohne Erfolg[1]. Sie wären zudem jetzt hinfällig, nachdem auch elektrische Methoden, die wohl zweifellos auch als Ablenkungsversuche zu bezeichnen sind, eine mit dem spektroskopischen Wert übereinstimmende Zahl ergaben. Man ist daher versucht, den niederen, um 1,760 liegenden Werten den Vorzug zu geben; man kann aber nicht begründen, warum die höheren, um 1,767 liegenden Werte ungültig sein sollen.

45. ε/μ aus dem Zeemaneffekt. Die klassische Elektronentheorie nimmt an, daß die Ausstrahlung einer Spektrallinie dadurch zustande kommt, daß das im Atom sich bewegende, etwa um den Atomkern kreisende Elektron unmittelbar Bewegungsenergie als elektromagnetische Schwingung (Strahlungsenergie) mit seiner Umlaufszahl als Schwingungszahl abgibt. Da ein Magnetfeld die Elektronenbewegung insofern modifiziert, als zu der Rotationsbewegung des Elektrons nun noch eine Rotation der ganzen Elektronenbahn um die Richtung des Magnetfeldes hinzukommt (Präzession, Larmorrotation), wird auch die elektromagnetische Strahlungsemission bez. ihrer Schwingungszahl modifiziert werden. Die Theorie von H. A. Lorentz liefert das Resultat, daß eine einfache Spektrallinie im Magnetfeld in drei Komponenten aufgeteilt wird, eine am Ort der feldlosen Linie und je eine im gleichen Abstand nach langen und kurzen Wellen. Für diese „Zeemanaufspaltung des normalen Triplets" findet Lorentz eine Formel, welche nur von dem Verhältnis von Ladung des Elektrons zu Masse des Elektrons (und natürlich von der Stärke des Magnetfeldes) abhängig ist, und zwar ist die Aufspaltung der Spektrallinie $\Delta\nu = \Delta\lambda/\lambda^2$

$$\Delta\nu = \frac{1}{4\pi c}\cdot\mathfrak{H}\cdot\frac{\varepsilon}{\mu}; \qquad \frac{1}{4\pi c}\cdot\frac{\varepsilon}{\mu} = a,$$

worin ε und μ Ladung und Masse des Elektrons (ε in elektromagnetischen Einheiten gemessen), $\mathfrak{H}$ das Magnetfeld in Gauß und c die Lichtgeschwindigkeit bedeuten. Unter Zugrundelegung dieser Theorie ist also ε/μ absolut zu messen aus $\Delta\nu$ und $\mathfrak{H}$.

Leider gibt es nun nur eine recht beschränkte Anzahl von Spektrallinien, welche in „normale Triplets" aufspalten und gleichzeitig für diese Messung geeignet sind. Die weitaus größte Zahl aller Spektrallinien spaltet im Magnetfeld „anormal" auf, d. h. entweder in ein Triplet mit anderen Abständen $\Delta\nu$ oder in eine weitaus größere Zahl von Komponenten als nur drei. Aber auch diese Linien können zur Absolutmessung von ε/μ verwendet werden, wenn man das

[1] L. D. Huff, Phys. Rev. Bd. 38, S. 501. 1931.

Verhältnis ihrer Aufspaltung zu der des normalen Triplets kennt, was durch relative Messungen erreicht werden kann, vorausgesetzt, daß die verwendete Dispersion auch wirklich alle Zeemankomponenten auflöst. Die folgende Tabelle 7, einer durch die neuen Messungen ergänzten Tabelle von BACK[1] entnommen, gibt die Ergebnisse.

Tabelle 7. Absolute Bestimmungen des Zeemaneffekts.

	I Beobachter	II Feldstärkebereich in Kilo-Gauß	III Der Aufspaltungsmessung zugrunde gelegte Spektrallinie	IV $\frac{e}{m} \cdot 10^{-7}$ elm. Einh. g
1.	FÄRBER (Tübingen 1902)	10 bis 12 u. 21 bis 24	4680 Zn, 4678 Cd	1,71
2.	WEISS und COTTON (Zürich 1907)	25 bis 36	4680; 4722; 4810 Zn	1,767
3.	STETTENHEIMER (Tübingen 1907)	10 bis 34	4680; 4722; 4810 Zn 4678; 4799 Cd	1,791
4.	LOHMANN (Halle 1908)	8 bis 12	9 Linien des He (von normaler Aufspaltung)	1,760
5.	GEHRCKE und v. BAEYER (Phys.-Techn. Reichsanst. 1909)	0,7 bis 7	4916; 5769; 5790 Hg	1,81
6.	GMELIN (Tübingen 1909)	3,5 bis 10,5	5769; 5790, 4916; 4358 Hg	1,770
7.	FORTRAT (Zürich 1912)	29 bis 35	4680; 4722; 4810, 3018; 3036; 3072 Zn	1,763
8.	BABCOCK (Mount Wilson Obs. 1923)	30	Mittelwert aus zahlreichen anomalen Aufspaltungstypen	1,7606 ±0,0012
9.	HOUSTON, CAMPBELL u. HOUSTON (Pasadena 1932)	7,3 (eisenfreie Spule)	6439 Cd 6362 Zn	1,7579 ±0,0025

1. Ann. d. Phys. Bd. 9, S. 886ff. Feldmessung mittels Wismutspirale, Linienzerlegung mittels Konkavgitters. — 2. C. R. Bd. 144, S. 130ff. Induktionsmethode, Konkavgitter. — 3. Dissert. Tübingen 1907. Induktionsmethode, Konkavgitter. — 4. Phys. ZS. Bd. 9, S. 145f. 1908. Induktionsmethode, Stufengitter. — 5. Ann. d. Phys. Bd. 29, S. 941ff. 1909. Induktionsmethode, gekreuzte Lummerplatten (Methode der Interferenzpunkte). — 6. Ann. d. Phys. Bd. 28, S. 1079ff. Induktionsmethode, Stufengitter. — 7. C. R. Bd. 155, S. 1237f. Induktionsmethode, Prismenapparat mit 5 Vollprismen, 1 Halbprisma und rückkehrendem Strahlengang; Flintglas für das sichtbare, Quarz für das ultraviolette Spektrum. — 8. Astrophys. Journ. Bd. 58, S. 149ff. 1923; Bd. 69, S. 43. 1929 (Neuberechnung). Induktionsmethode, Gitter. — 9. Phys. Rev. Bd. 33, S. 297. 1929; Bd. 39, S. 601. 1932 (Interferometer, Geisslerrohr mit He-Zusatz).

Von den älteren Messungen galten bisher die von GMELIN und von FORTRAT als die zuverlässigsten, jedoch scheint die letzte Messung von J. S. CAMPBELL und W. W. HOUSTON mit noch besseren Mitteln ausgeführt zu sein. HOUSTON verwendet zur Erzeugung des Magnetfeldes eine große eisenfreie wassergekühlte Spule, deren *mittleres* Feld in der Spulenmitte[2], wo sich die Emissionslampe

[1] Aus: E. BACK u. A. LANDÉ, Zeemaneffekt. Berlin: Julius Springer 1925.

[2] Spulenlänge 80 cm; Durchmesser innen 7,6 cm, außen 39,7 cm, 18 Bogen, Lampe 6 cm lang, elliptischer Querschnitt 1 · 3 cm; *die Homogenität im Bereich der Lampe ist nicht gemessen.*

befindet, mit großer Sorgfalt geeicht wurde (für 7300 Gauß etwa 54 Kilowatt). Die Aufspaltung der Linien Cd 6439 und Zn 6362 wird interferometrisch gemessen. Als Resultat ergab sich

$$\frac{\varepsilon}{\mu} = (1{,}7579 \pm 0{,}0025) \cdot 10^7 \text{ abs. elm. Einh. } g^{-1}.$$

Dieser Wert ist als absolute Messung an einfachen Linien wesentlich höher zu bewerten als BABCOCKS Mittelwertsbildung; die große Bedeutung letzterer sehen wir darin, daß alle Typen des Zeemaneffektes mindestens sehr nahe den gleichen ε/μ-Wert liefern.

Die Unabhängigkeit der Zeeman-Aufspaltungskonstante und damit des ε/μ-Wertes von dem Atombau — z. B. von der Atomnummer homologer Elemente — beweist, wie zuerst von W. PAULI[1] erkannt wurde, daß für denselben nur das Leuchtelektron in Betracht kommt. Für die Umlaufsgeschwindigkeit desselben kann man die Größenordnung 10^9 cm sec^{-1} ansetzen, d. h. der ihnen zukommende β-Wert ist etwa 0,03. Der ε/μ-Wert aus dem Zeemaneffekt ist somit vergleichbar der Messung von ε/μ_0 aus den vorstehend beschriebenen Präzisionsmethoden.

46. PASCHENS spektroskopische Messung aus der BOHR-SOMMERFELDschen Theorie. Die Verwendung der BOHRschen Theorie des Wasserstoff- und Heliumspektrums zur „spektroskopischen Bestimmung" von ε/μ wurde zuerst von F. PASCHEN[2] durchgeführt. Bezeichnet man mit H_α, H_β, H_γ, H_δ und He_α, He_β, He_γ, He_δ, die ersten vier Glieder der BALMERschen Wasserstoffserie und der BOHRschen Heliumserie[3], so ergibt die Theorie von BOHR für das Verhältnis der Wasserstoffmasse (Wasserstoffion) $m^{H^\cdot}$ zur Masse des Elektrons μ

$$\frac{m^{H^\cdot}}{\mu} = \frac{\lambda_H}{\lambda_H - \lambda_{He}} \cdot \frac{2{,}96}{3{,}96} - 1$$

und für ε/μ

$$\frac{\varepsilon}{\mu} = \frac{N \cdot \varepsilon}{M_H} \cdot \frac{m_{H^\cdot}}{\mu} = \frac{9649{,}4}{1{,}008}\left(\frac{\lambda_H}{\lambda_H - \lambda_{He}} \cdot \frac{2{,}96}{3{,}96} - 1\right),$$

wenn λ die Wellenlängen der Wasserstoff- bzw. der benachbarten Heliumlinie sind. PASCHEN erhält hieraus:

	λ_H	λ_{He}	$\lambda_H - \lambda_{He}$	$\frac{\varepsilon}{\mu} \cdot 10^{-7}$		λ_H	λ_{He}	$\lambda_H - \lambda_{He}$	$\frac{\varepsilon}{\mu} \cdot 10^{-7}$
α	6562,8	6560,1	2,667	1,760	γ	4340,5	4338,7	1,771	1,753
β	4861,3	4859,3	1,984	1,753	δ	4101,7	4100,7	1,685	1,741

Diese ε/μ-Werte sind zwar von der zu erwartenden Größenordnung, zeigen aber einen Gang, dessen Betrag mit der Genauigkeit der spektroskopischen Messung der Differenzen $\lambda_H - \lambda_{He}$ nicht verträglich ist.

Bekanntlich hat SOMMERFELD gezeigt, daß die einfache Theorie von BOHR durch die Annahme von elliptischen Bahnen, neben den Kreisbahnen, des um den Kern $H^\cdot$ sich bewegenden Elektrons zu modifizieren ist: Diese Theorie liefert dann die beobachtete Feinstruktur der Balmerlinien sowohl wie die der BOHRschen Heliumlinien.

Unabhängig hiervon ist der folgende Weg, welcher über die Rydbergkonstante führt, deren Formel nach BOHR $R_\infty = \frac{2\pi^2 \varepsilon^4 \mu}{c h^3}$ ist — der Index unendlich be-

[1] W. PAULI, ZS. f. Phys. Bd. 31, S. 373. 1925.

[2] F. PASCHEN, Ann. d. Phys. Bd. 50, S. 901. 1916. Näheres zur Theorie: A. SOMMERFELD, Atombau u. Spektrallinien, 5. Aufl., Bd. I, S. 101 ff., 310 ff.

[3] Exakter: die Glieder mit den geraden Laufzahlen $m = 6, 8, 10, 12, \ldots$ der alten „Pickeringserie" entsprechen den Gliedern der Balmerserie mit $m = 3, 4, 5, 6, \ldots$.

deutet Annahme sehr großer Kernmasse des strahlenden Atoms. Aus der Rydbergkonstante der Wasserstoff- und der Heliumserien $R_H = R_\infty \frac{m_{H^\cdot}}{m_{H^\cdot} + \mu}$; $R_{He} = R_\infty \frac{m_{He^\cdot}}{m_{He^\cdot} + \mu}$ folgt nämlich das oben schon verwendete Massenverhältnis von Proton zu Elektron:

$$\frac{m_{H^\cdot}}{\mu} = \frac{R_{He}}{R_{He} - R_H} \cdot \frac{a-1}{a} - 1\,.$$

Hierin bedeutet a das Massenverhältnis der beiden Atome

$$a = \frac{4{,}001}{1{,}008} = 3{,}9$$

und somit nach der oben schon gegebenen Formel

$$\frac{\varepsilon}{\mu} = 1{,}7686 \pm 0{,}003 \quad \text{und} \quad \frac{m_{H^\cdot}}{\mu} = 1843{,}7\,.$$

HOUSTON[1] hat die Messungen noch einmal durchgeführt und kommt zu etwas anderen Werten für die Wellenlängen und damit auch für die Rydbergkonstante, offenbar deshalb, weil PASCHENS Standardlinie He 4713 nicht geeignet war; sie ergab sich nämlich später als doppelt mit unsymmetrischer Intensitätsverteilung. HOUSTON benützt He 5015, 6750 int. Å, auf welche interferometrisch die Wellenlängen von H_α und H_β und $He^\cdot$ bezogen werden (H_α = Dublett $6562{,}7110 \pm 0{,}0018$; $6562{,}8473 \pm 0{,}0009$; H_β = Dublett $4861{,}2800 \pm 0{,}0013$; $4861{,}3578 \pm 0{,}0022$; $He^\cdot$ = Dublett $4685{,}7030 \pm 0{,}0012$; $4685{,}8030 \pm 0{,}0026$). Für die Rydbergkonstante ergab sich $R_H = 109677{,}759 \pm 0{,}008$, $R_{He} = 109722{,}403 \pm 0{,}004$, als bis heute exakteste Werte[2].

Zur Berechnung von ε/μ_0 korrigiert HOUSTON die Atomgewichte He = 4,0001 und H = 1,0077 durch Subtraktion der Elektronenmasse ($\mu_0 = 0{,}00054$) zu $m_{He^\cdot} = 3{,}9990$, $m_{H^\cdot} = 1{,}0072$, so daß sich ergibt

$$\frac{m_{H^\cdot}}{\mu} = \frac{R_H}{R_{He} - R_H} \cdot \frac{1}{1 \cdot 33648}; \qquad R_{He} - R_H = 44{,}644 \pm 0{,}02$$

und mit $F = 9647{,}0$

$$\frac{\varepsilon}{\mu_0} = (1{,}7606 \pm 0{,}001) \cdot 10^7 \text{ elm. Einh. g}^{-1}.$$

BIRGE berechnet mit $m_{He} = 4{,}0022 \pm 0{,}0004$ und $m_H = 1{,}00777 \pm 0{,}00002$, $F = 9648{,}9 \pm 0{,}7$ aus HOUSTONS Messungen

$$\frac{\varepsilon}{\mu_0} = (1{,}761 \pm 0{,}001) \cdot 10^7 \text{ abs. elm. Einh.}$$

Aber auch das Elementarquantum der Elektrizität läßt sich aus der BOHR-SOMMERFELDschen Theorie berechnen, wenn die Feinstruktur der Linien bekannt ist. PASCHEN findet hierfür

$$\varepsilon = \frac{\alpha^3 c^2}{4\pi N_\infty \cdot \frac{\varepsilon}{\mu}} = (4{,}776 \pm 0{,}07) \cdot 10^{-10}.$$

Allerdings ist die Genauigkeit dieser letzten Berechnung nicht sehr groß: die Größe α, die sich aus der Feinstruktur nach SOMMERFELDS Theorie ergibt, kann wegen der Kleinheit derselben und der nicht zu vermeidenden Unschärfe der

[1] W. V. HOUSTON, Phys. Rev. Bd. 30, S. 608. 1927.

[2] Die Fehlergrenze der Einzelmessungen ist bis zum 15fachen größer, als für das Mittel angegeben wird! Man sollte (HOUSTON, BIRGE) die absolute Sicherheit auf ±0,05, die relative auf ±0,02 schätzen.

Spektrallinien nur auf 0,63% genau bestimmt werden. Man wird so eben umgekehrt vorgehen und aus dem MILLIKANschen Wert α berechnen und dieses mit dem experimentellen α-Wert vergleichen: dann ergibt sich in der Tat eine glänzende Bestätigung der SOMMERFELDschen Theorie.

Die spektroskopische ε/μ-Bestimmung dagegen ist von hoher Genauigkeit und theoretischer Zuverlässigkeit.

Auch die DRUDEsche Dispersionstheorie ist zur Bestimmung von ε/μ_0 herangezogen worden. Diesbezügliche Versuche[1] — unter Verwendung von Messungen des Brechungsexponenten von Quarz für Röntgenstrahlen — kommen aber vorerst für höhere Genauigkeitsansprüche nicht in Frage; vor allem verlangen sie sichere Röntgenstrahlwellenlängen[2]; sodann scheint die Annahme der exakten Gültigkeit der Dispersionstheorie für das Röntgenstrahlgebiet noch nicht genügend sichergestellt, um hierauf eine Präzisionsmessung zu gründen. Die Werte liegen um $1{,}765 \cdot 10^7$, sind also höher als die im Vorstehenden behandelten.

d) Die Abhängigkeit der Elektronenmasse von der Geschwindigkeit.

47. Die Entdeckung der Geschwindigkeitsabhängigkeit durch W. KAUFMANN. Die ersten Versuche zur systematischen Untersuchung der Abhängigkeit der Elektronenmasse von der Geschwindigkeit stammen von W. KAUFMANN[3]. Wenn auch die Ergebnisse dieser Untersuchungen heute durch die im Laufe der Jahre wesentlich verbesserte Meßtechnik und Aufklärung von vielerlei Fehlerquellen nicht mehr als gesicherte Resultate in Betracht kommen, so verdient doch diese Pionierarbeit, *in der die Abhängigkeit der Elektronenmasse von ihrer Geschwindigkeit entdeckt wurde*[4], eine etwas nähere Behandlung, zumal die KAUFMANNsche Methode später nicht mehr ausgeführt wurde.

Das Charakteristikum der Methode ist, daß eine einzige Aufnahme zur Bestimmung von ε/μ diesen Wert für alle die Geschwindigkeiten liefert, welche in dem verwendeten Elektronenstrahl enthalten sind; als Elektronenstrahl wird die β-Strahlung von Radium verwendet, welche Elektronen sehr verschiedener Geschwindigkeiten enthält.

Ein engbegrenzter geradliniger β-Strahl wird in einem elektrischen Feld $\mathfrak{E}$ abgelenkt und dabei entsprechend der verschiedenen Geschwindigkeit der β-Strahlen in verschieden starkem Maße, umgekehrt proportional dem Quadrat der Geschwindigkeit, dispergiert. Steht der Strahl *während* der elektrischen Ablenkung auch unter der Wirkung eines magnetischen Feldes $\mathfrak{H}$, dessen Kraftlinien den Kraftlinien des elektrischen Feldes parallel sind, so bewirkt jenes eine Ablenkung senkrecht zu der des elektrischen Feldes. Der bezüglich der Geschwindigkeit der einzelnen Strahlteilchen komplexe Elektronenstrahl wird also zweifach, in aufeinander senkrechten Richtungen dispergiert, in der einen Richtung proportional $1/v^2$, in der anderen proportional $1/v$. Der Querschnitt durch einen Strahl — auf einer senkrecht zum Strahl stehenden photographischen Platte fixiert —, welcher beim Eintritt in die Felder kreisrund sein möge und ohne

---

[1] H. E. STAUSS, Phys. Rev. Bd. 36, S. 1101. 1930; J. A. BEARDEN, ebenda Bd. 38, S. 835. 1931.

[2] Eine Diskussion über diese Frage: J. A. BEARDEN, Phys. Rev. Bd. 39, S. 1. 1932; E. BÄCKLIN, ebenda Bd. 40, S. 112. 1932; J. A. BEARDEN, ebenda Bd. 40, S. 471. 1932, kann übergangen werden. Sie zeigt nur, daß die Methode (bes. wegen der ν^2-Differenz) vorerst nicht zur ε/μ-Bestimmung in Betracht kommt.

[3] W. KAUFMANN, Ann. d. Phys. Bd. 19, S. 487—553. 1906 (als endgültige Arbeit).

[4] Erste Publikationen: Göttinger Nachr. 1901, 1902, 1903; ferner Phys. ZS. Bd. 4, S. 55. 1902.

Feld sich in ● abzeichnen würde, wird also unter der Wirkung der beiden Felder die in Abb. 33 gezeichnete Form erhalten. Es sind die beiden Querschnitte gezeichnet, welche sich nach Kommutierung des elektrischen Feldes bei gleichgehaltener Richtung des magnetischen Feldes ergeben. Jedem Punkte der Querschnittskurve entspricht eine andere Geschwindigkeit der Elektronen, deren ε/μ sich somit aus *einer* Kurve für alle Geschwindigkeiten ergibt, allerdings für die schnellsten, am wenigsten abgelenkten Elektronen mit geringerer Genauigkeit als für die langsameren. Die magnetische Krümmung (in der Abbildung nach unten in Richtung der Symmetrietangenten im Ausgangspunkte) ist proportional $1/\mu v$, die elektrische Ablenkung (in der Abbildung nach rechts und — nach Feldumpolung — nach links) $1/\mu v^2$. Wie gezeichnet, sind zwei Parabeln zu erwarten, deren Tangente im Berührungspunkte symmetrisch zu den Kurven liegt. Statt dessen erhält KAUFMANN die in Abb. 34 nach einer Originalaufnahme gezeichnete Ausbreitung des Strahles. S ist der Durchstoßungspunkt der unabgelenkten β-Strahlen, welcher sich automatisch durch die nicht ablenkbaren γ-Strahlen des Radiumpräparats bei jedem Ablenkungsversuch mit aufzeichnet. Obwohl nun die Geschwindigkeiten der von dem Präparat ausgehenden β-Strahlen fast bis zur Lichtgeschwindigkeit heranreichen, berühren sich die beiden Kurvenäste keineswegs. Hält man an der gleichen Ladung aller Elektronen fest, so *bedeutet dieses Versuchsresultat, daß die Masse μ der Elektronen mit wachsender Geschwindigkeit unbegrenzt zunimmt.* Dies ist die wichtige Entdeckung von KAUFMANN.

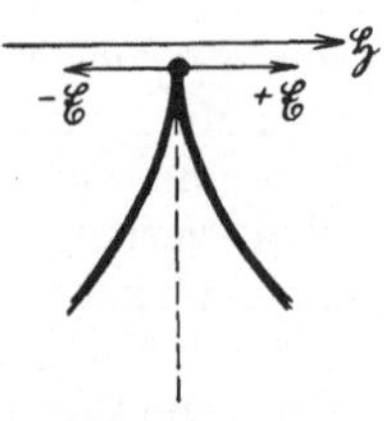

Abb. 33. Querschnitt des abgelenkten β-Strahles im parallelen elektrischen und magnetischen Feld; theoretische Ablenkungskurve.

Abb. 34. KAUFMANNS experimentelle Ablenkungskurve.

Obwohl von KAUFMANN in zahlreichen fein durchdachten Experimenten erstrebt, ist es ihm doch nicht gelungen, seine Methode zur quantitativen Verwertung einwandfrei auszuarbeiten: weder der von ihm gefundene ε/μ_0-Wert hat sich anderen neueren Untersuchungen gegenüber halten können, noch auch lieferten seine Versuche eine Entscheidung zwischen den verschiedenen Theorien der Geschwindigkeitsabhängigkeit der Masse. Wie man auch die Auswertung vornahm[1], die aus den Experimenten ermittelte Geschwindigkeitsfunktion der Masse zeigte von allen Theorien größere Abweichungen, als nach den von KAUFMANN als möglich erkannten Fehlergrenzen zulässig waren. KAUFMANN selbst deutet seine Versuche als im Widerspruch stehend zu der LORENTZ-EINSTEINschen Theorie.

Nach der KAUFMANNschen Methode hat H. STARKE[2] Kathodenstrahlen einer selbständigen Vakuumentladung im Geschwindigkeitsbereich β 0,19 bis 0,38 untersucht. Jedoch gaben auch diese Versuche nur das KAUFMANNsche Ergebnis der Geschwindigkeitsabhängigkeit der Masse, nicht aber eine Entscheidung über das quantitative Gesetz derselben.

48. Die Methode der kompensierten Strahlen und die Versuche von A. BESTELMEYER. Auch die folgenden Versuche von A. BESTELMEYER[3] brachten keine Entscheidung. Seine Methode, die auf der zuerst von W. WIEN (Ziff. 38) angewendeten *gleichzeitigen* transversalen parallelen magnetischen und elektrischen Ablenkung aufbaut, wurde grundlegend für die späteren Versuche von

[1] Außer KAUFMANN, Ann. d. Phys. Bd. 19, S. 487. 1906, selbst: M. PLANCK, Phys. ZS. Bd. 7, S. 753. 1906; u. A. BESTELMEYER, Ann. d. Phys. Bd. 22, S. 442. 1907.

[2] H. STARKE, Verh. d. D. Phys. Ges. Bd. 5, S. 241. 1903.

[3] A. BESTELMEYER, Ann. d. Phys. Bd. 22, S. 429. 1907.

BUCHERER, WOLZ und NEUMANN. Man kann sie als die *Methode der kompensierten Strahlen* bezeichnen. Auch er verwendet eine Elektronenstrahlenquelle mit praktisch kontinuierlichem Spektrum: Elektronen, welche aus einer Metallplatte durch Bestrahlung mit harten Röntgenstrahlen emittiert werden. Für solche „Sekundärstrahlen" hatte O. DORN ein ε/μ gefunden, welches seiner Größenordnung nach zeigte, daß diese Emission aus Elektronen bestehen muß. Tritt ein Strahl dieser Elektronen in ein elektrisches Feld ein unter beliebigen Winkeln zur Feldrichtung, so wird die Richtung aller Elektronen in der gleichen Richtung verändert. Wirkt *gleichzeitig* ein magnetisches Feld, dessen Kraftlinien — im Gegensatz zur KAUFMANNschen Methode — zueinander senkrecht stehen, so wird sich zu der elektrischen Ablenkung die magnetische Ablenkung summieren. Für *eine* bestimmte Geschwindigkeit tritt gerade Kompensation ein, da die elektrische Kraft unabhängig von der Geschwindigkeit, die magnetische Kraft aber proportional der Geschwindigkeit der Elektronen ist: es ist also für gleiche, aber entgegengesetzte Ablenkung

$$\varepsilon\mathfrak{E} = -\varepsilon v\mathfrak{H},$$

oder die Geschwindigkeit der Strahlen, welche den Kondensator nach Einwirkung von $\mathfrak{E}$ und $\mathfrak{H}$ in der ursprünglichen Einfallsrichtung wieder verlassen, ist

$$v = -\frac{\mathfrak{E}}{\mathfrak{H}},$$

während die Elektronen aller anderen Geschwindigkeiten auf die Kondensatorplatten fallen und damit aus dem Strahl ausscheiden.

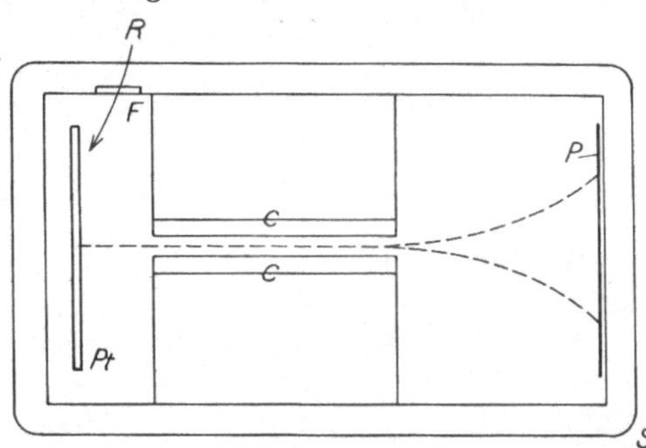

Abb. 35. BESTELMEYERS Anordnung. *CC* Kondensator. *SS* Magnetspule. *R* Röntgenstrahl. *Pt* Platinplatte (Elektronenquelle).

Der nach Austritt aus dem Kondensator „monochromatische" Elektronenstrahl bleibt weiterhin der Wirkung des magnetischen Feldes allein unterworfen, so daß sich aus Krümmung und (aus $\mathfrak{E}/\mathfrak{H}$) bekannter Geschwindigkeit nun ihr ε/μ ergibt. Weitere prinzipielle Fragen dieser Methode werden unten bei der Diskussion der Versuche von BUCHERER und NEUMANN behandelt werden.

Die Anordnung der Versuche von BESTELMEYER ergibt sich aus Abb. 35, die nur die wesentlichsten Teile enthält.

CC ist der Kondensator, dessen elektrisches Feld von oben nach unten gerichtet sei. Die Elektronen werden durch Röntgenstrahlenphotoeffekt an der Platinplatte *Pt* erzeugt, die Röntgenstrahlen treten durch das Fenster *F* ein. Nach Austritt der Elektronen aus dem Kondensator stehen sie unter der alleinigen Wirkung des magnetischen Feldes der Spule *SS*, in welche der ganze Apparat hineingesetzt ist. Die magnetischen Kraftlinien verlaufen senkrecht zu den elektrischen Kraftlinien, d. h. in der Zeichnung vertikal zu der Zeichnungsebene. Bei *P* sitzt eine photographische Platte, auf welcher stets zwei Aufnahmen mit kommutiertem magnetischen Feld gemacht werden. Die Apparatur wird während der Messung auf gutem Hochvakuum gehalten.

Da nicht nur Strahlen *einer* Richtung, wie in der Abbildung gezeichnet, in den Kondensator eintreten, sondern ein diffuses Strahlenbündel, werden auch solche Strahlen noch aus dem Kondensator austreten, für welche die Kompensation gemäß vorstehender Gleichung nicht streng erreicht ist, es sei denn, daß das Verhältnis von Länge zu Abstand der Kondensatorplatten *sehr* groß ist, eine aus experimentellen Gründen schwer erfüllbare Bedingung. BESTELMEYER zeigte, daß man den die Meßsicherheit beeinträchtigenden Einfluß dieser „nichtkompensierten Strahlen“ wesentlich herabdrücken kann, wenn man die Flugstrecke der Elektronen innerhalb und außerhalb des Kondensators nahe gleich macht. Weiterhin ist eine *genaue* Kenntnis der Dimensionen der Apparatur und vor allem der örtlichen Variation der Felder nicht erforderlich, wenn man auf die Erreichung absoluter ε/μ_0-Werte verzichtet und sich auf die Frage der relativen Abhängigkeit der Masse von der Geschwindigkeit beschränkt. Es ergab sich zwar wieder eine Abhängigkeit des ε/μ_0-Wertes von der Geschwindigkeit in der Art, daß die Masse mit zunehmender Geschwindigkeit wächst. Aber über das Gesetz der Massenveränderung brachten die Messungen keine Entscheidung: im β-Bereich von 0,19 bis 0,32 stellten die ABRAHAMsche und die LORENTZ-EINSTEINsche Formel die Meßergebnisse gleich gut (oder gleich schlecht) dar[1]:

	β	0,322	0,2469	0,1951	extrapoliert 0
beobachtet . .	$\frac{\varepsilon}{\mu}$	1,673	1,678	1,697	
nach LORENTZ	$\frac{\varepsilon}{\mu}$	1,640	1,679	1,700	$\frac{\varepsilon}{\mu_0} = 1{,}733$
nach ABRAHAM	$\frac{\varepsilon}{\mu}$	1,687	1,678	1,694	$\frac{\varepsilon}{\mu_0} = 1{,}720$

Die Genauigkeit des Absolutwertes wird auf 1 bis 2% geschätzt. Doch fehlt hier noch die Diskussion des Streufeldes des Kondensators (vgl. Ziff. 49).

49. Die Versuche von BUCHERER, WOLZ und NEUMANN-SCHAEFER mit β-Strahlen. A. H. BUCHERER[2] hat im Jahre 1908 folgende Methode zur ε/μ-Bestimmung für Elektronen verschiedener Geschwindigkeit angegeben, die ebenfalls auf der WIENschen Methode der gekreuzten magnetischen und elektrischen Felder aufbaut und dieselbe auf β-Strahlen[3] anwendet: In das homogene elektrische Feld eines Plattenkondensators fliegen Elektronen der Geschwindigkeit v senkrecht zur Richtung der elektrischen Kraftlinien; sie erfahren eine Kraftwirkung $\varepsilon\mathfrak{E}$, wenn $\mathfrak{E}$ die Stärke des Feldes ist, senkrecht zu ihrer Bewegungsrichtung. Dem elektrischen Feld ist ein homogenes magnetisches Feld $\mathfrak{H}$ derart überlagert, daß die magnetischen Kraftlinien senkrecht zu den elektrischen Kraftlinien und damit gleichfalls senkrecht zu der Bewegungsrichtung der Elektronen stehen. Die magnetische Kraft auf ein mit der Geschwindigkeit v bewegtes Elektron ist unter den genannten Bedingungen $\varepsilon \cdot v \cdot \mathfrak{H}$. Ihr entspricht eine Ablenkung der Elektronen in der gleichen Ebene, in welcher die elektrische Ablenkung erfolgt, beide addieren oder subtrahieren sich je nach der Richtung der Felder. Für ein bestimmtes Wertepaar $(\mathfrak{E}, \mathfrak{H})$ wird also die Ablenkung gerade Null sein, d. h.

$$\varepsilon\mathfrak{E} = \varepsilon v \mathfrak{H}.$$

Fliegen durch den Kondensator Elektronen verschiedener Geschwindigkeiten, so werden nur diejenigen unabgelenkt aus demselben austreten, deren Geschwindigkeit v_i gegeben ist durch

$$v_i = \frac{\mathfrak{E}_i}{\mathfrak{H}_i}.$$

[1] Eine Modifikation, welche BESTELMEYER angibt, nämlich die Verwendung so starker Felder, daß der Strahl im Magnetfeld allein einen vollen Kreis von einigen Zentimeter Durchmesser beschreibt, scheint bisher nicht zu Ende geführt worden zu sein.

[2] A. H. BUCHERER, Ann. d. Phys. Bd. 28, S. 513. 1909.

[3] 1900 hatte H. BECQUEREL zuerst die Natur der β-Strahlen des Radiums aufgeklärt. Aus der magnetischen und elektrischen Ablenkung hat er einen ε/μ-Wert von der Größenordnung 10^7 elm. Einh. erhalten.

Wird der Kondensator so gewählt, daß der Abstand seiner Platten sehr klein gegenüber dem Weg der Elektronen im Feld ist, so treten überhaupt nur Elektronen dieser Geschwindigkeit aus ihm heraus, während alle anderen auf die Kondensatorplatten abgelenkt werden.

Steht nun dieser aus dem Kondensator austretende geradlinige, den Platten parallele Elektronenstrom weiterhin unter der alleinigen Wirkung desselben magnetischen Feldes $\mathfrak{H}$, so wird er nun eine Ablenkung in eine Kreisbahn erfahren, deren Krümmung ϱ sich aus

$$\mu v^2 \varrho = \varepsilon v \cdot \mathfrak{H}; \quad \frac{\varepsilon}{\mu} = \frac{\varrho v}{\mathfrak{H}}$$

ergibt, wenn mit μ die transversale Masse bezeichnet wird. Im Abstand a vom Kondensator entfernt steht eine Auffangeplatte, z. B. eine photographische Platte oder ein Fluoreszenzschirm. Die auf ihn fallenden Elektronen erzeugen an der Auftreffstelle Fluoreszenz. Der Abstand des Durchstoßungspunktes des unabgelenkten Elektronenstrahls von dem der magnetisch abgelenkten Strahlen sei z. Dann ergibt sich der Radius der Kreisbahn des Elektronenstrahls im Felde $\mathfrak{H}$

$$\frac{1}{\varrho} = R = \frac{a^2}{2z}\left(1 + \frac{z^2}{a^2}\right),$$

ist also aus direkter Längenmessung von a und z zu bestimmen. Man erhält somit

$$\frac{\varepsilon}{\mu} = \frac{\mathfrak{E}}{\mathfrak{H}^2} \cdot \frac{2z}{(a^2 + z^2)}.$$

Bei dieser Überlegung ist angenommen, daß auf den Elektronenstrom nach seinem Austritt aus dem Kondensator *nur* noch das magnetische Feld $\mathfrak{H}$ wirkt. Diese Bedingung ist jedoch experimentell nicht realisierbar, weil außerhalb des Kondensators noch eine gewisse Strecke ein elektrisches Rand- oder Streufeld wirkt. In die schematische Skizze (Abb. 36) ist der Verlauf dieser Streukraftlinien eingezeichnet. Dieses Streufeld wirkt so, als ob die Länge des Kondensators um ein Stück p größer wäre, daß also statt des gemessenen Abstandes a vom Randende des Kondensators bis zur Auffangeplatte eine kleinere Strecke $(a - p)$ in vorstehende Gleichung einzusetzen ist. BUCHERER berechnet einen ungefähren Wert von p und findet 0,77 mm auf $a = 40$ mm. Wurde der Kondensator mit Schutzring umgeben, so ermäßigt sich diese p-Korrektion auf 0,47 mm, wie nunmehr durch einen Doppelversuch — mit und ohne Schutzring — festgestellt wurde.

K. WOLZ[1] sowohl wie G. NEUMANN[2] haben die Korrektion p experimentell bestimmt, indem sie die Ablenkung des Elektronenstroms für verschiedene Abstände a bestimmten, so daß sie die Beziehungen erhielten

$$\frac{\varepsilon}{\mu} = \frac{\mathfrak{E}}{\mathfrak{H}^2} \frac{2z_1}{(a_1 - p)^2 + z_1^2} = \frac{\mathfrak{E}}{\mathfrak{H}^2} \frac{2z_2}{(a_2 - p)^2 + z_2^2},$$

woraus folgt

$$p = \frac{\varphi a_2 - a_1}{\varphi - 1} (+) \sqrt{\left(\frac{\varphi a_2 - a_1}{\varphi - 1}\right)^2 + \frac{a_1^2 + z_1^2}{\varphi - 1} - \frac{\varphi (a_2^2 + z_2^2)}{\varphi - 1}},$$

$$\left(\varphi = \frac{z_1}{z_2}\right).$$

WOLZ hat außerdem noch die Form und Größe des Streufeldes dadurch variiert, daß er die metallische Belegung der Stirnseiten des Kondensators, der aus versilberten Glasplatten bestand, in der Höhe variierte. NEUMANN ließ die Stirnseiten unversilbert und achtete auf scharfe Begrenzung der Silberbelegung.

---

[1] K. WOLZ, Ann. d. Phys. Bd. 30, S. 273. 1909.

[2] G. NEUMANN, Ann. d. Phys. Bd. 45, S. 529. 1914.

Abb. 36 gibt eine schematische Zeichnung der Versuchsanordnung. Die Elektronen (hoher Geschwindigkeit) kommen von einem kleinen Radiumpräparat, einem kugelförmigen Körnchen Radiumfluorid von 0,5 mm Durchmesser. Dieses befand sich bei NEUMANNS Versuchen (Abb. 36b) unmittelbar am einen Ende der rechteckigen Kondensatorplatten, in BUCHERERS Anordnung (Abb. 36a) im Mittelpunkt der kreisförmigen Kondensatorplatten. Die β-Strahlen des Radiums treten in den Kondensator ein, dessen Kraftlinien von oben nach unten laufen mögen, während das magnetische Feld — in der Abbildung nicht angedeutet — senkrecht zur Zeichnungsebene verlaufen soll und in dieser Ebene kommutiert werden kann. Wir betrachten zunächst nur die β-Strahlen, welche in der Zeichenebene fliegen. Aus dem Kondensator, senkrecht zu $\mathfrak{E}$ und $\mathfrak{H}$, tritt dann ein β-Strahl aus, dessen sämtliche Elektronen die gleiche Geschwindigkeit besitzen und der nun je nach der Richtung des nunmehr allein wirkenden magnetischen Feldes nach oben oder unten abgelenkt wird und auf der photographischen Platte die doppelte Ablenkung $2z$ aufzeichnet. In der Abbildung ist auch die Strecke des Streufeldes p schematisch eingezeichnet. Die ganze Apparatur befand sich in einem sehr hoch zu evakuierenden Gefäße. In beiden Anordnungen fliegen auch solche β-Strahlen durch den Kondensator, deren Bewegungsrichtung zwar auch senkrecht zur Richtung des elektrischen Feldes, nicht aber senkrecht zur magnetischen Feldrichtung ist. Das gilt besonders für BUCHERERS kreissymmetrische Anordnung, wo alle Winkel α zur Messung herangezogen werden können, da Gleichung (1) für die nicht senkrecht zum Magnetfeld verlaufenden Strahlen lautet:

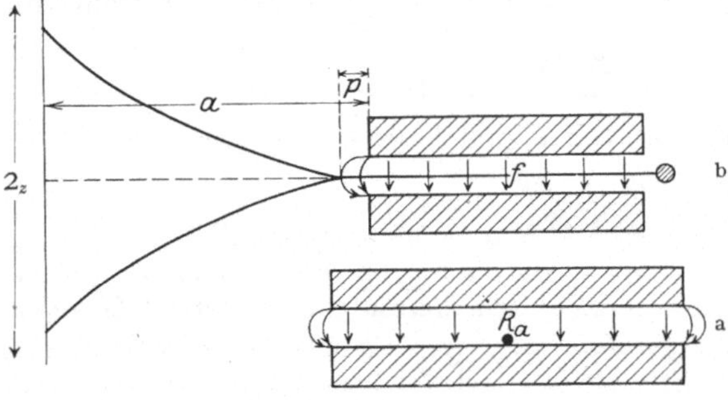

Abb. 36. Anordnung von BUCHERER (a) bzw. WOLZ und NEUMANN (b).

$$\varepsilon\mathfrak{E} = \varepsilon\mathfrak{H} \cdot v \cdot \sin\alpha\,.$$

M. a. W.: *Unter jedem Winkel α wird Kompensation von elektrischer und magnetischer Kraft für eine andere Geschwindigkeit eintreten.* Legt man einen Film konzentrisch um die runden Feldplatten, wie BUCHERER das tut, so wird die Ablenkung z der kompensierten Strahlen im Magnetfeld allein am größten sein für die senkrecht zu $\mathfrak{H}$ fliegenden Elektronen und mit abnehmendem α immer kleiner werden.

Es seien noch einige Angaben über die Dimensionen gemacht. Der Durchmesser der Kondensatorplatten in BUCHERERS Anordnung war 8 cm, der Abstand, durch sehr exakt geschliffene und genau gemessene, zwischen die Kondensatorplatten gelegte Quarzplättchen fixiert, war 0,25048 mm. Der Weg der Elektronen unter der Einwirkung beider Felder war also 4 cm, der Abstand a etwa 5 cm. WOLZ verwendete rechteckige Kondensatorplatten 49,5 · 30,15 mm im gleichen Abstand, NEUMANN ebenfalls rechteckige Platten von etwa 50 · 30 mm im Abstande 0,2511 mm. Die benutzten Wege a waren bei WOLZ wie bei NEUMANN rund 4 cm und 5 cm. Das Magnetfeld wurde durch eine lange, auf wassergekühltem Körper aufgelegte Spule erzeugt, deren Feld im Bereich des Elektronenstrahls durch eine Kompensationsmethode genau gemessen wurde.

Die Spannung am Kondensator war einige hundert Volt, das Magnetfeld rund 100 Gauß, die Ablenkungen z waren von der Größenordnung 10 mm.

Da die Versuche von BUCHERER sowie die folgenden von WOLZ und NEUMANN (erstere unter Leitung von BUCHERER, letztere auf Veranlassung von CL. SCHAEFER ausgeführt) Elektronen *hoher* Geschwindigkeit betrafen, ist vor Besprechung der Versuchsergebnisse noch die Frage zu behandeln, ob die Abhängigkeit der Masse von der Geschwindigkeit etwa auch bei speziellen Fragen der Versuchsmethodik zu berücksichtigen ist. Das ist in der Tat bei der *experimentellen* Bestimmung der p-Korrektion der Fall. Da die Masse μ des Elektrons von der Geschwindigkeit abhängt, nämlich nach ABRAHAM

$$\mu = \mu_0\left(1 + \frac{6}{3\cdot 5}\beta^2 + \frac{9}{5\cdot 7}\beta^4 + \cdots\right)$$

und nach LORENTZ-EINSTEIN

$$\mu = \frac{\mu_0}{\sqrt{1-\beta^2}},$$

gehen die oben abgeleiteten Formeln für ε/μ über in

$$\frac{\varepsilon}{\mu_0} = \frac{2c\cdot z}{(a^2+z^2)\mathfrak{H}}\operatorname{tang}(\operatorname{arc}\sin\beta) \qquad \text{(Relativitätstheorie)}$$

bzw.

$$\frac{\varepsilon}{\mu_0} = \frac{2cz}{(a^2+z^2)\mathfrak{H}}\left\{\frac{3}{4\beta}\,\frac{2\delta - \mathfrak{Tang}\,2\delta}{\mathfrak{Tang}\,2\delta}\right\} \qquad \text{(Kugeltheorie),}$$

worin $\mathfrak{Tang}\,\delta = \beta$ ist, und c die Lichtgeschwindigkeit. Dann folgt aus zwei Messungen bei verschiedenen Werten a für φ ein Wert, in welchen auch die Massenkorrektionsglieder der beiden Theorien eingehen, indem nach LORENTZ-EINSTEIN

$$\varphi = \frac{z_1\,\mathfrak{H}_2\operatorname{tang}(\operatorname{arc}\sin\beta_1)}{z_2\,\mathfrak{H}_1\operatorname{tang}(\operatorname{arc}\sin\beta_2)},$$

nach ABRAHAM

$$\varphi = \frac{z_1\mathfrak{H}_2\left\{\dfrac{3}{4\beta_1}\,\dfrac{2\delta_1 - \mathfrak{Tang}\,2\delta_1}{\mathfrak{Tang}\,2\delta_1}\right\}}{z_2\mathfrak{H}_1\left\{\dfrac{3}{4\beta_2}\,\dfrac{2\delta_2 - \mathfrak{Tang}\,2\delta_2}{\mathfrak{Tang}\,2\delta_2}\right\}}$$

wird; da sich nicht zwei Versuche unter alleiniger Variation von a ohne irgend sonstige Änderung der Versuchsbedingungen ausführen lassen, geht also in die p-Bestimmung (auf Grund der verschiedenen β-Werte) auch die Differenz der beiden Theorien ein. Diese Frage ist besonders sorgfältig von G. NEUMANN diskutiert worden.

Zur Prüfung der Theorien wird so verfahren, daß zunächst aus der Messung der ablenkenden Felder und der Größe der Ablenkung ε/μ und v und damit β ermittelt werden. ε/μ wird dann nach den beiden Theorien auf unendlich langsame Geschwindigkeiten reduziert. *Offensichtlich ist dann die Theorie die experimentell bestätigte, nach welcher sich aus allen zusammengehörigen Wertepaaren* $\left(\frac{\varepsilon}{\mu}, \beta\right)$ *das gleiche* ε/μ_0 *berechnet.*

50. Das Ergebnis der Messungen von BUCHERER. Wir besprechen nun die Resultate der drei Untersuchungen. Zunächst die Experimente von BUCHERER. Abb. 37 zeigt einen Film, welcher in den oben angegebenen Dimensionen um den kreisförmigen Kondensator, der in seiner Mitte das Radiumpräparat trug, gelegt war. Die horizontale Symmetrielinie stammt von der Belichtung des Films durch die zwischen den Kondensatorplatten hindurchlaufenden γ-Strahlen des Radiumpräparates. Die Variation der Ablenkung mit dem Winkel, unter welchen die β-Strahlen relativ zur Richtung des magnetischen Feldes innerhalb und außerhalb des Kondensators laufen, kann in *einer* Aufnahme die

Abhängigkeit des ε/μ-Wertes von der Geschwindigkeit der β-Strahlen geben, weil die unter jedem Winkel α gemäß der allgemeinen Gleichung

$$\varepsilon \mathfrak{E} = \varepsilon v \mathfrak{H} \sin\alpha$$

aus den Kondensator austretenden „kompensierten Strahlen" eine andere Geschwindigkeit haben. Jedoch ist die genaue Rechnung für diese schiefen Strahlen so kompliziert, daß sich kaum genügend sichere Ergebnisse erzielen lassen. Daher wurde von BUCHERER sowie später von WOLZ und von NEUMANN nur die stärkste Ablenkung zur Messung verwendet.

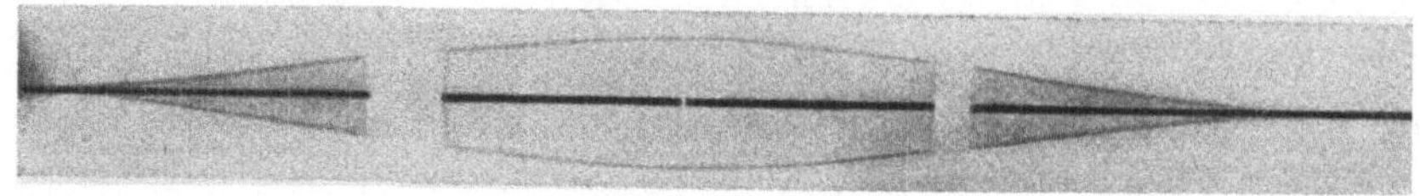

Abb. 37. Zu den Versuchen von BUCHERER.

Die folgende Tabelle 8 gibt eine Übersicht über die Resultate. Graphisch sind die Ergebnisse in Abb. 38 (S. 80) eingetragen.

Tabelle 8. Messungen von BUCHERER.

Versuch Nr.	$\beta = \frac{v}{c}$	Ablenkung z mm	$\frac{\varepsilon}{\mu_0} \cdot 10^{-7}$ nach LORENTZ	$\frac{\varepsilon}{\mu_0} \cdot 10^{-7}$ nach ABRAHAM
10 u. 11	0,3173	16,37	1,752	1,726
8	0,3787	14,45	1,761	1,733
7	0,4281	13,5	1,760	1,723
13	0,5154	10,18	} 1,763	1,706
15	0,5154	10,35		
3[1]	0,6870	6,23	1,767	1,642

Die Absolutwerte sind wegen eines Fehlers in der Feldmessung etwas zu erhöhen, so daß statt des von BUCHERER angegebenen Mittelwerts $1{,}763 \pm {}^1/_2\%$ als Endergebnis seiner Messungen zu setzen ist

$$\frac{\varepsilon}{\mu_0} = \mathbf{1{,}766 \cdot 10^7 \text{ elm. Einh. } g^{-1}}.$$

51. Die Ergebnisse der Messungen von WOLZ[2], die im wesentlichen nach BUCHERERS Methode ausgeführt wurden, sind die folgenden: Die Versuchsreihen wurden zunächst unter der Annahme $p = 0$, d. h. ohne Berücksichtigung des Streufeldes bei verschiedenen Abständen a nach LORENTZ-EINSTEIN berechnet.

Tabelle 9. Messungen von WOLZ.

Nr.	a mm	β	V Volt	$\mathfrak{H}$ Gauß	z mm	$\left(\frac{\varepsilon}{\mu_0}\right) (p=0)$
9	40,350	0,51475	492,73	127,29	10,68	$1{,}7346 \cdot 10^7$
12	50,387	0,50272	411,22	108,86	15,00	$1{,}7396 \cdot 10^7$
13	50,387	0,50721	490,90	123,91	16,23	$1{,}7399 \cdot 10^7$

Aus Versuchsreihe 9 und 12 (Tab. 9) wurde p und ε/μ_0 zu

$$p = 0{,}350 \quad \text{und} \quad \frac{\varepsilon}{\mu_0} = 1{,}7620 \cdot 10^7 \quad \text{für} \quad \beta = 0{,}5$$

ermittelt. Versuchsreihe 9 und 13 ergab

$$\frac{\varepsilon}{\mu_0} = 1{,}7621 \cdot 10^7 \quad \text{für} \quad \beta = 0{,}5\,,$$

[1] Mit Schutzringkondensator.

[2] K. WOLZ, Ann. d. Phys. Bd. 30, S. 273. 1909.

gerechnet nach LORENTZ-EINSTEIN. Zusammengefaßt ergab sich:

$$\text{Reihe I}\left\{\begin{array}{llll} \beta = 0{,}5 & 0{,}5 & 0{,}6 & 0{,}7 \\ \frac{\varepsilon}{\mu_0}\cdot 10^{-7} = 1{,}7620 & 1{,}7621 & 1{,}7635 & 1{,}7648, \end{array}\right.$$

$$\text{Reihe II}\left\{\begin{array}{llll} \beta = 0{,}5 & 0{,}5 & 0{,}6 & 0{,}7 \\ \frac{\varepsilon}{\mu_0}\cdot 10^{-7} = 1{,}7615 & 1{,}7614 & 1{,}7625 & 1{,}7672. \end{array}\right.$$

ε/μ_0 ergab sich nur mit der Formel von LORENTZ-EINSTEIN konstant, jedoch nimmt mit steigender Geschwindigkeit ε/μ_0 noch um geringe Beträge zu[1]. WOLZ glaubte, daß der Grund hierfür darin zu suchen ist, daß die Streufeldkorrektion nur für kleinere Ablenkungen gilt, bei den Messungen mit kleiner Geschwindigkeit aber die Ablenkungen wesentlich größer waren als bei großen β-Werten. Daher wurden auch Messungen mit kleinen Ablenkungen bei kleinem β vorgenommen, die zu einem höheren Wert

$$\frac{\varepsilon}{\mu_0} = 1{,}7676 \cdot 10^7 \quad \text{für} \quad \beta = 0{,}5$$

führten. Diesen Wert vereinigt WOLZ mit dem für $\beta = 0{,}7$ gefundenen $1{,}7672 \cdot 10^7$ zum Mittel $1{,}7674 \cdot 10^7$, der nach NEUMANN wegen eines Fehlers in der Magnetfeldeichung auf

$$\frac{\varepsilon}{\mu_0} = \mathbf{1{,}7706 \cdot 10^7}\ \textbf{elm. Einh. g}^{-1}$$

zu korrigieren ist.

52. Fortführung der Versuche nach BUCHERER durch NEUMANN-SCHAEFER. Nicht nur der Zahl nach, sondern auch nach der Art der Kontrollmessungen und der Sorgsamkeit der Diskussion der Versuche und ihrer Fehlerquellen sind die Versuche von G. NEUMANN[2] die umfangreichsten. Wir besprechen eingehender die Versuchsreihen mit den Aufnahmen 37 bis 40; 41 bis 45; 46, 52 bis 55; 47 bis 49. Sie wurden zunächst berechnet mit $p = 0$, d. h. so, als ob kein elektrostatisches Feld in den magnetischen Ablenkungsraum übergriffe.

Tabelle 10. Messungen von NEUMANN.

Nr.	β	$\left(\frac{\varepsilon}{\mu_0}\right)_{p=0}$ LORENTZ	$\left(\frac{\varepsilon}{\mu_0}\right)_{p=0}$ ABRAHAM
	I. α) $a_1 = 4{,}1905$ cm.		
40	0,50732	$1{,}736 \cdot 10^7$	$1{,}682 \cdot 10^7$
39	0,60180	1,721	1,638
38	0,6900	1,722	1,599
(37	0,80085	1,759	1,547)[3]
	I. β) $a_1 = 4{,}2013$ cm.		
46[4]	0,3915	$1{,}727 \cdot 10^7$	$1{,}697 \cdot 10^7$
52	0,4871	1,728	1,679
53	0,6098	1,724	1,638
54	0,7183	1,719	1,579
(55	0,8073	1,751	1,534)[3]
	II. $a_2 = 4{,}6453$ cm.		
45	0,3918	$1{,}728 \cdot 10^7$	$1{,}698 \cdot 10^7$
44	0,4891	1,728	1,679
43	0,6130	1,732	1,644
42	0,7035	1,756	1,622
41	0,7944	1,719	1,519
	III. $a_3 = 5{,}1567$ cm.		
49	0,6104	$1{,}729 \cdot 10^7$	$1{,}642 \cdot 10^7$
48	0,7007	1,729	1,598
(47	0,7906	1,762	1,561)[3]

Man sieht (Tabelle 10), daß die nach der Relativitätsformel berechneten (ε/μ_0)-Werte völlige Unabhängigkeit von der Geschwindigkeit der β-Strahlen

[1] Auch die vorstehend mitgeteilten Werte ε/μ_0 nach LORENTZ-EINSTEIN von BUCHERER zeigen den gleichen Gang!

[2] G. NEUMANN, Ann. d. Phys. Bd. 45, S. 529. 1914.

[3] Die Einklammerung ist hier hinzugesetzt. Diese Versuche sind später nach CL. SCHAEFER neu ausgewertet und diskutiert. Näheres s. unten.

[4] Nr. 46: $a = 4{,}2018$ statt $4{,}2013$.

zeigen, ein Ergebnis, welches praktisch unabhängig von der Größe der p-Korrektion ist, wie weiter unten an einem durchgerechneten Beispiel gezeigt werden wird. Die experimentelle Bestimmung der p-Korrektion stieß dagegen auf sehr große Schwierigkeiten, da die p-Werte auf kleinste Versuchsfehler außerordentlich empfindlich sind. Eine relativ sichere Bestimmung war aus Parallelmessungen bei kürzestem und weitestem Abstand a möglich. Sie ergab aus der Kombination folgender Versuchspaare für p in Zentimeter:

Versuche	53/49	54/48	55/47	25/26
p cm	0,02600	0,05775	0,07148	0,0510

Dagegen lieferten andere Kombinationen mit den Abständen a_1/a_2 und a_2/a_3 Werte zwischen 0,002 und 0,5 cm, und sogar — physikalisch unmögliche — negative p-Werte. NEUMANN nimmt $p = 0{,}05174$ als wahrscheinlichen Mittelwert, aber es muß wohl doch betont werden, daß hiermit der Absolutwert von ε/μ_0 eine in ihrer Bedeutung *nicht zu unterschätzende Unsicherheit* erhält. Wir geben zahlenmäßig die nach LORENTZ-EINSTEIN korrigierten Werte aus allen endgültig verwerteten Versuchen:

Nr.	46	45	52	44	63	40	25	12	39
β	0,39152	0,39179	0,48712	0,48913	0,50650	0,50732	0,59059	0,59150	0,60178
$\left(\frac{\varepsilon}{\mu_0}\right)_{\text{Korr}} \cdot 10^{-7}$	1,767	1,763	1,769	1,764	1,755	1,778	1,765	1,751	1,762
Nr.	26	53	49	43	27	28	22	15	38
β	0,60624	0,60979	0,61040	0,61301	0,65308	0,65308	0,65391	0,65426	0,65998
$\left(\frac{\varepsilon}{\mu_0}\right)_{\text{Korr}} \cdot 10^{-7}$	1,765	1,766	1,761	1,769	1,760	1,753	1,754	1,754	1,764
Nr.	48	42	24	54	47*	41	37*	55*	50*
β	0,70065	0,70347	0,70897	0,71830	0,79058	0,79440	0,80085	0,80730	$\sim$0,85
$\left(\frac{\varepsilon}{\mu_0}\right)_{\text{Korr}} \cdot 10^{-7}$	1,763	1,795	1,757	1,761	1,765	1,757	1,779	1,766	1,771

In der Abb. 38 sind graphisch diese Werte sowie die nach ABRAHAM berechneten eingetragen. Die in vorstehender Tabelle mit einem * bezeichneten Werte sind nachträglich von CL. SCHAEFER[1] aus sorgfältigen, mit verbesserten photometrischen Hilfsmitteln durchgeführten Neuausmessungen der NEUMANNschen Aufnahmen berechnet worden.

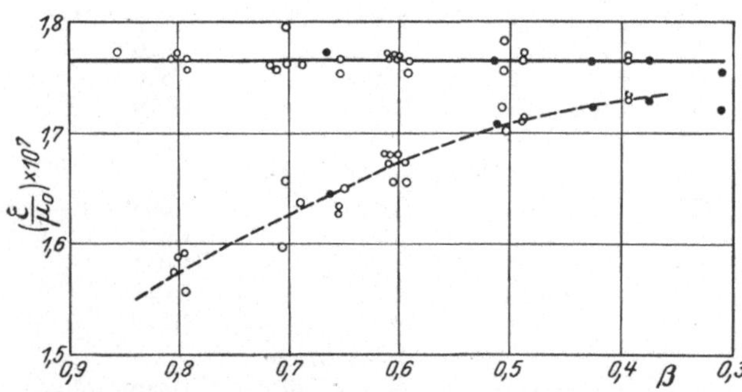

Abb. 38. ε/μ_0 als Funktion der Geschwindigkeit der β-Strahlen nach NEUMANN-SCHAEFER (o) und BUCHERER (•), gerechnet nach LORENTZ-EINSTEIN ——— und ABRAHAM --------.

53. Diskussion der Versuche und Ergebnisse. BESTELMEYER[2] hat einen beachtenswerten Einwand gegen die Verwendung von β-Strahlen in der Methode der kompensierten Strahlen gemacht. Die Anwendung der Ausgangsgleichung, in welcher die Kompensation der elektrischen und magnetischen Wirkung auf die β-Strahlen enthalten ist, ist nur berechtigt für die Strahlen, welche den Kondensator exakt parallel zu den Platten verlassen; wir nannten diese Strahlen die „*kompensierten Strahlen*". Da die Länge des Kondensators nicht unendlich

[1] CL. SCHAEFER, Ann. d. Phys. Bd. 49, S. 934. 1916.
[2] Diskussionsbemerkung vgl. A. H. BUCHERER, Phys. ZS. Bd. 9, S. 760. 1908.

groß gegen den Plattenabstand ist — bei NEUMANN beträgt das Verhältnis Länge zu Abstand der Platten etwa 200 — werden auch Strahlen aus dem Kondensator austreten, für welche die Kompensation nicht vollkommen ist. Diese „nichtkompensierten Strahlen", in denen Elektronen *größerer* und *kleinerer* Geschwindigkeit, als die kompensierten Strahlen haben, enthalten sind, werden die Spur der kompensierten Strahlen auf der photographischen Platte beiderseits und annähernd symmetrisch verbreitern. Dies ist an sich nicht bedenklich. Wenn aber z. B. die Intensität der schnelleren Strahlen größer ist als die der langsamen (wie das der Fall ist für das verwendete Radium), so ist mit der Möglichkeit zu rechnen, daß durch die nichtkompensierten Strahlen eine *unsymmetrische Verbreiterung, also eine scheinbare Verlagerung des Schwerpunktes der Schwärzung* der kompensierten Strahlen eintritt. NEUMANN hat gezeigt, daß für $\beta = 0{,}5$ bis $0{,}7$ eine solche Verlagerung größer sein müßte als die beobachtete Breite der Schwärzung, wollte man mit ihr die β-Abhängigkeit von ε/μ_0 nach der Kugeltheorie von ABRAHAM erklären. Während NEUMANN bei seinen Aufnahmen mit größerer Geschwindigkeit diesen Fehler für möglich hält, hat später CL. SCHAEFER gezeigt, daß NEUMANNS Auswertungen der Messungen mit den höchsten Geschwindigkeiten unzuverlässig sind; verbesserte Photometrierung zeigte, daß die NEUMANNschen Abweichungen nicht reell sind (vgl. oben). Es besteht somit heute kein Grund, an der Richtigkeit des Resultats der Untersuchung von BUCHERER, WOLZ, SCHAEFER und NEUMANN zu zweifeln: daß *die experimentell beobachtete Geschwindigkeitsabhängigkeit der Elektronenmasse innerhalb der aus den Fehlerquellen der Methode zu erwartenden Grenzen nur mit der* LORENTZ-EINSTEIN*schen Theorie des Elektrons in Übereinstimmung ist*[1]. Die Messungen umfassen ein Geschwindigkeitsintervall von $\beta = 0{,}3$ bis $\beta = 0{,}85$.

Es ist vielleicht angezeigt, einen Punkt noch besonders zu betonen. Bei der Besprechung der Versuchsmethode BUCHERER-WOLZ-NEUMANN war darauf hingewiesen worden, daß der Absolutwert von ε/μ_0 recht erheblich durch ein etwa noch in den magnetischen Ablenkungsraum hinein wirkendes elektrostatisches Streufeld beeinflußt wird. Unabhängig von der Größe dieses Streufeldes kann dagegen die Abhängigkeit des ε/μ_0-Wertes von der Geschwindigkeit der Kathodenstrahlen beantwortet werden. BUCHERER hat einige seiner Messungen, in welchen die Streufeldkorrektion $p = 0{,}47$ betrug, auch mit $p = 0$ gerechnet: der Absolutwert ändert sich, aber die Geschwindigkeitsabhängigkeit ist in gleicher Weise eindeutig die LORENTZ-EINSTEINsche wie mit der p-Korrektion. Die betreffenden Zahlen sind

$\frac{v}{c} = \beta$	$\frac{\varepsilon}{\mu_0} \cdot 10^{-7}$ $(p = 0{,}47)$ nach LORENTZ-EINSTEIN	$\frac{\varepsilon}{\mu_0} \cdot 10^{-7}$ $(p = 0)$ nach LORENTZ-EINSTEIN	$\frac{\varepsilon}{\mu_0} \cdot 10^{-7}$ $(p = 0)$ nach ABRAHAM
0,3787	1,761	1,701	1,675
0,4281	1,760	1,699	1,663
0,5154	1,763	1,700	1,645
0,678	1,767	1,701	1,58

Auch bezüglich der Richtigkeit der p-Korrektion scheinen auf Grund der NEUMANNschen experimentellen Untersuchungen allzu ernste Bedenken vorerst nicht am Platze. *Somit wäre nach der* BUCHERER*schen Methode auch ein sicherer Absolutwert von ε/μ_0 zu erwarten,* nämlich aus den drei voneinander gänzlich

[1] Man beachte in diesem Zusammenhang auch die entsprechende Bestätigung aus den „Wellenlängen"-Messungen der Elektronen verschiedener Geschwindigkeit von PONTE (vgl. ds. Handb. Bd. XXII/2, Kap. 5).

unabhängigen und mit weitgehender Variation der Versuchsausführung durchgeführten Messungen von

BUCHERER 1909	β-Strahlen	magnetische und elektrostatische Ablenkung in gekreuzten Feldern.	1,766
WOLZ 1910			1,770
NEUMANN 1914, SCHAEFER 1916		Methode der kompensierten Strahlen	1,765

der Mittelwert

$$\frac{\varepsilon}{\mu_0} = \mathbf{1{,}767 \cdot 10^7 \text{ elm. Einh. } g^{-1}}.$$

54. HUPKAS relative Messung der spezifischen Ladung als Funktion der Geschwindigkeit. E. HUPKA[1] erzeugt Elektronenstrahlen einheitlicher, großer Geschwindigkeit durch Beschleunigung von lichtelektrisch ausgelösten Elektronen durch elektrostatische Felder im höchsten Vakuum. Da die Austrittsgeschwindigkeit solcher Elektronen nur wenige Volt beträgt, beschleunigte Potentiale aber zwischen 30000 und 90000 Volt sich als verwendbar erwiesen, so hängt die Genauigkeit der Geschwindigkeitsbestimmung der Elektronen nur ab von der Genauigkeit der Messung der hohen Potentiale. Für diese Messung konnte HUPKA die von C. MÜLLER ausgearbeitete Drehwaagenmethode verwenden. Erzeugt wurden die Spannungen wie in C. MÜLLERS Untersuchung mit einer Influenzmaschine, deren Regulierung während der Messung durch einen besonderen Spitzennebenschluß erfolgte. Das erforderliche höchste Vakuum wird durch die Absorptionswirkung von mit flüssiger Luft gekühlter Kokosnußkohle erreicht.

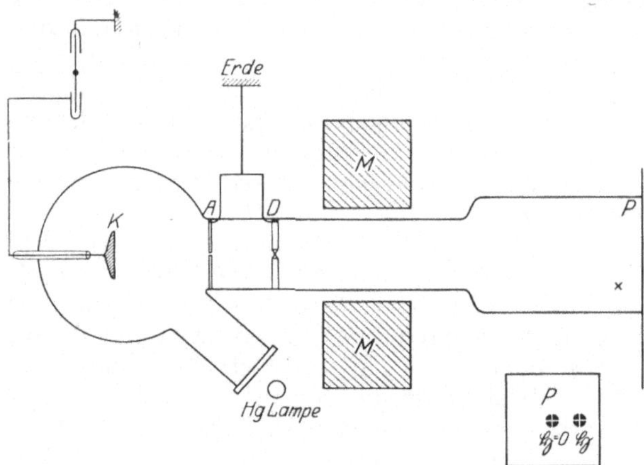

Abb. 39. Anordnung von E. HUPKA.

Die zwischen der Auslöseplatte K (Abb. 39), welche gleichzeitig die Kathode des statischen Feldes ist, und der Anode A beschleunigten Elektronen treten durch eine enge Öffnung in A in den von elektrischen Feldern freien Raum zwischen A und P ein. Ein Stück ihres Weges stehen sie unter Wirkung eines transversalen magnetischen Feldes $\mathfrak{H}$, welches die Elektronen aus ihrer geraden Bahn ablenkt, so daß sie auf einen Punkt x des Fluoreszenzschirmes P fallen. Im Strahlengang befindet sich, über die Öffnung eines Diaphragmas D gespannt, ein Fadenkreuz aus dünnen Metalldrähten: von ihm entsteht in dem Leuchtfleck auf P ein Schatten. Auf dieses Schattenkreuz wird das Okularfadenkreuz eines Mikroskops eingestellt.

HUPKA hat auf eine absolute Messung von ε/μ verzichtet und sich auf die Frage beschränkt, nach welcher Theorie ε/μ_0 sich als unabhängig von der Geschwindigkeit ergibt. Hierdurch gelingt es, relativ hohe Genauigkeit zu erzielen, nicht allein deswegen, weil nur zwei Größen, nämlich das Beschleunigungspotential V und das ablenkende Magnetfeld $\mathfrak{H}$ zu messen sind, als vielmehr

[1] E. HUPKA, Ann. d. Phys. Bd. 31, S. 169. 1910.

wesentlich durch den Umstand, daß die großen Unsicherheiten absoluter Feldmessungen und die Schwierigkeiten bei der Vermeidung von Streufeldern wegfallen. Die Theorie seines Versuches ist kurz folgende[1]:

Ist ε die Ladung des infolge Beschleunigung durch das Potential V Volt sich mit v cm/sec bewegenden Elektrons, E seine kinetische Energie, K sein kinetisches Potential, $p = \partial K/\partial v$ der Impulsvektor, so lauten die Grundgleichungen für Energie und Impulsvektor

$$E = \varepsilon \cdot V \cdot 10^8 = p \cdot v - K\,, \tag{1}$$

$$p = \varepsilon \mathfrak{H} \cdot r\,, \tag{2}$$

r ist der Krümmungsradius der Elektronenbahn im Magnetfeld $\mathfrak{H}$.

Das kinetische Potential K lautet in der „Kugeltheorie" bzw. in der Relativitätstheorie

$$K = -\frac{3}{4}\mu_0 c^2\left(\frac{c^2 - v^2}{2vc}\ln\frac{c+v}{c-v} - 1\right) \quad \text{(Kugeltheorie)}, \tag{3}$$

$$K = -\mu_0 c^2\left(\sqrt{1 - \frac{v^2}{c^2}} - 1\right) \quad \text{(Relativitätstheorie)}, \tag{4}$$

wenn man mit c die Lichtgeschwindigkeit und μ_0 die Masse des Elektrons für die Geschwindigkeit 0 setzt (Ruhemasse). Bezeichnet man wie üblich $\beta = v/c$, so ergeben (1) und (3) bzw. (1) und (4)

$$V = \frac{27}{4} \cdot 10^{12} \cdot \frac{\mu_0}{\varepsilon}\left(\frac{1}{\beta}\ln\frac{1+\beta}{1-\beta} - 2\right) \tag{5a}$$

bzw.

$$V = 9 \cdot 10^{12} \cdot \frac{\mu_0}{\varepsilon}\left(\frac{1}{\sqrt{1-\beta^2}} - 1\right). \tag{5b}$$

Kennt man ε/μ_0, so gestatten diese Gleichungen die Geschwindigkeit $v = \beta c$ zu berechnen, welche die Elektronen durch das Beschleunigungspotential V nach der ABRAHAMschen bzw. nach der LORENTZ-EINSTEINschen Theorie erlangen: man erhält β' aus (5a) und ein anderes β'' aus (5b).

Kombiniert man (2) mit (3) bzw. (4), und setzt für $p = \mu v$, wo dann μ die träge Masse des mit v cm/sec bewegten Elektrons ist, so erhält man

$$\frac{1}{c}\frac{\varepsilon}{\mu_0} \cdot \mathfrak{H} \cdot r = \frac{3}{4\beta'}\left(\frac{1+\beta'^2}{2\beta'}\ln\frac{1+\beta'}{1-\beta'} - 1\right) \quad \text{für die Kugeltheorie} \tag{6a}$$

bzw.

$$\frac{1}{c}\frac{\varepsilon}{\mu_0}\mathfrak{H} \cdot r = \frac{\beta''}{\sqrt{1-\beta''^2}} \quad \text{für die Relativitätstheorie.} \tag{6b}$$

Da auf der linken Seite außer ε/μ_0 nur meßbare Größen stehen, kann man nun prüfen, ob für alle β' bzw. β'', d. h. für alle Beschleunigungspotentiale ε/μ nach (6a) oder (6b) konstant, unabhängig von V wird.

In den Versuchen wird r stets konstant gehalten, indem durch Variation von $\mathfrak{H}$ für alle Beschleunigungspotentiale auf die gleiche Ablenkung des Elektronenstrahls eingestellt wird. Somit sind in der Tat nur V und $\mathfrak{H}$ zu messen. Von den zahlreichen Messungen möge eine Reihe in Abb. 40 gegeben werden. Die Kreuze sind nach der LORENTZ-EINSTEINschen Theorie, die Punkte nach der ABRAHAMschen Theorie berechnet. Als Abszisse sind Kilovolt gemessener Be-

[1] M. PLANCK, Phys. ZS. Bd. 7, S. 753. 1906.

Tabelle 11. Auswahl aus den Messungen der Abb. 40.

Beschleunigungspotential in Volt	34690	37480	40960	48850	58160	64120
β (μ = konst.)	0,369383	0,383956	0,401382	0,438340	0,478289	0,502200
β (μ_0 ABRAHAM)	0,354880	0,367740	0,382940	0,414552	0,447762	0,467308
β (μ_0 LORENTZ-EINSTEIN)	0,351618	0,364071	0,378858	0,409398	0,441291	0,459817
$C \cdot \frac{\varepsilon}{\mu_0}$ (ABRAHAM)	2,6116	2,6111	2,6099	2,6093	2,6071	2,6063
$C \frac{\varepsilon}{\mu_0}$ (LORENTZ-EINSTEIN)	2,6204	2,6202	2,6202	2,6211	2,6206	2,6206

Beschleunigungspotential in Volt	68700	73500	77500	79920	82780	88400
β (μ = konst.)	0,519825	0,537675	0,552112	0,560675	0,570612	0,589671
β (μ_0 ABRAHAM)	0,481163	0,495125	0,506278	0,512816	0,520378	0,534559
β (μ_0 LORENTZ-EINSTEIN)	0,473121	0,486399	0,496970	0,503152	0,510305	0,523662
$C \cdot \frac{\varepsilon}{\mu_0}$ (ABRAHAM)	2,6045	2,6030	2,6025	2,6022	2,6018	2,6005
$C \frac{\varepsilon}{\mu_0}$ (LORENTZ-EINSTEIN)	2,6200	2,6201	2,6204	2,6205	2,6207	2,6206

schleunigungsspannung, als Ordinate relative Werte für ε/μ_0 aufgetragen. Man sieht in diesen (wie in allen anderen Messungen) die Konstanz von ε/μ_0 nur für die nach (5b) bzw. (6b) berechneten Werte erfüllt: *die Versuche bestätigen die relativistische Formel für die Abhängigkeit der Masse von der Geschwindigkeit.*

Für die Beurteilung der Sicherheit dieses Ergebnisses ist wichtig, daß der Absolutwert von ε/μ_0, welcher zur Berechnung von β' bzw. β'' angenommen werden muß, nicht wesentlich das Ergebnis beeinflußt. HUPKA rechnet mit $1{,}77 \cdot 10^7$, teils mit $1{,}80 \cdot 10^7$. Auch ein nicht zu großer, konstanter Fehler in der Spannungsmessung, dem trotz aller Vorsichtsmaßregeln und der Zuverlässigkeit der MÜLLERschen Methode und Messung bedenklichsten Punkt der Methode, kann das Ergebnis nicht leicht ändern.

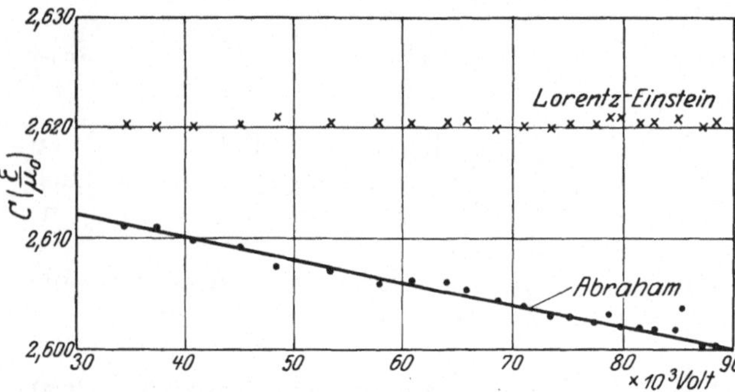

Abb. 40. ε/μ_0 (Relativmessungen) als Funktion von V nach HUPKA.

Wenn jedoch ein Fehler solcher Art in der Spannungsmessung liegt, daß sein Betrag eine bestimmte Abhängigkeit von der Spannungshöhe hat, so ist es leicht möglich, daß das Ergebnis der HUPKAschen Versuche ins Gegenteil verkehrt wird.

Bemerkenswert in dieser Hinsicht dürfte sein, daß die Abweichungen zwischen der LORENTZ-EINSTEINschen Theorie und der ABRAHAMschen Theorie in den NEUMANNschen Versuchen wesentlich größer sind als in den von HUPKA für gleiche Bereiche von β. So ergeben sich folgende Vergleichszahlen:

Abweichung der LORENTZ-EINSTEINschen Theorie gegen die ABRAHAMsche

für β (ungefähr)	0,4	0,49	0,51
nach NEUMANN	1,7 %	2,87%	3,2 %
nach HUPKA	0,47%	0,67%	0,76%

55. Die Untersuchungen von GUIJE, RATNOWSKI und LAVANCHY[1] über das Verhältnis der bewegten Masse zur Ruhemasse des Elektrons. Dies sind die letzten bisher vorliegenden Untersuchungen über die Abhängigkeit der spezifischen Ladung der Kathodenstrahlen von ihrer Geschwindigkeit. Die — über viele Jahre sich erstreckenden — Versuche brachten das gleiche Ergebnis wie die eben genannten: Das Verhältnis μ_v/μ_0, welches die Experimente liefern, stimmt für alle Geschwindigkeiten im Bereiche $\beta = 0{,}2$ bis $0{,}5$ mit dem aus der Relativitätstheorie folgenden überein, während es von der ABRAHAMschen Theorie systematisch und in einem die Fehlergrenzen weit übersteigenden Maße abweicht.

Diese Versuche sind mit schnellen Kathodenstrahlen ausgeführt, welche bei den ersten Versuchsreihen aus einer mit *hoch*frequentem gleichgerichtetem Wechselstrom, bei den späteren Versuchsreihen mit Gleichstrom (Influenzmaschine) betriebenen selbständigen Entladung stammen. Wenn sich auch mit ersterer Methode — um das vorwegzunehmen — nicht Kathodenstrahlen völlig einheitlicher Geschwindigkeit herstellen lassen, so ergab sich hierdurch dennoch keine ernstliche Schwierigkeit: die Kapazität der Hochspannungsanordnung war genügend groß, um einen fast gleichstromartigen Betrieb der Röhre zu gewährleisten. Äußerst einheitlich und konstant waren die mit der Influenzmaschine erzeugten Kathodenstrahlen: Die Form des Fluoreszenzfleckes war mit und ohne Ablenkung genau die gleiche, womit übrigens auch der Beweis erbracht ist, daß die Röhre frei war von lokalen statischen Aufladungen, welche die Form des Strahles verzerren mußten.

Die Methode, welche sich auf relative Messungen beschränkt, und die von den Verfassern als Methode der „Trajectoires identiques" bezeichnet wird, beruht auf folgender Theorie: Bezeichnet man mit μ und μ' die Massen der Elektronen bei den Geschwindigkeiten v und v' $(v' > v)$, und mit $\mathfrak{H}$ und $\mathfrak{H}'$ zwei Magnetfelder, welche, senkrecht zur Richtung von v wirkend, die *gleiche Krümmung* der Kathodenstrahlen erzeugen (also $\mathfrak{H}' > \mathfrak{H}$), so folgt aus den Grundgleichungen

$$\frac{\mu' v'}{\mu v} = \frac{\mathfrak{H}'}{\mathfrak{H}} = \frac{J'}{J},$$

wenn J' und J die das Feld $\mathfrak{H}'$ bzw. $\mathfrak{H}$ in einer eisenfreien Spule erzeugenden Ströme sind.

Analog gilt für *die identische Ablenkung* im elektrischen Feld

$$\frac{\mu' v'^2}{\mu v^2} = \frac{\mathfrak{E}'}{\mathfrak{E}} = \frac{V'}{V},$$

wenn V' bzw. V die zur Erreichung gleicher elektrostatischer Ablenkung am Kondensator angelegten Spannungen sind. Hieraus folgt

$$\frac{\mu'}{\mu} = \frac{J'^2 V}{J^2 V'} \quad \text{und} \quad \frac{v'}{v} = \frac{J V'}{J' V}.$$

Zur Beantwortung der gestellten Frage ist also μ'/μ unmittelbar bestimmbar; dagegen bedarf die absolute Messung der Geschwindigkeit v', deren Einfluß auf das Verhältnis μ'/μ untersucht werden soll, einer besonderen Diskussion: denn mindestens *eine* der Geschwindigkeiten v und v' muß absolut bekannt sein. Dies ist möglich, wenn die Größe ε/μ_0 selbst bekannt ist. Die elektrische Ablenkung y ist:

$$y = C \cdot \frac{\varepsilon V}{\mu v^2}.$$

[1] CH.-EUG GUIJE, S. RATNOWSKI u. CH. LAVANCHY, Mém. Soc. Phys. Genève Bd. 39, Teil 6, S. 273—364. 1921.

Durch Kombination dieser Ablenkungsbeziehung mit der Geschwindigkeitsbeziehung für sehr langsame Strahlen der Voltgeschwindigkeit U

$$U\varepsilon = \frac{1}{2}\mu'' \cdot v^2; \qquad v = \sqrt{2U\frac{\varepsilon}{\mu''}}$$

ergibt sich die Ablenkungskonstante C und wieder v:

$$C = 2\frac{U}{V} \cdot \frac{\mu}{\mu''} \cdot y; \qquad v = \sqrt{\frac{C}{y}\frac{\varepsilon}{\mu_0} \cdot \frac{\mu_0}{\mu} V}.$$

Es ist also möglich, jedes v absolut zu erhalten, wenn man kennt:

$$U, \quad \frac{\varepsilon}{\mu_0}, \quad \frac{\mu}{\mu''}, \quad \frac{\mu_0}{\mu}.$$

Man bestimmt zunächst C mit langsamen Kathodenstrahlen, welche durch eine sehr exakt gemessene niedere Spannung U ihre Geschwindigkeit erhalten haben. Durch passende Wahl von V, der Ablenkungsspannung, erreicht man es, daß die Bahn der langsamen Strahlen dieselbe ist wie die der schnellen, so daß also die Konstante C wirklich für alle Versuche die gleiche ist. Für diese langsamen Strahlen ist aber nun v berechenbar, denn für sie ist μ'' sehr nahe gleich μ_0, und das Verhältnis μ_0/μ'' ist nach den beiden zu vergleichenden Theorien nur wenig verschieden. Hat man aber *ein* v absolut gemessen, so hat man damit jedes andere v' (vgl. oben) auch. Für den Absolutwert von ε/μ_0 ist anfangs 1,86, später $1{,}77 \cdot 10^7$ eingesetzt: in der Geschwindigkeitsabhängigkeit macht diese große Differenz der Absolutwerte nur etwa 1 bis $2^0/_{00}$ Unsicherheit aus. Das Experiment liefert also $\frac{\mu'}{\mu} = \frac{\mu'}{\mu_0} \cdot \frac{\mu_0}{\mu} = f(v')$, und somit die Möglichkeit des Vergleiches mit den Theorien von LORENTZ-EINSTEIN bzw. ABRAHAM.

Bei den endgültigen Versuchen wurde ein wenig abweichend von der vorstehend skizzierten Theorie verfahren: die Einstellung genau gleicher Ablenkungen verbrauchte zu viel Zeit. Daher wurde mit ungefähr gleichen Ablenkungen („trajectoires presque identiques“) gearbeitet, nachdem durch Vorversuche die Beziehung zwischen Ablenkung und Feldstärke empirisch ermittelt war; die Unterschiede der Strahlenwege waren dabei stets doch so klein, daß Feldverzerrungen u. dgl. keine besondere Berücksichtigung erforderten.

Die endgültigen — von GUIJE und LAVANCHY ausgeführten — Versuche sind mit einer Röhre folgender Art (Abb. 41) gemacht. K ist eine Aluminium-

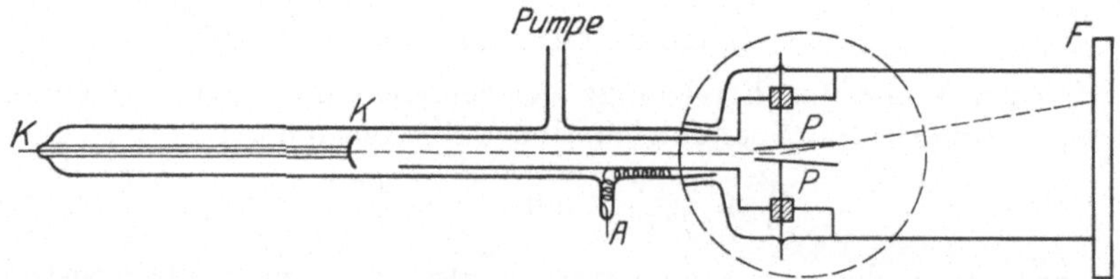

Abb. 41. Entladungsrohr von GUIJE, RATNOWSKI und LAVANCHY.

kathode, A die geerdete Röhrenanode, in welcher sich eine Blende sowie die Platten PP des elektrischen Ablenkungsfeldes befanden. Verschlossen war das Rohr mit einer mit Calciumwolframat bedeckten Platte F. Die Länge des Rohres war 80 cm, der Durchmesser des Entladungsrohrs 3 cm, der des Ablenkungsrohres 8 cm. Beide waren mit einem Schliff zusammengesetzt. Das ganze Rohr war außen mit geerdeten Metallfolien bedeckt, um jede elektrostatische Beeinflussung zu vermeiden. Die Anordnung saß in einem großen

Holzrahmen, welcher geeignete große Spulen trug, um das Erdfeld vollkommen zu kompensieren. Der Fluoreszenzfleck wurde — unter gleichzeitiger Aufnahme von Ausmessungsmarken — photographiert; in 5 Sek. (bei der schnellsten Geschwindigkeit in 10 Sek.) konnten je zwei magnetische und elektrische Ablenkungen photographiert werden, so daß der gesamte Entladungszustand des Kathodenstrahlrohres in dieser Zeit wohl als unverändert anzusehen war.

Die Ergebnisse, die in der folgenden Tabelle 12 enthalten sind, *sprechen sehr eindeutig für die* LORENTZ-EINSTEIN*sche und gegen die* ABRAHAM*sche Theorie.* An 200 Aufnahmen mit Geschwindigkeiten bis zu 140000 Volt wurden ausgewertet:

Tabelle 12. Versuche von GUIJE und LAVANCHY.

Nach LORENTZ-EINSTEIN				nach ABRAHAM			
$\beta' = \frac{v'}{c}$	$\frac{\mu'}{\mu_0}$ beob.	$\frac{\mu'}{\mu_0}$ ber.	Δ	β'	$\frac{\mu'}{\mu_0}$ beob.	$\frac{\mu'}{\mu_0}$ ber.	Δ
0,2279	—	1,027	—	0,2286	—	1,021	—
0,2581	1,041	1,035	+0,006	0,2588	1,035	1,027	+0,008
0,2808	1,042	1,042	±0,000	0,2816	1,036	1,033	+0,003
0,3029	1,046	1,049	−0,003	0,3038	1,040	1,039	+0,001
0,3098	1,048	1,052	−0,004	0,3107	1,042	1,040	+0,002
0,3159	1,054	1,054	±0,000	0,3168	1,048	1,042	+0,006
0,3251	1,059	1,058	+0,001	0,3260	1,053	1,045	+0,008
0,3302	1,063	1,060	+0,003	0,3311	1,057	1,047	+0,010
0,3356	1,060	1,062	−0,002	0,3365	1,054	1,049	+0,005
0,3433	1,066	1,065	+0,001	0,3443	1,060	1,051	+0,009
0,3462	1,065	1,066	−0,001	0,3472	1,059	1,053	+0,006
0,3551	1,070	1,069	+0,001	0,3561	1,064	1,055	+0,009
0,3630	1,067	1,073	−0,006	0,3640	1,061	1,058	+0,003
0,3813	1,079	1,082	−0,003	0,3824	1,072	1,065	+0,007
0,3894	1,085	1,086	−0,001	0,3905	1,078	1,069	+0,009
0,3972	1,091	1,090	+0,001	0,3985	1,084	1,072	+0,012
0,4044	1,096	1,094	+0,002	0,4055	1,089	1,074	+0,015
0,4097	1,101	1,096	+0,005	0,4108	1,094	1,077	+0,017
0,4147	1,100	1,099	+0,001	0,4159	1,093	1,079	+0,014
0,4186	1,100	1,101	−0,001	0,4198	1,093	1,080	+0,013
0,4270	1,110	1,106	+0,004	0,4282	1,103	1,084	+0,019
0,4382	1,114	1,112	+0,002	0,4394	1,107	1,089	+0,018
0,4468	1,120	1,117	+0,003	0,4481	1,113	1,093	+0,020
0,4591	1,122	1,126	−0,004	0,4604	1,115	1,099	+0,016
0,4714	1,137	1,134	+0,003	0,4727	1,130	1,105	+0,025
0,4829	1,139	1,142	−0,003	0,4842	1,132	1,10	+0,021

56. Zusammenfassung der Ergebnisse der ε/μ-Bestimmungen. Die folgende Tabelle 13 gibt eine Übersicht über die wesentlichsten Messungen. Darin sind die Werte hervorgehoben, deren Sicherheit besonders groß zu sein scheint. Allerdings ist stets zu beachten, daß keine der Methoden gänzlich frei ist von möglichen kleinen Fehlerquellen.

Wie schon betont, zerfallen die Werte in zwei Gruppen; die eine — durchweg Methoden mit transversaler oder longitudinaler magnetischer Ablenkung — zeigt Werte um $1{,}77 \cdot 10^7$, die andere um 1,760; letztere scheinen durch die neueren spektroskopischen Messungen bestätigt zu sein. Man wird deshalb heute als wahrscheinlichsten Wert

$$\frac{\varepsilon}{\mu_0}\begin{cases} = \mathbf{1{,}760 \cdot 10^7} \textbf{ abs. elm. Einh. g}^{-1} \\ = \mathbf{5{,}276 \cdot 10^{17}} \textbf{ abs. elstat. Einh. g}^{-1} \end{cases}$$

Tabelle 13. Zusammenstellung aller ε/μ_0-Messungen.

Methode	Verfasser	Ergebnis (10^{-7}) abs. elektro-magnet. Einh.	Bemerkungen
β-Strahlen gleichzeitige Ablenkung in gekreuztem elektrischen und magnetischen Feld	W. KAUFMANN 1901 1902 1906	$\varepsilon/\mu_0 = 1{,}84$ 1,77 nach ABRAHAM 1,823 nach LORENTZ 1,660	 Abweichungen der Ergebnisse von beiden Theorien größer als die angenommene Meßgenauigkeit
β-Strahlen elektr.u.magnetische Kompensation; magnetische Ablenkung	A. H. BUCHERER 1909 K. WOLZ 1909 NEUMANN-SCHAEFER 1914 1916	nach LORENTZ 1,766 ± 0,008 nach LORENTZ 1,770 ± 0,008 nach LORENTZ 1,767 ± 0,004	β-Bereich 0,3 bis 0,5 β-Bereich 0,5 bis 0,7 β-Bereich 0,35 bis 0,85 sehr gute Bestätigung der LORENTZ-EINSTEINschen Massenabhängigkeit
Zeemaneffekt (vgl. die vollständige Tabelle 7)	GMELIN FORTRAT CAMPBELL und HOUSTON 1932	1,770 ± 0,005 1,763 ± 0,003 1,7579 ± 0,0025	
Spektroskopisch aus der Rydbergkonstanten für Wasserstoff und Helium	PASCHEN (exp.) BOHR-SOMMERFELD (Theor) HOUSTON 1927	1,7686 ± 0,003 1,761 ± 0,001	Neu berechn. m. Heliumatomgewicht 4,001 ± 0,0017 mit He 4,0022 von BIRGE berechnet
Lichtelektrische Elektronen nachbeschleunigt mit 15000 bis 21000 Volt magnetische Ablenkung	E. ALBERTI 1912	(1,7561) 1,766	Eingeklammerter Wert ohne Feldkorrektion nach Normald. P.T.R. red. nach LORENTZ-EINSTEIN
Lichtelektrische Elektronen durch X-Strahlen; „kompensierte" Strahlen und magnetische Ablenkung	A. BESTELMEYER 1907	1,733 ± 1 bis 2%	$\beta = 0{,}3$ bis 0,2
Oxydelektronen bzw. Glühelektronen magnet. Ablenkung	J. CLASSEN 1908 A. BESTELMEYER 1911	1,773 ± 0,004 (korr. 1,768 ± 0,004) 1,766 ± 0,01	1000- und 4000-Voltstrahlen 870-Voltstrahlen
Langsame Kathodenstrahlen Methode KAUFMANN	M. MALASSEZ 1911	1,769 ± 1%	ß = 0,26
Glühelektronen; WIECHERTsche Geschwindigkeitsmessung	F. KIRCHNER 1931 PERRY u. CHAFFEE 1931	1,7590 ± 0,0015 1,7609 ± 0,001 (?)	1600-Voltstrahlen 10000- bis 20000-Voltstrahlen
Glühelektronen; Konzentration durch longitudinales Magnetfeld	F. BUSCH 1922 F. WOLF 1927	1,7697 ± 0,0018	3000- bis 5000-Voltstrahlen

mit einer Unsicherheit von 1 bis 2 Einheiten der letzten Stelle im abs. elm. Maß anzunehmen haben. Allerdings liefert eine Diskussion des Zusammenhanges von ε/μ_0 mit anderen atomistischen Konstanten (h, ε, N) auf Grund dieses ε/μ_0-Wertes keine befriedigenden Resultate[1]. Das letzte Wort ist in der Frage der Präzisionsmessung der Konstanten des Elektrons noch nicht gesprochen. Für das Elementarquantum der Elektrizität wird man zur Zeit wohl den MILLIKANschen Wert als wahrscheinlichsten Wert anzusehen haben. Aus diesem, $\varepsilon = 4{,}77_0 \cdot 10^{-10}$ abs. elstat. Einh. $= 1{,}5911 \cdot 10^{-20}$ abs. elm. Einh., und dem vorstehenden ε/μ_0-Wert folgt somit die Ruhemasse des Elektrons[2] zu

$$\mu_0 = (9{,}031 \pm 0{,}01) \cdot 10^{-28}\ \mathrm{g}$$

bzw. das Atomgewicht des Elektrons zu $5{,}476 \cdot 10^{-4}$ und das Verhältnis von Wasserstoffmasse zu Elektronenmasse zu 1839 ± 1, bzw. Protonmasse zu Elektronenmasse 1839 ± 1.

Die *Abhängigkeit der Elektronenmasse von der Geschwindigkeit*, welche sich aus allen Experimenten in ungefähr gleichem Betrage ergibt, stimmt am besten überein mit der von den Theorien von H. A. LORENTZ und A. EINSTEIN gegebenen Geschwindigkeitsfunktion.

Auch die neuesten mit Hilfe der Elektronenbeugung an Kristallgittern ausgeführten Messungen der de Broglie-Wellenlänge als Funktion der Geschwindigkeit liefern eine von den hier beschriebenen Methoden gänzlich unabhängige Bestätigung dieser Geschwindigkeits-Masse-Funktion. (Näheres siehe Kapitel „Elektronenbeugung“.)

57. Der Radius des Elektrons der Masse μ_0. Nach dem sog. Äquivalenzsatze besteht zwischen der Masse eines Körpers und seinem Energiegehalte die Beziehung $\mu_0 = E/c^2$. Wenn das Elektron als eine durchaus gleichmäßige, homogene „Ladungs“kugel der Ladung ε angesehen wird, so ist seine Energie, wenn r der Radius dieses Kugelelektrons ist, $E = \varepsilon^2/r$ oder seine Masse

$$\mu_0 = \frac{\varepsilon^2}{r \cdot c^2},$$

folglich der „Radius“

$$r = \frac{1}{c^2}\,\frac{\varepsilon}{\mu_0} \cdot \varepsilon\,.$$

Mit $\varepsilon/\mu_0 = 1{,}76 \cdot 10^7$ elm. Einh. $= 5{,}28 \cdot 10^{17}$ elstat. Einh., $\varepsilon = 4{,}77 \cdot 10^{-10}$ elstat. Einh. und $c = 2{,}998 \cdot 10^{10}\ \mathrm{cm} \cdot \mathrm{sec}^{-1}$ ergibt sich

$$r = 2{,}80 \cdot 10^{-13}\ \mathrm{cm}.$$

---

[1] F. KIRCHNER, Ann. d. Phys. Bd. 13, S. 59. 1932; vgl. auch W. DUANE, Proc. Nat. Acad. Amer. Bd. 18, S. 319. 1932.

[2] W. DUANE (l. c.) kommt mit einer anderen Kombination atomistischer Konstanten zu $9{,}054 \cdot 10^{-28}$ g.

Kapitel 2.

Atomkerne.

Mit 55 Abbildungen.

A. Kernladung und Kernmasse.

Von

Kurt Philipp, Berlin-Dahlem.

1. Atommodelle. Die modernen Kenntnisse über den Bau der Atome basieren im wesentlichen auf Experimenten über den Durchgang von Kathoden- α- und Röntgenstrahlen durch Materie. Schon die ersten Versuche dieser Art hatten zu der Annahme geführt, daß die Atome aus positiven und negativen Bestandteilen aufgebaut sind, und daß die negativen Bestandteile mit den Elektronen identisch sein müssen. Unsicher blieb dabei, in welcher Form die positive Elektrizität im Atom auftritt. Nach Lenard sollten die negativen und positiven Ladungen Elementarquanten sein, die — je zwei zu einer „Dynamide" vereinigt — einen gegen die gaskinetische Atomgröße verschwindend kleinen Raum einnehmen. Das nächste, von J. J. Thomson[1] entwickelte Modell ging von der Annahme aus, daß das Atom aus einer positiven elektrischen Ladung besteht, die eine Kugel vom Durchmesser des Atoms ausfüllt und in der sich die Elektronen in bestimmten Gleichgewichtslagen befinden. Das genaue Studium der Wechselwirkung der α-Strahlen mit den Atomen der von ihnen durchlaufenen Materie[2] führte Rutherford zu dem Kern-Atommodell, das die Grundlage der ganzen modernen Atomforschung geworden ist.

Danach besteht jedes Atom aus dem positiv geladenen Kern, der eine sehr kleine Ausdehnung besitzt und praktisch die gesamte Masse des Atoms trägt. Um den Kern sind ebenso viele Elektronen angeordnet, wie die Kernladung positive Elementarquanten zählt. Kern und äußere Elektronen sind in ihren gegenseitigen Lagen durch das Coulombsche Gesetz und die sog. Quantenregeln bestimmt. Beide Teilchenarten werden hierbei als Punktladungen betrachtet, was natürlich nur berechtigt ist, wenn ihre gegenseitigen Abstände in allen Fällen groß gegen ihre eigene räumliche Ausdehnung sind.

Die Zulässigkeit dieser Annahme ist durch eine große Reihe von Versuchen erwiesen worden, auf die wir noch eingehender zu sprechen kommen werden. Es hat sich aus diesen Versuchen gezeigt, daß den Atomkernen eine lineare Ausdehnung in der Größenordnung von 10^{-12} bis 10^{-13} cm, den Elektronen eine solche von 10^{-13} cm zugeschrieben werden muß, und daß auch für den kleinsten auftretenden Abstand zwischen einem Kern und seinem Hüllenelektron (K-Schale des Urans) das Coulombsche Gesetz noch streng erfüllt ist.

---

[1] J. J. Thomson, Phil. Mag. Bd. 11, S. 769. 1906.

[2] H. Geiger u. E. Marsden, Proc. Roy. Soc. London (A) Bd. 82, S. 495. 1909; Phil. Mag. Bd. 25, S. 604. 1913; H. Geiger, Proc. Roy. Soc. London (A) Bd. 83, S. 492. 1910.

Die Bedeutung der positiven Kernladungszahl Z und der mit ihr gleich großen Anzahl von Elektronen in der Elektronenhülle ist zuerst von VAN DEN BROEK[1] erkannt worden, der sie mit der Ordnungszahl oder Stellenzahl des betreffenden Elements im periodischen System identifizierte. Das Atom des Wasserstoffs, des Elementes an der ersten Stelle des periodischen Systems, besteht danach aus einem Kern mit der positiven Ladung 1 und aus *einem* äußeren Elektron, das Atom des Urans, das das 92. und zugleich letzte Element des periodischen Systems ist, besitzt einen Kern mit der Kernladung 92 und 92 äußere Elektronen. Zwischen Wasserstoff und Uran sind alle (ganzzahligen) Ordnungszahlen durch bekannte Elemente vertreten, ausgenommen die Zahlen 61, 85 und 87. Diese von VAN DEN BROEK zunächst nur als Hypothese vorgenommene Zuordnung wurde vor allem von BOHR mit großem Erfolg in die Theorie eingeführt und konnte durch Experimente verschiedener Art direkt bewiesen werden.

2. Bestimmung der Kernladung aus der Streuung von Röntgenstrahlen. J. J. THOMSON[2] hat schon im Jahre 1906 auf Grund seines Atommodells aus Untersuchungen von A. BECKER[3] über die Absorption von Kathodenstrahlen geschlossen, daß die Zahl der im Atom vorhandenen Elektronen von derselben Größenordnung wie das Atomgewicht sein müßte. Dieser Schätzung lag die Annahme zugrunde, daß die Absorption hauptsächlich von der Zerstreuung durch Zusammenstöße mit anderen geladenen Teilchen herrührt. Er gab auch an, wie man aus der Streuung der Röntgenstrahlen die Zahl der Elektronen eines Atoms bestimmen kann. Ausgehend von den experimentellen Befunden BARKLAS, daß für Elemente mit kleinem Atomgewicht die Härte (also Wellenlänge) der gestreuten Strahlen gleich der der Primärstrahlen ist und das Intensitätsverhältnis zwischen gestreuter und primärer Strahlung, das sog. spezifische Streuungsvermögen, proportional der Dichte der Substanz anwächst, gelangte er zu dem Schluß, daß die Zahl der Elektronen im Atom gleich dem Atomgewicht der streuenden Substanz ist.

3. Das MOSELEYsche Gesetz. Die erste experimentelle Bestätigung der Gleichheit von positiver Kernladung und Ordnungszahl verdanken wir MOSELEY[4]. Bei der Untersuchung der charakteristischen Röntgenspektren stellte er fest, daß die den verschiedenen Elementen zugehörigen Spektren durch eine Größe n^2 charakterisiert werden können, wobei beim Übergang von einem Element zu dem nächstfolgenden n stets um 1 zunimmt. Die Größe n erwies sich zwar nicht als identisch mit der Kernladung Z; aber für jede Spektralserie konnte eine einfache Beziehung $n = Z - a$ aufgestellt werden, wobei a für eine bestimmte Serie (K-, L-, M-Serie) eine nahezu konstante Zahl ist, die schon MOSELEY als Maß für die Störung des ,,Leuchtelektrons" durch die übrigen Elektronen im Atom deutete. Wir wissen heute, daß die Größe a die sog. Abschirmungskonstante ist, die von der Abstoßung der anderen Atomelektronen auf das den betrachteten Quantenübergang vollziehende Elektron herrührt. Für die K-Serie ist a nahezu gleich 1, für die L-Serie 3,49 usw.

In der Abb. 1 sind die MOSELEYschen Aufnahmen der K-Serie, die alle Elemente von Ca bis Zn mit Ausnahme von Sc umfassen, wiedergegeben. Man sieht, wie die beiden stärksten Linien (K_α und K_β) sich mit wachsender Ordnungszahl des Elementes ganz regelmäßig verschieben. Das Fehlen des Scandiums macht sich durch den großen Sprung zwischen Ca und Fe bemerkbar. Als be-

[1] A. VAN DEN BROEK, Phys. ZS. Bd. 14, S. 32. 1913.

[2] J. J. THOMSON, Phil. Mag. Bd. 11, S. 769. 1906.

[3] A. BECKER, Ann. d. Phys. Bd. 17, S. 381. 1905.

[4] H. G. J. MOSELEY, Phil. Mag. Bd. 26, S. 1024. 1913; Bd. 27, S. 703. 1914.

sonders interessantes Resultat sei noch der Umstand erwähnt, daß nach dem Liniendiagramm Co (trotz seines höheren Atomgewichtes) eine kleinere Ordnungszahl als Ni haben muß, also im periodischen System vor dem Ni einzuordnen ist, eine Folgerung, die die Chemiker schon lange vorher auf Grund der chemischen Eigenschaften des Ni gezogen hatten. Die später von COSTER und HEVESY bei der Entdeckung und Identifizierung des Hafniums und von I. und W. NODDACK entsprechend bei Rhenium und Masurium verwendeten röntgenspektroskopischen Messungen sind im Prinzip eine Anwendung der MOSELEYschen Methode.

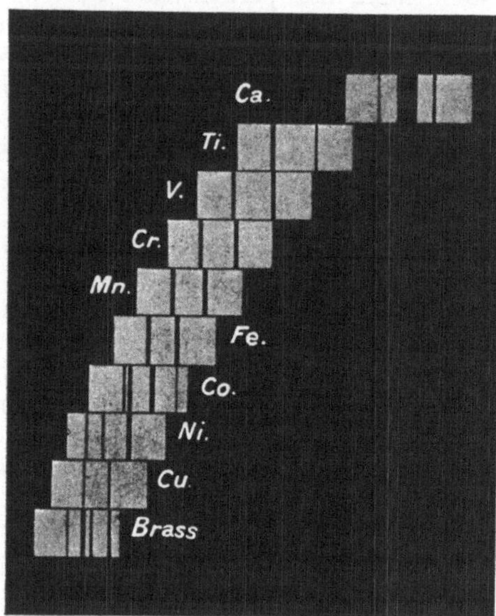

Abb. 1. Röntgenspektren nach MOSELEY.

4. Theorie der Streuung. Die direktesten Messungen der Kernladungszahl sind aus dem genauen Studium des Verhaltens der α- und β-Strahlen beim Durchgang durch Materie gewonnen worden. Ermöglicht sind diese Versuche durch den Umstand, daß wegen der sehr geringen Dimensionen des positiv geladenen Kerns sehr starke elektrische Kraftfelder in der Nähe des Kerns vorhanden sind und daher α- oder β-Strahlen beim Durchqueren des Kraftfeldes eines einzigen Atoms große Ablenkungen erfahren müssen.

RUTHERFORD[1] hat die Theorie dieses Ablenkungsvorganges (Einzelstreuung) auf klassischer Grundlage entwickelt unter Zugrundelegung folgender Annahmen:

1. Für die Wechselwirkung zwischen Atomkern und bewegten Korpuskularteilchen sind die COULOMBschen Kräfte zwischen Punktladungen maßgebend.
2. Impuls- und Energiesatz sind stets erfüllt, d. h. es findet bei dem Vorgang keine Ausstrahlung statt.

Die spezielle Form der unter den angegebenen Voraussetzungen abgeleiteten Gleichungen für den Streuvorgang hängt noch davon ab, ob die Masse des ablenkenden Atomkerns als groß gegenüber der Masse des α-Teilchens betrachtet werden kann oder mit ihr vergleichbar ist. Im ersten Fall wird nämlich praktisch keine Energie auf den schweren Atomkern übertragen, während im zweiten Fall der Kern eine merkbare Energie erhält und daher seine Mitbewegung berücksichtigt werden muß.

Die genaue Theorie dieses Stoßvorganges vom Standpunkt der modernen Quantenmechanik aus wird in Bd. XXIV/1 ds. Handb. 2. Aufl, gegeben. Wir beschränken uns daher darauf, die RUTHERFORDschen Überlegungen nur insoweit darzustellen, als es zum Verständnis derjenigen Experimente notwendig ist, die zur Prüfung der Theorie und zur Bestimmung der Kernladung ausgeführt worden sind. Außerdem soll nur der Fall betrachtet werden, daß die Masse des streuenden Atomkerns sehr groß ist gegenüber der Masse des α-Teilchens.

Betrachten wir ein α-Teilchen von der Masse m, der Geschwindigkeit v und der Ladung $2e$, das in das Kraftfeld eines Atomkerns von der Ladung Ze eintritt, wie es die Abb. 2 veranschaulicht.

[1] E. RUTHERFORD, Phil. Mag. Bd. 21, S. 669. 1911.

Zwischen α-Teilchen und Kern wirkt nach dem COULOMBschen Gesetz eine Kraft $K = 2Ze^2/r^2$. Da das α-Teilchen beim Eintreten in das Kraftfeld, wie oben angegeben, eine Geschwindigkeit v besitzt, so muß es unter dem Einfluß einer mit der Entfernung r^2 umgekehrt proportionalen Kraft eine Hyperbel beschreiben, deren äußerer Brennpunkt S durch den Atomkern gegeben ist. Die Asymptoten an diese Hyperbel PO und OP' geben die Bewegungsrichtungen des α-Teilchens vor und nach dem Zusammenstoß, d. h. der Winkel φ zwischen den beiden Asymptoten entspricht dem Ablenkungswinkel des α-Teilchens im Kraftfeld des Atomkerns. Die Strecke SA stellt die kleinste Entfernung dar, auf welche Kern und α-Teilchen sich beim Stoßvorgang einander nähern. Rein geometrisch betrachtet ist SA die Summe aus der Brennweite und der reellen Halbachse der Hyperbel. Die Strecke p, der sog. Stoßabstand, das ist die Normale vom Kern auf die ursprüngliche α-Strahlrichtung, ist eine für den ganzen Vorgang sehr wesentliche Größe. Denn wie die Abb. 2 ohne weiteres erkennen läßt, ist φ um so größer, je kleiner p ist. Das ist auch selbstverständlich, denn je näher das α-Teilchen am Kern vorbeiläuft, um so stärker ist das wirksame ablenkende Kernfeld. Außerdem stellt, wie leicht einzusehen, die Größe πp^2 den für den zugehörigen Ablenkungswinkel φ maßgebenden Wirkungsquerschnitt des Kerns dar; ein α-Teilchen, das durch eine Folie von der Dicke t durchläuft, trifft innerhalb des Volumens $\pi p^2 t$, wenn die Anzahl der Atome pro ccm N ist, $N\pi p^2 t$ Atome. Ist nun t so klein gewählt, daß ein α-Teilchen längs t im Durchschnitt nur *einen* Zusammenstoß mit einem Atom erleidet, so ist die Wahrscheinlichkeit dw, daß dieser Zusammenstoß in einem Abstand zwischen p und $p + dp$ stattfindet, was einer Ablenkung zwischen φ und $\varphi + d\varphi$ entspricht, offenbar gegeben durch

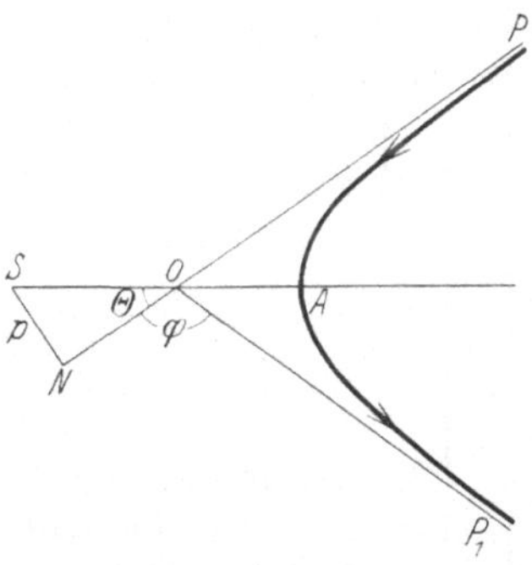

$$dw = 2N\pi t p\, dp. \tag{1}$$

Abb. 2. Ablenkung des stoßenden α-Teilchens durch den getroffenen Atomkern.

Die Größe p ist also nicht nur maßgebend für die Größe des Ablenkungswinkels φ, sondern bestimmt auch die Häufigkeit, mit der jeder Ablenkungswinkel bei einem solchen Stoßvorgang vertreten ist. Vorausgesetzt ist hierbei, daß jedes α-Teilchen nur *eine* Ablenkung erfährt, daß es sich also um *Einzelstreuung* handelt. Der ganze Stoßvorgang ist demnach mathematisch erfaßt, sobald die Beziehung zwischen p und φ durch die für den ablenkenden Kern und das abgelenkte α-Teilchen charakteristischen Größen ausgedrückt ist.

Aus dem Energie- und dem Impulssatz läßt sich leicht ableiten, daß

$$\operatorname{cotg}\frac{\varphi}{2} = \frac{2p}{b}, \tag{2}$$

wenn b den Ausdruck $\dfrac{2Ze^2}{mv^2/2}$ bedeutet.

Die Gleichung (2) läßt sofort erkennen, daß ein α-Teilchen, das unter einem bestimmten Winkel φ abgelenkt werden soll, um so näher am Kern vorbeilaufen muß, je größer seine Geschwindigkeit und je kleiner die Kernladung des ablenkenden Atoms ist. Daher wird man den Gültigkeitsbereich des zugrunde gelegten Kraftgesetzes um so mehr in unmittelbarer Nähe des Kerns prüfen, je schnellere α-Strahlen und je leichtere streuende Atome man verwendet. Wie im folgenden Abschnitt „Kernstruktur" näher besprochen wird, hat sich tatsächlich gezeigt, daß für ganz leichte Atome und schnelle α-Strahlen, also in großer Nähe des Kerns, das COULOMBsche Gesetz nicht mehr gilt. Man kann aus der

Tabelle 1. Abhängigkeit des Stoßabstandes p vom Ablenkungswinkel φ.

φ	59″	1′ 29″	6′	20′	6°	30°	60°	90°	150°
p in cm für $v = 1{,}59 \cdot 10^9$ cm/sec	—	10^{-8}	$2{,}46 \cdot 10^{-9}$	$7{,}39 \cdot 10^{-10}$	$4{,}1 \cdot 10^{-11}$	$8{,}03 \cdot 10^{-12}$	$3{,}73 \cdot 10^{-12}$	$2{,}15 \cdot 10^{-12}$	$5{,}76 \cdot 10^{-13}$
$v = 1{,}922 \cdot 10^9$ cm/sec	10^{-8}	—	$1{,}69 \cdot 10^{-9}$	$5{,}06 \cdot 10^{-10}$	$2{,}8 \cdot 10^{-11}$	$5{,}49 \cdot 10^{-12}$	$2{,}55 \cdot 10^{-12}$	$1{,}47 \cdot 10^{-12}$	$3{,}94 \cdot 10^{-13}$

Gleichung auch ohne weiteres berechnen, in welchen Stoßabständen ein α-Teilchen bestimmter Energie an dem Kern eines Atoms vorbeilaufen muß, um bestimmte Ablenkungen zu erfahren. Die Berechnung soll für ein schweres Atom (und zwar für Gold) gegeben werden, weil, wie schon erwähnt, für leichtere Atome die gemachten Voraussetzungen nur innerhalb gewisser nicht zu kleiner Stoßabstände (also auch nicht zu großer Ablenkungswinkel) zulässig sind. Die nebenstehende Tabelle zeigt die Abhängigkeit von p und φ für $Z = 79$ und $v = 1{,}59 \cdot 10^9$ cm/sec (α-Strahlen von Polonium, Reichweite 3,92 cm) bzw. $v = 1{,}922 \cdot 10^9$ cm/sec (α-Strahlen von Radium C′, Reichweite 6,97 cm). Man sieht, daß ein α-Teilchen der angegebenen Geschwindigkeit, das an dem Goldkern in atomarer Entfernung vorbeiläuft, schon eine Ablenkung von 59″ bzw. 1′ 29″ erfährt.

Wie bereits erwähnt, ist die Wahrscheinlichkeit, daß ein α-Teilchen eine Ablenkung zwischen φ und $d\varphi$ erleidet, durch die Gleichung (1) gegeben. Entnimmt man aus der Gleichung (2) die Werte für p und dp, so geht die Gleichung über in

$$dw = \frac{b^2}{4} \pi N t \operatorname{cotg} \frac{\varphi}{2} \operatorname{cosec}^2 \frac{\varphi}{2}\, d\varphi\,, \tag{1a}$$

und für eine gegebene Anzahl Q von α-Teilchen in

$$dw_Q = \frac{Q b^2 \pi N t}{4} \operatorname{cotg} \frac{\varphi}{2} \operatorname{cosec}^2 \frac{\varphi}{2}\, d\varphi\,. \tag{1b}$$

Die Integration dieser Gleichung zwischen den Grenzen φ_2 und φ_1 ergibt den Bruchteil der α-Strahlen, die nach dem Zusammenstoß in dem Winkelbereich $\varphi_2 - \varphi_1$ auftreten.

Für den Vergleich mit den experimentellen Beobachtungen ist es notwendig, die Gleichung (1b) in eine andere Form zu bringen. Die Versuche sind nämlich immer so ausgeführt, daß in einer Entfernung r von der streuenden Folie die unter dem Winkel φ bis $\varphi + d\varphi$ pro Flächeneinheit auftreffenden α-Teilchen gezählt werden. Die Gesamtfläche, die diese α-Teilchen in der Entfernung r überstreichen, ist, wie leicht einzusehen,

$$dF = 2\pi r^2 \sin\varphi\, d\varphi$$

und daher die Zahl der α-Teilchen pro Flächeneinheit

$$n = \frac{dw_Q}{dF} = \frac{Q N t Z^2 e^4}{r^2 m^2 v^4} \operatorname{cosec}^4 \frac{\varphi}{2}\,. \tag{3}$$

5. Prüfung der Theorie durch GEIGER und MARSDEN. Abhängigkeit der Streuung vom Winkel. Die ersten genauen Bestätigungen dieser Gleichung haben GEIGER und MARSDEN[1] ausgeführt. Aus der Gleichung folgt unmittelbar, daß, wenn man φ variiert, die anderen Größen aber konstant hält, der Ausdruck $\frac{n}{\operatorname{cosec}^4 \frac{\varphi}{2}} = n \sin^4 \frac{\varphi}{2}$ konstant bleiben muß. Das ist der erste Punkt, den die genannten Forscher geprüft haben.

[1] H. GEIGER u. E. MARSDEN, Phil. Mag. Bd. 25, S. 604. 1913.

Die Versuche wurden nach der Szintillationsmethode ausgeführt. Um einen Überblick über ihre Mühseligkeit zu geben, sei erwähnt, daß im Laufe dieser Arbeit über 100000 Szintillationen gezählt wurden.

Der zu den Messungen benutzte Apparat ist in Abb. 3 abgebildet. Er bestand aus einem starken zylinderischen Metallkasten B, der auf einer mit einer Teilung versehenen kreisförmigen Grundplatte A befestigt war. Der Zinksulfidschirm S befand sich vor dem mit B fest verbundenen Mikroskop M. Die Grundplatte A konnte im Schliff C gedreht werden. Damit das α-Strahlen aussendende Präparat R und die streuende Folie F stets in derselben Stellung blieben, waren sie unabhängig vom Kasten B an der Röhre T angebracht. Die Glasplatte P verschloß luftdicht den Kasten, der durch T hindurch evakuiert wurde, um die Streuung und Absorption durch die Luft auszuschalten. Mittels einer bei D befindlichen Blende konnte ein senkrecht auf F auffallendes Bündel α-Strahlen ausgeblendet werden. Bei jeder Messung wurde das Mikroskop durch Drehen der Grundplatte auf den zu untersuchenden Ablenkungswinkel φ eingestellt. Um eine genügende Anzahl abgelenkter Teilchen zu erhalten, mußte zur Untersuchung der großen Winkel φ ein sehr starkes Präparat verwandt werden. Bei den kleinen Winkeln war die Zahl der Szintillationen naturgemäß viel größer. Hier wurden dann die Zählungen erst gemacht, wenn das Präparat — Radiumemanation — in passender Weise abgeklungen war. Die in Spalte 3 der Tabelle 2 angegebenen Zahlen, die aus zwei getrennten Meßreihen stammen, sind auf den Abfall der Radiumemanation entsprechend korrigiert.

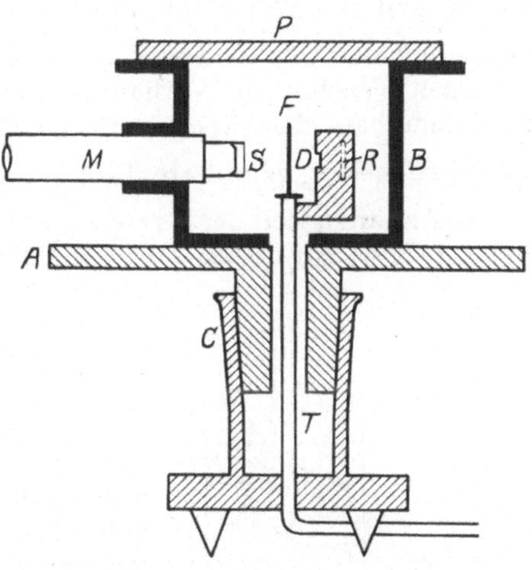

Abb. 3. Apparat zur Messung der Abhängigkeit der Streuung vom Ablenkungswinkel nach GEIGER und MARSDEN.

Tabelle 2. Abhängigkeit der Streuung vom Ablenkungswinkel.

Ablenkungs-winkel Φ	$\operatorname{cosec}^4 \frac{\varphi}{2} = \frac{1}{\sin^4 \frac{\varphi}{2}}$	Silber		Gold	
		Zahl der Szintillationen n	$n \cdot \sin^4 \frac{\varphi}{2}$	Zahl der Szintillationen n	$n \cdot \sin^4 \frac{\varphi}{2}$
1	2	3	4	5	6
150°	1,15	22,2	19,3	33,1	28,8
135	1,38	27,4	19,8	43,0	31,2
120	1,79	33,0	18,4	51,9	29,0
105	2,53	47,3	18,7	69,5	27,5
75	7,25	136	18,8	211	29,1
60	16,0	320	20,0	477	29,8
45	46,6	989	21,2	1435	30,8
37,5	93,7	1760	18,8	3300	35,3
30	223	5260	23,6	7800	35,0
22,5	690	20300	29,4	27300	39,6
15	3445	105400	30,6	132000	38,4
30	223	5,3	0,024	3,1	0,014
22,5	690	16,6	0,024	8,4	0,012
15	3445	93,0	0,027	48,2	0,014
10	17330	508	0,029	200	0,0115
7,5	54650	1710	0,031	607	0,011
5	276300	—	—	3320	0,012

Daß die α-Strahlen dreier verschiedener Substanzen, nämlich von Radiumemanation, Radium A und Radium C, vorhanden waren, ist bedeutungslos, da die α-Strahlen jeder Gruppe nach demselben Gesetz gestreut werden und die dem Produkt $\frac{n}{\operatorname{cosec}^4 \frac{\varphi}{2}}$ für die drei Gruppen zugehörigen Konstanten sich einfach addieren. Als Streufolien wurden Silberfolien von 0,45 cm und Goldfolien von 0,3 bzw. 0,1 cm Luftäquivalent[1] benutzt. Man ersieht aus Spalte 4 und 6, daß die Werte für $n \sin^4 \frac{\varphi}{2}$ angenähert konstant sind. Unter Berücksichtigung des Umstandes, daß die Zahl der für die untersuchten Winkel gefundenen Teilchen im Verhältnis 1:250000 variiert, liegen die Abweichungen wohl innerhalb der experimentellen Fehler. Die Versuche beweisen daher die von der Theorie geforderte Proportionalität mit $\operatorname{cosec}^4 \frac{\varphi}{2}$.

6. Abhängigkeit der Streuung von der Dicke des Materials. Da es bei diesen Versuchen darauf ankam, nur Strahlen *einer* Geschwindigkeit zu haben, wurde als Strahlenquelle Radium C verwendet. Die benutzte Anordnung geht aus der schematischen Skizze Abb. 4 hervor. A war ein 3,5 cm hoher Messingring, von 5,5 cm innerem Durchmesser, der durch zwei Glasplatten B und C luftdicht verschlossen wurde. Zur Vermeidung eventueller Störungen durch Emanation befand sich das Radium C-Präparat R außerhalb des Apparates vor einem dünnen Glimmerfenster E. Die verschiedenen zu untersuchenden Folien F waren auf der mit dem Schliff M verbundenen Scheibe S befestigt. Durch Drehen des Schliffes war es möglich, jede Folie vor die Blende D zu bringen. D hatte den Zweck, die von R ausgehenden α-Strahlen nahezu parallel zu machen. Der ganze Apparat wurde wieder evakuiert und sodann für jede Folie die Zahl der unter einem konstanten Winkel gestreuten Teilchen bestimmt. Die von den Wänden herrührende Streustrahlung konnte durch eine besondere Blende aufgefangen werden. Zur Untersuchung gelangten Folien von Gold, Zink, Silber, Kupfer und Aluminium, deren Luftäquivalente zwischen 0,1 und 2 cm lagen. Die graphische Darstellung der Zahl der abgelenkten Teilchen in Abhängigkeit von der Dicke der Folien ergab für alle Metalle gerade, durch den Nullpunkt gehende Linien. Für kleine Dicken ist also die Streuung proportional der Dicke.

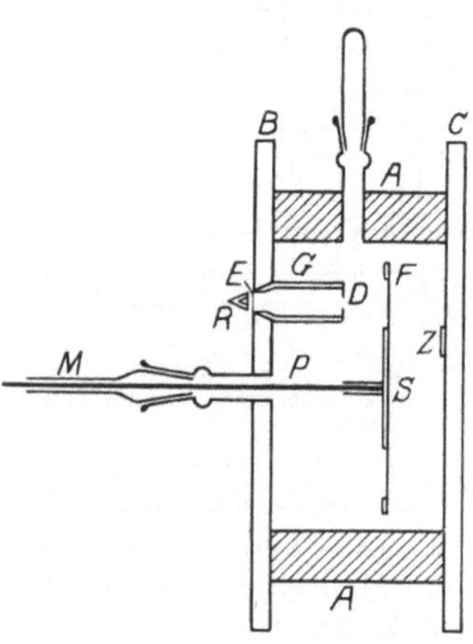

Abb. 4. Apparat zur Messung der Abhängigkeit der Streuung von der Foliendicke nach GEIGER und MARSDEN.

7. Abhängigkeit der Streuung vom Atomgewicht. Mit demselben Apparat wie vorher wurden die in Tabelle 3 aufgeführten Substanzen untersucht. Unter der Annahme, daß die Kernladung proportional dem Atomgewicht A ist, müßte die Streuung durch Folien, die die gleiche Anzahl Atome pro Kubikzentimeter ihrer Fläche enthalten, proportional A^2 sein. Nach BRAGG ist die Zahl der Atome pro Flächeneinheit für Folien mit dem gleichen Luftäquivalent umgekehrt proportional $A^{\frac{1}{2}}$, also muß die Streuung pro Zentimeter Luftäquivalent proportional $A^2 \cdot A^{-\frac{1}{2}} = A^{\frac{3}{2}}$ sein.

[1] Das ist die Dicke derjenigen Luftschicht, die die Reichweite der α-Strahlen ebenso stark verkürzt wie die benutzte Folie.

Tabelle 3. Abhängigkeit der Streuung vom Atomgewicht.

Substanz	Atomgewicht	Gesamtzahl der für jedes Material gezählten Szintillationen	Verhältnis der Zahl der Szintillationen pro cm Luftäquivalent zu $A^{\frac{3}{2}}$
1	2	3	4
Au	197,2	850	95
Pt	195,2	200	99
Sn	118,7	700	96
Ag	107,9	800	98
Cu	63,6	600	104
Al	27,0	700	110

Die Spalte 4 zeigt eine sehr gute Konstanz von Gold bis Silber, während die Werte von Aluminium und Kupfer etwas höher liegen.

8. Abhängigkeit der Streuung von der Geschwindigkeit. Nach Gleichung (3) muß das Produkt $n v^4$ konstant sein, wenn man alle anderen Größen unverändert läßt und nur v variiert. Es wurden zwei derartige Versuchsreihen mit Gold- und Silberfolien (3 mm Luftäquivalent) ausgeführt. Zwischen dem Präparat R (Abb. 4) und dem Glimmerfenster E konnte eine Scheibe mit Glimmerfolien von verschiedenem Luftäquivalent eingeschaltet werden, um die Geschwindigkeit v der auf die Streufolien fallenden Strahlen zu variieren. Die Resultate zeigt die Tabelle 4.

Tabelle 4. Abhängigkeit der Streuung von der Geschwindigkeit.

Zahl der Glimmerfolien	Reichweite der auf die Folie fallenden α-Teilchen	Relative Werte von $\frac{1}{v^4}$	Szintillationen n pro Min.	$n \cdot v^4$
0	5,5	1,0	24,7	25
1	4,76	1,21	29,0	24
2	4,05	1,50	33,4	22
3	3,32	1,91	44	23
4	2,51	2,84	81	28
5	1,84	4,32	101	23
6	1,04	9,22	255	28

Obwohl v^4 im Verhältnis von rund 1:10 variiert wurde, erwies sich das Produkt $n \cdot v^4$ im Mittel auf etwa 10% konstant.

9. Weitere Prüfung der Theorie. Die Bestimmung der absoluten Zahl der um einen bestimmten Winkel abgelenkten α-Teilchen war sehr schwierig, da die Zahl der gestreuten α-Teilchen gegenüber der Zahl der von der Quelle ausgehenden Teilchen außerordentlich gering ist. Da beide Zahlen nur getrennt ermittelt wurden, ist das erhaltene Resultat nur auf etwa 20% genau. Bei einer Goldfolie von 1 mm Luftäquivalent ($2,1 \cdot 10^{-5}$ cm Dicke) war der Anteil der unter einem Winkel von 45° gestreuten Teilchen, die auf einem Zinksulfidschirm im Abstand von 1 cm von der Streufolie auf einer Fläche von 1 mm² gezählt wurden, $3,7 \cdot 10^{-7}$ der auf die Folie auftreffenden Teilchen. Setzt man diesen Wert in Gleichung (3) ein, so wird wieder die frühere Feststellung bestätigt, daß die Kernladungszahl etwa gleich dem halben Atomgewicht ist.

Auch eine Untersuchung von Rutherford und Nuttall[1] über die Streuung der α-Teilchen in leichten Gasen zeigte gute Übereinstimmung mit der Theorie, insbesondere ergab sich, daß die Streuung proportional dem Druck und umgekehrt proportional der vierten Potenz der Geschwindigkeit war. Die Abhängigkeit vom Atomgewicht wurde für Luft, Wasserstoff, Helium, Methan und Kohlensäure ebenfalls geprüft und in Übereinstimmung mit der Theorie gefunden.

---

[1] E. Rutherford u. J. M. Nuttall, Phil. Mag. Bd. 26, S. 702. 1913.

Zum Schluß sei noch darauf hingewiesen, daß durch photographische Aufnahmen der α-Strahlenbahnen nach der bekannten WILSONschen Nebelmethode[1] (s. Kap. Durchgang von α-Strahlen durch Materie) das Auftreten großer Ablenkungen bei *einem* Zusammenstoß — der Ausgangspunkt der RUTHERFORDschen Kerntheorie — direkt sichtbar gemacht werden konnte.

10. CHADWICKS direkte Bestimmung der Kernladungszahl. In den voranstehend beschriebenen Versuchen konnten die Kernladungszahlen nur angenähert bestimmt werden. CHADWICK[2] hat dann durch *gleichzeitige* Zählung der auffallenden und gestreuten α-Strahlen eine sehr erhebliche Genauigkeit erzielt. Er ging hierbei wieder von der Gleichung (3) aus. Zur Erzielung einer besseren Ausnutzung des von dem radioaktiven Präparat unter einem bestimmten Winkel ausgesandten Strahlenkegels wurde die streuende Folie AA' als ringförmige Fläche ausgebildet. Strahlenquelle R und Zinksulfidschirm S haben gleichen Abstand von der Folie (s. Abb. 5). Der Winkel $\varphi/2$ zwischen der Symmetrieachse $(R - S)$ und den auf die Folie auffallenden Strahlen $(R - P)$ ist halb so groß wie der festgehaltene Ablenkungswinkel φ. Natürlich ist durch entsprechende Blenden dafür gesorgt, daß nur die unter einem bestimmten Winkel gestreuten Strahlen den Zinksulfidschirm erreichen können. Ein Ringelement der Streufolie erscheint von R aus unter dem Zonenwinkel

$$2\pi \sin\frac{\varphi}{2}\, d\left(\frac{\varphi}{2}\right),$$

wobei die Winkelvariable durch $\varphi/2$ ausgedrückt ist. Nach Division durch 4π erhält man den auf ein Ringelement der Folie auffallenden Bruchteil der α-Strahlen

$$\frac{1}{2}\sin\frac{\varphi}{2}\, d\left(\frac{\varphi}{2}\right).$$

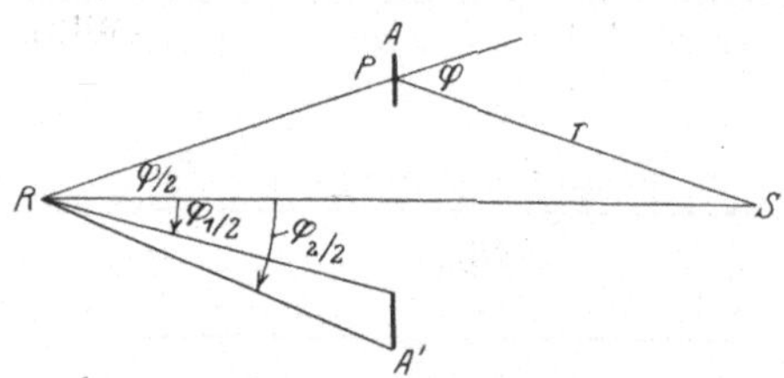

Abb. 5. Anordnung zur Messung der Streuung der α-Strahlen nach CHADWICK.

Die Zahl der gestreuten α-Teilchen, die pro Sekunde unter dem Ablenkungswinkel φ die Flächeneinheit des ZnS-Schirms treffen, ergibt sich durch Einsetzen dieses Ausdrucks in Gleichung (3), wobei Q hier die Gesamtzahl der pro Sekunde von R ausgehenden α-Strahlen ist, zu

$$\frac{\frac{Q}{2}\sin\frac{\varphi}{2}\, N t b^2 \operatorname{cosec}^4\frac{\varphi}{2}\, d\left(\frac{\varphi}{2}\right)}{16 r^2},$$

dabei bedeutet r den Abstand PS.

Sind $\varphi_1/2$ und $\varphi_2/2$ die Winkel entsprechend dem äußeren bzw. dem inneren Rand der ringförmigen Folie, so ergibt sich als die Gesamtzahl der von der Folie gestreuten und auf der Flächeneinheit des ZnS-Schirms beobachteten Teilchen:

$$n_{12} = \frac{Q N t b^2}{32 \bar{r}^2} \int\limits_{\frac{\varphi_1}{2}}^{\frac{\varphi_2}{2}} \operatorname{cosec}^3\frac{\varphi}{2}\, d\,\frac{\varphi}{2}, \tag{4}$$

wo $\bar{r}$ die mittlere Entfernung der Folie vom Schirm S bedeutet oder

$$n_{12} = \frac{Q N t b^2}{64 \bar{r}^2}\left\{\ln \operatorname{tg}\frac{\varphi_2}{4} - \ln \operatorname{tg}\frac{\varphi_1}{4} + \operatorname{ctg}\frac{\varphi_1}{2}\operatorname{cosec}\frac{\varphi_1}{2} - \operatorname{ctg}\frac{\varphi_2}{2}\operatorname{cosec}\frac{\varphi_2}{2}\right\}. \tag{5}$$

Die Zahl der Teilchen, die pro Sekunde direkt auf die Flächeneinheit des Schirms S fallen, ist $Q/4\pi l^2$, wenn $RS = l$.

[1] C. T. R. WILSON, Proc. Roy. Soc. London (A) Bd. 87, S. 277. 1912.
[2] J. CHADWICK, Phil. Mag. Bd. 40, S. 734. 1920.

Da im günstigsten Falle nur etwa $^1/_{500}$ bis $^1/_{1000}$ der Gesamtzahl Q der Teilchen infolge Streuung in der Folie auf den Zinksulfidschirm gelangen, so müßte die direkt auffallende Strahlung etwa 20000 Teilchen pro Minute betragen, wenn man im gestreuten Bündel die Strahlendichte von 30 Teilchen pro Minute haben will. Um trotzdem diese beiden Zählungen mit derselben Anordnung ausführen zu können, wird bei direkt auffallender Strahlung ein mit einem Schlitz versehenes rotierendes Rad vor dem Zinksulfidschirm S eingeschaltet.

Durch geeignete Wahl des Schlitzes kann dann die Zahl der direkt auf den Schirm fallenden Teilchen in passender Weise reduziert werden. Da das Auge stets eine gewisse Zeit zum Ausruhen hat, bis der Schlitz wieder vor dem Schirm erscheint und Szintillationen freigibt, kann man mit einiger Übung sogar 100 bis 200 Teilchen zählen, während man sonst bei Zählungen höchstens 40 Teilchen genau beobachten kann. Durch diese unter völlig gleichen Bedingungen ausgeführte Zählung der direkten und gestreuten Teilchen gewinnen die Beobachtungen sehr an Sicherheit. Unter der Voraussetzung, daß die streuenden Folien dünn und gleichmäßig sind, so daß die Korrektion für die Geschwindigkeitsänderung beim Durchgang durch die Folie klein ist und genau bestimmt werden kann, hängt die Genauigkeit der Messung nur noch von der Zahl aller gezählten α-Teilchen ab. In Abb. 6 stellt D die Vorrichtung dar, die durch die ringförmige Öffnung das auf die Folie A fallende konusförmige Strahlenbündel und durch das kreisförmige Loch in der Mitte das direkt auf den Zinksulfidschirm fallende Bündel ausblendet. Dieses kann durch den Bleischirm L, der durch den Schliff G betätigt wird, abgeschirmt werden. Das Präparat R befindet sich in gleichem Abstand von der Streufolie wie der Zinksulfidschirm S. Die Öffnung O am Ende des Messingkastens B ist mit einer Glimmerfolie von 2 cm Luftäquivalent verschlossen. Der ganze Apparat ist evakuierbar. Zur Zählung der gestreuten Teilchen kann eine in dem rotierenden Rad befindliche Öffnung von 1 cm Durchmesser vor O gebracht werden.

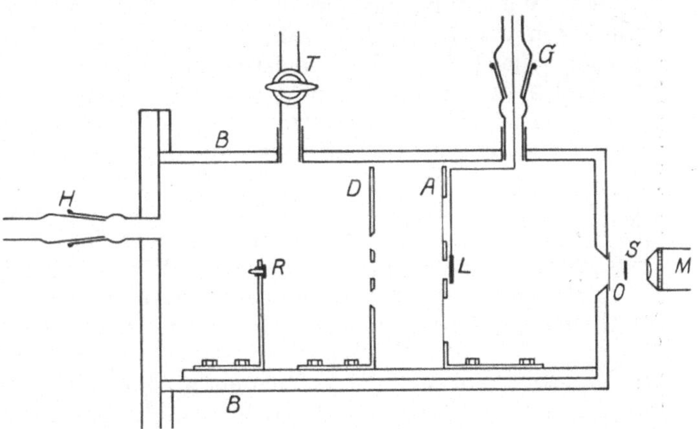

Abb. 6. CHADWICKS Apparat zur Messung der Streuung der α-Strahlen.

11. Die Ergebnisse der Messungen von CHADWICK. Bei den Versuchen mit Platin wurden 10 dünne Folien übereinander gelegt, um eine möglichst gleichmäßige Schichtdicke zu erzielen. Die Winkel $\varphi_1/2$ und $\varphi_2/2$ waren $10^\circ\,54'$ bzw. $18^\circ\,16'$. Aus der Zählung von 3700 gestreuten und 8000 direkten Teilchen ergab sich als Mittelwert aus 11 Messungen $Z = 77{,}4$, ein Wert, der um weniger als 1% von der Ordnungszahl (78) des Platins abweicht. Bei Silber wurden 3000 und bei Kupfer 2900 gestreute Teilchen gezählt. Aus neun Messungen folgte für Silber $Z = 46{,}3$ (statt 47) und für Kupfer $Z = 29{,}3$ (statt 29). Die erhaltene Übereinstimmung ist bei allen drei Elementen ausgezeichnet; denn die unvermeidlichen statistischen Fehler betragen 1 bis 1,5%.

12. Gleichzeitige Prüfung des Kraftgesetzes. Mit derselben Anordnung konnte CHADWICK auch noch einmal die Abhängigkeit der Streuung von der

Geschwindigkeit v prüfen. Es war nur nötig, mittels des Schliffes H Glimmerfolien von verschiedenem Luftäquivalent vor das Präparat R zu bringen. Der Kasten B wurde statt durch die Glimmerfolie O direkt durch den Zinksulfidschirm S verschlossen. Als streuende Substanz diente eine dünne Platinfolie (1,58 mg pro cm²). Die Zählung von etwa $n = 1600$ gestreuten Teilchen für jede der drei Geschwindigkeiten ergab folgende Werte:

Glimmerfolien	Relativer Wert von v^4	$n v^4$
0	1	100
1	0,549	101
2	0,232	103

Die Werte für nv^4 sind innerhalb der Meßgenauigkeit, die CHADWICK auf etwa 4% schätzt, konstant, wie es die Theorie erfordert.

13. Bestimmung der Kernladungszahl aus der Streuung von Elektronenstrahlen. Wir können uns in diesem Abschnitt kürzer fassen, da exakte Bestimmungen der Kernladungszahl nicht vorliegen und die theoretischen und experimentellen Untersuchungen der Streuung der Elektronenstrahlen in Kapitel 1, Bd. XXII/2 ds. Handb. 2. Aufl., behandelt werden. Es soll hier nur darauf hingewiesen werden, daß RUTHERFORD schon in seiner grundlegenden Arbeit über die Theorie des Streuvorganges auf die älteren Messungen von CROWTHER[1] über die Streuung von β-Strahlen hingewiesen hat. CROWTHER und SCHONLAND[2] hofften, in einer späteren Arbeit mit verbesserter Versuchsanordnung und mit einer bedeutend stärkeren Strahlenquelle auch für β-Strahlen in exakter Weise die RUTHERFORDsche Theorie experimentell bestätigen zu können. Wie jedoch WENTZEL[3] und BOTHE[4] nachweisen konnten, fallen ihre Messungen gerade in das Übergangsgebiet der Mehrfachstreuung (zwischen Einfach- und Vielfachstreuung). Die von WENTZEL entwickelte Theorie der Mehrfachstreuung und sein Vergleich mit den Experimenten wird in dem schon erwähnten Kapitel (Bd. XXII/2) eingehender behandelt. An derselben Stelle werden die für die Theorie der Einzelstreuung von β-Strahlen notwendigen Ergänzungen besprochen werden, die durch die Veränderlichkeit der Elektronenmasse mit der Geschwindigkeit bedingt sind. Diese Ergänzungen sind vor allem von N. F. MOTT[5] gegeben worden.

An neueren experimentellen Arbeiten über die Prüfung der Kernladung aus Elektronenstreuungsmessungen sind die von CHADWICK und MERCIER und von SCHONLAND zu nennen.

Beide gehen von den Bedingungen aus, die nach WENTZEL für das Vorhandensein von Einzelstreuung notwendig sind[6]. Bezeichnet man mit $p_{\max}$ denjenigen größten Stoßabstand, bei dem die kleinste, gerade noch merkbare Einzelablenkung unter dem Winkel $\varphi_{\min}$ stattfindet, so ist die Bedingung dafür, daß das β-Teilchen in der Folie von der Dicke t nur *einen* Zusammenstoß erfährt, offenbar durch folgende Ungleichung gegeben:

$$\pi p_{\max}^2 n t < 2 .$$

Aus dieser Ungleichung und den Gleichungen (1) und (2) folgt, daß der festzuhaltende Streuwinkel φ, unter dem die gestreuten Teilchen beobachtet werden, ein Vielfaches von $4\varphi_{\min}$ sein muß. Winkel kleiner als $\varphi_{\min}$ können nach WENTZEL

[1] J. A. CROWTHER, Proc. Roy. Soc. London Bd. 84, S. 226. 1910.
[2] J. A. CROWTHER u. B. F. J. SCHONLAND, Proc. Roy. Soc. London Bd. 100, S. 526. 1921.
[3] G. WENTZEL, Ann. d. Phys. Bd. 69, S. 335. 1922.
[4] W. BOTHE, ZS. f. Phys. Bd. 13, S. 368. 1923.
[5] N. F. MOTT, Proc. Roy. Soc. London (A) Bd. 124, S. 425. 1929.
[6] Vgl. auch H. GEIGER u. W. BOTHE, ZS. f. Phys. Bd. 6, S. 204. 1921.

nicht merkbar zur Ablenkung beitragen, so daß man bei Einhaltung der angegebenen Bedingung sicher ist, daß die beobachtete Ablenkung eine *Einzelstreuung* ist.

Chadwick und Mercier[1] benutzen dieselbe Anordnung, die Chadwick bereits bei der Untersuchung der Streuung der α-Strahlen verwandt hat (Abb. 6), nur ist der Zinksulfidschirm durch eine halbkugelige Ionisationskammer ersetzt, die mit einem Elektrometer verbunden ist. Bei R befindet sich wieder die Strahlenquelle, ein Scheibchen von 3,8 mm Durchmesser, auf dem Radium E elektrolytisch niedergeschlagen war. Der Strom, der von der natürlichen Ionisation und von den an den Apparatteilen gestreuten Teilchen herrührt (also bei abgeblendetem Primärbündel und ohne eingesetzte Zerstreuungsfolie), wird dadurch kompensiert, daß in einer entgegen geschalteten kleinen Ionisationskammer eine entsprechende schwache Ionisation erzeugt wird. Dann wird L entfernt und die Ionisation des direkten Bündels gemessen. Erst jetzt werden die Streufolien bei A eingesetzt und abwechselnd die Ionisation der gestreuten Teilchen allein bzw. zusammen mit der des direkten Bündels gemessen, und zwar nach einer Nullmethode, indem der dem Elektrometer zugeführte Strom durch die Ladung kompensiert wird, die man auf der inneren Elektrode eines zweiten Kondensators mit Hilfe eines Potentiometers induziert. Auf diese Weise wurde für verschiedene Foliendicken das Verhältnis ϱ der Ionisation der gestreuten zur direkten Strahlung bestimmt. Die an Al, Cu, Ag und Au ausgeführten Messungen sind in Abb. 7 dargestellt.

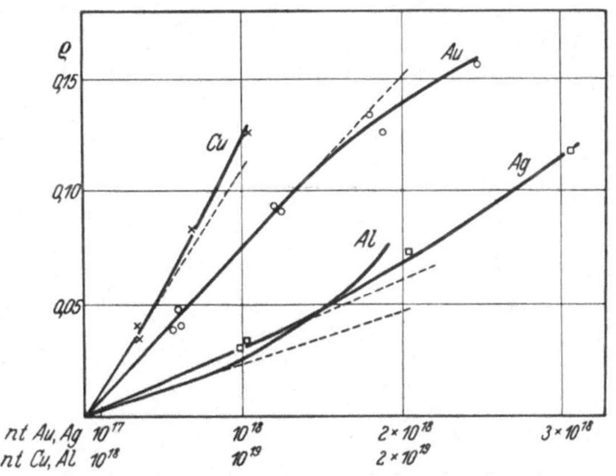

Abb. 7. Abhängigkeit der Streuung von β-Strahlen von der Foliendicke nach Chadwick und Mercier.

Man sieht, daß für kleine Werte von nt die einzelnen Kurven gerade durch den Nullpunkt gehende Linien sind, d. h. die Streuung ist proportional der Foliendicke, wie es die Rutherfordsche Streuformel verlangt. Die Stelle[2], wo die ausgezogenen (beobachteten) Kurven von den gestrichelten Kurven abweichen, entspricht der Foliendicke, von der an die Mehrfachstreuung mitwirkt.

In der Tabelle 5 sind für den speziellen Fall, daß $nt = 10^{18}$ ist, die für die verschiedenen untersuchten Elemente gefundenen Streuwerte ϱ angeführt.

Tabelle 5. Streuung von β-Strahlen.

Element	Z	ϱ	ϱ/ϱ_{Al}	$(\varrho/\varrho_{Al})_{korr.}$	Z^2/Z^2_{Al}
1	2	3	4	5	6
Aluminium	13	0,00234	1	1	1
Kupfer	29	0,0113	4,83	5,03	4,98
Silber	47	0,0302	12,9	13,5	13,1
Gold	79	0,075	32,1	34,1	37,0

[1] J. Chadwick und P. H. Mercier, Phil. Mag. Bd. 50. S. 208. 1925.

[2] Überprüft man übrigens für diese Stelle das Wentzelsche Kriterium und bestimmt aus diesem p_{max} den Winkel φ_{min}, so zeigt sich hier und bei den nachfolgenden Messungen von Schonland, daß tatsächlich $\varphi > 10\,\varphi_{min}$ die Grenze angibt, die für Einzelstreuung nicht überschritten werden darf [vgl. die gleichen Ergebnisse für die Streuung von α-Teilchen bei C. D. Rose, Proc. Roy. Soc. London (A) Bd. 111, S. 677. 1926].

Spalte 4 gibt diese ϱ-Werte bezogen auf $\varrho_{Al} = 1$, Spalte 5 die unter Berücksichtigung der von den äußeren Elektronen herrührenden Streuung korrigierten Werte. Ein Vergleich dieser Werte mit den Zahlen der Spalte 6 zeigt, daß die Streuung proportional dem Quadrat der Kernladungszahl ist; die etwas größere Abweichung bei Gold wird dadurch erklärt, daß hier die Bahn des abgelenkten β-Teilchens außerhalb der K-Schale des Atoms liegt und so die beiden K-Elektronen die wirksame Kernladung von 79 auf 77 herabsetzen.

Aus dem absoluten Betrag der Streuung rechnen die Verfasser für Aluminium die Kernladung aus, aber sie erhalten hier anstatt 13 den Wert 14,6, also einen zu großen Wert. Diese Abweichung findet vielleicht ihre Erklärung durch die Tatsache, daß bei den Versuchen keine homogene β-Strahlung verwandt worden ist und der aus der Energieverteilung im magnetischen Spektrum entnommene Durchschnittswert der Energie keine genügend genaue Unterlage für die Berechnung bietet.

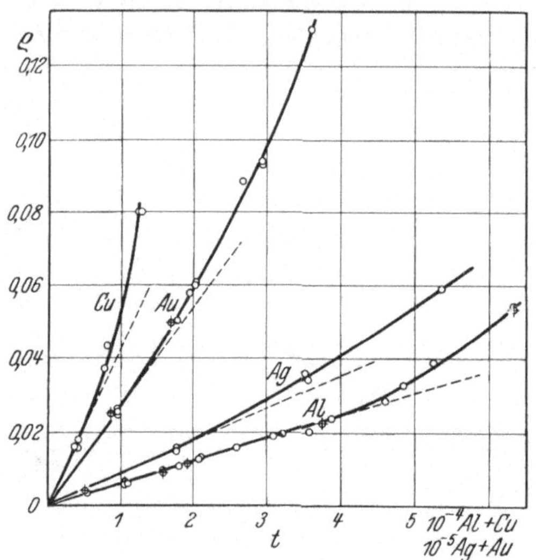

Abb. 8. Abhängigkeit der Streuung von homogenen Kathodenstrahlen von der Foliendicke nach SCHONLAND.

Um diesem Mangel abzuhelfen, hat SCHONLAND[1] eine erneute Untersuchung der Streuung unternommen, bei der er ein homogenes Bündel schneller Kathodenstrahlen ausblendet und an verschiedenen dünnen Folien von Al, Cu, Ag und Au streuen läßt. Die Intensität der Strahlen war so groß, daß sowohl die Ionisation der direkten als auch die der gestreuten Strahlen mit einem Galvanometer bestimmt werden konnte. Es wurden Messungen mit Elektronen von 59900 Volt (β=0,447) und 77300 Volt (β=0,497) ausgeführt. Die mittlere Geschwindigkeit der Teilchen ist auf etwa $^1/_2$% genau bekannt. Gemessen wird der Anteil der zwischen 90 und 161° gestreuten Elektronen. Die Abb. 8 zeigt Kurven, die mit Ausnahme der Kurve für Au, dem Verlauf der Kurven von CHADWICK und MERCIER zeigen. Die Abweichung bei Au wird dem Vorhandensein von Sekundärstrahlen, ausgelöst von dem primären Bündel an der Goldfolie, zugeschrieben. Jedenfalls ergeben auch diese Untersuchungen, daß die Streuung der Foliendicke und dem Quadrat der Kernladung proportional ist. Für Al, Cu und Ag hat SCHONLAND aus der Berechnung des absoluten Streuanteils für die Kernladungen fast genau die richtigen Werte erhalten und ferner auch die Abhängigkeit der Streuung von der Geschwindigkeit der Teilchen in einem Bereich zwischen 39 kV und 77 kV mit der Theorie übereinstimmend gefunden. In einer späteren Arbeit zeigt SCHONLAND[2] jedoch, daß trotz der scheinbaren guten Übereinstimmung seine Versuchsbedingungen nicht geeignet waren, wirklich den absoluten Betrag der gestreuten Strahlung zu bestimmen. Eine strengere Durchrechnung der nach DARWIN an die RUTHERFORDsche Streuformel anzubringenden Korrektion für die Veränderlichkeit der Masse des β-Teilchens bei der Annäherung an den positiven Kern ergab, daß bei den von ihm benutzten Geschwindigkeiten die erreichten Stoßabstände p nicht genügend groß

[1] B. SCHONLAND, Proc. Roy. Soc. London (A) Bd. 113, S. 87. 1926.
[2] B. F. SCHONLAND, Proc. Roy. Soc. London (A) Bd. 119, S. 673. 1928.

gegenüber dem kritischen Stoßabstand p_0 waren, bei dem die β-Teilchen sich spiralig um den Kern wickeln und schließlich in den Kern fallen. Die β-Strahlen müßten mindestens 200000 Volt Energie besitzen, wie bei den Versuchen von CHADWICK und MERCIER. Daß der von diesen Autoren gefundene Überschuß an gestreuten Teilchen nicht durch eine mit der Streuung verknüpfte Ausstrahlung bedingt sein kann, hat kürzlich N. F. MOTT[1] gezeigt.

Schließlich sei noch auf neuere Versuche von O. KLEMPERER[2] hingewiesen, bei denen für Elektronen von 9 und 18 kV Streumessungen mit Hilfe des GEIGERschen Spitzenzählers ausgeführt wurden. Kernladungsbestimmungen sind dabei nicht durchgeführt worden.

14. Isotopie. In dem vorangehenden Abschnitt über Kernladung ist gezeigt worden, daß die Ordnungszahl eines Elementes mit der positiven Ladung des Atomkerns und der Anzahl der den Kern umkreisenden Hüllenelektronen identisch ist. Die Einordnung eines Elementes in das periodische System ist daher eindeutig gegeben, sobald die zugehörige Kernladung Z bekannt ist; sein Atomgewicht tritt dabei überhaupt nicht in Erscheinung. Es läßt sich aber leicht zeigen, daß die Größe Z zwar Zahl und Anordnung der äußeren Elektronen vollständig bestimmt, daß sie hingegen nicht zur eindeutigen Charakterisierung des Atomkerns ausreicht. Wir wissen heute auf Grund zahlreicher theoretischer und experimenteller Tatsachen, daß der Wasserstoffkern (Proton) die Grundeinheit darstellt, aus der sich alle schwereren Atomkerne aufbauen, aber wir wissen ebenso sicher, daß die Kerne außer Protonen auch Elektronen enthalten. Denn da jeder Wasserstoffkern die positive Ladung 1 trägt, müßte für einen nur aus Wasserstoffkernen gebildeten schwereren Kern Atomgewicht und Kernladung einander gleich sein. In Wirklichkeit ist, abgesehen vom Wasserstoff selbst, das Atomgewicht stets mindestens doppelt so groß wie die Kernladung Z. Das besagt aber, daß ein Teil der positiven Ladungen der Protonen durch negative Ladungen von Elektronen neutralisiert ist. Ist P die Zahl der in einem Kern vorhandenen Protonen, Z seine Ordnungszahl, so ist die Zahl der mit eingebauten Kernelektronen $n = P - Z$. Das Vorhandensein dieser Kernelektronen spielt eine wichtige Rolle für die Existenzmöglichkeit der schweren Kerne, da ein Zusammentreten von lauter positiv geladenen Teilchen kaum zu einer stabilen Konfigurationsmöglichkeit führen dürfte.

Nach dem Gesagten ist z. B. der Heliumkern (Masse 4 und Kernladung 2) aus vier Protonen und zwei Elektronen gebildet, der Kern des Arsenatoms (Masse 75 und $Z = 33$) aus 75 Protonen und 42 Elektronen usw.

Der Kern ist also außer durch die Kernladung Z noch durch die Protonenzahl P oder das Atomgewicht A charakterisiert, da die Protonenzahl P immer der dem Atomgewicht A zunächstliegenden ganzen Zahl gleich ist. Daß die Protonenzahl P immer eindeutig durch die Abrundung des Atomgewichts auf die nächstliegende ganze Zahl gewonnen werden kann, ist dem glücklichen Zufall zu danken, daß die Chemiker seit jeher alle Atomgewichte auf $O = 16$ bezogen haben. Wir werden auf diesen Punkt später noch zurückkommen. Jedenfalls ist zur Festlegung eines Atomkerns die Kenntnis des Atomgewichts (bzw. der Protonenzahl) und der Kernladung Z notwendig. Da nun Z durch die Differenz $P - n$ der den Kern aufbauenden Protonen und Elektronen gegeben ist, so sieht man sofort, daß es möglich ist, ganz verschiedene Kerne mit gleichem Z aufzubauen. Das heißt, dasselbe (durch Z eindeutig charakterisierte) Element kann Atome mit verschiedenen Atomkernen enthalten. Denn $Z = P - n = P + \alpha - (n + \alpha)$, und je nach dem Wert von α werden andersartig gebaute

[1] N. F. MOTT, Proc. Cambridge Phil. Soc. Bd. 27, S. 250. 1931.

[2] O. KLEMPERER, Ann. d. Phys. (5) Bd. 3, S. 849. 1929.

Kerne vorliegen, die gleichwohl chemisch alle demselben Element Z zuzuordnen sind. Man bezeichnet solche derselben Ordnungszahl zugehörige Atomarten nach SODDY als isotope Atomarten oder auch kurzweg als Isotope.

Die weiter unten zu beschreibenden Experimente haben ergeben, daß die meisten gewöhnlichen Elemente Gemische aus isotopen Atomarten darstellen, eine Tatsache, die zugleich die Erklärung dafür gegeben hat, daß die (chemisch bestimmten) Atomgewichte sehr erheblich von der Ganzzahligkeit (verglichen mit Wasserstoff $= 1$) abweichen. Ein anderer Grund für weitere, geringere Abweichungen wird noch später zu besprechen sein. Jedenfalls hat man die DALTONsche Anschauung aufgeben müssen, daß Atome eines und desselben Elements durch ein einheitliches Atomgewicht charakterisiert sind. Das Atomgewicht ist eben keine charakteristische Konstante des chemischen Elements, das durch die Größe Z schon eindeutig festgelegt ist, sondern es ist eine charakteristische Konstante des Atomkerns. Für diese Anschauung war der Boden bereits durch die Ergebnisse der radioaktiven Forschung vorbereitet. Denn eine ganze Reihe radioaktiver Elemente hatte sich trotz großer Verschiedenheiten in ihrem radioaktiven Verhalten und in ihrem Atomgewicht als chemisch vollkommen identisch erwiesen, wie z. B. Ionium, Thorium und Radiothor oder Radium und Mesothor 1 oder Blei und Radium D. Dieses Verhalten ist nach dem Gesagten selbstverständlich, denn da die radioaktiven Eigenschaften Kerneigenschaften sind, müssen verschiedene Atomgewichte radioaktive Verschiedenheiten bedingen. Der radioaktive Zerfall führt auch, wie leicht einzusehen, notwendigerweise zu isotopen Atomarten, denn die Aufeinanderfolge von einer α- und zwei β-Strahlenumwandlungen muß zu einem Isotop des Ausgangselements führen, d. h. zu einem Element mit gleicher Kernladungszahl. Umgekehrt gibt es auch Elemente von gleichem Atomgewicht, aber verschiedener Kernladungszahl (also verschiedener chemischer Eigenschaften). Denn der Ausdruck $P - n = Z$ gibt für konstantes P (also konstantes Atomgewicht) ganz verschiedene Werte von Z, je nachdem wie groß die Zahl n der Kernelektronen ist. Diese Elemente haben den Namen „Isobare" erhalten. Jedes Element, das durch eine β-Umwandlung aus dem vorhergehenden entstanden ist, muß mit diesem isobar sein, d. h. trotz ungeänderter Masse (an Stelle des ausgesandten β-Teilchen tritt ein Elektron mehr in die Elektronenhülle ein) verhält es sich chemisch ganz anders, gehört also an eine andere Stelle im periodischen System.

Bei der Untersuchung der Einzelatomgewichte werden naturgemäß irgendwelche von der Masse abhängige Eigenschaften herangezogen, um die Isotopen nachzuweisen. Es liegt heute schon ein reiches experimentelles Material über Isotopenforschung vor.

15. THOMSONS Untersuchung des Neons. Prinzip der Parabelmethode. Der erste Versuch, bei dem es gelang, Isotope festzustellen, stammt von J. J. THOMSON[1]. Er benutzte seine bekannte „Parabelmethode", deren ausführliche experimentelle Anordnung an anderer Stelle beschrieben worden ist. Ihr Prinzip ist folgendes: Ein Kanalstrahlenbündel, das aus der feinen Kanüle einer (etwa 7 cm langen) Kathode eines Entladungsrohres austritt, kann gleichzeitig der Wirkung eines elektrischen und magnetischen Feldes ausgesetzt werden. Zu diesem Zweck sind die Polschuhe PP' eines starken Elektromagneten durch Glimmerblättchen von den Polen isoliert; sie können daher elektrostatisch aufgeladen werden. Nach Durchgang durch die zwischen PP' herrschenden Felder treten die Strahlen in eine hochevakuierte Kammer und fallen schließlich auf

[1] J. J. THOMSON, Nature Bd. 90, S. 645, 663; Bd. 91, S. 333. 1913.

einen Fluoreszenzschirm oder eine photographische Platte. Ist zwischen PP' kein Feld vorhanden, so trifft das schmale Bündel den Schirm in dem sog. unabgelenkten Fleck. Wird nun ein elektrisches Feld der Stärke X zwischen PP' angelegt, so wird ein Teilchen der Masse m, der Ladung e und der Geschwindigkeit v um eine Strecke

$$x = k \cdot \frac{e X}{m v^2} \tag{6}$$

abgelenkt. Durch ein mit X paralleles Magnetfeld erleidet das Teilchen eine zu X senkrecht gerichtete Ablenkung von der Größe

$$y = k' \cdot \frac{e H}{m v}. \tag{7}$$

k und k' sind nur von den Dimensionen des Apparates abhängige Konstanten.

Wird der unabgelenkte Fleck als Ursprung eines Koordinatensystems gewählt, dessen x-Achse in Richtung der magnetischen Ablenkung liegt, so trifft das Teilchen unter der Einwirkung beider Felder den Schirm im Punkte (x, y). Aus den obigen Gleichungen folgt, daß y/x die Geschwindigkeit des Teilchens bestimmt und y^2/x ein Maß für e/m ist. Unter Berücksichtigung der Tatsache, daß die Kanalstrahlen entweder die elektrische Elementarladung oder ein Vielfaches davon tragen, muß für ein Bündel von verschiedener Geschwindigkeit, aber konstanter Masse, solange die Ladung des einzelnen Kanalstrahlenteilchens ungeändert bleibt, y^2/x konstant sein. Teilchen mit gleichem e/m, aber variabler Geschwindigkeit werden sich also auf dem Schirm in einer Parabel abbilden, da $y^2/x =$ konst. die Gleichung einer gleichseitigen Parabel ist. Für Strahlen von anderer Masse m' ist die Lage der Parabel eine andere, sie wird parallel der y-Achse mehr oder weniger verschoben sein. Da sich die Abstände der Parabelköpfe (Abstand des Parabelanfangs vom unabgelenkten Fleck) von der x-Achse umgekehrt wie die Massen der Teilchen verhalten müssen, kann man durch bloße Längenmessung die Massen miteinander vergleichen. Kennt man die Masse *einer* Teilchenart, so kann man die anderen Massen daraus berechnen. Man muß hierbei noch in Betracht ziehen, daß im Entladungsrohr mehrfache Ionisation auftreten kann, so daß manche Kanalstrahlenteilchen zweifach, dreifach usw. geladen sein können und daher den Schirm an derselben Stelle treffen werden wie ein einfach geladenes Teilchen, dessen Masse die Hälfte oder ein Drittel usw. der wirklichen Masse beträgt. Die Abb. 9 zeigt einige typische von THOMSON photographierte Kanalstrahlenparabeln. Hier ist bei den normalen, einfach geladenen Teilchen das Pluszeichen fortgelassen. Man sieht zunächst, daß es definierte, scharfe Parabeln gibt. Diese Tatsache war der erste experimentelle Beweis dafür, daß bei einem nicht aus Isotopen zusammengesetzten Element die einzelnen Atome die gleiche Masse haben. Die Gleichungen (6) und (7) zeigen sofort, daß die Parabelstücke erst in einem gewissen Abstand vom Scheitelpunkt auftreten können, denn für $x = 0$ und $y = 0$ müßte die Geschwindigkeit v unendlich groß sein. Der Abszissenabstand vom Scheitelpunkt, in dem Teilchen auf den Schirm auffallen können, hängt bei gegebenen elektrischen und magnetischen Feldstärken von dem Ausdruck mv^2/e, also von dem beschleunigenden Potential im Entladungsrohr, ab. Für Teilchen gleicher Ladung, die dasselbe

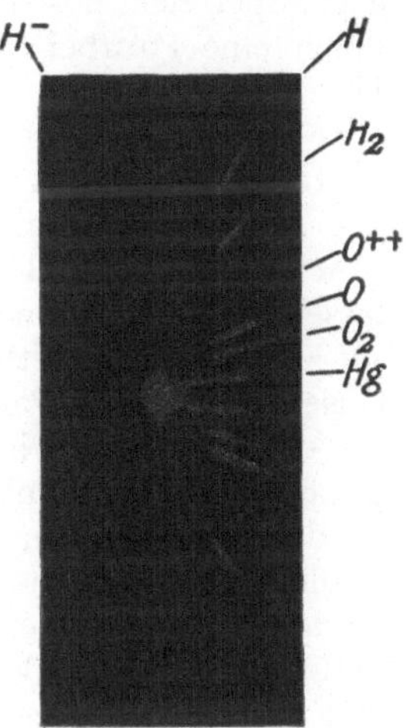

Abb. 9. Kanalstrahlenparabeln nach J. J. THOMSON.

Spannungsgefälle durchlaufen haben, beginnen die Parabeln im selben Abszissenabstand, unabhängig von ihrer Masse, d. h. die Anfangspunkte der zu verschiedenen m, aber gleichem e gehörigen Parabelstücke liegen auf einer Parallelen zur y-Achse (s. Abb. 9). In der Abbildung sieht man nun, daß der dem einfach geladenen Sauerstoffatom zugehörige Parabelteil über diese Parallele um den halben Abstand hinausragt. Diese Verlängerung rührt von O^{++}-Atomen her, die ihre doppelte Ladung den ganzen Potentialabfall der Entladung hindurch behielten, also eine doppelt so große Energie erlangt haben wie ein einfach geladenes Sauerstoffatom. In dem Kanal der Kathode haben diese Atome ein Elektron eingefangen. Es entstehen so einfach geladene Sauerstoffatome, die sich daher auf derselben Parabel abbilden müssen, wie die schon ursprünglich einfach geladenen, aber auf einem näher zum Koordinatenursprung liegenden Stück. Lagern einfach geladene Teilchen im Kanal ein Elektron an, so treffen sie als neutrale Teilchen den unabgelenkten Fleck. Tritt aber noch ein zweites Elektron hinzu, so werden sie zu negativ geladenen Teilchen, die in beiden Feldern gegenüber den positiven Ionen eine entgegengesetzte Ablenkung erfahren und daher eine Parabel im entgegengesetzten Quadranten liefern. So rührt die mit H^- bezeichnete Parabel von dem einfach negativ geladenen Wasserstoffatom her. Da die x-Achse nur eine gedachte Linie ist, die auf der photographischen Platte natürlich nicht erscheint, so polt man das magnetische Feld während des Versuches um und erhält dann die gleichen Parabeln wie vorher, aber an der x-Achse gespiegelt. Die Abstände der symmetrisch zur x-Achse gelegenen Parabeln lassen sich leicht und genau bestimmen.

Nach dieser Methode untersuchte nun THOMSON die in der Luft enthaltenen Gase. Neben den Parabeln von Helium, Neon und Argon fand er eine Parabel, die einem Atomgewicht 22 zuzuschreiben war. Da sie stets nur mit der Neonparabel auftrat, glaubte er erst an eine Verbindung NeH_2, kam aber dann bald zu der interessanten Annahme, Neon bestehe aus zwei Komponenten mit dem Atomgewicht 20 und 22. ASTON versuchte durch Diffusion eine Trennung der beiden Isotope herbeizuführen, aber erst durch den von ihm so erfolgreich durchgeführten Ausbau der Kanalstrahlenmethode wurde die Isotopenforschung auf eine feste Grundlage gestellt.

16. Prinzip des ASTONschen Massenspektrographen[1]. Das Charakteristische der ASTONschen Methode ist die Art der Fokussierung der Teilchen mit gleichem e/m. Man kann bekanntlich nicht erreichen, daß in einem Kanalstrahlenbündel alle Teilchen derselben Masse die gleiche Geschwindigkeit besitzen, da diese von dem Ladungszustand abhängig ist und von dem Potential, das die Teilchen von ihrer Entstehungsstelle aus im Entladungsgefäß durchlaufen. Gelingt es nun, auf der photographischen Platte die Teilchen mit gleichem e/m trotz ihrer etwas verschiedenen Geschwindigkeit zu vereinen, so kann man wegen der größeren Intensität mit einem engeren Strahlenbündel

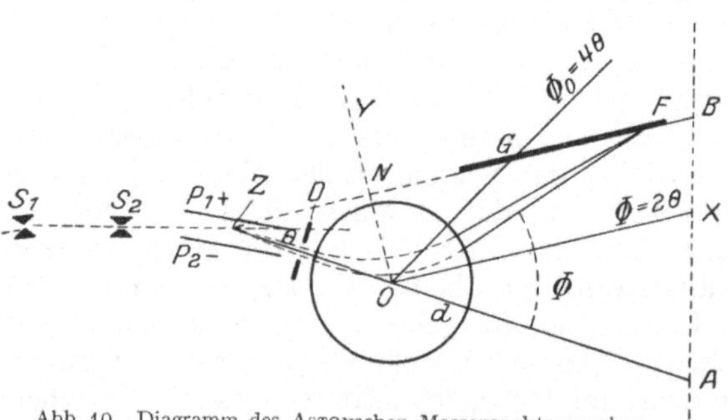

Abb. 10. Diagramm des ASTONschen Massenspektrographen.

[1] F. W. ASTON, Isotope. Deutsch von Dr. ELSE NORST-RUBINOWICZ. Leipzig 1923; ferner F. W. ASTON, Phil. Mag. Bd. 38, S. 707. 1919; Bd. 39, S. 449 u. 611. 1920; Bd. 40, S. 628. 1920; Bd. 45, S. 934. 1923; Proc. Cambridge Phil. Soc. Bd. 19, S. 317. 1919.

arbeiten und dadurch schärfere Bilder gewinnen. Die von ASTON verwendete Apparatur zeigt die Abb. 10.

Das durch S_1 und S_2 ausgeblendete Kanalstrahlenbündel wird im elektrischen Feld zwischen den Platten $P_1 P_2$ zur negativen Platte hin abgelenkt. Die Teilchen mit gleichem e/m werden hierbei gemäß ihrer verschiedenen Geschwindigkeit in ein Spektrum ausgebreitet. Aus diesem Spektrum wird durch die Blende D ein kleiner Teil ausgeblendet, der nun in einem passend gewählten Magnetfeld so in der umgekehrten Richtung gemäß Gleichung (7) abgelenkt wird, daß er in einem engen Strahlenbündel fokussiert erscheint. Natürlich kann hierbei das magnetische Feld nicht mehr parallel dem elektrischen orientiert sein. ZO ist ein um einen kleinen Winkel Θ von der ursprünglichen Richtung $S_1 - S_2 - Z$ abgelenkter Strahl von bestimmtem e/m und v. Die darüber bzw. darunter gezeichneten punktierten Linien geben die schnellsten bzw. langsamsten Strahlen von gleichem e/m an, die gerade noch durch die Blende D hindurchgelassen werden. Die Blende greift so für die verschiedenen e/m-Werte immer Strahlengruppen mit einem bestimmten Geschwindigkeitsbereich heraus, nämlich die, für die e/mv^2 angenähert denselben Wert ergibt. In der von ASTON und FOWLER[1] gegebenen Theorie des Massenspektrographen wird nun gezeigt, daß sich die Strahlen *einer* Gruppe nach Durchlaufen des Magnetfeldes sämtlich in *einem* Punkte schneiden, und daß für alle Gruppen die Schnittpunkte auf der Geraden GF liegen. Die Intensität der Strahlen ist hier genügend groß, so daß man auf einer in GF angebrachten photographischen Platte ein deutliches Bild der Schnittpunkte erhält. Jeder Bildpunkt entspricht einem ganz bestimmten e/m-Wert. Teilchen mit verschiedenem e/m erscheinen auch auf der Platte an verschiedenen Stellen. Verhalten sich z. B. die e/m-Werte zweier Teilchenarten wie 1:2, so werden im elektrischen Feld durch die Blende D diejenigen Teilchen ausgesondert, deren Geschwindigkeiten sich wie $\sqrt{2}:1$ verhalten. Im Magnetfeld werden diese Teilchen im Mittel im Verhältnis zu ihren Geschwindigkeiten, also wie $\sqrt{2}:1$ abgelenkt, sie müssen daher auf der Platte an verschiedenen Stellen auftreffen. Je größer der Wert für e/m ist, desto stärker wird ein Teilchen im Magnetfeld abgelenkt, und um so mehr erscheint es auf der photographischen Platte GF (Abb. 10) nach links verschoben. Die Lage des Bildpunktes auf der Platte bestimmt allein noch nicht die Masse des Kanalstrahlteilchens, denn auch bei der ASTONschen Anordnung können mehrfach geladene Teilchen (s. Ziff. 15) entstehen. Ein doppelt positiv geladenes Kohlenstoffatom (C^{++}) ruft z. B. eine Schwärzung hervor, an einer Stelle, die einem einfach geladenen Teilchen der Masse 6 entspräche. Die Frage, ob eine Linie von einem einfach geladenen Atom der Masse m oder dem doppelt geladenen der Masse $m/2$ herrührt, kann immer eindeutig entschieden werden, da man ja weiß, welche Substanzen im Beobachtungsraum eingeführt oder durch Verunreinigung vorhanden sein können. Da die Anordnung der Bildpunkte auf der photographischen Platte einem optischen Spektrum gleicht, wird die ASTONsche Methode allgemein als Massenspektrographie und die Bildpunkte als Linien erster, zweiter oder höherer Ordnung bezeichnet, je nachdem sie von einfach, doppelt oder mehrfach geladenen Atomen stammen. Die Linie 6, 12 usw. entspricht einem einfach geladenen Atom der Masse 6, 12 usw.

17. Experimentelle Anordnung des Massenspektrographen. Die experimentelle Anordnung des Massenspektrographen ist im Laufe der letzten Jahre dauernd verbessert und verfeinert worden. Insbesondere hat ASTON durch Verwendung engerer Spalte eine Steigerung des Auflösungsvermögens seines Apparates er-

[1] F. W. ASTON u. R. H. FOWLER, Phil. Mag. Bd. 43, S. 514. 1922.

zielt. In der letzten Ausführung[1], die in Abb. 11 schematisch dargestellt ist, ist es gelungen, noch Linien zu trennen, deren zugehörige Massen um $^1/_{600}$ voneinander abweichen. Die Massenbestimmung kann mit Hilfe der noch zu beschreibenden Methoden jetzt mit einer Genauigkeit von 1:10000 ausgeführt werden. Die Anordnung ist im einzelnen die folgende: Die zu untersuchende Substanz wird als Gas oder Dampf in den hier nicht abgebildeten Entladungsraum gebracht, der zylindrische oder kugelförmige Gestalt hat, je nachdem, ob leichtere Handhabung (für vorläufige Untersuchungen) oder größte Genauigkeit notwendig ist. An dem einen Ende des Entladungsraumes sitzt die durchbohrte konvexe Aluminiumkathode C, die einen 0,02 mm weiten, 2 mm langen Spalt S_1 trägt, dem im Abstande von etwa 20 cm ein gleicher Spalt S_2 folgt, genau parallel mit S_1. Das dadurch ausgeblendete Strahlenbündel passiert nun zwischen zwei parallelen, leicht gekrümmten (Radius 30 cm) Messingplatten J_1 und J_2 das elektrische Feld. Die Platten J_1 und J_2 sind 5 cm lang, 1 cm breit und durch 1,25 mm hohe isolierende Glasstücken in konstantem Abstand gehalten, außerdem durch isolierte Schrauben usw. starr verbunden. Von außen kann durch den Spezialschliff Z_1 die untere, geerdete Platte J_2 und damit das gesamte elektrische Blendensystem sehr fein justiert werden. Die obere Platte J_1 kann durch die isolierte Zuleitung L auf etwa 200 bis 500 Volt aufgeladen werden.

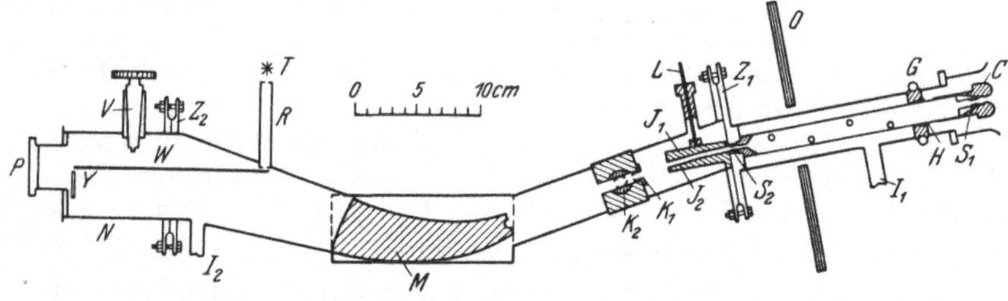

Abb. 11. ASTONS Massenspektrograph.

Hierzu dient ein Satz von 500 kleinen Spezialakkumulatoren, die nur 2mal jährlich aufgeladen werden müssen, und deren Spannung außerordentlich konstant ist. Während der Dauer eines Experiments ist die Spannungsänderung sicher geringer als $1:10^5$. Ein bestimmter Teil der Strahlen wird nach ihrer Zerlegung im elektrischen Feld durch das Blendensystem K_1 und K_2 ausgeblendet und gelangt nach Passieren des Magnetfeldes M in die die photographische Platte W enthaltende Kammer N. Das Magnetfeld M ist durch zwei sichelförmig geformte Polschuhe gebildet, die 3 mm voneinander entfernt sind. Der Weg der Strahlen im Magnetfeld beträgt 15 cm, der Krümmungsradius des mittleren Strahles etwa 22,5 cm.

Die ganze hinter dem Spaltsystem S_1 angeordnete Apparatur wird möglichst hoch evakuiert. Zur Entfernung etwaiger Gasreste und Dämpfe können die mit ausgeglühter Kokosnußkohle gefüllten Röhren I_1 und I_2 in flüssige Luft getaucht werden. Ein Hahn gestattet, die Kammer N besonders abzuschließen, so daß ein Plattenwechsel ermöglicht ist, ohne in den Entladungsraum Luft hinein zu lassen. Der Plattenwechsel geschieht durch Öffnen der Verschlußplatte P. Durch die Röhre R kann mittels einer kleinen Lampe T auf der Platte W eine Nullmarke, der sog. Bezugspunkt, angebracht werden. Als photographische Platten werden im allgemeinen „Paget Half Tone"-Platten benutzt. Das photographierte Spektrum ist etwa 16 cm lang. Längs dieses Spektrums sind die

[1] F. W. ASTON, Proc. Roy. Soc. London (A) Bd. 115, S. 487. 1927.

Massen linear verteilt, die Dispersion ist jedoch verschieden. Für eine Änderung der Masse um 1% beträgt sie in dem am stärksten abgelenkten Teil des Spektrums 1,5 mm, in dem am wenigsten abgelenkten Teil 3 mm.

18. Apparat für beschleunigte Anodenstrahlen. Die vorstehend angegebene Apparatur ist nur für Gase und Dämpfe brauchbar und versagt daher für Stoffe mit sehr niedrigem Dampfdruck, also für die meisten metallischen Elemente. Bei den Alkalimetallen gelang es ASTON[1], mittels einer Art „Glühanoden"-Methode, wie sie zuerst von GEHRCKE und REICHENHEIM[2] zur Erzeugung positiv geladener Strahlen verwandt worden ist, die Massenspektren zu erhalten. Die zylindrische Entladungsröhre enthielt eine heizbare Anode aus einer Platinfolie, die im Abstand von 1 cm dem Kanal der Kathode gegenüberstand. Die Platinfolie war an ihrem freien Ende zu einer U-förmigen Rinne gebogen, in der die Salze geschmolzen werden konnten. Bei Anlegen einer hohen positiven Spannung an die Anode erhielt man dann positiv geladene Alkaliatome als Anodenstrahlen, deren Untersuchung teils nach der THOMSONschen Parabelmethode, teils mit dem Massenspektrographen durchgeführt wurde.

Diese Methode wurde dann nach einer Arbeit von G. P. THOMSON[3] in der in Abb. 12 dargestellten Weise abgeändert[4]. Die Anode besteht aus einer Glasröhre, in deren Ende mittels eines langen Messingdrahtes ein kleiner Stahlzylinder eingeführt wird. In diesem Stahlzylinder befindet sich eine Mischung von Graphit mit dem zu untersuchenden Metallsalz. Zwischen dieser Metallpaste und einer vor der eigentlichen Kathode C des Massenspektrographen isoliert eingesetzten, durchbohrten Hilfskathode H findet die Entladung statt, die die Anodenstrahlen erzeugt. H ist mit einem Glühkathodengleichrichter verbunden, der nur Ströme einer Richtung und einer Maximalstärke hindurchläßt. Wird die Entladungsröhre zu hart, so steigt die Spannung, die Kathodenstrahlen werden schneller und erhitzen die Anode stärker, so daß diese mehr Gas abgibt. Dadurch wird die Röhre weich, die Anode kühlt sich wieder ab und die Röhre wird automatisch härter. Durch diese Selbstregulierung wird also die Entladung ziemlich konstant gehalten. Die erzeugten Anodenstrahlen gelangen dann durch die geerdete Kathode C in den Massenspektrographen.

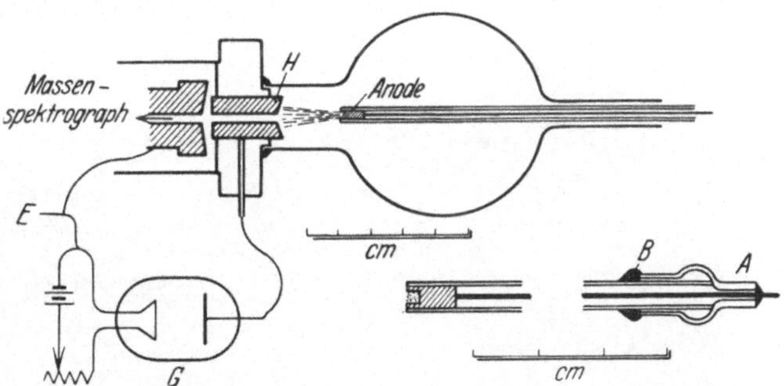

Abb. 12. Anordnung zur Erzeugung beschleunigter Anodenstrahlen.

19. Bestimmung der Masse aus dem Spektrum. Zur Bestimmung der Massen aus der Lage der Linien kann man mehrere Verfahren anwenden. Zunächst hat man die Möglichkeit, unter Berücksichtigung der Theorie des Massenspektrographen und der Apparatkonstanten die Masse nach den Ablenkungsformeln zu berechnen. Man müßte dann aber die elektrischen und magnetischen Felder sehr genau kennen, was bezüglich des Magnetfeldes einige Schwierigkeiten bietet. Man benutzt daher lieber Bezugslinien, die von Elementen oder Ver-

[1] F. W. ASTON, Phil. Mag. (6) Bd. 42, S. 436. 1921.

[2] E. GEHRCKE u. O. REICHENHEIM, Verh. d. D. Phys. Ges. Bd. 8, S. 559. 1906; Bd. 9, S. 76, 200 u. 374. 1907; Bd. 10, S. 217. 1908.

[3] G. P. THOMSON, Phil. Mag. Bd. 42, S. 857. 1921.

[4] F. W. ASTON, Phil. Mag. (6) Bd. 47, S. 385. 1924.

bindungen geliefert werden, deren Massen genau bekannt sind, wie z. B. Kohlenstoff und Sauerstoff. Diese Elemente befinden sich meist in der Entladungsröhre, da man häufig, um einen glatten Verlauf der Entladung zu unterstützen, CO_2 den zu untersuchenden Gasen beifügt und durch die Kittungen und Fettungen der Apparatur auch genügend Kohlenwasserstoffe vorhanden sind. Man weiß aus den THOMSONschen Versuchen, daß in einem solchen Gemisch von CO_2 und CH_4 die Linien *6* (C^{++}), *8* (O^{++}), *12* (C), *13* (CH), *14* (CH_2), *15* (CH_3), *16* (O und CH_4), *28* (CO), *32* (O_2) und *44* (CO_2) und die von Verbindungen mit zwei Kohlenstoffatomen stammenden Linien 24, 25, 26, 27, 28, 29, 30 auftreten (s. die Spektren I und VI der Abb. 13). Trägt man in einer graphischen Darstellung die diesen Linien entsprechenden Massen als Funktion der Entfernung der Linien von dem konstanten Bezugspunkt auf, so erhält man eine Eichkurve, die aber nur durch eine verhältnismäßig kleine Zahl von Punkten gestützt ist und daher nicht

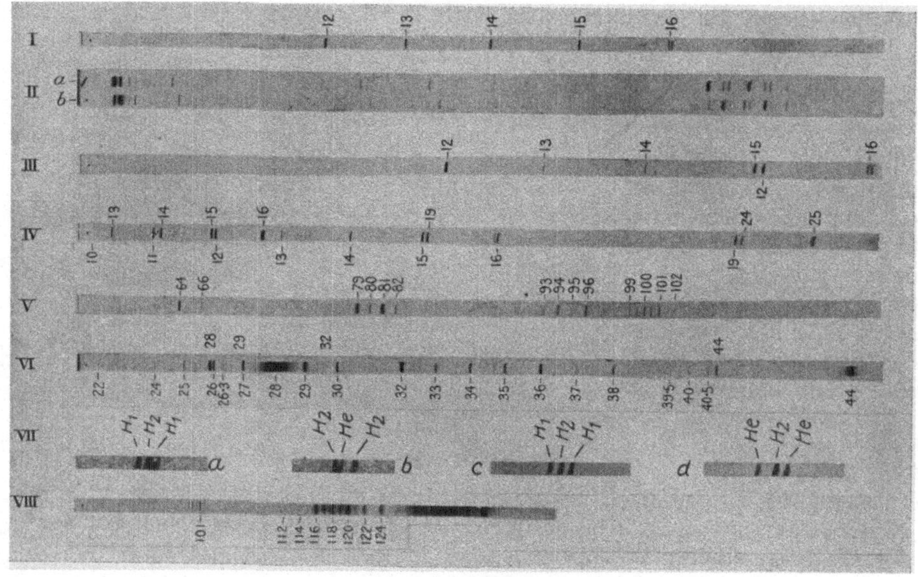

Abb. 13. Massenspektren nach ASTON.

die nötige Genauigkeit besitzt. Man kann weitere Punkte der Kurve in folgender Weise erhalten. Man untersucht dieselben Substanzen bei einem anderen Magnetfeld, so daß die zugehörigen Linien andere Entfernungen vom Bezugspunkt aufweisen. Da in die Formeln für die Ablenkungen nur der Ausdruck magnetische Feldstärke: Masse des abgelenkten Teilchens eingeht, so würde man dieselbe Linienverschiebung auch erhalten, wenn man statt der geänderten Feldstärke entsprechend veränderte Massen hätte. Das besagt aber, daß man die im veränderten Magnetfeld erhaltenen Linien in die zuerst erhaltene Eichkurve eintragen kann, wenn man nur, statt der wirklichen Massen, die mit einem Umrechnungsfaktor multiplizierten Massen heranzieht. Man gewinnt auf diese Weise Zwischenwerte zwischen den zuerst erhaltenen Punkten der Eichkurve und kann durch Fortführung dieses Verfahrens dieser Kurve eine erhöhte Genauigkeit verleihen. Es genügt dann die Identifizierung einer einzigen Linie, um die Massen aller anderen Linien aus der Kurve zu entnehmen. Die Resultate können durch eine von der Eichkurve unabhängige Methode kontrolliert werden, bei der man weder theoretisch noch empirisch die Beziehung zwischen der Masse und der gemessenen Ablenkung zu kennen braucht. Angenommen, es soll eine Masse m' mit einer bekannten Masse m verglichen werden. Die photographische Aufnahme ergibt bei einem elektrischen Felde X und einem Magnetfelde H für m eine bestimmte Linie. Durch Ändern der beiden Felder kann man nun die durch m' verursachte Linie an dieselbe Stelle bringen. Da für beide Massen die Ablenkung die gleiche ist, kann man aus den Gleichungen (6) und (7) die Beziehung erhalten

$$\frac{m}{m'} = \frac{X' \cdot H^2}{X \cdot H'^2}. \tag{8}$$

Läßt man also das eine Feld, z. B. das magnetische, konstant, so braucht man nur das elektrische Feld zu messen. Beispielsweise fällt die zu Kohlenstoff (*12*) bei einem elektrischen Feld von 320 Volt und konstantem Magnetfeld gehörige Linie genau mit der zu Sauerstoff (*16*) bei 240 Volt gehörigen Linie zusammen. Diese Methode der „*Koinzidenzen*" hat den Vorteil, daß die Bahnen der Strahlen für beide Massen die gleichen sind und daher Fehler durch Inhomogenität des Feldes fortfallen. Sie ist auch die einzige Methode, die für Elemente anwendbar ist, die auf der Massenskala weit von den Bezugslinien entfernt sind.

Da das Zusammenfallen zweier Linien auf der photographischen Platte schlecht festzustellen ist, wird in der praktischen Ausführung die Methode der Koinzidenzen wahlweise durch zwei etwas abgeänderte Verfahren ersetzt.

1. *Methode des „Einschließens"*. Diese Methode ist z. B. zuerst bei der Massenbestimmung des Heliums und Wasserstoffs benutzt worden.

Ist die Masse des H_2-Moleküls genau doppelt so groß wie die eines Atoms H_1, so muß die z. B. bei 250 Volt aufgenommene Linie des H_2 mit der bei 500 Volt aufgenommenen des H_1 nach Gleichung (8) zusammenfallen. Es wurden nun von einem Gasgemisch, das Wasserstoffmoleküle und -atome sowie Helium enthielt, bei einem konstanten Magnetfeld hintereinander drei Aufnahmen mit einem elektrischen Feld von 250, $500 + 12$ und $500 - 12$ Volt gemacht. Daß die Linie H_2 symmetrisch von den beiden H_1-Linien eingeschlossen erscheint, wie das Spektrum VII a und c zeigt, beweist, daß innerhalb der experimentellen Fehlergrenzen die Masse des Moleküls doppelt so groß wie die des Atoms ist. Nach der gleichen Methode wurden die Linien des Wasserstoffmoleküls und Heliumatoms verglichen. Die nach einer passenden Änderung des Magnetfeldes aufgenommenen Spektren VII b und d zeigen, daß sowohl für He eingeschlossen von H_2, als für H_2 eingeschlossen von He, die eingeschlossene Linie unsymmetrisch zu den beiden andern liegt. Aus dem Ergebnis folgt, daß die Masse des Heliumatoms kleiner ist als die doppelte Masse des Wasserstoffmoleküls.

2. *Methode der Doppelspektren*. Diese Methode ist die gebräuchlichste geworden. Zuerst wird mit einem Potential V_1 ein Spektrum gut bekannter Massen (Eichlinien) aufgenommen. Dann wird das Potential V, das die zu untersuchende Masse an dieselbe Stelle wie die bekannte Masse a bringen würde, um etwa $^1/_2$% auf V_2 verändert, so daß die Linie der Masse x gerade so weit von der Linie der Masse a entfernt ist, daß die Differenz mit der größtmöglichen Genauigkeit bestimmt werden kann. Das Magnetfeld H_1 wird hierbei konstant gehalten. Um unabhängig von kleinen Schwankungen des Magnetfeldes zu sein, werden die Potentiale V_1 und V_2 abwechselnd in rascher Aufeinanderfolge angelegt. Zur Bestimmung der wirklich wirksamen elektrischen Felder — es tritt z. B. an den Messingplatten ein Polarisationseffekt[1] auf, der von den auf die Platten auftreffenden geladenen Teilchen herrührt — kann mit denselben Potentialen V_1 und V_2, aber einem anderen Magnetfeld H_2 ein zweites Spektrum aufgenommen

[1] Dieser Effekt ist auch nach Vergoldung der Messingplatten so hoch ($5 \cdot 10^{-4}$), daß er nicht vernachlässigt werden kann.

werden, das zwei bekannte Massen b und c, deren Massenverhältnis identisch oder nahezu gleich x/a ist, in demselben Bereich des Spektrums zur Abbildung bringt. Ihre Lage ergibt dann die den Spannungen V_1 und V_2 zugehörigen elektrischen Felder. Spektrum III und IV sind Beispiele für Doppelspektren, bei denen ein Potentialverhältnis gewählt ist, das zwischen 15/12 und 24/19 liegt.

Schließlich hat ASTON noch eine weitere Methode („Serienverschiebung") angewandt, wenn die zu bestimmenden Massen eine Art Serie bilden, deren einzelne Glieder stets um eine konstante, nicht zu große Differenz voneinander abweichen, wie z. B. die Serie Br_{79}, HBr_{79}, Br_{81}, HBr_{81} (79, 80, 81, 82) oder die Isotopen des Kryptons: 78, 80, 82, 84, 86. Hier werden ebenfalls mit zwei verschiedenen Potentialen Doppelspektren erzeugt, und zwar so, daß z. B. die Linie 79 des einen Spektrums infolge der Verschiebung unmittelbar neben der Linie 80 der zweiten Serie liegt. Durch längeres Einschalten des einen oder anderen Potentials kann man Verschiedenheiten in der Intensität der Linien ausgleichen. Im Spektrum II ist ein Spektrum der Bromserie abgebildet, und zwar liefert a die Differenz 79, 80 und 81, 82 und b die Differenz 80, 81.

Einige weitere interessante Linien sind im Spektrum I die deutlich getrennten Linien bei 16 von O und CH_4, im Spektrum VI die Chlorlinien 35, 36, 37 und 38 (Cl_{35}, HCl_{35}, Cl_{37}, HCl_{37}) und Spektrum V die Linien der Bromserie 79, 80, 81, 82 von Br und HBr und die Linien 93, 94, 95 und 96 von CH_2Br und CH_3Br herrührend, ferner die Linien der Quecksilbergruppe in zweiter Ordnung 99, 100, 101 und 102. Spektrum VIII zeigt die 11 Isotopen des Zinns.

20. Packungsanteil, Intensitätsbestimmung und praktische Atomgewichtsbestimmung. In seiner oben zitierten Arbeit[1] führt ASTON den Begriff des Packungsanteils ein. Unter „Packungsanteil" einer Atomart versteht ASTON die Abweichung des Atomgewichts von der Ganzzahligkeit, dividiert durch die Anzahl der das Atom aufbauenden Protonen. Z. B. ist der Packungsanteil für Li_7, dessen genaues Atomgewicht 7,012 ist,

$$\frac{0{,}012}{7} = 17{,}0 \cdot 10^{-4}.$$

In seinen neueren Ausmessungen bestimmt ASTON direkt nur die Abweichung von der Ganzzahligkeit der Einzelatomgewichte und berechnet dann aus dem erhaltenen Packungsanteil die genauen Einzelatomgewichte. Bei Mischelementen läßt sich aus der Kenntnis der Intensität der einzelnen isotopen Atomarten und aus dem gemessenen Packungsanteil eine sehr genaue Bestimmung des praktischen Atomgewichts erzielen.

Diese Intensitätsbestimmung kann ASTON mit Hilfe eines besonders ausgearbeiteten mikrophotometrischen Verfahrens quantitativ durchführen[2]. Unter Berücksichtigung des durchschnittlichen Packungsanteiles erhält er dann das praktische Atomgewicht des Elements, bezogen auf die Atomgewichtsbasis $O_{16} = 16$. Da der Sauerstoff kein Reinelement ist, sondern außer O_{16} noch — in sehr kleinen Mengen — die Isotope O_{18} und O_{17} enthält, ist die chemische Atomgewichtsbasis $O = 16$ (Mischelement) etwas höher als die ASTONsche massenspektroskopische; der Unterschied beträgt etwa $^2/_{10000}$ vom Atomgewicht des Sauerstoffs. Um die ASTONschen Atomgewichte auf die chemischen „praktischen Atomgewichte" umzurechnen, müssen die ASTONschen Werte im Verhältnis 15,9965:16 verkleinert werden.

Die weiter unten gegebene Tabelle der Einzelatomgewichte enthält auch die praktischen Atomgewichte. Für die eigentlichen Fragen der Kernphysik

[1] F. W. ASTON, Proc. Roy. Soc. London (A) Bd. 115, S. 487. 1927.
[2] F. W. ASTON, Proc. Roy. Soc. London (A) Bd. 126, S. 511. 1930.

hat sich der Begriff des sog. Massendefektes als geeigneter erwiesen als der Packungsanteil (vgl. Ziff. 30).

ASTON führt noch den Begriff des „Isotopenmomentes" ein[1]. Das Isotopenmoment ist definiert als Summe der Produkte aus Häufigkeit mal Abstand vom mittleren Atomgewicht des Mischelementes. Das Isotopenmoment eines Reinelements ist danach 0; für ein Mischelement, das aus zwei gleich häufigen, um die Masse 2 verschiedenen Isotopen besteht, z. B. für Brom 79 und 81, ist es $0{,}5 \cdot 1 + 0{,}5 \cdot 1 = 1$; hätte Brom die Zusammensetzung $0{,}5\,Br_{78} + 0{,}5\,Br_{82}$, dann wäre dessen Isotopenmoment = 2 usw. ASTON betrachtet das Isotopenmoment als ein annäherndes Maß für den wahrscheinlichen Fehler einer Atomgewichtsbestimmung aus dem Massenspektrum und als ein genaues Maß für die Leichtigkeit, mit der das Atomgewicht eines Mischelementes durch Anwendung physikalischer Methoden (Diffusion, ideale Verdampfung) geändert werden kann.

21. DEMPSTERS Methode der Massenbestimmung. Prinzip und Anordnung. Nach einem völlig anderen Verfahren sind von A. J. DEMPSTER[2] Massenbestimmungen ausgeführt worden. Das Prinzip, das im wesentlichen mit dem von CLASSEN[3] zur Bestimmung von e/m für Elektronen angewandten übereinstimmt, ist kurz folgendes. An Stelle von Kanalstrahlen werden die von erhitzten Metallsalzen ausgesandten positiven Ionen untersucht, die im Hochvakuum alle eine bestimmte, gleiche Potentialdifferenz zu durchlaufen haben. Besitzen die Ionen bei ihrer Entstehung nur Geschwindigkeiten, die klein sind gegen die Geschwindigkeit, die sie durch das beschleunigende Potential erhalten, so haben sie sämtlich die gleiche Energie. Eine Fokussierung der Teilchen wie beim Massenspektrographen ist hier also nicht notwendig.

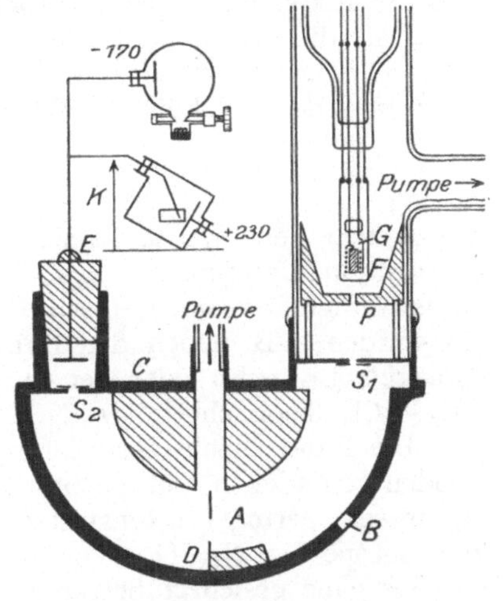

Abb. 14. DEMPSTERS Apparat zur Massenbestimmung.

Durch einen Spalt (S_1) wird nun ein enges Bündel ausgeblendet und in einem starken Magnetfeld zu einem Halbkreis gekrümmt. Das Magnetfeld und die Potentialdifferenz werden so gewählt, daß das Bündel durch einen zweiten Spalt (S_2) auf eine mit einem Wilsonelektroskop verbundene Platte fällt und hier seine Ladung abgibt. Wird das Magnetfeld konstant gehalten, so ist für die zur Messung gelangenden Teilchen, die ja sämtlich Bahnen mit gleichem Krümmungsradius beschreiben, die Masse umgekehrt proportional der Potentialdifferenz, die nötig ist, das Strahlenbündel durch den Spalt S_2 und auf die Auffangplatte zu bringen. Zur Bestimmung der Massen in einem Teilchengemisch braucht man also nur Potentialdifferenzen zu messen.

Das Auflösungsvermögen des Apparates beträgt 1:100, ist aber in einigen Experimenten durch Benutzung engerer Spalte auf das Doppelte gesteigert worden. Ein Vorteil dieser Methode ist die günstige Intensitätsausnutzung der

[1] F. W. ASTON, Proc. Roy. Soc. London (A) Bd. 126, S. 511. 1930; Bd. 130, S. 302. 1931; Bd. 132, S. 487. 1931; Bd. 134, S. 571. 1932.

[2] A. J. DEMPSTER, Phys. Rev. Bd. 11, S. 316. 1918; Bd. 18, S. 415. 1921; Bd. 20, S. 631. 1922; Bd. 21, S. 209. 1923.

[3] J. CLASSEN, Jahrb. d. Hamburg. Wiss. Anst. 1907, Beiheft; Verh. d. D. Phys. Ges. Bd. 10, S. 700; Phys. ZS. Bd. 9, S. 762. 1908.

erzeugten Ionen und der Umstand, daß die Ladungsmessungen auch gleich die Intensitäten der einzelnen Atomarten liefern. Allerdings ergaben sich hierbei Schwierigkeiten durch die Inkonstanz der Strahlenquelle. Sogar unter den besten Bedingungen war es nicht möglich, die Intensität der Strahlen länger als 2 oder 3 Minuten konstant zu halten.

Mit dieser Anordnung gelang DEMPSTER die Bestimmung der Isotopen des Lithiums, Magnesiums, Kaliums, Calciums und Zinks. Die DEMPSTERsche Methode ist aber durch die inzwischen so außerordentlich verbesserte ASTONsche Anordnung in den Hintergrund getreten[1].

22. Spektroskopische Methoden. In neuerer Zeit hat die genaue Ausmessung der Molekülbandenspektren sowie Beobachtungen in der Hyperfeinstruktur der Linienspektren sehr wichtige Beiträge zur Kenntnis der Isotopie geliefert[2].

Die Molekülbandenspektren kommen bekanntlich dadurch zustande, daß erstens die Kerne der im Molekül vorhandenen Atome gegeneinander schwingen, ferner das Molekül als Ganzes rotiert und außerdem auch die äußeren Elektronen Übergänge vollführen können, wobei natürlich alle drei Vorgänge in Wechselwirkung stehen.

Daß die Isotopie die Kernschwingungsterme und Rotationsterme beeinflussen muß, ist ohne weiteres einzusehen, weil in diese Terme das Trägheitsmoment J des Moleküls eingeht, das für ein zweiatomiges Molekül den Wert hat

$$J = A \cdot \frac{m_1 m_2}{m_1 + m_2},$$

wo A von dem Kernabstand abhängt, für den das Potential zwischen den Kernen ein Minimum ist. Sind daher Isotope vorhanden, so treten Unterschiede in den Trägheitsmomenten auf, die sich in den Bandenlinien bemerkbar machen. So wurden z. B. neben den Bandenlinien von $Li_7 - Li_7$ auch die Banden des Moleküls $Li_6 - Li_7$ oder bei Cl_2 die Banden von $Cl_{35} - Cl_{35}$, $Cl_{35} - Cl_{37}$ und $Cl_{37} - Cl_{37}$ beobachtet usw.

Die Bandenspektroskopie hat aber nicht nur die bisher nach anderen Methoden gefundenen Isotope bestätigt, sondern auch vorher unbekannte Isotope, die in sehr geringer Intensität vorhanden sind, nachgewiesen. Hierher gehören die Isotope C_{13}, N_{15}, O_{17}, O_{18} und Cl_{39}. Ob das von W. W. WATSON beobachtete Be_8 als ganz gesichert betrachtet werden darf, ist schwer zu entscheiden.

Neuerdings ist auch in der Hyperfeinstruktur der Isotopeneinfluß auf die Elektronenterme festgestellt worden und hat beim Thallium zum Nachweis der Existenz der beiden Thalliumisotope 203 und 205 geführt[3], die dann auch von ASTON bestätigt wurden[4].

Die bandenspektroskopische Methode gestattet, Isotope sehr geringer Intensität nachzuweisen und ist in dieser Hinsicht der ASTONschen überlegen. Dagegen ist die Bestimmung genauer Absolutwerte der Einzelatomgewichte nur nach der ASTONschen Methode möglich, die spektroskopische Methode liefert nur relative Zahlen. Sie erweist sich aber als sehr nützlich für die Festlegung des Mischverhältnisses von Isotopen, wenn man z. B. Absorptionsbanden,

---

[1] Vgl. die Neubestimmung der Zinkisotopen nach DEMPSTERS Methode von K. T. BAINBRIDGE, Phys. Rev. Bd. 39, S. 847. 1932.

[2] W. F. GIAUQUE u. H. L. JONSTON, Journ. Amer. Chem. Soc. Bd. 51, S. 3528. 1929; H. D. BABCOCK, Proc. Nat. Acad. Washington Bd. 15, S. 471. 1929; S. M. NAUDÉ, Phys. Rev. Bd. 36, S. 333. 1930; A. MECKE u. K. WURM, ZS. f. Phys. Bd. 61, S. 37. 1930; R. T. BIRGE u. D. H. MENZEL, Phys. Rev. Bd. 37, S. 1669. 1931; G. HETTNER u. J. BÖHME, ZS. f. Phys. Bd. 72, S. 95. 1931; G. HERZBERG, ZS. f. phys. Chem. Bd. 9, S. 43. 1930; W. W. WATSON u. A. E. PARKER, Phys. Rev. Bd. 37, S. 167. 1931.

[3] H. SCHÜLER u. J. E. KEYSTON, ZS. f. Phys. Bd. 70, S. 1. 1931.

[4] F. W. ASTON, Nature Bd. 128, S. 725. 1931; Proc. Roy. Soc. London (A) Bd. 134, S. 571. 1932.

lie vom Grundzustand der Kernschwingungen ausgehen, heranzieht. Bei höheren Schwingungszuständen ist zu berücksichtigen, daß die verschiedenen Isotopenmolekülen zugehörigen Spektren in ihrer Intensität nicht mehr der Intensität der isotopen Atomarten entsprechen, weil im thermischen Gleichgewicht (bei relativ niedrigen Temperaturen) die höheren Schwingungsfrequenzen des schwereren Isotops bevorzugt sind[1].

Von besonderem Interesse ist das Intensitätsverhältnis der Sauerstoffisotopen, weil ja den chemischen Atomgewichten O = 16 als Basis zugrunde liegt, während die ASTONschen Bestimmungen der Einzelatomgewichte auf $O_{16} = 16$ bezogen sind. Die bisher für das Mischungsverhältnis angegebenen Werte schwanken noch recht erheblich. MECKE und CHILDS[2] finden für $O_{16}:O_{18}:O_{17}$ das Verhältnis $630 \pm 20:1:0,2$, während z. B. NAUDÉ[3] für $O_{16}:O_{18}$ den Wert 1075:1 angibt[4].

Die nachstehende Tabelle[3] gibt die bisher nachgewiesenen Einzelatomgewichte an, auf Ganzzahligkeit abgerundet, wobei die *nur* nach spektroskopischen Methoden festgestellten durch ein Sternchen bezeichnet sind. Sie sind durchweg auf $O_{16} = 16$ bezogen.

Tabelle 6. Isotopen der gewöhnlichen chemischen Elemente, soweit bisher bekannt.

Ordnungszahl	Symbol	Element	Praktisches Atomgewicht	Anzahl der Atomarten	Einzel-Atomgewicht[5]
1	H	Wasserstoff .	1,0078	1	1,0078
2	He	Helium . . .	4,002	1	4
3	Li	Lithium . . .	6,940	2	6b, 7a
4	Be	Beryllium . .	9,02	2	8b*, 9a
5	B	Bor	10,82	2	10b, 11a
6	C	Kohlenstoff .	12,000	2	12a, 13b*
7	N	Stickstoff . .	14,008	2	14a, 15b*
8	O	Sauerstoff . .	16,0000	3	16a, 17c, 18b
9	F	Fluor	19,00	1	19
10	Ne	Neon	20,18	3	20a, 21c, 22b
11	Na	Natrium . . .	22,997	1	23
12	Mg	Magnesium . .	24,32	3	24a, 25b, 26c
13	Al	Aluminium . .	26,97	1	27
14	Si	Silicium . . .	28,06	3	28a, 29b, 30c
15	P	Phosphor . .	31,02	1	31
16	S	Schwefel . . .	32,06	3	32a, 33c, 34b
17	Cl	Chlor	35,457	3	35a, 37b, 39c*
18	Ar	Argon	39,94	2	36b, 40a
19	K	Kalium . . .	39,104	2	39a, *41b*[6]
20	Ca	Calcium . . .	40,07	2	40a, 44b
21	Sc	Scandium . .	45,10	1	45
22	Ti	Titan	47,90	2	48, 50
23	V	Vanadium . .	50,95	1	51

[1] G. STENVINKEL, Nature Bd. 126, S. 649. 1930.

[2] R. MECKE u. W. H. CHILDS, ZS. f. Phys. Bd. 68, S. 344 u. 362. 1931.

[3] Vgl. O. HAHN, Chem. Ber. Bd. 65, S. 1. 1932.

[4] H. KALLMANN und W. LASAREFF haben in einer neueren noch nicht veröffentlichten Arbeit durch massenspektroskopische Messungen das Verhältnis $O_{18}:O_{16} = 1:640 \pm 32$ erhalten, also den MECKEschen Wert bestätigt. Nach einer soeben erschienenen Mitteilung von ASTON (Nature, Bd. 130, S. 21. 1932) ist es ihm gelungen, die Isotopen O_{18} und O_{17} in seinem Massenspektrographen nachzuweisen. Seine vorläufige Intensitätsschätzung ($O_{16} : O_{18} : O_{17} = 536 : 1 : 0,24$) steht ebenfalls mit dem MECKEschen Wert in Einklang.

[5] Die Buchstabenindizes geben nach ASTON die relative Beteiligung der betreffenden Atomart in dem Mischelement an (a = stärkste, b = schwächere Komponente usw.).

[6] Die kursiv gedruckten Atomgewichte sind dem radioaktiven Bestandteil des betreffenden Elements zuzuordnen. (Für das Rubidium 87 ist dieser Schluß noch hypothetisch.)

Fortsetzung von Tabelle 6.

Ordnungs-zahl	Symbol	Element	Praktisches Atomgewicht	Anzahl der Atomarten	Einzel-Atomgewicht
24	Cr	Chrom	52,01	4	50c, 52a, 53b, 54d
25	Mn	Mangan . . .	54,93	1	55
26	Fe	Eisen	55,84	2	54b, 56a
27	Co	Kobalt . . .	58,94	1	59
28	Ni	Nickel	58,69	2	58a, 60b
29	Cu	Kupfer . . .	63,57	2	63a, 65b
30	Zn	Zink[1]	65,38	7	64a, 65e, 66b, 67d, 68c, 69f, 70g
31	Ga	Gallium . . .	69,72	2	69a, 71b
32	Ge	Germanium .	72,60	8	70c, 71g, 72b, 73d, 74a, 75f, 76e, 77h
33	As	Arsen	74,93	1	75
34	Se	Selen	79,2	6	74f, 76c, 77e, 78b, 80a, 82d
35	Br	Brom	79,916	2	79a, 81b
36	Kr	Krypton . . .	82,9	6	78e, 80d, 82c, 83c, 84a, 86b
37	Rb	Rubidium . .	85,45	2	85a, *87b*[2]
38	Sr	Strontium . .	87,63	2	86b, 87c, 88a
39	Y	Yttrium . . .	88,93	1	89
40	Zr	Zirkonium . .	91,22	4	90a, 92c, 94b, 96
42	Mo	Molybdän . .	96,0	7	92d, 94e, 95c, 96b, 97g, 98a, 100f
44	Ru	Ruthenium .	101,7	7	96f, 98, 99e, 100d, 101b, 102a, 104c
47	Ag	Silber	107,880	2	107a, 109b
48	Cd	Cadmium . .	112,41	6	110c, 111e, 112b, 113d, 114a, 116f
49	In	Indium . . .	114,8	1	115
50	Sn	Zinn.	118,70	11	112i, 114k, 115l, 116c, 117e, 118b, 119d, 120a, 121h, 122g, 124f
51	Sb	Antimon . .	121,76	2	121a, 123b
52	Te	Tellur	127,5	4	125d, 126c, 128b, 130a
53	J	Jod	126,93	1	127
54	X	Xenon	130,2	9	124h, 126h, 128g, 129a, 130f, 131c, 132b, 134d, 136e
55	Cs	Cäsium . . .	132,81	1	133
56	Ba	Barium . . .	137,36	4	135d, 136c, 137b, 138a
57	La	Lanthan . . .	138,90	1	139
58	Ce	Cerium . . .	140,13	2	140a, 142b
59	Pr	Praseodym .	140,92	1	141
60	Nd	Neodym . . .	144,27	4	142, 144, 145, 146
74	W	Wolfram . .	184,0	4	182c, 183d, 184a, 186b
75	Re	Rhenium. . .	186,3	2	185b, 187a
76	Os	Osmium . . .	190,9	6	186e, 187f, 188d, 189c, 190b, 192a
80	Hg	Quecksilber .	200,61	7	196g, 198e, 199c, 200b, 201d, 202a, 204f
81	Tl	Thallium . .	204,39	2	203b, 205a
82	Pb	Blei	207,21	4	206b, 207c, 208a, 209
83	Bi	Wismut . . .	209,00	1	209
92	U	Uran	238,2	1	238[3]

[1] K. T. Bainbridge (Phys. Rev. Bd. 39, S. 847. 1932) findet bei seinen Versuchen (metallische Zn-Ionen) die Isotopen Zn_{65} und Zn_{69} nicht.

[2] Vgl. Fußnote 6, S. 115.

[3] Aston (Nature, Bd. 128, S. 725. 1931) hat durch massenspektroskopische Untersuchung von Uranhexafluorid gezeigt, daß innerhalb 2 bis 3% Uran nur die Atomart 238 enthält. Natürlich bezieht sich diese Angabe nur auf gewichtsmäßig nachweisbare Atomarten, U II (234) kann sich selbstverständlich hierbei nicht bemerkbar machen.

Tabelle 7. Isobare Atomarten inaktiver Elemente, soweit bisher bekannt.

[Cl_{39}]	Ar_{40}	Ti_{50}	Cr_{54}	Cu_{65}	Zn_{69}	Zn_{70}	Ga_{71}	Ge_{74}	Ge_{75}
K_{39}	Ca_{40}	Cr_{50}	Fe_{54}	Zn_{65}	Ga_{69}	Ge_{70}	Ge_{71}	Se_{74}	As_{75}
Ge_{76}	Ge_{77}	Se_{78}	Se_{80}	Se_{82}	Kr_{86}	Rb_{87}	Zr_{92}	Zr_{94}	Zr_{96}
Se_{76}	Se_{77}	Kr_{78}	Kr_{80}	Kr_{82}	Sr_{86}	Sr_{87}	Mo_{92}	Mo_{94}	Mo_{96}
									Ru_{96}
Mo_{98}	Mo_{100}	Cd_{112}	Cd_{114}	In_{115}	Cd_{116}	Sn_{121}	Sn_{124}	Te_{126}	Te_{128}
Ru_{98}	Ru_{100}	Sn_{112}	Sn_{114}	Sn_{115}	Sn_{116}	Sb_{121}	X_{124}	X_{126}	X_{128}
Te_{130}	X_{136}	Ce_{142}	W_{186}	Re_{187}	Pb_{209}				
X_{130}	Ba_{136}	Nd_{142}	Os_{186}	Os_{187}	Bi_{209}				

23. Absolute Masse des H-Atoms. Die vorstehend beschriebenen Verfahren dienen nur zur relativen Bestimmung der Atommasse. Die Absolutwerte erhält man erst, wenn die absolute Masse *einer* Atomart, z. B. des Wasserstoffatoms, bekannt ist. Die Konstanten dieses Atoms sind von ganz besonderer Bedeutung, da wir, wie mehrfach erwähnt worden ist, das einfach positiv geladene Wasserstoffatom, das Proton, als einen Grundbaustein der Atome ansehen. Dem Rahmen dieses Kapitels entsprechend interessiert uns hier hauptsächlich die absolute Masse des Wasserstoffatoms. Zur Ermittlung dieser universellen Konstanten verwendet man Methoden, die im allgemeinen entweder auf einer e/m-Bestimmung beruhen oder auf Feststellung der LOSCHMIDTschen Zahl N, die ja gleich der Anzahl der in einem Grammatom, d. h. 1,00778 g Wasserstoff, enthaltenen Atome ist.

Die LOSCHMIDTsche Zahl ist auf die verschiedenste Weise[1] bestimmt worden, z. B. aus der BROWNschen Bewegung, der kinetischen Gastheorie, dem Zerstreuungskoeffizienten des Lichts, der Strahlung des schwarzen Körpers und aus radioaktiven Messungen und neuerdings auch aus der Bestimmung der Gitterkonstanten eines Kristalls mittels bekannter Röntgenstrahlenwellenlängen. Den genauesten Wert erhält man jedoch nach R. T. BIRGE[2] aus der MILLIKANschen[3] Präzisionsbestimmung des elektrischen Elementarquantums [$e = (4{,}770 \pm 0{,}005) \cdot 10^{-10}$ elektrostatischen Einheiten oder $1{,}59108 \cdot 10^{-20}$ elektromagnetischen Einheiten; s. Kap. 1 ds. Bandes] unter Zugrundelegung der FARADAYschen Konstante der Elektrolyse F, deren Wert nach Berücksichtigung des jetzt geltenden Atomgewichts des Silbers (107,88) auf 96494 Coulomb = 9648,9 CGS-Einheiten festgesetzt ist. Es ist dann $N = F/e = (60{,}6436 \pm 0{,}006) \cdot 10^{22}$. Daraus ergibt sich für die Masse des Wasserstoffatoms $m_H = 1{,}00778/N = (1{,}6618 \pm 0{,}0017) \cdot 10^{-24}$ g und die Masse des Protons $m_P = (1{,}6609 \pm 0{,}0067) \cdot 10^{-24}$ g.

RUTHERFORD und GEIGER[4] haben schon im Jahr 1909 aus Ladungsmessungen an α-Teilchen relativ gute Werte für die LOSCHMIDTsche Zahl erhalten. In dieser Arbeit geben die beiden Forscher noch zwei andere Wege zur Bestimmung von m_H an. Einmal kombinieren sie den für die Ladung E eines α-Teilchens erhaltenen, mit dem von RUTHERFORD für die spezifische Ladung E/m gefundenen Wert. Sie erhalten hieraus zunächst die absolute Masse des Heliumatoms und aus der Beziehung $m_{He}:m_H$ dann die Masse des H-Atoms. Wegen der Schwierigkeit der exakten Ausmessung der benutzten elektrischen und magnetischen Felder konnte keine große Genauigkeit erreicht werden. Die zweite in der erwähnten Arbeit angegebene Möglichkeit besitzt nur methodisches

[1] LANDOLT-BÖRNSTEIN, Phys.-Chem. Tabellen, 5. Aufl., S. 797. Berlin 1923. 1. Ergänzungsband 1927, S. 318.

[2] R. T. BIRGE, Phys. Rev. Suppl.-Bd. 1, S. 1. 1929; Bd. 40, S. 228. 1932.

[3] R. A. MILLIKAN, Phil. Mag. Bd. 34, S. 1. 1917; Science Bd. 69, S. 481. 1929.

[4] E. RUTHERFORD u. H. GEIGER, Phys. ZS. Bd. 10, S. 42. 1909.

Interesse, da sie derzeit praktisch kaum durchführbar ist. Würde man nämlich, *unabhängig* von der Zahl Z der von einem Gramm Radium pro Sekunde zerfallenden Atome (= Zahl der ausgesandten α-Teilchen), die Zerfallskonstante λ des Radiums mit genügender Genauigkeit kennen, so könnte man N aus der Beziehung $N = A \cdot Z/\lambda$, wenn A das Atomgewicht des Radiums ist, erhalten.

Da e sehr gut bekannt ist, folgt die absolute Masse des H-Atoms auch aus den an Wasserstoffkanalstrahlen ausgeführten e/m-Bestimmungen. Die hierbei erreichbare Genauigkeit ist jedoch durch die Unsicherheit in der Bestimmung der Geschwindigkeit der Kanalstrahlen aus der Entladungsspannung beeinträchtigt.

B. Kernstruktur.

Von

LISE MEITNER, Berlin-Dahlem.

24. Kernaufbau aus Protonen, Elektronen und α-Teilchen. Im vorangehenden Kapitel ist gezeigt worden, daß man aus Atomgewicht A und Kernladungszahl Z die Anzahl der einen Kern aufbauenden Protonen und Elektronen eindeutig ableiten kann. Das auf die nächstliegende ganze Zahl abgerundete Atomgewicht (bezogen auf $O = 16$ bzw. $O_{16} = 16$) ist identisch mit der Größe P, der Zahl der Protonen, und die Differenz $P - Z = n$ gibt die Zahl der Kernelektronen (e) an. Die Entwicklung der modernen Atomforschung hat zu der Annahme geführt, daß wahrscheinlich ein Teil der Protonen und Elektronen innerhalb der schwereren Kerne zu α-Teilchen (Heliumkernen) zusammengeschlossen ist. Irgendein schwerer Kern K der Ordnungszahl Z und des auf Ganzzahligkeit P abgerundeten Atomgewichts ist dann nach dem Schema aufgebaut

$$K = a\alpha + b\,\mathrm{H}^+ + c \cdot e, \tag{1}$$

wobei

$$4a + b = P \quad \text{und} \quad 2a + b - c = Z \tag{1a}$$

ist. Umfaßt a die *maximal* mögliche Anzahl von α-Teilchen, so daß $b < 4$ ist, so wird c als Zahl der *freien* Kernelektronen bezeichnet. Beispielsweise ist danach der Atomkern des Urans mit dem Atomgewicht von rund 238 und $Z = 92$ aufgebaut aus: $59\alpha + 2\,\mathrm{H}^+ + 28e$.

Wenn man, was aus mancherlei Gründen sinngemäß scheint, die die Kernladungszahl bedingenden freien positiven Ladungen besonders berücksichtigt, so liegt es nahe, das Aufbauschema für den Urankern folgendermaßen darzustellen:

$$\mathrm{U}_{238} = 46\alpha + 13(\alpha' + 2e) + 2(\mathrm{H}^+ + e), \tag{2}$$

d. h. es existieren in den schwereren Kernen außer freien Heliumkernen (α) noch neutralisierte Heliumkerne (α') und neutralisierte Wasserstoffkerne[1]. Dabei könnte ein Teil der neutralen α'-Teilchen möglicherweise nur eine losere Vereinigung von $4\,\mathrm{H}^+ + 4e$ darstellen.

Das Aufbrechen eines neutralisierten Heliumkerns in ein α-Teilchen und 2β-Teilchen, die in beliebiger Reihenfolge nacheinander emittiert werden können, läßt die in allen drei radioaktiven Reihen bei den C-Körpern auftretenden Verzweigungen deuten[2]. Auch die Tatsache, daß immer nur zwei β-Umwandlungen

---

[1] W. D. HARKINS, Phys. Rev. Bd. 15, S. 73. 1920; Bd. 38, S. 1270. 1931; L. MEITNER, ZS. f. Phys. Bd. 4, S. 146. 1921; H. C. UREY, Journ. Amer. Chem. Soc. Bd. 53, S. 2872. 1931; J. W. D. HACKH, ebenda Bd. 54, S. 823. 1932.

[2] L. MEITNER, l. c.

unmittelbar aufeinanderfolgen, wird hierdurch verständlich. Verzweigungen, d. h. Stellen in den Reihen, wo *ein* Teil eines Produktes unter Abspaltung eines α-Teilchens, der *andere* Teil desselben Produktes unter Aussendung eines β-Strahls sich umwandelt, treten stets nur nach einer β-Umwandlung auf. Formal dargestellt haben wir also die Umwandlungsfolgen

$$\alpha-\beta-\beta, \quad \beta-\beta-\alpha \quad \text{und} \quad \beta\begin{cases}\beta-\alpha\\ \alpha-\beta\end{cases},$$

außerdem treten noch eine Reihe aufeinanderfolgender α-Umwandlungen auf

$$\alpha-\alpha-\alpha-\alpha.$$

Der Folge $\alpha-\beta-\beta$ entspricht der Anfang der Uran- und Thoriumreihe:

$$\mathrm{UI}^{\alpha}-\mathrm{UX}_1^{\beta}-\mathrm{UX}_2^{\beta}-\mathrm{UII}.$$

Verzweigungen bilden alle drei C-Körper der drei Reihen; als Beispiel seien hier die Verhältnisse in der Thoriumreihe angeführt:

$$\mathrm{ThB}\xrightarrow{\beta}\mathrm{ThC}\begin{cases}\xrightarrow{\beta}\mathrm{ThC'}\xrightarrow{\alpha}\\ \xrightarrow{\alpha}\mathrm{ThC''}\xrightarrow{\beta}\end{cases}\mathrm{ThPb}.$$

Es leuchtet ein, daß, wenn beim Zerfall eines Elementes ein α'-Teilchen emittiert worden ist, die zwei Elektronen instabil geworden sind und daher auch mit großer Wahrscheinlichkeit aus dem Kern herausfliegen werden, entsprechend der Folge

$$\alpha-\beta-\beta.$$

Beginnt der Abbau eines solchen $(\alpha' + 2\beta)$-Komplexes dagegen mit der Aussendung eines β-Teilchens, so bestehen jetzt zwei mögliche Wege; es kann entweder das zweite Elektron und dann das α'-Teilchen oder umgekehrt erst das α'-Teilchen und dann das β-Teilchen abgegeben werden, entsprechend dem Schema

$$\beta-\beta-\alpha' \quad \text{oder} \quad \beta-\alpha'-\beta.$$

Die erste Folge beobachten wir am Ende der Radiumreihe:

$$\mathrm{RaD}\xrightarrow{\beta}\mathrm{RaE}\xrightarrow{\beta}\mathrm{RaF}\xrightarrow{\alpha}\mathrm{Pb}.$$

Die zweite am Beginn der Aktiniumreihe:

$$\mathrm{UY}\xrightarrow{\beta}\mathrm{Pa}\xrightarrow{\alpha}\mathrm{Ac}\xrightarrow{\beta}\mathrm{RdAc}\xrightarrow{\alpha}\ldots$$

An den schon erwähnten Verzweigungsstellen werden gleichzeitig beide Wege beschritten, aber mit verschiedener Wahrscheinlichkeit, bei dem angeführten Beispiel aus der Thoriumreihe zerfallen 65% aller ThC-Atome nach dem Schema $\beta-\beta-\alpha'$ und 35% nach dem Schema $\beta-\alpha'-\beta$. Beim RaC ist dagegen das Häufigkeitsverhältnis dieser beiden Zerfallswege etwa 10000:3. Sollen beide Wege zum selben Endprodukt führen, so muß die insgesamt auf jedem Weg abgegebene Energie die gleiche sein. Eine direkte experimentelle Bestätigung hierfür liegt nicht vor, aber auch nichts, was dagegen sprechen würde.

Ist das emittierte α-Teilchen ein nicht neutralisiertes Heliumteilchen, so kann eine Reihe aufeinanderfolgender α-Umwandlungen eintreten. Der Umstand, daß sowohl in der Uran- wie in der Thoriumreihe der Zerfall durch eine Folge $\alpha'-\beta-\beta$ eingeleitet wird, der sich dann eine Zerfallsfolge $\alpha-\alpha-\alpha-\alpha$ anschließt, könnte dahin gedeutet werden, daß die Elektronen in dem Komplex $(\alpha' + 2\beta)$ auch noch zur Stabilisierung einer Gruppe von α-Teilchen dienen, die nach Entfernung dieses Komplexes instabil und daher emittiert werden.

25. Beck-Gamowsche Aufbaukurve. Daß die Elektronen auch in gewöhnlichen stabilen Atomkernen sehr häufig paarweise auftreten und sozusagen den Kitt bilden, der die positiven Kernbestandteile zusammenhält, zeigt ein Blick auf die auf S. 115 und 116 wiedergegebene Isotopentabelle. Von den 184 in ihren Einzelatomgewichten festgelegten stabilen Atomarten besitzen 140 eine gerade Anzahl von Kernelektronen. Diese Tatsache ist besonders von G. Beck[1] hervorgehoben worden und von Gamow[2] in einer Aufbaukurve für die Atomarten, deren Protonenzahlen durch 4 teilbar sind, und die ausnahmslos gerade Anzahlen von Kernelektronen enthalten, veranschaulicht worden. Dabei ist vorausgesetzt, daß die *maximal* mögliche Zahl, also *sämtliche* Protonen, zu α-Teilchen zusammengeschlossen sind. Jeder Kern ist daher entsprechend Formel (1) nach dem Schema aufgebaut $a\alpha + ce$, wobei c eine gerade Zahl $= 2m$ ist, so daß m die Anzahl der freien Elektronenpaare bedeutet. In der Abb. 15 ist die Gamowsche Kurve wiedergegeben, ergänzt durch die seither von Aston nachgewiesenen entsprechenden Atomarten. Die Ordinate stellt die Zahl der freien Elektronenpaare, die Abszisse die Anzahl der vorhandenen Heliumkerne dar. Die Kurve läßt erkennen, daß bis zum Ca keine freien Kernelektronen vorhanden sind (hier ist $c =$ Null), und daß dann stufenweise mit steigendem Atomgewicht immer paarweise mehr und mehr freie Kernelektronen auftreten, d. h. wenn eine gewisse Zahl von Heliumkernen oder, wie man gewöhnlich sagt, von α-Teilchen zu einem schwereren Kern zusammengetreten sind, so müssen erst zwei Kernelektronen eingebaut werden, um den Anbau eines neuen Niveaus von Heliumkernen zu ermöglichen. Dies legt die Deutung nahe, daß in den schwereren Atomkernen verschiedene, durch je ein Elektronenpaar stabilisierte α-Teilchenniveaus vorhanden sind, ganz ähnlich wie die Elektronenniveaus in der äußeren Elektronenhülle. Dieser Gedanke drängt sich um so mehr auf, als die für den Aufbau stabiler Kerne dargestellte Gesetzmäßigkeit eine entsprechende Ergänzung in den Abbauprozessen der radioaktiven Substanzen findet. Dies zeigt in der Abb. 16 die *Umwandlungsreihe für Thorium*, wobei Abszisse und Ordinate genau dieselbe Bedeutung haben wie in Abb. 15. Hier findet ein Abbau des α-Strahlenniveaus statt, und der jedesmalige Übergang von einem α-Niveau zum nächst tieferen wird durch zwei β-Strahlenemissionen, d. h. durch die Abgabe von zwei Elektronen, eingeleitet.

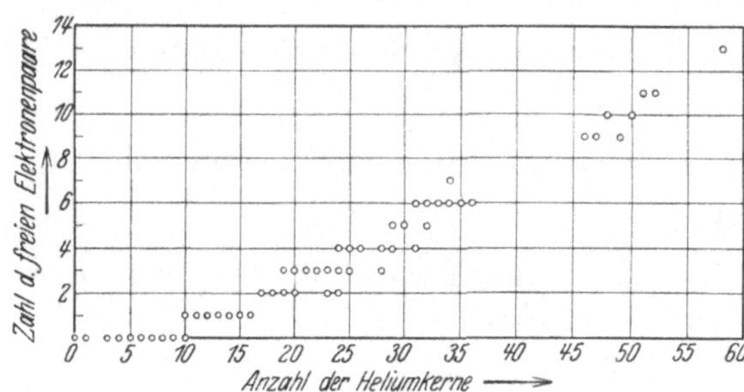

Abb. 15. Zahl der freien Kernelektronen für Kerne des Typus $a \cdot \alpha + c \cdot e$.

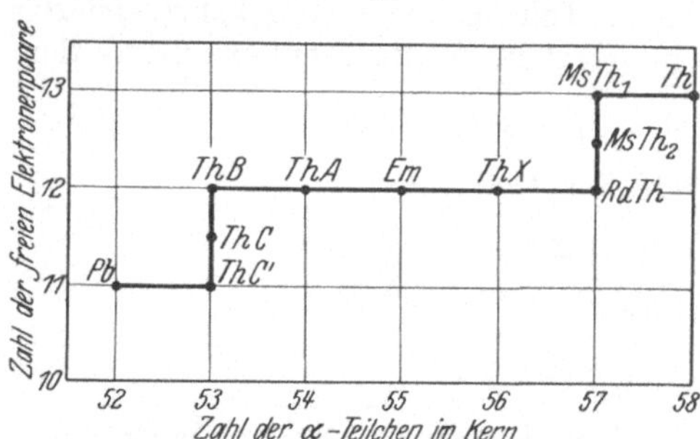

Abb. 16. Umwandlungsreihe für Thorium.

[1] G. Beck, ZS. f. Phys. Bd. 50, S. 548. 1928.

[2] G. Gamow, Phys. ZS. Bd. 30, S. 717. 1929.

Ganz eigenartige Verhältnisse scheinen beim UZ[1] vorzuliegen, das neben dem UX_2 aus UX_1 entsteht, und zwar anscheinend ebenso wie UX_2 durch β-Strahlumwandlung.

BECK hat das paarweise Auftreten der freien Kernelektronen mit dem Elektronenspin in Zusammenhang gebracht. Die neueren Untersuchungen über Kernmomente aus spektroskopischen Messungen lassen es aber sehr zweifelhaft erscheinen, ob den im Kern eingebauten Elektronen noch ein mechanisches und magnetisches Moment zugesprochen werden kann[2]. Andererseits ist das paarweise Vorkommen der freien Kernelektronen sowie der β-Emissionen wohl kaum als zufällig zu betrachten, und es muß irgendeine Art von „Pauliverbot" für diese Elektronen existieren.

Setzt man das Aufbauschema nach Formel (2) an, so enthält der Kern überhaupt keine „freien" Elektronen, sondern höchstens freie Protonen, nämlich dann, wenn P ungeradzahlig ist. Z. B.

$$Li_6 = 1 \cdot \alpha + (H^+ + e) + H^+ .$$

Für die Annahme, daß freie Kernelektronen in stabilen Kernen überhaupt nicht existenzfähig sind, kann man als Stütze die Tatsache anführen, daß es keine β-strahlenden Substanzen langer Lebensdauer gibt[3]. Die langlebigsten bekannten β-strahlenden Elemente besitzen eine Halbwertszeit von etwa 20 Jahren, wenn man von K und Rb absieht, deren besondere Verhältnisse uns heute noch recht undurchsichtig sind.

Die Existenz von neutralisierten Protonen oder „Neutronen" $(H^+ + e)$ innerhalb der schwereren Kerne hat in neuester Zeit eine besondere Bedeutung bekommen durch Versuche von I. CURIE und F. JOLIOT[4] und deren Deutung durch J. CHADWICK[5]. Sie sollen bei der künstlichen Anregung von γ-Strahlen in leichten Elementen näher besprochen werden. Hier sei nur darauf hingewiesen, daß die künstliche Zertrümmerung durch α-Strahlen (vgl. den folg. Artikel von H. FRÄNZ und W. BOTHE) sowie ganz neue Untersuchungen von COCKCROFT und WALTON[6] über die Zertrümmerung mittels schneller Protonenstrahlen die Auffassung nahelegen, daß leichte Kerne entweder ein α-Teilchen unter gleichzeitiger Abspaltung eines Protons oder ein Proton unter gleichzeitiger Abspaltung eines α-Teilchens aufzunehmen vermögen. Man könnte erwarten, daß auch bei der Bildung der uns bekannten Atomkerne solche Prozesse stattgefunden haben, und das würde erklären, daß bei den gewöhnlichen Atomarten mit dem Anwachsen der Ordnungszahl von Z auf $Z + 1$ häufig eine Atomgewichtszunahme um 3 Einheiten verknüpft ist[7].

26. Klassische Kerngröße für radioaktive Kerne. Wie vorstehend gezeigt, haben die verschiedenen Versuche, durch das ganze periodische System hindurch brauchbare Aufbauformeln der Atomkerne zu entwickeln, noch nicht zu eindeutigen Ergebnissen geführt. Noch weniger ist die Frage heute gelöst, nach welchen Kraftgesetzen die einzelnen Kernbestandteile aufeinander wirken und wodurch ihr Zusammenhalten gesichert ist.

---

[1] O. HAHN, Chem. Ber. Bd. 54, S. 1131. 1921; ZS. f. phys. Chem. Bd. 103, S. 461. 1923.

[2] R. DE L. KRONIG, Naturwissensch. Bd. 16, S. 335. 1928; H. SCHÜLER u. J. E. KEYSTON, ebenda Bd. 19, S. 676. 1931.

[3] L. MEITNER, l. c.; K. FAJANS, Radioaktivität, 4. Aufl. 1922.

[4] I. CURIE u. F. JOLIOT, C. R. Bd. 194, S. 273, 876. 1932.

[5] J. CHADWICK, Nature Bd. 129, S. 312; Proc. Roy. Soc. London (A) Bd. 136, S. 692. 1932.

[6] J. D. COCKCROFT u. E. T. S. WALTON, Nature Bd. 129, S. 649. 1932.

[7] L. MEITNER, Chem. Ber. Bd. 64, S. 149. 1931.

Da die Anwendung des COULOMBschen Gesetzes sich für die Aufklärung der äußeren Elektronenanordnung so glänzend bewährt hat, ist auch vielfach versucht worden, mittels dieses Kraftgesetzes Aussagen über den Kern zu machen. Besonders verlockend schien es, die Größe der radioaktiven Kerne aus der Geschwindigkeit der emittierten α-Strahlen unter Heranziehung des COULOMBschen Gesetzes zu erschließen, und solche Berechnungen sind auch mehrfach durchgeführt worden. Nimmt man nämlich an, daß die *ganze* Energie E_α der α-Teilchen (wie man sie außerhalb des radioaktiven Atoms mißt) von der *elektrostatischen* Abstoßung des restlichen Kerns herrührt, und daß für diese Abstoßung die übrige Kernladung wie eine Punktladung nach dem COULOMBschen Gesetz wirkt, so muß E_α bei einem Kern von der Ordnungszahl Z gegeben sein durch den Ausdruck

$$E_\alpha = \frac{2e(Z-2)e}{\mathfrak{r}}, \tag{3}$$

wenn e das elektrische Elementarquantum in elektrostatischen Einheiten und $\mathfrak{r}$ die Entfernung vom Kernmittelpunkt bedeutet, in der das α-Teilchen die Geschwindigkeit Null hatte, d. h. $\mathfrak{r}$ die untere Grenze für die Kerndimension ist. Da man die Geschwindigkeiten der zu den verschiedenen radioaktiven Substanzen zugehörigen α-Teilchen kennt, so kennt man auch ihre Energie E_α und kann die entsprechenden Werte für $\mathfrak{r}$ aus der angegebenen Gleichung berechnen. Setzt man für die Geschwindigkeiten die von GEIGER[1] gegebenen Werte ein, so erhält man für die Elemente Uran I bis Radium F (Polonium) die nachstehenden Werte für $\mathfrak{r}$.

Tabelle 8. Klassische Größe des Kernradius.

Element	UI	UII	Io	Ra	Em	RaA	RaC	RaF
$\mathfrak{r} \cdot 10^{12}$ cm	6,35	5,82	5,54	5,20	4,46	3,97	3,03	4,45

Für ein rein COULOMBsches Kraftfeld zwischen α-Teilchen und Kern stellt die hier berechnete Größe $\mathfrak{r}$ eine untere Grenze für den Kernradius dar. Nun haben aber Versuche über die Streuung der α-Strahlen von RaC′ an Uran gezeigt, daß noch bei einem Stoßabstand von $4 \cdot 10^{-12}$ cm zwischen Urankern und α-Teilchen das COULOMBsche Gesetz gültig ist[2], obwohl bei dieser Entfernung die α-Teilchen schon in das Innere des Urankerns eingedrungen sein sollten. Dieser Befund der Gültigkeit des COULOMBschen Gesetzes bis zu $4 \cdot 10^{-12}$ cm herab steht in Widerspruch mit dem oben auf Grund des COULOMBschen Gesetzes abgeleiteten kleinst möglichen Kernradius für Uran von $6{,}6 \cdot 10^{-12}$ cm. Die Erklärung dafür haben unabhängig voneinander GURNEY und CONDON[3] und GAMOW[4] auf Grund quantenmechanischer Betrachtungen gegeben, die sich in verschiedener Weise als sehr fruchtbar für die Deutung von Kernprozessen erwiesen und auch zu einer exakteren Abschätzung der Kerndimensionen geführt haben.

27. Kernfeld nach der Quantenmechanik. Die Grundlage dieser Betrachtungen ist folgende Tatsache. Während nach der klassischen Mechanik ein Teilchen niemals eine Potentialschwelle überschreiten kann, wenn seine Energie kleiner ist, als dieser Schwelle entspricht, existiert in der Quantenmechanik stets eine *endliche*, wenn auch kleine Wahrscheinlichkeit, daß das Teilchen durch den Potentialberg hindurchschlüpft. Nun ist besonders aus den Messungen der Streuung schneller α-Strahlen an leichten Atomkernen festgestellt worden, daß die zwischen einem Atomkern und einem α-Teilchen vorhandene Wechselwirkung bis zu gewissen Entfernungen dem COULOMBschen Abstoßungsgesetz gehorcht,

[1] H. GEIGER, ZS. f. Phys. Bd. 8, S. 45—57. 1922.

[2] E. RUTHERFORD u. J. CHADWICK, Phil. Mag. Bd. 50, S. 889. 1925.

[3] R. W. GURNEY u. E. U. CONDON, Nature Bd. 122, S. 439. 1928; Phys. Rev. Bd. 33, S. 127. 1928;

[4] G. GAMOW, ZS. f. Phys. Bd. 51, S. 204. 1928.

während bei noch kleineren Abständen eine Anziehungskraft wirksam wird, die sehr rasch mit abnehmender Entfernung ansteigt, so daß jenseits einer bestimmten Minimalentfernung diese anziehende Kraft allein die Bewegung des α-Teilchens bestimmt (vgl. ds. Handb. Bd. XXII/2, Kap. 3).

Man kann diese Verhältnisse *schematisch* z. B. für den Urankern bzw. für ein α-Teilchen, das sich im Feld des Urankernrestes befindet, durch den in der Abb. 17 wiedergegebenen Potentialverlauf darstellen, wobei vorausgesetzt wird, daß die Potentialverteilung um den Atomkern kugelsymmetrisch ist und das Potential im Kernmittelpunkt einen endlichen Wert hat. Als Abszisse ist der Abstand vom Kern, als Ordinate das zugehörige Potential $U(r)$ aufgetragen. Da das Gesetz der Anziehungskräfte unbekannt ist, ist auch die *genaue* Form der Potentialkurve nicht angebbar. Aus rechnerischen Gründen wird meistens als Annäherung an die wirkliche Potentialkurve der durch die gestrichelte Linie angedeutete Verlauf angenommen. Für $r > r_0$ gilt das Coulombsche Gesetz zwischen α-Teilchen und Restkern, also

$$U(r) = 2\frac{(Z-2)}{r}e^2,$$

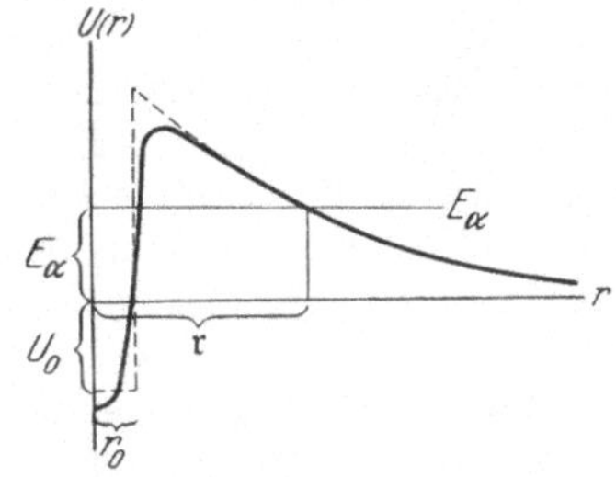

Abb. 17. Potentialverlauf eines radioaktiven Atomkerns in Abhängigkeit von der Entfernung vom Kernmittelpunkt.

wenn $Z-2$ die Ordnungszahl des Restkerns darstellt. Für $r = r_0$ fällt dann $U(r)$ plötzlich auf den Wert U_0 ab und bleibt für $r < r_0$ konstant. Die Bedeutung der Größe U_0 wird noch später besprochen werden. Die Größe r_0 wird als Kernradius des Kerns mit der Ordnungszahl $Z-2$ definiert, während der oben aus klassischen Berechnungen angegebene Kernradius $\mathfrak{r}$ diejenige Entfernung ist, aus der das α-Teilchen kommen müßte, wenn es seine gesamte kinetische Energie durch die Coulombsche Abstoßung erhielte. In dem hier angenommenen Modell ist dagegen vorausgesetzt, daß das α-Teilchen schon innerhalb des Kerns eine bestimmte positive Energie E_α besitzt, die das Niveau definiert, in dem das α-Teilchen im Kern gebunden ist. Diese Energie E_α ist zwar kleiner als der Schwellenwert der Potentialkurve, aber nach der schon erwähnten quantenmechanischen Auffassung besteht trotzdem eine *endliche* Wahrscheinlichkeit, daß das Teilchen aus dem Kern entweichen kann, wobei es dann außerhalb des Kerns die Energie E_α als kinetische Energie besitzt.

Bevor auf diesen Punkt näher eingegangen wird, soll zuerst gezeigt werden, wie einfach die oben besprochene Unstimmigkeit für die Streuungsmessungen am Uran durch dieses quantenmechanische Modell beseitigt wird. Diese Streuungsmessungen sind nämlich mit α-Strahlen von RaC′ ausgeführt worden, also mit α-Strahlen von viel größerer Energie als der Energie E_α des α-Teilchens im Urankern entspricht. Daher können diese RaC′-α-Teilchen, wenn sie auf den Urankern treffen, gegen das Coulombsche Potential bis zu kleineren Entfernungen als $\mathfrak{r}$ anlaufen, wie man aus der Abbildung unmittelbar ersieht; sie kommen näher an den Kern heran, als $\mathfrak{r} = 6{,}6 \cdot 10^{-12}$ cm entspricht und sind doch nur dem Coulombschen Gesetz unterworfen, und das ist ja gerade das experimentelle Ergebnis der Streuungsmessungen.

Es fragt sich nun, wie man die als Kernradius definierte Größe r_0 erhalten kann. Dazu ist es nötig, den Prozeß etwas näher zu betrachten, bei dem das α-Teilchen aus dem Kern entweicht, mit anderen Worten den radioaktiven α-Zerfall. Nach der modernen Quantenmechanik stellt ja jedes α-Teilchen mit der Energie E_α im Kern eine Welle von der Wellenlänge $\lambda = \frac{h}{m_\alpha v_\alpha}$ dar, die durch die allseitige hohe Potentialschwelle gewissermaßen in einem Raum mit fast vollständig reflektierenden Wänden eingeschlossen ist (h = PLANCKsche Konstante, m_α und v_α Masse bzw. Geschwindigkeit des α-Teilchens). Das oben eingeführte Potential U_0 bestimmt den Brechungsexponenten μ dieser Wellenlänge im Kern derart[1], daß $\mu = \sqrt{\frac{E_\alpha - U_0}{E_\alpha}}$. Die das α-Teilchen repräsentierende Welle schwingt zwischen den Wänden hin und her, da aber die Wände doch eine gewisse Durchlässigkeit für die Welle besitzen, weil ja die Potentialschwelle nicht unendlich hoch ist, so hat das α-Teilchen eine gewisse Wahrscheinlichkeit hier und da zu entweichen und diese Wahrscheinlichkeit ist offenbar um so größer, je größer die positive Energie E_α des α-Teilchens im Kern ist. Wäre E_α gleich oder größer als die Potentialschwelle, so würde das α-Teilchen überhaupt nicht im Kern bleiben können. Mit anderen Worten, die Zerfallswahrscheinlichkeit eines gegebenen Kerns, d. h. eines Kerns mit einer bestimmten Potentialschwelle, wobei Höhe und Breite der Schwelle eine Rolle spielen, muß abhängen von der Energie des α-Teilchens E_α, die ja identisch ist mit seiner außerhalb des Atoms vorhandenen kinetischen Energie. Diese Folgerung aus der quantenmechanischen Theorie ist aber seit langem experimentell bekannt und stellt nichts anderes als die GEIGER-NUTTALLsche Gleichung dar, die die Zerfallskonstante mit der Energie bzw. Reichweite der α-Strahlen verknüpft.

28. Beziehung zwischen Zerfallskonstante und Reichweite (Energie) der α-Strahlen. Zwischen der Zerfallskonstante λ einer radioaktiven Substanz (siehe Kap. 3) und der Geschwindigkeit v der von ihr emittierten α-Strahlung besteht eine empirisch gefundene Beziehung von der Form

$$\log\lambda = A + B\log v\,, \tag{4}$$

wenn A und B Konstante sind[2].

Da die Reichweite R der α-Strahlen mit ihrer Geschwindigkeit v durch die Gleichung

$$R = \text{konst.}\ v^3 \tag{5}$$

(s. ds. Handb. Bd. XXII/2) verknüpft ist, so läßt sich die Gleichung (4) auch in der Form schreiben

$$\log\lambda = A + C\log R\,. \tag{4a}$$

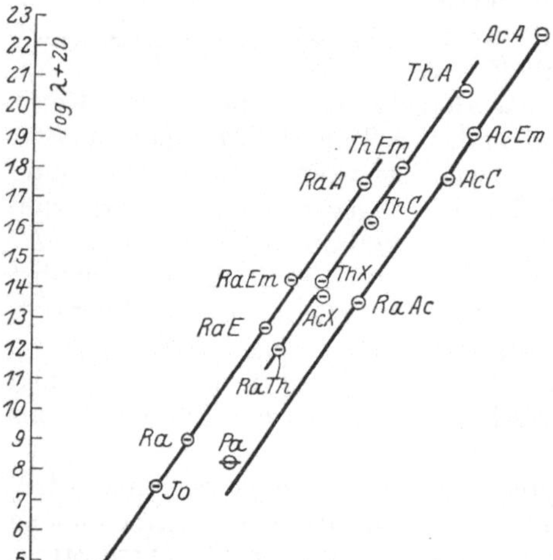

Abb. 18. Beziehung zwischen Zerfallskonstante λ und Reichweite R.

Die Gleichung bringt zum Ausdruck, daß die Zerfallskonstante einer Substanz um so größer, ihre Lebensdauer also um so kleiner ist, je größer die Geschwindigkeit (und daher auch Reichweite) der von ihr emittierten α-Strahlen ist, und zwar entspricht einer kleinen Änderung von R eine sehr große Änderung von λ. Wie gut die obige Beziehung experimentell erfüllt ist, zeigt die Abb. 18, die der schon zitierten Arbeit von GEIGER entnommen ist.

---

[1] F. G. HOUTERMANS, Ergebn. d. exakt. Naturwissensch. Bd. IX, S. 149. 1930; R. D. E. ATKINSON u. F. G. HOUTERMANS, ZS. f. Phys. Bd. 58, S. 478. 1929.

[2] H. GEIGER u. J. M. NUTTALL, Phil. Mag. Bd. 22, S. 613. 1911; Bd. 23, S. 439. 1912; H. GEIGER, ZS. f. Phys. Bd. 8, S. 45. 1922.

Als Abszissen sind die Logarithmen der Reichweiten, als Ordinaten die Logarithmen der Zerfallskonstanten vermehrt um eine additive Konstante eingetragen. Der für die verschiedenen Reichweiten verschieden großen Meßgenauigkeit ist durch die Länge der horizontalen Striche Rechnung getragen. Die lineare Beziehung der Gleichung (4a) ist für alle drei radioaktiven Reihen befriedigend bestätigt, wenn auch einzelne Meßpunkte deutlich herausfallen, und die Geraden verlaufen für alle drei Reihen nahe parallel. Aus den bekannten R- und λ-Werten kann man natürlich die Konstanten A und C bzw. B der Gleichungen (4a) und (4) berechnen. Für die Uran-Radiumreihe lautet die Gleichung (4a), wenn die Reichweiten R bei $15°$ C und normalem Druck eingesetzt werden

$$\log\lambda = -30{,}8 + 55{,}3 \log R\,. \tag{4b}$$

Trotz der so guten Übereinstimmung stellt die Gleichung (4) oder (4a), wie wir heute wissen, nur eine sehr brauchbare Näherungsformel vor. Dafür sprechen neben den Ergebnissen der modernen Theorie auch neuere Versuche über die Zerfallskonstante von RaC′. Es ist ja klar, daß die GEIGER-NUTTALLsche Gleichung, wenn die Konstanten A und C bekannt sind, die Zerfallskonstante λ aus der Reichweite R berechnen läßt, was für sehr kurzlebige und sehr langlebige Substanzen, bei denen eine direkte Messung der Abklingung unmöglich wird, von praktischer Bedeutung ist. Nun müßte RaC′ bei seiner großen Reichweite von 6,97 cm nach der Gleichung (4b) eine Zerfallskonstante $\lambda = 5 \cdot 10^7\ \mathrm{sec}^{-1}$ und entsprechend eine Halbwertszeit von $0{,}35 \cdot 10^{-7}$ sec besitzen. In einer neueren Arbeit[1] ist es durch eine sehr sinnreiche Überlegung gelungen, die Halbwertszeit des RaC′ trotz ihrer außerordentlich kurzen Dauer direkt zu messen und so λ experimentell zu bestimmen. Es ergab sich dabei für λ der Wert

$$\lambda_{\mathrm{RaC'}} = 8{,}4 \cdot 10^5\,.$$

Auch dieser Wert für λ scheint indes noch zu groß zu sein, und in letzter Zeit von M. JACOBSEN erhaltene Resultate sprechen dafür, daß die Halbwertszeit von RaC′ die Größenordnung von 10^{-4} bis 10^{-5} sec hat. Die GEIGER-NUTTALLsche Beziehung hat sich über einen sehr weiten Gültigkeitsbereich (die Zerfallszeiten variieren im Verhältnis von mindestens $1:10^{20}$) als sehr gut brauchbar erwiesen und ist der Ausgangspunkt der schon erwähnten quantenmechanischen Deutung des α-Zerfalls geworden.

Es ist schon früher mehrfach versucht worden, diese Beziehung theoretisch zu deuten. Am erfolgreichsten war der Erklärungsversuch von F. LINDEMANN[2], der aber jetzt durch die Quantenmechanik überholt ist. Denn diese gibt nicht nur, wie oben schon dargelegt, eine qualitative Erklärung für die GEIGER-NUTTALLsche Beziehung, sondern sie liefert auch eine unter gewissen Annäherungen erhaltene quantitativ auswertbare Gleichung zwischen der Zerfallskonstante λ und der Energie des ausgesandten α-Teilchens. Allerdings geht in diese Gleichung auch noch die Kernladung und die (s. Abb. 17) als Kernradius definierte Größe r_0 ein. Sie lautet nach GAMOW[3]

$$\ln\lambda = \ln\left(\frac{h}{4\,m r_0^2}\right) - \frac{8\pi^2 e^2}{h}\,\frac{Z-2}{v} + \frac{16\pi e}{h}\sqrt{m}\cdot\sqrt{Z-2}\cdot\sqrt{r_0}\,; \tag{6}$$

dabei bedeuten h die PLANCKsche Konstante, $Z-2$ die Ladung des Restkerns, m die Masse und v die tatsächliche Geschwindigkeit des α-Teilchens, d. h. die beobachtete Geschwindigkeit erhöht um den durch den Rückstoß des Rest-

[1] M. JACOBSEN, Phil. Mag. Bd. 47, S. 23. 1924.

[2] F. LINDEMANN, Phil. Mag. Bd. 30, S. 560. 1915.

[3] G. GAMOW, Bau des Atomkerns. Übersetzt von C. u. F. HOUTERMANS. Hirzel 1932.

kerns verlorengegangenen Betrag. Daß diese Gleichung von $Z-2$ und r_0 abhängt, besagt, daß für verschiedene α-Strahler derselben Zerfallsreihe die einfache lineare Beziehung zwischen $\log\lambda$ und $\log v$, wie sie die GEIGER-NUTTALLsche Regel darstellt, nicht exakt bestehen kann. Tatsächlich waren seit langem Abweichungen von dieser Linearität experimentell bekannt, und es ist ein großer Erfolg, daß die Theorie diese Abweichungen auch richtig wiedergibt. Um die Übereinstimmung der Theorie mit dem Experiment zu prüfen, ist die Kenntnis des Kernradius r_0 nötig. Zunächst konnten GAMOW und HOUTERMANS[1] zeigen, daß bei Konstantsetzung der Kernradien für *alle* Elemente *einer* Zerfallsreihe [wobei dieser konstante Wert aus Energie und Zerfallskonstante der Emanationen aus Gleichung (6) berechnet wurde] die theoretische Abhängigkeit von λ und v für alle drei Reihen befriedigend mit den experimentellen Befunden übereinstimmte. Z. B. ordnet sich die von JACOBSEN für RaC' gefundene Zerfallskonstante gut in die theoretische Kurve ein, während sie gegenüber dem aus der GEIGER-NUTTALLschen Beziehung abgeleiteten Wert fast 500mal zu klein ist. Eine genaue Übereinstimmung ist wegen der willkürlichen Gleichsetzung der Kernradien nicht zu erwarten, und die kleinen, aber systematischen Abweichungen, die auftreten, weisen deutlich auf einen Einfluß des Kernradius im zu erwartenden Sinn hin, so daß sie direkt eine Bestätigung der Theorie darstellen.

29. Quantenmechanische Kerngrößen der α-strahlenden Substanzen. Man kann daher umgekehrt aus den experimentell bekannten Zahlen für Z, v und λ mittels der Gleichung (6) die Kernradien aller α-Strahler berechnen. Nach Einsetzen der Zahlenwerte für die konstanten Werte geht die Gleichung über in

$$10_{\log}\lambda_{(\mathrm{sec}^{-1})} = 20{,}4652 - 1{,}191\cdot 10^{9}\,\frac{Z-2}{v} + 4{,}084\cdot 10^{6}\sqrt{Z-2}\sqrt{r_0}\,. \qquad (6\mathrm{a})$$

Die nachstehende Tabelle 9 gibt für die Uranreihe die so erhaltenen Kernradien an. Spalte 2 enthält die aus den experimentellen Daten entnommenen (auf Rückstoß korrigierten) Geschwindigkeiten der α-Strahlen, Spalte 3 die experimentell gefundenen Zerfallskonstanten pro Sekunde, Spalte 4 die berechneten Kernradien r_0 in Zentimeter.

Tabelle 9. Kernradien.

Element	$v_\alpha\cdot 10^{-9}$ cm/sec	$\lambda\cdot\mathrm{sec}^{-1}$	$r_0\cdot 10^{13}$ cm
U I.	1,43	$4{,}8\cdot 10^{-18}$	9,5
U II	1,49	$7\cdot 10^{-14}$	9,3
Io	1,51	$2{,}6\cdot 10^{-13}$	9,1
Ra	1,54	$1{,}38\cdot 10^{-11}$	8,6
RaEm . . .	1,65	$2{,}098\cdot 10^{-6}$	8,5
RaA	1,72	$3{,}78\cdot 10^{-3}$	6,3
RaC'	1,95	$1\cdot 10^{5}$	8,9
Po	1,62	$5{,}73\cdot 10^{-8}$	7,7

Wie zu erwarten, sind diese Kernradien sehr viel kleiner, als sich aus der klassischen Berechnung ergibt.

30. Kernradien stabiler Kerne aus Streuungsmessungen. Bindungsenergien der Kerne. Wie schon erwähnt, hat zuerst die genaue Untersuchung der Streuung von schnellen α-Strahlen an leichten Atomkernen, besonders an H, He, Mg und Al zu der Annahme geführt, daß in großer Kernnähe nicht das COULOMBsche Abstoßungsgesetz, sondern eine Anziehungskraft wirkt, die einem $1/r^n$-Gesetz folgt, wobei n größer als 2 sein muß. Dementsprechend ist in diesem Gebiet die Streuung nicht mehr durch die RUTHERFORDsche Streuformel bestimmt und wird daher häufig als anormale Streuung bezeichnet. Die einschlägigen Arbeiten werden in Bd. XXII/2 ds. Handb. ausführlich besprochen. Hier sei nur erwähnt, daß diese Untersuchungen ergeben haben, daß das COULOMBsche Gesetz zu versagen beginnt, wenn α-Teilchen und streuender Kern bis zu einer bestimmten Minimalentfernung einander nahekommen. Diese Minimalentfernung hat sich für H, He,

[1] G. GAMOW u. F. HOUTERMANS, ZS. f. Phys. Bd. 52, S. 496. 1928.

Mg und Al als nicht sehr verschieden erwiesen. Für Mg und Al liegt sie bei etwa $6-8\cdot 10^{-13}$ cm, so daß deren Kernradien jedenfalls kleiner als diese Minimalentfernung sein müssen. Das ist durchaus in Übereinstimmung mit den für die schweren radioaktiven Kerne aus der Wellenmechanik abgeleiteten Kernradien, die die gleiche Größenordnung, aber etwas größere Zahlenwerte ergeben haben. Das letztere ist auch theoretisch zu erwarten, da das Volumen der Kerne in erster Annäherung proportional mit der Zahl der darin enthaltenen Teilchen wachsen wird, der Kernradius also angenähert mit der Kubikwurzel aus dieser Teilchenzahl ansteigen muß.

Die einen Kern aufbauenden Elementarteilchen bilden dann eine stabile Konfiguration, wenn eine Änderung derselben eine Energiezufuhr verlangt. Nach der Relativitätstheorie besagt dies, daß die Masse eines stabilen Kerns um einen Betrag ΔM kleiner sein muß, als die Summe der Massen seiner Elementarteilchen. Die Bindungsenergie E ist mit diesem „Massendefekt" ΔM durch die Gleichung verknüpft $\Delta M = E/c^2$ ($c =$ Lichtgeschwindigkeit).

Die Größe ΔM ist aus den ASTONschen Präzisionsmessungen der Atomgewichte für viele Atome bekannt (vgl. Kap. 5, Ziff. 10). Die Bedeutung der daraus abgeleiteten Bindungsenergien für die Stabilität der Atomkerne wird eingehender in Kap. 2 C, Ziff. 59 behandelt.

Die primären β-Strahlen.

Die neueren Untersuchungen über die β- und γ-Strahlen der radioaktiven Substanzen haben gezeigt, daß man streng unterscheiden muß zwischen primären aus dem Kern stammenden und sekundären durch die γ-Strahlen ausgelösten β-Strahlen. Die Kern-β-Strahlen bedingen den radioaktiven Zerfall. Die γ-Strahlen sind Folgeerscheinungen des radioaktiven Kernzerfalls und treten sowohl bei α-strahlenden als bei β-strahlenden Substanzen auf. Sie lösen in der Elektronenhülle des Kerns, aus dem sie stammen, sekundäre β-Strahlen aus, und daher können solche sekundären β-Strahlen sowohl bei α- als bei β-Umwandlungen beobachtet werden[1, 2].

31. Energiespektrum der primären β-Strahlen. Eine Reihe von Untersuchungen hat es außer Zweifel gestellt, daß die vom selben Element ausgesandten Kern-β-Strahlen ein kontinuierliches Geschwindigkeitsspektrum aufweisen. Am genauesten untersucht ist die Energieverteilung beim RaE, weil RaE nur eine sehr schwache γ-Strahlung emittiert, so daß das primäre Spektrum nicht durch überlagerte sekundäre Elektronen gestört ist. Die Untersuchung dieses Spektrums erfolgte nach den verschiedensten Methoden. Die Frage, ob die Kern-β-Strahlen eine homogene Geschwindigkeit besitzen, ist schon im Jahre 1909 im Anschluß an Absorptionsmessungen der β-Strahlen Gegenstand lebhafter Diskussion gewesen und hat den Anlaß dazu gegeben, die Geschwindigkeit durch Messung der Ablenkbarkeit der Strahlen in einem Magnetfeld zu bestimmen[3]. Der verwendete Apparat war im wesentlichen derselbe, den RUTHERFORD für die Ablenkung der α-Strahlen benutzt hatte. Für RaE[4] wurde ein verwaschenes Geschwindigkeitsband erhalten, die Dispersion der Apparatur war aber zu gering, um die Grenzen des Spektrums angeben zu können. DANYSZ[5] hat dann eine für β-Strahlen viel geeignetere Anordnung eingeführt, die seither mit geringen Veränderungen die allgemein übliche geworden ist.

Das Prinzip der Anordnung ist aus der nachstehenden Abb. 19 erkenntlich. Q bezeichnet die lineare Strahlenquelle, z. B. einen dünnen Draht, auf dem die

[1] O. HAHN u. L. MEITNER, ZS. f. Phys. Bd. 2, S. 260. 1920.
[2] L. MEITNER, ZS. f. Phys. Bd. 11, S. 35. 1922.
[3] O. v. BAEYER u. O. HAHN, Phys. ZS. Bd. 11, S. 488. 1910.
[4] O. v. BAEYER, O. HAHN u. L. MEITNER, Phys. ZS. Bd. 12, S. 273. 1911.
[5] J. DANYSZ, C. R. Bd. 153, S. 339. 1911.

radioaktive Substanz niedergeschlagen ist. Über dieser und parallel zu ihr befindet sich der Spalt S und in der Ebene des Spaltes die photographische Platte P. Durch einen starken Bleiblock ist die Platte gegen die Einwirkung von γ-Strahlen geschützt. Durch eine besondere Schlittenvorrichtung wird für eine möglichst genaue Parallelstellung und Zentrierung der Strahlenquelle gesorgt. Die ganze Anordnung ist in einem Metallgefäß untergebracht, das die Form eines flachen Zylinders besitzt und durch ein Ansatzrohr auf Hochvakuum ausgepumpt werden kann. Es hat sich als sehr zweckmäßig erwiesen, das Gefäß aus Aluminium herzustellen, derart, daß in dem ganzen halbzylinderförmigen Raum, in dem die β-Strahlen zwischen Spalt und photographischer Platte verlaufen, kein anderes Material als Aluminium vorhanden ist[1]. Dadurch werden die störenden Streustrahlen sehr stark herabgesetzt. Der ganze Apparat wird so zwischen die Pole eines starken Elektromagneten gebracht, daß die Kraftlinien parallel dem Spalt verlaufen. In dem homogenen Feld beschreiben die durch den Spalt austretenden β-Strahlen gleicher Geschwindigkeit (v) Kreise mit demselben Radius (ϱ), und man erhält aus geometrischen Gründen bei verhältnismäßig großer Spaltweite schmale Spaltbilder auf der photographischen Platte, weshalb diese Methode als Fokussierungsmethode bezeichnet wird. Bezeichnet H die magnetische Feldstärke in Gauß, e das elektrische Elementarquantum in elektromagnetischem Maß, m_0 die Ruhemasse des Elektrons, so gilt bei den gewählten Versuchsbedingungen bekanntlich die Beziehung

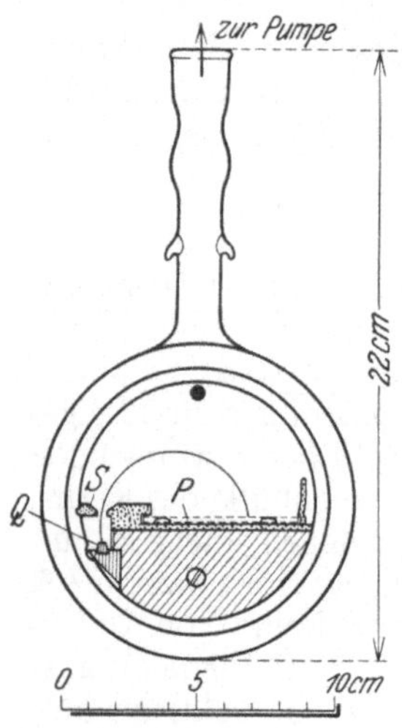

Abb. 19. Apparat für magnetische Ablenkungsmessungen.

$$H\varrho = \frac{m_0 v}{e} \cdot \frac{1}{\sqrt{1-\beta^2}} = \frac{m_0 c}{e} \frac{\beta}{\sqrt{1-\beta^2}}, \tag{7}$$

wenn $\beta = v/c$, d. h. das Verhältnis von v zur Lichtgeschwindigkeit c ist.

Setzt man für m_0, c und e die derzeit genauesten Werte ein[2], nämlich $m_0 = 9{,}035 \cdot 10^{-28}\,\mathrm{g}$, $e/m_0 = 1{,}761 \cdot 10^7$ em. E. und $c = 2{,}99796 \cdot 10^{10}$ cm/sec, so ergibt sich

$$H\varrho = 1{,}702 \cdot 10^3 \frac{\beta}{\sqrt{1-\beta^2}} \text{ Gauß} \cdot \text{cm}. \tag{7a}$$

Die Größe ϱ erhält man unter Berücksichtigung der geometrischen Anordnung von Quelle, Spalt und Platte durch Ausmessen der Lage der Spaltbilder auf der photographischen Platte.

Die Geschwindigkeit und damit die Energie der β-Strahlen ist durch das Produkt $H\varrho$ eindeutig bestimmt, und es ist daher üblich geworden, für β-Strahlen statt der Geschwindigkeiten, die zugehörigen $H\varrho$-Werte anzuführen. Die Energie der β-Strahlen in Erg ist durch die (relativistische) Formel gegeben:

$$E_\beta = m_0 c^2 \left(\frac{1}{\sqrt{1-\beta^2}} - 1\right) = m_0 c^2 \left\{\sqrt{1 + \left(\frac{H\varrho e}{m_0 c}\right)^2} - 1\right\} \tag{8}$$

oder nach Einführen der obigen Zahlenwerte für e/m_0 und c

$$E_\beta = 8{,}120 \cdot 10^{-7} \left\{\sqrt{1 + \frac{(H\varrho)^2}{2{,}897 \cdot 10^6}} - 1\right\} \text{Erg}. \tag{8a}$$

[1] Siehe Fußnote 3 auf S. 127.

[2] R. T. BIRGE, Phys. Rev. Suppl.-Bd. 1, S. 1. 1929; Bd. 40, S. 228. 1932.

Häufig wird die Energie der β-Strahlen in Elektronenvolt angegeben. Dann lautet die voranstehende Formel

$$E_\beta = 5{,}104 \cdot 10^5 \left\{\sqrt{1 + \frac{(H\varrho)^2}{2{,}897 \cdot 10^6}} - 1\right\} \text{Volt.} \tag{8b}$$

DANYSZ hat nun mit seiner Fokussierungsmethode u. a. auch das Spektrum von RaE untersucht[1] und gefunden, daß es aus einem kontinuierlichen Geschwindigkeitsband besteht, das sich von etwa $H\varrho = 1660$ bis $H\varrho = 4670$ erstreckt, was einem Energiebereich von $E_\beta = 204000$ Volt bis $E_\beta = 983000$ Volt entspricht. In späteren Ablenkungsversuchen fanden I. CURIE und J. D'ESPINE[2] eine scharfe Grenze nach der Seite der schnellen Geschwindigkeiten bei $\beta = 0{,}936$ ($H\varrho = 4520$, $E_\beta = 9{,}4 \cdot 10^5$ Volt), eine maximale Intensität im Gebiet $\beta = 0{,}86$—$0{,}80$ und ein unscharfes Ende bei etwa $\beta = 0{,}70$ ($H\varrho = 1660$, $E_\beta = 2{,}04 \cdot 10^5$ Volt).

Neuere Messungen liegen vor von CHAMPION und WANG. CHAMPION[3] untersuchte die in einer Wilsonkammer durch die RaE-β-Strahlen erzeugten Bahnen bei gleichzeitiger Einwirkung eines Magnetfeldes und fand aus der Messung der Krümmung, daß die schnellsten β-Strahlen einem $H\varrho$-Wert von 5500, also einer Energie von $1{,}23 \cdot 10^6$ Volt entsprechen. Jenseits $H\varrho = 5500$ wurden keine Strahlen beobachtet. Das stimmt auch mit früheren Messungen von RIEHL[4], der durch Zählungen mit dem Spitzenzähler fand, daß bei $H\varrho$ von rund 5000 noch einige β-Strahlen vorhanden sind, bei $H\varrho = 5700$ aber die Zahl schon auf Null gesunken ist. WANG[5] benützte Absorptionsmessungen und fand gute Übereinstimmung mit den CHAMPIONschen Resultaten und auch mit ganz alten Messungen von SCHMIDT[6]. Die obere Grenze des Radium-E-Spektrums kann daher als gesichert betrachtet werden. Weniger gut ist die untere Grenze bekannt. Denn alle unvermeidlichen Versuchsfehler, wie Streuung der β-Strahlen in der Quelle selbst, endliche Länge und Breite von Strahlenquelle und Spalt usw. bedingen eine Verschiebung nach kleineren Geschwindigkeiten. Jedenfalls umfaßt aber das primäre β-Strahlspektrum mindestens einen Energiebereich von $1{,}23 \cdot 10^6$ Volt bis herab zu $2 \cdot 10^5$ Volt, d. h. die den Kern verlassenden Elektronen müssen sich in ihren Energien zum Teil um mindestens $1 \cdot 10^6$ Volt unterscheiden.

Auch bei anderen β-strahlenden Substanzen erwies sich das primäre β-Strahlspektrum als kontinuierlich. Bei den meisten dieser Substanzen bilden, wie schon erwähnt, die übergelagerten β-Linien der von den γ-Strahlen ausgelösten Sekundärelektronen eine gewisse Schwierigkeit. Relativ günstig liegen die Verhältnisse beim UX_1, weil die sekundären β-Linien hier durchweg kleinere Geschwindigkeiten haben als das den primären β-Strahlen zugehörige verwaschene Band[7], so daß hier die obere Grenze des primären Spektrums mit Sicherheit angegeben werden kann. Sie liegt bei etwa $H\varrho = 1264$, entsprechend einer Energie von 127000 Volt.

Von anderen Substanzen ist insbesondere RaB, RaC, ThB und ThC + C'', teils durch die Methode der magnetischen Ablenkung, teils durch Absorptionsmessungen untersucht worden. Alle diese Substanzen besitzen kontinuierliche β-Spektra, die bei einer für die betreffende Substanz charakteristischen mittleren Energie ein Maximum der Intensität aufweisen und sowohl nach größeren wie nach kleineren Energien an Stärke abnehmen. Die maximale Energie zeigt eine

[1] J. DANYSZ, l. c.
[2] I. CURIE u. J. D'ESPINE, C. R. Bd. 181, S. 31. 1925.
[3] F. C. CHAMPION, Proc. Roy. Soc. London (A) Bd. 134, S. 672. 1932.
[4] N. RIEHL, ZS. f. Phys. Bd. 46, S. 478. 1928.
[5] K. C. WANG, ZS. f. Phys. Bd. 74, S. 744. 1932.
[6] H. W. SCHMIDT, Phys. ZS. Bd. 8, S. 361. 1907.
[7] L. MEITNER, ZS. f. Phys. Bd. 17, S. 54. 1923.

scharfe Grenze[1]. Nach der Seite der kleinen Energien ist das Spektrum verwaschen und sein Ende unsicher. Da alle diese Substanzen auch γ-Strahlen besitzen und daher sekundäre β-Linien aufweisen, ist es auch nicht ganz sicher, ob die gefundene maximale Energie wirklich das Ende des *kontinuierlichen* Spektrums darstellt. Z. B. ist nach GURNEY für ThC″ diese maximale Energie auf Grund von magnetischen Ablenkungsmessungen zu etwa $2{,}5 \cdot 10^6$ Volt anzunehmen. Anderseits sind für ThC″ mit Sicherheit sekundäre β-Linien bis zu $2{,}65 \cdot 10^6$ Volt nachgewiesen, so daß möglicherweise diese Linien das Ende des Spektrums bilden und das kontinuierliche Spektrum bei kleineren Energien liegen könnte[2].

32. Zahl der bei jedem Zerfall ausgesandten Elektronen. Jedenfalls steht es fest, daß die Kernelektronen kontinuierlich über bestimmte Energiebereiche verteilt sind. Die nächstliegende Annahme, daß die Kernelektronen primär mit der maximal beobachteten Energie emittiert werden und dann durch sekundäre Prozesse eine Verwaschung nach kleineren Energien eintritt, ist vielfach diskutiert worden, hat sich aber schließlich als unrichtig erwiesen. Da ja die maximale Energie nur mit sehr geringer Intensität vertreten ist, müßte, wenn die Verwaschung ein sekundärer Effekt ist, der größte Teil der Kernelektronen durch Abgabe erheblicher Energiemengen schnelle sekundäre Elektronen erzeugen, so daß die Zahl der pro zerfallenden Atomkern auftretenden Elektronen stark von der Größe 1 abweichen müßte. Direkte Zählversuche bei RaE, die wegen des Fehlens eines sekundären Linienspektrums am besten gesichert sind, haben aber ergeben, daß pro zerfallenden Atomkern nur 1,1 bis 1,2 Elektronen auftreten[3], also die Erzeugung sekundärer Elektronen durch die primären β-Strahlen ein zu seltener Prozeß ist, um ihre kontinuierliche Energieverteilung zu erklären.

33. Direkte Bestimmung der mittleren Energie der Zerfallselektronen von RaE. Einen direkten Beweis, daß die Kernelektronen schon primär den Kern mit kontinuierlich verteilten Energien verlassen, ist von ELLIS und WOOSTER[4] erbracht worden. Sie führten nämlich eine Energiebestimmung für die β-Strahlen von RaE durch, indem sie die Strahlen in einem geeigneten Kalorimeter vollständig absorbieren ließen und die dabei auftretende Wärmeentwicklung maßen. Diese umfaßt selbstverständlich die gesamte β-Energie, unabhängig davon, ob diese durch etwaige sekundäre Prozesse in kleinere Teilenergien zerspalten worden ist. Ist die Energie ursprünglich für alle Kernelektronen die gleiche, so muß also die pro zerfallendes Atom erhaltene Wärmeentwicklung der maximalen Energie des kontinuierlichen Spektrums entsprechen. Ist dagegen die Zerfallsenergie schon primär für verschiedene Kerne verschieden, so muß die aus der Wärmeentwicklung pro Kernelektron abgeleitete Energie mit der mittleren Energie des Spektrums zusammenfallen.

ELLIS und WOOSTER benutzten zu ihren Messungen ein kleines Bleikalorimeter von etwa 1,2 mm Wandstärke, so daß alle β-Strahler im Blei absorbiert wurden. Als Strahlenquelle diente ein mit RaE aktivierter Platin- oder Nickeldraht. Um äußere Störungen möglichst zu vermeiden, war symmetrisch ein zweites identisches Kalorimeter eingebaut, in das ein entsprechender inaktiver Draht eingeführt wurde. Die ganze Anordnung war von einem massiven Kupferblock umschlossen. Die Wärmeentwicklung wurde mittels Thermoelementen in

---

[1] R. W. GURNEY, Proc. Roy. Soc. London Bd. 112, S. 380. 1926; E. MADGWICK, Proc. Cambridge Phil. Soc. Bd. 23, S. 982. 1927; J. A. CHALMERS, ebenda Bd. 25, S. 331. 1928; B. W. SARGENT, ebenda Bd. 25, S. 514. 1929.

[2] G. T. P. TARRANT, Proc. Cambridge Phil. Soc. Bd. 28, S. 115. 1932.

[3] K. G. EMELÉUS, Proc. Cambridge Phil. Soc. Bd. 22, S. 400. 1924; N. RIEHL, l. c.

[4] C. D. ELLIS u. W. A. WOOSTER, Proc. Roy. Soc. London (A) Bd. 117, S. 109. 1927.

Verbindung mit einem empfindlichen Galvanometer gemessen. Um aus der gesamten Wärmeentwicklung die pro Kernzerfall (im Mittel) abgegebene Energie zu erhalten, muß man wissen, wieviel Atome während der Beobachtungsdauer zerfallen. Diese Zahl wurde auf einem etwas indirekten Weg ermittelt. Die Messungen ergaben, daß die pro Kernelektron mitgeführte Energie nicht der maximalen Energie im magnetischen Spektrum von $1{,}23 \cdot 10^6$ Volt entspricht, sondern einer sehr viel kleineren, nämlich 350000 Volt $\pm$ 40000 Volt, was also beweist, daß die primären β-Strahlen identischer Atomkerne kontinuierlich verteilte Energien mit sich führen.

Die Versuche von ELLIS und WOOSTER wurden von MEITNER und ORTHMANN[1] unter etwas verbesserten Bedingungen wiederholt. Es wurden sehr reine RaE-Präparate hergestellt und durch Bestimmung ihrer Stärke in Radiumäquivalenten direkt die Zahl der pro Sekunde zerfallenden RaE-Atome erhalten[2]. Für die Messung der Wärmeentwicklung diente ein besonders konstruiertes Differentialkalorimeter[3], das aus zwei möglichst gleichen zylindrischen Kalorimetergefäßen aus Kupfer bestand. Die zur Aufnahme der Strahlenquelle bestimmte Ausbohrung, die durch eine mit Pumpkanal versehene Schraube verschließbar war, hatte einen Durchmesser von 4 mm und eine Tiefe von 8 mm und war nach allen Seiten von mindestens 4 mm Metall umgeben. Ein ringförmiger Kanal um die Ausbohrung diente zur Aufnahme von 15 Thermoelementen. Eine Heizwicklung aus Konstantandraht wurde entsprechend angebracht. Zur Messung des Thermostroms diente ein Drehspulgalvanometer nach ZERNIKE. Die Apparatur gestattet die Absolutbestimmung einer Wärmeentwicklung von $5 \cdot 10^{-3}$ cal pro Stunde mit einem maximalen Fehler von 4%. Die Messungen ergaben für die mittlere Energie eines primären β-Teilchens von RaE den Wert von 337000 Volt $\pm$ 20000 Volt, also eine sehr gute Bestätigung des von ELLIS und WOOSTER erhaltenen Wertes.

Durch besondere Versuche wurde in dieser Arbeit noch festgestellt, daß RaE kein kontinuierliches γ-Strahlspektrum emittiert, das etwa die Inhomogenität der in Form von β-Strahlung abgegebenen Zerfallsenergie kompensieren könnte.

Man steht also nach diesen Ergebnissen vor der Schwierigkeit, daß die Energie der von gleichen Kernen emittierten β-Strahlen innerhalb sehr weiter Grenzen kontinuierlich verteilt ist. Trotzdem ist aber die Lebensdauer eines derartigen β-strahlenden Elements eine ganz definierte und unabhängig davon, ob man bei der Messung seiner Zerfallskonstante die zeitliche Intensitätsabnahme seiner energiereichsten oder die seiner energieärmeren β-Strahlen zugrunde legt. BASTINGS[4] hat solche Vergleichsmessungen für RaE bis zu etwa 6% der Anfangsintensität herab ausgeführt und gefunden, daß die mittlere Abweichung der Zerfallskonstante für beide Meßreihen nur 2‰ betrug, was der vorhandenen Fehlergrenze entsprach. Das besagt also, daß die Wahrscheinlichkeit der Aussendung primärer β-Strahlen innerhalb großer Energiebereiche die gleiche ist, während ja beim α-Zerfall die Zerfallskonstante λ außerordentlich schnell mit der Energie des α-Teilchens variiert.

Außerdem müssen die verschiedenen RaE-Kerne je nach der Energie des ausgesandten Kernelektrons in ganz verschiedenen Energiezuständen zurückbleiben, da ja, wie oben gezeigt, keinerlei γ-Strahlung vorhanden ist, die diese Energiedifferenzen aufheben könnte. Gleichwohl sendet das aus RaE durch

[1] L. MEITNER u. W. ORTHMANN, ZS. f. Phys. Bd. 60, S. 143. 1930.
[2] E. WALLING, ZS. f. phys. Chem. Bd. 7, S. 74. 1930.
[3] W. ORTHMANN, ZS. f. Phys. Bd. 60, S. 137. 1930.
[4] L. BASTINGS, Phil. Mag. (6) Bd. 48, S. 1025. 1924.

den β-Zerfall entstehende Polonium α-Strahlen scharf definierter Energie aus. Also bliebe nur der Ausweg, daß das schließlich entstehende inaktive Uranblei Atomkerne mit kontinuierlich verteilten Energiezuständen, also mit kontinuierlich verteilten Massen enthält. Wenn auch die durch die Inhomogenität der RaE-β-Strahlen bedingten Massenunterschiede maximal nur etwa 0,0015 Atomgewichtseinheiten betragen würden, also aus den derzeitigen Atomgewichtsbestimmungen nicht nachweisbar wären, so ist die Annahme kontinuierlich verteilter Massen an sich schwierig, weil bei einer Reihe homöopolarer zweiatomiger Moleküle aus bandenspektroskopischen Messungen folgt, daß sie wirklich aus vollkommen identischen Atomen aufgebaut sind (Ausfallen jeder zweiten Linie im Bandenspektrum bzw. Intensitätswechsel[1]).

Es ist mehrfach unternommen worden, einen gangbaren Ausweg aus der durch die Kontinuierlichkeit des primären β-Strahlspektrums geschaffenen Schwierigkeit zu finden[2]. Aber alle diese Versuche verlangen einen die Energiedifferenz kompensierenden zweiten Prozeß, wenn man an der Gültigkeit des Energiegesetzes auch für den Einzelprozeß festhalten will. Da ein solcher Prozeß nicht nachweisbar ist, so ist besonders von N. BOHR auf die Möglichkeit hingewiesen worden, daß der Energiesatz bei diesen Prozessen tatsächlich nur mehr statistisch gilt, weil es überhaupt unberechtigt sei, von der *individuellen* Existenz eines Elektrons *im Kern* zu sprechen. Denn auch die spektroskopischen Untersuchungen über Kernspin haben, wie schon bei der Darlegung des Aufbaus der Atomkerne aus Protonen und Elektronen erwähnt wurde, zu der Annahme geführt, daß die Elektronen innerhalb der Kerne andere Eigenschaften haben müssen als freie Elektronen. Es läßt sich auch aus der HEISENBERGschen Unsicherheitsrelation zeigen[3], daß die Kernelektronen Geschwindigkeiten nahe der Lichtgeschwindigkeit besitzen müssen und daher eine relativistische Quantenmechanik verlangen, deren Entwicklung derzeit noch auf große Schwierigkeiten stößt. Jedenfalls liegt in den kontinuierlichen Energien der Kernelektronen eines der fundamentalen Kernprobleme vor.

Die sekundären β-Strahlen und die γ-Strahlen.

34. Ursprung der homogenen β-Strahlgruppen. Wie schon erwähnt, wissen wir heute, daß die bei verschiedenen radioaktiven Substanzen durch Messung der Ablenkung im Magnetfeld nachgewiesenen Linienspektra der β-Strahlen sekundären Ursprungs sind. Sie werden zum größten Teil durch die Kern-γ-Strahlen bei deren Durchgang durch die Elektronenhülle des eigenen Kerns erzeugt[4]; ein kleiner Teil der beobachteten β-Linien kommt dadurch zustande, daß die von den γ-Strahlen hervorgerufene Elektronenauslösung eine Anregung des betreffenden Elektronenniveaus bedeutet und die damit verknüpfte Emissionsmöglichkeit von Röntgenstrahlen durch sog. Rosselandeffekte (Stöße zweiter Art) auch wieder zur Emission monochromatischer β-Strahlgruppen führt[5].

Das Auftreten dieser Spektra mit homogenen β-Gruppen ist ein sicherer Beweis für das Vorhandensein monochromatischer γ-Linien und bietet zugleich die Möglichkeit, die Wellenlänge dieser γ-Linien zu bestimmen. Wir werden noch weiter unten zeigen, daß diese Auslösung von β-Gruppen durch die γ-Strahlen

[1] R. MECKE, ZS. f. Phys. Bd. 31, S. 709. 1925.

[2] G. P. THOMSON, Phil. Mag. (7) Bd. 7, S. 405. 1929; J. KUDAR, ZS. f. Phys. Bd. 60, S. 168, 176 u. 686. 1930.

[3] Vgl. G. GAMOW, Bau des Atomkerns, l. c.

[4] C. D. ELLIS, Proc. Roy. Soc. London (A) Bd. 99, S. 261. 1921; L. MEITNER, ZS. f. Phys. Bd. 9, S. 145. 1922; Bd. 26, S. 169. 1924.

[5] ROSSELAND, ZS. f. Phys. Bd. 14, S. 173. 1923; L. MEITNER, ZS. f. Phys. Bd. 17, S. 54. 1923.

nicht als gewöhnlicher Photoeffekt aufzufassen ist. Aber die Energiebilanz dieses Prozesses verläuft ebenso wie beim Photoeffekt. Der Wellenstrahl überträgt seine gesamte Energie auf ein in den getroffenen Atomen gebundenes Elektron. Das Elektron wird dadurch aus dem Atomverband losgelöst, und die Energie des Wellenstrahls E_γ erscheint in der Ablösungsarbeit A und der kinetischen Energie E_β des herausgeworfenen Elektrons, entsprechend der EINSTEINschen Gleichung

$$E_\gamma = h\nu_\gamma = E_\beta + A\,. \tag{9}$$

Für die Größe A sind die zu verschiedenen K-, L-, M- usw. Niveaus zugehörigen Ablösungsarbeiten einzusetzen, die mit K, L, M usw. bezeichnet sein mögen. h bedeutet die PLANCKsche Konstante, ν_γ die Frequenz der γ-Strahlen. Es leuchtet unmittelbar ein, daß wegen der Möglichkeit der Auslösung in verschiedenen Niveaus der äußeren Elektronenhülle eine einzige monochromatische γ-Strahlung sekundäre β-Strahlengruppen verschiedener Energien erzeugen kann. Aber diese verschiedenen Energien müssen sich um Beträge unterscheiden, die den Energiedifferenzen der K-, L-, M- usw. Niveaus des betreffenden Atoms entsprechen. Die Richtigkeit dieser Auffassung konnte dadurch geprüft werden, daß man die γ-Strahlen der radioaktiven Elemente auf verschiedene Substanzen auffallen ließ und die in diesen ausgelösten sekundären β-Strahlen (sog. Fremderregung) im Magnetfeld auf ihre Energie untersuchte. Wenn die radioaktiven Substanzen monochromatische γ-Strahlen aussenden, so müssen in den verschiedenen Substanzen charakteristische β-Strahlengruppen ausgelöst werden, deren Energien Unterschiede aufweisen, die den Differenzen in den Ablösungsarbeiten der betreffenden Substanzen entsprechen. Solche Untersuchungen sind nun tatsächlich mit den γ-Strahlen von RaB von C. D. ELLIS und C. D. ELLIS und SKINNER[1] und mit den γ-Strahlen von ThB von L. MEITNER[2] durchgeführt worden, und sie haben die obigen Überlegungen durchweg als richtig erwiesen. In neuerer Zeit hat vor allem J. THIBAUD[3] die γ-Strahlen von Radium B + C und von Mesothor 2 auf eine große Zahl von absorbierenden Materialien, vom Uran bis Kupfer auffallen lassen, und die erhaltenen Resultate bestätigen gleichfalls die Richtigkeit der angenommenen Verknüpfung zwischen monochromatischen γ-Linien und homogenen β-Strahlgruppen.

Diese Erkenntnis war in zweifacher Hinsicht von Bedeutung. Die homogenen β-Strahlgruppen waren durch magnetische Ablenkungsmessungen in der bei der Besprechung der primären β-Strahlen beschriebenen Weise für viele radioaktive Substanzen schon seit langem festgestellt worden[4], aber man hatte sie ursprünglich für die Zerfallselektronen gehalten. Nun waren aber solche homogene β-Strahlgruppen von HAHN und MEITNER auch bei einer Reihe von typischen α-Strahlern beobachtet worden[5], wie Radium, Radiothor, Radioactinium usw., und wenn diese aus dem Kern stammen sollten, so mußten die betreffenden Substanzen den Ausgangspunkt einer Verzweigung bilden. HAHN und MEITNER[6] erbrachten in einer späteren Arbeit den direkten Beweis, daß bei den genannten Substanzen sicher kein einer Kern-β-Strahlung entsprechendes

[1] C. D. ELLIS, Proc. Roy. Soc. London (A) Bd. 99, S. 261. 1921; C. D. ELLIS u. H. W. SKINNER, ebenda Bd. 105, S. 165. 1923.

[2] L. MEITNER, ZS. f. Phys. Bd. 9, S. 145. 1922.

[3] J. THIBAUD, C. R. Bd. 178, S. 1706; Bd. 179, S. 165. 1924; M. DE BROGLIE u. J. CABRERA, Journ. de phys. Bd. 6, S. 224. 1923.

[4] O. v. BAEYER, O. HAHN u. L. MEITNER, Phys. ZS. Bd. 12, S. 273 u. 378. 1911; Bd. 13, S. 264. 1912; J. DANYSZ, l. c.; E. RUTHERFORD u. H. ROBINSON, Phil. Mag. Bd. 26, S. 7171. 1913.

[5] O. HAHN u. L. MEITNER, Phys. ZS. Bd. 10, S. 741. 1909.

[6] O. HAHN u. L. MEITNER, ZS. f. Phys. Bd. 2, S. 61. 1920.

Umwandlungsprodukt vorhanden sei. Die vorhandenen β-Strahlen mußten also hier zweifellos sekundären Ursprungs sein. Die voranstehend erwähnten Untersuchungen über den Ursprung der β-Gruppen haben dies auch bestätigt und damit eine ausreichende Erklärung für das Auftreten homogener β-Gruppen sowohl bei α- als bei β-Zerfall geschaffen. Man bezeichnet diese den radioaktiven Elementen zugehörigen Spektra im Gegensatz zu den durch Fremderregung erzeugten als „natürliche" β-Strahlspektra.

Mit dieser Erklärung ist aber nach Gleichung (9) auch die Möglichkeit gegeben, durch Ausmessung der Energien der natürlichen β-Strahlgruppen die Energie und damit die Frequenz der auslösenden γ-Linien zu erhalten.

Bevor die Bedingungen für die richtige Bestimmung der γ-Wellenlängen nach dieser Methode näher besprochen werden, seien hier erst die Daten über die bisher ausgemessenen β-Strahlspektren der verschiedenen radioaktiven Elemente

Abb. 20a. Spektrum von RaD.

Abb. 20b. Teil des Spektrums von ThB + C.

zusammengestellt. Zunächst zeigen die Abb. 20a bis d einige charakteristische Aufnahmen im Magnetfeld mittels der oben beschriebenen DANYSZschen Methode.

Abb. 20a zeigt das sehr einfache, fünf Linien umfassende Spektrum des β-Strahlers RaD. Die Linien umfassen einen Energiebereich von etwa 31000 bis 47000 Volt. Abb. 20b stellt einen kleinen Teil des linienreichen Spektrums von ThB + C (β-Strahler) dar, und zwar in einem Energiebereich von 60000 bis 100000 Volt.

Die beiden weiteren Abb. 20c und 20d zeigen die Spektra zweier α-Strahler, und zwar Abb. 20c das aus nur drei Linien bestehende Spektrum des Radiums, Abb. 20d einen Teil des sehr komplizierten Spektrums von Radioactinium.

Abb. 20c. Spektrum von Radium.

Abb. 20d. Teil des Spektrums von Radioactinium.

In den folgenden Tabellen sind die numerischen Daten für die β-Strahlenspektra der radioaktiven Substanzen, soweit sie neuerlich ausgemessen worden sind, zusammengestellt, und zwar die Intensität der β-Linien, die Geschwindigkeiten gemessen durch $H \cdot \varrho$ (magnetische Feldstärke $\times$ Radius der durch das Magnetfeld bedingten Kreisbahn) und die Energien in Volt. Neben dem Namen des Elements ist in Klammer die die Atomumwandlung bedingende, also aus dem Kern stammende Korpuskularstrahlung (α oder β) angegeben. Die Genauigkeit der Messung ist für die verschiedenen Substanzen recht verschieden. Sie hängt im wesentlichen von zwei Bedingungen ab, nämlich von der Möglichkeit, die zu untersuchende Substanz in praktisch unendlich dünner Schicht als lineare Strahlenquelle herstellen zu können und von der Homogenität und exakten Ausmeßbarkeit des magnetischen Feldes. Die erste Bedingung ist am besten bei den aktiven Niederschlägen RaB + C und ThB + C zu erfüllen. Außerdem haben ELLIS und SKINNER[1] für die drei stärksten Linien von RaB sehr genaue

[1] C. D. ELLIS u. H. W. SKINNER, Proc. Roy. Soc. London (A) Bd. 105, S. 60. 1924.

Messungen der absoluten Energien durchgeführt und alle anderen Linien von RaB + C auf diese Eichlinien bezogen. Daher sind diese β-Gruppen mit der größten Genauigkeit ausgemessen, so daß hier der Fehler in der absoluten Geschwindigkeitsbestimmung wahrscheinlich kleiner als 0,3% ist. Die *relativen* Geschwindigkeiten der verschiedenen Gruppen sind natürlich mit erheblich größerer Genauigkeit bekannt, soweit sie auf ein und dieselbe Eichlinie bezogen sind.

Tabelle 10. β-Strahlspektrum von UX_1[1] (β-Strahlen).

Nr. der Linie	Intensität visuell geschätzt	$H \cdot \varrho$	Energie in Volt
1	stark	927	$0{,}712 \cdot 10^5$
2	sehr schwach	956	$0{,}749 \cdot 10^5$
3	mittelstark	1034	$0{,}869 \cdot 10^5$
4	schwach	1060	$0{,}912 \cdot 10^5$

Das Spektrum von UX_1 (Tab. 10) weist außer den angeführten noch einige sehr schwache langsame Linien auf ($H\varrho < 900$), bei denen nicht entschieden werden kann, ob sie UX_1 oder UX_2 angehören. Die Linie 4 ist möglicherweise eine Doppellinie.

Die in Tabelle 11 angegebenen Linien stellen sicher nur einen kleinen Teil des wirklichen Spektrums von UX_2 dar. Die Linien sind alle sehr schwach und durch die Überlagerung des in diesem Gebiet sehr intensiven primären β-Kontinuums schwer auszumessen.

Tabelle 11. β-Strahlspektrum von UX_2[2] (β-Strahlen).

Nr. der Linie	Intensität visuell geschätzt	$H \cdot \varrho$	Energie in Volt
1	schwach	3622	$6{,}93 \cdot 10^5$
2	schwach	3710	$7{,}14 \cdot 10^5$
3	stark	3765	$7{,}29 \cdot 10^5$
4	schwach	4017	$8{,}05 \cdot 10^5$
5	mittel	4140	$8{,}33 \cdot 10^5$

Für Uran $X_1 + X_2$ ist eine getrennte Aufnahme der β-Spektra der einzelnen Produkte nicht möglich, da UX_2 nur eine Halbwertszeit von 1,4 Minuten besitzt. Durch Kombination der magnetischen Ablenkungsmessungen mit Absorptionsmessungen, die einerseits für U ($X_1 + X_2$), anderseits für Uran X_2 allein ausgeführt wurden, konnte mit einiger Sicherheit die Zuordnung der β-Linien, die dem UX_1 bzw. UX_2 angehören, durchgeführt werden. Die angegebenen Intensitäten sind visuelle Schätzungen. Beim UX_2 ist bisher nur ein Teil der wirklich vorhandenen Linien erfaßt.

Tabelle 12. β-Strahlspektrum des Ra[3] (α-Strahlen).

Nr. der Linie	Intensität (geschätzt)	$H \cdot \varrho$	Energie in Volt
1	stark	1037	$0{,}880 \cdot 10^5$
2	mittelstark	1508	$1{,}72 \cdot 10^5$
3	schwach	1575	$1{,}85 \cdot 10^5$

Die in Tab. 13 angeführten Werte beruhen fast ausschließlich auf Messungen von C. D. Ellis und seinen Mitarbeitern[4]. Die angegebenen (relativen) Intensitäten sind durch photometrische Schwärzungsmessungen gewonnen, wobei auf die Abhängigkeit der Schwärzung von der Geschwindigkeit der β-Strahlen und die Intensitätsverteilung innerhalb der einzelnen Linien korrigiert wurde[5]. Diese Korrekturen sind nicht ganz einfach, und es ist daher schwer, etwas über die Genauigkeitsgrenze der Intensitätswerte zu sagen. Die Intensitätsangaben für RaB und RaC sind untereinander vergleichbar, da sie auf die gleiche Zahl zerfallender Atome bezogen sind.

[1] L. Meitner, ZS. f. Phys. Bd. 17, S. 54. 1923 und neue unveröffentlichte Messungen.

[2] L. Meitner, nicht veröffentlichte Messungen.

[3] O. Hahn u. L. Meitner, ZS. f. Phys. Bd. 26, S. 161. 1924.

[4] C. D. Ellis u. H. W. B. Skinner, Proc. Roy. Soc. London (A) Bd. 105, S. 60 u. 165. 1924.

[5] C. D. Ellis u. W. A. Wooster, Proc. Roy. Soc. London (A) Bd. 114, S. 276. 1927; C. D. Ellis u. G. H. Aston, ebenda Bd. 129, S. 180. 1930.

Tabelle 13. β-Strahlspektrum des Radium B (β-Strahlen).

Nr. der Linie	Gemessene Intensität	$H\varrho$-Werte	Energie in Volt	Nr. der Linie	Gemessene Intensität	$H\varrho$-Werte	Energie in Volt
1	17	660,9	$0{,}3725 \cdot 10^5$	17	80	1410	$1{,}529 \cdot 10^5$
2	5	667,0	$0{,}3792 \cdot 10^5$	18	3,9	1496	$1{,}697 \cdot 10^5$
3	1	687,0	$0{,}4016 \cdot 10^5$	19	2,1	1576	$1{,}860 \cdot 10^5$
4	11	768,8	$0{,}4983 \cdot 10^5$	20	9,1	1677	$2{,}067 \cdot 10^5$
5	8	793,1	$0{,}5288 \cdot 10^5$	21	10	1774	$2{,}275 \cdot 10^5$
6	4	799,1	$0{,}5365 \cdot 10^5$	22	2,5	1832	$2{,}402 \cdot 10^5$
7	2	833,0	$0{,}5806 \cdot 10^5$	23	0,5	1850[1]	$2{,}442 \cdot 10^5$
8	5	838	$0{,}5872 \cdot 10^5$	24	100	1938	$2{,}638 \cdot 10^5$
9	2	855,4	$0{,}6106 \cdot 10^5$	25	12	2015	$2{,}824 \cdot 10^5$
10	5	860,9	$0{,}6172 \cdot 10^5$	26	2,1	(2064)[2]	$2{,}926 \cdot 10^5$
11	1,5	877,8	$0{,}6412 \cdot 10^5$	27	1,5	(2110)[2]	$3{,}033 \cdot 10^5$
12	1,5	896,0[1]	$0{,}6667 \cdot 10^5$	28	16	2256	$3{,}379 \cdot 10^5$
13	3	926,2	$0{,}7094 \cdot 10^5$	29	8	2307	$3{,}502 \cdot 10^5$
14	3	949,2	$0{,}7426 \cdot 10^5$	30	1,5	2321	$3{,}536 \cdot 10^5$
15	2	1155	$1{,}068 \cdot 10^5$	31	1,5	2433	$3{,}809 \cdot 10^5$
16	1	1209	$1{,}160 \cdot 10^5$	32	1,5	2480	$3{,}925 \cdot 10^5$

Tabelle 14. β-Strahlspektrum von Radium C (β-Strahlen).

Nr. der Linie	Gemessene Intensität	$H\varrho$-Werte	Energie in Volt	Nr. der Linie	Gemessene Intensität	$H\varrho$-Werte	Energie in Volt
1	s. schw.	703	$0{,}420 \cdot 10^5$	33	0,4	5136	$11{,}134 \cdot 10^5$
2	s. schw.	848	$0{,}601 \cdot 10^5$	34	0,2	5178	$11{,}256 \cdot 10^5$
3	s. schw.	871	$0{,}632 \cdot 10^5$	35	0,68	5281	$11{,}550 \cdot 10^5$
4	s. schw.	896	$0{,}667 \cdot 10^5$	36	0,16	5428	$11{,}970 \cdot 10^5$
5	s. schw.	944	$0{,}725 \cdot 10^5$	37	0,16	5552	$12{,}327 \cdot 10^5$
6	s. schw.	964	$0{,}764 \cdot 10^5$	38	0,17	5708	$12{,}755 \cdot 10^5$
7	0,1	1379	$1{,}470 \cdot 10^5$	39	4,76	5904	$13{,}340 \cdot 10^5$
8	0,1	1438	$1{,}582 \cdot 10^5$	40	0,2	5948	$13{,}467 \cdot 10^5$
9	1,0	1557	$1{,}819 \cdot 10^5$	41	0,2	6030	$13{,}704 \cdot 10^5$
10	0,2	1586	$1{,}882 \cdot 10^5$	42	0,70	6161	$14{,}082 \cdot 10^5$
11	0,2	1834	$2{,}406 \cdot 10^5$	43	0,26	6212	$14{,}324 \cdot 10^5$
12	0,1	1912	$2{,}580 \cdot 10^5$	44	0,07	6350	$14{,}629 \cdot 10^5$
13	0,5	2085	$2{,}975 \cdot 10^5$	45	0,05	6523	$15{,}131 \cdot 10^5$
14	0,1	2156	$3{,}142 \cdot 10^5$	46	0,05	6656	$15{,}518 \cdot 10^5$
15	0,3	2256	$3{,}379 \cdot 10^5$	47	0,05	6800	$15{,}937 \cdot 10^5$
16	0,1	2390	$3{,}704 \cdot 10^5$	48	0,13	6932	$16{,}321 \cdot 10^5$
17	0,1	2550	$4{,}100 \cdot 10^5$	49	0,13	6998	$16{,}515 \cdot 10^5$
18	0,2	2720	$4{,}529 \cdot 10^5$	50	0,79	7109	$16{,}838 \cdot 10^5$
19	0,1	2840	$4{,}848 \cdot 10^5$	51	0,06	7240	$17{,}222 \cdot 10^5$
20	0,1	2890	$4{,}965 \cdot 10^5$	52	0,18	7380	$17{,}631 \cdot 10^5$
21	7,6	2980	$5{,}199 \cdot 10^5$	53	0,04	7530	$18{,}069 \cdot 10^5$
22	0,5	3145	$5{,}632 \cdot 10^5$	54	0,04	7690	$18{,}537 \cdot 10^5$
23	0,5	3203	$5{,}785 \cdot 10^5$	55	0,04	7974	$19{,}370 \cdot 10^5$
24	1,7	3271	$5{,}966 \cdot 10^5$	56	0,04	8090	$19{,}710 \cdot 10^5$
25	0,3	3307	$6{,}062 \cdot 10^5$	57	0,04	8313	$20{,}365 \cdot 10^5$
26	0,3	3326	$6{,}113 \cdot 10^5$	58	0,18	8617	$21{,}259 \cdot 10^5$
27	0,6	3584	$6{,}807 \cdot 10^5$	59	0,04	8885	$22{,}047 \cdot 10^5$
28	0,4	3824	$7{,}462 \cdot 10^5$	60	0,04	9165	$22{,}874 \cdot 10^5$
29	0,77	4196	$8{,}489 \cdot 10^5$	61	0,04	9425	$23{,}641 \cdot 10^5$
30	0,5	4404	$9{,}070 \cdot 10^5$	62	0,04	9655	$24{,}320 \cdot 10^5$
31	2,42	4866	$10{,}370 \cdot 10^5$	63	0,04	10020	$25{,}390 \cdot 10^5$
32	0,2	4991	$10{,}747 \cdot 10^5$				

In einer neueren Arbeit über RaC gibt ELLIS an[3], daß er die Linien 41 und 48 nicht beobachten konnte, den Linien 55 und 57 dagegen eine doppelt so große

[1] Die Werte dieser Linien sind weniger genau.
[2] Diese Linien gehören vielleicht nicht dem RaB, sondern dem RaC an.
[3] C. D. ELLIS, Proc. Cambridge Phil. Soc. Bd. 27, S. 277. 1931.

Intensität zukommt, als in Tabelle 14 angegeben ist. Außerdem sollen zwischen $H\varrho = 5552$ bis $H\varrho = 9165$ noch acht neue sehr schwache Linien vorhanden sein.

Die relativen Intensitäten der drei stärksten Linien von RaD (Tab. 15) sind aus photometrischen Bestimmungen von MEITNER entnommen, die der zwei schwachen aus visuellen Schwärzungsschätzungen von BLACK. Die Intensität der stärksten Linie ist willkürlich gleich 50 gesetzt.

Tabelle 15. β-Strahlspektrum von Radium D[1] (β-Strahlen).

Nr. der Linie	Intensität	$H\varrho$	Energie in Volt
1	50	600	$3{,}09 \cdot 10^4$
2	2	606	$3{,}15 \cdot 10^4$
3	0,5	628	$3{,}38 \cdot 10^4$
4	35	714	$4{,}33 \cdot 10^4$
5	10	739	$4{,}62 \cdot 10^4$

Tabelle 16. β-Strahlspektrum von Mesothor 2 (β-Strahlen)[2].

Nr. der Linie	Intensität	$H\varrho$-Werte	Energie in Volt	Nr. der Linie	Intensität	$H\varrho$-Werte	Energie in Volt
1	100	668	$0{,}381 \cdot 10^5$	17	20	1,469	$1{,}644 \cdot 10^5$
2	85	700	$0{,}416 \cdot 10^5$	18	6	1,538	$1{,}782 \cdot 10^5$
3	65	796	$0{,}532 \cdot 10^5$	19	16	1,692	$2{,}099 \cdot 10^5$
4	45	822	$0{,}566 \cdot 10^5$	20	8	1,782	$2{,}291 \cdot 10^5$
5	6	842	$0{,}593 \cdot 10^5$	21	6	2,094	$2{,}99 \cdot 10^5$
6	4	870	$0{,}631 \cdot 10^5$	22	2	2,173	$3{,}18 \cdot 10^5$
7	16	907	$0{,}682 \cdot 10^5$	23	8	2,317	$3{,}52 \cdot 10^5$
8	50	953	$0{,}749 \cdot 10^5$	24	4	2,679	$4{,}42 \cdot 10^5$
9	36	982	$0{,}791 \cdot 10^5$	25	2	2,738	$4{,}58 \cdot 10^5$
10	16	1,077	$0{,}929 \cdot 10^5$	26	6	4,035	$8{,}04 \cdot 10^5$
11	35	1,170	$1{,}093 \cdot 10^5$	27	3	4,238	$8{,}61 \cdot 10^5$
12	25	1,191	$1{,}129 \cdot 10^5$	28	2	4,371	$8{,}97 \cdot 10^5$
13	22	1,257	$1{,}245 \cdot 10^5$	29	2	4,555	$9{,}49 \cdot 10^5$
14	6	1,276	$1{,}279 \cdot 10^5$	30	1	6,468	$14{,}97 \cdot 10^5$
15	4	1,308	$1{,}337 \cdot 10^5$	31	1	6,604	$15{,}37 \cdot 10^5$
16	18	1,345	$1{,}406 \cdot 10^5$				

Die genauesten Messungen für $MsTh_2$ (getrennt von RdTh) dürften die von BLACK sein, dessen Zahlenwerte hier auch verwendet worden sind. Die Intensitäten sind visuell geschätzt, wobei die photographisch intensivste Linie gleich 100 gesetzt wurde.

Tabelle 17. β-Strahlspektrum von Radiothor (α-Strahlen)[3].

Nr. der Linie	Intensität	$H\varrho$	Energie in Volt
1	sehr schwach	806	$5{,}47 \cdot 10^4$
2	sehr schwach	827	$5{,}67 \cdot 10^4$
3	sehr stark	891	$6{,}56 \cdot 10^4$
4	stark	911	$6{,}88 \cdot 10^4$
5	mittel	988	$8{,}01 \cdot 10^4$
6	schwach	1010	$8{,}34 \cdot 10^4$

Das β-Strahlspektrum von ThB (Tab. 18) ist in neuerer Zeit von verschiedenen Seiten aufgenommen worden[4]. Am genauesten sind vermutlich die Messungen von BLACK, die an die früher erwähnten Eichmessungen von ELLIS und SKINNER für RaB angeschlossen sind. Die Tabelle 18 enthält im wesentlichen die BLACKschen Werte und seine visuell geschätzten Intensitäten.

Die Untersuchung des β-Spektrums von ThC″ wurde bisher stets mit ThC + C″ ausgeführt. Da ThC, wie zuerst von HAHN und MEITNER gezeigt worden

[1] L. MEITNER, ZS. f. Phys. Bd. 11, S. 35. 1922; D. H. BLACK, Proc. Roy. Soc. London (A) Bd. 109, S. 166. 1925; L. F. CURTIS, Phys. Rev. Bd. 27, S. 257. 1926.

[2] O. v. BAEYER, O. HAHN u. L. MEITNER, Phys. ZS. Bd. 13, S. 264. 1912; D. H. BLACK, Proc. Roy. Soc. London (A) Bd. 106, S. 632. 1924; D. YOVANOVICH et J. D'ESPINE, C. R. Bd. 178, S. 1810; Bd. 17, S. 54. 1923.

[3] L. MEITNER, ZS. f. Phys. Bd. 52, S. 637. 1928.

[4] L. MEITNER, ZS. f. Phys. Bd. 9, S. 131. 1922; C. D. ELLIS, Proc. Roy. Soc. London (A) Bd. 101, S. 1. 1922; D. H. BLACK, ebenda Bd. 109, S. 166. 1925; D. YOVANOVICH u. J. D'Espine, C. R. Bd. 180, S. 202. 1925.

Tabelle 18. β-Spektrum von Thor B (β-Strahlen).

Nr. der Linie	Intensität	$H\varrho$	Energie in Volt	Nr. der Linie	Intensität	$H\varrho$	Energie in Volt
1	10	835	$0{,}583 \cdot 10^5$	10	4	1452	$1{,}610 \cdot 10^5$
2	4	856	$0{,}611 \cdot 10^5$	11	30	1701	$2{,}118 \cdot 10^5$
3	2	926	$0{,}709 \cdot 10^5$	12	80	1764	$2{,}254 \cdot 10^5$
4	2	946	$0{,}738 \cdot 10^5$	13	30	1820	$2{,}376 \cdot 10^5$
5	4	1020	$0{,}849 \cdot 10^5$	14	6	1831	$2{,}399 \cdot 10^5$
6	20	1118	$1{,}006 \cdot 10^5$	15	1	1926	$2{,}605 \cdot 10^5$
7	1	1185	$1{,}119 \cdot 10^5$	16	3	2037	$2{,}854 \cdot 10^5$
8	30	1352	$1{,}419 \cdot 10^5$	17	1	2095	$2{,}998 \cdot 10^5$
9	200	1398	$1{,}506 \cdot 10^5$				

Tabelle 19. β-Spektrum von Thor C″ (β-Strahlen).

Nr. der Linie	Intensität	$H\varrho$	Energie in Volt	Nr. der Linie	Intensität	$H\varrho$	Energie in Volt
1	sehr stark	541	$0{,}252 \cdot 10^5$	25	mittelstark	1939	$2{,}640 \cdot 10^5$
2	stark	548	$0{,}259 \cdot 10^5$	26	mittelstark	1990	$2{,}756 \cdot 10^5$
3	mittel	568	$0{,}278 \cdot 10^5$	27	schwach	2312	$3{,}515 \cdot 10^5$
4	sehr stark	658	$0{,}369 \cdot 10^5$	28	schwach	2475	$3{,}913 \cdot 10^5$
5	mittel	668	$0{,}380 \cdot 10^5$	29	sehr stark	2622	$4{,}281 \cdot 10^5$
6	stark	684	$0{,}398 \cdot 10^5$	30	sehr stark	2913	$5{,}025 \cdot 10^5$
7	mittel	689	$0{,}404 \cdot 10^5$	31	mittel	2961	$5{,}150 \cdot 10^5$
8	schwach	830	$0{,}577 \cdot 10^5$	32	mittel	3057	$5{,}400 \cdot 10^5$
9	schwach	960	$0{,}758 \cdot 10^5$	33	stark	3182	$5{,}729 \cdot 10^5$
10	schwach	1056	$0{,}906 \cdot 10^5$	34[1]	mittel	3223	$5{,}840 \cdot 10^5$
11	mittel	1157	$1{,}071 \cdot 10^5$	35	mittelstark	3482	$6{,}397 \cdot 10^5$
12	mittelstark	1249	$1{,}231 \cdot 10^5$	36	mittelstark	3650	$6{,}990 \cdot 10^5$
13	schwach	1278	$1{,}283 \cdot 10^5$	37[1]	mittel	3705	$7{,}14 \cdot 10^5$
14	mittelstark	1373	$1{,}458 \cdot 10^5$	38	schwach	3910	$7{,}70 \cdot 10^5$
15	schwach	1421	$1{,}550 \cdot 10^5$	39	stark	3960	$7{,}836 \cdot 10^5$
16	mittel	1478	$1{,}661 \cdot 10^5$	40	schwach	4040	$8{,}057 \cdot 10^5$
17	mittel	1501	$1{,}706 \cdot 10^5$	41	schwach	4310	$8{,}81 \cdot 10^5$
18	sehr stark	1604	$1{,}915 \cdot 10^5$	42[1]	sehr schwach	5200	$11{,}34 \cdot 10^5$
19	mittel	1623	$1{,}954 \cdot 10^5$	43[1]	sehr schwach	5380	$11{,}84 \cdot 10^5$
20	stark	1665	$2{,}042 \cdot 10^5$	44[1]	schwach	9910	$25{,}2 \cdot 10^5$
21	schwach	1723	$2{,}165 \cdot 10^5$	45	stark	10080	$25{,}58 \cdot 10^5$
22	schwach	1817	$2{,}369 \cdot 10^5$	46	mittel	10340	$26{,}35 \cdot 10^5$
23	mittel	1852	$2{,}446 \cdot 10^5$	47	schwach	10380	$26{,}46 \cdot 10^5$
24	schwach	1916	$2{,}583 \cdot 10^5$				

ist[2], praktisch keine nachweisbare γ-Strahlung besitzt, schien die Zuordnung der beobachteten β-Gruppen zu ThC″ einwandfrei. Neuere theoretische Überlegungen haben indes zu der Annahme geführt, daß einige schwache β-Strahlgruppen dem ThC zuzuschreiben seien.

In letzter Zeit ist es nun gelungen, das β-Spektrum von ThC″ (trotz seiner geringen Halbwertszeit von 3 Minuten) getrennt von ThC aufzunehmen[3] und dabei eine ganze Reihe der für ThC + C″ gefundenen Linien zu erhalten. Auf diesen Punkt wird noch bei der Besprechung des Ursprungs der γ-Strahlen näher einzugehen sein.

Die in Tabelle 19 für ThC″ angeführten β-Linien sind zum großen Teil aus den BLACKschen Messungen entnommen. Einige Linien, die bei BLACK nicht beobachtet wurden, stammen aus nicht veröffentlichten Untersuchungen des Verfassers dieses Artikels. Sie sind besonders gekennzeichnet. Alle $H\varrho$-Werte sind durch die stärkste Linie von ThB ($H\varrho = 1398$) geeicht. Die angegebenen Intensitäten der einzelnen Linien sind visuelle Schätzungen.

[1] L. MEITNER, nichtveröffentlichte Messungen.

[2] O. HAHN u. L. MEITNER, Phys. ZS. Bd. 14, S. 873. 1913.

[3] L. MEITNER u. K. PHILIPP, Naturwissensch. Bd. 19, S. 1007. 1931.

Tabelle 20. β-Strahlspektrum von Protactinium (α-Strahlen).

Nr. der Linie	Intensität	$H\varrho$	Energie in Volt	Nr. der Linie	Intensität	$H\varrho$	Energie in Volt
1	60	956	$0,753 \cdot 10^5$	7	30	1855	$2,450 \cdot 10^5$
2	40	980	$0,788 \cdot 10^5$	8	30	1909	$2,573 \cdot 10^5$
3	40	1055	$0,905 \cdot 10^5$	9	60	1985	$2,746 \cdot 10^5$
4	30	1077	$0,939 \cdot 10^5$	10	30	2039	$2,869 \cdot 10^5$
5	100	1595	$1,896 \cdot 10^5$	11	40	2103	$3,016 \cdot 10^5$
6	70	1736	$2,194 \cdot 10^5$	12	20	2173	$3,182 \cdot 10^5$

Die Messungen für Protactinium sind von geringerer Genauigkeit[1] als die der meisten anderen Substanzen, da Protactinium wegen seiner großen Lebensdauer nicht in sehr dünnen Schichten verwendet werden kann. Die Intensitäten sind visuell geschätzt, wobei für die stärkste Linie die Intensität willkürlich gleich 100 gesetzt ist.

Tabelle 21. β-Strahlspektrum des Radioactiniums (α-Strahlen).

Nr. der Linie	Intensität	$H\varrho$-Werte	Energie in Volt	Nr. der Linie	Intensität	$H\varrho$-Werte	Energie in Volt
1	20	378	$0,125 \cdot 10^5$	26	40	996,5	$0,813 \cdot 10^5$
2	30	407	$0,144 \cdot 10^5$	27	20	1010	$0,834 \cdot 10^5$
3	20	429	$0,160 \cdot 10^5$	28	50	1075	$0,936 \cdot 10^5$
4	50	534,4	$0,246 \cdot 10^5$	29	30	1093	$0,965 \cdot 10^5$
5	20	543	$0,255 \cdot 10^5$	30	30	1108	$0,990 \cdot 10^5$
6	15	551	$0,262 \cdot 10^5$	31	20	1132	$1,029 \cdot 10^5$
7	10	561	$0,271 \cdot 10^5$	32	30	1159	$1,074 \cdot 10^5$
8	25	571	$0,281 \cdot 10^5$	33	10	1178	$1,106 \cdot 10^5$
9	15	580	$0,290 \cdot 10^5$	34	10	1195	$1,135 \cdot 10^5$
10	30	590	$0,299 \cdot 10^5$	35	80	1291	$1,305 \cdot 10^5$
11	20	596	$0,305 \cdot 10^5$	36	30	1367	$1,445 \cdot 10^5$
12	15	611	$0,320 \cdot 10^5$	37	60	1396	$1,501 \cdot 10^5$
13	15	623	$0,333 \cdot 10^5$	38	30	1525	$1,753 \cdot 10^5$
14	40	630	$0,340 \cdot 10^5$	39	60	1546	$1,796 \cdot 10^5$
15	10	652	$0,363 \cdot 10^5$	40	20	1597	$1,899 \cdot 10^5$
16	10	675	$0,388 \cdot 10^5$	41	50	1634	$1,976 \cdot 10^5$
17	90	707,5	$0,425 \cdot 10^5$	42	20	1663	$2,036 \cdot 10^5$
18	100	732,0	$0,454 \cdot 10^5$	43	20	1703	$2,121 \cdot 10^5$
19	20	759	$0,486 \cdot 10^5$	44	20	1745	$2,211 \cdot 10^5$
20	70	822,5	$0,567 \cdot 10^5$	45	10	1773	$2,271 \cdot 10^5$
21	50	846	$0,598 \cdot 10^5$	46	40	1808	$2,348 \cdot 10^5$
22	20	876	$0,639 \cdot 10^5$	47	30	1872	$2,488 \cdot 10^5$
23	20	912	$0,689 \cdot 10^5$	48	20	1930	$2,618 \cdot 10^5$
24	20	951	$0,745 \cdot 10^5$	49	20	2010	$2,800 \cdot 10^5$
25	15	982	$0,791 \cdot 10^5$				

Tabelle 22. β-Strahlspektrum des Actinium X (α-Strahlen).

Nr. der Linie	Intensität	$H\varrho$-Werte	Energie in Volt	Nr. der Linie	Intensität	$H\varrho$-Werte	Energie in Volt
1	20	524	$0,237 \cdot 10^5$	12	50	1321	$1,361 \cdot 10^5$
2	80	733	$0,454 \cdot 10^5$	13	25	1335[3]	$1,387 \cdot 10^5$
3	10	756	$0,483 \cdot 10^5$	14	15	1380	$1,471 \cdot 10^5$
4	100	816,5	$0,559 \cdot 10^5$	15	15	1402	$1,513 \cdot 10^5$
5	40	845	$0,595 \cdot 10^5$	16	100	1502	$1,708 \cdot 10^5$
6	15	900[2]	$0,660 \cdot 10^5$	17	25	1527	$1,759 \cdot 10^5$
7	10	983[2]	$0,792 \cdot 10^5$	18	15	1547[2]	$1,800 \cdot 10^5$
8	10	1000[2]	$0,823 \cdot 10^5$	19	30	1753	$2,230 \cdot 10^5$
9	10	1140	$1,042 \cdot 10^5$	20	30	1817	$2,369 \cdot 10^5$
10	10	1191	$1,13 \cdot 10^5$	21	30	1880	$2,508 \cdot 10^5$
11	50	1265	$1,259 \cdot 10^5$				

[1] L. Meitner, ZS. f. Phys. Bd. 50, S. 15. 1928.

[2] Die Ausmessung dieser Linien ist ungenauer.

[3] Ist eine unaufgelöste Doppellinie.

Tabelle 23. β-Strahlspektrum des Actinium B + C'' (β-Strahlen).

Nr. der Linie	Intensität	$H\varrho$-Werte	Energie in Volt	Nr. der Linie	Intensität	$H\varrho$-Werte	Energie in Volt
1	etwa 20	734[1]	$0,456 \cdot 10^5$	6	50	2418	$3,772 \cdot 10^5$
2	100	1942	$2,647 \cdot 10^5$	7	30	2472	$3,906 \cdot 10^5$
3	35	2184	$3,208 \cdot 10^5$	8	20	2670	$4,402 \cdot 10^5$
4	35	2263	$3,396 \cdot 10^5$	9	15	2772	$4,662 \cdot 10^5$
5	30	2314	$3,519 \cdot 10^5$				

Die drei vorstehenden Tabellen der Actiniumprodukte stellen die Messungen von HAHN und MEITNER dar[2].

Von den drei Produkten der Actiniumreihe sind nur die beiden α-Strahler Radioactinium und Actinium X einigermaßen vollständig auf ihr natürliches β-Strahlspektrum untersucht, das, wie die Tabellen zeigen, an Linienreichtum die der typischen β-Strahler (RaC oder ThC'') erreicht. Das Spektrum von Actinium B + C'' wird in Wirklichkeit erheblich mehr Linien umfassen. Die $H\varrho$-Werte dürften bei den meisten Linien auf 0,5% richtig sein. Alle angegebenen Intensitäten sind visuelle Schätzungen, wobei für jedes Spektrum die jeweils stärkste Linie willkürlich gleich 100 gesetzt wurde. Die Intensitäten der Linien verschiedener Spektra sind daher untereinander nicht unmittelbar vergleichbar.

35. Berechnung der Wellenlänge der γ-Strahlen aus den β-Strahlspektren. Wie schon erwähnt, ergibt der Nachweis, daß die β-Strahlspektra aus den Kern-γ-Strahlen durch einen Prozeß entsprechend Gleichung (9) entstehen, die Möglichkeit, die Energie und daher Wellenlänge der auslösenden γ-Strahlung zu bestimmen. Man kann dabei entweder die „Fremderregung" der β-Strahlspektra zugrunde legen, bei welcher die γ-Strahlen auf verschiedenes Material auffallen und durch Photoeffekte homogene β-Strahlgruppen erzeugen, oder man kann direkt die „natürlichen" β-Strahlspektra heranziehen.

Das erste Verfahren hat den Vorteil, daß über die in die Gleichung (9) jeweils einzusetzende Ablösungsarbeit A kein Zweifel bestehen kann. Die auf die gewählte Substanz auffallende γ-Strahlung kann im K-, L-, M ...-Niveau Photoeffekte auslösen, und es muß dann nach (9) die Beziehung gelten

$$E_\gamma = h\nu_\gamma = \frac{hc}{\lambda_\gamma} = E_\beta^K + K = E_\beta^L + L = E_\beta^M + M \ldots, \qquad (10)$$

wenn c die Lichtgeschwindigkeit, λ_γ die Wellenlänge der γ-Strahlen und E_β^K, E_β^L ... die Energien der aus dem K-, L...-Niveau ausgelösten Elektronengruppen darstellen. Die Zusammenfassung der geeigneten Gruppen in einem linienreichen β-Strahlspektrum wird durch die Tatsache erleichtert, daß wegen der etwa 5 mal größeren Absorptionswahrscheinlichkeit der γ-Strahlen im K-Niveau die aus diesem stammende Elektronengruppe auch etwa 5 mal intensiver sein muß als die aus dem L-Niveau herrührende. Allerdings liegen die Verhältnisse bei den mehrfachen Niveaus nicht ganz so einfach, wie es hier dargestellt ist, weil z. B. bei den drei L-Niveaus die Absorption manchmal praktisch nur im L_I-Niveau, manchmal in allen dreien, manchmal nur im L_{III}-Niveau allein stattfindet; das hängt von der Wellenlänge der γ-Strahlen ab, und auf diesen Punkt wird noch zurückgekommen werden. Dabei bedeutet L_I das Niveau mit der größten, L_{III} das mit der kleinsten Ablösungsarbeit.

Die Fremderregung bietet andererseits die Schwierigkeit, daß die erzeugten β-Strahlgruppen viel weniger scharf und viel schwächer sind als in den natürlichen β-Strahlspektren, und die genauen γ-Strahlenbestimmungen sind fast alle aus den

[1] Nur ungenau ausmeßbar.
[2] O. HAHN u. L. MEITNER, ZS. f. Phys. Bd. 34, S. 795. 1925.

β-Strahlspektren der radioaktiven Substanzen hergeleitet. Legt man aber diese Spektren zugrunde, so muß man darüber Sicherheit haben, wie der Auslösungsprozeß hierbei vor sich geht. Zunächst konnte direkt gezeigt werden, daß die Erzeugung der β-Strahlgruppen im *selben* Atom stattfindet, dessen Kern die γ-Strahlen emittiert und nicht etwa in den umgebenden Atomen[1]. Aber es war noch die Frage zu entscheiden, ob die Auslösung der β-Strahlen in der Elektronenhülle des *ursprünglichen* oder des *entstehenden* Atomkerns erfolgt. Praktisch kommt dies auf die Frage hinaus, ob für die Ablösungsarbeiten K, L, M die Werte für das zerfallende oder für das entstehende Atom einzusetzen sind.

36. Zeitpunkt der Emission der γ-Strahlen. Die Frage, ob die Aussendung der γ-Strahlen im zerfallenden oder entstehenden Atom erfolgt, ist von prinzipieller Bedeutung für die Rolle, die man den γ-Strahlen beim Atomzerfall zuschreibt. Denn es ist ja ohne weiteres klar, daß, wenn die Absorption der γ-Strahlen im ursprünglichen, noch nicht umgewandelten Atom vor sich geht, die Emission der γ-Strahlen *vor* dem Zerfall, also *vor* der Aussendung der Kern-β-Strahlen oder der α-Strahlen stattfinden muß. Wenn dagegen die γ-Strahlen in dem entstehenden Atom „absorbiert" werden sollen, so müssen sie *nach* dem Zerfall emittiert werden. Die beiden Möglichkeiten sind lange diskutiert worden. ELLIS und seine Mitarbeiter[2] haben die erste Annahme vorgezogen, während MEITNER[3] für die zweite eingetreten ist mit der Begründung, daß durch die Abspaltung des α- oder β-Teilchens der Kern angeregt zurückbleibt und erst durch die Emission der Kern-γ-Strahlen in seinen Grundzustand übergeht. Die experimentelle Entscheidung dieser Frage war kompliziert durch die schon erwähnte, mit der Wellenlänge der γ-Strahlen wechselnde Auslösungswahrscheinlichkeit der Elektronen in den verschiedenen Untergruppen der $L, M, \ldots$-Niveaus.

Die Zuordnung mehrerer β-Strahlgruppen zu einer γ-Linie erfolgt ja in der Weise, daß man zwei β-Gruppen als von derselben γ-Linie ausgelöst betrachtet, deren Energien der Gleichung (10) genügen. Also die Zuordnung geschieht auf Grund der Beziehung

$$E_\beta^L - E_\beta^K = K - L \quad \text{usw.} \tag{10a}$$

Nun ist die Differenz $K^{Z+1} - L_I^{Z+1}$ sehr nahe gleich mit der Größe $K^Z - L_{III}^Z$, und man sieht, daß die experimentelle Entscheidung, ob für die Ablösungsarbeiten die des entstehenden oder des zerfallenden Atoms einzusetzen sind, eindeutig erst dann getroffen werden kann, wenn man sich darüber klar ist, in welchem der L- bzw. M-Niveaus usw. die Auslösung der Elektronen stattfindet. Ausgehend von der Annahme, daß die γ-Strahlung durch den vorangegangenen Zerfall angeregt wird, hat MEITNER[4] schon in den ersten Untersuchungen gezeigt, daß z. B. beim RaD die γ-Strahlung ($E_\gamma = 47200$ Volt) in der Wechselwirkung mit L-Elektronen praktisch nur im L_I-Niveau Elektronen auslöst (obwohl die aus dem M-Niveau stammende Gruppe auch sehr intensiv ist), und daß dies um so mehr der Fall ist (z. B. beim ThB), je energiereicher die auslösende γ-Strahlung ist. Diese Folgerung hat sich später nicht nur experimentell auch für Röntgenstrahlen bestätigen lassen[5], sondern ist auch bei der quantenmechanischen Behandlung des Photoeffektes als notwendiges Ergebnis der Theorie erhalten worden. Bei nichtrelativistischer Berechnung kann man die L_I-Elektronen nur von der Summe der $L_{II} + L_{III}$-Elektronen unterscheiden. Solche Be-

---

1 L. MEITNER, ZS. f. Phys. Bd. 17, S. 54. 1923.
2 C. D. ELLIS u. H. W. SKINNER, l. c.
3 L. MEITNER, ZS. f. Phys. Bd. 9, S. 131. 1922; Bd. 26, S. 169. 1924.
4 L. MEITNER, l. c.
5 H. ROBINSON, Proc. Roy. Soc. London (A) Bd. 104, S. 455. 1923.

rechnungen haben zuerst mehr näherungsweise WENTZEL[1] und später genauer G. SCHUR[2] und H. STOBBE[3] ausgeführt.

Die Rechnung zeigt, daß um so mehr die Auslösung der Elektronen im L_I-Niveau überwiegt, je größer die Energie der eingestrahlten Strahlung gegenüber der L-Ablösungsarbeit ist. Das ist aber gerade die Folgerung, auf die das Studium der natürlichen β-Strahlspektren geführt hatte.

Indes war es noch vor der theoretischen Berechnung der Absorptionswahrscheinlichkeiten in den drei L-Niveaus möglich gewesen, experimentell zu beweisen, daß die homogenen β-Strahlgruppen im *entstehenden* Atom ausgelöst werden, die γ-Strahlen also *nach* dem Zerfall emittiert werden. Der Beweis wurde von MEITNER für die β-Strahlgruppen des Radioactiniums und Actinium X erbracht[4]. Beide Substanzen sind α-Strahler, das ursprüngliche und das entstehende Atom unterscheiden sich daher um zwei Einheiten in den Kernladungszahlen. Dieser Umstand, sowie die Tatsache, daß die zugehörigen β-Strahlspektren nicht über 75% Lichtgeschwindigkeit hinausreichen, also die Energie der auslösenden γ-Strahlen nicht allzu groß ist, ergibt so günstige Meßbedingungen, daß ganz einwandfrei gezeigt werden konnte, daß die Ablösungsarbeiten des entstehenden Atoms maßgebend sind, die γ-Strahlen also durch Energieübergänge *nach* dem Zerfall bedingt sind. Dieses Resultat wurde in derselben Arbeit noch weiter gestützt durch den Nachweis, daß die mit der Auslösung von K-Elektronen notwendigerweise angeregte K-Strahlung die charakteristische Strahlung des Folgeproduktes ist.

Zu dem gleichen Ergebnis gelangten auch RUTHERFORD und WOOSTER[5]. Sie untersuchten die von RaB ausgesandte L-Strahlung nach der Drehkristallmethode und fanden sie identisch mit der charakteristischen Strahlung von Wismut ($Z = 83$), also mit der des Folgeproduktes. ELLIS und WOOSTER[6] verglichen die von den drei stärksten γ-Strahllinien des RaB durch Fremderregung im K-Niveau des Platin ausgelösten β-Strahlgruppen mit den entsprechenden Gruppen im natürlichen β-Strahlspektrum des RaB. Es ist klar, daß diese Gruppen sich in ihren Energien um die Differenz zwischen den K-Ablösungsarbeiten im Platin und in dem für die Erregung des natürlichen β-Strahlspektrums maßgebenden Atomen unterscheiden müssen. Und ELLIS und WOOSTER fanden, daß diese Differenz der Größe $K^{\text{Bi}} - K^{\text{Pt}}$ entsprach, was also wieder besagt, daß die γ-Strahlung emittiert wird, *nachdem* der Kern des (Bleiisotops) RaB ($Z = 82$) durch Abspaltung seines Kern-β-Teilchens in einen angeregten RaC-Kern ($Z = 83$) übergegangen ist.

37. Wellenlängen der γ-Strahlen. Durch die voranstehend besprochenen Arbeiten ist die notwendige Grundlage für die Bestimmung der Wellenlängen der γ-Strahlen aus den β-Strahlspektren gegeben worden. Natürlich ist der Nachweis einer γ-Linie um so gesicherter, je mehr β-Gruppen aus verschiedenen Elektronenniveaus an sie geknüpft sind. γ-Linien auf eine *einzige* β-Strahlgruppe zu stützen, bedeutet im allgemeinen eine ganz willkürliche Zuordnung. Denn, wenn z. B. die Energie der β-Strahllinie E_β kleiner ist als die Ablösungsarbeit K, so kann in keiner Weise entschieden werden, ob diese β-Gruppe aus dem K-Niveau oder dem L-Niveau stammt. Ist dagegen $E_\beta > K$, so läßt sich die Deutung dieser Elektronen als K-Elektronen rechtfertigen, weil dann ja die zugehörige γ-Strahlung sicher K-Elektronen auszulösen vermag und wegen der so viel größeren

[1] G. WENTZEL, ZS. f. Phys. Bd. 40, S. 574. 1926.
[2] G. SCHUR, Ann. d. Phys. (5) Bd. 4, S. 433. 1930.
[3] H. STOBBE, Ann. d. Phys. (5) Bd. 7, S. 661. 1931.
[4] L. MEITNER, ZS. f. Phys. Bd. 34, S. 807. 1925.
[5] E. RUTHERFORD u. W. A. WOOSTER, Proc. Cambridge Phil. Soc. Bd. 22, S. 834. 1925.
[6] C. D. ELLIS u. W. A. WOOSTER, Proc. Cambridge Phil. Soc. Bd. 22, S. 844. 1925.

Wahrscheinlichkeit der Auslösung im K-Niveau als im L-, M-Niveau verständlich ist, daß bei schwachen γ-Linien nur die K-Elektronen noch nachweisbar sind. Bei den Spektren mit sehr zahlreichen β-Gruppen, wie RaC, ThC″, RdAc. usw., ist es indes nicht gelungen, allen beobachteten β-Gruppen γ-Linien zuzuordnen. So sind z. B. von den 63 β-Strahlgruppen des RaC nur 34 Gruppen durch γ-Linien gedeutet, wobei unter diesen schon fünf Gruppen sind, die einzeln je einer γ-Linie zugeschrieben werden. Da außerdem schwache β-Gruppen sich bisher der Beobachtung entzogen haben können, ist unsere Kenntnis der γ-Strahlspektren noch recht unvollkommen.

Im nachfolgenden sind in Tabellen die aus den β-Strahlspektren abgeleiteten γ-Linien, soweit sie als gesichert gelten dürfen, zusammengestellt. Neben der Wellenlänge in X-Einheiten ($= 10^{-11}$ cm) und der Energie in Volt sind die Ursprungsniveaus der der Herleitung der γ-Strahlen zugrunde liegenden β-Strahlgruppen angeführt, wodurch zugleich die Zahl dieser β-Gruppen ersichtlich wird. Die [s. Gleichung (10)] verwendeten Ablösungsarbeiten sind, wo es möglich ist, den direkten Messungen aus der Röntgenspektroskopie entnommen[1], bei Elementen, wo es keine derartigen Messungen gibt ($Z = 84$, 86, 88, 89, 91), sind die Werte durch Interpolation gewonnen. Aus den angegebenen Ursprungsniveaus und den Ablösungsarbeiten läßt sich auch ohne weiteres feststellen, welche von den voranstehend tabellierten β-Strahlgruppen zu einer γ-Linie gehören. Die auf mehreren β-Gruppen gestützten und entsprechend gemittelten E_γ-Werte sind naturgemäß am genauesten. Trotzdem ist eine absolute Genauigkeitsgrenze auch hier nicht mit Sicherheit anzugeben. Die Fehlergrenze dürfte bei den besten Messungen mit einiger Wahrscheinlichkeit 1% nicht übersteigen. Die beiden

Tabelle 24. γ-Linien von UX_1.

Nr. der γ-Linie	E_γ in Volt	Ursprungsniveau der β-Strahlen	λ in X-E.	Verwendete Ablösungsarbeit in Volt	
1	$0{,}922 \cdot 10^5$	L_I M_I N_I	134	$K_{91} = 1{,}119 \cdot 10^5$	$L_{III} = 0{,}165 \cdot 10^5$
				$L_I = 0{,}209 \cdot 10^5$	$M_I = 0{,}053 \cdot 10^5$
2	$0{,}958 \cdot 10^5$	L_I (M_I)	128	$L_{II} = 0{,}202 \cdot 10^5$	$N_I = 0{,}014 \cdot 10^5$

hier angeführten γ-Linien liegen auffallenderweise sehr nahe an den Werten für die beiden K_α-Linien des Folgeproduktes $Z = 91$. Für dieses hat nämlich die K_{α_2}-Linie die Wellenlänge $\lambda = 134{,}6$ X-E. bzw. die K_{α_1}-Linie die Wellenlänge $\lambda = 128{,}8$ X-E. Da die primären β-Strahlen von UX_1 ihre Hauptintensität zwischen 100000 und 120000 Volt haben, während die K-Anregungsarbeit bei rund (s. Tab. 24) 112000 Volt liegt, könnte möglicherweise die primäre β-Strahlung die K-Strahlung anregen. Natürlich ist es auch nicht auszuschließen, daß die beiden Linien Kern-γ-Linien sind, die zufällig in ihren Energien mit den beiden K_α-Linien übereinstimmen. Daß UX_1 keine härtere γ-Strahlung emittiert, ist durch direkte Absorptionsmessungen von Hahn und Meitner gezeigt worden[2].

Was das Uran X_2 betrifft, so läßt sich aus dem bisher ausgemessenen β-Spektrum nur eine einzige γ-Linie von etwa 14,4 X-E. ableiten ($E_\gamma = 850000$ Volt). Die Absorptionsmessungen der γ-Strahlen[3] weisen aber mit Sicherheit auf das Vorhandensein noch kurzwelligerer Strahlen. Nur ist ihre Intensität sehr gering, verglichen mit anderen γ-strahlenden Substanzen, und das ist wohl der Grund, warum ein Nachweis aus dem natürlichen β-Strahlspektrum bisher nicht gelungen ist.

---

[1] M. Siegbahn, Spektroskopie der Röntgenstrahlen. Berlin: Julius Springer 1931.
[2] O. Hahn u. L. Meitner, ZS. f. Phys. Bd. 17, S. 157. 1923.
[3] O. Hahn u. L. Meitner, l. c. 1923.

Tabelle 25. γ-Linien von Ra.

Nr. der Linie	E_γ in Volt	Ursprungsniveau der β-Strahlen	λ in X-E.	Verwendete Ablösungsarbeit in Volt
1	$1{,}88 \cdot 10^5$	K L_I M_I	65,5	$K_{86} = 0{,}985 \cdot 10^5$ $L_I = 0{,}180 \cdot 10^5$ $M_I = 0{,}045 \cdot 10^5$

Tabelle 26. γ-Linien von RaB.

Nr. der Linie	E_γ	Ursprungsniveau der β-Strahlen	λ (in X-E.)	Verwendete Ablösungsarbeit in Volt
1	$0{,}536 \cdot 10^5$	L_I L_{II} L_{III} M_I N_I O	230,3	$K_{83} = 0{,}901 \cdot 10^5$ $L_I = 0{,}1630 \cdot 10^5$
2	$2{,}433 \cdot 10^5$	K L_I M_I	50,8	$L_{II} = 0{,}1564 \cdot 10^5$
3	$2{,}60 \cdot 10^5$	K L_I	47,5	$L_{III} = 0{,}1336 \cdot 10^5$
4	$2{,}97 \cdot 10^5$	K L_I M_I	41,6	$M_I = 0{,}0398 \cdot 10^5$
5	$3{,}54 \cdot 10^5$	K L_I M_I N_I	34,9	$N_I = 0{,}0093 \cdot 10^5$
6	$4{,}71 \cdot 10^5$	K	26,2	$O = 0{,}0016 \cdot 10^5$

Tabelle 27. γ-Linien von RaC.

Nr. der Linie	E_γ	Ursprungsniveau der β-Strahlen	λ (in X-E.)	Verwendete Ablösungsarbeit in Volt
1	$0{,}589 \cdot 10^5$	L_I	209,5	$K_{84} = 0{,}928 \cdot 10^5$
2	$2{,}75 \cdot 10^5$	K L_I	44,9	$L_I = 0{,}168 \cdot 10^5$
3	$3{,}32 \cdot 10^5$	K L_I	37,2	$L_{II} = 0{,}161 \cdot 10^5$
4	$3{,}89 \cdot 10^5$	K L_I	31,7	$L_{III} = 0{,}135 \cdot 10^5$
5	$4{,}29 \cdot 10^5$	K L_I	28,8	$M_I = 0{,}041 \cdot 10^5$
6	$5{,}03 \cdot 10^5$	K	24,5	
7	$6{,}12 \cdot 10^5$	K L_I M_I N_I	20,2	
8	$7{,}73 \cdot 10^5$	K	16,0	
9	$9{,}41 \cdot 10^5$	K	13,1	
10	$11{,}30 \cdot 10^5$	K L_I M_I N_I	10,92	
11	$12{,}48 \cdot 10^5$	K L_I	9,89	
12	$13{,}90 \cdot 10^5$	K	8,89	
13	$14{,}26 \cdot 10^5$	K L_I M_I	8,66	
14	$17{,}78 \cdot 10^5$	K L_I	6,94	
15	$22{,}19 \cdot 10^5$	K L_I	5,57	

In den β-Spektren von RaB und RaC sind einige Gruppen vorhanden, die zweifellos durch die charakteristische K-Strahlung der beiden Folgeprodukte ($Z = 83$ bzw. $Z = 84$) ausgelöst sind. Die charakteristische Röntgenstrahlung ist auch in anderen Spektren wie ThB, RaAc, AcX nachgewiesen worden. Dabei hat sich gezeigt, daß die K_{α_2}-Linie eine größere Wahrscheinlichkeit besitzt, Elektronengruppen auszulösen als die K_{α_1}-Linie. In Emission ist bekanntlich im Röntgenspektrum die K_{α_1}-Linie die intensivere. Auf diese Tatsache soll noch bei der Besprechung der „inneren" Absorption zurückgekommen werden.

Für RaB + C liegen auch Bestimmungen der γ-Wellenlängen nach der Drehkristallmethode vor. Die ersten Messungen dieser Art, im wesentlichen für die langwelligen Linien des charakteristischen L-Spektrums, rühren von RUTHERFORD und ANDRADE[1] her. In neuerer Zeit ist es THIBAUD[2] und vor allem FRILLEY[3] gelungen, durch Verwendung sehr starker Präparate eine Reihe von Linien zwischen 16 und 232 X-E. nachzuweisen und auszumessen. Dabei wurden im Gebiet von 179 bis 149 X-E. sechs Linien beobachtet, die nach der Methode

[1] E. RUTHERFORD u. C. D. ANDRADE, Phil. Mag. Bd. 28, S. 262. 1914.
[2] J. THIBAUD, Thèses. Paris 1925.
[3] M. FRILLEY, Thèses. Paris 1928.

der β-Strahlspektren bisher nicht gefunden sind. Außerdem hat SKOBELZYN[1] aus Wilsonaufnahmen der von den γ-Strahlen des RaC in Luft erzeugten Comptonelektronen eine Linie von etwa 4 X-E. nachgewiesen.

Tabelle 28. γ-Linien von $MsTh_2$.

Nr. der Linie	E_γ in Volt	Ursprungsniveau der β-Strahlen	λ (in X-E.)	Verwendete Ablösungsarbeit in Volt
1	$0{,}581 \cdot 10^5$	L_I L_{III} M_I N_I	212	$K_{90} = 1{,}093 \cdot 10^5$
2	$0{,}795 \cdot 10^5$	L_I L_{III}	155	$L_I = 0{,}204 \cdot 10^5$
3	$1{,}294 \cdot 10^5$	L_I L_{III} M_I N_I	95,4	$L_{II} = 0{,}196 \cdot 10^5$
4	$1{,}84 \cdot 10^5$ (*)	K L_I M_I	67,0	$L_{III} = 0{,}162 \cdot 10^5$
5	$2{,}497 \cdot 10^5$	K L_I	49,4	$M_I = 0{,}052 \cdot 10^5$
6	$3{,}190 \cdot 10^5$ (*)	K L_I	38,7	$N_I = 0{,}013 \cdot 10^5$
7	$3{,}38 \cdot 10^5$	K L_I	36,5	
8	$4{,}62 \cdot 10^5$	K L_I M_I	26,7	
9	$9{,}15 \cdot 10^5$ (*)	K L_I	13,5	
10	$9{,}70 \cdot 10^5$ (*)	K L_I	12,7	

Die meisten γ-Linien sind aus den β-Strahlmessungen von BLACK[2] entnommen, doch ist vereinzelt von der BLACKschen Zuordnung der Ursprungsniveaus abgewichen worden. Die mit einem Sternchen bezeichneten Linien wurden auch von THIBAUD[3] bei Fremderregung gefunden. Daß bei den Linien 1, 2, 3 die β-Strahlgruppen aus den L_I- und L_{III}-Niveaus, nicht aber die aus dem L_{II}-Niveau beobachtet wurden, liegt wahrscheinlich am Auflösungsvermögen der Apparatur, da die L_I- und L_{II}-Gruppen sich nur wenig in ihrer Energie unterscheiden.

Tabelle 29. γ-Linien von RdTh.

Nr. der Linie	E_γ in Volt	Ursprungsniveau der β-Strahlen	λ in X-E.	Verwendete Ablösungsarbeit in Volt
1	$0{,}848 \cdot 10^5$	L_I M_I	145	$K_{88} = 1{,}032 \cdot 10^5$
2	$0{,}881 \cdot 10^5$	L_I M_I	140	$L_I = 0{,}192 \cdot 10^5$
				$M_I = 0{,}048 \cdot 10^5$

Beim Radiothor sind wie beim (isotopen) UX_1 wieder die beiden γ-Linien fast identisch mit den K_α-Linien des Folgeproduktes $Z = 88$, und K_{α_2} ist intensiver als K_{α_1} in der Elektronenauslösung vertreten. Nur besteht hier im Gegensatz zu UX_1 nicht die Möglichkeit einer Anregung des K-Niveaus durch die primären Zerfallsteilchen, da diese α-Strahlen sind. Will man daher die Gleichheit der beiden Linien mit den K_α-Linien nicht als Zufall betrachten, so müßte man für Radiothor eine spezielle Koppelung zwischen Kern und Elektronenhülle annehmen, die bei andern α-Strahlern mit fast gleicher Energie der α-Strahlen nicht vorhanden wäre.

Tabelle 30. γ-Linien von ThB.

Nr. der Linie	E_γ in Volt	Ursprungsniveau der β-Strahlen	λ in X-E.	Verwendete Ablösungsarbeit in Volt
1	$2{,}41\,(2) \cdot 10^5$	K L_I M_I N_I	51,2	$K_{83} = 0{,}901 \cdot 10^5$
				$L_I = 0{,}163 \cdot 10^5$
				$L_{II} = 0{,}156 \cdot 10^5$
2	$3{,}02 \cdot 10^5$	K L_I M_I	40,9	$L_{III} = 0{,}134 \cdot 10^5$
				$M_I = 0{,}040 \cdot 10^5$
				$N_I = 0{,}0093 \cdot 10^5$

[1] D. SKOBELZYN, ZS. f. Phys. Bd. 43, S. 354. 1927.
[2] D. H. BLACK, l. c.
[3] J. THIBAUD, Thèses. Paris 1925.

Beim ThB sind auffallenderweise zwei starke β-Linien keiner γ-Linie zuzuordnen. Außer den beiden in der Tabelle angeführten γ-Linien ist von THIBAUD noch eine Linie von 64,6 X-E. in Fremderregung beobachtet worden.

Wie beim RaB ist auch beim ThB die charakteristische Strahlung des Folgeproduktes $Z = 83$ im β-Strahlspektrum nachweisbar (s. β-Linien 1—4, Tab. 18), und wieder sind im wesentlichen nur Rosseland-Augereffekte der K_{α_1}-Linie vorhanden.

Tabelle 31. γ-Linien von ThC″.

Nr. der Linie	E_γ in Volt	Ursprungsniveau der β-Strahlen	λ in X-E.	Verwendete Ablösungsarbeit in Volt
1	$0{,}408 \cdot 10^5$	L_I L_{II} L_{III} M_I N_I O	303	$K_{82} = 0{,}876 \cdot 10^5$
2	$2{,}11 \cdot 10^5$	K L_I	58,5	$L_I = 0{,}158 \cdot 10^5$
3	$2{,}33 \cdot 10^5$	K L_I	53,0	$L_{II} = 0{,}152 \cdot 10^5$
4	$2{,}53 \cdot 10^5$	K L_I	48,8	$L_{III} = 0{,}130 \cdot 10^5$
5	$2{,}59 \cdot 10^5$	K L_I	47,7	$M_I = 0{,}038 \cdot 10^5$
6	$2{,}794 \cdot 10^5$	K L_I	44,2	$M_{III} = 0{,}031 \cdot 10^5$
7	$2{,}915 \cdot 10^5$	K L_I	42,4	$N_I = 0{,}009 \cdot 10^5$
8	$5{,}17 \cdot 10^5$	K L_I M_I	23,9	
9	$5{,}90 \cdot 10^5$	K L_I M_I	20,9	
10	$7{,}27 \cdot 10^5$	K L_I	17,0	
11	$7{,}86 \cdot 10^5$	K	15,7	
12	$26{,}49 \cdot 10^5$	K L_I M_I	4,66	

Die im natürlichen β-Spektrum von ThC + C″ beobachteten β-Gruppen sind aus den früher angegebenen Gründen ausnahmslos γ-Linien von ThC″ zugeordnet. GAMOW hat eine Theorie des Ursprungs der γ-Strahlen im Zusammenhang mit der sog. Feinstruktur der α-Strahlen entwickelt, wonach einige der hier angeführten schwachen γ-Linien von ThC herrühren sollen. Diese Frage wird später noch etwas eingehender diskutiert werden.

Tabelle 32. γ-Linien von Pa.

Nr. der Linie	E_γ in Volt	Ursprungsniveau der β-Strahlen	λ in X-E.	Verwendete Ablösungsarbeit in Volt
1	$0{,}949 \cdot 10^5$	L_I L_{III} M_I	130	$K_{89} = 1{,}066 \cdot 10^5$
2	$2{,}94 \cdot 10^5$	K L_I M_I	41,9	$L_I = 0{,}198 \cdot 10^5$
3	$3{,}23 \cdot 10^5$	K L_I M_I	38,2	$L_{II} = 0{,}191 \cdot 10^5$
				$L_{III} = 0{,}157 \cdot 10^5$
				$M_I = 0{,}049 \cdot 10^5$

Das γ-Spektrum von Protactinium ist bisher sehr unvollkommen ausgemessen, da reine Protactiniumpräparate nur in sehr geringen Mengen zur Verfügung stehen und diese wegen der großen Lebensdauer des Protactiniums nur in endlichen Schichtdicken hergestellt werden können.

Tabelle 33. γ-Linien von RdAc.

Nr. der Linie	E_γ in Volt	Ursprungsniveau der β-Strahlen	λ in X-E.	Verwendete Ablösungsarbeit in Volt
1	$0{,}315 \cdot 10^5$	L_I L_{III} M_I M_V N_I $N_{III} \ldots O$	392	$K_{88} = 1{,}032 \cdot 10^5$
2	$0{,}437 \cdot 10^5$	L_I L_{II} L_{III} M_I	282	$L_I = 0{,}192 \cdot 10^5$
3	$0{,}533 \cdot 10^5$	L_I M_I	232	$L_{II} = 0{,}186 \cdot 10^5$
4	$0{,}614 \cdot 10^5$	L_I M_I N_I	201	$L_{III} = 0{,}153 \cdot 10^5$
5	$1{,}007 \cdot 10^5$	L_I M_I N_I	123	$M_I = 0{,}048 \cdot 10^5$
6	$1{,}493 \cdot 10^5$	K L_I M_I	82,7	$M_V = 0{,}031 \cdot 10^5$
7	$1{,}954 \cdot 10^5$	K L_I M_I	63,2	$N_I = 0{,}013 \cdot 10^5$
8	$2{,}53(7) \cdot 10^5$	K L_I M_I	48,6	
9	$2{,}82(0) \cdot 10^5$	K L_I	43,7	
10	$3{,}00 \cdot 10^5$	K L_I	41,2	

Tabelle 34. γ-Linien von AcX.

Nr. der Linie	E_γ in Volt	Ursprungsniveau der β-Strahlen	λ in X-E.	Verwendete Ablösungsarbeit in Volt
1	$1{,}435 \cdot 10^5$	$K\ L_I\ M_I$	86,0	$K_{86} = 0{,}985 \cdot 10^5$
2	$1{,}53 \cdot 10^5$	$K\ L_I\ M_I\ N_I$	80,6	$L_I = 0{,}180 \cdot 10^5$
3	$1{,}57 \cdot 10^5$	$K\ L_I\ M_I$	78,6	$L_{II} = 0{,}173 \cdot 10^5$
4	$2{,}00 \cdot 10^5$	$K\ L_I$	61,7	$L_{III} = 0{,}142 \cdot 10^5$
5	$2{,}69 \cdot 10^5$	$K\ L_I$	45,9	$M_I = 0{,}045 \cdot 10^5$
				$N_I = 0{,}011 \cdot 10^5$

Tabelle 35. γ-Linien von AcC″.

Nr. der Linie	E_γ in Volt	Ursprungsniveau der β-Strahlen	λ in X-E.	Verwendete Ablösungsarbeit in Volt
1	$3{,}54 \cdot 10^5$	$K\ L_I\ M_I$	34,9	$K_{28} = 0{,}876 \cdot 10^5$
2	$4{,}60 \cdot 10^5$	$K\ L_I$	26,8	$L_I = 0{,}158 \cdot 10^5$
3	$4{,}80 \cdot 10^5$	$K\ L_I$	25,7	$M_I = 0{,}038 \cdot 10^5$

Da aus direkten Absorptionsmessungen nachgewiesen ist, daß Actinium B nur sehr weiche γ-Strahlen emittiert, sind alle für Ac (B + C″) gefundenen Linien dem Ac C″ zugeordnet worden. Das Spektrum ist nur sehr unvollständig bekannt. Jedenfalls kann aber kein Zweifel darüber bestehen, daß die γ-Linie Nr. 1 sicher dem AcC″ angehört, was, wie noch im Abschnitt über den Ursprung der γ-Strahlen gezeigt werden wird, eine gewisse prinzipielle Bedeutung besitzt.

38. Energieabgabe in Form von γ-Strahlung pro Kernzerfall. Es ist vielfach versucht worden, die insgesamt von einer bestimmten radioaktiven Substanz ausgesandte γ-Strahlenenergie durch Wärmemessungen zu bestimmen. Die Untersuchung geschieht in der Weise, daß man die von einer bekannten Menge Radium (im Gleichgewicht mit seinen Zerfallsprodukten bis zum RaC inklusive) in einer Stunde entwickelte Wärmeenergie mißt, wenn die ausgesandten Strahlen in passend gewählten Substanzen absorbiert werden. Da man aber die Substanzen nicht so dick wählen kann, daß wirklich alle durchdringenden Strahlen absorbiert werden, so muß man durch Absorptionsmessungen den Anteil der nichtabsorbierten durchdringenden Strahlung feststellen und eine entsprechende Korrektur an dem gemessenen Wert anbringen. Außerdem ist dabei natürlich zu berücksichtigen, daß die α- und β-Strahlen mitgemessen werden. Da die Energie der α-Strahlen genau bekannt ist, so läßt sich ihr Wärmeanteil leicht berechnen. Dagegen ist der Einfluß der primären und sekundären β-Strahlen viel schwieriger festzustellen. ELLIS und WOOSTER haben für RaB + C eine Methode verwendet, bei der die Wärmeentwicklung von den α- und β-Strahlen weitgehend kompensiert werden konnte[1]. Es bleibt aber bei allen solchen Messungen die Schwierigkeit, daß nur ein kleiner Teil der γ-Energie absorbiert werden kann und die Extrapolation auf die Gesamtenergie die genaue Kenntnis der Absorptions- und Streukoeffizienten der γ-Strahlen erfordert, wobei zu berücksichtigen ist, daß der angeregte Kern in mehreren kleineren oder in *einem* großen Quantensprung in den Normalzustand übergehen kann. Da wir keinerlei wirklich brauchbares Serienschema für den Kern besitzen, ist ohne Kenntnis der Intensität der einzelnen γ-Linien jede Extrapolation auf die bei Gesamtabsorption zu erwartende Wärmemenge sehr unsicher. Außerdem aber bringt die Erzeugung der natürlichen β-Strahlspektra im eigenen Atom einen weiteren Unsicherheitsfaktor in die Wärmemessungen. Wenn ein γ-Strahl etwa im

[1] C. D. ELLIS u. H. W. WOOSTER, Phil. Mag. Bd. 50, S. 521. 1925.

K-Niveau ein Elektron auslöst, so wird ein Teil der Energie als Ablösungsarbeit aufgebraucht, die dann in Form der K-Strahlung emittiert oder nochmals durch Absorption in kleinere Energiebeträge bis zu ganz langsamen Elektronen oder sehr wenig durchdringenden Röntgenstrahlen herab zerteilt werden kann.

Dieser in weniger durchdringende bzw. Elektronenstrahlen verwandelte Anteil der γ-Strahlen wird bei der experimentellen Bestimmung der Wärmeentwicklung notwendig mit den α- und β-Strahlen mitgemessen und muß daher einen scheinbar zu großen Anteil dieser Strahlen an der Wärmeentwicklung bedingen. Die Richtigkeit dieser Überlegung kann im Fall des Radiums selbst leicht bewiesen werden. Radium emittiert α-Strahlen von $7{,}55 \cdot 10^{-6}$ Erg Energie und eine *einzige* monochromatische γ-Strahlung von $2{,}98 \cdot 10^{-7}$ Erg Energie. In dieser Energie ist natürlich die gesamte sekundäre β-Strahlung mit einbegriffen. Hierzu kommt noch die an das entstehende Emanationsatom durch den Rückstoß abgegebene Energie von $1{,}36 \cdot 10^{-7}$ Erg. Im ganzen beträgt daher die beim Zerfall eines Atoms Radium abgegebene Energie $7{,}98 \cdot 10^{-6}$ Erg. Beim Zerfall von 1 g Ra (wenn die Zahl der zerfallenden Atome gleich $3{,}7 \cdot 10^{10}$ pro Sekunde gesetzt wird) werden daher pro Stunde 25,5 cal (Grammkalorien) entwickelt[1]. Der seinerzeit von RUTHERFORD und ROBINSON bestimmte Wert betrug 25,5 cal pro Stunde[2], der von HESS[3] gefundene 25,2 cal pro Stunde, bei einer Meßgenauigkeit von 2%. Die Übereinstimmung bei Berücksichtigung der γ-Strahlung bzw. der von ihr ausgelösten β-Gruppen ist also sehr gut. Da diese β-Gruppen geringe Geschwindigkeiten besitzen und auch die γ-Strahlen so weich sind, daß sie praktisch bei der verwendeten Versuchsanordnung vollständig absorbiert werden müssen, könnte man aus der guten Übereinstimmung schließen, daß (wie in der obigen Berechnung angenommen wurde) tatsächlich *jedes* zerfallende Ra-Atom nach dem α-Zerfall einen Energieübergang ausführt, bei dem die Energie E_γ entweder als γ-Strahlung oder als sekundäre β-Strahlung erscheint. Indes ist dieser Schluß nicht berechtigt, weil die Energie der γ-Strahlung nur 4% der gesamten Wärmeentwicklung beträgt bei einer Meßgenauigkeit von nur 2%.

Beim Ra liegen die ganzen Verhältnisse besonders günstig, weil nur eine einzige γ-Linie emittiert wird. Aber bei so typischen γ-Strahlern wie RaB + C sind, wie schon auseinandergesetzt, die Unsicherheitsfaktoren sehr erheblich. ELLIS und WOOSTER hatten in der oben zitierten Arbeit gefunden, daß RaB + C im Gleichgewicht mit 1 g Ra in Form von γ-Strahlen 8,6 cal/h entwickelt. ELLIS hat aber später selbst angegeben, daß dieser Wert zu klein sein dürfte und vermutlich 9,4 cal/h beträgt.

Man kann die insgesamt als γ-Strahlung abgegebene Energie auch aus Ionisationsmessungen herleiten, indem man die Zahl der Ionen bestimmt, die die γ-Strahlen einer definierten RaB + C-Menge in Luft erzeugen. Die ersten derartigen Bestimmungen rühren von EVE[4] her. Ist n die Zahl der Ionen, die pro Kubikzentimeter und Sekunde in der Entfernung r erzeugt werden, so ist die Gesamtzahl N der erzeugten Ionen bei vollständiger Absorption aller γ-Strahlen offenbar gegeben durch

$$N = \int_0^\infty 4\pi r^2 n \, dn \, .$$

[1] L. MEITNER, Naturwissensch. Bd. 12, S. 1146. 1924.

[2] E. RUTHERFORD u. H. ROBINSON, Phil. Mag. Bd. 25, S. 312. 1913; Wiener Ber. Bd. 121, IIa, S. 1. 1912.

[3] V. F. HESS, Wiener Ber. Bd. 121, S. 1419. 1912.

[4] A. S. EVE, Phil. Mag. Bd. 22, S. 551. 1911; Bd. 27, S. 394. 1914.

Nimmt man an, daß die γ-Strahlung exponentiell mit einem mittleren Absorptionskoeffizienten μ absorbiert wird, so ist

$$n = K e^{-\mu r}/r^2$$

und

$$N = 4\pi K/\mu .$$

K ist eine konstante Größe, die, wenn als ionisierende RaB + C-Menge die Gleichgewichtsmenge von 1 g Radium zugrunde gelegt wird, als EVEsche Konstante bezeichnet wird.

Die besten neueren Messungen dürften die von L. H. GRAY[1] sein, der eine eingehende theoretische und experimentelle Untersuchung dieser Frage ausgeführt hat und für N den Wert erhielt

$$N = 2{,}2 \cdot 10^{15} \text{ Ionenpaare/sec}$$

pro Gramm Radiumäquivalent von RaB + C.

Nimmt man an, daß pro Ionenpaar ein Energieaufwand von 32,5 Volt nötig ist[2], so erhält man für die gesamte in Form von γ-Strahlen ausgestrahlte Energie von 1 g Radiumäquivalent Ra(B + C) den Wert von 9,4 cal/h. Das besagt, daß im Mittel ein zerfallendes RaB-Atom zusammen mit einem zerfallenden RaC-Atom 1,86 Millionen Volt in Form von γ-Strahlung ausstrahlt. Dabei ist aber der Betrag der ursprünglichen Kernanregungsenergie, der im natürlichen β-Strahlspektrum erscheint, nicht mit berücksichtigt.

39. Innere Absorption. Die Erzeugung des natürlichen β-Strahlspektrums durch die Kern-γ-Strahlen ist, wie man heute weiß, durch eine besondere Koppelung zwischen Atomkern und Elektronenhülle bedingt. Ursprünglich wurde angenommen, daß der γ-Strahl beim Durchgang durch die Elektronenhülle Photoeffekte auslöst und auf diese Weise die diskreten β-Strahlgruppen erzeugt. Es hat sich aber gezeigt, daß die Intensität der β-Strahlgruppen viel zu groß ist, um durch einen gewöhnlichen Photoeffekt erklärt zu werden. Es sind in neuerer Zeit verschiedene theoretische Berechnungen für die Häufigkeit eines solchen Photoeffektes durchgeführt worden, die alle auf viel zu kleine Absorptionskoeffizienten führen. Man kann größenordnungsmäßig die Intensität einer β-Gruppe bestimmen. So hat GURNEY[3] durch Aufladungsmessungen gezeigt, daß beim ThB die γ-Linie von 51,2 X-E. im K-Niveau mindestens mit einer Häufigkeit von 25% Elektronen herauswirft. E. STAHEL[4] hat für die γ-Strahlung von RaD eine Auslösungshäufigkeit für alle Niveaus von mehr als 80% festgestellt. Alle theoretischen Berechnungen für Photoeffekte führen dagegen auf Werte, die mehr als 10mal zu klein sind[5]. Es ist aber schon von ROSSELAND im Anschluß an Beobachtungen mit Röntgenstrahlen darauf verwiesen worden, daß durch Stöße zweiter Art ein angeregtes System *strahlungslos* in einen energieärmeren Zustand übergehen und die überschüssige Energie als kinetische Energie eines konstituierenden Teilchens (Elektron) des betreffenden Atoms erscheinen kann[6]. Man sieht ohne weiteres ein, daß das Auftreten der der charakteristischen Strahlung zugeordneten β-Gruppen im natürlichen β-Strahlspektrum Spezialfälle

---

[1] E. RUTHERFORD, J. CHADWICK u. C. D. ELLIS, Radiation from Radioactive Substances. Cambridge 1930.

[2] A. EISL, Ann. d. Phys. Bd. 3, S. 379. 1929.

[3] R. W. GURNEY, Proc. Roy. Soc. London Bd. 112, S. 280. 1926.

[4] E. STAHEL, ZS. f. Phys. Bd. 68, S. 1. 1931.

[5] M. SWIRLES, Proc. Roy. Soc. London Bd. 116, S. 491. 1927; Bd. 121, S. 447. 1928; R. H. FOWLER, ebenda Bd. 125, S. 1. 1930.

[6] L. ROSSELAND, ZS. f. Phys. Bd. 14, S. 173. 1923.

dieses ROSSELANDschen Prozesses sind, eine Deutung, die zuerst beim UX_1 von MEITNER[1] gegeben wurde. Daß bei Absorption einer Strahlung, deren $h\nu$ genügt, um die K-Strahlung anzuregen, gleichzeitig zwei Photoelektronen verschiedener Energie (entsprechend $h\nu - K$ und $K_\alpha - L$) ausgelöst werden, hat C. T. R. WILSON durch Aufnahmen nach der Nebelmethode direkt gezeigt, und seine Ergebnisse sind später von P. AUGER[2] bestätigt und erweitert worden.

Man bezeichnet daher diese Erscheinung eines strahlungslosen Übergangs mit gleichzeitiger Emission eines Elektrons als Rosseland-Augereffekt. Auf die Möglichkeit, auch die natürlichen β-Strahlspektren als solche Effekte zu deuten, hat zuerst SMEKAL[3] hingewiesen. Ein angeregter Kern geht *strahlungslos* in den Normalzustand über, und dabei wird ein K-, L-, M-Elektron mit der entsprechenden Energie herausgeworfen. Die Wahrscheinlichkeit eines solchen Prozesses kann sehr viel größer sein als für einen Photoeffekt. Es sind auf quantenmechanischer Grundlage Berechnungen für die Häufigkeit des Rosseland-Augereffektes[4] bei Anregung im K-Niveau für leichte Elemente bis etwa zum Argon angestellt worden, die mit den AUGERschen Messungen für Argon, Krypton und Xenon in guter Übereinstimmung stehen. Eine Extrapolation der Berechnungen bis zu so schweren Elementen wie die radioaktiven, ist natürlich sehr unsicher. Immerhin zeigen Schätzungen im β-Spektrum von ThB[5], daß bei Anregung im K-Niveau der Rosseland-Augereffekt eine Wahrscheinlichkeit von etwa 10 bis 14% besitzt, und aus den theoretischen Berechnungen folgt bei vorsichtiger Schätzung für Anregung im L-Niveau eine Wahrscheinlichkeit für strahlungslose Übergänge von 30 bis 55%. Das steht in Übereinstimmung mit den Befunden von E. STAHEL für die innere Absorption der γ-Strahlung von RaD. Allerdings besitzen wir vorläufig keine Theorie für die Wechselwirkung zwischen einem angeregten Kern und seiner Elektronenhülle, da die hierfür nötigen Vorstellungen über den speziellen Aufbau der Kerne fehlen[6].

40. Intensität der γ-Linien. Es ist verschiedentlich versucht worden, ein empirisches Gesetz für die Wahrscheinlichkeit der inneren Absorption der γ-Strahlen in Abhängigkeit von der Frequenz aufzustellen[7]. ELLIS und ASTON[8] haben aber durch Messungen im β-Spektrum von RaB und RaC gezeigt, daß keine einfache Beziehung zwischen dem inneren Absorptionskoeffizienten und der Frequenz zu bestehen scheint. Sie haben zu diesem Zweck die Intensität der im natürlichen β-Strahlspektrum den einzelnen γ-Strahllinien zugehörigen β-Gruppen verglichen mit der Intensität der von denselben γ-Strahlen durch Photoeffekte in Platin ausgelösten Elektronengruppen. Indem sie für die Wahrscheinlichkeit des Photoeffektes eine von H. L. GRAY gegebene Formel zugrunde legten, konnten sie aus der durch Photometrierung gewonnenen Intensität der durch Photoeffekte erregten β-Gruppen die Intensität der auslösenden γ-Linien ableiten. Indes entbehrt die GRAYsche Formel jeder theoretischen Begründung, und die von den Verfassern gefundenen Intensitäten stehen zum Teil nicht in Einklang mit direkten Messungen von D. SKOBELZYN[9], der die von den γ-Strahlen

[1] L. MEITNER, ZS. f. Phys. Bd. 17, S. 54. 1923.

[2] P. AUGER, C. R. Bd. 182, S. 773. 1926; Ann. de phys. Bd. 6, S. 224. 1926; F. KIRCHNER, Ann. d. Phys. Bd. 83, S. 973. 1927

[3] A. SMEKAL, ZS. f. Phys. Bd. 10, S. 275. 1922.

[4] G. WENTZEL, ZS. f. Phys. Bd. 48, S. 524. 1927; E. FUESS, ebenda Bd. 48, S. 726. 1927.

[5] L. MEITNER, ZS. f. Phys. Bd. 34, S. 807. 1925.

[6] K. CASIMIR, Nature Bd. 126, S. 953. 1930.

[7] C. D. ELLIS u. W. A. WOOSTER, Proc. Cambridge Phil. Soc. Bd. 23, S. 717. 1927; E. STONER, Phil. Mag. Bd. 7, S. 841. 1929.

[8] C. D. ELLIS u. H. ASTON, Proc. Roy. Soc. London Bd. 129, S. 180. 1930.

[9] D. SKOBELZYN, ZS. f. Phys. Bd. 43, S. 354. 1927; Bd. 58, S. 595. 1929; Bd. 65, S. 773. 1930.

von RaB + C in Luft ausgelösten Comptonelektronen in einer Wilsonkammer unter Anwendung eines Magnetfeldes photographierte und aus der Energie- und Winkelverteilung der Elektronenbahnen unter Zugrundelegung der Klein-Nishinaformel auf die Intensität der zugehörigen γ-Linien schloß.

41. Ursprung der γ-Strahlen. Wie in einem der voranstehenden Abschnitte gezeigt worden ist, werden die γ-Strahlen nach dem Zerfall eines Atomkerns emittiert und führen den Übergang des angeregten Kerns in seinen Normalzustand herbei. Für diesen Übergang kommen zwei Möglichkeiten in Frage. Entweder müssen irgendwelche konstituierenden Kernteilchen aus höheren Niveaus in niedrigere übergehen oder der Kern könnte als Ganzes rotieren und das γ-Strahlspektrum würde das Rotationsspektrum des Kerns sein. Im allgemeinen wird nur die erste Möglichkeit in Betracht gezogen, und es ergibt sich nun die Frage, welche Kernteilchen an der γ-Strahlenemission beteiligt sind. Verschiedene Gründe sprechen gegen die Annahme, daß die γ-Strahlen durch Übergänge der Kernelektronen bedingt sind. Erstens ist schon bei der Besprechung der primären β-Strahlen erwähnt worden, daß es schwierig scheint, überhaupt von einer *individuellen* Existenz von Elektronen innerhalb des Kerns zu sprechen. Außerdem aber müßte, wie W. KUHN[1] gezeigt hat, die Breite der γ-Linien, wenn ihre Emission an Übergänge von Elektronen zwischen stationären Zuständen geknüpft wäre, sehr viel größer sein, als der gemessenen Homogenität der γ-Linien von mindestens 1:1000 entspricht. KUHN hat daher geschlossen, daß die γ-Strahlen durch Quantenübergänge der α-Teilchen im Kern zustande kommen. Diese Annahme hat eine wesentliche Stütze durch theoretische Überlegungen von GAMOW[2] erhalten, der gezeigt hat, daß man das Auftreten der α-Strahlen übernormaler Reichweiten und die Feinstruktur der α-Strahlen (vgl. Bd. XXII/2) verständlich machen kann, wenn man annimmt, daß sie mit γ-Strahlenemission verknüpft sind. Die übernormalen Reichweiten z. B. beim RaC sollen so zustande kommen, daß der durch den vorangehenden β-Zerfall des RaC in angeregten Zustand versetzte RaC'-Kern entweder durch Aussendung eines α-Teilchens maximaler Reichweite direkt in RaD übergeht oder durch einen Quantenübergang (γ-Strahlenemission) in einen etwas tieferen Energiezustand kommt und von diesem durch Abgabe eines α-Teilchens entsprechend geringerer Reichweite den Normalzustand des RaD-Kerns erreicht.

Die Feinstruktur dagegen ist nach GAMOW folgendermaßen zu deuten. Ein ThC-Kern sendet ein α-Teilchen aus, wobei gleichzeitig der entstehende ThC''-Kern angeregt wird. Dann besitzt das herausfliegende α-Teilchen eine um die Anregungsenergie kleinere Energie, und die Anregungsenergie erscheint in einem vom ThC'' emittierten γ-Strahl[2].

Tatsächlich haben RUTHERFORD und ELLIS[3] gezeigt, daß für RaC zwischen den Energien der γ-Strahlen und den Energien der verschiedenen Gruppen übernormaler α-Strahlen zum Teil die nach GAMOW zu erwartenden Beziehungen bestehen. Aber für die zahlreichen γ-Strahlen von ThC'' stehen an übernormalen α-Strahlen nur zwei Gruppen zur Verfügung, deren Energiedifferenzen außerdem nicht durch entsprechende γ-Strahlen vertreten sind. Die nach GAMOW der Feinstruktur der α-Strahlen zuzuordnenden γ-Linien sind nach Experimenten von MEITNER und PHILIPP[4] in Wirklichkeit dem Thorblei zuzuschreiben, während C. D. ELLIS[5] die GAMOWsche Theorie zu bestätigen meint. Auch RUTHERFORD

---

[1] W. KUHN, ZS. f. Phys. Bd. 43, S. 56. 1927.
[2] G. GAMOW, Nature Bd. 126, S. 397. 1930.
[3] E. RUTHERFORD u. C. D. ELLIS, Proc. Roy. Soc. London Bd. 132, S. 667. 1931.
[4] L. MEITNER u. K. PHILIPP, Naturwissensch. Bd. 19, S. 1007. 1931.
[5] C. D. ELLIS, Proc. Roy. Soc. London Bd. 136, S. 396. 1932.

und BOWDEN[1] schließen aus neueren Versuchen mit der Actiniumemanation, daß der von LEWIS und WYNN-WILLIAMS[2] gefundenen Komplexität der α-Strahlen der Emanation eine entsprechende, intensive γ-Linie von 350000 Volt zugeordnet werden kann. Diese Linie sollte im β-Spektrum von Actinium X, das ja immer im Gleichgewicht mit der Emanation und Actinium A ist, sich bemerkbar machen. HAHN und MEITNER[3] haben beim Actinium B + C eine γ-Linie von genau dieser Energie festgestellt.

Man muß also die Frage nach dem Ursprung der γ-Strahlen vorerst noch als nicht entschieden betrachten.

42. Wechselwirkung kurzwelliger γ-Strahlen mit stabilen Kernen. Die Prüfung der Formel von KLEIN und NISHINA für kurzwellige γ-Strahlen[4] hat bekanntlich gezeigt, daß der Streukoeffizient σ_ε pro Elektron für schwere Elemente größer ist, als er sich aus der Formel ergibt. Die naheliegende Annahme, daß die zusätzliche Absorption lediglich durch noch vorhandene Photoeffekte bedingt sei, haben MEITNER und HUPFELD durch den Nachweis widerlegt, daß der Unterschied von σ_ε für C und Pb für die kürzere Wellenlänge von 4,7 X-E. größer ist als für 6,7 X-E., während ein Photoeffekt natürlich den umgekehrten Gang aufweisen müßte. Inzwischen ist eine quantenmechanische Berechnung des Photoeffektes auf Grund der DIRACschen Theorie von F. SAUTER[5] erschienen, in der der Absorptionskoeffizient in der K-Schale durch Näherungsrechnungen auch für harte γ-Strahlen gewonnen wird. Nach der Berechnung von SAUTER, die bis zum Zinn auf etwa $\pm 10\%$ richtig ist, ergibt sich für $\lambda = 4{,}7$ X-E. der atomare Photoabsorptionskoeffizient im K-Niveau von Sn zu $\tau = 2{,}4 \cdot 10^{-25}$. Der gesamte atomare Schwächungskoeffizient durch die äußeren Elektronen (die Absorption in allen übrigen Niveaus kann nur etwa 20 bis 25% der Absorption im K-Niveau ausmachen) ergibt sich daher zu etwa $\mu = 65{,}10^{-25}$, während MEITNER und HUPFELD dafür den viel größeren Wert von $79{,}4 \cdot 10^{-25}$ erhalten haben. Sie haben daher diese zusätzliche Absorption auf einen Streuprozeß durch die Atomkerne zurückgeführt und wegen der gegenüber den Kerndimensionen noch großen Wellenlängen angenommen, daß die Streuung durch den Kern analog der RAYLEIGHschen Lichtstreuung kugelsymmetrisch und ohne Wellenlängenänderung erfolgt. In einer neueren Arbeit wurde diese Annahme geprüft, indem für die durch 3 cm Pb gefilterte RaC-γ-Strahlung nachgesehen wurde, ob die Abweichung von der Klein-Nishina-Formel auch die zu erwartende Abweichung von der Wellenlängenverteilung in der Streustrahlung bedingt[6]. Wurde Eisen als Streustrahler benutzt, für das die Klein-Nishina-Formel gilt, so erwies sich die unter 90° beobachtete Streustrahlung als homogen mit einem Absorptionskoeffizienten in Pb von $\mu = 2{,}13\ \text{cm}^{-1}$. War dagegen als Streustrahler Blei gewählt, so war die Streustrahlung inhomogen und konnte in zwei Komponenten zerlegt werden, denen die Absorptionskoeffizienten in Pb $\mu_1 = 2{,}13\ \text{cm}^{-1}$ und $\mu_2 = 0{,}56\ \text{cm}^{-1}$ angehören. Der letztere entspricht dem Absorptionskoeffizienten der primären Strahlung. Das spricht also für die Richtigkeit der obigen Annahme, daß kurzwellige γ-Strahlen durch Atomkerne gestreut

[1] Lord RUTHERFORD u. B. V. BOWDEN, Proc. Roy. Soc. London Bd. 136, S. 407. 1932.

[2] B. W. LEWIS u. C. E. WYNN-WILLIAMS, Proc. Roy. Soc. London Bd. 136, S. 349. 1932.

[3] O. HAHN u. L. MEITNER, l. c.

[4] L. MEITNER u. H. H. HUPFELD, Naturwissensch. Bd. 18, S. 534. 1930; Phys. ZS. Bd. 31, S. 947. 1930; ZS. f. Phys. Bd. 67, S. 147. 1931; G. T. P. TARRANT, Proc. Roy. Soc. London (A) Bd. 128, S. 345. 1930; Bd. 135, S. 223. 1932; C. Y. CHAO, Proc. Nat. Acad. Amer. Bd. 16, S. 431. 1930; J. C. JACOBSEN, ZS. f. Phys. Bd. 70, S. 145. 1931.

[5] F. SAUTER, Ann. d. Phys. (5) Bd. 9, S. 454. 1931.

[6] L. MEITNER u. H. H. HUPFELD, ZS. f. Phys. Bd. 75, S. 705. 1932.

werden. Da Berechnungen von LANDAU[1] gezeigt haben, daß weder Helium- noch Wasserstoffteilchen die innerhalb der schwereren Kerne für den Streuprozeß verantwortlichen schwingungsfähigen Teilchen sein können, muß man annehmen, daß die Kernelektronen diesen Streuprozeß hervorrufen, und der Umstand, daß die schwereren Kerne schon bei größeren Wellenlängen Abweichungen von der Klein-Nishina-Formel zeigen, ist so zu deuten, daß die untersuchten γ-Strahlfrequenzen den Eigenschwingungen in schweren Kernen näher liegen als denen der leichten Kerne. Das besagt, daß die schweren Kerne loser gebundene Elektronen besitzen als die leichten, was auch mit dem Auftreten von β-Strahlumwandlungen bei den radioaktiven Substanzen in Übereinstimmung ist.

C. Künstliche Umwandlung und Anregung von Atomkernen.

Von

H. FRÄNZ, Charlottenburg, und W. BOTHE, Heidelberg.

a) Allgemeines.

43. Wesen und Entdeckung der Erscheinungen. Die Atomkerne sind gegenüber der äußeren Elektronenhülle ausgezeichnet durch ihre außerordentliche Stabilität gegen äußere Einwirkungen. Mit den zur Zeit in Laboratorien verfügbaren *künstlichen* Energiequellen elektrischer, magnetischer oder thermischer Art war es bisher nicht möglich, irgendeinen nachweisbaren Einfluß auf den Kern und auf die in seinem Innern ablaufenden Vorgänge, die radioaktiven Prozesse, auszuüben. Erfahrungen über den Aufbau der Atomkerne konnten daher zunächst nur bei den schweren, radioaktiven Elementen durch die Beobachtung ihrer korpuskularen und elektromagnetischen Eigenstrahlung gewonnen werden.

Im Jahre 1919 entdeckte jedoch Sir ERNEST RUTHERFORD, daß die hohen Beträge an atomarer Energie, welche die Natur selbst in den radioaktiven Strahlungen zur Verfügung stellt, Veränderungen in gewissen Atomkernen hervorzurufen vermögen[2]. Er fand zuerst, daß aus Stickstoffkernen, die von α-Strahlen getroffen werden, Protonen (Wasserstoffkerne) herausgeschleudert werden können. RUTHERFORD selbst und andere Forscher konnten später auch bei einer Reihe weiterer leichter Elemente eine „Atomzertrümmerung" nachweisen. Diese Entdeckung RUTHERFORDS hat grundlegende Bedeutung für die Kernphysik. Sie zeigte einen neuen Weg zur Erforschung des Aufbaues der Atomkerne, und zwar jetzt der leichten Kerne, sie wies das Proton experimentell als Kernbaustein nach (PROUTsche Hypothese), und schließlich wurde hier zum erstenmal eine künstliche, durch äußere Einflüsse bewirkte Umwandlung eines Atomkernes be-

---

[1] L. LANDAU, Naturwissensch. Bd. 18, S. 1112. 1930.

[2] Anm. b. d. Korr.: Ganz kürzlich ist es auch im RUTHERFORDschen Laboratorium gelungen, mit Hilfe künstlich beschleunigter *Protonen* (H-Kanalstrahlen) an einer Reihe von Elementen Kernumwandlungen hervorzurufen. Beim Lithium genügt bereits eine Strahlenergie von 125000 e-Volt, um $Li_7 + H_1$ umzuwandeln in $2\,He_4$ [J. D. COCKROFT u. E. T. S. WALTON, Nature Bd. 129, S. 649. 1932; Proc. Roy. Soc. London (A) Bd. 136, S. 229. 1932]. Bei diesen Umwandlungen wird ein Proton von dem Kern eingefangen und ein α-Teilchen emittiert, sie stellen in gewissem Sinne den umgekehrten Prozeß dar gegenüber den bisher bekannten, in diesem Artikel beschriebenen Umwandlungen, bei welchen ein α-Teilchen von dem Atomkern eingefangen und ein Proton emittiert wird.

obachtet. In der Folge konnte gezeigt werden, daß es sich gerade beim Stickstoff nicht um einen Kernabbau, sondern um einen Kernaufbau handelt. Das α-Teilchen bleibt nämlich in dem Stickstoffkern stecken. Auch in anderen Fällen ist ein solcher Kernaufbau wenigstens sehr wahrscheinlich, so daß heute der allgemeinere Ausdruck „Kernumwandlung“ statt „Kernzertrümmerung“ vorzuziehen ist.

RUTHERFORD entdeckte die Zertrümmerbarkeit des Stickstoffes gelegentlich von Versuchen, die in seinem Laboratorium zur Prüfung seines Atommodelles[1] angestellt wurden. DARWIN[2] hatte auf Grund dieses Modelles erkannt, daß bei einem elastischen Zusammenstoß eines α-Teilchens mit einem Wasserstoffkern dieser Kern in schnelle Bewegung versetzt werden muß, und zwar sollte er bei genau zentralem Stoß die 1,6fache Geschwindigkeit und etwa die vierfache Reichweite des stoßenden α-Teilchens erhalten. MARSDEN und LANTSBERRY[3] konnten solche „natürliche H-Strahlen“ tatsächlich beim Durchgang von α-Strahlen durch Wasserstoffgas oder wasserstoffhaltige Substanzen (z. B. Paraffin) nachweisen (vgl. Bd. XXII/2). Diese H-Strahlen erzeugen auf einem Zinksulfidschirm ähnlich wie α-Strahlen Szintillationen, die im allgemeinen allerdings merklich lichtschwächer sind als α-Szintillationen. MARSDEN und LANTSBERRY fanden nun aber auch, wenn kein Wasserstoff vorhanden war, eine kleine Anzahl von Szintillationen ähnlicher Art, ohne zunächst ihre Herkunft erklären zu können. Einige Jahre später beobachtete RUTHERFORD[4], daß Teilchen von der Art der H-Teilchen beim Durchgang von α-Strahlen durch Luft oder Stickstoff auftreten, und zwar war ihre Zahl proportional dem Stickstoffpartialdruck. Ihre Ablenkbarkeit im Magnetfeld stimmte innerhalb der allerdings nicht sehr großen Meßgenauigkeit mit der von natürlichen H-Strahlen überein. Da sich durch Spuren von Wasserstoff oder Wasserdampf in der Apparatur die gefundene Teilchenzahl nicht erklären ließ, schloß RUTHERFORD, daß die H-Kerne aus Stickstoffkernen durch Stoß der α-Teilchen abgespalten werden. Jeder Zweifel an der Herkunft der Protonen aus dem Stickstoffkern schwand, als RUTHERFORD und CHADWICK[5] mit verbesserter Versuchsanordnung zeigen konnten, daß die H-Teilchen aus Stickstoff eine erheblich größere Reichweite haben als natürliche H-Teilchen. Gleichzeitig beobachteten sie solche weitreichenden H-Strahlen auch bei der Beschießung von fünf weiteren Elementen mit α-Strahlen, nämlich von B, F, Na, Al und P. Eine Reihe anderer leichter Elemente, z. B. C und O, gaben dagegen keine H-Strahlen.

Seit kurzem ist eine weitere Erscheinung bekannt, welche bei Beschießung von leichten Atomkernen mit α-Strahlen auftritt, nämlich die Entstehung von γ-Strahlen. Ohne irgendwie bestimmte Vorstellungen über den Entstehungsprozeß dieser Strahlen damit zu verbinden, soll die Erscheinung als „Kernanregung“ bezeichnet werden. Sie bietet einen weiteren Weg, in den energetischen Aufbau der Kerne einzudringen[6].

Das Gebiet der Kernumwandlung und -anregung ist experimentell schwierig, die Messungen sind schon wegen ihres vorwiegend statistischen Charakters stets

---

[1] E. RUTHERFORD, Phil. Mag. Bd. 21, S. 669. 1911.

[2] G. C. DARWIN, Phil. Mag. Bd. 27, S. 499. 1914.

[3] E. MARSDEN, Phil. Mag. Bd. 27, S. 824. 1914; E. MARSDEN u. W. C. LANTSBERRY, ebenda Bd. 30, S. 240. 1915.

[4] E. RUTHERFORD, Phil. Mag. Bd. 37, S. 538, 571 u. 581. 1919; Nature Bd. 103, S. 415. 1919; Proc. Roy. Soc. London (A) Bd. 97, S. 374. 1920.

[5] E. RUTHERFORD u. F. CHADWICK, Phil. Mag. Bd. 42, S. 809. 1921; Bd. 44, S. 417. 1922; Nature Bd. 107, S. 41. 1921.

[6] Über die kürzliche Entdeckung von Neutronen als Produkten der Kernumwandlung vgl. den Nachtrag Ziff. 64.

langwierig. Daher sind Fortschritte nur langsam zu erzielen, und es ist heute noch nicht möglich, eine leidlich abgeschlossene Darstellung des Gebietes zu geben.

44. Eigenschaften von H-Strahlen. H-Strahlen sind, wie alle Korpuskularstrahlen, charakterisiert durch ihre Ladung e, ihre Masse m und ihre Geschwindigkeit v. Durch diese Größen wird ihre Ablenkbarkeit in elektrischen und magnetischen Feldern, ihre Reichweite und die Ionisation bestimmt, die sie hervorrufen. Zur experimentellen Untersuchung der Eigenschaften von H-Strahlen können im Prinzip dieselben Methoden dienen, die für α-Strahlen in dem Abschn. A dieses Kapitels und im Bd. XXII/2 beschrieben sind. Eine beträchtliche Schwierigkeit liegt aber darin, daß für exakte Untersuchungen intensive Strahlenbündel homogener Geschwindigkeit mit kleinem Öffnungswinkel erforderlich sind. Während sich bei α-Strahlen diese Forderung im allgemeinen leicht erfüllen läßt, ist das bei H-Strahlen, sowohl bei natürlichen wie besonders bei Atomtrümmern, bisher aus Intensitätsgründen nicht möglich gewesen. Dadurch ist es bedingt, daß alle Messungen an H-Strahlen heute noch weit weniger genau sind als die entsprechenden Messungen an α-Strahlen.

45. Magnetische und elektrische Ablenkung. Versuche über die Ablenkbarkeit von natürlichen H-Strahlen in magnetischen und elektrischen Feldern wurden von RUTHERFORD[1] bereits 1919 ausgeführt. Der für e/m gefundene Wert bestätigt, daß die Strahlenteilchen Protonen sind. In den folgenden Jahren wurde von RUTHERFORD und CHADWICK[2] mit demselben Resultat auch die magnetische Ablenkung von Atomtrümmern aus N, Al, P und F untersucht.

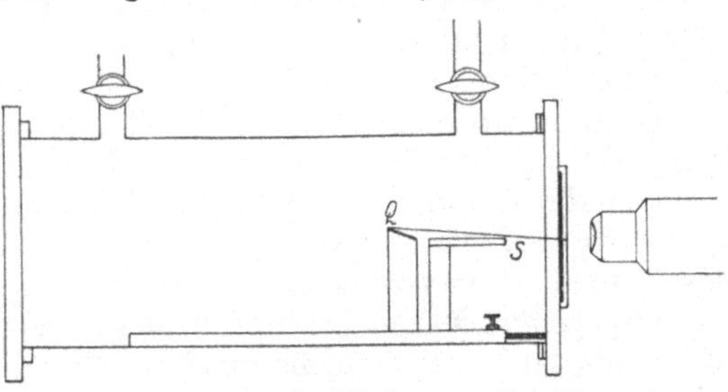

Abb. 21. Magnetische Ablenkung von Atomtrümmern (RUTHERFORD u. CHADWICK).

RUTHERFORDS Anordnungen zur Ablenkung natürlicher H-Strahlen unterscheiden sich von den Anordnungen welche er für α-Strahlen benutzte, im wesentlichen nur durch die erheblich breiteren Spalte. Für die magnetische Ablenkung von Atomtrümmern dagegen mußten RUTHERFORD und CHADWICK die Versuchsanordnung ganz erheblich modifizieren, da die Intensität hier noch kleiner als bei natürlichen H-Strahlen ist. Ihre Anordnung ist in Abb. 21 dargestellt. Die Strahlenquelle Q, ein mit RaC aktiviertes Plättchen, war auf der Vorderseite mit einer dünnen Schicht der umzuwandelnden Substanz bedeckt. Sie wurde in einem Messingkasten unter einem kleinen Winkel gegen die Horizontale angeordnet, um angenähert wie eine lineare Strahlenquelle zu wirken. Durch die Platte S wurde das von Q ausgehende H-Strahlenbündel einseitig begrenzt, so daß nur auf dem oberen Teil des den Messingkasten abschließenden Zinksulfidschirmes Szintillationen auftraten. Mit Hilfe geeigneter Absorptionsfolien wurde dafür gesorgt, daß weder α-Strahlen noch natürliche H-Strahlen bis zum Schirm gelangen konnten. Ein Magnetfeld, parallel zu der Kante von S, die das Strahlenbündel begrenzt, lenkte nun die Atomtrümmer nach oben oder unten ab, wodurch sich die Grenzlinie zwischen dem bestrahlten und unbestrahlten Teil des Schirmes entsprechend verschob. Durch Vergleich mit natürlichen H-Strahlen und α-Strahlen bekannter Geschwindigkeit ergab sich z. B. für die Atomtrümmer von Al: $mv/e = 3{,}4 \cdot 10^5$ EME. Mit dem e/m für Protonen und

[1] E. RUTHERFORD, Phil. Mag. Bd. 37, S. 562. 1919.

[2] E. RUTHERFORD, Phil. Mag. Bd. 37, S. 581. 1919; Proc. Roy. Soc. London (A) Bd. 97, S. 374. 1920; E. RUTHERFORD u. J. CHADWICK, Phil. Mag. Bd. 44, S. 417. 1922.

einem Geschwindigkeitswert v, der nach der GEIGERschen Formel (s. Ziff. 46) aus der mittleren Reichweite der Teilchen errechnet wurde, wäre $3{,}7 \cdot 10^5$ EME zu erwarten gewesen; die Abweichung liegt durchaus innerhalb der Fehlergrenzen des Versuches.

Eine Anordnung nach dem Prinzip des ASTONschen Massenspektrographen (Abb. 22) benutzte STETTER[1] zur Bestimmung von e/m sowohl für natürliche

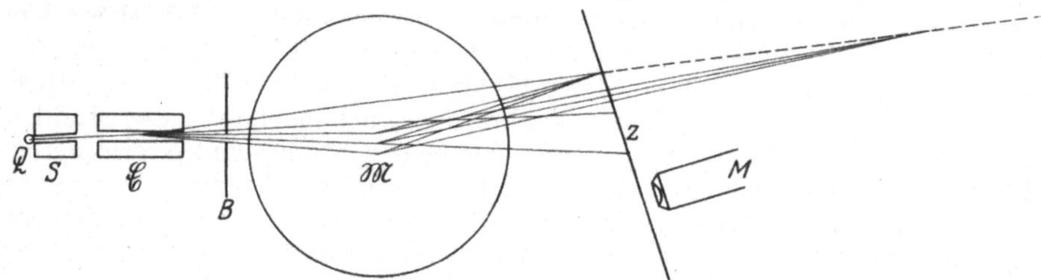

Abb. 22. Massenspektrograph für H-Strahlen (STETTER).

H-Strahlen wie für Atomtrümmer. Von der Strahlenquelle Q gelangen die Teilchen durch das System S von 6 parallelen, 0,14 mm weiten Spalten in das elektrische Feld zwischen den Platten E. Die Platten, deren Potentialdifferenz 15000 Volt betrug, hatten 2 mm Abstand voneinander. Das abgelenkte Strahlenbündel trat durch die Blende B, die die schnellsten und die langsamsten Teilchen wegnahm, in das magnetische Feld $\mathfrak{M}$, von dem es in entgegengesetzter Richtung abgelenkt wurde. Die Bahnen von Teilchen mit gleichem e/m schneiden sich dann in der durch die gestrichelte Linie angedeuteten Fokalebene. Der Zinksulfidschirm Z wurde jedoch nicht in dieser Ebene aufgestellt, weil hier wegen des kleinen Auftreffwinkels der Strahlen die Linienbreite zu groß war, sondern er wurde senkrecht zur Strahlrichtung angeordnet. Das Beobachtungsmikroskop M konnte längs des Schirms meßbar verschoben werden. Die Anordnung wurde mit α-Strahlen geeicht.

Das Massenspektroskop ist bis zu einem gewissen Grade frei von den Schwierigkeiten, die sich bei anderen Anordnungen aus der Inhomogenität der Teilchengeschwindigkeiten ergeben. STETTER erreichte daher eine wesentlich höhere Meßgenauigkeit. Für die Masse natürlicher H-Teilchen fand er $1{,}016 \pm 0{,}03$ Atomgewichtseinheiten. Ähnliche Werte erhielt er auch für Atomtrümmer.

46. Absorption und Reichweite. Die Kurve A der Abb. 23 zeigt schematisch eine Absorptionskurve (Teilchenzahl als Funktion der zurückgelegten Wegstrecke), wie man sie bei einer α- oder H-Strahlung mit homogener Anfangsgeschwindigkeit findet. Die Teilchenzahl bleibt fast über die ganze Wegstrecke konstant und fällt erst am Ende sehr rasch auf Null: die Teilchen haben angenähert eine einheitliche Reichweite (vgl. Bd. XXII/2, Art. GEIGER). Kommen dagegen in dem Strahlenbündel alle möglichen Anfangsgeschwindigkeiten und damit alle möglichen Reichweiten zwischen Null und einem Höchstwert vor, so erhält man eine Absorptionskurve vom Typ B. Eine Zwischenform C ergibt sich schließlich, wenn die Anfangsgeschwindigkeit zwischen einem von Null verschiedenen minimalen und einem maximalen Wert variiert. In den

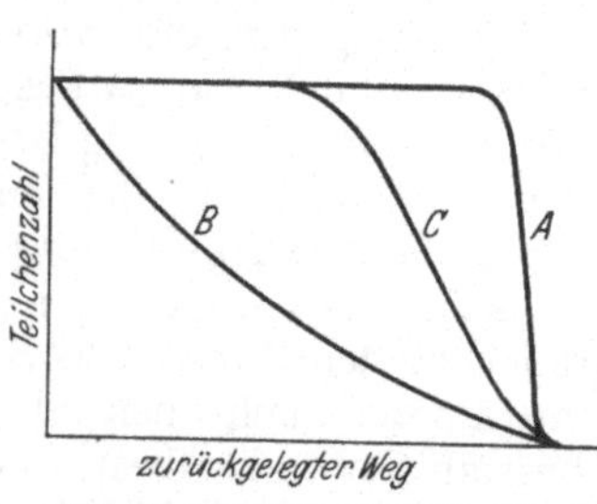

Abb. 23. Typen von Absorptionskurven.

[1] G. STETTER, ZS. f. Phys. Bd. 34, S. 158. 1925; Bd. 42, S. 741. 1927; Wiener Ber. [2a] Bd. 135, S. 61. 1926.

beiden letzten Fällen läßt sich aus den Kurven die *maximale Reichweite* einigermaßen definieren, die der maximalen Anfangsgeschwindigkeit zuzuordnen ist. Absorptionskurven dieser Art findet man unter den bisher realisierbaren Versuchsbedingungen bei Atomtrümmern ebenso wie bei natürlichen H-Strahlen.

Da eine direkte Geschwindigkeitsmessung bei Atomtrümmern, wie oben dargelegt, auf große Schwierigkeiten stößt, pflegt man die Maximalgeschwindigkeit der H-Strahlen aus ihrer Maximalreichweite abzuleiten. Für α-Strahlen besteht zwischen der Geschwindigkeit v und der Reichweite R in Luft in guter Näherung die GEIGERsche Beziehung[1]

$$v^3 = a \cdot R, \tag{1}$$

wo $a = 1{,}02 \cdot 10^{27}\,\mathrm{cm^2\,sec^{-3}}$ ist, wenn man die Reichweite auf 15° C und 760 mm Druck bezieht. Aus der klassischen BOHRschen Theorie der Geschwindigkeitsverluste und ebenso aus der quantenmechanischen, von BETHE entwickelten Theorie (vgl. Bd. XXIV/1) kann man schließen, daß die Konstante a proportional m/e^2 ist. Da diese Größe für H- und α-Strahlen denselben Wert hat, sollte man für H-Strahlen in erster Näherung die Gültigkeit der GEIGERschen Formel mit der aus α-Strahlenmessungen abgeleiteten Konstanten erwarten. Nun werden die H-Reichweiten bei Umwandlungsversuchen allerdings nicht in Luft, sondern in festen Absorptionsschichten, z. B. Glimmer- oder Aluminiumfolien gemessen und mit Hilfe der für α-Strahlen gefundenen Luftäquivalente bzw. Bremsvermögen der Folien (vgl. Bd. XXII/2) umgerechnet. Daß für H-Strahlen dieselben Luftäquivalente wie für α-Strahlen gelten, haben MARSDEN und besonders eingehend RONA[2] gezeigt. Das Bremsvermögen einer Substanz für α-Strahlen hängt zwar im allgemeinen von der Strahlgeschwindigkeit ab, doch wird diese Abhängigkeit um so schwächer, je ähnlicher das Atomgewicht der Substanz dem von Luft und je größer die Geschwindigkeit der Teilchen ist. Für Al weicht z. B. das Bremsvermögen nur in den letzten 2 cm der Reichweite erheblich von seinem konstanten Wert für schnelle Teilchen ab, für Glimmer ist die Abweichung noch kleiner (vgl. Bd. XXII/2). Man kann daher für die in solchen Absorptionsfolien gemessenen Reichweiten schneller H-Strahlen mit vorläufig ausreichender Genauigkeit dieselbe Abhängigkeit von v erwarten wie für Luftreichweiten.

Die Formel (1) läßt sich an natürlichen H-Strahlen prüfen, deren maximale Geschwindigkeit nach Energie- und Impulssatz das 1,6fache der Geschwindigkeit der erzeugenden α-Strahlen beträgt[3]. Für die maximale H-Reichweite erhält man so

$$R_{\mathrm{H}} = 4{,}1\, R_\alpha.$$

An natürlichen H-Strahlen, die durch Stöße von Po-α-Strahlen ($R_\alpha = 3{,}93$ cm) erzeugt werden, haben verschiedene Beobachter in der Tat in ausreichender Übereinstimmung mit diesem Ansatz Reichweiten von 15,5 bis 18 cm gemessen[4]. Auch für die maximale Reichweite nach dem Stoß eines α-Teilchens von 6,97 cm Reichweite (RaC′), die RUTHERFORD[5] zunächst zu 28 cm gemessen hatte, schien die Formel (1) noch zu gelten. Später fanden RUTHERFORD und CHADWICK[6] jedoch 29 bis 30 cm, und kürzlich wurden von FRÄNZ und von CHADWICK, CON-

---

[1] Vgl. ds. Handb. Bd. XXII/2, Kap. 3.

[2] E. MARSDEN, Phil. Mag. Bd. 27, S. 824. 1914; E. RONA, Wiener Ber. (2a) Bd. 135, S. 117. 1926.

[3] G. C. DARWIN, Phil. Mag. Bd. 27, S. 499. 1914; vgl. ds. Handb. Bd. XXII/2.

[4] E. RONA, Wiener Ber. (2a) Bd. 135, S. 117. 1926; M. BLAU u. E. RONA, ebenda Bd. 135, S. 573. 1926; G. ORTNER u. G. STETTER, Phys. ZS. Bd. 28, S. 70. 1927; W. BOTHE u. H. FRÄNZ, ZS. f. Phys. Bd. 43, S. 456. 1927.

[5] E. RUTHERFORD, Phil. Mag. Bd. 37, S. 537. 1919.

[6] E. RUTHERFORD u. J. CHADWICK, Phil. Mag. Bd. 44, S. 417. 1922.

STABLE und POLLARD mit Hilfe elektrischer Zählmethoden sogar 32 cm gemessen[1]. Bei größeren Geschwindigkeiten der H-Teilchen steigt die Reichweite also wahrscheinlich etwas schneller als mit der dritten Potenz von v an, ein Verhalten, wie es schon bei den schnellsten α-Teilchen angedeutet ist und wie es auch nach der Theorie der Geschwindigkeitsabnahme zu erwarten ist. Für β-Teilchen von noch größerer Geschwindigkeit als der der H-Teilchen ergibt sich sowohl theoretisch wie experimentell Proportionalität der Reichweite mit etwa v^4. Aus den angeführten Messungen an natürlichen H-Strahlen würde man auf einen Gang mit ungefähr $v^{3,5}$ schließen, wie es z. B. CHADWICK, CONSTABLE und POLLARD tun (a. a. O.). Legt man die Reichweite von 32 cm für H-Strahlen der Geschwindigkeit $v = 1{,}60 \cdot 1{,}92 \cdot 10^9$ cm/sec zugrunde und nimmt einen Gang der Reichweite mit v^3 an, so erhält man die Beziehung

$$v = 0{,}97 \cdot 10^9 \cdot R^{1/3}\ \text{cm/sec}; \tag{2}$$

für einen Gang von R mit $v^{3,5}$ ergibt sich

$$v = 1{,}14 \cdot 10^9\ R^{1/3,5}\ \text{cm/sec}. \tag{3}$$

Beide Formeln sollen in diesem Artikel zur Berechnung von Protonengeschwindigkeiten oder Energien aus der Reichweite nebeneinander verwendet werden; aus der Abweichung der nach (2) und (3) berechneten Werte voneinander läßt sich etwa die Unsicherheit erkennen, die durch unsere ungenügende Kenntnis der genauen Beziehung zwischen v und R entsteht[2].

47. Ionisation. Nach der THOMSONschen Theorie ist die differentiale Ionisation (Ionisation pro cm Weglänge) für ein Teilchen gegebener Geschwindigkeit proportional dem Quadrat der Ladung des Teilchens (s. Bd. XXII/2, Kap. 1). Die differentiale Ionisation durch ein H-Teilchen sollte hiernach ein Viertel der Ionisation betragen, die ein α-Teilchen gleicher Geschwindigkeit (und damit in erster Näherung gleicher Reichweite) hervorruft. Dasselbe Verhältnis muß dann auch für die Gesamtionisation gelten, was sich übrigens auch aus der Annahme ergäbe, daß die Gesamtionisation der Energie des Teilchens proportional ist.

Zu einer ersten ungefähren Bestätigung dieser Theorie gelangten M. BLAU und E. RONA[3], die die Absorptionskurve einer inhomogenen H-Strahlung unter den gleichen Bedingungen sowohl ionometrisch wie durch Zählung der Einzelteilchen aufnahmen. Mit Hilfe des theoretischen Wertes für die Ionisation und unter der Voraussetzung, daß die GEIGERsche Formel (1) für H-Strahlen gilt, errechneten BLAU und RONA aus der Teilchenzahlkurve eine Ionisationskurve, die mit der gemessenen befriedigend übereinstimmt. Versuche der gleichen Verfasserinnen, die Ionisation eines H-Strahlenbündels zu messen, das durch ein Magnetfeld einigermaßen homogenisiert worden war, bestätigten die theoretische Erwartung ebenfalls, allerdings auch nicht mit großer Genauigkeit, da die H-Strahlenintensität nicht zu einer genügenden Homogenisierung ausreichte.

Die Ionisation einzelner natürlicher H-Teilchen haben ORTNER und STETTER, RAMELET sowie SCHMIDT und STETTER gemessen[4], indem sie die schwachen

---

[1] H. FRÄNZ, Phys. ZS. Bd. 30, S. 810. 1929; J. CHADWICK, J. E. R. CONSTABLE u. E. C. POLLARD, Proc. Roy. Soc. London (A) Bd. 130, S. 463. 1931.

[2] Anm. b. d. Korr.: P. M. S. BLACKETT, Proc. Roy. Soc. London (A) Bd. 135, S. 132. 1932, hat an Hand theoretischer Überlegungen und einiger neuer Messungen eine Tabelle für den Zusammenhang zwischen Reichweite und Geschwindigkeit von Protonen aufgestellt, welche mit Gl. (3) recht nahe übereinstimmt.

[3] M. BLAU u. E. RONA, Wiener Ber. (2a) Bd. 135, S. 573. 1926; Bd. 138, S. 717. 1929.

[4] G. ORTNER u. G. STETTER, Phys. ZS. Bd. 28, S. 70. 1927; E. RAMELET, Ann. d. Phys. Bd. 86, S. 871. 1928; E. A. W. SCHMIDT u. G. STETTER, ZS. f. Phys. Bd. 55, S. 467. 1929; Wiener Ber. (2a) Bd. 138, S. 271. 1929; Bd. 139, S. 123. 1930.

Ionisationsstromstöße durch Elektronenröhren verstärkten. Auch diese Versuche ergaben, daß sich die Ionisation durch ein H-Teilchen zu der durch ein α-Teilchen gleicher Geschwindigkeit erzeugten ungefähr wie 1 : 4 verhält. Zu einer genaueren Angabe reicht auch hier die Meßgenauigkeit nicht aus.

An Atomtrümmern aus Al hat LEPRINCE-RINGUET[1] die differentiale Ionisation *sehr schneller* Protonen untersucht. Er fand, daß an einer Stelle der Bahn, die 50 cm vom Reichweitenende entfernt ist, die Ionisation pro cm Weglänge 2800 Ionenpaare beträgt, d. i. etwa $^1/_7$ der maximalen Ionisation am Ende der Reichweite. Dieser kleine Wert der Ionisation zeigt, daß der Energieverlust sehr schneller Protonen beim Durchgang durch Materie kleiner ist als der GEIGERschen Formel (1) entsprechen würde. Das entspricht den Ausführungen in Ziff. 46, nach denen die Reichweite der H-Strahlen bei großen Geschwindigkeiten schneller als mit der 3. Potenz von v zunimmt. Für das Verhältnis der maximalen Ionisationen am Ende der Reichweite eines H- und α-Teilchens fand LEPRINCE-RINGUET ebenfalls 1 : 4.

b) Methoden.

48. α-Strahlenquellen. Als α-Strahlenquellen für Umwandlungs- und Anregungsversuche kommen im wesentlichen Polonium, RaC+C′ und ThC+C′ in Frage. Die ersten Versuche wurden mit RaC und ThC ausgeführt, die umwandelnde Wirkung der Po-α-Strahlen hat zuerst E. A. W. SCHMIDT[2] beobachtet. Aus Intensitätsgründen sind in der Regel ziemlich starke Präparate (mindestens 1 mg Ra-Äquivalent) erforderlich, die meist möglichst kleine Dimensionen haben sollen. Po hat wegen seiner verhältnismäßig großen Halbwertszeit (140 Tage) außer dem Vorzug der nur langsam veränderlichen Aktivität den Vorteil, daß es ein reiner α-Strahler ist und sich auch weitgehend frei von anderen radioaktiven Substanzen, vor allem von β- und γ-Strahlern, darstellen läßt. Das ist für die Versuche von großer Bedeutung, da eine intensive $\beta\gamma$-Strahlung den Nachweis der künstlichen H- und γ-Strahlen sehr erschwert, wie in Ziff. 49 und 61 dargelegt wird. Die α-Strahlen von Po haben jedoch nur die verhältnismäßig kurze Reichweite $R = 3{,}93$ cm, welche einer Energie $E = 5{,}23 \cdot 10^6$ e-Volt $= 8{,}32 \cdot 10^{-6}$ Erg entspricht. Will man energiereichere α-Strahlen verwenden, so ist man auf die C′-Produkte des Ra ($R = 6{,}97$ cm; $E = 7{,}66 \cdot 10^6$ e-$V = 12{,}2 \cdot 10^{-6}$ Erg) oder Th ($R = 8{,}62$ cm; $E = 8{,}83 \cdot 10^6$ e-$V = 14{,}0 \cdot 10^{-6}$ Erg) angewiesen. Diese α-Strahlen sind jedoch stets von intensiver $\beta\gamma$-Strahlung begleitet, zumal die C′-Produkte wegen ihrer außerordentlich kurzen Lebensdauer nur im Gleichgewicht mit den C- und C″-Produkten zur Anwendung kommen können. Ein weiterer Nachteil der C′-Produkte liegt darin, daß sie „weitreichende“ α-Strahlen aussenden, welche H-Strahlen verdecken oder vortäuschen können. Die Verwendung von RaEm, welche den Vorzug einer verhältnismäßig langen Lebensdauer hätte, empfiehlt sich im allgemeinen nicht, weil sie mit ihren kurzlebigen Folgeprodukten zusammen drei α-Gruppen von verschiedener Energie aussendet.

Über die Herstellung der genannten α-Strahlenpräparate wird in dem Art. von GEIGER in Bd. XXII/2 ds. Handb. berichtet.

49. Nachweismethoden für H-Strahlen. Der Nachweis von H-Strahlen ist prinzipiell nach allen Methoden möglich, die für den Nachweis von α-Strahlen entwickelt worden sind. Da man aber mit den heutigen Mitteln nur sehr kleine Intensitäten von Atomtrümmern erreichen kann, kommen praktisch in der Hauptsache nur die hochempfindlichen Methoden zur Zählung der Einzelteilchen

---

[1] L. LEPRINCE-RINGUET, C. R. Bd. 192, S. 1543. 1931; Journ. de phys. et le Radium (7) Bd. 2, S. 985. 1931.

[2] E. A. W. SCHMIDT, Wiener Ber. (2a) Bd. 134, S. 385. 1925.

in Betracht, während integrierende Methoden, wie z. B. die Messung der Gesamtionisation eines Strahlenbündels, in der Regel zu unempfindlich sind. Als Zählmethode ist anfangs ausschließlich die Szintillationsmethode verwendet worden, später kamen eine Reihe elektrischer Zählmethoden und die Nebelmethode von WILSON hinzu. Über alle diese Methoden wird eingehend in dem Artikel von GEIGER in Bd. XXII/2 ds. Handb. berichtet. Hier soll nur auf einige für die Umwandlungsversuche wichtige Punkte eingegangen werden.

Die Szintillationen, die von H-Teilchen auf einem Zinksulfidschirm hervorgerufen werden, sind entsprechend dem geringeren Ionisationsvermögen von H-Teilchen im allgemeinen bedeutend lichtschwächer als α-Szintillationen[1]. Man muß daher Beobachtungsmikroskope mit möglichst lichtstarker Optik wählen[2]. Die Szintillationsmethode hat neben ihrer Einfachheit den Vorzug, daß sie durch eine $\beta\gamma$-Strahlung verhältnismäßig wenig gestört wird. Denn diese Strahlen rufen nur eine allgemeine gleichmäßige Aufhellung des Zinksulfidschirmes, aber keine Szintillationen hervor. Erst wenn diese Aufhellung allzu stark wird, besteht die Gefahr, daß ein Teil der lichtschwachen H-Szintillationen übersehen wird. Nach RUTHERFORD und CHADWICK[3] kann das Hintergrundleuchten vermindert werden, wenn man Zinksulfidschirme aus sehr feinkörnigem Material in möglichst dünner Schicht verwendet. RUTHERFORD und CHADWICK konnten mit einem solchen Schirm noch H-Szintillationen beobachten, wenn sich ein RaC'-Präparat von 20 Millicurie, dessen direkte β-Strahlen durch ein Magnetfeld abgelenkt wurden, in 2,5 cm Entfernung vom Schirm befand. Nachteile der Methode sind, daß das Zählen besonders von lichtschwachen Szintillationen äußerst ermüdend ist, so daß nur kurze Zählreihen durchgeführt werden können, und daß nur eine subjektive Beobachtung der Szintillationen möglich ist, so daß eine Beobachtungsreihe später nicht mehr kontrolliert werden kann.

Aus diesen Gründen ist man in letzter Zeit fast ausschließlich zu Nachweismethoden übergegangen, die eine objektive Registrierung gestatten. Als solche kommen in erster Linie die elektrischen Zählmethoden in Frage.

Die Verwendung des GEIGERschen Spitzenzählers in seiner ursprünglichen Form ist nur ratsam, wenn als α-Strahlenquelle ein extrem β- und γ-strahlenfreies Po-Präparat zur Verfügung steht, denn dieser Zähler spricht nicht nur auf α- und H-Strahlen, sondern fast ebenso stark auch auf β-Strahlen an. Ferner ist dafür zu sorgen, daß die von den α-Strahlen erregten Röntgenstrahlen nicht in den Zähler gelangen können, indem man sie z. B. durch schweratomige Folien absorbiert[4].

Wesentlich günstiger als der gewöhnliche Geigerzähler ist der von GEIGER und KLEMPERER[5] beschriebene „Multiplikationszähler". Bei diesem ist der Stromstoß proportional der Primärionisation, die das Strahlenteilchen auf seinem Wege durch den empfindlichen Bereich des Zählers erzeugt. Da die differentiale Ionisation eines β-Teilchens im Mittel nur etwa ein Hundertstel derjenigen eines α-Teilchens beträgt, ist der Effekt eines einzelnen β-Teilchens unmerklich klein,

---

[1] Über photometrische Messung der Helligkeit von *H*-Szintillationen vgl. E. KARA-MICHAILOVA u. B. KARLIK, Wiener Ber. (2a) Bd. 138, S. 581. 1929.

[2] Siehe E. RUTHERFORD u. J. CHADWICK, Phil. Mag. Bd. 42, S. 809. 1921; J. CHADWICK ebenda (7) Bd. 2, S. 1056. 1926; G. KIRSCH u. H. PETTERSSON, ZS. f. Phys. Bd. 42, S. 641. 1927; Wiener Ber. (2a) Bd. 136, S. 195. 1927; R. L. HASCHE, ebenda Bd. 135, S. 601. 1926.

[3] E. RUTHERFORD u. J. CHADWICK, Phil. Mag. Bd. 42, S. 809. 1921.

[4] Vgl. W. BOTHE u. H. FRÄNZ, ZS. f. Phys. Bd. 49, S. 1. 1928.

[5] H. GEIGER u. O. KLEMPERER, ZS. f. Phys. Bd. 49, S. 753. 1928. — Nach unveröffentlichten Versuchen im Gießener Physikalischen Institut arbeitet der alte RUTHERFORD-GEIGERsche Röhrenzähler (Proc. Roy. Soc. London Bd. 81, S. 141. 1908; Phys. ZS. Bd. 10, S. 1. 1909) ganz ähnlich und hat für Umwandlungsversuche noch den Vorzug eines sehr großen empfindlichen Volumens.

wenn ein α- oder H-Teilchen noch gut beobachtbar ist. Man kann daher als α-Quelle ohne weiteres ein Po-Präparat geringeren Reinheitsgrades verwenden. Eine *intensive* β-Strahlung wird sich aber auch bei diesem Zähler bemerkbar machen, sobald die zeitliche Folge der β-Teilchen so dicht ist, daß sich viele β-Ausschläge überlagern. Solche Überlagerungen werden erst bei um so größeren zeitlichen Teilchendichten eintreten, je kürzer die Dauer eines Einzelausschlages ist. Mittel zur Verkürzung der Ausschlagdauer sind[1]: Füllung des Zählers mit einem Gas hoher Ionenbeweglichkeit, wie z. B. Wasserstoff, Verwendung eines kleinen Ableitungswiderstandes und eines möglichst trägheitsfreien Anzeigeinstrumentes. Der Stromübergang im Zähler selbst dürfte mit Wasserstoff als Füllgas eine Zeit von der Größenordnung 10^{-4} sec dauern. Da man bei Umwandlungsversuchen mit RaC′ als α-Quelle schätzungsweise damit rechnen kann, daß 10^4 bis 10^5 β-Teilchen pro Sekunde in den Zähler gelangen, so ist eine völlige Auflösung selbst bei einem praktisch gänzlich trägheitsfreien Anzeigeinstrument nicht zu erreichen. Mit einem Oszillographen hoher Eigenfrequenz in Verbindung mit einem für diesen Zweck besonders konstruierten Röhrenverstärker in Widerstandsschaltung konnte FRÄNZ[2] ein Auflösungsvermögen von etwa 10^{-3} sec erreichen. Bei Umwandlungsversuchen mit dieser Anordnung riefen die $\beta\gamma$-Strahlen des RaC-Präparates noch immer eine leichte Unruhe des Nullpunktes des Oszillographen hervor. Abb. 24 zeigt einen Ausschnitt aus einem solchen Oszillogramm. Wenn man eine Statistik der Ausschlagsgrößen macht, kann man die Gesamtzahl der Ausschläge korrigieren für die kleinsten Ausschläge, die in der Nullpunktsunruhe verschwinden. Auf diese Weise war es möglich, mit RaC als α-Quelle objektive Messungen durchzuführen.

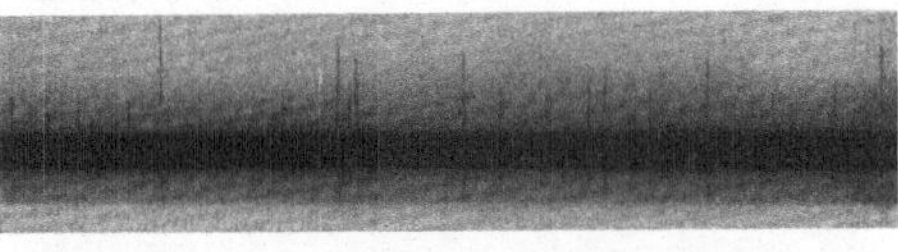

Abb. 24. Oszillogramm von Stromstößen in einem Multiplikationszähler, die von Atomtrümmern aus der Umwandlung von Bor durch RaC′-α-Strahlen ausgelöst wurden (FRÄNZ).

Von GREINACHER[3] wurde zuerst zum Nachweis von α-Strahlen eine Methode angegeben, bei welcher die von einem Strahlenteilchen ohne Ionenstoßverstärkung in einer gewöhnlichen Ionisationskammer erzeugte Ionisation mit einem Röhrenverstärker bis zur bequemen Meßbarkeit verstärkt wird. In einer von ORTNER und STETTER[4] und in einer von WYNN-WILLIAMS und WARD[5] angegebenen Modifikation ist diese Methode zu Umwandlungsversuchen mit einer β-strahlenfreien α-Quelle (Po) verwendet worden. Während das Röhrenelektrometer von ORTNER und STETTER eine ziemlich große Trägheit besitzt, erreicht die Verstärkeranordnung von WYNN-WILLIAMS und WARD mit ganz ähnlichen Mitteln wie der Verstärker von FRÄNZ ein Auflösungsvermögen von etwa 10^{-3} sec. Eine ähnliche Anordnung benutzte auch LEPRINCE-RINGUET[6]. Solche Anordnungen sind wegen des nötigen hohen Verstärkungsgrades viel störungsempfindlicher als diejenigen, welche sich einer Vorverstärkung durch Ionenstoß bedienen, wie der Multiplikationszähler.

[1] H. FRÄNZ, Phys. ZS. Bd. 30, S. 810. 1929; ZS. f. Phys. Bd. 63, S. 370. 1930.

[2] Mit einem neuen, bisher nicht veröffentlichten vierstufigen Verstärker wurde ein Auflösungsvermögen von etwa 10^{-4} sec erreicht.

[3] H. GREINACHER, ZS. f. Phys. Bd. 36, S. 364. 1926; Bd. 44, S. 319. 1927.

[4] G. ORTNER u. G. STETTER, Wiener Ber. (2a) Bd. 137, S. 667. 1928; ZS. f. Phys. Bd. 54, S. 449. 1929; G. STETTER u. S. SCHINTLMEISTER, Verh. d. D. Phys. Ges. (3) Bd. 12, S. 23. 1931.

[5] C. E. WYNN-WILLIAMS u. F. A. B. WARD, Proc. Roy. Soc. London (A) Bd. 131, S. 391. 1931.

[6] L. LEPRINCE-RINGUET, C. R. Bd. 192, S. 1543. 1931.

Das HOFFMANNsche Duantenelektrometer[1], dessen Ladungsempfindlichkeit so groß ist, daß es die unverstärkte Primärionisation eines H-Teilchens anzeigt, läßt sich ebenfalls zum Nachweis von Atomtrümmern benutzen[2]. Das Instrument ist jedoch so träge, daß die Teilchendichte 30 Teilchen pro Stunde nicht überschreiten darf und nur eine γ-strahlenfreie α-Quelle verwendet werden kann.

Eine besondere Stellung unter den Methoden zur Untersuchung der Kernumwandlung nimmt die Wilsonmethode ein. In der Wilsonkammer lassen sich nämlich die Einzelheiten des Elementarprozesses beobachten, da man sowohl die Bahn des α-Teilchens wie die Bahn des herausgeschleuderten Protons und des durch den Stoß in Bewegung gesetzten Restkernes verfolgen kann. Allerdings ist es wegen der Seltenheit einer Umwandlung notwendig, eine sehr große Anzahl von α-Bahnen zu photographieren, um überhaupt einige Umwandlungen zu beobachten. Da andererseits die Zahl der Bahnen auf einer Aufnahme nicht zu groß sein darf, ist die Methode sehr zeitraubend, entschädigt aber durch die Schönheit der Ergebnisse.

BLACKETT[3] hat eine automatisch repetierende Wilsonapparatur konstruiert, die alle 10 bis 15 sec eine Aufnahme macht. Mit zwei im rechten Winkel zueinander aufgestellten Kameras photographierte er z. B. auf 23000 Doppelaufnahmen 415000 α-Bahnen und fand dabei 8 Umwandlungen von Stickstoffkernen. Da das zu untersuchende Element gasförmig in der Wilsonkammer vorhanden sein muß, konnte bisher leider nur Stickstoff und Argon nach dieser Methode untersucht werden. Die Verwendung gasförmiger Verbindungen anderer umwandelbarer Elemente wäre wegen ihrer chemischen Eigenschaften mit erheblichen Schwierigkeiten verbunden, scheint jedoch nicht ganz unmöglich. Der Wasserdampf in der Wilsonkammer, der ja zu störenden natürlichen H-Strahlen Veranlassung geben muß, läßt sich nach PHILIPP[4] durch Tetrachlorkohlenstoff ersetzen.

Die Wilsonmethode wurde schließlich auch als bloße Zählmethode von HOLOUBEK[5] verwendet. Die α-Strahlen lösten Atomtrümmer in festen Substanzen aus, und zwar so, daß nur die H-Strahlen, nicht aber die α-Strahlen in die Wilsonkammer gelangten.

50. Versuchsanordnungen. Die Versuchsanordnungen zur Atomumwandlung werden gewöhnlich in zwei Gruppen unterschieden, je nachdem, ob die Beobachtungsrichtung (H-Strahlenrichtung) mit der Richtung der α-Strahlen Winkel $<90^\circ$ oder $\geqq 90^\circ$ bildet. Anordnungen der ersten Art pflegt man als direkte oder Vorwärtsanordnungen, solche der zweiten Art als indirekte Anordnungen[6] zu bezeichnen. Diese Unterscheidung hat ihre Begründung darin, daß natürliche H-Strahlen nur Winkel zwischen 0 und 90° mit den erzeugenden α-Strahlen bilden können (vgl. Bd. XXII/2). Daher können nur bei Vorwärtsanordnungen natürliche H-Strahlen aus wasserstoffhaltigen Verunreinigungen der α-Quelle oder der Versuchssubstanz in die Zählanordnung gelangen. Nach der Vorwärtsmethode lassen sich also ohne besondere Vorsichtsmaßnahmen Atomtrümmer

[1] G. HOFFMANN, Ann. d. Phys. Bd. 80, S. 779. 1926.

[2] G. HOFFMANN u. H. POSE, ZS. f. Phys. Bd. 56, S. 405. 1929.

[3] P. M. S. BLACKETT, Proc. Roy. Soc. London (A) Bd. 102, S. 294. 1922; Bd. 107, S. 349. 1925; Bd. 123, S. 613. 1929; Bd. 136, S. 338. 1932; Journ. scient. instr. Bd. 4, S. 433. 1927; Bd. 6, S. 184. 1929.

[4] K. PHILIPP, ZS. f. Phys. Bd. 53, S. 100. 1929.

[5] R. HOLOUBEK, Naturwissensch. Bd. 14, S. 621. 1926; ZS. f. Phys. Bd. 42, S. 704. 1927; Wiener Ber. (2a) Bd. 136, S. 321. 1927.

[6] Rechtwinklige Anordnung: G. KIRSCH u. H. PETTERSSON, Verh. d. D. Phys. Ges. Bd. 25, S. 22. 1924; Wiener Ber. (2a) Bd. 133, S. 235. 1924; E. RUTHERFORD u. J. CHADWICK, Nature Bd. 113, S. 457. 1924. Rückwärtsanordnung: H. PETTERSSON, Wiener Ber. (2a) Bd. 133, S. 445. 1924.

nur dann mit Sicherheit nachweisen, wenn ihre Reichweite größer ist als die Maximalreichweite der natürlichen H-Strahlen, d. h. z. B. größer als die vierfache α-Reichweite, wenn genau in der α-Richtung beobachtet wird. Die Untersuchungen auch auf Atomtrümmer kürzerer Reichweite auszudehnen, ist hier nur möglich, wenn es gelingt, Wasserstoffverunreinigungen der Versuchssubstanz sicher auszuschließen. Natürliche H-Strahlen aus der α-Quelle lassen sich dagegen gesondert beobachten und in Abzug bringen, wenn die umwandelbare Substanz durch eine nichtumwandelbare ersetzt wird. Nicht beobachtbar sind unter kleinem Winkel gegen die Primärrichtung Atomtrümmer, deren Reichweite kleiner als die α-Reichweite ist. Man wird sogar wegen etwaiger Inhomogenitäten der Versuchsschicht und der Absorptionsfolien die Beobachtungen nicht wesentlich unter die doppelte α-Reichweite ausdehnen können. Dient RaC′ oder ThC′ als α-Quelle, so ist auch zu berücksichtigen, daß von diesen Elementen α-Strahlen übernormaler Reichweiten emittiert werden, deren Häufigkeit im allgemeinen wenigstens von derselben Größenordnung ist wie die der etwa auftretenden Atomtrümmer.

Beobachtet man unter Winkeln von 90° und mehr gegen die α-Richtung, so können außer Atomtrümmern nur reflektierte α-Teilchen in die Zählanordnung gelangen. Deren Zahl und Reichweite ist um so kleiner, je größer der Winkel gegen die Primärrichtung und je kleiner das Atomgewicht der Versuchssubstanz ist. Bei den leichtesten Elementen und unter großen Winkeln liegen die Reichweiten der reflektierten α-Strahlen unter 1 cm. Hier ist auch die Zahl der reflektierten α-Strahlen so klein, daß es im Prinzip möglich sein sollte, auch innerhalb der α-Reichweite noch Protonen nachzuweisen, wenn man sie von den α-Teilchen unterscheiden könnte. Kirsch und Pettersson sowie Schmidt und Stetter[1] halten eine solche Unterscheidung für durchführbar. Zu beachten ist jedoch, daß in solchen Fällen die *Zahl* der beobachteten Teilchen allein im allgemeinen keinen Schluß auf Atomtrümmer zuläßt, da die Zahl der reflektierten α-Teilchen wegen der „anomalen Streuung" häufig nicht voraus berechnet werden kann[2]. Ein grundsätzlicher Nachteil aller indirekten Anordnungen ergibt sich daraus, daß die Reichweite der Atomtrümmer mit zunehmendem Winkel gegen die α-Richtung stets abnimmt

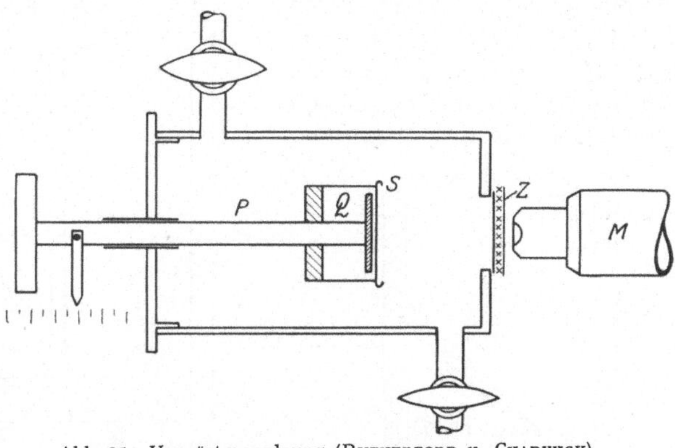

Abb. 25. Vorwärtsanordnung (Rutherford u. Chadwick).

Die von den verschiedenen Autoren benutzten Versuchsanordnungen sind sehr mannigfaltig. Als Beispiel einer Vorwärtsanordnung zeigt Abb. 25 die Apparatur, welche Rutherford und Chadwick[3] für ihre ersten Umwandlungsversuche benutzten. Die α-Quelle Q, ein mit RaB+C aktiviertes Messingblech, und die unmittelbar davor angebrachte dünne Schicht S der Versuchssubstanz befinden sich in einem Messingkasten, der zur Verhinderung radioaktiver Verseuchung, und um Atomtrümmer von dem Stickstoff der Luft auszuschließen, von trockenem Sauerstoff durchströmt wird. Die in S ausgelösten Atom-

[1] Zum Beispiel G. Kirsch u. H. Pettersson, ZS. f. Phys. Bd. 42, S. 641. 1927; E. A. W. Schmidt u. G. Stetter, Wiener Ber. (2a) Bd. 139, S. 123. 1930.

[2] Vgl. W. Bothe u. H. Fränz, ZS. f. Phys. Bd. 49, S. 1. 1928.

[3] E. Rutherford u. J. Chadwick, Phil. Mag. Bd. 42, S. 809. 1921.

trümmer können durch ein dünnes Glimmerfenster zu dem Zinksulfidschirm Z gelangen, der durch das Mikroskop M beobachtet wird. Zur Einstellung einer geeigneten H-Strahlenintensität läßt sich die Entfernung der α-Quelle und Versuchsschicht vom Schirm ändern. Der ganze Apparat befindet sich zwischen den Polen eines kräftigen Magneten, um die direkten β-Strahlen des RaB+C-Präparates von dem ZnS-Schirm fernzuhalten. Eine Absorptionskurve der Atomtrümmer wird nun in der Weise aufgenommen, daß unmittelbar vor dem Zinksulfidschirm abgestufte Absorptionsfolien in den H-Strahlenweg gebracht werden und jeweils die Zahl der noch hindurchtretenden H-Teilchen bestimmt wird.

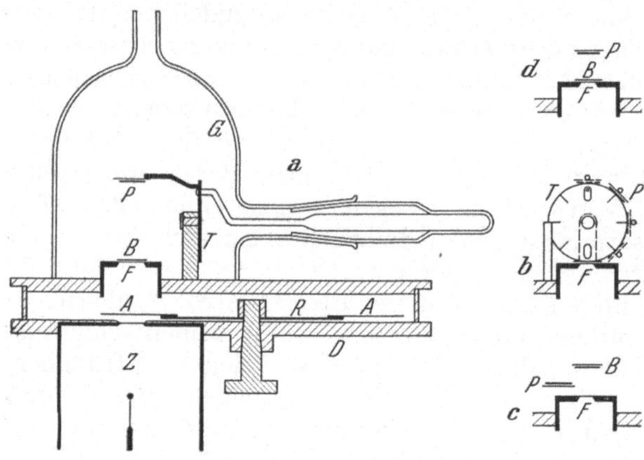

Abb. 26. Anordnung zur Beobachtung von Atomtrümmern bei verschiedenen Emissionswinkeln (BOTHE).

Abb. 26 gibt eine Versuchsanordnung von BOTHE[1] wieder, bei der der Winkel zwischen α- und H-Strahlenrichtung von 0° bis 116° variiert werden konnte. Das Po-Präparat P ist an dem drehbaren Teilkreis T befestigt und kann so in verschiedene Stellungen zu der dünnen Schicht B der Versuchssubstanz gebracht werden. Von der Versuchsschicht B gelangen die H-Strahlen durch das Bronzefenster F, das die α-Strahlen zurückhält, in den Multiplikationszähler Z. Durch Drehen des Rades R können

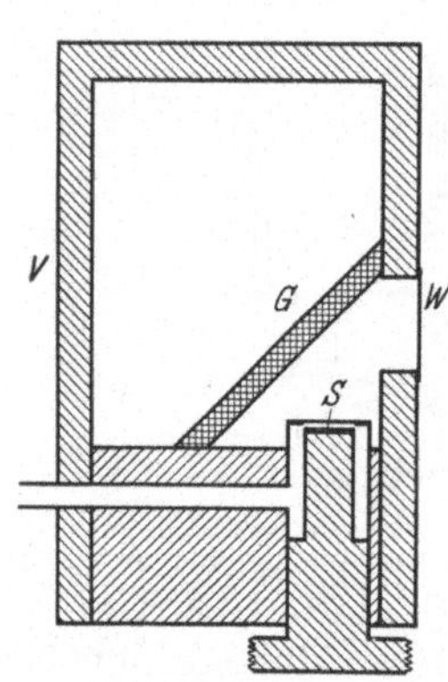

Abb. 27. Rechtwinklige Anordnung (CHADWICK, CONSTABLE und POLLARD).

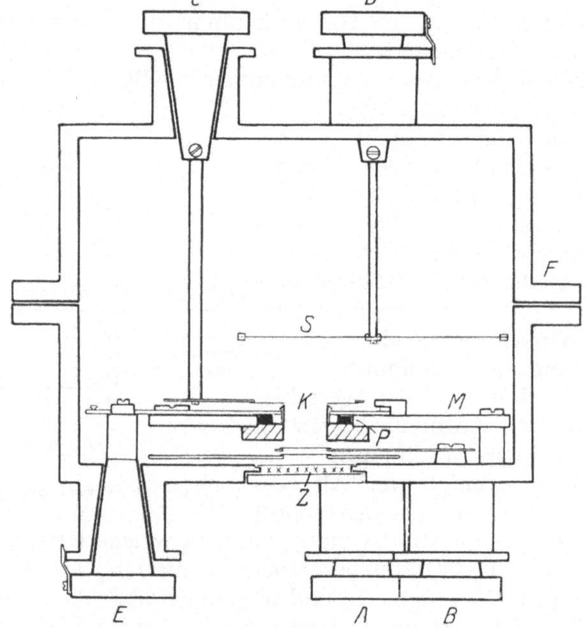

Abb. 28. Rückwärtsanordnung (SCHMIDT).

Absorptionsfolien A von verschiedener Dicke in den Weg der H-Strahlen gebracht werden. Um einen Emissionswinkel von 116° zu erreichen, wurden Präparat P und Versuchsschicht B in der in Abb. 26c wiedergegebenen Weise angeordnet.

[1] W. BOTHE, ZS. f. Phys. Bd. 63, S. 381. 1930.

Die Anordnung Abb. 27, bei der der mittlere Emissionswinkel der H-Strahlen 90° beträgt, benutzten CHADWICK, CONSTABLE und POLLARD[1]. Die α-Quelle S befindet sich in einem kleinen Röhrchen in dem Messingkasten V. Das Röhrchen ist vorn durch ein Glimmerfenster von 1 mm Luftäquivalent verschlossen, durch das die α-Strahlen auf die Versuchsschicht gelangen. Röhrchen und Kasten können getrennt evakuiert werden, um eine radioaktive Verseuchung des Kastens zu vermeiden. Von der Versuchssubstanz, die von der Graphitplatte G getragen wird, gelangen die H-Strahlen durch das Fenster W in die Zählanordnung nach WYNN-WILLIAMS und WARD (Ziff. 49).

Eine von E. A. W. SCHMIDT[2] angegebene Anordnung, die verbesserte Form von PETTERSSONS Rückwärtsanordnung, ist in Abb. 28 dargestellt. Über die ringförmige α-Quelle P können mit dem Schliff D verschiedene Versuchssubstanzen S gedreht werden. Die Atomtrümmer gelangen durch den Kanal K zu dem Zinksulfidschirm Z. In den Weg der α-Strahlen lassen sich mit dem Schliff C, in den H-Strahlenweg mit den Schliffen A und B Absorptionsfolien einschalten. An dem Schliff B ist außer den Folien noch eine Quelle natürlicher H-Strahlen befestigt, die zum Vergleich der Szintillationshelligkeit über den Schirm Z gebracht werden kann.

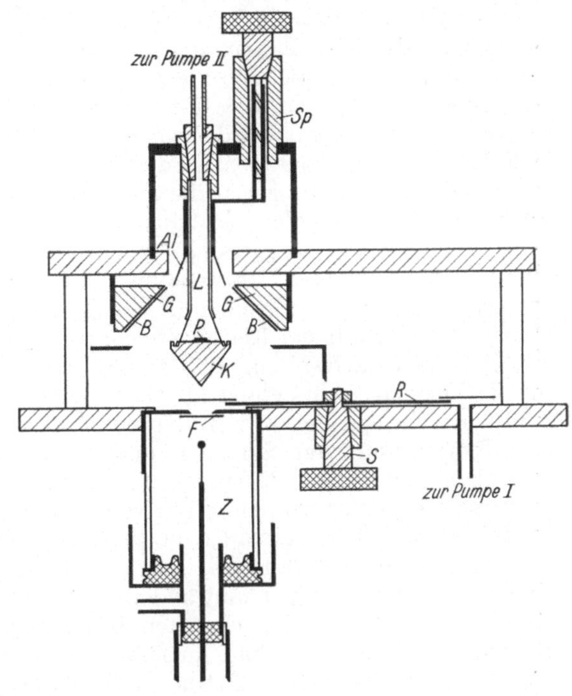

Abb. 29. Rückwärtsanordnung (FRÄNZ).

Schließlich zeigt die Abb. 29 eine von FRÄNZ[3] benutzte Rückwärtsanordnung, bei der der mittlere Winkel zwischen α- und H-Richtung 143° betrug. Die Anordnung ist eine „Ringanordnung", wie sie zuerst KIRSCH und PETTERSSON[4] angewendet haben. Solche Anordnungen haben den Vorteil großer „Lichtstärke" bei verhältnismäßig guter Winkeldefinition. Die α-Quelle P, ein mit RaB + C aktiviertes Platinblech, befindet sich in einem von der übrigen Apparatur getrennt evakuierten, durch dünne Fenster abgeschlossenen Raum L. BB ist die Versuchssubstanz, die an dem konischen Graphitring GG befestigt ist. Durch das Fenster F gelangt ein Teil der von BB ausgehenden Atomtrümmer in den Multiplikationszähler Z. Die α-Strahlen kann man, um den Resteffekt zu bestimmen, durch den Aluminiumkonus Al vollständig abschirmen, der zu diesem Zweck mit Hilfe der Spindel Sp über die Fenster von L geschoben werden kann. Die Absorptionsfolien für die H-Strahlen befinden sich auf dem Rad R.

---

[1] J. CHADWICK, J. E. R. CONSTABLE u. E. C. POLLARD, Proc. Roy. Soc. London (A) Bd. 130, S. 463. 1931.

[2] E. A. W. SCHMIDT, Wiener Ber. (2a) Bd. 134, S. 385. 1925; ZS. f. Phys. Bd. 42, S. 704. 1927.

[3] H. FRÄNZ, ZS. f. Phys. Bd. 63, S. 370. 1930.

[4] G. KIRSCH u. H. PETTERSSON, Wiener Ber. (2a) Bd. 133, S. 235. 1924.

c) Ergebnisse.

51. Zertrümmerbarkeit und Ziel genauerer Versuche. Die ersten systematischen Versuche über die Kernumwandlung wurden unternommen mit dem Ziel festzustellen, welche Elemente umwandelbar sind und welche nicht, oder genauer, welche Elemente bei der Beschießung mit α-Strahlen bestimmter Energie Protonen von solcher Häufigkeit und Reichweite aussenden, daß sie unter den experimentellen Bedingungen nachweisbar sind. Sowohl wenn man energiereichere Strahlen oder intensivere Strahlenquellen anwenden kann, als auch, wenn man die Versuche bis zu kürzeren H-Reichweiten ausdehnt, ist prinzipiell eine Erweiterung der Zahl der als umwandelbar gefundenen Elemente möglich. Mit diesen Einschränkungen ist daher jeder negative Befund zu verstehen.

Von RUTHERFORD und CHADWICK[1] wurde eine Umwandlung durch die α-Strahlen des RaC′, deren Energie $7{,}66 \cdot 10^6$ e-Volt (entsprechend einer Reichweite von 6,97 cm) beträgt, bei den Elementen B ($Z = 5$), N (7) und bei allen Elementen mit Ordnungszahlen von $Z = 9$ (F) bis $Z = 19$ (K) beobachtet. Die Umwandlung von Mg (12) und Si (14) wurde von KIRSCH und PETTERSSON[2] zuerst festgestellt. Sicherlich nicht umwandelbar sind die beiden ersten Elemente H und He. Unter einem Winkel von 90° gegen die α-Richtung konnten RUTHERFORD und CHADWICK[3] mit RaC′-Strahlen bei Sauerstoff keine Protonen mit Reichweiten über 7 cm (Grenze der Untersuchung), bei Li und C keine Protonen mit Reichweiten über 2,6 cm beobachten. Bei C konnten auch BOTHE und FRÄNZ[4] sowie SCHMIDT und STETTER[5] mit Po-Strahlen ($E = 5{,}2\, e$-V) unter mittleren Winkeln von 127° bzw. 135° außerhalb der Reichweite der reflektierten α-Strahlen keine H-Strahlen mit Sicherheit nachweisen. Bei Be sind die Ergebnisse nicht ganz eindeutig, da für die Versuche kein genügend reines Be zur Verfügung stand. Die sehr kleine Zahl von Teilchen, die sowohl von RUTHERFORD und CHADWICK, wie von BOTHE und FRÄNZ und von SCHMIDT und STETTER beobachtet wurde, ist wahrscheinlich nicht dem Be, sondern den Verunreinigungen zuzuschreiben. Mit negativem Ergebnis wurden weiter von RUTHERFORD und CHADWICK eine Anzahl Elemente mit Ordnungszahlen über 19 untersucht.

KIRSCH und PETTERSSON[6] und eine Reihe ihrer Schüler geben an, auch bei einigen der hier als nicht umwandelbar bezeichneten Elemente große Ausbeuten an H-Strahlen kurzer Reichweiten beobachtet zu haben, doch müssen diese Befunde wohl als zweifelhaft angesehen werden, besonders nach den Versuchen von SCHMIDT und STETTER[7], die große Diskrepanzen zwischen den Versuchen mit ihrer elektrischen Zählanordnung und ihren Szintillationsversuchen fanden. Auch PAWLOWSKI[8] glaubt, nach der Szintillationsmethode H-Strahlen aus Kohlenstoff beobachtet zu haben.

---

[1] E. RUTHERFORD u. J. CHADWICK, Phil. Mag. Bd. 42, S. 809. 1921; Phil. Mag. Bd. 44, S. 417. 1922; Proc. Phys. Soc. London Bd. 36, S. 417. 1924.

[2] G. KIRSCH u. H. PETTERSSON, Wiener Ber. (2a) Bd. 132, S. 299. 1923; Phil. Mag. Bd. 47, S. 500. 1924; H. PETTERSSON, Wiener Ber. (2a) Bd. 133, S. 445. 1924.

[3] E. RUTHERFORD u. J. CHADWICK, Proc. Phys. Soc. London Bd. 36, S. 417. 1924.

[4] W. BOTHE u. H. FRÄNZ, ZS. f. Phys. Bd. 49, S. 1. 1928.

[5] E. A. W. SCHMIDT u. G. STETTER, Wiener Ber. (2a) Bd. 139, S. 139. 1930; s. auch G. STETTER, Verh. d. D. Phys. Ges. Bd. 10, S. 46. 1929.

[6] Zusammenfassende Darstellungen bei G. KIRSCH u. H. PETTERSSON, ZS. f. Phys. Bd. 42, S. 641. 1927; Atomzertrümmerung. Akadem. Verlagsges. 1925; G. KIRSCH, Ergebn. der exakten Naturwissensch. Bd. 5, S. 165. 1926; G. STETTER, Phys. ZS. Bd. 28, S. 712. 1927; dort weitere ältere Literatur; neuere Versuche: H. PETTERSSON, Wiener Ber. (2a) Bd. 137, S. 1. 1928; A. DESEYVE, Verh. d. D. Phys. Ges. (3) Bd. 11, S. 20. 1930; Wiener Ber. (2a) Bd. 139, S. 521. 1930.

[7] E. A. W. SCHMIDT u. G. STETTER, ZS. f. Phys. Bd. 55, S. 467. 1929.

[8] C. PAWLOWSKI, C. R. Bd. 191, S. 658. 1930.

In den letzten Jahren hat sich nun eine Reihe von Untersuchungen die Aufgabe gestellt, die näheren Einzelheiten des Umwandlungsvorganges zu erforschen, wie besonders die Reichweiten und Häufigkeiten der Atomtrümmer, deren Abhängigkeit von α-Energie und Emissionswinkel sowie das Schicksal des α-Teilchens bei dem Stoß. Hierfür konnten allgemeine Gesetzmäßigkeiten bisher nicht aufgefunden werden, die einzelnen Elemente zeigen vielmehr ein individuelles Verhalten. Es sollen daher die Versuchsergebnisse bei den bis jetzt am eingehendsten untersuchten Elementen B, N und Al gesondert besprochen werden, zumal man guten Grund zu der Annahme hat, daß die bei diesen Elementen vorgefundenen Verhältnisse qualitativ auch für die übrigen zutreffen. Auf die noch spärlichen Resultate bei anderen Elementen wird am Schluß dieses Abschnittes eingegangen werden.

Die älteren Untersuchungen sind im folgenden nur so weit besprochen, als sie mindestens eine angenäherte Maximalreichweite für die Atomtrümmer lieferten. Dies ist um so eher angebracht, als die damals in den verschiedenen Laboratorien ausgeführten Arbeiten zu zum Teil sehr widersprechenden Ergebnissen führten, deren Erörterung in der Literatur einen breiten Raum einnimmt[1]. Die Widersprüche können auch heute noch nicht als aufgeklärt gelten, sie verschwanden aber mit der Einführung elektrischer Zählmethoden in die Versuchstechnik.

52. Bor. Reichweiten von Bortrümmern haben bereits RUTHERFORD und CHADWICK[2] gemessen. Unter Verwendung von α-Strahlen von 7 cm Reichweite (RaC′) fanden sie für die H-Strahlen nach vorwärts eine Maximalreichweite von 58 cm, nach rückwärts von 38 cm. Da die primären Öffnungswinkel bei diesen Versuchen jedoch etwa 180° betrugen, ist es für die Rückwärtsversuche schwer zu entscheiden, welchem Emissionswinkel zwischen 90° und 180° die gemessene Maximalreichweite zuzuordnen ist.

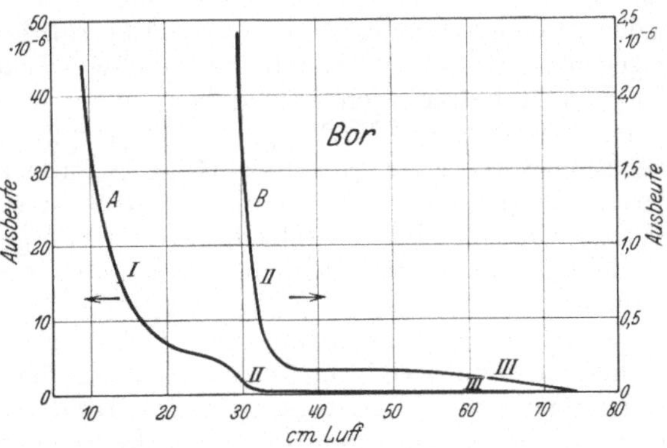

Abb. 30. Absorptionskurve von Bortrümmern für $\vartheta = 0°$ und $R_\alpha = 3{,}9$ cm (BOTHE).

Genauer untersucht wurde die Umwandlung des Bors in mehreren Arbeiten von BOTHE und FRÄNZ[3], wobei sich zum erstenmal eine elektrische Zählmethode bewährte. Bei diesen Versuchen, die meist mit Po als α-Quelle, sowohl mit Vorwärts- wie mit Rückwärtsanordnungen ausgeführt worden sind, wurde auch zum erstenmal eine Geschwindigkeitsstruktur von Atomtrümmern beobachtet. Abb. 30 zeigt eine Absorptionskurve von Bortrümmern, die BOTHE[4] mit der auf S. 164 beschriebenen Versuchsanordnung mit α-Strahlen von 3,93 cm Reichweite für nach vorwärts emittierte Protonen aufgenommen hat. Die Abszissen sind

[1] J. CHADWICK, Phil. Mag. (7) Bd. 2, S. 1056. 1926; G. KIRSCH u. H. PETTERSSON, Wiener Ber. (2a) Bd. 136, S. 195. 1927; ZS. f. Phys. Bd. 42, S. 641. 1927; Bd. 51, S. 669. 1928; Wiener Ber. (2a) Bd. 137, S. 563. 1928; H. PETTERSSON, ebenda (2a) Bd. 135, S. 225. 1927; ZS. f. Phys. Bd. 42, S. 679. 1927; E. A. W. SCHMIDT, ebenda Bd. 42, S. 721. 1927; Verh. d. D. Phys. Ges. (3) Bd. 7, S. 32. 1926; W. BOTHE u. H. FRÄNZ, ZS. f. Phys. Bd. 49, S. 1. 1928; Bd. 53, S. 313. 1929.

[2] E. RUTHERFORD u. J. CHADWICK, Phil. Mag. Bd. 44, S. 417. 1922.

[3] W. BOTHE u. H. FRÄNZ, ZS. f. Phys. Bd. 43, S. 456. 1927; Bd. 49, S. 1. 1928; H. FRÄNZ, ebenda Bd. 63, S. 370. 1930; W. BOTHE, ebenda Bd. 63, S. 381. 1930.

[4] W. BOTHE, l. c.

die Luftäquivalente der Absorptionsfolien im H-Strahlenweg (1,62 mg Al = 1 cm Luft), Ordinaten sind die Ausbeuten an solchen H-Teilchen, deren Reichweite größer als die betreffende Absorptionsschicht ist. Unter Ausbeute ist dabei wie üblich die Anzahl der H-Teilchen zu verstehen, die pro einfallendes α-Teilchen und pro Raumwinkel 4π emittiert werden. Die Kurve B zeigt das Ende der Kurve A in zwanzigfachem Ordinatenmaßstab. Die ganze Absorptionskurve läßt sich auffassen als Überlagerung dreier Kurven vom Typus C der Abb. 23. Es sind also drei getrennte H-Gruppen vorhanden mit Maximalreichweiten von ca. 20 cm, 33 cm und 74 cm, die in dieser Reihenfolge mit I, II und III bezeichnet werden mögen. Daß auch die Gruppe I dem Bor zugehört und nicht etwa auf eine Wasserstoffverunreinigung zurückzuführen ist, wurde durch sorgfältigste Reinigung des Bors geprüft.

Die gesamte Ausbeute in einer Gruppe gewinnt man durch Extrapolation ihrer Absorptionskurve auf die Absorption 0. Diese Extrapolation ist mit Sicherheit nur dann möglich, wenn die gemessene Kurve einen horizontalen Teil hat wie bei den Gruppen II und III. So erhält man für die Ausbeute in Gruppe II $6{,}5 \cdot 10^{-6}$, in Gruppe III $0{,}17 \cdot 10^{-6}$.

Mit derselben Anordnung untersuchte BOTHE die Abhängigkeit der Reichweite und Ausbeute der Gruppe II von ihrer Emissionsrichtung und von der Reichweite der auslösenden α-Teilchen. Die geometrischen Verhältnisse waren bei dieser Anordnung, wenigstens bei den Richtungsversuchen, verhältnismäßig gut definiert: die Abweichungen vom mittleren Emissionswinkel lagen im wesentlichen in einem Bereich von $\pm 15°$. Das Luftäquivalent der Borschicht betrug dagegen noch 2,9 cm, so daß die Geschwindigkeitsänderung der α-Strahlen in der Schicht beträchtlich war; daher kamen α-Strahlen mit sehr verschiedenen Restreichweiten zur Wirkung. Die Absorptionskurven, die bei den mittleren Emissionswinkeln von 0°, 22,5°, 45°, 67,5° und 116° mit α-Strahlen von 3,93 cm Reichweite gefunden wurden, sind in Abb. 31 wiedergegeben. Die gestrichelten Kurven sind die direkt beobachteten, die ausgezogenen sind korrigiert für die gesondert gemessenen natürlichen H-Strahlen, welche von dem Po-Präparat selbst ausgingen[1].

Über die Richtungsabhängigkeit der Gruppe I läßt sich nur sagen, daß sie mit zunehmendem Emissionswinkel sehr bald aus dem untersuchten Reichweitenbereich (> 9 cm) verschwindet. Hierbei ist schwer zu entscheiden, ob im wesentlichen die Intensität oder die Reichweite der Gruppe abnimmt. Bei der Gruppe II ist dagegen deutlich zu erkennen, daß nur die Reichweite mit wachsendem Emissionswinkel ständig abnimmt, während die Intensität innerhalb der Versuchsfehler konstant bleibt[2]. Diesen Versuchen schließt sich eine Messung von FRÄNZ[3] mit der in Abb. 29 wiedergegebenen Anordnung an, die mit α-Strahlen der gleichen Reichweite für einen Emissionswinkel von 153° als Maximalreichweite der Gruppe II 15 cm ergab. Ebenso wie die Gruppe II verhält sich die Gruppe III, für die BOTHE unter 0° eine Reichweite von 74 cm und eine Ausbeute von $0{,}17 \cdot 10^{-6}$ und FRÄNZ bei 153° eine Reichweite von 33 cm und eine Ausbeute von $0{,}2 \cdot 10^{-6}$ beobachtete.

Die Versuche mit variierter α-Reichweite (Abb. 32) wurden bei einem mittleren Emissionswinkel von 0° vorgenommen. Die Kurven sind bereits für natür-

---

[1] Aus geometrischen Gründen konnten diese H-Strahlen nur bei den Messungen unter 0° und 22,5° in den Zähler gelangen.

[2] Die Maximalreichweiten, die man aus den Kurven entnehmen kann, sind offenbar nicht den mittleren Emissionswinkeln zuzuordnen, sondern den kleinsten Winkeln, die noch merklich zur H-Intensität beitrugen, das sind in diesem Fall die um 15° kleineren Winkel.

[3] H. FRÄNZ, ZS. f. Phys. Bd. 63, S. 370. 1930.

liche H-Strahlen korrigiert; die gestrichelte Kurve N gibt die natürlichen H-Teilchen wieder, die zu der untersten Kurve gehören. In der Kurve A ist die auf dem Registrierfilm ausgemessene mittlere Größe der Zählerausschläge, d. h. die mittlere Ionisationswirkung der H-Strahlen als Funktion der absorbierenden Schicht aufgetragen, und zwar für die Messungen mit α-Strahlen von 3,93 cm Reichweite. Die Kurve zeigt jedesmal gegen Ende einer Gruppe ein ausgeprägtes Maximum, wie es, entsprechend der BRAGGschen Kurve für α-Strahlen, zu erwarten ist.

Die Variation der α-Reichweite beeinflußt die Absorptionskurve der H-Strahlen ganz anders als die Änderung des Emissionswinkels. Mit abnehmender

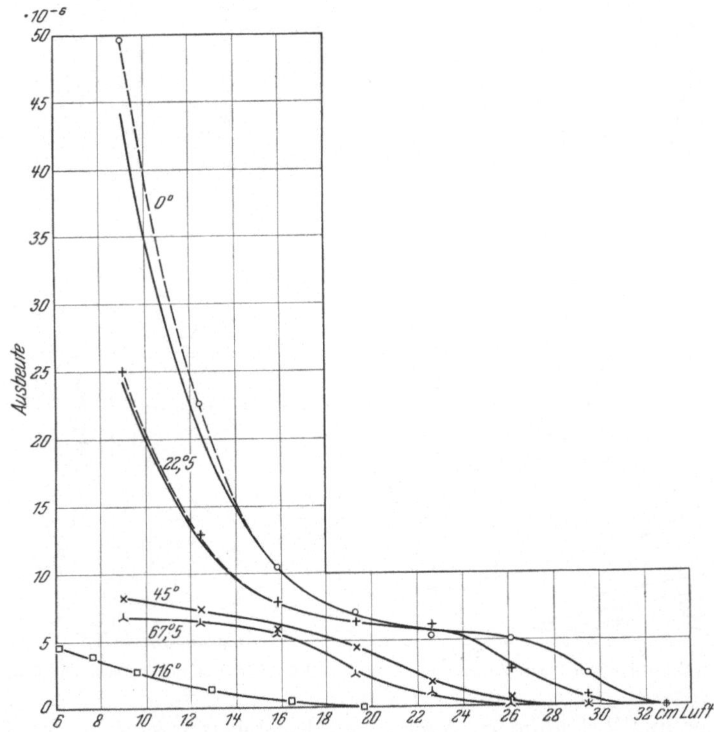

Abb. 31. Absorptionskurven von Bortrümmern für verschiedene Emissionswinkel bei $R_\alpha = 3{,}9$ cm (BOTHE).

α-Energie nimmt nicht nur die maximale H-Reichweite der Gruppe II, sondern in noch schnellerem Maße die Intensität ab. Auch hier verhält sich nach den Versuchen von FRÄNZ unter 153° die Gruppe III ebenso wie die Gruppe II: bei einer Verkürzung der α-Reichweite von 6,4 cm auf 3,9 cm fällt die maximale H-Reichweite nur von 43 cm auf 33 cm, die Ausbeute dagegen von $0{,}6 \cdot 10^{-6}$ auf $0{,}2 \cdot 10^{-6}$.

Messungen an Bortrümmern haben in letzter Zeit noch SCHMIDT und STETTER[1] bei einem Winkel von 135° gegen die α-Richtung mit dem Röhrenelektrometer und CHADWICK, CONSTABLE und POLLARD[2] bei Winkeln von 0° und 90° mit der Verstärkeranordnung von WYNN-WILLIAMS und WARD ausgeführt. SCHMIDT

[1] E. A. W. SCHMIDT u. G. STETTER, Wiener Ber. (2a) Bd. 139, S. 139. 1930.

[2] J. CHADWICK, J. E. R. CONSTABLE u. E. C. POLLARD, Proc. Roy. Soc. London (A) Bd. 130, S. 463. 1931.

und STETTERS Ausbeutewerte von $4 \cdot 10^{-6}$ und $1 \cdot 10^{-6}$ für α-Reichweiten von 3,5 cm bzw. 3,2 cm bei 3 cm Absorption im Weg der H-Strahlen passen gut zu den Ergebnissen von BOTHE und FRÄNZ, wenn man sie der Gruppe II zuordnet. CHADWICK und Mitarbeiter fanden, ebenfalls in guter Übereinstimmung mit BOTHES Werten, als maximale Vorwärtsreichweiten der Gruppen II und III 32 und 76 cm, wenn die α-Reichweite 3,8 cm betrug; die Gruppe I war zwar angedeutet, konnte aber wegen der großen Zahl natürlicher H-Strahlen, die von ihrem Po-Präparat ausgingen, nicht sicher beobachtet werden. Versuche unter 90° in der in Abb. 27 dargestellten Anordnung mit α-Strahlen von 3,8 cm und 2,9 cm Reichweite bestätigen für die Gruppe III das oben angegebene Verhalten. Ausbeutewerte werden von diesen Verfassern nicht angegeben.

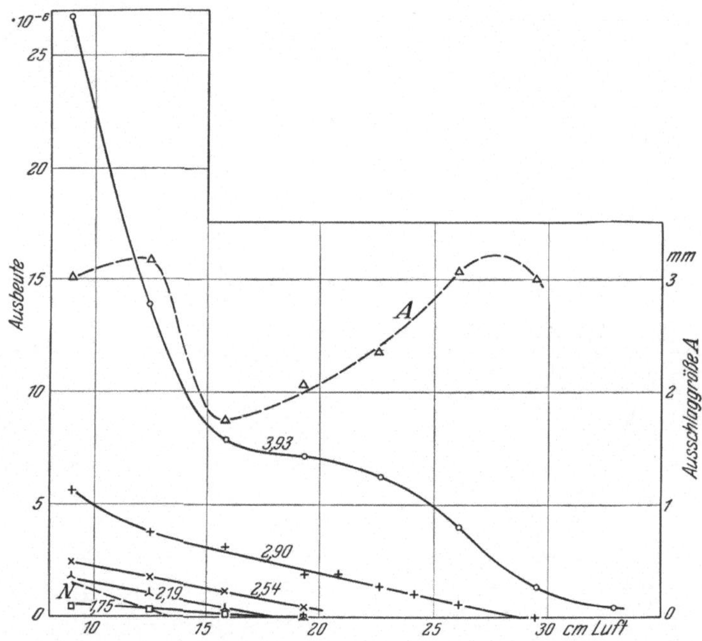

Abb. 32. Absorptionskurve von Borträmmern für $\vartheta = 0°$ in Abhängigkeit von der α-Reichweite (BOTHE).

Alle bisher an Borträmmern gemessenen Reichweiten sind in der Tab. 36 zusammengestellt.

Von großer Wichtigkeit ist die Frage, ob die drei Protonengruppen homogen sind, d. h. ob alle diejenigen Protonen einer Gruppe gleiche Anfangsgeschwindigkeiten besitzen, für welche die Energie der erzeugenden α-Strahlen und der Emissionswinkel übereinstimmen. Wäre das der Fall, so müßten in einer idealen Versuchsanordnung die drei Stufen der Absorptionskurve, abgesehen von der von den α-Strahlen her bekannten Erscheinung der Reichweitenstreuung (straggling; vgl. Bd. XXII/2), unendlich steil abfallen. Bei den wirklichen Versuchsanordnungen führen aber außer dieser Streuung noch eine ganze Reihe anderer Umstände eine Inhomogenität der beobachteten Protonenreichweiten herbei: in den dicken Versuchsschichten kommen α-Strahlen der verschiedensten Geschwindigkeiten zur Wirkung, wegen der endlichen Öffnungswinkel des α- und H-Bündels ist der Emissionswinkel nicht streng definiert, und wegen des teilweise schrägen Strahlenganges ist die wahre Absorptionsdicke nicht für alle Protonen die gleiche. Berücksichtigt man diese Umstände, so ergibt sich, daß wenigstens die Gruppen II

Tabelle 36. Maximale Reichweiten von Borträmmern in cm Luft (15°, 760 mm Hg).

R_α cm	ϑ °	I	II	III	Beobachter
7,0	0	—	58?	—	R. Ch.
	$90 < \vartheta < 180$	—	38?	—	R. Ch.
6,4	153	—	24	∾ 43	F.
3,9	0	∾ 20	33	74	B.
	7,5	—	32	—	B.
	30	—	29	—	B.
	52,5	—	27	—	B.
	106	—	20	—	B.
	153	—	15	33	F.
3,8	0	—	32	76	Ch. C. P.
	∾ 90	—	20	57	Ch. C. P.
2,9	0	—	28	—	B.
2,8	∾ 90	—	13	40	Ch. C. P.
2,5	0	—	22	—	B.
2,2	0	—	18	—	B.

R. Ch. = RUTHERFORD u. CHADWICK; F. = FRÄNZ; B. = BOTHE; Ch. C. P. = CHADWICK, CONSTABLE u. POLLARD.

und III weitgehend homogen sein müssen. Bei der Gruppe I scheint die Absorptionskurve noch weniger steil abzufallen als bei den beiden längeren Gruppen; man könnte daraus schließen, daß diese Gruppe weniger homogen ist, doch läßt sich diese Frage endgültig erst entscheiden, wenn es gelingt, die Absorptionskurve bis zu kleineren Absorptionen hin zu verfolgen. Auffällig ist, daß auch die Richtungsabhängigkeit bei der ersten Gruppe eine andere ist als bei den beiden längeren.

Zusammenfassend kann gesagt werden, daß das Geschwindigkeitsspektrum der Atomtrümmer aus Bor unter definierten Bedingungen wenigstens zwei einigermaßen scharfe Linien enthält, die sich sowohl mit wachsendem Emissionswinkel wie mit abnehmender α-Energie nach kleineren Geschwindigkeiten verschieben; ihre Intensität ist vom Emissionswinkel praktisch unabhängig, mit abnehmender α-Energie fällt sie rasch ab.

53. Stickstoff. Die Absorptionskurven der Abb. 33 von Atomtrümmern aus Stickstoff haben RUTHERFORD und CHADWICK[1] unter Variation der α-Reichweite zwischen 8,6 cm und 4,9 cm mit der in Abb. 25 wiedergegebenen Versuchsanordnung gewonnen. Mit α-Strahlen von 3,9 cm Reichweite haben BOTHE und FRÄNZ[2] als maximale Vorwärtsreichweite der Stickstofftrümmer 17 cm, CHADWICK, CONSTABLE und POLLARD[3] 17,5 cm gemessen. Auch für Stickstoff verringert sich

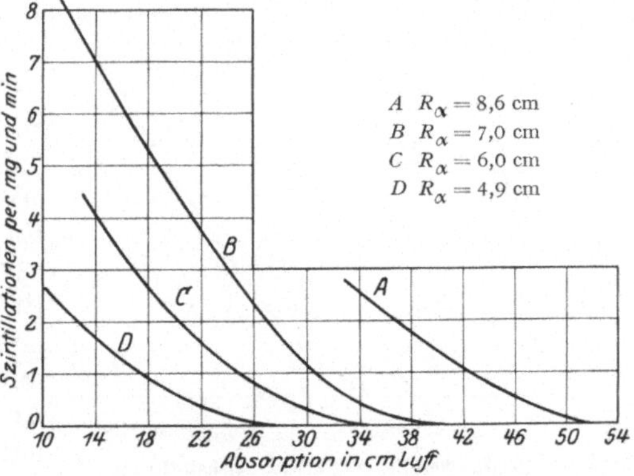

Abb. 33. Absorptionskurven von Stickstofftrümmern für $\vartheta = 0°$ in Abhängigkeit von der α-Reichweite (RUTHERFORD u. CHADWICK).

[1] E. RUTHERFORD u. J. CHADWICK, Phil. Mag. Bd. 42, S. 809. 1921.

[2] W. BOTHE u. H. FRÄNZ, ZS. f. Phys. Bd. 49, S. 1. 1928; Naturwissensch. Bd. 16, S. 204. 1928.

[3] J. CHADWICK, J. E. R. CONSTABLE u. E. C. POLLARD, Proc. Roy. Soc. London (A) Bd. 130, S. 463. 1931.

also, wie man aus diesen Messungen sieht, die H-Reichweite mit abnehmender α-Reichweite kontinuierlich. Abb. 34 zeigt die von CHADWICK, CONSTABLE und POLLARD gewonnene Absorptionskurve. Bei diesem Versuch betrug das Luftäquivalent der Stickstoffschicht nur 3 mm, so daß die Kurve nicht wesentlich durch Änderung der α-Geschwindigkeit in der Schicht verwischt sein dürfte. Obwohl die beiden Meßpunkte bei den kleinsten Absorptionsdicken nach Angabe der Verfasser wegen der Korrektion für natürliche H-Strahlen nicht ganz sicher sind, kann man wohl mit großer Wahrscheinlichkeit schließen, daß das Geschwindigkeitsspektrum aus einer einzigen scharfen Linie besteht.

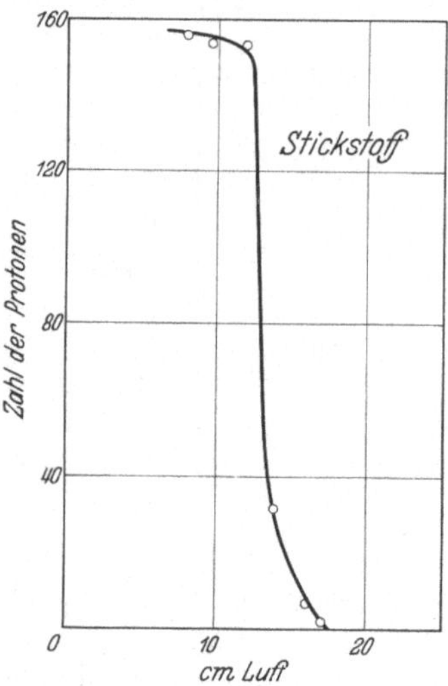

Abb. 34. Absorptionskurve von Stickstofftrümmern für $\vartheta = 0°$ und $R_\alpha = 3{,}9$ cm (CHADWICK, CONSTABLE u. POLLARD).

Im RUTHERFORDschen Laboratorium[1] wurden auch Versuche über die relative Zahl der unter 90° aus Stickstoff emittierten Protonen in Abhängigkeit von der α-Reichweite ausgeführt. In Abb. 35 ist als Abszisse die mittlere wirksame α-Reichweite, als Ordinate die Anzahl der Protonen aufgetragen, deren Reichweite mehr als 5 cm betrug. Wie man sieht, ist die Ausbeute an solchen Protonen[2] unterhalb einer α-Energie von 4 Millionen e-Volt, entsprechend einer Reichweite von 3 cm, praktisch Null und steigt dann mit zunehmender α-Energie rasch an. Da über die Absorptionskurven der H-Strahlen unter den Versuchsbedingungen nichts bekannt ist, weiß man leider nicht, ob zum Teil noch H-Strahlen von weniger als 5 cm Reichweite vorhanden waren, ob also die beobachtete Änderung der Teilchenzahl vollständig der Intensitätsänderung einer scharfen Gruppe oder etwa teilweise einer Reichweitenänderung zuzuschreiben ist.

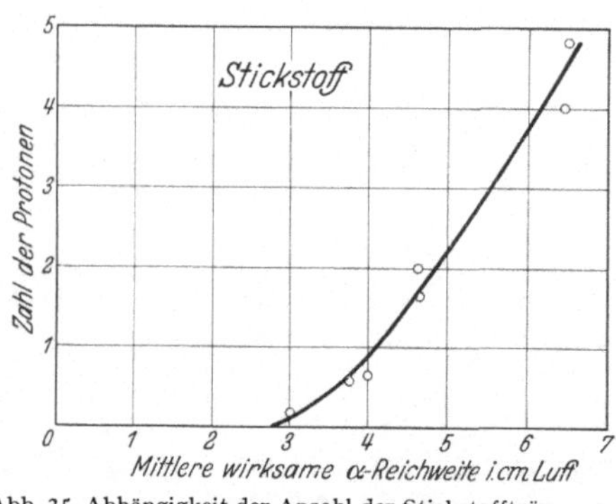

Abb. 35. Abhängigkeit der Anzahl der Stickstofftrümmer von der α-Reichweite (RUTHERFORD u. CHADWICK).

Besonders schöne und weitgehende Aufschlüsse über die Umwandlung des Stickstoffkernes geben die Wilsonaufnahmen BLACKETTS[3] mit der in Ziff. 49 erwähnten automatischen Apparatur. Er erhielt in seiner ersten Arbeit auf 23000 Photographien etwa 270000 α-Bahnen von ThC′ mit 8,6 cm Reichweite neben etwa 145000 Bahnen von ThC mit 4,8 cm Reichweite. In der späteren Arbeit berichtet BLACKETT über neue Aufnahmen von 750000 α-Bahnen in Argon und 250000 α-Bahnen in Stickstoff.

---

[1] E. RUTHERFORD, J. CHADWICK and C. D. ELLIS, Radiations from Radioactive Substances, S. 298. Cambridge 1930.

[2] Wie dick die Stickstoffschicht war, aus der die Protonen bei diesem Versuch stammen, ist nicht angegeben. Da aber die Reichweite der verwendeten RaC′-α-Strahlen 7 cm beträgt und als größte mittlere Reichweite aus der Figur 6,5 cm zu entnehmen ist, kann man schließen, daß die Protonen auf einem Weg der α-Teilchen von etwa 1 cm ausgelöst wurden.

[3] P. M. S. BLACKETT, Proc. Roy. Soc. London (A) Bd. 107, S. 349. 1925; Phys. ZS. Bd. 32, S. 663. 1931; P. M. S. BLACKETT u. D. S. LEES, Proc. Roy. Soc. London (A) Bd. 136, S. 325, 338. 1932.

Bei dem *elastischen* Zusammenstoß eines α-Teilchens mit einem Atomkern gabelt sich die Bahnspur des α-Teilchens in zwei Äste, die Spur des reflektierten α-Teilchens und die des Kerns, welcher durch den Stoß in Bewegung gesetzt wird. Außer zahlreichen solcher elastischen Stöße fand BLACKETT auf den Aufnahmen in seiner ersten Arbeit 8, bei den Argon- und den Stickstoffversuchen der zweiten Arbeit je 2 Verzweigungen von ganz anderem Aussehen. Eine davon ist in Abb. 36 wiedergegeben[1]. Die lange, dünne Bahn, die quer durch die zahlreichen α-Bahnen läuft, ist die typische Spur eines Wasserstoffkernes; sie ist feiner als eine α-Bahn, entsprechend dem geringeren Ionisierungsvermögen des Protons. Der zweite Ast hat, kurz und dicker als die α-Bahnen, das gleiche Aussehen wie die Bahn eines Stickstoff- oder Sauerstoffkernes bei einer normalen Verzweigung. Die „anomalen" Verzweigungen stellen offenbar die Ausschleuderung eines Protons aus einem Stickstoffkern dar. Auch die beiden im Argon gefundenen Verzweigungen rühren nach BLACKETT wahrscheinlich, wie am Schluß dieser Ziffer näher ausgeführt wird, aus Umwandlungen von Stickstoff her, der im Argon als Verunreinigung enthalten war. Bei allen diesen Verzweigungen ist eine Bahn des α-Teilchens nach dem Stoß nicht zu erkennen. Ein α-Teilchen, das dem Stickstoffkern so nahe gekommen ist, um die Emission eines Protons zu bewirken, müßte wohl sicher, sofern es den Kern überhaupt wieder verläßt, genügend kinetische Energie gewinnen, um eine sichtbare Bahn zu erzeugen.

Abb. 36. Wilsonaufnahme einer Stickstoffumwandlung (BLACKETT).

[1] P. M. S. BLACKETT u. D. S. LEES, Proc. Roy. Soc. London (A) Bd. 136, S. 325. 1932. — Herrn BLACKETT und der Royal Society, London, danken wir für die Erlaubnis zur Wiedergabe dieser Aufnahme.

Man muß daher schließen, daß das α-Teilchen in dem Kern steckenbleibt. Der neugebildete Kern hat dann die Masse 17 und, sofern kein Elektron eingefangen oder ausgeschleudert wird, die Ordnungszahl 8, ist also ein Sauerstoffisotop. Da von einer weiteren Umwandlung dieses Produktes in den Aufnahmen nichts zu bemerken ist, müßte hiernach O_{17} eine Lebensdauer von mindestens 0,001 sec haben. In der Tat ist O_{17} später auf bandenspektroskopischem Wege in der Erdatmosphäre nachgewiesen worden[1].

Bei einem elastischen Stoß besteht zwischen den Winkeln ϑ und ψ, die die Bahnen des reflektierten α-Teilchens und des getroffenen Kernes mit der ursprünglichen α-Richtung bilden, und den Massen m_α des α-Teilchens und M des Kernes nach Energie- und Impulssatz die Beziehung (vgl. Bd. XXII/2)

$$M = m_\alpha \frac{\sin\vartheta}{\sin(\vartheta + 2\psi)}.$$

Bei den normalen Verzweigungen erhielt BLACKETT aus den gemessenen Winkeln in der Mehrzahl der Fälle für den getroffenen Kern eine Masse von 14 bis 16 (N oder O), bisweilen auch 1 (H) oder 4 (He). Bei den 12 anomalen Gabelungen lassen sich dagegen die Winkelwerte mit der Annahme eines elastischen Stoßes nicht vereinbaren (ganz abgesehen von dem Aussehen der Bahnen). Während der Impuls erhalten bleibt, gilt das, wie BLACKETT zeigen konnte, nicht für die kinetische Energie. Sind jetzt ϑ und ψ die Winkel zwischen der α-Richtung und den Bahnen des Protons und des getroffenen Kernes, so ergeben sich aus dem Impulssatz für die Impulse P_p und P^* des Protons und des Kernes und den Impuls P_α des α-Teilchens vor dem Stoß die Beziehungen (vgl. Ziff. 57)

$$P_p = P_\alpha \cdot \frac{\sin\psi}{\sin(\vartheta + \psi)},$$

$$P^* = P_\alpha \cdot \frac{\sin\vartheta}{\sin(\vartheta + \psi)}.$$

Der α-Impuls läßt sich mit Hilfe des GEIGERschen v^3-Gesetzes aus der Entfernung der Verzweigungsstelle von der α-Quelle berechnen, die Winkel können auf den Aufnahmen ausgemessen werden. Die Impulse der Protonen, die BLACKETT auf diese Weise findet, passen gut zu den H-Reichweiten, die RUTHERFORD und CHADWICK beim Stickstoff gemessen haben. Auch die Häufigkeit der Umwandlungen stimmt ungefähr mit diesen Messungen überein. Die Impulse der Restkerne und ihre Reichweiten, die ausgemessen und mit den Reichweiten der Stickstoffkerne bei elastischen Stößen verglichen wurden[2], sind nach BLACKETT sowohl bei den im Stickstoff wie bei den im Argon gefundenen Verzweigungen mit der Annahme vereinbar, daß es sich um Kerne der Ordnungszahl 8 und der Masse 17 handelt. Hierauf beruht auch der obenerwähnte Schluß BLACKETTS, daß die Restkerne bei den beiden Argonaufnahmen keine Argonkerne oder Kerne ähnlicher Masse sind, sondern daß sie einer Stickstoffverunreinigung des Argons zuzuschreiben sind.

Bei ähnlichen Wilsonaufnahmen fanden HARKINS und SHADDUCK[3] unter 265000 α-Bahnen, HARKINS und SCHUH[4] unter 270000 α-Bahnen und HARKINS[5]

---

[1] H. D. BABCOCK, Phys. Rev. (2) Bd. 34, S. 540. 1929; W. F. GIAUQUE u. H. L. JOHNSTON, Journ. Amer. Chem. Soc. Bd. 51, S. 3528. 1929.

[2] Über die Reichweiten von Rückstoßkernen vgl. P. M. S. BLACKETT u. D. S. LEES, Proc. Roy. Soc. London (A) Bd. 134, S. 658. 1931.

[3] W. D. HARKINS u. H. A. SHADDUCK, Nature Bd. 118, S. 875. 1926; Proc. Nat. Acad. Amer. Bd. 12, S. 707. 1926; Phys. Rev. (2) Bd. 29, S. 207. 1927.

[4] W. D. HARKINS u. A. E. SCHUH, Phys. Rev. (2) Bd. 35, S. 130. 1930.

[5] W. D. HARKINS, ZS. f. Phys. Bd. 50, S. 97. 1928.

unter 45000 α-Bahnen von ThC' ebenfalls je zwei anomale Verzweigungen. Auch bei diesen wurde das α-Teilchen eingefangen. Im Gegensatz dazu haben früher über dreifache Gabelungen AKIYAMA, HARKINS und RYAN sowie BOSE und GHOSH[1] berichtet, doch ist hier wohl eine zufällige Überlagerung mehrerer Bahnen nicht ganz ausgeschlossen.

54. Aluminium. RUTHERFORD und CHADWICK[2] haben bereits in ihrer ersten Arbeit über Atomzertrümmerung Absorptionskurven von Aluminiumtrümmern aus „unendlich dicker“ Schicht aufgenommen; die Maximalreichweite der α-Strahlen wurde dabei zwischen 4,9 und 8,6 cm variiert. Doch da die Ausbeuten bei Al relativ klein sind und die Absorptionskurven sehr flach in die Abszissenachse einlaufen, dürften die Maximalreichweiten der H-Strahlen, die sich aus diesen Kurven entnehmen lassen, keine große Genauigkeit beanspruchen. Eine Absorptionskurve von Protonen aus einer Al-Folie von nur 5 mm Luftäquivalent zeigt Abb. 37. Als α-Quelle benutzten RUTHERFORD und CHADWICK[3] bei diesem Versuch RaC' ($R = 7{,}0$ cm); die Al-Trümmer wurden unter rechtem Winkel gegen die α-Richtung beobachtet. Von Interesse an dieser Kurve ist der horizontale

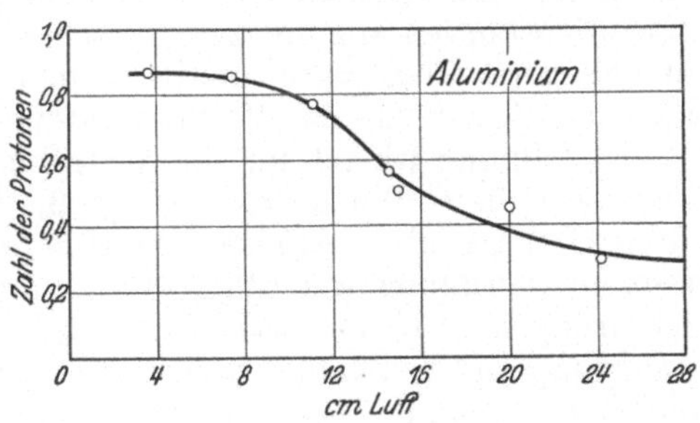

Abb. 37. Absorptionskurve von Aluminiumtrümmern für $\vartheta = 90°$ und $R_\alpha = 7{,}0$ cm (RUTHERFORD u. CHADWICK).

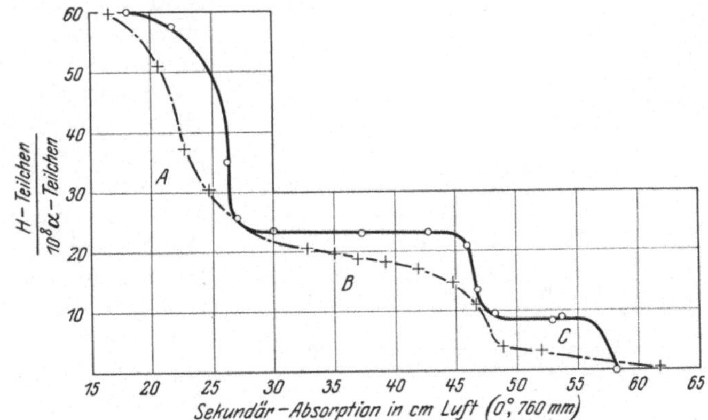

Abb. 38. Absorptionskurven von Aluminiumtrümmern für $\vartheta = 0°$ und $R_\alpha = 3{,}9$ cm (POSE).

Anfangsteil, welcher zeigt, daß keine Protonen mit Reichweiten < 10 bis 12 cm auftreten (vgl. Ziff. 46 und Abb. 23, Kurve C); die Meßpunkte scheinen auch bereits eine Gruppenstruktur (vgl. Ziff. 52) anzudeuten.

SCHMIDT[4] wies nach, daß schon die α-Strahlen des Poloniums das Aluminium umzuwandeln vermögen. Als Vorwärtsreichweite der Al-Trümmer bei Bestrah-

[1] M. AKIYAMA, Jap. Journ. Phys. Bd. 2, S. 279 u. 287. 1923; W. D. HARKINS and R. W. RYAN, Nature Bd. 111, S. 114. 1923; Bd. 112, S. 54. 1923; Phys. Rev. (2) Bd. 21, S. 375. 1923; Bd. 23, S. 308. 1924; Journ. Amer. Chem. Soc. Bd. 45, S. 2095. 1923; D. M. BOSE u. S. K. GHOSH, Nature Bd. 111, S. 463. 1923.

[2] E. RUTHERFORD u. J. CHADWICK, Phil. Mag. Bd. 42, S. 809. 1921.

[3] E. RUTHERFORD u. J. CHADWICK, Proc. Phys. Soc. London Bd. 36, S. 417. 1924; Proc. Cambridge Phil. Soc. Bd. 25, S. 186. 1929.

[4] E. A. W. SCHMIDT, Wiener Ber. (2a) Bd. 134, S. 385. 1925; ZS. f. Phys. Bd. 42, S. 721. 1927; Naturwissensch. Bd. 17, S. 544. 1929.

lung mit Po-α-Strahlen fand er nach der Szintillationsmethode und mit dem Röhrenelektrometer >60 cm, PAWLOWSKI[1] nach der Szintillationsmethode 48 cm. Messungen, welche HOLOUBEK[2] nach der Wilsonmethode ausführte, stimmten mit denjenigen SCHMIDTS gut überein. Von einer Geschwindigkeitsstruktur der Atomtrümmer ließen alle diese Versuche noch nichts erkennen. POSE[3] führte dann an Al eingehendere Untersuchungen mit Po-α-Strahlen aus, wobei er zur Zählung der Atomtrümmer das HOFFMANNsche Elektrometer mit einer geeigneten Ionisationskammer benutzte (vgl. Ziff. 49). Abb. 38 zeigt zwei Absorptionskurven, die mit zwei verschiedenen Vorwärtsanordnungen unter Ausnutzung der vollen α-Reichweite von 3,9 cm gewonnen wurden. Bei der gestrichelten Kurve lag das Po-Präparat unmittelbar auf der Versuchsschicht, so daß der Öffnungswinkel für die α-Strahlen 180° betrug, bei der ausgezogenen Kurve war dieser Winkel nur 80° groß. In beiden Kurven erkennt man deutlich drei getrennte Gruppen von H-Strahlen; sie treten bei der geometrisch besseren Anordnung wesentlich deutlicher hervor. Die Maximalreichweiten der drei Gruppen I, II und III betragen 32 cm, 50 cm und 61 cm*. CHADWICK, CONSTABLE und POLLARD[4] haben die drei Gruppen mit α-Strahlen von 3,7 cm Reichweite ebenfalls beobachtet; als Reichweiten geben sie in befriedigender Übereinstimmung mit POSES Werten 32 cm, 52 cm und 65 cm an. Die Gruppe bei 52 cm war dabei allerdings nur schwach angedeutet.

POSE hat auch Absorptionskurven der Protonen unter Winkeln von 0°, 48°, 65°, 105° und 135° gegen die α-Richtung aufgenommen, von denen drei in Abb. 39 wiedergegeben sind. Die Reichweiten nehmen mit wachsendem Emissionswinkel ab und ebenso auch die Ausbeuten, die letzteren etwas stärker, als beim Bor gefunden wurde (Ziff. 52). Für die Ausbeuten ist die Meßgenauigkeit allerdings nicht sehr hoch zu veranschlagen, da POSE als statistischen mittleren Fehler der einzelnen Meßpunkte, berechnet aus der Anzahl der jedesmal gezählten Protonen, 10%, bei der längsten Gruppe 25% angibt.

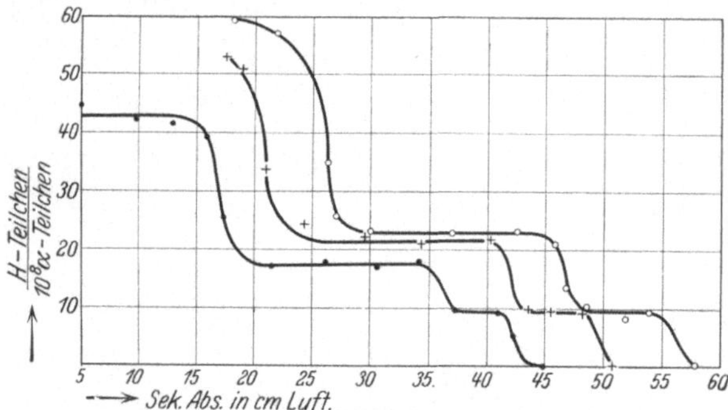

Abb. 39. Absorptionskurven von Aluminiumtrümmern für mittlere Emissionswinkel von 0°, 65° und 135° und $R_\alpha = 3{,}9$ cm (POSE).

Versuche POSES mit variierter α-Reichweite ergaben, daß die kürzeste Gruppe des Al sich ebenso verhält wie die Gruppen II und III beim Bor: Intensität und Reichweite nehmen mit verminderter α-Energie kontinuierlich ab (vgl. jedoch Ziff. 57). Ein hiervon gänzlich abweichendes Verhalten gibt POSE dagegen für die beiden längeren Gruppen des Al an. Aus der Änderung seiner Absorptions-

[1] C. PAWLOWSKI, C. R. Bd. 188, S. 1248. 1929.

[2] R. HOLOUBEK, ZS. f. Phys. Bd. 42, S. 704. 1927; Wiener Ber. (2a) Bd. 136, S. 321. 1927.

[3] H. POSE, Phys. ZS. Bd. 30, S. 780. 1929; Bd. 31, S. 943. 1930; ZS. f. Phys. Bd. 64, S. 1. 1930; Bd. 67, S. 194. 1931.

* Alle im *Text* genannten Reichweiten sind auf Luft von 15° C bezogen, wie auch sonst üblich. POSE bezieht die Reichweiten in seinen Arbeiten durchweg auf 0° C. Daher gelten auch die Abszissen der von POSE übernommenen *Abbildungen* für 0° C.

[4] J. CHADWICK, J. E. R. CONSTABLE u. E. C. POLLARD, Proc. Roy. Soc. London (A) Bd. 130, S. 463. 1931.

kurven beim Variieren der α-Reichweite schließt er, daß diese Gruppen nur von je einer diskreten α-Energie erzeugt werden. Es soll in diesen Fällen eine „Resonanzeindringung" des α-Teilchens in den Al-Kern vorliegen, wie sie GURNEY und andere aus theoretischen Überlegungen vorausgesagt haben (vgl. Ziff. 60). Die erzeugende α-Energie liegt nach POSES Messungen für die Gruppe II zwischen 3,7 und 4,0 · 10^6 e-Volt, für die Gruppe III zwischen 4,6 und 5,1 · 10^6 e-Volt.

Das Entscheidende für POSES Schlußfolgerung ist, daß er bei „unendlich dicker" Versuchsschicht jede der beiden Gruppen mit konstanter Intensität und Reichweite findet, solange er durch vorgeschaltete Bremsfolien die Reichweite der α-Teilchen nur um so viel verkürzt, daß ihre Energie beim Eintritt in die Al-Schicht noch größer bleibt als der jeweilige charakteristische Energiewert; sobald bei weiterem Abbremsen dieser Wert unterschritten wird, verschwindet die Gruppe plötzlich. Umgekehrt treten die beiden Gruppen nicht auf, sobald die α-Teilchen des Po mit ihrer vollen Energie auf eine *sehr dünne* Al-Schicht (1 mm Luftäquivalent) treffen. In diesem Fall haben nämlich die α-Teilchen, wenn sie auf der entgegengesetzten Seite aus der Al-Folie wieder austreten, noch eine Energie, die größer ist als die beiden charakteristischen Werte. Beide Gruppen beobachtet POSE erst dann, wenn er die Al-Schicht so dick macht, daß die α-Teilchen in dem Al selbst bis zu der entsprechenden charakteristischen Energie abgebremst werden.

Es sind Zweifel entstanden, ob die von POSE erreichte Versuchsgenauigkeit zu so weitgehenden Folgerungen berechtigt, zumal von anderer Seite eine Bestätigung nicht erbracht werden konnte. Die Versuche CHADWICKS und seiner Mitarbeiter[1] reichen allerdings zu einer Entscheidung der Frage nicht aus. Es liegen aber zwei vorläufige Mitteilungen vor, die eine von STEUDEL[2], die andere von DE BROGLIE und LEPRINCE-RINGUET[3], nach denen die Autoren eine Resonanz nicht finden konnten, obwohl sie danach gesucht haben. STEUDEL ließ die α-Strahlen von Po, die er mit Kohlensäure durch Variation des Druckes in kleinen Stufen abbremsen konnte, auf eine Al-Folie von 5,2 mm Luftäquivalent fallen und bestimmte mit einem Spitzenzähler die H-Strahlenintensität an zwei Stellen der H-Absorptionskurve, und zwar im horizontalen Teil der Gruppe II. Die beobachtete Intensität ist an diesen Stellen gleich der Summe der Gruppen II und III. Die Messungen ergaben eine kontinuierliche Abnahme der Intensität beim Verkürzen der α-Reichweite. Nach den Ergebnissen von POSE hätten sich dagegen zwei Intensitätsmaxima finden sollen. Bei einer bestimmten Abbremsung der α-Teilchen war nämlich die Energie der Teilchen beim Eintritt in die Al-Folie bereits kleiner als 4,6 · 10^6 e-Volt und ihre Energie beim Verlassen der Folie noch größer als 4,0 · 10^6 e-Volt; es hätte also keine der Gruppen angeregt werden dürfen, es hätte die Intensität Null gefunden werden sollen.

DE BROGLIE und LEPRINCE-RINGUET benutzten zum Nachweis der Protonen eine Ionisationskammer mit einem Röhrenverstärker. Ihre Al-Schicht hatte sogar nur 2,5 mm Luftäquivalent. Als Reichweiten der drei H-Gruppen fanden sie 30 cm, 50 cm und 60 cm. Sie beobachteten ebenso wie CHADWICK, CONSTABLE und POLLARD bei der mittleren Gruppe nur eine relativ geringe Intensität. Nach ihren Versuchen bleibt die Reichweite aller drei Gruppen beim Verkürzen der α-Reichweite nicht konstant, sondern nimmt kontinuierlich ab. Auf Grund von POSES Versuchen hätte man erwarten müssen, daß bei einer so dünnen Versuchs-

[1] J. CHADWICK, J. E. R. CONSTABLE u. E. C. POLLARD, l. c.

[2] E. STEUDEL, Naturwissensch. Bd. 19, S. 1044. 1931. Die näheren Einzelheiten der Versuche verdanken wir einer freundlichen Mitteilung von Frau Prof. MEITNER, in deren Institut die Arbeit ausgeführt wurde.

[3] M. DE BROGLIE u. L. LEPRINCE-RINGUET, C. R. Bd. 193, S. 132. 1931.

schicht, wie sie hier verwendet wurde, bei keiner α-Reichweite alle drei Gruppen gleichzeitig vorhanden sind.

Diese Ergebnisse sind den Folgerungen POSEs wenig günstig.

Nachtrag bei der Korrektur: CHADWICK und CONSTABLE[1] haben bei einer neuen Untersuchung der Umwandlung des Al nicht weniger als acht Protonengruppen gefunden. Diese Gruppen sollen paarweise zu je einem Resonanzniveau gehören. In der folgenden Tabelle sind die Vorwärtsreichweiten der Gruppen mit den zugehörenden Resonanzenergien der α-Strahlen zusammengestellt.

R_p in cm Luft	E_α in 10^6 e-Volt
34 u. 66	5,25
30,5 „ 61	4,86
26,5 „ 55	4,49
22 „ 49	4,0

Die Energietönung ΔE (vgl. Ziff. 57) beträgt für die kürzere Gruppe der Paare in allen Fällen $\backsim 0$, für die längere $+2,3 \cdot 10^6$ e-Volt. Die Breite der Resonanzniveaus wird auf 250000 e-Volt geschätzt. Die Ausbeute (vgl. Ziff. 56) ist für die kürzeren Gruppen je $2,6 \cdot 10^{-7}$, für die längeren $0,9 \cdot 10^{-7}$.

Diese Ergebnisse sind nicht leicht mit denen von POSE in Einklang zu bringen; mit den Versuchen von STEUDEL, über die inzwischen die ausführliche Veröffentlichung[2] erschienen ist, scheinen sie jedoch verträglich, da STEUDELS Anordnung nicht für eine genügende Trennung der acht Gruppen ausreichen würde. DIEBNER und POSE[3] finden dagegen bei neuen Versuchen die POSEschen Ergebnisse im allgemeinen bestätigt; sie geben noch eine neue vierte Gruppe von größerer Reichweite (72 cm bei 15° C) an.

55. Übrige Elemente. Bei den übrigen umwandelbaren Elementen liegen bisher nur lückenhafte Untersuchungen vor. Eine Anzahl Maximalreichweiten, die RUTHERFORD und CHADWICK[4] für eine α-Reichweite von 7 cm gemessen haben, sind in Tab. 37 zusammengestellt; die Meßgenauigkeit läßt sich schwer beurteilen. Bei den Versuchen unter rechtem Winkel und nach rückwärts läßt sich wegen der großen Öffnungswinkel der α-Bündel schwer angeben, welchem kleinsten Emissionswinkel die gemessenen H-Reichweiten zuzuordnen sind; für den ersten Fall kann man nur sagen, daß der Winkel jedenfalls kleiner als 90° ist, im zweiten Fall liegt er zwischen 90° und 180°.

Tabelle 37. Reichweiten von Atomtrümmern (RUTHERFORD u. CHADWICK); $R_\alpha = 7$ cm.

Element	Maximale H-Reichweite in cm		
	Vorwärts	Rechtwinklig	Rückwärts
F	65	—	48
Ne	—	16	—
Na	58	—	36
Mg	40	24	—
P	65	—	49

Bei Mg haben BOTHE und FRÄNZ[5] mit α-Strahlen von 3,9 cm Reichweite eine Vorwärtsreichweite der Protonen von 13 cm gemessen.

CHADWICK, CONSTABLE und POLLARD[6] haben außer den bereits erwähnten noch Absorptionskurven der Protonen aufgenommen, die beim Beschießen von

[1] J. CHADWICK u. J. E. R. CONSTABLE, Proc. Roy. Soc. London (A) Bd. 135, S. 48. 1932.
[2] E. STEUDEL, ZS. f. Phys. Bd. 77, S. 139. 1932.
[3] K. DIEBNER u. H. POSE, ZS. f. Phys. Bd. 75, S. 753. 1932.
[4] Vgl. E. RUTHERFORD, J. CHADWICK and C. D. ELLIS, Radiations from Radioactive Substances, S. 293. Cambridge 1930.
[5] W. BOTHE u. H. FRÄNZ, ZS. f. Phys. Bd. 49, S. 1. 1928.
[6] J. CHADWICK, J. E. R. CONSTABLE u. E. C. POLLARD, Proc. Roy. Soc. London (A) Bd. 130, S. 463. 1931.

Fluor, Natrium und Phosphor mit α-Strahlen von 3,8 cm Reichweite, etwas abgebremsten Po-Strahlen, entstehen. Wegen der unvollkommenen geometrischen Bedingungen reichte bei F und Na das Auflösungsvermögen der Anordnung zunächst nicht aus, um zu entscheiden, ob das wirkliche Geschwindigkeitsspektrum ein kontinuierliches ist, oder ob es aus mehreren getrennten Linien besteht. Die Maximalreichweite nach vorwärts beträgt für F 55 cm, für Na 44 cm. Beim Fluor waren bei einem späteren Versuch mindestens drei Gruppen angedeutet. Die Absorptionskurve der Protonen aus P (Abb. 40) für $R_\alpha = 3{,}8$ cm zeigt nur eine scharfe Gruppe. Eine Maximalreichweite (31 cm) wird nur für die rechtwinklige Anordnung angegeben, bei der der zugehörige Emissionswinkel nicht sicher feststeht.

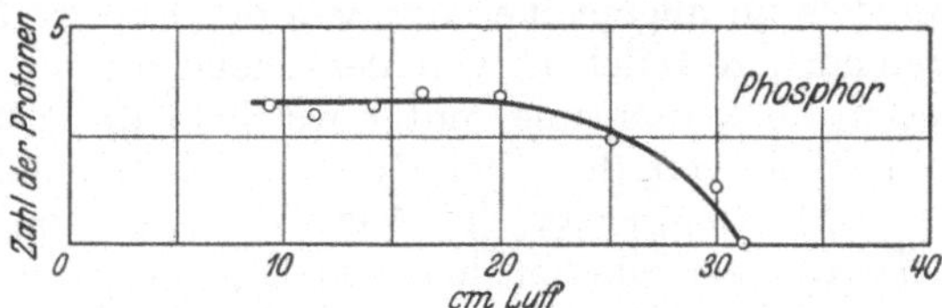

Abb. 40. Absorptionskurve von Phosphortrümmern für $\vartheta = 90°$ und $R_\alpha = 3{,}8$ cm (CHADWICK, CONSTABLE u. POLLARD).

Für Fluor hat POSE[1] Absorptionskurven der Protonen bei einem mittleren Emissionswinkel von 124° aufgenommen (Abb. 41). Die α-Reichweite betrug 3,8 cm. POSE fand drei gut getrennte H-Gruppen mit Reichweiten von 16 cm, 21 cm und 32 cm bei 15° C, die dem Emissionswinkel von 110° zuzuordnen sind, dem kleinsten Winkel, der nach POSEs Angaben noch mit merklicher Intensität vertreten war. Die Ausbeuten sind bei den drei Gruppen in der obigen Reihenfolge etwa $1{,}6 \cdot 10^{-6}$, $0{,}9 \cdot 10^{-6}$ und $0{,}8 \cdot 10^{-6}$. Bei der längsten Gruppe nehmen Reichweite und Intensität ab, wenn die α-Energie verringert wird. Die beiden anderen Gruppen sollen Resonanzgruppen sein in demselben Sinne wie beim Al besprochen (Ziff. 54). Die erzeugende α-Energie soll für die kürzeste Gruppe etwa $3{,}7 \cdot 10^6$ e-Volt, für die mittlere etwa $4{,}6 \cdot 10^6$ e-Volt betragen[2].

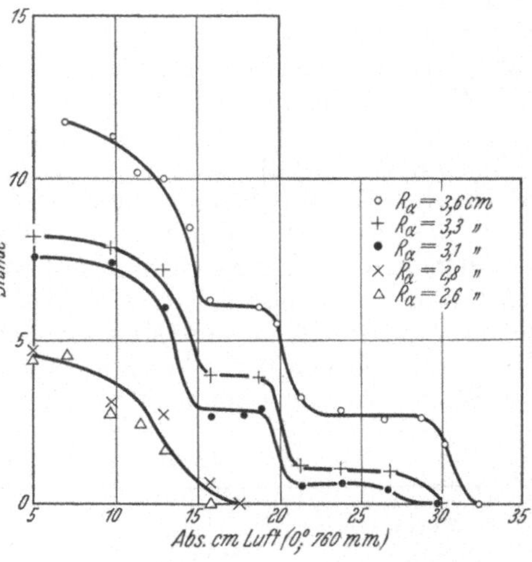

Abb. 41. Absorptionskurven von Fluortrümmern für $\vartheta = 124°$ bei verschiedenen α-Reichweiten (POSE).

Argon ist von BLACKETT[3] nach der Wilsonmethode untersucht worden; es konnte kein Umwandlungsprozeß beobachtet werden, welcher auf Argon hätte bezogen werden können (vgl. Ziff. 53).

---

[1] H. POSE, ZS. f. Phys. Bd. 72, S. 528. 1931.

[2] Anm. b. d. Korr.: CHADWICK und CONSTABLE [Proc. Roy. Soc. London (A) Bd. 135, S. 48. 1932] haben beim Fluor sechs Gruppen gefunden, die ebenso wie die Al-Gruppen (vgl. Nachtrag zu Ziff. 54) paarweise zusammengehören sollen: die Gruppen mit $R_p = 25$ cm und $R_p = 33{,}5$ cm zu einem α-Resonanzniveau von $3{,}4 \cdot 10^6$ e-Volt, die mit $R_p = 30{,}5$ cm und $R_p = 40$ cm zu einem Niveau von $4{,}0 \cdot 10^6$ e-Volt. Ob auch die Gruppen mit 47 und 56 cm Reichweite Resonanzgruppen sind, konnte nicht entschieden werden. Die Energietönungen (vgl. Ziff. 57) sind für die kurze Gruppe jedes Paares $+1{,}0 \cdot 10^6$ e-Volt, für die lange $+1{,}7 \cdot 10^6$ e-Volt.

[3] P. M. S. BLACKETT, Phys. ZS. Bd. 32, S. 663. 1931; P. M. S. BLACKETT u. D. S. LEES, Proc. Roy. Soc. London (A) Bd. 136, S. 325. 1932.

d) Auswertung und Deutung der Ergebnisse.

56. Ausbeuten und Wirkungsquerschnitte. Die Anzahl der H-Teilchen, die pro einfallendes α-Teilchen in einer Versuchsanordnung beobachtet wird, hängt außer von dem umzuwandelnden Element und dem Öffnungswinkel des H-Bündels im allgemeinen ab: von der Energie E_α der in die Versuchsschicht eintretenden α-Teilchen, von der Dicke der Versuchsschicht, von dem Winkel ϑ gegen die α-Richtung, unter welchem die H-Strahlen beobachtet werden, und schließlich von der Dicke der Absorptionsschicht im H-Strahlenweg. Es sei $a(E_\alpha, \vartheta)\cdot d\omega/4\pi\cdot dx$ die Anzahl der Protonen aller Reichweiten, welche pro α-Teilchen aus einer Schicht von der Dicke dx in den Raumwinkel $d\omega = \sin\vartheta\, d\vartheta\, d\varphi$ emittiert werden. Für eine Schicht von der endlichen Dicke X wird diese Zahl $A_0^X d\omega/4\pi$, wo

$$A_0^X = \int_0^X a(E_\alpha, \vartheta)\, dx \tag{4}$$

mit E_α als Funktion von x. Ist a von der Emissionsrichtung ϑ unabhängig, so ist a die Gesamtzahl der emittierten Protonen pro Einheit der Schichtdicke, d. i. die „differentiale Ausbeute", während A_0^X als die „Ausbeute für die Schicht X", $A = A_0^{R\alpha}$ als die „totale Ausbeute" bezeichnet werden kann. Es ist üblich, diese Ausbeuten für einen bestimmten Emissionswinkel ϑ in derselben Weise auch dann zu definieren, wenn sie richtungsabhängig sind, was übrigens in den bisher untersuchten Fällen nicht in sehr starkem Maße der Fall ist. Die wirkliche Ausbeute als Gesamtzahl der Protonen pro α-Teilchen ist dann offenbar das Mittel dieser Ausdrücke über alle Richtungen.

Sieht man von der Wilsonmethode ab, durch welche auch die kürzesten H-Reichweiten erfaßt werden, so muß zur Messung von a und A stets auf die Absorption Null im H-Strahlenbündel extrapoliert werden. Das ist glücklicherweise in den meisten praktischen Fällen ohne Willkür möglich, weil keine H-Teilchen sehr kurzer Reichweite auftreten, die H-Absorptionskurve also einen horizontalen Anfangsteil hat. Hat diese Kurve mehrere horizontale Teile, so bestehen die H-Strahlen aus Gruppen, für deren jede man einzeln die Ausbeute in der angegebenen Weise bestimmen kann. Die Totalausbeuten für die Gruppen der bisher genauer untersuchten Elemente sind in Tab. 38 zusammengestellt.

Tabelle 38. Totalausbeuten $A\cdot 10^6$.

Element	R_α	ϑ	Gruppe			Beobachter
	cm	°	I	II	III	
B	3,9	0—153	—	6,5	0,2	BOTHE
B	6,4	153	—	—	0,6	FRÄNZ
F	3,8	124	1,6	0,9	0,8	POSE[1]
Al.	3,9	0—135	0,3	0,10	0,09	POSE[1]

Zu einem anschaulichen Bild gelangt man, wenn man statt a den Wirkungsquerschnitt eines Kernes

$$q = \frac{a}{N} = \frac{1}{N}\cdot\frac{dA_0^X}{dX} \tag{5}$$

einführt, wo N die Anzahl der umwandelbaren Atome im cm^3 bedeutet. Der Wirkungsquerschnitt q kann aufgefaßt werden als eine jedem Kern zugeordnete, zum α-Strahlengang senkrechte Fläche mit der Bedeutung, daß jedes α-Teilchen, welches diese Fläche trifft, die Emission eines Protons bewirkt. Der Wirkungs-

[1] Vgl. Nachtrag bzw. Anm. b. d. Korr. Ziff. 54 u. 55.

querschnitt ist natürlich von der Energie des α-Teilchens abhängig. Ist die Versuchsschicht so dick, daß die Geschwindigkeit der α-Teilchen beim Durchgang durch die Schicht und damit q sich merklich ändert, so stellt

$$\bar{q} = \frac{1}{N} \cdot \frac{A_0^X}{X}$$

einen „mittleren Wirkungsquerschnitt" dar. Die Angabe der Wirkungsquerschnitte hat den Vorteil, daß diese eine reine Kerneigenschaft darstellen, während in die Ausbeute die Dichte und chemische Zusammensetzung der Substanz eingeht.

Von der Abhängigkeit der differentialen Ausbeute von der α-Reichweite gibt z. B. für Stickstoff die Abb. 35 ein ungefähres Bild (vgl. Ziff. 53, Anm. 2, S. 172). Ausbeute und Wirkungsquerschnitt sind unterhalb einer Minimalreichweite der α-Strahlen von etwa 3 cm verschwindend klein und steigen darüber rasch an. Ähnliches findet man für die Gruppe II des Bors. In Abb. 42 sind die Totalausbeuten für diese Gruppe bei einer Absorptionsschicht von 9 cm im Protonenweg, entnommen aus Abb. 32, als Funktion der Reichweite aufgetragen, mit welcher die α-Strahlen in die „unendlich dicke" Versuchsschicht eintraten; den Verlauf des Wirkungsquerschnittes q erhält man nach (5) im wesentlichen durch Differentiation dieser Kurve. Man sieht, daß die Ausbeute und der Wirkungsquerschnitt unterhalb einer Minimalreichweite der α-Strahlen von etwa 1,5 cm verschwinden. Bei einer Resonanzzertrümmerung, wie sie Pose für je zwei Gruppen des Aluminiums und Fluors angibt, würde die Kurve der Totalausbeute steil ansteigen und dann horizontal weiterlaufen; der Wirkungsquerschnitt hätte bei einer bestimmten α-Energie ein mehr oder weniger ausgeprägtes Maximum.

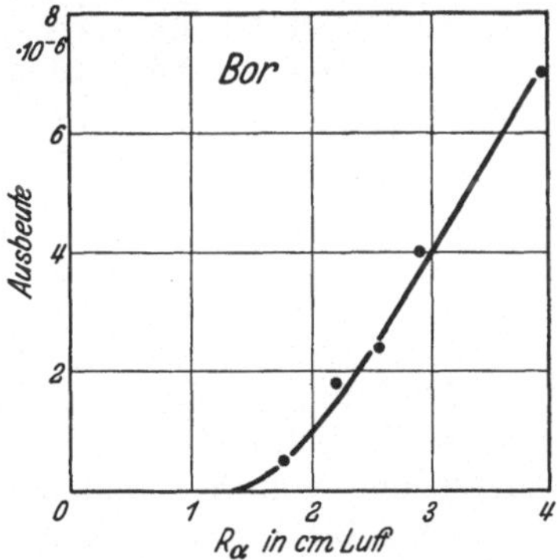

Abb. 42. Totalausbeute für Bor II in Abhängigkeit von der α-Reichweite.

Einige Absolutwerte von Teilausbeuten $A_{X_1}^{X_2}$ und mittleren Wirkungsquerschnitten $\bar{q}$ sind in Tab. 39 zusammengestellt. In Spalte 2 sind die Gruppen durchweg in der Reihenfolge ihrer Reichweiten numeriert, bei der kürzesten angefangen. Spalte 3 und 4 geben das Reichweiten- bzw. Energieintervall der α-Strahlen an, auf welches sich die Ausbeuten in Spalte 5 und die Wirkungsquerschnitte in Spalte 6 beziehen. Die Zahlen der Spalte 6 können auf Genauigkeit keinen Anspruch machen, schon wegen der in Ziff. 54 erwähnten, noch bestehenden Unstimmigkeiten bezüglich der Abhängigkeit der Ausbeuten von der α-Reichweite. Als untere Intervallgrenze in Spalte 3 wurde bei unendlich dicker Versuchsschicht nach Möglichkeit diejenige Reichweite angegeben, bei welcher eben keine Umwandlung mehr beobachtet werden konnte. Die Ausbeuteangabe für Bor II, Zeile 2, ist durch Differenzbildung zwischen den beiden obersten Kurven der Abb. 32 gewonnen; entsprechendes gilt für B III und F III. Die erste Zeile bei F bezieht sich auf die Gesamtheit aller Gruppen. Beim Fluor und bei der Ausbeuteangabe für Al von Rutherford liegen keine Beobachtungen über die Winkelabhängigkeit vor, so daß diese Angaben vorläufig noch unsicher sind. Beim Bor sind die Zahlen in Spalte 6 unter der wahrscheinlicheren Annahme berechnet, daß die Gruppen II und III dem Borisotop mit der Masse 10 zugehören (vgl. Ziff. 59); für das Isotop B_{11} würden sich etwa viermal kleinere Zahlen ergeben. Die Gruppen F I und F II sowie Al II und Al III sind nach Pose Resonanzgruppen; hier sollen die angegebenen α-Intervalle nur die maximalen Werte der Resonanzbreite sein, die nach den Versuchen möglich sind. Die Wirkungsquerschnitte sind dementsprechend nach POSES Auffassung als Minimalwerte zu denken.

Tabelle 39. Teilausbeuten und Wirkungsquerschnitte.

1 Element	2 Gruppe	3 Reichweiten-intervall der α-Strahlen cm Luft	4 Energie-intervall der α-Strahlen $10^6 \cdot e$ Volt	5 Ausbeute $A_{X_1}^{X_2} \cdot 10^6$	6 Mittlerer Wirkungs-querschnitt $\bar{q} \cdot 10^{26}$ cm²	7 Beobachter
B_{10} . . .	II	3,9 −1,5	5,2 −2,8	6,5	22	BOTHE
	II	3,9 −2,9	5,2 −4,3	5	39	BOTHE
	III	6,4 −3,9	7,2 −5,2	0,4	1,3	FRÄNZ
F	I—III	3,8 −2,0	5,1 −3,3	3,3	4	POSE
	I	2,7 −2,0	4,1 −3,3	1,3	4	POSE
	II	3,5 −3,0	4,8 −4,4	0,8	3	POSE
	III	3,8 −3,5	5,1 −4,8	0,5	3	POSE
	III	3,8 −3,3	5,1 −4,6	0,6	2	POSE
Al. . . .	—	7,0 −6,5	7,7 −7,3	1	5	RUTHERFORD u. CHADWICK
	I	3,93—3,80	5,22—5,12	0,10	2	POSE
	II	2,59—2,35	3,97—3,72	0,10	1,1	POSE
	III	3,8 −3,3	5,1 −4,6	0,09	0,5	POSE

Man kann die Wirkungsquerschnitte q mit den „Kernquerschnitten" Q vergleichen, berechnet aus den Kernradien, welche sich aus den Versuchen über die Zerstreuung von α-Teilchen an leichten Elementen zu einigemal 10^{-13} cm ergeben (vgl. Bd. XXII/2). Das Verhältnis $w = q/Q$ bedeutet die Wahrscheinlichkeit, daß ein Kerntreffer die Emission eines Protons der betreffenden Gruppe bewirkt. Wie man sieht, ist für die Gruppe Bor II diese Wahrscheinlichkeit nicht viel kleiner als 1; dasselbe dürfte für Stickstoff nach den freilich noch recht lückenhaften Ergebnissen zutreffen[1]. Für F und Al ist dagegen die Umwandlungswahrscheinlichkeit pro Kerntreffer wesentlich kleiner.

Für die übrigen Elemente liegen nur relative Angaben über die Umwandlungswahrscheinlichkeit vor. Nach RUTHERFORD und CHADWICK[2] kann man im allgemeinen sagen, daß diese Wahrscheinlichkeit für leichtere Elemente größer ist als für schwerere und für Elemente mit ungerader Ordnungszahl größer als für solche mit gerader Ordnungszahl.

57. Energieverhältnisse (Einfluß der α-Energie). Um die Energieverhältnisse bei dem Umwandlungsprozeß und die Abhängigkeit der Protonengeschwindigkeit vom Emissionswinkel diskutieren zu können, müssen zunächst zwei mögliche Prozesse unterschieden werden: das α-Teilchen kann nämlich von dem getroffenen Kerne eingefangen werden, wie es z. B. beim Stickstoff die Wilsonaufnahmen zeigen, oder es kann nach dem Prozeß frei weiterfliegen. Im ersten Fall entsteht aus dem α-Teilchen und dem Kern mit der Masse m und der Ordnungszahl Z ein Proton und ein Kern der Masse $m^* = m + 4 - 1 = m + 3$ und der Ordnungszahl $Z + 2 - 1 = Z + 1$, wenn von der Möglichkeit der Emission oder Einfangung eines Elektrons wie zunächst auch von der Unganzzahligkeit der Atommassen abgesehen wird. Im zweiten Fall sind nach dem Prozeß ein Kern

[1] Vgl. ZS. f. Phys. Bd. 49, S. 23. 1928, Fig. 12.

[2] Siehe E. RUTHERFORD, J. CHADWICK and C. D. ELLIS, Radiations from Radioactive Substances, S. 301. Cambridge 1931.

der Masse $m - 1$ und der Ordnungszahl $Z - 1$, das α-Teilchen und ein Proton vorhanden. Bisher sind sicher nachgewiesen nur Prozesse der ersten Art.

Die Summe der kinetischen Energien aller Teilchen nach der Umwandlung wird im allgemeinen nicht gleich der kinetischen Energie E_α des α-Teilchens vor dem Stoß sein, sondern sich von ihr um einen Betrag ΔE, die „Energietönung" des Prozesses, unterscheiden[1]. Ist E_p die kinetische Energie des Protons und E^* die kinetische Energie des neugebildeten Kerns, so ist also, wenn das α-Teilchen eingefangen wird,

$$E_p + E^* = E_\alpha + \Delta E. \tag{6}$$

Für die entsprechend gekennzeichneten Impulse, welche mit den Energien durch

$$P_\alpha^2 = 2 m_\alpha E_\alpha, \ldots \tag{7}$$

zusammenhängen, ergibt sich nach dem Erhaltungssatz

$$\left.\begin{aligned} P_p \sin\vartheta - P^* \sin\psi &= 0, \\ P_p \cos\vartheta + P^* \cos\psi &= P_\alpha, \end{aligned}\right\} \tag{8}$$

wenn ϑ und ψ die Emissionswinkel des Protons und des Kerns gegen die α-Richtung sind. Hieraus folgen die in Ziff. 53 bereits benutzten Beziehungen. Durch (6) bis (8) ist der Prozeß in allen Einzelheiten festgelegt, wenn die Beobachtungsrichtung ϑ für das Proton vorgegeben ist. Eliminiert man zunächst ψ und die Impulse, so folgt

$$\left.\begin{aligned} \Delta E = E_p - E_\alpha + E^*; \quad E^* &= \frac{1}{m^*}\left(m_p E_p + m_\alpha E_\alpha - 2\cos\vartheta \sqrt{m_p E_p m_\alpha E_\alpha}\right) \\ &= \frac{m_p}{m^*}\left(E_p + 4E_\alpha - 4\cos\vartheta \sqrt{E_p E_\alpha}\right). \end{aligned}\right\} \tag{9}$$

Ist die Energietönung ΔE konstant, so ist hiermit auch die Protonenenergie eindeutig bestimmt, die Protonen müssen für jeden Winkel eine definierte Reichweite haben. Das entspricht aber in den bisher genauer untersuchten Fällen in der Tat den Versuchsergebnissen, wie im vorigen Abschnitt ausgeführt wurde. Treten nicht nur eine, sondern mehrere, zu derselben α-Energie gehörende homogene Gruppen auf, so heißt das, daß die Energietönung mehrere diskrete Werte haben kann. Es entstehen dann Kerne in verschiedenen Energiezuständen, zum Teil sind die Kerne also angeregt und gehen dann anscheinend durch Emission von γ-Strahlen in den Grundzustand über (vgl. Ziff. 62).

Wird das α-Teilchen bei dem Umwandlungsprozeß nicht eingefangen, so können sich Energie und Impuls in beliebiger Weise auf die drei verbleibenden Körper verteilen; es sind daher einigermaßen homogene H-Gruppen nicht zu erwarten. Aus Energie- und Impulssatz läßt sich in diesem Fall nur über die *Maximalenergie* des Protons eine Aussage herleiten[2]. Es ergibt sich nämlich, daß das Proton dann ein Maximum an Energie und damit an Reichweite erhält, wenn sich α-Teilchen und Kern nach dem Prozeß in gleicher Richtung und mit gleicher Geschwindigkeit bewegen. Man kann also α-Teilchen und Kern für diese Betrachtung als *eine* Masse ansehen. Im Fall des Nichteinfangens gelten dann für die *Maximalenergie* des Protons die Gleichungen (6) bis (9) ebenfalls, wobei jedoch dahinsteht, ob diese obere Energiegrenze von den Protonen wirklich erreicht wird.

---

[1] Siehe W. Bothe, ZS. f. Phys. Bd. 51, S. 613. 1928; E. Rutherford u. J. Chadwick, Proc. Cambridge Phil. Soc. Bd. 25, S. 186. 1929.

[2] E. C. Pollard, Proc. Leeds Phil. Soc. Bd. 2, S. 206. 1931.

Tabelle 40. Bor.

Gruppe	R_α cm	R_p cm	Energien in 10^6 e Volt					
			E_α	E_p mit v^3-Gesetz	E_p mit $v^{3,5}$-Gesetz	E^*	ΔE mit v^3-Gesetz	ΔE mit $v^{3,5}$-Gesetz
I	3,93	20	5,2	3,6	3,8	0,5	−1,1	−0,9
II	3,93	33	5,2	5,0	5,0	0,4	+0,2	+0,2
	2,90	29	4,3	4,6	4,7	0,3	+0,6	+0,7
	2,54	22	3,9	3,8	4,0	0,3	+0,2	+0,4
	2,19	18	3,5	3,4	3,5	0,3	+0,2	+0,3
III	3,93	74	5,2	8,6	8,0	0,2	+3,6	+3,0

Tabelle 41. Stickstoff.

R_α cm	R_p cm	Energien in 10^6 e Volt					
		E_α	E_p mit v^3-Gesetz	E_p mit $v^{3,5}$-Gesetz	E^*	ΔE mit v^3-Gesetz	ΔE mit $v^{3,5}$-Gesetz
8,6	51	8,8	6,7	6,4	0,7	−1,4	−1,7
7,0	40	7,7	5,7	5,6	0,6	−1,4	−1,5
6,0	34	6,9	5,1	5,1	0,5	−1,3	−1,3
4,9	27	6,1	4,4	4,5	0,5	−1,2	−1,1
3,9	17,5	5,2	3,3	3,5	0,4	−1,5	−1,3

Um zu prüfen, ob der aus den Versuchen abzuleitende Wert für ΔE unabhängig von der α-Energie ist, sind in Tab. 40 und 41 eine Reihe von Energiewerten für Bor und Stickstoff nach den in Ziff. 52 und 53 besprochenen Messungen zusammengestellt. E_α wurde mit Hilfe von Gleichung (1) und E_p sowohl auf Grund von (2) als auch von (3) aus den entsprechenden Maximalreichweiten für $\vartheta = 0°$ errechnet, weiter dann E^* und ΔE nach (9). Durch die Unsicherheit in den Energiewerten dürften die Schlüsse, die hier gezogen werden sollen, nicht berührt werden[1].

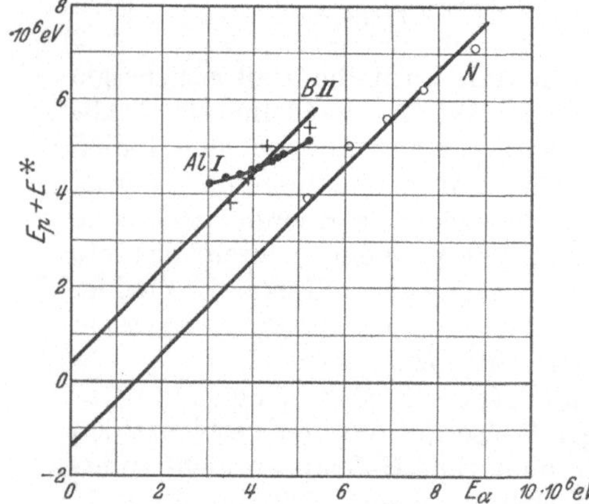

Abb. 43. Energiebilanz der Umwandlung für B II, N und Al I.

Die letzten beiden Spalten der Tabellen enthalten die Energietönungen ΔE. Bei der ersten Gruppe des Bors und bei Stickstoff ist die Energietönung negativ, d. h. es wird von dem neu entstehenden Kern Energie aufgenommen, bei den Prozessen, die zur Emission von Protonen der Gruppe II und III des Bors führen, wird dagegen Energie frei. Für B II und N, wo Versuche mit verschiedenen α-Reichweiten ausgeführt wurden, ergab sich innerhalb der Versuchsfehler für alle α-Energien die Energietönung als konstant. Anschaulich wird die Gültigkeit der Gleichung (6) aus Abb. 43 klar, in der $E_p + E^*$ für diese beiden Fälle als Funktion von E_α aufgetragen ist. Die Meßpunkte werden in der Tat von Geraden aufgenommen, die unter 45° gegen die Achsen geneigt sind, wie es die Gleichung (6) für konstantes ΔE verlangt. Daß beim B die Werte etwas stärker streuen, dürfte daraus zu erklären sein, daß sich aus den ziemlich flach in die Abszissenachse einlaufenden Kurven der Abb. 32 die Reichweiten nicht sehr genau entnehmen lassen.

Auch an den Wilsonaufnahmen von BLACKETT läßt sich die Gleichung (6) prüfen. Wie in Ziff. 53 ausgeführt wurde, können die Impulse und damit auch

[1] Vgl. die Anm. b. d. Korr. Ziff. 46, S. 156.

die Energien von Proton und Restkern mit Hilfe der Winkel zwischen den Bahnen bestimmt werden. Aus den 12 Aufnahmen, die BLACKETT bisher von Stickstoffumwandlungen gewonnen hat, hat er die 8 besten ausgewählt und vermessen und daraus die Energietönungen berechnet[1]. Aus 5 Werten, die nur sehr wenig streuen, erhält er als Mittel $\Delta E = -1{,}39 \cdot 10^6$ e-Volt in ausgezeichneter Übereinstimmung mit dem Mittelwert aus Tab. 41. Die drei übrigen ΔE-Werte weisen dagegen recht große Differenzen gegen den Mittelwert auf, die nach BLACKETT aber wohl darauf zurückzuführen sind, daß eines der Teilchen unmittelbar nach dem Umwandlungsprozeß eine starke Ablenkung durch einen Zusammenstoß mit einem anderen Kern erfahren hat.

Versucht man in derselben Weise POSEs Resultate für Al zu diskutieren, so kommt man zu schwer verständlichen Ergebnissen. Die Gruppen Al II und III scheiden nach POSEs Deutung als „Resonanzgruppen" allerdings aus, weil sie überhaupt nur durch eine bestimmte α-Energie erzeugt werden sollen. Für die Gruppe Al I aber ergibt sich, daß die Energietönung ΔE hier nicht von E_α unabhängig ist, sondern gleichmäßig von $-0{,}15 \cdot 10^6$ e-Volt auf $+1{,}11 \cdot 10^6$ e-Volt ansteigt, wenn die α-Energie von $5{,}23 \cdot 10^6$ e-Volt bis $3{,}06 \cdot 10^6$ e-Volt abnimmt. Die Energiewerte sind in die Abb. 43 eingetragen, die das abweichende Verhalten dieser Al-Gruppe sehr anschaulich erkennen läßt. Nach POSEs Absorptionskurve (Abb. 38) ist die Gruppe I offensichtlich weitgehend homogen. Dies und, wie in Ziff. 59 ausgeführt, die positive Energietönung sprechen dafür, daß das α-Teilchen bei der Entstehung dieser Gruppe eingefangen wird. Um so auffälliger ist das energetische Verhalten der Gruppe.

Tabelle 42. Energietönungen.

1 Element und Gruppe	2 R_α cm	3 ϑ °	4 R_p cm	5 ΔE mit v^3-Gesetz 10^6 e-Volt	6 ΔE mit $v^{3,5}$-Gesetz 10^6 e-Volt	7 Beobachter
B I	3,9	0	20	−1,1	−0,9	B.
II	Mittelwert aus Tab. 40			+0,3	+0,4	
III	3,9	0	74	+3,6	+3,0	
II	3,8	0	32	+0,2	+0,2	Ch. C. P.
III	3,8	0	76	+3,9	+3,2	
N	Mittelwert aus Tab. 41			−1,4	−1,4	R. Ch., Ch. C. P.
F I	2,3	110	16	+0,5	+0,7	P.
II	3,3	110	21	+0,3	+0,5	
III	3,8	110	32	+1,2	+1,2	
III	3,8	0	55	+2,1	+1,8	Ch. C. P.
Na	3,8	0	44	+1,1	+1,0	Ch. C. P.
Mg	3,9	0	13	−2,2	−1,9	B. F.
	7,0	0	40	−1,6	−1,7	R. Ch.
Al I	3,9−1,8	0	32−23	−0,15− +1,00	−0,15− +1,11	P.
II	2,5	0	50	+2,9	+2,6	
III	3,5	0	61	+2,8	+2,4	
I	3,7	0	32	0,0	0,0	Ch. C. P.
III	3,7	0	65	+3,0	+2,5	
P	3,8	90	31	+0,4	+0,5	Ch. C. P.
	7,0	0	65	+0,5	−0,1	R. Ch.

R. Ch. = RUTHERFORD u. CHADWICK; Ch. C. P. = CHADWICK, CONSTABLE u. POLLARD; P. = POSE; B. = BOTHE; B. F. = BOTHE u. FRÄNZ.

[1] P. M. S. BLACKETT, Phys. ZS. Bd. 32, S. 663. 1931; P. M. S. BLACKETT u. D. S. LEES, Proc. Roy. Soc. London (A) Bd. 136, S. 325. 1932.

In Tab. 42 sind schließlich die Energietönungen derjenigen Umwandlungsprozesse, über die zur Zeit geeignete Messungen vorliegen (vgl. Ziff. 52 bis 55), mit den Daten zusammengestellt, die zu ihrer Berechnung gedient haben. Die Werte in Spalte 5 sind mit Hilfe von Gleichung (2), die Werte in Spalte 6 nach Gleichung (3) berechnet (vgl. Ziff. 46).

58. Impulsverhältnisse (Richtungsverteilung)[1]. Führt man in Gleichung (9) statt der Energien die Impulse ein, so nimmt sie die Form an:

$$P_0^2 + P_p^2 - 2P_0 P_p \cos\vartheta = P^2 ,$$

Abb. 44. Abhängigkeit des Protonenimpulses vom Emissionswinkel.

wo P_0 und P von ϑ unabhängig sind, nämlich

$$P_0 = \frac{m_p}{m^* + m_p} \cdot P_\alpha$$

$$P^2 = \frac{m^* \cdot m_p}{m^* + m_p}\left(\frac{1}{m_\alpha} - \frac{1}{m^* + m_p}\right) P_\alpha^2 + 2\,\frac{m^* \cdot m_p}{m^* + m_p}\,\Delta E$$

$$= \frac{m^*}{m^* + 1}\left(\frac{1}{4} - \frac{m_p}{m^* + 1}\right) P_\alpha^2 + \frac{2\,m^*\,m_p}{m^* + 1}\,\Delta E .$$

Dies bedeutet (Abb. 44), daß der Impuls P_p des Protons sich vektoriell zusammensetzt aus zwei dem Betrage nach konstanten Teilen, von welchen der eine P_0 stets in der α-Richtung liegt, während der zweite P beliebig gerichtet sein kann. Das Entsprechende muß auch für die Geschwindigkeit des Protons gelten; der erste, nach vorn gerichtete Teil der Geschwindigkeit beträgt das $m_\alpha/(m^* + m_p)$-fache der α-Geschwindigkeit, d. i. die Schwerpunktsgeschwindigkeit des Systems „ursprünglicher Kern + α-Teilchen". In der Tat sieht man leicht ein, daß in einem Koordinatensystem, welches sich mit dem Massenmittelpunkt mitbewegt, die Protonengeschwindigkeit von der Richtung unabhängig sein muß, da ja die Gesamtenergie gegeben ist, und wegen des Verschwindens des Gesamtimpulses die Impulse von Proton und Restkern stets dem Betrag nach gleich und entgegengesetzt gerichtet sein müssen. Falls das α-Teilchen nicht eingefangen wird, ergibt sich nach Ziff. 57 für die Maximalgeschwindigkeit des Protons das gleiche Verhalten.

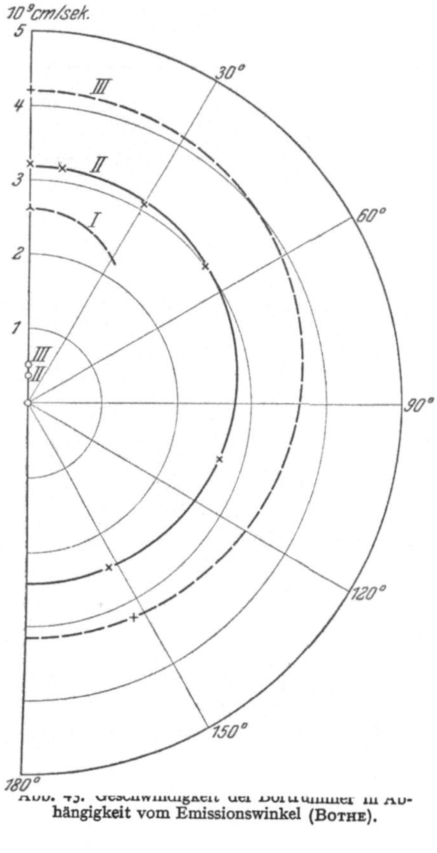

In Abb. 45 sind nun in ein Polardiagramm die Geschwindigkeiten der Gruppe II des Bors eingetragen; sie wurden aus den Reichweiten der Abb. 31 mit Hilfe der GEIGERschen Formel (1) errechnet. Die Meßpunkte liegen in der Tat mit ausreichender Genauigkeit auf einem Kreis. Die Entfernung seines Mittelpunktes vom Koordinatenanfang beträgt $0{,}38 \cdot 10^9$ cm/sec, während sich die Schwerpunktsgeschwin-

Abb. 45. Geschwindigkeit der Bortrümmer in Abhängigkeit vom Emissionswinkel (BOTHE).

[1] W. BOTHE, ZS. f. Phys. Bd. 51, S. 613. 1928.

digkeit für den Fall, daß die Gruppe vom B_{10} herrührt, zu $\frac{4}{14} \cdot 1{,}59 \cdot 10^9 = 0{,}45 \cdot 10^9$ cm/sec, für B_{11} zu $\frac{4}{15} \cdot 1{,}59 \cdot 10^9 = 0{,}42 \cdot 10^9$ cm/sec ergibt. Für die Gruppe III des Bors liegen nur zwei Messungen vor, bei $\vartheta = 0°$ und bei $\vartheta = 153°$. Legt man durch diese beiden Meßpunkte einen Kreis symmetrisch zur Achse, so fällt sein Mittelpunkt nicht genau mit dem für die zweite Gruppe zusammen, sondern er liegt bei $0{,}52 \cdot 10^9$ cm/sec. Berechnet man die Geschwindigkeiten nach der wahrscheinlich richtigeren Formel (3), so liegt der Kreismittelpunkt für B II bei $0{,}32 \cdot 10^9$ cm/sec, für B III bei $0{,}40 \cdot 10^9$ cm/sec. Es ist nicht ausgeschlossen, daß die Abweichung der beiden Mittelpunkte voneinander sowie von dem theoretischen Wert durch die Ungenauigkeit der Reichweitenbestimmungen zu erklären ist. Bei der ersten Gruppe des Bors scheint die Geschwindigkeit mit wachsendem ϑ relativ schneller abzunehmen als bei den anderen Gruppen, wie die gestrichelte Kurve andeutet. Es erscheint zwar durchaus möglich, daß dieses Verhalten durch ein rasches Abnehmen der Intensität bei größeren Emissionswinkeln vorgetäuscht wird. In jedem Falle aber ist das Verhalten der Gruppe B I abweichend und erweckt den Verdacht, daß diese Gruppe einem anderen Prozeß als dem normalen, welcher bei den Gruppen II und III vorliegt, ihr Entstehen verdankt (vgl. Ziff. 59).

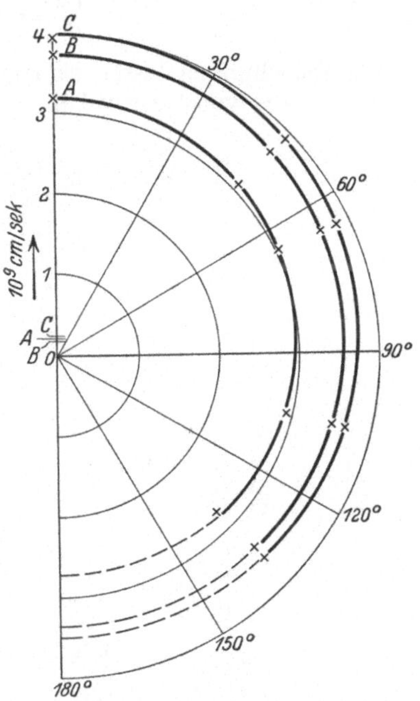

Abb. 46. Geschwindigkeit der Aluminiumtrümmer in Abhängigkeit vom Emissionswinkel (Pose)[1].

Für Aluminium enden nach den Messungen von Pose die Geschwindigkeitsvektoren aller drei Gruppen auf Kreisen, wie Abb. 46 zeigt. Die drei Mittelpunkte fallen ebenfalls nicht genau zusammen, doch wäre das Auseinanderfallen hier auch zu erwarten, wenn zwei der Gruppen, wie Pose angibt, Resonanzgruppen sind. Denn in diesem Fall sind wegen der verschiedenen Geschwindigkeiten der erzeugenden α-Strahlen auch die zugehörigen Schwerpunktsgeschwindigkeiten verschieden. Doch liegt die ganze Abweichung hier wohl innerhalb der Meßfehler.

59. Massendefekte und Schicksal des α-Teilchens. Wenn bei dem Kernumwandlungsprozeß eine Energietönung ΔE auftritt (Ziff. 57), so bedeutet das eine Änderung der inneren Energie des Kerns um $-\Delta E$; damit ist nach dem Satz von der Trägheit der Energie auch eine Änderung der Masse um den Betrag $-\Delta E/c^2$ verbunden. Ist $M_{n,p}$ die genaue Masse eines Kernes, der aus n α-Teilchen und p Protonen aufgebaut ist, wobei die Zahl der α-Teilchen die größte nach seiner Gesamtprotonenzahl mögliche sein soll, so besteht nach diesem Satz bei der Umwandlung des Kernes, je nachdem, ob das Teilchen eingefangen wird oder nicht, die Beziehung

$$M_{n,p} + m_\alpha = M_{n+1,p-1} + m_p + \frac{\Delta E}{c^2} \tag{10a}$$

oder

$$M_{n,p} + m_\alpha = M_{n,p-1} + m_\alpha + m_p + \frac{\Delta E}{c^2}. \tag{10b}$$

[1] Pose bezeichnet die Gruppen in der Reihenfolge der Reichweiten mit A, B, C.

Als „Massendefekt des Kernes $M_{n,p}$ gegen freie α-Teilchen und Protonen" wird die Größe

$$\Delta M_{n\ p} = n \cdot m_\alpha + p \cdot m_p - M_{n,p} \tag{11}$$

bezeichnet, wobei also der innere Massendefekt der α-Teilchen unterdrückt ist. $\Delta M \cdot c^2$ ist dann die Bindungsenergie, die bei der (fiktiven) Entstehung des Kernes aus α-Teilchen und Protonen frei wird. Führt man in die Gleichungen (10a) und (10b) diese Massendefekte ein, so heben sich die Massen aller α-Teilchen und Protonen heraus, und man erhält

$$\frac{\Delta E}{c^2} = \Delta M_{n+1,\,p-1} - \Delta M_{n,p} \tag{12a}$$

bzw.

$$\frac{\Delta E}{c^2} = \Delta M_{n,\,p-1} - \Delta M_{n,p}. \tag{12b}$$

Diese Beziehungen lassen sich grundsätzlich prüfen. In der Abb. 47 sind nach dem Vorgang von GAMOW[1] die Massendefekte der leichten Kerne, soweit sie be-

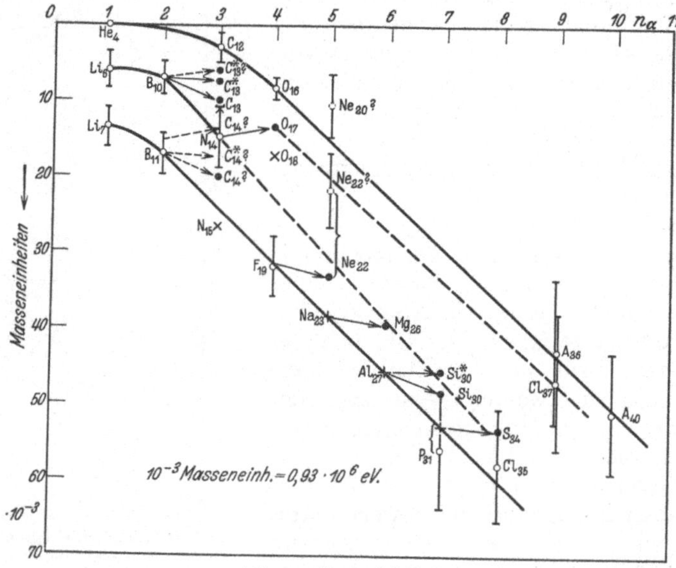

Abb. 47. Massendefekte.

kannt sind, als Funktion der Zahl n der in dem Kern enthaltenen α-Teilchen in Masseneinheiten (He = 4,0000) aufgetragen. Die von ASTON massenspektroskopisch bestimmten Werte sind durch einen leeren Kreis mit einer senkrechten Linie dargestellt; die Länge dieser Linie zeigt die von ASTON angegebene Fehlergrenze an. Einige weitere, durch liegende Kreuze bezeichnete Massendefekte wurden kürzlich aus Bandenspektren bestimmt; ihre Genauigkeit läßt sich wohl noch schwer angeben. Man sieht zunächst, daß die Massendefekte von Kernen, für welche die Anzahl der freien Protonen $p = 0$ bzw. $p = 3$, die Gesamtzahl der Protonen (das „runde Atomgewicht") also $4n$ bzw. $4n + 3$ beträgt, auf je einer leidlich glatten Kurve liegen. Einige fehlende Werte des Typs $4n + 3$ sind auf Grund dieser Tatsache interpoliert und als stehende Kreuze eingetragen. Die wenigen direkt gemessenen Massendefekte der Kerne vom Typ $4n + 1$ und

[1] G. GAMOW, Der Bau des Atomkernes und die Radioaktivität. Leipzig 1932. — Die hierbei gemachte Annahme, daß jeder Kern die maximal mögliche Zahl von α-Teilchen enthält, sieht GAMOW keineswegs als gesichert an.

$4n+2$ fallen zwischen diese Kurven, und es liegt die Annahme sehr nahe, daß sich auch diese Werte auf zwei entsprechenden Kurven anordnen. Aus der Form dieser Kurven und ihrer gegenseitigen Lage erkennt man, daß der Massendefekt zunimmt sowohl beim Einbau eines weiteren α-Teilchens in einen Kern, wodurch das nächste Element auf der gleichen Kurve entsteht, wie auch beim Einfangen eines weiteren Protons, was zu dem analogen Kern auf der nächsttieferen Kurve führt[1]. In beiden Fällen wird also Energie frei. Dies ist schon darum zu erwarten, weil andernfalls der schwerere Kern radioaktiv wäre, d. h. in mehr oder weniger kurzer Zeit unter Aussendung eines α- bzw. H-Teilchens in den leichteren übergehen würde, was bekanntlich bei so leichten Elementen nie beobachtet wurde. Daraus folgt weiter, daß bei der Emission eines Protons ohne Einfangen des α-Teilchens stets Energie aufgewendet werden muß, d. h. daß die Energietönung ΔE einer solchen Umwandlung negativ sein muß. Dagegen kann die Energietönung einer Umwandlung, bei der das α-Teilchen eingefangen wird, sowohl positiv wie auch negativ sein, je nachdem, ob das eingefangene α-Teilchen oder das emittierte Proton fester gebunden ist. Es ergibt sich also, daß bei allen Umwandlungen mit positiver Energietönung das α-Teilchen eingefangen wird, während aus einer negativen Energietönung kein Schluß über das Schicksal des α-Teilchens gezogen werden kann.

Leider sind bisher erst so wenige Massendefekte leichter Kerne gemessen worden, und zudem lassen sich die Werte noch so wenig genau bestimmen, daß sich darauf eine exakte Vorausberechnung von Energietönungen für die beobachteten Umwandlungen noch nicht gründen läßt. Doch kann man umgekehrt, sobald einer der beiden Massendefekte bekannt ist, die Messung der Energietönung des Umwandlungsprozesses zu einer Relativbestimmung des zweiten benutzen. Die Umwandlungen, deren Energietönungen in Tab. 42 zusammengestellt wurden, sind nun in Abb. 47, soweit es möglich war, durch Pfeile angedeutet, und die Massendefekte der Umwandlungsprodukte, die sich daraus ergeben, als volle Kreise eingezeichnet. Ein Stern am Elementsymbol bedeutet dabei einen angeregten Kern. Dem größten Massendefekt, welcher sich aus der längsten *bekannten* Protonengruppe eines Elementes ergibt, wurde der normale, unangeregte Kern zugeordnet. Sollten etwa später noch längere Protonengruppen gefunden werden, so würde sich der Massendefekt des normalen umgewandelten Kernes entsprechend erhöhen[2].

Man sieht aus Abb. 47 zunächst, daß die Werte für Ne_{22}, Mg_{26}, Si_{30} und S_{34} einigermaßen auf eine glatte Kurve $4n+2$ fallen, wenn die ursprünglichen Kerne auf einer glatten Kurve liegen. Diese Kurve paßt sich auch den ASTONschen Messungen für Li_6, B_{10} und N_{14} gut an, während der wahrscheinlich nicht genügend genaue bandenspektroskopische O_{18}-Wert, aber auch ASTONS Wert für Ne_{22} herausfallen. Da auch das Ne_{20} nicht auf der $4n$-Kurve liegt, dürften wohl doch die ASTONschen Messungen hier fehlerhaft sein. Beim Bor weiß man zunächst nicht, welches Isotop umgewandelt wird, doch spricht die folgende, von GAMOW herrührende Überlegung für das B_{10}. Bei der Umwandlung von B_{11} würde, da bei den Gruppen II und III wegen der positiven Energietönung das α-Teilchen eingefangen werden muß, ein C_{14}-Kern entstehen, der sich vom N_{14} nur durch den Mehrbesitz eines Elektrons unterscheidet. Dieses C_{14} müßte ziemlich sicher energetisch stabiler sein als N_{14}, wie eine Betrachtung der Abb. 47 zeigt. Man sollte daher, im Widerspruch mit der Erfahrung, er-

[1] Die dabei möglicherweise in den Kern noch eingefangenen Elektronen dürften für die Energiebilanz kaum eine große Rolle spielen.

[2] Anm. b. d. Korr.: In der Tat geben neuestens DIEBNER und POSE beim Al eine vierte, längere Gruppe an (vgl. Nachtrag zu Ziff. 54).

warten, daß N_{14} instabil wäre und durch Einfangen eines Elektrons, z. B. aus seiner eigenen K-Schale, unter Energieabgabe in C_{14} übergehen würde[1]. Ordnet man dagegen die beiden Gruppen II und III dem B_{10} zu, so ergibt sich aus der Energietönung ein Massendefekt für das entstehende C_{13}, welcher mit dem aus Bandenspektren entnommenen gut übereinstimmt. Bei der ersten Gruppe des Bors ist noch nicht endgültig geklärt, ob das α-Teilchen eingefangen wird oder nicht. Ein Einfangprozeß mit B_{10} wäre hier denkbar, er würde zu einem höher angeregten C_{13} führen als bei der Gruppe B II. Aus B_{11} könnte auf dieselbe Weise das unangeregte C_{14} entstehen, welches wegen der jetzt *negativen* Energietönung und bei der Ungenauigkeit der gemessenen Massendefekte ganz gut *über* N_{14} zu liegen kommen könnte. In beiden Fällen ist aber die abweichende Richtungsverteilung dieser Gruppe nicht recht verständlich (Ziff. 58). Wird dagegen das α-Teilchen bei B I nicht eingefangen, so entsteht bei der Zuordnung der Gruppe zum B_{11} eine ähnliche Schwierigkeit wie bei den beiden anderen Gruppen. Es müßte nämlich das bei der Umwandlung gebildete Be_{10} einen größeren Massendefekt haben als das erfahrungsgemäß sehr stabile B_{10}, welches ein Kernelektron weniger besitzt. Gegen die Zuordnung der Gruppe I zum B_{10} wären energetisch keine Bedenken vorhanden, doch müßte das entstehende Be_9 sehr dicht über dem B_{10} liegen, und zwischen beide sollte noch das Be_{10} fallen; das gäbe eine recht unwahrscheinliche Häufung. Schließlich könnte man aber noch annehmen, daß die erste Gruppe vom B_{11} emittiert wird unter Einfangen des α-Teilchens und gleichzeitiger Emission eines Elektrons. Nach den Werten der Massendefekte wäre ein solcher Prozeß, bei dem ein N_{14} entstehen würde, jedenfalls nicht unmöglich. Diese Annahme wäre geeignet, das anscheinend anomale Verhalten dieser Gruppe verständlich zu machen[2]. Überhaupt ist daran zu erinnern, daß bei allen diesen Betrachtungen die Kernelektronen nicht in Rechnung gezogen wurden, weil sie sich bei den Versuchen bisher nicht bemerkbar gemacht haben. Manche der jetzt bestehenden Schwierigkeiten könnten hierin ihre Ursache haben, zumal man weiß, daß für die Kernelektronen mindestens die gebräuchliche Fassung des Energieprinzipes versagt (s. Bd. XXIV/1).

Das Schema der Massendefekte erlaubt auch Voraussagen, ob ein gegebener Kern unter gegebenen Bedingungen umwandelbar sein wird oder nicht. So würde Li_7 bei dem normalen Einfangprozeß übergehen in Be_{10}, welches wegen der Stabilität von B_{10} über diesem liegen müßte. Man sieht, daß dieser Prozeß stark endotherm verlaufen müßte, gewöhnliche α-Strahlen haben zu geringe Energie, um diese Umwandlung hervorzurufen. So erklärt sich, daß Li bisher nicht umgewandelt werden konnte.

60. Spezielle Theorie. GAMOW und gleichzeitig GURNEY und CONDON[3] haben vor nicht langer Zeit die Grundlagen für eine wellenmechanische Theorie des Atomkernes gegeben, mit Hilfe deren sie zunächst den radioaktiven Zerfall in wesentlichen Zügen deuten konnten. Ihr Potentialmodell des Kernes hat sich auch für die Deutung der Umwandlungsprozesse wenigstens in qualitativer Hinsicht

[1] Anm. b. d. Korr.: Es ist nicht zu leugnen, daß durch die Auffindung des „Neutrons" dieses Argument sehr an Schlagkraft verloren hat (vgl. Ziff. 64): Warum ist das H-Atom stabil, obwohl es durch Hineinfallen des Außenelektrons in den Kern in ein sicher energieärmeres Neutron übergehen würde?

[2] Anm. b. d. Korr.: Daneben könnte der nur wenig davon verschiedene Prozeß ablaufen, bei welchem Proton und Elektron zusammen als „Neutron" den Kern verlassen (Ziff. 64).

[3] G. GAMOW, ZS. f. Phys. Bd. 51, S. 204. 1928; R. W. GURNEY u. E. U. CONDON, Nature Bd. 122, S. 439. 1928. Ausführliche Darstellungen dieser Theorie s. ds. Handb. Bd. XXIV/1; G. GAMOW, Der Bau des Atomkerns und die Radioaktivität. Leipzig 1932; F. G. HOUTERMANS, Ergebnisse der exakten Naturwissenschaften Bd. 9. Dort auch weitere Literaturangaben.

gut bewährt. Für das Potential in der Nähe eines Kernes und in dessen Innerem wird in dieser Theorie ein Verlauf angenommen, wie er in Abb. 48 schematisch dargestellt ist. Nach Versuchen über die Zerstreuung von α-Strahlen entspricht der Potentialverlauf bis zu einer Entfernung $r \sim 10^{-12}$ cm vom Kernmittelpunkt dem COULOMBschen Gesetz; bei kleineren Entfernungen machen sich Anziehungskräfte noch nicht genau bekannter Art auf die α-Teilchen bemerkbar, so daß das Potential bei $r = r_0$ ein Maximum erreicht und dann steil abfällt. Für sehr kleine r muß es einem endlichen Wert zustreben. Auf diese Weise entsteht ein „Potentialtopf", dessen Radius und Wandhöhe mit wachsender Ordnungszahl des Kernes zunehmen. Der „Kernradius" r_0 läßt sich zur Zeit nur recht ungenau abschätzen; er dürfte für leichte Elemente etwa 2 bis $4 \cdot 10^{-13}$ cm betragen. Die Höhe der Potentialschwelle wäre dann z. B. beim Bor noch kleiner, beim Aluminium aber sicher bereits größer als die Energie eines α-Teilchens von Po ($5{,}2 \cdot 10^6$ e-Volt). Innerhalb eines solchen Potentialtopfes existiert, wie die Wellenmechanik zeigt, für die α-Teilchen und Protonen im Gebiet negativer Energie ein diskretes, im Gebiet positiver Energie ein „quasidiskretes", d. h. verwaschenes Eigenwertspektrum.

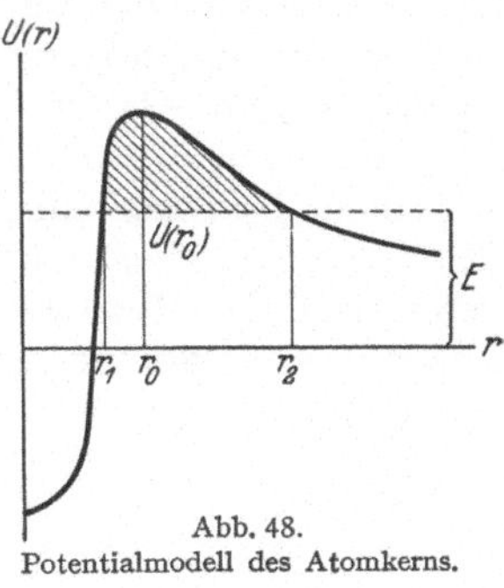

Abb. 48. Potentialmodell des Atomkerns.

Die Quantenmechanik lehrt, daß ein solcher Potentialwall von einem geladenen Teilchen auch dann überwunden werden kann, wenn dessen Energie die Höhe des Walles $U(r_0)$ nicht erreicht, die kinetische Energie also, klassisch gesprochen, zeitweise negativ sein muß. Die Durchlässigkeit D, d. h. der Bruchteil der auftreffenden Teilchen, der auf die andere Seite des Walles gelangt, ergibt sich etwa zu

$$D \sim e^{-\frac{4\pi\sqrt{2m}}{h}\int\limits_{r_1}^{r_2}\sqrt{U-E}\,dr}\,. \tag{13}$$

D wird also um so kleiner, je größer die in Abb. 48 schraffierte Fläche ist und nimmt daher mit abnehmender Energie der Teilchen sehr rasch ab. Klassisch sollte eine Umwandlung, bei der das α-Teilchen eingefangen wird, nur dann möglich sein, wenn die α-Energie größer als das Maximum der Potentialwand des Kernes ist, während nach den Versuchsergebnissen und in Übereinstimmung mit der quantenmechanischen Theorie sicher auch noch α-Teilchen kleinerer Energie in den Kern eindringen.

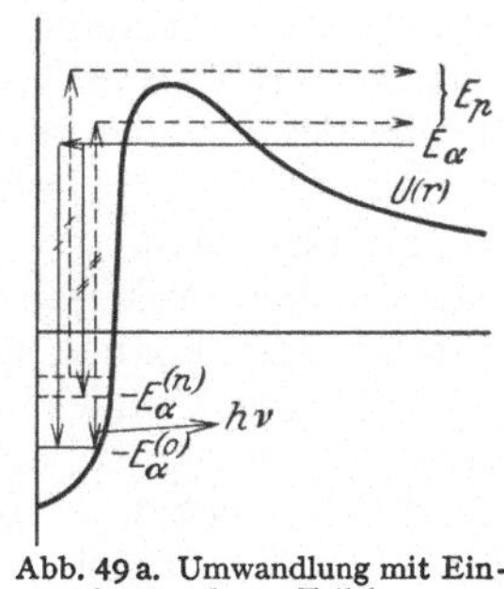

Abb. 49a. Umwandlung mit Einfangen des α-Teilchens.

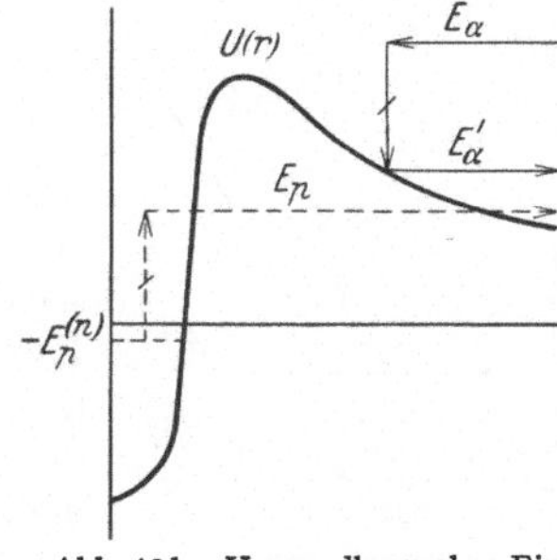

Abb. 49b. Umwandlung ohne Einfangen des α-Teilchens.

Die beiden möglichen Umwandlungsprozesse, die Umwandlung mit und ohne Einfangen des α-Teilchens, sind nach dem Vorgang von GAMOW in Abb. 49a und b schematisch dargestellt. Sie mögen im folgenden als a- und b-Prozeß unterschieden werden. Die α-Teilchen und Protonen müssen sich bei den leichten Kernen im Normalzustand auf negativen Energieniveaus $-E_\alpha^{(n)}$ bzw. $-E_p^{(n)}$ befinden[1], da sie im anderen Fall eine endliche Austrittswahrscheinlichkeit hätten, der Kern also radioaktiv wäre. Dies entspricht auch dem Verlauf der Massendefektkurven (Ziff. 59). Trifft nun ein α-Teilchen mit der Energie E_α den Kern, so wird es bei einem a-Prozeß (Abb. 49a) auf das Niveau $-E_\alpha^{(n)}$ eingefangen, wobei es die Energie $E_\alpha + E_\alpha^{(n)}$ auf ein Proton überträgt. Das Proton, welches sich auf dem Niveau $-E_p^{(n)}$ befand, verläßt mit der definierten Energie E_p den Kern. Gruppen von Protonen mit verschiedener Energie E_p treten z. B. auf, wenn das α-Teilchen nicht immer sofort auf das Grundniveau $-E_\alpha^{(0)}$, sondern zunächst auf ein höheres fällt, oder wenn Protonen aus verschiedenen Niveaus herausgeworfen werden können. In diesen Fällen entstehen angeregte Kerne, die unter Emission eines γ-Strahles in ihren Normalzustand übergehen sollten. Bei einem b-Prozeß gibt das α-Teilchen nur einen Teil seiner Energie an das Proton ab und fliegt mit dem Rest E'_α frei weiter (Abb. 49b). In beiden Prozessen muß der Kern wegen des Impulssatzes einen kleinen Betrag E_K an kinetischer Energie aufnehmen. Der Energiesatz lautet dann für die beiden Prozesse

$$E_\alpha + E_\alpha^{(n)} = E_p + E_p^{(n)} + E_K \tag{14a}$$

bzw.

$$E_\alpha - E'_\alpha = E_p + E_p^{(n)} + E_K. \tag{14b}$$

Vergleicht man diese Beziehungen mit (6), wobei im ersten Fall $E^* = E_K$, im zweiten Fall $E^* = E_K + E'_\alpha$ (s. Ziff. 57) zu setzen ist, so ergibt sich

$$\Delta E = E_\alpha^{(n)} - E_p^{(n)}$$

bzw.

$$\Delta E = \qquad - E_p^{(n)}.$$

Bei einem a-Prozeß ist also die Energietönung gleich der Differenz der Bindungsenergien von α-Teilchen und Proton, bei einem b-Prozeß gibt sie direkt das Niveau des Protons an. Da man die Energietönung aus dem Geschwindigkeitsspektrum der Protonen entnehmen kann (Ziff. 57), lassen sich in dieser Weise Kernniveaus ausrechnen. Der Wert solcher Rechnungen ist aber zweifelhaft, solange man nicht weiß, ob nicht die Energien der übrigen Kernbestandteile und die Form des Potentialtopfes sich bei dem Prozeß ebenfalls verschieben. Im strengen Sinne kann man niemals von der Energie eines Protons oder α-Teilchens im Kern, sondern nur von der des ganzen Kernes sprechen.

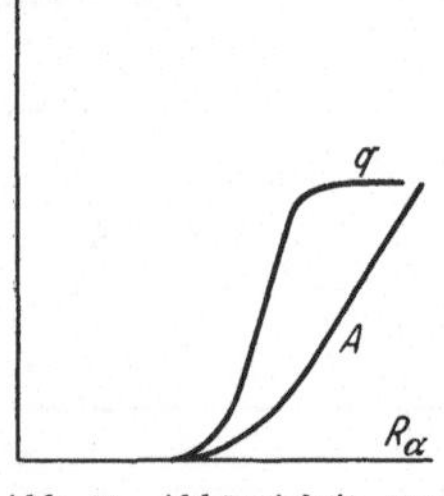

Abb. 50. Abhängigkeit von Wirkungsquerschnitt q und Totalausbeute A von der α-Reichweite.

Die *Wahrscheinlichkeit* eines Umwandlungsprozesses ist eine Frage der genauen quantenmechanischen Theorie, welche in Bd. XXIV/1 behandelt wird. Qualitativ läßt sich etwa folgendes schließen: Bei sehr kleiner α-Energie wird das α-Teilchen praktisch nicht die Potentialwand des Kernes durchdringen können, die Ausbeute wird verschwindend klein. Mit wachsender α-Energie wird andererseits der wirksame Querschnitt sich einem Grenzwert nähern, welcher nicht wesentlich größer sein kann als der Kernquerschnitt. Somit läßt sich etwa die in Abb. 50, Kurve „q“ dargestellte Abhängigkeit des Wirkungsquerschnittes von der α-Reichweite voraussehen; daraus ergibt sich durch Integration der Verlauf der Totalausbeute (Ziff. 56), der durch Kurve „A“ der Abb. 50 dargestellt wird. Von diesem Typus sind in der Tat die experimentellen Kurven für Bor und Stickstoff

[1] Die α-Teilchen befinden sich im Normalzustand alle auf dem tiefsten Niveau $-E_\alpha^{(0)}$, da sie keinen Spin haben, also der Bose-Einstein-Statistik unterliegen. Für die Protonen, die einen Spin haben, gilt dagegen das Pauli-Verbot, sie gehorchen der Fermi-Statistik.

(vgl. Abb. 35 und 42). Sie sind allerdings noch unter zu wenig definierten Bedingungen ausgeführt, um zu entscheiden, ob bei sehr großen α-Energien der Wirkungsquerschnitt konstant wird. Bei festgehaltener α-Energie nimmt die Durchlässigkeit der Wand mit wachsender Ordnungszahl des Kernes sehr schnell ab, da die Wandhöhe mit der Kernladung ansteigt. Auch das stimmt, wie früher ausgeführt wurde (Ziff. 56), im großen ganzen mit dem Gang der Ausbeuten bei den umwandelbaren Elementen überein; hiernach ist auch zu verstehen, daß mit den bisher verfügbaren α-Energien überhaupt nur leichte Elemente mit merklicher Wahrscheinlichkeit umwandelbar sind. Zur Berechnung zuverlässiger Absolutwerte für die Umwandlungswahrscheinlichkeit reicht unsere Kenntnis über den Verlauf des Kernpotentiales noch nicht aus. Da nämlich die α-Energien nicht sehr verschieden von dem Potentialmaximum sind, kommt es gerade auf den Verlauf in der Gegend des Maximums an. Doch konnte GAMOW[1] zeigen, daß man mit einigermaßen plausiblen Annahmen zu Ausbeutewerten kommt, die von gleicher Größenordnung wie die beobachteten sind.

Die Energie des emittierten Protons ist übrigens, wie leicht zu verstehen, in allen bisher genauer beobachteten Fällen größer oder doch nicht viel kleiner als die Höhe der zugehörigen Potentialwand des Kernes. BLACKETT[2] hat ausnahmsweise in der Wilsonkammer einen aus Stickstoff ausgelösten H-Strahl von nur 3,5 cm Reichweite beobachtet (Abb. 36). Die entsprechende Energie ($1{,}2 \cdot 10^6$ e-Volt) ist wohl sicher kleiner als die Höhe der Potentialwand für Protonen, obwohl diese wegen der kleineren Teilchenladung nur halb so hoch wie für α-Teilchen ist.

Eine etwas genauere Abschätzung der Umwandlungswahrscheinlichkeit pro Kerntreffer läßt sich nach GAMOW[3] für den a- und b-Prozeß durchführen, solange die Wahrscheinlichkeit klein gegen 1 bleibt. Nach GAMOW ist zu erwarten, daß bei einem a-Prozeß die emittierten Protonen in erster Näherung gleichmäßig auf alle Richtungen verteilt sind, wie es auch die Versuche bei den homogenen Gruppen des Bors und Aluminiums gezeigt haben. Für einen b-Prozeß dagegen ergab sich, daß die Vorwärtsrichtung von den Protonen stark bevorzugt wird. Bei der Gruppe I des Bors ist dieses Verhalten angedeutet, aber noch nicht experimentell sichergestellt.

Eine Besonderheit tritt nun noch in dem Fall ein, daß ein α-Teilchen den Kern mit einer Energie trifft, welche gerade mit einem der quasidiskreten, unbesetzten Kernniveaus übereinstimmt. Durch eine Art Resonanzeffekt sollte nämlich für solche α-Teilchen, wie GURNEY[4], FOWLER und WILSON[5] und ATKINSON[6] gezeigt haben, scheinbar die Durchlässigkeit der Potentialwand unabhängig von ihrer Höhe und Breite gleich eins sein. Wieweit sich dies bei Versuchen durch eine erhöhte Protonenausbeute bei bestimmten Energien der α-Teilchen bemerkbar machen kann, hängt offenbar davon ab, wie breit der Energiebereich ist, in welchem Resonanz eintritt. Nach BOTHE und MOTT[7] ist die Resonanzbreite durch die Wechselwirkungsenergie zwischen α-Teilchen und Proton bedingt. Ist die Wechselwirkung sehr schwach, so ist auch die Resonanzbreite und damit die Dicke dx der Versuchsschicht sehr klein, in der die erhöhte Umwand-

[1] G. GAMOW, ZS. f. Phys. Bd. 52, S. 510. 1929.
[2] P. M. S. BLACKETT u. D. S. LEES, Proc. Roy. Soc. London (A) Bd. 136, S. 325. 1932.
[3] J. CHADWICK u. G. GAMOW, Nature Bd. 126, S. 54. 1930; G. GAMOW, Der Bau des Atomkerns und die Radioaktivität. Leipzig 1932.
[4] R. W. GURNEY, Nature Bd. 123, S. 565. 1929.
[5] R. H. FOWLER u. A. H. WILSON, Proc. Roy. Soc. London (A) Bd. 124, S. 493. 1929.
[6] R. D'E. ATKINSON, ZS. f. Phys. Bd. 64, S. 507. 1930.
[7] W. BOTHE, Phys. ZS. Bd. 32, S. 661. 1931 (Diskussionsbemerkung); N. F. MOTT, Proc. Roy. Soc. London (A) Bd. 133, S. 228. 1931.

lungswahrscheinlichkeit auftritt. Da der Wirkungsquerschnitt q schließlich nicht wesentlich größer als der Kernquerschnitt werden kann, ist der Beitrag $N \cdot q \cdot dx$ zur Ausbeute (vgl. Ziff. 56) bei sehr scharfer Resonanz verschwindend klein. Bei starker Wechselwirkung dagegen wird die Resonanzkurve zwar breit, aber dafür immer flacher. Daher scheint es nicht erwiesen, daß bei Umwandlungsversuchen vom theoretischen Standpunkt ein Resonanzeffekt überhaupt zu erwarten ist. Von der experimentellen Seite scheint diese Frage zur Zeit noch nicht endgültig geklärt (Ziff. 54)[1].

e) Kernanregung.

61. Versuche und Ergebnisse. BOTHE und BECKER[2] haben gezeigt, daß einige leichte Elemente eine durchdringende γ-Strahlung aussenden, wenn sie mit α-Strahlen beschossen werden. Für die Ausbeute an γ-Quanten pro auffallendes α-Teilchen ergab sich dieselbe Größenordnung, wie sie bei den Umwandlungsversuchen für Protonen gefunden wurde.

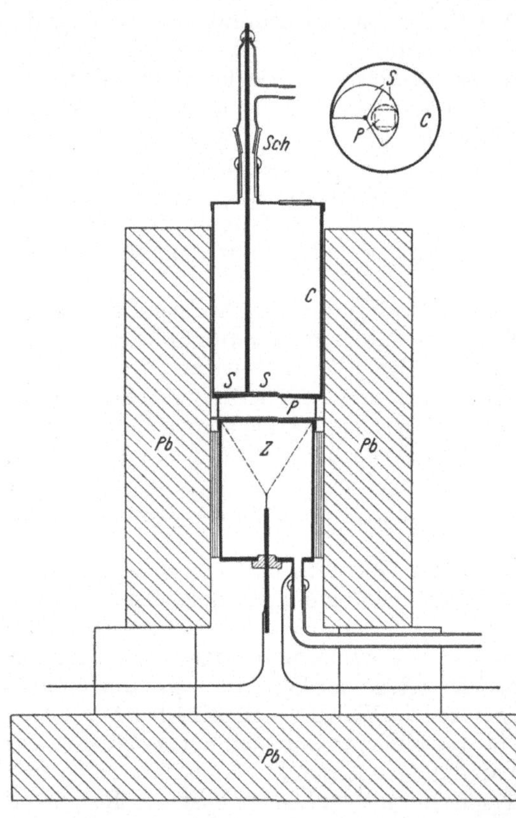

Abb. 51. Versuchsanordnung zum Nachweis künstlicher γ-Strahlen (BOTHE u. BECKER).

Der Nachweis dieser γ-Strahlung ist noch erheblich schwieriger als der Nachweis von Atomtrümmern, weil alle bekannten Meßeinrichtungen für γ-Strahlen so unempfindlich sind, daß sie nur weniger als 1% der einfallenden Quanten anzeigen. Um diese Schwierigkeit zu überwinden, mußten die Öffnungswinkel des α- und γ-Bündels möglichst groß gewählt werden. Die Versuchsschicht S (Abb. 51), die so dick war, daß die α-Strahlen in ihr vollständig absorbiert wurden, lag daher unmittelbar auf dem Po-Präparat P von 7 Millicurie Anfangsaktivität. Beides befand sich in dem evakuierbaren Metallzylinder C. Zum Nachweis der γ-Strahlen diente ein Spitzenzähler Z mit besonders großem empfindlichen Volumen. Zum Schutze gegen radioaktive Strahlung der Umgebung mußte die ganze Anordnung mit einem starken Bleipanzer umkleidet werden. Eine besondere Schwierigkeit bereitete der sehr große Nulleffekt, der von der Eigen-γ-Strahlung des Po herrührte. Die Po-γ-Strahlung ist zwar so schwach, daß sie vordem noch nicht aufgefunden worden war, sie über-

[1] Vgl. Nachtrag bzw. Anm. b. d. Korr. Ziff. 54 und 55.

[2] W. BOTHE u. H. BECKER, Naturwissensch. Bd. 18, S. 705. 1930; ZS. f. Phys. Bd. 66, S. 289. 1930. — Die im folgenden aufgeführten Ergebnisse wurden von H. C. WEBSTER, Proc. Roy. Soc. London (A) Bd. 136, S. 428. 1932, z. T. nach anderen Methoden bestätigt.

trifft aber an Intensität noch die Mehrzahl der beobachteten sekundären γ-Strahlungen. Alle Messungen mußten daher als Differenzmessungen gegen Silber ausgeführt werden, nachdem sorgfältige Versuche gezeigt hatten, daß vom Silber selbst keine merkliche Sekundärstrahlung ausgeht. Die auf diese Weise gemessene Intensität der Sekundärstrahlung der untersuchten Elemente zeigt die Abb. 52. Als Ordinaten sind die Ausbeuten an γ-Quanten pro 10^6 einfallende α-Teilchen angegeben; die Höhe der schwarzen Balken bezeichnet den doppelten mittleren statistischen Fehler. Die Ausbeuten wurden durch eine Eichung der Zählanordnung mit einem schwachen Radiumpräparat ermittelt, das bei entferntem Po-Präparat an die Stelle der Versuchsschicht gebracht wurde. Die Empfindlichkeit der Anordnung für γ-Quanten läßt sich dann abschätzen, wenn man die Annahme macht, daß 1. jedes Radiumatom bei seinem Zerfall bis zum RaD genau ein γ-Quant aussendet; daß man 2. die Absorption der γ-Strahlen vor ihrem Eintritt in den Zähler vernachlässigen kann, und daß 3. die Empfindlichkeit von der Wellenlänge der γ-Strahlen unabhängig ist. Der Faktor, um den sich die so geschätzten Ausbeuten von den wirklichen unterscheiden, dürfte wohl nicht sehr viel von eins verschieden sein.

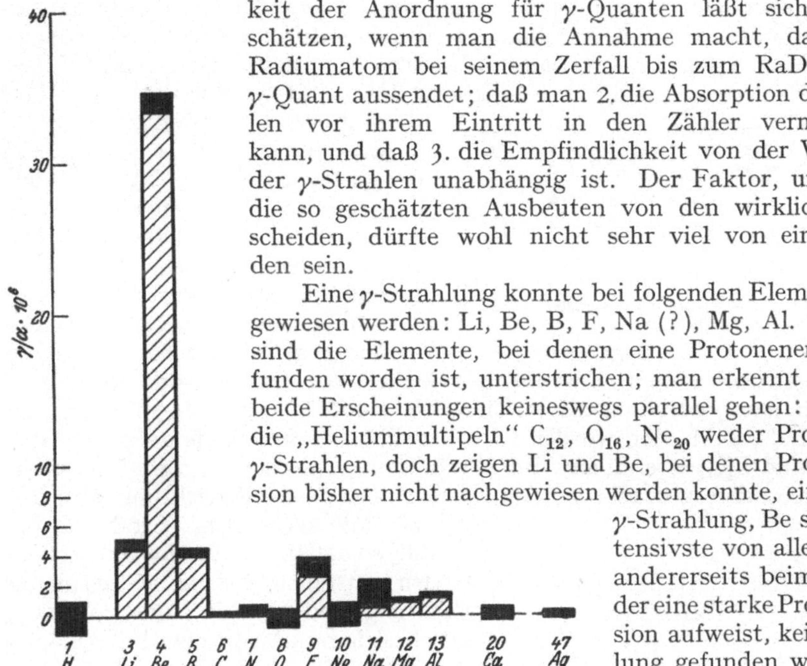

Eine γ-Strahlung konnte bei folgenden Elementen nachgewiesen werden: Li, Be, B, F, Na (?), Mg, Al. In Abb. 52 sind die Elemente, bei denen eine Protonenemission gefunden worden ist, unterstrichen; man erkennt sofort, daß beide Erscheinungen keineswegs parallel gehen: zwar geben die „Heliummultipeln" C_{12}, O_{16}, Ne_{20} weder Protonen noch γ-Strahlen, doch zeigen Li und Be, bei denen Protonenemission bisher nicht nachgewiesen werden konnte, eine intensive γ-Strahlung, Be sogar die intensivste von allen, während andererseits beim Stickstoff, der eine starke Protonenemission aufweist, keine γ-Strahlung gefunden wurde. B, F,

Protonen als γ-Quanten. Es liegt danach die Vermutung nahe, daß die γ-Strahlung bei den verschiedenen Elementen auf verschiedene Elementarprozesse zurückzuführen ist.

62. Deutung der γ-Strahlen von B, F, Al. Diese Elemente, welche sowohl Protonen als auch γ-Strahlen aussenden, sind, abgesehen von dem noch nicht genauer untersuchten Mg, gerade diejenigen, bei denen *mehrere* diskrete Protonengruppen gefunden wurden. Diese Gruppen wurden durch die Annahme erklärt, daß bei der Umwandlung zum Teil angeregte Kerne entstehen. Hier ist eine γ-Strahlung zu erwarten, wenn die angeregten Kerne in ihren Normalzustand übergehen. Es muß dann nach Ziff. 57 und 60 die Ausbeute an γ-Quanten mit der Ausbeute an Protonen einer kürzeren Gruppe, und ihre Energie $h\nu$ mit der Differenz der Energietönungen für zwei Protonengruppen übereinstimmen. Bei der Anregung durch α-Strahlen von 3,9 cm Reichweite wurden in der Tat, wie Tab. 43 zeigt, die Ausbeuten bei allen drei Elementen in befriedigender Übereinstimmung gefunden. Dies sollte für jede α-Reichweite gelten, d. h. die „Anregungskurve" der γ-Strahlen sollte sich durch passende Wahl des Ordinatenmaßstabes mit der entsprechenden Kurve für die Emission der kürzeren Protonengruppe zur Deckung bringen lassen. Beim Bor, für welches die letztere Kurve in Abb. 42 dargestellt ist, hat sich dies bestätigt[1]. Auch das Fehlen einer γ-Strahlung beim Stickstoff spricht für die Richtigkeit der Deutung, denn da Stickstoff nur eine Protonengruppe aussendet, muß der entstehende Kern sogleich in seinem Grundzustand sein.

Tabelle 43.

Element und Protonengruppe	Protonen-ausbeute $\cdot 10^6$	γ-Ausbeute $\cdot 10^6$
B II	6,5	4
F I + II	2,5	3
Al I + II	0,4	1

Nicht so einfach ist dagegen ein Vergleich der Energien, weil eine direkte Energiemessung der γ-Strahlen nach den genauen Methoden, welche bei den natürlichen γ-Strahlen der radioaktiven Elemente gebräuchlich sind, bisher aus Intensitätsgründen nicht durchgeführt werden konnte und selbst eine einigermaßen genaue Absorptionsmessung erhebliche Schwierigkeiten macht. Die Schwierigkeiten liegen sowohl in der geringen Intensität als auch in der großen Härte und Zerstreubarkeit dieser Strahlungen, welche eine saubere Ausblendung von Strahlenbündeln unmöglich machen. Die ersten rohen Schätzungen aus γ-Absorptionsmessungen ergaben, daß die Härte der Strahlungen durchaus von der Größenordnung derjenigen natürlicher γ-Strahlen, zum Teil sogar noch wesentlich größer sein kann[2]. Zuverlässiger sind Messungen an den von den γ-Strahlen ausgelösten Elektronen[1]. Die Absorptionskurven solcher Sekundärelektronen wurden nach der Koinzidenzmethode aufgenommen. In Abb. 53 sind $Z_1 Z_2$ zwei dünnwandige Zählrohre, zwischen welche Aluminiumbleche als Absorber gebracht werden können. Die ganze Vorrichtung wird mit der zu untersuchenden γ-Strahlung bestrahlt, so daß in den Gefäßwänden Elektronen entstehen, welche bei geeigneter Richtung und Energie beide Zählrohre gleichzeitig zum Ansprechen bringen können. Die Häufigkeit dieser „Koinzidenzen", als Funktion der Absorberdicke aufgetragen, ergibt die Absorptionskurve der Elektronen. Die Kurven, welche für die Bγ- und Beγ-Strahlung erhalten wurden, zeigt Abb. 54, zusammen mit der entsprechenden Kurve für die stark gefilterten natürlichen γ-Strahlen des ThC''. Die Energie der ThC''-Strahlung ist bekannt zu $2{,}6 \cdot 10^6$ e-Volt. Danach ergibt sich als Energie für Bγ: $3{,}1 \cdot 10^6$, für Beγ: rund $5 \cdot 10^6$ e-Volt. Nach der Differenz der Energietönungen für die Protonengruppen II und III des Bors (Tab. 42) wäre für die Bγ-Strahlung eine

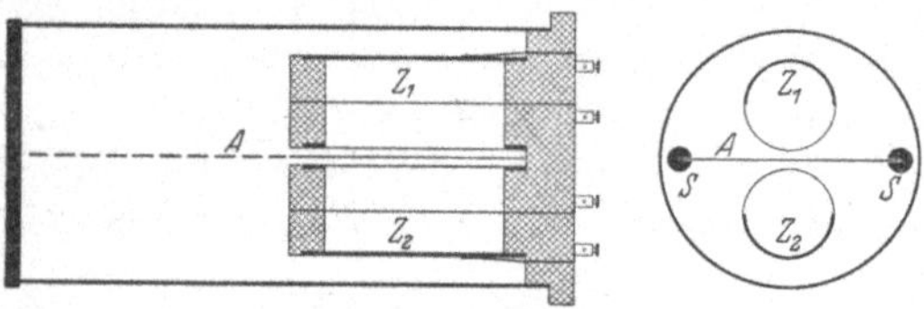

Abb. 53. Anordnung für Absorptionsmessungen an Sekundärelektronen.

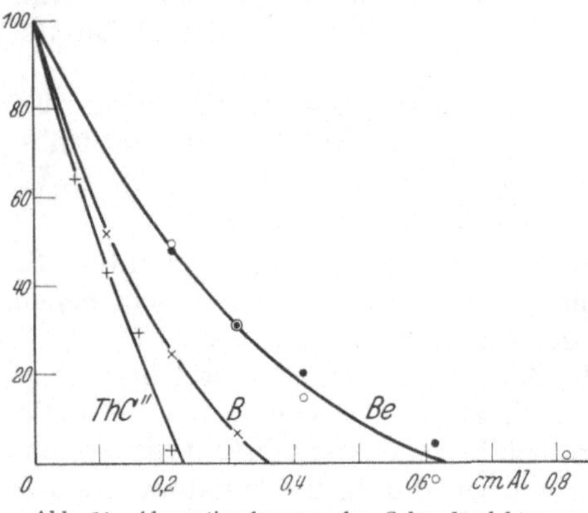

Abb. 54. Absorptionskurven der Sekundärelektronen von ThC''-, B- und Beγ-Strahlen (BECKER u. BOTHE).

[1] H. BECKER u. W. BOTHE, ZS. f. Phys. Bd. 76, S. 421. 1932; Naturwissensch. Bd. 20, S. 349. 1932.

[2] W. BOTHE u. H. BECKER, ZS. f. Phys. Bd. 66, S. 289. 1930; Naturwissensch. Bd. 19, S. 753. 1931. — I. CURIE-JOLIOT und F. JOLIOT bestätigten die Resultate in den wesentlichen Punkten (C. R. Bd. 193, S. 1412 u. 1415. 1931).

Energie von rund $3 \cdot 10^6$ *e*-Volt zu erwarten, in genügender Übereinstimmung mit den Messungen.

63. Deutung der γ-Strahlen von Be und Li. Wenig geklärt ist bisher noch der Ursprung der γ-Strahlung bei denjenigen Elementen, welche keine Protonenemission aufweisen, nämlich Lithium und Beryllium. Die wichtigste Frage ist hier, ob das α-Teilchen eingefangen wird oder nicht. Im letzten Falle setzt der Energiesatz der γ-Energie eine obere Grenze, die (genau wie im Falle der Protonenemission ohne Einfangen; Ziff. 57) dann erreicht wird, wenn nach dem Prozeß der Kern und das α-Teilchen mit gleicher Geschwindigkeit in gleicher Richtung fliegen. Ist die beobachtete γ-Energie größer als dieser Grenzwert, so muß man schließen, daß das α-Teilchen mit negativer Energie in den Kern eingefangen wird. Dies ist nun beim Be der Fall: von der Gesamtenergie von $5{,}2 \cdot 10^6$ *e*-Volt, welche das Po-α-Teilchen besitzt, sind infolge der Bewegung, welche Kern und α-Teilchen nach dem Prozeß behalten, nur $3{,}6 \cdot 10^6$ *e*-Volt für die γ-Strahlung verfügbar, d. i. sicher weniger als die gemessene γ-Energie (Ziff. 62). Hier wäre also die nächstliegende Deutung, daß der Be_9-Kern und das α-Teilchen sich einfach zusammenlagern zu einem C_{13}-Kern. Jedoch scheinen dieser Deutung noch einige Schwierigkeiten entgegenzustehen. Erstens sollte man erwarten, daß die γ-Energie mit zunehmender α-Energie wächst; dies scheint nicht der Fall zu sein: in der Be-Kurve der Abb. 54 sind die Punkte ○ mit α-Strahlen von 3,9 cm, die Punkte ● mit solchen von nur 2,6 cm Reichweite gemessen. Zweitens sollte bei einer γ-Energie von $5 \cdot 10^6$ *e*-Volt der Massendefekt von C_{13} nur um $5 - 3{,}6 = 1{,}4 \cdot 10^6$ *e*-Volt größer sein als der von Be_9; dies ergibt mit dem aus der Umwandlung des Bors bekannten Wert von C_{13} (Abb. 47) einen zu großen Wert für Be_9 (Be_9 muß *über* B_{10} liegen, wenn dieses stabil sein soll). Drittens ist die große γ-Ausbeute theoretisch nicht ganz leicht zu verstehen. Die Schwierigkeiten werden geringer, wenn man annimmt, daß außer den γ-Strahlen noch eine andere, bisher unbekannte Strahlung vom Be ausgesandt wird, durch welche die Energiebilanz wieder hergestellt wird[1].

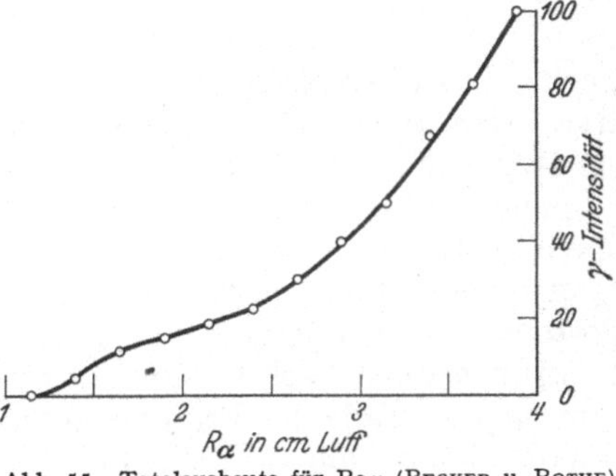

Abb. 55. Totalausbeute für Be γ (Becker u. Bothe).

Die Totalausbeute an Be γ-Quanten (Abb. 55) hängt von der α-Reichweite in ähnlicher Weise ab wie die Protonenausbeute bei den umwandelbaren Elementen (vgl. Abb. 35 und 42). Die differentiale Ausbeute erhält man daraus durch Differentiation. Die Stufe in Abb. 55 bedeutet somit ein Maximum des Wirkungsquerschnittes bei einer α-Energie von $2{,}7 \cdot 10^6$ *e*-Volt; dieses ist möglicherweise auf ein verwaschenes „Resonanzniveau" (Ziff. 60) in der Nähe des Potentialmaximums des Be-Kernes zurückzuführen.

Die Li-γ-Strahlung ist nach I. Curie-Joliot wie auch nach unveröffentlichten Versuchen im Gießener Institut so weich, daß ihre Energie ziemlich sicher kleiner als die verfügbare α-Energie ist. Hier braucht man also kein Einfangen des α-Teilchens anzunehmen, es kann sich um eine einfache Anregung des Kernes ohne Änderung seiner Zusammensetzung handeln[2].

---

[1] Die kürzliche Auffindung der Neutronen (s. Nachtrag Ziff. 64) hat für diese Auffassung entschieden.

[2] In der Tat sind Neutronen bisher beim Li nicht beobachtet worden.

64. Neutronen[1]. I. CURIE und F. JOLIOT[2] stellten kürzlich fest, daß die durchdringende Strahlung, welche von den Po-α-Strahlen in Beryllium und Bor erregt wird, Protonenstrahlen aus wasserstoffhaltigen Substanzen auszulösen vermag. Im Falle des Berylliums beträgt nach Messungen von CHADWICK[3] die maximale Geschwindigkeit dieser Protonen etwa $3{,}3 \cdot 10^9$ cm/sec, beim Bor ist sie etwa $2{,}5 \cdot 10^9$ cm/sec. Der Nachweis geschah sowohl mit der Ionisationskammer als auch mit der WILSONschen Nebelkammer. Weiter zeigte sich, daß die Be-Strahlung auch in anderen leichten Elementen wie Helium und Stickstoff solche Sekundärstrahlungen erzeugen kann, und es besteht kein Zweifel, daß diese ebenfalls aus schnell bewegten Atomen der betreffenden Art bestehen. Mit zunehmender Ordnungszahl nimmt die Reichweite und Energie dieser Atomstrahlen rasch ab. Von der auslösenden Be-Strahlung war auf den Nebelaufnahmen nie eine Bahnspur zu erkennen.

Die Deutung dieser Erscheinung gab CHADWICK[3]. Danach besteht die auslösende Strahlung aus „Neutronen", d. h. Atomkernen von der Kernladung 0 und der runden Masse 1, bestehend aus einem Proton und einem Elektron (chemisches Symbol „n_1"). Daß die auslösenden Teilchen keine Ladung haben, folgt schon daraus, daß sie keine Wilsonspur geben, also nur äußerst schwach ionisieren können[4]. Die Masse konnte CHADWICK auf folgende Weise abschätzen. Stößt ein Teilchen der gesuchten Masse m und der Geschwindigkeit v auf ein ruhendes Atom der Masse M_1, so erhält dieses nach den Gesetzen des elastischen Stoßes eine Höchstgeschwindigkeit

$$V_1 = \frac{2mv}{M_1 + m}.$$

V_1 läßt sich aus der maximalen Reichweite der Sekundärstrahlen berechnen. Mißt man ebenso an einem Atom der Masse M_2 die Geschwindigkeit V_2, so gilt

$$\frac{V_1}{V_2} = \frac{M_2 + m}{M_1 + m},$$

woraus m zu berechnen ist. Mit $M_1 = 1$ (Wasserstoff) und $M_2 = 14$ (Stickstoff) ergab sich $m = 1{,}15$, d. h. innerhalb der Meßgenauigkeit $= 1$. Damit ist auch die Möglichkeit ausgeschlossen, daß die auslösende Strahlung die γ-Strahlung ist.

Die Energie der Neutronen ist somit gleich der Höchstenergie der von ihnen ausgelösten Protonen. Die von einer dicken Be-Schicht ausgesandten Neutronen sind inhomogen, ihre Höchstenergie beträgt nach der oben angegebenen Protonengeschwindigkeit etwa $5{,}7 \cdot 10^6$ e-Volt. Die Richtungsverteilung der Neutronen weist nach CHADWICK eine ganz analoge Asymmetrie auf wie die der Protonen im Falle der Protonenerzeugung durch α-Strahlen (Ziff. 58): die größte Energie haben die in Richtung der α-Strahlen ausgesandten Neutronen.

Die Auffindung der Neutronen ändert nichts Wesentliches an der Deutung der in Ziff. 61 bis 63 beschriebenen Zählversuche, d. h. es treten, wenigstens beim Bor und Beryllium, sowohl γ-Strahlen als auch Neutronen auf. Die Existenz der γ-Strahlen wird bewiesen durch die Koinzidenzversuche, welche eindeutig auf eine durch γ-Strahlen ausgelöste β-Strahlung schließen lassen; die β-Strahlen sind auch in der Nebelkammer beobachtet worden[5]. Daß diese β-Strahlen nicht

[1] Nachtrag b. d. Korr.

[2] I. CURIE u. F. JOLIOT, C. R. Bd. 194, S. 273, 708 u. 876. 1932.

[3] J. CHADWICK, Nature Bd. 129, S. 312. 1932; Proc. Roy. Soc. London (A) Bd. 136, S. 692. 1932.

[4] Nach P. I. DEE (Proc. Roy. Soc. London (A) Bd. 136, S. 727. 1932) kommen mindestens 300 cm Neutronenbahn auf ein erzeugtes Ionenpaar.

[5] I. CURIE u. F. JOLIOT, l. c.; P. AUGER, C. R. Bd. 194, S. 877. 1932; vgl. auch F. RASETTI, Naturwissensch. Bd. 20, S. 252. 1932.

etwa durch die Neutronen erzeugt worden sein können, geht daraus hervor, daß sie sich im Gegensatz zu den Neutronen nach Intensität und Energie unabhängig von der Beobachtungsrichtung erwiesen[1]. Es ist auch durchaus verständlich, daß die Neutronen sich bei Ionisationsmessungen weit stärker bemerkbar machen als bei Zählversuchen, denn die von den Neutronen ausgelösten Atomstrahlen ionisieren viel stärker als die von den γ-Strahlen ausgelösten Elektronen. Fürs erste wird man annehmen können, daß wenigstens beim Beryllium die γ-Strahlen mit den Neutronen in analoger Weise zusammenhängen wie beim Bor die γ-Strahlen mit den Protonen (Ziff. 62).

Die Absorptionskurve der somit komplexen Be-Strahlung haben CURIE und JOLIOT[2] mit der Ionisationskammer aufgenommen und gefunden, daß sie sich aus einer weicheren und einer sehr harten Komponente zusammensetzt; die harte Komponente erwies sich von unsymmetrischer Richtungsverteilung, die weiche scheint symmetrisch zu sein. Daraus wird wiederum geschlossen, daß die weiche Komponente aus γ-Strahlen, die harte aus Neutronen besteht.

THIBAUD hat gefunden[3], daß die Neutronen, welche durch die (inhomogenen) α-Strahlen der Ra-Emanation in Be erzeugt werden, selbst durch 30 cm Blei noch mit mehr als 10% ihrer Intensität hindurchgehen. Dabei nimmt der Schwächungskoeffizient in Blei ab von $0{,}20\,\text{cm}^{-1}$ bis auf $0{,}065\,\text{cm}^{-1}$. Das Schwächungsvermögen verschiedener Substanzen für Neutronen ist im wesentlichen durch die räumliche Dichte der Atom*kerne* bestimmt, nicht wie bei harten γ-Strahlen und Elektronen durch die Dichte der Atom*elektronen*. Daher ist der Massenschwächungskoeffizient für Neutronen in leichten Elementen größer als in schweren[2]. Aus dem Schwächungskoeffizienten läßt sich in der üblichen Weise der Wirkungsquerschnitt der Atomkerne gegenüber Neutronen berechnen. Für Blei ergibt sich als Wirkungsradius etwa $7 \cdot 10^{-13}$ cm. Mit abnehmender Ordnungszahl scheint der Wirkungsquerschnitt etwas abzunehmen[4].

Für die Schwächung eines Neutronenbündels beim Durchgang durch Materie sind wohl im allgemeinen die elastischen Stöße an Kernen verantwortlich zu machen, welche gleichzeitig eine Zerstreuung und teilweise Abbremsung der Neutronen bewirken. Erste Versuche über die Richtungsverteilung der an Blei gestreuten Neutronen ergaben, daß die Streuung nach „vorn" und „hinten" ungefähr gleich stark ist[4]. Über einige interessante Koinzidenzversuche, welche mit der Streuung der Neutronen zusammenhängen könnten, berichten M. DE BROGLIE und Mitarbeiter[5].

Der Entstehungsprozeß der Neutronen aus Be ist

$$\text{Be}_9 + \text{He}_4 \rightarrow \text{C}_{12} + n_1 .$$

Es bestehen jedoch Anzeichen dafür[2], daß daneben auch der früher von BOTHE und BECKER vermutete reine Aufbauprozeß mit bloßer γ-Emission vorkommt (vgl. Ziff. 63):

$$\text{Be}_9 + \text{He}_4 \rightarrow \text{C}_{13} .$$

Im Falle des Bors ist es plausibel, die Neutronen nicht dem protonenemittierenden B_{10}, sondern dem B_{11} zuzuordnen:

$$\text{B}_{11} + \text{He}_4 \rightarrow \text{N}_{14} + n_1 .$$

---

[1] H. BECKER u. W. BOTHE, l. c.

[2] I. CURIE u. F. JOLIOT, Actualités scientif. et industr. Bd. 32, Nr. 2. 1932.

[3] J. THIBAUD u. F. DUPRÉ LA TOUR, C. R. Bd. 194, S. 1647. 1932.

[4] J. CHADWICK, l. c.

[5] M. DE BROGLIE, F. DUPRÉ LA TOUR, L. LEPRINCE-RINGUET u. J. THIBAUD, C. R. Bd. 194, S. 1037. 1932.

Da die Energie der Neutronen sowie die Massendefekte der beteiligten Elemente bekannt sind, kann man hiernach gemäß Ziff. 59 den Massendefekt des Neutrons abschätzen und findet 1 bis $2 \cdot 10^6$ e-Volt[1].

Versuche von FEATHER[2] mit der Wilsonkammer haben ergeben, daß die Neutronen auch ihrerseits wieder Kernumwandlungen hervorrufen können, und zwar findet FEATHER beim Stickstoff gleich zwei Typen von Umwandlungen. Der erste Typ verläuft unter Einfangen des Neutrons, die Produkte sind wahrscheinlich B_{11} und ein α-Teilchen, d. h. der Prozeß ist die Umkehrung des durch die letzte Gleichung beschriebenen. Bei dem zweiten Umwandlungstyp wird, nach der Richtung der Bahnen zu schließen, das Neutron nicht eingefangen und vermutlich ein Proton herausgeschlagen:

$$N_{14} + n_1 \rightarrow C_{13} + H_1 + n_1 .$$

Jedoch ist durchaus mit der Möglichkeit zu rechnen, daß auch eine radikalere Aufspaltung des N-Kernes eintritt.

---

[1] J. CHADWICK, l. c.

[2] N. FEATHER, Proc. Roy. Soc. London (A) Bd. 136, S. 709. 1932.

Kapitel 3.

Radioaktivität.

Mit 33 Abbildungen.

A. Der radioaktive Zerfall.

Von

W. BOTHE, Heidelberg.

a) Allgemeine Zerfallstheorie.

1. Wesen und Grundgesetz des radioaktiven Zerfalls[1]. Die Eigentümlichkeit der radioaktiven Atome besteht darin, daß ihre Kerne spontan unter Emission von α-, β- oder γ-Strahlen zerfallen. Die als kurzwelliges Licht aufzufassenden γ-Strahlen können nur während einer unmeßbar kurzen Zeit nach einer α- oder β-Emission entstehen (vgl. Kap. 2B); die α-Strahlen bestehen aus Heliumkernen, die β-Strahlen aus Elektronen. Da sich entsprechend der Ladung und Masse der abgestoßenen Kernbestandteile die Kernladung und die Masse des Atoms ändern, hat das neu entstehende Atom gegenüber dem ursprünglichen andere chemische Eigenschaften und eine andere Stellung im periodischen System der Elemente (Kap. 6). Die Art dieser Änderungen wie auch direkte Befunde aus Zählversuchen zeigen zwingend, daß jeder zerfallende Atomkern entweder *ein* α-Teilchen oder *ein* β-Teilchen aussendet (vgl. Ziff. 22 und 23). Es sind auch einzelne radioaktive Umwandlungen bekannt, welche ohne nachweisbare Strahlenemission verlaufen (z. B. Ac $\rightarrow$ RaAc); in solchen Fällen hat man eine sehr weiche β-Strahlung anzunehmen. Meist ist das entstandene Atom wieder radioaktiv, so daß eine gegebene Menge eines reinen radioaktiven Elementes im Laufe der Zeit eine ganze „Zerfallsreihe" durchläuft, bis sie schließlich vollständig in das stabile Endprodukt dieser Reihe umgewandelt ist. Solcher Zerfallsreihen sind, wenn man von der Radioaktivität des Kaliums und Rubidiums absieht, drei bekannt: die Uran-Radium-Reihe, die Actinium-Reihe und die Thorium-Reihe. Ein Schema der Zerfallsreihen findet sich auf S. 245[2].

[1] ELSTER u. GEITEL, Wied. Ann. Bd. 69, S. 88. 1899; E. RUTHERFORD u. F. SODDY, Phil. Mag. Bd. 4, S. 370 u. 569. 1902; Bd. 5, S. 77, 441, 561 u. 576. 1903. — Bezüglich älterer Vorstellungen über das Wesen radioaktiver Vorgänge vgl. die Darstellung bei ST. MEYER u. E. v. SCHWEIDLER, Radioaktivität. Leipzig 1926.

[2] In diesem Schema ist, wie auch sonst üblich, auf die γ-Emission keine Rücksicht genommen, sie wird als Begleiterscheinung der α- oder β-Emission aufgefaßt. Manchmal ist es aber nützlich, die γ-Emission als besondere Umwandlungsform aufzufassen und an den entsprechenden Stellen der Zerfallsreihen sehr kurzlebige „γ-Strahler" sich eingeschoben zu denken, etwa: $\mathrm{RaB} \xrightarrow{\beta} \mathrm{RaC}^* \xrightarrow{\gamma} \mathrm{RaC}$, wo * einen angeregten Kern bezeichnet (E. CHALFIN, ZS. f. Phys. Bd. 53, S. 130. 1929; N. FEATHER, Phys. Rev. Bd. 34, S. 1558. 1929). Dies empfiehlt sich namentlich, wenn man feinere Einzelheiten des Zerfalls, wie die Geschwindigkeitsstruktur der α-Strahlen, betrachtet. So kann z. B. die Entstehung der „weitreichenden" α-Strahlen nach der Vorstellung von GAMOW (vgl. ds. Handb. Bd. XXIV/1, 2. Aufl.) durch das Verzweigungsschema (Ziff. 6) veranschaulicht werden:

$$\mathrm{C} \xrightarrow{\beta} \mathrm{C}'^* \begin{array}{c} \overset{\gamma}{\nearrow} \mathrm{C}' \searrow^{\text{norm. }\alpha} \\ \\ \underset{\text{weitr. }\alpha}{\searrow} \mathrm{C}''^* \underset{\gamma}{\nearrow} \end{array} \mathrm{C}''$$

Das einfache Grundgesetz, aus welchem sich der vollständige zeitliche Ablauf der Zerfallsvorgänge in einem beliebigen Gemisch radioaktiver Elemente bei beliebig gegebenem Anfangsstadium herleiten läßt, kann folgendermaßen ausgesprochen werden: Die Wahrscheinlichkeit, daß ein Atom in einem gegebenen Zeitelement dt zerfällt, ist unabhängig von der Zeit, welche das Atom bereits existiert; man kann diese Wahrscheinlichkeit also gleich λdt setzen, wo λ eine für das betreffende Radioelement charakteristische Konstante, die „Zerfallskonstante" ist. Man kann auch kurz sagen: der Zerfallsvorgang trägt den Charakter eines zufallsmäßigen Ereignisses[1].

Diese Zufallsmäßigkeit schien lange Zeit für die radioaktiven Vorgänge besonders charakteristisch zu sein. Heute weiß man, daß alles atomare Geschehen sich in derselben Weise „statistisch" vollzieht, nur daß eben beim radioaktiven Zerfall der statistische Charakter in besonders reiner Form erkennbar wird. Daß z. B. auch die gewöhnliche Lichtemission angeregter Atome demselben Grundgesetz gehorcht, ist von Einstein zuerst bemerkt worden[2]. Noch näher kommen dem Fall der radioaktiven Prozesse die sog. strahlungslosen Umwandlungen in der Elektronenhülle, die zur Aussendung nicht von Licht, sondern eines Atomelektrons führen[3] (vgl. ds. Handb. Bd. XXIII/1). Jedoch ist man mit dieser Erkenntnis dem eigentlichen Verständnis des Grundgesetzes nicht wesentlich näher gekommen, obwohl es bereits weitgehend gelungen ist, mit Hilfe der Wellenmechanik die Zerfallskonstante λ mit dem Bau der Atomkerne in Zusammenhang zu bringen (vgl. ds. Handb. Bd. XXIV/1).

2. Das Exponentialgesetz des freien Abfalls. Der einfachste Fall einer radioaktiven Umwandlung ist der eines Radioelementes, welches von allen seinen Vorfahren in der Zerfallsreihe abgetrennt ist, so daß es beständig verschwindet, ohne neu zu entstehen. Bezeichnet $N(t)$ die zur Zeit t vorhandene (sehr große) Zahl der Atome, so ist die Abnahme derselben $(-dN)$ in dem Zeitelement dt gleich $N\lambda dt$, so daß für N die Differentialgleichung gilt:

$$dN/dt = -N\lambda,$$

deren Lösung lautet:

$$N = N_0 e^{-\lambda t}. \tag{1}$$

Hierin bedeutet N_0 die Zahl der Atome zur Zeit 0. Dieses Exponentialgesetz ist so eng mit dem Grundgesetz verknüpft, daß es direkt als ein anderer Ausdruck desselben anzusehen ist (historisch ist es die ursprüngliche Form des Grundgesetzes). Es liefert die meistbenutzte Methode zur experimentellen Bestimmung der Zerfallskonstanten λ. Während λ von der Dimension einer reziproken Zeit ist, ist es oft bequemer, die Zerfallsgeschwindigkeit durch eine Zeitgröße selbst zu messen. Solcher Zeitgrößen sind zwei in Gebrauch: die „mittlere Lebensdauer" τ und die „Halbwertzeit" T. Von den N_0 ursprünglich vorhandenen Atomen haben $N(t)\lambda dt$ eine Lebensdauer, die zwischen t und $t + dt$ liegt; daher ist die mittlere Lebensdauer:

$$\tau = \frac{1}{N_0}\int_0^\infty t N(t)\lambda dt = \int_0^\infty t e^{-\lambda t}\lambda dt = \frac{1}{\lambda}.$$

---

[1] Diese Formulierung des Grundgesetzes, welche vom logischen Standpunkt als die primäre anzusehen ist, ist wohl erstmalig von v. Schweidler ausgesprochen worden (Premier Congr. internat. de Radiologie. Liège 1905).

[2] A. Einstein, Phys. ZS. Bd. 18, S. 121. 1917.

[3] S. Rosseland, ZS. f. Phys. Bd. 14, S. 173. 1923.

Die Halbwertzeit T ist definiert als diejenige Zeit, innerhalb welcher die Menge der Substanz auf die Hälfte abfällt:

$$N_0 e^{-\lambda T} = \frac{N_0}{2},$$

woraus sich ergibt:

$$T = \frac{\ln 2}{\lambda} = \frac{0{,}6931\ldots}{\lambda}.$$

3. Zerfallsstatistik. Das Exponentialgesetz (1) gibt den Verlauf des radioaktiven Zerfalls nur „im großen" wieder, d. h. soweit man den Vorgang als kontinuierlich ansehen kann. Geht man aber auf den diskreten Charakter der Einzelprozesse ein, so ergeben sich weitere Folgerungen aus dem Grundgesetz durch Anwendung der Wahrscheinlichkeitsrechnung. Zwar kann wegen des Zufallscharakters der Elementarakte niemals der Verlauf eines Zerfallsvorganges bis in alle Einzelheiten vorausgesagt werden, wohl aber kann für jeden bestimmten Ablauf ein Wahrscheinlichkeitsausdruck hergeleitet werden, welcher durch häufig wiederholte Versuche nachgeprüft werden kann.

Wir betrachten zunächst eine einheitliche radioaktive Substanz während einer so kurzen Zeit t, daß sich innerhalb derselben die Substanzmenge nicht merklich ändert. N sei die Anzahl der Atome, so daß die durchschnittliche Anzahl der pro Sekunde zerfallenden Atome (die „Aktivität")

$$A = N\lambda$$

ist. Wir wollen die Wahrscheinlichkeit p_n berechnen, daß in der Zeit t eine vorgegebene Zahl n von Atomen zerfällt. Die durchschnittliche Zahl m der in dieser Zeit zerfallenden Atome ist:

$$m = N\lambda t.$$

Wir denken uns das Zeitintervall t in sehr viele (k) Abschnitte eingeteilt. Diese Zeitabschnitte sollen so klein sein, daß auch die Wahrscheinlichkeit sehr klein ist, daß in einem bestimmten von ihnen ein Atom zerfällt; für diese Wahrscheinlichkeit können wir dann den Ausdruck m/k ansetzen, also für die „Gegenwahrscheinlichkeit", daß in einem bestimmten Abschnitt kein Atom zerfällt, den Ausdruck $1 - m/k$. Wählen wir daher von den k Abschnitten n bestimmte aus und verlangen, daß in diesen, und nur in diesen, sich je ein Zerfallsprozeß abspielt, so ist die Wahrscheinlichkeit hierfür:

$$\left(\frac{m}{k}\right)^n \left(1 - \frac{m}{k}\right)^{k-n}.$$

Die Auswahl der n Abschnitte kann auf $\left|\begin{matrix} k \\ n \end{matrix}\right|$ verschiedene Arten erfolgen. Daher ist die totale Wahrscheinlichkeit, daß n Prozesse sich in der Zeit t abspielen:

$$p_n = \left|\begin{matrix} k \\ n \end{matrix}\right| \left(\frac{\frac{m}{k}}{1 - \frac{m}{k}}\right)^n \left(1 - \frac{m}{k}\right)^k.$$

Lassen wir jetzt noch k über alle Grenzen wachsen, so wird

$$\left|\begin{matrix} k \\ n \end{matrix}\right| \to \frac{k^n}{n!}; \qquad \left(1 - \frac{m}{k}\right)^k \to e^{-m},$$

und es ergibt sich: *Die Wahrscheinlichkeit, daß in einem bestimmten Zeitintervall genau n Atome zerfallen, ist*

$$p_n = \frac{m^n}{n!} e^{-m}, \tag{2}$$

wo m die mittlere Zahl der in dieser Zeit zerfallenden Atome bedeutet. Diese Formel ist in der Wahrscheinlichkeitstheorie bekannt als das POISSONsche Gesetz[1]. Von v. SMOLUCHOWSKI[2] wurde sie für die räumliche Verteilung der Molekeln in einem idealen Gase hergeleitet; es ist leicht einzusehen, daß dieses Problem formal mit dem unseren identisch ist. Mit Hinblick auf die radioaktive Zerfallswahrscheinlichkeit wurde die Formel von BATEMAN[3] begründet. Ist die mittlere Zahl m sehr groß, so geht das POISSONsche Gesetz in das GAUSSsche Fehlergesetz über[4]:

$$p_n = \frac{1}{\sqrt{2\pi m}} e^{-\frac{(n-m)^2}{2m}}. \tag{3}$$

Die Gleichungen (2) und (3) besagen, daß die Zerfallsgeschwindigkeit, und damit auch die Strahlungsintensität zeitlichen Schwankungen um ihren Mittelwert unterliegt („SCHWEIDLERsche Schwankungen“[5]). Der quadratische Mittelwert Δ_n der Abweichungen $(n - m)$ vom Mittel (die „mittlere absolute Schwankung“) ergibt sich aus (2) zu[6]:

$$\Delta_n = \sqrt{\sum (n-m)^2 p_n} = \sqrt{\sum n^2 p_n - m^2} = \sqrt{m}\,; \tag{4}$$

die „mittlere relative Schwankung“ ist:

$$\varepsilon_n = \frac{\Delta_n}{m} = \frac{1}{\sqrt{m}}. \tag{5}$$

Setzt man in (2) $n = 0$, so erhält man *die Wahrscheinlichkeit p_0, daß von irgendeinem Zeitpunkt ab während der Zeit t kein Zerfall erfolgt:*

$$p_0 = e^{-m} = e^{-At}. \tag{6}$$

Verlangt man, daß in dem auf t folgenden Zeitelement dt ein Atom zerfällt, so ist die Wahrscheinlichkeit hierfür $A\,dt$; also ist die *Wahrscheinlichkeit $p_t dt$, daß von irgendeinem Zeitpunkt ab der nächste Zerfall in dem Zeitelement $t \ldots t + dt$ erfolgt:*

$$p_t dt = A e^{-At} dt. \tag{7}$$

Wir haben hierbei den Anfangspunkt der Zeit ganz willkürlich belassen. Nichts hindert jedoch, ihn mit einem tatsächlichen Zerfallsprozeß zusammenfallen zu lassen; dann gibt Gleichung (6) *die Wahrscheinlichkeit, daß der zeitliche Abstand zweier aufeinanderfolgender Prozesse* $>t$ ist, Gleichung (7) *die Wahrscheinlichkeit, daß dieser Abstand zwischen t und $t + dt$ liegt.*

Da bei einem Präparat von gegebener Anfangsmenge N_0 die Zahl der in bestimmter Zeit t zerfallenden Atome statistischen Schwankungen unterworfen ist, muß dasselbe auch für die verbleibende Substanzmenge N gelten, so daß Gleichung (1) strenggenommen nur den Mittelwert $\bar{N}$ von N liefert. Diese

---

[1] S. z. B. R. GREINER, ZS. f. Math. u. Phys. Bd. 57, S. 150. 1909.
[2] v. SMOLUCHOWSKI, Boltzmann-Festschrift. Leipzig 1904.
[3] H. BATEMAN, Phil. Mag. Bd. 20, S. 704. 1910; Bd. 21, S. 745. 1911; s. auch L. v. BORTKIEWICZ, Die radioaktive Strahlung als Gegenstand wahrscheinlichkeitstheoretischer Untersuchungen. Berlin 1913.
[4] Vgl. z. B. E. CZUBER, Wahrscheinlichkeitsrechnung, 3. Aufl., Bd. I, S. 135. Leipzig 1914.
[5] E. v. SCHWEIDLER, Premier Congrès internat. de Radiologie. Liège 1905.
[6] Die hierbei benutzte Reihe:

$$\sum n^2 \frac{m^n}{n!} = (m + m^2)\, e^m$$

wird durch Reihenentwicklung der Exponentialfunktion leicht bestätigt.

Gleichung besagt, daß die Wahrscheinlichkeit für ein einzelnes Atom, die Zeit t zu überleben,

$$p = \frac{\overline{N}}{N_0} = e^{-\lambda t}$$

ist. Nach einem bekannten Theorem der Wahrscheinlichkeitsrechnung[1] ist nun die „mittlere absolute Schwankung" in N:

$$\Delta_N = \sqrt{N_0 p(1-p)} = \sqrt{N_0 e^{-\lambda t}(1-e^{-\lambda t})} = \sqrt{\overline{N}\left(1-\frac{\overline{N}}{N_0}\right)},$$

also die „mittlere relative Schwankung":

$$\varepsilon_N = \frac{\Delta_N}{\overline{N}} = \sqrt{\frac{1}{\overline{N}} - \frac{1}{N_0}}.$$

Man sieht, daß die relativen Schwankungen von N sehr klein sind, solange $\overline{N}$ sehr groß ist. Eine Anwendung haben diese letzten beiden Gleichungen bisher nicht gefunden; wir sehen deshalb im folgenden von diesen Schwankungen ab und verstehen unter der Zahl N stets deren Mittelwert.

4. Allgemeine Umwandlungstheorie für unverzweigte Reihen[2]. Wir behandeln folgendes allgemeine Problem: Zur Zeit 0 sei ein bestimmtes Gemisch verschiedener Radioelemente gegeben, welche sämtlich derselben Zerfallsreihe angehören; wir fragen nach der Zusammensetzung des Gemisches zu irgendeiner Zeit t. Von dem höchsten in dem Gemisch vertretenen Element anfangend, numerieren wir die Elemente dieser Zerfallsreihe und ihre Konstanten mit unteren Indizes; mit $N_1^0, \ldots, N_k^0, \ldots$ bezeichnen wir die anfänglichen Atomzahlen. Das höchste Element wird, da es nicht neu entsteht, exponentiell abklingen. Dagegen wird eines der folgenden, etwa das k-te Element im Zeitabschnitt dt nicht nur um den Betrag $\lambda_k N_k(t)\,dt$ abnehmen, sondern es wird gleichzeitig aus dem vorhergehenden ($k-1$-ten) zu einem Betrage $\lambda_{k-1} N_{k-1}(t)\,dt$ nachgeliefert werden. Der ganze Vorgang wird also beschrieben durch folgendes System von Differentialgleichungen:

$$\left.\begin{aligned} \frac{dN_1}{dt} &= \qquad\qquad -\lambda_1 N_1, \\ \frac{dN_2}{dt} &= \lambda_1 N_1 \quad -\lambda_2 N_2, \\ &\cdots\cdots\cdots\cdots \\ \frac{dN_k}{dt} &= \lambda_{k-1} N_{k-1} - \lambda_k N_k. \end{aligned}\right\} \tag{8}$$

Für die Lösung machen wir folgenden Ansatz:

$$N_k = \sum_{i=1}^{k} a_k^i e^{-\lambda_i t}, \tag{9}$$

wo die a_k^i unabhängig von der Zeit sein sollen. Da von vornherein zu erwarten ist, daß die auf das k-te folgenden Elemente ohne Einfluß auf N_k sind, braucht die Summation nur bis $i = k$ erstreckt zu werden. Durch diesen Ansatz wird das Gleichungssystem identisch erfüllt, wenn zwischen den a_k^i die Beziehungen gelten:

$$-\lambda_i a_k^i = \lambda_{k-1} a_{k-1}^i - \lambda_k a_k^i.$$

---

[1] E. Czuber, Wahrscheinlichkeitsrechnung, S. 145.

[2] J. Stark, Jahrb. d. Radioakt. Bd. 1, S. 1. 1904; E. Rutherford, Phil. Trans. Bd. 204, S. 169. 1904; P. Gruner, Ann. d. Phys. Bd. 19, S. 169. 1906.

Hieraus folgt für die Koeffizienten die Rekursionsformel:

$$a_k^i = \frac{\lambda_{k-1}}{\lambda_k - \lambda_i} a_{k-1}^i . \tag{10}$$

Diese Formel vermag zwar nicht die Koeffizienten der Form a_k^k zu liefern, doch ergeben sich diese aus den Anfangsbedingungen:

$$N_k^0 = \sum_{i=1}^{k} a_k^i . \tag{11}$$

Die Gleichungen (9), (10), (11) enthalten die vollständige Lösung des Problems. Wir wollen diese hier nicht in voller Allgemeinheit explizite hinschreiben, da sie recht kompliziert ist; weiter unten (Ziff. 7 bis 11) werden einige wichtige Spezialfälle eingehender behandelt werden.

5. Aktivitäts- und Ionisationskurven; radioaktives Gleichgewicht. Die Zahl N der in einem Präparat enthaltenen Atome einer Art ist meist nicht direkt zu bestimmen, wohl aber oft die Zahl der pro Zeiteinheit *zerfallenden* Atome (z. B. durch α-Teilchenzählung). Diese Zahl, die kurz als die „Aktivität" A des Präparates bezeichnet werden kann (nach Stark auch „Wandlungsstärke"), ist

$$A = N\lambda . \tag{12}$$

Die Aktivität ist also stets proportional der vorhandenen Menge, die „Aktivitätskurven" sind den „Mengenkurven" ähnlich.

Eine anschauliche Bedeutung erhält die Aktivität, wenn man fragt, was aus einem Gemisch wird, wenn es sehr lange sich selbst überlassen bleibt. Es sei das l-te Element das langlebigste von allen in Betracht kommenden, d. h. λ_l sei die kleinste der Zerfallskonstanten. Dann werden für genügend große t von den Gliedern der Ausdrücke N_k [Gleichung (9)] allein diejenigen mit λ_l übrigbleiben, also

$$N_k = 0 \qquad \text{für} \quad k < l;$$

$$N_k = a_k^l e^{-\lambda_l t} \quad \text{für} \quad k \geqq l.$$

Es sind also alle Elemente verschwunden, welche in der Zerfallsreihe vor dem langlebigsten stehen, während die übrigen sämtlich mit der Zerfallskonstante λ_l abnehmen, das langlebigste Element zwingt im Laufe der Zeit seine eigene Zerfallsgeschwindigkeit allen folgenden Elementen auf. Von da ab ändert sich dann das Mengenverhältnis der Elemente nicht mehr. Man bezeichnet diesen Zustand, welchem sich jedes Gemisch radioaktiver Elemente mit der Zeit asymptotisch nähert, als das „radioaktive Gleichgewicht". Für die „Gleichgewichtsmengen" liefert unsere Rekursionsformel (10) die Gleichung:

$$N_k = \frac{\lambda_{k-1}}{\lambda_k - \lambda_{k-1}} N_{k-1} ,$$

woraus folgt:

$$N_k = \frac{\lambda_l \lambda_{l+1} \dots \lambda_{k-1}}{(\lambda_{l+1} - \lambda_l)(\lambda_{l+2} - \lambda_l) \dots (\lambda_k - \lambda_l)} N_l . \tag{13}$$

Von besonderem Interesse ist noch der Fall, daß λ_l *sehr* klein ist gegenüber den übrigen Zerfallskonstanten, dann wird nämlich einfach

$$N_k \lambda_k = N_l \lambda_l , \tag{14}$$

die Mengen der einzelnen Elemente verhalten sich umgekehrt wie ihre Zerfallskonstanten. In diesem Falle spricht man von „dauerndem (säkularem) Gleichgewicht", in dem anderen Falle, daß die λ von derselben Größenordnung sind, von „laufendem Gleichgewicht". Führt man noch die Aktivitäten statt der Mengen ein, so gehen die Gleichungen (13) und (14) über in:

$$A_k = \frac{\lambda_{l+1}}{\lambda_{l+1}-\lambda_l}\cdot\frac{\lambda_{l+2}}{\lambda_{l+2}-\lambda_l}\cdots\frac{\lambda_k}{\lambda_k-\lambda_l}A_l \quad \text{(laufendes Gleichgewicht)}, \tag{15}$$

$$A_k = A_l \quad \text{(dauerndes Gleichgewicht)}. \tag{16}$$

Im dauernden Gleichgewicht sind also die Aktivitäten der einzelnen Elemente gleich. Im laufenden Gleichgewicht ist die Aktivität eines Folgeproduktes stets größer als die eines seiner Vorfahren; die Zerfallsprodukte folgen also in diesem Falle nicht augenblicklich, sondern mit einer gewissen Verzögerung dem Abfall der Muttersubstanz.

Praktisch rechnet man gewöhnlich nicht mit den absoluten Aktivitäten A, sondern drückt diese in „Curie" aus[1]. Die Aktivität 1 Curie (Millicurie) hat diejenige Menge eines Radioelementes, in welcher in 1 Sekunde ebensoviel Atome zerfallen wie in 1 g (mg) Ra. Wegen der Langlebigkeit des Ra kann man von einem seiner Folgeprodukte nach (16) auch sagen: diejenige Menge, welche sich mit 1 g Ra im Gleichgewicht befindet, hat die Aktivität 1 Curie.

Gewöhnlich dient als Maß für die Stärke eines Präparats seine Ionisationswirkung. Bezeichnet k_i die Ionisation, welche die beim Zerfall *eines* Atoms der i-ten Art ausgesandten Strahlen pro Sekunde hervorrufen, so ist die Ionisationswirkung J des Gemisches pro Sekunde:

$$J = \sum_i k_i A_i . \tag{17}$$

Die Werte der k_i und damit der zeitliche Verlauf der Ionisation hängen stark von den Versuchsbedingungen ab, man kann z. B. die den α-Strahlern entsprechenden k_i ganz zum Verschwinden bringen, indem man das Präparat mit einer α-strahlenabsorbierenden Folie bedeckt. Ähnliches wie für die Ionisation gilt auch für andere Strahlenwirkungen (z. B. die Wärmewirkung), wobei dann die Koeffizienten k im allgemeinen wieder andere Werte haben.

6. Der duale Zerfall[2]. Es sind Fälle bekannt, wo aus einer Muttersubstanz sich zwei Tochtersubstanzen entwickeln, wo also eine Zerfallsreihe sich an einer bestimmten Stelle verzweigt (vgl. das Zerfallsschema am Ende dieses Kapitels). Hierfür erscheinen von vornherein zwei Deutungen möglich: Man kann annehmen, daß der Kern des Mutteratoms nicht nur einen Elementarbestandteil ausstößt, sondern in zwei komplexe Atomkerne auseinanderbricht; dann müßte wenigstens eine der beiden Tochtersubstanzen ein viel kleineres Atomgewicht und kleinere Kernladung besitzen als die Muttersubstanz, und dies ist durch das beobachtete chemische Verhalten der Tochterelemente ausgeschlossen. Dagegen ist eine widerspruchsfreie Einordnung dieser Zerfallstypen in die allgemeine Theorie möglich, indem man annimmt, daß das Mutteratom zwei verschiedene Möglichkeiten der Umwandlung hat, wobei jede von dem normalen (α- oder β-) Typus ist. Diesen beiden Umwandlungsmöglichkeiten entsprechen zwei Zerfallskonstanten λ' und λ'', so daß die Wahrscheinlichkeit einer Umwandlung nach dem einen oder anderen Zweig für das Zeitelement dt gleich $\lambda' dt$ bzw. $\lambda'' dt$ ist. Wovon es abhängt, welche der beiden Umwandlungen wirklich eintritt, ist heute noch genau so rätselhaft wie das Grundgesetz selbst. Die „Zerfallskonstante" der Muttersubstanz schlechthin, welche z. B. die Geschwindigkeit ihres Mengenabfalls bestimmt, ist natürlich $\lambda = \lambda' + \lambda''$, entsprechend dem Additionstheorem

[1] Diese zweckmäßige Verallgemeinerung der ursprünglich nur für die RaEm geschaffenen Einheit beginnt sich einzubürgern.

[2] F. SODDY, Phil. Mag. Bd. 18, S. 739. 1909.

der Wahrscheinlichkeitsrechnung. Das Mengenverhältnis der gebildeten Tochtersubstanzen ist $\lambda' : \lambda''$. Wir bezeichnen λ'/λ und λ''/λ als die „Abzweigungsverhältnisse" der beiden Zweigprodukte.

Der in Ziff. 5 ausgesprochene Satz von der Gleichverteilung der Aktivitäten im dauernden Gleichgewicht ist, wie man leicht erkennt, für eine verzweigte Reihe dahin zu ergänzen, daß die Aktivität in der Stammreihe sich auf die Zweigreihen nach den Abzweigungsverhältnissen verteilt.

Noch nicht völlig geklärt ist die Frage, ob auch die Umkehrung einer Verzweigung vorkommt, d. h. der Fall, daß zwei verschiedene Produkte in dieselbe Tochtersubstanz zerfallen. Es steht wohl fest, daß die Tochtersubstanzen der drei C′-Produkte mit denjenigen der entsprechenden C″-Produkte das Atomgewicht und die Kernladung gemein haben müssen, doch schließt dies nicht aus, daß die aus C′ und C″ entstehenden D-Produkte verschiedene Kernstruktur haben, was sich etwa in einer verschiedenen Zerfallskonstante dieser beiden Produkte äußern könnte. Man kann solche Substanzen, welche sowohl isotop als isobar sind, aber verschiedene Zerfallsgeschwindigkeit besitzen, als „Isotope höherer Ordnung" bezeichnen[1]. Experimentell läßt sich bisher die Entscheidung in keinem der drei Fälle erbringen, denn in der Ra-Reihe geht nur ein äußerst geringer Bruchteil der Umwandlung über den C″-Zweig, während in der Ac- und Th-Reihe wieder die D-Produkte nicht merklich aktiv sind[1]. Für das UII sind die Verhältnisse noch zu wenig geklärt. Jedenfalls steht einstweilen nichts der Annahme entgegen, daß es sich in den erwähnten Fällen um eine vollkommene Wiedervereinigung der beiden Zweige und nicht nur um Isotope höherer Ordnung handelt.

b) Die wichtigsten Typen von Umwandlungsfolgen.

Die allgemeinen Betrachtungen von Ziff. 4 sollen jetzt auf einige typische und praktisch wichtige Fälle angewandt werden[2]. Es sei zuvor noch bemerkt, daß man für jede Folge von Umwandlungen leicht ein hydrodynamisches Modell angeben kann, welches die teilweise etwas verwickelten Verhältnisse anschaulicher machen kann. Man kann z. B. die Menge jedes vorkommenden Elementes durch die Höhe des Flüssigkeitsstandes in einem Gefäß darstellen, während mehr oder weniger enge Verbindungsröhren zwischen den einzelnen Gefäßen die kleinere oder größere Geschwindigkeit der Einzelumwandlungen zur Anschauung bringen; der stationäre Strömungszustand entspricht dem radioaktiven Gleichgewicht[3].

7. Die aktiven Niederschläge der Thor- und Actiniumemanation. Für den Fall, daß nur zwei konsekutive Radioelemente in Betracht kommen, von denen das Mutterelement das langlebigere ist, liefern unsere allgemeinen Gleichungen (9), (10), (11) die Werte der Koeffizienten:

$$a_1^1 = N_1^0; \qquad a_2^1 = \frac{\lambda_1}{\lambda_2 - \lambda_1} N_1^0; \qquad a_2^2 = N_2^0 - \frac{\lambda_1}{\lambda_2 - \lambda_1} N_1^0.$$

Das Mutterelement fällt also mit seiner eigenen Zerfallskonstante ab. Bezüglich der Mengenänderung des Tochterelementes sind zwei Fälle zu unterscheiden: $a_2^2 \lesseqgtr 0$.

$a_2^2 < 0$; das Tochterelement ist in geringerem als dem laufenden Gleichgewichtsbetrage vorhanden. Wie sich leicht zeigen läßt, kann in diesem Falle durch eine Rückverlegung des Anfangspunktes der Zeit stets erreicht werden, daß für $t = 0$ auch $N_2 = 0$ wird; nach dieser Normierung nimmt der Ausdruck für N_2 die einfache Form an:

$$N_2 = a_2 (e^{-\lambda_1 t} - e^{-\lambda_2 t}). \qquad (18)$$

[1] ST. MEYER, Wiener Ber. Bd. 127, S. 1283. 1918.
[2] Die Werte der Zerfallskonstanten finden sich in der Tabelle auf S. 307 u. f.
[3] Vgl. auch P. LUDEWIG, Phys. ZS. Bd. 17, S. 145. 1916.

Diese Funktion ist in Abb. 1, Kurve *I* zur Darstellung gebracht. Sie besitzt ein Maximum bei

$$t = t_m = \frac{1}{\lambda_2 - \lambda_1} \ln \frac{\lambda_2}{\lambda_1}.$$

Für Zeiten, welche größer als t_m sind, verliert der zweite Summand in N_2 bald an Bedeutung, der Abfall erfolgt dann praktisch mit der Zerfallskonstanten der Muttersubstanz.

Dieser Fall ist praktisch verwirklicht bei den aktiven Niederschlägen, welche die Thor- und Actiniumemenation absetzen. Zwar besteht in Wirklichkeit jeder dieser Niederschläge aus drei Komponenten A + B + C, doch sind die beiden A-Produkte relativ so kurzlebig, daß sie sehr kurze Zeit nach der Entfernung des Niederschlages aus der Emanation praktisch verschwunden sind, so daß dann B das höchste vorhandene Produkt ist. In Abb. 1 sind die Verhältnisse für ThB + C dargestellt. Von der Expositionszeit hängt es ab, welches Mengenverhältnis B : C ursprünglich herrscht, also auch bei welchem Punkt die Kurve *I* als beginnend anzusehen ist. Bei sehr kurzer Exposition ist sofort nach dem Entfernen der Emanation nur ThB vorhanden, da das ThC noch keine Zeit hatte, sich zu bilden; die Kurve wird daher von Anfang an durchlaufen. Dagegen wird die größtmögliche relative Menge ThC mit einer konstant gehaltenen Emanationsmenge bei sehr langer Exposition erhalten; in diesem Falle besteht im Augenblick des Unterbrechens der Exposition das *dauernde* Gleichgewicht zwischen B und C, daher wird die Kurve jetzt vom Punkte t_m ab durchlaufen. Bei beliebiger Expositionszeit liegt der Anfangspunkt der C-Kurve zwischen 0 und t_m. Diese Verhältnisse können leicht messend verfolgt werden, da die C-Produkte α-Strahlen, die B-Produkte dagegen nur die weit schwächer ionisierenden β-Strahlen aussenden.

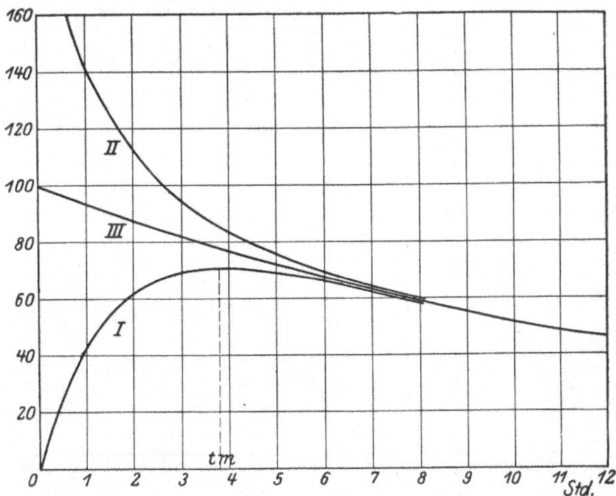

Abb. 1. Mengenkurven für ThC bei Gegenwart von ThB. *I* ThC unter Gleichgewichtsbetrag. *II* ThC über Gleichgewichtsbetrag. *III* ThC im Gleichgewichtsbetrag.

$a_2^2 > 0$; das Tochterelement ist im Überschuß über den laufenden Gleichgewichtsbetrag vorhanden. In diesem Falle läßt sich durch eine ähnliche Normierung der Zeit erreichen, daß der Ausdruck für die zeitliche Änderung der Tochtersubstanz die Form annimmt:

$$N_2 = a_2 (e^{-\lambda_1 t} + e^{-\lambda_2 t}). \tag{19}$$

Diese Funktion, welche für ThB + C in Kurve *II* der Abb. 1 dargestellt ist, ist beständig abnehmend und verschwindet für keinen endlichen Wert der Zeit. Der Fall läßt sich nicht durch einfache Aktivierung mittels ThEm realisieren; dennoch ist er nicht ohne praktische Bedeutung, er kann z. B. eintreten, wenn man ThB + C als „radioaktive Indikatoren" benutzt (vgl. Kap. 3 C) und dabei ThC gegenüber ThB anreichert.

Der Grenzfall $a_2^2 = 0$ tritt ein, wenn

$$N_2^0 = \frac{\lambda_1}{\lambda_2 - \lambda_1} N_1^0$$

ist, d. h. wenn von Anfang an beide Substanzen im laufenden Gleichgewicht sind [s. Gleichung (13)]. Dieser Grenzfall wird durch die Kurve *III* der Abb. 1 dargestellt, das ist die reine Abfallskurve der Muttersubstanz.

Zur experimentellen Festlegung der Kurven *I*, *II* oder *III* bei unbekannten Ausgangsmengen sind zwei Messungen zu verschiedenen Zeiten erforderlich.

8. Anstieg der Emanationen aus ihren Muttersubstanzen. Der in Ziff. 7 betrachtete Fall zweier konsekutiver Zerfallsprodukte gestaltet sich besonders einfach, wenn die Muttersubstanz sehr langlebig im Vergleich zur Tochtersubstanz ist. Setzt man in der Gleichung (18) $\lambda_1 \ll \lambda_2$, so geht sie über in:

$$N_2 = N_2^\infty (1 - e^{-\lambda_2 t}). \quad (20)$$

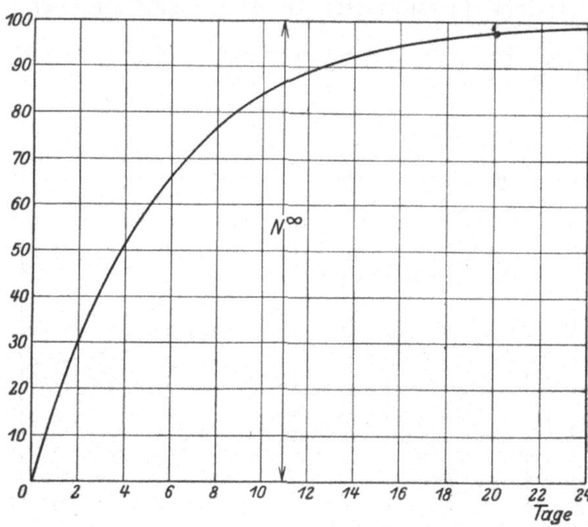

Abb. 2. Anstieg der Radiumemanation aus Radium.

Hierbei ist die Zeit von dem Augenblick an gerechnet, wo die Muttersubstanz frei von der Tochtersubstanz war. N_2^∞ stellt die Menge dar, welche die Tochtersubstanz für sehr große Zeiten, also im dauernden Gleichgewicht, erreicht (Abb. 2); natürlich gilt die Gleichung nicht mehr für Zeiten, welche mit der Halbwertzeit der Muttersubstanz vergleichbar sind.

Der Fall ist z. B. verwirklicht bei der Entstehung der radioaktiven Emanationen und ist von praktischer Wichtigkeit für das Anwachsen der RaEm aus dem Ra. Die Bestimmung einer Ra-Menge geschieht nämlich stets durch Messung der Gleichgewichtsmenge an Emanation (oder an dem mit ihr im laufenden Gleichgewicht stehenden RaC); es ist hierbei nicht nötig, das Gleichgewicht zwischen Ra und RaEm abzuwarten, sondern man kann aus zwei in bestimmtem Zeitabstand vorgenommenen Messungen an Hand der Kurve Abb. 2 auf den Gleichgewichtswert extrapolieren[1].

9. Abklingen des aktiven Niederschlages der Radiumemanation. Wir gehen zu dem Fall dreier aufeinanderfolgender Zerfallsprodukte über und unterscheiden zwei Grenzfälle, zwischen welchen sich die praktisch vorkommenden Verhältnisse bewegen.

α) Zur Zeit 0 ist nur das Element 1 vertreten, 2 und 3 fehlen ($N_2^0 = N_3^0 = 0$). Unsere allgemeinen Gleichungen (9), (10), (11) liefern:

$$\left.\begin{aligned} N_1 &= N_1^0 e^{-\lambda_1 t}; \qquad N_2 = N_1^0 \frac{\lambda_1}{\lambda_2 - \lambda_1} (e^{-\lambda_1 t} - e^{-\lambda_2 t}); \\ N_3 &= N_1^0 \lambda_1 \lambda_2 \left\{ \frac{e^{-\lambda_1 t}}{(\lambda_2 - \lambda_1)(\lambda_3 - \lambda_1)} + \frac{e^{-\lambda_2 t}}{(\lambda_3 - \lambda_2)(\lambda_1 - \lambda_2)} + \frac{e^{-\lambda_3 t}}{(\lambda_1 - \lambda_3)(\lambda_2 - \lambda_3)} \right\}. \end{aligned}\right\} \quad (21)$$

[1] Über graphische Extrapolationsverfahren für die Fälle Ziff. 7 u. 8 vgl. STÄHLERS Handb. d. Arbeitsmeth. in d. anorg. Chem. Bd. II, S. 1044ff. 1925, sowie OSTWALD-LUTHER, Hand- u. Hilfsbuch z. Ausführ. physikochem. Mess., 5. Aufl., S. 654ff. 1931.

In Abb. 3 sind diese Verhältnisse für das System RaA + B + C zur Darstellung gebracht. Die RaB-Kurve entspricht vollständig der ThC-Kurve Abb. 1, nur mit dem Unterschied, daß jetzt der Endabfall durch die Periode der Tochtersubstanz selbst, nicht die der Muttersubstanz bestimmt ist, da letztere die kurzlebigere ist. Dagegen zeigt die RaC-Kurve einen neuen Typ insofern, als sie im Anfang die Neigung 0 gegen die Zeitachse hat. Man kann diese Kurven bis zu einem gewissen Grade verfolgen mit einem Präparat, welches man durch sehr *kurzes* Exponieren eines Drahtes od. dgl. mit RaEm erhält. Die RaC-Kurve erhält man z. B., indem man den Verlauf der γ-Strahlung verfolgt, wobei durch 2 bis 3 cm dicke Bleifilter die weichere γ-Strahlung des RaB auszuschalten ist. Durch Zählung der α-Strahlen erhält man die Summe der *Aktivitätskurven* von RaA + C (d. h. $N_1\lambda_1 + N_3\lambda_3$), welche ebenfalls in Abb. 3 eingetragen ist[1]. Mißt man dagegen die *Ionisations*wirkung der α-Strahlen, so ist zu beachten, daß ein α-Teilchen des RaC 1,27mal so stark ionisiert als eines des RaA. Daher ist die Ionisationskurve (*II*) etwas von der Teilchenzahlkurve (*I*) verschieden [s. Gleichung (17)].

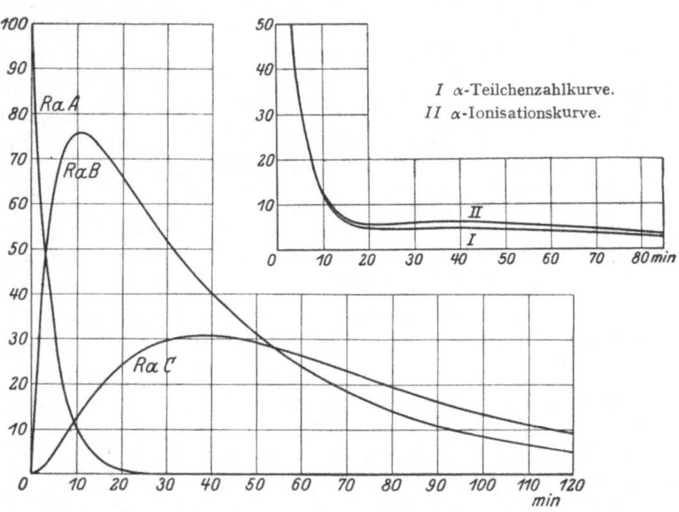

Abb. 3. Mengenkurven für RaA + B + C, kurze Exposition; $N^0_{\mathrm{RaA}} = 100$ gesetzt.

β) Zur Zeit 0 sind die drei Elemente im dauernden Gleichgewicht:

$$N_1^0\lambda_1 = N_2^0\lambda_2 = N_3^0\lambda_3 = A^0.$$

Man findet aus den allgemeinen Gleichungen (9), (10), (11):

$$\left.\begin{aligned} N_1 &= \frac{A^0}{\lambda_1} e^{-\lambda_1 t}; \qquad N_2 = \frac{A^0}{\lambda_2-\lambda_1}\left(e^{-\lambda_1 t} - \frac{\lambda_1}{\lambda_2} e^{-\lambda_2 t}\right); \\ N_3 &= \frac{A^0}{\lambda_3}\left\{\frac{\lambda_2\lambda_3 e^{-\lambda_1 t}}{(\lambda_2-\lambda_1)(\lambda_3-\lambda_1)} + \frac{\lambda_3\lambda_1 e^{-\lambda_2 t}}{(\lambda_3-\lambda_2)(\lambda_1-\lambda_2)} + \frac{\lambda_1\lambda_2 e^{-\lambda_3 t}}{(\lambda_1-\lambda_3)(\lambda_2-\lambda_3)}\right\}. \end{aligned}\right\} \quad (22)$$

Die hiernach berechneten Mengenkurven für den kurzlebigen Radiumniederschlag zeigt Abb. 4. Sie geben den Fall wieder, daß man einen Draht mindestens 4 Stunden in einer konstant gehaltenen Emanationsmenge aktiviert. Exponiert man beliebige Zeiten, so erhält man Kurven, welche zwischen denen der Abb. 3 und 4 verlaufen. Experimentall sind die *Ionisations*kurven für eine Reihe solcher Zwischenfälle u. a. von H. W. SCHMIDT aufgenommen worden[2]. Beachtenswert ist, daß die RaC-Kurven sich nicht mehr normieren lassen, wie es bei der RaB- und der ThC-Kurve der Fall ist, d. h. die Form der RaC-Kurve ändert sich je nach den Anfangsmengen der drei Elemente.

[1] Man kann so rechnen, als ob die α-Strahlen des RaC′ vom RaC herrührten, da RaC′ wegen seiner außerordentlich kurzen Lebensdauer stets im dauernden Gleichgewicht mit RaC ist und das Abzweigungsverhältnis für RaC″ sehr klein ist.

[2] H. W. SCHMIDT, Ann. d. Phys. Bd. 21, S. 662. 1906.

Ganz analoge Verhältnisse bestehen bei dem langlebigen Niederschlag der Radiumemanation (RaD + E + F), nur mit dem Unterschied, daß hier das erste Produkt RaD das langlebigste ist und daher den Endabfall bestimmt.

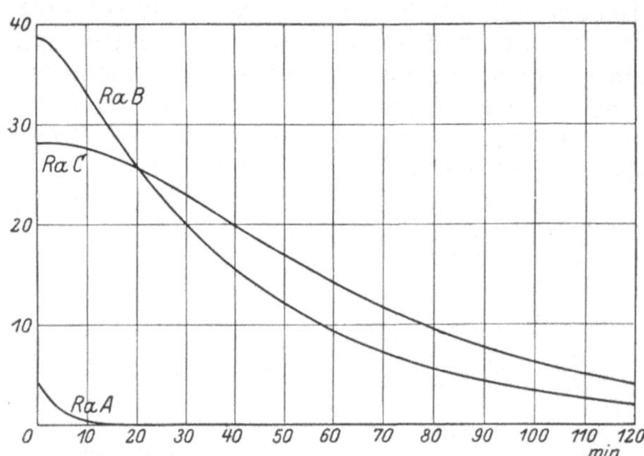

Abb. 4. Mengenkurven für RaA + B + C, lange Exposition; $A^{\circ} = 1$ min^{-1} gesetzt.

10. Mehr als drei konsekutive Produkte. Mit zunehmender Zahl der beteiligten Elemente werden die Verhältnisse immer komplizierter. Wir beschränken uns deshalb auf den praktisch wichtigsten Fall, daß im Anfangszustand nur ein Element vorhanden ist ($N_2^0 = N_3^0 = \cdots = 0$) und verfolgen den Anstieg der verschiedenen Folgeprodukte nur für eine kurze Zeit. Aus den Differentialgleichungen (8) leiten wir für diesen Fall leicht die Differentialquotienten der N_k zur Zeit 0 ab:

$$\left(\frac{dN_k}{dt}\right)^0 = \cdots = \left(\frac{d^{k-2}N_k}{dt^{k-2}}\right)^0 = 0; \qquad \left(\frac{d^{k-1}N_k}{dt^{k-1}}\right)^0 = \lambda_1\lambda_2 \ldots \lambda_{k-1}N_1^0.$$

Entwickelt man nun N_k in eine Potenzreihe nach t und bleibt bei dem ersten nicht verschwindenden Gliede stehen, so ergibt sich:

$$N_k = N_1^0 \frac{\lambda_1\lambda_2 \ldots \lambda_{k-1}}{(k-1)!} t^{k-1}. \tag{23}$$

Diese Gleichung zeigt, daß der Initialanstieg des k-ten Produktes mit der $(k-1)$-ten Potenz der Zeit erfolgt. Beispiele hierfür bietet schon die Abb. 3: RaB steigt anfangs linear, RaC quadratisch an. Ebenso ergibt sich experimentell der Anstieg von Ra aus reinem U quadratisch, woraus unzweideutig hervorgeht, daß zwischen U und Ra noch ein langlebiges Zwischenprodukt (Io) existiert[1].

11. Zusammenhang zwischen Abfall und Anstieg. Die große Mannigfaltigkeit nicht nur der möglichen, sondern auch der praktisch vorkommenden Fälle von sukzessiven Umwandlungen läßt sich durch eine einfache Regel etwas reduzieren. Wir denken uns eine Substanz im dauernden oder laufenden Gleichgewicht mit ihren Folgeprodukten. Entfernen wir dann eines oder mehrere der Folgeprodukte, so ist allerdings das Gleichgewicht gestört, wenn man von der Existenz des abgetrennten Teiles ganz absieht; faßt man aber den abgetrennten und den zurückbleibenden Teil zusammen als ein System auf, so besteht in diesem das Gleichgewicht ungestört weiter. Daraus folgt, daß in jedem Augenblick nach der Abtrennung die Menge jedes der abgetrennten Produkte sich mit der bei der Muttersubstanz vorhandenen zur Gleichgewichtsmenge ergänzen muß.

Die Gültigkeit dieser Regel ist ohne weiteres evident bei dem obigen Fall Ziff. 8: die Anstiegskurve der Emanation ist die Umkehrung der Abfallskurve. Ebenso ist in Abb. 1 die Differenz der ThC-Kurve *I* oder *II* gegen *III* die Abfallskurve für ThC. Ferner erlaubt diese Regel, in sehr einfacher Weise aus der Abb. 4 den Anstieg von RaA, B und C abzulesen, wie er sich auf einem Draht vollzieht, der mit einer konstant gehaltenen Menge von RaEm in Berührung gebracht wird:

[1] F. SODDY u. A. F. R. HITCHINS, Phil. Mag. Bd. 30, S. 209. 1915.

die Differenz der Ordinate gegen ihren Anfangswert ($t = 0$) gibt direkt die zu irgendeiner Zeit auf dem Draht niedergeschlagene Menge, die Anstiegskurven sind die Spiegelbilder der Abfallskurven. Man braucht also zum praktisch vollständigen Ansammeln des aktiven Niederschlages die gleiche Zeit (3—4 Stunden), die der abgetrennte Niederschlag zum praktisch vollständigen Abklingen braucht. Entsprechendes gilt auch für den Anstieg des langlebigen Radiumniederschlages in einem Radiumpräparat; man kann hierbei wegen der großen Lebensdauer des RaD von der RaEm und dem kurzlebigen Niederschlag ganz absehen und so rechnen, als ob RaD direkt aus Ra entstünde.

c) Die experimentelle Prüfung der Zerfallstheorie.

12. Die Konstanz der Umwandlungsgeschwindigkeit. Das Exponentialgesetz (1) des freien radioaktiven Zerfalls ist der sichtbare Ausdruck des Grundgesetzes, daß die Zerfallswahrscheinlichkeit eines Atomes unabhängig von dessen *Alter* ist. Das Exponentialgesetz mit allen seinen Konsequenzen hat sich bisher ausnahmslos bewährt; wenn auch gelegentlich Abweichungen vom exponentiellen Abfall einer isolierten Substanz vermutet wurden, haben doch gerade die genauesten Messungen dieses Gesetz bestätigt. Die schärfste Prüfung konnte an der Radiumemanation vorgenommen werden, weil diese sich nach verschiedenen Methoden in sehr weit differierenden Größenordnungen messen läßt (vgl. Ziff. 20). Nach Messungen von RUTHERFORD[1] bleibt die Zerfallskonstante der Radiumemanation über einen Zeitraum von 100 Tagen mindestens innerhalb $^1/_2$% konstant; nach dieser Zeit ist die Emanation auf etwa 10^{-8} ihres Anfangswertes abgeklungen. Nach POOLE[2] hat RaEm auch schon in den ersten Sekunden nach ihrer Bildung aus Ra die gleiche Zerfallsgeschwindigkeit. M. CURIE[3] beobachtete zwar bei jungen RaEm-Präparaten kleine Abweichungen vom exponentiellen Abfall, von denen sich jedoch später herausstellte, daß sie durch Änderungen in der räumlichen Verteilung des aktiven Niederschlages vorgetäuscht waren[4].

Eine sehr scharfe Prüfung des Exponentialgesetzes für sehr junge Atome ermöglicht eine von JACOBSEN angewandte geistreiche Methode, welche in Ziff. 19 beschrieben ist[5]. JACOBSEN glaubte damit festzustellen, daß RaC' während einer Zeit von etwa 10^{-5} sec nach seiner Entstehung einen *Anstieg* seiner α-Aktivität zeigt, welcher dann erst in den exponentiellen Abfall übergeht. Eine Deutung dieser Erscheinung sah JACOBSEN darin, daß zwischen Entstehung und Zerfall des RaC' eine γ-Emission eingeschaltet sein müßte, welche im Mittel erst 10^{-5} sec nach dem Entstehen des Atoms vor sich geht (vgl. Ziff. 1, Fußnote). Indessen hat JOLIOT diesen an sich schwer verständlichen Befund nicht bestätigen können[6].

RUTHERFORD[1] fand die Zerfallskonstante des Ra und der RaEm auch unabhängig von der *Konzentration*, die z. B. bei der RaEm im Verhältnis 1:2000 geändert wurde. Dies zeigt, daß die elementaren Zerfallsprozesse in vollkommener Unabhängigkeit voneinander ablaufen, eine Beeinflussung von Atom zu Atom besteht nicht. Für die Zerfallskonstante des Poloniums wurden von verschiedenen Autoren ziemlich abweichende Werte angegeben; darin sah W. KUTZNER[7] eine Stütze seiner Ansicht, daß die Zerfallskonstante des Poloniums von physikalischen Bedingungen, wie der Konzentration, abhängt. Doch spielen gerade beim

[1] E. RUTHERFORD, Wiener Ber. Bd. 120, S. 303. 1911.
[2] H. H. POOLE, Phil. Mag. Bd. 27, S. 714. 1914.
[3] M. CURIE, Le Radium Bd. 7, S. 33. 1910.
[4] F. BÉHOUNEK, Journ. de phys. et le Radium Bd. 4, S. 77. 1923.
[5] J. C. JACOBSEN, Nature Bd. 120, S. 874. 1927.
[6] F. JOLIOT, C. R. Bd. 191, S. 132. 1930.
[7] W. KUTZNER, ZS. f. Phys. Bd. 21, S. 296. 1924.

Polonium eine Reihe von Sekundäreinflüssen eine große Rolle, wie Eindringen in die Unterlage des Präparates, Oberflächenveränderungen und Aggregatrückstoß; hierdurch dürften die Abweichungen voll zu erklären sein. Auch nach einem Einfluß des *Druckes* ist wiederholt gesucht worden, ebenfalls mit negativem Ergebnis[1]; nach SCHUSTER ändert sich z. B. die Strahlung eines Radiumpräparates nicht merklich, wenn man es unter 2000 at Druck setzt. Ein *Temperatur*einfluß, der sich bei Erwärmung des aktiven Radiumniederschlages über 1000° C geltend machen sollte, wurde anfangs mehrfach behauptet, bis insbesondere H. W. SCHMIDT und P. CERMAK[2] nachwiesen, daß die beobachteten Effekte sich durch sekundäre Vorgänge erklären lassen, vor allem wieder durch Änderungen der räumlichen Verteilung des aktiven Niederschlags durch Verdampfung u. dgl. Bei entsprechend abgeänderter Versuchsanordnung ergab sich bis zu etwa 1300° C herauf völlige Konstanz der Umwandlungsgeschwindigkeit. Andererseits konnte RUTHERFORD[3] die Temperaturunabhängigkeit der Aktivität von RaEm bei tiefen Temperaturen bis zu derjenigen der flüssigen Luft, M. CURIE und KAMERLINGH ONNES[4] sogar bis zu der des flüssigen Wasserstoffes nachweisen. Auch die Wärmewirkung des Radiums erleidet bei Abkühlung auf die Temperatur des flüssigen Wasserstoffes keine Änderung[5]. Für Uran wurden entsprechende Versuche zwischen 0° und 1000° C von R. W. FORSYTH[6] gemacht, mit dem gleichen negativen Resultat. Auch starke *Magnetfelder* sind ohne merkliche Wirkung auf die Zerfallsvorgänge, wie WEISS und PICCARD[7] sowie PICCARD und VOLKART[8] zeigten; die letzteren Verfasser konnten an einem ThB-Präparat, welches 20—30 Stunden sich in einem Magnetfeld von 83000 Γ befunden hatte, keine Änderung der Zerfallskonstante nachweisen. Ebenso fanden PICCARD und STAHEL[9] an vier UX-Präparaten, welche sich je in 500, 680 und 3500 m *Seehöhe* und unter einer 2200 m dicken Gneisschicht befanden, nach 2 Monaten keine merkliche Änderung der relativen Aktivitäten. Entsprechende Versuche von BEHOUNEK[10] mit Po und UX verliefen ebenfalls negativ; UX hat in einer Tiefe von 1350 m unter der Erdoberfläche innerhalb 0,7% dieselbe Aktivität wie über Tage. Damit wie auch durch eine Reihe ähnlicher Versuche[11] ist erwiesen, daß auch die kosmische Ultrastrahlung den radioaktiven Zerfall nicht beeinflußt. BEHOUNEK konnte auch, entgegen anderweitigen Befunden, keinen Einfluß einer mehrstündigen *Sonnenbestrahlung* auf die Aktivität bzw. Inaktivität des Urans und gewöhnlicher Elemente nachweisen. Ein Einfluß der Bestrahlung mit *Kathodenstrahlen* beim Uran ist bisher nicht gefunden worden[12]. WALTER[13] hat das β-strahlende UX_1 harten *Röntgenstrahlen* ausgesetzt, in der Hoffnung, durch Ionisation der innersten Elektronenschale (K-Schale) ein Kernelektron zum Einspringen in diese Schale zu veranlassen und damit den Zerfall zu beschleunigen; das Ergebnis war negativ. Auch *γ-Bestrahlung* ändert

---

[1] A. SCHUSTER, Nature Bd. 76, S. 269. 1907; A. S. EVE u. F. D. ADAMS, ebenda.

[2] H. W. SCHMIDT u. P. CERMAK, Phys. ZS. Bd. 9, S. 816. 1908; Bd. 11, S. 793. 1910.

[3] E. RUTHERFORD, Wiener Ber. Bd. 120, S. 303. 1911.

[4] M. CURIE u. H. KAMERLINGH ONNES, Comm. Leiden Nr. 139. 1913; Le Radium Bd. 10, S. 181. 1913.

[5] P. CURIE u. DEWAR, Proc. Roy. Inst. 1904.

[6] R. W. FORSYTH, Phil. Mag. Bd. 18, S. 207. 1909.

[7] P. WEISS u. A. PICCARD, Arch. sc. phys. et nat. Bd. 31, S. 554. 1911.

[8] A. PICCARD u. G. VOLKART, Arch. sc. phys. et nat. Bd. 3, S. 542. 1921.

[9] A. PICCARD u. E. STAHEL, Arch. sc. phys. et nat. Bd. 3, S. 542. 1921.

[10] F. BEHOUNEK, Phys. ZS. Bd. 31, S. 215. 1930.

[11] L. R. MAXWELL, Nature Bd. 122, S. 997. 1928 (Po); N. DOBRONRAWOW, P. LUKIRSKY u. V. PAWLOW, ebenda Bd. 123, S. 760. 1929 (RaEm).

[12] Vgl. Chem. Zentralbl. 1907, I, S. 1773; II, S. 1221; 1909, I, S. 62.

[13] B. WALTER, ZS. f. Phys. Bd. 39, S. 337. 1926.

nach v. HEVESY die Aktivität von Uran und RaD nicht, selbst wenn man 800 mg Ra mehrere Wochen lang wirken läßt[1]. FEATHER[2] sowie HERSZFINKIEL und DOBROWOLSKA[3] konnten keinen Einfluß einer γ-Bestrahlung auf die Häufigkeit der von α-strahlenden Substanzen erzeugten Szintillationen feststellen. Schließlich prüften MARCKWALD[4] sowie BRUNER und BEKIER[5] die Frage, ob der α-Zerfall der RaEm etwa dadurch umkehrbar ist, daß man dem Zerfallsprodukt einen großen *Überschuß von Helium* darbietet. BRUNER und BEKIER ließen durch ein RaEm-He-Gemisch *elektrische Entladungen* hindurchgehen; irgendeine Änderung der Aktivität zeigte sich nicht. MARCKWALD verfolgte 25 Tage lang die Aktivität eines RaEm-He-Gemisches, indem er dessen Strahlung mit derjenigen eines RaEm-Luftgemisches verglich; das Aktivitätsverhältnis der beiden Präparate blieb auf weniger als 1% konstant.

BOGOJAWLENSKY[6] hat die Halbwertzeit des Po an einer größeren Zahl *verschiedener Orte* der Sowjetunion gemessen und Unterschiede gefunden. Da jedoch das Po auch sonst infolge sekundärer Vorgänge scheinbare Anomalien des Aktivitätsabfalls zeigt, ist solchen Beobachtungen kein Gewicht beizulegen, solange nicht ihre Reproduzierbarkeit einwandfrei erwiesen ist.

M. CURIE[7] hat kürzlich eine Reihe von Messungen höchster Präzision über die Unveränderlichkeit der Zerfallskonstanten mitgeteilt. Für zwei gleichartige Emanationsröhrchen betragen etwaige Unterschiede der Zerfallskonstanten nicht mehr als 0,01%. Für zwei Röhrchen, welche je 300 Millicurie RaEm enthalten, eines in 10 mm³, das andere in 0,25 mm³ Volumen, erreicht der Unterschied nicht 0,05%. Bestrahlung der RaEm mit der durchdringenden Strahlung von 600 mg Ra läßt die Zerfallskonstante mit einer Genauigkeit von 0,003% ungeändert. Zwei Ra-Präparate, von denen eines 8 Tage lang der Sonne ausgesetzt, das andere inzwischen in einem dicken Bleiblock aufbewahrt wurde, änderten ihr Aktivitätsverhältnis nicht um mehr als 0,5%. Der Versuch einer Rückverwandlung von Po in RaE durch die 12 Tage wirkende β-Strahlung von 1 g Ra verlief negativ. Ra(D + E) veränderte bei intensiver α-Bestrahlung mit ca. 14 Millicurie Po nicht merklich seine Aktivität; die Meßgenauigkeit betrug etwa 0,1%. Die Bildung von RaE aus RaD erfolgte in derselben Weise, ob das RaD in fester Form oder in Lösung aufbewahrt wurde. Po-Präparate, welche der $\beta + \gamma$-Strahlung von 1,5 g Ra längere Zeit ausgesetzt wurden, zeigten zum Teil kleine Unregelmäßigkeiten des Abfalls, die aber wahrscheinlich äußerliche Ursachen hatten.

Das Resultat aller dieser Versuche ist, daß die Zerfallswahrscheinlichkeit eines radioaktiven Atoms sich nicht nur bei konstant gehaltenen physikalischen und chemischen Bedingungen zeitlich nicht ändert, sondern sich auch durch keine äußere Einwirkung irgendwelcher Art bisher merklich hat beeinflussen lassen.

Über erzwungene Kernumwandlung leichter Elemente durch Beschießung mit Korpuskularstrahlen vgl. Kap. 2C. Der naheliegende Gedanke, bei an sich schon instabilen, d. h. radioaktiven Elementen durch α-Beschießung die Umwandlung zu beschleunigen, hat sich bisher nicht verwirklichen lassen. Weder Uranoxyd noch Thoroxyd[8] werden durch α-Beschießung merklich in ihrem

---

[1] G. v. HEVESY, Nature Bd. 110, S. 216. 1922.
[2] N. FEATHER, Phys. Rev. Bd. 35, S. 705. 1930.
[3] H. HERSZFINKIEL u. H. DOBROWOLSKA, ZS. f. Phys. Bd. 62, S. 432. 1930.
[4] W. MARCKWALD, Phys. ZS. Bd. 15, S. 440. 1914.
[5] L. BRUNER u. E. BEKIER, Phys. ZS. Bd. 15, S. 240. 1914
[6] L. BOGOJAWLENSKY, Journ. de phys. et le Radium Bd. 10, S. 321. 1929; Bd. 12, S. 2. 1931
[7] M. CURIE, Journ. de phys. et le Radium Bd. 10, S. 329. 1929.
[8] H. HERSZFINKIEL u. L. WERTENSTEIN, Nature Bd. 122, S. 504. 1928.

Zerfall beeinflußt, jedenfalls ist die Ausbeute an induzierten Umwandlungsprozessen kleiner als 1 auf $5 \cdot 10^6$ bzw. $8 \cdot 10^6$ auffallende α-Teilchen (vgl. auch den oben aufgeführten RaD-Versuch von M. CURIE). Es wurde auch untersucht, ob etwa im Anschluß an eine wirkliche künstliche Umwandlung eines stabilen Elementes ein weiterer *spontaner* Atomzerfall eintritt[1]; das Ergebnis war negativ.

13. SCHWEIDLERsche Schwankungen. Die Diskontinuität in dem Umwandlungsprozeß eines radioaktiven Präparates bedingt, wie in Ziff. 3 ausgeführt, zeitliche Schwankungen in der Intensität der ausgesandten Strahlung, deren Größe und Verteilungsfunktion sich aus dem Grundgesetz von der Zufallsmäßigkeit der Einzelakte berechnen läßt. Um diese Konsequenz der Zerfallstheorie nachzuprüfen, kann man in zweierlei Weise vorgehen: Man benutzt etwa für den Nachweis der Strahlen eine der gewöhnlichen Meßanordnungen (Ionisationskammer in Verbindung mit Elektrometer); diese sind im allgemeinen so unempfindlich, daß sie auf einen einzelnen Elementarakt, z. B. ein α- oder β-Teilchen, nicht ansprechen[2] und daher nur Schwankungen zu messen erlauben, welche sich um eine größere Zahl von Elementarakten vom Mittelwert entfernen; die so gemessenen Schwankungen, welche man etwa als „integrale" bezeichnen kann, haben dann scheinbar kontinuierlichen Charakter. Der zweite Weg besteht darin, daß man sich einer Zählmethode bedient, welche direkt die Einzelakte aufzuzeichnen gestattet. Es ist leicht einzusehen, daß diese „differentialen" Schwankungsbeobachtungen im Prinzip einfacher auszuführen und auszuwerten sind und auch exaktere Resultate liefern können als die „integralen", und in der Tat haben Zählversuche mehrfach dazu gedient, das vollständige theoretische Verteilungsgesetz [Gleichung (2)] für die Abweichungen vom Mittelwert exakt nachzuprüfen, während nach der Integralmethode bisher fast ausschließlich das „mittlere Schwankungsquadrat" gemessen wurde (s. w. u.).

14. Integrale Schwankungsmessungen. Bezeichnet m die mittlere Zahl der von einer konstanten Strahlenquelle in einer bestimmten Zeit gelieferten Strahlenteilchen, so ist nach Gleichung (5) die mittlere relative Abweichung von dieser Zahl

$$\varepsilon_n = \frac{1}{\sqrt{m}}, \tag{5}$$

d. h. je größer m, um so kleiner sind die relativen Schwankungen. Will man also mit der für Ionisationsmessungen üblichen einfachen Einrichtung die Schwankungen nachweisen, so muß das Elektrometer empfindlich genug sein, um auf eine nicht zu große Zahl von Strahlenteilchen meßbar anzusprechen. Solche Versuche, bei welchen einfach die Schwankungen in der Ablaufzeit des Elektrometers gemessen wurden, sind von KOHLRAUSCH und V. SCHWEIDLER angestellt worden[3]. Deutlichere Effekte erzielt man durch Anwendung von Kompensationsmethoden; hierbei wird die mittlere Ionisationswirkung eliminiert, so daß das Instrument nur noch die Schwankungen um den Mittelwert anzuzeigen hat. Zur Kompensation kann entweder ein konstanter Strom dienen, oder aber man schaltet zwei gleichartige Ionisationskammern, welche mit entsprechend abgeglichenen Präparaten bestrahlt wurden, derart gegeneinander, daß ihre mittleren Ionisationsströme sich ungefähr aufheben, während die Schwankungen sich verstärken.

---

[1] A. G. SHENSTONE, Phil. Mag. Bd. 43, S. 938. 1922.

[2] Vgl. jedoch K. W. F. KOHLRAUSCH und E. V. SCHWEIDLER (Phys. ZS. Bd. 13, S. 11. 1912) sowie G. HOFFMANN (ZS. f. Phys. Bd. 7, S. 254. 1921), welche die unverstärkte Ionisationswirkung einzelner α-Teilchen nachzuweisen vermochten.

[3] K. W. F. KOHLRAUSCH u. E. V. SCHWEIDLER, Phys. ZS. Bd. 13, S. 11. 1912. — Bei genauen Messungen kleiner Mengen von RaEm machen sich diese Schwankungen in unerwünschter Weise bemerkbar (W. BOTHE, ZS. f. Phys. Bd. 16, S. 266. 1923).

Die erstere Art der Kompensation benutzten E. MEYER und REGENER[1], deren Versuchsanordnung in Abb. 5 skizziert ist. Die Ionisationskammer ist halbkugelförmig und so dimensioniert, daß die Reichweite der von dem Poloniumpräparat ausgehenden α-Strahlen voll ausgenutzt wird. An der zentralen Elektrode liegt genügend hohe Spannung, um praktisch Sättigungsstrom zu gewährleisten, während die periphere Elektrode mit einem Quadrantenpaar eines Elektrometers verbunden ist. Dieses Quadrantenpaar ist gleichzeitig über einen „Bronsonwiderstand", d. h. eine durch *sehr intensive* α-Strahlen ionisierte Luftstrecke an Erde gelegt. Die periphere Elektrode mit dem angeschlossenen Quadrantenpaar lädt sich im Mittel so weit auf, bis der durch den Bronsonwiderstand gehende Strom gleich dem Ionisationsstrom ist; dies ist wegen der starken Ionisation im Bronson schon bei so niedrigen Potentialen erreicht, daß der Strom im Bronson noch weit von der Sättigung entfernt ist, also im „Ohmschen" Gebiet der Charakteristik liegt. Dies ist erforderlich, damit der Kompensationsstrom im Bronson auch wirklich als kontinuierlich im Vergleich zu dem Strom in der Kammer angesehen werden kann. Wegen des starken Sättigungsmangels ist nämlich die Wirkung eines α-Teilchens im Bronson sehr klein, daher setzt sich der Strom im Bronson aus einer viel größeren Zahl m von Elementarakten der Ionisation zusammen als der gleich große Strom in der Kammer, mithin sind nach Gleichung (5) auch die Schwankungen im Bronson klein gegen die in der Kammer. Andererseits ist der Widerstand (bzw. die Kapazität) groß genug, daß während der Relaxationszeit eine sehr große Zahl von α-Teilchen die Ionisationskammer durchsetzt. An das zweite Quadrantenpaar des Elektrometers wird ein Potential gelegt, welches mittels eines Spannungsteilers so bemessen werden kann, daß die Elektrometernadel im Mittel die Ruhelage einnimmt. In Wirklichkeit führt die Nadel unregelmäßige Schwingungen um ihre Ruhelage aus, welche eben herrühren von den Schwankungen der zeitlichen Dichte der α-Teilchen in der Ionisationskammer. MEYER und REGENER messen nur die Elongationen in den Umkehrpunkten und bilden aus diesen das quadratische Mittel.

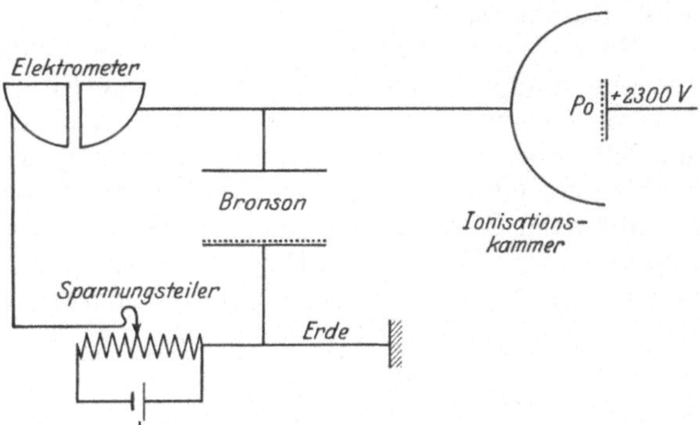

Abb. 5. Messung SCHWEIDLERscher Schwankungen, Methode MEYER-REGENER.

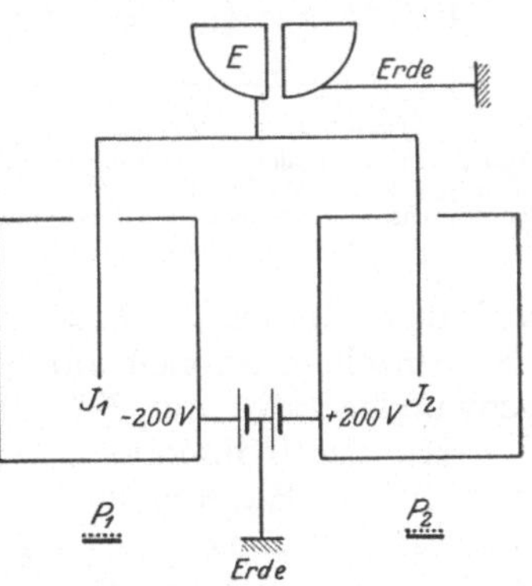

Abb. 6. Messung SCHWEIDLERscher Schwankungen, Methode KOHLRAUSCH-GEIGER.

Das Verfahren der Gegeneinanderschaltung gleichartiger Ionisationskammern ist an Hand der schematischen Abb. 6 leicht verständlich. Die beiden Kammern $J_1 J_2$ werden auf entgegengesetzt gleiches Potential gebracht, während die beiden Innenelektroden mit dem gleichen Quadrantenpaar eines Elektrometers verbunden sind. Die beiden Kammern werden mit α-Strahlen möglichst gleicher Intensität bestrahlt, so daß die Ionisationsströme sich in ihrer Wirkung auf das

[1] E. MEYER u. E. REGENER, Verh. d. D. Phys. Ges. Bd. 10, S. 1. 1908; Ann. d. Phys. Bd. 25, S. 757. 1908.

Elektrometer im Mittel ungefähr aufheben. Den mittleren Strom in einer Kammer, dessen Kenntnis zur Berechnung der *relativen* Schwankung nötig ist, erhält man z. B. durch Abschalten der einen Kammer und Messung der Auflade-geschwindigkeit durch die andere oder durch Anlegen gleichen Potentials an beide Kammern.

Nach diesem Verfahren hat K. W. F. KOHLRAUSCH[1] die ersten Schwankungsmessungen angestellt; der Vergleich seiner Resultate mit der Theorie wird u. a. dadurch erschwert, daß er größtenteils mit viel zu niedrigen Spannungen arbeitete, um Sättigungsströme zu erhalten. Fast die gleiche Versuchsanordnung benutzte unabhängig GEIGER[2], der bei annähernder Sättigung arbeitete. Die Ableitung der mittleren Schwankung aus der Bewegung des Elektrometers ist bei GEIGER ähnlich wie bei MEYER und REGENER; Beispiele seiner experimentellen Resultate sind in Abb. 7 wiedergegeben. Von besonderem Interesse ist ein Versuch GEIGERS, welcher den Nachweis erbrachte, daß die angegebene Deutung dieser Elektrometerschwankungen die richtige war: Die beiden Ionisationsräume der Abb. 6 wurden so angeordnet, daß sie nur durch eine dünne Aluminiumfolie getrennt waren. Die Bestrahlung erfolgte mit einem einzigen Präparat in der Weise, daß jeder α-Strahl beide Kammern durchsetzte und in jeder von ihnen etwa die gleiche Ionisation hervorbrachte. In diesem Falle müssen sich offenbar nicht nur die mittleren Ionisationsströme, sondern auch die beiderseitigen Schwankungen aufheben. In der Tat waren zwar wegen der nicht ganz gleichmäßigen Aufteilung der Einzelionisationen auf beide Kammern die Schwankungen nicht ganz verschwunden, aber auf einen kleinen Bruchteil herabgedrückt.

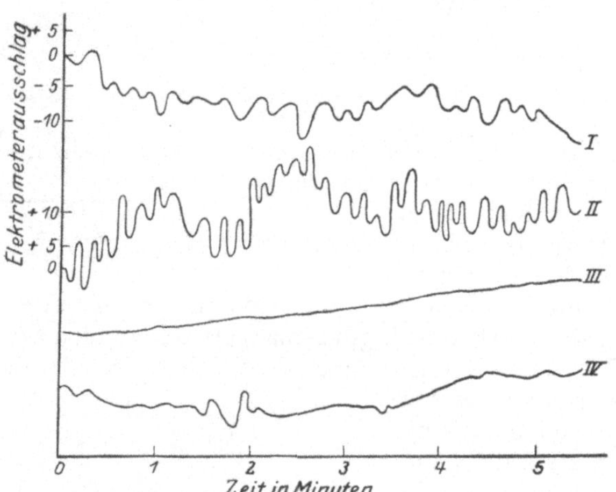

Abb. 7. *I*: α-Strahlen; 7500 Teilchen pro Minute in jeder Kammer. *II*: α-Strahlen; 24000 Teilchen pro Minute in jeder Kammer. *III*: β-Strahlen; Intensität = derjenigen der α-Strahlen bei *I*. *IV*: β-Strahlen; Intensität = derjenigen der α-Strahlen bei *II*.

Mit der KOHLRAUSCH-GEIGERschen Anordnung wurden noch Versuche angestellt von ERNST[3], von MUSZKAT und WERTENSTEIN[4] und von E. BORMAN[5]; besonders die letzteren sind bemerkenswert, da sie besser als die früheren eine quantitative Auswertung im Sinne der exakten Theorie (Ziff. 15) zulassen.

Bei der Deutung der älteren Versuche dieser Art wurde meist weniger der Absolutwert der Schwankungen, als die Art ihrer Abhängigkeit von den Versuchsbedingungen in den Vordergrund gestellt. Die Zahl der Teilchen pro Zeiteinheit sei A, die Ionisationswirkung eines Teilchens k, die Beobachtungsdauer T, so daß $m = AT$ die mittlere Zahl der beobachteten Teilchen und

$$J = km = kAT$$

[1] K. W. F. KOHLRAUSCH, Wiener Ber. Bd. 115, S. 673. 1906; s. auch E. MEYER, Jahrb. d. Radioakt. Bd. 5, S. 423. 1908; Bd. 6, S. 242. 1909.

[2] H. GEIGER, Phil. Mag. Bd. 15, S. 539. 1908.

[3] A. ERNST, Ann. d. Phys. Bd. 48, S. 877. 1915.

[4] A. MUSZKAT u. L. WERTENSTEIN, Journ. de phys. et le Radium Bd. 2, S. 119. 1921.

[5] E. BORMAN, Wiener Ber. Bd. 127, S. 2347. 1918.

die mittlere beobachtete Ionisation ist. Dann gilt nach Gleichung (5) für die mittlere relative Schwankung ε_J der Ionisation:

$$\varepsilon_J = \varepsilon_n = \frac{1}{\sqrt{m}} = \sqrt{\frac{k}{J}}\,.$$

Diese Beziehung ist nach folgenden Richtungen hin nachzuprüfen. Mit wachsender mittlerer Ionisation J nimmt die relative Schwankung ε_J ab wie $J^{-\frac{1}{2}}$, während die absolute Schwankung $J\varepsilon_J$ wie $\sqrt{J}$ zunimmt. Diese Beziehung fand sich bestätigt; die Variation von J geschah durch Änderung der Stärke oder der Entfernung des benutzten α-Strahlenpräparates. Vergleicht man ferner verschiedene Strahlenarten, so geben bei gleicher Ionisation J diejenigen Strahlen die größeren Schwankungen, welche die größere Ionisationswirkung k pro Teilchen besitzen. GEIGER verglich α- und β-Strahlen, für deren Ionisierungsvermögen k er ein Verhältnis 25:1 schätzte, so daß bei gleicher Ionisation die Schwankungen sich wie 5:1 verhalten sollten. In der Tat waren im Falle der β-Strahlen die Schwankungen wesentlich kleiner als bei α-Strahlen gleicher Intensität (Abb. 7). Endlich kann man bei Kenntnis von k auch den Absolutwert von ε_J berechnen und mit dem experimentell gefundenen vergleichen. In diesem Punkte sind die älteren Messungen am wenigsten befriedigend, sie ergaben stets nur die Größenordnung der Schwankungen in Übereinstimmung mit der Theorie. Dies hat seinen Grund nicht nur in der Unsicherheit der eingehenden Konstanten, sondern vor allem darin, daß die Beobachtungszeit T nicht einfach definiert ist. Die exakte Theorie dieser Versuche ist später von N. CAMPBELL[1] gegeben worden und fand sich durch die Messungen von BORMAN[2] sowie MUSZKAT und WERTENSTEIN[3] gut bestätigt. Da die Anwendungsmöglichkeiten dieser Theorie bisher kaum erschöpft sein dürften, soll sie in folgender Ziffer in vereinfachter Form wiedergegeben werden.

15. Auswertung integraler Schwankungsmessungen. Der Potentialverlauf am Elektrometer bei der Anordnung von MEYER und REGENER nach Anschalten der α-Strahlen ist in Abb. 8a schematisch dargestellt. Um die Bewegung der Elektrometernadel unter dem Einfluß eines derart veränderlichen Potentials zu berechnen, betrachten wir zunächst die Wirkung eines einzelnen α-Teilchens. Diese besteht darin, daß das Elektrometer plötzlich, etwa zur Zeit $t = 0$, auf ein Potential V aufgeladen wird, worauf die Ladung nach einem Exponentialgesetz durch den Bronsonwiderstand wieder abfließt. Es sei γ die Abklingungskonstante des Bronson, also $1/\gamma$ seine Relaxationszeit, ferner K das Trägheitsmoment, p die Dämpfungskonstante, D die Direktionskraft der Elektrometernadel; eine Aufladung auf ein Potential V rufe ein Drehmoment EV hervor. Für die Elongation φ gilt dann die Differentialgleichung:

$$K\ddot{\varphi} + p\dot{\varphi} + D\varphi = EVe^{-\gamma t}.$$

Die Lösung lautet:

$$\varphi = Pe^{-\alpha t} + Qe^{-\beta t} + Re^{-\gamma t} \equiv f(t) \tag{24}$$

mit den Abkürzungen:

$$\left.\begin{aligned} \alpha &= \frac{p - \sqrt{p^2 - 4KD}}{2K}; & P &= \Phi\frac{\alpha\beta}{(\alpha-\beta)(\alpha-\gamma)};\\ \beta &= \frac{p + \sqrt{p^2 - 4KD}}{2K}; & Q &= \Phi\frac{\alpha\beta}{(\beta-\alpha)(\beta-\gamma)};\\ \Phi &= \frac{EV}{D}; & R &= \Phi\frac{\alpha\beta}{(\gamma-\alpha)(\gamma-\beta)}. \end{aligned}\right\} \tag{25}$$

---

[1] N. CAMPBELL, Proc. Cambridge Phil. Soc. Bd. 15, S. 117. 1909; ebenda S. 316; E. SCHRÖDINGER, Wiener Ber. Bd. 127, S. 237. 1918.

[2] E. BORMAN, Wiener Ber. Bd. 127, S. 2347. 1918.

[3] A. MUSZKAT u. L. WERTENSTEIN, Journ. de phys. et le Radium Bd. 2, S. 119. 1921.

Φ ist der Dauerausschlag, welchen der Durchgang eines Strahlenteilchens bei Abschalten des Bronson hervorrufen würde. Die Koeffizienten α und β sind komplex, wenn das Elektrometer periodisch, reell, wenn es überaperiodisch gedämpft ist; $f(t)$ ist aber in jedem Falle reell. Die Integrationskonstanten sind gleich so gewählt, daß für $t = 0$: $\varphi = 0$ und $\dot{\varphi} = 0$ sind. Wenn daher zu den verschiedenen Zeiten t_ν je ein Teilchen die Ionisationskammer durchsetzt, so ist zu dem späteren Zeitpunkt T die Elongation:

$$\varphi = \sum_\nu f(T - t_\nu),$$

d. h. die Beiträge, welche die einzelnen Strahlenteilchen zur Elongation im Zeitpunkt T beisteuern, addieren sich einfach; dies folgt aus der Linearität der Differentialgleichung. Wir denken uns nun eine große Zahl gleichartiger Versuche ausgeführt, bei welchen jedesmal nach Ablauf der Zeit T nach dem Anschalten die Elektrometerstellung abgelesen wird. A sei die in allen Versuchen gleiche mittlere Zahl der Teilchen pro Zeiteinheit. Den Zeitabschnitt 0 bis T denken wir uns in so kleine Intervalle τ eingeteilt, daß die Wahrscheinlichkeit $p = A\tau$, daß in ein Intervall τ zur Zeit t der Durchgang eines Strahlenteilchens fällt, äußerst gering ist. Die mittlere Zahl der „Ereignisse $f(T - t)$" ist dann gleich p; das mittlere Schwankungsquadrat dieser Zahl ist nach Aussage der Wahrscheinlichkeitsrechnung[1] gleich $p(1 - p)$. Daher ist der mittlere Beitrag, welchen das Zeitintervall τ zur Elongation im Zeitpunkt T liefert,

$$\delta\overline{\varphi} = A\tau \cdot f(T - t)$$

und das mittlere Schwankungsquadrat dieses Beitrages

$$\overline{\eta^2} = A\tau(1 - A\tau) \cdot f^2(T - t) = A\tau \cdot f^2(T - t)$$

wegen der Kleinheit von $A\tau$. Es addieren sich nun nicht nur die mittleren Beiträge der einzelnen Zeitintervalle, sondern auch ihre mittleren Schwankungsquadrate, weil die Beiträge statistisch unabhängig voneinander sind. Daher wird die ganze mittlere Elongation zur Zeit T

$$\overline{\varphi} = \sum \delta\overline{\varphi} = A\int_0^T f(T - t)\,dt \tag{26}$$

und das mittlere Schwankungsquadrat dieser Elongation

$$\Delta_\varphi^2 = \sum \overline{\eta^2} = A\int_0^T f^2(T - t)\,dt. \tag{27}$$

Wir wählen nun:

$$T \gg \left|\frac{1}{\alpha},\ \frac{1}{\beta},\ \frac{1}{\gamma},\ \frac{1}{\beta+\gamma},\ \frac{1}{\gamma+\alpha},\ \frac{1}{\alpha+\beta}\right|,$$

was praktisch immer möglich ist; es wird sich zeigen, daß dies das Abwarten des stationären Zustandes bedeutet (vgl. Abb. 8a). Dann ergibt nämlich die einfache Auswertung der Integrale in (26) und (27)

$$\overline{\varphi} = A\left(\frac{P}{\alpha} + \frac{Q}{\beta} + \frac{R}{\gamma}\right) = \frac{A\Phi}{\gamma}, \tag{28}$$

$$\left.\begin{aligned} \Delta_\varphi^2 &= A\left(\frac{P^2}{2\alpha} + \frac{Q^2}{2\beta} + \frac{R^2}{2\gamma} + \frac{2QR}{\beta+\gamma} + \frac{2RP}{\gamma+\alpha} + \frac{2PQ}{\alpha+\beta}\right) \\ &= A\Phi^2 \frac{\alpha\beta(\alpha+\beta+\gamma)}{2\gamma(\alpha+\beta)(\beta+\gamma)(\gamma+\alpha)}. \end{aligned}\right\} \tag{29}$$

[1] Vgl. z. B. E. CZUBER, Wahrscheinlichkeitsrechnung.

Beide Ausdrücke sind unabhängig von T. Die mittlere relative Schwankung ε_φ berechnet sich hieraus mit Gleichung (28) zu:

$$\varepsilon_\varphi = \frac{\Delta\varphi}{\overline{\varphi}} = \sqrt{\frac{1}{2A}\,\frac{\alpha\beta\gamma(\alpha+\beta+\gamma)}{(\alpha+\beta)(\beta+\gamma)(\gamma+\alpha)}}. \tag{30}$$

Man erkennt, was auch ohne weiteres plausibel ist, daß sich für die Versuche am besten ein Instrument mit möglichst rascher Einstellung eignet (z. B. Fadenelektrometer), denn wenn $|\alpha|$, $|\beta|$ und $|\alpha+\beta|$ groß gegen γ sind, so vereinfachen sich (29) und (30) zu

$$\Delta_\varphi^2 = A\frac{\Phi^2}{2\gamma}; \qquad \varepsilon_\varphi = \sqrt{\frac{\gamma}{2A}}.$$

Eine ganz analoge Berechnung läßt sich für die KOHLRAUSCH-GEIGERsche Versuchsanordnung anstellen. Der Potentialverlauf am Elektrometer ist für diesen Fall in Abb. 8b schematisch dargestellt. Denken wir uns zunächst nur die eine Kammer bestrahlt, so unterscheidet sich der Fall von dem MEYER-REGENERschen nur dadurch, daß $\gamma = 0$ ist; damit muß die vereinfachende Voraussetzung $T \gg 1/\gamma$ aufgegeben werden, wohl aber können wir weiter

$$T \gg \left|\frac{1}{\alpha}, \frac{1}{\beta}, \frac{1}{\alpha+\beta}\right| \tag{31}$$

annehmen. Es wird also jetzt:

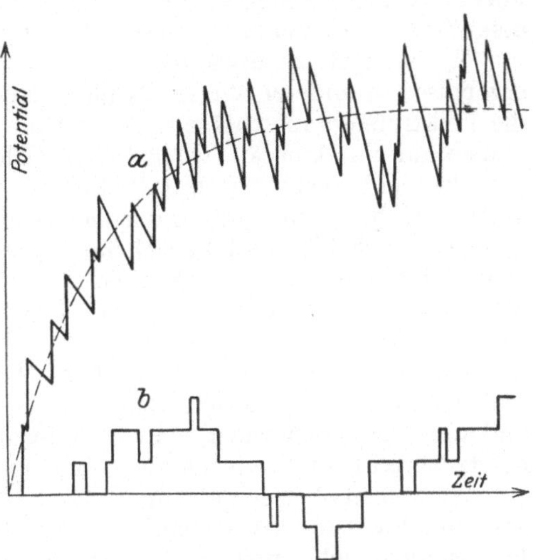

Abb. 8 a u. b. Potentialverlauf am Elektrometer. a) Methode MEYER-REGENER, b) Methode KOHLRAUSCH-GEIGER

$$\Delta_\varphi^2 = A\int_0^T f_1^2(T-t)\,dt, \quad \text{wo} \quad f_1(t) = P_1 e^{-\alpha t} + Q_1 e^{-\beta t} + R_1;$$

$$P_1 = \Phi\frac{\beta}{\alpha-\beta}; \qquad Q_1 = -\Phi\frac{\alpha}{\alpha-\beta}; \qquad R_1 = \Phi.$$

Dies ergibt:

$$\begin{aligned}\Delta_\varphi^2 &= A\left(\frac{P_1^2}{2\alpha} + \frac{Q_1^2}{2\beta} + R_1^2 T + 2\frac{P_1R_1}{\alpha} + 2\frac{Q_1R_1}{\beta} + 2\frac{P_1Q_1}{\alpha+\beta}\right)\\ &= A\Phi^2\left(T - \frac{3\alpha^2+5\alpha\beta+3\beta^2}{2\alpha\beta(\alpha+\beta)}\right).\end{aligned}$$

Der Bruch in der Klammer ist von der Größenordnung $\left|\frac{1}{\alpha+\beta}\right|$, daher wird schließlich nach (31)

$$\Delta_\varphi^2 = A\Phi^2 T. \tag{32}$$

Ebenso findet man den mittleren Ausschlag $\overline{\varphi}$ bei Bestrahlung einer Kammer:

$$\overline{\varphi} = A\int_0^T f_1(T-t)\,dt = A\Phi T,$$

so daß

$$\varepsilon_\varphi = \frac{1}{\sqrt{AT}}. \tag{33}$$

Werden beide Kammern bestrahlt, so ist das Schwankungsquadrat doppelt so groß.

Das Resultat wird also bei der Methode von KOHLRAUSCH-GEIGER für genügend große Beobachtungszeiten vollständig unabhängig von den Elektrometerkonstanten, dafür geht aber jetzt die Beobachtungszeit T ein, die Schwankungen streben keinem Grenzwert zu. Man hat also hier jedenfalls auch einen Weg, um die SCHWEIDLERschen Schwankungen zu messen; in der Praxis werden allerdings die Verhältnisse dadurch kompliziert, daß Sättigungsmangel, Isolationsverluste usw. die absolute Schwankung Δ_φ nicht unbegrenzt wachsen lassen ($\gamma \neq 0$), so daß für genügend große Beobachtungszeiten kein Unterschied gegen den MEYER-REGENERschen Fall mehr besteht. Diese Verhältnisse wurden eingehend diskutiert von CAMPBELL[1], ERNST[2], v. SCHWEIDLER[3], BORMAN[4] und SCHRÖDINGER[5].

Es ist noch zu erwähnen, daß bei GEIGER die Auswertung der Versuchsergebnisse in anderer Weise als hier beschrieben geschah, denn GEIGER bezieht die Elektrometerausschläge nicht auf die eigentliche Nullage, sondern gewissermaßen auf eine langsam veränderliche Gleichgewichtslage; damit schaltet er gerade die hier berechneten, mit der Zeit systematisch anwachsenden Schwankungen aus und rechnet nur mit den darüber gelagerten schnelleren Elektrometerschwingungen. Auch hieraus läßt sich im Prinzip der Absolutwert der Schwankungen exakt ableiten, ebenso auch nach den Ableseverfahren von KOHLRAUSCH und MEYER und REGENER, wenn man von einer von SCHRÖDINGER[6] angegebenen Vervollständigung der CAMPBELLschen Theorie Gebrauch macht, doch ist dies nachträglich nicht mehr durchführbar. Dagegen konnten BORMAN sowie MUSZKAT und WERTENSTEIN[7] direkt die CAMPBELLsche Theorie quantitativ bestätigen und außerdem noch zeigen, daß die Schwankungen nach dem GAUSSschen Fehlergesetz verteilt sind, wie es Gleichung (3) fordert.

Wir haben oben so gerechnet, als ob jedes Strahlenteilchen bei seinem Durchgang durch die Ionisationskammer genau die gleiche Elektrizitätsmenge auslöste. Dies ist zwar sicher nicht genau der Fall, aber die hierdurch bedingte Korrektion ist doch in praktischen Fällen zu vernachlässigen, solange man mit homogenen Strahlen und unter voller Ausnutzung ihrer Reichweite arbeitet. Bezeichnet nämlich ε_0 die mittlere relative Schwankung des Ionisierungsvermögens eines Teilchens um den Mittelwert, so zeigt eine einfache Betrachtung, daß an ε_φ ein Korrektionsfaktor $\sqrt{1+\varepsilon_0^2}$ anzubringen ist[8], der unter den angegebenen Bedingungen sehr wenig von 1 verschieden ist. Dieser Faktor fällt jedoch stark ins Gewicht, wenn die α-Strahlen infolge Absorption in der eigenen Substanz inhomogen werden oder ihre Reichweiten nicht nach allen Richtungen gleichmäßig ausgenutzt werden[6].

Über den grundsätzlichen Wert integraler Schwankungsmessungen ist zu sagen, daß sie nicht nur zur Prüfung der Zerfallstheorie, sondern sehr wohl auch zur Bestimmung der von einem Präparat ausgesandten Teilchenzahl und des Ionisierungsvermögens eines Teilchens dienen können[9].

Zu erwähnen ist schließlich noch, daß Schwankungsmessungen mit den hier beschriebenen Versuchsanordnungen nicht nur an α- und β-Strahlen, sondern auch an γ-Strahlen, Röntgenstrahlen und Licht ausgeführt worden sind, mit dem Ziel, die Struktur dieser Strahlen zu ermitteln.

---

[1] N. CAMPBELL, Proc. Cambridge Phil. Soc. Bd. 15, S. 134. 1909.
[2] A. ERNST, Ann. de Phys. Bd. 48, S. 877. 1915.
[3] E. v. SCHWEIDLER, Ann. d. Phys. Bd. 49, S. 594. 1916.
[4] E. BORMAN, Wiener Ber. Bd. 127, S. 2347. 1918.
[5] E. SCHRÖDINGER, Wiener Ber. Bd. 127, S. 237. 1918; Bd. 128, S. 177. 1919.
[6] E. SCHRÖDINGER, Wiener Ber. Bd. 128, S. 177. 1919.
[7] A. MUSZKAT u. L. WERTENSTEIN, Journ. de phys. et le Radium Bd. 2, S. 119. 1921.
[8] N. CAMPBELL, Phys. ZS. Bd. 11, S. 826. 1910; E. v. SCHWEIDLER, ebenda S. 614.
[9] K. W. F. KOHLRAUSCH u. E. v. SCHWEIDLER, Phys. ZS. Bd. 13, S. 11. 1912; E. BORMAN, Wiener Ber. Bd. 127, S. 2347. 1918.

16. Schwankungsmessungen durch Teilchenzählung. Einfacher als nach den oben beschriebenen Methoden läßt sich die Zufallsmäßigkeit des radioaktiven Zerfalls durch Zählversuche nachprüfen. Ein wesentlicher Unterschied liegt dabei darin, daß für Zählungen nur sehr kleine Strahlenintensitäten benutzt werden können, so daß hinsichtlich des Verteilungsgesetzes für die Schwankungen statt der Näherungsformel (3) die strenge Formel (2):

$$p_n = \frac{m^n}{n!} e^{-m} \tag{2}$$

herangezogen werden muß. Exaktere Versuche zur Nachprüfung dieser Gleichung wurden zuerst von RUTHERFORD und GEIGER[1] unternommen. Die α-Teilchen wurden dabei mittels Szintillationen gezählt und auf einem gleichmäßig bewegten, mit Zeitmarken versehenen Papierstreifen von Hand registriert. Der ganze Streifen wurde in Abschnitte von bestimmter Länge, z. B. $^1/_8$ min, geteilt und die Zahl der Teilchen in jedem Abschnitt ermittelt. Eine der erhaltenen Kurven stellt Abb. 9 dar, wo die Zahl der Abschnitte mit einer bestimmten Teilchenzahl als Ordinate gegen die Teilchenzahl als Abszisse aufgetragen ist. Die nach obiger Gleichung berechnete Kurve ist in die Abbildung eingetragen, und man sieht, daß die Übereinstimmung durchaus zufriedenstellend ist. Eine noch eingehendere Prüfung an Hand eines sehr umfangreichen Materials hat später W. KUTZNER[2] angestellt, indem er den GEIGERschen Spitzenzähler (s. ds. Handb., 2. Aufl., Bd. XXII/2) in Verbindung mit automatischer (photographischer) Registrierung anwandte. Diese mit Poloniumpräparaten angestellten Versuche ergaben gewisse systematische Abweichungen gegen die theoretische Gleichung (2), aus welchen der Autor schloß, daß benachbarte Po-Atome sich in ihrer Zerfallswahrscheinlichkeit beeinflussen. Er fand nämlich, daß das Maximum der experimentellen Verteilungskurven etwas schmaler ist, als es die Gleichung (2) fordert, d. h. daß die Schwankungen kleiner sind, als theoretisch zu erwarten. Hierbei ist aber ein Umstand unbeachtet geblieben, auf den schon von früheren Autoren hingewiesen worden ist[3]. Derartige Zählanordnungen, wie sie KUTZNER benutzt, haben notwendigerweise nur ein begrenztes Auflösungsvermögen. Dies kann sich z. B. darin äußern, daß, nachdem der Apparat ein Teilchen registriert hat, eine gewisse Zeit τ verstreichen muß, ehe er auf ein weiteres Teilchen in beobachtbarer Weise anzusprechen vermag. Man erkennt leicht, daß hierdurch eine Ausgleichung der Zeitabstände und damit eine Verringerung der Schwankungen entsteht. Von LAWSON[4] ist ferner gegen diese Versuche eingewandt worden, daß der gerade bei Po-Präparaten stark in Erscheinung tretende „Aggregatrückstoß“, d. i. das Abschleudern ganzer Komplexe von radioaktiven Atomen, die Versuche beeinflußt haben könnte. Zu dieser Annahme neigt auch CURTISS[5], welcher KUTZNERS Versuche

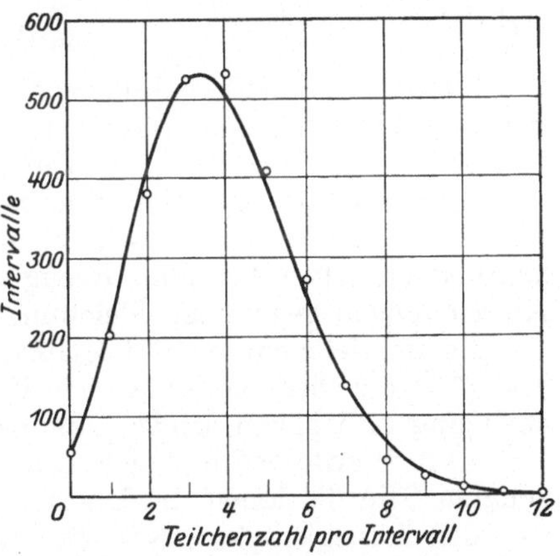

Abb. 9. Szintillationsschwankungen.

[1] E. RUTHERFORD u. H. GEIGER, Phil. Mag. Bd. 20, S. 698. 1910.

[2] W. KUTZNER, ZS. f. Phys. Bd. 21, S. 281. 1924.

[3] Siehe z. B. E. MARSDEN u. T. BARRATT, Phys. ZS. Bd. 13, S. 193. 1912; M. CURIE, Journ. de phys. et le Radium Bd. 1, S. 12. 1920.

[4] R. W. LAWSON, Nature Bd. 114, S. 121. 1924.

[5] L. F. CURTISS, Bur. Stand. J. Res. Bd. 4, S. 595. 1930.

mit demselben Ergebnis wiederholt hat. Auf Grund dieser Einwürfe hat KUTZNER[1] weitere Untersuchungen unter einwandfreieren Bedingungen angestellt, mit dem Ergebnis, daß die Abweichungen von den theoretischen Verhältnissen zwar wesentlich kleiner ausfielen, wenn sie auch zum Teil noch etwas außerhalb der statistischen Schwankungen zu liegen scheinen. Wenn man diese Abweichungen als reell betrachtet, so müßte daraus geschlossen werden, daß nicht nur eine gegenseitige Beeinflussung der Zerfallswahrscheinlichkeiten benachbarter Atome, sondern außerdem noch eine Kopplung der Emissionsrichtungen der α-Teilchen bestünde, da die Versuche nicht mit der allseitigen Strahlung des Präparats, sondern mit einem relativ eng ausgeblendeten Bündel ausgeführt wurden. Zu dieser Ansicht wird man sich schwer entschließen.

Derartige Zählreihen lassen sich auch noch in anderer Weise auswerten: man kann die Verteilung der zeitlichen Abstände aufeinanderfolgender Teilchen aufnehmen. Theoretisch ist die Wahrscheinlichkeit eines zwischen t und $t + dt$ gelegenen Abstandes nach Gleichung (7):

$$p_t\,dt = A\,e^{-At}\,dt, \tag{7}$$

wo A wieder die mittlere Teilchenzahl pro Zeiteinheit ist. Diese Gleichung wurde von verschiedenen Seiten verifiziert. MARSDEN und BARRATT[2] sowie FEATHER[3] benutzten die Szintillationsmethode, M. CURIE[4] die elektrische Zählmethode. Die Gleichung (7) fand sich innerhalb der recht engen Fehlergrenzen bestätigt, wenn man wieder von den sehr kleinen Zeitintervallen absieht, welche der Beobachtung entgehen können. Bezüglich der von KUTZNER angegebenen kleinen Abweichungen gegenüber Gleichung (7) gilt das oben Gesagte.

Es ist vielleicht nicht überflüssig, hervorzuheben, daß die Gleichungen (2) und (7) trotz ihrer verschiedenen Form inhaltlich völlig identisch sind, ihre Bestätigung also gleich schwer zugunsten der Theorie wiegt.

THE SVEDBERG[5] hat sich bemüht, in den von radioaktiven Lösungen erzeugten Szintillationen die Überlagerung der SCHWEIDLERschen Schwankungen mit den flüssigkeitskinetisch zu erwartenden Konzentrationsschwankungen zu erkennen, indessen wurde von verschiedenen Seiten der Nachweis erbracht, daß die Konzentrationsschwankungen zu geringfügig sind, um sich neben den viel größeren Zerfallsschwankungen bemerkbar zu machen[6].

Das Gesamtresultat der bisher ausgeführten Schwankungsmessungen läßt sich dahin aussprechen, daß diese mit der Grundannahme der Zufallsmäßigkeit des radioaktiven Zerfalls im Einklang sind; jedenfalls liefern sie keinen Grund, an der Richtigkeit dieser Annahme ernstlich zu zweifeln. Man kann sogar sagen, daß die Zerfallstheorie heute so weit gesichert ist, daß man in den Umwandlungsprozessen in einem radioaktiven Präparat ein Vorbild zufallsmäßiger Ereignisse hat, wie es in dieser Reinheit sonst schwer zu finden sein dürfte. Eines Vorbehaltes muß jedoch bezüglich der Schlüssigkeit von Schwankungsmessungen noch gedacht werden: Ein Teil der angeführten Untersuchungen wurde mit Strahlenbündeln von sehr geringer Öffnung durchgeführt; unter diesen Verhältnissen wäre praktisch Zufallsverteilung auch dann zu erwarten, wenn die elementaren

[1] W. KUTZNER, ZS. f. Phys. Bd. 44, S. 655. 1927.
[2] E. MARSDEN u. T. BARRATT, Proc. Phys. Soc. Bd. 24, S. 50. 1911; Phys. ZS. Bd. 13, S. 193. 1912.
[3] N. FEATHER, Phys. Rev. Bd. 35, S. 705. 1930.
[4] M. CURIE, Journ. de phys. et le Radium Bd. 1, S. 12. 1920.
[5] THE SVEDBERG, ZS. f. phys. Chem. Bd. 74, S. 738. 1910; Phys. ZS. Bd. 14, S. 22. 1913.
[6] M. v. SMOLUCHOWSKI, Phys. ZS. Bd. 13, S. 1069. 1912; E. v. SCHWEIDLER, ebenda Bd. 14, S. 198. 1913; T. EHRENFEST, ebenda Bd. 14, S. 675. 1913; THE SVEDBERG, ebenda Bd. 15, S. 512. 1914.

Zerfallsvorgänge nicht unabhängig voneinander wären und nur die Richtung des ausgesandten Teilchens dem Zufall unterläge. Aus solchen Versuchen mit kleinen Öffnungswinkeln, sofern sie die theoretischen Schwankungsgesetze bestätigen, kann nur geschlossen werden, daß *entweder* der Zerfall selbst *oder* die Emissionsrichtung (oder beides) den Gesetzen des Zufalls gehorcht.

d) Experimentelle Bestimmung von Konstanten radioaktiver Umwandlungen.

17. Allgemeine Methoden zur Messung der Zerfallskonstanten[1]. Der einfachste und direkteste, jedoch nicht immer gangbare Weg zur experimentellen Bestimmung der Zerfallskonstanten eines Radioelementes besteht darin, daß man den freien exponentiellen Abfall der Substanz verfolgt und λ aus Gleichung (1) berechnet. Dies ist ohne weiteres möglich, wenn die Substanz nicht zu schnell oder zu langsam zerfällt und selbst eine meßbare Strahlung besitzt, welche von den Strahlungen der allmählich sich bildenden Folgeprodukte zu trennen ist (RaC, RaE, RaF). Statt dessen kann aber der Abfall auch mittels der Strahlung eines *im Gleichgewicht befindlichen* Folgeproduktes beobachtet werden (RaD-RaF, UX_1-UX_2, RaEm-RaC).

Statt der Abfallskurve ist gelegentlich auch die im wesentlichen mit ihr identische Anstiegskurve aus der langlebigen Muttersubstanz (s. Ziff. 11) benutzt worden, wie beim RaE[2]. Die Benutzung der Anstiegskurve ist sogar vorzuziehen bei sehr langlebigen Substanzen, da besonders beim Initialanstieg die *relative* Mengenänderung viel größer ist als beim Abfall. So konnte λ_{Ra} bestimmt werden aus der Geschwindigkeit der Ra-Entwicklung aus Io[3]. Ein Io-Präparat habe zur Zeit t nach seiner Abtrennung eine Ra-Menge entwickelt, welche $A\alpha$-Teilchen pro Sekunde emittiert (die α-Emission der Zerfallsprodukte nicht mitgerechnet). Das Io-Präparat selbst gebe $A_\infty \alpha$-Teilchen pro Sekunde; dies ist gleichzeitig die Gleichgewichtsaktivität des sich nachbildenden Radiums. Daher liefert die Anstiegsgleichung (20) für kleine Werte von t:

$$A = A_\infty \lambda t,$$

woraus λ zu berechnen ist. Die Gleichgewichtsaktivität A_∞ kann auch direkter aus dem Radiumgehalt des als Ausgangsmaterial für die Ioniumgewinnung benutzten Minerals ermittelt werden, sofern man sicher ist, daß in diesem das Ra mit dem Io im Gleichgewicht ist.

Auch die Ionisationskurven einer größeren Zahl aufeinanderfolgender Zerfallsprodukte können zur Bestimmung der Zerfallskonstanten herangezogen werden, wenn auch natürlich mit wachsender Zahl der Elemente die Verhältnisse immer komplizierter werden. So läßt sich z. B. die experimentell gefundene RaC-Kurve der Abb. 3 oder 4 in der Weise analysieren, daß man sie als Summe dreier Exponentialkurven darstellt, entsprechend der Gleichung (9) der allgemeinen Umwandlungstheorie. Durch Analyse der Abklingungskurven (Ionisationskurven) für die verschiedenen Strahlungen des Ra-Niederschlages ist es Rutherford[4] u. a. gelungen, die Zahl der Komponenten des Niederschlages

[1] In Ziff. 17 bis 19 werden in der Hauptsache nur die Methoden besprochen; betreffs der Zahlenwerte der Zerfallskonstanten vgl. Kap. 3B.

[2] G. N. Antonoff, Phil. Mag. Bd. 19, S. 825. 1910.

[3] B. B. Boltwood, Sill. Journ. Bd. 25, S. 493. 1908; Science Bd. 42, S. 851. 1915; St. Meyer u. E. v. Schweidler, Wiener Ber. Bd. 122, S. 1091. 1913; E. Gleditsch, Sill. Journ. Bd. 41, S. 111. 1916; vgl. auch St. Meyer u. R. W. Lawson, Wiener Ber. Bd. 125, S. 723. 1916.

[4] E. Rutherford, Phil. Trans. Bd. 204, S. 169. 1905.

und deren Zerfallskonstanten zu bestimmen. Eine prinzipielle Schwierigkeit dieses Verfahrens besteht jedoch darin, daß die Zuordnung der Zerfallskonstanten zu den verschiedenen Folgeprodukten nicht immer in eindeutiger Weise möglich ist, denn wir sehen aus den Gleichungen (21) und (22), daß der Ausdruck für die RaC-Aktivität ($N_3 \lambda_3$) symmetrisch ist in λ_1, λ_2, λ_3. Nun zeigt zwar die α-Strahlenkurve Abb. 3 eindeutig, daß dem ersten Produkt die größte der drei Zerfallskonstanten zuzuordnen ist, doch ist bezüglich der beiden anderen eine Entscheidung nicht ohne weiteres möglich, da das zweite Produkt keine genügend charakteristische Strahlung besitzt. In der Tat konnte die richtige Zuordnung erst erfolgen, als es gelang, RaB und RaC zu trennen und die freie Abfallskurve des RaC direkt zu beobachten[1]. Ganz ähnlich liegen die Verhältnisse bei dem aktiven Niederschlag der ThEm und bei RaAc und seinen Zerfallsprodukten. In einem Falle hat auch eine *Anstiegs*kurve höheren Grades zur λ-Bestimmung gedient: SODDY hat aus dem beschleunigten Anstieg des Ra aus U (vgl. Ziff. 10) auf die Lebensdauer des Zwischenproduktes Io geschlossen[2].

18. Messung sehr kleiner Zerfallskonstanten. Die soeben angegebenen Methoden sind unbequem oder ganz undurchführbar bei denjenigen Elementen, welche so langlebig sind, daß ihr Abfall oder Anstieg nicht direkt beobachtet werden kann. In solchen Fällen hat man auf die Definition der Zerfallskonstanten zurückgegriffen, nach welcher λ der pro Zeiteinheit zerfallende Bruchteil der Atome ist. Da gerade die langlebigen Elemente (namentlich UI, Ra, Th kommen in Frage) verhältnismäßig leicht in wägbaren Mengen zugänglich sind, kann man die Zahl der in einem Präparat vorhandenen Atome aus dem absoluten Gewicht, dem Atomgewicht und der LOSCHMIDTschen Zahl ermitteln. Schwierigkeiten treten aber da auf, wo das fragliche Element nur in Mischung mit einem Isotop erhältlich ist, wie beim Ionium, welches stets mit Thor zusammen vorkommt. Hier mußte der Th-Gehalt des Präparates besonders bestimmt werden, was z. B. aus dem Betrage des nachgebildeten MsTh oder dem mittleren Atomgewicht des Präparates geschehen kann[3]. Die Zahl der pro Sekunde *zerfallenden* Atome kann durch α-Strahlenzählung ermittelt werden.

In einigen Fällen lassen sich Beziehungen zwischen den Zerfallskonstanten aufeinanderfolgender Elemente auf Grund der allgemeinen Umwandlungstheorie aufstellen, so daß man aus der Zerfallskonstante einer Substanz auf diejenige ihrer Mutter- oder Tochtersubstanz schließen kann. So kennt man aus Mineralanalysen das Gewichtsverhältnis von Ra:UI (genauer UI + UII) im dauernden Gleichgewicht (BOLTWOODsche Konstante $= 3{,}3 \cdot 10^{-7}$). Daraus findet man durch Division mit dem Verhältnis der Atomgewichte das Gleichgewichtsverhältnis der Atomzahlen, und dieses ist das Verhältnis der Zerfallskonstanten von UI:Ra [s. Gleichung (14)]; ist λ_{Ra} bekannt, so kann λ_{UI} hiernach berechnet werden. In ähnlicher Weise sind Schätzungen für die Zerfallskonstante des Io versucht worden[3].

Andere Relationen lassen sich aufstellen, wenn umgekehrt das in Frage stehende Element ein Folgeprodukt eines viel kurzlebigeren ist, wie es beim RaD der Fall ist. Man habe z. B. ein frisches RaC-Präparat, welches A_C α-Teilchen pro Sekunde emittiert. Man läßt das Präparat vollständig abklingen und bestimmt an dem so entstandenen RaD-Präparat die Zahl A_D der pro Sekunde zerfallenden RaD-Atome, indem man etwa die α-Emission des im Gleichgewicht befindlichen RaF ermittelt. Da die Zahl der ursprünglichen RaC-Atome gleich derjenigen der

---

[1] BRONSON, Phil. Mag. Bd. 11, S. 143. 1906.

[2] F. SODDY, Phil. Mag. Bd. 16, S. 632. 1908; Bd. 18, S. 846. 1909; Bd. 20, S. 340. 1910; F. SODDY u. A. F. R. HITCHINS, ebenda Bd. 30, S. 209. 1915.

[3] Vgl. MEYER u. v. SCHWEIDLER, Radioaktivität.

entwickelten RaD-Atome ist, so ist nach Gleichung (12) $A_C : A_D = \lambda_C : \lambda_D$; statt des RaC kann man (praktischer) auch die RaEm benutzen[1]; auch einen β-Strahlenvergleich zwischen RaC und RaE kann man zu dem gleichen Zwecke vornehmen, doch ist dieser Weg weit weniger zuverlässig, da Schlüsse aus β-Strahlenmessungen auf die Aktivität recht unsicher sind[2].

Ganz kürzlich hat WALLING[3] nach demselben Prinzip die Halbwertzeit des UII zu 340000 Jahren bestimmt, indem er die Aktivität eines sehr starken UX-Präparates verglich mit derjenigen des UII, welches sich bei vollständigem Zerfall des UX bildete. Die Aktivität des UII wurde mit α-Strahlen gemessen, die des UX berechnet aus der α-Aktivität der Menge UI + II, mit welcher das UX-Präparat im Gleichgewicht war.

Endlich ist eine Schätzung sehr kleiner Zerfallskonstanten bei α-Strahlern noch möglich mittels des Zusammenhanges zwischen der Reichweite der α-Strahlen und der Lebensdauer (GEIGER-NUTTALLsche Beziehung, vgl. Kap. 2 B). Da es sich hier stets um eine *Extra*polation aus einer nicht streng gültigen empirischen Beziehung handelt und außerdem das Resultat sehr empfindlich ist auf kleine Änderungen im experimentellen Wert der Reichweite, so kann auf diese Weise wohl immer nur eine rohe Schätzung der Zerfallskonstanten vorgenommen werden, die aber doch von erheblichem Wert sein kann, wo andere Methoden versagen.

19. Messung sehr großer Zerfallskonstanten. Auch bei sehr kurzlebigen Substanzen erfordert die Bestimmung der Zerfallskonstanten besondere Methoden. Bei den Gasen ThEm[4] ($T = 54{,}5$ sec) und AcEm[5] ($T = 3{,}9$ sec) hat man sich mit Erfolg eines Strömungsverfahrens bedient, welches durch die schematische Abb. 10 erläutert wird. Luft wird durch Überleiten über ein gleichmäßig emanierendes Präparat oder Durchperlenlassen durch eine emanierende Lösung mit einem konstanten Betrag von Emanation versetzt und dann mit konstanter Geschwindigkeit und wirbelfrei durch eine röhrenförmige Ionisationskammer geleitet; diese hat mehrere Innenelektroden in bestimmten Abständen, welche einzeln mit einem Elektrometer verbunden werden können. Gemessen wird das Verhältnis der Ionisationswirkungen an den verschiedenen Elektroden. Sind die Elektrodenabstände und die Strömungsgeschwindigkeit bekannt, so kann man in leicht ersichtlicher Weise die Zerfallskonstante der Emanation berechnen. Eine andere von MACHE ausgearbeitete Strömungsmethode[6] besteht darin, daß man diejenige Strömungsgeschwindigkeit v_m ermittelt, für welche im gegebenen Abstande x von der Emanationsquelle das Maximum der Ionisationswirkung eintritt, wobei die Emanationslieferung pro sec konstant gehalten wird; man findet leicht $\lambda = v_m/x$.

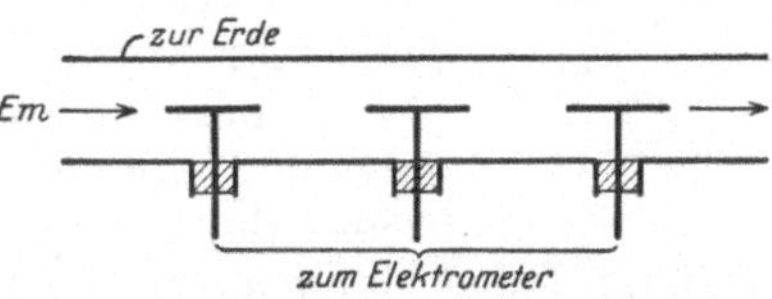

Abb. 10. Strömungsmethode zur Messung von λ_{ThEm} und λ_{AcEm}.

Ein analoges Verfahren fand Anwendung bei den festen Substanzen ThA[7] ($T = 0{,}14$ sec) und AcA[7] ($T = 0{,}002$ sec), den Tochtersubstanzen der beiden Emanationen. Eine rotierende Scheibe oder ein in sich geschlossenes Band passiert durch schmale Schlitze eine im übrigen geschlossene Kammer, welche ein konstant

[1] Siehe z. B. I. CURIE, Journ. de phys. et le Radium Bd. 10, S. 388. 1929.
[2] E. RUTHERFORD, Proc. Roy. Soc. London (A) Bd. 73, S. 493. 1904; ST. MEYER u. E. v. SCHWEIDLER, Wiener Ber. Bd. 115, S. 697. 1906; Bd. 116, S. 701. 1907; Phys. ZS. Bd. 8, S. 457. 1907.
[3] E. WALLING, ZS. f. phys. Chem. Bd. 10, S. 467. 1930.
[4] E. RUTHERFORD, Phil. Mag. Bd. 49, S. 1. 1900.
[5] A. DEBIERNE, C. R. Bd. 136, S. 446. 1903.
[6] Vgl. R. SCHMID, Wiener Ber. Bd. 126, S. 1065. 1917.
[7] H. G. J. MOSELEY u. K. FAJANS, Phil. Mag. Bd. 22, S. 629. 1911.

emanierendes Präparat enthält. Der während des Durchganges abgesetzte Niederschlag wird dann in zwei nacheinander durchlaufenen Ionisationskammern gemessen. Die Berechnung ist dieselbe wie bei der Strömungsmethode.

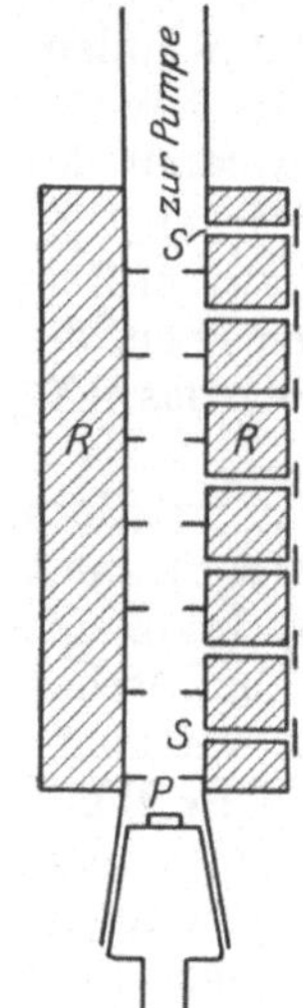

Abb. 11. Anordnung zur Bestimmung der Zerfallskonstanten von RaC′.

Bei dem noch sehr viel schneller zerfallenden RaC′ ist es J. C. JACOBSEN gelungen, die soeben beschriebene Methode in eleganter Weise zu modifizieren, indem er für die nötige große Transportgeschwindigkeit den β-Rückstoß nutzbar machte, welchen das RaC′-Atom bei seiner Entstehung aus dem RaC erfährt[1]. Die Versuchsanordnung zeigt Abb. 11. Von dem RaC-Präparat P geht ein Bündel von RaC′-Rückstoßstrahlen durch das evakuierte Rohr R. In verschiedenen Entfernungen vom Präparat werden durch seitliche Schlitze S die vom RaC′ ausgesandten α-Teilchen gezählt. Die Rückstoßgeschwindigkeit wird aus der größten bekannten β-Strahlengeschwindigkeit von RaC nach dem Impulssatz berechnet. Aus der Abnahme der α-Teilchenzahl mit zunehmender Entfernung vom Präparat findet JACOBSEN die Zerfallskonstante des RaC′ zu $8{,}4 \cdot 10^5$. Ähnliche Messungen von BARTON[2] sowie von JOLIOT[3] bestätigten die Größenordnung, während die GEIGER-NUTTALLsche Beziehung etwa den Wert $5 \cdot 10^7$ liefern würde. Man sieht, daß Extrapolationen nach dieser empirischen Beziehung nur mit großem Vorbehalt auszuführen sind. Ganz auf solche Extrapolationen angewiesen ist man bisher noch beim ThC′ und AcC′.

Es braucht überhaupt wohl kaum hervorgehoben zu werden, daß die Messung extrem großer und kleiner Zerfallskonstanten bei weitem nicht mit der Genauigkeit durchführbar ist, die sich bei Substanzen mittlerer Lebensdauer erreichen läßt.

20. Die Zerfallskonstante der Radiumemanation. Von besonderer meßtechnischer Bedeutung und daher am genauesten bestimmt ist die Zerfallskonstante der Radiumemanation. Für sie liegen die Verhältnisse insofern besonders günstig, als die beiden hier anwendbaren Meßmethoden, die γ-Strahlen- und die weit empfindlichere α-Strahlenmethode, zusammen einen sehr großen relativen Meßbereich (etwa 10^{10}) umfassen. Man kann daher den Abfall der Emanation bis zu einem äußerst kleinen Bruchteil der Anfangsaktivität messend verfolgen, was natürlich für die Genauigkeit der Messung sehr wesentlich ist.

Die genauesten Messungen wurden im Prinzip in der Weise gemacht, daß man ein Emanationspräparat von mehreren Millicurie mit γ-Strahlen maß, hierauf eine bestimmte Zeit sich selbst überließ, so daß es auf etwa 10^{-6} Millicurie abfiel und dann die verbleibende Emanation im Emanationselektrometer, d. h. mit α-Strahlen bestimmte. Das Verhältnis der beiden Elektrometerempfindlichkeiten wurde ermittelt, indem man ein Ra-Präparat am γ-Strahleninstrument bestimmte, dann auflöste, einen bekannten Bruchteil (etwa 10^{-6}) der Lösung entnahm und damit das Emanationsinstrument eichte; statt des Radiumpräparates wurde auch ein zweites Emanationspräparat benutzt, welches nach erfolgter γ-Strahlenmessung in einer Gaspipette in passendem Verhältnis unterteilt wurde[4].

Eine große Zahl von Bestimmungen, besonders älteren, wurde auch mit Benutzung nur eines der beiden erwähnten Instrumente ausgeführt. Die Emana-

---

[1] J. C. JACOBSEN, Phil. Mag. Bd. 47, S. 23. 1924. — Über spätere Messungen von JACOBSEN s. Ziff. 12.

[2] A. W. BARTON, Phil. Mag. Bd. 2, S. 1273. 1926.

[3] F. JOLIOT, C. R. Bd. 191, S. 132. 1930.

[4] Siehe z. B. W. BOTHE, ZS. f. Phys. Bd. 16, S. 270. 1923.

tionsmethode hat den Vorteil, daß man von dem Versuchspräparat fortlaufend bestimmte Bruchteile abzapfen und messen kann, wobei man durch beständige Vergrößerung dieser Proben die Emanationsmessungen möglichst gleichartig machen kann. Andererseits ist die γ-Strahlenmethode einfacher und weniger Fehlerquellen unterworfen; die Meßgenauigkeit kann bei dieser Methode leichter gesteigert werden durch Häufung der Einzelmessungen und durch Kompensationsschaltungen. I. CURIE und C. CHAMIÉ[1] benutzten im Prinzip zwei gleich starke Emanationspräparate und maßen die Zeit, innerhalb welcher beide zusammen auf den ursprünglichen Wert des einen abgeklungen waren. Nach derselben Methode arbeitete L. BASTINGS[2].

Die drei zuletzt ausgeführten Bestimmungen ergaben folgende Werte[3]:

BOTHE 1923	0,1812 Tage^{-1}	$\pm$ 0,1 %
CURIE u. CHAMIÉ 1924	0,1813 „	$\pm$ 0,05 „
BASTINGS 1925	0,1808 „	$\pm$ 0,2 „

Das Mittel aus diesen drei Werten ist:

$$\lambda = 0{,}1811 \text{ Tage}^{-1} = 2{,}096 \cdot 10^{-6} \text{ sec}^{-1};$$
$$T = 3{,}827 \text{ Tage.}$$

21. Bestimmung von Abzweigungsverhältnissen. Der Weg zur Ermittlung eines Abzweigungsverhältnisses ist im Prinzip in Ziff. 6 vorgezeichnet: Man bestimmt in einem Präparat im Zustand des radioaktiven Gleichgewichtes die Aktivität einerseits der dual zerfallenden Substanz selbst (oder einer vorhergehenden), andererseits des einen Zweigprodukts (oder eines seiner Folgeprodukte); das Verhältnis der zweiten zur ersten Zahl gibt unmittelbar das Abzweigungsverhältnis für den betrachteten Zweig. Die sichersten Resultate erhält man in solchen Fällen durch α-Strahlenvergleich; aus dem Intensitätsverhältnis verschiedenartiger β-Strahlen kann nur mit gewisser Annäherung auf das Verhältnis der Aktivitäten geschlossen werden, da weder die Zahl der β-Teilchen pro zerfallendes Atom (Ziff. 23) noch die Ionisationswirkung eines β-Teilchens für die verschiedenen Substanzen genau bekannt ist. In dieser Weise wurde das Abzweigungsverhältnis für UZ zu etwa 0,35% gefunden[4].

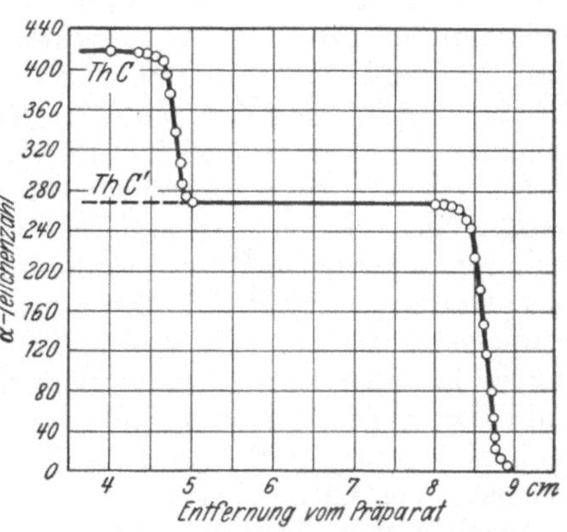

Abb. 12. Reichweitenkurve von Th (C+C') (MEITNER und FREITAG).

Im Falle des RaC, wo RaC'' mit einem sehr geringen Bruchteil abzweigt, ist im Prinzip dasselbe Verfahren angewandt worden, nur mit dem Unterschied, daß das Zweigprodukt nicht chemisch, sondern durch α-Rückstoß abgetrennt wurde[5]. RaC'' wurde durch seine β-Strahlung gemessen. Als Abzweigungsverhältnis für RaC'' ergab sich auf diesem Wege 0,04%. Das Rückstoßverfahren wurde auch beim AcC angewandt[6], kann hier jedoch kaum zu genauen Resultaten führen, da das Abzweigungsverhältnis für AcC'' fast 100% beträgt, so daß schon sehr

[1] I. CURIE u. C. CHAMIÉ, Journ. de phys. et le Radium Bd. 5, S. 238 u. 384. 1924.
[2] L. BASTINGS, Proc. Cambridge Phil. Soc. Bd. 22, S. 562. 1925.
[3] Zusammenstellung älterer Resultate bei MEYER u. v. SCHWEIDLER, Radioaktivität.
[4] O. HAHN, ZS. f. phys. Chem. Bd. 103, S. 461. 1923.
[5] K. FAJANS, Phys. ZS. Bd. 12, S. 369. 1911; Bd. 13, S. 699. 1912; E. ALBRECHT, Wiener Ber. Bd. 128, S. 925. 1919.
[6] E. ALBRECHT, Wiener Ber. Bd. 128, S. 925. 1919.

kleine Fehler in diesem Wert das komplementäre Abzweigungsverhältnis für AcC′ vollkommen ändern.

Grundsätzlich kann man bei den C-Produkten auch ohne irgendeine Trennung dadurch zum Ziel kommen, daß man das Zahlenverhältnis der α-Strahlen in den beiden Zweigen bestimmt. Dies ist ohne weiteres möglich beim ThC, wo die 4,8 cm langen α-Strahlen, welche das ThC selbst aussendet, 34,3%, die 8,6 cm langen des ThC′ 65,7% der gesamten Emission ausmachen (Abb. 12). Danach beträgt das Abzweigungsverhältnis für ThC″ 34,3%[1]. Auf demselben Wege, nur mit einigen Schwierigkeiten wegen der extremen Abzweigungsverhältnisse, wurden diejenigen für AcC′ (0,15%)[2] und RaC″ (0,025%)[3] gefunden.

22. Zahl der α-Teilchen pro Sekunde von 1 g Ra, U und Th. Die Zahl Z der α-Teilchen, welche 1 g Ra oder die äquivalente Menge eines anderen Radioelementes pro Sekunde aussendet, ist eine fundamentale Konstante. Sie hängt aufs engste zusammen mit der praktischen Einheit der Aktivität, dem Curie (Ziff. 5). Ihre Kenntnis ist z. B. nötig, um die Wärmewirkung (Ziff. 27) und die Heliumentwicklung (vgl. Bd. XXII/2, Kap. 3) des Radiums theoretisch ermitteln und mit den experimentellen Werten vergleichen zu können. Will man ferner gewisse Eigenschaften eines einzelnen α-Teilchens erforschen, wie die Ladung[4] und das Ionisierungsvermögen[5], so muß man wissen, wieviel α-Teilchen das benutzte Präparat aussendet. Schließlich besteht auch ein einfacher Zusammenhang zwischen der Zahl der ausgesandten α-Teilchen und der Zerfallsgeschwindigkeit des Radiums, so daß man durch Teilchenzählung die Zerfallskonstante des Radiums (Ziff. 18) und das mit 1 g Ra im Gleichgewicht befindliche Emanationsvolumen ermitteln kann. Es müssen nämlich *alle* zur Beobachtung gelangenden α-Teilchen aus dem Atomkern stammen, da die äußere Hülle des Atoms nur Elektronen enthält. Da nun die von einem Atomkern abgegebene elektrische Ladung die Änderung der Kernladung und damit der chemischen Eigenschaften des Atoms bestimmt, die Erfahrung aber lehrt, daß aus einem einheitlichen Radioelement stets wieder ein solches entsteht (abgesehen von den Fällen des dualen Zerfalls), so muß von einem zerfallenden Atom stets eine ganz bestimmte Zahl von α-Teilchen ausgestoßen werden. Diese Zahl kann für alle bekannten α-Strahler nur 1 sein, wie der radioaktive Verschiebungssatz (vgl. Kap. 5) schon erweist. Vor allem aber ergaben auch direkte Szintillationszählungen, daß die α-Teilchen von einer einzigen Substanz nie zu mehreren gekoppelt auftreten. Bei der Actiniumemanation wurden zwar Doppelszintillationen[6] bzw. nach der Wilsonschen Nebelmethode Doppelbahnen[7] beobachtet, diese sind aber nicht so zu erklären, daß jedes zerfallende AcEm-Atom zwei α-Teilchen aussendet, sondern das α-strahlende Folgeprodukt der AcEm, das AcA, ist so kurzlebig, daß die beiden α-Teilchen von einem AcEm-Atom und dem daraus entstandenen

[1] E. Marsden u. C. G. Darwin, Proc. Roy. Soc. London (A) Bd. 87, S. 17. 1912; E. Marsden u. T. Barratt, Proc. Phys. Soc. Bd. 24, S. 50. 1911; Phys. ZS. Bd. 13, S. 193. 1912; L. Meitner u. K. Freitag, ZS. f. Phys. Bd. 37, S. 481. 1926.

[2] E. Marsden u. P. B. Perkins, Phil. Mag. Bd. 27, S. 690. 1914; R. W. Varder u. E. Marsden, ebenda Bd. 28, S. 818. 1914.

[3] E. Rutherford, F. A. B. Ward u. C. E. Wynn-Williams, Proc. Roy. Soc. London (A) Bd. 129, S. 211. 1930.

[4] E. Rutherford u. H. Geiger, Proc. Roy. Soc. London (A) Bd. 81, S. 162. 1908; E. Regener, Berl. Ber. Bd. 38, S. 948. 1909.

[5] E. Rutherford, Phil. Mag. Bd. 10, S. 193. 1905; H. Geiger, Proc. Roy. Soc. London (A) Bd. 82, S. 486. 1909; H. Fonovits-Smereker, Wiener Ber. Bd. 131, S. 355. 1922.

[6] H. Geiger u. E. Marsden, Phys. ZS. Bd. 11, S. 7. 1910.

[7] C. T. R. Wilson, Proc. Cambridge Phil. Soc. Bd. 21, S. 405. 1923; S. Kinoshita, H. Ikeuti u. M. Akiyama, Nagaoka Anniv. Vol.

AcA-Atom nicht zeitlich zu trennen sind[1]. Ähnlich lagen die Verhältnisse beim Uran. BOLTWOOD[2] stellte fest, daß die α-Strahlen von einem Gramm Uran etwa doppelt so intensiv sind wie die von der Gleichgewichtsmenge an Radium ausgesandten; die Erklärung fand sich darin, daß das chemische Element Uran aus zwei genetisch zusammenhängenden Isotopen UI und UII besteht. Auch in solchen Fällen, wo die α-Strahlen eine Geschwindigkeitsstruktur haben, wie bei den C- und C'-Produkten, besteht heute kaum ein Zweifel, daß die *Gesamtzahl* der ausgesandten α-Teilchen gleich der Zahl der zerfallenen Atome ist (vgl. Bd. XXII/2, Kap. 3).

Die erste genauere Bestimmung von Z wurde von RUTHERFORD und GEIGER[3] nach der von ihnen ausgearbeiteten elektrischen Zählmethode ausgeführt. Für derartige Messungen wäre es unzweckmäßig, das Radium selbst als Strahlenquelle zu benutzen, wegen der starken Absorption der α-Strahlen in der eigenen Substanz. Man bedient sich deshalb entweder des RaC, dessen Menge unwägbar klein ist im Vergleich zur äquivalenten Radiummenge, oder der gasförmigen RaEm im Gleichgewicht mit dem kurzlebigen Niederschlag. Im letzteren Falle erhält man, da drei im Gleichgewicht befindliche α-Strahler in Wirkung treten (RaEm + A + C), zunächst $3\,Z$. Das Radiumäquivalent wird in beiden Fällen durch γ-Strahlenmessung bestimmt. Wegen der anzubringenden Korrektionen für die Umrechnung vom „laufenden" auf das „dauernde" Gleichgewicht vgl. Ziff. 5. Man zählt die durch ein gut evakuiertes Rohr von bestimmter Länge in ein Diaphragma von bestimmter Fläche gesandten α-Teilchen und rechnet dann auf den vollen Raumwinkel 4π um. RUTHERFORD und GEIGER erhielten mit RaC als Strahler $Z = 3{,}4 \cdot 10^{10}$, ein Wert, welcher später von RUTHERFORD durch Umrechnung auf den internationalen Radiumstandard auf $3{,}57 \cdot 10^{10}$ erhöht wurde. Die Gesamtzahl der beobachteten Teilchen betrug 874, so daß die durch die statistischen Schwankungen bedingte Unsicherheit im Z-Wert nach Gleichung (5) etwa 3% ausmachte. Mit einer anderen elektrischen Zählanordnung[4] arbeiteten HESS und LAWSON[5], auch benutzten sie anstatt des trägen Quadrantelektrometers ein Fadenelektrometer, welches wegen seiner kurzen Einstelldauer bessere Gewähr dafür bot, daß kurz aufeinanderfolgende Ausschläge getrennt wahrgenommen wurden. Das Resultat war $Z = 3{,}72 \cdot 10^{10}$. Weiter wurden dann ausgedehnte Zählversuche von GEIGER und WERNER[6] angestellt, die sich der Szintillationsmethode bedienten. Da diese Methode dem Einwand ausgesetzt ist, daß die Szintillationen wegen ihrer Lichtschwäche nicht vollzählig zur Beobachtung gelangen könnten, wurden durch zwei Beobachter die unabhängig voneinander auf dem gleichen Zinksulfidschirm gezählten Szintillationen auf dem gleichen Morsestreifen, aber voneinander getrennt, registriert und durch einen einfachen Wahrscheinlichkeitsansatz für die Zahl der übersehenen Szintillationen korrigiert. Bezeichnen nämlich für eine Versuchsreihe N_1 und N_2 die Gesamtzahlen der von jedem Beobachter gezählten Szintillationen, N_{12} die Zahl der zeitlich koinzidierenden Marken in den beiden Zählreihen, so ist die wirkliche Zahl der aufgetretenen Szintillationen:

$$N = \frac{N_1 N_2}{N_{12}},$$

[1] H. GEIGER, Phil. Mag. Bd. 22, S. 201. 1911.
[2] B. B. BOLTWOOD, Sill. Journ. Bd. 25, S. 269. 1908.
[3] E. RUTHERFORD u. H. GEIGER, Proc. Roy. Soc. London (A) Bd. 81, S. 141. 1908; Phys. ZS. Bd. 10, S. 1. 1909.
[4] E. RUTHERFORD u. H. GEIGER, Phil. Mag. Bd. 24, S. 618. 1912.
[5] V. F. HESS u. R. W. LAWSON, Wiener Ber. Bd. 127, S. 405. 1918.
[6] H. GEIGER u. A. WERNER, ZS. f. Phys. Bd. 21, S. 187. 1924.

vorausgesetzt, daß die Wahrscheinlichkeiten des Übersehens für beide Beobachter unabhängig sind. GEIGER und WERNER gelangten zu dem Wert: $Z = 3{,}40 \cdot 10^{10}$. Gegen diese Szintillationszählungen haben HESS und LAWSON[1] mehrere Einwände erhoben. Indessen ergaben weitere Versuche von GEIGER und WERNER[2], bei welchen statt des Szintillationsschirmes der Spitzenzähler zum Nachweis der α-Teilchen diente, den nur wenig größeren Wert $Z = 3{,}48 \cdot 10^{10}$. Eine dritte direkte Zählmethode wandten WARD, WYNN-WILLIAMS und CAVE[3] an, indem sie nach dem Vorgang von GREINACHER die Ionisationswirkung der einzelnen α-Teilchen mit Elektronenröhren bis zur Nachweisbarkeit verstärkten; diese Versuche ergaben $Z = 3{,}66 \cdot 10^{10}$. Da hierbei insgesamt 92000 Teilchen gezählt wurden, beträgt nach Gleichung (5) der durch statistische Schwankungen hervorgerufene mittlere Fehler nur 0,3%.

Die Zählung der α-Teilchen kann auch auf indirektem Wege erfolgen: durch Messung der von ihnen transportierten Ladung, wobei das elektrische Elementarquantum eingeht; oder aus der Wärmewirkung des Radiums und seiner Zerfallsprodukte, wobei angenommen wird, daß diese keine Energie entwickeln, welche nicht in den bekannten radioaktiven Strahlungen enthalten ist; oder schließlich aus dem Normalvolumen von 1 Curie reiner RaEm und der Zerfallskonstanten der RaEm. Durch Ladungsmessungen fand JEDRZEJOWSKY[4] $Z = 3{,}50 \cdot 10^{10}$, dagegen BRADDICK und CAVE[5] $Z = 3{,}69 \cdot 10^{10}$. Die Wärmewirkung des Radiums und seiner Zerfallsprodukte ist am besten mit einem Wert in der Nähe von $3{,}7 \cdot 10^{10}$ verträglich (Ziff. 27). Das Volumen von 1 Curie reiner RaEm ist nicht sehr genau zu messen (Kap. 3B); nach der letzten Bestimmung von WERTENSTEIN[6] beträgt es $6{,}39 \cdot 10^{-4}$ cm^3, was auf $Z = 3{,}62 \cdot 10^{10}$ führt.

Für die überraschend großen Unterschiede zwischen diesen Ergebnissen fehlt noch die Erklärung. Die obige Zusammenstellung zeigt, daß auch Messungen, die nach wesentlich gleichartigen Methoden ausgeführt wurden, zu abweichenden Ergebnissen führten. Der wirkliche Wert von Z wird sich wahrscheinlich nicht weit von $3{,}65 \cdot 10^{10}$ entfernen.

Von GEIGER und RUTHERFORD[7] wurden auch absolute α-Strahlenzählungen an Uranoxyd, Pechblende und Thoroxyd nach der Szintillationsmethode ausgeführt. Es ergab sich, daß 1 g Th im Gleichgewicht mit seinen Zerfallsprodukten $2{,}7 \cdot 10^4$, 1 g UI + UII $2{,}37 \cdot 10^4$ α-Teilchen pro Sekunde aussendet. Die letztere Zahl ist in guter Übereinstimmung mit dem Wert, welcher sich aus dem Gleichgewichtsverhältnis Ra:U (BOLTWOODsche Konstante $B = 3{,}33 \cdot 10^{-7}$) und der Zahl Z für Ra berechnet, nämlich $2\,BZ = 2{,}33 \cdot 10^4$. Man kann diese Zahl auch aus der Ionisationswirkung von 1 g U bestimmen, da man die Wirkung eines α-Teilchens aus seiner Reichweite berechnen kann[8]. Auch für die α-Emission von 1 g U im Gleichgewicht mit seinen sämtlichen Zerfallsprodukten (Pechblende) erhielten GEIGER und RUTHERFORD einen plausiblen Wert ($9{,}6 \cdot 10^4$ α-Teilchen pro Sekunde).

Ein ThC-Präparat, dessen γ-Strahlung, durch 3 mm Blei gemessen, derjenigen von 1 g Ra äquivalent ist, emittiert nach SHENSTONE und SCHLUNDT[9]

---

[1] V. F. HESS u. R. W. LAWSON, ZS. f. Phys. Bd. 24, S. 402. 1924.
[2] H. GEIGER u. A. WERNER, Tätigkeitsber. d. P. T. R. 1924, S. 47.
[3] F. A. B. WARD, C. E. WYNN-WILLIAMS u. H. M. CAVE, Proc. Roy. Soc. London (A) Bd. 125, S. 713. 1929.
[4] H. JEDRZEJOWSKY, Ann. d. phys. Bd. 9, S. 128. 1928.
[5] H. J. J. BRADDICK u. H. M. CAVE, Proc. Roy. Soc. London (A) Bd. 121, S. 367. 1928.
[6] L. WERTENSTEIN, Phil. Mag. Bd. 6, S. 17. 1928.
[7] H. GEIGER u. E. RUTHERFORD, Phil. Mag. Bd. 20, S. 691. 1910.
[8] MEYER u. v. SCHWEIDLER, Radioaktivität.
[9] A. G. SHENSTONE u. H. SCHLUNDT, Phil. Mag. Bd. 43, S. 1038. 1922.

$3,07 \cdot 10^{10}$ ThC'-α-Strahlen pro Sekunde, wenn man für Ra den Wert $Z = 3,72 \cdot 10^{10}$ zugrunde legt. Daraus berechnet sich die Gesamtzahl der α-Teilchen von ThC + C' mit Berücksichtigung des Abzweigungsverhältnisses 0,66 für ThC' zu $4,65 \cdot 10^{10}$ pro Gramm Ra-Äquivalent und Sekunde; dies ist demnach auch die Zahl der zerfallenden ThC-Atome. Wird der γ-Vergleich mit dem Radium nicht durch 3, sondern durch 18 mm Blei ausgeführt, so beträgt nach unabhängigen Messungen von WATSON und HENDERSON[1] diese Zahl $(4,26 \pm 0,08) \cdot 10^{10}$.

23. Zahl der β-Teilchen pro zerfallendes Atom. Fragt man nach der Zahl der β-Teilchen, welche ein gegebenes Präparat in bestimmter Zeit aussendet, so trifft man auf ganz andere experimentelle und theoretische Verhältnisse als bei den α-Strahlen, schon weil die β-Strahlen stets inhomogen sind. Direkte Zählungen sind erst in jüngster Zeit versucht worden, meist wurde der Ladungstransport durch die β-Strahlen im Vakuum gemessen und daraus erst die Teilchenzahl mit dem bekannten Wert der Elementarladung errechnet. Beträchtlich unsicherer ist die Berechnung aus der in Luft erzeugten β-Ionisation und dem gesondert bestimmten Ionisierungsvermögen eines einzelnen β-Teilchens. Vom *theoretischen* Standpunkt aus liegt ein wichtiger Unterschied gegenüber den α-Strahlen darin, daß nicht jedes zerfallende Atom genau ein β-Teilchen entsendet, da durch Sekundärprozesse, insbesondere Photoeffekt der γ-Strahlen, auch Elektronen aus der äußeren Elektronenhülle des zerfallenden Atoms losgerissen werden können (vgl. Kap. 2B). Über Einzelheiten dieser Sekundärvorgänge erhält man Aufschlüsse, wenn man die durchschnittliche Zahl der von einem zerfallenden Atom insgesamt ausgesandten β-Teilchen kennt. Die Fragestellung ist also hier die umgekehrte wie bei der α-Strahlenzählung: Man kennt die Zahl der zerfallenden Atome in einem Präparat (z. B. durch α-Strahlenzählung) und schließt von der totalen β-Emission des Präparates auf diejenige eines einzelnen zerfallenden Atoms.

Die von W. WIEN[2], PASCHEN[3], RUTHERFORD[4], MAKOWER[5] und MOSELEY[6] benutzten Versuchsanordnungen sind einander sehr ähnlich. Das Präparat (Ra bei WIEN, RaB + C bei RUTHERFORD, RaEm + A + B + C bei MAKOWER und MOSELEY) ist in eine α-strahlenabsorbierende Hülle eingeschlossen und isoliert im Innern eines Auffangegefäßes angebracht, dessen Wände genügende Dicke haben, um praktisch alle β-Strahlen zu absorbieren; die ganze Vorrichtung befindet sich im Vakuum. Es wird entweder die positive Selbstaufladung des Präparates gemessen oder die negative Aufladung des Auffangegefäßes. Es zeigte sich, daß die Größe der Aufladung abhing von dem Vorzeichen eines zwischen Präparat und Gefäß angelegten Potentials; dies erklärt sich aus der Wirkung der langsamen Sekundärelektronen (δ-Strahlen), welche die β-Strahlen sowohl bei ihrem Austritt aus dem Präparat als auch beim Auftreffen auf die Gefäßwand erzeugen. In der richtigen Wahl des Mittelwertes zwischen den beiden so erhaltenen Aufladungen liegt die erste Unsicherheit derartiger Messungen; eine eingehendere Berechnung der δ-Strahlenkorrektion wurde nur von MOSELEY versucht. Eine weitere Unsicherheit liegt in folgendem Umstand begründet: Die β-Strahlen erleiden (im Gegensatz zu den α-Strahlen) beim Durchgang durch Materie eine *stetige* Verminderung ihrer Zahl, so daß für die Absorption der β-Strahlen in dem Präparat und seiner Umhüllung zu korrigieren ist. Dabei

[1] S. W. WATSON u. M. C. HENDERSON, Proc. Cambridge Phil. Soc. Bd. 24, S. 133. 1928.
[2] W. WIEN, Phys. ZS. Bd. 4, S. 624. 1903.
[3] F. PASCHEN, Ann. d. Phys. Bd. 14, S. 389. 1904.
[4] E. RUTHERFORD, Phil. Mag. Bd. 10, S. 193. 1905.
[5] W. MAKOWER, Phil. Mag. Bd. 17, S. 171. 1909.
[6] H. G. MOSELEY, Proc. Roy. Soc. London (A) Bd. 87, S. 230. 1912.

darf die Umhüllung nicht dünner sein als zur vollständigen Absorption der α-Strahlen nötig ist, und zwar weniger wegen der Störungen durch die α-Strahlen selbst, als wegen der sehr intensiven δ-Strahlung, welche diese bei ihrem Austritt erzeugen und welche den zu messenden Effekt vollkommen zudecken würde. Die Ermittelung dieser Absorptionskorrektion, welche bei den sorgfältigen Messungen von MOSELEY immer noch etwa 20% betrug, kann durch Aufnahme der Absorptionskurve und Extrapolation auf die Schichtdicke 0 erfolgen (Abb. 13), doch setzt eine solche Extrapolation voraus, daß die β-Strahlen nicht allzu heterogen sind, denn es würde z. B. eine β-Strahlengruppe, deren Durchdringungsvermögen wesentlich kleiner als das der α-Strahlen ist, der Beobachtung vollkommen entgehen; in der Tat enthält z. B. das Geschwindigkeitsspektrum der β-Strahlen von RaB derartig weiche Gruppen[1]. Eine dritte Schwierigkeit liegt in der Trennung des gesamten Ladungstransportes in die beiden Anteile, welche von RaB und RaC herrühren. Diese Trennung führte MOSELEY in der Weise aus, daß er ein reines RaB-Präparat in die Apparatur einbrachte und die zeitliche Änderung des Ladungstransportes infolge des Abklingens des RaB und der Neubildung des RaC verfolgte; die Analyse der so erhaltenen Kurve liefert die Anteile des RaB und des RaC an der Gesamtwirkung. Die Abb. 13 stellt die so gewonnenen Resultate dar. Die durch die Versuchspunkte gelegten Absorptionskurven führen bei Extrapolation auf die Schichtdicke 0 zu dem Ergebnis, daß ein Atom RaB und RaC beim Zerfall durchschnittlich je 1,1 β-Teilchen aussenden. Dabei ist die Zahl der pro Sekunde zerfallenden Atome aus der γ-Ionisation des Präparates und dem RUTHERFORD-GEIGERschen Wert $Z = 3{,}4 \cdot 10^{10}$ berechnet. Wenn man die heutigen genaueren Werte für die benutzten Konstanten einführt, ergibt sich fast genau 1 β-Teilchen pro Atom RaB oder RaC. Beim RaE war die Messung durch verschiedene Umstände erschwert, insbesondere ging die Zerfallskonstante des RaD ein. Legt man für diese den heute angenommenen höheren Wert der Auswertung zugrunde, so nähert sich auch die Zahl für RaE beträchtlich der 1 an.

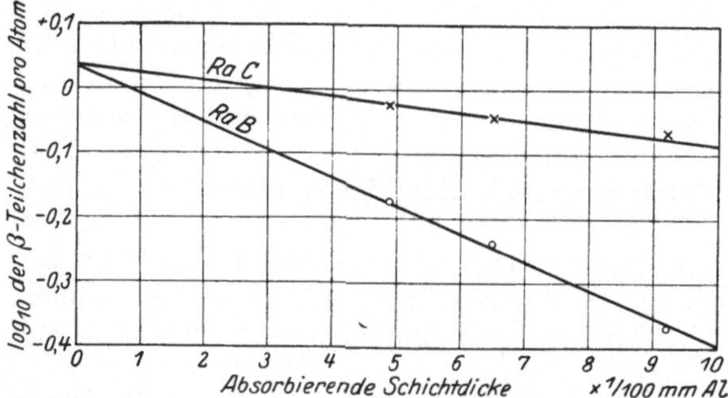

Abb. 13. Ermittlung der β-Teilchenzahl pro Atom aus der Absorptionskurve.

Zu etwas abweichenden Resultaten gelangten DANYSZ und DUANE[2], die eine andere Versuchsanordnung benutzten, welche unmittelbar den Ladungstransport durch β-Strahlen mit dem durch α-Strahlen zu vergleichen gestattete. Zur Ausschaltung der δ-Strahlen dienten nicht nur elektrische, sondern auch magnetische Felder, welche die δ-Strahlen zu ihrem Ursprung zurückbogen. Dies hat den Vorteil, daß auch die intensive, von den α-Strahlen erzeugte δ-Strahlung ganz unterdrückt wird; daher konnte die Umhüllung des Emanationspräparates so dünn gewählt werden, daß die Korrektion für die Absorption der β-Strahlen in der Umhüllung sehr klein wurde. Die Messungen ergaben, daß von einem Atom RaB und RaC zusammen 3 β-Teilchen ausgesandt werden. Auf ähnliche Weise erhielt WERTENSTEIN die Zahlen 1,35 und 1,04 für RaB bzw. RaC[3].

[1] Vgl. Kap. 2C.
[2] J. DANYSZ u. W. DUANE, C. R. Bd. 155, S. 500. 1912; Sill. Journ. Bd. 35, S. 295. 1913.
[3] L. WERTENSTEIN, C. R. Soc. Varsovie Bd. 9, S. 929. 1916.

Ebenfalls auf der Messung des Ladungstransportes beruhen die neueren Bestimmungen von GURNEY[1], deren Fortschritt darin besteht, daß die β-Strahlen erst magnetisch zerlegt und die Resultate für die verschiedenen Geschwindigkeiten summiert wurden. Dabei konnten die *Linien* des Geschwindigkeitsspektrums, welche nach allgemeiner Ansicht nicht dem Kern entstammen, sondern durch Absorption von γ-Strahlen entstehen, getrennt behandelt werden. Es ergaben sich für RaB und RaC insgesamt bezüglich 1,25 und 1,05 β-Teilchen pro Atom; von der Summe beider Zahlen entfällt mindestens 0,15 auf die Linien (hauptsächlich des RaB). Ähnliche Resultate erhielt GURNEY für ThB + C[2].

Das *Ionisationsvermögen* der beim Zerfall eines Atoms ausgesandten β-Teilchen haben GEIGER und KOVARIK gemessen[3]. In Verbindung mit Messungen von MOSELEY[4] über den Zusammenhang zwischen Absorbierbarkeit und Ionisationsvermögen von β-Strahlen läßt sich hieraus wieder die Zahl der β-Teilchen pro Atom finden; bei einer ganzen Reihe von β-Strahlern ergab sie sich wieder in der Nähe von 1. Genauere Resultate läßt diese Methode wohl nicht erwarten.

Was die *Zählmethoden* betrifft, so kommt der Spitzenzähler nur für solche Substanzen in Frage, die keine starke γ-Strahlung aussenden, wie RaE und RaD. Die Zahl der zerfallenden Atome in einem Präparat läßt sich bei diesen Substanzen aus der Zahl der α-Teilchen des im Gleichgewicht befindlichen RaF bestimmen. Hauptfehlerquellen, für welche zu korrigieren ist, sind dabei die Rückdiffusion der β-Strahlen von der Unterlage des Präparates und die Absorption, welche die Strahlen vor ihrem Eintritt in den Zähler erleiden. Die ersten Versuche dieser Art führte EMELÉUS mit RaE aus[5]. Ähnliche Messungen, aber unter wesentlich besseren Bedingungen, hat dann RIEHL angestellt[6]. Es ergab sich übereinstimmend etwas mehr als 1 β-Teilchen pro Atom, wobei der Überschuß über 1 wohl nicht als gesichert anzusehen ist. RaD wurde von STAHEL mit dem Spitzenzähler untersucht[7], er fand „mindestens 0,83“ β-Teilchen pro Atom.

Einen sehr direkten Weg zur Bestimmung der Zahl der β-Teilchen pro Atom bietet die WILSONsche Nebelmethode. KINOSHITA, KIKUCHI und HAGIMOTO[8] spannten einen mit aktivem Ra-Niederschlag bedeckten Seidenfaden in der Wilsonkammer aus und photographierten die vom Faden ausgehenden Strahlenbahnen. Die Zahl der zerfallenden Atome konnte aus den α-Strahlen des im Gleichgewicht befindlichen RaC′ bzw. RaF erschlossen werden. Die Versuche ergaben folgendes: Jedes zerfallende Atom RaB, RaC und RaE sendet mindestens 1 β-Teilchen aus; ein gewisser Bruchteil der RaB- und RaC-Atome sendet 2 Teilchen *gleichzeitig* aus, während beim RaE keine Doppelemission auftritt. Für das RaD findet KIKUCHI 0,95; noch kleinere Werte für RaD beobachteten FEATHER[9] sowie GRAY und O'LEARY[10].

Die Gesamtheit dieser Versuche, besonders aber die letzterwähnten Wilsonversuche, lassen folgenden Sachverhalt erkennen. Substanzen, welche β-Strahlen, aber keine γ-Strahlen aussenden, wie RaE, emittieren *ein* β-Teilchen pro Atom, das „Zerfallselektron“. Sind jedoch neben den β-Strahlen auch γ-Strahlen vor-

---

[1] R. W. GURNEY, Proc. Roy. Soc. London (A) Bd. 109, S. 540. 1925.
[2] R. W. GURNEY, Proc. Roy. Soc. London (A) Bd. 112, S. 380. 1926.
[3] H. GEIGER u. A. F. KOVARIK, Phil. Mag. Bd. 22, S. 604. 1911.
[4] H. G. J. MOSELEY, Proc. Roy. Soc. London (A) Bd. 87, S. 230. 1912.
[5] K. G. EMELÉUS, Proc. Cambridge Phil. Soc. Bd. 22, S. 400. 1924.
[6] N. RIEHL, ZS. f. Phys. Bd. 46, S. 478. 1928.
[7] E. STAHEL, ZS. f. Phys. Bd. 68, S. 1. 1931.
[8] S. KINOSHITA, S. KIKUCHI u. Y. HAGIMOTO, Jap. Journ. of Phys. Bd. 4, S. 49. 1926; S. KIKUCHI, ebenda Bd. 4, S. 143. 1927.
[9] N. FEATHER, Proc. Cambridge Phil. Soc. Bd. 25, S. 522. 1929.
[10] GRAY u. O'LEARY, Nature Bd. 123, S. 568. 1929.

handen, so wird die Zahl der β-Teilchen pro Atom größer als 1, weil zu den Zerfallselektronen noch Sekundärelektronen hinzutreten, welche in der Hülle des zerfallenden Atoms durch die γ-Strahlung ausgelöst werden. Eine nur scheinbare Ausnahme bildet das RaD, bei welchem die aufgeführten Versuche eine Zahl <1 ergaben: hier wurden *nur* Sekundärelektronen gemessen, die sehr langsamen Zerfallselektronen kamen nicht zur Beobachtung.

Die Bedeutung dieser Tatsachen wird in Kap. 2B dargelegt. Hier sei nur kurz auf die grundlegende Wichtigkeit des Ergebnisses für RaE hingewiesen. Da die β-Geschwindigkeiten bei diesem Element einen breiten Bereich bedecken ($2\cdot 10^5$—10^6 *e*-Volt) und γ-Strahlen so gut wie nicht vorhanden sind, andererseits die Zahl der β-Teilchen pro Atom jedenfalls nicht weit von 1 verschieden ist, so folgt, daß von einem RaE-Atom zum anderen die Energieabgabe beim Zerfall verschieden sein muß. Seine entscheidende Stütze erfährt dieser Schluß durch die Messung der Wärmewirkung des RaE (Ziff. 27).

24. Zahl der γ-Strahlen pro zerfallendes Atom. Von ähnlichem theoretischem Interesse wie die Zahl der β-Teilchen ist auch die Zahl der γ-Strahlen, welche ein Atom beim Zerfall aussendet; unter einem γ-Strahl ist dabei gemäß der Vorstellung der quantenhaften Energieemission ein Strahlungsquant von der Wellenlänge λ und der Energie hc/λ zu verstehen, wo h die PLANCKsche Konstante und c die Lichtgeschwindigkeit ist. Die durchschnittliche Zahl der γ-Strahlen pro Atomzerfall ist ebenso wie die der β-Teilchen erheblichen Schwankungen von Substanz zu Substanz unterworfen. Bei manchen Substanzen sind so gut wie überhaupt keine γ-Strahlen beobachtet worden (das sind die meisten α- und einige β-Strahler wie RaE), bei anderen (wie RaD) eine homogene γ-Strahlung, bei wieder anderen (insbesondere den B-, C- und C″-Produkten) ein kompliziertes γ-Spektrum.

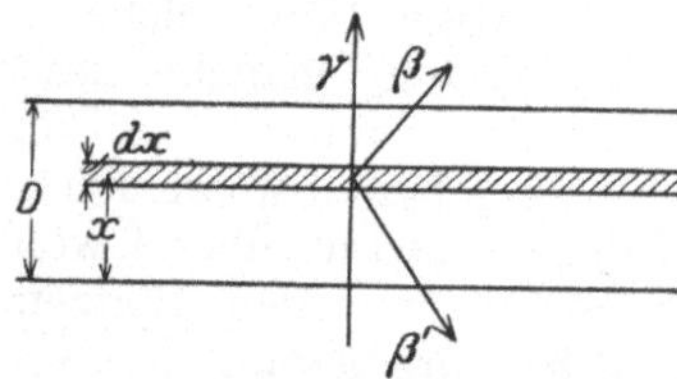

Abb. 14. Prinzip der γ-Strahlenzählung.

Eine exakte Zählung von γ-Strahlen begegnet noch weit größeren Schwierigkeiten als eine β-Teilchenzählung. Die γ-Strahlen geben sich ausschließlich durch die von ihnen bei der Absorption und Streuung erzeugten Korpuskularstrahlen (Photoelektronen und Rückstoßelektronen; vgl. ds. Handb. Bd. XXIII/1) zu erkennen, und zwar kann als gesichert gelten, daß mit der Auslösung eines sekundären β-Teilchens das Ausscheiden genau eines Strahlungsquants aus dem Primärbündel verbunden ist. Daher kann für eine Zählung der γ-Strahlen folgendes Prinzip benutzt werden (Abb. 14). Eine Metallplatte von der Dicke D werde senkrecht von γ-Strahlen getroffen. μ_γ und μ_β seien die Schwächungskoeffizienten der γ-Strahlen und der sekundären β-Strahlen in dem Material der Platte. Wir bezeichnen mit N_γ die Zahl der γ-Strahlen, welche pro Zeiteinheit die Flächeneinheit der Platte treffen, und berechnen die Zahl N_β der sekundären β-Teilchen, welche pro Zeit- und Flächeneinheit die Platte nach der Austrittsseite der Primärstrahlung verlassen. In einer Tiefe x ist die Intensität der γ-Strahlen $N_\gamma e^{-\mu_\gamma x}$, in dieser Tiefe werden daher durch eine Schicht von der Dicke dx

$$N_\gamma e^{-\mu_\gamma x} \mu_\gamma dx$$

γ-Strahlen in Elektronen umgesetzt. Bezeichnet p den Bruchteil dieser Elektronen, welcher in den vorderen Halbraum gerichtet ist, so gelangt ein Bruchteil $p e^{-\mu_\beta (D-x)}$ nach vorn zum Austritt; daher erhält man durch Integration über die ganze Plattendicke:

$$N_\beta = \int_0^D p N_\gamma e^{-\mu_\gamma x - \mu_\beta (D-x)} \mu_\gamma dx = p N_\gamma \frac{\mu_\gamma}{\mu_\beta - \mu_\gamma} (e^{-\mu_\gamma D} - e^{-\mu_\beta D}).$$

Eine analoge Rechnung gibt für die Zahl N'_β der pro Zeit- und Flächeneinheit nach *rückwärts* ausgesandten β-Teilchen (β', Abb. 14) den Wert:

$$N'_\beta = (1 - p)\, N_\gamma \frac{\mu_\gamma}{\mu_\beta + \mu_\gamma} \left(1 - e^{-(\mu_\beta + \mu_\gamma) D}\right).$$

Bestimmt man also N_β oder N'_β nach einer der in Ziff. 23 angeführten Methoden, so kann man N_γ berechnen. Die Schwächungskoeffizienten, die hier offenbar eine etwas unbestimmte Bedeutung haben, können aus der Variation von N_β oder N'_β mit der Plattendicke D bestimmt werden.

Derartige Messungen sind von MOSELEY[1], HESS und LAWSON[2] sowie KOVARIK[3] unternommen worden. MOSELEY führte Ladungsmessungen mit der oben (Ziff. 23) bereits beschriebenen Anordnung aus, wobei das Präparat zwecks Absorption der primären β-Strahlen mit 2,5 mm dickem Blei umgeben war. Er fand, daß ein Atom RaC rund zwei γ-Strahlen aussendet. Nach HESS und LAWSON, welche den RUTHERFORD-GEIGERschen Halbkugelzähler[4] benutzten, beträgt die Zahl der γ-Strahlen pro Gramm Ra-Äquivalent und Sekunde für RaC $1{,}43 \cdot 10^{10}$, für RaB $1{,}49 \cdot 10^{10}$. KOVARIK endlich findet mit dem GEIGERschen Spitzenzähler für RaB + C zusammen $7{,}28 \cdot 10^{10}$ γ-Strahlen pro Gramm Ra-Äquivalent und Sekunde[5]. Die Schwierigkeit solcher Messungen liegt u. a. darin, daß γ-Strahlen außerordentlich schwer sauber auszublenden sind, und daß daher schwer zu übersehen ist, von welchem Bereich der Apparatur die Sekundärstrahlen mitgemessen werden; der GEIGERsche Spitzenzähler hat z. B. nur einen verhältnismäßig kleinen räumlichen Bereich, in welchem er β-Strahlen zählt, in diesen Bereich können aber β-Strahlen aus verhältnismäßig weit entlegenen Teilen der Apparatur gelangen. Man kann daher aus den bisherigen Resultaten kaum mehr entnehmen, als daß sich eine Zahl von der Größenordnung der α-Teilchenzahl Z ergibt, d. h. daß von jedem zerfallenden Atom RaB oder C ein oder wenige γ-Strahlen ausgesandt werden.

Eine andere Methode, die Zahl der γ-Strahlen pro zerfallendes Atom zu bestimmen, besteht in folgendem. Man mißt die gesamte Energie E, welche im Mittel von einem zerfallenden Atom in Form von γ-Strahlen ausgesandt wird, z. B. indem man die Wärmewirkung (Ziff. 25) oder die gesamte Ionisation ermittelt, welche die γ-Strahlung eines Präparates von bekannter Aktivität bei vollständiger Absorption hervorruft. Weiter entnimmt man aus dem Spektrum der γ-Strahlen die mittlere Energie $\bar{E} = h\bar{\nu}$ eines Strahlungsquants. Dann ist die mittlere Zahl der von einem Atom emittierten Quanten offenbar $E/\bar{E}$. Auch dieser Weg ist nicht einfach, besonders wenn die γ-Strahlen hart sind und ein kompliziertes Spektrum haben. Für Substanzen wie RaC und ThC ergab sich auf diese Weise, daß ein zerfallendes Atom im Mittel wahrscheinlich mehr als 1 Quant aussendet[6]; dies ist so zu verstehen, daß die Umgruppierung des zerfallenen Kerns, welche den Anlaß zur γ-Emission gibt, in mehreren Stufen erfolgt. Verhältnismäßig günstig liegen die Verhältnisse beim RaD, welches eine monochromatische γ-Strahlung von genau bekannter Wellenlänge aussendet.

---

[1] H. G. MOSELEY, Proc. Roy. Soc. London (A) Bd. 87, S. 230. 1912.

[2] V. F. HESS u. R. W. LAWSON, Wiener Ber. Bd. 125, S. 585. 1916.

[3] A. F. KOVARIK, Proc. Nat. Acad. Amer. Bd. 6, S. 105. 1920; Phys. Rev. Bd. 23, S. 559. 1924.

[4] E. RUTHERFORD u. H. GEIGER, Phil. Mag. Bd. 24, S. 618. 1912.

[5] Ein Fehler in KOVARIKS Berechnung besteht darin, daß $p = 1$ angenommen wird, als ob keine Elektronen nach rückwärts ausgelöst würden; berücksichtigt man dies, so erhöht sich der angegebene Wert wesentlich.

[6] Vgl. Kap. 2 C sowie E. RUTHERFORD, J. CHADWICK u. C. D. ELLIS, Radiations from Radioactive Substances, S. 508. Cambridge 1930.

BRAMSON[1] sowie STAHEL und SIZOO[2] haben auf die angegebene Weise festgestellt, daß ein zerfallendes RaD-Atom im Mittel nur etwa 0,03 Quanten aussendet.

Es ist von grundsätzlicher Wichtigkeit, daß es sich bei solchen Messungen immer nur um diejenigen γ-Strahlen handelt, welche das Atom wirklich verlassen; die Zahl der *entstehenden* Quanten ist größer, weil ein Teil von ihnen bereits im Ursprungsatom absorbiert wird und dabei zur Entstehung von sekundären β-Strahlen Anlaß gibt (Ziff. 23). Für das RaD schließt STAHEL[3], daß die Gesamtzahl der entstehenden Quanten, das ist die Summe der austretenden Quanten plus Zahl der sekundären β-Teilchen, wahrscheinlich genau 1 pro Atom beträgt, während GRAY und O'LEARY[4] auf ähnliche Weise nur etwas mehr als 0,5 entstehende γ-Quanten pro Atom finden.

25. Wärmeentwicklung radioaktiver Substanzen; Methodisches. Es wurde frühzeitig erkannt, daß stark radioaktive Körper beständig Wärme an ihre Umgebung abgeben und diese Wirkung mit der Absorption der von den radioaktiven Elementen ausgehenden Strahlungen in Zusammenhang gebracht. Wird ein radioaktives Präparat mit einer genügend starken Hülle umgeben, welche keine Strahlung nach außen durchläßt, so kann kein Zweifel darüber bestehen, daß die ganze Strahlenenergie, in welcher Form sie auch zunächst auftritt, sehr rasch in Wärme übergeführt wird. Dagegen ist es nicht von vornherein sicher, ob auch umgekehrt die ganze zu beobachtende Wärmewirkung auf Rechnung der bekannten Strahlenarten zu setzen ist oder ob das zerfallende Atom noch Energie in anderer Form nach außen abgibt. Daher ist die Messung der Wärmewirkung und ihr Vergleich mit der zu berechnenden Energie der absorbierten Strahlen ein wichtiges Mittel, die Energiebilanz der Zerfallsvorgänge zu kontrollieren.

Die Wärmeentwicklung eines stärkeren Radiumpräparates läßt sich leicht thermometrisch nachweisen[5]. Zur Messung lassen sich Eis- und Dampfkalorimeter verwenden. BUNSENsche Eiskalorimeter von spezieller Form benutzten CURIE, PASCHEN, PRECHT und POOLE[6], während CURIE und DEWAR[7] das Präparat in ein verflüssigtes Gas (Wasserstoff, Sauerstoff, Stickstoff, Äthylen) einbrachten und die pro Zeiteinheit bei Siedetemperatur verdampfte Gasmenge bestimmten; hierbei stellten sie fest, daß die Wärmeentwicklung in weiten Grenzen unabhängig ist von der Temperatur des Präparates. Die genaueren Absolutmessungen wurden jedoch nach Differential- und Kompensationsmethoden ausgeführt.

Ein sehr einfaches, von RUTHERFORD und BARNES[8] benutztes Differentialkalorimeter besteht aus zwei in einem Wasserbad befindlichen geschlossenen Glasgefäßen G (Abb. 15), zwischen denen sich ein mit Xylol gefülltes Manometer M befindet. Bringt man ein Radiumpräparat P in das eine Gefäß, so zeigt das Manometer die durch die Erwärmung hervorgerufene Ausdehnung der Luft an. Die Eichung geschieht durch Einbringen einer Heizspule mit bekanntem Wattverbrauch. Sehr empfindlich ist eine ähnliche Einrichtung, welche von DUANE[9]

---

[1] S. BRAMSON, ZS. f. Phys. Bd. 66, S. 721. 1930.
[2] E. STAHEL u. G. J. SIZOO, ZS. f. Phys. Bd. 68, S. 1. 1931.
[3] E. STAHEL, ZS. f. Phys. Bd. 68, S. 1. 1931.
[4] GRAY u. O'LEARY, Nature Bd. 123, S. 568. 1929.
[5] P. CURIE u. A. LABORDE, C. R. Bd. 136, S. 673. 1903; F. GIESEL, Chem. Ber. Bd. 36, S. 2368. 1903.
[6] M. CURIE, Radioaktivität 1912; F. PASCHEN, Phys. ZS. Bd. 5, S. 563. 1904; Bd. 6, S. 97. 1905; J. PRECHT, Ann. d. Phys. Bd. 21, S. 595. 1906; H. H. POOLE, Phil. Mag. Bd. 19, S. 314. 1910; Bd. 21, S. 58. 1911; Bd. 23, S. 183. 1912.
[7] P. CURIE u. J. DEWAR, Proc. Roy. Inst. 1904; Journ. chim. phys. Bd. 1, S. 409. 1903.
[8] E. RUTHERFORD u. H. T. BARNES, Phil. Mag. Bd. 7, S. 202. 1904.
[9] W. DUANE, C. R. Bd. 148, S. 1448 u. 1665. 1909; Bd. 151, S. 379 u. 471. 1910; Sill. Journ. Bd. 31, S. 257. 1911.

angegeben wurde. Hier sind die beiden Gefäße nicht mit Luft, sondern zum Teil mit Äther gefüllt, dessen Dampfdruckänderung an der Bewegung einer Luftblase in dem ebenfalls mit Äther gefüllten Verbindungsrohr erkannt wird. Statt die Erwärmung durch ein eingebrachtes Präparat direkt zu messen, schlägt DUANE vor, sie durch den Peltiereffekt in meßbarer Weise zu kompensieren. Besonders bewährt hat sich die zuerst von ÅNGSTRÖM[1], später von v. SCHWEIDLER und HESS[2], ST. MEYER und HESS[3] sowie HESS[4] benutzte Kompensationsmethode (Abb. 16). Sie besteht im wesentlichen darin, daß man von zwei möglichst gleichartigen Metallkalorimetern *KK* das eine mit dem zu messenden Präparat, das andere mit einer Heizspule *H* beschickt; den Wattverbrauch der Heizspule reguliert man in genau meßbarer Weise ein, so daß die beiden gegeneinander geschalteten Thermoelemente *TT*, welche in die Kalorimeter eingelassen sind, keinen Strom zeigen. WERTENSTEIN und HERSZFINKIEL[5] benutzten eine ähnliche Anordnung, bei welcher die Temperaturdifferenz zwischen den beiden Kalorimetern nicht kompensiert, sondern direkt gemessen wird. Dieselbe Methode benutzen auch ELLIS und WOOSTER zur Messung der Wärmeentwicklung des β-strahlenden RaE[6]. MEITNER und ORTHMANN arbeiten zu demselben Zweck mit einem von ORTHMANN angegebenen sehr verfeinerten Doppelkalorimeter[7]. Die endgültigen Ablesungen erfolgen bei diesen Methoden allgemein erst, wenn die Temperatur der Kalorimeter einen konstanten Wert angenommen hat. Da dieser stationäre Zustand sich erst nach Stunden einstellt, so ist es mit der Anordnung Abb. 16 nicht möglich, raschen Änderungen der Wärmeentwicklung, wie sie z. B. der aktive Radiumniederschlag aufweist, zu folgen. Für diesen Zweck haben RUTHERFORD und BARNES[8] statt der schweren Kalorimetergefäße zwei gleich dimensionierte Spulen aus dünnem Platindraht verwendet, deren Temperaturunterschied dadurch gemessen wird, daß sie als Zweige in eine WHEATSTONEsche Brückenanordnung geschaltet und ihre Widerstände verglichen werden. Die Einstellzeit beträgt bei dieser „Schnellmethode“ wenige Minuten.

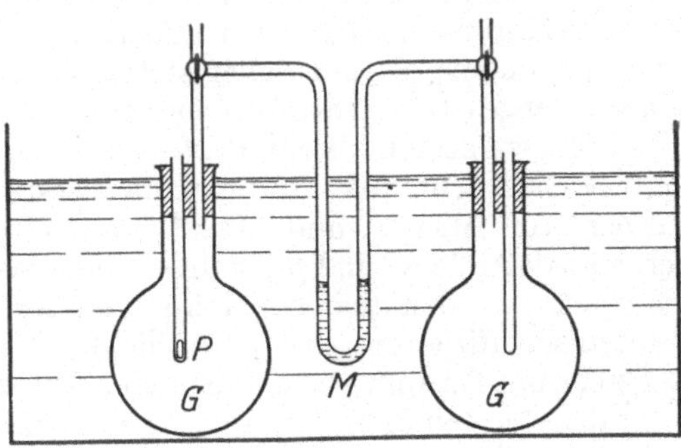

Abb. 15. Differentialkalorimeter nach RUTHERFORD und BARNES.

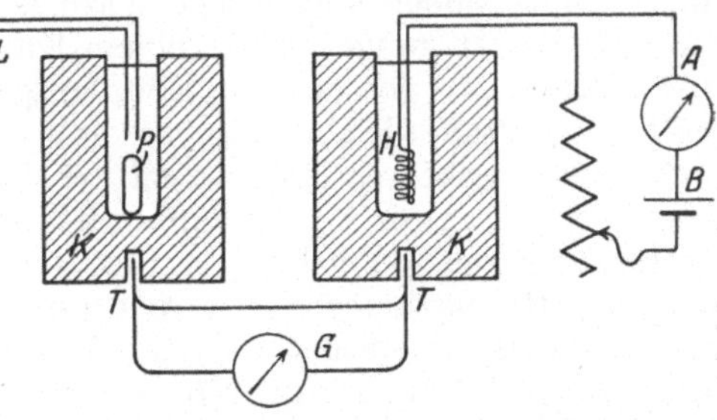

Abb. 16. Kompensationsmethode von ÅNGSTRÖM; *L* Blindleitungen zur thermischen Kompensation der Zuleitungen zu *H*. *A* Amperemeter, *B* Batterie, *G* Galvanometer.

[1] K. ÅNGSTRÖM, Phys. ZS. Bd. 6, S. 685. 1905.
[2] E. v. SCHWEIDLER u. V. F. HESS, Wiener Ber. Bd. 117, S. 879. 1908.
[3] ST. MEYER u. V. F. HESS, Wiener Ber. Bd. 121, S. 603. 1912.
[4] V. F. HESS, Wiener Ber. Bd. 121, S. 1419. 1912.
[5] L. WERTENSTEIN, Journ. de phys. et le Radium Bd. 1, S. 126. 1920; H. HERSZFINKIEL u. L. WERTENSTEIN, ebenda S. 143; s. auch TIAN, C. R. Bd. 178, S. 707. 1924; D. YOVANOVITCH, ebenda Bd. 179, S. 160. 1924.
[6] C. D. ELLIS u. W. A. WOOSTER, Proc. Roy. Soc. London (A) Bd. 117, S. 109. 1927.
[7] W. ORTHMANN, ZS. f. Phys. Bd. 60, S. 137. 1930; L. MEITNER u. W. ORTHMANN, ebenda S. 143.
[8] E. RUTHERFORD u. H. T. BARNES, Phil. Mag. Bd. 7, S. 202. 1904.

26. Die gemessene Wärmeentwicklung des Radiums und seiner kurzlebigen Zerfallsprodukte. Über die Wärmeentwicklung des Radiums im Gleichgewicht mit seiner Emanation und dem kurzlebigen Niederschlag liegen zahlreiche Messungen vor, von denen jedoch die älteren unter dem Mangel leiden, daß der Radiumgehalt der benutzten Präparate nur ungenau bekannt war; auch wurde anfangs die Schwierigkeit zu wenig beachtet, daß es nicht möglich ist, die von RaB + C ausgehenden γ-Strahlen vollständig zur Absorption zu bringen, da hierzu Kalorimetergefäße von außerordentlich großer Wärmekapazität benutzt werden müßten; es sind daher stets Korrektionen anzubringen für die nicht in Wärme umgesetzte γ-Strahlenenergie[1].

Die genauesten direkten Messungen der Wärmeentwicklung von Radium im Gleichgewicht mit Radiumemanation und dem kurzlebigen Niederschlag wurden von MEYER und HESS[2] angestellt. Die Versuchsbedingungen waren derartig, daß alle α- und β-Strahlen und etwa 18% der γ-Strahlen im Kalorimeter absorbiert wurden (berechnet aus den Kalorimeterabmessungen und dem Absorptionskoeffizienten der γ-Strahlen). Die Wärmeentwicklung ergab sich zu 132,3 cal pro Gramm Ra und Stunde. Diese Zahl ist noch zu korrigieren für die nichtabsorbierten 82% der γ-Strahlen; auch ist es von Interesse zu wissen, wieviel von der gemessenen Wärmewirkung auf die β-Strahlen entfällt. Die direkte Messung der Wärmewirkung der β- und γ-Strahlen ist schwierig, weil die viel stärkere Wirkung der gleichzeitig vorhandenen α-Strahlen dabei sehr stört. Solche Messungen sind von RUTHERFORD und ROBINSON in der Weise ausgeführt worden, daß sie die Wandstärke des Kalorimeters variierten[3]; für die β- und γ-Wärme ergaben sich bezüglich 4,7 und 6,4 cal pro Gramm Ra und Stunde. Die γ-Wärme wurde dann von ELLIS und WOOSTER noch genauer gemessen[4]. Sie benutzten ein zylindrisches Kalorimetergefäß, von welchem ein Sektor aus Aluminium, ein anderer aus Blei bestand. Die beiden Sektoren hatten gleiche äußere Dimensionen und gleiche Wärmekapazität. In der Zylinderachse lag das RaEm-Präparat, umgeben von einem Kupferrohr, welches die α- und β-Strahlen absorbierte. Die von diesem Rohr ausgehende Wärmestrahlung erwärmte die beiden Sektoren gleichmäßig, so daß der gemessene Temperaturunterschied zwischen den Sektoren ein Maß gab für die γ-Energie, welche im Bleisektor mehr absorbiert wurde als im Aluminiumsektor. Mittels der bekannten Absorptionskoeffizienten der γ-Strahlen in Blei und Aluminium konnte daraus die ganze γ-Wärmewirkung berechnet werden; sie ergab sich zu 8,6 cal/g RaStd. Wegen der Schwierigkeit solcher direkter Messungen hat man auch einen indirekten Weg eingeschlagen, um die Energieanteile der β- und γ-Strahlen zu ermitteln. Man bestimmte die totale Ionisation, welche bei vollkommener Absorption in Luft von den einzelnen Strahlenarten hervorgerufen wird. Aus der Ionisation kann man auf die Energie entweder in der Weise schließen, daß man das Verhältnis beider für alle drei Strahlenarten gleich annimmt und an die bekannte Energie der α-Strahlen anschließt[5], oder indem man den Energiebetrag, welcher bei der Bildung eines Ionenpaares verbraucht wird (32,2 e-Volt[6]), aus anderen Messungen übernimmt. MOSELEY und ROBINSON fanden auf diese Weise für die β- und γ-Wärme des Ra(B + C) die Werte 5,06 bzw. 6,4 cal/g RaStd. Eine

[1] Zusammenstellung der älteren Resultate bei MEYER u. v. SCHWEIDLER, Radioaktivität.
[2] ST. MEYER u. V. F. HESS, Wiener Ber. Bd. 121, S. 603. 1912.
[3] E. RUTHERFORD u. H. ROBINSON, Wiener Ber. Bd. 121, S. 1491. 1912.
[4] C. D. ELLIS u. W. A. WOOSTER, Proc. Cambridge Phil. Soc. Bd. 22, S. 595. 1925; Phil. Mag. Bd. 50, S. 521. 1925.
[5] A. S. EVE, Phil. Mag. Bd. 27, S. 394. 1914; G. H. J. MOSELEY u. H. ROBINSON, Phil. Mag. Bd. 28, S. 329. 1914.
[6] A. EISL, Ann. d. Phys. Bd. 3, S. 379. 1929.

neuere, sehr sorgfältige Untersuchung von GRAY[1] ergab für die γ-Wärme 9,4 cal/g RaStd. Schließlich ist die entsprechende β-Wärme noch von GURNEY aus der gemessenen Zahl und Geschwindigkeitsverteilung der β-Strahlen (Ziff. 23) zu 5,6 cal/g RaStd. berechnet worden. Legt man die letzten beiden Zahlen zugrunde, so erhält man aus den Messungen von MEYER und HESS die nebenstehende Verteilung der Wärmewirkung auf die drei Strahlenarten.

Strahlen	cal/g RaStd.
α	125,0
β	5,6
γ	9,4
Summe	140,0

Mit der von MEYER und HESS benutzten Apparatur bestimmte HESS[2] auch die Wärmewirkung des von seinen Zerfallsprodukten befreiten Radiums, sowie diejenige der Radiumemanation im Gleichgewicht mit ihrem kurzlebigen Niederschlag. Die Wärmewirkung des ursprünglich reinen Radiums stieg mit der Zeit genau so an, wie es wegen der allmählichen Neubildung der Emanation zu erwarten war; durch Rückextrapolation aus der Anstiegskurve der Wärmewirkung konnte geschlossen werden, daß 1 g reines Ra in der Stunde 25,2 cal, die mit 1 g Ra im Gleichgewicht befindliche Menge RaEm—C′ 107,1 cal unter den angegebenen Versuchsbedingungen entwickelt; die letztere Zahl erhöht sich durch Korrektion für die nichtabsorbierten γ-Strahlen auf 114,8 cal; die Summe der beiden Zahlen ist in absoluter Übereinstimmung mit MEYER und HESS. In befriedigendem Einklang hiermit sind auch die von RUTHERFORD und ROBINSON[3] nach einer anderen, nämlich der RUTHERFORD-BARNESschen Schnellmethode (s. oben Ziff. 25) ausgeführten Messungen; diese ergaben für RaEm im Gleichgewicht mit dem kurzlebigen Niederschlag den Wert 109,6 cal bei Absorption aller γ-Strahlen; die β- und γ-Strahlenkorrektion wurde dabei besonders bestimmt, sie dürfte nach den neueren Messungen hierüber etwas zu klein ausgefallen sein.

Nach derselben Methode gelang RUTHERFORD und ROBINSON auch die Trennung der Wärmewirkungen von RaEm und den einzelnen Folgeprodukten. Die Emanation wurde zunächst bis zum Eintritt des radioaktiven Gleichgewichts im Kalorimeter belassen, hierauf rasch abgepumpt und der Abfall der Wärmewirkung des zurückbleibenden Niederschlages verfolgt. Durch Analyse der so erhaltenen „Abklingungskurve" wurden die prozentualen Anteile der einzelnen Zerfallsprodukte an der gesamten Wärmeentwicklung ermittelt. Dabei konnte eine Beteiligung des $\beta\gamma$-strahlenden RaB nicht festgestellt werden, und es wurde geschlossen,

Tabelle 1. Wärmewirkung des Radiums und seiner kurzlebigen Zerfallsprodukte in cal/Curie Std.

Substanz	MEYER u. HESS	HESS	RUTHERFORD u. ROBINSON	GURNEY	GRAY	—	Berechnet
	$\alpha+\beta+\gamma$*		α**	β	γ	$\alpha+\beta+\gamma$	α
Ra	140,0 (Ra bis RaC + C′)	25,2	25,2			25,2	24,4
RaEm		114,8 (RaEm bis RaC + C′)	29,8			29,8	27,8
RaA			31,9			31,9	30,5
RaB			—	1,3	1,0	2,3	—
RaC + C′			37,5	4,3	8,4	50,2	39,5
Summe:	140,0	140,0	124,4	5,6	9,4	139,4	122,2

[1] Siehe E. RUTHERFORD, J. CHADWICK u. C. D. ELLIS, Radiations from Radioactive Substances, S. 498. Cambridge 1930.

[2] V. F. HESS, Wiener Ber. Bd. 121, S. 1419. 1912.

[3] E. RUTHERFORD u. H. ROBINSON, Wiener Ber. Bd. 121, S. 1491. 1912.

* Korrigiert nach GRAY.

** Zitiert nach E. RUTHERFORD, J. CHADWICK u. C. D. ELLIS, Radiations from Radioactive Substances, S. 161.

daß dieses Produkt nicht mehr als 5% zur gesamten Wärmewirkung beitragen kann[1]. Dies ist im Einklang mit späteren Schätzungen, die GURNEY[2] und GRAY[3] für die Aufteilung der β- und γ-Wärme auf RaB und RaC vorgenommen haben. Die Einzelresultate der Messungen von MEYER, HESS, RUTHERFORD, ROBINSON, GURNEY und GRAY sind in der vorstehenden Tabelle zusammengestellt.

27. Vergleich zwischen beobachteter und berechneter Wärmewirkung. Wenn man feststellen will, ob die Wärmewirkung des Radiums und seiner kurzlebigen Zerfallsprodukte durch die Energie der bekannten Strahlungen voll erklärt ist, so muß man sich auf die α-Strahlen beschränken, weil die Wärmewirkung der β- und γ-Strahlen nicht mit großer Genauigkeit gemessen werden kann. In der Tat sind die oben aufgeführten genauesten Werte für die β- und γ-Wärme gerade erst aus der Energie dieser Strahlen pro Atomzerfall berechnet worden.

Bei der Berechnung der α-Wärme[4] muß man berücksichtigen, daß das α-strahlende Atom einen Rückstoß erleidet. Bezeichnen m und v_1 die Masse und Geschwindigkeit des α-Teilchens, M_1 und V_1 die entsprechenden Größen für das Rückstoßatom, so ist nach dem Impulssatz:

$$m v_1 = M_1 V_1,$$

daher wird die ganze bei einem Emissionsprozeß frei werdende Energie:

$$E_1 = \frac{1}{2}(m v_1^2 + M_1 V_1^2) = \frac{1}{2} m v_1^2 \left(1 + \frac{m}{M_1}\right).$$

Es sei Z die Zahl der pro Sekunde zerfallenden Atome eines α-Strahlers im Gleichgewicht mit 1 g Ra, dann ist die von ihm in der Stunde entwickelte Wärmemenge:

$$W_1 = \frac{1800\, Z m v_1^2}{J}\left(1 + \frac{m}{M_1}\right),$$

wo J das mechanische Wärmeäquivalent bedeutet. Die hiernach für die vier α-Strahler (Ra, RaEm, RaA, RaC) berechneten Werte sind in die letzte Spalte der obigen Tabelle eingetragen; für Z wurde der runde Wert $3{,}7 \cdot 10^{10}$ benutzt (Ziff. 22), für die v_1 die von GEIGER[5] aus den Reichweiten berechneten Werte, ferner $m = 6{,}60 \cdot 10^{-24}$; $J = 4{,}186 \cdot 10^7$, für das Atomgewicht des Radiums 226. Von der Verzweigung der Zerfallsreihe nach RaC″ kann praktisch abgesehen werden. Die Übereinstimmung der so berechneten mit den beobachteten Werten muß als zufriedenstellend angesehen werden. Dies bedeutet, daß die radioaktiven Atome keinerlei merkliche Energie in irgendeiner noch unbekannten Form abgeben. Hierfür scheint noch besonders beweisend, daß nach Versuchen von WATSON und HENDERSON[6] die Proportionalität der α-Wärme verschiedener Elemente mit ihrer α-Energie genauer gilt, als es nach der obigen Tabelle der Fall zu sein scheint. Die Messungen von WATSON und HENDERSON sind am besten vereinbar mit einem Wert $Z = 3{,}72 \cdot 10^{10}$ für die Zahl der α-Teilchen von 1 g Ra pro Sekunde. Immerhin darf man wohl nicht umgekehrt den Wärmemessungen allzu großes Gewicht zugunsten eines bestimmten Z-Wertes beilegen, weil immer die Möglichkeit besteht, daß weiche β- oder γ-Strahlen bei

---

[1] H. HERSZFINKIEL und L. WERTENSTEIN finden die Wärmewirkung des RaB sogar kleiner als 2% derjenigen des RaC, doch ist schwer zu ersehen, welcher Bruchteil der β- und γ-Strahlen dabei zur Absorption gelangte.

[2] R. W. GURNEY, Proc. Roy. Soc. London (A) Bd. 109, S. 540. 1925.

[3] Siehe E. RUTHERFORD, J. CHADWICK u. C. D. ELLIS, Radiations from Rad. Subst., S. 498.

[4] Von den „weitreichenden" α-Strahlen (Bd. XXII/2, Kap. 3) kann wegen ihrer geringen Zahl abgesehen werden.

[5] H. GEIGER, ZS. f. Phys. Bd. 8, S. 45. 1921.

[6] S. W. WATSON u. M. C. HENDERSON, Proc. Roy. Soc. London (A) Bd. 118, S. 318. 1928.

der α-Wärme mitgemessen werden; so kommt z. B. die $\beta\gamma$-Strahlung des reinen Radiums bei den Messungen gar nicht zum Ausdruck, obwohl sie die theoretische Wärmewirkung des reinen Radiums um etwa 4% ≈ 1 cal erhöht[1].

Mißt man die Wärmewirkung von Radiumsalzen, welche bereits mehrere Jahre alt sind, so ist zu beachten, daß auch der langlebige Niederschlag, insbesondere das α-strahlende RaF, einen Beitrag liefert, der mit dem Alter des Präparates bis zum Gleichgewichtsbetrage zunimmt. In der Tat beobachteten M. Curie und Yovanovitch[2], daß ein 16,75 Jahre altes Ra-Präparat eine Wärmemenge entwickelte, welche um 10—11% größer war als die eines frisch hergestellten, also RaF-freien Präparates von gleicher γ-Aktivität. Der zu erwartende Unterschied hängt von dem zugrunde gelegten Wert der Zerfallskonstanten des RaD ab, weil dies das langlebigste Element des langlebigen Niederschlages ist. Mit dem alten Wert $T_{\mathrm{RaD}} = 16$ Jahre berechnen die Verfasser einen Unterschied von 11,2%; mit dem heute wahrscheinlicheren Wert $T_{\mathrm{RaD}} = 22{,}1$ Jahre würden sich 9,2% ergeben. Rechnet man noch die hierin nicht berücksichtigte β-Wärme des RaE hinzu (s. weiter unten), so wird die Übereinstimmung zufriedenstellend. Die α-Wärme des RaF allein haben Meitner und Orthmann[3] direkt gemessen und in Übereinstimmung mit der Erwartung gefunden.

Von grundlegendem Interesse ist noch der Vergleich zwischen gemessener und berechneter Wärme bei dem β-strahlenden RaE. Hier konnten verhältnismäßig genaue Messungen ausgeführt werden[4], weil (bis auf Verunreinigungen) keine α-Strahlen vorhanden sind. Als Wärmeentwicklung von 1 Curie RaE pro Stunde ergab sich 1,7 cal. Dies entspricht einer mittleren Energieabgabe von $3{,}4 \cdot 10^5$ e-Volt pro Atomzerfall, und dieser Wert erweist sich in naher Übereinstimmung mit der mittleren Energie *eines* β-Teilchens aus dem kontinuierlichen β-Spektrum des RaE. Damit ist entscheidend bestätigt, daß ein zerfallendes RaE-Atom nur *ein* β-Teilchen aussendet, dessen Energie sich in einem weiten Bereich bewegen kann (vgl. Ziff. 23).

28. Wärmewirkung von Uran und Thor. Die Wärmeentwicklung durch sehr langlebige Substanzen wie Uran und Thor läßt sich weit weniger genau messen, da man sehr große Substanzmengen (Größenordnung 1 kg) anwenden muß, um meßbare Effekte zu erhalten. An Uranerzen sind Messungen von Poole[5], an Thoroxyd von Pegram und Webb[6] ausgeführt worden. In beiden Fällen befand sich die Substanz in einem Vakuummantelgefäß, und es wurde mit passend verteilten Thermoelementen der Temperaturüberschuß der Substanz gegenüber der Umgebung im stationären Zustand bestimmt; die Eichung geschah wieder durch meßbare Zufuhr Joulescher Wärme. Für 1 g Thoroxyd mit Zerfallsprodukten ergab sich eine Wärmeproduktion von $2{,}1 \cdot 10^{-5}$ cal/Std., also $2{,}4 \cdot 10^{-5}$ cal/Std. für 1 g Thor mit Zerfallsprodukten. Für 1 g Uran in Form von Pechblende, also im Gleichgewicht mit sämtlichen Zerfallsprodukten, wurde eine Wärmeentwicklung von $1 \cdot 10^{-4}$ cal/Std. gefunden. Das Erz Orangit ergab eine weit stärkere Wärmeentwicklung, als seinem Gehalt an Uran und Thor entsprechen würde, was vielleicht auf langsam verlaufende chemische Prozesse zurückzuführen ist. Nach genaueren Messungen von Herszfinkiel geben manche Stücke Orangit bis zum 150fachen der theoretischen Wärme ab; auch der ähnlich

[1] L. Meitner, Naturwissensch. Bd. 12, S. 1146. 1924.

[2] M. Curie u. D. H. Yovanovitch, Journ. de phys. et le Radium Bd. 6, S. 33. 1925.

[3] L. Meitner u. W. Orthmann, ZS. f. Phys. Bd. 60, S. 143. 1930.

[4] C. D. Ellis u. W. A. Wooster, Proc. Roy. Soc. London (A) Bd. 117, S. 109. 1927; L. Meitner u. W. Orthmann, l. c.

[5] H. H. Poole, Phil. Mag. Bd. 23, S. 183. 1912.

[6] G. B. Pegram u. H. Webb, Phys. Rev. Bd. 27, S. 18. 1908; Le Radium Bd. 5, S. 271. 1908.

zusammengesetzte Thorit zeigt Wärmeanomalien[1]. Dabei kann es sich nicht um Vorgänge handeln, welche durch die radioaktiven Prozesse eingeleitet oder unterstützt werden, wie HERSZFINKIEL durch Zusatz radioaktiver Fremdsubstanzen nachwies.

Theoretisch entwickelt eine Menge Uran, welche mit 1 g Ra und mit allen Zerfallsprodukten im Gleichgewicht ist, etwa 250 cal/Std. (zu Ra-RaC' mit 139 cal/Std. kommen noch die α-Strahler UI, UII, Io, RaF und die β-Strahler UX_1, UX_2, RaD, RaE hinzu). Diese Uranmenge beträgt $3 \cdot 10^6$ g, so daß für die Wärmeentwicklung von 1 g U mit Zerfallsprodukten etwa $8{,}3 \cdot 10^{-5}$ cal/Std. zu erwarten sind; die in der Pechblende enthaltenen Ac-Produkte sind hierbei noch nicht eingerechnet, sie erhöhen den Wert noch um einige Prozente. Die Übereinstimmung mit dem experimentellen Wert kann wohl als zufriedenstellend angesehen werden.

Für 1 g Th im Gleichgewicht mit seinen fünf α-strahlenden Zerfallsprodukten [RaTh, ThX, ThEm, ThA, Th (C + C')] fanden RUTHERFORD und GEIGER[2] die Zahl der pro Sekunde ausgesandten α-Teilchen zu $2{,}7 \cdot 10^4$; daraus berechnet sich mit GEIGERS Reichweitewerten[3] die von den α-Strahlen und zugehörigen Rückstoßstrahlen herrührende Wärmewirkung zu $2{,}2 \cdot 10^{-5}$ cal/Std. Der Anteil der zum Teil sehr intensiven β- und γ-Strahlung ist bisher noch nicht berechnet worden, jedenfalls besteht aber auch hier ungefähre Übereinstimmung mit dem gemessenen Wert $2{,}4 \cdot 10^{-5}$.

Nach Messungen von YOVANOVITCH addieren sich in Gemischen von Ra + MsTh + RaTh erwartungsgemäß die Wärmewirkungen der Komponenten, so daß man die Wärmewirkung zur Analyse und Altersbestimmung solcher Gemische benutzen kann[4].

29. Die Zerfallsreihen. Das Schema der drei Zerfallsreihen, wie es heute als das wahrscheinlichste angesehen werden kann, ist nebenstehend wiedergegeben (s. auch Kap. 3B). Ein schraffierter Kreis bedeutet α-Strahler, ein leerer Kreis β-Strahler; die Kreisradien sind proportional $\lambda^{-\frac{1}{20}}$ gewählt, so daß sie ein qualitatives Bild für die Lebensdauer der Substanzen abgeben. Ein Verbindungsstrich nach unten bedeutet α-Zerfall, nach rechts β-Zerfall. Die angegebenen Atomgewichte für die Actiniumreihe wie auch die Existenz des Aktinourans sind noch hypothetisch.

Von mehr oder weniger hypothetischen Ergänzungen dieses Schemas sind folgende zu erwähnen. Für die Actiniumreihe hat RUSSELL[5] ein erweitertes Schema vorgeschlagen, welches nur noch eine Abweichung von der empirischen „FAJANSschen α-Strahlenregel“ aufweist, während das übliche Schema deren drei enthält (vgl. Kap. 3, B). Ferner ist bei der Thorreihe zu bemerken, daß G. KIRSCH[6] als Muttersubstanz des Thors ein α-strahlendes Uranisotop „Thoriumuran“ annimmt, dessen Halbwertzeit er aus dem Verhältnis von Th:U in Mineralien zu $6{,}3 \cdot 10^7$ Jahren bestimmt. Schließlich glaubten PICCARD und STAHEL[7] ein neues Thorisotop in der Uranreihe nachgewiesen zu haben, welches sie „UV“ nannten; nach HAHN[8] liegen jedoch keinerlei Anhaltspunkte für die Existenz eines solchen Produktes vor. Ebensowenig hat sich die Existenz eines

[1] H. HERSZFINKIEL, Naturwissensch. Bd. 17, S. 673. 1929.
[2] Siehe Ziff. 22.
[3] H. GEIGER, ZS. f. Phys. Bd. 8, S. 45. 1921.
[4] D. H. YOVANOVITCH, Journ. de phys. et le Radium Bd. 9, S. 297. 1928.
[5] A. S. RUSSELL, Nature Bd. 111, S. 703. 1923.
[6] G. KIRSCH, Wiener Anz. Bd. 20, S. 185. 1922; Verh. d. D. Phys. Ges. Bd. 3, S. 73. 1922; Naturwissensch. Bd. 11, S. 372. 1923.
[7] A. PICCARD u. E. STAHEL, Phys. ZS. Bd. 23, S. 1. 1922; Bd. 24, S. 80. 1923.
[8] O. HAHN, Phys. ZS. Bd. 23, S. 146. 1922; Phys. Ber. Bd. 4, S. 647. 1923.

von PETERS und WEIL[1] vermuteten kurzlebigen, γ-strahlenden Folgeprodukts der RaEm bestätigt[2]. Die zeitweilig diskutierte Annahme eines dualen Zerfalls beim Ra ist hinfällig, nachdem sichergestellt ist, daß die β-Strahlen des Ra nicht aus dem Kern stammen[3]. Die Möglichkeit einer vierten Zerfallsreihe diskutieren WIDDOWSON und RUSSELL[4].

Das Zerfallsschema Abb. 17 läßt schon deutlich erkennen, daß zwischen den drei Reihen sehr auffällige Analogien bestehen. Die drei C-Produkte sind Ver-

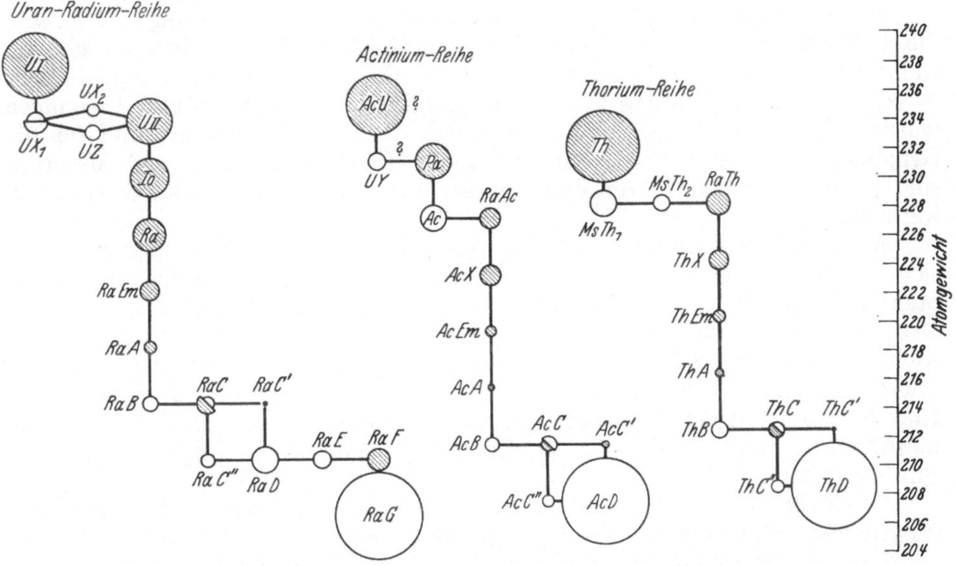

Abb. 17. Zerfallsschema.

zweigungsstellen, die D-Produkte Wiedervereinigungsstellen; ferner sind die D-Produkte relativ langlebig; die fünf Glieder vor der Verzweigungsstelle zeigen in allen drei Reihen den gleichen (α- oder β-) Zerfallstypus; die Lebensdauern der α-Strahler bis zum A-Produkt nehmen in jeder Reihe ausnahmslos ab. Auch die Beziehungen zwischen Reichweiten und Lebensdauern der α-Strahler weisen interessante Analogien auf (vgl. Kap. 2 B). Analoge Glieder der drei Reihen sind isotop. Hierauf wird in Kap. 5 näher eingegangen.

B. Die radioaktiven Stoffe.

Von

STEFAN MEYER, Wien.

a) Nachweis und Messung von Aktivitäten.

Alle Eigenschaften der radioaktiven Substanzen, wie die photographische Wirkung, die Lumineszenzerregung, die ionisierenden Wirkungen, speziell für α-Strahlung die Szintillationen, die Wärmeentwicklung und die Heliumproduktion, können zu Meßzwecken herangezogen werden. Auch der Druck des Ionenwindes

[1] K. PETERS u. K. WEIL, Naturwissensch. Bd. 17, S. 690. 1929.
[2] O. ERBACHER u. H. KÄDING, Naturwissensch. Bd. 17, S. 997. 1929.
[3] O. HAHN u. L. MEITNER, ZS. f. Phys. Bd. 26, S. 161. 1924.
[4] W. P. WIDDOWSON u. A. S. RUSSELL, Phil. Mag. Bd. 48, S. 293. 1924.

kann zur Messung dienen. Im allgemeinen sind die Methoden nicht prinzipiell verschieden von den Meßverfahren auf anderen Gebieten und nur den besonderen Problemen und Intensitäten angepaßt und, mit Rücksicht auf die zeitliche Veränderung der Substanzen, umgearbeitet. Im Detail sind die photographischen Wirkungen, die Szintillationen und Stoßionisationswirkungen, aus denen Zählverfahren abgeleitet wurden, in ds. Handb. Bd. XXII/2 besprochen. Näheres über Wärmeentwicklung findet man in Kap. 3 A des vorliegenden Bandes, über Heliumproduktion in Kap. 3 von Bd. XXII/2.

Einfache orientierende Bestimmungen der Aktivitäten erfolgen zunächst durch Vergleiche mit Uran- oder Radiumeinheiten. Durch Absorptions- und Ablenkungsversuche im Magnetfeld wird der Charakter der Strahlung, α- oder β- oder γ-Strahlung, festgestellt. Für quantitative Messungen und Eichungen wurden die im nachstehenden angeführten Einheiten eingeführt und für die Gehaltsbestimmungen an Radiumemanation (Radon), Radium und Mesothor sind besondere Meßverfahren eingebürgert, die im folgenden näher besprochen werden.

Ausführlichere Anweisungen für die verschiedenen Meßmethoden finden sich im Artikel H. Geigers bzw. W. Bothes in F. Kohlrauschs Lehrb. d. prakt. Physik (B. G. Teubner); bei W. Makower und H. Geiger, Practical Measurements in Radioactivity (Longmans Green and Co, London), deutsche Ausgabe (F. Vieweg & Sohn, 1920) in der Sammlung „Die Wissenschaft" Bd. 54; sowie bei St. Meyer und E. Schweidler, Radioaktivität (B. G. Teubner) Kap. V, 2. Aufl. 1927; St. Meyer, Lazarus' Handb. d. ges. Strahlenheilkunde S. 167. 1927 und K. W. F. Kohlrausch, Handb. d. Experimentalphys. Bd. XV. 1928.

30. Maßeinheiten. Je nach der zu lösenden Aufgabe werden zum Vergleich verschiedene Einheiten zugrunde gelegt, sofern man sich nicht mit der Angabe des durch die Strahlung erzeugten Sättigungsstromes begnügt. Handelt es sich bloß um den Nachweis der „Aktivität" eines Minerales oder anderweitiger Proben, so werden häufig „Uraneinheiten" angegeben; genauere Untersuchungen beziehen sich auf den jeweiligen Gehalt an Radium, Radon, Polonium, Thor oder Actinium bzw. deren Zerfallsprodukten.

a) *Uraneinheit.* Metallisches Uran ist nicht leicht rein zu erhalten. Man zieht deshalb Proben von Uranoxyd, genauer U_3O_8 vor, die als feiner Pulverschlamm auf Bleche oder flache Schälchen aufgetragen und sorgfältig getrocknet werden. Reines U_3O_8 ist grauschwarz und beständig bis über 1000° C; olivengrüne Proben enthalten variable Mengen von UO_3, die sich mit der Zeit an Luft verändern können, wodurch öfters beobachtete Schwankungen der Radioaktivität erklärbar werden; UO_2 ist braun; das schwarze U_2O_5 nicht so gut in seiner Oxydationsstufe definiert. Die Schichtdicke ist so groß zu wählen, daß vom Untergrund keine α-Teilchen mehr herauskommen können (α-satt); etwa 15 bis 20 mg U_3O_8 pro 1 cm² sind entsprechend; größere Dicken sind wegen der sonst ins Gewicht fallenden β-Strahlung des UX zu vermeiden. 1 cm² solcher Schicht liefert durch seine α-Strahlen einen Ionisationsstrom von $1{,}73 \cdot 10^{-3}$ stat. Einheiten ($5{,}78 \cdot 10^{-13}$ Ampere). Die „McCoysche Zahl", welche das Verhältnis der allseitigen Strahlung sämtlicher α-Teilchen aus 1 g U zu der einseitigen Oberflächenstrahlung von 1 cm² U_3O_8 angibt, beträgt etwa 790.

b) *Radiumeinheit.* Reines $RaCl_2$ wurde zuerst 1911 von M. Curie und von O. Hönigschmid hergestellt. Aus diesen Materialien wurden durch gewichtsmäßige Einfüllung in Glasröhrchen der Wandstärke von 0,27 mm Etalons gemacht. Die offiziellen primären Standards befinden sich in Paris und Wien und enthielten (1911) 21,99 bzw. 31,17 mg $RaCl_2$. Dem spontanen Zerfall des Ra gemäß ist für den zeitlichen Abfall der ursprüngliche Wert entsprechend nachstehenden Faktoren zu verkleinern

	nach 1	5	10	15	20	25	30 Jahren
für $\lambda_{Ra} = 4{,}36 \cdot 10^{-4}\,a^{-1}$	0,99956	0,99782	0,99564	0,99346	0,99129	0,98911	0,98693

Sekundäre Standardpräparate, die zum Teil noch Barium (aber nicht mehr als 10%) enthalten dürfen, wurden dann im Wiener Radiuminstitut hergestellt und nach γ-Strahlenmethoden mit den primären geeicht; die meisten Staaten besitzen zur Zeit derartige „Normale".

Diese Radiumetalons dienen zur Eichung stärkerer Präparate mittels der γ-Strahlung. Für schwache Präparate kann evtl. auch die α-Wirkung unbedeckter kleiner Mengen herangezogen werden; der Sättigungsstrom, unterhalten von sämtlichen α-Partikeln aus 1 g Ra ohne Folgeprodukte, entspräche $2{,}41 \cdot 10^6$ stat. Einh. (0,804 Milliampere). Doch ist hierbei immer das von Salzart, Temperatur, Druck, Feuchtigkeit abhängige Emaniervermögen zu berücksichtigen.

c) *Emanationseinheiten.* Die mit 1 g Ra im Gleichgewicht stehende Radiumemanationsmenge nennt man nach einem 1910 in Brüssel gefaßten Beschluß „ein *Curie*". Gelten als Zerfallskonstanten $\lambda_{Ra} = 1{,}38 \cdot 10^{-11}\,sec^{-1}$; $\lambda_{Em} = 2{,}097 \cdot 10^{-6}\,sec^{-1}$, so stehen mit 1 g Ra im Gleichgewicht (bei 0° und 760 mm) 0,66 mm^3 oder $6{,}51 \cdot 10^{-6}$ g Emanation. 10^{-10} Curie pro Liter wurden nach einem Übereinkommen von 1921 (Freiberg i. S.) als Konzentrationseinheit eingeführt und „ein *Eman*" genannt.

Da die kleinen Emanationsmengen gewichtsmäßig nicht bestimmt werden können, benutzt man meist das der Ionisation entsprechende elektrische Stromäquivalent. Zur Vergleichung werden von der Physikalisch-Technischen Reichsanstalt Charlottenburg seit 1921 „Normallösungen" mit einem Radiumgehalt von $3{,}33 \cdot 10^{-9}$ g bzw. $3{,}4 \cdot 10^{-9}$ g Ra ausgegeben[1].

Die vorhandene Emanation läßt sich aber auch direkt durch den Sättigungsstrom messen, den sie ohne Zerfallsprodukte in Luft zu unterhalten vermag, wobei unter geeigneter Wahl der Meßgefäße ein von Temperatur und Druck unabhängiges Maß gewonnen werden kann. Die in 1 Liter enthaltene Emanationsmenge, die allein, ohne Zerfallsprodukte, bei voller Ausnützung ihrer Strahlung einen Sättigungsstrom von 10^{-3} stat. Einh. zu unterhalten vermag, heißt eine „*Mache-Einheit*" (M.E.). Man verwendet diese Einheit richtig nur als Konzentrationseinheit (für den Em-Gehalt in 1 Liter), nicht als Mengeneinheit.

Ein Curie Rn (ohne Zerfallsprodukte) vermag durch die α-Strahlung einen Sättigungsstrom von $2{,}75 \cdot 10^6$ stat. Einh. (0,92 Milliampere) zu unterhalten. 1 M.E. entspricht $3{,}64 \cdot 10^{-10}$ Curie/Liter = 3,64 Eman.

d) Der Begriff „*Curie*" wird neuerdings ausgedehnt auf die Gleichgewichtsmenge irgendwelcher Zerfallsprodukte der Radiumfamilie, bezogen auf Ra = 1 g.

Allgemeiner gibt *1 mg Radiumäquivalent* diejenige Menge einer beliebigen radioaktiven Substanz an, für welche die Zahl der pro Zeiteinheit zerfallenden Atome dieselbe ist wie für 1 mg Ra (= $3{,}7 \cdot 10^7$ zerfallende Atome pro Sekunde).

Demnach entsendet „*1 Curie Po*" $3{,}7 \cdot 10^{10}$ α-Teilchen/Sekunde; wiegt $2{,}24 \cdot 10^{-4}$ g; würde bei einseitiger Ausnützung seiner Strahlung (von einer Unterlage aus) durch ihre Ionisation einen Strom von $1{,}33 \cdot 10^6$ stat. Einh. liefern; und diejenige Menge, deren nach einer Seite hin gerichtete Strahlung durch ihre Ionisation einen Sättigungsstrom von 1 stat. Einh. erzeugt, entspricht $1{,}68 \cdot 10^{-10}$ g Polonium oder $0{,}75 \cdot 10^{-6}$ Curie Po.

e) *Thoreinheit.* Thor ist zu Eichzwecken nur dann verwendbar, wenn es entweder so alt ist, daß es mit seinen Zerfallsprodukten (Mesothor, Radiothor und Folgeprodukte) im Gleichgewicht steht, was praktisch nur für Thorerze

[1] Vgl. W. BOTHE, ZS. f. Phys. Bd. 46, S. 896. 1928.

zutrifft, oder wenn es bezüglich seines Gehaltes an diesen Zerfallsprodukten zeitlich genau definiert werden kann, was bei käuflichen Thorsalzen nicht der Fall zu sein pflegt. Für Thor-Emanationsgehaltsbestimmungen sind gleichwohl „Normalpräparate" unerläßlich.

Für *Actinium*gehaltsbestimmungen kann man die aus einer bestimmten Menge definierten Uranpecherzes gewinnbaren Ac- oder Ac-Em-Mengen heranziehen, wenn die Konstanz des Verhältnisses Ac : U in natürlichen primären Erzen vorausgesetzt werden darf.

31. Emanationsmeßmethoden. Für die Bestimmung der vorhandenen Mengen von Radiumemanation hat man die Fälle zu unterscheiden, ob sich dieselbe in kleinen Mengen (etwa 10^{-14} bis 10^{-4} Curie) oder größeren (etwa 10^{-4} bis mehrere Curie) vorfinden. In ersterem Falle benützt man meist die Wirkung der α-, in letzterem die der γ-Strahlung zur Gehaltsermittlung. Bei γ-Impuls-Zählverfahren kann man aber auch sehr kleine Mengen messen. Die γ-Methoden decken sich mit denjenigen, welche für γ-Eichungen von Radium selbst in Gebrauch sind und werden weiter unten besprochen.

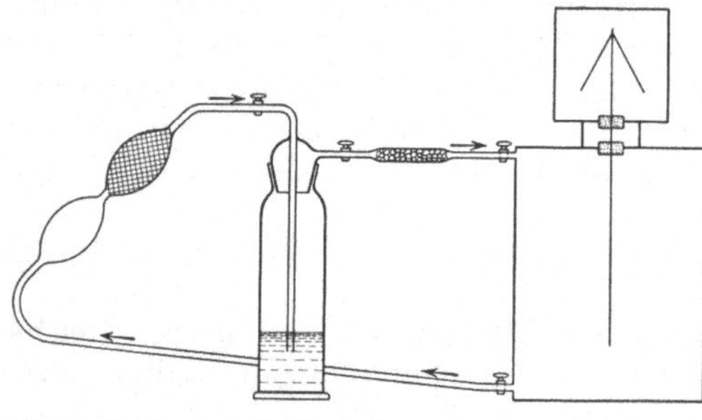

Abb. 18. Bestimmung des Emanationsgehaltes einer Flüssigkeit nach der Zirkulationsmethode.

Messungen mittels der α-Wirkung. Radon ist ein inertes Gas; es besteht daher zunächst die Aufgabe, dieses Gas quantitativ oder in berechenbarem Verhältnis zur ganzen vorhandenen Menge in einen passenden Meßraum zu bringen. Als Meßgefäße dienen zumeist Zylinder- oder Plattenkondensatoren. Die Überführung in diese Behälter erfolgt in verschiedener Weise, je nachdem Rn in einem Gase, einer Flüssigkeit oder in festen Körpern vorhanden ist. In ersterem Falle genügt das Einströmenlassen in ein vorher evakuiertes Meßgefäß oder Überführung mittels Gebläses in einem geschlossenen Kreisstrom, Abb. 18, wobei die Zirkulation bis zur gleichmäßigen Verteilung durchzuführen ist. Die Verteilung entspricht dem Verhältnis des Volumens des Meßgefäßes zum Gesamtvolum (Meßgefäß, Vorratsraum, Quetschballen, Verbindungsstücke). Befindet sich die Emanation in einer Flüssigkeit gelöst, so kann sie aus dieser durch Auskochen oder auch praktisch vollständig durch Quirlung und Ausschütteln bei Verwendung des Zirkulationsverfahrens ausgetrieben und in obiger Weise in den Meßraum gebracht werden. Für minder genaue Messungen genügt auch gründliches Ausschütteln einer am Boden einer Meßkanne befindlichen Flüssigkeit, wie bei manchen sog. Fontaktometern. Auch das Zerstäuben oder Zertropfen der Flüssigkeit findet Anwendung (Tropfemanoskope). Für die Verteilung ist die in den Flüssigkeiten zurückbleibende Emanation entsprechend den Löslichkeitsverhältnissen (vgl. Ziff. 43) zu berücksichtigen. Aus festen Körpern, sofern sie schmelzbar sind, kann man bei hinreichend hoher Temperatur die Emanation befreien und im übrigen wie oben behandeln. Andernfalls müssen feste Materialien chemisch aufgeschlossen und tunlichst quantitativ in Lösung gebracht werden, wobei man in der Regel mindestens eine saure und eine alkalische Lösung erhält, von denen erstere gewöhnlich den überwiegenden Anteil des Ra enthalten wird. Kleine unaufgeschlossene Rückstände von Kieselsäure sind ziemlich unschädlich, da sie nur sehr wenig Rn zurückhalten.

Aus der Emanation beginnt sich unmittelbar im Meßraum der aktive Niederschlag zu bilden, so daß zur α-Strahlung von Rn noch diejenige von RaA und

RaC hinzutritt. Dieser Niederschlag setzt sich zum Teil an den Gefäßwänden ab, zum Teil bleibt er im Luftraum schweben. Um definierte Zustände zu erzielen, empfiehlt es sich, den Mittelstift des Zylinderkondensators (bzw. die eine Platte eines Plattenkondensators) konstant aufzuladen, um gleichartige Ablagerung des aktiven Niederschlages zu erhalten; dann kommt nur die Hälfte der α-Strahlung von RaA und RaC zur Wirkung im Meßraum. Umladungen bewirken Verlagerungen des aktiven Niederschlages und Unsicherheiten des Meßverfahrens, wegen der verschiedenen Ausnützung der einzelnen α-Strahlen.

Bei der Angabe des Sättigungsstromwertes wird immer diejenige der α-Wirkung der Emanation allein, ohne den Beitrag aus den Zerfallsprodukten verlangt. Für rasche, minder genaue Messungen kann man hierzu so vorgehen, daß man die Wirkung bald nach dem Eintritt der Emanation in den Meßraum feststellt, sodann das Rn rasch gründlich ausbläst und anschließend die Restwirkung des verbliebenen aktiven Niederschlages zeitlich verfolgt und aus dem Verlauf auf den Augenblick der Abtrennung vom Rn zurückextrapoliert. Dieses Verfahren birgt jedoch ziemlich große Unsicherheiten. Es empfiehlt sich deshalb mehr, den Gleichgewichtszustand zwischen Rn und den entstehenden Zerfallsprodukten RaA-RaC abzuwarten, der sich nach etwa 3 bis 4 Stunden einstellt, wobei dann natürlich in Rechnung zu ziehen ist, daß innerhalb 3 Stunden von der Em selbst bereits 2,1%, nach 4 Stunden 3% zerfallen sind.

Je kleiner die Gefäße sind, desto unvollständiger wird die Ausnützung der α-Bahnen zur Ionisierung, insbesondere an den Rändern und Ecken der Behälter. Für zylindrische Gefäße angenähert quadratischen Querschnittes haben W. Duane und A. Laborde[1] eine empirische Korrektur angegeben. Bezeichnet O die Oberfläche, V das Volumen des Meßzylinders, so gilt $J' = C'\left(1 - 0{,}572 \cdot \frac{O}{V}\right)$ für die Stromwirkung von Rn + RaA + RaC; für Rn ohne Zerfallsprodukte $J = C\left(1 - 0{,}517 \cdot \frac{O}{V}\right)$. Da die Wirkung von Druck und Temperatur abhängig sein muß, kann aber diese Korrektur nicht genau sein.

Für 1 Curie Rn gilt: $C' = 6{,}2 \cdot 10^6$ stat. Einh.; $C = 2{,}75 \cdot 10^6$ stat. Einh.

Genaue Berechnungen wurden für große Schutzring-Plattenkondensatoren[2] von L. Flamm und H. Mache durchgeführt und von G. Richter und L. Siegl ergänzt. Ist Z die Zahl der α-Teilchen, die von einem Curie Rn ausgesendet werden, R deren Reichweite, so wird $Z\int_0^R (x)\,dx$ das Stromäquivalent des Curie. Darin bedeutet $f(x)$ die Braggsche Ionisationskurve. Weiter sei z die Zahl der α-Partikeln, die aus einer Säule von 1 cm² Querschnitt zwischen den Platten des Kondensators von jeder der im Gleichgewicht befindlichen Substanzen pro Sekunde ausgesendet werden. Dann ergibt sich der Sättigungsstrom pro Quadratzentimeter für die Emanation bei der Plattendistanz d zu:

$$j = z\left\{\int_0^d f(x)\,dx - \frac{1}{2d}\int_0^d x\,f(x)\,dx + \frac{d}{2}\int_0^R \frac{f(x)}{x}\,dx\right\}.$$

Für $d \geqq R$ vereinfacht sich der Ausdruck zu: $j = z\left\{\int_0^R f(x)\,dx - \frac{1}{2d}\int_0^R x\,f(x)\,dx\right\}$.

[1] W. Duane u. A. Laborde, C. R. Bd. 150, S. 1421. 1910.

[2] L. Flamm u. H. Mache, Wiener Ber. Bd. 121, S. 227. 1912; Bd. 122, S. 535, 1539. 1913; L. Flamm, Phys. ZS. Bd. 14, S. 1122. 1913; E. v. Schweidler, Phys. ZS. Bd. 14, S. 505. 1913; G. Richter, Wiener Ber. Bd. 128, S. 539. 1919; L. Siegl, Wiener Ber. Bd. 134, S. 11. 1925.

Für den „aktiven Belag" ergibt sich die Stromdichte, wenn man jetzt unter R die jeweiligen Reichweiten dieser Substanzen (RaA, RaC) versteht:

$$i = \frac{z}{2}\left\{\int_0^d f(x)\,dx + d\int_d^R \frac{f(x)}{x}\,dx\right\} \quad \text{und für } d \geqq R \quad i = \frac{z}{2}\int_0^R f(x)\,dx\,.$$

Nach dieser Methode wurde der oben angeführte Wert für das Stromäquivalent des Curie $C = 2{,}75 \cdot 10^6$ stat. Einh. gewonnen.

Hat man eine verbürgt verläßliche Normallösung zur Verfügung, so kann man natürlich in beliebig gestalteten Gefäßen Eichungen vornehmen, wenn nur stets die gleichen Versuchsbedingungen eingehalten werden. Für Messungen kleiner Wirkungen empfehlen sich Auflademethoden besser als Entladungsmessungen; bei Mengen kleiner als 10^{-12} Curie, wie sie bei Untersuchungen des Gehaltes in Meteoriten u. dgl. von Wichtigkeit sind, versagen jedoch die üblichen Verfahren, weil während der langen Auflade- und Wartezeiten Nullpunktverschiebungen im Elektrometer, Änderungen der Spannung der Aufladebatterie, Änderung der natürlichen Zerstreuung in der Ionisationskammer und der Ohmschen Zerstreuung in Zuleitung und Instrument zu Störungen Anlaß geben können. Nach H. Mache und G. Halledauer[1] geht man dann so vor, daß man die Ionisationskammer während der Aufladezeit ganz vom Elektrometer trennt und erst zum Schluß zur Messung des auf der Elektrode erzielten Potentials ganz kurz mit ihm in Verbindung bringt und daneben in einer zweiten völlig gleichgebauten und von derselben Batterie aufgeladenen Ionisationskammer gleichzeitig die Zerstreuung mißt. So gelang es noch Emanationsmengen von 10^{-14} Curie mit Sicherheit zu bestimmen.

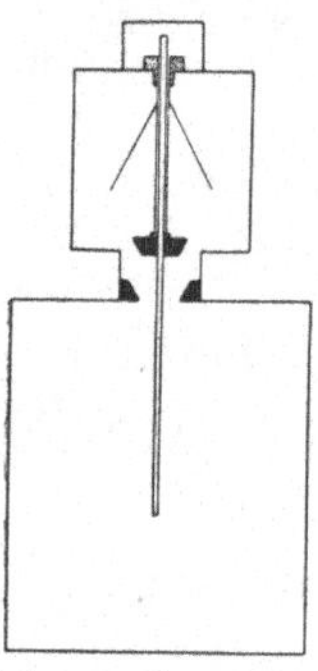

Abb. 19. Fontaktometer nach H. Mache und St. Meyer.

Da derzeit der Radiumemanationsgehalt natürlicher Quellen vielfach zur Charakteristik ihres Heilwertes herangezogen wird, wurden für die Praxis eine größere Anzahl von Konstruktionen sog. *Fontaktometer*[2] durchgeführt, deren einige auch zu Präzisionsmessungen Verwendung finden können (Abb. 19 u. 20). Sie dienen alle dazu, in zylindrischen Gefäßen oder Kannen die Emanation durch Ausschütteln oder Ausquirlen aus Wasserproben aufzunehmen und die α-Strahlung elektrometrisch auszuwerten und bieten in ihrer Einfachheit den Vorteil der Benützbarkeit an Ort und Stelle auch im Freien. Bei den feiner konstruierten Emanometern A. Beckers wird die in einem Vorraum gesammelte Emanation zu bestimmter Zeit in den vorher evakuierten Meßraum eingeführt und nach vorgeschriebener Zeit die Messung gemacht, so daß die Korrekturen für die Beiträge aus entstehenden Zerfallsprodukten vorbestimmt werden können; solche Instrumente eignen sich jedoch besser für Laboratoriumsmessungen. Alle derartigen Instrumente können natürlich mittels Emanation aus Normallösungen geeicht werden.

Da die Kapazität derartiger Vorrichtungen meist von der Größenordnung 10 cm ist, ein Skalenteil gewöhnlicher Elektrometer etwa 5 bis 10 Volt ent-

[1] G. Halledauer, Mitt. Ra.-Inst. 175; Wiener Ber. Bd. 134, S. 39. 1925; vgl. hierzu auch F. Paneth u. W. Koeck, ZS. f. phys. Chem., Bodenstein-Festbd., S. 145. 1931.

[2] C. Engler u. H. Sieveking, Phys. ZS. Bd. 6, S. 700. 1905; H. W. Schmidt, Phys. ZS. Bd. 6, S. 561. 1905; H. Mache u. St. Meyer, Phys. ZS. Bd. 10, S. 860. 1909; J. v. Weszelsky, Congr. Brüssel S. 684. 1911; A. Becker, Congr. Brüssel S. 536. 1911; ZS. f. Instrkde. Bd. 30, S. 301. 1910; Heidelberg. Ber. A. 25. Abh. 1914; Strahlentherapie Bd. 15, S. 365. 1923; ZS. f. Phys. Bd. 21, S. 304. 1924; W. Hammer, Phys. ZS. Bd. 13, S. 943. 1912; Bd. 14, S. 451. 1913; A. Laborde, Méthodes de mésures, S. 157. 1910.

spricht, erhält man günstige Ablesezeiten für schwach aktive Quellen bei Verwendung von rund 1 l Quellwasser. Für stärkere Quellen sind geringere Mengen zu wählen, für ganz starke, wie Gastein (bis etwa 1000 Eman) oder St. Joachimsthal, Brambach, Oberschlema u. a., die noch fast um eine Zehnerpotenz höhere Werte liefern, darf man demgemäß nur wenige Kubikzentimeter nehmen. Ganz schwache Wirkungen verlangen entsprechend empfindliche Elektrometer.

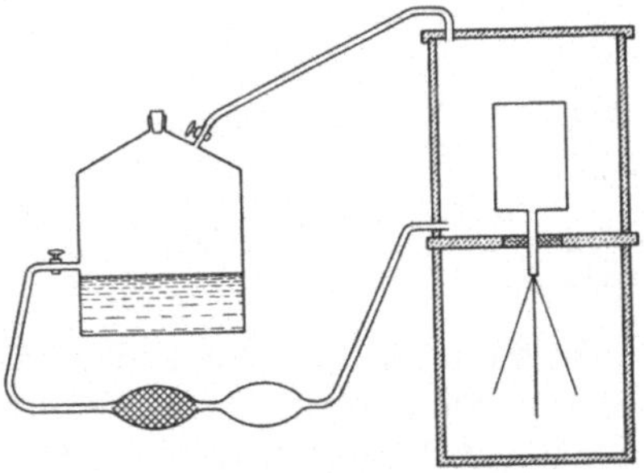

Nebst der bereits erwähnten Korrektur für die Volumsverteilung ist natürlich immer auf den Moment der Probenentnahme gemäß dem Zerfall des Rn (vgl. die Tab. 8 in Ziff. 43) zu reduzieren und der natürlichen Zerstreuung Rechnung zu tragen.

Gilt es geringe Mengen an Radon (z. B. aus der Atmosphäre) zu konzentrieren, so kann die große Löslichkeit in geeigneten Substanzen, wie Toluol, Kohle u. dgl. (vgl. Ziff. 43) dazu benützt werden, mittels Durchsaugens, womöglich bei tiefen Temperaturen, eine Anreicherung vorzunehmen. Für die Überführung in den Meßraum ist dann nur für quantitative Austreibung aus den Lösungsmitteln zu sorgen.

Abb. 20. Fontaktometer nach H. W. Schmidt.

Zur Bestimmung des Emanationsgehaltes der Luft in Räumen, wie z. B. in zu Heilzwecken eingerichteten „Emanatorien", dienen *Ionometer*[1], wie sie von H. Greinacher, M. Salomon, L. H. Clark beschrieben wurden, oder es werden Methoden konstanter Ablenkung unter Benützung großer Flüssigkeitswiderstände wie von V. F. Hess benützt. Bei derartigen Ionometern, wie in Abb. 21, wirkt der Aufladung durch ein geeignetes Präparat, z. B. Uranoxyd in P_2 gegen die Platte P_1, die Entladung von Z durch die diesen Stift (oder eine Scheibe) umspülende Radiumemanation des Versuchsraumes entgegen und die Wirkung läßt sich an der geeichten Skala unmittelbar ablesen.

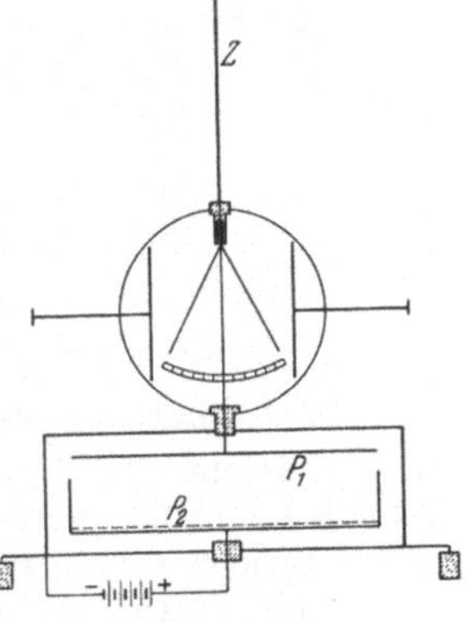

Abb. 21. Ionometer.

32. Messungen der Thor- und Actinumemanationen. Wegen der Kurzlebigkeit dieser Produkte kann hierfür nicht das gleiche Verfahren wie für Rn eingeschlagen werden. Man arbeitet entweder nach Methoden konstanter Ablenkung, wie M. S. Leslie, P. B. Perkins, R. Schmid[2], oder verwendet Strömungsmethoden.

Die die Emanation liefernde Flüssigkeit F (Abb. 22) wird dabei in ihrer Wirkung mit der einer geeichten Normalflüssigkeit verglichen. Für Actinium kann man sich Normallösungen aus Uranerzen herstellen, wenn die Konstanz Ac : U gesichert erscheint[3]. Für Thor-Normale wäre es erforderlich zu wissen,

[1] H. Greinacher, Phys. ZS. Bd. 15, S. 410. 1914; Phys. Ges. Zürich, Nr. 19, S. 36. 1919; Bull. Schweiz. Elektrotechn. Ver. 13, S. 356. 1922; M. Salomon, C. R. Bd. 173, S. 34. 1921; L. H. Clark, Journ. Scient. instr. Bd. 1, S. 37. 1924; V. F. Hess, Phys. ZS. Bd. 14, S. 1135. 1913.

[2] M. S. Leslie, Phil. Mag. (6) Bd. 24, S. 637. 1912; P. B. Perkins, Phil. Mag. (6) Bd. 27, S. 720. 1914; R. Schmid, Wiener Ber. Bd. 126, S. 1065. 1917.

[3] K. H. Fussler, Phys. Rev. (2) Bd. 9, S. 142. 1917; St. Meyer u. V. F. Hess, Wiener Ber. Bd. 128, S. 909. 1919; G. Kirsch, Wiener Ber. Bd. 129, S. 309. 1920; J. E. Wildish, Journ. Amer. Chem. Soc. Bd. 52, S. 163. 1930; A. F. Kovarik, Science Bd. 72, S. 122. 1930; T. Da-Tchang, C. R. Bd. 193, S. 167. 1931; A. v. Grosse u. I. D. Kurbatow fanden 1931 (briefliche Mitt.) U : Pa : Ra = 1 : 2,74 · 10^{-7} : 3,36 · 10^{-7} für Erze verschiedenster Herkunft konstant; A. v. Grosse, Naturwiss. Bd. 20, S. 505. 1932.

inwieweit Th mit seinen langlebigen Folgeprodukten MsTh und RdTh im Gleichgewicht steht, was bei aufgeschlossenen Erzen wohl, aber nicht bei käuflichen Salzen im allgemeinen möglich ist. Bei Rückschlüssen aus dem ThEm-Gehalt auf den von Vorprodukten ist daher größte Vorsicht geboten. So kann man z. B. aus dem ThEm-Gehalt des Meerwassers eigentlich nur auf den ThX- bzw. RdTh-Gehalt, nicht ohne weiteres aber auf den Th-MsTh-Gehalt schließen, da das Gleichgewicht wegen der vorhandenen Schwefelbakterien oder sonstwie gestört sein kann.

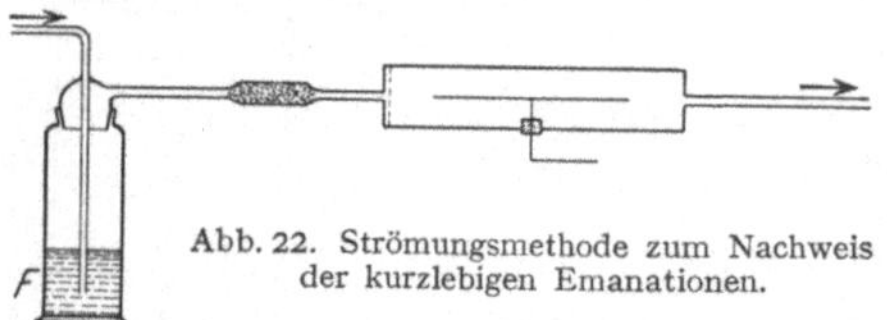

Abb. 22. Strömungsmethode zum Nachweis der kurzlebigen Emanationen.

Sind in einer zu untersuchenden Lösung gleichzeitig Ra-, Th- und Ac-Produkte vorhanden, so empfiehlt es sich statt der Emanationen die beim Vorbeistreichen der strömenden Gase auf geeignete Metallstreifen (P) gesammelten aktiven Niederschläge zur Messung zu verwenden[1]. Abb. 23.

Man entledigt sich zunächst des Rn, indem man die am besten schon vorher ausgequirlte Lösung noch gründlich auf dem Wege über Hahn Nr. 3 (H_3) entemaniert und läßt sodann durch bestimmte Zeiten den Gasstrom durch den Kondensator K fließen. (Die Kammer K ist in Abb. 23 relativ übertrieben groß gezeichnet.) Im Hinblick auf die großen Unterschiede der Halbierungszeiten von AcB (36 Min.), ThB (10,6 Stdn.), weiter von An (3,9 Sek.), Tn (54,5 Sek.), Rn (3,825 Tage), kann man bei geeigneter Wahl von Strömungs-(Anhäufungs-)zeit und Strömungsgeschwindigkeit z. B. die Actiniumwirkung gegenüber der von Th und Ra in passender Weise bevorzugen. Die Platte P ist leicht austauschbar und wird unmittelbar zur Untersuchung gebracht.

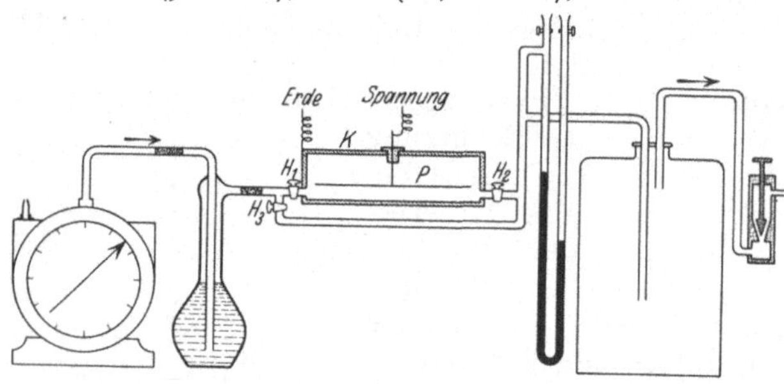

Abb. 23. Strömungsverfahren zur Ansammlung aktiven Niederschlages.

33. Gehaltsbestimmung von Radium-, Radium C- und Poloniumpräparaten. In gleicher Weise wie für die Emanationsmessungen muß hierbei in verschiedener Weise vorgegangen werden, je nachdem man es mit kleinen Mengen oder stärkeren Präparaten zu tun hat. Für kleine *Radiummengen* beschränkt man sich darauf, die damit im Gleichgewicht befindlichen Emanationsbeträge durch ihre *α-Strahlenwirkung* festzustellen und daraus auf den Radiumgehalt des untersuchten Materials Rückschlüsse zu ziehen. Die Methoden decken sich daher mit den im vorigen Absatz besprochenen. Erforderlich ist bloß die quantitative Austreibung der Emanation aus der Probe. Handelt es sich um Gesteine, so kann dies entweder durch Schmelzen, evtl. unterstützt durch Durchquirlung der Schmelze, erfolgen oder, wie dies zumeist geschieht, indem man das Material chemisch vollständig aufschließt und in eine oder mehrere Lösungen bringt. Da in letzterem Fall ein undefinierter Teil der Emanation während der Operationen entweicht, wird man zu gegebener Zeit die Lösungen völlig entemanieren und danach während eines bestimmten Zeitintervalls die neugebildete Emanation in geschlossenem Gefäße aufspeichern. Nach 12 Stunden sind 8,66%, nach 1 Tag 16,6%, nach 4 Tagen 51,6% nachgebildet, entsprechend den Zerfalls- bzw.

[1] St. Meyer u. V. F. Hess, Wiener Ber. Bd. 128, S. 909. 1919.

Nachbildungsverhältnissen, wie sie aus der Tabelle 8 in Ziff. 43 entnommen werden können.

Messungen aus der γ-Strahlung. Da Radium selbst keine durchdringenden Strahlen aussendet, sondern erst sein Zerfallsprodukt RaC, muß hierfür Gleichgewicht mit diesem (oder ein definierter Bruchteil desselben), d. h. indirekt mit dem längstlebigen Zwischenprodukt, der RaEm, abgewartet werden. 15 Tage nach dem Abschluß fehlen noch 6,6%, nach 1 Monat 4,4‰, nach 2 Monaten nur mehr 0,02‰ auf den Sattwert. Für stärkere Präparate bedient man sich dabei zweckmäßig galvanometrischer Verfahren, für schwächere elektrometrischer. Es seien im folgenden einige typische Meßanordnungen angeführt. Verglichen wird mit Radium-Standardpräparaten, womöglich in gleicher Packung; ist letzteres nicht möglich, so muß der Absorption durch die Wände des Einschlußgefäßes, und bei größeren Mengen auch der Absorption im eigenen Salz, Rechnung getragen werden. (Angaben für bezügliche Korrekturen vgl. bei ST. MEYER und E. SCHWEIDLER, Radioaktivität, 1927; Kap. V 3.) Immer muß dabei auf die natürliche Zerstreuung Bedacht genommen und weiter für alle γ-Strahlenmessungen die Abhängigkeit von Druck und Temperatur nach der Gleichung $J_0 = J_{p,t} \cdot \frac{760}{p}\left(1 + \frac{t}{273}\right)$ berücksichtigt werden. Als Einheit für die γ-Strahlenintensität schlug V. F. HESS[1] „ein *Eve*" vor, d. i. die Ionisationswirkung von γ-Strahlen aus punktförmigem RaC im Gleichgewicht mit 1 g Ra in Distanz 1 cm. (Entsprechend: Milli-Eve; Mikro-Eve.)

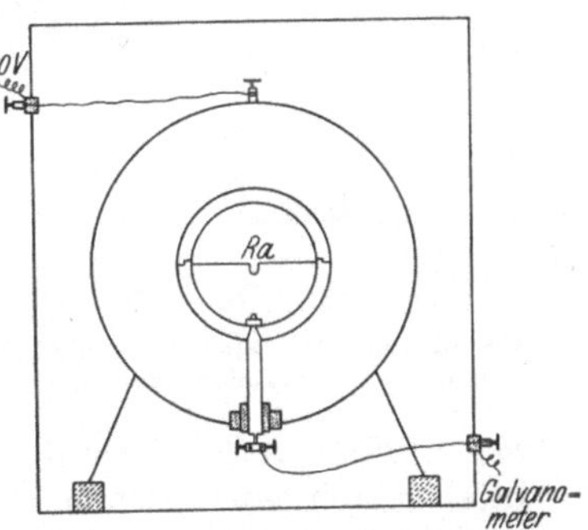

Abb. 24. Kugelanordnung zur Gehaltsbestimmung von Radiumpräparaten.

a) *Die Kugelanordnung*[2]. Abb. 24. Das Präparat befindet sich im Zentrum der starkwandigen Bleikugel, die aus zwei gut anschließenden Halbkugeln zusammengesetzt ist. Ionisiert wird der Hohlraum zwischen der Bleikugel und einer wiederum aus zwei gut aneinander passenden Halbkugeln bestehenden großen Kupferkugel, die auf etwa 1000 Volt aufgeladen wird. Radius der Innenkugel etwa 6 cm; Radius der Außenkugel 15 bis 30 cm. Galvanometrisch können so direkt bequem Ströme von etwa 1 bis 200 stat. Einh. gemessen werden; bei Anwendung ballistischer Verfahren herunter bis zu etwa 0,005 stat. Einh., was einem Meßbereich von etwa 2 g bis herunter zu 0,05 mg Radium entspricht. Für schwache Ströme bis etwa 10^{-4} stat. Einh. können auch Gitter-Elektronenröhren[3] benützt werden.

Statt der Kugelanordnungen können auch Zylinderanordnungen Verwendung finden, doch ist die Durchstrahlung der Wände des Innenzylinders besonders am Boden und in den Ecken keine gleichförmige; es kommt daher stark auf die Stellung und Dimension der Präparate im Zylinder an, was Störungen verursachen kann. Für schwache Präparate hat speziell W. BOTHE[4] eine derartige Apparatur durchgearbeitet und die erforderlichen Korrekturen angegeben; N. E. DORSEY hat hierzu noch Verbesserungen vorgeschlagen[5].

---

[1] V. F. HESS, Phys. Rev. (2) Bd. 19, S. 75. 1922.

[2] ST. MEYER u. V. F. HESS, Wiener Ber. Bd. 121, S. 603. 1912.

[3] J. C. M. BRENTANO, Nature Bd. 108, S. 532. 1921; H. GREINACHER u. H. HIRSCHI, Schweiz. Min. u. Petrogr. Mitt. Bd. 3, S. 153. 1923; V. F. HESS, Radiology Bd. 2, S. 100. 1924.

[4] W. BOTHE, Phys. ZS. Bd. 16, S. 33. 1915; N. E. DORSEY, Journ. Opt. Soc. Amer. Bd. 6, S. 633. 1922.

[5] Für die relativen γ-Wirkungen von RaB und RaC und daraus entspringende Korrekturen vgl. J. A. CHALMERS, Phil. Mag. (7) Bd. 6, S. 745. 1928; I. CURIE, C. R. Bd. 188, S. 64. 1929; K. MARBACH, Wiener Ber. Bd. 139, S. 231. 1930.

Für Erze oder schwache Präparate, die in großen Mengen vorhanden sind, empfiehlt V. F. HESS[1] umgekehrt ein kugelförmig eingeschlossenes Elektrometer, das konzentrisch rings von der strahlenden Masse umgeben ist[2].

b) *Der große Plattenkondensator.* Abb. 25. Derartige Anordnungen wurden von M. CURIE[3] verbunden mit einem Piezo-Quarzkompensator oder von ST. MEYER angeschlossen an ein Wulf-Elektrometer od. dgl. angegeben. Die flache zylindrische Ionisationskammer, Radius etwa 15 cm, ist durch Bleiplatten der Dicke von 5 mm aufwärts (bis etwa 25 mm) gedeckt. Da das meiste Blei spurenweise aktiv ist, wird noch zweckmäßig eine Zinkplatte von etwa 2 mm untergeschoben, um die Eigenstrahlung des Pb auszuschalten. Die in tunlichst gleiche Röhrchen eingeschlossenen Präparate werden zentral auf die Platten unmittelbar aufgelegt. Da nur der zentrale Strahlenkegel wesentlich zur Wirkung kommt, stören kleine seitliche Verschiebungen oder Ausbreitung des Präparates die Messung nicht. Es können auch mehrere nebeneinander liegende Röhrchen gleichzeitig gemeinsam geeicht werden. Vertikalerhebungen sind jedoch von stärkerem Einfluß und in der Höhe ausgedehntere Präparate nicht ohne weiteres vergleichbar. Aber auch bei nicht engen Röhrchen ist zu bedenken, daß beim Umlegen und Ausbreiten des Inhaltes das RaC zum Teil an der abgewendeten Glasseite angelagert sein kann, und es ist vorsichtiger, die Präparate vor endgültigen Messungen eine Zeitlang (Neuausbildung des RaC) in gleicher Lage auf der Unterlage zu belassen. Präparate in Kapseln, wie sie früher mehr in Verwendung standen, aber auch noch jetzt medizinisch benützt werden, etwa mit Glimmerabschluß und Metallboden, können, falls sie mit der Schichtseite aufgelegt werden, wegen der „reflektierten" Sekundärstrahlen aus dem Metallboden zu große Intensitäten vortäuschen.

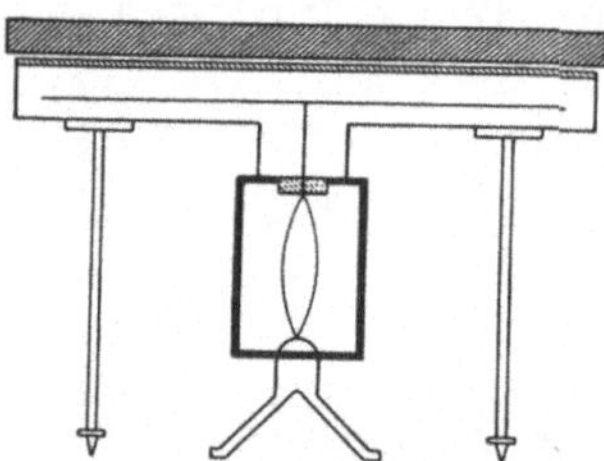

Abb. 25. Plattenkondensator zur Gehaltsbestimmung von Radiumpräparaten.

c) *Präparate in einiger Entfernung von einer starkwandigen Ionisationskammer.* Hierzu kann irgendein kugelförmiges oder zylindrisches Ionisationsgefäß, verbunden mit einem Elektrometer, dienen. Stehende Zylinder sind günstigere Formen als liegende, wegen mangelhafter Sättigung in den Ecken bei letzteren. Der WULFsche Zweifadenapparat, verbunden mit vertikalem Zylinder aus Messing der Wandstärke 3 mm, Volumen 968 cm^3, wurde speziell von V. F. HESS[4] durchgearbeitet und mit Radiumpräparaten geeicht, derart, daß gleichgebaute Instrumente auch ohne den Besitz von Radium-Normalen zur Gehaltsbestimmung verwendet werden können (Abb. 26). Für die genannte Type erzeugen 100 mg Ra in Distanz zwischen Mitte des Apparates und Präparates von

	50	100	200	400 cm
einen Sättigungsstrom von	108,6	26,78	6,66	$1{,}77 \cdot 10^{-3}$ stat. Einh.

[1] V. F. HESS, Meeting Electrot. Soc. Baltimore Nr. 19, Trans. Bd. 41, S. 287, 301. 1922; V. F. HESS u. E. DAMON, Phys. Rev. (2) Bd. 19, S. 530. 1922; Bd. 20, S. 59. 1922.

[2] Für Gesteinsproben, Erze geringer Aktivität usw. beachte man auch die Methoden der Vergleichung mit künstlich aktiven Sanden, Sandkuchen, Gipsplatten u. dgl. z. B. bei P. LUDEWIG, ZS. f. Phys. Bd. 20, S. 394. 1924; W. A. SOKOLOW, ZS. f. Phys. Bd. 54, S. 385. 1929; A. VERIGO, Bull. Acad. Leningrad Nr. 6, S. 519. 1929; H. GRÄVEN, Wiener Ber. Bd. 139, S. 181. 1930. Mitt. Ra-Inst. Nr. 293, Wiener Ber. 1932; W. SEBESTA, ZS. f. Phys. Bd. 66, S. 598. 1930; F. BEHOUNEK, ZS. f. Phys. Bd. 68, S. 284. 1931.

[3] M. CURIE, Journ. de phys. et le Radium (5) Bd. 2, S. 795. 1912; ST. MEYER, Strahlentherapie Bd. 2, S. 536. 1912.

[4] V. F. HESS, Phys. ZS. Bd. 14, S. 1135. 1913.

Sehr wichtig ist bei solchen Messungen, daß Präparate und Apparate hinreichend weit (mindestens 1 m) von Wänden oder allgemeiner irgendwelchen Körpern aufgestellt sind, die Sekundärstrahlen ausgeben können, da anderseits „reflektierte" Strahlen die Meßgenauigkeit wesentlich beeinträchtigen. Hat man beispielsweise Apparat und Präparat in Distanz von 1 m auf einem großen Holztische aufgestellt, so ist die γ-Strahlung in obigem Instrument bereits um 7% größer, als wenn die beiden jedes frei auf kleinen Stativtischen 1 m über dem Erdboden stehen. Aus diesem Grunde sind auch Laufschienen aus massivem Material zu vermeiden, wenn nicht in nahe gleicher Distanz nahe gleich starke Präparate verglichen werden sollen.

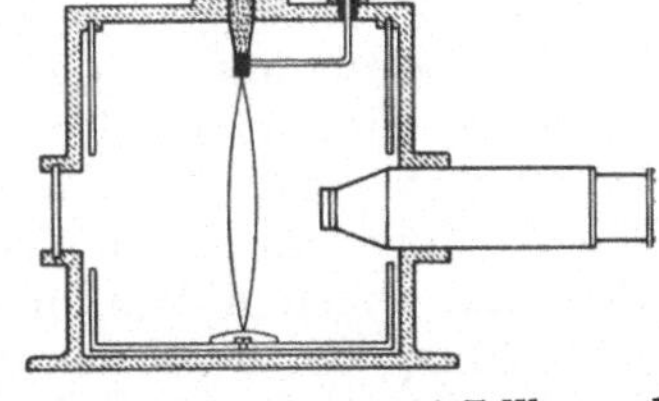

Abb. 26. Eichapparat nach T. WULF und V. F. HESS.

d) RUTHERFORD-CHADWICKS *Kompensationsverfahren*[1]. Abb. 27. Die γ-Strahlung des Radiumpräparates wird hierbei durch die α-Strahlung eines Uranoxydpräparates kompensiert. Für Strahlenkompensation verhalten sich dann zwei Präparate P_1 und P_2 in der Entfernung r_1 und r_2, wenn die Kammerbreite (a) berücksichtigt wird, wie $\frac{P_1}{P_2} = e^{-\mu(r_1-r_2)} \cdot \frac{r_2(r_2+a)}{r_1(r_1+a)}$. Die Wahl des Absorptionskoeffizienten (μ) in Luft ist für enge Räume (Röhren) eine andere als für freie Umgebung. In ersterem Falle wäre nach J. CHADWICK[2] $\mu_{15^\circ}^{760} = 6{,}0 \cdot 10^{-5}\,\mathrm{cm}^{-1}$ einzusetzen, im zweiten nach V. F. HESS[3] $\mu_{15^\circ}^{760} = 4{,}64 \cdot 10^{-5}\,\mathrm{cm}^{-1}$. So bestechend derartige Kompensationsverfahren erscheinen, so können sie hier nur zu verläßlichen Vergleichungen führen, wenn die Präparate nahegleich stark und demnach r_1 nahegleich r_2 sind, da aus den im Beispiel c erwähnten Gründen verschiedene Längen der Laufschiene, auf der die Präparate verschoben werden, und Einwirkung sekundärer Strahlung aus verschiedener Entfernung große Fehler bedingen können[4].

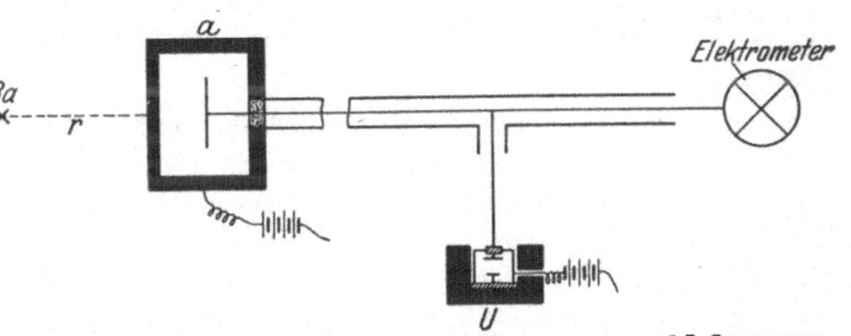

Abb. 27. Kompensationsverfahren nach E. RUTHERFORD und J. CHADWICK.

e) *Methoden konstanter Ablenkung*. Hierbei wird die Aufladung, die durch einen von der γ-Strahlung nach Durchsetzen einer Bleischicht von etwa 5 mm in einem Plattenkondensator od. dgl. hervorgerufen wird, teilweise durch einen großen Widerstand W zur Erde abgeleitet. In ähnlicher Weise können die bereits Ziff. 31 erwähnten Ionometer benützt werden, wenn an Stelle des herausragenden Stiftes eine Plattenkondensator-Büchse, etwa wie die der Abb. 28, angebracht wird.

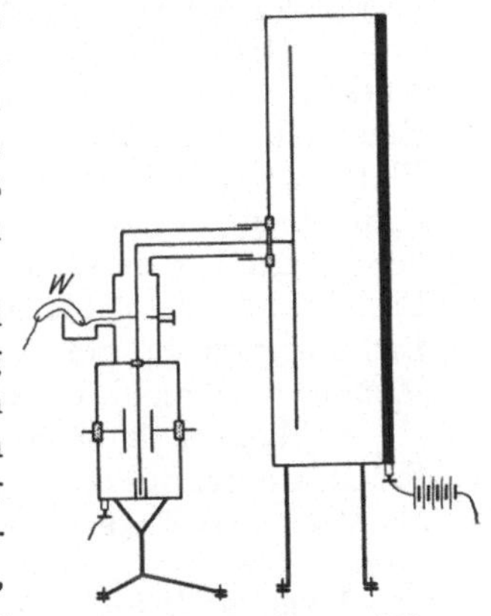

Abb. 28. Eichverfahren nach Methode konstanter Ablenkung mit Einfadenelektrometer.

[1] E. RUTHERFORD u. J. CHADWICK, Proc. Phys. Soc. Bd. 24, S. 141. 1912.

[2] J. CHADWICK, Proc. Phys. Soc. Bd. 24, S. 152. 1912.

[3] V. F. HESS, Wiener Ber. Bd. 120, S. 1205. 1911.

[4] Andere Kompensationsverfahren vgl. u. a. bei „Radium Belge", Electromètre à compensation, Bruxelles 1926, Casterman Tournai; ferner: R. JAEGER, ZS. f. Phys. Bd. 52, S. 627. 1928.

f) *Wärmemeßmethoden.* Eichungen von Radiumpräparaten von etwa 10 mg aufwärts können auch durch empfindliche Kalorimeter mittels ihrer Wärmewirkungen vorgenommen werden, doch ist dieses Verfahren im allgemeinen umständlicher und minder genau als die γ-Meßmethoden. Für die Kalorimetrie der Radiumpräparate ist zu beobachten, daß, während die γ-Strahlung dem Zerfall des Ra entsprechend mit den Jahren abnimmt, die Wärmeentwicklung mit dem gleichzeitigen Anwachsen der Zerfallsprodukte RaD-RaE-RaF ansteigt. Exakte Bestimmungen der γ-Strahlung und der Wärmeentwicklung ermöglichen demnach zusammen Altersbestimmungen der Präparate. Derartige Vergleiche zwischen γ- und Wärmewirkung gestatten auch die Feststellung, ob man es mit Radium und seinen Zerfallsprodukten oder mit anderen Stoffen, wie Mesothor und seinen Abkömmlingen, zu tun hat, da in ersterem Falle nur die eine γ-Strahlung des RaC der α-Wirkung aller vorhandenen Glieder der Radiumfamilie, im letzteren zwei γ-Strahler, aus $MsTh_2$ und ThC'', den α-strahlenden Familienmitgliedern gegenüberstehen. Nach D. K. Yovanovitch und A. Dorabialska[1] ist das Verhältnis der Wärmeentwicklung zur Ionisation von RdTh zu der von Ra gleich 1,6.

Mikrokalorimetrische Methoden sind am Platze für sehr starke α-Strahler, z. B. starke Präparate von Polonium, für welche Sättigungsstrom auch nicht annähernd erzielt werden kann.

g) *Eichung von Poloniumpräparaten.* Schwache Präparate mißt man aus der Zahl der zerfallenden Atome (Szintillationen, Geiger-Spitzenzähler usw.) oder deren Stromäquivalent aus der Ionisation mittels α-Elektrometern. Für stärkere Präparate, für die Sättigungsstrom schwer erzielbar ist, hat H. Fonovits[2] Tabellen zur Erreichung dieses angegeben, die bis $i = 2400$ stat. Einh. gehen.

Bei α-strahlenden Präparaten, die so stark sind, daß Sättigung auch nicht annähernd erreichbar ist, besteht neben den kalorimetrischen Verfahren (f) natürlich auch die Möglichkeit der Messung durch Unterteilung, Beobachtung durch Löcher, Schlitze, Sektoren bestimmter Abmessung oder teilweiser Abschirmung der Strahlung durch Aluminiumfolie u. dgl. M. Curie und I. Curie haben bezügliche Apparate konstruiert[3].

Statt die Ionisation durch die α-Teilchen zur Messung zu benützen, kann man für starke Präparate auch die Sammlung der Ladungen, welche die α-Teilchen selbst mitführen, heranziehen. Soll eine dem Präparat gegenübergestellte Platte die gesamte positive Ladung der gegen sie geschleuderten α-Teilchen aufnehmen, so ist für bestes Vakuum und Ablenkung evtl. vorhandener β- und der δ-Strahlen durch ein entsprechendes Magnetfeld zu sorgen. Nach diesem Prinzip ist eine Meßanordnung von G. Ortner[4] hergestellt worden, die z. B. Eichung von Po im Äquivalent zu 20000 stat. Einh. einseitigen Ionisationsstromes und mehr unmittelbar gestattet.

Schließlich kann auch die photographische Intensitätsmessung starker Po-Präparate quantitativ gestaltet werden, da sich das Bunsen-Roscoesche Gesetz als streng erfüllt erwies (M. Blau[5]).

---

[1] Vgl. M. Curie, C. R. Bd. 172, S. 1022. 1921; D. K. Yovanovitch u. A. Dorabialska, C. R. Bd. 183, S. 1037. 1926; D. K. Yonovavitch, Journ. de phys. et le Radium (6) Bd. 9, S. 297. 1928; S. W. Watson u. M. C. Henderson, Proc. Roy. Soc. London (A) Bd. 118, S. 318. 1928; A. Dorabialska, Bull. Krakau (A) S. 459. 1928; F. Weiss-Tessbach, Wiener Ber. Bd. 137, S. 551. 1928.

[2] H. Fonovits, Wiener Ber. Bd. 128, S. 761. 1919.

[3] I. Curie, C. R. Bd. 176, S. 1462. 1923; M. Curie, Journ. chim. phys. Bd. 22, S. 142. 1925.

[4] G. Ortner, Wiener Ber. Bd. 138, S. 117. 1929.

[5] M. Blau, Wiener Ber. Bd. 137, S. 259. 1928.

34. Eichungen von Mesothorpräparaten. Die γ-Strahlenmessungen erfolgen analog wie bei Ra-RaC. Wegen der Isotopie zwischen Ra und $MsTh_1$ ist zu erwarten, daß, wenn im Ausgangserz U und Th vorkamen, das erhaltene Radiumpräparat nicht frei von Mesothor, das MsTh vermischt mit Ra vorhanden sein werde. Da $MsTh_1$ mit einer Halbierungszeit von $T = 6{,}7$ Jahren zerfällt, werden sich solche Präparate allmählich an Ra relativ anreichern. Im allgemeinen wird man sich deshalb vergewissern müssen, ob „Radium"präparate praktisch mesothorfrei sind, wofür in einzelnen Fällen schon die Herkunft zeugt (St. Joachimsthal, Katanga, Belgisch-Kongo usw.); radiumfreies Mesothor kann aus Erzen überhaupt nicht gewonnen werden, da völlig uranfreie Thorerze nicht bekannt sind, sondern nur aus schon einmal von MsTh-Ra früher befreiten Th-Salzen.

Die Konstatierung der Anwesenheit von MsTh und seinen Folgeprodukten kann am einfachsten erfolgen, wenn das Präparat geöffnet werden darf, indem aus ThEm und aktivem Niederschlag, die sich leicht von den entsprechenden Radiumzerfallsprodukten unterscheiden lassen, Rückschlüsse gezogen werden. Betrifft es eingeschmolzene Proben, so gestatten obige Wärmemessungen eine Diagnose; man kann aber auch aus dem Verhalten der γ-Strahlen direkt erfahren, um welche Produkte es sich handelt.

Stehen die Präparate längere Zeit zur Verfügung, oder kann in Zwischenräumen mehrerer Monate und Jahre die Messung wiederholt werden, so genügt es, die zeitlichen Veränderungen der γ-Strahlung festzustellen, um aus dem Gang schließen zu können, ob neben Ra auch Mesothor, und in welchem Betrag und Alter es vorhanden ist. Da die Lebensdauern von $MsTh_1$ und RdTh gegenüber allen anderen Zerfallsprodukten dieser Reihe groß sind, kann für die gesamte Veränderung mit der Zeit von den kurzlebigen Produkten abgesehen werden, wenn die γ-Wirkungskurve betrachtet wird und die γ-Strahlung des $MsTh_2$ mit $MsTh_1$, die des ThC'' mit RdTh verknüpft gedacht werden (vgl. Ziff. 56). Die γ-Strahlung des ThC'' ist härter als die des $MsTh_2$. (Die γ-Strahlung von RaC steht an Härte zwischen den beiden.) Unmittelbar nach der Abscheidung ist bloß Mesothor (M) vorhanden; während es abfällt, entsteht Radiothor (R). Der Stromwert $J = \lambda_M M + k\,\lambda_R R$ wird daher vom Alter der Proben und vom Werte k abhängen; letzterer wesentlich von der Meßanordnung, Dicke der absorbierenden Schichten und verschiedenartiger Filterung der Strahlen.

Für eine Anordnung Type c, Ziff. 33, wobei das Präparat eingeschlossen ist von einem Bleizylinder der Wandstärke a_1 und die Wandstärke der Ionisationskammer der Meßanordnung $a_2 = 3{,}3$ mm Pb betrug, erhielt O. HAHN[1] die relativen γ-Wirkungen:

Tabelle 2. Absorbierbarkeit der γ-Strahlung von Radium-, Mesothor- und Radiothorpräparaten nach HAHN.

$a_1 + a_2$ in mm Blei	Ra	Mesothor „neu"	Mesothor 2 Jahre alt	Neues radiumfreies Mesothor	Radiothor
5	100	100	100	100	100
10	68,1	70,0	70,3	69,7	72,7
15	49,7	50,7	52,2	49,4	54,2
20	37,3	37,0	38,8	36,1	42,3
25	28,7	27,3	29,5	26,1	33,5
30	22,0	20,4	22,7	19,1	26,8
35	16,9	15,5	17,7	14,0	21,7
40	13,4	11,4	13,8	10,5	17,6
45	10,6	8,65	10,7	7,8	14,3

[1] O. HAHN, Strahlentherapie Bd. 4, S. 154. 1914.

Für eine Anordnung Type b, Ziff. 33, hat im Vergleiche mit der γ-Wirkung des Radiums St. Meyer für verschiedene Plattendicken die Relation der γ-Wirkung verschieden alter Mesothorpräparate in nachstehender Zusammenstellung angegeben, wobei betont sei, daß es sich hier wesentlich um den Gang und nicht so sehr um die Absolutwerte handelt. Sowohl bei jungen wie bei alten Mesothorpräparaten wird MsTh gegenüber Ra unterschätzt, bei jungen mit der durchstrahlten Schichtdicke in steigendem, bei alten in geringerem Maße; zwei- bis sechsjährige Präparate werden dagegen überschätzt, in der Abhängigkeit von der Schichtdicke zeigt sich bei drei- bis fünfjährigen ein Minimum.

Tabelle 3. Relative Wirkung der γ-Strahlung von Mesothorpräparaten verschiedenen Alters nach St. Meyer.

d	Alter in Jahren								
cm Pb	0	1	2	3	4	5	6	8	10
0	0,853	1,090	1,204	1,241	1,226	1,181	1,116	0,966	0,813
0,5	0,777	1,041	1,175	1,225	1,218	1,179	1,117	0,971	0,818
1,0	0,719	1,006	1,154	1,214	1,214	1,180	1,121	0,976	0,825
1,5	0,673	0,978	1,139	1,207	1,212	1,180	1,124	0,981	0,830
2,0	0,631	0,953	1,124	1,200	1,210	1,181	1,127	0,986	0,835
2,5	0,589	0,927	1,110	1,193	1,208	1,183	1,130	0,991	0,840
3,0	0,556	0,909	1,103	1,192	1,211	1,188	1,137	0,998	0,847
4,0	0,494	0,879	1,091	1,194	1,220	1,203	1,154	1,016	0,864
5,0	0,448	0,857	1,087	1,200	1,233	1,219	1,172	1,035	0,881

Aus dem Vorstehenden ergibt sich, daß das „γ-Äquivalent" zu 1 mg Ra, wie es gewöhnlich angegeben wird (vgl. Ziff. 53), nur eindeutig bestimmt werden kann, wenn die Meßvorrichtung und die absorbierende Bleischicht genau mitgeteilt werden; für verschiedene Apparaturen und Bleidicken können dagegen die Bewertungen in ziemlich weiten Grenzen differieren. Andererseits kann bei Beobachtung unter variablen Bedingungen nach obigen Angaben auf Alter und Radiumgehalt zurückgeschlossen werden.

b) Die Radioelemente[1].

Unter den chemischen Elementen ist eine bestimmte kleine Anzahl durch die Eigenschaft ausgezeichnet, in merklicher Weise instabil zu sein und von selbst unter Aussendung von Becquerelstrahlen zu zerfallen. Es sind dies die Stoffe mit den größten Verbindungsgewichten, Uran, Thor, Protactinium und deren Abkömmlinge mit den Atomnummern zwischen 92 und 81. Weiter ist es nur noch von den Elementen K (19) und Rb (37) nachgewiesen, daß sie spontan Elektronenstrahlen aussenden, während für alle anderen chemischen Grundstoffe zur Zeit angenommen werden muß, daß ihr Gefüge so fest ist, ihre Zerfallswahrscheinlichkeit so gering, daß wenigstens mit den jetzt zur Verfügung stehenden Mitteln nicht erwiesen werden konnte, daß sie analoge Wirkungen zeigen. Im folgenden sei eine kurze Zusammenstellung des wichtigsten Vorkommens der Uran- und Thormineralien und eine Charakteristik der einzelnen radioaktiven Stoffe gegeben.

35. Vorkommen radioaktiver Stoffe. Der mittlere Gehalt der Erdatmosphäre in Erdnähe beträgt etwa $1{,}3 \cdot 10^{-16}$ Curie/cm^3 an Radon. Nach den Berechnungen von V. F. Hess und W. Schmidt[2] über den Austausch bei der

[1] Ausführlichere Angaben und vollständige Literaturnachweise sowie Tabellen über das Entstehen und Verschwinden der einzelnen Stoffe im Zusammenhang vgl. bei St. Meyer u. E. Schweidler, Radioaktivität, 2. Aufl. B. G. Teubner 1927.

[2] V. F. Hess u. W. Schmidt, Phys. ZS. Bd. 19, S. 109. 1918; neuere Daten vgl. E. Schmid, Meteorol. ZS. Bd. 48, S. 180. 1931.

ungeordneten Bewegung in freier Luft darf angenommen werden, daß die Halbwertshöhe, das ist die Höhe, in welcher der Gehalt auf die Hälfte des Betrages am Erdboden gesunken ist, unter Berücksichtigung des Zerfalles rund 1200 m beträgt. Nehmen wir dementsprechend für eine Einschätzung an, Radiumemanation sei in obigem konstantem Ausmaß bis etwa in 1,7 km Höhe vorhanden, so verlangte dies für die gesamte Erdoberfläche (angenähert $5 \cdot 10^8$ km^2) einen Gehalt von etwa 10^8 Curie oder ein Mindestmaß von etwa 10^5 kg Radium, um diese Radiumemanation im Gleichgewicht zu erhalten. Freilich ist für die Bereiche der Erdoberfläche über den Ozeanen und über dem Festland ein verschiedener Betrag für die Emanationsabgabe vorhanden, doch müssen auch im Meerwasser beträchtliche Radiummengen gelöst sein. Nach S. J. MAUCHLY[1] ist der Durchschnittsgehalt von Seeluft über Ozeanen $2{,}6 \cdot 10^{-18}$ Curie/cm^3. Es müssen daher sehr große Radiummengen in feinverteilter Form in der äußeren Erdkruste (sowie im Meere) vorhanden sein, und da zu 1 g Ra rund $3 \cdot 10^6$ g Uran gehören, dementsprechend mehr an Uran.

Abb. 29. Geographische Verteilung der wichtigsten Vorkommen radioaktiver Erze.

Für Thor und Actinium läßt sich aus deren Emanationen wegen ihrer Kurzlebigkeit dies nicht so leicht berechnen. Nach den Daten von V. F. HESS und W. SCHMIDT sind die „Halbwertshöhen“ für ThEm und ThA nur rund 2 bis 3 m; für ThB und Folgeprodukte etwa 100 bis 150 m; für AcEm und AcA 0,5 bis 1 m; für AcB und Folgeprodukte 10 bis 20 m.

Der mittlere *Radium*gehalt der festen Erdkruste wird zu etwa 2 bis $2{,}6 \cdot 10^{-12}$ eingeschätzt, was einem relativen *Uran*gehalt von 6 bis $8 \cdot 10^{-6}$ entspricht. Unter den Gesteinsarten sind die Eruptivgesteine radiumreicher als die sedimentären, unter den ersteren die saueren etwa dreimal aktiver als die basischen. Der durchschnittliche *Thor*gehalt der Gesteine ist etwas größer, aber von derselben Größenordnung wie der an Uran. Für saure Eruptivgesteine wurden Gehalte bis etwa $4 \cdot 10^{-5}$, für basische 0,5 bis $1{,}3 \cdot 10^{-5}$ angegeben; unter den Sedimenten sind Tone mit 1,1 bis $1{,}40 \cdot 10^{-5}$ am reichsten, Sandsteine haben nur etwa die Hälfte bis ein Drittel, Kalk und Dolomit sind sehr arm (Gehalt geringer als $0{,}1 \cdot 10^{-5}$).

[1] V. F. HESS, Wiener Ber. Bd. 127, S. 1297. 1918; S. J. MAUCHLY, Terr. Magn. Bd. 29, S. 187. 1924.

Gehäuftes Vorkommen radioaktiver Stoffe ist im allgemeinen nur an jenen Stellen der Erde vorhanden, wo Uran- oder Thorerze auftreten. Von U und Th freies Vorkommen von Radium, Mesothor und deren Zerfallsprodukten findet sich nur an Orten, wo durch sekundäre Prozesse eine Auslaugung der Mineralien, konvektive Fortführung und Wiederablagerung, vorhanden sein kann, also z. B. bei den Sedimenten aus Quellen, die beim Durchströmen der Gesteinsspalten diese Stoffe aufgenommen hatten, wie beim Reissacherit von Gastein, den Radiobaryten u. dgl.[1].

Die geographische Verteilung der wichtigsten bisher bekannt gewordenen Fundstellen von Uran- und Thormineralien ist aus der obigen in Anlehnung und Ergänzung nach B. SZILARD[2] entworfenen Abb. 29 zu ersehen.

Natürlich ist zu erwarten, daß bei weiterer Durchforschung der Gebiete sich noch andere zahlreiche Fundstellen werden finden lassen.

36. Uranmineralien[3]. Da die Uranmineralien auch in größerem oder geringerem Ausmaß Thor enthalten, die Thormineralien auch Uran, so ist eine strenge Scheidung nicht möglich, doch kann man nach dem Überwiegen des einen oder anderen Stoffes gleichwohl eine Klassifikation versuchen.

a) *Oxyde:* Hierbei handelt es sich zumeist um verschiedene Oxydationsgemische, wobei als Grenzfälle reines UO_2 und UO_3 zu betrachten wären. Nach G. KIRSCH[4] lassen sich die ersteren Vorkommen als „*Ulrichit*" zusammenfassen. Hierher gehören das kristallisierte Vorkommen von Morogoro, Bröggerit, zum Teil Cleveit und Nivenit. Neben UO_2 enthalten diese Erze noch UO_3 (bis zu 35%), PbO (bis über 11%), ThO_2 (bis 12%, Bröggerit, Thoruranin), seltene Erden (bis 12%), etwas (FeCa)O, SiO_2 usw. Sehr rein ist z. B. das Branchvilleerz. Dagegen sind die eigentlichen „Pechblenden", Uranpecherz, Nasturan, Uraninit, zum Teil Cleveit, Nivenit und andere nicht kristallisiert; sie kommen teils spaltenfüllend in Adern im Gestein, teils in nierenförmiger und krummschaliger Struktur vor. Ihre Zusammensetzung entspricht Zwischenformen obiger zwei Oxydationsstufen, am häufigsten in der Relation U_2O_5 oder U_3O_8. Reines U_2O_5 ist schwarz, U_3O_8 grau-schwarz, UO_3 hellolivengrün, UO_2 maronibraun. Die Pechblenden und verwandten Mineralien, zu denen noch Varietäten wie Uranospinit, Pittinit, Corazit, sowie zahlreiche sekundäre Mineralien vom Belgisch-Kongo, wie Curit, Kasolit, gezählt werden, enthalten als Verunreinigungen eine große Zahl von Elementen, wie Si, Fe, Ca, Mg, Sb, As, V, Cu, Tl,

[1] H. MACHE, Wiener Ber. Bd. 113, S. 1329. 1904; F. DIAZ DE RADA, Bolet. Inst. rad. Madrid Bd. 8, S. 12, 27, 43. 1926; S. IIMORI, Bull. chem. Soc. Japan Bd. 2, S. 270. 1927; L. N. BOGOJAVLENSKI, Leningrad C. R. Nr. 14/15. 1928; P. MISCIATELLI, Acad. dei Linc. Rom I, VI. 1928; W. F. SEYER, Trans. Roy. Soc. Canada Bd. 23, S. 75. 1929.

[2] B. SZILARD, Le Rad. Bd. 6, S. 233. 1909.

[3] Literatur: ST. MEYER u. F. SCHWEIDLER, Radioaktivität, 2. Aufl. 1927, Teubner, Kap. VI 2, S. 382 u. Kap. VII 1, S. 551; P. NIGGLI u. K. FAESY, ZS. f. Krist. Bd. 60, S. 141. 1924; F. HECHT, G. KIRSCH u. F. KÖRNER, C. Doelters Handb. d. Mineralchem. Bd. 4 II, S. 870. 1928; S. 981. 1931; V. BILLIET, Bull. soc. franç. Miner. Bd. 49, S. 136. 1928; C. N. FENNER, Sill. Journ. Bd. 16, S. 369. 1928; Bd. 16, S. 382. 1928; E. DE HAUTPICK, Adelaide, Australia. 1928 (Africa Ra Cie); A. LUKAŠUK, Leningrad C. R. Nr. 24. 1928; LAURI LOKKA, Bull. Comm. Geol. Finland Nr. 82. 1928; C. S. PIGGOT, Washington Acad. Sci. Journ. Bd. 18, S. 313. 1928; Y. KANO u. B. YAMAGUCHI, Bull. chem. Soc. Japan Bd. 3, S. 244. 1928; H. HIRSCHI, Schweiz. Min. u. Petrogr. Mitt. Bd. 9, S. 1. 1929; S. IIMORI, Sc. pap. Inst. phys. chem. Res. Tokyo Bd. 10, S. 229. 1929; J. K. MARSH, Phil. Mag. (7) Bd. 7, S. 1005. 1929; F. P. ADAMS, Canadian Journ. of res. Bd. 1, S. 467. 1929; J. YOSHIMURA, Bull. Inst. phys. chem. Res. Tokyo Bd. 2, S. 29. 1929; C. N. FENNER u. C. S. PIGGOT, Nature Bd. 123, S. 793. 1929; A. HADDING u. R. VAN AUBEL, C. R. Bd. 188, S. 716. 1929; A. FERSMANN, Abh. z. prakt. Geologie u. Bergwirtschaftslehre Bd. 19. 1930; S. IIMORI, J. YOSHIMURA u. S. HATA, Sc. pap. Inst. phys. chem. Res. Tokyo Bd. 15, S. 83. 1931; A. F. KOVARIK u. A. HOLMES, Bull. Nat. Res. Counc. Nr. 80, S. 73 u. 124. 1931.

[4] G. KIRSCH, Festschr. f. F. Becke. 1925.

Bi, gewöhnliches Pb neben RaG und ThD, seltene Erden. Für die Radiumgewinnung sind besonders die Vorkommen der Uranpecherze von St. Joachimsthal und von Katanga (Belgisch-Kongo) von Bedeutung geworden.

b) *Hydratische Zersetzungsprodukte:* Als solche gelten: Gummit, Eliasit, Becquerelit ($UO_3 \cdot 2H_2O$); Schoepit, Janthinit, Uranosphärit ($BiO_2 \cdot U_2O_7 + 3\,H_2O$); Pilbarit ($31{,}34\,ThO_2$, $29\,UO_3$, $13\,SiO_2$, $17\,PbO$, $8\,H_2O$); Clarkeit.

c) *Sulfate:* Johannit, Gilpinit, Uranvitriol, Uraconit, Zipperit, Medjitit, Uranochalcit, Uranopilit, Voglianit.

d) *Phosphate:* Uranit, Kalkuranglimmer, Autunit [$Ca(UO_2)_2P_2O_8 + 8\,H_2O$], Uranocircit (in letzter Formel Ba statt Ca); Fritzscheit (Mn statt Ca), Cuprouranit, Torbernit, Metatorbernit, Chalkolith (Cu statt Ca), Phosphoruranylit, Xenotim, Castelnaudit, Stasit, Dewindtit, Dumontit, Parsonsit, Bassetit, Uranospathit.

e) *Arsenate:* Trögerit, Walpurgin (Wismut-Uran-Arsenat), Uranospinit (Ca-U-Arsenat), Zeunerit (Cu-U-Arsenat).

f) *Vanadate:* Carnotit [$K_2O \cdot 2(UO_3)V_2O_5 + 3 \cdot H_2O$], das wichtigste amerikanische Mineral für die dortige Radiumproduktion; Tjuiamunit, Ferghanit, Uvanit, Rauvit.

g) *Niobate, Tantalate, Titanate:* Pyrochlor, Plumboniobit, Blomstrandin, Priorit, Koppit, Hatchettolith, Samarskit, Annerodit, Nohlit, Fergusonit, Yttrotantalit, Hjelmit, Kochelit, Polychras, Mikrolith, Yttrocasit, Ampangabeit, Euxenit, Polykras, Toddit, Ellsworthit, Blomstrandit, Betafit, Katafit, Samiresit aus Madagaskar, Mendelejevit aus Transbaikalien, Wiikit und Loranskit.

k) *Urancalciumkarbonate:* Uranothallit, Liebigit, Voglit, Schröckingerit, Rutherfordin, Randit.

i) *Uransilikate:* Pillinit [$(Pb, Ca, Ba)U_3SiO_{12} + 6\,H_2O$], Uranophan-Uranotil ($CaU_2Si_2O_{11} \cdot 5\,H_2O$), Lambertit, Cyrtolith, Naegit, Sklodowskit = Chinkolobwit, Fourmarierit, Soddyit, Gummit.

k) *Uranführende Kohle:* Kolm; U und Th in Kohle: Thucholit.

Für Pechblenden seien einige Analysenresultate C. ULRICHs zur Charakteristik mitgeteilt. Aus Katanga kommen auch sekundäre Mineralien, Pb-U-Phos-

Tabelle 4. Chemische Analyse verschiedener Pechblenden nach ULRICH[1].

	St. Joachimsthal	Katangapechblende	Grünes Material	Gelbes Material
U_3O_8	76,34	85,51	45,31	54,80
PbO	2,93	5,75	8,24	27,87
ThO_2 + seltene Erden	0,7	0,53 (für beide Zeilen)	4,56	1,60
$(Fe, Al)_2O_3$	3,31			
Bi_2O_3	0,7	Spur	—	—
As_2O_3	1,0	—	—	—
Sb	Spur	—	—	—
CuO	Spur	Spur	5,42	0,54
ZnO	0,3	—	—	—
MnO	0,1	—	—	—
CaO	3,0	0,25	0,12	0,11
MgO	0,05	0,06	0,51	0,16
K_2O	0,2	—	—	—
Na_2O	1,1	—	—	—
P_2O_5	—	0,01	12,03	0,99
$BaSO_4$	Spur	Spur	Spur	0,10
SO_3	3,7	0,33	0,28	0,37
SiO_2	5,17	1,02	9,51	6,67
H_2O	2,84	4,10	Glühverlust: 11,7	5,18
Ag	Spur	nicht geprüft	nicht geprüft	nicht geprüft
CO_2	0,3	„ „	„ „	„ „

[1] Vgl. auch F. HECHT u. E. KÖRNER, Monatsh. f. Chem. Bd. 49, S. 438, 444, 460. 1928.

phate und Silikate zur Radiumverarbeitung, sie sind als „grünes" und „gelbes" Material angeführt (s. Tab. 4).

Beachtenswert ist, daß in den beiden letztgenannten sehr bleireichen Mineralien das Blei praktisch reines RaG (206) ist, sonach aus dem primären Erz stammt und nahezu kein gewöhnliches Pb (207) eingetreten ist.

37. Thormineralien[1]. Wie bereits erwähnt, enthalten alle Thormineralien auch Uran in wechselndem Betrage. Wegen der Bedeutung, die der relative Urangehalt für das Mischungsverhältnis der aus solchen Erzen gewonnenen Mesothor-Radiumprodukte besitzt, sei in Tabelle 5 der angenäherte Gehalt an U und Th angeführt.

Tabelle 5. Thor- und Urangehalt verschiedener Erze.

Erze	U %	Th %
1. Oxyde:		
Thorianit	9 bis 28	52 bis 69
Thorit	0,2 „ 9	45 „ 65
Orangit	1	66
Uranothorit	1 bis 10	35 bis 46
Bröggerit	ca. 66	ca. 14
Cleveit	„ 60	„ 6
2. Zersetzungsprodukte:		
Calciothorit $5\,(ThSiO_4)\cdot 2\,(Ca_2SiO_4)\cdot 10\,H_2O$	—	52,2
Freyalith	—	25
Eukrasit $SiThO_2\cdot 2\,H_2O$	—	32
Thorogummit $UO_2\cdot 3\,ThO_2\cdot 3\,SiO_2\cdot 6\,H_2O$	ca. 20	36,4
Mackintoshit $3\,Si\cdot 4\,(U, 3\,Th)O_{14}$ inklusive C_2O_3	„ 20	42
Auerlith $ThO_2(SiO_2\cdot {}^1/_3\,P_2O_5)\cdot 2\,H_2O$	—	63
Yttrialith (Silikate)	0,7 bis 1,4	ca. 10
Karyocerit (Silikate)	Spur	„ 12
Tritomit (Silikate)	—	„ 8
Erdmannit (Silikate)	—	„ 9
Orthit, Allanit (Silikate)	0 bis 4	3 bis 5 bis 9
Pyrochlor (Niobate)	2,4 „ 4	3,8 bis 6,7
Blomstrandit, Betafit, Samiresit (Niobate)	ca. 23	1,1
Aeschynit (Niobate)	0,25	ca. 15
Euxenit, Polykras (Niobate)	10 bis 17	„ 3
Blomstrandin, Priorit (Niobate)	bis 4,8	bis 6,8
Wiikit, Loranskit (Niobate)	„ 6,2	„ 4,8
Cyrtholith	—	ca. 13
Samarskit	3 bis 15	4
Fergusonit, Tyrit	1,5 „ 6	1 bis 3
Xenotim	0,5 „ 3	0,5 „ 3
Ancylit	—	0,17
Monazit, massiv	0 bis 0,8	bis 24,8
Monazitsand	Spur	1,1 bis 8

Das für die Technik wichtigste Vorkommen ist der Monazitsand, der in wechselnder Zusammensetzung angenähert der Formel $x\,(La, Ce, Nd, Pr)_4(PO_4)_4\cdot y(Th_3PO_4)_4$ entspricht.

α) Die Uranfamilie.

38. Uran. Unter dem Sammelnamen „Uran" ist im Sinne der radioaktiven Erkenntnisse der folgende Komplex zu verstehen:

$$U_I \xrightarrow{\alpha} UX_1 \begin{matrix} \nearrow^{\beta} UX_2 \searrow^{\beta} \\ \searrow_{\beta} UZ \nearrow_{\beta} \end{matrix} U_{II} \xrightarrow{\alpha}$$

[1] Vgl. C. DOELTER, Handbuch der Mineralchemie, bei Th. Steinkopf. R. W. LAWSON, Wiener Ber. Bd. 126, S. 721. 1917; Naturwissensch. Bd. 5, S. 429. 1917; sowie Anm. 3, S. 260.

Hierzu kommen evtl. noch andere Uranarten, d. h. Isotope zu U_I und U_{II} als Stammeltern der Actinium- und der Thorfamilie und das mit UX_1 isotope UY, das der Ac-Reihe angehört.

Gewichtsmäßig ist dabei U_I (vgl. Tab. S. 307) in überwiegender Weise vorherrschend, so daß es für den Chemiker allein in Betracht kommt. Uran wurde 1799 von W. H. KLAPROTH als Oxydul, 1840 von E. M. PÉLIGOT als Metall dargestellt. Sein Atomgewicht wurde als unabhängig von Herkunft und geologischem Alter 1913/14 von O. HÖNIGSCHMID[1] zu 238,18 angegeben und 1928 zu 238,14 bestimmt. Die Dichte beträgt 19,6[2]. Über die chemischen Eigenschaften vgl. die Handbücher der Chemie, z. B. R. ABEGG und F. AUERBACH (bei S. Hirzel in Leipzig) oder R. J. MEYER und O. HAUSER (bei F. Enke in Stuttgart)[3]. Von der „chemischen" Reinigung des Materials ist die „radioaktive" zu unterscheiden, d. h. die Abtrennung aller anderen, wenn auch gewichtsmäßig nur spurenweise vorhandenen Produkte als U_I und U_{II}, die sich freilich zum Teil entsprechend ihrer Halbierungszeiten bald wieder nachbilden. Durch sukzessiven Zusatz und Wiederabscheidung von kleinen Mengen von Th, Pb, Bi und Ba wird dies sachgemäß erreicht. Mit dem Th muß das RdTh, Io, Ac, RdAc und UX entfernt werden, mit Pb und Bi das Radioblei und Polonium, mit dem Ba das Ra, MsTh, ThX, AcX und nachgebildetes UX.

39. Uran I und Uran II. (Atomnummer 92.) Die gegenüber den anderen α-Strahlern relativ nahezu doppelt große Aktivität von U in Uranmineralien, in denen es im Gleichgewicht mit Io, Ra, Rn, RaA, RaC und Po stehen soll, sowie die Form der Ionisationskurven der α-Strahlen von U, die sich durch Übereinanderlagerung zweier α-Strahler verschiedener Reichweite deuten ließ, brachten die Erkenntnis, daß dem Uran zwei α-Strahler zukommen, wenn den genannten Folgeprodukten einer zugehört. Dabei konnte es sich entweder um simultane Ausschleuderung zweier α-Teilchen beim Zerfall eines Uranatomes oder um Folgeprodukte handeln. E. MARSDEN und T. BARRATT[4] haben durch Szintillationsbeobachtungen 1911 das letztere als richtig erwiesen. Man unterscheidet demnach heute U_I und U_{II}. Der besonders durch die Verschiebungsregeln gesicherten Einordnung im periodischen System entsprechend sind diese beiden Stoffe isotop und chemisch untrennbar. Beide sind reine α-Strahler mit den Reichweiten nach H. GEIGER[5] (1921) $R_0 = 2{,}53$ und 2,91 cm in Luft. B. GUDDEN[6] erhielt durch Ausmessung pleochroitischer Höfe die abweichenden Werte für $U_I \ldots R_0 = 2{,}68$ cm, für $U_{II} \ldots R_0 = 2{,}76$ cm. G. C. LAURENCE[7] fand bei Ausmessung von α-Bahnen in einer Wilsonkammer $R_0 = 2{,}59$ cm für U_I und $R_0 = 3{,}11$ cm für U_{II}; G. HOFFMANN und H. ZIEGERT[8] bestimmten wieder $R_0 = 2{,}53$ cm für U_I und $R_0 = 2{,}96$ für U_{II}; S. BATESON[8] für U_{II} $R_0 = 3{,}12$ cm.

Szintillationszählungen ergaben nach H. GEIGER und E. RUTHERFORD[9] $Z = 2{,}37 \cdot 10^4$ α-Teilchen pro Sekunde aus 1 g $(U_I + U_{II})$. Setzt man den ge-

---

[1] O. HÖNIGSCHMID, Wiener Anz. 22. I. 14; Wiener Ber. Bd. 123, S. 1635. 1914; O. HÖNIGSCHMID u. ST. HOROWITZ, Wiener Ber. Bd. 124, S. 1089. 1915; O. HÖNIGSCHMID u. W. E. SCHULZ, ZS. f. anorg. Chem. Bd. 170, S. 145. 1928.

[2] J. C. MCLENNAN u. R. W. KAY, Trans. Roy. Soc. Canada Bd. 24, S. 1. 1930.

[3] Ferner J. PAPISH u. L. E. HOAG, Washington Proc. Bd. 13, S. 726. 1927; E. L. NICHOLS u. M. K. SLATTERY, Journ. Opt. Soc. Amer. Bd. 12, S. 449, 487. 1927; F. HECHT u. W. REICH-ROHRWIG, Wiener Ber. (II b) Bd. 138, S. 596. 1929.

[4] E. MARSDEN u. T. BARRATT, Proc. Phys. Soc. Bd. 23, S. 367. 1911.

[5] H. GEIGER, ZS. f. Phys. Bd. 8, S. 45. 1921.

[6] B. GUDDEN, ZS. f. Phys. Bd. 26, S. 110. 1924.

[7] G. C. LAURENCE, Trans. Nova Scotia Inst. 1927; Phil. Mag. (7) Bd. 5, S. 1027. 1928; E. RUTHERFORD, Phil. Mag. (7) Bd. 4, S. 580. 1927.

[8] G. HOFFMANN, Phys. ZS. Bd. 28, S. 729. 1927; H. ZIEGERT, ZS. f. Phys. Bd. 46, S. 668. 1928; S. BATESON, Canadian Journ. of res. Bd. 5, S. 567. 1931.

[9] H. GEIGER u. E. RUTHERFORD, Phil. Mag. (6) Bd. 20, S. 691. 1910.

Tabelle 6. Übersicht über die radioaktiven Elemente.

Atomgewicht für 0 = 16			Atomgewicht	Atomgewicht	
238,14	U_I ↓	(AcU ?) ⋮	(239 ± 1)		
				(236 ?)	(ThU ?) ⋮
ca. 234	UX_1 ⇒ UX_2 ⇒ U_{II}; UX_1 → UZ → U_{II} ↓	⋮	(235 ± 1)		
				232,1	Th ↓
ca. 230	Io ↓	UY → Pa ↓	231 ± 1	ca. 228	$MsTh_1$ → $MsTh_2$ → RdTh ↓
226,0	Ra ↓	Ac → RdAc ↓	227 ± 1	224	ThX ↓
222	Rn ↓	AcX ↓	223 ± 1	220	Tn ↓
218	Aktiver Niederschlag { RaA ↓	An ↓	219 ± 1	216	ThA ↓
214	RaB → RaC ⇒ RaC′ (RaC ↓ RaC″; RaC′ ⇓ RaD)	AcA ↓	215 ± 1	212	ThB → ThC → ThC′ (ThC ↓ ThC″; ThC′ ↓ ThD)
210	RaC″ → RaD → RaE → RaF ↓	AcB → AcC → AcC′ (AcC ⇓ AcC″; AcC′ ↓ AcD)	211 ± 1	208	ThC″ → ThD
206,0	(bleiartiges Endprodukt) RaG	AcC″ ⇒ AcD	207 ± 1		

Abkürzungen und Symbole:

Uran U	Radium Ra	Protactinium Pa	Thorium Th
Brevium UX_2 (Bv)	Emanation Em	Actinium Ac	Mesothorium MsTh
Ionium Io	Radon RaEm, Rn	Radioactinium RdAc	Radiothorium RdTh
	Polonium RaF (Po)	Actinon AcEm, An	Thoron ThEm, Tn

samten von 1 g Uran durch seine α-Partikeln unterhaltenen Strom $i = 1{,}37$ stat. Einh. $= Z(k_{\mathrm{I}} + k_{\mathrm{II}}) \cdot e$, worin die k-Werte die von einem α-Teilchen aus $\mathrm{U_I}$ bzw. $\mathrm{U_{II}}$ erzeugten Ionenpaare (1,16 bzw. $1{,}29 \cdot 10^5$) bedeuten, $e = 4{,}77 \cdot 10^{-10}$ stat. Einh. ist, so erhält man angenähert den gleichen Wert $2{,}35 \cdot 10^4\ \alpha$/sec. Diese Angabe muß aber als untere Grenze gewertet werden.

Die Zerfallskonstante für $\mathrm{U_I}$ läßt sich entweder aus dem Quotienten: Anzahl der pro Zeiteinheit zerfallenden Atome durch Anzahl der vorhandenen Atome, bestimmen oder aus der Gleichgewichtsbedingung $\lambda_{\mathrm{U_I}} = \frac{238}{226} \lambda_{\mathrm{Ra}}\,\mathrm{Ra}$ (im Gewichtsmaß, für U = 1 g) berechnen, wenn die Konstanten für Radium und das Verhältnis $\frac{\mathrm{Ra}}{\mathrm{U}}$ bekannt sind.

Der erstere Weg ergibt, wenn die Zahl der von 1 g Uran $= (\mathrm{U_I} + \mathrm{U_{II}})$ emittierten α-Teilchen pro Sekunde $2\,Z = 2{,}4 \cdot 10^4$ angenommen wird, also von 1 g $\mathrm{U_I}$ ($\mathrm{U_{II}}$ kann daneben gewichtsmäßig vernachlässigt werden) $Z = 1{,}2 \cdot 10^4\ \alpha$/sec $= 3{,}8 \cdot 10^{11}\ \alpha$/Jahr gilt; weiter die LOSCHMIDTsche Zahl pro 1 Mol $= 6{,}06 \cdot 10^{23}$ ist, und demnach 1 g $\mathrm{U_I}$ $2{,}54 \cdot 10^{21}$ Atome (N) enthält, in Jahren: $\frac{Z_a}{N} = \lambda$ $\lambda = 1{,}5 \cdot 10^{-10}\,a^{-1}$; $\tau = 6{,}7 \cdot 10^9\,a$; $T = 4{,}7 \cdot 10^9\,a$.

Im zweiten Falle erhält man, wenn für Radium $\lambda_{\mathrm{Ra}} = 4{,}4 \cdot 10^{-4}\,a^{-1}$ und für $\frac{\mathrm{Ra}}{\mathrm{U}} = 3{,}4 \cdot 10^{-7}$ gewählt wird (ohne Berücksichtigung der Abzweigung in die Actiniumfamilie), $\lambda = 1{,}6 \cdot 10^{-10}\,a^{-1}$; $\tau = 6{,}3 \cdot 10^9\,a$; $T = 4{,}4 \cdot 10^9\,a$.

Die Zerfallskonstante von $\mathrm{U_{II}}$ läßt sich aus der GEIGER-NUTTALLschen Beziehung zwischen λ und Reichweite einschätzen (s. Kap. 2 D). Legt man den obigen Wert H. GEIGERS[1] für R zugrunde, so ergibt sich die Halbierungszeit rund $T = 10^6\,a$, wählt man die Angabe B. GUDDENS[2], so erhielte man dagegen etwa $10^8\,a$. E. WALLING[3] fand bei Beobachtung der Entwicklung aus UX direkt $T = 3{,}4 \cdot 10^5\,a$, was sehr gut zu $R_0 \doteq 2{,}96$ cm paßt[4]. S. COLLIE schätzt $T > 10^6 a$, während S. BATESON $T = 28\,000\,a$ berechnet.

40. Uran X. W. CROOKES[5] war es 1900 gelungen, durch chemische Operationen den β-strahlenden Bestandteil aus Uran abzutrennen. Er nannte das erhaltene Produkt UX. 1913 haben K. FAJANS und O. GÖHRING[6] hiervon das „Ekatantal" $\mathrm{UX_2}$ (zeitweise auch „Brevium" genannt) abgetrennt; 1921 gelang O. HAHN[7] die weitere Abtrennung von UZ (vgl. das Schema Ziff. 38). 1911 hatte G. N. ANTONOFF[8] im UY eine Begleitsubstanz des UX festgestellt. Alle diese Substanzen sind β-Strahler.

a) $\mathrm{UX_1}$ und UY (Atomnummer 90) sind Thorisotope. Ihr chemisches Verhalten und die Vorschriften zur Abtrennung von Uran und anderen Stoffen ist daher durch die chemischen Reaktionen des Thor gegeben. Allerdings können

---

[1] H. GEIGER, ZS. f. Phys. Bd. 8, S. 45. 1921.

[2] B. GUDDEN, ZS. f. Phys. Bd. 26, S. 110. 1924.

[3] E. WALLING, Z. f. phys. Chem. (B) Bd. 10, S. 467. 1930; S. BATESON, Canadian Journ. of res. Bd. 5, S. 567. 1931; C. H. COLLIE, Proc. Roy. Soc. London (A) Bd. 131, S. 541. 1931.

[4] G. HOFFMANN, Phys. ZS. Bd. 28, S. 729. 1927; H. ZIEGERT, ZS. f. Phys. Bd. 46, S. 668. 1928.

[5] W. CROOKES, Proc. Roy. Soc. London (A) Bd. 66, S. 409. 1900.

[6] K. FAJANS u. O. GÖHRING, Naturwissensch. Bd. 1, S. 339. 1913; Phys. ZS. Bd. 14, S. 877. 1913.

[7] O. HAHN, Naturwissensch. Bd. 9, S. 84, 236. 1921; Chem. Ber. Bd. 54, S. 1131. 1921; Festschr. Kaiser Wilhelm-Inst. S. 102. 1921; Phys. ZS. Bd. 28, S. 146. 1922; ZS. f. phys Chem. Bd. 103, S. 461. 1923.

[8] G. N. ANTONOFF, Phil. Mag. (6) Bd. 22, S. 419. 1911; Bd. 26, S. 1058. 1913; Le Rad. Bd. 10, S. 406. 1913; F. SODDY, Phil. Mag. (6) Bd. 27, S. 215. 1914; O. HAHN u. L. MEITNER, Phys. ZS. Bd. 15, S. 236. 1914; E. RÓNA, Ber. d. ungar. Akad. Bd. 32, S. 350. 1914.

prinzipiell gewisse Reaktionen durch die Strahlungswirkung und Ionisation unter Einfluß der radioaktiven Stoffe zuweilen beeinflußt werden — eine Bemerkung, die überhaupt für die Übertragung der chemischen Eigenschaften inaktiver auf isotope aktive Substanzen gilt[1].

Die Halbierungszeit von UX_1 beträgt rund 24 Tage. G. Kirsch[2] fand 23,8 *d* (1920); A. Piccard und E. Stahel[3] $T = 24{,}5\,d$ (1921); E. Walling (1932) $T = 24{,}52\,d$. Der entsprechende Wert von UY beträgt nach O. Hahn und L. Meitner[4] (1914) $T = 25{,}5\,h$; nach G. Kirsch[2] $T = 24{,}6\,h$ (1920); nach W. G. Guy und A. S. Russell[5] (1923) $T = 27{,}8\,h$; nach O. Gratias und C. H. Collie[5] (1932) $T = 24{,}0 \pm 0{,}58\,h$.

Um UY nahe frei von UX_1 erhalten zu können, muß, wegen ihrer chemischen Untrennbarkeit, aus einem Uranpräparat zuerst das UX_1 abgetrennt und möglichst bald danach, ehe UX_1 sich in größerer Menge nachbilden kann, in gleicher Weise, nach einer Thorreaktion, eine neuerliche Abscheidung durchgeführt werden. (Kleine — unvermeidliche — Beimengungen von UX_1 können leicht die Halbierungskonstante des UY zu groß erscheinen lassen, weshalb oben den kleineren Werten der Vorzug zu geben ist.)

Das Verhältnis UY : UX_1 erwies sich für Uranmaterial mannigfachster Herkunft und verschiedensten geologischen Alters als konstant[6] und ebenso groß als dasjenige zwischen den Actiniumprodukten und denen der Radiumfamilie in natürlichen Erzen[7]. Man schließt daraus, daß eine Verzweigung des Uranzerfalls derart eintritt, daß der überwiegende Anteil (etwa 97%) der Uranatome sich in die Ionium-Radiumfamilie verwandelt, während etwa 3 bis 4% über UY in Protactinium und dessen Abkömmlinge übergehen[5,8]. Damit ist die genetische Verknüpfung der Actiniumfamilie mit der Uranfamilie sehr wahrscheinlich gemacht, jedoch enthält dies keine Aussage darüber, ob als unmittelbarer Stammvater des UY sei es U_I oder U_{II} oder ein noch nicht näher erkanntes anderes Uranisotop zu gelten habe. Das vom Wert 238 um einen die Beobachtungsfehler merklich übersteigenden Betrag abweichende Verbindungsgewicht (238,14) läßt auch bei Berücksichtigung der Massenverluste aus Energieabgaben[9] „Uran“ als ein Mischelement mehrerer Isotope ansehen und legt die Annahme nahe, daß ein Ac-Uran, etwa mit dem Atomgewicht 239, in konstantem Ausmaße das Uran, das der Stammvater der Ionium-Radiumreihe ist, begleite.

b) UX_2 und UZ (Atomnummer 91) nehmen im periodischen System die Stelle des Homologen zum Tantal (Ekatantal) ein und werden chemisch am besten mit Tantal abgeschieden. Die Halbierungszeit von UX_2 beträgt nach

---

[1] Zur Konzentration von UX vgl. C. E. S. Philipps, Brit. Journ. of Radiology Bd. 22, S. 132. 1926; E. W. Walling, Diss. Berlin 1928; P. Misciatelli, Phil. Mag. (7) Bd. 7, S. 670. 1929; F. Hecht u. W. Reich-Rohrwig, Wiener Ber. (IIb) Bd. 138, S. 596. 1929; O. Erbacher u. K. Philipp, ZS. f. phys. Chem. (A) Bd. 150, S. 214. 1930; O. Erbacher, ebenda Bd. 156, S. 135, 142. 1931.

[2] G. Kirsch, Wiener Ber. Bd. 129, S. 309. 1920.

[3] A. Piccard u. E. Stahel, Arch. sc. phys. et nat. (5) Bd. 3, S. 541. 1921; Phys. ZS. Bd. 23, S. 1. 1922; E. Walling, ZS. f. Phys. Bd. 75, S. 432. 1932.

[4] O. Hahn u. L. Meitner, Phys. ZS. Bd. 15, S. 236. 1914.

[5] W. G. Guy u. A. S. Russell, Journ. chem. soc. Bd. 123, S. 2618. 1923; O. Gratias und C. H. Collie, Proc. Roy. Soc. London (A) Bd. 135, S. 299. 1932.

[6] G. Kirsch, Wiener Ber. Bd. 129, S. 309. 1920.

[7] St. Meyer u. V. F. Hess, Wiener Ber. Bd. 128, S. 909. 1919; vgl. Lit. 3 S. 290.

[8] O. Hahn u. L. Meitner, Phys. ZS. Bd. 20, S. 529. 1919; Naturwissensch. Bd. 7, S. 611. 1919; Chem. Ber. Bd. 52, S. 1812. 1919; Bd. 54, S. 69. 1921; ZS. f. Phys. Bd. 8, S. 202. 1922; St. Meyer, Wiener Ber. Bd. 129, S. 483. 1920; E. Róna, Chem. Ber. Bd. 55, S. 294. 1922; A. Piccard u. E. Kessler, Arch. sc. phys. et nat. (5) Bd. 5, S. 491. 1923.

[9] St. Meyer, Wiener Ber. Bd. 137, S. 599. 1928.

K. FAJANS und O. GÖHRING[1] $T = 1{,}15\,m$ (1913); nach O. HAHN und L. MEITNER[2] $T = 1{,}17\,m$ (1913); nach E. STAHEL[3] $T = 1{,}138\,m$ (1922); nach W. G. GUY und A. S. RUSSELL[4] $T = 1{,}175\,m$ (1923). Für UZ erhielt O. HAHN[5] (1921) $T = 6{,}7\,h$; W. G. GUY und A. S. RUSSELL[4] (1923) $T = 6{,}69\,h$. Da das Verhältnis $UX_1 : UZ$ sich als konstant erweist, ist anzunehmen, daß UX_1 dual unter Emission je eines β-Teilchens zerfällt, derart, daß nach O. HAHN[5] 0,35% der UX_1-Atome sich in UZ, der überwiegende Teil sich in UX_2 verwandeln. W. G. GUY und A. S. RUSSELL[4] fanden das Abzweigungsverhältnis 0,33%; E. WALLING[4] 0,2 bis 0,3%. Es ist dies der bisher einzige bekannte Fall eines gegabelten Zerfalles, beide Male unter Emission von Elektronen. Für die Halbierungsdicke der härteren β-Strahlung des UZ gibt E. WALLING[4] an: $D = 0{,}073$ cm Al, für die weichere $D = 0{,}004$ cm Al; für die γ-Strahlung $D = 0{,}63$ cm Pb.

Die Existenz anderer Uranprodukte, wie das von A. PICCARD und E. STAHEL angegebene UV, Isotop zu UX_1 mit $T = 48\,h$ wurde von O. HAHN als unwahrscheinlich befunden.

Unregelmäßigkeiten in der Strahlung frisch auskristallisierten Uranylnitrates, Absinken der β-Aktivität in den ersten Tagen, lassen sich durch einen diffusionsartigen Vorgang des an UX_1 reicheren Kristallwassers erklären[6]. E. MÜHLESTEIN[7] findet bei frischen Uranylnitratkristallen die radioaktiven Atome nach den Kristallrichtungen orientiert; die Zahl der emittierten α-Teilchen nach Basis-Prismen-Pinakoidenflächen steht im Verhältnis 1 : 1,09 : 0,68.

β) Die Ionium-Radiumfamilie.

Während das Uran als Stammvater sowohl der Radium- als der Actiniumfamilie zu gelten hat, möglicherweise sogar, indem nicht nur ein isotopes Actinium-Uran, sondern vielleicht auch ein Thor-Uran existieren kann, das „Mischelement" Uran als gemeinsamer Vorfahre aller radioaktiven Reihen angesehen werden könnte, darf das Ionium als die Ausgangssubstanz der einheitlichen Radiumfamilie betrachtet werden. Die Zerfallsreihe lautet:

$$\mathrm{Io} \xrightarrow{\alpha} \mathrm{Ra} \xrightarrow{\alpha} \mathrm{RaEm} \xrightarrow{\alpha} \mathrm{RaA} \xrightarrow{\alpha} \mathrm{RaB} \xrightarrow{\beta} \mathrm{RaC} \begin{array}{c} \xrightarrow{\alpha\ (0{,}04\%)} \mathrm{RaC''} \xrightarrow{\beta} \\ \xrightarrow{\beta\ (99{,}96\%)} \mathrm{RaC'} \xrightarrow{\alpha} \end{array} \mathrm{RaD} \xrightarrow{\beta} \mathrm{RaE} \xrightarrow{\beta} \mathrm{RaF} \xrightarrow{\alpha} \mathrm{RaG}.$$

41. Ionium. (Atomnummer 90; entsteht durch α-Emission aus U_{II}). B. B. BOLTWOOD[8] gelang 1906 die Abscheidung einer stark α-strahlenden Substanz

[1] K. FAJANS u. O. GÖHRING, Naturwissensch. Bd. 1, S. 339. 1913; Phys. ZS. Bd. 14, S. 877. 1913.

[2] O. HAHN u. L. MEITNER, Phys. ZS. Bd. 14, S. 758. 1913.

[3] E. STAHEL, Diss. Zürich 1922.

[4] W. G. GUY u. A. S. RUSSELL, Journ. chem. soc. Bd. 123. 1923; E. WALLING, ZS. f. Phys. Bd. 75, S. 425. 1932.

[5] O. HAHN, Naturwissensch. Bd. 9, S. 84, 236. 1921; Chem. Ber. Bd. 54, S. 1131. 1921; Festschr. Kaiser Wilhelm-Inst. S. 102. 1921; Phys. ZS. Bd. 28, S. 146. 1922; ZS. f. phys. Chem. Bd. 103, S. 461. 1923; E. WALLING, ZS. f. phys. Chem. (B) Bd. 14, S. 290. 1931.

[6] ST. MEYER u. E. SCHWEIDLER, Wiener Ber. Bd. 113, S. 1057. 1904; T. GODLEWSKI, Phil. Mag. (6) Bd. 10, S. 45. 1905; M. LEVIN, Phys. ZS. Bd. 7, S. 692. 1906; Bd. 8, S. 129. 1907; M. LA ROSA, Cim. (6) Bd. 5, S. 73. 1913; J. KORCZYN, Wiener Ber. Bd. 133, S. 225. 1924.

[7] E. MÜHLESTEIN, Arch. sc. phys. et nat. (5) Bd. 2, S. 240. 1920.

[8] B. B. BOLTWOOD, Sill. Journ. Bd. 22, S. 537. 1906; Nature Bd. 75, S. 54. 1906; Phys. ZS. Bd. 7, S. 915. 1906; Sill. Journ. Bd. 24, S. 370. 1907; Phys. ZS. Bd. 8, S. 884. 1907; Nature Bd. 76, S. 293, 544, 579. 1907; Sill. Journ. Bd. 25, S. 269, 365, 493. 1908; O. HAHN, Nature Bd. 77, S. 30. 1907; Chem. Ber. Bd. 40, S. 4415. 1908; W. MARCKWALD u. B. KEETMAN, Chem. Ber. Bd. 41, S. 49. 1908; G. D. KAMMER u. A. SILVERMANN, Journ. Amer. Chem. Soc. Bd. 47, S. 2514. 1925; A. N. PYLKOV, Leningrad C. R. Nr. 14/15. 1928; J. KOURBATOV, N. KARGHAVINA u. N. SAMOILO, Leningrad C. R. Nr. 4. 1930.

aus Uranerzen, die den Thorreaktionen gehorchte. Er gab ihr den Namen Ionium (Io). Es ist isotop mit Th. O. HÖNIGSCHMID und ST. HOROVITZ[1] haben 1916 aus Material von St. Joachimsthal (Th-Io-Gemische aus der Pechblende) das Verbindungsgewicht 231,51 erhalten, das sich von dem des reinen Th (232,12) deutlich unterscheidet. Hieraus ließ sich ableiten, daß dieses Gemisch rund 70% Th neben 30% Io enthielt. Da die Abscheidungen des Io vollkommen parallel mit denen des Th gehen, war zu erwarten, daß alle Produkte aus gleichem Ausgangsmaterial den gleichen Prozentsatz aufweisen. ST. MEYER und C. ULRICH[2] fanden jedoch für Material, das gleichfalls aus St. Joachimsthal, wenn auch aus anderen Stollen stammte, Io-Th-Gemische mit 50% Io-Gehalt, und auch F. SODDY und A. F. R. HITCHINS[2] erhielten für Proben gleicher Herkunft das Verhältnis Io : Th wie 1 : 0,9. Die von letzteren geäußerte Vermutung, daß bei der ersten Wiener Verarbeitung Verunreinigungen mit gewöhnlichem Th stattgefunden haben können, ist unbegründet. Das Verhalten deutet eher darauf hin, daß in der Pechblende gewöhnliches Th akzessorisch in verschiedenem Betrage auftreten kann. Da in geologisch älteren Formationen die Uranerze einen größeren Prozentsatz von Th besitzen, ist das thorärmste Ionium in den relativ jungen Pechblenden, zu denen das Vorkommen von St. Joachimsthal zählt, zu erwarten. Das Atomgewicht des reinen Io ist mit nahe 230 ($= 226 + 4$) anzunehmen, wenn die Berechnung sich auf das Atomgewicht des Radiums stützen darf. Neben seiner α-Strahlung ist eine schwache γ-Strahlung nachgewiesen, deren Konstanten in der Tab. 11, S. 308, angegeben sind.

Die Zerfallskonstante läßt sich aus der allmählichen Entwicklung von Radium berechnen, indem die in der Zeit t erzeugte Menge $\mathrm{Ra} = \frac{1}{2} t^2 \lambda_{\mathrm{Io}} \cdot \lambda_{\mathrm{Ra}} \mathrm{Ra}_0$ ist. Setzt man für $\mathrm{U} = 1$ g, $\mathrm{Ra}_0 = 3{,}4 \cdot 10^{-7}$ g und $\lambda_{\mathrm{Ra}} = 4{,}4 \cdot 10^{-4}\, a^{-1}$, so wird $\mathrm{Ra} = 7{,}5 \cdot 10^{-11} t^2 \cdot \lambda_{\mathrm{Io}}$. F. SODDY[3] hat durch Versuche, die er mehr als 2 Dezennien fortführte, aus der so erhaltenen Abweichung vom geradlinigen Anstieg der Ra-Entwicklung auf eine mittlere Lebensdauer des Io von $1{,}06 \cdot 10^5$ Jahren schließen können. ST. MEYER[4] hat aus Strahlungsvergleichungen als obere Grenze den Wert $1{,}3 \cdot 10^5\, a$ erhalten. Aus der GEIGER-NUTTALLschen Beziehung erhält man bei Verwendung der Gleichung $\log\lambda = -41{,}5 + 60 \log R_0$ und H. GEIGERs Wert der Reichweite $R_0 = 3{,}028$ ebenfalls rund $\tau = 1{,}3 \cdot 10^5\, a$ (s. Kap. 2D). M. CURIE und S. COTELLE[5] bestimmten aus Ra-Entwicklung (1930) $\tau = 1{,}19 \cdot 10^5\, a$.

42. Radium (Atomnummer 88, entsteht durch α-Emission aus Io). P. und M. CURIE haben 1898 unter Mitarbeit von G. BÉMONT[6] mit dem Barium aus der Pechblende das Radium abgetrennt und es benannt. Abgesehen von der in ganz geringen Mengen gewinnbaren Radiumemanation ist Ra unter allen neuentdeckten radioaktiven Substanzen das einzige Element, das in wägbaren Mengen chemisch isoliert und rein dargestellt werden konnte, was diesem Stoffe seine besondere Stellung gibt. Als Ausgangsmaterial für die fabriksmäßige Gewinnung kamen bisher die Pechblenden in St. Joachimsthal in Böhmen in Be-

---

[1] O. HÖNIGSCHMID, ZS. f. Elektrochem. Bd. 22, S. 21. 1916; O. HÖNIGSCHMID u. ST. HOROVITZ, Wiener Ber. Bd. 125, S. 179. 1916.

[2] ST. MEYER u. C. ULRICH, Wiener Ber. Bd. 132, S. 279. 1923; F. SODDY u. A. F. R. HITCHINS, Phil. Mag. (6) Bd. 47, S. 1148. 1924.

[3] F. SODDY, Phil. Mag. (6) Bd. 16, S. 632. 1908; Bd. 18, S. 846. 1909; Bd. 20, S. 340. 1910; F. SODDY u. A. F. R. HITCHINS, Phil. Mag. (6) Bd. 30, S. 209. 1915; F. SODDY, Phil. Mag. (6) Bd. 38, S. 483. 1919; (7) Bd. 12, S. 939. 1931.

[4] ST. MEYER, Wiener Ber. Bd. 125, S. 191. 1916; Bd. 128, S. 897. 1919.

[5] M. CURIE u. S. COTELLE, C. R. Bd. 190, S. 1289. 1930; M. CURIE, Journ. chim. phys. Bd. 27, S. 347. 1930.

[6] P. u. M. CURIE u. G. BÉMONT, C. R. Bd. 127, S. 1215. 1898.

tracht, Autunite und verwandte portugiesische Erze in Frankreich, Carnotite in den Vereinigten Staaten von Nordamerika, in Orange, Pittsburgh, Denver, in geringen Mengen Vanadate aus Ferghana in Rußland und seit 1922 insbesondere Pechblenden und deren mineralogische Derivate aus Katanga (Belgisch-Kongo) in Oolen, Belgien. Die Gesamtproduktion an Radium kann bis 1916 mit etwa 50 g, bis 1918 etwa 100 g, bis 1925 etwa 350 g, bis 1931 rund $^1/_2$ kg eingeschätzt werden. Bei voller Ausnützung der Betriebe in USA. und Belgien könnten derzeit vielleicht jährlich 100 g erzeugt werden. Das 1930 angekündigte reiche Wilberforce-Vorkommen in Canada verspricht eine neue Bezugsquelle[1].

Technische Darstellung[2]. Das wichtigste Problem der Radiumgewinnung ist die erstmalige Überführung des Ra-Gehaltes der Erze in eine Lösung. Die Schwierigkeiten dieser Aufgabe hängen von der Natur des Ausgangsmaterials ab. Wo die Auflösung schon bei erster Einwirkung von Säure erfolgt, wie bei den Carnotiten, ist das Verfahren relativ einfach, da man dann durch eine gewöhnliche Bariumsulfatfällung bereits zu jenen Konzentraten gelangt, welche in der Technik als „Rohsulfate" bezeichnet werden. Bei Erzen vom Typus der St. Joachimsthaler Pechblende kann dieses Produkt erst nach einer Reihe vorbereitender Prozesse erreicht werden; die nach der Uranextraktion verbleibenden „Rückstände", das Ausgangsmaterial für die Radiumgewinnung, haben als durchschnittliche Zusammensetzung: $Fe_2O_3 = 27\%$; $PbO = 10\%$; (ZnO, MnO, Bi_2O_3, CuO, NiO, Ag_2O) $= 2{,}5\%$; $BaO = 0{,}3\%$; $CaO = 9\%$; $SiO_2 = 34\%$; $SO_3 = 16\%$; seltene Erden $= 1{,}5\%$; $Ra = 4{,}3 \cdot 10^{-5}\%$ (C. ULRICH). Für Chalkolith geben E. EBLER und W. BENDER für sulfatische Rückstände an: $BaSO_4 = 37{,}1\%$; $SiO_2 = 21{,}8\%$; $H_2SO_4 = 23{,}9\%$; $V_2O_5 = 1{,}3\%$; $Ra = 2{,}73 \cdot 10^{-6}\%$; neben Fe, Al, Ca. Derartige Rückstände lassen sich nicht so leicht behandeln wie obige Rohsulfate, und die Praxis muß für jedes Material differenzieren, um jeweils die passendste Weiterbehandlung herauszufinden. Zwei Wege kommen in Betracht: entweder die Trennung der geringen Ra-Mengen vom Rohmaterial durch ein spezifisches Lösungsmittel zu erzielen, während die Hauptmenge ungelöst bleibt, oder die Hauptmenge wegzulösen unter Zurücklassung des Ra. Der erste Fall könnte unter Verwendung ganz konzentrierter H_2SO_4 Verwirklichung finden, wenn nicht, worauf speziell C. ULRICH hinwies, Urannitratlösungen sehr beträchtliche Mengen von Radium-, Barium- und Bleisulfaten in sich zu lösen vermöchten. (100 cm^3 Urannitratlösung mit 9% U_3O_8 lösen bei Zimmertemperatur 10 mg $BaSO_4$; 174 mg $PbSO_4$; ebensoviel einer 17,8 proz. Urannitratlösung 23 mg $BaSO_4$.) Um den unlöslichen Sulfatkomplex in radiumhaltigen Rückständen in Lösung zu bringen, werden gegenwärtig zwei Methoden benützt: die eine führt über das Karbonat, die andere über das Sulfid oder die Verwendung von Soda oder von Reduktionsmitteln. Die Einwirkung ist um so vollständiger, je weniger die Sulfatpartikeln mit mineralischen Bestandteilen umhüllt, d. h. je besser sie „aufgeschlossen" sind. Schmelzende Soda wäre an sich wohl sehr günstig, wegen der gründlichen Verwandlung der Sulfate in Karbonate, kann aber nur für kleine Substanzmengen in Betracht kommen; das Schmelzprodukt, im Tiegel oder Muffelofen gewonnen, bildet nämlich kompakte Massen, die beim Auslaugen nur sehr schwer mit mechanischer Nachhilfe zerfallen; auch Vermahlen vor dem Auslaugen versagt, wegen des Zusammenbackens. Es ist deshalb empfehlenswerter, nach dem Vorschlag von M. CURIE und A. DEBIERNE zur Umsetzung kochende Sodalösung zu verwenden, wenn auch das Verfahren wegen mangelhafter Vollständigkeit derartigen Aufschlusses wiederholt werden muß.

[1] Nature Bd. 127, S. 870. 1931.

[2] C. ULRICH, ZS. f. angew. Chem. Bd. 36, S. 41, 49. 1923; vgl. auch Gmelins Handb. d. anorg. Chem. 31, 8. Aufl. 1928; Bureau of Mines, Franklin Journ. Bd. 206, S. 110. 1928.

Diesem Prozeß muß jedoch eine Vorbehandlung vorausgehen, die in St. Joachimsthal in Aufschlußverfahren mittels 15proz. kochender Ätzkalilösung besteht. Die Ätzlauge nimmt vorhandenes Bleisulfat auf, im ganzen mehr als 90% der vorhandenen Schwefelsäure, sowie Kieselsäure, während in den Rückständen an Stelle basischer Sulfate Hydroxyde zurückbleiben. Nach Abtrennen der Ätznatronkochlauge wird mit verdünnter HCl behandelt. Durch diese alkalische und saure Vorbehandlung werden rund 40% der Rückstände in Lösung gebracht. Die Ätznatronlauge enthält Radioblei, der Rohsalzsäureauszug Polonium, Actinium, Ionium und Pb, das sich aus der heiß abgezogenen Flüssigkeit als $PbCl_2$ nadelförmig abscheidet. Für radiumarme Erze empfiehlt E. Ebler ein Verfahren unter Zumischung von Chlorcalcium, Chlornatrium und gepulvertem Kalkstein; Kochen der erkalteten Masse unter Zusatz von Soda und $^1/_{1000}$ Natriumsulfat und danach Ausziehen mit schwefelhaltiger Salzsäure. Die Umsetzung des Sulfatkomplexes in Karbonate kann nach einem von C. Ulrich angegebenen Verfahren auch so erfolgen, daß Soda in fester Form und bei der Temperatur der Rotglut zur Reaktion gebracht wird; jedoch sind die Mengenverhältnisse so zu wählen, daß es nicht zur Bildung einer eigentlichen Schmelze kommt. Ein vorübergehendes Zusammenbacken kann mechanisch leicht beseitigt werden. Infolge der großen Oberfläche der getrennt gebliebenen Teilchen erfolgt die Lösung der Hauptmenge der Alkalisalze sehr rasch. Aus den schwefelsäurefrei gewaschenen karbonathaltigen Rückständen wird das Ra in gleicher Weise wie beim Kochverfahren durch reine HCl in Lösung gebracht. Zur Verwandlung in Sulfide wurden als Reduktionsmittel Kohle und Calciumhydroxyd empfohlen; Kohle hat den Vorzug, daß sie im Zuge der Reaktion aus dem Gemisch verschwindet, während Calciumverbindungen die Quantität des Materials vermehren.

Die Fällung des Rohsulfates aus den sauren Lösungen ist der nächste Schritt zur Radiumgewinnung. Zuweilen ist die im Erz vorhandene Ba-Menge nicht ausreichend, und es muß zur Erzielung von Vollständigkeit noch Ba zugesetzt werden. Bleisulfat, ein ständiger Begleiter des Rohsulfates, kann in der Hauptmenge durch Ätznatron oder NaCl-Lösung entfernt werden; die letzte Reinigung geschieht vorteilhaft erst in einem späteren Stadium der Ra-Reindarstellung. Die Umsetzung der gefällten Rohsulfate in Chloride begegnet keinen technischen Schwierigkeiten. Bei den Carnotitverarbeitungen geschieht sie meist nach Reduktion mit Kohle. Die erhaltenen Produkte werden als Chloride oder Bromide fraktioniert kristallisiert; wenn auch dieses Verfahren oft wiederholt werden muß, so ist doch keine andere Methode betreffs Ausbeute und Einfachheit diesem Vorgang vorzuziehen. Die fraktionierte Kristallisation kann aber auch durch fraktionierte Fällung der betreffenden Chlorid-Bromid-Nitrat-Lösung durch Vergrößerung der Konzentration des Anions ersetzt werden (V. Chlopin[1]). F. Tödt[2] zeigte, daß man Ra von Ca trennen könne, wenn der in HCl gelöste Chromatniederschlag unter Einleiten von CO_2 elektrolysiert wird, wobei sich Ra kathodisch abscheidet. Eingehende Untersuchungen über die relative Löslichkeit von Ra und Ba und das Verhalten in Mischkristallen findet man bei Z. T. Walter und H. Schlundt[3] (Verteilung bei Kristallisation der Bromide); dann bei V. Chlopin[4]

[1] V. Chlopin, ZS. f. anorg. Chem. Bd. 143, S. 97. 1925.

[2] F. Tödt, ZS. f. phys. Chem. Bd. 113, S. 329. 1924; Henderson u. Kracek, Amer. chem. Soc. März 1927.

[3] Z. T. Walter u. H. Schlundt, Journ. Amer. Chem. Soc. Bd. 50, S. 3266. 1928.

[4] V. Chlopin u. B. Nikitin, ZS. f. anorg. Chem. Bd. 166, S. 311. 1927; ZS. f. phys. Chem. (A) Bd. 145, S. 137. 1929; V. Chlopin u. A. Polessitsky, ZS. f. anorg. Chem. Bd. 145, S. 67. 1929; V. Chlopin, A. Polessitsky u. P. Tolmatscheff, ZS. f. phys. Chem. Bd. 145, S. 57. 1929; V. Chlopin, Naturwissensch. Bd. 17, S. 959. 1929; V. Chlopin u. A. Ratner, Leningrad C. R. Nr. 27. 1931; Ad. Karl, C. R. Bd. 194, S. 613. 1932.

und seinen Mitarbeitern (Sulfate, Nitrate und kompliziertere Mischkristalle); N. RIEHL und H. KÄDING[1], sowie O. ERBACHER[2], der unter anderem feststellte, daß zwar Ba-Nitrat löslicher ist als Ra-Nitrat, gleichwohl aber bei fraktionierter Kristallisation das Ra in den Kristallen angereichert werden kann, und bei R. MUMBRAUER[2]. Die Adsorption von Ra durch Eisenhydroxyd hängt in alkalischen Medien von der Bildung salzartiger Verbindungen ab (J. KURBATOW[2]).

Versuche zur Trennung von Ra und Ba auf Grund verschiedener Ionenwanderungsgeschwindigkeit in Agar-Gel machte J. KENDALL[3].

Wesentlich für die radioaktive Reinheit der erhaltenen Produkte ist der Gehalt des Ausgangsmateriales an Thor, der die Vermengung des Ra mit dem isotopen Mesothor bedingt. Die Pechblenden von St. Joachimsthal und Katanga enthalten zu 1 g U rund $5 \cdot 10^{-5}$ g Th; die Carnotite etwa die zehnfache Menge; kristallisierte Pechblende aus Morogoro rund $5 \cdot 10^{-3}$ g. Diese Beimengungen an Mesothor sind, da zu 1 g Th nur rund $4 \cdot 10^{-10}$ g Mesothor im Gleichgewicht stehen, trotz der mehrhundertfachen Intensitätswirkung der Strahlungen desselben, nicht von störendem Belang.

Das Verhältnis Ra : U[4] sollte für geologisch alte Erze (Alter groß im Vergleich zur mittleren Lebensdauer des Zwischengliedes Io, also von mindestens etwa 10^6 Jahren) dem Gleichgewichtsverhältnis entsprechend konstant sein. Es fanden B. B. BOLTWOOD Ra : U = $3{,}4 \cdot 10^{-7}$; F. SODDY und R. PIRRET $3{,}15 \cdot 10^{-7}$; E. GLEDITSCH $3{,}22 \cdot 10^{-7}$ und an Bröggeriten Werte zwischen 3,33 und $3{,}29 \cdot 10^{-7}$; W. MARCKWALD mit A. S. RUSSELL und B. HEIMANN an Mineralien, deren Gehalt zwischen 9 und 71% U schwankte, 3,32 bis $3{,}34 \cdot 10^{-7}$; A. BECKER und P. JANNASCH an St. Joachimsthaler Pechblende 3,38 bis $3{,}42 \cdot 10^{-7}$; S. C. LIND und L. D. ROBERTS $(3{,}40 \pm 0{,}03) \cdot 10^{-7}$. In jungen Bildungen, wie Autuniten, ist dieser Gleichgewichtszustand nicht vorhanden, und in sekundären Mineralien kann er gestört sein, und in solchen Fällen wurde mehrfach ein geringerer Radiumgehalt festgestellt.

Chemische Eigenschaften des Radiums. Das Atomgewicht des reinen Radiums wurde am genauesten 1911/12 von O. HÖNIGSCHMID[5] bestimmt. Er fand $225{,}97 \pm 0{,}012$, wenn für Ag 107,88, für Cl 35,457 und für Br 79,916 als Verbindungsgewichte zugrunde gelegt sind. Zur Zeit wird daher der Wert **226,0** gewählt. E. HASCHEK und O. HÖNIGSCHMID konnten für das zur Atomgewichtsbestimmung verwendete Material beweisen, daß es nicht mehr als 0,002% Ba enthielt. Metallisches Radium wurde von M. CURIE und A. DEBIERNE[6] durch

---

[1] N. RIEHL u. H. KÄDING, ZS. f. phys. Chem. (A) Bd. 149, S. 180. 1930.

[2] O. ERBACHER, Chem. Ber. Bd. 63, S. 141. 1930; R. MUMBRAUER, ZS. f. phys. Chem. (A) Bd. 156, S. 113. 1931; O. ERBACHER u. B. NIKITIN, ZS. f. phys. Chem. (A) Bd. 158, S. 216, 231. 1932; J. KURBATOW, Journ. phys. chem. Bd. 36, S. 1241. 1932.

[3] J. KENDALL, E. R. JETTE u. W. WEST, Journ. Amer. Chem. Soc. Bd. 48, S. 3114. 1926; J. KENDALL, Science Bd. 67, S. 163. 1928.

[4] B. B. BOLTWOOD, Phil. Mag. (6) Bd. 9, S. 599. 1905; E. RUTHERFORD u. B. B. BOLTWOOD, Sill. Journ. Bd. 22, S. 1. 1906; F. SODDY u. R. PIRRET, Phil. Mag. (6) Bd. 20, S. 345. 1910; Bd. 21, S. 652. 1911; E. GLEDITSCH, C. R. Bd. 148, S. 1451. 1909; Bd. 149, S. 267. 1919; Le Rad. Bd. 8, S. 256. 1911; Arch. f. Mat. og Nat. Bd. 36, S. 18. 1919; F. SODDY, Phil. Mag. (6) Bd. 38, S. 483. 1919; W. MARCKWALD u. A. S. RUSSELL, Jahrb. d. Radioakt. Bd. 8, S. 457. 1911; B. HEIMANN u. W. MARCKWALD, Phys. ZS. Bd. 14, S. 303. 1913; A. BECKER u. P. JANNASCH, Jahrb. d. Radioakt. Bd. 12, S. 31. 1915; S. C. LIND u. C. F. WHITTEMORE, Journ. Amer. Chem. Soc. Bd. 36, S. 2066. 1914; S. C. LIND u. L. D. ROBERTS, Journ. Amer. Chem. Soc. Bd. 42, S. 1170. 1920.

[5] O. HÖNIGSCHMID, Wiener Ber. Bd. 120, S. 1617. 1911; Bd. 121, S. 1973. 1912; E. HASCHEK u. O. HÖNIGSCHMID, Wiener Ber. Bd. 121, S. 2119. 1912; A. S. RUSSELL, Nature Bd. 112, S. 588. 1924 berechnete 226,08; ST. MEYER, Wiener Ber. (IIa) Bd. 137, S. 599. 1928 u. Bd. 138, S. 431. 1929 den Wert 226,09.

[6] M. CURIE u. A. DEBIERNE, C. R. Bd. 151, S. 523. 1910; Le Rad. Bd. 7, S. 309. 1910.

Elektrolyse mit Hg-Kathode als Amalgam erhalten und bei 400 bis 700° in Wasserstoffatmosphäre von Hg befreit. Es ähnelt dem Barium, schmilzt bei etwa 700° und ist an der Luft sehr unbeständig. Die Dichte kann mit etwa 6 angenommen werden.

Ein stabiles (inaktives) Ra-Isotop aufzufinden, ist bisher nicht gelungen[1].

Wie F. GIESEL[2] zeigte, wird die nichtleuchtende Bunsenflamme durch Ra-Salze karminrot gefärbt. Die stärksten Linien im Bogenspektrum liegen nach Aufnahmen von F. EXNER und E. HASCHEK[3] in Å.E. bei 3814, 61; 4340, 81; 4533, 53; 4682, 41; 4826, 10; im Funkenspektrum bei 3814, 61; 4682, 41; 4826, 10, die erste und letzte Linie sind auch bei Aufnahmen an Präparaten mit bloß 0,001% Ra noch sehr deutlich erkennbar. Nach Messungen von P. CURIE und C. CHÉNEVEAU[4] ist Ra schwach paramagnetisch, während Ba sich als diamagnetisch erweist.

Niederschlag von Ra auf der Hg-Tropf-Kathode erfolgt beim Potential 1,718 V[5].

Am üblichsten ist die Darstellung als Chlorid, Bromid, Karbonat oder Sulfat. Die Salze verfärben sich unter der Einwirkung der eigenen Strahlung allmählich; speziell werden Chloride gelb bis braun, Bromide dunkelbraun bis schwarz. Bei Luftzutritt verwandeln sich Chloride und Bromide allmählich in Oxydsalze, Oxyde und Superoxyde. Die Aufbewahrung geschieht am besten in zugeschmolzenen Glasröhrchen, in welche zur Ableitung der auftretenden elektrischen Selbstladung Pt-Draht eingeschmolzen wird. Gegen letzteres eingewandte Bedenken, wegen Verminderung der Glasfestigkeit an den Einschmelzstellen, werden nicht allgemein geteilt. Strenge ist dabei auf sorgfältige vorherige Trocknung zu achten, da durch die Strahlen Wasser in Knallgas verwandelt wird und hierdurch Explosionen verursacht werden können. A. G. FRANCIS und A. T. PARSONS fanden für 7 Jahre lang eingeschmolzenes trockenes $RaBr_2$ noch keinen Überdruck[6]. Geschmolzener Quarz eignet sich nicht für dauernde Aufbewahrung, da unter dem Bombardement der α-Strahlen in demselben zahlreiche feine Haarrisse entstehen.

Strahlung. Radium, befreit von seinen Zerfallsprodukten, sendet wesentlich α-Strahlen aus, aber auch, wie O. HAHN und L. MEITNER sowie L. KOLOWRAT fanden, eine weiche β-Strahlung. Eine zugehörige γ-Strahlung haben A. S. RUSSELL und J. CHADWICK festgestellt, mit einer Intensität, die etwa 1 bis $1^1/_2$% der γ-Wirkung von Ra $\rightarrow$ RaC beträgt[7]. Wäre die β-Strahlung als aus dem Atomkern des Radiums entstammend anzusehen, so müßte an einen dualen Zerfall gedacht und das Auftreten eines Produktes der III. Valenzgruppe (Atomnummer 89) erwartet werden. O. HAHN und L. MEITNER konnten aber ebensowenig als K. FAJANS und F. PANETH einen solchen Stoff auffinden[8]. Die β-Strahlung des Ra dürfte daher nicht aus dem Kern herrühren, sondern vielmehr über α-γ-Strahlung aus der Elektronenhülle ausgelöst werden.

---

[1] O. HAHN u. K. DONAT, ZS. f. phys. Chem. Bd. 139, S. 143. 1928; O. HAHN, Berl. Ber., Okt. 1928.

[2] F. GIESEL, Phys. ZS. Bd. 3, S. 578. 1912.

[3] F. EXNER u. E. HASCHEK, Wiener Ber. Bd. 110, S. 964. 1901; Bd. 120, S. 967. 1911; C. RUNGE u. J. PRECHT, Ann. d. Phys. (4) Bd. 2, S. 742. 1900; Bd. 12, S. 407. 1903; Bd. 14, S. 418. 1904; W. ALBERTSON, Phys. Rev. (2) Bd. 39, S. 385. 1932.

[4] P. CURIE u. C. CHÉNEVEAU, Soc. Franç. de phys. Nr. 195, S. 1. 1903.

[5] S. HEYROVSKÝ u. S. BEREGICKY, Böhm. Akad. d. Wiss., Januar 1929.

[6] A. G. FRANCIS u. A. T. PARSONS, Nature Bd. 122, S. 571. 1928.

[7] Neuere Angaben hierzu bei D. SKOBELZYN, ZS. f. Chem. Bd. 58, S. 595. 1929; L. T. STEADMAN, Phys. Rev. (2) Bd. 33, S. 120, 1069. 1929.

[8] O. HAHN u. L. MEITNER, ZS. f. Phys. Bd. 2, S. 60. 1920; K. FAJANS u. F. PANETH, Wiener Ber. Bd. 123, S. 1627. 1914.

Die Zahl der pro Sekunde emittierten α-Teilchen[1] ist zuerst von E. RUTHERFORD und H. GEIGER für 1 g Ra $Z = 3{,}4 \cdot 10^{10}$ angegeben, später von ersterem auf $3{,}58 \cdot 10^{10}$ korrigiert worden. 1918 bestimmten sie V. F. HESS und R. W. LAWSON zu $Z = 3{,}72 \cdot 10^{10}$ α/sec. 1924 haben H. GEIGER und A. WERNER wiederum $3{,}4 \cdot 10^{10}$ bzw. $3{,}48 \cdot 10^{10}$ gefunden, gegen welche Zahl allerdings Einwände erhoben wurden. Später fanden: H. JEDRZEJOWSKI (1927/28) $Z = 3{,}50 \cdot 10^{10}$; I. CURIE-JOLIOT und F. JOLIOT (1928) 3,7; H. J. BRADDICK und H. M. CAVE (1928) 3,69; F. A. WARD, C. E. WILLIAMS und H. M. CAVE (1929) 3,66; S. H. WATSON und M. C. HENDERSON (1928) 3,72; G. HOFFMANN und H. ZIEGERT (1927/28) 3,71; G. ORTNER und G. STETTER (1929) 3,72; L. MEITNER und W. ORTHMANN (1930) 3,68, K. DIEBNER (1931) 3,71 und GRÉGOIRE (1931) $3{,}66 \cdot 10^{10}$. Der Wert $Z = 3{,}7 \cdot 10^{10}$ α/sec scheint einigermaßen gesichert.

1 g Radium unterhält durch seine α-Strahlung einen Gesamt-Sättigungsstrom von $2{,}41 \cdot 10^6$ stat. Einh. (einseitig gemessen $1{,}2 \cdot 10^6$ stat. Einh.).

Bestimmung der Zerfallskonstanten von Radium. a) *Radiumentwicklung aus Ionium*[2]. Kennt man das „Radiumäquivalent“ (Q) der Strahlung des betreffenden Ioniumpräparates und das Verhältnis der Ionisierungen der α-Partikeln von Ra und Io, so gestattet die Beziehung $Q = q\tau$, worin τ die mittlere Lebensdauer des Ra, q die in der Zeiteinheit entwickelte Radiummenge bedeuten, die Berechnung der Zerfallskonstanten. B. B. BOLTWOOD hat in dieser Weise die Halbierungszeit $T = 2000\,a$ gefunden; E. GLEDITSCH $T = 1640$ bis $1836\,a$; B. KEETMAN $T = 1800\,a$; ST. MEYER und E. SCHWEIDLER $T = 1730\,a$; E. GLEDITSCH (1919) $T = 1642$ bis $1698\,a$; R. W. LAWSON und ST. MEYER $T = 1730\,a$; letzteres aus der γ-Wirkung.

b) *Berechnung aus der Beziehung* $Z = \lambda N$. Nimmt man an, 1 g Radium entsende pro Sekunde $3{,}7 \cdot 10^{10}$ α/sec, also $11{,}68 \cdot 10^{17}$ α/a, so zerfallen in gleicher Zeit ebenso viele Atome. Da 1 g Ra $2{,}68 \cdot 10^{21}$ Atome enthält, wird $\lambda = 11{,}68 \cdot 10^{17}/2{,}68 \cdot 10^{21} = 4{,}36 \cdot 10^{-4}\,a^{-1}$ und $\tau = 2295\,a$; $T = 1590\,a$.

c) *Die Gleichung* $\lambda_1 N_1 = \lambda_2 N_2$ für im Gleichgewicht befindliche Substanzen würde einen dritten Weg zur Berechnung der Zerfallskonstanten liefern. Als Vergleichssubstanzen kämen nur Radiumemanation in Frage, deren Menge aber nicht mit hinreichender Genauigkeit festgestellt werden könnte, oder Uran, dessen Konstanten aber eher umgekehrt aus denen von Ra berechnet zu werden pflegen und für welches der duale Zerfall in die Actiniumfamilie, von welchem man nicht weiß, ob er bei U_I oder U_{II} oder bei AcU-Isotopen einsetzt, gewisse Unsicherheiten mit sich bringt.

---

[1] E. RUTHERFORD, Rad. Subst. Cambridge S. 132. 1913; V. F. HESS u. R. W. LAWSON, Wiener Ber. Bd. 127, S. 405, 462, 536, 599. 1918; ZS. f. Phys. Bd. 24, S. 402. 1924; Phil. Mag. (6) Bd. 48, S. 200. 1924; H. GEIGER u. A. WERNER, ZS. f. Phys. Bd. 21, S. 187. 1924; H. GEIGER, Verh. d. D. Phys. Ges. (3) Bd. 5, S. 12. 1924; R. W. LAWSON, Nature Bd. 116, S. 897. 1925; H. JEDRZEJOWSKI, C. R. Bd. 184, S. 1551. 1927; Ann. de phys. Bd. 9, S. 128. 1928; I. CURIE-JOLIOT u. F. JOLIOT, C. R. Bd. 187, S. 43. 1928; H. J. BRADDICK u. H. M. CAVE, Proc. Roy. Soc. London (A) Bd. 121, S. 368. 1928; Nature Bd. 122, S. 789. 1928; F. A. WARD, C. E. WYNN-WILLIAMS u. H. M. CAVE, Proc. Roy. Soc. London (A) Bd. 125, S. 713. 1929; S. H. WATSON u. M. C. HENDERSON, Proc. Roy. Soc. London (A) Bd. 118, S. 318. 1928; G. HOFFMANN, Phys. ZS. Bd. 28, S. 729. 1927; H. ZIEGERT, ZS. f. Phys. Bd. 46, S. 668. 1928; G. ORTNER u. G. STETTER, ZS. f. Phys. Bd. 54, S. 475. 1929; L. MEITNER u. W. ORTHMANN, ZS. f. Phys. Bd. 60, S. 143. 1930; K. DIEBNER, Phys. ZS. Bd. 32, S. 181. 1931; GRÉGOIRE, C. R. Bd. 193, S. 42. 1931.

[2] B. B. BOLTWOOD, Sill. Journ. Bd. 25, S. 493. 1908; B. KEETMAN, Jahrb. d. Radioakt. Bd. 6, S. 271. 1909; ST. MEYER u. E. SCHWEIDLER, Wiener Ber. Bd. 122, S. 1091. 1913; B. B. BOLTWOOD, Science Bd. 42, S. 851. 1915; E. GLEDITSCH, Sill. Journ. Bd. 41, S. 111. 1916; Arch. f. Mat. og Nat. Bd. 36, S. 1. 1919; R. W. LAWSON u. ST. MEYER, Wiener Ber. Bd. 125, S. 723. 1916.

Energiegehalt. Die Wärmeentwicklung von 1 g Ra ohne seine Zerfallsprodukte beträgt stündlich 25,2 cal. Die totale Energie beträgt sonach bei einer mittleren Lebensdauer von 2295 Jahren $5,07 \cdot 10^8$ cal oder $2,1 \cdot 10^{16}$ Erg.

43. Radon = Radiumemanation. (Atomnummer 86, entsteht durch α-Emission aus Ra.) Dieses Gas wurde 1900 von E. Dorn[1] im Anschluß an die Untersuchungen E. Rutherfords entdeckt. Es schließt sich seiner chemischen Natur nach an die Edelgase He, Ne, Ar, Kr, X als nächstes Homologes an[2]. Neben dem Namen Radiumemanation (RaEm) war zeitweise die von W. Ramsay vorgeschlagene Bezeichnung „*Niton*" (Nt) in Gebrauch; seit 1918 wird nach C. Schmidts[3] Vorschlag im Anklang an die Namen der Edelgase das Wort „*Radon*" (Rn) empfohlen.

Die mittlere Lebensdauer von 5,5 *d* ist hinreichend groß, damit Rn auch getrennt von Ra in Wässern und Luft, worin sie konvektiv geführt wird, sich findet. So kann z. B. Gasteiner Wasser pro Liter Rn im Gleichgewichtsverhältnis zu etwa 10^{-7} g Ra enthalten; atmosphärische Luft enthält im Durchschnitt das Äquivalent zu 10^{-10} g pro Kubikmeter. Wenngleich dies in der ganzen Atmosphäre das Vorhandensein des Äquivalentes der Größenordnung von 10^4 bis 10^5 kg Ra voraussetzt, so ist dennoch die technische Gewinnbarkeit von Rn aus der Luft wegen ihres spontanen Zerfalles in nützlicher Menge aussichtslos.

Über die Einheiten vgl. Ziff. 30.

Technische Gewinnung. Aus Radiumsalzen, in denen Rn aufgespeichert ist, befreit man es durch Erhitzung, Schmelzung oder, wenn das Präparat in Lösung gebracht werden kann, durch Ausschütteln, Durchquirlen oder Auskochen und Abpumpen. Das abgetrennte Gas enthält außer Rn noch Knallgas, im Überschuß Wasserstoff, kleine Mengen Kohlensäure, evtl. je nach der Radiumsalzart, aus der es stammt, Chlor oder Brom sowie andere Verunreinigungen aus Hahnfett usw. Knallgas wird zunächst nach Zusatz von O_2 zur Kompensation des überschüssigen H_2 durch Funkenentladung beseitigt, sodann H_2O und CO_2 wegabsorbiert und nach den üblichen chemischen Verfahren weitergereinigt[4].

Steht flüssige Luft zur Verfügung, so ist wiederholtes Ausfrieren bei Abpumpen der übrigen Gasreste das einfachste Verfahren. Sollen aus Rn starke Folgeprodukte (RaC) gewonnen werden, so empfiehlt sich ganz besonders das von H. Pettersson[5] ausgearbeitete Verfahren zu lokalem Ausfrieren der Em auf geeignet gestalteten Unterlagen. Auch die Absorption in Kohle (vgl. S. 277) kann zur Gewinnung starker Rn-Präparate benutzt werden[6].

Das Abpumpen von RaEm und Einführung in kleine Glasröhrchen oder Kapillaren ist vielfach üblich geworden, um statt des kostspieligen Ra selbst Rn, das in seinen Folgeprodukten die gleiche β-γ-Wirkung liefert als Ra, verwenden und versenden zu können, wobei gleichsam unter Wahrung des „Kapi-

[1] E. Dorn, Abh. Naturf. Ges. Halle a. d. S. Bd. 22, S. 155. 1900.

[2] Vgl. die zusammenfassenden Artikel von E. Rabinowitsch, Abeggs Handb. d. anorg. Chem. IV. 3. 1. Teil. 1928; G. Kirsch, Handb. d. Mineralchem. IV. 3, S. 454. 1930.

[3] C. Schmidt, ZS. f. anorg. Chem. Bd. 103, S. 97. 1918.

[4] Andere Rn-Abpump und -Reinigungsverfahren siehe bei: W. Duane, Phys. Rev. (2) Bd. 5, S. 311. 1915; V. F. Hess, Phil. Mag. (6) Bd. 47, S. 713. 1924; W. Mund, Bull. Soc. chim. Belg. Bd. 33, S. 256. 1925; L. Wertenstein, Phil. Mag. (7) Bd. 5, S. 1017. 1928; L. F. Curtiss, Journ. Opt. Soc. Amer. Bd. 17, S. 77. 1928; Bur. of Stand. Journ. of Res. Bd. 7, S. 215. 1931; H. H. Poole, Dublin Soc., 22. Jan. 1929; W. G. Moran, Phil. Mag. (7) Bd. 7, S. 399. 1929; G. H. Henderson, Canadian Journ. of Res. Bd. 5, S. 466. 1931; J. Bannon, Journ. Cancer Res. Sidney Bd. 3, S. 86. 1931.

[5] H. Pettersson, Wiener Ber. Bd. 132, S. 55. 1923; G. Ortner u. H. Pettersson, Wiener Ber. Bd. 133, S. 229. 1924.

[6] P. M. Wolf u. N. Riehl, Naturwissensch. Bd. 17, S. 566. 1929.

tals" nur die „Zinsen" weggegeben werden. Natürlich müssen wegen des relativ raschen Zerfalls von Rn solche Röhrchen genau datiert sein.

Eigenschaften. Rn ist chemisch inert. Das *Atomgewicht* ist angenähert mittels Mikrowaage von R. WHYTLAW-GRAY[1] und W. RAMSAY bestimmt und zwischen 218 und 227 gefunden worden. Die sehr kleinen Mengen, das sukzessive Verschwinden durch Zerfall und komplizierte Adsorptionserscheinungen an den Gefäßwänden erschweren solche Messungen außerordentlich. Nach L. WERTENSTEIN[2] ist das Anfangsvolumen von 1 Curie Rn $5{,}9 \cdot 10^{-4}$ cm^3, am nächsten Tage nur mehr $3{,}34 \cdot 10^{-4}$ cm^3. Man kann jedoch, wenn das Atomgewicht des Ra gleich 226,0 gesetzt wird, für Rn $226 - 4 = 222$ mit hinreichender Sicherheit als gegeben erachten.

Das *Spektrum*[3] zeigt eine große Anzahl von Linien [im Funken (?) etwa 140 zwischen 3005,8 und 7440,5 Å.E.] die jedoch bei verschiedener Anregungsart nicht von allen Beobachtern gleichmäßig beobachtet werden konnten; insbesondere die Intensitätsangaben schwanken zuweilen recht erheblich. Die stärksten Linien liegen in Å.E. bei: 3612,2; 3664,6; 3739,9; 3753,6; 3957,5; 3971,9; 3982,0*; 4018,0; 4114,9; 4166,6**; 4203,7; 4308,3; 4350,3*; 4435,7; 4460,6; 4509,0; 4578,7; 4609,9; 4625,9; 4644,7; 4681,1; 4979,0; 5582,2; 5716,1; 5888,6 (die allerstärksten sind durch * bezeichnet). Ergänzend fand S. WOLF[4] im ultravioletten Bereich zwischen 3761 und 2378 noch über 100 Linien, als deren stärkste er jene bei 2842,1*; 2892,7*; 3621,0*; 3634,8* bezeichnet.

Das Bogenspektrum wurde unter besser definierten Bedingungen von E. RASMUSSEN[4] ausgemessen, 115 Linien gefunden und 110 davon klassifiziert. Als stärkste gibt er an: 4307,7; 4349,55*; 4434,97; 4459,24; 4508,49; 4609,42; 4721,69; 7055,43*; 7268,1**; 7449,91**; 7809,79*; 8099,51*; 8270,97*; 8599,97*. Die Serienanalyse wurde nebst E. RASMUSSEN auch von H. H. NIELSEN[4] durchgeführt.

Das Ionisationspotential[5] beträgt nach S. C. BISWAS 14,4 V; nach F. HOLWECK und L. WERTENSTEIN 10,6 V in guter Übereinstimmung mit E. RASMUSSENS[4] Angabe 10,7 V und H. YAGODA[5] 10,689 V beob., 10,4 V ber.

Siedepunkt und *Schmelzpunkt*[6]. Bei sehr geringen Substanzmengen, bei denen von ausgebildeten Oberflächen oft nicht mehr die Rede sein kann, ist die Definition der Umwandlungspunkte unscharf. E. RUTHERFORD und F. SODDY erhielten für kleine Mengen noch einen merklichen Dampfdruck bei —155° C. Nach S. LORIA beginnt die Verflüchtigung bei —165°, bei —158° sind 50%, bei —155° 90% verdampft, und bei —145° fand er praktisch keine Kondensation mehr. Für größere Mengen fanden E. RUTHERFORD, R. W. BOYLE, R. WHYTLAW-GRAY und W. RAMSAY beträchtlich höhere Werte für den Siedepunkt. Er kann

[1] R. WHYTLAW-GRAY u. W. RAMSAY, Proc. Roy. Soc. London (A) Bd. 84, S. 536. 1911.

[2] L. WERTENSTEIN, Phil. Mag. (7) Bd. 6, S. 17. 1928.

[3] E. RUTHERFORD u. T. ROYDS, Phil. Mag. (6) Bd. 16, S. 313. 1908; Proc. Roy. Soc. London (A) Bd. 82, S. 22. 1909; T. ROYDS, Phil. Mag. (6) Bd. 17, S. 202. 1919; H. E. WATSON, Proc. Roy. Soc. London (A) Bd. 83, S. 50. 1909; S. C. LIND, R. B. MOORE u. R. E. NYSWANDER, Phys. Rev. (2) Bd. 15, S. 239. 1920; Astrophys. Journ. Bd. 54, S. 285. 1921; Chem. News Bd. 123, S. 7. 1921.

[4] S. WOLF, Wiener Ber. Bd. 137, S. 269. 1928; ZS. f. Phys. Bd. 48, S. 790. 1928; E. RASMUSSEN, ZS. f. Phys. Bd. 62, S. 494. 1930; Naturwissensch. Bd. 18, S. 84. 1930; H. H. NIELSEN, Naturwissensch. Bd. 18, S. 620. 1930.

[5] S. C. BISWAS, Phil. Mag. (7) Bd. 5, S. 1094. 1928; F. HOLWECK u. L. WERTENSTEIN, Nature Bd. 126, S. 433. 1930; H. YAGODA, Phys. Rev. (2) Bd. 40, S. 316. 1932.

[6] E. RUTHERFORD u. F. SODDY, Phil. Mag. (6) Bd. 5, S. 561. 1903; R. W. BOYLE, Phil, Mag. (6) Bd. 20, S. 955. 1910; A. LABORDE, Le Rad. Bd. 6, S. 289. 1909; Bd. 7, S. 294. 1910, E. RUTHERFORD, Phil. Mag. (6) Bd. 17, S. 723. 1909; R. WHYTLAW-GRAY u. W. RAMSAY. Proc. Chem. Soc. Bd. 26, S. 82. 1909; A. FLECK, Phil. Mag. (6) Bd. 29, S. 337. 1915; S. LORIA; Wiener Ber. Bd. 124, S. 829. 1915.

bei 76 cm Druck mit −65 bzw. −62° C angenommen werden. Bei −71° C gefriert die Emanation, was durch plötzliche Farbenänderung erkannt werden kann. Bei kleinen Drucken verdampfen kleine Rn-Mengen nach A. F. Kovarik[1] bei 116° oder 121° K. Der Dampfdruck gehorcht der Formel

$$\log P = -968{,}479\,\frac{1}{T} + 0{,}3021 \log T + 1{,}158.$$

Als *kritische Temperatur* wurde 104,5° C berechnet. Die *Dichte* der flüssigen Emanation wird mit 5,7 angegeben; diejenige der festen bei −273° mit 8,04.

Die *Diffusionskonstante*[2] in Wasser beträgt nach E. Róna bei 18° C $D = 0{,}99\,\text{cm}^2/\text{Tag}$; in Äthylalkohol 2,32; in Benzol 2,04; in Toluol 2,31; E. Ramstedt fand bei 14° für Wasser 0,820, bei 18° 0,918 cm²/Tag; A. Jahn bei 16° in 10% Gelatine 0,199; in 2,5% Gelatine 0,401.

Zur thermischen Diffusion von Rn-He-Gemischen vgl. S. Chapman[3].

Löslichkeit in Flüssigkeiten[4]. Hierunter wird das Konzentrationsverhältnis in Flüssigkeit und Luft verstanden $\alpha' = \frac{Em_F \cdot v_L}{Em_L \cdot v_F}$ (worin Em die Emanationsmengen in Flüssigkeit, F, und Luft, L, v die entsprechenden Volumina bedeuten). Für Wasser ergibt sich

ϑ = Temperatur in Celsiusgraden	0	5	10	20	30	40	50	60	70	80	90	100
α'	$0{,}51_0$	$0{,}42_0$	$0{,}35_0$	$0{,}25_5$	$0{,}20_0$	$0{,}16_0$	$0{,}14_0$	$0{,}12_7$	$0{,}11_8$	$0{,}11_2$	$0{,}10_9$	$0{,}10_7$

Die Werte lassen sich durch die empirische Formel

$$\alpha' = 0{,}105 + 0{,}405\, e^{-0{,}0502\,\vartheta}$$

wiedergeben. Zwar sollte der Gang ein Minimum bei etwa 93° aufweisen[5], doch sind hier die Abweichungen von obiger Formel so gering, daß dies praktisch nicht von Belang ist. Eine andere, ebenfalls annähernd befriedigende Formel gibt S. Valentiner[6] an. Auch für andere Lösungsmittel ist die Formel $\alpha' = A + B \cdot e^{-\nu\vartheta}$ verwendbar, wenn als ϑ korrespondierende Zentigrade, Hundertstel des Intervalles Schmelzpunkt-Siedepunkt, gewählt werden (Tab. 7). Der Wert von ν kann allgemein für alle Substanzen in erster Annäherung gleich 0,05 gesetzt werden.

Tabelle 7. Zur Löslichkeit der Radiumemanation in Flüssigkeiten.

Substanz des Lösungsmittels	Schmelzpunkt	Siedepunkt	A	B	ν
Schwefelkohlenstoff CS_2 . . .	−110°	+ 46,3°	13	900	0,054
Äthyläther $C_4H_{10}O$	−117,6	+ 34,6	10	700	0,055
Toluol C_7H_8	− 92,4	+110,7	2	125	0,045
Chloroform $CHCl_3$	− 63,2	+ 61,2	9,5	90	0,043
Äthylalkohol C_2H_6O	−117,6	+ 78,4	2,5	86	0,046
Azeton C_3H_6O	− 94,6	+ 56,1	4	68	0,046
Äthylazetat $C_4H_8O_2$	− 83,8	+ 77	4	66	0,048
Xylol C_8H_{10}	− 55	+139	1	68	0,045

[1] A. F. Kovarik, Phil. Mag. (7) Bd. 4, S. 1262. 1927.

[2] E. Róna, ZS. f. phys. Chem. Bd. 92, S. 213. 1917; E. Ramstedt, Medd. fr. k. Vetenskapakad. Nobelinst. Bd. 5, Nr. 5. 1919; A. Jahn, Diss. Halle 1914.

[3] S. Chapman, Phil. Mag. (7) Bd. 7, S. 1. 1929.

[4] R. Hofmann, Phys. ZS. Bd. 6, S. 340. 1905; E. Ramstedt, Le Rad. Bd. 8, S. 253. 1911; St. Meyer, Wiener Ber. Bd. 122, S. 1281. 1913; M. Kofler, Wiener Ber. Bd. 121, S. 2169. 1912; Bd. 122, S. 1473. 1913; Phys. ZS. Bd. 9, S. 6. 1908; G. Hofbauer, Wiener Ber. Bd. 123, S. 2001. 1914; A. Schulze, ZS. f. phys. Chem. Bd. 95, S. 257. 1920.

[5] G. Jäger, Wiener Ber. Bd. 124, S. 287. 1915; M. Szeparowitz, Wiener Ber. Bd. 129, S. 437. 1920.

[6] S. Valentiner, ZS. f. Phys. Bd. 42, S. 253. 1927; Bd. 61, S. 563. 1930.

Öle, Petroleum, Paraffin usw. haben Werte von α' zwischen 10 und 30 bei Zimmertemperatur. Daraus folgt, daß Schmiermittel bei Hähnen für Abdichtungen von emanationshaltigen Gefäßen schädlich sind.

Bei Zusatz von Salzen in Wasser nimmt der Absorptionskoeffizient in erster Annäherung proportional der Zahl der gelösten Mole ab. So hat z. B. Meerwasser bei 18° C die Löslichkeit $\alpha' = 0{,}165$. Die Löslichkeit in Blut[1] ist etwas größer als in Wasser, nach H. Mache und E. Suess bei Körpertemperatur $\alpha' = 0{,}42$, nach C. Ramsauer und H. Holthusen 0,31; was für medizinische Anwendungen in Betracht kommen kann.

Bei Ausfällung aus emanationshaltigen Metallsalzlösungen wird ein Teil der Emanation mit dem Niederschlag mitgerissen.

Erstarrendes Eis oder festwerdendes Benzol nehmen Rn je nach Erstarrungsgeschwindigkeit (Lufteinschlüsse!) auf, bei extrem langsamem Vorgang praktisch aber nichts davon, so daß man hier nur mehr von Okklusion, jedoch nicht von einer merklichen Löslichkeit sprechen kann[2].

Okklusion in festen Körpern[3]. Viele feste Substanzen, wie Wachs, Paraffin, Kautschuk, dann auch zum Teil Metalle, wie Pt und Pd, nehmen Emanationen in sich auf; Glas sehr wenig. Besonders wichtig ist das Verhalten von Kohle in dieser Hinsicht, das zuerst L. Bunzl beobachtet hat und das von E. Rutherford genauer erforscht wurde. Speziell Pflanzenkohlen (Kokosnußkohle) oder noch besser mit Chlorzink aktivierte Holzkohle[4] absorbieren schon bei Zimmertemperatur Rn sehr stark, bei niedriger Temperatur vollständig. Diese Eigenschaft kann dazu verwendet werden, Em in Kohle absorbiert zu versenden, zu verteilen und bei starker Erhitzung, vollständig erst bei Verbrennung, an geeigneten Orten auszutreiben und zu benützen.

Von Bedeutung ist die Okklusion im Radiumsalz selbst, bzw. das *Emaniervermögen*[5] der Salze. Die Emanationsabgabe hängt von der Natur des Salzes, Größe der Stücke oder Körner, dem eventuellen Kristallhabitus, Dicke der Schicht, Feuchtigkeit, Temperatur usw. stark ab. Normales Radium-(Barium-) Chlorid gibt bei mehrstündigem Erhitzen auf 150 bis 180° C etwa 50% der Em ab; vorher über 300° erhitztes unter Umständen bei 150° in 48 Stunden kaum mehr als 1%. Oxyde, Hydroxyde, Chloride, Bromide emanieren, besonders im feuchten Zustande, viel stärker als Karbonate oder Sulfate. O. Hahn hat das Emaniervermögen verschiedener Hydroxyde und Oxyde genauer studiert. Stark geglühte Oxyde emanieren praktisch nicht, besser tun dies schwach geglühte, aber noch schwach gegen nicht erhitzte, bei Zimmertemperatur getrocknete. Er untersuchte die Hydroxyde und Oxyde von Be, Al, Ti, Fe, Co, Ni, Zr, Ce, Th und fand für alle ein allmähliches Altern (Abnahme des Emaniervermögens),

[1] H. Mache u. E. Suess, Wiener Ber. Bd. 121, S. 171. 1912; C. Ramsauer u. H. Holthusen, Sitzungsber. Heidelb. Akad. Ber. Nr. 2. 1913.

[2] F. Witt, Wiener Ber. (IIa) Bd. 139, S. 195. 1930.

[3] P. Curie u. J. Danne, C. R. Bd. 136, S. 364. 1903; A. Laborde, C. R. Bd. 148, S. 1592. 1909; J. Elster u. H. Geitel, Phys. ZS. Bd. 5, S. 321. 1904; Bd. 6, S. 67. 1905; L. Bunzl, Wiener Ber. Bd. 115, S. 21. 1906; E. Rutherford, Nature Bd. 74, S. 634. 1906; Manch. Proc. Bd. 53, S. 38. 1908; Chem. News Bd. 99, S. 76. 1909; R. W. Boyle, Phil. Mag. (6) Bd. 17, S. 389. 1909; R. Wachsmuth u. M. Seddig, Elster-Geitel-Festschr. S. 479. 1915; W. Mohr, Ann. d. Phys. (4) Bd. 51, S. 549. 1916; W. Bothe, Phys. ZS. Bd. 16, S. 266. 1923; A. Becker u. K. H. Stehberger, Ann. d. Phys. (5) Bd. 1, S. 529. 1929; K. Peters u. K. Weil, ZS. f. phys. Chem. (A) Bd. 148, S. 1. 1930; ZS. f. angew. Chem. Bd. 43, S. 608. 1930.

[4] P. M. Wolf u. N. Riehl, Strahlentherapie Bd. 40, S. 1. 1931.

[5] H. Mache u. St. Meyer, Phys. ZS. Bd. 6, S. 8. 1905; B. B. Boltwood, Phys. ZS. Bd. 7, S. 489. 1908; St. Meyer u. V. F. Hess, Wiener Ber. Bd. 121, S. 619. 1912; H. Holthusen, Sitzungsber. Heidelb. Akad. 20. Juli 1912; L. Kolowrat, Le Rad. Bd. 4, S. 317. 1907; Bd. 6, S. 321. 1909; Bd. 7, S. 266. 1910; O. Hahn, ZS. f. Elektrochem. Bd. 29, S. 189. 1923; Naturwissensch. Bd. 12, S. 1141. 1924; Chem. Ber. 1925, S. 276.

am wenigsten bei Eisen. Es ist ihm dabei gelungen, feste Radiumpräparate herzustellen, die bis 99% emanieren, was für die Technik der Emanationsgewinnung von großer Wichtigkeit ist[1].

Beachtung verdient das von H. Pettersson[2] beobachtete Verschwinden von Rn in elektrodenlosen Quarzkapillaren unter Einwirkung hochfrequenter elektrischer Schwingungen, was auch die Möglichkeit von chemischen Verbindungen nicht ausschließt.

Radon ist ein α-Strahler. Die Reichweite in Luft beträgt $R_0 = 3{,}907$ cm (nach H. Geiger, 1921); die Anfangsgeschwindigkeit der α-Teilchen

$$v = 1{,}61 \cdot 10^9 \text{ cm/sec.}$$

Tabelle 8. Zerfall der Ra-Emanation für $T = 3{,}825\,d$ *.

t	$e^{-\lambda t}$	t	$e^{-\lambda t}$	t	$e^{-\lambda t}$	t	$e^{-\lambda t}$
0	1,000	37*h*	0,7562	4*d*+12*h*	0,4424	12,5	0,1038
0,5*h*	0,9962	38	0,7506	16	0,4293	13 *d*	$9{,}481 \cdot 10^{-2}$
1	0,9925	39	0,7449	20	0,4165	13,5	$8{,}660 \cdot 10^{-2}$
2	0,9850	40	0,7393	5*d*	0,4041	14	$7{,}910 \cdot 10^{-2}$
3	0,9776	41	0,7338	+ 4	0,3921	14,5	$7{,}224 \cdot 10^{-2}$
4	0,9703	42	0,7282	8	0,3804	15	$6{,}599 \cdot 10^{-2}$
5	0,9629	43	0,7227	12	0,3691	15,5	$6{,}027 \cdot 10^{-2}$
6	0,9557	44	0,7173	16	0,3581	16	$5{,}505 \cdot 10^{-2}$
7	0,9485	45	0,7119	20	0,3475	16,5	$5{,}028 \cdot 10^{-2}$
8	0,9414	46	0,7066	6*d*	0,3371	17	$4{,}593 \cdot 10^{-2}$
9	0,9343	47	0,7012	+ 4	0,3271	17,5	$4{,}195 \cdot 10^{-2}$
10	0,9273	2*d*=48	0,6960	8	0,3174	18	$3{,}831 \cdot 10^{-2}$
11	0,9202	2*d*+ 2*h*	0,6865	12	0,3079	18,5	$3{,}499 \cdot 10^{-2}$
0,5*d*=12	0,9134	4	0,6753	16	0,2988	19	$3{,}196 \cdot 10^{-2}$
13	0,9065	6	0,6651	20	0,2899	19,5	$2{,}919 \cdot 10^{-2}$
14	0,8997	8	0,6552	7*d*	0,2812	20	$2{,}667 \cdot 10^{-2}$
15	0,8929	10	0,6454	+ 4	0,2729	20,5	$2{,}436 \cdot 10^{-2}$
16	0,8862	12	0,6357	8	0,2648	21	$2{,}225 \cdot 10^{-2}$
17	0,8795	14	0,6262	12	0,2569	21,5	$2{,}032 \cdot 10^{-2}$
18	0,8729	16	0,6168	16	0,2492	22	$1{,}856 \cdot 10^{-2}$
19	0,8663	18	0,6075	20	0,2418	22,5	$1{,}695 \cdot 10^{-2}$
20	0,8598	20	0,5984	8*d*	0,2346	23	$1{,}548 \cdot 10^{-2}$
21	0,8534	22	0,5895	+ 6	0,2242	23,5	$1{,}414 \cdot 10^{-2}$
22	0,8469	3*d*	0,5806	12	0,2143	24	$1{,}292 \cdot 10^{-2}$
23	0,8405	+ 2	0,5719	18	0,2048	25	$1{,}078 \cdot 10^{-2}$
1*d*=24	0,8343	4	0,5633	9*d*	0,1957	26	$8{,}989 \cdot 10^{-3}$
25	0,8280	6	0,5549	+ 6	0,1871	27	$7{,}499 \cdot 10^{-3}$
26	0,8217	8	0,5466	12	0,1788	28	$6{,}256 \cdot 10^{-3}$
27	0,8156	10	0,5384	18	0,1709	29	$5{,}219 \cdot 10^{-3}$
28	0,8094	12	0,5303	10*d*	0,1633	30	$4{,}354 \cdot 10^{-3}$
29	0,8033	14	0,5224	+ 6	0,1561	35	$1{,}760 \cdot 10^{-3}$
30	0,7973	16	0,5145	12	0,1491	40	$7{,}111 \cdot 10^{-4}$
31	0,7913	18	0,5068	18	0,1425	45	$2{,}873 \cdot 10^{-4}$
32	0,7853	20	0,4992	11*d*	0,1362	50	$1{,}161 \cdot 10^{-4}$
33	0,7794	22	0,4918	+ 6	0,1302	60	$1{,}896 \cdot 10^{-5}$
34	0,7736	4*d*	0,4844	12	0,1244	70	$3{,}096 \cdot 10^{-6}$
35	0,7677	+ 4	0,4700	18	0,1189	80	$5{,}056 \cdot 10^{-7}$
1,5*d*=36	0,7620	8	0,4560	12*d*	0,1136	90	$8{,}255 \cdot 10^{-8}$

[1] Weitere Details über Emanierfähigkeit siehe bei: G. Vaugeois, C. R. Bd. 183, S. 1277. 1926; J. Markl, Phys. ZS. Bd. 28, S. 10. 1927; O. Hahn u. M. Biltz, ZS. f. phys. Chem. Bd. 126, S. 325. 1927; M. Biltz, ebenda S. 356. 1927; H. Müller, ZS. f. phys. Chem. (A) Bd. 149, S. 257. 1930; O. Erbacher u. H. Käding, ebenda S. 439. 1930; F. Strassmann, Naturwissensch. Bd. 19, S. 502. 1931, der die besonders große Emanierfähigkeit hochmolekularer Salze der Fettsäuren auffand.

[2] H. Pettersson, Wiener Ber. (IIa) Bd. 138, S. 749. 1929.

* Für $T = 3{,}823\,d$ vgl. die Tafeln von G. Fournier, Paris: Gauthier-Villars 1930.

Die durch Einwirkung von Rn erzielten chemischen Reaktionen findet man bei S. C. LIND[1] zusammengestellt. Über Gruppenbildungen der Rn-Atome, sowie bei RaA, RaC, Po usw. siehe die Angaben von C. CHAMIÉ und E. L. HARRINGTON[2]. Auf die elektrische Leitfähigkeit wässeriger Lösungen hat Rn-Zusatz keinen merklichen Einfluß[3].

Zerfallskonstanten[4]. Die ersten Angaben stammen von P. CURIE (1902), der $T = 3{,}99\, d$ fand; dem folgten zahlreiche Messungen verschiedener Forscher, die Werte zwischen $T = 3{,}7$ und $3{,}9\, d$ erhielten; 1910 bekam M. CURIE $T = 3{,}85\, d$ und 1911 E. RUTHERFORD den Wert 3,846 Tage. Neuerdings bestimmten W. BOTHE und G. LECHNER (1921) $T = 3{,}811\, d$; W. BOTHE (1923) $T = 3{,}825\, d$; I. CURIE und C. CHAMIÉ (1924) $T = 3{,}823\, d$; L. BASTINGS (1924) $T = 3{,}833\, d$.

Der Tabelle 8 ist zugrunde gelegt: $T = 3{,}825\, d$; $\tau = 5{,}518\, d$; $\lambda = 0{,}18122\, d^{-1} = 2{,}097 \cdot 10^{-6}\, s^{-1}$.

44. Aktiver Niederschlag der Radiumemanation. Unter diesem Namen oder dem der kurzlebigen „induzierten Aktivität" versteht man zusammenfassend die Produkte

$$\mathrm{RaA} \xrightarrow{\alpha} \mathrm{RaB} \xrightarrow{\beta} \mathrm{RaC} \begin{cases} \xrightarrow{\alpha}\ \mathrm{RaC''}\ (0{,}04\%) \xrightarrow{\beta} \\ \xrightarrow{\beta}\ \mathrm{RaC'} \xrightarrow{\alpha} \end{cases}.$$

RaA ($N = 84$) entsteht durch α-Emission aus RaEm, erzeugt α-strahlend RaB ($N = 82$); durch β-Emission entsteht daraus RaC ($N = 83$), das dual unter Aussendung von α-Teilchen in RaC″ ($N = 81$), durch β-Strahlung in RaC′ ($N = 84$) verwandelt wird. Die induzierte Aktivität wurde 1899 von P. und M. CURIE[5] entdeckt, das ganze Verhalten 1905 von E. RUTHERFORD[6] durch Annahme dreier Folgeprodukte RaA, RaB, RaC zuerst richtig gedeutet.

Das chemisch-physikalische Verhalten ist in erster Linie durch die Atomnummern der Produkte bestimmt. RaA und RaC′ gehören der VI. Gruppe als „Ekatellur" (Polonium) an; RaB ist eine Bleiart, RaC ein Wismutisotop, RaC″ ein Thalliumisotop. Im einzelnen ergaben sich aber gewisse Verschiedenheiten z. B. bei der Verdampfung usw. je nach der Art, in der der aktive Niederschlag gewonnen wurde. Wird derselbe durch Eindampfen aus einer Lösung oder elektrolytisch auf ein Blech niedergeschlagen, so dringen die Partikeln in die Unterlage nicht merklich ein. Wird jedoch „induziert", d. h. auf einem negativ geladenen Metall aus RaEm zunächst RaA niedergeschlagen, aus dem sukzessive die Folgeprodukte entstehen und aus den α-Strahlern in das Innere der Unterlage vermöge des Rückstoßes hineingeschlagen werden, oder wird Rn lokal kondensiert und dann durch doppelten Rückstoß bei der α-Emission aus Rn und derjenigen aus RaA der aktive Niederschlag in die Unterlage hineingehämmert, so entstehen andere Verhältnisse, da nunmehr RaA, RaB, RaC in ver-

[1] S. C. LIND, Science (N. S.) Bd. 64, S. 1. 1926.

[2] C. CHAMIÉ, C. R. Bd. 184, S. 1243. 1927; Bd. 185, S. 770. 1927; Bd. 186, S. 1838. 1928; E. L. HARRINGTON, Phil. Mag. (7) Bd. 65, S. 685. 1928; E. L. HARRINGTON u. O. A. GRATIAS, Phil. Mag. (7) Bd. 11, S. 285. 1931.

[3] E. GLEDITSCH u. L. GLEDITSCH, Journ. chim. phys. Bd. 25, S. 290. 1928.

[4] P. CURIE, C. R. Bd. 135, S. 857. 1902; E. RUTHERFORF u. F. SODDY, Phil. Mag. (6) Bd. 5, S. 445. 1903; H. A. BUMSTEAD u. L. P. WHEELER, Sill. Journ. Bd. 17, S. 97. 1904; O. SACKUR, Chem. Ber. Bd. 38, S. 1753. 1905; H. MACHE u. ST. MEYER, Phys. ZS. Bd. 6, S. 696. 1905; G. RÜMELIN, Phil. Mag. (6) Bd. 14, S. 550. 1907; M. CURIE, Le Rad. Bd. 7, S. 33. 1910; E. RUTHERFORD, Wiener Ber. Bd. 120, S. 303. 1911; W. BOTHE u. G. LECHNER, ZS. f. Phys. Bd. 5, S. 335. 1921; W. BOTHE, ZS. f. Phys. Bd. 16, S. 226. 1923; I. CURIE u. C. CHAMIÉ, C. R. Bd. 178, S. 1808. 1924; Journ. de phys. (6) Bd. 5, S. 238. 1924; L. BASTINGS, Cambridge Proc. Bd. 22, S. 561. 1924.

[5] P. u. M. CURIE, C. R. Bd. 129, S. 714. 1899.

[6] E. RUTHERFORD, Phil. Trans. (A) Bd. 204, S. 169. 1905.

schiedene Tiefe unter die Oberfläche geraten müssen, auch Legierungsbildungen oder anderweitige Veränderungen eintreten können. Es wird auch zumeist nicht hinreichend beachtet, daß unter Wirkung der Strahlung in ionisierter Umgebung die sehr dünnen Substanzschichten Verbindungen eingehen müssen und man selten in der Lage sein wird, angeben zu können, ob die Produkte als Metalle, Oxyde, oder überhaupt in welcher Verbindungsform sie vorliegen[1].

Bei der Herstellung von RaB-RaC-Produkten, und bezüglich ihrer Eichung dem Abfall nach, ist darauf zu achten, ob das Gleichgewicht ungestört blieb. K. Marbach zeigte, daß RaB in Alkohol ein wenig im Überschuß gegen RaC gelöst wird[2].

Trotz der enormen Verdünnung verhält sich der aktive Niederschlag im Wasser nach H. Herszfinkiel[3] nicht wie ein Gas.

Einen Beitrag zur Elektrolyse von RaB-RaC brachte H. Raudnitz[4].

Gasförmige Helide von RaB und RaC glaubt D. M. Morrison[5] festgestellt zu haben.

Daß die „induzierte Aktivität", zunächst RaA, positiv geladen ist und daher auf negativ geladenen Trägern stärker abgelagert wird als auf ungeladenen, haben J. Elster und H. Geitel[6] zuerst beobachtet, und darauf wurde meist die Methode der Gewinnung des aktiven Niederschlages gegründet. Bei Anwesenheit großer Mengen von Emanation, starker Ionisierung des Gases, überwiegen jedoch andere Erscheinungen, wie die des Ionenwindes, und die Ausbeute an den negativ geladenen Elektronen wird relativ zur gesamten vorhandenen Oberfläche immer geringer[7]. Die RaA-Atome sind unmittelbar nach ihrer Entstehung nach G. Eckmann[8] positiv geladen, nach W. Mund, P. Capron und J. Jodogne im Vakuum zweifach positiv, werden aber nach Zusammenstößen mit den Gasmolekülen zum Teil neutralisiert und können sogar negative Ladung annehmen. Außer den geladenen RaA-Atomen sind immer auch ungeladene vorhanden.

Radium A ist ein α-Strahler der Reichweite $R_0 = 4{,}47_6$ mit der Anfangsgeschwindigkeit seiner α-Teilchen $v = 1{,}698 \cdot 10^9$ cm/sec. Die relative Längenverteilung der α-Strahlen von RaA und RaC bestimmten I. Curie und P. Mercier in der Wilsonschen Nebelkammer[9]. Seine Halbierungskonstante[10] gab P. Curie (1902) mit 2,9 *m* an; H. L. Bronson fand $T = 3{,}0$ *m* (1905), den gleichen

[1] S. Loria, vgl. ThB-ThC, Lit. 4, S. 300; ferner: E. Bussecker, Wiener Ber. (IIa) Bd. 137, S. 117. 1928; L. Walchshofer, Wiener Ber. (IIa) Bd. 138, S. 363. 1929; E. Holesch, Wiener Ber. (IIa) Bd. 140, S. 663. 1931.

[2] H. Fonovits-Smereker, Wiener Ber. (IIa) Bd. 131, S. 355. 1922; J. Braddick u. H. M. Cave, Proc. Roy. Soc. London (A) Bd. 121, S. 368. 1928; K. Marbach, Wiener Ber. (IIa) Bd. 139, S. 231. 1930.

[3] H. Herszfinkiel, Rocznikow Chemij Bd. 8, S. 519. 1928.

[4] H. Raudnitz, Wiener Ber. (IIa) Bd. 136, S. 447. 1927.

[5] D. M. Morrison, Nature Bd. 120, S. 224. 1927; Cambridge Proc. Bd. 24, S. 268. 1928.

[6] J. Elster u. H. Geitel, Phys. ZS. Bd. 3, S. 305. 1902.

[7] A. Gabler, Wiener Ber. (IIa) Bd. 129, S. 210. 1920.

[8] G. Eckmann, Jahrb. d. Radioakt. Bd. 9, S. 157. 1912; A. Debierne, Le Rad. Bd. 4, S. 97. 1907; E. M. Wellisch, Proc. Roy. Soc. London (A) Bd. 82, S. 500. 1909; Verh. d. D. Phys. Ges. Bd. 13, S. 159. 1911; Sill. Journ. Bd. 36, S. 315. 1913; Bd. 38, S. 283. 1914; Phil. Mag. (6) Bd. 28, S. 417. 1914; G. H. Briggs, Phil. Mag. (6) Bd. 41, S. 357. 1921; W. Mund, P. Capron u. J. Jodogne, Bull. Soc. chim. Belg. Bd. 40, S. 35. 1931.

[9] I. Curie u. P. Mercier, Journ. de phys. (6) Bd. 7, S. 289. 1926.

[10] P. Curie, C. R. Bd. 135, S. 857. 1902; P. Curie u. J. Danne, C. R. Bd. 138, S. 683. 748. 1904; H. L. Bronson, Sill. Sourn. Bd. 20, S. 60. 1905; Phil. Mag. (6) Bd. 12, S. 73. 1906; H. W. Schmidt, Phys. ZS. Bd. 6, S. 897. 1905; Ann. d. Phys. (4) Bd. 21, S. 609. 1906; E. Rutherford u. H. Robinson, Wiener Ber. Bd. 121, S. 1500. 1912; M. Blau, Wiener Ber. Bd. 133, S. 17. 1924.

Wert H. W. SCHMIDT (1905). E. RUTHERFORD und H. ROBINSON ermittelten (1912) $T = 3{,}05\ m$, und M. BLAU hat (1924) den letzteren Wert gesichert.

Radium B, das zuerst als strahlenlos galt, ist ein β-Strahler. Seine Halbierungszeit[1] wurde an chemisch abgetrenntem Material von F. LERCH zu $T = 26{,}7\ m$ gefunden (1906); M. CURIE und E. RUTHERFORD berechneten aus den Zerfallskurven von RaA-RaB-RaC $T = 26{,}8\ m$.

Radium C hat eine Halbierungszeit nach H. L. BRONSON von $T = 19\ m$; F. LERCH bestimmte (1906) an elektrochemisch abgetrenntem Material $T = 19{,}5\ m$. Es sendet α-, β- und γ-Strahlen aus, doch kommen die direkt gemessenen α-Strahlen, genauer definiert, erst dem RaC′ zu, während die dem eigentlichen RaC angehörigen α-Teilchen zunächst mit einer Reichweite von etwa 4 cm eingeschätzt wurden, bis LORD RUTHERFORD, F. A. B. WARD und C. E. WYNN-WILLIAMS[2] (1930) $R_0 = 3{,}9$ cm bestimmten.

Im Jahre 1909 war es O. HAHN und L. MEITNER[3] nach der Rückstoßmethode gelungen, einen Stoff RaC″ aus RaC zu erhalten, der mit $T =$ etwa $1\frac{1}{2}\ m$ zerfiel. Spätere Messungen ergaben für die Halbierungszeit von RaC″ $T = 1{,}38\ m$ bzw. (E. ALBRECHT, 1919) $T = 1{,}32\ m$. K. FAJANS[3] hat die Verhältnisse durch Annahme eines gegabelten Zerfalles von RaC geklärt. Nach der hierfür von F. SODDY ausgearbeiteten Theorie ist, wenn die Zerfallswahrscheinlichkeiten für die β- bzw. α-Emission aus RaC mit λ_x und λ_y bezeichnet werden,

$$\frac{1}{\lambda} = \frac{1}{(\lambda_x + \lambda_y)} = 28{,}1\ m.$$

Für das Verzweigungsverhältnis setzt K. FAJANS $\frac{C''}{C'} = \frac{3}{10000}$ an [E. ALBRECHT[3] fand $\frac{C''}{C'} = 0{,}0004$]. Demnach wäre

$$0{,}9997\,\lambda_c = \lambda_x = 5{,}928 \cdot 10^{-4}\ \mathrm{sec}^{-1}; \quad 0{,}0003\,\lambda_c = \lambda_y = 1{,}78 \cdot 10^{-7}\ \mathrm{sec}^{-1}.$$

Die überwiegende Menge des RaC verwandelt sich danach in RaC′, dessen α-Strahlen die Reichweite $R_0 = 6{,}60_0$ cm Luft haben[4]. Aus der GEIGER-NUTTALLschen Beziehung, von der es freilich nicht feststeht, daß sie für gegabelten Zerfall unverändert anwendbar bleibt, ergäbe sich für die Halbierungszeit ein Wert von etwa 10^{-8} sec. Experimentelle Untersuchungen J. C. JACOBSEN[5] aus der Geschwindigkeit der Rückstoßatome lieferten ihm den größeren Wert $T =$ etwa $8 \cdot 10^{-7}$ sec. A. W. BARTON erhielt so $T =$ etwa 10^{-6} sec; F. JOLIOT $T = 3 \cdot 10^{-6}$ sec.

Daß RaC nicht nur dual zerfalle, sondern noch andere weitreichende α-Teilchen aussende[6], wurde in Analogie zu Angaben für ThC zuerst von E. RUTHERFORD für möglich gehalten, der Teilchen mit Reichweiten von 9,3 cm auffand.

---

[1] P. CURIE u. J. DANNE, H. L. BRONSON wie Fußnote 10 auf S. 280; F. LERCH, Wiener Ber. Bd. 115, S. 197. 1906.

[2] LORD RUTHERFORD, F. A. B. WARD u. C. E. WYNN-WILLIAMS, Proc. Roy. Soc. London (A) Bd. 129, S. 211. 1930.

[3] O. HAHN u. L. MEITNER, Phys. ZS. Bd. 10, S. 697. 1909; K. FAJANS, Phys. ZS. Bd. 12, S. 369. 378. 1911; Bd. 13, S. 699. 1912; E. ALBRECHT, Wiener Ber. Bd. 128, S. 925. 1919.

[4] G. H. HENDERSON, Phil. Mag. (6) Bd. 42, S. 538. 1921, fand $R_0 = 6{,}592$ cm; H. GEIGER, ZS. f. Phys. Bd. 8, S. 45. 1921, $R_0 = 6{,}608$; Mittel aus beiden Angaben: $R_0 = 6{,}600$ cm in Luft; G. J. HARPER u. E. SALAMAN fanden dagegen, Proc. Roy. Soc. London (A) Bd. 127, S. 175. 1930, $R_0 = 6{,}58$ cm in Luft, 6,21 in O_2, 6,62 in N_2, 6,89 in Ar, 31,03 in H_2.

[5] J. C. JACOBSEN, Phil. Mag. (6) Bd. 47, S. 23. 1924; A. W. BARTON, Phil. Mag. (7) Bd. 2, S. 1273. 1926; F. JOLIOT, C. R. Bd. 191, S. 132. 1930.

[6] E. RUTHERFORD, Phil. Mag. (6) Bd. 37, S. 571. 1919; Journ. de phys. (6) Bd. 3, S. 133. 1922; L. F. BATES u. J. ST. ROGERS, Nature Bd. 112, S. 435. 1923; Proc. Roy. Soc. London (A) Bd. 105, S. 97. 1924; G. KIRSCH u. H. PETTERSSON, Nature Bd. 112, S. 687. 1923; D. PETTERSSON, Wiener Ber. Bd. 133, S. 149. 1924; Nature Bd. 113, S. 641. 1924; Natur-

Die Versuche wurden von einer Reihe von Forschern fortgeführt, bis 1931 Lord Rutherford, F. A. B. Ward und W. B. Lewis die folgenden Reichweiten mit den angeführten relativen Häufigkeiten angaben:

$R_0^{760} =$	6,59	7,46	8,65	9,10	9,36	9,77	10,01	10,37	10,78	11,03
rel. Anzahl	10^6	0,49	16,7	0,53	0,93	0,60	0,56	1,26	0,67	0,21

Die Teilchen entstammen vermutlich verschiedenen Energieniveaus in verschiedenen Anregungszuständen, entsprechen also einer Feinstruktur. Solange nicht festgestellt wird, daß dabei Folgeprodukte verschiedener Stabilität entstehen, empfiehlt es sich nicht (in Analogie von „dualem") von „multiplem" Zerfall zu sprechen.

Ein von K. Peters und K. Weil angegebenes kurzlebiges γ-strahlendes Produkt aus Rn konnte von O. Erbacher und H. Käding nicht bestätigt werden[1].

45. Radium D, Radium E, Radium F (Polonium). Diese Stoffe wurden zuerst als *„Restaktivitäten"* oder *„langsam veränderliche induzierte Aktivität"* bezeichnet, da sie nach dem Absterben von RaA-RaC sich durch das allmähliche Anwachsen der Poloniumstrahlung erkennbar machten.

Radium D ist ein Bleiisotop ($N = 82$). Es entsteht einerseits aus der Hauptmenge von RaC über RaC′ durch α-Emission, andererseits muß auch aus RaC″ durch β-Strahlung ein Bleiisotop entstehen, das zudem das gleiche Atomgewicht wie das Folgeprodukt aus RaC′ hat. Wohl besteht prinzipiell die Möglichkeit, daß solche „Isotope höherer Ordnung" mit gleichem AG und gleichem N sich durch verschiedene Stabilität ihres Aufbaus unterscheiden könnten, doch ist bisher kein Fall erwiesen, in dem derartiges tatsächlich eintritt. Wir haben demnach die beiden Folgeprodukte aus RaC′ und RaC″ als identisch (RaD) anzusehen. Ist es, wie in natürlichen Mineralien, gemengt mit gewöhnlichem Blei vorhanden, so kann es im allgemeinen davon nicht abgetrennt werden. Anreicherungen nach dem Isotopentrennungsverfahren G. v. Hevesys sind zwar möglich, doch bisher nicht von praktischer Bedeutung. Aus zerfallener RaEm kann es jedoch rein (d. h. nur vermischt mit kleinen Spuren von RaG) erhalten werden, und G. v. Hevesy und F. Paneth[2] ist die elektrolytische Abscheidung als gelbbrauner Superoxydbeschlag an der Anode (1914) gelungen.

RaD galt anfangs als strahlenlos, ist aber ein β-γ-Strahler; allerdings entsendet es die weichste bisher bekannte Kern-β-Strahlung (vgl. L. Meitner). L. Meitner und W. Santholzer[3] stellten zwei β-Reichweiten fest, mit $R = 1{,}2$ und 1,7 cm, entsprechend 31200 und 43100 V. Weitere Angaben über die β-Reichweiten siehe bei J. Petrova[3] sowie B. W. Sargent[3]; über Zahl und

wissensch. Bd. 12, S. 389. 1924; E. Rutherford u. J. Chadwick, Phil. Mag. (6) Bd. 48, S. 509. 1924; H. Pettersson, Wiener Ber. Bd. 133, S. 573. 1924; Bd. 134, S. 45. 1925; G. Kirsch u. H. Pettersson, Wiener Anz. Bd. 62, 19. Febr. 1925; N. Yamada, C. R. Bd. 180, S. 436. 1925; Bd. 181, S. 176. 1925; I. Curie u. N. Yamada, C. R. Bd. 180, S. 1487. 1925; K. Philipp, Naturwissensch. Bd. 14, S. 1203. 1926; K. Philipp u. K. Donath, ZS. f. Phys. Bd. 52, S. 759. 1929; R. R. Nimmo u. N. Feather, Cambridge Proc. Bd. 25, S. 198. 1929; Proc. Roy. Soc. London (A) Bd. 122, S. 668. 1929; S. Rosenblum, C. R. Bd. 188, S. 1549. 1929; Lord Rutherford, F. A. B. Ward u. W. B. Lewis, Proc. Roy. Soc. London (A) Bd. 131, S. 684. 1931.

[1] K. Peters u. K. Weil, Naturwissensch. Bd. 17, S. 690. 1929; O. Erbacher u. H. Käding, ebenda S. 997. 1929.

[2] G. v. Hevesy u. F. Paneth, Wiener Ber. Bd. 123, S. 1909. 1914; Chem. Ber. Bd. 47, S. 2784. 1914.

[3] L. Meitner u. W. Santholzer, Naturwissensch. Bd. 14, S. 1199. 1926; J. Petrova, ZS. f. Phys. Bd. 55, S. 628. 1929; B. W. Sargent, Trans. Roy. Soc. Canada (III) (3) Bd. 22, S. 179. 1928.

Art der Strahlen von RaD-RaF bei S. KIKUCHI[1]. Die Zerfallskonstante[2] kann entweder durch Vergleich der β-Strahlung der Gleichgewichtsmengen von RaC und RaE (ziemlich unsicher) oder besser durch denjenigen der α-Strahlung von RaC und RaF, das sich aus einer bestimmten Menge RaC in gegebener Zeit gebildet hat, gewonnen werden. Auch aus der Zeitlage des Maximums der Strahlung von RaF, das sich aus RaD entwickelt und sich bei etwa 800 Tagen einstellt, kann der Wert berechnet werden, doch gestattet die Flachheit dieses Maximums keine sehr genaue Bestimmung. Ferner läßt sich aus der mit dem Anwachsen von RaD-RaE-RaF ansteigenden Wärmeentwicklung alternder Präparate der Wert einschätzen (M. CURIE und D. K. YOVANOVITCH, TH. KAUTZ). Bei vieljähriger Beobachtung konnte schließlich auch direkt T ermittelt werden (M. CURIE und I. CURIE-JOLIOT, E. SCHWEIDLER). Von den älteren unsicheren Angaben abgesehen, fanden: G. N. ANTONOFF (1910) $T=16$ Jahre; R. THALLER (1914) 15,8 *a*; E. A. W. SCHMIDT (1928) 22,3 bis 27 *a*; M. CURIE und I. CURIE-JOLIOT (1929) 19,5 bzw. 20 bis 21 *a*; I. CURIE-JOLIOT (1929) 22,5 bis 24 *a*; E. SCHWEIDLER (1929) 22,1 *a*.

Radium E. Das durch β-Strahlung aus RaD entstehende Wismutisotop $N=83$ ist selbst wieder ein β-Strahler. Das magnetische Spektrum ist hier durch ein Band charakterisiert, begrenzt mit $HR=5500$[3]. Wie K. G. EMELÉUS[4] nachwies, entsendet RaE im Gleichgewicht ebensoviel β-Teilchen als Polonium α-Partikeln emittiert.

Die Bedingungen für die elektrolytische Trennung von RaD und RaE wurde bereits 1906 angegeben[5] (vgl. bei Po) und speziell für diese beiden Produkte 1926 von J. P. MCHUTCHISON[5] wiederum studiert. Weitere Angaben zur Trennung und Reindarstellung findet man bei O. ERBACHER und K. PHILIPP[6]. Zur Eichung von RaE-Präparaten in Radiumäquivalenten vgl. E. WALLING[7].

Die Angaben für die Halbierungszeit[8] schwankten anfangs zwischen 6 und 4,5 Tagen; G. N. ANTONOFF erhielt (1910) $T = 5\,d$; den gleichen Wert fand L. MEITNER (1911); R. THALLER ermittelte $T = 4{,}85\,d$ (1912); L. BASTINGS (1924) $T = 4{,}985\,d$; G. FOURNIER (1925) wiederum $T = 4{,}85\,d$; J. P. MCHUTCHISON (1926) $T = 4{,}87\,d$; L. F. CURTISS (1926) $T = 5{,}07\,d$; (1927) 4,975 *d*.

Radium F = Polonium ($N = 84$). Dieser α-strahlende Stoff war 1898 als erste stark aktive Substanz von P. und M. CURIE[9] aufgefunden und nach der Heimat MARYA CURIES geb. SKLODOWSKA benannt worden. Es ist ein „neues“

---

[1] S. KIKUCHI, Japan. Journ. Phys. Bd. 4, S. 143. 1927.

[2] G. N. ANTONOFF, Phil. Mag. (6) Bd. 19, S. 825. 1910; R. THALLER, Wiener Ber. Bd. 123, S. 157. 1914; M. CURIE u. D. K. YOVANOVITCH, Journ. de phys. (6) Bd. 6, S. 33. 1925; TH. KAUTZ, Wiener Ber. (IIa) Bd. 135, S. 93. 1926; E. A. W. SCHMIDT, Wiener Ber. (IIa) Bd. 137, S. 647. 1928; M. CURIE u. I. CURIE-JOLIOT, Journ. de phys. (6) Bd. 10, S. 385. 1929; I. CURIE-JOLIOT, ebenda S. 388. 1929; E. SCHWEIDLER, Wiener Ber. (IIa) Bd. 138, S. 743. 1929.

[3] F. C. CHAMPION, Proc. Roy. Soc. London (A) Bd. 134, S. 672. 1932; K. C. WANG, ZS. f. Phys. Bd. 74, S. 744. 1932.

[4] K. G. EMELÉUS, Cambridge Proc. Bd. 22, S. 400. 1924.

[5] ST. MEYER u. E. v. SCHWEIDLER, Wiener Ber. (IIa) Bd. 115, S. 697. 1906; J. R. Mc HUTCHISON, Journ. phys. chem. Bd. 30, S. 925, 1112. 1926.

[6] O. ERBACHER u. K. PHILIPP, ZS. f. Phys. Bd. 51, S. 309. 1928; O. ERBACHER, ZS. f. phys. Chem. (A) Bd. 156, S. 135, 142. 1931; Naturwissensch. Bd. 20, S. 390. 1932.

[7] E. WALLING, ZS. f. phys. Chem. (B) Bd. 7, S. 74. 1930.

[8] G. N. ANTONOFF, Phil. Mag. (6) Bd. 19, S. 825. 1910; R. THALLER, Wiener Ber. Bd. 121, S. 1611. 1912; M. CURIE, Le Rad. Bd. 8, S. 853. 1911; L. MEITNER, Phys. ZS. Bd. 12, S. 1094. 1911; L. BASTINGS, Phil. Mag. (6) Bd. 48, S. 1075. 1924; G. FOURNIER, C. R. Bd. 181, S. 502. 1925; J. P. MCHUTCHISON, Journ. phys. chem. Bd. 30, S. 925, 1112. 1926; L. F. CURTISS, Phys. Rev. (2) Bd. 27, S. 672. 1926; ebenda Bd. 30, S. 539. 1927.

[9] P. u. M. CURIE, C. R. Bd. 127, S. 175. 1898.

Element, d. h. es besetzt eine bis dahin freie Stelle des periodischen Systems, die als Isotope noch die A-Produkte und C'-Produkte der drei radioaktiven Familien umfaßt. Da Po unter diesen Stoffen der langlebigste ist, können die Studien der chemisch-physikalischen Eigenschaften dieses Elementes Nr. 84 am besten mit ihm vorgenommen werden.

Die Identifizierung von RaF mit Polonium war 1905 ST. MEYER und E. SCHWEIDLER gelungen[1].

Chemische Darstellung. Ausgangsmaterial ist naturgemäß alles, was RaD enthält, also entweder die Fraktionen der Radiumdarstellung aus den Erzen, die das Blei enthalten, oder aus Rn im Verlaufe längerer Zeiten entstandene Zerfallsprodukte und alte Radiumpräparate, aus denen man RaF, sei es allein, sei es zusammen mit RaD-RaE abzuscheiden vermag. Im ersteren Fall erhält man das RaD beschwert mit viel Ballast an gewöhnlichem Blei. Da es sich mit Wismut und Tellur abscheidet, werden auch die diese Elemente enthaltenden Fraktionen der Erzverarbeitungen herangezogen, und es sind die folgenden Verfahren empfohlen worden: 1. Sublimation der Sulfide der Bi-enthaltenden Substanzen im Vakuum; das Po-Sulfid ist der flüchtigere Bestandteil. 2. Fraktionierte Fällung der salzsauren Lösung mit H_2S; Po-Sulfid ist minder löslich als Pb- und Bi-Sulfid. 3. Fällung salpetersaurer Lösung mit H_2O; das zuerst ausfallende Subnitrat ist Po-reicher. 4. Fällung mit Zinnchlorür aus salzsaurer Lösung des Roh-Wismutoxychlorides; sich ausscheidende schwarze Flocken enthalten das Po. 5. Durch Abscheidung des Poloniums als isomorphe Bleitelluratverbindung[2]; aus dieser wird das Po nach Entfernung des Pb als Sulfat — und Abscheidung des Te als metallisches Tellur — mittels Reduktion durch SO_2 allein in der sauren Lösung erhalten (ANT. KARL). 6. Spontaner Niederschlag des Po auf in die Lösung getauchte Stückchen von Cu, Ni, Ag, Bi. 7. Behandlung der „Rückstände" der Urandarstellung mit konzentrierter heißer HCl; sodann Niederschlagen von Cu, Pb, Bi, As, Sb und Po auf Eisenbleche; neuerliche Ablösung mit HCl, Niederschlag auf Cu-Blech und Weiterbehandlung nach Methode 4. Weiter sind zahlreiche Mitreißverfahren[3] angegeben worden. Empfehlenswert ist Schütteln oder Mischen der aktiven Bleisalzlösungen[4] mit feinverteiltem Ag (Blattsilber), wobei sich das Po aus der schwach sauren Lösung auf das Silber niederschlägt. Nach einem anderen Verfahren[2] wird das Po an, dem aktiven Bleisalz zugefügtem, kolloidalem Platin gebunden. Das kolloidale Pt, durch Bestrahlen mit ultraviolettem Licht ausgeflockt, enthält den größten Teil des Po. Nach C. CHAMIÉ und A. KORVEZEE[5] wird beim Zentrifugieren von Po-Lösungen durch Zusatz von $AgNO_3$ die Fällung sehr stark gefördert. Anreicherungen des Po aus Radiobleilösungen, besonders aus Nitrat- oder Azetatlösungen, erhält man durch sukzessives Eindampfen und Auskristallisieren der Bleisalze; die Mutterlauge enthält das Po im Überschuß. Da weiter Po, sowie Bi und Te, in neutraler oder schwach saurer Lösung im Gegensatz zu Pb Kolloide[6] bildet, gelingt eine Anreicherung auch durch Dialyse. Zur Reindarstellung

[1] ST. MEYER u. E. SCHWEIDLER, Wiener Anz., 1. Dez. 1904; Wiener Ber. Bd. 114, S. 387, 1196. 1905; Bd. 115, S. 63. 1906; Jahrb. d. Radioakt. Bd. 3, S. 381. 1906.

[2] ANT. KARL, Wiener Ber. (IIa) Bd. 140, S. 199. 1931.

[3] J. H. BRENNEN, C. R. Bd. 179, S. 161. 1924; Thèses 1925; J. ESCHER-DESRIVIÈRES, Journ. chim. phys. Bd. 23, S. 258. 1926; M. GUILLOT, C. R. Bd. 190, S. 127, 1553. 1930; O. HAHN, Chem. Ber. Bd. 59, S. 2014. 1926; Naturwissensch. Bd. 14, S. 1196. 1926; ZS. f. phys. Chem. (A) Bd. 144, S. 161. 1929; O. HAHN u. L. IMRE, ZS. f. phys. Chem. (A) Bd. 146, S. 41. 1930; C. KULLE, Czechoslov. chem. Comm. Coll. IV, Nr. 6, 1932.

[4] E. RONA, Wiener Ber. (IIa) Bd. 137, S. 227. 1928.

[5] C. CHAMIÉ u. A. KORVEZEE, C. R. Bd. 192, S. 1227. 1931; Bd. 194, S. 1488. 1932.

[6] F. PANETH, Wiener Ber. (IIa) Bd. 121, S. 2193. 1912; Bd. 122, S. 1079, 1637. 1913; T. GODLEWSKY, Kolloid-ZS. Bd. 21, S. 229. 1914; G. v. HEVESY, Wiener Ber. (IIa) Bd. 127,

empfiehlt sich in erster Linie die Elektrolyse, die besonders von F. PANETH und G. v. HEVESY[1] durchgearbeitet wurde. Die Verhältnisse sind aus Abb. 30 zu entnehmen, die für 0,1 norm. salpetersaure Lösung gilt. Man erkennt, daß man das Po sowohl kathodisch als anodisch erhält, in letzterem Falle tritt das Po als Superoxyd auf. Die Gestalt der Kurve (Abb. 30) ändert sich mit der Konzentration der Säure, und zwar derart, daß mit Steigerung der Konzentration die anodische Abscheidung immer mehr verringert, die kathodische vermehrt wird[2]. In 2n-Salpetersäure verschwindet die anodische Abscheidung vollkommen. In Lösungen, deren Konzentration niedriger ist als 0,1n liegt das Po als Kolloid vor[3]. Die Geschwindigkeit der Abscheidung ist unabhängig vom Elektrodenmaterial[4]. Hier sei auch hingewiesen auf die Gruppenbildungen von Po-Teilchen, die auch zu mikrochemisch-analytischen Untersuchungen Anwendung finden können[5]. Sehr eingehend wurde das Verhalten von Po bei der Elektrolyse in normalen (HNO_3), in reduzierenden (Oxalsäure und SO_2) und oxydierenden (Chromsäure) Säuren von F. JOLIOT[4] untersucht. Die Zersetzungsspannung nimmt für die drei verschiedenen Medien verschiedene Werte an, woraus auf die Existenz von Poloniumionen verschiedener Wertigkeit zu schließen ist. Zu ähnlichen Resultaten kam M. GUILLOT bei der Untersuchung des chemischen Verhaltens des Po. In starker HCl, beim Lösen der Hydroxyde in starken Alkalien, sowie bei Oxydationsreaktionen kommt die IV-wertige Form, bei Reduktionsreaktionen die III-wertige Form zum Vorschein[6]. Die anodische und kathodische Abscheidung aus alkalischer Lösung wurde besonders von M. HAISSINSKY[3] studiert, der feststellte, daß erst bei Konzentrationen unterhalb 1n die Mengen zentrifugierbaren Poloniums deutlich groß werden. F. PANETH[7] hat auf die

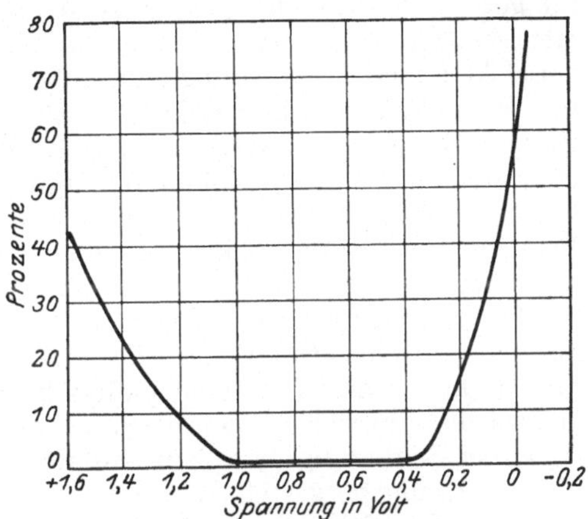

Abb. 30. Elektrolyse von Poloniumnitrat.

S. 1787. 1918; H. LACHS, Kolloid-ZS. Bd. 21, S. 172. 1917; H. LACHS u. M. WERTENSTEIN, Phys. ZS. Bd. 23, S. 318. 1922; H. LACHS u. H. HERSZFINKEL, Journ. de phys. (6) Bd. 2, S. 319. 1921; H. LENG, Wiener Ber. (IIa) Bd. 136, S. 19. 1927; O. HAHN u. O. WERNER, Naturwissensch. Bd. 17, S. 961. 1929; O. HAHN u. L. IMRE, ZS. f. phys. Chem. (A) Bd. 144, S. 161. 1929; O. HAHN, ZS. f. angew. Chem. Bd. 43, S. 871. 1930; I. E. STARIK, ZS. f. phys. Chem. (A) Bd. 157, S. 269. 1931; K. FAJANS u. T. ERDEY-GRUZ, ZS. f. phys. Chem. (A) Bd. 158, S. 97. 1931.

[1] G. v. HEVESY u. F. PANETH, Wiener Ber. Bd. 123, S. 1619. 1914; H. RAUDNITZ, Wiener Ber. (IIa) Bd. 136, S. 447. 1927; F. JOLIOT, C. R. Bd. 184, S. 1325. 1927, vgl. auch die elektrochemischen Verfahren zur getrennten Abscheidung von Po, RaE, RaD bei O. ERBACHER, Naturwissensch. Bd. 20, S. 390. 1932, sowie SERVIGNE, C. R. Bd. 195, S. 41. 1932.

[2] S. SCHNEIDT, Wiener Ber. (IIa) Bd. 138, S. 755. 1929.

[3] S. SCHNEIDT, wie [2]; C. CHAMIÉ u. M. GUILLOT, C. R. Bd. 190, S. 1187. 1930; M. BLAU u. E. RONA, Wiener Ber. (IIa) Bd. 139, S. 275. 1930; M. HAISSINSKY, C. R. Bd. 194, S. 275 u. S. 1917. 1932.

[4] F. JOLIOT, Journ. chim. phys. Bd. 27, S. 119. 1930.

[5] C. CHAMIÉ, Journ. de phys. (6) Bd. 10, S. 44. 1929; H. JEDRZEJOWSKI, C. R. Bd. 188, S. 1043. 1929; H. JEDRZEJOWSKI u. H. HERSZFINKIEL, C. R. Bd. 188, S. 1167. 1929; O. HAHN u. O. WERNER, Naturwissensch. Bd. 17, S. 961. 1929; M. GUILLOT, C. R. Bd. 190, S. 127. 1553. 1930; C. CHAMIÉ u. M. GUILLOT sowie M. BLAU u. E. RONA, wie [3].

[6] F. JOLIOT, wie [4]; M. GUILLOT, C. R. Bd. 190, S. 590. 1930; Journ. chim. phys. Bd. 28, S. 18, 92. 1931.

[7] F. PANETH, Naturwissensch. Bd. 13, S. 639. 1925; ZS. f. Elektrochem. Bd. 31, S. 572. 1925.

Zwitternatur von Po hingewiesen; bei der Elektrolyse von Po auf Au in verdünnter Natronlauge geht es an beiden Elektroden in Lösung. Als Elektroden verwendet man Pt oder Au. Von ersterem Metall läßt sich das Po jedoch nicht so gut durch Säuren wieder ablösen als von Au. Die Verhältnisse sind noch dadurch kompliziert, daß, wie R. W. Lawson zuerst zeigte und F. Paneth durch eine Reingewinnung nachwies, ein Poloniumwasserstoff[1] existiert, dessen Okklusion in Pt oder Pd eine wesentliche Rolle spielen kann. Möglicherweise ist auch noch an Legierungsbildungen zu denken. Auch sind die Adsorptionserscheinungen zu beachten. Zweierlei Tartrate des Po sowie ein Pyrogallat, in dem Po dreiwertig auftritt, fand M. Haissinsky[2].

Für die Herstellung von hochkonzentrierten Polonium-Präparaten, wie sie für gewisse Untersuchungen (z. B. Atomzertrümmerung) benötigt werden, sind mehrere Methoden ausgearbeitet worden. Sie beruhen entweder auf dem Prinzip der elektrischen Abscheidung ohne äußere Stromzuführung oder auf Verdampfung von Po und Sammeln desselben auf kleinen, mit flüssiger Luft gekühlten Folien. Erstere Methode ist besonders von I. Curie[3] ausgearbeitet worden zur Gewinnung des Po aus alten Radonkapillaren. In einer schwach salz- oder essigsauren Lösung von RaD-RaE-RaF wird eine kleine Ag- oder Ni-Folie langsam rotiert. Erhitzen beschleunigt das Abscheiden des Po auf dem unedleren Metall. Bei der *Destillationsmethode*[4] werden nach E. Rona und E. A. W. Schmidt mit Po beschickte Platinkathoden in einem Quarzrohr in langsamem Wasserstoffstrom auf helle Rotglut erhitzt. Das Po setzt sich auf ein mit flüssiger Luft gekühltes, in das Quarzrohr streng eingepaßtes kleines Metallscheibchen, für das sich Palladium als günstigstes Metall erwies. Durch Ersetzen der Pt-Kathoden durch neue, bei Benützung desselben Auffangscheibchens, können Präparate beliebiger Konzentration hergestellt werden.

Im $CO + CO_2$-Strom bildet sich nach I. Curie und M. Lecoin ein gasförmiges, wenig stabiles Poloniumkarbonyl[5].

Die Versuche von P. Bonèt-Maury[6] über die Destillation von Po in hohem Vakuum bezwecken weniger die Erreichung hoher Konzentrationen, als die Erforschung der bei der Destillation auftretenden Gesetzmäßigkeiten: Verdampfungstemperatur, Menge des verdampften Po als Funktion von Temperatur und Erhitzungsdauer und Verteilung des verdampften Po (vgl. auch die Verdampfung von RaB-RaC und ThB-ThC). Po verdampft von Pd bei weitaus höherer Temperatur als von Au oder Pt (E. Rona[6]).

Über das Verhalten des Po bei Kristallisation von Metallen mit Po-Zusatz — Anhäufung an den Korngrenzen — vgl. G. Tammann und A. v. Löwis of Menar[7].

[1] R. W. Lawson, Wiener Ber. Bd. 124, S. 509. 1915; F. Paneth, Wiener Anz. Bd. 55, S. 33, 35. 1918; Wiener Ber. Bd. 127, S. 1729. 1918.

[2] M. Haissinsky, C. R. Bd. 192, S. 1448, 1645. 1931.

[3] I. Curie, Journ. chim. phys. Bd. 22, S. 471. 1925; Bd. 23, S. 257. 1926; G. Tammann u. W. Rienäcker, ZS. f. anorg. Chem. Bd. 156, S. 275. 1926; G. Tammann, ZS. f. Elektrochem. Bd. 35, S. 21. 1929; G. Tammann u. C. Wilson, ZS. f. anorg. Chem. Bd. 183, S. 137. 1928; O. Erbacher u. K. Philipp, ZS. f. Phys. Bd. 51, S. 309. 1928; I. Curie u. F. Joliot, Journ. chim. phys. Bd. 28, S. 141. 1931.

[4] A. S. Russell u. J. Chadwick, Phil. Mag. (6) Bd. 27, S. 114. 1914; F. Paneth u. G. v. Hevesy, Wiener Ber. (IIa) Bd. 122, S. 1049. 1913; E. Rona u. E. A. W. Schmidt, Wiener Ber. (IIa) Bd. 137, S. 103. 1928; ZS. f. Phys. Bd. 48, S. 784. 1928; H. Jedrzejowski, C. R. Bd. 194, S. 1340. 1932.

[5] I. Curie u. M. Lecoin, C. R. Bd. 192, S. 1453. 1931; M. Lecoin, Journ. chim. phys. Bd. 28, S. 411. 1931.

[6] P. Bonèt-Maury, C. R. Bd. 184, S. 1376. 1927; Bd. 185, S. 204. 1927; Bd. 187, S. 115. 1928; Thèses 1928; E. Rona, Mitt. Ra-Inst. Nr. 296; Wiener Ber. (IIa) 1932.

[7] G. Tammann u. A. v. Löwis of Menar, ZS. f. anorg. Chem. Bd. 205, S. 145. 1932.

Zur Trennung von Po und Pa vgl. F. REYMOND[1].

Für das optische Spektrum von Po fand A. CZAPEK[2] als Hauptlinie 2450 Å.E. möglicherweise ist auch eine Linie mit 2558 Å.E. dem Po zuzuschreiben.

Das Suchen nach einem stabilen inaktiven Po-Isotop blieb bisher erfolglos[3].

Zerfallskonstante des Po[4]. Die ersten verläßlichen Angaben schwankten für T zwischen 134,5 und 148 Tagen. Neuere Messungen ergaben: E. REGENER (1911) 136 d; E. SCHWEIDLER (1912) aus Beobachtungen über 2200 Tagen $T = 136{,}5\ d$; R. GIRARD (1913) 135,6 d; M. CURIE (1920) $T = 140\ d$; ST. MARACINEANU (1923) $T = 139{,}5\ d$; M. A. DA SILVA (1927) $T = 140{,}2\ d$; A. DORABIALSKA (1931) $T = 137{,}6\ d$; M. MÄDER (1932) $T = 138{,}83$. Bei den Messungen würde T verlängert erscheinen bei Anwesenheit kleiner Spuren von RaD sowie bei ungleicher Annäherung an den Sättigungszustand zu Beginn und am Ende der Messungen. T verkürzend würde wirken: Aggregatrückstoß, auf dessen große Bedeutung sowie für Verseuchungen besonders R. W. LAWSON[5] hinwies; Diffusion ins Innere der Unterlage, speziell Pt, Au, Pd, sei es durch Bildung eines Hydrides oder von Legierungen; Oxydation der Grundplatte oder sonstiger allmählicher Überzug über die Po-Schicht.

Strahlung. Nach der ersten Angabe P. CURIES (1900) für die Reichweite der α-Strahlen, R = etwa 4 cm, folgten zahlreiche Messungen ohne präzise Definition von R. Einige sind in der nachstehenden Tabelle zusammengestellt. Manche Differenzen sind auch in dieser auf die verschiedene Meßmethodik und Definition von R zurückführbar.

Literatur[6]	R_0^{760} in Luft	O_2	N_2	H_2	Ar	He	CO	CH_4	CH_3Br	NO	SO_2
a, b, c	3,66; 3,65; 3,66	—	—	15,46	—	—	—	—	—	—	—
d, e, f	3,57; 3,56; 3,57	3,25	—	15,95	—	16,70	—	—	—	—	—
g	$3{,}72_1$	—	—	—	—	—	—	—	—	—	—
h	3,58	3,32	3,62	16,28	—	—	3,51	3,96	1,76	3,23	1,97
i, k	3,67	3,44	—	16,40	—	—	—	—	—	—	—
l	3,67	3,45	3,69	16,39	3,95	—	—	—	—	—	—
m	3,73	3,53	3,96			in CO_2	2,57				

[1] F. REYMOND u. T. DA TCHANG, C. R. Bd. 192, S. 1723. 1931; F. REYMOND, Journ. chim. phys. Bd. 28, S. 409. 1931.

[2] A. CZAPEK, Wiener Ber. (IIa) Bd. 139, S. 593. 1930.

[3] ST. MEYER, ZS. f. phys. Chem. Bd. 95, S. 413. 1920; G. v. HEVESY u. A. GUENTHER, Nature Bd. 125, S. 744. 1930; ZS. f. anorg. Chem. Bd. 194, S. 162. 1930.

[4] E. REGENER, Verh. d. D. Phys. Ges. Bd. 13, S. 1027. 1911; E. SCHWEIDLER, ebenda Bd. 14, S. 536. 1912; R. GIRARD, Le Rad. Bd. 10, S. 195. 1913; M. CURIE, Journ. de phys. (6) Bd. 1, S. 12. 1920; ST. MARACINEANU, C. R. Bd. 176, S. 1879. 1923; M. A. DA SILVA, ebenda Bd. 184, S. 197. 1927; L. BOGOJAVLENSKI, Journ. de phys. (6) Bd. 10, S. 321. 1929; (7) Bd. 2, S. 12. 1931; M. CURIE, ebenda (6) Bd. 10, S. 237, 329. 1929; L. R. MAXWELL u. W. F. G. SWANN, Nature Bd. 122, S. 997, 998. 1928; Journ. Frankl. Inst. Bd. 207, S. 619. 1929; A. DORABIALSKA, Roczniki Chemji Bd. 11, S. 469. 1931; M. MÄDER, Phys. ZS. Bd. 33, S. 178. 1932.

[5] R. W. LAWSON, Wiener Ber. Bd. 128, S. 795. 1919; L. WERTENSTEIN u. H. DOBROWOLSKA, Journ. de phys. (6) Bd. 4, S. 324. 1923; ST. MARACINEANU, C. R. Bd. 177, S. 1215. 1923.

[6] a) M. LEVIN, Phys. ZS. Bd. 7, S. 521. 1906; b) ST. MEYER, V. F. HESS u. F. PANETH, Wiener Ber. Bd. 123, S. 1459. 1914; c) R. W. LAWSON, ebenda Bd. 124, S. 637. 1915; d) H. GEIGER u. J. M. NUTTALL, Phil. Mag. (6) Bd. 22, S. 613. 1911; e) A. F. KOVARIK, Le Rad. Bd. 11, S. 69, 1914; f) T. S. TAYLOR, Phil. Mag. (6) Bd. 26, S. 402. 1914; g) H. GEIGER, ZS. f. Phys. Bd. 8, S. 45. 1921; h) C. W. VAN DER MERWE, Phil. Mag. (6) Bd. 45, S. 379. 1923; G. E. GIBSON u. E. W. GARDINER, Phys. Rev. (2) Bd. 30, S. 543. 1927; G. E. GIBSON u. H. EYRING, ebenda S. 553. 1927; i) F. JOLIOT u. T. ONODA, Journ. de phys. (6) Bd. 9, S. 175. 1928; k) T. ONODA, ebenda S. 185. 1928; l) G. H. HARPER u. E. SALAMAN, Proc. Roy. Soc. London (A) Bd. 127, S. 175. 1930; M. E. NAHMIAS, C. R. Bd. 192, S. 1451. 1931; m) M. MÄDER, Phys. ZS. Bd. 33, S. 178. 1932.

Die Anfangsgeschwindigkeit der α-Teilchen wurde von I. Curie[1] direkt zu $v = 1{,}593 \cdot 10^9$ cm/sec bestimmt; G. C. Laurence fand $1{,}592 \cdot 10^9$ cm/sec; S. Rosenblum und G. Dupouy $1{,}596 \cdot 10^9$ cm/sec.

A. S. Russell und J. Chadwick[2] hatten (1914) eine die α-Strahlung des Po begleitende γ-Strahlung mit $\mu \mathrm{Al}/\varrho = 215$ cm²/g angegeben. I. Curie-Joliot und F. Joliot deuten diese Strahlung jedoch als erregte H-Strahlung und konnten eine Kern-γ-Strahlung aus Po nicht beobachten. Hingegen fanden W. Bothe und H. Becker (1930) eine harte Po-γ-Strahlung auf, die derjenigen von RaC ähnelt, was von M. Blau und E. Kara-Michailova bestätigt wurde.

Maßeinheit für Polonium vgl. S. 247.

46. Radium G. Polonium ist das letzte radioaktive Produkt der Ionium-Radium-Familie. Aus ihm entsteht durch α-Strahlung ein anscheinend stabiles Endprodukt der Atomnummer 82, also ein Blei-Isotop, des Atomgewichtes 206[3]. Der experimentelle Nachweis seiner Existenz[4] gelang zuerst O. Hönigschmid und St. Horovitz (1914) sowie M. E. Lembert, der auf Veranlassung von K. Fajans bei T. W. Richards das Blei aus Uranerzen untersuchte. Sind im Erz primär noch andere Bleiarten, gewöhnliches Blei (207,2), Thorblei (208) vorhanden, so ist das aufgefundene Bleigemisch mit einem Verbindungsgewicht zwischen 206 und 208 zu erwarten, und tatsächlich wurden in der Folge zahlreiche Zwischenstufen aufgefunden. Die reinsten Produkte erhielten O. Hönigschmid und St. Horovitz aus kristallisierter Pechblende von Morogoro (1914) mit 206,046 und O. Hönigschmid und L. Birkenbach[5] an Material von Katanga (Belgisch-Kongo) (1923) mit 206,048 sowie T. W. Richards (1919) aus reinster australischer Pechblende mit 206,08 und G. B. Baxter und A. D. Bliss aus Kolm 206,013. Man darf sonach annehmen, daß das wahre Atomgewicht des RaG nahezu $226 - 5 \cdot 4 = 206$ beträgt, entsprechend den 5 α-Strahlern zwischen Ra und RaG. Dieses Endprodukt muß, auch wenn das Ausgangserz ganz frei von Thor und gewöhnlichem Blei (207,2) wäre, noch das Endprodukt der Actiniumzerfallsreihe, etwa im Ausmaß von 3% enthalten; sein Atomgewicht wird zur Zeit mit 206 oder 207 angenommen, im ersteren Fall wäre es einflußlos, im zweiten würde ein Verbindungsgewicht des Gemisches von 206,03 resultieren[6]. Bemerkenswert ist, daß die sekundären Uranmineralien, die sich in Katanga oberhalb der massiven Pechblende finden, Bleigehalte bis über 25% haben und daß dieses Blei sich als praktisch reines RaG (206) erweist; da ein

---

[1] I. Curie, C. R. Bd. 175, S. 220. 1922; G. C. Laurence, Proc. Roy. Soc. London (A) Bd. 122, S. 543. 1929; S. Rosenblum u. G. Dupouy, C. R. Bd. 194, S. 1919. 1932.

[2] A. S. Russell u. J. Chadwick, Phil. Mag. (6) Bd. 27, S. 112. 1914; W. Bothe u. H. Fränz, ZS. f. Phys. Bd. 49, S. 1. 1928; I. Curie u. F. Joliot, C. R. Bd. 189, S. 1270. 1929; Bd. 190, S. 1292. 1930; Journ. de phys. (7) Bd. 2, S. 20. 1931; W. Bothe u. H. Becker, Naturwissensch. Bd. 18, S. 894. 1930; ZS. f. Phys. Bd. 66, S. 307. 1930; M. Blau u. E. Kara Michailova, Wiener Ber. Bd. 140, S. 615. 1931.

[3] Über die Möglichkeit kleiner Unterschiede im Verhalten der Dichte vgl. W. A. Roth, u. O. Schwartz, Ber. d. D. Chem. Ges. Bd. 61, S. 1539. 1928; im Spektrum: B. Perret-Montamat, Ann. de phys. (10) Bd. 10, S. 349. 1928.

[4] O. Hönigschmid u. St. Horovitz, Bunsen-Ges., 23. Mai 1914; Wiener Anz. Bd. 51, S. 318. 1914; Wiener Ber. Bd. 123, S. 2407. 1914; T. W. Richards u. M. E. Lembert, Journ. Amer. Chem. Soc. Bd. 36, S. 1329. 1924; ZS. f. anorg. Chem. Bd. 88, S. 429. 1914; K. Fajans, Sitzungsber. Heidelb. Akad. Abh. 11. 1914.

[5] O. Hönigschmid u. L. Birkenbach, Chem. Ber. Bd. 56, S. 1837. 1923; T. W. Richards, Nature Bd. 103, S. 74. 1919; T. W. Richards u. J. Sameshima, Journ. Amer. Chem. Soc. Bd. 42, S. 928. 1920; G. P. Baxter u. A. D. Bliss, ebenda Bd. 52, S. 4848. 1930.

[6] Eingehendere Berechnung vgl. St. Meyer, Wiener Ber. (IIa) Bd. 173, S. 599. 1928; vgl. auch die Analysen von F. Hecht u. E. Körner, Monatsh. d. Chem. Bd. 49, S. 438, 444, 460. 1928, zum Th-Gehalt. Io-Th aus Katangaerzen enthält nach nicht publizierten Messungen St. Meyers (1929) 5,8% Io neben 94,2% Th.

dementsprechend hohes geologisches Alter nicht angenommen werden kann und die primären massiven Erze der Gegend auch nur einen normalen wesentlich geringeren Pb-Gehalt haben, muß daraus geschlossen werden, daß das RaG sich in diesem Falle durch sekundäre mineralogisch-chemische Prozesse in den oberen Schichten anzureichern vermochte, ohne dabei gewöhnlichem Blei zu begegnen und sich mit solchem zu vermischen. Dieses in großer Menge vorhandene Material ist demnach die vorzüglichste Quelle für reines RaG. Freilich müßte bei der technischen Abscheidung darauf gesehen werden, daß nicht gewöhnliches Blei aus der technischen Schwefelsäure, Gefäßen usw. hineingetragen werde.

γ) Die Actiniumfamilie.

Wie bereits erwähnt, darf aus der Konstanz des Verhältnisses der Produkte dieser Reihe zu denen der Ionium-Radium-Reihe geschlossen werden, daß die Genesis der Actiniumfamilie auf ein Uranprodukt zurückgeht. Dabei bleibt die Frage offen, ob das gleiche U-Produkt durch dualen Zerfall die beiden Ketten liefert, oder ob ein Uranisotop existiert, das als Ac-U Stammvater dieser Familie ist, wie dies zuerst (1917) A. PICCARD[1] annahm. Eine Stütze dieser Anschauung brachten die massenspektroskopischen Untersuchungen von „Uranblei" durch F. W. ASTON sowie S. BLOOMENTHAL[2]. Ersterer fand darin 86,8% ^{206}Pb, 9,3% ^{207}Pb, 3,9% ^{208}Pb, während in gewöhnlichem Blei nach der Häufigkeit die Reihenfolge der Isotope 208, 206, 207 ist. Ordnet man 207 dem AcD zu, so würde Ac das Atomgewicht 227 und AcU 235, bzw. AcU I 239 und AcU II 235 erhalten. E. RUTHERFORD schätzt, gestützt auf ASTONS Angaben, die Halbwertszeit von AcU mit $T = 4{,}2 \cdot 10^8$ Jahren ein; S. IIMORI und J. YOSHIMURA sowie T. B. WILKINS hatten aus dem Durchmesser von Halos in Gesteinen geschlossen, daß AcU ein mehrfach größeres T haben sollte als U I; A. F. KOVARIK berechnet den kleineren Wert $T = 2{,}7 \cdot 10^8\ a$, während wiederum A. HOLMES den RUTHERFORDschen Wert für zu klein hält und ein T nahe wie von U I annimmt[3]. In letzterem Falle könnte angenommen werden, daß auch noch zu UX_1, UX_2 und U_{II} Isotope vorhanden sein könnten, und A. S. RUSSELL[4] hat, gestützt auf Zahlenbeziehungen der radioaktiven Konstanten, den Anfang der Reihe wie folgt angesetzt:

$$AcU_I \underset{\alpha}{\rightarrow} UY_1 \underset{\beta}{\rightarrow} UY_2 \underset{\beta}{\rightarrow} AcU_{II} \underset{\alpha}{\rightarrow} \text{Vater des Pa} \underset{\beta}{\rightarrow} \text{Pa} \underset{\alpha}{\rightarrow} \text{Ac}.$$

Vorläufig fehlt hierfür aber eine experimentelle Begründung, und es ist als erstes der neuen Familie zugehöriges Glied nur das UY bekannt, über das schon in Ziff. 40 berichtet ist. Aus diesem β-strahlenden Stoff der Atomnummer 90 muß ein Element mit $N = 91$, ein „Ekatantal", entstehen. Als dieses wird das *Protactinium* betrachtet, das 1918 von O. HAHN und L. MEITNER und nahezu gleichzeitig von F. SODDY und J. A. CRANSTON entdeckt wurde[5].

---

[1] A. PICCARD, Arch. sc. phys. et nat. Bd. 44, S. 161. 1917.

[2] F. W. ASTON, Nature Bd. 123, S. 313. 1929; C. N. FENNER u. C. S. PIGGOT, Nature Bd. 123, S. 793. 1929; S. BLOOMENTHAL, Science Bd. 69, S. 229. 1929; Phys. Rev. (2) Bd. 35, S. 34. 1930.

[3] E. RUTHERFORD, Nature Bd. 125, S. 313. 1929; O. HAHN, ZS. f. angew. Chem. Bd. 42, S. 924. 1929; S. IIMORI u. J. YOSHIMURA, Inst. phys. chem. res. Tokyo Bd. 5, S. 11. 1926; T. R. WILKINS, Phys. Rev. (2) Bd. 29, S. 352. 1927; A. F. KOVARIK, Science Bd. 72, S. 122. 1930; Phys. Rev. (2) Bd. 35, S. 1432. 1930; A. HOLMES, Nature Bd. 126, S. 348. 1930.

[4] A. S. RUSSELL, Phil. Mag. (6) Bd. 46, S. 642. 1923.

[5] O. HAHN u. L. MEITNER, ZS. f. Elektrochem. Bd. 24, S. 169. 1918; Naturwissensch. Bd. 6, S. 324. 1918; Phys. ZS. Bd. 19, S. 208. 1918; F. SODDY u. J. A. CRANSTON, Proc. Roy. Soc. London (A) Bd. 94, S. 384. 1918.

47. Protactinium ($N=91$) (Pa). Pa ist in den schwerst löslichen Bestandteilen der Radiumfabrikation aus Uranerzen enthalten, bei den Pechblendeverarbeitungen in den sog. „Rückrückständen". O. Hahn und L. Meitner haben die Darstellung in dreifacher Weise durchgeführt: 1. durch Aufschluß mit Natriumbisulfat; 2. durch direkte Zersetzung mittels Flußsäure plus Schwefelsäure; 3. durch Auflösung in Salpetersäure. Im ersten Fall findet sich Ta + Pa im ungelösten Teil, im zweiten in der Lösung, im dritten zwischen Lösung und Rückstand verteilt. O. Hahn[1] sowie A. v. Grosse[1] haben dann die analytische Chemie des Pa erforscht und letzterer besonders die Unterschiede gegenüber Tantal herausgearbeitet, was weitgehende Reindarstellung ermöglicht. Am hartnäckigsten verbleiben Spuren von Zr, die aber gerade für eine Atomgewichtsbestimmung sehr störend sind. Das Spektrum wurde von H. Beuthe und A. v. Grosse[2] ausgemessen, speziell die L-Serie mit 21 Linien aus sehr reinem Pa_2O_5. Die vorhandene Menge an Pa ist durch das Abzweigungsverhältnis gegen die Io-Ra-Familie und durch die Zerfallskonstante gegeben.

Als Abzweigungsverhältnis[3] galt zuerst nach B. B. Boltwoods Schätzungen der Wert von 8%. Später haben O. Hahn und L. Meitner u. a. niedrigere Werte, zumeist etwa 3% gefunden, A. Piccard und E. Kessler allerdings (1923) wieder den etwas höheren Betrag von 5%; A. v. Grosse 4%; E. Gleditsch und E. Foyn 2,7 bis 3,3%. Zur Frage der Konstanz von Ac : U vgl. Lit. 7, S. 266.

Pa ist ein α-Strahler mit der Reichweite $R_0=3{,}48$ cm. Aus der Beziehung zwischen Reichweite und Zerfallswahrscheinlichkeit ließ sich zunächst die Größenordnung der Halbierungszeit einschätzen. O. Hahn und L. Meitner[4] haben sodann den Pa-Gehalt in betreffs ihres verschiedenen Alters gut definierten Uranpräparaten untersucht, die um so mehr Pa enthalten mußten, je älter sie waren, und gelangten so zu einem Wert von $T=12000$ Jahre. Zu nahe dem gleichen Betrag $T=12500\,a$ führte J. H. Mennie[4] der Vergleich des im Erze vorhandenen Io und Pa unter Voraussetzung des Gabelungsverhältnisses von 3%; 1928 erhielten dann O. Hahn und Mitarbeiter $T=$ etwa $21000\,a$ und 1930 A. v. Grosse $T=3{,}2\cdot 10^4\,a$.

Danach wären zu 1 Tonne Uran etwa 200 mg Protactinium zu erwarten.

48. Actinium ($N=89$). Ac wurde von A. Debierne und F. Giesel[5] entdeckt. Zur Zeit, als A. Debierne (1899/1900) seine ersten Abtrennungen

[1] O. Hahn, Berl. Ber. Bd. 33, S. 275. 1927; Naturwissensch. Bd. 16, S. 453. 1928; ZS. f. angew. Chem. Bd. 42, S. 924. 1929; E. W. Walling, Diss. Berlin 1928; A. v. Grosse, Leningrad C. R. Nr. 9, S. 148. 1928; ZS. f. anorg. Chem. Bd. 186, S. 38. 1930; Bd. 190, S. 188. 1930; Journ. Amer. Chem. Soc. Bd. 52, S. 1742. 1930; T. Da-Tchang, C. R. Bd. 193, S. 167. 1931; T. Reymard, Journ. chim. phys. Bd. 28, S. 409. 1931.

[2] H. Beuthe u. A. v. Grosse, ZS. f. Phys. Bd. 61, S. 170. 1930; A. v. Grosse, Leningrad C. R. Nr. 15. 1930.

[3] B. B. Boltwood, Sill. Journ. Bd. 25, S. 269. 1908; O. Hahn u. L. Meitner, Phys. ZS. Bd. 20, S. 529. 1919; G. N. Antonoff, Phil. Mag. (6) Bd. 26, S. 1058. 1913; St. Meyer, Wiener Ber. Bd. 129, S. 483. 1920; G. Kirsch, ebenda Bd. 129, S. 309. 1920; O. Hahn u. L. Meitner, Chem. Ber. Bd. 54, S. 69. 1921; ZS. f. Phys. Bd. 8, S. 202. 1922; E. Róna, Chem. Ber. Bd. 55, S. 294. 1922; W. G. Guy u. A. S. Russell, Journ. Chem. Soc. Bd. 123, S. 2618. 1923; A. Piccard u. E. Kessler, Arch. sc. phys. et nat. (5) Bd. 5, S. 491. 1923; A. v. Grosse, Naturwissensch. Bd. 20, S. 505. 1932; E. Gleditsch u. E. Foyn, C. R. Bd. 194, S. 1571. 1932.

[4] O. Hahn u. L. Meitner, Phys. ZS. Bd. 20, S. 127. 1919; ZS. f. Phys. Bd. 8, S. 202. 1922; O. Hahn, Phys. ZS. Bd. 21, S. 591. 1920; J. H. Mennie, Phil. Mag. (6) Bd. 46, S. 675. 1923; A. v. Grosse, Chem. Ber. Bd. 61, S. 233. 1928; O. Hahn u. A. v. Grosse, ZS. f. Phys. Bd. 48, S. 1, 600. 1928; O. Hahn u. E. Walling, Naturwissensch. Bd. 15, S. 803. 1928; A. v. Grosse, Journ. Amer. Chem. Soc. Bd. 52, S. 1742. 1930; Naturwissensch. Bd. 20, S. 505. 1932.

[5] A. Debierne, C. R. Bd. 129, S. 593. 1899; Bd. 130, S. 906. 1900; Phys. ZS. B. 7, S. 14. 1906; F. Giesel, Chem. Ber. Bd. 35, S. 3608. 1902; Bd. 36, S. 342. 1903; Bd. 37, S. 1696, 3963. 1904; Bd. 38, S. 775. 1905.

mit seltenen Erden machte, war das Ionium noch nicht bekannt und er hatte daher ein Gemisch von Io und Ac; F. GIESEL hat (1902) dann das reinere Ac, das sich durch sein besonders großes Emanierungsvermögen auszeichnete und das er deshalb zuerst „Emanium" nannte, gewonnen.

Die chemische Charakteristik[1] des Ac ist bisher nur unvollständig bekannt. Dem periodischen System der Elemente folgend wären als nächste Homologe La und Cp anzusehen, als zweitnächstes Yttrium, sodann Scandium. F. GIESEL fand bei seinen Abtrennungsversuchen Lanthan als das dem Ac verwandteste Element; C. AUER-WELSBACH stellte die Basizität des Ac nach den bei der Trennung der seltenen Erden gemachten Erfahrungen zwischen Lanthan und Calcium. Nach Versuchen von ST. MEYER und C. ULRICH steigt bei Fraktionierung der Magnesiumdoppelnitrate der seltenen Erden die Radioaktivität vom La über Pr und Nd und erreicht ihr Maximum beim Samarium, um von da gegen die Yttererden rasch abzufallen. C. AUER-WELSBACH hat die stärksten Präparate erhalten, indem er von den Oxalaten ausgehend zuerst durch Ammonoxalat das Th-Io entfernte und die restierenden Erden weiter fraktionierte. Er bekam starke Ac-Präparate aus den Lanthanfraktionen durch Fällung mit Kieselfluorwasserstoffsäure; weiter aber auch in gleicher Weise aus den Endlaugen einer Ceriammonnitratreihe, in der Y vorhanden war, jedoch das La fehlte. Bemerkenswert ist auch die spontane Abscheidung stark Ac-haltiger Calciummanganite aus Endfraktionen. M. CURIE hat aus Katangaerzen ebenfalls durch fraktionierte Kristallisation von La-Doppelsalzen das Ac angereichert.

Zur radioaktiven Reinigung muß Ac von seinen Folgeprodukten Radioactinium und Actinium X befreit werden, evtl. noch von AcB; die übrigen Folgeprodukte sind so kurzlebig, daß sie von selbst sehr rasch verschwinden, wenn ihre Stammsubstanz fehlt. Dies bedeutet chemische Abtrennung von Th, Ba und Pb, die evtl. eigens hierzu als Ballast, um wägbare Mengen zu erhalten, beigemischt werden müssen. Zu beachten ist die Adsorption des Ac am AcX, die durch geringe Zusätze von Ba zurückgedrängt werden kann, besonders wenn das RdAc mit Natriumthiosulfat abgetrennt wurde und das Ac aus dem Filtrat durch Ammoniakfällung erhalten wird.

Eine Strahlung des reinen Ac konnte bisher nicht festgestellt werden. Nach den Verschiebungsregeln muß es jedoch den β-Strahlern zugerechnet werden. Ob die Kernelektronen, die es aussenden soll, so geringe Wirkungen haben, daß sie sich bisher der Beobachtung entzogen, oder ob sie nur bis in die äußerste Elektronenschale gelangen und die eigentliche Atomsphäre nicht verlassen, ist unentschieden.

Das Atomgewicht des Ac ist experimentell noch nicht bestimmt. Zahlenbeziehungen der radioaktiven Konstanten veranlaßten zuerst K. FAJANS[2] zur Annahme des Atomgewichtes 227, das seither vielfach (z. B. von A. S. RUSSELL[3]) beibehalten wurde. Dies würde die Existenz eines AcU (239) voraussetzen; vgl. S. 289.

Die mittlere Lebensdauer[4] wurde zuerst als sehr lange angenommen. M. CURIE fand jedoch eine Abnahme der β-Aktivität (der im Gleichgewicht

[1] C. AUER-WELSBACH, Wiener Ber. Bd. 119, S. 1. 1910; E. DEMARÇAY, C. R. Bd. 130, S. 1019. 1910; M. CURIE, Journ. chim. phys. Bd. 27, S. 1. 1930.

[2] K. FAJANS, Phys. ZS. Bd. 14, S. 950. 1913.

[3] A. S. RUSSELL, Phil. Mag. (6) Bd. 46, S. 642. 1923; Nature Bd. 120, S. 402. 1927; E. W. WASHBURN, Journ. Amer. Chem. Soc. Bd. 48, S. 2351. 1926; G. ELSEN, ZS. f. anorg. Chem. Bd. 180, S. 304. 1929; F. LOTZE, ebenda Bd. 190, S. 190. 1930.

[4] M. CURIE, Le Rad. Bd. 8, S. 353. 1911; O. HAHN u. L. MEITNER, Phys. ZS. Bd. 19, S. 208. 1918; Bd. 20, S. 127. 1919; ST. MEYER, Wiener Ber. Bd. 129, S. 483. 1920; Bd. 137, S. 235. 1928.

stehenden Folgeprodukte), die eine Halbierungszeit $T = 30$ Jahre erwarten ließ. O. Hahn und L. Meitner sowie St. Meyer erhielten bei ihren Beobachtungen noch kleinere Werte, $T =$ etwa 20 Jahre, bzw. 13,4 *a*.

49. Radioactinium. RdAc ($N = 90$). Dieses Produkt wurde 1906 von O. Hahn[1] entdeckt und benannt. Mit ihm beginnt eine Reihe von Zerfallsprodukten, die in voller Analogie zur Ionium-Radium-Familie steht, jedoch bereits bei dem bleiartigen *D*-Produkt ihr stabiles Ende zu erreichen scheint.

$$\mathrm{Io} \xrightarrow{\alpha} \mathrm{Ra} \xrightarrow{\alpha} \mathrm{RaEm} \xrightarrow{\alpha} \mathrm{RaA} \xrightarrow{\alpha} \mathrm{RaB} \xrightarrow{\beta} \mathrm{RaC} \begin{matrix} \xrightarrow{\beta} \mathrm{RaC'} \xrightarrow{\alpha} \\ \xrightarrow{\alpha} \mathrm{RaC''} \xrightarrow{\beta} \end{matrix} \mathrm{RaD}.$$

$$\mathrm{RdAc} \xrightarrow{\alpha} \mathrm{AcX} \xrightarrow{\alpha} \mathrm{AcEm} \xrightarrow{\alpha} \mathrm{AcA} \xrightarrow{\alpha} \mathrm{AcB} \xrightarrow{\beta} \mathrm{AcC} \begin{matrix} \xrightarrow{\beta} \mathrm{AcC'} \xrightarrow{\alpha} \\ \xrightarrow{\alpha} \mathrm{AcC''} \xrightarrow{\beta} \end{matrix} \mathrm{AcD}.$$

Die chemische Charakteristik dieser Stoffe ist durch diejenige der Isotopen der Io-Ra-Reihe gegeben, insoweit nicht durch die andere Zerfallsgeschwindigkeit, die für die Actiniumprodukte durchweg größer is als für die analogen obiger Reihe, weitergehende Beeinflussung der Umgebung und vielleicht kleine Veränderungen der Reaktionen bedingt werden können. Im folgenden ist daher nur auf jene Besonderheiten hingewiesen, die nicht schon in den früher gemachten Angaben implizite enthalten sind.

Radioactinium ist ein typischer α-Strahler. Im Unterschied zu Io sendet es aber auch β-Teilchen aus. Käme diese β-Emission aus dem Atomkern, so hätte man es mit einem dualen Zerfall zu tun und es müßte aus dem β-strahlenden Bestandteil ein Folgeprodukt der Atomnummer 91 (ein Protactiniumisotop) erwartet werden. Trotz sorgfältigen Suchens ist O. Hahn und L. Meitner[2] die Auffindung eines solchen Stoffes nicht gelungen, und man nimmt daher an, daß ebenso wie im Falle des Radiums es sich bei den ausgeschleuderten Elektronen um Teilchen handelt, die sekundär der Atomhülle entstammen. Die Halbierungszeit hat zuerst O. Hahn[3] mit $T = 19{,}5\,d$ bestimmt; H. N. McCoy und E. D. Leman (1914) haben dann darauf hingewiesen, daß aus dem Kurvenverlauf unter Berücksichtigung des „laufenden" Gleichgewichtes zwischen RdAc und AcX richtiger $T = 18{,}88$ zu setzen ist. St. Meyer und F. Paneth bestimmten (1918) ebenfalls $T = 18{,}9$ Tage; L. Imre (1927) $T = 18{,}99\,d$[4].

RdAc hat für seine α-Strahlung in Luft eine Reichweite $R_0 = 4{,}43$ cm. Sein Folgeprodukt, AcX, das eine kürzere mittlere Lebensdauer besitzt, hingegen $R_0 = 4{,}14$ cm. Es schien dies eine sehr auffallende Ausnahme gegenüber der sonst allgemein gültigen Regel, daß größeren Zerfallswahrscheinlichkeiten größere Anfangsgeschwindigkeiten und größere Reichweiten der α-Strahlen zugehören, und enthielt einen Hinweis darauf, daß hier spezielle Stabilitätsprobleme oder das Insspieltreten anderer Korpuskularstrahlen vorhanden sein könnten. „Meso"-Produkte in Analogie zu den in der Th-Zerfallsreihe auftretenden Stoffen konnten nicht aufgefunden werden[5].

---

[1] O. Hahn, Phil. Mag. (6) Bd. 12, S. 244. 1906; Bd. 13, S. 165. 1907; Phys. ZS. Bd. 7, S. 855. 1906.

[2] O. Hahn u. L. Meitner, ZS. f. Phys. Bd. 2, S. 60. 1920.

[3] Siehe Fußnote 1.

[4] H. N. McCoy u. E. D. Leman, Phys. Rev. (2) Bd. 4, S. 409. 1914; St. Meyer u. F. Paneth, Wiener Ber. Bd. 127, S. 147. 1918; L. Imre, ZS. f. anorg. Chem. Bd. 166, S. 1. 1927.

[5] St. Meyer u. F. Paneth, Wiener Ber. (IIa) Bd. 127, S. 147. 1918; L. Imre, ZS. f. anorg. Chem. Bd. 166, S. 1. 1927; J. v. Weszelsky, ebenda Bd. 175, S. 141. 1928.

Es wurde auch die Möglichkeit erörtert, ob bei RdAc doppelt positiv geladene Teilchen der Masse 3 (α-Isotope) auftreten können[1].

St. Meyer, V. F. Hess und F. Paneth hatten 1914 für RdAc zweierlei α-Strahlen mit $R_{15} = 4{,}61$ und 4,2 angegeben. 1931 hat I. Joliot-Curie deren Existenz bestätigt und $R_{15} = 4{,}68$ und 4,34 cm erhalten[2]. Derzeit gelten als „mittlere" Reichweiten $R_{15} = 4{,}70$ und 4,35 cm als die häufigsten, daneben finden sich seltener $R_{15} = 4{,}60$; 4,30 und 4,20 cm.

50. Actinium X ($N = 88$). AcX wurde 1904 von F. Giesel entdeckt und unabhängig 1905 von T. Godlewski aufgefunden[3]. Wegen seiner großen Emanierungsfähigkeit hatte F. Giesel diesen Stoff zuerst als „Emanationskörper" bezeichnet. Als Isotop des Radiums folgt es dessen Reaktionen. Schwierigkeiten bringt nur die völlige Trennung von Ac selbst. Am besten gelingt die Reindarstellung, wenn aus der Ac-Lösung zunächst das RdAc actiniumfrei abgeschieden wird, was mit Natriumthiosulfat oder Wasserstoffsuperoxyd geschehen kann, und dann erst das nachgebildete AcX durch eine Ammoniak- oder H_2O_2-Fällung ins Filtrat gebracht wird. In sehr reinem Zustand läßt es sich durch Rückstoß aus RdAc gewinnen.

Für die Halbierungszeit gaben 1904/1905 F. Giesel und T. Godlewski[3] zuerst $T = 10{,}2\,d$ an; St. Meyer und E. Schweidler erhielten (1907) an Rückstoßrestaktivitäten, die sich dann als AcX erwiesen, $T = 11{,}8\,d$; O. Hahn und M. Rothenbach (1913) $T = 11{,}6\,d$; H. N. McCoy und E. D. Leman[4] (1913) $T = 11{,}4\,d$; endlich St. Meyer und F. Paneth[5] (1918) $T = 11{,}2$ Tage.

Als häufigste mittlere Reichweite tritt $R_{15} = 4{,}35$ cm auf; daneben noch $R_{15} = 4{,}60$ cm (F. Rieder und E. Rona[2]).

51. Actiniumemanation ($N = 86$). AcEm, seit 1918 auch „Actinon" (An) genannt, wurde von A. Debierne und F. Giesel gleichzeitig mit Ac entdeckt[6]. Die Halbierungszeit wurde (1903) von A. Debierne, (1905) von O. Hahn und O. Sackur, mit $T = 3{,}9$ sec angegeben und (1912) von M. S. Leslie, (1914) von P. B. Perkins, (1917) von R. Schmid nach verschiedenen Beobachtungsmethoden übereinstimmend zu $T = 3{,}92$ sec gefunden[7].

W. B. Lewis und C. E. Wynn-Williams[8] sicherten zwei (mittlere) Reichweiten $R_{15} = 5{,}72$ und daneben 5,26 cm.

Eine eigenartige Erscheinung beobachtet man, wenn ein Ac-Präparat im Dunkeln nahe über einen Sidotblendenschirm gebracht wird. Durch Luftbewegung (Anblasen) wird die Leuchterscheinung hin und her bewegt, wie ein Schwaden schweren Gases. Die materielle Natur des AcEm-Gases kann hierfür wegen der enormen Verdünnung nicht verantwortlich sein, sie ist wohl auf die Kurzlebigkeit der AcEm und die des positiv geladenen Folgeproduktes AcA zurückzuführen.

---

[1] St. Meyer, ZS. f. phys. Chem. Bd. 95, S. 407. 1920; A. Smekal, Phys. ZS. Bd. 22, S. 48. 1921; G. Stetter u. E. Rona, Verh. d. D. Phys. Ges. (3) Bd. 7, S. 34. 1926; G. Stetter, Phys. ZS. Bd. 27, S. 735. 1926.

[2] St. Meyer, V. F. Hess u. F. Paneth, Wiener Ber. (IIa) Bd. 123, S. 1459. 1914; I. Curie, C. R. Bd. 192, S. 1102. 1931; Journ. de phys. (7) Bd. 3, S. 57. 1932; M. Curie u. S. Rosenblum, C. R. Bd. 194, S. 1232. 1932; F. Rieder u. E. Rona, Wiener Anz., 28. April 1932; Mitt. Ra-Inst. Nr. 291, Wiener Ber. (IIa) 1932.

[3] F. Giesel, Jahrb. d. Radioakt. Bd. 1, S. 345. 1905; T. Godlewski, Phil. Mag. (6) Bd. 10, S. 35. 1905.

[4] O. Hahn u. M. Rothenbach, Phys. ZS. Bd. 14, S. 409. 1913; H. N. McCoy u. E. D. Leman, Phys. ZS. Bd. 14, S. 1280. 1913.

[5] Siehe Fußnote 5, S. 292. [6] Siehe Fußnote 4, S. 292.

[7] A. Debierne, C. R. Bd. 136, S. 446. 1903; O. Hahn u. O. Sackur, Chem. Ber. Bd. 38, S. 1943. 1905; M. S. Lesler, Phil. Mag. (6) Bd. 24, S. 637. 1912; P. B. Perkins, Phil. Mag. (6) Bd. 27, S. 720. 1914; R. Schmid, Wiener Ber. Bd. 126, S. 1065. 1917.

[8] W. B. Lewis u. C. E. Wynn-Williams, Proc. Roy. Soc. London (A) Bd. 136, S. 349. 1932.

52. Aktiver Niederschlag. Unter diesem Sammelnamen oder auch unter dem der „induzierten Actiniumaktivität“ versteht man den Komplex AcA, AcB, AcC, AcC′, AcC″.

Actinium A. 1911 hat H. Geiger[1] nachgewiesen, daß der Stoff, der bis dahin einheitlich als AcEm angesehen worden war, zwei α-Strahler enthalte und angenommen, daß ein Zwischenprodukt zwischen AcEm und dem damals bekannten aktiven Niederschlag (heute AcB-AcC′ genannt) existiere. Im gleichen Jahre ist H. G. Moseley und K. Fajans[2] die Abtrennung des sehr kurzlebigen AcA gelungen, indem sie es auf einer rotierenden negativ geladenen Scheibe auffingen, die mit einem Segment durch den Schlitz eines AcEm-haltigen Raumes zieht. Indem die außerhalb des Em-haltigen Raumes sich bewegenden Scheibenteile an zwei Meßkammern vorbeigeführt werden, kann das rasche Abklingen messend verfolgt werden. Es ergab sich eine Halbierungszeit von bloß $T = 0{,}002$ sec. H. Ikeuti fand (1925) $T = 0{,}0015$ sec; M. Akiyama (1928) $T = 0{,}00193$ sec.

Actinium B. Das Bleiisotop AcB wurde von A. Debierne entdeckt; es entsendet weiche β-Strahlen. Seine Halbierungszeit[3] beträgt nach Messungen von A. Debierne (1903, 1904) $T = 40\,m$; H. T. Brooks (1904) $T = 41\,m$; J. Elster und H. Geitel (1905) $T = 34{,}4\,m$; St. Meyer und E. Schweidler (1905) $T = 35{,}8\,m$; H. L. Bronson (1905) $T = 35{,}7\,m$; O. Hahn und O. Sackur[4] (1905) $T = 36{,}4\,m$; T. Godlewski[5] (1905) $T = 36\,m$; V. F. Hess (1907) $T = 36{,}07\,m$; H. N. McCoy und E. D. Leman[6] (1913) $T = 36{,}2\,m$; St. Maracineanu (1923) $T = 36{,}0\,m$. Die ersten Messungen könnten durch Anwesenheit von Spuren von ThB gestört gewesen sein; sieht man von den beiden ersten ab, so ergibt sich als Mittelwert $T = 36{,}0\,m$. Sehr schöne Nebelbahnenbilder der AcA-Rückstoßatome, aus denen auf ihre Beweglichkeit geschlossen wird, gibt P. I. Dee[7].

Actinium C. Das Wismutisotop AcC wurde 1904 von H. T. Brooks und E. Rutherford[8] gefunden. H. L. Bronson bestimmte (1905) $T = 2{,}15\,m$; den gleichen Wert erhielten O. Hahn und L. Meitner[9] (1908 und 1911); St. Meyer und F. Paneth[10] fanden $T = 2{,}16\,m$. Ebenso wie RaC zerfällt AcC dual unter Aussendung von α- und β-Strahlen. Im Unterschied zu RaC ist hier aber die α-Verwandlung nach dem C″-Produkt (Thalliumisotop $N = 81$) die vorwiegende. Nach R. H. Wilson, E. Marsden und P. B. Perkins sowie R. W. Varder (1914) zerfallen nur 0,15 bis 0,2% der AcC-Atome durch β-Strahlung in das Poloniumisotop AcC′; E. Albrecht (1919) findet das Verhältnis der Stoffe AcC″/AcC′ = 99,84; L. F. Bates und J. St. Rogers geben dafür 99,68 an (1924)[11].

---

[1] H. Geiger, Phil. Mag. (6) Bd. 22, S. 201. 1911.

[2] H. G. J. Moseley u. K. Fajans, Phil. Mag. (6) Bd. 22, S. 629. 1911; H. Ikeuti, Festschr. f. H. Nagaoka, Tokio, S. 295. 1925; M. Akiyama, C. R. Bd. 187, S. 341. 1928.

[3] A. Debierne, C. R. Bd. 136, S. 671. 1903; Bd. 138, S. 411. 1904; H. T. Brooks, Phil. Mag. (6) Bd. 8, S. 373. 1904; J. Elster u. H. Geitel, Arch. sc. phys. et nat. (4) Bd. 19, S. 18. 1905; St. Meyer u. E. Schweidler, Wiener Ber. Bd. 114, S. 1147. 1905; H. L. Bronson, Sill. Journ. Bd. 19, S. 185. 1905; V. F. Hess, Wiener Ber. Bd. 116, S. 1157. 1907; St. Maracineanu, C. R. Bd. 177, S. 1215. 1923.

[4] Siehe Fußnote 7, S. 293. [5] Siehe Fußnote 3, S. 293.

[6] Siehe Fußnote 4, S. 293.

[7] P. I. Dee, Proc. Roy. Soc. London (A) Bd. 116, S. 664. 1927.

[8] E. Rutherford, Phil. Trans. (A) Bd. 204, S. 169. 1904.

[9] H. L. Bronson, Sill. Journ. Bd. 19, S. 185. 1905; O. Hahn u. L. Meitner, Phys. ZS. Bd. 9, S. 649. 1908; L. Meitner, Phys. ZS. Bd. 12, S. 1094. 1911.

[10] Siehe Fußnote 4, S. 292.

[11] E. Marsden u. R. H. Wilson, Nature Bd. 92, S. 29. 1913; E. Marsden u. P. B. Perkins, Phil. Mag. (6) Bd. 27, S. 690. 1914; R. W. Varder u. E. Marsden, Phil. Mag. (6) Bd. 28, S. 818. 1914; E. Albrecht, Wiener Ber. Bd. 128, S. 925. 1919; L. F. Bates u. J. St. Rogers, Proc. Roy. Soc. London (A) Bd. 105, S. 97. 1924.

Da AcC bei höherer Temperatur verdampft als AcB, kann ein „induziertes" Blech durch Erhitzen auf Rotglut von AcB befreit und dann AcC rein gewonnen werden.

Für die Reichweite von AcC fanden LORD RUTHERFORD, F. A. B. WARD und C. E. WYNN-WILLIAMS[1] zwei Typen mit $R_0 = 5{,}17$ und $R_0 = 4{,}74$ cm Luft, deren Intensitäten sich wie 100 : 19 verhalten und dazu noch etwa 0,32% weitreichende Strahlen mit $R_0 = 6{,}23$ cm.

Die Feinstruktur des magnetischen Spektrums von AcA-C wurde von M. CURIE und S. ROSENBLUM[2] ausgemessen.

Actinium C'. Das Poloniumisotop ($N = 84$) AcC' kommt in so geringem Abzweigungsverhältnis vor, daß sein Studium bisher nur in sehr unvollkommener Weise möglich war. Es gilt als α-Strahler mit einer Reichweite von R_0 = etwa 6 cm, einer Halbierungszeit von etwa $T = 5 \cdot 10^{-3}$ sec.

Actinium C''. Das Thalliumisotop ($N = 81$) AcC'' (früher AcD genannt), ein β-Strahler, wurde 1908 von O. HAHN und L. MEITNER[3] nach dem Rückstoßverfahren aus AcC erhalten. Seine Halbierungszeit wurde von ihnen zu $T = 5{,}1\,m$ bestimmt; A. F. KOVARIK[3] fand (1911) $T = 4{,}71\,m$; E. ALBRECHT[4] (1919) $T = 4{,}76\,m$.

AcC' und AcC'' sind die letzten nachweislich radioaktiven Stoffe der Actiniumfamilie. Wie dies für die analogen Produkte der Radiumfamilie gesagt wurde, müssen beide sich in Bleiarten verwandeln, für welche bei gleichem Atomgewicht und gleicher Ordnungszahl, wenn sie stabil sind, eine Unterscheidungsmöglichkeit nicht besteht. Man nimmt daher ein gemeinsames Endprodukt Actinium D ($N = 82$) an. Wie S. 288 und 289 erwähnt, würde das Atomgewicht des AcD von 207 sich noch mit den experimentellen Befunden am Uranblei (RaG + AcD) vertragen und mit verschiedenen Zahlenbeziehungen und den massenspektroskopischen Befunden im Einklang stehen.

δ) Die Thoriumfamilie.

Die natürlichen Mineralien zeigen keine Konstanz des Verhältnisses Thor zu Uran, wie dies für die Actinium- und Radiumprodukte festgestellt wurde. Auffallend ist aber, daß mit steigendem geologischen Alter eine Zunahme von Th/U in den Erzen gefunden wird. G. KIRSCH[5] hat deshalb die Annahme gemacht, daß ein genetischer Zusammenhang mit dem Uran vorhanden sei und versucht die Thoriumfamilie von einem Uranisotop, Thoruran, herzuleiten. Solch ein ThU sollte das Atomgewicht 236 haben; aus dem Verhältnis Th/U zu „Pb"/U in den bestbestimmten Erzen verschiedenen geologischen Alters gewann er dafür eine Halbierungszeit T = etwa $6 \cdot 10^7$ Jahre. Dieses ThU, das schneller abstirbt als das U selbst, würde danach im Verlaufe geologischer Zeiten allmählich verschwinden und so das Anwachsen des Th in älteren Erzen verständlich machen. Zutreffendenfalls würden dann alle bekannten radioaktiven Zerfallsreihen von Uranisotopen ihren Ausgang nehmen, doch ist die Existenz des ThU sehr fraglich[6].

---

[1] Lord RUTHERFORD, F. A. B. WARD u. C. E. WYNN-WILLIAMS, Proc. Roy. Soc. London (A) Bd. 129, S. 211. 1930; Lord RUTHERFORD, C. E. WYNN-WILLIAMS u. W. B. LEWIS, ebenda Bd. 133, S. 351. 1931.

[2] M. CURIE u. S. ROSENBLUM, C. R. Bd. 193, S. 33. 1931; Journ. de phys. (7) Bd. 2, S. 309. 1931; S. ROSENBLUM u. G. DUPOUY, C. R. Bd. 194, S. 1919. 1932.

[3] O. HAHN u. L. MEITNER, Phys. ZS. Bd. 9, S. 649. 1908; A. F. KOVARIK, Phys. ZS. Bd. 12, S. 83. 1911.

[4] Siehe Fußnote 11, S. 294.

[5] G. KIRSCH, Wiener Ber. Bd. 131, S. 551. 1922; Naturwissensch. Bd. 11, S. 372. 1923; Geologie u. Radioaktivität. Berlin: Julius Springer 1928.

[6] Zur chemischen Trennung des Th von U vgl. UX_1 (S. 265) sowie F. HECHT, ZS. f. analyt. Chem. Bd. 75, S. 28. 1928; F. HECHT u. R. KÖRNER, Monatsh. f. Chem. Bd. 49, S. 438, 444, 460. 1928; C. N. FENNER u. C. S. PIGGOT, Nature Bd. 123, S. 793. 1929.

53. Thorium ($N=90$). Th wurde 1928 von J. J. v. BERZELIUS entdeckt, seine Radioaktivität gleichzeitig von G. C. SCHMIDT und M. CURIE[1] (1898) aufgefunden. Sein Atomgewicht beträgt nach O. HÖNIGSCHMID und ST. HOROVITZ[2] (1916) 232,12. Es ist der Stammvater einer Zerfallsreihe, als deren Anfangsglieder die folgenden erkannt sind:

$$\text{Thor} \xrightarrow{\alpha} \text{Mesothor 1} \xrightarrow{\beta} \text{Mesothor 2} \xrightarrow{\beta} \text{Radiothor} \xrightarrow{\alpha}.$$

Während die Anfangsglieder sich ihrer Natur nach von denjenigen der Uran- und der Actiniumfamilie unterscheiden, herrscht vom Radiothor beginnend ein voller Parallelismus mit den analogen Stoffen der anderen beiden Reihen, ausgehend von Io bzw. RdAc bis zu den D-Produkten. Da nach der Verwandlungsfolge α-β-β vom Th her RdTh isotop mit Th sein muß, ist die radioaktive Reinheit des Th selbst sehr schwer zu erzielen; sie kann nur dadurch zustande kommen, daß durch lange Zeit ständig das Mesothor abgeschieden wird, so daß dem Radiothor die Möglichkeit gegeben ist, spontan abzusterben. Aus mesothorfrei gehaltenem Thor wäre RdTh nach etwa 13 Jahren auf 1%, nach etwa 19 Jahren auf 1‰ abgesunken. Die Angaben über die Reichweite der α-Strahlen des Th selbst, die Zahl der von ihm in der Zeiteinheit ausgeschleuderten Korpuskeln und die mittlere Lebensdauer sind aus diesem Grunde noch mit gewissen Unsicherheiten verbunden.

Als Reichweite wurde (1921) von H. GEIGER $R_0=2{,}75$ cm Luft angegeben; nach J. L. NICKERSON (1929) wäre $R_0=2{,}61$ cm, nach G. H. HENDERSON und J. L. NICKERSON (1930) $R_0=2{,}455$ cm.[3] Die Zahl der pro Sekunde von 1 g Th im Gleichgewicht mit allen seinen Folgeprodukten emittierten α-Teilchen fanden H. GEIGER und E. RUTHERFORD[4] (1910) zu $2{,}7\cdot 10^4$. Da es sich dabei um 6 α-Strahler in der ganzen Reihe handelt, so sollte 1 g Th allein $4{,}5\cdot 10^3$ α/sec aussenden. Analog wie in Ziff. 40 für das U gezeigt wurde, läßt sich daraus die Zerfallswahrscheinlichkeit berechnen und liefert eine Halbwertszeit $T=1{,}28\cdot 10^{10}$ Jahre. H. N. MCCOY[5] hat (1913) aus dem Gesamtstrom, den die α-Teilchen zu unterhalten vermögen, $T=1{,}78\cdot 10^{10}\,a$ abgeleitet; B. HEIMANN[5] hat an sehr altem Thoroxyd in ähnlicher Weise $T=1{,}5\cdot 10^{10}\,a$ bekommen (1914). L. MEITNER[5] ermittelte die Gewichtsmenge Th, die gleich viel α-Strahlen entsendet wie 10^{-6} g Ra und fand, wenn $T_{\text{Ra}}=1580\,a$ gewählt wird, für Thor $T=2{,}2\cdot 10^{10}\,a$. Ist das Verhältnis der Endprodukte RaG : ThD und das des Th : U in einem Erz bekannt, so läßt sich daraus gleichfalls eine Berechnung durchführen. G. KIRSCH[6] fand in dieser Weise (1930) $T=1{,}8\cdot 10^{10}\,a$. Aus $\lg\lambda = -41{,}0 + 57{,}2 \lg R_0$ würde zu $R_0=2{,}455$ der Wert $T=1{,}1\cdot 10^{11}\,a$ gehören, während umgekehrt zu $T=1{,}8\cdot 10^{10}\,a$ $R_0=2{,}53$ zu wählen wäre.

54. Mesothor 1 ($N=88$). MsTh_1 wurde 1907 von O. HAHN[7] nach dem Radiothor entdeckt und seiner Zwischenstellung gemäß benannt. Es ist „strahlenlos“ im selben Sinne wie Actinium, d. h. es bewirkt nur β-Emissionen aus dem Kern, die entweder in der Elektronenhülle selbst verbleiben oder bei even-

---

[1] G. C. SCHMIDT, Ann. d. Phys. (3) Bd. 65, S. 141. 1898; M. CURIE, C. R. Bd. 126, S. 1101. 1898.

[2] O. HÖNIGSCHMID u. ST. HOROVITZ, Wiener Ber. Bd. 125, S. 149. 1916.

[3] J. L. NICKERSON, Proc. Nova Scotia Inst. Sc. Bd. 17, S. 172. 1929; G. H. HENDERSON u. J. L. NICKERSON, Phys. Rev. (2) Bd. 36, S. 1344. 1930.

[4] H. GEIGER u. E. RUTHERFORD, Phil. Mag. (6) Bd. 20, S. 691. 1910.

[5] H. N. MCCOY, Phys. Rev. (2) Bd. 1, S. 403. 1913; B. HEIMANN, Wiener Ber. Bd. 123, S. 1369. 1914; L. MEITNER, Phys. ZS. Bd. 19, S. 257. 1918.

[6] Siehe Fußnote 5, S. 295 und Phys. ZS. Bd. 31, S. 1017. 1930.

[7] O. HAHN, Chem. Ber. Bd. 40, S. 1462. 1907; Phys. ZS. Bd. 8, S. 277. 1907; Bd. 9, S. 392. 1908.

tuellem Austritt nur sehr geringe Wirkung haben. Seine Halbierungszeit wurde von O. HAHN[1] sowie H. N. McCOY und W. H. ROSS[2] (1907) mit $T = 5{,}5$ Jahren angegeben; L. MEITNER[3] bestimmte (1918) den Wert $T = 6{,}7\,a$.

$MsTh_1$ ist isotop mit Ra, mit AcX und ThX[4]; bei allen Abscheidungen, in denen einer dieser Stoffe anwesend sein kann, erfolgt die Abtrennung gemeinsam. Da AcX in etwa 4 Monaten, überschüssiges ThX schon nach rund 5 Wochen bis auf 1‰ absterben, so verbleibt im wesentlichen das Gemisch $MsTh_1 + Ra$. Das Mischungsverhältnis hängt von der Natur des Ausgangsmateriales bzw. dessen Gehalt an Uran (Io) und Thor ab. Da $Ra/U = 3{,}4 \cdot 10^{-7}$ angesetzt werden kann, $MsTh_1/Th$ = etwa $4 \cdot 10^{-10}$, folgt, daß selbst bei uranarmen Erzen, wie dem Monazitsand, in den meisten Mesothorpräparaten gewichtsmäßig mehr Radium als Mesothor enthalten sein muß. Da weiter $MsTh_1$ viel schneller abstirbt als Ra, verschiebt sich das Gewichtsverhältnis im Verlaufe der Zeit immer mehr zugunsten des Ra. Radiumfreies Mesothor kann nur aus Thorpräparaten gewonnen werden, aus denen bereits früher einmal das $MsTh_1 + Ra$ abgeschieden war; ein geringer Ioniumgehalt des Th ist dabei, wegen der Langsamkeit des Anwachsens von Ra daraus, nicht störend. Als solches Ausgangsmaterial kommen alte Glühkörperrückstände in Betracht.

Als Einheit ist in der Praxis die unpräzise Bezeichnung „1 mg Mesothor" für jene Mesothormenge eingeführt worden, die nach ihrer γ-Strahlung (aus den beiden Folgeprodukten $MsTh_2$ und ThC″) unter Voraussetzung gleicher Absorptionsverhältnisse einer Menge von 1 mg Radium äquivalent ist. Da hierbei dem einen γ-Strahler RaC zwei γ-strahlende Substanzen $MsTh_2$ und ThC″, die in ihrer Durchdringlichkeit nicht gleichwertig sind, gegenüberstehen, die Relation der Wirkungen der beiden Produkte der Thoriumreihe überdies vom Alter des Präparates abhängig ist, folgt, daß die Angaben für verschiedene Versuchsanordnungen nicht übereinstimmen müssen. Wären alle drei γ-Strahlenarten gleichwertig, so würde gleiches Gewicht von MsTh rund 470mal so aktiv sein als Ra.

Für das γ-Äquivalent zu 1 Curie Rn fanden S. W. WATSON und M. C. HENDERSON[5] für die Zahl der α-Teilchen aus ThC + C′ $4{,}26 \cdot 10^{10}\ \alpha$/sec, wobei dieses im Gleichgewicht mit RdTh gemessen wurde durch die γ-Strahlen von ThC″ filtriert durch 18 mm Blei.

Genauer berechenbar ist das α-Strahlenäquivalent für im Gleichgewicht mit den Zerfallsprodukten stehende Präparate. Die Ionisierungen, hervorgerufen durch die Gleichgewichtsfolgen RdTh, ThX, ThEm, ThA, ThC + ThC′ einerseits, von den α-Strahlern Ra, RaEm, RaA, RaC′ anderseits, verhalten sich wie 1,335; die Relation der mittleren Lebensdauern von $Ra/MsTh_1 = 2295/9{,}7 = 237$ mit obiger Zahl multipliziert ergibt 316 und besagt, daß für gleiche α-Wirkung rund 300mal gewichtsmäßig so viel Ra erforderlich ist als Mesothor.

55. Mesothor 2 ($N = 89$). Das β-strahlende Actiniumisotop $MsTh_2$ wurde 1908 von O. HAHN[6] entdeckt. Ist schon die Darstellung des Ac mit Schwierigkeiten verbunden, so gilt dies um so mehr bei dem relativ kurzlebigen $MsTh_2$. Bei Abscheidung des RdTh vom MsTh wird $MsTh_2$ mitgenommen, wenn Zirkonhydroxyd mit Ammoniak aus der Thorlösung ausgefällt wird. Ebenso geht es

[1] Siehe Fußnote 7, S. 296.
[2] H. N. McCOY u. W. H. ROSS, Sill. Journ. Bd. 21, S. 343. 1906; Journ. Amer. Chem. Soc. Bd. 29, S. 1709. 1907.
[3] Siehe Fußnote 5, S. 296.
[4] Über Reindarstellung vgl. H. SCHLUNDT, Journ. of chem. Education Bd. 8, S. 1267. 1931.
[5] S. W. WATSON u. M. C. HENDERSON, Cambridge Proc. Bd. 24, S. 133. 1928.
[6] O. HAHN, Phys. ZS. Bd. 9, S. 246. 1908.

mit Aluminiumhydroxyd, und da es sich rasch nachbildet, kann es bei wiederholter Fällung derart frei von RdTh gewonnen werden. Zusatz von Eisenhydroxyd gestaltet die Fällung noch vollständiger. L. MEITNER[1] wies nach, daß man es aus neutraler Lösung nach vorangegangener elektrolytischer Abscheidung des Fe und des ThB (Pb) rein auf einer Silberkathode abscheiden kann. Nach Angaben F. TÖDTS[2] kann man kathodisch Ausbeuten von 60 bis 70% erhalten, wenn $MsTh_2$ mit $FeCl_3$ von seiner Muttersubstanz getrennt wird, das gegen $FeCl_3$ doppelte Gewicht an $BaCl_2$ zugefügt und bei 0,1 bis 0,05 normal HCl-Lösung unter CO_2-Einleitung elektrolysiert wird.

Die Halbierungszeit wurde 1908 von O. HAHN[3] mit $T = 6{,}2\,h$ angegeben; H. N. MCCOY und C. H. VIOL[4] fanden $T = 6{,}14\,h$ (1913); W. P. WIDDOWSON und A. S. RUSSELL[5] erhielten (1925) $T = 5{,}95$ Stunden.

56. Radiothor ($N = 90$). RdTh wurde von O. HAHN[6] 1905 aufgefunden. Als Thorisotop kann es frei von Th nur aus reinem Mesothor gewonnen werden; dann aber nach den üblichen Thorabtrennungsverfahren.

RdTh entsendet sowohl α- wie β-Strahlen. (Die Feinstruktur der α-Strahlen ergibt: α_1 mit $v = 1{,}612 \cdot 10^9$ cm/sec stark; α_2 mit $v = 1{,}600 \cdot 10^9$ mittel; α_x mit $1{,}594 \cdot 10^9$ schwach[7].) $R_{15} = 3{,}99$ cm. Da kein Folgeprodukt der Atomnummer 91 aufgefunden werden konnte, nimmt man hier ebenso wie bei Ra und RdAc keinen gegabelten Zerfall an, sondern sucht den Ausgang der β-Teilchen nicht im Kern, sondern in sekundären Vorgängen. Für die Halbierungskonstante gab O. HAHN[6] (1905) $T = 2$ Jahre an; G. L. BLANC 2,02 a; M. S. LESLIE fand (1912) nahezu 2 a; ST. MEYER und F. PANETH (1916), B. WALTER (1917) und L. MEITNER (1918) fanden hingegen übereinstimmend den kleineren Wert $T = 1{,}9$ Jahre[8].

$MsTh_1$ und RdTh haben gegenüber den anderen Zerfallsprodukten dieser Reihe so lange mittlere Lebensdauern, daß die Gesamtverwandlung durch diese deiden Produkte beherrscht wird, und wenn zur Kennzeichnung des ersteren ber Buchstabe M, für das letztere R gewählt wird, die Stromwirkung gegeben ist durch $J = \lambda_M M + k \lambda_R R$, wobei $M = M_0 e^{-\lambda_M t}$;

$$R = \frac{M_0 \lambda_M}{\lambda_R - \lambda_M} \left(e^{-\lambda_M t} - e^{-\lambda_R t}\right).$$

Für die γ-Strahlenwirkung gibt dabei k das Verhältnis der Ionisation von ThC″ zu $MsTh_2$ an; für α-Strahlenwirkungen verschwindet der erste Summand. Beginnt man die Betrachtungen mit von RdTh befreitem MsTh, so ist die Zeit t für die maximale Wirkung bei verschiedenem k gegeben in Jahren durch:

$k =$ 0,282	0,4	0,6	0,8	1,0	1,2	1,5	2	3	4	∞
$t_{\max} =$ 0.00	0,91	1,83	2,39	2,76	3,04	3,34	3,66	4,01	4,20	4,83

Der erste Wert entspricht $k = \frac{\lambda_M}{\lambda_R}$; der letzte gilt für die α-Wirkung.

---

[1] L. MEITNER, Phys. ZS. Bd. 12, S. 1094. 1911

[2] F. TÖDT, ZS. f. phys. Chem. Bd. 113, S. 329. 1924.

[3] O. HAHN, Proc. Roy. Soc. London (A) Bd. 76, S. 115. 1905; Jahrb. d. Radioakt. Bd. 2, S. 233. 1905; Phil. Mag. (6) Bd. 12, S. 82. 1906.

[4] H. N. MCCOY u. C. H. VIOL, Phil. Mag. (6) Bd. 25, S. 350. 1913.

[5] W. P. WIDDOWSON u. A. S. RUSSELL, Phil. Mag. (6) Bd. 49, S. 137. 1925.

[6] Siehe Fußnote 3.

[7] S. ROSENBLUM u. C. CHAMIÉ, C. R. Bd. 194, S. 1154. 1932; I. CURIE, Journ. de phys. (7) Bd. 3, S. 57. 1932.

[8] ST. MEYER u. F. PANETH, Wiener Ber. Bd. 125, S. 1253. 1916; B. WALTER, Phys. ZS. Bd. 18, S. 584. 1917; L. MEITNER, Phys. ZS. Bd. 19, S. 257. 1918.

Die für viele Zwecke hinreichend lange Lebensdauer des RdTh, verbunden mit dem Umstand, daß dieses Produkt mit seinen Abkömmlingen die gleiche α-Wirkung hat wie $MsTh_1$ und seine Deszendenz und wenigstens die Hälfte der γ-Wirkung, bildet in der Praxis den Anlaß, daß vielfach statt des Mesothor Radiothor zum Verkauf gelangt, das man sukzessive immer wieder vom verbleibenden bzw. langsamer absterbenden Mesothor abscheiden kann.

57. Thor X ($N = 88$). Die Abtrennung des ThX gelang E. RUTHERFORD und F. SODDY[1] 1902. Damals noch in Unkenntnis der Zwischenprodukte und der Verschiebungsregeln wurde die Bezeichnung in Analogie zu UX gewählt, ebenso wie später die Benennung AcX. Man weiß jetzt, daß ThX und AcX Isotope des Ra sind, während UX_1 ein Thorisotop darstellt, und man darf erwarten, daß diese Bezeichnungen noch eine regulierende Abänderung erfahren werden. Da es demnach auch isotop mit $MsTh_1$ ist, kann seine Abtrennung nur aus RdTh vorgenommen werden, wobei man sich an die Reaktionen des Ra oder praktisch schon an die des Ba halten kann. Es wird medizinisch speziell zu Injektionszwecken herangezogen; dabei ist zu beachten, daß zu den Fällungen Zusätze von Ba genommen zu werden pflegen, um wägbare Mengen zu erhalten, und dieser Bariumballast darf in seinen Eigenwirkungen nicht außer acht gelassen werden. ThX ist ein α-Strahler ($v = 1{,}650 \cdot 10^9$ cm/sec). Da aber seine nächsten Zerfallsprodukte außerordentlich kurzlebig sind, hat man bei seiner Gesamtstrahlung naturgemäß auch die Mitwirkung seiner Folgeprodukte zu berücksichtigen.

Die Halbierungszeit wurde 1902 von E. RUTHERFORD und F. SODDY[1] mit $T =$ etwa 4 Tagen angegeben. F. LERCH bestimmte (1905) $T = 3{,}64\,d$; M. LEVIN (1906) $T = 3{,}65\,d$; J. ELSTER und H. GEITEL (1906) $3{,}6\,d$; H. N. McCOY und C. H. VOLI[2] (1913) $T = 3{,}64$ Tage in Bestätigung des F. LERCHschen Wertes[3].

Es hat sonach eine ähnliche Lebensdauer wie RaEm und kann betreffs seiner Strahlenwirkung in ähnlicher Weise verwertet werden.

58. Thoremanation ($N = 86$). ThEm, seit 1918 auch „Thoron" (Tn) genannt, wurde 1899/1900 als erstes radioaktives Gas von E. RUTHERFORD und R. B. OWENS[4] aufgefunden. Der Isotopie mit RaEm und AcEm entsprechend können die für diese Stoffe angegebenen Eigenschaften für obiges Produkt im allgemeinen übernommen werden; so das Spektrum, Schmelz- und Siedepunkt, Diffusionskonstanten und Löslichkeiten usw. Die infolge der anderen Werte der Zerfallskonstanten veränderten Größen der Rückstoßphänomene, die gegenüber RaEm viel stärker in Erscheinung treten, können jedoch kleine Modifikationen veranlassen.

Als Halbierungskonstanten bestimmten E. RUTHERFORD[4] (1900) $T = 1\,m$; C. LE ROSSIGNOL und C. T. GIMINGHAM (1904) $T = 51\,s$; H. L. BRONSON (1905) $T = 54\,s$; O. HAHN (1905) $T = 53{,}3\,s$[5]; M. S. LESLIE (1912) $T = 54{,}3\,s$; P. B. PERKINS (1924) $T = 54{,}53\,s$; R. SCHMID (1917) $T = 54{,}5\,s$[6].

---

[1] E. RUTHERFORD u. F. SODDY, Phil. Mag. (6) Bd. 4, S. 370. 1902.

[2] Siehe Fußnote 4, S. 298.

[3] F. LERCH, Wiener Ber. Bd. 114, S. 553. 1905; Jahrb. d. Radioakt. Bd. 2, S. 471. 1905; M. LEVIN, Phys. ZS. Bd. 7, S. 515. 1906; J. ELSTER u. H. GEITEL, Phys. ZS. Bd. 7, S. 455. 1906.

[4] R. B. OWENS, Phil. Mag. (5) Bd. 48, S. 360. 1899; E. RUTHERFORD, Phil. Mag. (5) Bd. 49, S. 1. 1900.

[5] Siehe Fußnote 3, S. 298.

[6] C. LE ROSSIGNOL u. C. T. GIMINGHAM, Phil. Mag. (6) Bd. 8, S. 107. 1904; H. L. BRONSON, Sill. Journ. Bd. 19, S. 185. 1905; M. S. LESLER, Phil. Mag. (6) Bd. 24, S. 637. 1912; P. B. PERKINS, Phil. Mag. (6) Bd. 27, S. 720. 1914; R. SCHMID, Wiener Ber. Bd. 126, S. 1065. 1917.

ThEm ist ein α-Strahler ($v = 1{,}736 \cdot 10^9$ cm/sec); da jedoch ihr nächstes Folgeprodukt ThA eine Lebensdauer besitzt, die nur Bruchteile einer Sekunde beträgt, so ist das Mitspielen dieses Körpers analog wie bei AcEm und AcA immer vorhanden. Die kurze Lebensdauer bedingt es, daß ThEm abgetrennt von ihren Stammsubstanzen konvektiv nicht weit fortgeführt werden kann und demnach ihr Vorkommen in natürlichen Quellen oder aufsteigenden Gasen ein beschränktes ist.

59. Aktiver Niederschlag des Thor. Völlig konform zu den entsprechenden Zerfallsprodukten der Radium- und der Actiniumfamilie werden hierunter die Substanzen ThA, ThB, ThC, ThC′, ThC″ verstanden, auch wird dieser Komplex noch, wie im Beginn der radioaktiven Forschung, als „induzierte Aktivität" bezeichnet.

Die Zerfallskonstanten der analogen α-strahlenden Produkte liegen für die Thorfamilie zwischen denen der Radium- und Actiniumreihe.

Thor A ($N = 84$). Nachdem H. Geiger, zum Teil gemeinsam mit E. Marsden und mit E. Rutherford (1910/11), festgestellt hatte, daß der „ThEm" zwei α-Strahler zugehören und auf die Existenz eines kurzlebigen Folgeproduktes geschlossen worden war, gelang (1911) H. G. J. Moseley und K. Fajans die Abtrennung des ThA so wie die des AcA. Als Halbierungszeit fanden sie $T = 0{,}145\ s$[1]. Die Geschwindigkeit der α-Strahlen ist $v = 1{,}802 \cdot 10^9$ cm/sec.

Thor B ($N = 82$). Dieses (bis 1911 als „ThA" bezeichnete) Bleiisotop wurde 1904 von E. Rutherford[2] entdeckt. Es ist ein β-Strahler. Die Halbierungszeit wurde (1905) von F. Lerch und (1913) von H. N. McCoy und C. H. Viol gleichermaßen mit $T = 10{,}6 h$ bestimmt; J. E. Shrader fand (1915) $T = 10{,}4 h$[3].

ThB ist sonach unter den B-Körpern das langlebigste Produkt, und diese Eigenschaft macht es besonders geeignet zu Untersuchungen nach der Methode der Indikatoren sowie auch zur Bestimmung der Verdampfungstemperatur und anderer Eigenschaften. Nach S. Loria[4] verdampft von aus ThEm auf Pt niedergeschlagenem ThB bei

650°	700°	750°	800°	900°	1000°	1100°
8	8	40	73	90	97	100%

Es ist dabei zu bedenken, daß es sich hier nicht einfach um „Blei" handelt, sondern um Substanzen in „unendlich" dünner Schichtdicke, im allgemeinen so dünn, daß nicht einmal die ganze Oberfläche gleichförmig mit einer Molekeldicke bedeckt werden könnte.

Thor C ($N = 83$). Das Wismutisotop ThC (bis 1911 ThB genannt) wurde zugleich mit dem voranstehenden Körper 1904 von E. Rutherford[1] aufgefunden; seine Halbierungszeit berechnet er mit $T = 55\ m$; G. B. Pegram fand (1903) $T = 1\ h$; F. Lerch (1903, 1905, 1907) erhielt $T = 60{,}4\ m$; H. N. McCoy und C. H. Viol[5] fanden (1913) $T = 60{,}8\ m$; F. Lerch (1914) $T = 60{,}48\ m$[3]. Da ThC bei höherer Temperatur verdampft als ThB, läßt es sich durch Glühen eines Bleches, auf dem es niedergeschlagen ist, leicht von ThB befreien. Die

[1] H. Geiger u. E. Marsden, Phys. ZS. Bd. 11, S. 7. 1910; H. Geiger, Phil. Mag. (6) Bd. 22, S. 201. 1911; H. Geiger u. E. Rutherford, Phil. Mag. (6) Bd. 22, S. 621. 1911; H. G. J. Moseley u. K. Fajans, Phil. Mag. (6) Bd. 22, S. 629. 1911.

[2] E. Rutherford, Phil. Trans. (A) Bd. 204, S. 169. 1904.

[3] G. B. Pegram, Phys. Rev. Bd. 17, S. 424. 1903; F. Lerch, Wiener Ber. Bd. 114, S. 553. 1905; Bd. 116, S. 1443. 1907; Bd. 123, S. 699. 1914; J. E. Shrader, Phys. Rev. (2) Bd. 6, S. 292. 1915.

[4] S. Loria, Wiener Ber. Bd. 124, S. 567, 1077. 1915; Phys. ZS. Bd. 17, S. 6. 1916; Krakauer Anz. (A) Nr. 8/10, S. 260. 1917.

[5] Siehe Fußnote 4, S. 298.

einfachste Darstellung ist durch spontanen elektrolytischen Niederschlag auf Nickel zu erzielen. Es gelingt auch die Herstellung durch β-Rückstoß aus ThB[1].

Die Verdampfungstemperatur ist von der Entstehungsgeschichte abhängig. „Induziertes" ThC, d. h. durch Rückstoß in die Pt-Unterlage hineingehämmertes Material, verdampft früher als elektrolytisch auf Pt niedergeschlagenes. Aus S. Lorias[2] Angaben sei die verdampfte Menge bei verschiedenen Temperaturen für die beiden Fälle in Prozenten angeführt:

	700°	750°	800°	850°	900°	950°	1000°	1050°	1100°	1150°	1200°	1300°
induziert	0	15	21	27	33	40	70	90	95	98	100	—
elektrolytisch . .	0	0	0	0	5	20	32	40	70	85	93	98

Es ergibt sich auch noch eine Abhängigkeit von der Natur des Grundbleches, und man muß wohl entweder an die Bildung von Verbindungen oder Legierungen denken. Einerseits kann das Hineinhämmern Legierungsbildungen begünstigen, andererseits kann der metallische Charakter der dünnen Schichten in der durch die Strahlung stark ionisierten Umgebung kaum aufrecht bleiben und müssen Oxydationen u. dgl. eintreten (vgl. RaB-RaC).

Dualer Zerfall[3]. Thor C sendet α- und β-Strahlen aus, die beide als kernecht angesehen werden, was zur Annahme eines gegabelten Zerfalles führt. Während aus RaC der weitaus überwiegende Teil der Atome sich durch β-Verwandlung in RaC′ umsetzt, aus AcC die größte Zahl der Atome durch α-Zerfall in AcC″ übergeht, sind die aus ThC entstehenden Produkte ThC′ ($N = 84$) und ThC″ ($N = 81$) in gleicher Größenordnung vorhanden. O. Hahn hatte 1906 im ThC zwei α-Strahler mit den Reichweiten bei Zimmertemperatur von 8,6 cm und 4,77 cm festgestellt; E. Marsden und T. Barratt konnten das Zahlenverhältnis der beiden α-Typen mit 65% für die längere und 35% für die kürzere Reichweite bestimmen (1911). L. Meitner und K. Freitag[4] fanden 65,7% und 34,4%. Für dieses Verzweigungsverhältnis

$$\mathrm{ThC}\begin{array}{l}\xrightarrow{65\%\,\beta}\ \mathrm{ThC'}\xrightarrow{\alpha}\\ \xrightarrow[35\%]{\alpha}\ \mathrm{ThC''}\xrightarrow{\beta}\end{array}$$

ergibt sich die Gesamtzerfallswahrscheinlichkeit von ThC:

$$\lambda_c = \lambda_x + \lambda_y = 1{,}9 \cdot 10^{-4}; \quad \lambda_x = 1{,}235 \cdot 10^{-4}; \quad \lambda_y = 0{,}665 \cdot 10^{-4}\, s^{-1},$$

wobei λ_x der β-Wahrscheinlichkeit, λ_y der α-Wahrscheinlichkeit zugeordnet ist.

Thor C′. ThC′, der im Ausmaß von 65% durch β-Strahlung entstehende Körper der Atomnummer 84, also ein Poloniumisotop, muß entsprechend der großen Reichweite seiner α-Strahlen $R_0 = 8{,}17$ cm in Luft eine sehr kleine Lebensdauer besitzen. Ihre Größe läßt sich derzeit nur vermittels der Geiger-Nuttallschen Beziehung einschätzen, falls man dieselbe auch für einen gegabelten Zerfall als gültig ansieht. Es ergibt sich so eine Halbierungszeit der Größenordnung von 10^{-11} bis $10^{-9}\,s$, als kleinster Wert für alle bisher bekannten radioaktiven Stoffe. Im Hinblick auf die Bestimmungen bei RaC, welche die Anwendbar-

---

[1] Über die Ausbeute und die Abhängigkeit von der Auffängertemperatur vgl. A. W. Barton, Phil. Mag. (7) Bd. 1, S. 835. 1926; L. Wertenstein, ZS. f. Phys. Bd. 49, S. 463. 1928; Bd. 50, S. 160. 1928; K. Donath u. K. Philipp, Phys. ZS. Bd. 28, S. 737. 1927; ZS. f. Phys. Bd. 45, S. 512. 1927; Naturwissensch. Bd. 16, S. 513. 1928.

[2] Siehe Fußnote 4, S. 300.

[3] O. Hahn, Phil. Mag. (6) Bd. 11, S. 793. 1906; E. Marsden u. T. Barratt, Proc. Phys. Soc. London Bd. 24, S. 50. 1911.

[4] L. Meitner u. K. Freitag, ZS. f. Phys. Bd. 37, S. 481; Bd. 38, S. 574. 1926.

keit obiger Formel hier nicht mehr als verbürgt erscheinen lassen, ist es vielleicht vorsichtiger, nur $T < 10^{-6} s$ anzugeben.

Thor C''. ThC'' (früher ThD genannt), das durch die 35% unter α-Emission zerfallenden ThC-Atome gebildet wird, ist ein β-Strahler. O. HAHN und L. MEITNER gelang 1909 die Abscheidung dieses Produktes aus ThC nach dem Rückstoßverfahren. Die Halbierungszeit dieses Thalliumisotops beträgt nach O. HAHN und L. MEITNER (1909) $T = 3{,}1\,m$; F. LERCH und E. WARTBURG gaben (1909) $T = 3{,}0\,m$ an; E. ALBRECHT erhielt (1919) $T = 3{,}20\,m$[1].

Neuere Bestimmungen der Reichweiten ergaben für 0° und 760 mm Hg die Werte[2]

	R_0 in Luft	O_2	N_2	Ar	He
für ThC'	8,16	7,68	8,22	8,52	38,75
für ThC	8,47	4,23	4,50	4,74	20,48

Weitreichende Strahlen[3] wurden zuerst von E. RUTHERFORD und A. B. WOOD (1915) gefunden, 1924 von L. MEITNER und K. FREITAG durch Nebelbahnen bestätigt und seither sind zwei Gruppen mit $R_0 = 9{,}27$ und 11,05 cm Luft sichergestellt. Der Intensität nach gehören zu 10^6 normalen α-Teilchen mit $R_0 = 8{,}17$ cm $5{,}4 \cdot 10^5$ Teilchen der Gruppe mit $R_0 = 4{,}47$ cm, 33,6 mit 9,27 und 189 Teilchen mit $R_0 = 11$ cm. Die weitreichenden Teilchen stammen aus ThC + C', aber nicht aus ThC'' (E. STAHEL).

Für die Anfangsgeschwindigkeiten der normalen α-Teilchen gibt G. H. BRIGGS[4] $v = 1{,}704 \cdot 10^9$ für ThC, $v = 2{,}053 \cdot 10^9$ cm/sec für ThC' an: G. C. LAURENCE für erstere 1,709, für letztere $2{,}054 \cdot 10^9$ cm/sec.

S. ROSENBLUM gelang bei ThC + C' die Aufdeckung einer magnetischen Feinstruktur[5]. Er gibt die Geschwindigkeitsverhältnisse: α ThC'/αThC = 1,209; für die Hauptgruppe; für die schnellste Gruppe α' ThC'/αThC = 1,205; weiter α ThC'/α RaC' = 1,070; α RaC'/α RaA = 1,135; α RaA/α ThC = 0,996. Für die Thorprodukte findet er vier schwache Linien: α_1, α_2, α_3, α_4, und zwar die Geschwindigkeitsverhältnisse α_1/α ThC = 1,0034; α_2/α ThC = 0,975; α_3/α ThC = 0,962; α_4/α ThC = 0,964 und die Intensitätsverhältnisse $J\alpha$ThC : $J\alpha_1$: $J\alpha_2$: $J\alpha_3$: $J\alpha_4$ = 1 : 0,3 : 0,03 : 0,02 : 0,005. Die Resultate wurden von LORD RUTHERFORD, F. A. B. WARD und C. E. WYNN-WILLIAMS bestätigt.

60. Thor D ($N = 82$). Sowohl aus dem α-strahlenden ThC' wie aus dem β-strahlenden ThC'' muß ein Bleiisotop entstehen. Es blieb nur die Frage, ob

---

[1] O. HAHN u. L. MEITNER, Verh. d. D. Phys. Ges. Bd. 11, S. 55. 1909; F. LERCH u. E. WARTBURG, Wiener Ber. Bd. 118, S. 1575. 1909; E. ALBRECHT, ebenda Bd. 128, S. 925. 1919.

[2] G. HARPER u. E. SALAMAN, Proc. Roy. Soc. London (A) Bd. 127, S. 175. 1930; M. v. LAUE u. L. MEITNER erhielten R_0 in Ar 8,90; in N_2 8,21, ZS. f. Phys. Bd. 41, S. 397. 1927.

[3] E. RUTHERFORD u. A. B. WOOD, Phil. Mag. (6) Bd. 31, S. 379. 1916; E. RUTHERFORD, ebenda (6) Bd. 41, S. 570. 1921; A. B. WOOD, ebenda (6) Bd. 41, S. 575. 1921; L. F. BATES u. J. ST. ROGERS, Proc. Roy. Soc. London (A) Bd. 105, S. 97. 1924; K. PHILIPP, Naturwissensch. Bd. 12, S. 511. 1924; L. MEITNER u. K. FREITAG, ebenda Bd. 12, S. 634. 1924; N. YAMADA, C. R. Bd. 180, S. 1591. 1925; R. R. NIMMO u. N. FEATHER, Cambridge Proc. Bd. 25, S. 198. 1929; Proc. Roy. Soc. London (A) Bd. 122, S. 668. 1929; Lord RUTHERFORD, F. A. B. WARD, u. C. E. WYNN-WILLIAMS, ebenda (A) Bd. 129, S. 121. 1930; E. STAHEL, ZS. f. Phys. Bd. 60, S. 595. 1930; Bd. 63, S. 149. 1930; Lord RUTHERFORD, C. E. WYNN-WILLIAMS u. W. B. LEWIS, Proc. Roy. Soc. London (A) Bd. 133, S. 351. 1931; J. PORT, ZS. f. Phys. Bd. 74, S. 740. 1932.

[4] G. H. BRIGGS, Proc. Roy. Soc. London (A) Bd. 118, S. 549. 1928; G. C. LAURENCE, Proc. Roy. Soc. London (A) Bd. 122, S. 543. 1929.

[5] S. ROSENBLUM, C. R. Bd. 188, S. 1401. 1549. 1929; Bd. 190, S. 1124. 1930; Bd. 191, S. 1004. 1930; Journ. de phys. (7) Bd. 1, S. 438. 1930; LORD RUTHERFORD, F. A. B. WARD u. C. E. WYNN-WILLIAMS, Proc. Roy. Soc. London (A) Bd. 129, S. 211. 1930; S. ROSENBLUM u. M. VALADARES, C. R. Bd. 194, S. 967. 1932.

die beiden derartig erzeugten Substanzen trotz gleicher Atomnummer und gleichen Atomgewichtes etwa durch verschiedene Zerfallswahrscheinlichkeit unterschieden wären.

Tatsächlich dachte man zeitweise an eine Weiterverwandlung eines oder beider dieser Produkte durch β- evtl. mit nachfolgender α-Strahlung, veranlaßt besonders durch die Tatsache, daß sich in vielen Thoriten Wismut und Thallium fand und daß das „Thorblei" in Thormineralien nicht wie das RaG in Uranmineralien mit steigendem geologischen Alter zunimmt. Dann konnte nach A. Holmes und R. Lawson für ThD an eine Halbierungszeit von etwa 10^6 Jahren gedacht werden. Sorgfältige Analysen ließen aber erkennen, daß Tl als Endprodukt nicht in Frage kommen kann, da es z. B. in Monaziten vollkommen fehlte. Auch widersprach dieser Auffassung die Tatsache, daß es F. Soddy und O. Hönigschmid gelang, aus sehr uranarmen Thoriten Thorblei abzuscheiden, dessen Verbindungsgewicht bis zu 207,9 reichte, also Werte, die dem erwarteten von etwa 208, wenn es als $232 - 6 \cdot 4$ entsprechend 6 α-Strahlern in der ganzen Thorzerfallsreihe berechnet wird, sehr nahe kommen und durch die unvermeidlichen Beimengungen von etwas RaG (206) in völlige Übereinstimmung zu bringen sind. Die Existenz dieses stabilen Produktes beweist, daß zumindest eines der Produkte, das aus ThC′ oder das aus ThC″ entstehende, als Endprodukt anzusehen ist. F. Soddy und A. Holmes versuchten dann das Vorhandensein dieses stabilen ThD in Einklang mit dem obenerwähnten Befund, daß die Zunahme an Blei mit dem Alter nicht erfüllt ist, zu bringen, indem sie annahmen, daß nur die über ThC″ entstehenden Atome stabil seien, die 65% über ThC′ aber sich in Analogie zu RaD weiterverwandeln. Es könnten aus diesem ThD′ dann entweder durch α-Strahlen ein Hg, oder durch eine β- und dann α-Verwandlung ein Tl; oder durch zwei aufeinanderfolgende β-Umsetzungen ein stabiles Poloniumisotop; endlich durch zwei β- und eine α-Verwandlung ein Bleiisotop ThG entstehen. Alle diese Möglichkeiten wurden überprüft, konnten aber nicht bekräftigt werden, und es ist anzunehmen, daß die beiden ThD-Arten nicht nur gleiches Atomgewicht und gleiche Kernladung besitzen, sondern überhaupt identisch sind[1]. Die Schwierigkeit betreffs der mangelnden Zunahme an ThD mit steigendem geologischen Alter hat dann G. Kirsch[2] durch die Annahme der Existenz eines Thorurans mit einer Halbierungszeit der Größenordnung 10^7 bis 10^8 Jahre zu deuten versucht (vgl. S. 295). Die Abweichung des Verbindungsgewichtes des Th (232,12) von der Ganzzahligkeit läßt nach den allgemeinen Ergebnissen F. W. Astons überdies die Vermutung zu, daß man es hier mit einem Mischelement zu tun habe, also die Möglichkeit, daß sowohl ein primäres Th als ein aus Thoruran entstehendes gemischt vorhanden sein könnten.

Es wurde auch die Frage aufgeworfen, ob das gewöhnliche Blei (207,2) als ein Gemisch von RaG und ThD aufzufassen sei, also eigentlich gar keine primären Atome mit dem Atomgewicht 207 vorhanden wären. Die Tatsache, daß heute RaG und ThD getrennt in verschiedenen Mischungsverhältnissen zwischen 206 und 208, und nur an Orten, an denen ihre Stammsubstanzen vorhanden sind, auftreten, während alles übrige von Th- und U-Vorkommen unabhängige Pb immer das gleiche Verbindungsgewicht (207,2) zeigt, ist dazu nicht in prinzipiellem Widerspruch, denn es könnte das bereits in der Sonne vor der Abtrennung der Erde vorhandene RaG-ThD-Gemisch anläßlich der Bildung der Erde schon mitgegeben worden sein. Vgl. RaG S. 288 und AcD S. 295.

[1] St. Meyer, Wiener Ber. Bd. 127, S. 1286. 1918; ZS. f. phys. Chem. Bd. 95, S. 407. 1920.

[2] Siehe Fußnote 5, S. 295.

ε) Andere radioaktive Elemente.

61. Kalium und Rubidium. Nachdem die Radioaktivität der Uran- und Thorprodukte erkannt war, wurden alle Elemente des periodischen Systems daraufhin untersucht, ob ihnen nicht analoge Eigenschaften zukämen. Bisher konnte jedoch mit Sicherheit nur an den beiden Elementen K ($N = 19$) und Rb ($N = 37$) eine Strahlung nachgewiesen werden, die sich als β-Emission erwies. Sie wurde als unabhängig von der Natur der Verbindung, als Atomstrahlung erkannt.

Für die Absorption der β-Strahlen liegen zahlreiche zum Teil einander widersprechende Angaben vor, was auf unzureichende Definition von μ zurückführbar ist. In der Gleichung $J = J_0 e^{-\mu x}$ ist μ keine Konstante. Wo in der folgenden Tabelle der Autor gleichwohl Konstanz fand, ist dies vermerkt. Angegeben wird μ/ϱ (ϱ = Dichte).

Tabelle 9. Absorbierbarkeit der Kalium- und Rubidiumstrahlung.

Strahlenquelle	Absorber und Schichtdicke d in cm	μ/ϱ cm² g⁻¹	Literatur[1]	Strahlenquelle	Absorber und Schichtdicke d in cm	μ/ϱ cm² g⁻¹
K_2SO_4	K_2SO_4 verschiedene d bis Sättigung	8,23 konst.	a)	Rb_2SO_4	Rb_2SO_4 verschiedene d bis Sättigung	53,2 konst.
,,	,,	11,3 konst.	b)	,,	Zigarettenpapier, verschiedene d	162 und 950
,,	Sn 0,0015—0,016	sinkt von 25,7—16	b)	—	—	—
,,	Sn 0,0013—0,0052	sinkt von 27,2—10,6	c)	—	—	—
—			d)	Rb_2SO_4	Al 0,001—0,006	129 konst.
KCl	Al 0,0135—0,0405	steigt von 14,7—20,5	e)	RbCl	Al 0,0017—0,0051	sinkt von 220—193
,,	Al 0,01—0,04	sinkt von 27,4—19	f)	,,	Al 0,002—0,007	sinkt von 155—115
K_2SO_4	Al 0,05	18	g)	Rb_2SO_4	Al 0,0020	160
—	—	—	h)	RbCl	Al 0,001—0,004	sinkt von 260—70
—	—	—	i)	Rb-Salze	CO_2 verschiedenen Druckes	129 und 330

Für die Aktivitätsverhältnisse fanden O. HAHN und M. ROTHENBACH[1d] Rb:U = 1:15; G. HOFFMANN[1i] K:Rb = 1:4,1 bzw. 1:7,6; W. MÜHLHOFF[1h] K:Rb = 1:14,2 bzw. K:Rb:U = 1:16:500.

Aus diesen Daten wurden die Zerfallswahrscheinlichkeiten berechnet und für die Halbwertszeiten von K die Werte $T = 1{,}4 \cdot 10^{12}$; $2{,}2 \cdot 10^{12}$ Jahre[1k], dann $1{,}5 \cdot 10^{13}$ Jahre[1h] und $5 \cdot 10^{12}$ Jahre[1g] angegeben. Für Rubidium $T = 7{,}5 \cdot 10^{10}$ Jahre[1d]; $1{,}4 \cdot 10^{11}$ Jahre[1k]; $1{,}1 \cdot 10^{11}$ und $8 \cdot 10^{10}$ Jahre[1i]; $4{,}3 \cdot 10^{11}$ Jahre[1h] und $1{,}6 \cdot 10^{11}$ Jahre[1g].

[1] a) N. R. CAMPBELL, Proc. Cambridge Phil. Soc. Bd. 14, S. 211. 1907; S. 557. 1908; Bd. 15, S. 11. 1908; b) E. HENRIOT, Le Rad. Bd. 7, S. 40, 169. 1910; C. R. Bd. 150, S. 1750. 1910; Bd. 152, S. 851, 1384. 1911; Ann. chim. phys. Bd. 26, S. 71. 1912; c) N. R. CAMPBELL u. A. WOOD, Proc. Cambridge Phil. Soc. Bd. 14, S. 15. 1906; d) O. HAHN u. M. ROTHENBACH, Phys. ZS. Bd. 20, S. 194. 1919; e) W. D. HARKINS u. W. G. GUY, Washington Proc. Bd. 11, S. 628. 1925; f) M. KUBAN, Wiener Ber. (IIa) Bd. 137, S. 241. 1928; g) G. ORBAN, Wiener Ber. (IIa) Bd. 140, S. 121. 1931; h) W. MÜHLHOFF, Ann. d. Phys. Bd. 7, S. 207. 1930; i) G. HOFFMANN, ZS. f. Phys. Bd. 25, S. 177. 1924; k) A. HOLMES u. R. W. LAWSON, Phil. Mag. (7) Bd. 2, S. 1210. 1926; F. BEHOUNEK, ZS. f. Phys. Bd. 69, S. 654. 1931; vgl. auch: J. PETROVA, ZS. f. Phys. Bd. 55, S. 628. 1929; E. J. WILLIAMS, Proc. Roy. Soc. London (A) Bd. 130, S. 316. 1931 für die Geschwindigkeitsbestimmungen.

Diese Angaben hätten aber nur dann Bedeutung, wenn das ganze K oder Rb gleiche Zerfallswahrscheinlichkeit besäße.

K und Rb sind aber Isotopengemische und nach G. v. HEVESY[1] sowie M. BILTZ und H. ZIEGERT[1] sind die Isotope mit dem höheren Atomgewicht die Träger der Aktivität. Wahrscheinlich kommt bei K das Isotop 41 hierfür in Betracht, da weder ein solches mit 40 noch von 42 oder 43 von G. v. HEVESY, W. SEITH und M. PAHL gefunden werden konnte; da aber hierüber sowie auch für Rb diesbezüglich noch nicht volle Sicherheit besteht und da ferner die Gewichtsverhältnisse der einzelnen Isotope noch nicht hinreichend genau bekannt sind, wurde darauf nicht eingegangen. Die eigentlichen aktiven Isotope hätten dem Mischungsverhältnis entsprechend größere Zerfallswahrscheinlichkeiten, kleinere Halbwertszeiten. G. v. HEVESY[1] schätzte für K_{41} die Halbwertszeit gleich $7 \cdot 10^{10}$ Jahre; M. KUBAN l. c. $T = 1{,}3 \cdot 10^{10}$ Jahre; W. MÜHLHOFF l. c. $T = 7{,}5 \cdot 10^{11}$ Jahre.

Für die γ-Strahlung des K fand W. KOLHÖRSTER[2] bei Absorption in Eisen bis zu Dicken von 8 mm $\mu =$ etwa 1; für 8 bis 16 mm Fe $\mu = 0{,}35$ und für 16 bis 60 mm Fe $\mu = 0{,}19$ cm^{-1}, woraus für die härteste γ-Strahlung $\mu/\varrho = 0{,}024$ wird. Die Intensität dieser harten γ-Strahlung beträgt nur $5 \cdot 10^{-11}$ derjenigen der RaC-γ-Strahlung von Substanzen gleichen Ionisierungsvermögens. Andererseits erhielt W. MÜHLHOFF[3] für die γ-Strahlung des K bei Absorption bis 8 mm Pb $\mu = 0{,}59$ cm^{-1} Pb, woraus $\mu/\varrho = 0{,}052$ wird. Das Intensitätsverhältnis findet er K : Ra $= 1 : 3 \cdot 10^{10}$. Ähnlich gab F. BEHOUNEK $\mu = 0{,}58$ cm^{-1} Pb an.

Wie S. GEIGER[4] feststellte, ist die Rubidiumstrahlung von Temperaturänderungen im Intervall $+20°$ bis $-190°$ unabhängig, was dagegen spricht, daß die ausgeschleuderten Elektronen der äußeren Elektronenhülle des Atoms entstammen.

Handelte es sich um eine β-Emission aus dem Kern der Atome, so waren nach den Verschiebungsregeln Calcium- bzw. Strontiumisotope als Verwandlungsprodukte zu erwarten. Solche Produkte konnten bisher nicht nachgewiesen werden. Der Gang der Atomgewichte für K ($N = 19$) 39,1; Ca ($N = 20$) 40,1; Sc ($N = 21$) 45,1 mit dem großen Sprung zwischen Ca und Sc, der sonst nicht vorkommt und nur einmal im periodischen System (bei Sb 121,8 und Te 127,5) übertroffen wird, ist gewiß auffallend; F. W. ASTON hat aber als Isotope für K bloß 39 und 41, für Ca 40 und 44 gefunden, es könnte daher ein Calciumisotop aus K stammend, nur in sehr geringer Menge vorhanden sein und für die Kleinheit des Atomgewichts von Ca nicht ins Gewicht fallen. E. K. PLYLER[5] gibt als Isotope des Ca 39, 40 und 44 im Verhältnis 5 : 100 : 20 an. O. HÖNIGSCHMID und K. KEMPTER fanden in Ca aus Sylvin (KCl) keine Anreicherung von Ca_{41}.

---

[1] G. v. HEVESY, Nature Bd. 120, S. 838. 1927; G. v. HEVESY u. M. LÖGSTRUP, ZS. f. anorg. Chem. Bd. 171, S. 1. 1928; M. BILTZ u. H. ZIEGERT, Phys. ZS. Bd. 29, S. 197. 1928; G. v. HEVESY, W. SEITH u. M. PAHL, ZS. f. phys. Chem., Bodenstein-Festband, S. 309. 1931. An Material von HEVESY haben O. HÖNIGSCHMID u. J. GOUBEAU, ZS. f. anorg. Chem. Bd. 163, S. 93. 1927, Atomgewichtsbestimmungen gemacht und für die äußerste „leichte" Fraktion 39,103, für die „schwere" 39,106 erhalten. Ob diese Unterschiede gegenüber dem besten Wert für K 39,104 reell sind, ist noch unentschieden.

[2] W. KOLHÖRSTER, Naturwissensch. Bd. 16, S. 28. 1928; ZS. f. Geophys. Bd. 6, S. 341. 1930; F. BEHOUNEK, Nature Bd. 126, S. 243. 1930.

[3] Wie Fußnote 1h, S. 304; F. BEHOUNEK, ZS. f. Phys. Bd. 69, S. 654. 1931.

[4] S. GEIGER, Wiener Ber. Bd. 132, S. 69. 1923.

[5] E. K. PLYLER, Science (N. S.) Bd. 65, S. 578. 1927; A. V. FROST u. O. FROST, Nature Bd. 125, S. 48. 1930; A. HOLMES u. R. W. LAWSON, ebenda; H. H. LOWRY, Journ. Amer. Chem. Soc. Bd. 52, S. 4332. 1930; O. HÖNIGSCHMID u. K. KEMPTER, ZS. f. anorg. Chem. Bd. 195, S. 1. 1931; P. AUGER, C. R. Bd. 194, S. 1346. 1932.

S. ROSSELAND[1] dachte an die Möglichkeit des Austausches eines kernfremden Elektrons mit einer Kern-β-Partikel, was ohne notwendige Bildung eines Isotopes der nächsthöheren Valenzgruppe vor sich gehen könnte; die Herkunft der K- und Rb-Strahlung ist aber noch ungeklärt. Die Fälle der β-Strahlung von Ra, RdAc, RdTh, bei denen auch keine den Verschiebungsregeln entsprechende Verwandlungsprodukte festgestellt werden konnten, bieten keine vollkommene Analogie, da bei diesen Stoffen auch noch α-Emissionen vorhanden sind.

Über die große Bedeutung von K für den Wärmehaushalt der Erde haben A. HOLMES und R. W. LAWSON[2] u. a. Berechnungen angestellt; auf die biologischen Einflüsse sowie auf die Salzfärbungen sei nur hingewiesen.

62. Hypothetische Elemente. Andeutungen für Aktivitäten bei Pt, Cu und besonders für Rückstände aus Zinkverarbeitungen hat G. HOFFMANN[3] gefunden. „Verseuchungen", die bei Einschmelzen von Pt-Gerät, das mit Ra in Kontakt war, in das Pt des Handels eingehen können, müssen dabei im Auge behalten werden. Ausmessungen von Halo's mit kleinen Radien in Gesteinen veranlaßten J. JOLY[4] („Hibernium"), S. IIMORI und J. YOSHIMURA (Stammeltern der Ac-Familie) u. a zur Annahme der Existenz von sehr langlebigen Stoffen. Solche Schlüsse sind jedoch im Hinblick auf die Beeinflußbarkeit der Halos durch Druck, Temperatur und Licht mit größer Vorsicht aufzunehmen.

ζ) Radioaktive Tabellen.

Im folgenden bedeuten T die Halbierungszeit, λ die Zerfallskonstante, τ die mittlere Lebensdauer (a = Jahre; d = Tage; h = Stunden; m = Minuten; s = Sekunden); v die Anfangsgeschwindigkeit der Korpuskeln, wobei für die β-Strahlen nur die Extreme angegeben sind; R_0 die Reichweite bei 0° C und 760 mm ($R_{15} = 1{,}055\,R_0$); k die Zahl der von einer α-Partikel auf ihrer Bahn in Luft erzeugten Ionenpaare; μ den Absorptionskoeffizienten im allgemeinen für Aluminium (wo Pb als Absorbens gewählt ist, wurde dies beigefügt); D die Halbierungsdicke. γ-Strahlung muß zwar zu allen Korpuskularstrahlen vorhanden sein, sie ist jedoch nur angeführt, wo derzeit Konstanten dafür angebbar sind.

---

[1] S. ROSSELAND, ZS. f. Phys. Bd. 14, S. 173. 1923.

[2] A. HOLMES u. R. W. LAWSON, Phil. Mag. (7) Bd. 2, S. 1218. 1926; J. KOENIGSBERGER, Kali Bd. 22, S. 266. 1928; G. KIRSCH, Geologie u. Radioaktivität, 1928; Die Radioaktivität der Erde. Handb. d. Exper.-Phys. Bd. 25 II, S. 31. 1931.

[3] G. HOFFMANN, Ann. d. Phys. (4) Bd. 62, S. 738. 1920; ZS. f. Phys. Bd. 7, S. 254. 1921; Ann. d. Phys. (4) Bd. 82, S. 254, 413. 1927; und H. ZIEGERT, ZS. f. Phys. Bd. 46, S. 668. 1928.

[4] J. JOLY, Nature Bd. 109, S. 517, 578, 711. 1922; Bd. 114, S. 160. 1924; Proc. Roy. Soc. London (A) Bd. 102, S. 682. 1923; A. S. RUSSELL, Nature Bd. 120, S. 545. 1927; S. IIMORI u. J. YOSHIMURA, Inst. phys. chem. res. Tokyo Bd. 5, S. 11. 1926; T. R. WILKINS, Phys. Rev. (2) Bd. 29, S. 352. 1927.

Tabelle 10. Radioaktive Konstanten des „Urans".

Substanz	Symbol, Atom-gewicht, Ordnungs-zahl	T	λ	τ	Strah-len	v in cm/sec	R_0 in cm Luft	$k \cdot 10^{-5}$	μ in cm^{-1} Al	D in cm Al	Im Gleich-gewicht vorhandene Gewichts-menge
Uran I	U_I 238,14 92	$4,4 \cdot 10^9\,a$ $1,4 \cdot 10^{17}\,s$	$1,6 \cdot 10^{-10}\,a^{-1}$ $5,0 \cdot 10^{-18}\,s^{-1}$	$6,3 \cdot 10^9\,a$ $2 \cdot 10^{17}\,s$	α — —	$1,40 \cdot 10^9$ — —	2,53 — —	1,16 — —	— — —	— — —	1,00
Uran X_1 . . .	UX_1 234 90	$24,5\,d$ $2,12 \cdot 10^6\,s$	$2,83 \cdot 10^{-2}\,d^{-1}$ $3,28 \cdot 10^{-7}\,s^{-1}$	$35,4\,d$ $3,05 \cdot 10^6\,s$	— β γ	— $1,44—1,74 \cdot 10^{10}$ —	— — —	— — —	— 460 24; 0,7	— $1,5 \cdot 10^{-3}$ $2,9 \cdot 10^{-2}$; 0,99	$1,5 \cdot 10^{-11}$
Uran X_2 . . . (Brevium ca. 99,65%)	UX_2 234 91	$1,14\,m$ $68,4\,s$	$0,61\,m^{-1}$ $1,01 \cdot 10^{-2}\,s^{-1}$	$1,64\,m$ $98,7\,s$	— β γ	— $2,46—2,88 \cdot 10^{10}$ —	— — —	— — —	— 18 0,14	— $3,8 \cdot 10^{-2}$ 4,95	$5 \cdot 10^{-16}$
Uran Z. . . . (ca. 3,5 ‰)	UZ 234 91	$6,7\,h$ $2,4 \cdot 10^4\,s$	$0,103\,h^{-1}$ $2,87 \cdot 10^{-5}\,s^{-1}$	$9,7\,h$ $3,5 \cdot 10^4\,s$	— β —	— ? —	— — —	— — —	270—36	$2,6 \cdot 10^{-3}—1,9 \cdot 10^{-2}$	ca. $6 \cdot 10^{-16}$
Uran II . . .	U_{II} 234 92	$3 \cdot 10^5\,a$ $9,4 \cdot 10^{12}\,s$	$2,3 \cdot 10^{-6}\,a^{-1}$ $7,4 \cdot 10^{-14}\,s^{-1}$	$4,3 \cdot 10^5\,a$ $1,4 \cdot 10^{13}\,s$	α — —	$1,47 \cdot 10^9$ — —	2,96 — —	1,29	— — —	— — —	$6,7 \cdot 10^{-5}$
Uran Y . . . (ca. 3%)	UY 231 90	$24,6\,h$ $8,88 \cdot 10^4\,s$	$2,82 \cdot 10^{-2}\,h^{-1}$ $7,81 \cdot 10^{-6}\,s^{-1}$	$35,5\,h$ $1,28 \cdot 10^5\,s$	— β —	— — —	— — —	— — —	— ca. 300	— ca. $2,3 \cdot 10^{-3}$	ca. $2 \cdot 10^{-14}$

Tabelle 11. Radioaktive Konstanten der Ionium-Radium-Familie.

Substanz	Symbol, Atomgewicht, Ordnungszahl	T	λ	τ	Strahlen	v in cm/sec	R_0 in cm Luft	$k \cdot 10^{-5}$	μ in cm Al	D in cm Al	Im Gleichgewicht vorhandene Gewichtsmenge
	Io	$8{,}3 \cdot 10^4\,a$	$8{,}3 \cdot 10^{-6}\,a^{-1}$	$1{,}2 \cdot 10^5\,a$	α	$1{,}48 \cdot 10^9$	3,03	1,31	—	—	
Ionium . .	230	$2{,}6 \cdot 10^{12}\,s$	$2{,}6 \cdot 10^{-13}\,s^{-1}$	$3{,}8 \cdot 10^{12}\,s$	—	—	—	—	—	—	52,7
	90				γ	—	—	—	1088; 22,7; 0,408	$0{,}64 \cdot 10^{-3}$; $3{,}05 \cdot 10^{-2}$; 1,69	
	Ra	$1590\,a$	$4{,}36 \cdot 10^{-4}\,a^{-1}$	$2295\,a$	α	$1{,}51 \cdot 10^9$	3,21	1,36	—	—	
Radium . .	226,0	$5{,}02 \cdot 10^{10}\,s$	$1{,}38 \cdot 10^{-11}\,s^{-1}$	$7{,}24 \cdot 10^{10}\,s$	(β)	$1{,}56 \cdot 10^{10}$; $2{,}05 \cdot 10^{10}$	—	—	312	$2{,}22 \cdot 10^{-3}$	1,00
	88				γ	—	—	—	354; 16,3; 0,27	$1{,}96 \cdot 10^{-3}$; $4{,}25 \cdot 10^{-2}$; 2,55	
Radium-	RaEm (Rn)	$3{,}825\,d$	$0{,}1812\,d^{-1}$	$5{,}518\,d$	α	$1{,}61 \cdot 10^9$	3,91	1,55	—	—	
emanation	222	$3{,}305 \cdot 10^5\,s$	$2{,}097 \cdot 10^{-6}\,s^{-1}$	$4{,}768 \cdot 10^5\,s$	—	—	—	—	—	—	
(Radon)	86				—	—	—	—	—	—	$6{,}47 \cdot 10^{-6}$
	RaA	$3{,}05\,m$	$0{,}227\,m^{-1}$	$4{,}40\,m$	α	$1{,}69 \cdot 10^9$	4,48	1,70	—	—	
Radium A.	218	$183\,s$	$3{,}78 \cdot 10^{-3}\,s^{-1}$	$264\,s$	—	—	—	—	—	—	
	84				—	—	—	—	—	—	$3{,}52 \cdot 10^{-9}$
	RaB	$26{,}8\,m$	$2{,}59 \cdot 10^{-2}\,m^{-1}$	$38{,}7\,m$	—	—	—	—	—	—	
Radium B.	214	$1{,}61 \cdot 10^3\,s$	$4{,}31 \cdot 10^{-4}\,s^{-1}$	$2{,}32 \cdot 10^3\,s$	β	$1{,}08$—$2{,}47 \cdot 10^{10}$	—	—	890; 80; 13	$7{,}8 \cdot 10^{-4}$; $8{,}6 \cdot 10^{-3}$; $5{,}3 \cdot 10^{-2}$	$3{,}04 \cdot 10^{-8}$
	82				γ	—	—	—	230; 40; 0,57	$3 \cdot 10^{-3}$; $1{,}73 \cdot 10^{-2}$; 1,22	
	RaC	19,7 m	$3{,}51 \cdot 10^{-2}\,m^{-1}$	$28{,}5\,m$	α	$1{,}61 \cdot 10^9$	3,91	1,55	—	—	
Radium C .	214	$1{,}18 \cdot 10^3\,s$	$5{,}86 \cdot 10^{-4}\,s^{-1}$	$1{,}71 \cdot 10^3\,s$	β	$1{,}14$—$2{,}96 \cdot 10^{10}$	—	—	50; 13	$1{,}39 \cdot 10^{-2}$; $5{,}33 \cdot 10^{-2}$	$2{,}23 \cdot 10^{-8}$
	83				γ	—	—	—	0,23; 0,127	3,0; 5,5	
	RaC′				α	$1{,}922 \cdot 10^9$	6,60	2,20	—	—	
Radium C′ (99,96 %)	214	ca. $10^{-6}\,s$	ca. $10^6\,s^{-1}$	ca. $10^{-6}\,s$	—	—	—	—	—	—	ca. $2 \cdot 10^{-19}$
	84				—	—	—	—	—	—	
	RaC″	$1{,}32\,m$	$0{,}525\,m^{-1}$	$1{,}90\,m$	—	—	—	—	—	—	
Radium C″ (0,04 %)	210	$79{,}2\,s$	$8{,}7 \cdot 10^{-3}\,s^{-1}$	$115\,s$	β	—	—	—			$6 \cdot 10^{-13}$
	81				γ	—	—	—	1,49; 0,533 Pb	0,47; 1,30 Pb	
	RaD	$22\,a$	$3{,}15 \cdot 10^{-2}\,a^{-1}$	$31{,}7\,a$	—	—	—	—	—	—	
Radium D. (Radioblei)	210	$6{,}94 \cdot 10^8\,s$	$1{,}00 \cdot 10^{-9}\,s^{-1}$	$1{,}0 \cdot 10^9\,s$	β	$9{,}6 \cdot 10^9$—$1{,}20 \cdot 10^{10}$	—	—	5500	$1{,}26 \cdot 10^{-4}$	$1{,}28 \cdot 10^{-2}$
	82				γ	—	—	—	45; 1,17	$1{,}54 \cdot 10^{-2}$; 0,59	
	RaE	$5\,d$	$0{,}139\,d^{-1}$	$7{,}2\,d$	—	—	—	—	—	—	
Radium E.	210	$4{,}32 \cdot 10^5\,s$	$1{,}61 \cdot 10^{-6}\,s^{-1}$	$6{,}22 \cdot 10^5\,s$	β	$2{,}05$—$2{,}84 \cdot 10^{10}$	—	—	45,5	$1{,}52 \cdot 10^{-2}$	$7{,}9 \cdot 10^{-6}$
	83				γ	—	—	—	0,24	2,89	
	RaF (Po)	$140\,d$	$4{,}95 \cdot 10^{-3}\,d^{-1}$	$202\,d$	α	$1{,}59 \cdot 10^9$	3,72	1,50	—	—	
Radium F. (Polonium)	210	$1{,}21 \cdot 10^7\,s$	$5{,}73 \cdot 10^{-8}\,s^{-1}$	$1{,}75 \cdot 10^7\,s$	—	—	—	—	—	—	$2{,}24 \cdot 10^{-4}$
	84				γ	—	—	—	2700; 46	$2{,}57 \cdot 10^{-4}$; $1{,}57 \cdot 10^{-2}$	
	RaG										
Radium G. (Uranblei)	206,0	—	stabil	—	—	—	—	—	—	—	—
	82										

Substanz	Symbol, Atomgewicht, Ordnungszahl	T	λ	τ	Strahlen	v in cm/sec	R_0 in cm Luft	$k \cdot 10^{-5}$	μ in cm Al	D in cm Al	Im Gleichgewicht zu Ra = 1 vorhandene Gewichtsmenge
Protactinium	Pa 231 91	$3{,}2 \cdot 10^4\,a$ $1{,}01 \cdot 10^{12}\,s$	$2{,}17 \cdot 10^{-5}\,a^{-1}$ $6{,}86 \cdot 10^{-13}\,s^{-1}$	$4{,}6 \cdot 10^4\,a$ $1{,}46 \cdot 10^{12}\,s$	α (β) —	$1{,}55 \cdot 10^9$ $1{,}47$—$2{,}35 \cdot 10^9$ —	3,48 — —	1,44 — —	— 126 —	— $5{,}5 \cdot 10^{-3}$ —	0,62
Actinium . .	Ac 227 89	$13{,}5\,a$ $4{,}23 \cdot 10^8\,s$	$5{,}15 \cdot 10^{-2}\,a^{-1}$ $1{,}63 \cdot 10^{-9}\,s^{-1}$	$19{,}4\,a$ $6{,}12 \cdot 10^8\,s$	— β —	— — —	— — —	— — —	— — —	— — —	$2{,}5 \cdot 10^{-4}$
Radioactinium	RdAc 227 90	$18{,}9\,d$ $1{,}63 \cdot 10^6\,s$	$3{,}66 \cdot 10^{-2}\,d^{-1}$ $4{,}24 \cdot 10^{-7}\,s^{-1}$	$27{,}3\,d$ $2{,}36 \cdot 10^6\,s$	α (β) γ	$1{,}68 \cdot 10^9$ $0{,}66$—$2{,}3 \cdot 10^{10}$ —	4,45 u. 4,12 — —	1,69 — —	— 175 25; 0,19	— $4 \cdot 10^{-3}$ $2{,}77 \cdot 10^{-2}$; 3,65	$9{,}8 \cdot 10^{-7}$
Actinium X .	AcX 223 88	$11{,}2\,d$ $9{,}7 \cdot 10^5\,s$	$6{,}17 \cdot 10^{-2}\,d^{-1}$ $7{,}14 \cdot 10^{-7}\,s^{-1}$	$16{,}2\,d$ $1{,}40 \cdot 10^6\,s$	α (β) —	$1{,}65 \cdot 10^9$ $0{,}88$—$2{,}22 \cdot 10^{10}$ —	4,12 u. 4,36 — —	1,61 — —	— — —	— — —	$5{,}8 \cdot 10^{-7}$
Actinium-emanation . (Actinon)	AcEm (An) 219 86	$3{,}92\,s$	$0{,}177\,s^{-1}$	$5{,}66\,s$	α — —	$1{,}81 \cdot 10^9$ — —	5,42 u. 4,99 — —	1,95 — —	— — —	— — —	$2{,}3 \cdot 10^{-12}$
Actinium A .	AcA 215 84	$2 \cdot 10^{-3}\,s$	$347\,s^{-1}$	$2{,}88 \cdot 10^{-3}\,s$	α — —	$1{,}89 \cdot 10^9$ — —	6,15 — —	2,12 — —	— — —	— — —	$1{,}14 \cdot 10^{-15}$
Actinium B .	AcB 211 82	$36{,}0\,m$ $2{,}16 \cdot 10^3\,s$	$1{,}93 \cdot 10^{-2}\,m^{-1}$ $3{,}21 \cdot 10^{-4}\,s^{-1}$	$51{,}9\,m$ $3{,}12 \cdot 10^3\,s$	— β γ	— $1{,}49 \cdot 10^{10}$ —	— — —	— — —	— ca. 1000 120; 31; 0,45	— klein $5{,}77 \cdot 10^{-3}$; $2{,}33 \cdot 10^{-2}$; 1,54	$1{,}2 \cdot 10^{-9}$
Actinium C .	AcC 211 83	$2{,}16\,m$ $130\,s$	$0{,}321\,m^{-1}$ $5{,}35 \cdot 10^{-3}\,s^{-1}$	$3{,}12\,m$ $187\,s$	α β —	1,74 u. $1{,}78 \cdot 10^9$ $2{,}25$—$2{,}56 \cdot 10^{10}$ —	4,74 u. 5,17 — —	1,8 u. 1,88 — —	— 29 —	— $2{,}4 \cdot 10^{-2}$ —	$7{,}2 \cdot 10^{-11}$
Actinium C′ . (0,32 %)	AcC′ 211 84	ca. $5 \cdot 10^{-3}\,s$	ca. $140\,s^{-1}$	ca. $7 \cdot 10^{-3}\,s$	α — —	$1{,}9 \cdot 10^9$ — —	6,25 — —	ca. 2 — —	— — —	— — —	ca. $2 \cdot 10^{-18}$
Actinium C″ . (99,68 %)	AcC″ 207 81	$4{,}76\,m$ $286\,s$	$0{,}145\,m^{-1}$ $2{,}43 \cdot 10^{-3}\,s^{-1}$	$6{,}87\,m$ $412\,s$	— β γ	— — —	— — —	— — —	— — 0,198	— — 3,5	$1{,}6 \cdot 10^{-10}$
Actinium D . (Actiniumblei)	AcD 207 82	—	stabil	—	—	—	—	—	—	—	—

Tabelle 13. Radioaktive Substanzen der Thoriumfamilie.

Substanz	Symbol, Atomgewicht, Ordnungszahl	T	λ	τ	Strahlen	v in cm/sec	R_0 in cm Luft	$k \cdot 10^{-5}$	μ in cm^{-1} Al	D in cm Al	Im Gleichgewicht vorhandene Gewichtsmenge
Thorium . .	Th 232,12 90	$1,8 \cdot 10^{10} a$ $5,6 \cdot 10^{17} s$	$4,0 \cdot 10^{-11} a^{-1}$ $1,2 \cdot 10^{-18} s^{-1}$	$2,5 \cdot 10^{10} a$ $8,0 \cdot 10^{17} s$	α — —	$1,4 \cdot 10^{9}$ — —	2,50 — —	1,15 — —	— — —	— — —	$2,7 \cdot 10^{9}$
Mesothor 1	$MsTh_1$ 228 88	$6,7 a$ $2,1 \cdot 10^{8} s$	$0,103 a^{-1}$ $3,26 \cdot 10^{-9} s^{-1}$	$9,7 a$ $3,05 \cdot 10^{8} s$	— β —	— — —	— — —	— — —	— — —	— — —	1,00
Mesothor 2	$MsTh_2$ 228 89	$6,13 h$ $2,21 \cdot 10^{4} s$	$0,113 h^{-1}$ $3,14 \cdot 10^{-5} s^{-1}$	$8,84 h$ $3,18 \cdot 10^{4} s$	— β γ	— $1,09—2,90 \cdot 10^{10}$ —	— — —	— — —	— 40—20 26; 0,116 Al; 0,64 Pb	— $3,4 \cdot 10^{-2}—1,8 \cdot 10^{-2}$ 0,027; 5,98 Al; 1,1 Pb	$1,05 \cdot 10^{-4}$
Radiothor .	RdTh 228 90	$1,90 a$ $6,0 \cdot 10^{7} s$	$0,365 a^{-1}$ $1,16 \cdot 10^{-8} s^{-1}$	$2,74 a$ $8,65 \cdot 10^{7} s$	α (β) —	$1,61$ u. $1,60 \cdot 10^{9}$ $1,19 \cdot 10^{10}—1,53 \cdot 10^{10}$	3,81 — —	1,53 — —	— 420 —	— $1,7 \cdot 10^{-3}$ —	0,286
Thor X . .	ThX 224 88	$3,64 d$ $3,14 \cdot 10^{5} s$	$0,190 d^{-1}$ $2,20 \cdot 10^{-6} s^{-1}$	$5,25 d$ $4,54 \cdot 10^{5} s$	α — —	$1,65 \cdot 10^{9}$ — —	4,13 — —	1,61 — —	— — —	— — —	$1,47 \cdot 10^{-3}$
Thoremanation . . . . (Thoron)	ThEm(Tn) 220 86	$54,5 s$	$1,27 \cdot 10^{-2} s^{-1}$	$78,7 s$	α — —	$1,73 \cdot 10^{9}$ — —	4,80 — —	1,78 — —	— — —	— — —	$2,5 \cdot 10^{-7}$
Thor A . .	ThA 216 84	$0,14 s$	$4,95 s^{-1}$	$0,20 s$	α — —	$1,80 \cdot 10^{9}$ — —	5,39 — —	1,92 — —	— — —	— — —	$6,3 \cdot 10^{-10}$
Thor B . .	ThB 212 82	$10,6 h$ $3,82 \cdot 10^{4} s$	$6,54 \cdot 10^{-2} h^{-1}$ $1,82 \cdot 10^{-5} s^{-1}$	$15,3 h$ $5,51 \cdot 10^{4} s$	— β γ	— $1,88 \cdot 10^{10}—2,99 \cdot 10^{10}$ —	— — —	— — —	— 153 160; 32; 0,36	— $4,5 \cdot 10^{-3}$ $4,3 \cdot 10^{-3}$; $2,2 \cdot 10^{-2}$; 1,9	$1,69 \cdot 10^{-4}$
Thor C . .	ThC 212 83	$60,5 m$ $3,63 \cdot 10^{3} s$	$1,15 \cdot 10^{-2} m^{-1}$ $1,91 \cdot 10^{-4} s^{-1}$	$87,3 m$ $5,24 \cdot 10^{3} s$	α β —	$1,70 \cdot 10^{9}$ $0,91 \cdot 10^{10}—2,87 \cdot 10^{10}$ —	4,53 — —	1,71 — —	— 14,4 —	— $4,8 \cdot 10^{-2}$ —	$1,61 \cdot 10^{-5}$
Thor C′ . . (65%)	ThC′ 212 84	ca. $10^{-9} s$	ca. $10^{9} s^{-1}$	ca. $10^{-9} s$	α — —	$2,05 \cdot 10^{9}$ — —	8,17 — —	2,54 — —	— — —	— — —	ca. $3 \cdot 10^{-18}$
Thor C″ . . (35%)	ThC″ 208 81	$3,1 m$ $186 s$	$0,224 m^{-1}$ $3,73 \cdot 10^{-3} s^{-1}$	$4,47 m$ $2,86 s$	— β γ	— — —	— — —	— — —	— 21,6 0,096 Al; 0,46 Pb	— $3,2 \cdot 10^{-2}$ 7,22 Al; 1,5 Pb	$2,83 \cdot 10^{-7}$
Thor D . .	ThD 208	—	stabil	—	—	—	—	—	—	—	—

C. Die Verwendung der radioaktiven Elemente und Atomarten in der Chemie.

Von

OTTO HAHN, Berlin-Dahlem.

63. Vorbemerkung. Entsprechend dem Sprachgebrauch der Deutschen Atomgewichtskommission wird hier zwischen Elementen und Atomarten unterschieden. Die Elemente sind die durch ihre Ordnungszahl im natürlichen System der Elemente charakterisierten Grundstoffe; die Atomarten sind darüber hinaus durch ihre Einzelatomgewichte und — im Falle der radioaktiven Atomarten — durch ihre besonderen radioaktiven Eigenschaften genauer definiert. Das RaC etwa oder das ThB sind daher keine Radio„elemente“, sondern aktive Atomarten der Elemente Wismut und Blei. Entsprechend ist das Mesothor eine Atomart des „Elementes“ Radium, denn das Radium als langlebigster Vertreter des Elementes 88 gibt zugleich den Namen her für das Element. Dasselbe gilt für Polonium, Actinium, Protactinium als den langlebigen Vertretern der Elemente 84, 89, 91.

64. Der Unterschied zwischen chemischen und radioaktiven Untersuchungsmethoden[1]. Die Entdeckung der Radioaktivität geschah an den den Chemikern seit langem bekannten Elementen Uran und Thorium. Mit der Feststellung der Tatsache, daß diese Elemente ionisierende Strahlen emittieren, kamen zu den bekannten analytisch-chemischen Nachweismethoden radioaktive Methoden hinzu.

In ihrem Wesen sind diese beiden Untersuchungsmethoden völlig verschieden voneinander. Im einen Falle werden die gewöhnlichen stabilen Atome zur Untersuchung verwendet, im anderen Falle werden die Strahlen gemessen, die von den instabilen, im Augenblick der Untersuchung zerfallenden Atomen emittiert werden. Auf die absolute Menge der vorhandenen Atome kommt es also nicht an, sondern auf die während der Zeit der Messung zerfallende Anzahl. Da der Prozentsatz der in der Zeiteinheit zerfallenden Atome immer proportional der Anzahl der insgesamt vorhandenen Atome ist, so hängt es nur von diesem Prozentsatz, der Zerfallskonstante der betreffenden Atomart, ab, wie groß ihre Menge sein muß, um radioaktiv nachweisbar zu sein.

Was bei dem Radium noch gelingt, die Herstellung in wägbaren, auch der rein chemischen Untersuchung zugänglichen Mengen (Metall, Atomgewicht, Löslichkeit der Salze usw.), gelingt für die meisten anderen Radioelemente nicht mehr. Im radioaktiven Gleichgewicht sind die Gewichtsmengen aktiver Atomarten, die in genetischer Beziehung zueinander stehen, umgekehrt proportional ihrer Zerfallsgeschwindigkeit oder direkt proportional ihrer Halbwertszeit. 1 g Radium entsprechen $6{,}5 \cdot 10^{-6}$ g Radiumemanation, eine Menge, die noch gerade ausreichte, sie auch mittels nichtradioaktiver Methoden als chemisches „Element“ zu charakterisieren. Die Halbwertszeit der meisten anderen aktiven Atomarten ist so klein, daß sie „gewichtsmäßig“ nicht oder nur in sehr kleinen Mengen herstellbar sind (Polonium und Actinium). Das einzige Radioelement, das außer dem Radium grammweise darstellbar ist, ist das Protactinium, das sich wegen seiner großen Halbwertszeit von über 30000 Jahren praktisch wie ein gewöhnliches chemisches Element verhält.

---

[1] Wegen der allgemeinen Gesetze der radioaktiven Umwandlungen und der Eigenschaften der radioaktiven Substanzen sei auf Kap. 3 A und 3 B verwiesen. Im vorliegenden Abschnitt werden im allgemeinen nur solche Arbeiten zitiert, die in Kap. 3 B noch nicht erwähnt sind.

65. Einteilung der radioaktiven Substanzen in verschiedene Gruppen. Die radioaktiven Substanzen besetzen im natürlichen System der Elemente die Stellen vom Uran (Ordnungszahl 92) abwärts bis zum Thallium (Ordnungszahl 81). Mit Ausnahme der noch leeren Plätze 85 und 87 sind alle mit einigen oder einer ganzen Anzahl radioaktiver Atomarten besetzt. Aus der Tabelle des natürlichen Systems (Kap. 5) erkennt man, daß sich an einer Anzahl von Plätzen außer den radioaktiven Substanzen inaktive chemische Elemente befinden: Thallium, Blei und Wismut; an anderen Stellen befinden sich solche radioaktive Stoffe, die, was die chemische Untersuchungsmöglichkeit anbelangt, den gewöhnlichen Elementen gleich zu rechnen sind: Thorium und Uran. Die Stellen Polonium, Emanation, Radium, Actinium und Protactinium sind dagegen nur mit neu entdeckten Radioelementen besetzt, inaktive Isotope sind von ihnen nicht bekannt.

Jeder dieser Gruppen kommt für die Chemie eine besondere Bedeutung zu.

α) *Radioelemente ohne inaktive oder äußerst langlebige Isotope.* Es sind dies in der Radiumreihe die Elemente Radium, Emanation und Polonium, in der Actiniumreihe das Protactinium und Actinium, wobei zu jedem einzelnen dieser Elemente noch ein oder mehrere kurzlebige Isotope hinzukommen. Hier handelt es sich also nach dem Sprachgebrauch um neue „Elemente", welche frühere Lücken im natürlichen System der Elemente besetzen. Über die Eigenschaften dieser Substanzen und ihre Herstellung vgl. Kap. 3 B.

Als für die angewandte Radiochemie wichtige Vertreter des Radiums, Actiniums und Protactiniums sei auf ihre Isotope Thorium X, Mesothor 2 und Uran Z hingewiesen. Alle drei haben sehr bequeme Halbwertszeiten und emittieren charakteristische Strahlen. Das Arbeiten mit Uran Z wird allerdings unbequem durch die geringe Intensität, in der es im Uran bzw. Uran X enthalten ist.

β) *Atomarten mit inaktiven oder äußerst langlebigen radioaktiven Isotopen.* Hierher gehören einerseits die radioaktiven Isotope des Bleis, Wismuts und Thalliums, andererseits die Isotope des Thors und Urans. Es handelt sich also nicht um neue Elemente mit einem eigenen Platz im periodischen System. Ihre Bedeutung liegt darin, daß sie das Studium der Eigenschaften der inaktiven Elemente — mit Ausnahme des Urans — bis zu Gewichtsmengen herunter erlauben, die um mehrere Zehnerpotenzen unterhalb der chemischen Nachweisbarkeit dieser Grundstoffe liegen.

Die Isotope des Bleis, Wismuts und Thalliums. Besonders einfach ist das Arbeiten mit den Isotopen des Bleis und Wismuts, denn diese bilden die B- und C-Glieder der aktiven Niederschläge, denen sich in der Radiumreihe noch die Zerfallsprodukte RaD als Blei-, Radium E als Wismutisotop anschließen. Alle diese Zerfallsprodukte lassen sich mit Leichtigkeit in hochaktiver Form und (mit Ausnahme des RaD) in unendlich geringer Gewichtsmenge gewinnen.

Hingewiesen sei auf die Herstellung radioaktiver Zerfallsprodukte nach der Rückstoßmethode, die in einfachster Weise die Reinherstellung einzelner radioaktiver Atomarten erlaubt. Die Substanzen ThC″ und AcC″ wurden auf diese Weise entdeckt; als Isotop des Thalliums findet das ThC″ Verwendung in der angewandten Radiochemie.

Die Isotope des Thoriums und Urans. Das außer dem eigentlichen Thorium stabilste Thorisotop, das Ionium, hat bisher keine besondere Bedeutung gewonnen. Da völlig thorfreie Uranmineralien nicht bekannt sind, enthalten auch die besten bisher gewonnenen Ioniumpräparate noch etwa 50 Gewichtsprozent Thorium.

Beim Radiothor, einem anderen Thorisotop, gelingt die Herstellung in radioaktiv reinem Zustande auf einem Umweg. Man stellt aus dem Thorium das Radiumisotop Mesothor her. Dieses bildet bei seinem Zerfall das Radiothor, und zwar in zwei Jahren die Hälfte seiner Gleichgewichtsmenge. Aus dem gealterten Mesothor läßt sich das Radiothor radioaktiv rein mit hoher Strahlungsintensität abtrennen.

Von den instabileren Thorisotopen hat das β-strahlende Uran X Bedeutung für Indikatorenversuche (s. unten). Es läßt sich leicht herstellen, hat die für radioaktive Messungen angenehme Halbwertszeit von 24 Tagen und eine charakteristische β-Strahlung, die sich sehr bequem messen läßt.

Während wir beim Thorium die mannigfachsten isotopen Atomarten kennen, die sich für vielerlei radiochemische und chemische Zwecke verwenden lassen, haben wir beim Uran keine kurzlebigen Isotope. Die Möglichkeit des Arbeitens mit äußerst geringen, aber dennoch leicht meßbaren Gewichtsmengen fällt also beim Uran, als einzigem unter allen Radioelementen, fort.

66. Gewichtsmengen der für die angewandte Radiochemie leicht herstellbaren radioaktiven Atomarten. In den Tabellen 10—13, S. 307—310, sind die Gleichgewichtsmengen sämtlicher aktiver Atomarten der drei Umwandlungsreihen angegeben. Eine ganze Anzahl von diesen kommt für eine Verwertbarkeit für chemische Zwecke nicht in Frage, sei es, daß sie zu kurzlebig, sei es, daß sie nicht als reine Atomarten darstellbar sind.

In der folgenden Tabelle findet sich eine Übersicht über die für experimentelle Untersuchungen geeigneten radioaktiven Atomarten.

Tabelle 14. Radioaktive Atomarten, die für die angewandte Radiochemie zur Verfügung stehen und ihre Gewichtsmengen entsprechend 0,1 mg Radiumäquivalent ($3,7 \cdot 10^6$ zerfallende Atome pro Sek.[1]).

Element	Radioaktive Atomart	Gewichtsmenge in mg	Element	Radioaktive Atomart	Gewichtsmenge in mg
Thallium . .	Thorium C″	$3,5 \cdot 10^{-10}$	Emanation	Radon	$6,5 \cdot 10^{-7}$
	Actinium C″	$5,7 \cdot 10^{-10}$		Thoron	$1,1 \cdot 10^{-10}$
Blei	Radium B	$3,0 \cdot 10^{-9}$	Radium	Radium	0,1
	Thorium B	$7,2 \cdot 10^{-8}$		Thorium X	$6,2 \cdot 10^{-7}$
	Radium D	$1,3 \cdot 10^{-3}$	Actinium	Mesothor 2	$4,5 \cdot 10^{-8}$
Wismut . .	Radium C	$2,2 \cdot 10^{-9}$	Thorium	Uran X_1	$4,4 \cdot 10^{-6}$
	Thorium C	$6,9 \cdot 10^{-9}$		Radiothor	$1,2 \cdot 10^{-4}$
	Radium E	$7,9 \cdot 10^{-7}$	Protactinium	Uran X_2	$1,4 \cdot 10^{-10}$
Polonium . .	Radium A	$3,5 \cdot 10^{-10}$		Uran Z	$5,0 \cdot 10^{-8}$
	Polonium	$2,2 \cdot 10^{-5}$		Protactinium	2,0

Man sieht, daß etwa 10% unserer chemischen Grundstoffe in Form radioaktiver Atomarten in praktisch gewichtsloser Menge herstellbar sind und damit für Fragen der angewandten Radiochemie nutzbar gemacht werden können.

Angewandte Radiochemie.

a) Untersuchungen mit „unwägbaren" Mengen aktiver Atomarten.

I. Verteilungszustand kleinster Substanzmengen in Lösungsmitteln.

67. Molekulardisperse und kolloidartige Verteilung in wässerigen Lösungen. Um einwandfreie Aussagen über das Verhalten „unwägbarer" Substanzmengen bei chemischen und physikalisch-chemischen Vorgängen machen zu können,

[1] Bei den üblichen Aktivitätsmessungen wird allerdings nicht die Anzahl der zerfallenden Atome, sondern die von den Strahlen erzeugte Ionisationsstärke gemessen. Diese hängt natürlich von den jeweiligen Versuchsbedingungen ab. Werden z. B. Radium- und Radiothorpräparate in einem Bleielektroskop von 5 mm Wandstärke mittels der durchdringenden Strahlen des aktiven Niederschlags verglichen, dann ist (nach Shenstone und Schlundt, Phil. Mag. Bd. 43, S. 1038. 1922) bei gleicher Anzahl zerfallender RaC- und ThC′-Atome die γ-Aktivität des Radiothors 1,27mal so groß wie die des Radiums.

die sich in flüssigen Medien abspielen, muß man vor allem den Verteilungszustand kennen, in dem sich die „unwägbaren“ Mengen in Lösungsmitteln vorfinden. Man weiß, daß sich die radioaktiven Atomarten je nach ihrer chemischen Natur in wässerigen Lösungsmitteln sehr verschieden verhalten. Durch Dialyseversuche hat PANETH schon vor langem festgestellt, daß in einer wässerigen Lösung von Radium D-Nitrat, das im radioaktiven Gleichgewicht ein Gemisch von Isotopen des Bleis (RaD), Wismuts (RaE) und Poloniums vorstellt, das Bleiisotop molekulardispers gelöst ist, während Wismut und Polonium ein kolloidartiges Verhalten zeigen: Das Blei dialysiert durch eine Membran hindurch, Wismut und Polonium nicht. Die Ursache dieses Verhaltens liegt in der Hydrolyse der hochverdünnten RaE- und Poloniumpräparate. Wird die Hydrolyse durch Säurezusatz rückgängig gemacht, so verhalten sich auch das RaE und Po normal. Zu dem gleichen Ergebnis kam GODLEWSKI bei der Elektrolyse derartiger Lösungen: Die elektrolytisch wandernden Ionen ließen sich von den kataphoretisch wandernden „kolloiden“ unterscheiden. Eine große Reihe von Untersuchungen über diesen Gegenstand sind in der Zwischenzeit durchgeführt worden. v. HEVESY bestimmte den Prozentsatz des kolloiden Anteils neben dem elektrolytisch gelösten durch Abscheidungsversuche an Metallflächen, LACHS und WERTENSTEIN beobachteten einen deutlichen Sedimentationsprozeß in den Lösungen solcher „Radiokolloide“, HERTHA LENG machte Versuche über die Abfiltrierbarkeit der „Kolloide“ in Abhängigkeit von der Wasserstoffionenkonzentration.

68. Die photographische Methode von CHAMIÉ. Eine neue Anregung erhielt das Problem der „Radiokolloide“ in neuester Zeit durch Versuche von CHAMIÉ[1]. Sie beobachtete, daß radioaktive Atomarten, in Quecksilber oder wässerigen Lösungsmitteln auf die photographische Platte gebracht, auf dieser nicht eine homogene Schwärzung hervorrufen, sondern sich als diskontinuierliche Gruppen — vielfach beginnenden pleochroitischen Höfen vergleichbar — abzeichnen.

Von HAHN und WERNER[2] wurde gezeigt, daß diese Gruppenbildung keine allgemeine Eigenschaft radioaktiver Substanzen ist, wie von CHAMIÉ vermutet wurde, sondern nur dann statt hat, wenn die Voraussetzung zur Entstehung von „Radiokolloiden“ gegeben ist. So zeigt z. B. das in wässeriger Lösung stark hydrolysierte Wismutisotop RaE oder ThC die Gruppenbildung sehr deutlich. Werden diese Atomarten dagegen durch Halogenide oder mehrwertige Alkohole (Mannit) komplexchemisch gelöst, dann findet keine Gruppenbildung mehr statt.

Einen weiteren Fortschritt bedeutet die von HARRINGTON[3] eingeführte, von anderen Forschern erweiterte[4] Zentrifugiermethode, die gegenüber der photographischen Methode den Vorzug hat, daß sie zahlenmäßig vergleichbare Daten liefert, und daß man beim Vorliegen mehrerer aktiver Atomarten in der zu untersuchenden „Lösung“ durch Aktivitätsmessungen des Zentrifugats den Anteil der einzelnen Atomarten bei der Kolloidbildung quantitativ ermitteln kann[5], ähnlich wie dies v. HEVESY schon früher bei seiner elektrochemischen Methode (s. oben) tun konnte.

---

[1] C. CHAMIÉ, C. R. Bd. 185, S. 770 u. 1277. 1927; Journ. de phys. et le Radium Bd. 10, S. 44. 1929.

[2] O. HAHN u. O. WERNER, Naturwissensch. Bd. 17, S. 961. 1929.

[3] E. L. HARRINGTON, Phil. Mag. Bd. 6, S. 683. 1928; E. L. HARRINGTON u. GRATIAS, ebenda Bd. 11, S. 285. 1931.

[4] M. BLAU u. E. RONA, Wiener Ber. (2a) Bd. 139, S. 275. 1930; C. CHAMIÉ u. M. GUILLOT, C. R. Bd. 190, S. 1187. 1930; C. CHAMIÉ u. A. KORVEZEE, ebenda Bd. 192, S. 1227. 1931.

[5] O. WERNER, ZS. phys. Chem. (A) Bd. 156, S. 89. 1931.

69. Die Natur der „Radiokolloide". Über die Natur der Radiokolloide herrscht auch heute noch keine volle Übereinstimmung. PANETH[1] und in neuester Zeit STARIK[2] halten an der Zusammenlagerung der aktiven Atomarten zu wahren Kolloidteilchen fest. Nach den zahlreichen Arbeiten der letzten Zeit, besonders den systematischen Filtrations- und Zentrifugierversuchen von WERNER[3], scheint es aber kaum mehr zweifelhaft, daß es sich bei der Entstehung dieser „Kolloide" um die Adsorption schwer löslicher Verbindungen an unvermeidbaren festen Teilchen der Lösung, wie Staub, Kieselsäure, Eisenoxyd u. dgl. handelt, eine Ansicht, die schon früher von ZSIGMONDY und von LACHS, neuerdings von JEDRZEJOWSKI und HERSZFINKIEL[4] vertreten wurde.

Nachdem jetzt die Bedingungen bekannt sind, unter denen aktive Atomarten in den pseudokolloiden Zustand übergehen, kann man diese Bedingungen herbeiführen oder vermeiden.

Eine ähnliche Rolle wie das Wasser spielen bei der Bildung der Radiokolloide die organischen Lösungsmittel Methyl-, Äthylalkohol, Benzol und Äther.

In Azeton und Dioxan, beides mit Wasser unbegrenzt mischbare Flüssigkeiten, sind die aktiven Isotope des Bleis und Wismuts aber molekulardispers verteilt, eine Beobachtung, die diese Lösungsmittel zur Untersuchung „kleinster Mengen" in organischen Medien als geeignet erscheinen lassen[5].

II. Abscheidung kleinster Substanzmengen an entstehenden Niederschlägen.

70. Fällung und Adsorption. Die Abscheidung selbst kleinster Substanzmengen bei Kristallisations- und Fällungsvorgängen erfolgt zweifellos nach bestimmten Gesetzmäßigkeiten. Das erste systematische Studium solcher Vorgänge verdanken wir FAJANS und seinen Mitarbeitern. Die von FAJANS (1913) aufgestellte Fällungsregel besagte, daß ein Radioelement (als Kation) in um so höherem Grade von einem schwer löslichen Niederschlage mitgefällt wird, je weniger löslich seine Verbindung mit dem negativen Bestandteil (Anion) des Niederschlags ist.

Seit der Aufstellung dieser Regel, die sich für die Erkenntnis des chemischen Verhaltens unwägbarer Mengen als durchaus fruchtbar erwiesen hat, sind eine ganze Anzahl weiterer Arbeiten über diesen Gegenstand durchgeführt worden. Sie führten HAHN[6] dazu, bei Fällungs- und Kristallisationsreaktionen zwei prinzipiell verschiedene Abscheidungsarten gegeneinander abzugrenzen, nämlich zwischen Mitfällung oder kurz Fällung einerseits und Adsorption andererseits zu unterscheiden. Erfolgt die Abscheidung praktisch unabhängig von Oberflächengröße und Oberflächenladung des Niederschlags, dann liegt eigentliche Mitfällung vor: Einlagerung in die Masse des Niederschlags unter Bildung von Mischkristallen oder mischkristallartigen Systemen (Fällungssatz). Ist der Betrag der Abscheidung stark abhängig von den äußeren Bedingungen der Niederschlagsbildung, dann handelt es sich um adsorptive Anlagerung

[1] Vgl. F. PANETH, Radioelements as Indicators, S. 56; GEORGE FISHER, Baker Lecturs. New York: McGraw-Hill Book Comp. 1928.

[2] J. E. STARIK, ZS. phys. Chem. (A) Bd. 157, S. 269. 1931.

[3] O. WERNER, l. c.

[4] H. JEDRZEJOWSKI, C. R. Bd. 188, S. 1043. 1929; HERSZFINKIEL u. H. JEDRZEJOWSKI, ebenda Bd. 188, S. 1167. 1929.

[5] O. WERNER, unveröffentlicht.

[6] Zum Beispiel O. HAHN, ZS. f. angew. Chem. Bd. 43, S. 871. 1930; daselbst auch weitere Literaturangaben.

unter Bildung mehr oder weniger reversibler Adsorptionsverbindungen (Adsorptionssatz).

Im folgenden werden beide Arten der Abscheidung getrennt besprochen

α) Einbau unter Bildung von Mischkristallen oder mischkristallähnlichen Systemen.

71. Verteilungsgesetze bei vorliegender Isomorphie. Der Einbau der „mikroskopischen" Komponente in einen auskristallisierenden „makroskopischen" Niederschlag im Falle typischer Mischkristallbildung erfolgt nach bestimmten Regeln, die von der Art der Abscheidung der makroskopischen Komponente abhängen. Diese Regeln wurden vor allem an Radium-Bariumsalzen studiert, wobei das Radium die mikroskopische, das Barium die makroskopische Komponente darstellte. Es konnte festgestellt werden, daß der Einbau des Radiums nach einer — zuerst von DOERNER und HOSKINS abgeleiteten[1] — logarithmischen Verteilungsformel erfolgt, wenn die Abscheidung des Mischkristalls aus gesättigter Lösung durch langsames Eindunsten, also bei abnehmendem Volumen — aber konstanter Konzentration des Bariums — vor sich geht[2].

Erfolgt die Abscheidung allmählich aus einer übersättigten Lösung, also bei konstantem Volumen, aber bei abnehmender Konzentration des Bariums in der Lösung, dann entspricht die Verteilung der mikroskopischen Komponente zwischen Kristall und Lösung formal dem NERNST-BERTHELOTschen Verteilungssatz. Die eingebaute Substanz ist in den Kristallen homogen verteilt[3,4]. Dieselbe Verteilung ergibt sich, wenn die Kristallabscheidung aus übersättigter Lösung schnell vorgenommen wird und die abgeschiedenen kleinen Kriställchen längere Zeit in ihrer gesättigten Lösung gerührt werden[4]. Die anfangs inhomogen ausgefällten Kriställchen erfahren durch das Rühren eine Umkristallisation und Homogenisierung[5].

Sind zwei oder mehrere sich verteilende Stoffe gleichzeitig vorhanden, so verteilt sich jeder Stoff zwischen fester und flüssiger Phase so, als wenn er allein zugegen wäre[4]. Der An- oder Abreicherungsfaktor (Verteilungsfaktor) ist nicht durch die absoluten Löslichkeiten der reinen Komponenten gegeben[6], sondern hängt von der Bildungsenergie der betreffenden Mischkristalle ab[7].

72. Neuartige (anomale) Mischkristallsysteme. Mischkristallartige Einlagerung wurde auch in einer ganzen Reihe von Fällen beobachtet, bei denen sie nach den bisherigen Regeln der isomorphen Mischbarkeit nicht vorauszusehen war. So ist seit langem bekannt, daß bei der fraktionierten Kristallisation von Radium-Bariumchloridlösungen die Bleiisotope RaB bzw. RaD mit in die Kristalle gehen, obwohl Bariumchlorid monoklin kristallisiert, das Bleichlorid dagegen rhombisch. Bariumbromid dagegen, das ebenfalls monoklin kristallisiert, aber nicht isomorph mit dem Bariumchlorid ist, nimmt kein Blei in sein Gitter auf[8].

---

[1] H. A. DOERNER u. M. HOSKINS, Journ. Amer. Chem. Soc. Bd. 47, S. 662. 1925.

[2] N. RIEHL u. H. KÄDING, ZS. f. phys. Chem. (A) Bd. 149, S. 180. 1930.

[3] R. MUMBRAUER, Dissert. Berlin 1931; ZS. f. phys. Chem. (A) Bd. 156, S. 113. 1931.

[4] V. CHLOPIN, ZS. f. anorg. Chem. Bd. 143, S. 97. 1925; V. CHLOPIN u. B. NIKITIN, ebenda Bd. 166, S. 311. 1927; V. CHLOPIN u. A. POLESSITSKY, ebenda Bd. 172, S. 310. 1928; V. CHLOPIN, A. POLESSITSKY u. P. TOLMATSCHEFF, ZS. f. phys. Chem. (A) Bd. 145, S. 57. 1929; V. CHLOPIN, Chem. Ber. Bd. 64, S. 2653. 1931.

[5] R. MUMBRAUER, l. c.

[6] O. ERBACHER, Chem. Ber. Bd. 63, S. 141. 1930.

[7] V. CHLOPIN und Mitarbeiter, Chem. Ber. Bd. 64, S. 2653. 1931.

[8] O. HAHN, ZS. f. angew. Chem. Bd. 43, S. 871. 1930. H. KÄDING, Dissert. Berlin 1931.

Der letztere Befund ist für die präparative Radiochemie von beträchtlicher Bedeutung. Soll aus einem gealterten Radiumsalz das Radium D abgeschieden werden, so läßt sich dies auf einfache Weise beim Radiumbromid, nicht aber beim Radiumchlorid durchführen. Das Radiumbromid wird mit starker Bromwasserstoffsäure ausgefällt. Das keine Mischkristalle mit dem Bromid liefernde Radium D bleibt im Filtrat und kann nach der Umwandlung in das Nitrat direkt anodisch als Superoxyd abgeschieden werden[1]. Die gleiche Verarbeitung würde beim Chlorid keinerlei Ergebnis haben, weil das Radium D in das Radiumchloridgitter mischkristallartig eingebaut wird und bei der Fällung des Chlorids mit HCl quantitativ beim Radium verbleibt.

Von Interesse ist die anscheinend isomorphe Vertretbarkeit des einwertigen Silbers durch zweiwertiges Blei im Silberchromat, während das dem Bleichromat ähnliche Radiumchromat nicht eingebaut wird[2]. Erwähnt seien noch einerseits die wasserfreien Sulfate des Kaliums und Rubidiums, die sowohl kleine Mengen von Blei als von Radium mischkristallartig aufnehmen, andererseits Natriumchlorid und Kaliumchlorid, die das Blei stark anreichern, Radium dagegen nicht einbauen.

73. Blei und Helium in Salzlagerstätten. Natriumchlorid und Kaliumchlorid kommen in der Natur in großen Mengen als Steinsalz und Sylvin vor. Da diese Mineralien aus einem vermutlich Uranblei (und Thorblei) enthaltenden Meere durch Eindunsten entstanden sind, wurde aus den genannten Mischkristallversuchen der Schluß gezogen, daß Steinsalz und Sylvin kleine Mengen von Blei enthalten, das vielleicht ein anderes Isotopenverhältnis besitzt als das gewöhnliche[3]. Auch der bisher rätselhafte Gehalt von Helium im Steinsalz und vor allem im Sylvin wurde mit dem mischkristallartigen Einbau von Blei — in diesem Falle von dem Polonium bildenden RaD — in Verbindung gebracht[3].

β) Anlagerung unter Bildung reversibler Adsorptionsverbindungen.

74. „Fällungsregel“ und „Adsorptionssatz“. Erfolgt die Abscheidung einer Substanz großer Verdünnung bei Fällungsreaktionen nicht durch mischkristallartigen Einbau, dann liegt adsorptive Anlagerung vor. Neben der in der Fällungsregel von FAJANS (s. oben) betonten Schwerlöslichkeit der Adsorptionsverbindung spielt hier die elektrische Ladung des Adsorbens eine meist ausschlaggebende Rolle. Handelt es sich um die Adsorption eines Kations, so wird diese nach dem von HAHN aufgestellten „Adsorptionssatz“ auf eine negative Beladung des adsorbierenden Niederschlages zurückgeführt. Alle Arbeitsbedingungen, die diese entgegengesetzte Ladung erhöhen, erhöhen die Adsorption. Die Größe der Ladung und damit der Betrag der Adsorption steigt mit dem Überschuß des fällenden Anions und der Größe der Oberfläche des Niederschlages. Bei verschiedenen Adsorbentien ist der Betrag der Aufladung eine Funktion der Polarität des Niederschlags. Stärker polare Niederschläge adsorbieren stärker als Niederschläge gleicher Oberfläche, aber schwächer polarer Natur[4].

Von FAJANS wurde darauf hingewiesen, daß auch der Adsorptionssatz keine strenge Gültigkeit besitzt[5]. In der Tat sind Fälle bekannt, bei denen eine deutliche Adsorption schon dann gefunden wird, wenn dem Niederschlag keine entgegen-

---

[1] Von Dr. ERBACHER werden im Kaiser Wilhelm-Institut für Chemie auf diese Weise fortlaufend hochwertige RaD-Präparate aus gealtertem Radium abgeschieden.

[2] R. MUMBRAUER, l. c.

[3] O. HAHN, Berl. Ber. 1932 II, S. 3; Naturwissensch. Bd. 20, S. 86. 1932.

[4] O. HAHN u. L. IMRE, ZS. f. phys. Chem. (A) Bd. 144, S. 161. 1929.

[5] F. FAJANS u. W. STEINER, ZS. f. phys. Chem. Bd. 125, S. 309. 1927.

gesetzte Ladung erteilt worden ist oder wenn er sogar die gleiche Ladung aufweist wie das zu adsorbierende Ion[1] (vgl. auch Abschnitt III). In allen Fällen bleibt aber auch hier das Ergebnis bestehen, daß die Adsorption am entgegengesetzt geladenen Niederschlage immer wesentlich stärker ist als am gleichgeladenen, und daß die Schwerlöslichkeit der Verbindung des Adsorptivs mit dem Adsorbens keine für sich allein hinreichende Bedingung einer adsorptiven Abscheidung darstellt.

III. Abscheidung kleinster Mengen an präformierten Niederschlägen.

75. „Adsorptionsregel" und „Adsorptionssatz". Die Vorgänge bei der Abscheidung kleinster Substanzmengen an präformierten Niederschlägen, also die Erscheinungen, die nach dem bisherigen Sprachgebrauch als eigentliche Adsorptionsreaktionen definiert werden, wurden zuerst von PANETH eingehender studiert und die Ergebnisse in der „Adsorptionsregel" formuliert. Ihre Aussage stimmt im wesentlichen mit der obengenannten Fällungsregel überein. Sie wird, wie die ursprüngliche Fällungsregel, in ihrer ausschließlichen Betonung der Schwerlöslichkeit der Adsorptionsverbindung dem in der Zwischenzeit angesammelten experimentellen Material nicht mehr gerecht. Für die Übertragung des HAHNschen „Adsorptionssatzes" auf die Vorgänge an präformierten Niederschlägen gilt dasselbe, was im vorigen Abschnitt bereits dargelegt wurde: Ladungssinn, Größe der Oberfläche, polare oder unpolare Natur des Adsorbens, spielen neben der Schwerlöslichkeit eine wichtige Rolle bei den Adsorptionsvorgängen, aber eine ausnahmslose Gültigkeit kommt, worauf neuerdings FAJANS und ERDEY-GRUZ in einer ausführlichen Untersuchung hinweisen, auch bei den Vorgängen an präformierten Niederschlägen dem Adsorptionssatz nicht zu[2].

76. Zeitliche Stufen der Adsorptionsvorgänge. Während man eigentlich annehmen sollte, daß die Adsorptionsvorgänge an präformierten Niederschlägen einfacher zu überblicken seien als die entsprechenden Vorgänge an ausfallenden Niederschlägen, scheint eher das Gegenteil der Fall zu sein. Dies kommt zum Ausdruck, wenn man die Adsorption an oberflächenreichen Niederschlägen in ihrer Abhängigkeit von der Zeit verfolgt, wie dies von L. IMRE in einer Reihe von Untersuchungen geschehen ist[3]. Man hat es bei den Adsorptionserscheinungen mit mehreren zeitlich gegeneinander abgrenzbaren Vorgängen zu tun, die augenscheinlich durch einen Übergang der Adsorptivionen von der „diffusen" Doppelschicht an die unmittelbare Grenzflächenschicht oder sogar in diese hinein verursacht sind. Im Falle schwer löslicher Adsorbate und z. B. Silberhalogenide als Adsorbentien kann dies dazu führen, daß trotz Verkleinerung der wirksamen Oberfläche eine sich über viele Stunden erstreckende Adsorptionszunahme beobachtet wird. Die verschiedenen, zeitlich aufeinanderfolgenden Adsorptionsstufen konnten bei Bariumsulfaten definierter Oberfläche reaktionskinetisch erfaßt werden[4].

77. Kinetischer Austausch an präformierten Niederschlägen als beginnende Mischkristallbildung. Bei der Abscheidung kleiner Mengen mit ausfallenden Niederschlägen (Ziff. 70) ist zwischen mischkristallartigem Einbau und adsorptiver Anlagerung unterschieden worden. Logischerweise muß man diese beiden Abscheidungsarten auch auf die Vorgänge an präformierten Niederschlägen

[1] O. HAHN, ZS. f. angew. Chem. Bd. 43, S. 871. 1930; L. IMRE, ebenda Bd. 43, S. 875. 1930.

[2] K. FAJANS u. T. ERDEY-GRUZ, ZS. f. phys. Chem. (A) Bd. 158, S. 97. 1931.

[3] L. IMRE, ZS. f. angew. Chem. Bd. 43, S. 875. 1930; ZS. f. phys. Chem. (A) Bd. 153, S. 127. 1931.

[4] L. IMRE, ZS. f. phys. Chem. (A) Bd. 153, S. 262. 1931.

übertragen können. Hierdurch ergibt es sich, daß man auch hier eine Gruppe von Vorgängen von den eigentlichen Adsorptionserscheinungen, bei denen Größe der Oberfläche, Ladung usw. eine Rolle spielt, abtrennen muß.

Paneth und Vorwerk haben schon vor längerer Zeit eine Methode zur Bestimmung der Oberfläche „adsorbierender" Pulver ausgearbeitet. Sie beruht darauf, daß aus einer gesättigten Lösung von radioaktivem (ThB-haltigem) Bleisulfat, wenn sie mit festem inaktiven Bleisulfat geschüttelt wird, die ThB-Ionen sich zwischen fester und flüssiger Phase im Verhältnis der an der Oberfläche des „Adsorbens" sitzenden Bleiionen zu der in der Lösung bleibenden gleichmäßig verteilen. Aus der Abnahme der ursprünglichen Aktivität der Lösung läßt sich der Betrag der in der Oberfläche eingebauten aktiven Ionen und damit die Oberfläche des kristallinen „Adsorbens" bestimmen. Im Sinne der Hahnschen Unterscheidung zwischen Fällung und Adsorption handelt es sich bei diesem kinetischen Austausch nicht um eine Adsorption, sondern um beginnende Mischkristallbildung.

Schüttelt man Bariumsulfat mit einer Radium-Bariumsulfatlösung, dann treten, weil Radium- und Bariumsulfat isomorph sind und Mischkristalle miteinander bilden, Radiumionen in die Gitteroberfläche ein, Barium geht in Lösung. Also auch hier beginnende Mischkristallbildung, die nur wegen der äußerst geringen Platzwechselgeschwindigkeit der Gitterionen bei gewöhnlicher Temperatur nicht merkbar in das Innere fortschreitet.

Bei dem System Radiumnitrat-Bleinitrat wurde durch 20tägiges Erhitzen auf 300° die Wanderung von Radiumionen in das Innere eines Bleinitratkristalls experimentell festgestellt[1] (s. hierzu auch Austausch und Diffusionsvorgänge Ziff. 83).

Adsorption von „Radiokolloiden". Zu erwähnen ist hier noch eine dritte Art von Abscheidung, die weder zum kinetischen Austausch durch beginnende Mischkristallbildung, noch zu der vorher besprochenen polaren Adsorption zu rechnen ist. Die Gelegenheit zu einer solchen mehr zufälligen Abscheidung ist besonders dann gegeben, wenn die aktiven Atomarten in der Lösung nicht molekular dispers verteilt, sondern an Staubteilchen und anderen festen suspendierten Teilchen durch Adsorption angelagert sind, wenn sie also als „Radiokolloide" vorliegen. Diese „Radiokolloide" können sich an den Oberflächen präformierter oder ausfallender Niederschläge anlagern und in letzterem Falle bei der Bildung des Niederschlages zum Teil auch eingeschlossen werden[2].

IV. Entdeckung neuer, gasförmiger Metallhydride.

78. Wismut-, Blei- und Poloniumwasserstoff. Dank der ungemein empfindlichen radioaktiven Nachweismethode gelang Paneth und Mitarbeitern der Nachweis der Existenz einer Reihe von Metallwasserstoffverbindungen, um deren Herstellung man sich früher vergeblich bemüht hatte.

Von besonderem Interesse ist hier das von Paneth aufgefundene Hydrid des Wismuts als höherem Homologen des Arsens und Antimons, deren Wasserstoffverbindungen ja seit langem bekannt waren. Der radioaktive Nachweis des Wismuts, etwa in Form von ThC, läßt sich so empfindlich gestalten, daß noch der zehnmillionste Teil des Ausgangsmaterials erfaßt werden kann; man konnte also auch bei minimalster Ausbeute hoffen, die Existenz der gesuchten Verbindung sicherzustellen. Paneth gelang dieser Nachweis mit verhältnismäßig so einfachen Mitteln, daß die Flüchtigkeit und Kondensierbarkeit des ThC-

[1] F. Strassmann, Naturwissensch. Bd. 19, S. 502. 1931.
[2] O. Hahn, Berl. Ber. 1932, S. 7.

Hydrides sogar als Vorlesungsexperiment gezeigt werden kann. Nachdem dann Erfahrungen über die beste Darstellungsart und über die Beständigkeit dieses aktiven Wismutwasserstoffs gesammelt waren, gelang es, auch inaktiven Wismutwasserstoff in wägbaren Mengen zu gewinnen (Indikatorenmethode). Nach diesem Erfolg der angewandten Radiochemie wurde von PANETH und Mitarbeitern auch die Existenz von Bleiwasserstoff (Blei in Form von ThB) und Poloniumwasserstoff festgestellt; doch sind hierbei die Ausbeuten noch schlechter als beim Wismutwasserstoff, so daß neben dem radioaktiven Nachweis der direkte chemische Nachweis ihrer Existenz schwer zu erbringen ist.

V. Prüfung der NERNSTschen Potentialgleichung bei äußerst geringer Ionenkonzentration.

79. Zersetzungsspannung von Wismut. Durch Verwendung von RaE als einer radioaktiven Atomart des Wismuts konnte v. HEVESY die Frage prüfen, ob die NERNSTsche Gleichung für Elektrodenpotentiale auch noch bei äußerst geringer Ionenkonzentration in der Lösung anwendbar ist. Durch Aufnahme einer Zersetzungsspannungskurve zweiter Art, d. h. Feststellung der in der Zeiteinheit abgeschiedenen Mengen in Abhängigkeit vom Kathodenpotential, konnte die Gültigkeit obiger Gleichung noch bei einer Ionenkonzentration entsprechend einer 10^{-9} normalen Lösung festgestellt werden.

VI. Prüfung des Massenwirkungsgesetzes bei extremer Verdünnung der einen Ionenart.

80. Löslichkeit von Radiumsulfat bei Anwesenheit von SO_4-Ionen. Die wichtige Frage, inwieweit das Massenwirkungsgesetz bei äußerster Verdünnung der einen Ionenart noch Gültigkeit hat, wurde dadurch geprüft[1], daß einerseits eine genaue Bestimmung der Löslichkeit von reinem Radiumsulfat in Wasser durchgeführt und dann entsprechende Löslichkeitsbestimmungen bei steigender SO_4-Ionenkonzentration angeschlossen wurden. Die Ergebnisse sprechen dafür, daß auch bei äußerster Verdünnung der einen Ionenart bei Berücksichtigung der Aktivitätskoeffizienten mit einer ungefähren Gültigkeit des Massenwirkungsgesetzes gerechnet werden kann.

b) Untersuchung chemischer Elemente mittels der ihnen isotopen radioaktiven Atomarten: Indikatorenmethode.

Durch die Tatsache, daß eine Reihe gewöhnlicher chemischer Elemente instabile radioaktive Isotope besitzen, ist es möglich, diese Elemente in Konzentrationen zu untersuchen, die zum gewöhnlichen analytisch chemischen Nachweis bei weitem nicht mehr hinreichen würden. Die dem stabilen Element zugesetzte, in äußerster Verdünnung nachweisbare aktive Atomart dient als „Indikator" zur Bestimmung des stabilen Elements. Als solche Elemente kommen vor allem das Blei, Wismut, Thallium und Thorium in Frage. Der Ausdruck „Indikatorenmethode" stammt von v. HEVESY und PANETH; ihre Brauchbarkeit wurde von diesen Forschern an einer Reihe interessanter Beispiele dargelegt[2].

81. Beispiele aus der analytischen Chemie. Die Löslichkeitsbestimmung des bei Zimmertemperatur sehr schwer löslichen Bleichromats geschah durch

---

[1] O. ERBACHER u. B. NIKITIN, ZS. f. phys. Chem. (A) Bd. 158, S. 216. 1932; B. NIKITIN u. O. ERBACHER, ebenda Bd. 158, S. 231. 1932.

[2] Eine ausführliche Zusammenstellung der bis 1928 durchgeführten Versuche mit Literaturangaben findet sich bei F. PANETH, „Radio-Elements as Indicators", l. c.; vgl. auch v. HEVESY u. PANETH, Lehrb. der Radioaktivität, 2. Aufl. Leipzig: J. A. Barth 1931.

Zugabe des Bleiisotops ThB zu der Lösung des Bleisalzes vor dessen Ausfällung als Chromat. Der ungemein empfindliche Nachweis von ThB gestattet durch einfache Elektroskopmessungen die Bestimmung des gelösten Bleis in der gesättigten Lösung des Chromats.

Ein anderes Beispiel für die Fruchtbarkeit der Indikatorenmethode ist in jüngster Zeit von v. HEVESY und HOBBIE[1] dadurch erbracht worden, daß sie die Methode auf die quantitative Ermittlung des Bleigehaltes natürlicher Gesteine ausgedehnt haben. Die dabei in Frage kommenden Bleimengen bewegen sich etwa um $^1/_{100}$ mg pro Gramm Gestein, sind also äußerst gering. Dem zu untersuchenden Gestein wurde vor seiner Verarbeitung das langlebige Bleiisotop RaD zugefügt. Aus dem Betrag an wiedergewonnenem RaD und der Bestimmung der abgeschiedenen Bleimenge konnte der Gesamtbetrag an Blei in der Gesteinsprobe ermittelt werden.

82. Die EHRENBERGsche „radiometrische Mikroanalyse". Eine Erweiterung hat die Indikatorenmethode dadurch erfahren, daß man z. B. radioaktiv indiziertes Blei dazu benutzt, andere Stoffe, die mit Bleisalzen schwer lösliche Niederschläge bilden, indirekt in kleinsten Mengen quantitativ zu ermitteln. EHRENBERG hat diese Methode ausgearbeitet und als „radiometrische Mikroanalyse" bezeichnet. Die Arbeitsweise sei an einem Beispiel erläutert. Es konnte der Stickstoffgehalt organischer Substanzen in der Größenordnung von Zehntausendstel Milligrammen dadurch ermittelt werden, daß nach einem Mikroverfahren der Stickstoff in Form von Ammoniak in eine geeichte Lösung von inaktivem Bleinitrat eingeleitet wurde. Die unbekannte minimale Menge Ammoniak fällt aus der bekannten Menge von Bleinitrat eine minimale Menge von Bleihydroxyd aus. Letzteres wird abzentrifugiert und der in der Lösung verbliebene Teil des Bleis mit einer radioaktiv „indizierten" Bleinitratlösung genau bekannten Gehalts versetzt. Diese vereinigten Lösungen werden nun mit einer der indizierten Bleilösung äquivalenten Kaliumchromatlösung gefällt; das aktive Blei verteilt sich zwischen Chromatniederschlag und Filtrat nach Maßgabe des vorhandenen Bleis. Es bleibt um so mehr Aktivität in der Lösung, je mehr Blei in der zu bestimmenden inaktiven Bleilösung noch vorhanden war, d. h. je weniger Blei durch das eingeleitete Ammoniak ausgefällt worden war. Durch eine Aktivitätsmessung des aktiven Bleis im Filtrat wird auf diese Weise indirekt das Ammoniak quantitativ bestimmt.

EHRENBERG hat seine Methode in der Folge auf eine ganze Reihe mikroanalytischer Probleme ausgedehnt[2].

83. Austausch- und Diffusionsvorgänge. Die Existenz freibeweglicher Bleiionen in elektrolytisch leitenden Flüssigkeiten gegenüber der festen Bindung von Blei an Kohlenstoff in organischen Verbindungen wurde von v. HEVESY durch Austauschreaktionen zwischen inaktiven und radioaktiv indizierten Bleiverbindungen in prägnanter Weise demonstriert und damit der Nachweis geführt, daß der intermolekulare Atomaustausch an das Vorliegen einer elektrolytischen Dissoziation gebunden ist. Die Bleiionen aus aktiv indiziertem Bleinitrat vermischen sich in wässeriger Lösung mit den Ionen von inaktivem Bleichlorid; kristallisiert das Bleichlorid dann aus, dann enthält es aktive Ionen im Verhältnis der vorher zugefügten Menge. Macht man einen analogen Versuch mit dissoziiertem aktivem Bleinitrat und nichtdissoziiertem inaktivem Bleitetramethyl, so findet kein Austausch statt.

---

[1] G. v. HEVESY u. R. HOBBIE, Nature Bd. 128, S. 1039. 1931.

[2] R. EHRENBERG, Mikrochemie. Pregl-Festschrift 1929, S. 61; ebenda, Emich-Festschrift 1930, S. 120.

Ein weiteres Beispiel für die Fruchtbarkeit der Indikatorenmethode ist die experimentelle Verfolgung der sog. Selbstdiffusion, etwa von Blei in Blei (v. HEVESY), ein Vorgang, den man nach der kinetischen Theorie der Materie zwar schon immer annehmen mußte, der aber erst durch die radiochemisch nachweisbare Diffusion einer radioaktiven Atomart in das inaktive Element der experimentellen Prüfung zugänglich wurde.

Während im Falle der geschmolzenen Metalle diese Diffusion immerhin recht erheblich ist, ist sie naturgemäß im festen Zustande sehr gering. Zu ihrem Nachweis bedienten sich v. HEVESY und OBRUTSCHEWA[1] der Szintillationsmethode. Beim Diffundieren des mit ThB aktivierten Bleis von der Oberfläche etwa eines Bleieinkristalls ins Innere verschwinden die Szintillationen des aus dem ThB entstehenden ThC, wenn die Reichweite der α-Strahlen im Blei, die etwa 0,03 mm beträgt, überschritten wird.

Handelt es sich um die Diffusion von Blei in ein Bleisalzgitter hinein, dann ist diese bei mäßigen Temperaturen so gering, daß auch die Szintillationsmethode nicht mehr zum Ziele führt. Hier gelang v. HEVESY und SEITH[2] die Bestimmung der Diffusion mit Hilfe des „radioaktiven Rückstoßes“. Beim Bleiisotop ThB wird durch diesen „Rückstoß“ das ThC″ mit einer Reichweite in Blei von etwa $3 \cdot 10^{-5}$ mm fortgeschleudert. Ist eine ursprünglich an der Oberfläche befindliche ThB-Schicht also nur um diesen minimalen Betrag nach innen diffundiert, dann hört die elektroskopische Nachweisbarkeit des vorher leicht nachweisbaren ThC″ auf. Die Diffusionsgeschwindigkeit von Blei in $PbCl_2$ und PbJ_2 konnten auf diese Weise bis in die Gegend von 100° gemessen werden.

84. Aktive Atomarten als Indikatoren für ihre ebenfalls aktiven Isotope. Der Indikatorenmethode sind auch die Fälle zuzurechnen, bei denen aktive Atomarten durch ihre ebenfalls aktiven, aber leichter oder schneller nachweisbaren Isotope bestimmt werden können. Die Untersuchung der chemischen Eigenschaften des „strahlenlosen“ Actiniums ist dadurch recht unbequem, daß es erst durch seine verhältnismäßig langsam entstehenden Zerfallsprodukte quantitativ nachweisbar ist. Durch Verwendung des Actiniumisotops Mesothor 2 als Indikator wird diese Schwierigkeit behoben[3]. In jüngster Zeit hat sich Mme CURIE[4] mit Erfolg des Mesothors 2 bedient, um wirksame Anreicherungsmethoden zur Gewinnung sehr hochwertiger Actiniumpräparate (s. Kap. 3 B) auszuarbeiten.

Bei der Prüfung, ob Radium mischkristallartig in artfremde Gitter eingebaut wird (s. oben Ziff. 72), hat sich das Thorium X als Indikator sehr bewährt. Handelt es sich um die Abscheidung des langlebigen und nicht unmittelbar nachweisbaren Bleiisotops Radium D, etwa aus gealterten Radiumlösungen, dann läßt sich der Betrag der Abscheidung durch die leicht nachweisbaren Bleiisotope ThB oder RaB auf bequeme Weise kontrollieren.

Schließlich sei noch erwähnt die wechselseitige Verwendung der Isotope Protactinium und Uran Z[5]. Bei der Feststellung des Abzweigungsverhältnisses von Uran Z im Uran X diente eine geeichte Menge des α-strahlenden Protactiniums dazu, die Ausbeute an Uran Z bei den Abscheidungsreaktionen zu bestimmen. Umgekehrt konnte das β-strahlende Uran Z dazu verwendet werden, die Ausbeuten an Protaktinium bei Gehaltsbestimmungen von Protactinium enthaltenden Uransalzen zu ermitteln[6].

---

[1] G. v. HEVESY u. A. OBRUTSCHEWA, Nature Bd. 115, S. 674. 1925.
[2] G. v. HEVESY u. W. SEITH, ZS. f. Phys. Bd. 56, S. 790. 1929.
[3] D. K. YOVANOVITCH, Thèse de doctorat. Paris 1925.
[4] Mme CURIE, Journ. chim. phys. Bd. 27, S. 1. 1930.
[5] O. HAHN, ZS. f. phys. Chem. Bd. 103, S. 461. 1923.
[6] O. HAHN, Berl. Ber. 1927, S. 275; E. WALLING, Dissert. Berlin 1928.

85. Physiologische und biologische Anwendungen. Zum Schluß dieses Abschnittes sei noch auf die pflanzenphysiologischen und biologischen Anwendungsgebiete der Indikatorenmethode hingewiesen. So wurde die Verteilung von Blei in Wurzeln, Blättern und Früchten untersucht. Von therapeutischem Interesse ist die Prüfung der Verteilung von Thorium (UX), Wismut (RaE) und Blei (ThB) im tierischen Organismus, wobei sich zeigte, daß das Wismut sich mit Vorliebe in den Nieren ansammelt, das Blei mehr in der Leber[1]. Beim Wismut scheint außerdem eine starke selektive Anreicherung im Tumorgewebe nachgewiesen zu sein[2].

c) Strukturuntersuchung oberflächenreicher und oberflächenarmer Substanzen: Emaniermethode.

86. Prinzip der Emaniermethode. Die im folgenden kurz zu besprechende Emaniermethode unterscheidet sich in ihrer Zielsetzung prinzipiell von den unter a) und b) genannten radioaktiven Untersuchungsmethoden. Die Emaniermethode verwendet immer das Edelgas Emanation (meist in Form von Radon oder Thoron) zur Prüfung der Struktur von Stoffen, innerhalb deren es gebildet wird. Als Emaniervermögen eines Stoffes bezeichnet man das Verhältnis der aus einer beliebigen Substanz bei einer bestimmten Temperatur nach außen freiwillig entweichenden Emanationsmenge zu der in der betreffenden Substanz insgesamt gebildeten Menge. Aus einem polaren Kristall kann die Emanation bei gewöhnlicher Temperatur praktisch nicht herausdiffundieren: sein Emaniervermögen ist klein. Aus einem mit sehr großer innerer Oberfläche ausgestatteten Schwermetallhydroxyd wird ein großer Betrag von Emanation nach außen abgegeben: sein Emaniervermögen ist groß.

Ändert sich etwas an dem Kristallgefüge, wird der Kristall durch Temperaturerhöhung „aufgelockert", dann steigt sein Emaniervermögen. Verkleinert sich die Oberfläche eines oberflächenreichen Hydroxyds, etwa durch Schrumpfung, Kristallisation u. dgl., dann sinkt das Emaniervermögen. Man hat so in dem Emaniervermögen einen sehr empfindlichen Anzeiger für Oberflächenausbildung und Oberflächenänderung.

Die Methode ist vielfacher Anwendung fähig. Die Einlagerung der die Emanation entwickelnden aktiven Atomart in die zu untersuchende Substanz geschieht entweder durch gemeinsame Ausfällung (Hydroxyde), durch gemeinsames Kristallisieren bei Mischkristallbildung (Barium- und Thoriumsalze), durch inniges Verrühren im Schmelzfluß (Gläser), durch Basenaustausch (Zeolithe). Auf die bisherigen Ergebnisse soll kurz eingegangen werden.

Studien an oberflächenreichen Substanzen.

87. Oberflächenausbildung und -änderung. Schwermetalloxydhydrogele (Hydroxyde) sind kurz nach ihrer Ausfällung bei niedriger Temperatur alle durch ein sehr hohes Emaniervermögen ausgezeichnet, das selbst für das kurzlebige Thoron bis 90% erreicht. Im weiteren Verhalten sind die Gele der verschiedenen Metalle je nach deren Wertigkeit aber sehr verschieden. Zweiwertige Metallhydroxyde sind sehr empfindlich gegen äußere Einflüsse, dreiwertige weniger, besonders stabil scheinen die vierwertigen zu sein. Aber auch Metalle gleicher Wertigkeit verhalten sich noch sehr verschieden (Aluminiumhydroxyd altert leichter als Eisenhydroxyd, letzteres leichter, wenn es Verunreinigungen

---

[1] G. v. Hevesy u. O. H. Wagner, Arch. exper. Pathologie usw. Bd. 149, S. 336. 1930.
[2] H. Kahn, Strahlentherapie Bd. 37, S. 751. 1930.

enthält, als wenn es sehr rein ist). Während bei den empfindlichen Gelen Aufbewahrung in trockener Luft neben einer deutlich wahrnehmbaren Schrumpfung schon eine irreversible Alterung hervorruft[1], ist dies bei guten Eisen- und Thoroxydgelen nicht der Fall. Irreversible Alterung tritt bei diesen — außer im Laufe längerer Zeit — erst beim Erhitzen auf höhere Temperaturen ein (Rekristallisation[2]).

Thoriumoxydgele, aus Thorsolen bereitet, besitzen die gleiche Oberfläche wie solche, die direkt aus Salzlösungen gewonnen wurden. Dagegen sind entsprechend hergestellte Eisenoxydgele aus Eisensolen stets gröber dispers, haben eine kleinere innere Oberfläche[3].

Versuche mit „eingelagertem" und „angelagertem" Radiothor bei Thoroxydpräparaten verschiedener Teilchengröße sprechen für eine schnelle Homogenisierung der Thoratome in diesen Gebilden[3].

Neben Bestimmungen der relativen Oberflächenausbildung und -änderung ließen sich im Falle des Thoriums auch absolute Bestimmungen der spezifischen Oberflächen von Präparaten vornehmen. Dies gelang durch Kombination der PANETHschen Methode zur Bestimmung der Größe „adsorbierender" Pulver mit der Emaniermethode[4].

Unter Verwendung der mittels Thoron gewonnenen Erfahrungen über die besten Herstellungsbedingungen für haltbare oberflächenreiche Gele wurden auch hochemanierende „Radiumtrockenpräparate" hergestellt, die ihre Emanation zu fast 100% bei gewöhnlicher Temperatur abgeben[5]. Solche Präparate werden jetzt in steigendem Maße medizinischer Verwendung zugänglich gemacht (Radonator der Deutschen Gasglühlicht-Auergesellschaft[6]).

Interessant liegen die Verhältnisse bei den sog. Zeolithen, wasserhaltigen kristallisierten Silikaten. Entsprechend ihrer seit langem bekannten Basenaustauschfähigkeit besitzen solche Präparate ein hohes Emaniervermögen, stellen also strukturchemisch trotz ihres Kristallzustandes oberflächenreiche schwammartige Gebilde dar[7]. Im entwässerten Zustande dagegen besitzen sie ein außerordentlich hohes Adsorptionsvermögen für Gase und damit auch für das Edelgas Emanation; sie emanieren nicht mehr.

Studien an oberflächenarmen Substanzen.

88. Kristallisierte und amorphe anorganische Salze. Vertreter typisch oberflächenarmer Stoffe sind z. B. die gut kristallisierenden polaren Salze Bariumchlorid oder Bariumsulfat. Auch im gepulverten Zustande emanieren sie nur sehr wenig. Werden solche Salze erhitzt, so beobachtet man bei einer bestimmten, für das Salz charakteristischen Temperatur ein sprunghaftes Ansteigen des Emaniervermögens[8]. Diese Temperatur der beginnenden „Auflockerung" liegt in Übereinstimmung mit Angaben von TAMMANN und SWORYKIN[9] etwa bei der halben absoluten Schmelztemperatur des betreffenden Salzes.

---

[1] O. HAHN u. M. BILTZ, ZS. f. phys. Chem. Bd. 126, S. 323. 1927.
[2] O. HAHN, Ann. d. Chem. Bd. 440, S. 121. 1924.
[3] G. GRAUE, Kolloid-Beih. Bd. 32, S. 404. 1931; O. HAHN u G. GRAUE, ZS. f. phys. Chem., Bodenstein-Festband, S. 608. 1931.
[4] O. HAHN (mit BOBEK), Ann. d. Chem. Bd. 462, S. 174. 1928.
[5] O. HAHN u. J. HEIDENHAIN, Chem. Ber. Bd. 59, S. 284. 1926; O. ERBACHER u. H. KÄDING, ZS. f. phys. Chem. (A) Bd. 149, S. 439. 1930.
[6] P. M. WOLF u. N. RIEHL, Naturwissensch. Bd. 17, S. 566. 1929.
[7] H. MÜLLER, ZS. f. phys. Chem. (A) Bd. 149, S. 257. 1930.
[8] H. MÜLLER, unveröffentlicht; F. STRASSMANN, Naturwissensch. Bd. 19, S. 502. 1931.
[9] G. TAMMANN u. A. SWORYKIN, ZS. f. anorg. Chem. Bd. 176, S. 46. 1928.

Ähnlich den kristallisierten anorganischen Salzen verhalten sich die „amorphen“ Gläser. Von einer bestimmten Temperatur ab beginnt ein starker Anstieg des Emaniervermögens. Es scheint möglich zu sein, daß man hierbei Aufschlüsse über die Konstitution verschieden vorbehandelter Gläser (Transformationspunkt usw.) gewinnen kann, doch liegt hierüber noch nicht genügend experimentelles Material vor.

Setzt man Gläser verschiedener Zusammensetzung und damit verschiedener Eigenschaften wechselnden Beträgen relativer Feuchtigkeit aus, so hat man in der Konstanz des Emaniervermögens einen eindeutigen Beweis für die Widerstandsfähigkeit einer Glassorte (z. B. Jenaer Glas), in dem Steigen des Emaniervermögens einen Maßstab für seine Angreifbarkeit (Bariumglas[1]).

89. Organische Salze. Auch für die Prüfung der Molekularstruktur organischer Salze scheint die Bestimmung des Emaniervermögens neue Wege zu erschließen. Radiumhaltige Bariumsalze von Fettsäuren mit langer Kohlenstoffkette emanieren praktisch zu 100%! Entsprechende zweibasische Säuren oder Oxysäuren emanieren viel weniger. Bariumsalze von Ortho-, Meta- und Para-Benzolderivaten zeigen trotz gleicher chemischer Bruttoformel auffallende Unterschiede im Emaniervermögen[2]. Durch Erweiterung des Versuchsmaterials dürften sich auch hier Gesetzmäßigkeiten erkennen lassen, die über den inneren Bau der betreffenden Verbindungsgruppen Aussagen und Voraussagen gestatten werden.

d) Indirekte Analyse.

90. Bestimmung von Radium, Uran und Thor. Wird ein starkes Radiumpräparat mit Hilfe der γ-Strahlen gemessen, so dienen die durchdringenden Strahlen des Wismutisotops RaC zur quantitativen Bestimmung des dem Barium homologen Radiums.

Werden schwache Präparate gemessen, so dienen die α-Strahlen der Emanation und des aktiven Niederschlags zur quantitativen Bestimmung der Radiummenge. Sowohl qualitativ wie quantitativ kann man Analysen von Radioelementen in Mineralien durchführen, wenn man statt der häufig schwer zu bestimmenden Muttersubstanzen ihre leichter meßbaren Zerfallsprodukte heranzieht. Die Kenntnis der Umwandlungsprozesse dient dabei als Richtschnur. Früher wurde der brasilianische Monazitsand für uranfrei gehalten. Der Radiumgehalt des aus ihm hergestellten Mesothors beweist nicht nur die Anwesenheit des Urans, sondern erlaubt auch seine quantitative Bestimmung. Ganz allgemein werden heute Urananalysen, besonders in uranarmen Mineralien, durch Feststellung ihres Radiumgehaltes vorgenommen. Der Radiumgehalt wird durch die Emanation bestimmt, den Urangehalt erhält man dann durch Multiplikation mit $3 \cdot 10^6$. In allen gewöhnlichen Gesteinen der festen Erdkruste läßt sich die Emanation des Radiums und des Thoriums nachweisen. Die mit der nötigen Sorgfalt durchgeführten Messungen ergeben den genauen Uran- und Thorgehalt dieser Gesteine. Die absoluten Uran- und Thormengen sind dabei so klein, daß sie sich mit rein chemischen Methoden nicht bestimmen ließen. Für die Berechnung des Wärmehaushalts der festen Erdkruste sind aber diese Bestimmungen von prinzipieller Bedeutung (s. Kap. 3 D).

Auf weitere Fälle braucht nicht eingegangen zu werden. Das Prinzipielle der Methode geht aus den obigen Beispielen hervor.

---

[1] O. Hahn u. H. Müller, Glastechn. Ber. Bd. 7, S. 380. 1929.

[2] F. Strassmann, l. c.

D. Die Bedeutung der Radioaktivität für die Geschichte der Erde[1].

Von

GERHARD KIRSCH, Wien.

91. Die Art der Beziehungen zwischen Radioaktivität und Geologie. Das Wesen aller radioaktiven Prozesse ist die freiwillige, von äußeren Bedingungen des Druckes, der Temperatur und der chemischen Bindungsart unabhängige Atomumwandlung. Die bei derselben emittierten Strahlungen ionisieren die Materie, durch die sie hindurchfliegen; schließlich wird die gesamte kinetische Energie der Strahlen in Wärme umgewandelt.

Daß diese im Inneren der Erde durch geologische Zeiträume mit unveränderlicher Intensität stattfindende Wärmeproduktion die Art des Ablaufes der Erdgeschichte wesentlich mitbedingt, ist eine gesicherte Erkenntnis, seit die allgemeine Verbreitung der radioaktiven Stoffe in Gesteinen entdeckt wurde. Über die Art der Auswirkungen im einzelnen sind die Meinungen allerdings noch geteilt.

Ferner ist der Ablauf der radioaktiven Umwandlungen mit dem Auftreten neuer Stoffe, Blei und Helium, verbunden, deren Anhäufung in festen, radioaktive Stoffe enthaltenden Phasen proportional der Dauer dieses Prozesses stattfindet. Dadurch, daß wir die Menge der letzten stabilen Zerfallsprodukte mit der Menge der erzeugenden Muttersubstanzen vergleichen, vermögen wir die radioaktiven Zerfallserscheinungen in den Dienst der geologischen Zeitmessung zu stellen.

Auch die Anhäufung von Wirkungen der radioaktiven Strahlen, sei es die Wärmeentwicklung, sei es die verfärbende Wirkung kleiner radioaktiver Einschlüsse auf ihre Umgebung, hat in den Diskussionen über die Zeitverhältnisse des geologischen Geschehens gelegentlich eine Rolle gespielt.

a) Der Wärmehaushalt der Erde.

92. Die Verbreitung radioaktiver Substanzen in den an der Erdoberfläche zugänglichen Gesteinen. Schon die erste systematische Untersuchung verbreiteter Gesteinsarten auf Radium von R. J. STRUTT ließ dessen allgemeine Verbreitung erkennen. Es ist seither allgemein üblich, die Gewichtskonzentration von Radium in derartigen Materialien in 10^{-12} g per Gramm anzugeben[2]. Als Mittel für Erstarrungsgesteine fand STRUTT[3] $1{,}7 \cdot 10^{-12}$, für Sedimente $1{,}1 \cdot 10^{-12}$ Ra. Er stellte auch schon die Abnahme des Radiumgehaltes mit zunehmender Basizität der Erstarrungsgesteine fest.

Die radioaktiven Elemente finden sich, soweit sie den großen, von Uran und Thorium abstammenden Zerfallsreihen angehören, praktisch in denselben Phasen wie die genannten Muttersubstanzen. Es genügt daher, um die radioaktive

[1] Zusammenfassende Bearbeitungen hierhergehöriger Fragen finden sich in O. HAHN, Was lehrt uns die Radioaktivität über die Geschichte der Erde? Berlin: Julius Springer 1926; A. HOLMES, The age of the earth. London: Benn 1927; G. KIRSCH, Geologie und Radioaktivität. Berlin: Julius Springer 1928; G. KIRSCH, Radioaktivität der Erde. In Wien-Harms' Handb. d. Experimentalphysik Bd. XXV/2. Leipzig: Akad. Verlagsges. 1931.

[2] Mit Rücksicht auf das konstante Verhältnis (radioaktives Gleichgewicht!) von Ra:U, $3{,}4 \cdot 10^{-7}$, ist damit auch der Urangehalt angegeben.

[3] R. J. STRUTT, Proc. Roy. Soc. London (A) Bd. 76, S. 88. 1905; A. S. EVE u. D. MACINTOSH, Phil. Mag. (6) Bd. 14, S. 231. 1907.

Wärmeentwicklung durch diese Substanzen abschätzen zu können, die Feststellung der Uran- und Thorgehalte. Von den radioaktiven Alkalien spielt das Rubidium wegen seiner geringen Konzentration und Aktivität sicher keine Rolle, während trotz der vergleichsweise schwachen Aktivität die großen Mengen von Kalium unbedingt berücksichtigt werden müssen. Mit den in der hier gegebenen Tab. 15 enthaltenen Uran-, Thorium- und Kaliumgehalten sind daher alle geophysikalisch mit Bezug auf Wärmeproduktion interessierenden Erfahrungsdaten zusammengestellt. Die Angabe der SiO_2-Prozente läßt auch den gemeinsamen Gang der Aktivität jeder Art mit der Basizität erkennen.

Tabelle 15. Mittelwerte der Radioaktivität der Hauptgesteinsklassen.

	Ra 10^{12}	Th 10^{5}	% K_2O	% Si_2O
Saure Erstarrungsgesteine	3,1 (2,17)	2,05	4,2	74
Mittlere Erstarrungsgesteine	2,57 (1,28)	1,64	3,8	60
Basische Erstarrungsgesteine	1,28 (0,58)	0,56	1,4	48
Sedimente	1,4	1,16	—	—

Sehr viele Angaben rühren von J. Joly und seinen Mitarbeitern[1] her; die ersten beiden Spalten der Tab. 15 enthalten die von Joly gegebenen Ziffern; die eingeklammerten Werte sind von ihm berechnete Mittelwerte aus den Angaben anderer Autoren; die K_2O- und SiO_2-Werte sind nach R. A. Daly[2] zusammengestellt. Die Differenz zwischen Jolys und den eingeklammerten Werten sind kaum in einer Verschiedenheit der Arbeitsweise begründet, sondern spiegeln die Tatsache wider, daß die Aktivität in den Gesteinskörpern sowohl regional als lokal recht ungleichmäßig verteilt ist. Ersteres wird durch die neuen, systematischen Untersuchungen von C. S. Piggot[3] über ostamerikanische Gesteine aufs schärfste beleuchtet; er findet als Mittel für 18 Gesteine, hauptsächlich Granite (unter Ausschluß zweier stark nach oben herausfallender Granite von Georgia und Maine, 4,83 bzw. $3,74 \cdot 10^{-12}$) den auffallend niederen Wert von $0,9 \cdot 10^{-12}$ Ra. Ob dem wirklich ein niedrigerer Radiumgehalt des nordamerikanischen Kontinents gegenüber dem der alten Welt entspricht, muß wohl abgewartet werden; der durchweg höhere Wert der geothermischen Tiefenstufe in Nordamerika (Temperaturzunahme von 1° auf ca. 40 m Tiefe) gegenüber Europa (ca. 32 m) würde so eine Erklärung finden. Ein weiteres Beispiel für abnorm geringen Radiumgehalt wäre die Gesteinsserie von Mysore, Dekkan in Vorderindien. Sehr hohen Radiumgehalt ergaben z. B. die (sauren) Intrusionskörper in den Alpen und in den uralten, längst abgetragenen Gebirgszügen Finnlands ($6-7 \cdot 10^{-12}$ Ra und entsprechend hohen Th- und K-Gehalt).

93. Schlüsse auf die Radioaktivität des Erdinneren. Bezüglich der Struktur unseres Planeten stimmen alle Autoren darin überein, daß der Nickeleisenkern von einem Silikatmantel umgeben ist, der sich mindestens bis 1200 km Tiefe erstreckt. Beim gegenwärtigen Stand unseres Wissens genügt es hier, unsere Diskussionen im wesentlichen auf diese sog. Lithosphäre zu beschränken. Nach den Ergebnissen der Erdbebenforschung werden physikalische Unstetigkeiten in kontinentalen Gebieten in einer Tiefe von 20 bzw. 60 km angenommen und als Grenzen zwischen verschiedenen Gesteinsarten angesprochen. Saure, basische und ultrabasische Gesteine, oftmals schlechtweg als Granit, Basalt und Peridotit bezeichnet, kommen hier als Material in Betracht. Wir dürften uns kaum einer

[1] J. Joly, Phil. Mag. (6) Bd. 20, S. 125 u. 353. 1910; Bd. 24, S. 694. 1912; J. H. J. Poole, ebenda (6) Bd. 29, S. 483. 1915; A. L. Fletcher, ebenda (6) Bd. 23, S. 279. 1912.

[2] R. A. Daly, Proc. Amer. Acad. Bd. 45, S. 211. 1910.

[3] C. S. Piggot, Sill. Journ. (5) Bd. 21, S. 28. 1931.

Überschätzung schuldig machen, wenn wir für die durchschnittlichen Gehalte an radioaktiven Substanzen für diese Schichten folgende Mittelwerte ansetzen:

Tabelle 16.

	Mächtigkeit	K-Gehalt	U-Gehalt	Th-Gehalt
Granitschicht	20	2,6%	$6{,}0 \cdot 10^{-6}$	$2 \cdot 10^{-5}$
Basaltschicht	40	1,2%	$1{,}8 \cdot 10^{-6}$	$0{,}6 \cdot 10^{-5}$
Peridotitschicht	$\sim$1200	0,2%	$0{,}3 \cdot 10^{-6}$	$0{,}1 \cdot 10^{-5}$

Zur Begründung sei angeführt: Ein Urangehalt von $6 \cdot 10^{-6}$ für die Granitschicht entspricht einem Radiumgehalt von $2 \cdot 10^{-12}$; dieser Wert liegt in der Mitte zwischen JOLYS und PIGGOTS Ergebnissen und nahe dem Mittel aller sonstigen Messungen, so daß die gesamte Erfahrung mit entsprechendem Gewichte berücksichtigt erscheint. Für die Basaltschicht haben wir die auf breitester Basis durchgeführte Untersuchung der großen tertiären Deckenbasaltergüsse durch JOLY, die mit erstaunlicher Konstanz den Wert $0{,}77 \cdot 10^{-12}$ Ra ergab, aber auch viele ins Gewicht fallende Bestimmungen anderer Autoren an Basalt, die — soweit sie vom geologischen Standpunkt als repräsentativ für echtes Tiefenmagma gelten können — vielfach bedeutend niedriger liegen (bis $0{,}3 \cdot 10^{-12}$ u. dgl.). Hier befinden wir uns wohl schon auf etwas unsicherem Boden. Noch mehr dürfte dies von der ultrabasischen Schicht gelten. Hier haben wir versuchsweise den tiefsten, je an einem irdischen Erstarrungsgestein gemessenen Wert ($0{,}1 \cdot 10^{-12}$ Ra in ultrabasischen Intrusionen von Mysore) eingesetzt.

Eine bessere Grundlage zur Beurteilung des letzten Wertes dürften wir im Vergleich mit dem Radiumgehalt der Meteoriten haben. Die Meteoriten in ihrer Gesamtheit, möglicherweise Bruchstücke eines oder mehrerer Himmelskörper, lassen sich als Differentiationsprodukte eines Urmagmas auffassen, das aber etwas basischer gewesen sein, also eher weniger Radioelemente als mehr als unser Planet enthalten haben mag. Der Radiumgehalt der Meteor*steine* wurde bisher auf Grund verschiedener Untersuchungen zu $0{,}58 \cdot 10^{-12}$ angenommen. Eine jüngst untersuchte Mischprobe[1] aus 20 Meteorgesteinen enthielt sogar nur $0{,}12 \cdot 10^{-12}$. Unser Ansatz von $0{,}1 \cdot 10^{-12}$ Ra für die Peridotitschichte dürfte daher Vertrauen verdienen, jedenfalls kaum zu hoch gegriffen sein.

Der Grund für die ungleichförmige Verteilung der radioaktiven Substanzen auf die verschiedenen Phasen des Erdkörpers liegt in den geochemischen Verteilungsgesetzen der Elemente, wie sie vor allem durch die Forschungen V. M. GOLDSCHMIDTS[2] geklärt wurden: Bei der Sonderung des großen Schmelzflusses, den unser Planet einst darstellte, in die drei Hauptphasen, Metall- (Eisen-) Kern evtl. Sulfid- (Oxyd-) Schmelze und Silikatschmelzfluß gingen diejenigen Elemente, deren Affinität zu Sauerstoff größer als die des Eisens ist und die zugleich eher zur Verbindung mit Sauerstoff als mit Schwefel neigen, in letzteren bevorzugt ein. Zu denselben gehört sowohl Kalium als auch Uran und Thorium. Bei weiterer Differentiation der Silikatphase durch Kristallisation tritt eine weitere Anreicherung der aktiven Elemente nach oben ein, von Kalium, weil es in die leichten Feldspäte u. dgl. eingebaut wird, von Uran und Thorium, weil dieselben wegen ihres großen Ionenvolumens in die meisten festen Phasen nicht aufgenommen werden können, andererseits zunächst ihre Konzentration zur Bildung eigener Phasen nicht ausreicht, so daß sie mit den leichten, weil kieselsäurereichen und

[1] F. PANETH u. W. KOECK, Z. f. phys. Chem. (A) Bd. 153, S. 145. 1931.

[2] V. M. GOLDSCHMIDT, Geochemische Verteilungsgesetze. Skrifter Kristiania 1923, Nr. 1; 1924, Nr. 2.

wasserhaltigen Restmagmen aufsteigen. In welcher Tiefe in der Erde wir ein Element hauptsächlich finden, hängt also *nicht von der Schwere des Atoms* ab, *sondern* vom spezifischen Gewicht der Phase, in die es *kraft seiner chemischen Eigenschaften* eintritt.

94. Wärmehaushalt und Alter der Erde. Betrachtet man die Erde als eine ursprünglich glühende und sich durch Ausstrahlung abkühlende Kugel, deren Oberfläche durch das Strahlungsgleichgewicht mit der Umgebung, Sonne und Weltraum auf einer gewissen mittleren Temperatur gehalten wird, so ist die Berechnung des Alters der Erde aus dem heute in der Erdkruste beobachtbaren Temperaturgefälle ein reines Wärmeleitungsproblem. Auf diese Weise hatte Lord KELVIN die Frage nach dem Alter unseres Planeten zu lösen versucht. Man erhält mit den besten uns heute bekannten Werten für die Anfangstemperatur (Erstarrungstemperatur von Silikatgesteinen), Wärmeleitfähigkeit der Gesteine usw. auf diese Weise rund 20 Millionen Jahre (M.J.) für die Zeit, die bis zur Einstellung des heute beobachteten Temperaturgradienten an der Erdoberfläche verflossen sein muß; einen viel zu kleinen Wert, wie sich gleich zeigen wird.

Für die Abschätzung des Alters der Erde sind bereits recht verschiedene Erscheinungen herangezogen worden. Als Uhr kann ja jeder Vorgang dienen, der gleichmäßig genug abläuft und bei dem eine Anhäufung einer Wirkung oder eine Anhäufung von Materie stattfindet, so daß hierdurch die Registrierung der abgelaufenen Zeit erfolgt. Für die Beurteilung der Länge der geologischen Geschichte kann hier die mit einigermaßen bekannter Geschwindigkeit vor sich gehende Zufuhr von Natrium ins Weltmeer dienen, die in Verbindung mit der bis heute angehäuften Gesamtmenge zunächst schon auf ein Alter des Ozeans — das man dem Alter der Erde ungefähr gleichsetzen darf — von ca. 100 M.J. führt. Alle Korrekturen, wie etwa die (sehr schwierige) Bestimmung des *gelösten* Anteils des Natriums, das die großen Flüsse der Erde dem Meere zuführen, der ja allein den Salzgehalt vermehrt, oder die Abschätzung des Anteils des Natriums im Flußwasser, das bereits einmal im Meere gewesen ist, wirken erhöhend auf das Alter, so daß, Gleichmäßigkeit des Ablaufes der geologischen Geschichte in dieser Hinsicht vorausgesetzt, das Alter der Erde nach dieser Methode auf rund 300 M.J. zu schätzen wäre. Nun haben wir aber allen Grund, anzunehmen, daß es im Durchschnitt auf unserem Planeten ruhiger zuging und eine Steigerung der Erosion und Sedimentation infolge vorangegangener Gebirgsbildung wie heute nur zeitweise stattfand, so daß wir wohl mit einem Vielfachen von 300 M.J. als dem Zeitraum des geologischen Geschehens zu rechnen haben. Zu ganz analogen Ergebnissen führen die ähnlichen Methoden, die sich auf Bildungsgeschwindigkeit von Sedimentgesteinen in Verbindung mit der Gesamtmächtigkeit aller Sedimentserien aller geologischen Perioden usw. stützen[1].

Auch die auf die Zusammensetzung radioaktiver Mineralien gegründete beste Methode der geologischen Zeitmessung, die weiter unten behandelt wird, führt auf ein Alter unseres Planeten von wenigstens 1600 M.J.

Die Entdeckung der allgemeinen Verbreitung radioaktiver Substanzen in Gesteinen in der Größenordnung, wie es STRUTTs Untersuchungen ergeben hatten, bedeutete nun, daß man mit dieser dauernden Wärmequelle im Erdinnern zu rechnen hatte. Eine Überschlagsrechnung ergibt sofort, daß ein Durchschnittsgehalt der Erde an Radioaktivität, wie ihn die Oberflächengesteine zeigen, eine mehrere hundertmal größere Wärmemenge produzieren würde, als der die Erdoberfläche passierende Wärmestrom abführt:

---

[1] Vgl. etwa die Diskussion bei A. HOLMES, The age of the earth. London: Benn 1927.

Setzen wir nach den neuesten Bestimmungen die Wärmeproduktion von Uran per g und Jahr rund gleich 1 cal, von Thorium gleich 0,2 cal und von Kalium gleich $1{,}25 \cdot 10^{-4}$ cal, so gibt das mit den in Tab. 16, Zeile 1, angegebenen Konzentrationen eine jährliche Wärmeentwicklung von rund $13 \cdot 10^{-6}$ cal per g Gestein oder für die ganze Erde mit der Masse $6 \cdot 10^{27}$ g $\backsim 8 \cdot 10^{22}$ cal.

Der die Erdoberfläche passierende radiale Wärmestrom dagegen beträgt, wenn wir das Temperaturgefälle gleich $3 \cdot 10^{-4}$ grad/cm und die Wärmeleitfähigkeit gleich $5 \cdot 10^{-3}$ cal/grad cmsec setzen,

$$3 \cdot 10^{-4} \cdot 5 \cdot 10^{-3} \cdot 3 \cdot 10^{7} = 45 \text{ cal/Jahr cm}^2$$

oder für die ganze Erdoberfläche ($5 \cdot 10^{18}$ cm^2) $2{,}25 \cdot 10^{20}$ cal/Jahr, also nur $^1/_{400}$ der oben berechneten Wärmeproduktion. Eine Schicht von nur 12 km Dicke mit der angenommenen Radioaktivität wäre bereits imstande, den beobachteten Wärmestrom zu decken. Danach mußte als sicher angenommen werden, daß dieser Wärmestrom heute zum größten Teil der Abfuhr radioaktiver Wärme dient und eine Berechnung des Alters der Erde aus dem Temperaturgradienten nicht möglich ist.

95. Kühlt sich die Erde stetig ab oder nicht? Nach dem eben Gesagten sollte der thermische Zustand der Erde heute mehr oder weniger ein annähernd stationärer sein. Durch längere Zeit versuchten nun etliche Autoren unter der Voraussetzung, die Erde vermindere trotz der radioaktiven Wärmeentwicklung stetig ihren Wärmevorrat, das Problem umzukehren und aus dem bekannten Alter der Erde von 1600 M.J. und dem Temperaturgradienten an der Oberfläche der Kontinente den Radioaktivitätsgehalt der Erde zu berechnen. Über die Verteilung der Radioaktivität nach der Tiefe wurden dabei ganz bestimmte, rechnerisch handliche Annahmen gemacht; meistens wurde Abnahme mit wachsender Tiefe nach einem Exponentialgesetz vorausgesetzt, so daß das Ergebnis der Rechnung die Tiefe bezeichnet, in welcher die Aktivität nur noch den e-ten Teil derjenigen an der Oberfläche beträgt. Oder es wurde konstante Konzentration bis zu einer bestimmten Tiefe angenommen, unterhalb welcher die Aktivität dann vernachlässigbar klein sein sollte; diesfalls lieferte die Rechnung die Dicke der aktiven Schichte. Da der heutige Wärmestrom praktisch fast vollkommen der Ableitung radioaktiver Wärme dient — die Annäherung an den asymptotisch angestrebten Endzustand ist bei der Länge der bereits verflossenen Zeit bereits eine sehr weit gediehene —, so ist verständlich, daß mit den beiden angenommenen Verteilungsgesetzen die beiden kritischen Tiefen nahezu gleich herauskommen.

Eine derartige Auffassung vom Wärmehaushalt der Erde, die heute, allerdings mit gewissen Veränderungen, nur noch von H. JEFFREYS[1] ausdrücklich vertreten wird, dürfte vor allem in zwei Punkten der Kritik kaum standhalten können. *Erstens* tut man mit der Annahme, die Aktivität sei in größeren Tiefen, jedenfalls im größten Teil der Lithosphäre, vernachlässigbar klein, den tatsächlichen Verhältnissen Gewalt an. Über die Wirksamkeit von Differentiationsvorgängen haben wir ja von den Verhältnissen unter den verschiedenen Gesteinen an der Erdoberfläche her ein gewisses Urteil, das, wie gezeigt wurde, auf eine Aktivität ultrabasischer Gesteine führt, die nicht vernachlässigt werden kann. Die Verhältnisse in der Nähe der Erdoberfläche, wo in rascher Folge — jedenfalls innerhalb eines Tiefenbereichs von ca. 100 km — saure, mittlere, basische und

[1] H. JEFFREYS, The Earth. Cambridge University Press 1924; Phil. Mag. (7) Bd. 1, S. 923. 1926; Geol. Mag. Bd. 63, S. 516. 1926; Gerlands Beitr. z. Geophys. Bd. 18, S. 1. 1927; Phil. Mag. Bd. 5, S. 208. 1928.

ultrabasische Gesteine einander ablösen, könnten zur Not noch durch ein Exponentialgesetz wiedergegeben werden. Für eine Fortsetzung der Abnahme der Radioaktivität mit der angenommenen Geschwindigkeit durch die übrige Lithosphäre liegt aber angesichts der relativ großen anzunehmenden Homogenität derselben gar kein Grund vor. Und der oben angesetzte Gehalt von $0{,}1 \cdot 10^{-12}$ Ra ist, besonders seit HOLMES und LAWSON aufmerksam gemacht haben, daß auch die Wärmeproduktion des Kaliums eine Wirksamkeit gleicher Größenordnung neben Uran und Thorium entfalte, keinesfalls zu vernachlässigen. Eine Peridotitschichte mit dieser Aktivität und von mehr als 1000 km Mächtigkeit liefert jedenfalls ein Vielfaches des nach den kontinentalen Verhältnissen geschätzten Wärmestromes durch die Erdoberfläche.

Zweitens ist die Annahme eines so geringen Gehaltes der Erde an Radioaktivität, daß ihre stetige, wenn auch recht langsame Abkühlung gewährleistet erscheint, nicht mit dem Charakter der tektonischen Geschichte der Erdkruste vereinbar. Die geologische Geschichte müßte dann nach der Gegenwart zu immer ruhiger werden und sehr gleichmäßig ablaufen, während tatsächlich orogenetische und epirogenetische Bewegungen in der Erdkruste in Raum und Zeit ungleichmäßig verteilt, aber im Durchschnitt bis in die Gegenwart mit unverminderter Stärke auftreten.

Der erste, der den Wärmehaushalt der Erde von dem Standpunkt betrachtete, die Erde gebe im Durchschnitt bedeutend mehr Wärme ab, als wir nach den jetzigen Verhältnissen an den Kontinentoberflächen errechnen, war J. JOLY.

96. JOLYS Theorie der magmatischen Zykeln[1]. Wenn auch die Auffassung JOLYS tiefergreifende Änderungen und Ergänzungen erfuhr, so bedeutet sie doch einen Wendepunkt in der Entwicklung unserer Erkenntnisse von den Vorgängen im Erdinneren und sei darum kurz dargestellt.

Eine Haupttatsache, der eine Theorie des Wärmehaushaltes der Erde gerecht zu werden hat, sind die sich im Laufe der Erdgeschichte in großen Abständen wiederholenden Hebungen und Senkungen in regionalem Maßstab um mehrere hundert Meter. Die Senkungen sind mit der Bildung mächtiger Sedimentserien verknüpft, die zuletzt innerhalb relativ kurzer Zeit zu Gebirgskörpern zusammengefaltet werden. Die an die Zeit der Kompression in der Erdkruste anschließende energische Hebung, die besonders die jüngst gefalteten Massen betrifft, führt zur Bildung von mächtigen, erdumspannenden Kettengebirgen und stellt den Ausgangszustand wieder her. Nun legt JOLY seinen Erklärungen das Bild der Erdkruste von WEGENER zugrunde, nach dem dieselbe aus zweierlei Magmen besteht, dem schwereren, basischen Sima (Silizium-Magnesium), das vielfach den Ozeanboden erreichen oder doch nahe an ihn heranreichen soll, und dem leichteren, sauren Sial (Silizium-Aluminium), aus dem die Kontinentalschollen bestehen, die, Eisschollen vergleichbar, im Sima schwimmen. Als repräsentativ für das Sima sieht JOLY das Material der großen tertiären Deckenbasaltergüsse an, das einen Radiumgehalt von $0{,}77 \cdot 10^{-12}$ besitzt und in einigen 20 M.J. die zu seiner Verflüssigung nötige latente Schmelzwärme entwickelt. Die höhere Aktivität in den sialischen Kontinentaltafeln soll allein schon so viel Wärme erzeugen, daß dadurch erstens die Wärmeabgabe an der Kontinentoberfläche gedeckt erscheint und zweitens die Gleichgewichtstemperatur an der unteren Seite der Kontinente ungefähr der Schmelztemperatur des Basalts entspricht. Weil daher kein Temperaturgefälle von der basaltischen Unterlage in die sialische

[1] J. JOLY, Phil. Mag. (6) Bd. 45, S. 1167; Bd. 46, S. 170. 1923; Gerlands Beitr. z. Geophys. Bd. 19, S. 415. 1928; J. R. COTTER, Phil. Mag. (6) Bd. 48, S. 458. 1924; H. H. POOLE u. J. H. J. POOLE, ebenda (7) Bd. 5, S. 662. 1928.

Tafel zustande kommen kann, solange der Basalt fest ist, also auch keine Wärmeabfuhr durch die sialischen Tafeln möglich ist, so muß in der angegebenen Zeit Schmelzung der Unterlage eintreten. Da aber heute der Erdkörper in jenen Tiefen so starr ist, daß er Transversalwellen fortpflanzt, so muß es einen Vorgang geben, der zur Wiederverfestigung führt. Dies geschieht dadurch, daß die Aufschmelzung unter dem Ozean, wo sie ursprünglich nur in größerer Tiefe stattfinden konnte, bis nahe an die Oberfläche, den Ozeanboden, vordringt, weil eine geschmolzene Schichte genügender Mächtigkeit in einem Schwerefeld sich nicht im Gleichgewicht mit dem eigenen Muttergestein befinden kann. Die Abnahme der Schmelztemperatur mit der Annäherung an die Oberfläche infolge der Druckverminderung ist nämlich rascher als die Temperaturabnahme innerhalb des Magmas (der Lava) im konvektiven Gleichgewicht, das sich natürlich durch Konvektion einzustellen strebt. Es entsteht daher an der oberen Seite der Magmazone ein Temperatursprung gegen das Dach und bewirkt eine rasche Einschmelzung desselben, während zugleich Ausscheidung fester Phase am Grunde der Magmazone stattfindet. Dieselbe arbeitet sich so lange aufwärts, bis der simatische Ozeanboden dünn genug und das Temperaturgefälle in demselben groß genug geworden ist, um die durch den erwähnten Temperatursprung ins Dach hineingepumpte Wärme durch Leitung an den Ozean weiter zu befördern. Hierdurch kommt es schließlich innerhalb weniger M.J. zur Wiederverfestigung einer Schichte von etlichen Zehner km Mächtigkeit. Die Dauer eines solchen „magmatischen Zykels" schätzte JOLY auf 40 bis 50 M.J.

Die Auswirkungen dieser Zustandsänderungen des Erdinneren auf die Erdoberfläche sind folgende: Während des Schmelzens in der Tiefe, das ja eine Verringerung der Dichte bedeutet, besonders aber während des Aufwärtsdringens der Magmazone unter den Ozeanen sinken die leichteren Schollen relativ etwas ein, die Meere transgredieren. Die Vergrößerung der Erdoberfläche soll sich in der Hauptsache auf die dünn gewordenen Ozeanböden auswirken. Die Wiederverfestigung von unten her beginnend, erzeugt Kompression in der festen Kruste, die sich in der Zusammenfaltung der vorher abgesetzten Sedimente als der am wenigsten widerstandsfähigsten Teile auswirkt. Infolge Wiederherstellung der ursprünglichen Dichte des tragenden Sima tritt zuletzt wieder Hebung der Kontinente mit Regression der Meere und besonders große Hebung der sehr mächtigen gefalteten Sedimentmassen ein. In solchen stärker radioaktiven Massen überdurchschnittlicher Mächtigkeit kann der zur Wärmeabfuhr erforderliche Temperaturgradient, weil er über größere Distanzen besteht, auch zu höheren Temperaturen im Inneren der Gebirgskörper und damit zu Schmelzvorgängen, zur Bildung von Intrusionen, führen. Diese letzte Art von Vulkanismus ist zur Not auch mit den Theorien der stetigen Abkühlung vereinbar, während die großen Deckenbasaltergüsse im Rahmen der letzteren unverständlich bleiben.

97. Erweiterung und Ergänzung der Theorie der magmatischen Zykeln[1]. Verschiedene Autoren haben an diese Gedankengänge anknüpfend Bilder von den Vorgängen im Erdinneren entworfen, doch entbehren die meisten derselben einer strengeren Durchführung im physikalischen Sinne. Auch eine Erörterung vieler für und wider ins Feld geführten Betrachtungen würde hier zu weit führen. Die beachtenswerteste Erweiterung bedeutet zweifellos der Versuch von HOLMES, durch Einbeziehung einer weniger radioaktiven, sehr mächtigen, tiefer liegenden Peridotitschichte in die Diskussion quantitative Übereinstimmung zwischen der

[1] A. HOLMES, Geol. Mag. Bd. 62, S. 504 u. 529. 1925; Bd. 63, S. 306. 1926; A. HOLMES u. R. W. LAWSON, Phil. Mag. (7) Bd. 2, S. 1218. 1926.

geologischen Zeitrechnung nach Zykeln und den Angaben der Altersbestimmungen an radioaktiven Mineralien herzustellen. Danach sollen sich die geschilderten Vorgänge in größtem Maßstab als Folge der zyklischen Zustandsänderung der Peridotitschichte rund alle 180 M.J. abspielen, während die rascheren in viel kürzerer Zeit ablaufenden analogen Vorgänge in der wenig mächtigen, basaltischen Schichte in kürzeren Abständen etwa 6- bis 7mal während eines großen Zykels ähnliche Folgen für die Erdoberfläche, aber mit bedeutend geringerer Intensität haben sollen. Der allseitige Anschluß an die geologische und sonstige Erfahrung ist hier schon ein recht guter.

b) Die radioaktiven Methoden geologischer Zeitmessung[1].

98. Die physikalischen Grundlagen der Altersbestimmungen aus dem Bleigehalt. Bei einer gewöhnlichen chemischen Analyse eines Uranminerals können von den Zerfallsprodukten des Urans nur die stabilen Endprodukte Blei und Helium in wägbaren Mengen nachgewiesen werden. Da beim Zerfall *eines* Uranatoms (Atomgewicht 238) jedesmal *ein* Bleiatom (Atomgewicht 206) gebildet wird, so gibt uns der Quotient zwischen der gefundenen Blei- und Uranmenge Pb/U, gewöhnlich kurz als das „Bleiverhältnis" (Pb-ratio) des Minerals bezeichnet, multipliziert mit dem reziproken Verhältnis der Atomgewichte $\frac{238}{206} = 1{,}15$ das Verhältnis der Atomzahlen von Blei und Uran. Solange die Bleimenge noch klein gegen die Uranmenge ist, kann letztere für die Zeit, während deren die Bleierzeugung stattfand, als konstant und gleich der im Mineral gefundenen angesehen werden. Dann kann diese Zeit, das Alter des Minerals, dem Bleiverhältnis proportional gesetzt werden und ist gleich Pb/U · 1,15, dem zerfallenen Bruchteil der Uranatome, dividiert durch den in der Zeiteinheit zerfallenden Bruchteil λ_U, die Zerfallskonstante des Urans. Nehmen wir als Zeiteinheit, wie dies heute auf dem Gebiete der geologischen Zeitmessung üblich ist, eine Million Jahre, so ist also das Alter eines Uranminerals

$$A = \frac{\mathrm{Pb}}{\mathrm{U}} 1{,}15 \cdot \frac{1}{\lambda_U} = \frac{\mathrm{Pb}}{\mathrm{U}} \cdot C, \qquad C = 7100\,.$$

Dem Bleiverhältnis 0,001 entspricht also ein Alter von ungefähr 7 M.J. Dabei haben wir für λ_U den aus $Z_{Ra} = 3{,}7 \cdot 10^{10}$ und dem Gleichgewichtsverhältnis von Radium und Uran $3{,}4 \cdot 10^{-7}$ berechneten Wert eingesetzt, vermehrt um 4% für den Zerfall in der Richtung der Aktiniumreihe.

Für ältere Mineralien kann die während der Bleierzeugung stattfindende Änderung der Uranmenge nicht mehr vernachlässigt werden; ihre strenge Berücksichtigung unter Anwendung der S. 201ff. dargestellten Theorie des radioaktiven Zerfalls führt auf die Formel

$$A = \frac{\operatorname{lognat}\left(\frac{\mathrm{Pb}}{\mathrm{U}} \cdot 1{,}15 + 1\right)}{\lambda_U}\,.$$

Für die Berechnung des Alters radioaktiver Mineralien, die nur Thorium enthalten, gelten analog die strenge Formel

$$A = \frac{\operatorname{lognat}\left(\frac{\mathrm{Pb}}{\mathrm{Th}} \cdot 1{,}12 + 1\right)}{\lambda_{Th}}$$

sowie die Näherungsformel $$A = \frac{\mathrm{Pb}}{\mathrm{Th}} \cdot \frac{1{,}12}{\lambda_{Th}}\,.$$

[1] Wegen Literatur zu Ziff. 98 bis 102 muß wegen ziemlichen Umfanges derselben auf die eingangs des Abschnittes S. 326 angeführten zusammenfassenden Bearbeitungen sowie etwa noch LANDOLT-BÖRNSTEINS Phys.-Chem. Tabellen, 5. Aufl., Erg.-Bd. II/1, verwiesen werden.

Für den sehr häufigen Fall von Mineralien, die Uran und Thorium gleichzeitig enthalten, ist die strenge Lösung nach A nicht geschlossen darstellbar. Meistens überwiegt jedoch das Uran und infolge seiner kleineren Halbwertszeit noch mehr das Uranblei über das Thorblei derart, daß man in der Näherungsformel dieselbe Konstante C verwenden kann und der Anwesenheit des Thoriums einfach Rechnung trägt, indem man die Uranmenge um den dem vorhandenen Thorium an Bleierzeugungsvermögen äquivalenten Betrag vermehrt. Man erhält so die häufig besonders in der älteren Literatur anzutreffende Formel

$$A = \frac{\mathrm{Pb}}{\mathrm{U} + k \cdot \mathrm{Th}} C, \qquad k = \frac{\lambda_{\mathrm{Th}}}{\lambda_{\mathrm{U}}} \cdot \frac{1{,}15}{1{,}12}.$$

Bis vor kurzem wurde meist für λ_{Th} der alte Wert besonders in der angelsächsischen Literatur verwendet, der auf $k = 0{,}35$ führt, während neuerdings $\lambda_{\mathrm{Th}} = 4 \cdot 10^{-11}$ pro Jahr und $k = 0{,}25$ vorgezogen wird.

Es ist selbstverständlich, daß für die Berechnung des Alters in die Formeln nur das Blei radioaktiven Ursprungs eingesetzt werden darf; andernfalls hat das Ergebnis nur die Bedeutung einer oberen Grenze. Da Uranblei und Thorblei sich durch ihre Atomgewichte (206,0 bzw. 208,0) vom gewöhnlichen Blei unterscheiden, so haben wir in einer genauen Atomgewichtsbestimmung ein Mittel an der Hand, eine Beimengung von gewöhnlichem Blei, wie sie leider gar nicht selten vorkommt, zu erkennen. Doch ist die Wahrscheinlichkeit einer solchen in wirklich ins Gewicht fallendem Ausmaße bei gewissen Mineralien so gering, daß viele Altersbestimmungen auch ohne Kontrolle des Atomgewichts eine wertvolle Angabe bedeuten.

Nur bei gewissen Pechblendevorkommen hydrothermaler Entstehung, die mit Bleiglanz vergesellschaftet sind, wurde ein namhafter Gehalt an gewöhnlichem Blei festgestellt. Bei kristallisierten Vorkommen deuteten die Atomgewichtsbestimmungen stets nur wenige Prozente einer solchen Beimengung an. So betrug das Atomgewicht des Bleies aus dem nahezu thorfreien Morogoroerz 206,046; norwegischer Bröggerit mit einigen Prozent Thorium ergab 206,06 bis 206,12; die tiefsten, bisher an Uranblei festgestellten Atomgewichte aus uranführender Kohle, dem sog. Kolm, und einer Probe aus Morogoroerz, erstere von T. W. RICHARDS, letztere von O. HÖNIGSCHMID untersucht, ergaben fast genau 206,00. Da in derselben natürlich so wie in jedem Uranblei auch ca. 4% Actinium D vom Atomgewicht 207 enthalten ist, so kann reinem RaG höchstens das Atomgewicht 205,96 zukommen in bester Übereinstimmung mit dem Atomgewicht des Radiums 225,97.

99. Über das für Altersbestimmungen verwendbare Material. Auch vom evtl. Gehalt an gewöhnlichem Blei, dem wir ja durch Atomgewichtsbestimmung beikommen können, abgesehen, ist nicht jedes radioaktive Mineral für eine Altersbestimmung nach der Bleimethode geeignet. Es muß die Gewähr gegeben sein, daß die zur Analyse verwendete Probe seit der Bildung des Minerals von ihrem Bestand an Uran bzw. Thorium und Blei nichts verloren hat. Die Erfahrung zeigt, daß vor allem die unter dem Einfluß der Becquerelstrahlungen metamikt, d. h. amorph werdenden Mineralien einem vollkommenen oder teilweisen Verluste von Blei ausgesetzt sind. Man erkennt dies daran, daß z. B. die Bleiverhältnisse der nicht amorph werdenden Pechblenden oder Thorianite aus einer bestimmten geologischen Formation verhältnismäßig wenig streuen, während die Bleiverhältnisse von Thoriten, Orthiten u. dgl. glasig gewordenen Mineralien aus derselben Formation auf einen Bereich von Null bis zu gelegentlich sehr hohen Werten verteilt sind (s. z. B. Tab. 4, Serie 8). Zu letzterer Gruppe gehören alle Mineralien, deren elektronegativer Bestandteil das Ion einer schwachen Säure ist, also alle

Silikate und Erdsäuremineralien, während Oxyde und Phosphate im allgemeinen als viel zuverlässiger anzusehen sind.

Aber auch Phasen, deren krystallinische Struktur trotz intensivster Selbstbestrahlung erhalten ist, können chemisch verändert sein, ohne daß ihnen äußerlich etwas anzumerken ist. So wurden bei der partien- und schichtenweisen Analyse von größeren Individuen Morogoroerz nicht unbedeutende Schwankungen des Bleiverhältnisses bis über 25% festgestellt. Diese Schwankungen beziehen sich auf Teile des äußerlich homogen und gesund erscheinenden, glänzend schwarzen Kristallkernes und nicht etwa auf die gelbe Verwitterungskruste, und zwar handelt es sich um Abweichungen vom normalen Wert dieses Vorkommens nach oben; dieselben sind also wahrscheinlich durch Verlust an Uran zu erklären.

100. Von der Altersbestimmung am Mineral zur geologischen Zeitmessung. Nicht jede Altersbestimmung eines radioaktiven Minerals bedeutet auch die Bestimmung eines Zeitpunktes auf der geologischen Zeitskala. Hierzu ist erstens erforderlich, daß die Bildung des Gesteinskörpers, der das radioaktive Mineral enthielt, geologisch datiert werden kann. Man versteht hierunter gewöhnlich die Festlegung der zeitlichen Beziehung zu den durch Leitfossilien zeitlich relativ zueinander definierten Sedimentformationen, die durch die tektonischen (Lagerungs-) Verhältnisse bestimmt wird. Die radioaktiven Mineralien finden sich ja meist in Erstarrungsgesteinen, und wo sie sich in Sedimenten, also auf sekundärer Lagerstätte finden, kann nur ausnahmsweise die primäre Lagerstätte mit einiger Sicherheit erschlossen werden. Mit dem Alter der Sedimentformation, in der die Mineralien gefunden wurden, hat ihr Alter natürlich nichts zu tun.

Aber auch mit dem Alter eines Gesteinskörpers, etwa eines Pegmatitganges, in dem radioaktive Mineralien gefunden wurden, darf das Alter derselben wohl nicht immer gleichgesetzt werden. Da gelegentlich Kristalle aus demselben Gang so verschiedenes Alter aufwiesen, daß die Unterschiede kaum auf einen wechselnden Gehalt an gewöhnlichem Blei zurückgeführt werden können, so muß man wohl damit rechnen, daß die Kristalle zum Teil älter als der Gang sind und schon fertig vom Magma in denselben mitgebracht wurden.

101. Ergebnisse der Bleimethode. Wie sehr sich auch unsere Kenntnisse der in die Altersberechnung eingehenden Konstanten und damit die Angaben in M.J. ändern mögen, von unverändertem Wert bleiben jedenfalls die festgestellten Bleiverhältnisse, deren heute bereits über 300 vorliegen. Da die Verknüpfung

Tabelle 17. Alter geologischer Formationen.

$\frac{Pb}{U + k \cdot Th}$	Alter in M.J. nach der strengen Formel[1]		Geologische Formation
	für Uranmineralien	für Thormineralien	
0,01	71	71	Tertiär Kreide
0,02	141	142	Jura Trias
0,03	210	212	Perm
0,04	279	282	Karbon
0,05	346	352	Devon
0,06	414	422	Silur Ordovicium
0,07	480	492	Kambrium
0,08—0,11	546—736	562—769	Ober- } Präkambrium
0,12—0,16	800—1049	838—1111	Mittel- } Präkambrium
0,17—	1109	1179—	Unter- } Präkambrium

[1] Die Abweichungen von der Linearität infolge Abklingens der Stammsubstanz sind für Uran und Thorium natürlich verschieden!

zwischen Bleiverhältnis und Alter eine so einfache, praktisch lineare ist, so wollen wir auch hier dem Vorschlage von A. C. LANE folgend nur Bleiverhältnisse direkt den geologischen Formationen zuordnen, denn daran wird sich durch genauere, zukünftige Bestimmungen der radioaktiven Konstanten nichts ändern. Zur Erleichterung der Umrechnung in M.J. stellen wir unserer in Tabelle 18 gegebenen Reihe von Beispielen eine kleine geologische Zeittabelle (Tab. 17) mit absoluten Zeitangaben voran.

Tabelle 18. Beispiele von Altersbestimmungen nach der Bleimethode[1].

Serie	Mineral	Fundort	Pb-Verhältnis	Geologische Datierung und sonstige Bemerkungen
1	Pechblende	Kolorado	0,0002	Grenze Mesozoikum-Tertiär
	,,		0,009	
2	Pechblende	St. Joachimstal	0,086	Zwischen Perm und Kreide,
	,,	,,	0,071	wahrscheinlich Anfang d. Trias;
	,,	,,	0,067	hierzu die At.-Gew.-Best. an Blei:
	,,	,,	0,042	206,74, 206,41, 206, 57 und 206,64
	,,	,,	0,039	
	,,	,,	0,020	
3	Ulrichit	Glastonbury, Conn.	0,040	Karbon?
4	(Uraninit)	Brancheville, Conn.	0,053	Karbon?
5	Pechblende	Mitchell Co., Nord-	0,050	Karbon? Hierzu Pb-At.-Gew.
	,,	Karolina	0,054	206,40
	,,	,,	0,049	
6	Thorit	Brevig, Langesundfjord,	0,044*	Mitteldevon; * Pb-At.-Gew.
	,,	Norwegen	0,067	207,90
	,,	,,	0,052	
	,,	,,	0,0525	
	Orangit	,,	0,049	
	Eudidymit	,,	0,039	
	Eukolit	,,	0,044	
	Zirkon	,,	0,032	
	,,	,,	0,040	
	,,	,,	0,038	
	Pyrochlor	,,	0,046	
	Ägirin	,,	0,056	
	Biotit	,,	0,042	
7	Kolm	Schweden	0,056	altpaläozoisch; hierzu Pb-At.-Gew. 206,01
8	Thorit	Ceylon	0,024 *	spätpräkambrisch bis silurisch;
	Thorianit	,,	0,081 **	* Pb-At.-Gew. 207,77, ** Pb-At.-
	,,	,,	0,086**	Gew. bzw. 207,21, 206,91, 206,84;
	,,	,,	0,085**	diese Mineralien gehören wahr-
	,,	Sabaragamuwa, Ceylon	0,098	scheinlich zwei verschiedenen Al-
	,,	,,	0,088	tersgruppen an, einer spätprä-
	,,	,,	0,083	kambrischen und einer silurischen
	,,	,,	0,080	
	,,	Galle, Ceylon	0,056	
	,,	,,	0,058	
	,,	,,	0,072	
	,,	,,	0,076	
	Pechblende	Ceylon	0,065	
	Thorit	,,	0,094	
	,,	,,	0,063	
	,,	,,	0,043	

[1] Auch die bei *einer* Serie angeführten Bleiverhältnisse sind oft nur Beispiele aus derselben.

Fortsetzung von Tabelle 18.

Serie	Mineral	Fundort	Pb-Verhältnis	Geologische Datierung und sonstige Bemerkungen
9	Pechblende	Katanga (Ober-Kongo)	0,074	geologisch gleich datiert, wie die Ceyloner Thorianite; hierzu Pb-At.-Gew. 206,05 und 206,20
	,,	,,	0,080	
	,,	,,	0,083	
	,,	,,	0,084	
10	Ulrichit (Uraninit)	Morogoro Deutsch-Ostafrika	0,084	spätpräkambrisch, etwas älter als 9; hierzu Pb-At.-Gew. 206,05
			0,088	
	,,	,,	0,090	
	,,	,,	0,091	
	,,	,,	0,096	
11	Bröggerit	Karlshus (Norwegen)	0,129*	mittelpräkambrisch; hierzu Pb-At.-Gew. 206,06; * Pb-At.-Gew. 206,19; ** Pb-At.-Gew. 206,12
	,,	,,	0,137**	
	,,	,,	0,125	
	,,	,,	0,129	
	,,	,,	0,133	
	,,	,,	0,138	
	,,	Anneröd	0,112	
	,,	,,	0,124	
	,,	,,	0,124	
	,,	,,	0,136	
	,,	Elvestad	0,149	
	,,	Huggenäskilen	0,118	
	,,	,,	0,126	
	,,	Berg	0,127	
	,,	,,	0,143	
12	Cleveit	Sätersdalen	0,144*	mittelpräkambrisch, älter als 11; * Pb-At.-Gew. 206,08 ** Pb-At.-Gew. 206,17
	,,	Arendal	0,158**	
	,,	,,	0,163	
	,,	,,	0,172	
	,,	,,	0,184	
	,,	Tvedestrand	0,172	
	,,	,,	0,172	
	,,	Iveland	0,133	
	Monazit	Narestö	0,195	
	Xenotim	,,	0,184	
13	Ulrichit (Uraninit, Cleveit)	Villeneuve (Ontario, Kanada)	0,157	mittelpräkambrisch, entsprechend 12
		Cardiff	0,153	
		,,	0,176	
		Butt	0,148	
		Parry Sound	0,146	
		South March	0,179	
14	Uraninit	Süd-Dakota	0,226*	präkambrisch; * Pb-At.-Gew. 206,07 verändert (?)
15	Uraninit	Nord-Karelien (Rußland)	0,296*	präkambrisch; * Pb-At.-Gew. 206,06, wohl stark verwittert
			0,175	

102. Altersbestimmungen aus dem Heliumgehalt. Sehr vieles von dem bei der Bleimethode Gesagten ist einfach sinngemäß auf die Heliummethode übertragbar. Die Konstanten in den Formeln werden freilich andere, weil ein Uranatom beim vollständigen Zerfall durch die ganze Reihe 8 ein Thoriumatom 6 α-Teilchen, also Heliumatome, vom Atomgewicht 4 erzeugt. Überdies werden andere Maßeinheiten verwendet und gewöhnlich das „Heliumverhältnis" in cm^3 He bei NDT per g Uran ausgedrückt. Infolgedessen haben die Konstanten etwa in der linearen Näherungsformel

$$A = \frac{\mathrm{He}}{\mathrm{U} + h \cdot \mathrm{Th}} \cdot C'$$

die Werte $C' = 7{,}67$ und $h = 0{,}19$; letzteres, weil ein Thoriumatom ja nur in sechs Heliumatome und ein Bleiatom, ein Uranatom dagegen in acht Heliumatome und ein Bleiatom zerfällt. Dem Heliumverhältnis 1 entspricht ein Alter von ungefähr 7,7 M.J.

Betreffs der Anwendbarkeit auf verschiedene Mineralien ist wohl anzunehmen, daß Mineralien, die nicht einmal mehr ihren Blei- oder Urangehalt unverändert erhalten haben, das flüchtige Helium noch viel weniger werden festhalten können. Aber der Vergleich der Ergebnisse der Blei- und der Heliummethode zeigt, besonders in den Fällen, wo beide Methoden auf dasselbe Material Anwendung fanden, daß auch vom mineralanalytischen Standpunkt einwandfreie Stücke nur einen Bruchteil des dem Bleigehalt entsprechenden Heliums enthalten. Die Heliummethode liefert daher im allgemeinen nur untere Grenzwerte für die Alter der Mineralien. Der Ulrichit von Süd-Dakota (Tab. 18, Nr. 14), der nach der Bleimethode ein Alter von mehr als 1400 M.J. ergibt, hätte nach der Heliummethode (Tab. 19, Nr. 1) nur ein Alter von 50 M.J. Allerdings, je jünger ein Mineral ist, um so geringer wird der Unterschied in den Ergebnissen beider Methoden. Und gehen wir gar zu den Thorianiten über, bei denen die Selbstbestrahlung wegen der viel kleineren Zerfallskonstante des Thoriums gegenüber der des Urans bedeutend weniger intensiv ist, so sehen wir hier schon bei einem altpaläozoisch bis präkambrischen Mineral nahezu die Hälfte des Sollgehaltes an Helium erhalten. Man darf daraus wohl folgern, daß die Heliummethode vom Standpunkt der Frage der Unversehrtheit des Minerals betrachtet bei schwach aktiven und jungen Mineralien gute Resultate geben dürfte. Gerade hier ist sie

Tabelle 19.
Beispiele für Altersschätzungen von Mineralien aus ihrem Heliumgehalt.

Nr.	Mineral	Fundort	He-Verhältnis	Formation
1	Ulrichit (Uraninit)	Süd-Dakota	6,4	Archäisch
2	,,	Brancheville, Conn.	28	Silur? Karbon?
3	,,	Glastonbury, Conn.	26	Devon? Karbon?
4	(Bröggerit)	Ånneröd, Norwegen	14	Postkalevisch
5	Pechblende	Nord-Karolina	3,8	Karbon?
6	,,	Kolorado	0,21	Tertiär
7	,,	Katanga	11,4	Vorsilurisch
8	,,	St. Joachimstal	0,17	Trias, Jura?
9	Thorianit	Ceylon	30	Kambrisch-silurisch?
10	,,	,,	34	
11	Zirkon	,,	30	
12	,,	Ontario, Kanada	67	Archäisch
13	,,	Neuseeland	0,2	Tertiär
14	,,	Auvergne	0,7	
15	Phosphatische Relikte		0,02	Pliozän
			0,01	
			0,008	

der Bleimethode sehr an Empfindlichkeit und Genauigkeit überlegen, denn zu 1,2 mg Blei gehören aus zerfallendem Uran 0,18 mg = 1 cm³ bei NDT Helium, wovon sich noch sehr kleine Bruchteile bei vermindertem Druck recht genau messen lassen.

Die Gefahr, daß Mineralien schon bei der Entstehung Helium okkludiert hätten, ist wohl zu vernachlässigen, da der Heliumgehalt in Mineralien, die nicht aktiver sind als durchschnittliches Gesteinsmaterial, nie größer ist, als sich aus dem Uran- bzw. Thorgehalt verstehen läßt. Die einzigen Ausnahmen sind hier gewisse Kaliummineralien und manche Berylle. Die Kalisalze sind dabei nach

O. HAHN solche, in die Blei isomorph einzutreten vermag, so daß bei der Bildung mit eingebautes RaD als He-Quelle in Betracht kommt. Im Beryll könnte es sich wohl um Gallium handeln, das für eine schwache, beim Zink entdeckte und von diesem chemisch abtrennbare Aktivität verantwortlich gemacht wird.

103. Altersbestimmung an Meteoriten[1]. Durch große Steigerung der Empfindlichkeit der Methoden zur Messung kleiner Heliummengen ist es F. PANETH und seinen Mitarbeitern gelungen, auch Altersbestimmungen an Meteoriten auszuführen. Sie messen mittels Hitzdrahtmanometers 10^{-6} cm³ bei NDT Helium mit einer Genauigkeit von 1%. Von den Helium liefernden Stammsubstanzen wurde allerdings nur das Uran durch Emanationsmessung bestimmt und auch das erforderte die empfindlichste elektrische Meßanordnung wegen der sehr geringen Aktivität in Eisenmeteoriten. Wahrscheinlich vermindert aber ein etwaiger Thorgehalt die gefundenen Alterswerte nur wenig, keinesfalls die Größenordnung. Bei den bisher untersuchten 26 Fällen ergaben sich Werte von 100 bis nahezu 3000 M.J., die das ganze Intervall ungefähr gleichmäßig bedecken und in der Größenordnung des Alters irdischer Mineralien liegen.

Interessanterweise zeigten besondere Versuche, daß das Helium auch bei mehrstündigem Erhitzen auf 1000° aus dem Eisen praktisch nicht entwich, daß man also in Metallen im allgemeinen mit quantitativer Erhaltung des einmal darin befindlichen Heliums rechnen darf. Gesteine verlieren unter solchen Umständen bereits den größten Teil ihres Heliums. An Gläsern (Moldawiten) zeigte sich, daß sie aus der Luft mit der Zeit in gewissem Grade Helium aufnehmen.

104. Pleochroitische und andere Verfärbungshöfe. In Dünnschliffen gewisser Mineralien (Biotit, Hornblende, Cordierit usw.) beobachtet man zuweilen unter dem Mikroskop kleine gefärbte, kreisrunde Gebilde, die in anisotropen Mineralien die Eigenschaft des „Pleochroismus" zeigen und dann als pleochroitische Höfe bezeichnet werden. Ihre Absorptionsfähigkeit für Licht hängt von der Schwingungsrichtung ab, was im polarisierten Licht bei Drehung des Schliffes sichtbar wird. Die Aufklärung des Ursprungs dieser den Geologen seit langem bekannten Erscheinung geschah gleichzeitig von MÜGGE[2] und JOLY[3]: es handelt sich um die Verfärbung des Minerals durch die α-Strahlen winziger radioaktiver Einschlüsse. Ist ein solcher Einschluß genügend klein, dann ist die Ausbildung des Hofes im Mineral genau kugelförmig und im Schliff lassen sich häufig verschieden stark gefärbte, kreisrunde Zonen erkennen. Der Radius der äußersten Zone beträgt bei vollkommen ausgebildeten Höfen für uranhaltige Kerne in Glimmer 0,033 mm, für thorhaltige Kerne maximal 0,040 mm. Diese Radien entsprechen den Reichweiten der C'-Produkte, der schnellsten α-Strahlen der Uran- bzw. Thoriumreihe, die Radien der inneren Ringe den Reichweiten langsamerer Strahlen. In jüngster Zeit wurden sogar Riesenhöfe beobachtet, die den Reichweiten der seltenen weiterreichenden α-Teilchen aus den C'-Produkten entsprechen. Die Umrechnung aus der Reichweite in Luft geschieht mit Hilfe der von BRAGG und KLEEMAN aufgefundenen empirischen Beziehung zwischen Reichweite, Dichte und den Atomgewichten des durchquerten Materials.

Von GUDDEN und SCHILLING[4] wurden eigenartige Verfärbungshöfe im Wölsendorfer Flußspat näher untersucht. Im Flußspat zeichnen sich nämlich neben einer auf die engste Umgebung des Kernes beschränkten intensiven Färbung

[1] F. PANETH u. W. D. URRY, ZS. f. phys. Chem. (A) Bd. 152, S. 110 u. 127; Bd. 153, S. 145. 1931; F. PANETH, Naturwissensch. Bd. 19, S. 164. 1931.

[2] O. MÜGGE, Centralbl. f. Min. 1907, S. 397; 1909, S. 65, 113 u. 142.

[3] J. JOLY, Phil. Mag. (6) Bd. 13, S. 381. 1907; Bd. 19, S. 327 u. 630. 1910.

[4] B. GUDDEN, ZS. f. Phys. Bd. 26, S. 110. 1924. Dieser Arbeit sind auch die drei Abb. 31, 32 und 33 entnommen.

zuerst die Reichweitenenden der verschiedenen α-Strahlen allein als feine Ringe ab, und zwar mit einer derartigen Schärfe, daß sich daraus die Reichweiten aller α-Strahlen der Uranreihe mit großer Genauigkeit bestimmen ließen, die kurzen Reichweiten des Uran I und Uran II sogar viel sicherer als nach vielen anderen

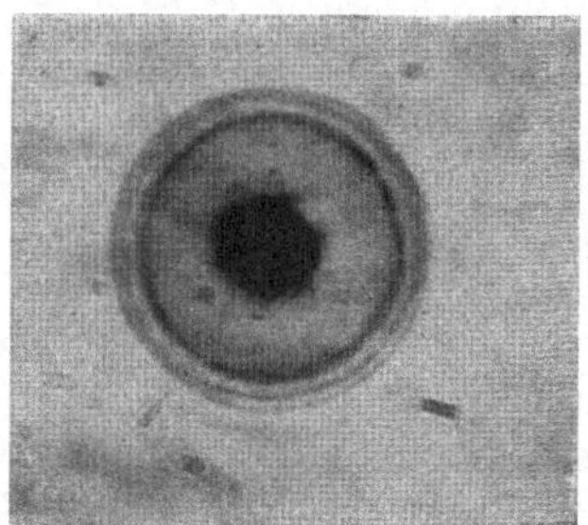

Abb. 31. Verfärbungsringe in Flußspat von Uran bis Radium.

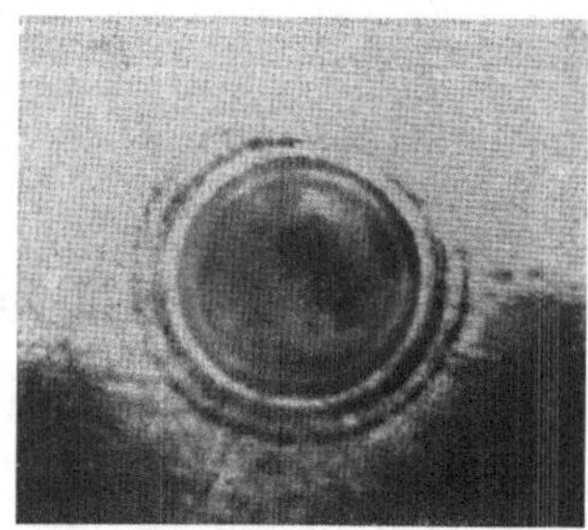

Abb. 32. Verfärbungsringe von Uran bis Radium A.

Methoden. Die Messungen für diese letzteren beiden α-Strahlen fanden erst später Bestätigung durch Untersuchungen nach der WILSONschen Nebelstrahlmethode. Die beigegebenen drei Abbildungen sind Mikrophotographien von solchen Verfärbungshöfen in Flußspat in ca. 400facher Vergrößerung.

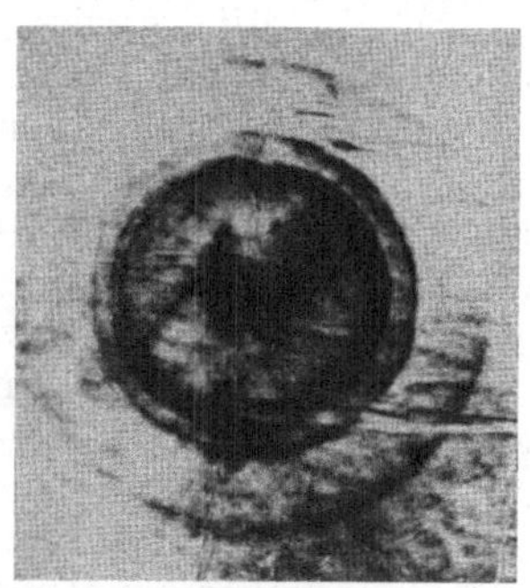

Abb. 33. Verfärbungsringe von Polonium bis Radium C.

Erwähnung verdient auch noch eine besondere Art kleiner Höfe, die JOLY in einem Handstück von schwarzem Glimmer aus Ytterly fand. Später wurden von verschiedenen Autoren an verschiedenen Stellen der Erde ähnliche kleine Höfe gefunden. Es ist wohl möglich, daß es sich bei der wirksamen Substanz in den Kernen derselben um dieselbe Aktivität handelt, die ZIEGERT beim Zink fand und die auf die Existenz von drei α-Strahlern mit Reichweiten von 1 bis 2 cm hindeutet.

Die scheinbare Vergrößerung der Reichweite von Uran I in sehr alten pleochroitischen Höfen, die JOLY einst erschließen zu können glaubte, kann heute als aufgeklärt gelten.

105. Altersschätzungen mit Hilfe pleochroitischer Höfe. Es ist klar, daß die Stärke der Verfärbung von der Anzahl der α-Teilchen abhängt, die aus dem radioaktiven Kern in das umgebende Mineral eingetreten sind. Diese Anzahl ist einerseits durch den Gehalt des Einsprenglings an radioaktiver Substanz gegeben, denn hieraus ist die in der Zeiteinheit emittierte Anzahl von α-Teilchen bekannt; andererseits sind sie bestimmt durch die Dauer der Einwirkung, also durch das Alter des Minerals.

Wenn man nun experimentell ermittelt, welche Strahlungsdichte in dem betreffenden Mineral eine der Intensität des Hofes entsprechende Verfärbung hervorruft, dann läßt sich unter Kenntnis des Uran- oder Thorgehaltes des Kernes die Zeit berechnen, die notwendig war, um die Verfärbung hervorzurufen, also das Alter des Minerals ermitteln.

JOLY und RUTHERFORD[1] haben eine solche Untersuchung vorgenommen, und zwar benutzten sie dazu ein dem Unterdevon entstammendes Glimmervorkommen, das reich an gut ausgebildeten Höfen ist. Spaltstücke dieses Glim-

[1] J. JOLY u. E. RUTHERFORD, Phil. Mag. (6) Bd. 25, S. 644. 1913.

mers wurden durch Bestrahlung mittels starker α-strahlender Präparate künstlich verfärbt. Verschiedener Dauer der Einwirkung entsprach verschieden starke Verfärbung. Mit der so gewonnenen Vergleichsskala wurden die natürlichen Höfe verglichen. Kennen wir die bei der künstlichen Verfärbung jeweils angewandte Dosis α-Strahlung, so ist zur Altersbestimmung jetzt nur noch die Kenntnis der Größe des Kerns und seines Gehaltes an radioaktiver Substanz notwendig. Die Größe wurde durch mikroskopische Ausmessung der Kerndimensionen geschätzt, für den Gehalt an aktiver Substanz wurde die etwas willkürliche Annahme gemacht, daß die den Kern bildenden Zirkone etwa 10% Uran enthielten. Da der Urangehalt von Zirkonen aber im allgemeinen beträchtlich kleiner ist als 10%, so sollte sich aus dieser Annahme eine untere Grenze des Alters ergeben. Die auf diese Weise erhaltenen Werte schwankten bei dreißig verschiedenen Proben desselben Glimmermateriales zwischen 20 und 470 M.J. Die Bleimethode ergibt für dieselbe Formation ein Alter von ungefähr 400 M.J. Bemerkenswert ist immerhin, daß die zuverlässigeren höheren Werte mit dem aus der Bleimethode gefundenen Alter für das Unterdevon ungefähr übereinstimmen.

GUDDEN[1] wies in einer eingehenden Untersuchung auf die Fehlermöglichkeiten hin, die dieser Methode anhaften. Er untersuchte den Einfluß höherer Temperaturen auf die Rückbildung von solchen Höfen und fand die Rückbildungsgeschwindigkeit in dem von ihm untersuchten Temperaturintervall um 700° als exponentiell abhängig von der Temperatur. Es besteht daher eine gewisse Wahrscheinlichkeit dafür, daß auch bei Zimmertemperatur, um so mehr also bei den Gesteinen in situ, im Laufe geologischer Zeiträume die selbständige Rückbildung der Färbungsintensität sehr wohl in Betracht zu ziehen ist. Jedenfalls können Höfe, wie sie in den fraglichen Glimmerarten beobachtet werden, sicher während Hunderten von M.J. keinen wesentlich höheren Temperaturen ausgesetzt gewesen sein, als wir sie jetzt an der Erdoberfläche beobachten.

Die an sich schon so empfindliche Methode des elektroskopischen Radiumnachweises wird bei weitem in den Schatten gestellt von der Empfindlichkeit des Radiumnachweises in pleochroitischen Höfen. GUDDEN fand in seinem Material nach einer sehr eleganten Methode — Aufgießen von photographischer Emulsion auf Dünnschliffe und Zählung der in mehreren Wochen von einem Kern ausgeschleuderten α-Teilchen, die sich nach der Entwicklung als Reihen reduzierter Silberkörner markieren — nur in einem Falle 0,5% Uran, sonst immer viel weniger. Kerne mit weniger als 10^{-11} g Uran, also weniger als 10^{-17} g Radium reichen hin, um in einem paläozoischen Glimmer einen deutlichen Hof zu erzeugen. Eine solche winzige Menge radioaktiver Substanz emittiert pro Jahr weniger als 30 α-Teilchen.

Als Meßmethode für die geologische Zeitrechnung kommt die Messung der Färbungsintensitäten in pleochroitischen Höfen heute kaum in Frage. Höchstens kann man auf Grund eines sehr großen Beobachtungsmateriales eine einigermaßen sichere Entscheidung zwischen sehr jungen und sehr alten Gesteinen treffen und mit großer Vorsicht Wahrscheinlichkeitsschlüsse auf das absolute Alter ziehen, wie dies H. HIRSCHI[2] getan hat, der eine Reihe von Schweizer Gesteinen sehr gründlich untersuchte.

106. Einige spezielle Fälle geologischer Zeitschätzungen mit Hilfe der radioaktiven Vorgänge. Man hat gelegentlich Mineralien gefunden, es waren spanische Antunite, in denen bedeutend weniger Radium anwesend war, als die zum vor-

[1] B. GUDDEN, Pleochroitische Höfe. Dissert. Göttingen 1919.

[2] H. HIRSCHI, Vierteljschr. d. naturf. Ges. Zürich Bd. 64, S. 65. 1919; Bd. 65, S. 209 u. 545. 1920.

handenen Uran gehörige Gleichgewichtsmenge. In diesem Falle muß man wohl annehmen, daß das dem Radium entsprechende Ionium zwar da ist, aber das Mineral so jung ist, daß sich vom Ionium noch nicht die Gleichgewichtsmenge zum Uran ausbilden konnte. Diese Antunite können also höchstens ein nach Jahrhunderttausenden zählendes Alter haben.

Es kann auch vorkommen, daß ein Gestein bedeutende Mengen Radium enthält, ohne Uran zu enthalten, wie der Reissacherit, ein Quellsinter von Gastein. Eine solche Bildung muß natürlich ganz rezent sein; ihr Alter ist höchstens nach Jahrtausenden zu schätzen (wenn Ionium abwesend ist), weil sonst das Radium längst ausgestorben wäre.

Ein interessanter Versuch, eine obere Grenze für das Alter der Erde abzuleiten, wurde von H. N. Russell unternommen und von A. Holmes verbessert. Letzterer erhielt unter der Annahme, daß das ganze in Gesteinen der Lithosphäre enthaltene Blei von dem in denselben Gesteinen enthaltenen Uran und Thorium erzeugt sei, als obere Grenze für das Alter unseres Planeten 3200 M.J. Doch haben neuere Untersuchungen über den Bleigehalt von Gesteinen von G. Hevesy und R. Hobbie bedeutend höhere Werte ergeben und damit dieser Schätzungsmethode den Boden entzogen[1].

---

[1] G. Hevesy, R. Hobbie u. A. Holmes, Nature Bd. 128, S. 1038. 1931.

Kapitel 4.

Die Ionen in Gasen.

Von

Karl Przibram, Wien.

Mit 18 Abbildungen.

A. Einleitung.

1. Die Abgrenzung des Gebietes. Unter Zugrundelegung der Konstanten der Beweglichkeit, der Wiedervereinigung und der Diffusion lassen sich die Differentialgleichungen der Elektrizitätsleitung in Gasen aufstellen und wenigstens mit gewisser Annäherung in einigen praktisch wichtigen Fällen lösen[1]. Aber selbst bei vollständiger Lösung bliebe noch ein weiteres Problem bestehen, d. i. die Zurückführung der charakteristischen Konstanten auf die unmittelbaren Eigenschaften der Ionen, ihre Ladung, Größe und Masse, d. h. es hat zu den Konstanten der Theorie auch eine Theorie der Konstanten zu treten. Mit dieser Theorie der Konstanten, mit der experimentellen Bestimmung der Konstanten und mit den aus dem Vergleich zwischen Theorie und Experiment zu ziehenden Schlüssen auf die unmittelbaren Eigenschaften der Ionen in Gasen beschäftigt sich der vorliegende Abschnitt. Es wird zu untersuchen sein, wie die in der Theorie als konstant auftretenden Größen sich mit den Versuchsumständen: Druck, chemische Natur und Temperatur des Gases, evtl. auch mit der elektrischen Feldstärke ändern; doch bleiben hierbei gewisse extreme Fälle, wie sehr niedrige Drucke und sehr hohe Feldstärken, einem anderen Abschnitte vorbehalten, da sich hier die Erscheinungen des Elektrizitätsüberganges vollständig ändern und der Strahlencharakter in den Vordergrund tritt. Ebenso findet die Elektrizitätsleitung in Flammen an anderer Stelle ihre Behandlung, da hier bei den herrschenden hohen Temperaturen, durch das Mitspielen chemischer Prozesse sowie vielfach auch von Vorgängen an den heißen Elektroden zum Teil sehr komplizierte Verhältnisse herrschen, deren Erforschung ein umfangreiches Beobachtungsmaterial zutage gefördert hat[2]. Auch das Ansteigen des Stromes bei Überschreitung einer gewissen Spannung, das seine Ursache darin hat, daß die erzeugten Ionen jetzt hinreichend lebendige Kraft gewinnen, um selbst wieder als Korpuskularstrahlung neue Ionen zu erzeugen (Ionenstoß), wird an anderer Stelle behandelt. *Im wesentlichen beschäftigt sich also vorliegender Abschnitt mit dem Verhalten der Ionen geringerer Geschwindigkeit in dichten kalten Gasen, wobei nur fallweise die Veränderungen in diesem Verhalten beim Übergang in andere Gebiete* (Flammengase, Ionenstoß) *in Betracht gezogen werden.* Die sog. Rest-

---

[1] Siehe ds. Handb. Bd. XIV, Kap. 1.

[2] Ein Übergangsgebiet zu den Ionen in Flammen bilden die von G. C. Schmidt und seinen Schülern untersuchten Ionen, die von heißen Salzen abgegeben werden; über deren Beweglichkeit s. F. Köther, Ann. d. Phys. Bd. 82, S. 639. 1927; W. Frohberg, ebenda (5) Bd. 5, S. 59. 1930.

ionisation, die bei tunlichster Ausschaltung aller künstlicher Ionisatoren im Gase verbleibt und die von unvermeidlichen Spuren radioaktiver Stoffe sowie von einer durchdringenden Strahlung noch nicht ganz aufgeklärtem Ursprungs herrührt, bleibt, als von meteorologischen und kosmischen Einflüssen abhängig, besser dem Kapitel über atmosphärische Elektrizität überlassen. Auch der Einfluß der Ionen auf die Ausbreitung elektrischer Wellen, der von praktischer Bedeutung für das Radiowesen ist, wird in diesem Kapitel nicht behandelt.

B. Die Ionenbeweglichkeit[1].

2. Definition. Unter Ionenbeweglichkeit u in einem Gase wird die konstante Endgeschwindigkeit verstanden, die ein Ion im elektrischen Feld von der Stärke 1 erlangt, im elektrostatischen Maße also die Geschwindigkeit im Felde von einer statischen Einheit pro cm. Meist wird aber die Beweglichkeit auf ein Feld von 1 Volt pro cm bezogen, und die im folgenden angegebenen Zahlen haben, wenn nicht ausdrücklich vermerkt, diese Bedeutung. Zum Umrechnen auf elektrostatische Einheiten sind sie mit 300 zu multiplizieren. Allgemein bezeichnet man als Beweglichkeit eines kraftgetriebenen Teilchens im widerstehenden Mittel oft die konstante Endgeschwindigkeit unter der Wirkung der Kraft 1; um diese Beweglichkeit, die man etwa als Kraftbeweglichkeit B jener oben definierten Feldbeweglichkeit gegenüberstellen könnte, aus der Feldbeweglichkeit u zu erhalten, hat man diese durch die Ionenladung zu dividieren: $B = u/e$.

Vom Standpunkte der kinetischen Gastheorie ist die konstante Endgeschwindigkeit der Ionen im elektrischen Felde nur als eine mittlere Wanderungsgeschwindigkeit zu betrachten. Es überlagern sich zwei Bewegungen: die ungeordnete Molekularbewegung, die das Ion infolge der Zusammenstöße mit den thermisch bewegten Gasmolekeln erfährt, und die gleichmäßig beschleunigte Bewegung des Ions in der Feldrichtung zwischen je zwei Zusammenstößen, also auf seiner freien Weglänge. Bei der Häufigkeit der molekularen Zusammenstöße in dichten Gasen kann man für alle praktischen Zwecke die gerichtete Geschwindigkeit der Ionen im homogenen, konstanten elektrischen Felde als konstant betrachten; es gilt dies aber nicht in sehr verdünnten Gasen, in denen die Bewegung der Ionen im Felde allmählich den Charakter einer Korpuskularstrahlung annimmt: gleichförmig beschleunigte Bewegung im homogenen Felde, gleichförmige Bewegung im feldfreien Raume.

Nach der Definition der Beweglichkeit u ist die Geschwindigkeit eines Ions im Felde $\mathfrak{E}$

$$w = u\mathfrak{E}.$$

In den meisten Fällen ist hierbei u von der Feldstärke in weiten Grenzen unabhängig, allgemein darf dies aber nicht vorausgesetzt werden; der Begriff der Beweglichkeit verliert aber dann seine einfache Bedeutung.

3. Methoden zur Messung der Ionenbeweglichkeit. Die Messung erfolgt durch Bestimmung der Geschwindigkeit, die die Ionen in einem elektrischen Feld von gegebener Stärke erlangen. Unmittelbar ließe sich diese Bestimmung durchführen, wenn die Ionen sichtbar gemacht werden könnten. Nun besteht ein anscheinend kontinuierlicher Übergang von den kleinen Ionen von molekularen Dimensionen bis zu Elektrizitätsträgern, die im Ultramikroskop, im Mikroskop,

---

[1] Einen Bericht über diesen Gegenstand hat J. FRANCK im Jahre 1912 im Jahrb. d. Radioakt. Bd. 9, S. 235, erstattet.

ja bei passender Beleuchtung mit freiem Auge sichtbar sind, wie sie etwa beim Zerstäuben von Flüssigkeiten entstehen. An solch großen Elektrizitätsträgern kann die Geschwindigkeit ohne weiteres gemessen werden, indem man die Zeit zwischen dem Passieren zweier Marken mißt (DE BROGLIE[1], EHRENHAFT[2]). Aber auch jene kleinen molekularen Ionen können nach der C. T. R. WILSONschen Expansionsmethode durch Kondensation von Wasserdampf als Nebeltröpfchen sichtbar gemacht werden. Eine Messung der Geschwindigkeit ließe sich nun so durchführen, daß man eine dünne Schichte des Gases ionisiert, ein elektrisches Feld senkrecht zu dieser Schichte wirken läßt und nach einer bestimmten Zeit expandiert; aus dem Abstande des Nebenstreifens von der Stelle, an der die Ionisation stattgefunden hat, ergäbe sich die Geschwindigkeit der Ionen. Auf manchen Bildern C. T. R. WILSONS[3] ist ja die Verschiebung der Ionen durch ein elektrisches Feld deutlich zu erkennen und WILSON hat auch derartige Beweglichkeitsmessungen ausgeführt[4]. In Flammen kann auch das charakteristische Leuchten von Salzionen zur Beobachtung der Bahn derselben benutzt werden (LENARD[5]). A. LAFAY[6] benutzt zum Zwecke der Beweglichkeitsbestimmung die LICHTENBERGsche Bestäubungsmethode zum Nachweis der auf einer Harzplatte auftreffenden Ionen, nachdem schon A. RIGHI[7], der als einer der ersten die konvektive Natur der Elektrizitätsleitung in Gasen erkannte, die Bewegung der Ionen in Gasen mittels dieser Bestäubungsmethode durch einige schöne Demonstrationsversuche illustriert hatte. Bei radioaktiven Trägern kann auch eine photographische Methode benutzt werden[8].

Dank der elektrischen Ladung der Ionen ist es aber gar nicht nötig, sie sichtbar zu machen. Die Ankunft der Ionen an einer Metallplatte macht sich durch den Ausschlag am Elektrometer, das mit dieser Platte verbunden ist, bemerkbar. Das Ideal wäre die Beweglichkeitsmessung an einzelnen Ionen, die nach GREINACHER[9] mittels Spitzenzähler und Verstärker möglich sein sollte. Es kann auch von Bedeutung sein, wenn schon nicht an einzelnen Ionen, so doch an solchen, die durch ein einzelnes α-Teilchen, also praktisch gleichzeitig gebildet worden sind, Beweglichkeitsmessungen auszuführen, wie dies von G. STETTER geschieht[10]. Die meisten praktisch durchgeführten Meßmethoden benutzen die Ladungsänderung eines Elektrometersystems. Sie zerfallen prinzipiell in zwei Gruppen: 1. Strömungsmethoden, bei welchen die Geschwindigkeit der Ionen im elektrischen Felde verglichen wird mit der Geschwindigkeit eines Gasstromes, und 2. Methoden mit ruhendem Gas und Unterbrechung bzw. Kommutierung des Feldes. Schließlich gibt es noch einige mehr indirekte Methoden, wie die Berechnung der Ionenbeweglichkeit aus der Charakteristik der unselbständigen Strömung, aus der Stärke des elektrischen Windes, aus dem Halleffekt usw.[11].

---

[1] M. DE BROGLIE, C. R. Bd. 146, S. 1010. 1908; Le Radium Bd. 6, S. 203. 1909.
[2] F. EHRENHAFT, Wiener Ber. Bd. 118, S. 321. 1909.
[3] Vgl. etwa Jahrb. d. Radioakt. Bd. 10, S. 34. 1913, Tafel II, Fig. 10, Tafel IV, Fig. 18.
[4] C. T. R. WILSON, Proc. Cambridge Phil. Soc. Bd. 21, S. 405. 1923; s. ferner P. J. DEE, Proc. Roy. Soc. London (A) Bd. 116, S. 664. 1927.
[5] P. LENARD, Ann. d. Phys. (4) Bd. 9, S. 642. 1902.
[6] A. LAFAY, C. R. Bd. 173, S. 75. 1921.
[7] Zusammengefaßt in „Die Bewegung der Ionen bei der elektrischen Entladung". Deutsch von M. IKLÉ, 1907.
[8] G H. BRIGGS, Proc. Cambridge Phil. Soc Bd. 23, S. 73. 1926.
[9] H. GREINACHER, ZS. f. Phys. Bd. 23, S. 361. 1924.
[10] G. STETTER, Phys. ZS. Bd. 33, S. 294. 1932.
[11] Über einen einfachen Demonstrationsversuch zur Ionenwanderung s. H. GREINACHER, Phys. ZS. Bd. 32, S. 406. 1931.

4. Strömungsmethoden. Strömungsrichtung des Gases und Richtung des elektrischen Feldes fallen zusammen (J. ZELENY[1]). Ein Gasstrom wird durch zwei parallele Drahtnetze geblasen, von denen das eine durch die Batterie B auf Spannung gehalten wird, während das andere mit dem Elektrometer E verbunden ist (Abb. 1). Der Raum zwischen den Netzen wird ionisiert. Das Netz N_1 wird nur dann eine Ladung empfangen, wenn die Geschwindigkeit der Ionen, die sie durch das Feld erlangen, größer ist als die Geschwindigkeit des Gasstromes. Empfängt das Elektrometer etwa bei konstanter Strömungsgeschwindigkeit W und einer bestimmten Feldstärke $\mathfrak{E}$ gerade noch keine Ladung, wohl aber bei einer etwas größeren Feldstärke, so gilt $u = W/\mathfrak{E}$. Die Methode ließ keine sehr genauen Messungen zu, gestattete aber ZELENY doch, die erste Feststellung der verschiedenen Beweglichkeit der positiven und negativen Ionen. Bei der Benützung dieser Methode begnügte sich ZELENY mit der Bestimmung des Verhältnisses beider Beweglichkeiten. Die Methode wurde auch von LENARD[2] zur Beweglichkeitsmessung in durch ultraviolettes Licht ionisierter Luft angewandt.

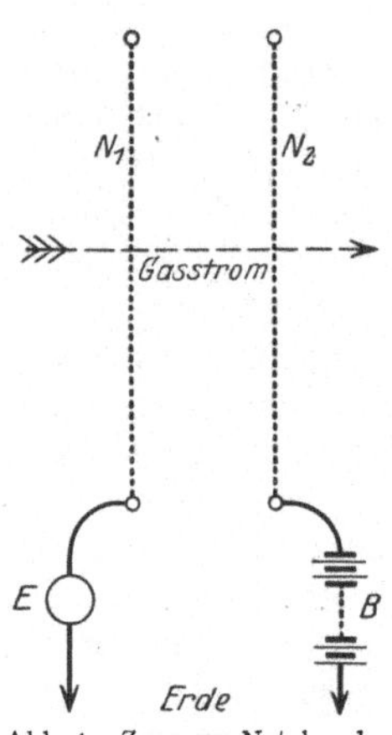

Abb. 1. ZELENYS Netzkondensatormethode zur Messung der Ionenbeweglichkeit.

5. Die Bewegung eines Ions in einem gasdurchströmten Zylinderkondensator. Es sei a der Radius des inneren, b der Radius des äußeren koaxialen Zylinders, V die Potentialdifferenz der beiden Zylinder, W die zunächst über den ganzen Querschnitt konstant gedachte Strömungsgeschwindigkeit des Gases (Abb. 2). Das Gas werde in der punktiert angedeuteten dünnen Schicht AC dauernd ionisiert, etwa durch ein schmales Röntgenstrahlbündel, das senkrecht zur Zylinderachse einfällt, oder es trete mit gleichförmiger Volumionisation durch diese Ebene in den Kondensator ein. Das radiale Feld im Zylinderkondensator im Abstande r von der Achse ist abgesehen von allfälligen Störungen durch die Ionen gegeben durch die Gleichung

$$\mathfrak{E}_r = \frac{V}{r \ln \frac{b}{a}} .$$

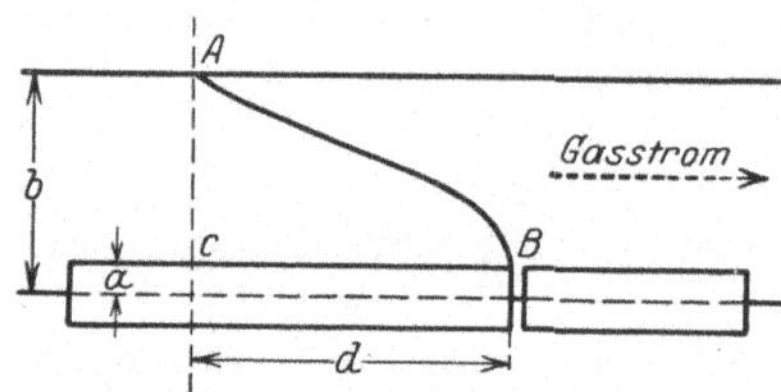

Abb. 2. Bewegung eines Ions im Zylinderkondensator.

Die Bahn, die ein mit dem Außenzylinder gleichnamiges und von ihm ausgehendes Ion unter der kombinierten Wirkung von Gasströmung und radialem Felde beschreibt, hat etwa die in der Abb. 2 gezeichnete Gestalt AB.

Der Abstand $CB = d$ des Punktes B, in welchem das Ion die innere Elektrode erreicht, von der Ausgangsebene AC ist:

$$d = \frac{\ln \frac{b}{a}}{u V} \int_a^b W r \, dr ,$$

[1] J. ZELENY, Phil. Mag. Bd. 46, S. 120. 1898. Zur Theorie siehe auch die Schrift von S. PIENKOWSKI, Sur la mésure des mobilitées des ions. Brüssel 1921.

[2] P. LENARD, Ann. d. Phys. Bd. 3, S. 298. 1900; ferner W. ALTBERG, ebenda (4) Bd. 37, S. 849. 1812.

und da $2\pi\int\limits_a^b W r\,d r$ das Gasvolumen Q ist, das in der Zeiteinheit den Querschnitt passiert, so ist auch

$$d = \frac{\ln\frac{b}{a}\cdot Q}{2\pi u V} \tag{1}$$

und daher

$$u = \frac{\ln\frac{b}{a} Q}{2\pi V d}. \tag{2}$$

Alle in einem kleineren Abstand von der Achse als b die Ausgangsebene verlassenden Ionen erreichen die Innenelektrode naturgemäß in Abständen kleiner als d; jenseits von d kommen also keine Ionen mehr an die Innenelektrode.

Die Zeit, die das Ion braucht, um von A nach B zu gelangen, ist

$$t_b = \int\limits_a^b \frac{d r}{u \mathfrak{E}_r} = \frac{\ln\frac{b}{a}}{u V}\int\limits_a^b r\,d r = \frac{\ln\frac{b}{a}}{2 u V}(b^2 - a^2) = \pi\frac{(b^2 - a^2)\,d}{Q}. \tag{3}$$

Geht das Ion nicht von A, sondern von einem Punkte im Abstande r von der Achse aus, so tritt in der Gleichung an Stelle von b jener Abstand r zum Quadrat:

$$t_r = \frac{r^2 - a^2}{2 u V}\ln\frac{b}{a}. \tag{4}$$

Wird ionisierte Luft durch einen Zylinderkondensator von der Länge l geblasen, so werden alle Ionen des Vorzeichens des weiteren Zylinders von der inneren Elektrode abgefangen, die beim Eintritt einen Abstand von der Achse haben, der kleiner ist als das durch Gleichung (4) gegebene r, wenn t die Zeit bedeutet, die das Gas zur Durchstreichung der Länge l braucht.

Gleichförmige Ionenverteilung vorausgesetzt, verhält sich die Zahl der abgefangenen Ionen zur Gesamtzahl der eintretenden Ionen wie die Querschnitte

$$2\pi(r^2 - a^2) : 2\pi(b^2 - a^2);$$

für dieses Verhältnis q findet man durch Einsetzen des Wertes von r aus Gleichung (4)

$$q = \frac{2 u V t}{(b^2 - a^2)\ln\frac{b}{a}} \tag{5}$$

und

$$u = \frac{q\,(b^2 - a^2)\ln\frac{b}{a}}{2 V t}. \tag{6}$$

Ist n die Zahl der Ionen des betreffenden Vorzeichens im Kubikzentimeter, e die Ladung eines Ions, so ist die ohne elektrisches Feld den Querschnitt passierende Elektrizitätsmenge $= Q n e$; unter Wirkung des elektrischen Feldes fließt ein Strom i_1 zur Innenelektrode nach Gleichung (5), wobei $t = \frac{l}{W} = \frac{l}{Q}\pi(b^2 - a^2)$ zu setzen ist,

$$i_1 = \frac{2\pi n e l u V}{\ln\frac{b}{a}}, \tag{7}$$

also ein linearer Anstieg des Stromes mit der Spannung, der allerdings nur gilt, bis V so groß geworden ist, daß alle Ionen abgefangen werden, ein Wert V, der sich aus Gleichung (1) bestimmt; von da ab ändert sich der Strom nicht mehr mit wachsender Spannung. Die Charakteristik ist also durch Kurve I (Abb. 3) gegeben. Die bei der Spannung V dem Abgefangenwerden entrinnenden Ionen, die man etwa in einem hinter dem ersten aufgestellten zweiten Zylinderkondensator auffangen kann, liefern bei hinreichender Spannung im zweiten Kondensator einen Strom

$$i_2 = neQ - i_1 = \pi neW\left(b^2 - a^2 - \frac{2uVl}{W\ln\frac{b}{a}}\right) \tag{8}$$

(s. Abb. 3, Kurve II).

Sind Ionen von verschiedener Beweglichkeit vertreten, so muß sich dies durch Auftreten weiterer Knicke in den Linienzügen I und II äußern; besteht ein kontinuierlicher Übergang zwischen verschiedenen Beweglichkeiten, so ergeben sich statt der geknickten Geraden Kurvenzüge, die im Falle I gegen die Spannungsachse konkav, im Falle II konvex sind. Eine Verwischung der Knicke tritt aber auch als Folge von Wiedervereinigung und von Diffusion auf. Auch die Änderung der Potentialverteilung durch die Ionen kann von Einfluß sein. Die Forderung einer gleichförmigen Gasströmungsgeschwindigkeit über dem Querschnitt des Kondensators ist, wie A. BECKER zeigt, nicht erforderlich, wenn die Ionisation von der Geschwindigkeit unabhängig ist. Dies ist aber nicht der Fall, wenn die Luft am Ionisator laminar mit ungleichförmig verteilter Geschwindigkeit vorbeistreicht, da sich dann die Ionendichte im Querschnitt umgekehrt wie die Geschwindigkeit ändert (K. W. F. KOHLRAUSCH[1]). Nun herrscht in Rohren von den meist benutzten Dimensionen nach KOHLRAUSCH eine der POISEUILLEschen ähnliche Verteilung; dann ist die Benützung der hier abgeleiteten Formeln nicht zulässig, bzw. es treten bei ihrer Benützung zur Beweglichkeitsberechnung Anomalien auf, die aber verschwinden, wenn durch Steigerung der Strömungsgeschwindigkeit oder der Rohrweite Turbulenz eintritt.

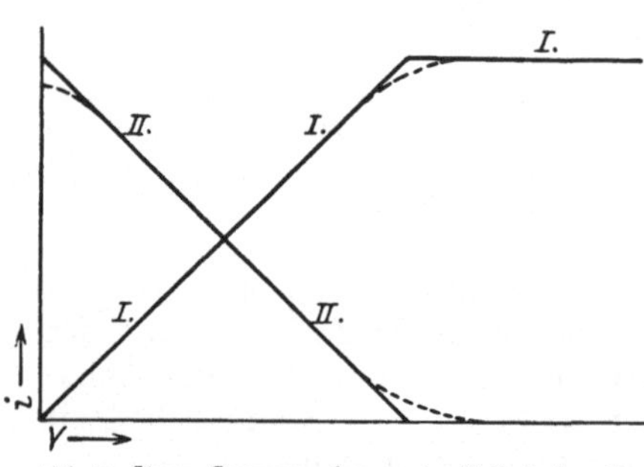

Abb. 3. Strom-Spannungskurven im Zylinderkondensator.

6. Die Methoden mit gekreuzter Feld- und Stömungsrichtung. RUTHERFORD[2] hat als erster die Beweglichkeit aus dem Einfluß eines Gasstromes senkrecht auf die Stromrichtung zu 1 cm per Sek. geschätzt und dann die Beziehung (6) zur Bestimmung der Beweglichkeit benützt, allerdings nur zu Relativmessungen: es wurde Luft durch ein Rohr getrieben, in welchem hintereinander zwei axiale Elektroden angebracht waren. Die Luft wurde entweder mit Uran oder mit Röntgenstrahlen ionisiert. An der zweiten Elektrode wurde bei Sättigungsspannung elektrometrisch die Zerstreuung gemessen, wenn einmal die erste Elektrode geerdet, das andere Mal auf eine bekannte Spannung gebracht wurde. Aus diesen Angaben ließ sich der Quotient q nach Gleichung (5) bestimmen und ergab sich für beide Ionisatoren gleich.

H. GERDIEN[3] hat nach prinzipiell gleicher Methode den EBERTschen Ionenaspirator zur Messung der Beweglichkeit der Ionen in der freien Atmosphäre ausgestaltet: Es wird zunächst bei hoher Spannung die Zerstreuung im luftdurchströmten Zylinderkondensator gemessen, hierauf bei niedriger Spannung,

[1] K. W. F. KOHLRAUSCH, Wiener Ber. (IIa) Bd. 123, S. 1929. 1914.
[2] E. RUTHERFORD, Phil. Mag. Bd. 43, S. 249. 1897; Bd. 47, S. 109. 1899.
[3] H. GERDIEN, Phys. ZS. Bd. 4, S. 632. 1903.

bei der nicht alle Ionen abgefangen werden. H. MACHE[1] benützte wieder ähnlich wie RUTHERFORD zwei hintereinander geschaltete Zylinderkondensatoren. An den ersten wird eine variable Hilfsspannung angelegt, am zweiten wird bei genügend hoher Spannung, um Sättigung zu erzielen, die Zerstreuung gemessen. Aus dem Werte der Hilfsspannung, bei der der durch Extrapolation des linearen Teiles der Kurve II gefundene Schnitt mit der V-Achse eintritt, wird nach Gleichung (8) die Ionenbeweglichkeit zu

$$u = \frac{(b^2 - a^2)\, W \ln \frac{b}{a}}{2 V l}$$

berechnet. Die wirklich erhaltenen Kurven zeigen nämlich den in der Abb. 3 punktiert bezeichneten Verlauf. Die Abweichung bei kleinen Hilfsspannungen bei a kann auf Rechnung der Wiedervereinigung gesetzt werden, die bei b wohl auf Diffusion, sofern nicht Ionen geringerer Beweglichkeit mit vorhanden sind. Andere Anomalien: Abhängigkeit der scheinbaren Beweglichkeiten von der Strömungsgeschwindigkeit und vom Ladungssinne im Vorkondensator lassen sich wohl durch den Zusammenhang von Ionendichte und Geschwindigkeitsverteilung über dem Rohrquerschnitt deuten (vgl. K. W. F. KOHLRAUSCH). A. BECKER[2] benützt die Beziehung (7) zu ausgedehnten Untersuchungen. I. ZELENY benützt bei den Versuchen, in denen er zuerst Absolutwerte der Ionenbeweglichkeiten bestimmte, folgende Anordnung: die Innenelektrode eines Zylinderkondensators ist an einer Stelle durch eine Unterbrechung von $^1/_2$ mm in zwei gegeneinander isolierte Teile geteilt; der eine ist geerdet, der andere mit einem Quadrantelektrometer verbunden. Der äußere Zylinder wird auf veränderliche Spannung gebracht. Ionisiert wird mittels eines schmalen Bündels Röntgenstrahlen wie in Abb. 2. Man denke sich etwa bei B den trennenden Schnitt durch den inneren Zylinder geführt. Die Spannung wird nun von einem hohen Wert, der noch keine Ionen rechts von B gelangen läßt, so lange erniedrigt, bis Ionen auch über B hinausgelangen und das Elektrometer infolgedessen sich aufzuladen beginnt. Ist diese Spannung bestimmt, so ergibt sich die Beweglichkeit aus Gleichung (2), wobei d den Abstand des Trennungsschnittes von der Ebene der Ionisation bedeutet. Infolge der Diffusion, zum Teil auch infolge der Selbstabstoßung der Ionen, gelangen aber schon bei Spannungen, die noch genügen sollten, alle Ionen links von B abzufangen, Ionen auch noch rechts von B, die Beweglichkeit erscheint dadurch erniedrigt. Diese Erniedrigung wird um so größer sein, je längere Zeiten T die Ionen brauchen, um vom äußeren Zylinder zum inneren zu gelangen, je kleiner also die Strömungsgeschwindigkeit des Gases ist. In der Tat zeigte es sich, daß die scheinbaren Beweglichkeitswerte mit abnehmender Zeit T annähernd linear zunehmen; die wahren Beweglichkeiten wurden durch Extrapolation auf $T = 0$ gewonnen.

Eine Modifikation der ZELENYschen Methode ist die von H. A. ERIKSON[3], bei welcher statt des Zylinderkondensators ein Plattenkondensator benützt wird. Die Anordnung ist in der Abb. 4 skizziert: AB sind zwei Kondensatorplatten, zwischen denen ein Feld hergestellt wird. Die Platten C sind durch Verbindung mit Zwischenpunkten der Batterie auf stufenweise abnehmendes Potential gebracht. Dieser Kunstgriff, der wohl zuerst von TOWNSEND eingeführt worden ist, aber in zylindrisch symmetrischer Anordnung, soll das Feld zwischen A und B tunlichst homogen erhalten; zu diesem Zwecke verlaufen parallel Drähte

[1] H. MACHE, Phys. ZS. Bd. 4, S. 717. 1903.

[2] A. BECKER, Ann. d. Phys. (4) Bd. 31, S. 98. 1910; Bd. 36, S. 209. 1911.

[3] H. A. ERIKSON, Phys. Rev. (2) Bd. 17, S. 400. 1921; Bd. 18, S. 100. 1921; Bd. 19, S. 275. 1922; Bd. 23, S. 110. 1924; Bd. 24, S. 502. 1924.

von den Platten C beiderseits des Luftstromes durch den ganzen Kondensator. Bei P wird eine dünne Schichte des Gases ionisiert. Der Luftstrom geht von links nach rechts. Die Stelle, an welcher die abgelenkten Ionen auf B auftreffen, wird mittels eines verschiebbaren, gegen B isolierten Metallstreifens D, der mit einem Elektrometer verbunden ist, aufgesucht. Bei Verschiebung von D ergibt sich ein mehr oder weniger scharfes Maximum der Aufladegeschwindigkeit des Elektrometers, aus dem die Beweglichkeit leicht berechnet werden kann. Ein ähnliches Verfahren ist auch von A. M. TYNDALL und G. C. GRINDLEY[1] benutzt worden.

Den Luftstrom ersetzt LAFAY[2] bei seinen Versuchen auch durch Rotation der Harzplatte, auf der die Ionen aufgefangen und durch Bestäubung nachgewiesen werden. Mittels rotierender geschlitzter Räder nach Analogie der FIZEAUschen Methode zur Messung der Lichtgeschwindigkeit mißt LAPORTE[3] die Ionenbeweglichkeit.

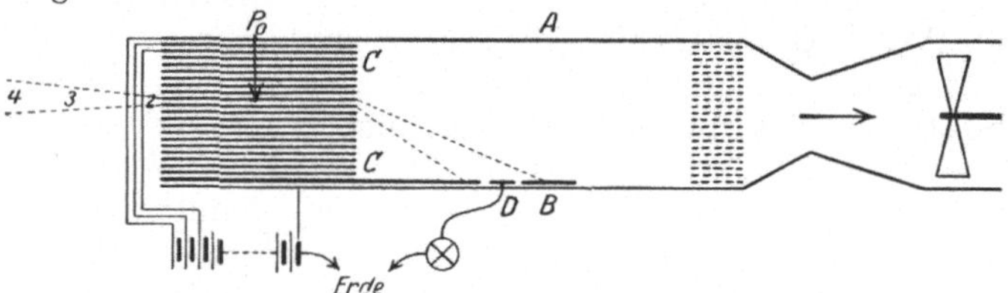

Abb. 4. Beweglichkeitsmessung nach ERIKSON.

7. Methoden mit Unterbrechung bzw. Kommutieren des Feldes. Methode von RUTHERFORD[4]. Mittels Röntgenstrahlen kann der Raum zwischen den Kondensatorplatten nur bis zu einem bestimmten Abstand von der einen Platte ionisiert werden, die andere Platte kann mit einem Elektrometer verbunden werden. Ein Pendelunterbrecher läßt in meßbaren Zeitabständen nacheinander die Röntgenröhre einschalten und das Elektrometer mit der Platte verbinden. Der Zeitabstand wird variiert, bis das Elektrometer gerade Aufladung anzuzeigen beginnt. Der Abstand der Ionisierungsgrenze von der Platte dividiert durch dieses Zeitintervall gibt die Geschwindigkeit der Ionen des zum Elektrometer wandernden Vorzeichens.

Die Methode von LANGEVIN[5]. Das Gas zwischen den Platten eines Kondensators wird durch Röntgenstrahlen, die von einem einzigen Schlag eines Induktors erregt werden, ionisiert. Im selben Augenblick wird ein Feld angelegt, das die Ionen beider Vorzeichen im entgegengesetzten Sinne gegen die Platten zu verschiebt. Nach einer variierbaren Zeit T wird die Feldrichtung kommutiert und so lange belassen, daß alle Ionen entfernt werden. Dann beginnt das Spiel von neuem. Aufgenommen wird die Abhängigkeit der Aufladung einer Platte von der Zeit T. Bezeichnet Q die von der Platte während eines Spieles aufgenommene Ladung, $\mathfrak{E}$ die Feldstärke, l den Plattenabstand, n wieder die Zahl der Ionen eines Vorzeichens im Kubikzentimeter im Augenblicke, wenn die Strahlung abgeschnitten wird, so ergibt sich

$$Q = n e u_1 \mathfrak{E} T - n e (l - u_2 \mathfrak{E} T) = n e (u_1 + u_2) \mathfrak{E} T - n e l,$$

$$\text{für } u_1 \mathfrak{E} T \text{ und } u_2 \mathfrak{E} T \text{ kleiner als } l, \quad T < \frac{l}{u_1 \mathfrak{E}}, \quad T < \frac{l}{u_2 \mathfrak{E}}.$$

---

[1] A. M. TYNDALL u. G. C. GRINDLEY, Phil. Mag. (6) Bd. 47, S. 689. 1924; Bd. 48, S. 711. 1924.

[2] A. LAFAY, C. R. Bd. 173, S. 75. 1921.

[3] M. LAPORTE, C. R. Bd. 172, S. 1028. 1921; Bd. 183, S. 119. 1926. Thèses Paris 1927.

[4] E. RUTHERFORD, Phil. Mag. Bd. 44, S. 422. 1897.

[5] P. LANGEVIN, Ann. chim. phys. (7) Bd. 28, S. 433. 1903.

Wenn T gleich der kleineren dieser Größen wird, etwa $T = \frac{l}{u_2 \mathfrak{E}}$, so gilt

$$Q = n e u_1 \mathfrak{E} T,$$

und wenn schließlich $T = \frac{l}{u_1 \mathfrak{E}}$ wird, so gilt

$$Q = n e l.$$

Man erhält demnach einen Zug gerader Linien mit zwei Knickpunkten (vgl. Abb. 5). Aus der Lage der Knickpunkte sind die Beweglichkeiten ohne weiteres aus obigen Beziehungen zu ermitteln. Sind mehr als zwei Ionenarten zugegen, so erhöht sich dementsprechend die Zahl der Knicke. In Wirklichkeit werden die geraden Stücke infolge Wiedervereinigung und Ungleichförmigkeiten der Ionisierung gekrümmt und die Knickpunkte weniger eindeutig festgelegt sein. Eine Modifikation beschreibt J. J. THOMSON[1]. Unter Benutzung zweier Ionisationskammern konnte WELLISCH[2] das Verfahren zu einer Null-Methode ausgestalten. Bei intermittierender Ionisierung kann auch durch Verfolgung der Aufladung im konstanten Felde die Beweglichkeit gemessen werden[3].

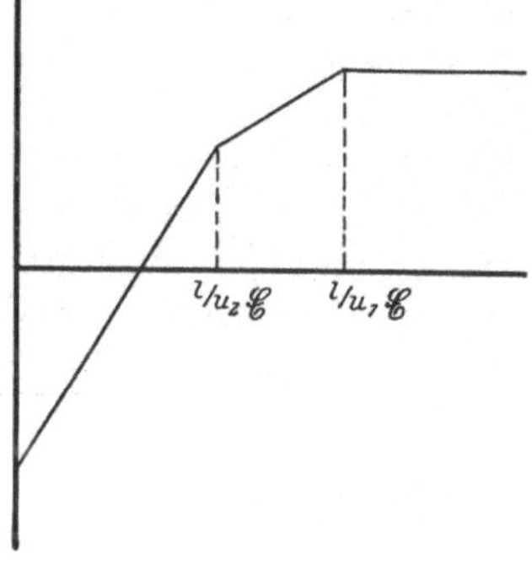

Abb. 5. Zu LANGEVINS Bestimmung der Ionenbeweglichkeit.

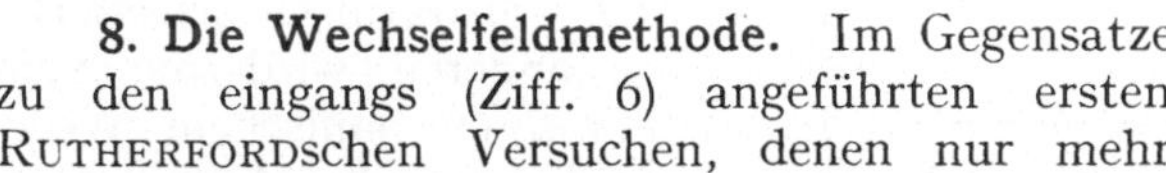

8. Die Wechselfeldmethode. Im Gegensatze zu den eingangs (Ziff. 6) angeführten ersten RUTHERFORDschen Versuchen, denen nur mehr historisches Interesse zukommt, hat sich seine auch schon im Jahre 1898 angegebene Wechselfeldmethode als sehr fruchtbar erwiesen[4]. Sie wurde von RUTHERFORD benutzt zur Bestimmung der Beweglichkeit der negativen Ionen, die beim Auffallen von ultraviolettem Licht auf eine Metallplatte im Gas erzeugt werden. Verwendet wird ein Plattenkondensator, dessen eine Platte beleuchtet wird, so daß sich an ihrer Oberfläche eine Ionisierungsschichte ausbildet, der Idealfall einer Oberflächenionisierung. Die unbelichtete Platte wird mit dem einen Pol einer Wechselstrommaschine von der Periodenzahl ν verbunden, deren anderer geerdet ist; die belichtete ist über ein Elektrometer geerdet. Der Plattenabstand kann verändert werden. Die an der belichteten Platte erzeugten negativen Ionen wandern während einer Halbperiode von der Platte weg, werden nach dem Polwechsel wieder zurückgeholt, so daß die Platte keine negative Ladung verliert, sich also nicht positiv auflädt. Sie wird dies erst tun, wenn die Ionen während einer Halbperiode bis zur anderen Platte gelangen und dort abgefangen werden. Maximale Spannung V und Plattendistanz d werden so eingestellt, daß dies gerade der Fall ist; dann ist

$$u = \frac{\nu \pi d^2}{V}.$$

Die Anwendungsmöglichkeiten dieser Methode sind wesentlich erweitert worden durch J. FRANCK[5] und J. FRANCK und R. POHL[6]. Die bei der Wechselfeldmethode erforderliche Oberflächenionisation wird dadurch hergestellt, daß das Gas in einem Hilfskondensator ionisiert wird, in welchem die Ionen eines

[1] J. J. THOMSON, Conduction of Electricity through Gases, 2. Aufl., S. 67. 1906.
[2] E. M. WELLISCH, Phil. Trans (A) Bd. 209, S. 249. 1909.
[3] N. FONTELL, Soc. Scient. Fenn. Comm. Phys. Math. Bd. 5, Nr. 23. 1931.
[4] E. RUTHERFORD, Proc. Cambridge Phil. Soc. Bd. 9, S. 401. 1898.
[5] J. FRANCK, Ann. d. Phys. Bd. 21, S. 972. 1906.
[6] J. FRANCK u. R. POHL, Verh. d. D. Phys. Ges. Bd. 9, S. 69. 1907.

Vorzeichens durch ein konstantes elektrisches Feld gegen die aus einem Drahtnetz bestehende eine Platte des Meßkondensators getrieben werden (Abb. 6). Diese Ionen treten mit ganz kleiner Geschwindigkeit durch die Öffnungen des Drahtnetzes und werden jenseits vom Wechselfelde erfaßt. Statt eines sinusoidalen Wechselstromes, wie er meist benutzt wird, kann auch eine durch einen rotierenden Kommutator in regelmäßigen Intervallen rasch kommutierte Gleichstromspannung verwendet werden (LATTEY[1]). Dieses Verfahren wird insbesondere dann vorzuziehen sein, wenn das Verhalten des Ions sich mit der Feldstärke ändert, in welchem Falle die Wechselstrommethode unübersichtlich wird, worauf neuerdings V. A. BAILEY[2] aufmerksam gemacht hat. L. L. BOWMAN[3] hat eine Methode ausgearbeitet, um eine derartige kommutierende Gleichstromspannung von Radiofrequenz herzustellen (rechteckige Welle), Resultate liegen aber noch nicht vor. Eine Fehlerquelle der FRANCKschen Form der RUTHERFORDschen Methode ist bedingt durch den ,,Durchgriff" des Feldes durch das Drahtnetz, das den Ionisationsraum vom Meßraum trennt (vgl. L. B. LOEB[4] und CHARLOTTE ZIMMERSCHIED[5]). Mehrere Modifikationen der Wechselfeldmethode hat A. M. TYNDALL[6] angegeben. Bei einer wird nur immer in einer bestimmten Phase des Wechselfeldes in der Nähe einer Elektrode ionisiert durch ein Poloniumpräparat, das an einem Fenster der Apparatur vorbeirotiert; bei einer anderen wird die von LAPORTE auf mechanischem Wege realisierte FIZEAUsche Methode ins Elektrische übertragen, indem die Ionen statt durch Schlitzräder durch zwei Wechselfelder gesiebt werden, wie dies auch J. L. VAN DE GRAAFF[7] und O. BLACKWOOD[8] angeben.

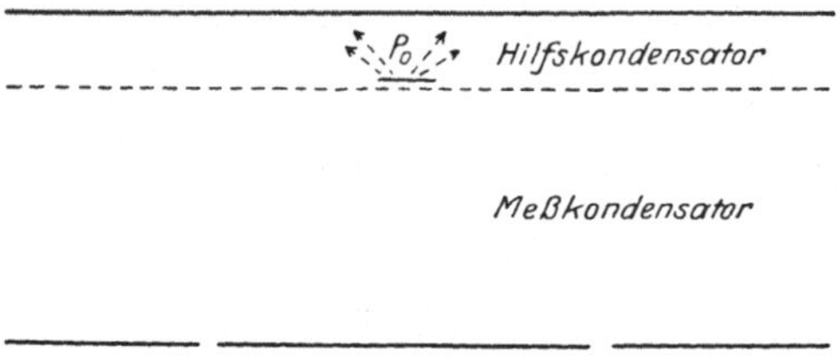

Po Hilfskondensator

Meßkondensator

Abb. 6. Wechselfeldmethode von FRANCK und POHL zur Bestimmung der Ionenbeweglichkeit.

Eine eingehende theoretische Untersuchung der Wechselfeldmethode siehe H. MACHE[9], insbesondere im Hinblick auf mögliche Trägheitswirkungen.

9. Ionenbeweglichkeit bestimmt aus der Stromspannungskurve. Die Stromdichte durch ein Gas mit homogener Volumionisation in homogenem Felde ist

$$i = ne(u_1 + u_2)\mathfrak{E}.$$

Man mißt diesen Strom, hierauf stellt man den Ionisator ab und treibt durch Anlegen einer hohen Spannung alle Ionen eines Vorzeichens an eine der Platten, deren Aufladung man mißt. Dies gibt ne. Aus i, ne und der bekannten Feldstärke $\mathfrak{E}$ ergibt sich die Summe der Beweglichkeiten (RUTHERFORD).

[1] T. LATTEY, Proc. Roy. Soc. London (A) Bd. 84, S. 173. 1910.
[2] V. A. BAILEY, Phil. Mag. (6) Bd. 46, S. 213. 1923.
[3] L. L. BOWMAN, Phys. Rev. (2) Bd. 24, S. 31. 1924.
[4] L. B. LOEB, Journ. Frankl. Inst. Bd. 196, S. 771. 1923.
[5] CH. ZIMMERSCHIED, Phys. Rev. (2) Bd 21, S. 721. 1923; s. ferner W. B. MORTON, Phil. Mag. Bd. 6, S. 795. 1928.
[6] A. M. TYNDALL u. G. C. GRINDLEY, Proc. Roy. Soc. London (A) Bd. 110, S. 341. 1926; A. M. TYNDALL, L. H. STARR u. C. F. POWELL, ebenda Bd. 121, S. 132. 1928; A. M. TYNDALL u. C. F. POWELL, ebenda Bd. 129, S. 162. 1930.
[7] J. L. VAN DE GRAAFF, Nature Bd. 124, S. 10. 1929.
[8] O. BLACKWOOD, Phys. Rev. Bd. 33, S. 1070. 1929; ferner J. L. HAMSHERE, Proc. Cambridge Phil. Soc. Bd. 25, S. 205. 1929.
[9] H. MACHE, Wiener Ber. (IIa) Bd. 137, S. 607. 1928; s. ferner P. GOLDMARK u. F. KANNER, Wiener Anz. 1930, S. 117; Wiener Ber. (IIa) Bd. 139, S. 241. 1930, wo gezeigt wird, wie die Wechselfeldmethode ohne Extrapolation auf verschwindenden Strom durchgeführt werden kann.

Für den Fall reiner Oberflächenionisation (z. B. photoelektrischer Effekt) gilt

$$i = \frac{u}{4\pi} \frac{9(bd)^3}{8[(1+bd)^{\frac{3}{2}} - 1]^2} \cdot \frac{V^2}{d^3},$$

wo d der Plattenabstand, b eine durch die Grenzbedingungen gegebene Konstante und V die Spannung ist. Wenn der Strom sehr klein, d. h. von der Sättigung weit entfernt ist, wird

$$i = \frac{9u}{32\pi} \frac{V^2}{d^3}$$

(SCHWEIDLER[1], RUTHERFORD[2], J. J. THOMSON[3]). BUISSON[4] hat die Beziehung von i und V zur Bestimmung der Beweglichkeit der in Luft durch die Belichtung einer Metallplatte erzeugten Ionen benützt, wobei er für den Potentialverlauf eine Funktion 2. Grades des Abstandes von der belichteten Platte annimmt, die indes nur eine Annäherung bedeuten kann, und das Potential an einem Punkte in der Mitte zwischen den beiden Platten mittels einer Tropfelektrode bestimmt; Messungen nach der genaueren obigen von SCHWEIDLER angegebenen Formel sind von R. GROSELJ[5] ausgeführt worden.

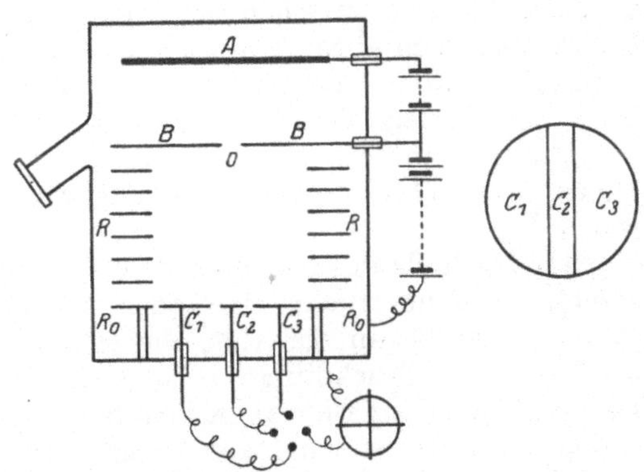

Abb. 7. Magnetische Ablenkung der Ionen nach TOWNSEND.

Eine sehr einfache Methode, die anwendbar ist, wenn in einem Gasvolumen Ionen überwiegend eines Vorzeichens vorhanden sind, hat TOWNSEND[6] zur Bestimmung der geringen Ionenbeweglichkeit in frisch bereiteten Gasen benützt. Er zeigt, daß die Geschwindigkeit, mit der die Ladungsdichte in dem sich selbst überlassenen Gase durch Wanderung der Ionen nach den Wänden unter dem Einflusse ihrer wechselseitigen Abstoßung abnimmt, von den Dimensionen des Gefäßes unabhängig ist, sofern man von der Diffusion absehen kann. Es gilt die Beziehung

$$\frac{1}{\varrho} - \frac{1}{\varrho_0} = 4\pi u t,$$

wo ϱ_0 die anfängliche Ladungsdichte, ϱ die Ladungsdichte nach Ablauf der Zeit t ist.

10. Magnetische Ablenkung der Ionen. Auf ihrer freien Weglänge müssen die Ionen wie eine Korpuskularstrahlung durch ein senkrecht zur Bewegungsrichtung wirkendes Magnetfeld abgelenkt werden, und dies muß dann auch für einen Ionenschwarm im ganzen gelten. J. S. TOWNSEND gibt eine eingehende Behandlung dieses Falles in seinem Buche Electricity in Gases S. 96ff. Er hat gemeinsam mit H. T. TIZARD[7] den Effekt gemessen und zur Bestimmung der Geschwindigkeit der Ionen im elektrischen Felde benützt. Der Apparat (Abb. 7) bestand aus einem Plattenkondensator, in den ein an A photoelektrisch aus-

[1] E. v. SCHWEIDLER, Wiener Ber. (IIa) Bd. 108, S. 899. 1899; Bd. 113, S. 1120. 1904.
[2] E. RUTHERFORD, Phys. Rev. Bd. 13, S. 321. 1901.
[3] J. J. THOMSON, Conduction of Electricity through Gases, 2. Aufl., S. 101.
[4] H. BUISSON, C. R. Bd. 127, S. 224. 1898.
[5] R. GROSELJ, Wiener Ber. (IIa) Bd. 113, S. 1131. 1904.
[6] J. S. TOWNSEND, Phil. Mag. (5) Bd. 45, S. 471. 1898.
[7] J. S. TOWNSEND u. H. T. TIZARD, Proc. Roy. Soc. London (A) Bd. 88, S. 336. 1913.

gelöster Ionenschwarm durch eine Öffnung in der einen Platte B eintrete konnte; die andere Platte R_0 war durch parallele Schlitze in drei Teile geteil die getrennt mit einem Elektrometer verbunden werden konnten. Zur Hom genisierung des elektrischen Feldes war ein System von ringförmigen Platten R. eingebaut, die auf abgestuften Potentialen gehalten wurden. Ein Magnetfel konnte parallel zu den Schlitzen erregt werden. Magnetische und elektrisch Feldstärke können so gewählt werden, daß der Streifen C_1 ebensoviel Ladun erhält wie die Streifen C_2 und C_3 zusammen; dann ist die Mitte des Ionenschwa mes, der ohne Magnetfeld auf die Mitte des mittleren Streifens 2 auffiel, gerad auf den Spalt zwischen 1 und 2, also um die halbe Breite des Streifens 2 ($=a/2$ abgelenkt. Es ergibt sich nach TOWNSEND hieraus die Geschwindigkeit w de Ions im elektrischen Feld $\mathfrak{E}$ aus der Beziehung

$$\frac{\mathfrak{H}w}{\mathfrak{E}} = \frac{a}{2l},$$

wo l der Abstand zwischen den Kondensatorplatten ist. Diese Methode ist nu bei Drucken von etwa 20 mm Hg abwärts anwendbar und wurde hauptsächlic dazu benutzt, den Übergang des negativen Ions in den freien Elektronenzustan bei zunehmendem Verhältnisse $\mathfrak{E}/p$ zu studieren.

Hierher gehören auch die Untersuchungen über den Halleffekt in Flammen sofern sie zu Schlüssen auf die Ionenbeweglichkeit führen (E. MARX[1], H. A. WILSON[2]).

11. Methode des Ionenwindes. Wie in einem späteren Kapitel auseinandergesetzt wird, übertragen die Ionen bei ihrer Wanderung im elektrischen Feld Bewegungsgröße an das Gas, die sich im freien Gas als Strömung desselben oder auch als Druckdifferenz längs der Bahn der Ionen nachweisen läßt. Die Druckdifferenz hat CHATTOCK benutzt, um die Beweglichkeit der in der Spitzenentladung auftretenden Ionen zu messen. Es treten hier nur Ionen eines Vorzeichens auf, die durch das Feld der elektrisierten Spitze abgestoßen werden. Sie wandern nach einem der Spitze gegenüberstehenden Ring, der als zweite Elektrode dient. Es wird die Druckdifferenz im Rohr, das die Elektroden enthält, zwischen einem Punkte hinter der Spitze und einem hinter dem Ringe mittels einer Drucklibelle gemessen. Ist d der Elektrodenabstand, Δp die gemessene Druckdifferenz und i die ebenfalls gemessene elektrische Stromstärke zwischen den Elektroden, so ist die Ionengeschwindigkeit

$$w = \frac{i\,d}{\Delta p}.$$

Eine Korrektur ist anzubringen wegen des vom Ring aufgenommenen Anteiles des Druckes (CHATTOCK[3], CHATTOCK, WALKER und DIXON[4]). MOORE[5] mißt den Reaktionsdruck eines elektrischen Windrädchens; die berechneten Beweglichkeitswerte sind absolut beträchtlich zu hoch aus verschiedenen Ursachen, die Relativwerte sind aber brauchbar. Die Messung des Ionenwinddruckes, der durch radioaktive Substanzen im elektrischen Feld erzeugt wird, mittels einer Drehwaage hat V. F. HESS[6] zu einer Methode der Bestimmung einer „mittleren" Ionenbeweglichkeit ausgearbeitet; bei dieser Methode kommen besonders die

[1] E. MARX, Ann. d. Phys. (4) Bd. 2, S. 198. 1900.
[2] H. A. WILSON, The electric properties of flames. 1912.
[3] A. P. CHATTOCK, Phil. Mag. (5) Bd. 48, S. 401. 1899.
[4] A. P. CHATTOCK, W. E. WALKER u. E. H. DIXON, Phil. Mag. (6) Bd. 1, S. 79. 1901.
[5] E. J. MOORE, Phys. Rev. Bd. 34, S. 81. 1912.
[6] V. F. HESS, Wiener Ber. (IIa) Bd. 129, S. 565. 1920.

langsamen Ionen zur Geltung, die von HESS erhaltenen Beweglichkeitswerte sind daher klein, von der Größenordnung 10^{-2} cm-sec/Volt-cm.

12. Ionenbeweglichkeit in reiner atmosphärischer Luft und anderen Gasen. Die folgende Tabelle 1 zeigt, inwieweit von einer unter normalen Versuchsbedingungen — zu denen auch nicht zu hohe Feldstärke gehört — von einer definierten, von der Meßmethode und dem Ionisator unabhängigen Beweglichkeit der Ionen in Luft gesprochen werden kann. Die Abweichungen übersteigen zum Teil die Fehlergrenzen der Methoden und sind wohl in erster Linie auf verschiedenen Reinheitsgrad der Luft zurückzuführen.

Tabelle 1. Ionenbeweglichkeit in Luft bei Atmosphärendruck und Zimmertemperatur.

Beobachter	Ionisator	Methode	Beweglichkeit in cm-sec/Volt-cm		Verhältnis $\frac{u_2}{u_1}$
			Positive Ionen u_1	Negative Ionen u_2	
ZELENY[1]	Röntgenstrahlen	Strömung	1,36	1,87	1,375
CHATTOCK[2]	Spitzenentladung	Ionenwind	1,32	1,80	1,364
LANGEVIN[3]	Röntgenstrahlen	eigene	1,40	1,70	1,214
J. FRANCK[4]	,,	Wechselfeld	1,34	1,79	1,335
FRANCK u. POHL[5] .	α-Strahlen	,,	1,37	1,80	1,314
BLANC[6]	Röntgenstrahlen	,,	1,26	2,00	1,587
KOVARIK[7]	Photoel. Effekt	,,	—	2,06	—
KOVARIK 1912[8] . .	α-Strahlen	,,	1,35	1,89	1,400
ROTHGIESSER[9] . .	,,	,,	1,33	1,93	1,451
WELLISCH 1909[10] .	Röntgenstrahlen	modif. LANGEVIN	1,54	1,78	1,156
WELLISCH 1915[11] .	,,	,, ,,	1,23	1,93	1,569
LOEB 1923[12] . . .	Photoel. Effekt	Kommut. Feld	—	2,18	—
LOEB 1924[13] . . .	nicht angegeben	,, ,,	1,60	1,85	1,156
Mittel			1,372	1,890	1,377

Die folgende Tabelle 2 gibt die unter ähnlichen Bedingungen gewonnenen Werte für andere Gase und Dämpfe. Zum Vergleiche sind auch die von K. PRZIBRAM nach der Strömungsmethode von MACHE in gesättigten Dämpfen bei ihrem Siedepunkte erhaltenen Werte eingetragen. Die Werte der anderen Autoren sind aus Beobachtungen an ungesättigten Dämpfen bei Zimmertemperatur auf Atmosphärendruck umgerechnet.

13. Extrem gereinigte Gase. Die in Tabelle 1 und 2 zusammengestellten Beweglichkeitswerte beziehen sich auf Gase von dem im Laboratorium meist üblichen Reinheitsgrade, nicht auf extrem gereinigte. Im Hinblick auf die große Wirkung minimaler Dampfspuren auf die Beweglichkeit sind sie nur als provisorisch zu betrachten. Durch extreme Reinigung der Luft — Apparatur für die Wechselfeldmethode ganz aus Glas oder Quarz zusammengeschmolzen, Aus-

[1] J. ZELENY, Phil. Trans. (A) Bd. 195, S. 193. 1900.
[2] A. P. CHATTOCK, Phil. Mag. (5) Bd. 48, S. 401. 1899; A. P. CHATTOCK, W. E. WALKER u. E. H. DIXON, ebenda (6) Bd. 1, S. 79. 1901.
[3] P. LANGEVIN, Ann. chim. phys. Bd. 28, S. 289. 1903.
[4] J. FRANCK, Ann. d. Phys. Bd. 31, S. 972. 1906.
[5] J. FRANCK u. R. POHL, Verh. d. D. Phys. Ges. Bd. 9, S. 69. 1907.
[6] A. BLANC, Bull. Soc. Franc. de phys. 1908, S. 64.
[7] A. F. KOVARIK, Phys. Rev. Bd. 30, S. 415. 1910.
[8] A. F. KOVARIK, Proc. Roy. Soc. London (A) Bd. 86, S. 154. 1912.
[9] G. ROTHGIESSER, Diss. Freiburg i. Br. 1913.
[10] E. M. WELLISCH, Phil. Trans. (A) Bd. 209, S. 249. 1909.
[11] E. M. WELLISCH, Sill. Journ. (4) Bd. 39, S. 583. 1915.
[12] L. B. LOEB, Journ. Frankl. Inst. Bd. 196, S. 537. 1923.
[13] L. B. LOEB u. M. F. ASHLEY, Proc. Nat. Acad. Amer. Bd. 10, S. 351. 1924.

Tabelle 2. Ionenbeweglichkeiten in Gasen und Dämpfen bei atmosphärischem Druck und Zimmertemperatur bzw. beim Siedepunkt.

Gas	u_1	u_2	u_2/u_1	Beobachter
Wasserstoff[1]	6,70	7,95	1,186	ZELENY
,,	6,02	7,68	1,275	FRANCK und POHL
,,	5,4	7,43	1,375	CHATTOCK
,,	5,33	10,00	1,876	BLANC
,,	6,20	8,19	1,321	KOVARIK
,,	5,91	8,26	1,397	ROTHGIESSER[2]
Helium[1]	5,09	6,31	1,240	FRANCK und POHL
Argon[1]	1,37	1,70	1,241	FRANCK
Stickstoff[1]	1,27	1,84	1,449	,,
Sauerstoff	1,36	1,80	1,323	ZELENY
,,	1,30	1,85	1,433	CHATTOCK
,,	1,29	1,79	1,387	FRANCK
Ammoniak	0,74	0,80	1,081	WELLISCH
,,	0,56	0,66	1,178	LOEB[3]
Stickoxydul	0,82	0,90	1,097	WELLISCH
Kohlenoxyd	1,10	1,14	0,965	,,
Kohlendioxyd	0,76	0,81	1,066	ZELENY
,,	0,83	0,92	1,108	CHATTOCK
,,	0,86	0,90	1,046	LANGEVIN
,,	0,81	0,85	1,049	WELLISCH
,,	0,83	1,02	1,229	BLANC
,,	0,76	0,99	1,303	ROTHGIESSER
Schwefeldioxyd	0,44	0,41	0,932	WELLISCH 1909
,,	0,41	0,41	1,000	,, 1917
,,	$0,41_2$	$0,41_4$	1,005	K. L. YEN[4]
,,	0,48	0,44	0,916	L. DUSAULT und L. B. LOEB[5]
Chlor	Mittel aus u_1 und u_2	ca. 1		RUTHERFORD[6]
,,	—	—	$u_2/u_1 < 1$	FRANCK[7]
,,	—	0,73	—	WAHLIN[8]
,,	ca. 0,5		0,82	H. MAYER[9]
,,	0,65	0,51	0,785	L. B. LOEB[10]
Chlorwasserstoff	Mittel aus u_1 und u_2	ca. 1,27	—	RUTHERFORD[6]
,,	0,65	0,55	0,846	L. B. LOEB[11]
Wasser 100°	1,1	0,95	0,864	PRZIBRAM[12] 1912
,,	0,62	0,56	0,903	L. B. LOEB und M. CRAVATH[13]
Äthan	—	1,30	—	WAHLIN[8]
Methylen	—	0,91	—	WAHLIN
Azetylen	0,78	0,83	1,070	J. J. MAHONEY[14]
Pentan	0,36	0,35	0,972	WELLISCH 1909
,,	$0,38_2$	$0,45_1$	1,171	K. L. YEN[4]

[1] Die Werte von u_2 in diesen Gasen beziehen sich auf nicht sehr sorgfältig gereinigte Gase, die noch Spuren von elektronegativen Stoffen (O_2 usw.) enthalten; vgl. den Einfluß kleiner Verunreinigungen auf die Bewegung der Elektronen in diesen Gasen.

[2] G. ROTHGIESSER, Diss. Freiburg 1913.

[3] L. B. LOEB u. M. F. ASHLEY, Proc. Nat. Acad. Amer. Bd. 10, S. 351. 1924.

[4] K. L. YEN, Proc. Nat. Acad. Amer. Bd. 4, S. 106. 1918.

[5] L. DUSAULT u. L. B. LOEB, Proc. Nat. Acad. Amer. Bd. 14, S. 192. 1928.

[6] E. RUTHERFORD, Phil. Mag. Bd. 44, S. 422. 1897.

[7] J. FRANCK, Jahrb. d. Radioakt. Bd. 9, S. 235. 1912.

[8] H. N. WAHLIN, Phys. Rev. (2) Bd. 19, S. 173. 1922.

[9] H. MAYER, Phys. ZS. Bd. 27, S. 513. 1926.

[10] L. B. LOEB, Phys. Rev. Bd. 35, S. 184. 1930.

[11] L. B. LOEB, Proc. Nat. Acad. Amer. Bd. 12, S. 35. 1926.

[12] K. PRZIBRAM, Verh. d. D. Phys. Ges. Bd. 14, S. 709. 1912.

[13] L. B. LOEB u. M. CRAVATH, Phys. Rev. Bd. 27, S. 811. 1926.

[14] J. J. MAHONEY, Phys. Rev. Bd. 33, S. 217. 1929.

Fortsetzung von Tabelle 2.

Gas	u_1	u_2	u_2/u_1	Beobachter
Methylalkohol 66°	0,37	0,38	1,027	PRZIBRAM[1] 1909
Äthylalkohol	0,34	0,27	0,794	WELLISCH 1909
„	0,39	0,41	1,051	„ 1917
„	$0{,}36_3$	$0{,}37_3$	1,027	K. L. YEN[2]
„ 79°	0,34	0,35	1,029	PRZIBRAM[1] 1909
Propylalkohol 97°	0,22	0,22	1,00	„
Isobutylalkohol 105° . .	0,21	0,21	1,00	„
Isoamylalkohol 130° . . .	0,19	0,23	1,21	„
Äthylformiat	0,30	0,31	1,033	WELLISCH 1909
Methylazetat	0,33	0,36	1,091	„ 1909
„ 58°.	0,19	0,24	1,263	PRZIBRAM 1909
Äthylazetat	0,31	0,28	0,903	WELLISCH 1909
„	$0{,}22_6$	$0{,}24_7$	1,093	K. L. YEN 1909
„ 77°.	0,16	0,19	1,187	PRZIBRAM 1909
Propylazetat 100°	0,15	0,17	1,133	„ 1909
Aldehyd	0,31	0,30	0,968	WELLISCH 1909
„	$0{,}30_7$	$0{,}33_3$	1,078	K. L. YEN 1909
Azeton	0,31	0,29	0,935	WELLISCH
„	0,236	0,247	1,047	K. L. YEN
Äthyläther	0,29	0,31	1,069	WELLISCH 1909
„	0,27	0,35	1,296	„ 1917
„	0,19	0,22	1,158	LOEB[3]
Äthylchlorid.	0,33	0,31	0,939	„ 1909
„	$0{,}30_4$	$0{,}31_7$	1,043	K. L. YEN
Methylbromid	0,29	0,28	0,965	WELLISCH 1909
Methyljodid	0,21	0,22	1,048	„ 1909
„	0,24	0,23	0,958	„ 1917
Äthyljodid	0,17	0,16	0,941	„ 1909
„	$0{,}18_1$	$0{,}18_1$	1,000	K. L. YEN
Tetrachlorkohlenstoff. . .	0,30	0,31	1,033	WELLISCH 1909

heizen im Hochvakuum, Kälterreinigung, elektrolytische Einführung von Natrium usw. — konnte H. SCHILLING[4] in einer in LENARDS Laboratorium ausgeführten sehr gründlichen Arbeit die Beweglichkeiten bis 2,45 cm/sec für die negativen und 2,0 für die positiven Ionen hinauftreiben, aber nicht weiter[5]. In sorgfältig gereinigtem Stickstoff findet er $u_1 = 1{,}80$. TYNDALL und POWELL[6] sind später ebenfalls zu gründlicher Reinigung übergegangen; sie fanden in Stickstoff $u_1 = 2{,}1$ und in Helium für die Beweglichkeit der positiven Ionen Werte bis 17 cm/sec, später sogar bis 21,4 cm/sec. Bemerkenswerterweise erhält ZELENY[7] neuerdings auch nach der Strömungsmethode in kältegereinigter Luft positive Beweglichkeiten bis zu 2,3 cm/sec und negative, die nur wenig größer sind. Aus einer Schichtung des negativen Glimmlichtes, die unter Umständen in Edelgasen auftritt, schließt M. J. DRUYVESTEYN[8] auf Beweglichkeiten

[1] K. PRZIBRAM, Wiener Ber. (IIa) Bd. 118, S. 331. 1909.

[2] S. Fußnote 4 auf S. 356.

[3] L. B. LOEB, Proc. Nat. Acad. Amer. Bd. 11, S. 428. 1925.

[4] H. SCHILLING, Ann. d. Phys. Bd. 83, S. 23. 1927. Hierzu Bemerkungen von L. B. LOEB, ebenda Bd. 84, S. 689. 1927 und Erwiderung von SCHILLING, ebenda Bd. 86, S. 447. 1928.

[5] Höhere Werte, die W. BUSSE (Ann. d. Phys. Bd. 81, S. 587. 1926) nach der Strömungsmethode erhalten hatte, sind nach dem Erscheinen der Arbeit von SCHILLING vom Autor selbst widerrufen worden (s. Phys. Ber. Bd. 8, S. 1814. 1927). Der von Z. F. VALTA (Journ. Geophys. u. Meteorol. [russisch] Bd. 6, S. 197. 1929) gefundene hohe Wert 6,8 cm/sec für positive „junge" Ionen bedarf wohl noch der Überprüfung.

[6] A. M. TYNDALL u. C. F. POWELL, Proc. Roy. Soc. London (A) Bd. 129, S. 162. 1930; Bd. 134, S. 125. 1931.

[7] J. ZELENY, Proc. Amer. Phil. Soc. Juni 1931; Phys. Rev. Bd. 38, S. 969. 1931.

[8] M. J. DRUYVESTEYN, ZS. f. Phys. Bd. 73, S. 33. 1931.

der positiven Ionen, auf Atmosphärendruck umgerechnet, von 9,8 in Ne und 19 in He, letzteres in guter Übereinstimmung mit dem eben angeführten Wert von TYNDALL und POWELL[1].

14. Beweglichkeitsverteilung. Auf Grund neuerer Untersuchungen wird angegeben, daß die Beweglichkeiten nicht einheitlich sind, sondern eine statistische Verteilung zwischen gewissen Grenzen zeigen, die insbesondere vom Reinheitsgrade des Gases abzuhängen scheinen. Die folgende Tabelle zeigt die von verschiedenen Autoren gefundenen Grenzen der Beweglichkeiten:

Tabelle 3.

Autor	u_1		u_2	
	von	bis	von	bis
LAPORTE[2]	0,8	2,0	1,35	3,3
HAMSHERE[3]	0,78	1,35	1,6	2,1
ZELENY[4]	1,03	1,48	1,68	2,18
FONTELL[5]	1,23	1,63	1,65	2,07

In einer späteren Arbeit findet ZELENY[6] in den Verteilungskurven in sehr trockener Luft deutliche Anzeichen von zwei verschiedenen negativen Ionenarten mit den Beweglichkeiten 2,40 und 1,45 und, wenn auch weniger ausgesprochen, von zwei positiven Ionenarten mit Beweglichkeiten 1,5 und 1,04 (letztere im Überschuß), in feuchter Luft mit 2 mg H_2O im Liter nur je ein Maximum der Verteilungskurven mit $u_2 = 2{,}08$, $u_1 = 1{,}36$. Schließlich gibt ZELENY[7] an, daß die von ihm gefundene breite Verteilung nur für Ionen des relativ hohen Alters von 2 sec gilt, während junge Ionen von einigen tausendsteln Sekunden keine größere Verbreiterung der Maxima zeigen, als durch Diffusion usw. erklärlich ist. Inwieweit bei den anderen in der Tabelle angegebenen Resultaten diese Fehlerquellen doch noch mitspielen, wäre noch zu untersuchen. Nach G. STETTERS Messungen (s. Ziff. 3) an Ionen, die durch ein einzelnes α-Teilchen gebildet werden, scheint die Beweglichkeit von einige hundertstel Sekunden alten Ionen sehr einheitlich zu sein.

15. Abhängigkeit der Ionenbeweglichkeit vom Druck. Die Ionenbeweglichkeit ist innerhalb weiter Grenzen dem Gasdrucke umgekehrt proportional. Nach KOVARIK[8] gilt das Gesetz $pu =$ konst. in Luft und Wasserstoff bis hinauf zu 75 Atm. Bei diesen hohen Drucken konnte KOVARIK die RUTHERFORDsche Gleichung für Oberflächenionisation zur Bestimmung der Beweglichkeit benützen, indem er auf eine Kondensatorplatte etwas Ionium brachte, dessen α-Strahlen bei den hohen Drucken eine so geringe Reichweite haben, daß praktisch Oberflächenionisation herrscht, und den Strom im Kondensator maß. In feuchtem Kohlendioxyd nahm pu oberhalb 40 Atm. ab. A. J. DEMPSTER[9] maß bis 100 Atm. und fand up für die positiven Ionen konstant, für die negativen eine etwas langsamere Abnahme, als dieser Konstanz entspräche. J. C. MCLENNAN und D. A. KEYS[10] haben die Beweglichkeiten bis zu 181 Atm. gemessen und an-

1 Neuere Messungen siehe bei N. E. BRADBURY, Phys. Rev. Bd. 40, S. 508. 1932.
2 M. LAPORTE, Thèses. Paris 1927.
3 J. L. HAMSHERE, Proc. Cambridge Phil. Soc. Bd. 25, S. 205. 1929; Proc. Roy. Soc London (A) Bd. 127, S. 298. 1930.
4 J. ZELENY, Phys. Rev. Bd. 34, S. 310. 1929; Bd. 35, S. 1441. 1930; Bd. 38, S. 2293. 1931.
5 N. FONTELL, s. Ziff. 7.
6 J. ZELENY, Phys. Rev. Bd. 36, S. 35. 1930.
7 J. ZELENY, Phys. Rev. Bd. 38, S. 969. 1931.
8 A. F. KOVARIK, Proc. Roy. Soc. London (A) Bd. 86, S. 154. 1912.
9 A. J. DEMPSTER, Phys. Rev. Bd. 34, S. 53. 1912.
10 J. C. MCLENNAN u. D. A. KEYS, Phil. Mag. (6) Bd. 30, S. 484. 1915.

genähert $1/p$ proportional gefunden. Doch nehmen die Beweglichkeiten nicht ganz so rasch ab, als der Konstanz von up entsprechen würde. Auch meinen die genannten Autoren, daß die Beweglichkeiten der positiven und negativen Ionen einander bei hohen Drucken nähern, doch scheinen die Zahlen nicht zwingend dafür zu sprechen. In Helium erhielten J. C. McLennan und E. Evans[1] bei 81 Atm. $u_1 = 2{,}52 \cdot 10^{-2}$, $u_2 = 4{,}26 \cdot 10^{-2}$ cm-sec/Volt-cm; dies bedeutet ebenfalls eine Abweichung von u proportional $1/p$.

Schon Rutherford (1898) und Langevin (1902) haben aber gefunden, daß bei tiefen Drucken die Beziehung $pu =$ konst. für *negative* Ionen nicht mehr gilt; das Produkt pu steigt, wenn der Druck etwa unter 100 mm sinkt, stark an. Nach Kovarik[2] ist pu nur bis etwa 200 mm konstant, von da an steigt es, und von 100 mm an verraschert sich das Tempo des Anstieges (Abb. 8). In Kohlendioxyd scheint der Anstieg bei etwas höheren Drucken zu beginnen. Moore[3] findet mit seinem elektrischen Windrädchen bei verschiedenen Drucken von 200 mm an rascheren Anstieg als $up =$ konst. entspräche.

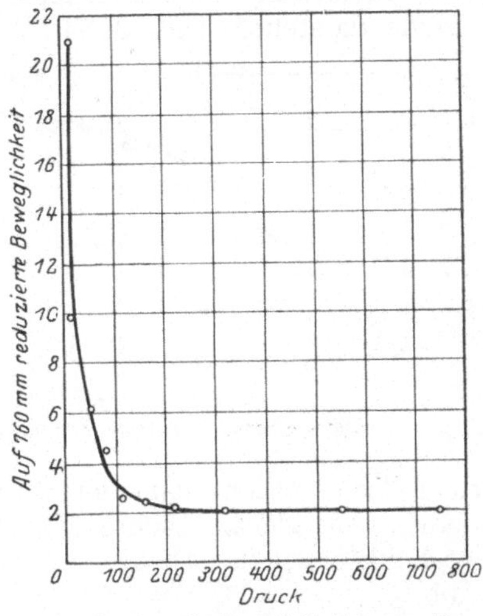

Abb. 8. Zunahme der Beweglichkeit der negativen Ionen mit abnehmenden Druck nach Kovarik.

Nachdem Townsend 1908 bei seinen Versuchen zur Bestimmung von Ne der Gasionen gefunden hatte, daß die weiter unten geschilderte Methode für die negativen Ionen bei tiefen Drucken und hohen Feldstärken in trockenen Gasen versagt, hat R. T. Lattey[4] 1910 die Änderung der Beweglichkeit der negativen Ionen nach einer Kommutiermethode unter sorgfältiger Trocknung bei niedrigen Drucken gemessen und festgestellt, daß die Beweglichkeit nicht nur rascher wächst, als dem reziproken Drucke entspricht, sondern auch von der Feldstärke abhängt, derart, daß die Geschwindigkeit der Ionen eine rascher als proportional ansteigende Funktion von $\mathfrak{E}/p$ ist. Dieser raschere Anstieg macht sich von $\mathfrak{E}/p$ etwa $= 0{,}05$ aufwärts bemerkbar ($\mathfrak{E}$ in Volt, p in Millimeter Hg; vgl. auch die Versuche von Loeb, Ziff. 19).

Für die *positiven* Ionen gilt nach allen bisherigen Versuchen die Konstanz von up bis herab zu Drucken von wenigen Millimetern (vgl. z. B. Todd[5] und Ratner[6], die mittels des Ionenwindes bis herab zu 5 mm keine Anomalie der positiven Beweglichkeit finden). Bei noch tieferen Drucken hat Todd[7] die Beweglichkeit der positiven Ionen, die durch erhitztes Aluminiumphosphat in Luft gebildet werden, gemessen. Sie sind bei hohen Drucken mit den Beweglichkeiten der durch Röntgenstrahlen erzeugten Ionen praktisch identisch; die Benützung von Aluminiumphosphat als Ionisator hat vor den Röntgenstrahlen

[1] J. C. McLennan u. E. Evans, Proc. Roy. Soc. Canada Bd. 14, S. 19. 1921; nach Science Abstr. Bd. 24, S. 713. 1921.

[2] A. F. Kovarik, Phys. Rev. Bd. 30, S. 415. 1910.

[3] E. J. Moore, Phys. Rev. Bd. 34, S. 81. 1912.

[4] R. T. Lattey, Proc. Roy. Soc. London (A) Bd. 84, S. 173. 1910.

[5] G. W. Todd, Proc. Cambridge Phil. Soc. Bd. 16, S. 21. 1910; vgl. auch J. Cabrera Felipe, Revista Acad. Ciencias Madrid Bd. 17, S. 64. 1920, nach Journ. de phys. et le Radium Bd. 2, S. 17d. 1921.

[6] S. Ratner, Phil. Mag. (6) Bd. 32, S. 441. 1916.

[7] G. W. Todd, Phil. Mag. (6) Bd. 22, S. 791. 1911; Bd. 25, S. 163. 1912.

den Vorteil, daß bei ersterem die Ionisation vom Gasdrucke nicht wesentlich abhängt. Es zeigte sich auch für die positiven Ionen eine Zunahme von up mit abnehmendem Drucke, wenn dieser unter einem vom Gase abhängigen Wert fiel, und zwar in Wasserstoff unter 12 mm, in CH_4 unter 2 mm, Luft unter 1 mm, CO_2 unter 1 mm, SO_2 unter 0,5 mm. Diese Drucke stehen angenähert im Verhältnisse der Dichten der Gase beim entsprechenden Drucke. Eine analoge Abhängigkeit der Geschwindigkeit von E/p wie bei Elektronen finden L. G. H. HUXLEY[1] und J. H. BRUCE[2] auch für die positiven Ionen bei der Koronaentladung in He, Ne und H_2.

16. Abhängigkeit der Ionenbeweglichkeit von der Temperatur. Die Abhängigkeit der Beweglichkeit von der Temperatur hat zuerst P. PHILLIPS[3] nach der LANGEVINschen Methode untersucht, und zwar zwischen 209° und 411° absolut. Er arbeitete bei konstantem Drucke und erhielt ein Ansteigen der Beweglichkeiten beider Vorzeichen mit der Temperatur, der sich gut durch Gerade darstellen ließ, deren Verlängerungen durch den Ursprung des Koordinatensystems gehen. Nur bei 94° absolut wurde die Beweglichkeit wesentlich kleiner, nur etwa halb so groß als der linearen Beziehung entspricht, und für beide Vorzeichen gleich. KOVARIK[4] erhielt ebenfalls eine lineare Beziehung zwischen Beweglichkeit und Temperatur, die Verlängerung der Geraden schneidet aber die Temperaturachse deutlich vor dem Nullpunkt. Auf gleiche Dichte der Luft umgerechnet, unter der Annahme, die Beweglichkeit sei der Dichte umgekehrt proportional, ergibt sich die Kurve der Abb. 9.

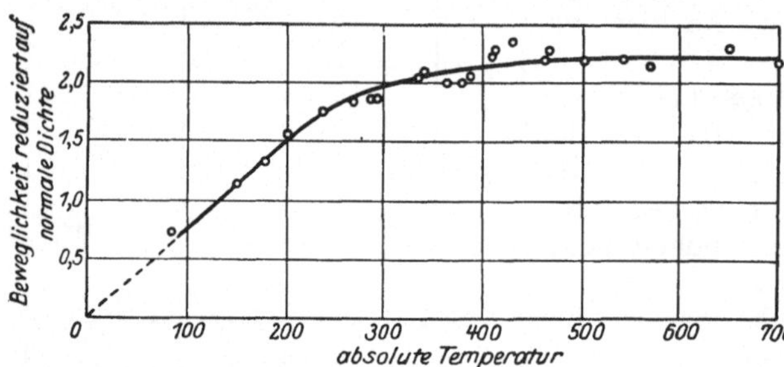

Abb. 9 Beweglichkeit und Temperatur nach KOVARIK

Direkt bei konstanter Dichte hat H. A. ERIKSON[5] gemessen. Er verwendet Polonium und eine Wechselfeldmethode und erhielt folgende Zahlen:

t° C	−180	−21	0	24	33	45	63
ϑ° abs.	93	252	273	297	306	318	336
u_1	1,20	1,321	1,361	1,364	1,326	1,278	1,207
u_2	1,24	1,596	1,522	1,693	1,777	1,809	1,729

also namentlich bei den positiven Ionen ein flaches Maximum in der Gegend der Zimmertemperatur. H. SCHILLING fand gelegentlich seiner in Ziff. 13 besprochenen Arbeit zwischen Zimmertemperatur und 122° C eine Zunahme der Beweglichkeit.

Bei hohen Temperaturen treten wieder bei den negativen Ionen hohe Beweglichkeiten auf, worüber das Weitere im Abschnitte über Flammenleitung (ds. Handb. Bd. XIV, Kap. 3) zu finden ist.

17. Abhängigkeit der Beweglichkeit in Dämpfen vom Sättigungsgrad. Verschiedene Beobachtungen deuten darauf hin, daß mit Annäherung an den

---

[1] L. G. H. HUXLEY, Phil. Mag. (7) Bd. 5, S. 721. 1928.
[2] J. H. BRUCE, Phil. Mag. (7) Bd. 10, S. 476. 1930.
[3] P. PHILLIPS, Nature Bd. 74, S. 627. 1906; Proc. Roy. Soc. London (A) Bd. 78, S. 167. 1906.
[4] A. F. KOVARIK, Phys. Rev. Bd. 30, S. 415. 1910.
[5] H. A. ERIKSON, Phys. Rev. (2) Bd. 3, S. 151. 1914; Bd. 6, S. 345. 1915.

Sättigungszustand die Beweglichkeit unverhältnismäßig stark abnimmt. Hierher gehört die unter Ziff. 16 angeführte starke Abnahme der Beweglichkeit der Luftionen bei der Temperatur der flüssigen Luft, die Abnahme von up in CO_2 bei Zimmertemperatur oberhalb von 40 Atm., die Angabe von WELLISCH über die Abnahme von up in Chloräthyl bei Drucken über 200 mm und der aus dem Vergleich der Messungen von WELLISCH und PRZIBRAM sich ergebende Befund, daß die beim Siedepunkt der betreffenden Substanz in nahezu gesättigtem Dampfe bestimmten Beweglichkeitswerte merklich niedriger sind als die bei Zimmertemperatur im ungesättigten Dampf gemessenen (vgl. die Zahlen für Methylazetat und Äthylazetat in der Tabelle 2, Ziff. 12, und ebenda die Messungen PRZIBRAMS in Äthylalkohol mit den neueren Messungen von WELLISCH).

18. Abhängigkeit von der Feldstärke. Daß in verdünnten Gasen die Beweglichkeit der negativen Ionen mit der Feldstärke wächst, ist schon in Ziff. 15 erwähnt worden. Nach TOWNSEND und seinen Mitarbeitern ist die Geschwindigkeit der Ionen eine Funktion von $\mathfrak{E}/p$ derart, daß sie für große Werte von $\mathfrak{E}/p$ rascher als proportional ansteigt, und es sollte daher auch bei Atmosphärendruck bei hinreichend hoher Feldstärke diese Abhängigkeit bestehen. Allerdings gibt TOWNSEND[1] selbst an, daß die Ionengeschwindigkeit auf Verminderung des Druckes stärker reagiert als auf eine entsprechende Erhöhung der Feldstärke, so daß, da TOWNSENDS Versuche bei Drucken unter 30 mm angestellt wurden, auf Atmosphärendruck kaum extrapoliert werden kann.

Auch MOORE erhielt bei seinen Messungen im Spitzenstrom höhere Beweglichkeitswerte, während CHATTOCK, wie oben erwähnt, auch in diesem Falle normale Beweglichkeiten erhielt.

Auf andere Weise hat J. FRANCK[2] die Beweglichkeit in dichten Gasen bei hohen Feldstärken gemessen. Er erzeugt die Ionen durch eine Spitzenentladung zwischen einem dünnen Draht und einem koaxialen Zylinder und mißt die Beweglichkeit im Felde der Entladung selbst mittels einer Modifikation der Strömungsmethode von ZELENY. Er findet für Luft im Mittel $u_1 = 3{,}22$, $u_2 = 12{,}26$, in N_2 $u_1 = 9{,}2$, u_2 so groß, daß es mit der benützten Anordnung nicht mehr gemessen werden konnte.

LAFAY[3] fand bei seinen Versuchen mit der durch Spitzenstrom elektrisierten Harzplatte normale Beweglichkeiten ($u_1 = 1{,}59$, $u_2 = 1{,}65$), wenn er aber dieselbe Methode auf die bei höherer Spannung auftretenden positiven Büschelentladung anwandte, die auf der Harzplatte die bekannten LICHTENBERGschen Sternfiguren liefert, 30 bis 100mal so große Beweglichkeiten. Indessen sind die Verhältnisse hier, wo sicher längs der ganzen Entladungsbahn Stoßionisation stattfindet, sehr unübersichtlich.

RATNER[4] fand mittels einer Ionenwindmethode (Ionisator: glühendes Platin) bei positiven Ionen keine Abweichung, bei negativen bei Atmosphärendruck einen Anstieg der Beweglichkeit bei Feldstärken von etwa 2000 Volt aufwärts. Bei einer höheren Feldstärke schien die Beweglichkeit der negativen Ionen wieder konstant zu werden.

---

[1] J. S. TOWNSEND, Electricity in Gases, S. 117. Da die an sich sehr wichtigen Arbeiten TOWNSENDS und seiner Mitarbeiter, die bei relativ niedrigen Drucken ausgeführt wurden, den Rahmen dieses Abschnittes überschreiten, mögen folgende Hinweise genügen: Proc. Roy. Soc. London Bd. 88, S. 336. 1913; Phil. Mag. (6) Bd. 40, S. 505. 1920; Bd. 42, S. 873. 1921; Bd. 43, S. 593. 1922; Bd. 44, S. 1033. 1922; Bd. 46, S. 657. 1923; Proc. Roy. Soc. London (A) Bd. 120, S. 511. 1928.

[2] J. FRANCK, Ann. d. Phys. (4) Bd. 21, S. 972. 1906.

[3] A. LAFAY, C. R. Bd. 177, S. 28. 1923.

[4] S. RATNER, Phil. Mag. (6) Bd. 32, S. 441. 1916.

LOEB[1] maß Ionenbeweglichkeiten nach der Wechselstrommethode unter Benützung eines Resonanzkreises von 7666 Perioden per Sek. und Maximalfeldern bis gegen 10000 Volt/cm und erhielt durchweg normale Werte ohne Anzeichen eines Ansteigens mit zunehmender Feldstärke. KIA LOK YEN[2] bestätigt dieses Resultat.

Weitere Untersuchungen, bei denen insbesondere die Wirkung der gesteigerten Feldstärke von der der Verkürzung der Lebensdauer der Ionen getrennt werden müßte, wären sehr angezeigt. FRANCK erklärt die Diskrepanz zwischen seinen und CHATTOCKS Ergebnissen durch das verschiedene Lebensalter der in beiden Fällen zur Beobachtung gelangenden Ionen: bei seinen Versuchen haben sie nur 0,7 cm, bei CHATTOCK 4 bis 5 cm zu durchlaufen. Weiteres hierüber vgl. den Absatz über das „Altern" der Ionen.

19. Abnorm große Ionenbeweglichkeiten bei Atmosphärendruck, Zimmertemperatur und niedrigen Feldstärken. Während es nach Ziff. 18 noch nicht als sichergestellt betrachtet werden kann, daß in Luft und anderen nicht besonders sorgfältig gereinigten Gasen, auch bei Atmosphärendruck und Zimmertemperatur abnorm hohe Beweglichkeiten etwa durch Verwendung hoher Feldstärken zur Beobachtung gelangen können, ist das Auftreten abnorm hoher Beweglichkeiten der negativen Ionen für gewisse sehr sorgfältig gereinigte Gase geradezu charakteristisch. FRANCK[3] hat zuerst gezeigt, daß in sorgfältig von Sauerstoffspuren gereinigtem Argon bei Atmosphärendruck und Feldern von wenigen Volt pro Zentimeter, Beweglichkeiten der negativen Ionen von über 200 cm auftreten, während sich die positiven Ionen durchaus normal verhalten ($u_1 = 1{,}37$). 1% Sauerstoff setzt die Beweglichkeit der negativen Ionen auf normale Größenordnung herab ($u_2 = 1{,}70$). In einer weiteren Arbeit findet FRANCK[4] dasselbe Verhalten in sorgfältig gereinigtem Stickstoff. Die Beweglichkeit der negativen Ionen wird bis gegen 150 cm gefunden, sinkt bei geringem Sauerstoffzusatz auf den normalen Wert 1,84. In reinem Helium (FRANCK und GEHLHOFF[5]) wurden negative Beweglichkeiten bis zu 500 cm erhalten gegen 6,31 cm in schwach verunreinigtem Helium (FRANCK und POHL[6]). HAINES[7] bestätigt die FRANCKschen Beobachtungen in reinem Stickstoff und findet überdies abnorme Beweglichkeiten in sorgfältig gereinigtem Wasserstoff, wobei er aus den Knicken in den Aufladekurven (er arbeitet mit der FRANCKschen Wechselstrommethode) auf drei verschiedene deutlich getrennte Arten von negativen Ionen schließt: nämlich solche mit $u_2 p = 6047$, 12060 und 30840 entsprechend einer Beweglichkeit bei Atmosphärendruck von 8 bzw. 15 und 40.

CHATTOCK und TYNDALL[8] hatten bei ihren Messungen der Beweglichkeit nach der Windmethode in reinem Wasserstoff bei negativer Spitzenentladung auffallend kleine Windstärken, also große Beweglichkeiten, etwa 230 cm gefunden, deuteten aber diese Ergebnisse als vorgetäuscht durch eine Änderung im Entladungscharakter. Nach der Entdeckung freier Elektronen in Argon und Stickstoff hat aber TYNDALL[9] darauf aufmerksam gemacht, daß jene Beob-

---

[1] L. B. LOEB, Proc. Nat. Acad. Amer. Bd. 2, S. 345. 1916; Phys. Rev. (2) Bd. 8, S. 633. 1916.

[2] KIA LOK YEN, Phys. Rev. (2) Bd. 11, S. 337. 1918; Proc. Nat. Acad. Amer. Bd. 4, S. 91. 1918.

[3] J. FRANCK, Verh. d. D. Phys. Ges. Bd. 12, S. 291. 1910.

[4] J. FRANCK, Verh. d. D. Phys. Ges. Bd. 12, S. 613. 1910.

[5] J. FRANCK u. GEHLHOFF, vgl. J. FRANCK, Jahrb. d. Radioakt. Bd. 9, S. 250. 1912.

[6] J. FRANCK u. R. POHL, Verh. d. D. Phys. Ges. Bd. 9, S. 194. 1907.

[7] W. B. HAINES, Phil. Mag. (6) Bd. 30, S. 503. 1915; Bd. 31, S. 339. 1916.

[8] A. P. CHATTOCK u. A. M. TYNDALL, Phil. Mag. (6) Bd. 19, S. 449. 1910.

[9] A. M. TYNDALL, Nature Bd. 84, S. 530. 1910; Phil. Mag. (6) Bd. 30, S. 743. 1915.

achtungen auch auf das Vorhandensein freier Elektronen in reinem Wasserstoff deuten könnten. Auch CHATTOCK und TYNDALL stellten die stark erniedrigende Wirkung geringer Sauerstoffspuren auf diese hohen Beweglichkeiten fest.

KIA LOK YEN[1] findet mit der Wechselstrommethode ebenfalls abnorm große Beweglichkeiten der negativen Ionen in reinem N_2 und H_2, in letzterem Gase aber im Gegensatze zu HAINES keine Anzeichen von Gruppen mit verschiedenen Beweglichkeiten. Die Knicke, aus denen HAINES auf diese Gruppen schließt, seien zu wenig scharf, um ihre Deutung als zufällige Schwankungen auszuschließen. J. J. NOLAN[2] glaubt mit RUTHERFORDS Wechselfeldmethode unter den durch den photoelektrischen Effekt an Metallplatten in Luft erzeugten negativen Ionen getrennte Gruppen von verschiedener Beweglichkeit feststellen zu können, die er wieder aus Knicken in der Stromspannungskurve erschließt. In H_2 findet er auch wieder HAINES' Beweglichkeit 40,6. Er glaubt auch, LOEBS Kurven, aus denen dieser keine Zwischenstufen herauslesen konnte, in seinem Sinne deuten zu können. Bei der Betrachtung der NOLANschen Kurven kann man sich jedoch des Verdachtes nicht erwehren, daß hier die Möglichkeiten der Methode überspannt und die Suche nach Beweglichkeitsgruppen auf Grund nur angedeuteter Knicke ad absurdum geführt wird. BLACKWOOD[3] bestreitet auch die Richtigkeit der Resultate NOLANS.

LOEB[4] erhält auch hohe Beweglichkeiten der negativen Ionen in reinem Stickstoff und Wasserstoff. In diesen Gasen ist auch bei hohen Drucken die Beweglichkeit eine Funktion der Feldstärke (vgl. Ziff. 58) und läßt sich durch die empirischen Formeln ausdrücken:

$$\text{in } N_2\ u_2 = 3{,}637\cdot 10^5\Big/\left(11{,}9 + \mathfrak{E}_0\,\frac{760}{p}\right);\quad \text{für verschwindende Feldstärke } u = 30500,$$

$$\text{in } H_2\ u_2 = 4{,}32\cdot 10^5\Big/\left[55{,}2 + \mathfrak{E}_0\left(\frac{760}{p}\right)^{\frac{3}{2}}\right];\quad ,,\quad ,,\quad ,,\quad u = 7800,$$

$$\text{in He } u_2 = \left[7{,}57\cdot 10^8\Big/\left(1{,}56 + \mathfrak{E}_0\,\frac{760}{p}\right)\right]^{\frac{1}{2}};\quad ,,\quad ,,\quad ,,\quad u = 22000.$$

Diese Beziehungen dürften aber wesentlich von der benützten Methode abhängen. Insbesondere BAILEY hat darauf hingewiesen, daß bei der Deutung der nach der Wechselfeldmethode erhaltenen Resultate Vorsicht geboten ist, worüber Näheres weiter unten.

WAHLIN[5] erhält als „Beweglichkeit" der Elektronen in reinem Stickstoff bei Atmosphärendruck und kleinen Feldstärken den Wert 18000 cm, auch nach seinen Versuchen nimmt sie ab mit wachsender Feldstärke. Bei niedrigen Feldstärken läßt sich die Änderung durch die von COMPTON theoretisch abgeleitete Gleichung ausdrücken:

$$u = \frac{a}{[1 + (1 + B\,\mathfrak{E}^2)^{\frac{1}{2}}]^{\frac{1}{2}}}.$$

20. Ionenbeweglichkeit in Gasgemischen. Es sind hier vier verschiedene Erscheinungsgruppen zu behandeln. a) Gasgemische mit sozusagen gleichberechtigten Komponenten, in denen sich die Beweglichkeit der normalen Ionen

---

[1] K. L. YEN, Phys. Rev. (2) Bd. 11, S. 337. 1918.

[2] J. J. NOLAN, Proc. Irish Acad. Bd. 31, S. 339. 1916; Bd. 35, S. 38. 1920; Bd. 36, S. 31. 1922; Phys. Rev. (2) Bd. 24, S. 16. 1924.

[3] O. BLACKWOOD, Phys. Rev. (2) Bd. 19, S. 281. 1922; Bd. 20, S. 499. 1922; s. auch L. B. LOEB, ebenda (2) Bd. 25, S. 101. 1925.

[4] L. B. LOEB, Phys. Rev. (2) Bd. 23, S. 157. 1924.

[5] H. B. WAHLIN, Phys. Rev. (2) Bd. 23, S. 169. 1924.

nach einer Mischungsformel berechnen läßt; b) Gemische, in denen dies nicht mehr gilt, insbesondere die starke Wirkung geringer Mengen gewisser Dämpfe auf die Beweglichkeit der normalen Gasionen; c) die Beimischung der Ionen eines Gases zu einem anderen Gas, also die Beweglichkeit artfremder Ionen; d) die Wirkung von Spuren elektronegativer Gase auf die abnorm hohen negativen Beweglichkeiten.

a) A. BLANC[1] mißt nach einer Wechselfeldmethode die Beweglichkeiten in Gemischen von Luft und CO_2 und von Wasserstoff und CO_2 (s. Ziff. 46). WELLISCH[2] untersuchte Gemische von SO_2 und O_2, Äthyläther und Luft, Jodäthyl und Wasserstoff, G. ROTHGIESSER[3] Gemische von CO_2 und H_2. LOEB und ASHLEY[4] haben neuerdings die Beweglichkeiten in Luft-Ammoniakgemischen gemessen.

Die reziproken Beweglichkeiten gehorchen dem einfachen Mischungsgesetz (Gesetz von BLANC) $\frac{1}{u_{ab}} = \frac{c_a}{u_a} + \frac{c_b}{u_b}$, wo die c die Konzentrationen bedeuten, für beide Vorzeichen in CO_2—H_2 und CO_2-Luft[1], in C_2H_2—H_2[5] und O_2—H_2[6], für die positiven Ionen in CH_3J—H_2[2] und in Äthyläther-H_2[7]. Für beide Vorzeichen in NH_3-Luft[8] und für die positiven Ionen in Cl_2—H_2[5] genügt die Formel $u_{ab} = u_a u_b / \sqrt{c_a u_b^2 + c_b u_a^2}$ besser den Beobachtungen.

21. Abnorme Wirkung kleiner Dampfmengen. Die Wirkung von geringen Mengen gewisser Dämpfe auf die Beweglichkeit (b) ist frühzeitig erkannt worden. ZELENY beobachtete schon in seiner grundlegenden Arbeit den Einfluß der Feuchtigkeit auf die Beweglichkeit: die Beweglichkeit der negativen Ionen wird durch Feuchtigkeit erniedrigt, und zwar stärker als die der positiven, bei denen in manchen Fällen sogar eine Erhöhung einzutreten scheint. In feuchtem CO_2 sind die negativen Ionen sogar weniger beweglich als die positiven[9]. RUTHERFORD[10] fand, daß auch Alkohol und in geringerem Maße Ätherdampf auf die Beweglichkeit der Ionen verringernd einwirkt. Die Wirkung einer größeren Zahl von Dämpfen hat K. PRZIBRAM[11] untersucht. Wasser, Alkohole, Fettsäuren, Chloroform wirken stärker beweglichkeitsvermindernd auf die negativen Ionen als auf die positiven, Chloroform bewirkt sogar eine Umkehrung des Beweglichkeitsverhältnisses; Fettsäureester wirken dagegen stärker auf die positiven, während CCl_4, Jodäthyl und die untersuchten Kohlenwasserstoffe die Beweglichkeiten nicht stärker herabsetzen, als der Dichtezunahme des Luft-Dampfgemisches entspricht, sie gehören also in die Gruppe a). MARIA BĚLAŘ[12] hat unter Variation der Versuchsbedingungen die Resultate PRZIBRAMS für Methyl- und Äthylalkohol sowie für Äthylazetat bestätigt und überdies eine starke Wirkung von Formaldehyd und Propionaldehyd, die infolge der Neigung dieser Substanzen zur Polymerisation erwartet worden war, auf die negativen Ionen festgestellt. Es scheint nach den Versuchen von M. BĚLAŘ auch gleichgültig zu sein, ob die Ionen im Luftdampfgemisch gebildet werden oder ob der Dampf

---

[1] A. BLANC, Bull. Soc. Franç. de phys. 1908, S. 156.
[2] E. M. WELLISCH, Proc. Roy. Soc. London (A) Bd. 82, S. 500. 1909.
[3] G. ROTHGIESSER, Diss. Freiburg 1913.
[4] L. B. LOEB u. M. F. ASHLEY, Proc. Nat. Acad. Amer. Bd. 10, S. 351. 1924.
[5] L. B. LOEB u. L. DU SAULT, Proc. Nat Acad. Amer. Bd. 13, S. 510. 1927.
[6] H. MAYER, Phys. ZS. Bd. 28, S. 637. 1927.
[7] L. B. LOEB, Proc. Nat. Acad. Amer. Bd. 12, S. 617. 1926.
[8] L. B. LOEB, Proc. Nat. Acad. Amer. Bd. 12, S. 677. 1926.
[9] Vgl. auch G. ROTHGIESSER, l. c.
[10] E. RUTHERFORD, Phil. Mag. (6) Bd. 2, S. 219. 1901.
[11] K. PRZIBRAM, Wiener Ber. (IIa) Bd. 118, S. 1419. 1909.
[12] M. BĚLAŘ, Wiener Ber. (IIa) Bd. 130, S. 373. 1921.

erst der schon ionisierten Luft zugeführt wird. A. M. TYNDALL und L. R. PHILLIPS[1] finden ebenfalls die oben geschilderten Wirkungen mit Wasser, Alkoholen — für letztere ein Ansteigen der Wirksamkeit bis zu n-Oktylalkohol — und mit Chloroform und die geringe Wirksamkeit von Kohlenwasserstoffen und CCl_4. Quantitative Abweichungen mögen von der geringeren Reinheit der Luft (Feuchtigkeit) bei den älteren nach der Strömungsmethode angestellten Versuchen oder von Unsicherheiten in der Bewertung des Dampfdruckes herrühren.

HCl bewirkt in minimalen Mengen der Luft zugesetzt eine Erniedrigung der negativen Beweglichkeit[2], ebenso Cl_2 in H_2 und in O_2[3] sowie in Luft[4], ferner in H_2, H_2S[5] und Propylamin eine Erniedrigung beider Beweglichkeiten, Methylamin nur der negativen, während Spuren von NH_3 die Beweglichkeit der positiven Ionen erhöht[6]. Eine Übersicht in graphischer Darstellung gibt L. B. LOEB[7].

Nach J. J. NOLAN und T. N. NEVIN[8] sollen die Beweglichkeitswerte beider Vorzeichen mit wachsendem Feuchtigkeitsgehalt der Luft periodischen Schwankungen unterworfen sein; die Deutung dieser Erscheinung dürfte — ihre Realität vorausgesetzt — Schwierigkeiten bereiten.

J. L. HAMSHERE[9] hat auch den Einfluß von Zusätzen auf die Beweglichkeitsverteilung der normalen Luftionen untersucht; Wasserdampf verengt zunächst den Bereich für die negativen Ionen durch Beseitigung der größeren Beweglichkeiten (vgl. auch ZELENY, Ziff. 14). Zusatz von Methylalkohol gibt abnorme Erniedrigung der negativen Beweglichkeiten und der größeren positiven, während die kleineren positiven Beweglichkeiten vergrößert werden; Zusatz von Äthyläther wirkt auf die negativen Beweglichkeiten nur normal, auf die positiven so wie Methylalkohol; während aber bei letzterem im normalen Bereiche die Änderung der Beweglichkeit mit wachsender Dampfkonzentration für beide Ionenarten dieselbe ist, werden durch Äther die positiven Ionen im normalen Bereiche etwas stärker verlangsamt als die negativen (vgl. das Verhalten der Ester nach PRZIBRAM und BĚLAR). N. FONTELL (s. Anm. Ziff. 7) hat die Beweglichkeit und ihre Grenzen in Luft CH_3Br-Gemischen eingehend untersucht und nur geringe Abweichungen vom BLANCschen Gesetze gefunden.

Das Auftreten zweier, den beiden Komponenten zuzuschreibenden Beweglichkeiten in einem Gemische ist nie festgestellt worden. WAHLIN[10] allerdings glaubt in Gemischen von Chloräthyl mit N_2 und H_2 und von N_2 mit H_2 zwei verschiedene Beweglichkeiten der „ungealterten" positiven Ionen feststellen zu können, die sich umgekehrt wie die Quadratwurzeln aus dem Molekulargewichten der beiden Komponenten verhalten (s. auch Ziff. 14 und 62).

22. Artfremde Ionen. A. BLANC hat wohl als erster Ionen untersucht, die in einem Gas erzeugt werden und in ein zweites hineinwandern, in welchem

---

[1] A. M. TYNDALL u. L. R. PHILLIPS, Proc. Roy. Soc. London (A) Bd. 110, S. 577. 1926. Über Messungen in feuchter Luft s. auch E. GRIFFITHS und J. H. AWBERY, Proc. Phys. Soc. Bd. 41, S. 240. 1929. Nach ERIKSON (Phys. Rev. Bd. 32, S. 791. 1929) soll dagegen in Luft-H_2O-Gemischen auch für negative Ionen das BLANCsche Gesetz gelten.

[2] L. B. LOEB, Proc. Nat. Acad. Amer. Bd. 12, S. 35. 1926.

[3] H. MAYER, Phys. ZS. Bd. 28, S. 637. 1927.

[4] L. B. LOEB, Phys. Rev. Bd. 35, S. 184. 1930.

[5] L. B. LOEB u. L. DU SAULT, Proc. Nat. Acad. Amer. Bd. 15, S. 192. 1928. Ähnliche Messungen in SO_2-H_2-Gemischen von L. DU SAULT und L. B. LOEB (ebenda Bd. 14, S. 384. 1928), bei denen abnorm hohe Beweglichkeiten gefunden worden waren, sind später (LOEB, Phys. Rev. Bd. 35, S. 184. 1930) als unsicher bezeichnet worden.

[6] L. B. LOEB u. K. DYK, Proc. Nat. Acad. Amer. Bd. 15, S. 146. 1929.

[7] L. B. LOEB, Intern. Crit. Tabels Bd. VI, S. 110. 1929.

[8] J. J. NOLAN u. T. N. NEVIN, Proc. Roy. Soc. London (A) Bd. 127, S. 155. 1930.

[9] J. L. HAMSHERE, Proc. Roy. Soc. London (A) Bd. 127, S. 298. 1930.

[10] H. B. WAHLIN, Phys. Rev. (2) Bd. 25, S. 630. 1925.

ihre Beweglichkeit gemessen wird. Er benutzte ein mit Kohlendioxyd gefülltes offenes Glasgefäß, in dem die Ionisation stattfand. Ein elektrisches Feld zieht die Ionen aus diesem Gefäß in die Luft, wo ihre Beweglichkeit nach der Wechselfeldmethode bestimmt wird. Die Beweglichkeit war ganz dieselbe wie die von Ionen, die direkt in Luft gebildet werden. WELLISCH mißt die Beweglichkeit in einem Gemisch von 754 mm Wasserstoff und 6 mm Methyljodid, das durch kurz dauernde Röntgenstrahlung ionisiert wird. Kontrollversuche ergaben, daß in Wasserstoff vom Atmosphärendruck unter den angewandten Versuchsbedingungen die Ionisation kaum merklich, in Methyljodid von 6 mm jedoch gut meßbar war. In dem Gemische entstammen daher die Ionen ganz überwiegend dem Methyljodid. Trotzdem ergaben sich Beweglichkeiten, die denen der Wasserstoffgasionen in reinem Wasserstoff sehr nahekommen. G. ROTHGIESSER fand, daß Ionen, die in CO_2 gebildet wurden, in H_2 nur etwa die halbe Beweglichkeit der H_2-Ionen aufwiesen; umgekehrt waren in H_2 gebildete Ionen in CO_2 etwas rascher als die in CO_2 gebildeten. G. C. GRINDLEY und A. M. TYNDALL[1] maßen die Beweglichkeit in Luft von Ionen, die in H_2, NH_3, CO_2, Äther und Chloroform erzeugt wurden, nach einer Strömungsmethode in Luft und finden gegenüber den in Luft erzeugten nur Abweichungen von weniger als 1% (vgl. auch ERIKSON[2]). Hingegen haben neuerdings POWELL und TYNDALL[3] Beweglichkeitsmessungen an positiven Ionen in He von 20 mm Druck durchgeführt, wobei minimale Spuren von Hg-Dampf zugesetzt wurden; es trat neben der Beweglichkeit der He-Ionen eine geringere auf, die nur 0,55 von jener betrug und die durch Umladung (s. Ziff. 52) gebildeten Hg^+-Ionen zugeschrieben wird. Über LOEBS Messungen an Na-Ionen in H_2 s. Ziff. 62.

23. Radioaktive Ionen. Hierher gehören auch die Versuche über die Beweglichkeit radioaktiver Restatome in Gasen. RUTHERFORD[4] bestimmte die Beweglichkeit der Zerfallsprodukte der Radium- und Thoriumemanation in Luft und fand sie gleich 1,3 cm, also nahezu gleich der der positiven Luftionen. H. W. SCHMIDT[5] schließt ebenfalls auf gleiche Beweglichkeit der radioaktiven Restatome und der Ionen in Luft. Genauere Messungen hat FRANCK[6] erst allein, dann gemeinsam mit LISE MEITNER[7] angestellt. Es wurde mit den Atomen von Thorium C'' gearbeitet (damals Thorium D genannt), deren Beweglichkeit in verschiedenen Gasen nach der Wechselfeldmethode gemessen wurde. Es ergab sich in Luft 1,56, in Stickstoff 1,54, in Wasserstoff 6,21. Später wurde eine Strömungsmethode mit dem gleichen Ergebnisse verwendet. H. A. ERIKSON[8] findet nach seiner Methode für die Atome der aktiven Niederschläge des Aktiniums zwei verschiedene Beweglichkeiten: 4,35 und 1,55, von denen letztere etwas *größer* als die der normalen positiven Luftionen und erstere wesentlich größer als die von ERIKSON aus seinen Beweglichkeitsmessungen erschlossenen „jungen" Luftionen (vgl. Ziff. 61) ist. Die größeren Beweglichkeiten sind aber von anderen Forschern[9] nicht wiedergefunden worden. Die Versuche zeigen also, daß Teilchen mit Atomgewichten von über 200 in einem Gase Beweglichkeiten von nahezu

---

[1] G. C. GRINDLEY u. A. M. TYNDALL, Phil. Mag. (6) Bd. 48, S. 711. 1924.
[2] H. A. ERIKSON, Phys. Rev. (2) Bd. 24, S. 502. 1924.
[3] C. F. POWELL u. A. M. TYNDALL, Nature Bd. 127, S. 592. 1931.
[4] E. RUTHERFORD, Phil. Mag. (6) Bd. 5, S. 95. 1903.
[5] H. W. SCHMIDT, Phys. ZS. Bd. 9, S. 184. 1908.
[6] J. FRANCK, Verh. d. D. Phys. Ges. Bd. 11, S. 397. 1909.
[7] J. FRANCK u. L. MEITNER, Verh. d. D. Phys. Ges. Bd. 13, S. 671. 1911.
[8] H. A. ERIKSON, Phys. Rev. (2) Bd. 24, S. 622. 1924.
[9] G. H. BRIGGS, Proc. Cambridge Phil. Soc. Bd. 23, S. 73. 1926; L. L. u. L. B. LOEB, Proc. Nat. Acad. Amer. Bd. 15, S. 305. 1929; P. J. DEE, Proc. Roy. Soc. London (A) Bd. 116, S. 664. 1927.

gleicher Größe haben wie die Ionen dieses Gases selbst. Beweglichkeitsmessungen an radioaktiven Ionen in Flammen hat H. SCHÖNBORN[1] durchgeführt.

Die Restatome können aber auch, sei es durch Anlagerung an Staubkerne, sei es durch Aggregatbildung größere Teilchen bilden, die der Schwere (M. CURIE[2]) und der Zentrifugalkraft (E. L. HARRINGTON[3]) unterworfen sind und zu den unter Ziff. 25 angeführten großen Ionen gehören. Nach HARRINGTON erreichen sie ultramikroskopische Sichtbarkeit und sind identisch mit den von C. CHAMIÉ[4] gefundenen Komplexen, deren Größe sie auf 10^6 bis 10^8 Atome schätzt.

Dank ihrer Eigenschaft als positive Ionen können die Restatome an einer negativ geladenen Elektrode konzentriert werden[5] (s. ds. Handb. 2. Aufl. Bd. XXII/2, Kap. 3, ebenda über Restatome [Rückstoßatome] bei niedrigen Drucken, bei denen sie sich wie Korpuskularstrahlen verhalten).

24. Wirkung kleiner Beimengungen elektronegativer Substanzen auf die abnorm hohen negativen Beweglichkeiten. Daß die abnorm hohen Beweglichkeiten sehr von der Reinheit des Gases abhängen, ist schon unter Ziff. 19 gesagt worden. Maßgebend sind insbesondere die elektronegativen Beimengungen in der Reihenfolge zunehmender Wirksamkeit nach FRANCK: Sauerstoff, Stickoxyd, Wasserdampf, Chlor. Die Wirksamkeit nimmt nach TOWNSEND und seinen Mitarbeitern mit abnehmendem Drucke und zunehmender Feldstärke ab, und TOWNSEND meint (vgl. BAILEY[6]), daß der starke Einfluß von Sauerstoffspuren bei FRANCKS Versuchen auf die Verwendung der Wechselfeldmethode zurückzuführen sei, bei der die Ionen verhältnismäßig lange Zeit nur schwachen Feldstärken unterworfen sind; bei niedrigen Drucken und dauernd hohen Feldstärken treten auch in reinem Sauerstoff hohe Beweglichkeiten (freie Elektronen) auf (vgl. auch die Bemerkungen über TOWNSENDS Untersuchungen unter Ziff. 18).

25. Abnorm kleine Beweglichkeiten. Außer den bisher behandelten „normalen" Ionen mit Beweglichkeiten der Größenordnung 1 cm treten unter gewissen häufig zutreffenden Bedingungen Ionen von weit geringerer Beweglichkeit auf. Das erste Beispiel boten die von TOWNSEND[7] untersuchten, auf elektrolytischem Wege frisch hergestellten Gase. Bei Trocknung dieser Gase mit Schwefelsäure ergaben sich immer noch Beweglichkeiten von nur $2 \cdot 10^{-4}$ cm, und ohne Trocknung wachsen diese Teilchen bis zu sichtbaren Tröpfchen an. Kleine Beweglichkeiten in frisch bereiteten Gasen hat auch E. BLOCH[8] gemessen. Die Ionisation dieser frisch bereiteten Gase hängt sicher mit dem Zerstäuben der Flüssigkeiten, die bei der Gasentwicklung stattfindet, zusammen (Wasserfallelektrizität nach LENARD; vgl. W. KÖSTERS[9]), und so erhält man denn auch Ionen derselben Eigenschaften durch bloßes Zerstäuben ohne chemische Wirkung, zuerst von K. KÄHLER[10] für die Wasserfallelektrizität nachgewiesen (vgl. auch

[1] H. SCHÖNBORN, ZS. f. Phys. Bd. 4, S. 118. 1921.

[2] M. CURIE, C. R. Bd. 145, S. 447. 1907; Le Radium Bd. 4, S. 381. 1907.

[3] E. L. HARRINGTON, Phil. Mag. (7) Bd. 6, S. 685. 1928. Über die Mitwirkung polarer Dampfmolekel bei der Bildung dieser Komplexe s. ebenda Bd. 11, S. 285. 1931; C. R. Bd. 192, S. 414. 1931.

[4] C. CHAMIÉ, C. R. Bd. 184, S. 1243. 1927; Bd. 185, S. 770 u. 1277. 1927; Journ. de phys. et le Radium (6) Bd. 10, S. 44. 1929.

[5] Neuere Versuche s. LAPORTE u. L. GOLDSTEIN, C. R. Bd. 189, S. 689. 1929; L. GOLDSTEIN, ebenda Bd. 191, S. 1450. 1930; Bd. 192, S. 1373. 1931.

[6] A. BAILEY, Phil. Mag. (6) Bd. 46, S. 213. 1923.

[7] J. S. TOWNSEND, Phil. Mag. (5) Bd. 45, S. 125. 1898.

[8] E. BLOCH, Ann. chim. phys. Bd. 4, S. 25. 1905.

[9] W. KÖSTERS, Wied. Ann. Bd. 69, S. 12. 1899.

[10] K. KÄHLER, Ann. d. Phys. Bd. 12, S. 1119. 1903.

ASELMANN[1], L. BLOCH[2], A. BECKER[3] [Quecksilberfallelektrizität], W. BUSSE[4]). Nach ZELENY[5] kann eine Flüssigkeitsoberfläche unter Umständen auch durch ein starkes elektrisches Feld zerrissen werden und liefert dann winzige geladene Tröpfchen als Elektrizitätsträger.

Der zweite Fall langsamer Ionen wurde von McCLELLAND[6] in den Gasen, die einer Flamme entströmen, gefunden. McCLELLAND konnte auch feststellen, daß die Beweglichkeit dieser Ionen mit ihrer Entfernung von der Flamme und somit sinkender Temperatur rasch abnimmt, z. B.

Abstand von der Flamme in cm	Temperatur in °C	Beweglichkeit in cm-sec/Volt-cm
5,5	230	0,23
10	160	0,21
14,5	105	0,04

Ähnliche Resultate erhielt E. BLOCH[7], der feststellte, daß die Beweglichkeit der der Flamme entstammenden Ionen in 15 bis 20 Minuten von 0,1 auf 0,001 cm sinkt. M. DE BROGLIE[8] hat die Bedingungen für die Entstehung der langsamen Ionen in Flammen näher untersucht. Er findet in der Kohlenoxydflamme, die keine festen oder flüssigen Reaktionsprodukte liefert, nur normale Gasionen und konnte später[9] sogar in anderen Flammen, die sonst langsame Ionen liefern, wie den Flammen von Wasserstoff, Äther usw. durch Verdünnung mit Stickstoff, Verwendung sehr kleiner Flammen sowie Vermeidung jeder plötzlichen Expansion des Gases, die Bildung der langsamen Ionen unterdrücken. Er stellte ferner das Vorhandensein neutraler Kerne in den Flammengasen fest[10] und zeigte, daß man diese sowie die langsamen Ionen, die auf verschiedenen Wegen erzeugt werden, ultramikroskopisch sichtbar machen kann[11].

Die bei der langsamen Oxydation des Phosphors erzeugten Ionen wurden von F. HARMS[12], E. BLOCH[13], W. BUSSE[14] u. a. untersucht; auch sie gehören zu den langsamen Ionen. Ebenso ein Teil der von glühenden Metallen (McCLELLAND[15], RUTHERFORD[16], TYNDALL und GRINDLEY[17]), von einem Nernststift in Luft erzeugten Ionen (L. BLOCH[18]), ferner die aus dem Lichtbogen (McCLELLAND[19]), dem

[1] E. ASELMANN, Ann. d. Phys. Bd. 19, S. 960. 1906.

[2] L. BLOCH, C. R. Bd. 145, S. 54. 1907; Bd. 149, S. 278. 1909; Bd. 150, S. 694 u. 967. 1910; Le Radium Bd. 7, S. 354. 1910.

[3] A. BECKER, Ann. d. Phys. (4) Bd. 31, S. 98. 1910.

[4] W. BUSSE, Ann. d. Phys. (4) Bd. 76, S. 493. 1925.

[5] J. ZELENY, Nature Bd. 125, S. 706. 1930 (nach älteren Arbeiten) vgl. hierzu aber auch J. J. NOLAN u. J. J. O'KEEFFE, ebenda Bd. 125, S. 893. 1930.

[6] J. A. McCLELLAND, Phil. Mag. (5) Bd. 46, S. 29. 1898.

[7] E. BLOCH, C. R. Bd. 140, S. 1327. 1905.

[8] M. DE BROGLIE, C. R. Bd. 144, S. 563. 1907.

[9] M. DE BROGLIE, Le Radium Bd. 8, S. 106. 1911.

[10] M. DE BROGLIE, C. R. Bd. 144, S. 1153. 1907.

[11] M. DE BROGLIE, C. R. Bd. 146, S. 624 u. 1010. 1908.

[12] F. HARMS, Habilitationsschrift, Würzburg 1904.

[13] E. BLOCH, Ann. chim. phys. Bd. 4, S. 25. 1905.

[14] W. BUSSE, Ann. d. Phys. Bd. 82, S. 873; Bd. 83, S. 80. 1927.

[15] J. A. McCLELLAND, Proc. Cambridge Phil. Soc. Bd. 10, S. 241. 1899.

[16] E. RUTHERFORD, Phys. Rev. Bd. 13, S. 321. 1901.

[17] A. TYNDALL u. G. C. GRINDLEY, Phil. Mag. (6) Bd. 47, S. 689. 1924.

[18] L. BLOCH, C. R. Bd. 143, S. 213. 1906.

[19] J. A. McCLELLAND, Proc. Cambridge Phil. Soc. Bd. 10, S. 241. 1899. Über die Elektrizitätsleitung in Wolken, die durch Zerstäubung im Lichtbogen entstehen, s. H. P. WALMSLEY, Phil. Mag. (7) Bd. 1, S. 1266. 1926; Manchester Phil. Soc. Mem. Bd. 72, S. 29. 1927/28.

elektrischen Funken (DE BROGLIE[1]) oder der Koronaentladung (W. M. YOUNG[2]) stammenden.

Sehr eingehend sind die langsamen, in Luft durch ultraviolettes Licht erzeugten Ionen untersucht worden, die LENARD[3] zuerst beobachtet hat. LENARD und RAMSAUER[4] haben gezeigt, daß ultraviolettes Licht in sehr sorgfältig gereinigter Luft (Kältereinigung und Asbestfilter) keine langsamen Ionen gibt, daß die Bildung derselben vielmehr an die Anwesenheit von neutralen Kernen gebunden ist, die entweder als feiner Staub im Gase schon enthalten sind oder durch die Wirkung des ultravioletten Lichtes auf spurenweise Verunreinigungen (Wasser und andere Dampfspuren) gebildet werden. Die Kernbildung durch ultraviolettes Licht war schon im Jahre 1889 von LENARD und M. WOLF[5] beobachtet, damals aber als Zerstäubung fester Körper durch das Licht gedeutet worden; später haben C. T. R. WILSON[6] und LENARD ihre Entstehung im Gase selbst festgestellt und LENARD hat ihre Beziehung zu den langsamen Ionen erkannt. Über diese Kerne vgl. auch S. SACHS[7] sowie J. A. MCCLELLAND und J. J. MCHENRY[8]. A. BECKER und H. BÄRWALD[9] fanden langsame Ionen auch bei Ionisierung durch Kathodenstrahlen. Über langsame Ionen bei Ionisation mit α-Strahlen vgl. V. F. HESS Ziff. 65; s. ferner auch Ziff. 23.

In der freien Atmosphäre sind die langsamen Ionen von LANGEVIN[10] entdeckt worden, weshalb sie häufig als Langevinionen bezeichnet werden. Von den zahlreichen Arbeiten, die sich mit diesen Ionen in der Atmosphäre beschäftigen, seien hier nur die prinzipiell wichtigen von J. A. POLLOCK[11] angeführt, in denen gezeigt wird, daß die Beweglichkeit dieser Ionen mit wachsender Feuchtigkeit abnimmt, und daß sie sich in staubfreier Luft nicht bilden bzw. nicht von selbst regenerieren. Im übrigen sei auf das Kapitel über Luftelektrizität (ds. Handb. Bd. XIV, Kap. 9) verwiesen.

Es werden manchmal zwischen die normalen Ionen und die langsamen Ionen noch Ionen mittlerer Beweglichkeit (Intermediate Ions nach POLLOCK) als gesonderte Gruppe eingeschaltet. MCCLELLAND und NOLAN[12] glauben sogar eine ganze Reihe diskreter Gruppen von Beweglichkeiten gefunden zu haben. O. BLACKWOOD[13] findet aber mit einer Apparatur, die eine noch größere Auflösung etwa vorhandener Gruppen gestattet, keine Spur von Gruppenbildung, sondern einen praktisch kontinuierlichen Übergang der Beweglichkeitswerte; die Ionen wurden hierbei durch Wasserzerstäubung oder durch Glühdraht in feuchter Luft erzeugt. Es zeigt sich wieder eine Abnahme der Beweglichkeit mit der Zeit.

---

[1] M. DE BROGLIE, C. R. Bd. 146, S. 624. 1908.

[2] W. M. YOUNG, Phys Rev. Bd. 28, S. 129. 1926.

[3] P. LENARD, Ann. d. Phys. Bd. 3, S. 298. 1900.

[4] P. LENARD u. C. RAMSAUER, Sitzungsber. Heidelb. Akad. 1910, 31. u. 32. Abh.; 1911, 16. Abh.

[5] P. LENARD u. M. WOLF, Ann. d. Phys. Bd. 37, S. 443. 1889.

[6] C. T. R. WILSON, Phil. Trans. Bd. 192, S. 403. 1899.

[7] S. SACHS, Ann. d. Phys. Bd. 34, S. 469. 1911.

[8] J. A. MCCLELLAND u. J. J. MCHENRY, Proc. Roy. Soc. Dublin Bd. 16, S. 282. 1921.

[9] A. BECKER u. H. BÄRWALD, Sitzungsber. Heidelb. Akad. 1909, 4. Abh.

[10] P. LANGEVIN, C. R. Bd. 140, S. 232. 1905.

[11] J. A. POLLOCK, Le Radium Bd. 6, S. 129. 1909; Phil. Mag. (6) Bd. 29, S. 514. 636. 1915; Nature Bd. 95, S. 286. 1915.

[12] J. A. MCCLELLAND u. J. J. NOLAN, Proc. Roy. Irish Acad. (A) Bd. 33, S. 29. 1916; Bd. 35. 1919; NOLAN, ebenda Bd. 33, S. 10. 1916.

[13] O. BLACKWOOD, Proc. Nat. Acad. Amer. Bd. 6, S. 253. 1920; vgl. auch W. BUSSE, Ann. d. Phys. (4) Bd. 76, S. 493. 1925; Bd. 81, S. 262. 1926; Bd. 82, S. 697. 1927; dagegen P. J. NOLAN, ebenda (4) Bd. 82, S. 273. 1927.

Zusammenfassend kann wohl gesagt werden, daß die langsamen Ionen an das Vorhandensein irgendwelcher größerer neutraler Kerne in Gasen gebunden sind, die sich durch Anlagerung normaler Gasionen eben in langsame Ionen verwandeln.

C. Diffusion, Wiedervereinigung und Adsorption der Ionen.

a) Diffusion.

26. Allgemeines. *Der Diffusionskoeffizient der Ionen.* Da die Ionen in Gasen an der Molekularbewegung teilnehmen, müssen sie wie artfremde Molekeln in dem Gase die Erscheinung der Diffusion zeigen, d. h. sie bewegen sich im Mittel in größerer Zahl von Stellen größerer Ionenkonzentration zu Stellen geringerer Konzentration als in der entgegengesetzten Richtung. Die Ionen haben daher das Bestreben, Konzentrationsunterschiede auszugleichen, und es kann ihnen ein Partialdruck zugeschrieben werden in demselben Sinne, wie vom Partialdrucke eines dem Gase beigemischten zweiten Gases gesprochen wird. Die bekannten Grundgleichungen der Diffusion lassen sich ohne weiteres auch auf die Ionen eines Gases übertragen. Ist n die Zahl der Ionen im Kubikzentimeter (Konzentration), so ist der Überschuß der Anzahl der in der Richtung sinkender Konzentration über die Anzahl der in entgegengesetzter Richtung im Zeitelement dt durch die Querschnittseinheit wandernden Ionen

$$d\nu = -D\frac{\partial n}{\partial x}dt,$$

wo D der Diffusionskoeffizient ist. Die zeitliche Änderung der Konzentration infolge der Diffusion allein ist

$$\frac{\partial n}{\partial t} = D\left(\frac{\partial^2 n}{\partial x^2} + \frac{\partial^2 n}{\partial y^2} + \frac{\partial^2 n}{\partial z^2}\right),$$

wo n auch durch den Partialdruck p ersetzt werden kann.

Im allgemeinen wird in ionisierten Gasen n sich noch aus anderen Gründen als der Diffusion allein ändern. Wirken Ionisatoren auf das Gas ein, so erzeugen sie neue Ionen. Anderseits gehen, wenn beide Vorzeichen vorhanden sind, Ionen durch Wiedervereinigung verloren. Ferner liegen die Verhältnisse bei den Ionen insofern anders als bei der Diffusion neutraler Molekel, als bei ersteren abstoßende Kräfte im Sinne einer Beschleunigung der Diffusion zwischen den diffundierenden Teilchen wirken. Nur wenn die Ionendichte gering ist, wird man von diesen Kräften absehen können[1]. Auf alle diese Umstände ist bei der experimentellen Bestimmung des Diffusionskoeffizienten zu achten. Zum Zwecke dieser Bestimmung ist eine Anordnung zu wählen, deren Grenzbedingungen die Lösung der Differentialgleichung der Diffusion gestatten. Bisher wurde nur eine direkte Methode zur Bestimmung von D benützt, die Durchströmungsmethode von TOWNSEND, während andere von TOWNSEND und von LANGEVIN angegebenen Methoden den Vergleich des Diffusionskoeffizienten mit der Beweglichkeit gestatten.

27. TOWNSENDS Durchströmungsmethode[2]. Das zunächst gleichmäßig ionisierte Gas ströme in der Z-Richtung durch ein zylindrisches Rohr vom Radius a. Die auf die Rohrwand auftreffenden Ionen werden festgehalten, so daß

[1] Über Ionendiffusion bei gleichzeitiger Einwirkung elektrischer Kräfte s. W. SCHOTTKY u. J. v. ISSENDORFF, ZS. f. Phys. Bd. 31, S. 174. 1925.

[2] J. S. TOWNSEND, Phil. Trans. (A) Bd. 193, S. 129. 1899.

in der Schichte unmittelbar an der Wand eine Verarmung an Ionen eintritt. Durch Diffusion tritt infolgedessen eine Wanderung der Ionen von der Achse des Rohres, wo die Konzentration größer ist, gegen die Wand ein, und es wird dem Gas dadurch eine gewisse Anzahl von Ionen entzogen, die außer von den Dimensionen des Rohres und der Geschwindigkeit des Gasstromes W vom Diffusionskoeffizienten abhängen wird. Es gelten dann, wenn die Geschwindigkeitskomponenten der Ionen nach den Achsenrichtungen u, v, w sind, folgende Gleichungen:

$$\frac{1}{D}(n u) = -\frac{d n}{d x}, \quad \frac{1}{D}(n v) = -\frac{d n}{d y}, \quad \frac{1}{D} n (w - W) = -\frac{d n}{d z}.$$

Die Kontinuitätsgleichung lautet:

$$\frac{d(n u)}{d x} + \frac{d(n v)}{d y} + \frac{d(n w)}{d z} = 0.$$

Bei den Versuchen wird W groß gegen $\frac{D}{n}\frac{d n}{d z}$ gewählt, so daß nach den obenstehenden Gleichungen für die Z-Komponente der Ionengeschwindigkeit $w = W$ gesetzt werden kann. Dann wird die Kontinuitätsgleichung

$$D\left(\frac{d^2 n}{d x^2} + \frac{d^2 n}{d y^2}\right) - W\frac{d n}{d z} = 0$$

und bei Einführung von Zylinderkoordinaten und der POISEUILLEschen Geschwindigkeitsverteilung

$$\frac{D}{r}\frac{d}{d r}\left(r\frac{d n}{d r}\right) - \frac{2V}{a^2}(a^2 - r^2)\frac{d n}{d z} = 0, \tag{1}$$

wo V die mittlere Strömungsgeschwindigkeit des Gases ist, die sich aus der in der Zeiteinheit hindurchfließenden Gasmenge Q nach der Beziehung $V = \frac{Q}{\pi a^2}$ ergibt.

TOWNSEND ist es gelungen, eine brauchbare Lösung dieser Differentialgleichung zu finden (vgl. TOWNSEND oder J. J. THOMSON[1]). Es ergibt sich nach ziemlich umständlicher Rechnung, daß das Verhältnis der Anzahl der Ionen, die in der Entfernung z vom Anfang der Röhre durch den Querschnitt hindurchgehen, zur Anzahl der Ionen, die den Anfangsquerschnitt $z = 0$ passieren, gleich ist

$$4\left(0{,}1952\, e^{-\frac{7{,}313\, D z}{2a^2 V}} + 0{,}0243\, e^{-\frac{44{,}5\, D z}{2a^2 V}} + \cdots\right).$$

Vergleicht man nicht einen Querschnitt im Abstande z mit dem Anfangsquerschnitt, sondern, was praktisch leichter durchführbar ist, zwei Querschnitte in den Abständen z_1 und z_2 vom Anfang des Rohres miteinander, so wird das Verhältnis der durch diese beiden Querschnitte gehenden Ionenzahlen gleich

$$\frac{0{,}1952\, e^{-\frac{7{,}313\, D z_1}{2a^2 V}} + 0{,}0243\, e^{-\frac{44{,}56\, D z_1}{2a^2 V}} + \cdots}{0{,}1952\, e^{-\frac{7{,}313\, D z_2}{2a^2 V}} + 0{,}0243\, e^{-\frac{44{,}56\, D z_2}{2a^2 V}} + \cdots}.$$

Ist dieses Verhältnis experimentell bestimmt, so läßt sich daraus D graphisch ermitteln. Um die Verluste durch Wiedervereinigung zurückzudrängen, muß der Querschnitt des Diffusionsrohres möglichst klein genommen werden; um trotzdem leicht meßbare Ionenmengen zu erhalten, schaltet man zweckmäßigerweise mehrere enge Röhrchen parallel. Die Wiedervereinigung kann aber auch

[1] J. S. TOWNSEND, Electricity in Gases, S. 138ff.; J. J. THOMSON, Conduction of Electricity through Gases, 2. Aufl., S. 32ff.

dadurch ausgeschaltet werden, daß man das ionisierte Gas durch zwei hintereinander gestellte Drahtnetze hindurchbläst, zwischen denen ein genügend starkes Feld wirkt, um die Ionen des einen Vorzeichens aufzuhalten, wie dies FRANCK und WESTPHAL[1] getan haben.

Zur Messung diente TOWNSEND[2] ein Metallrohr (Abb. 10), das aus zwei ineinander schiebbaren Teilen *AB* bestand. In dem einen wurde das durchströmende Gas etwa bei *J* ionisiert, der andere, in welchen eine mit einem Elektrometer verbundene Elektrode *E* hineinragt, ist an dem in den ersten Teil hineingesteckten Ende durch eine Metallplatte *M* verschlossen. Diese trägt 24 in einem Kreise angeordnete Löcher, in welcher die Diffusionsröhrchen *R* von 4 cm Länge und 1 mm lichter Weite eingelötet sind. Eine zweite ähnliche Platte *M* dient zur besseren Führung der Röhrchen. Die Röhre wird auf Spannung gehalten und die Aufladung des Elektrometers beobachtet. Der Teil *B* kann gegen ein ähnliches Rohrstück *C* ausgewechselt werden, das aber nur 0,5 cm lange Diffusionsröhrchen trägt: Bei gleichbleibender Ionisation bei *J* wird die Aufladegeschwindigkeit des Elektrometers einmal bei Einschaltung der langen Röhrchen, das andere Mal der kurzen Röhrchen gemessen und so das Verhältnis der in beiden Fällen hindurchgehenden Ionenzahlen bestimmt. Die Anwendung der obigen Formel liefert den Diffusionskoeffizienten.

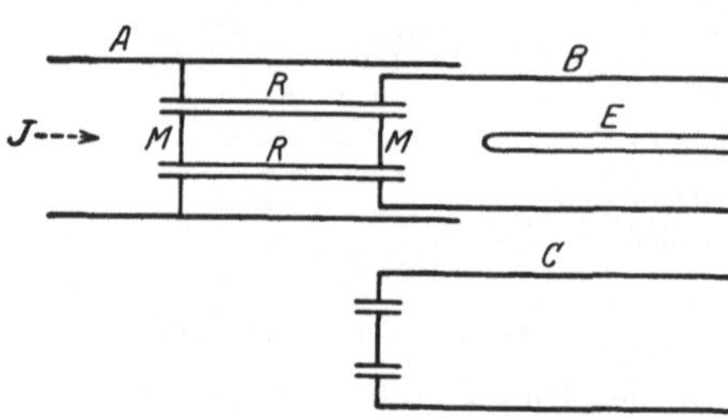

Abb. 10. TOWNSENDS Diffusionsapparat.

28. Zahlenwerte für den Diffusionskoeffizienten. TOWNSEND erhielt Werte für D, die von der Art des Ionisators unabhängig waren, z. B. in trockener Luft:

Ionisator	D_1	D_2
Röntgenstrahlen . . .	0,028	0,043
Becquerelstrahlen . . .	0,032	0,043
Ultraviolett	—	0,043

D ist unabhängig vom Material der Diffusionsröhrchen, wie SALLES[3] für Neusilber, Messing und Stahl festgestellt hat. Er vereinfachte das Arbeiten mit dem TOWNSENDschen Apparat, indem er die Röhrchensätze durch eine Revolvervorrichtung vertauschbar machte, ohne daß ein Zerlegen des Apparates erforderlich wäre, und findet folgende Zahlen für Luft:

Material	D_1	D_2
Neusilber	0,031	0,041
Messing	0,031	0,041
Stahl	0,032	0,043

E. HENSEL[4] fand keinen Unterschied in den durchgelassenen Ionenzahlen, wenn die Röhrchen aus den folgenden Stoffen bestanden: Al, Fe, Pb, Messing, Gips, Holz, Glas, Hartgummi; also wirken Nichtleiter ebenso wie Leiter.

---

[1] J. FRANCK u. W. WESTPHAL, Verh. d. D. Phys. Ges. Bd. 11, S. 146 u. 276. 1909.

[2] J. S. TOWNSEND, Phil. Trans. (A) Bd. 193, S. 129. 1899; Bd. 195, S. 259. 1900.

[3] E. SALLES, C. R. Bd. 147, S. 627. 1908; Bd. 151, S. 712. 1910; Ann. chim. phys. (9) Bd. 2, S. 273. 1914.

[4] E. HENSEL, Phys. ZS. Bd. 13, S. 666. 1912.

Folgende Tabelle 4 enthält die für verschiedene Gase gefundenen Werte

Tabelle 4. Die Diffusionskoeffizienten.

Gas	D_1	D_2	Beobachter
Luft, trocken	0,028	0,043	TOWNSEND
,, ,, ...	0,032	0,042	SALLES
,, ,, ...	0,029	0,045	FRANCK und WESTPHAL
,, ,, ...	0,0277	0,0439	J. J. NOLAN und T. E. NEVIN
,, feucht	0,032	0,035	TOWNSEND
Sauerstoff, trocken . . .	0,025	0,0396	TOWNSEND
,, ,, . . .	0,030	0,041	SALLES
Sauerstoff, feucht	0,0288	0,0358	TOWNSEND
Kohlendioxyd, trocken . .	0,023	0,026	TOWNSEND
,, ,, . .	0,025	0,026	SALLES
,, feucht . .	0,0245	0,0255	TOWNSEND
Wasserstoff, trocken . . .	0,123	0,190	,,
,, feucht . . .	0,128	0,142	,,
Stickstoff, trocken	0,029	0,0414	SALLES

Zwischen 200 und 772 mm fand TOWNSEND den Diffusionskoeffizient für beide Vorzeichen dem Drucke umgekehrt proportional. SALLES findet folgende Werte (Tab. 5) bei verschiedenen Drucken, also auch angenäherte Proportionalität von D und $1/p$.

Messungen bei verschiedenen Temperaturen fehlen.

Tabelle 5. Diffusionskoeffizienten bei verschiedenen Drucken nach E. SALLES.

Gas	Druck in mm Hg	D_1	$p \cdot D_1$	D_2	$p \cdot D_2$
Luft	758	0,032	23,2	0,042	31,8
,, ...	1028	0,022	21,8	0,027	30,4
Stickstoff	760	0,029	21,8	0,041	31,1
,, ...	1000	0,023	23	0,028	31,3
,, ...	1120	0,020	22,4	—	—
,, ...	1302	—	—	0,026	33,9

Über die Diffusion freier Elektronen s. ds. Handb. Bd. XXII/2, Kap. 1.

29. TOWNSENDS[1] Methode zur Bestimmung von u/D. Diese Methode beruht auf der Messung der Verbreiterung, die ein im homogenen Feld wandernder Ionenschwarm infolge der Diffusion senkrecht zur Feldrichtung erfährt. Die Abb. 11 zeigt schematisch die Versuchsanordnung. Im Raume von B wird das Gas ionisiert. Die Ionen eines Vorzeichens werden durch ein elektrisches Feld durch das Netz G getrieben. Hier gelangen sie in ein elektrisches Feld, welches zwischen der auf Spannung gehaltenen Platte S und dem geerdeten System R_0CD herrscht. Die Ringe R, die durch gleiche hohe Widerstände untereinander und mit S bzw. R verbunden sind, dienen zur Homogenisierung des Feldes. Die Scheibe D und der sie umgebende Ring C können getrennt oder vereinigt mit einem Elektrometer verbunden werden. Bestimmt

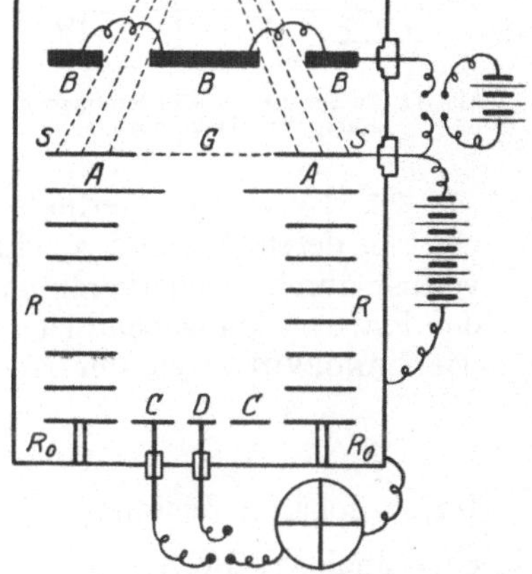

Abb. 11. u/D-Bestimmung nach TOWNSEND.

[1] J. S. TOWNSEND, Proc. Roy. Soc. London (A) Bd. 80, S. 207. 1908.

wird das Verhältnis der in gleichen Zeiten von D und $D + C$ aufgenommenen Ionenmengen n_1 und $n_1 + n_2$. Fände keine Diffusion statt, so würde nur D Ladung empfangen; je größer der Diffusionskoeffizient, desto kleiner wird jenes Verhältnis. Das Verhältnis wächst aber auch, je länger die Zeit ist, die die Ionen zur Durchwanderung der Strecke AD brauchen, also bei gleichbleibender Feldstärke, je kleiner ihre Beweglichkeit ist. Jenes Verhältnis ist eine Funktion des Quotienten u/D. Aus den Diffusionsgleichungen berechnet TOWNSEND unter den hier gegebenen Grenzbedingungen das Verhältnis R der von D zu der von $D + C$ aufgenommenen Ladung zu

$$R = \frac{n_1}{n_1 + n_2} = \frac{a\left[\frac{J_1^2(\mu_1 a)\,e^{-\vartheta_1 z}}{x_1^2 J_1^2(\mu_1 b)} + \frac{J_1^2(\mu_2 a)\,e^{-\vartheta_2 z}}{x_2^2 J_1^2(\mu_2 b)} + \cdots\right]}{b\left[\frac{J_1(\mu_1 a)\,e^{-\vartheta_1 z}}{x_1^2 J_1(\mu_1 b)} + \frac{J_1(\mu_2 a)\,e^{-\vartheta_2 z}}{x_2^2 J_1(\mu_2 b)} + \cdots\right]}.$$

Hier ist a der Radius der Öffnung in A, b der Radius der Öffnungen in den Homogenisierungsringen, z der Abstand zwischen den Platten A und C, $\mathfrak{Z}$ die elektrische Feldstärke, die J sind BESSELsche Funktionen, die

$$\vartheta_s = \sqrt{\frac{1}{4}\frac{u^2}{D^2}\mathfrak{Z}^2 + \frac{x_s^2}{b^2}} - \frac{1}{2}\frac{u}{D}\mathfrak{Z},$$

die x_s die Wurzeln der Gleichung $J_0(x) = 0$ und $\mu_s = x_s/b$. R läßt sich somit als Funktion von $\frac{u}{D}\mathfrak{Z}$ darstellen. C. HASELFOOT[1] hat R für verschiedene Werte von $\frac{u}{D}\mathfrak{Z}$ ausgerechnet unter Zugrundelegung der Dimensionen des TOWNSENDschen Apparates: $a = 1{,}5$ cm, $b = 5$ cm, $z = 7$ cm und gibt die in Abb. 12 dargestellte Kurve: Ordinaten sind R, Abszissen die Werte $\frac{ne}{p}\mathfrak{Z}$ (e in stat. Einh., $\mathfrak{Z}$ in Volt), wo nach Ziff. 47 $\frac{ne}{p} = \frac{u}{D}$ ist. Eine Korrektur ist wegen der Selbstabstoßung der Ionen anzubringen. Die Methode eignet sich für Messungen bei Drucken von etwa 25 mm abwärts; ihre Bedeutung liegt in dem erwähnten Zusammenhange des Quotienten u/D mit der Ionenladung.

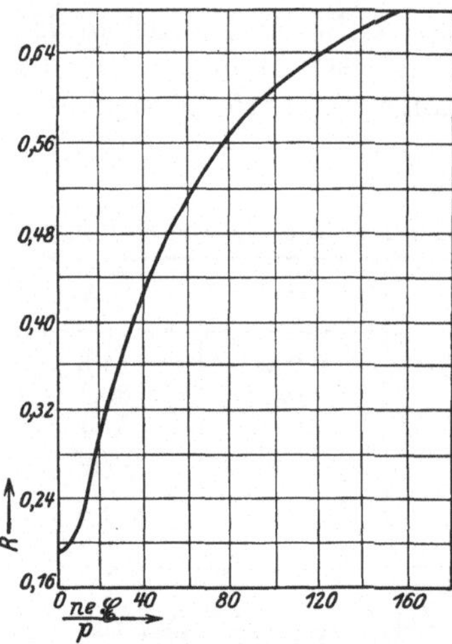

Abb. 12. Zu TOWNSENDS u/D-Bestimmung. Kurve von HASELFOOT.

30. LANGEVINS[2] Methode. Wird das Gas zwischen zwei Kondensatorplatten, deren Abstand a sehr klein ist, gleichmäßig ionisiert, so ist der Ionenverlust durch Wiedervereinigung klein gegen den Verlust durch Diffusion nach den Platten. Maßgebend ist für das Verhältnis der Verluste aus beiden Ursachen, wie LANGEVIN zeigt, der Ausdruck

$$\frac{\alpha q u^4}{D^2}.$$

Im stationären Zustande gilt dann $D_1 \frac{d^2 n_1}{dx^2} = -q$ für das eine Vorzeichen und eine analoge Gleichung für das andere Vorzeichen und $n_1 = \frac{q}{2D_1} x(a - x)$; die Ionendichten sind in jedem Punkte dem Diffusionskoeffizienten umgekehrt proportional. Wird eine kleine Spannung an den Kondensator angelegt, so daß

[1] C. HASELFOOT, Proc. Roy. Soc. London (A) Bd. 87, S. 350. 1912.
[2] P. LANGEVIN, Le Radium Bd. 10, S. 113. 1913.

lie Ionenverteilung nicht wesentlich geändert wird, so ist die Stromdichte $n_1 u_1 + n_2 u_2) e \mathfrak{E}$, und da die n proportional $1/D$ sind, sieht man, daß der Strom vom Quotienten u/D abhängen wird. Eine genauere Analyse gibt für das Verhältnis des Stromes i bei der Potentialdifferenz V zum Sättigungsstrom J

$$\frac{i}{J} = \frac{e^{m_2}}{e^{m_2} - 1} + \frac{e^{-m_1}}{1 - e^{-m_1}} - \frac{1}{m_2} - \frac{1}{m_1}, \qquad \text{wo } m = \frac{u V}{D} \text{ ist.}$$

Für den Fall, der immer zutrifft, solange man es mit normalen einwertigen Gasionen zu tun hat, daß $m_1 = m_2$ ist, wird

$$\frac{i}{J} = \frac{e^m + 1}{e^m - 1} - \frac{2}{m}.$$

Es läßt sich also durch einfache Strommessungen im Plattenkondensator bei genügend kleinem Plattenabstand der Quotient bestimmen. Derartige Messungen hat SALLES[1] ausgeführt. Die Resultate werden wieder im Zusammenhang mit der Frage nach der Valenz der Gasionen unter Ziff. 50 behandelt werden.

b) Wiedervereinigung[2].

31. Allgemeines. In einem ionisierten sich selbst überlassenen Gase ist die Änderung der Ionendichte mit der Zeit gegeben durch die Gleichung

$$\frac{dn}{dt} = -\alpha n^2. \tag{1}$$

Der Koeffizient α heißt Wiedervereinigungskoeffizient, wohl auch Molisierungskoeffizient. Seine Dimension ist $[\alpha] = l^3/t$. Da die Messung stets Elektrizitätsmengen und nicht Ionenzahlen gibt, so wird nicht α, sondern α/e gemessen, wo e die Ladung eines Ions bedeutet. Solange diese nicht genügend sicher bekannt war, war es üblich, nicht α, sondern α/e anzugeben. Heute kann $e = 4{,}77 \cdot 10^{-10}$ stat. Einh. gesetzt werden. Im folgenden sind stets die direkt beobachteten Werte α/e und die mit $e = 4{,}77 \cdot 10^{-10}$ berechneten Werte von α selbst angegeben.

Unter den Meßmethoden können wieder direkte und indirekte unterschieden werden. Bei den direkten wird die in einer bestimmten Zeit durch Wiedervereinigung allein erfolgte Abnahme der Ionendichte bestimmt. Die indirekten benützen die Abhängigkeit der bei einer bestimmten Spannung durch ein ionisiertes Gas gehenden Ströme von der Wiedervereinigung u. dgl. Bei allen Versuchen zur Bestimmung von α ist Sorge zu tragen, daß der Ionenverlust durch Diffusion gegen den Verlust durch Wiedervereinigung möglichst zurückgedrängt wird. Die das Gas enthaltenden Gefäße, Kondensatoren, Rohre usw. haben daher möglichst weit zu sein, ferner kann die Anwesenheit von Staub u. dgl. den scheinbaren Wiedervereinigungskoeffizienten wesentlich erhöhen, weil die sich an die Staubteilchen ansetzenden Ionen infolge ihrer außerordentlich herabgesetzten Beweglichkeit bei vielen der üblichen Anordnungen nicht mehr mitgemessen und daher einen erhöhten Verlust durch Wiedervereinigung vortäuschen werden. Darauf, daß letzterer Vorgang für das Verschwinden der normalen Ionen in der freien Atmosphäre fast ausschließlich maßgebend ist, hat SCHWEIDLER[3] aufmerksam gemacht.

---

[1] E. SALLES, Le Radium Bd. 10, S. 119. 1913.

[2] Eine Übersicht nach dem Stande von 1906 hat F. HARMS, Jahrb. d. Radioakt. Bd. 3, S. 321. 1906 gegeben.

[3] E. SCHWEIDLER, Wiener Ber. (IIa) Bd. 127, S. 953. 1918; Bd. 128, S. 947. 1919; vgl. auch A. D. POWER, Journ. Frankl. Inst. Bd. 196, S. 327. 1923 (nach Science Abstracts Bd. 27, S. 42. 1924).

Eine Messung des Koeffizienten α ist nur dann möglich, wenn sich ein bestimmter Wert für die Ionendichte n angeben läßt, wenn also diese Dichte zwar nicht unbedingt räumlich konstant, aber doch eine Funktion des Abstandes von einer der Elektroden ist. Dies ist aber nicht mehr der Fall bei der Ionisation durch α-Strahlen, da hier die Ionen außerordentlich dicht längs der Bahnen der einzelnen α-Teilchen liegen. Eine Bestimmung der Ionendichte in einem von α-Strahlen durchsetzten Volumen gibt ein ganz falsches Bild von der Ionenverteilung und kann daher auch zu ganz falschen α-Bestimmungen führen. Diese Anomalien bei Ionisation durch α-Strahlen haben sich zuerst durch die außerordentliche Schwierigkeit bemerkbar gemacht, in diesem Falle Sättigung zu erzielen, zu deren Erklärung W. H. BRAGG und R. D. KLEEMAN[1] eine besondere Art von anfänglicher Wiedervereinigung (Initial recombination) der frischgebildeten Ionen annahmen, während LANGEVIN und MOULIN[2] und JAFFÉ[3] die Erscheinung durch die Ionisation in Kolonnen erklärten (ds. Handb. 2. Aufl., Bd. XXII/2, Kap. 3). Einwendungen gegen letztere Deutung geben OGDEN[4] u. a. In geringerem Maße macht sich Kolonnenionisation bei Ionisierung durch β-Strahlen bemerkbar und, da bei Ionisation durch Röntgen- und γ-Strahlen stets auch sekundäre Elektronenstrahlen auftreten, kann hier dasselbe gelten.

32. Direkte Methoden zur Bestimmung der Wiedervereinigung. *Strömungsmethode* (RUTHERFORD[5], TOWNSEND[6]). Ein Gasstrom streicht mit gemessener Geschwindigkeit durch ein Rohr. An einer Stelle des Rohres wird er der Wirkung eines Ionisators ausgesetzt und gelangt von da nach Durchlaufen einer veränderlichen Strecke d zu einem Drahtnetz und durch das Drahtnetz zu einer axialen Elektrode, deren Auf- oder Entladung elektrometrisch gemessen wird. Das Drahtnetz dient dazu, das Feld, unter dessen Einfluß die Ionen nach der Elektrode wandern, schärfer zu begrenzen. Die von der Elektrode in einer bestimmten Zeit aufgenommene Ladung Q wird für zwei verschiedene Abstände d_1 und d_2 gemessen. Aus der Gleichung (1), Ziff. 31 folgt

$$\frac{1}{Q_2} - \frac{1}{Q_1} = \frac{\alpha}{e} t, \tag{2}$$

wenn t die Zeit ist, die das Gas zur Durchmessung der Strecke d_2 weniger d_1 braucht. Ist W die Geschwindigkeit des Gasstromes, so ist

$$t = \frac{d_2 - d_1}{W} \quad \text{und} \quad \frac{\alpha}{e} = \left(\frac{1}{Q_2} - \frac{1}{Q_1}\right) \frac{W}{d_2 - d_1}.$$

Mit dem Pendelunterbrecher (RUTHERFORD[7], R. K. MCCLUNG[8]). Das Gas zwischen zwei Elektroden wird durch Röntgenstrahlen ionisiert. Ein Pendel unterbricht ($t = 0$) den Strom durch das Induktorium, das die Röntgenröhre speist. Hierauf verbindet es nach einer bestimmten Zeit $t = \tau$, die variiert werden kann, die eine Elektrode mit einer Spannungsquelle, so daß alle Ionen eines Vorzeichens in ganz kurzer Zeit an die andere Elektrode getrieben werden. Die Ladung Q dieser Elektrode wird mit dem Elektrometer gemessen, und zwar für zwei verschiedene Werte von t, τ_1 und τ_2; α berechnet sich dann aus Gleichung (2), wo $t = \tau_2 - \tau_1$ zu setzen ist.

---

[1] W. H. BRAGG u. R. D. KLEEMANN, Phil. Mag. (6) Bd. 11, S. 466. 1906.

[2] M. MOULIN, Ann. chim. phys. Bd. 21, S. 550. 1910; Bd. 22, S. 26. 1911.

[3] G. JAFFÉ, Ann. d. Phys. (4) Bd. 42, S. 303. 1913; Phys. ZS. Bd. 15, S. 353. 1914; Bd. 30, S. 849. 1929. Experimentelle Bestätigung der JAFFÉschen Theorie s. K. DIEBNER, ebenda Bd. 32, S. 181. 1931; Ann. d. Phys. (5) Bd. 10, S. 947. 1931.

[4] H. OGDEN, Phil. Mag. (6) Bd. 26, S. 991. 1913.

[5] E. RUTHERFORD, Phil. Mag. (5) Bd. 44, S. 422. 1897.

[6] J. S. TOWNSEND, Phil. Trans. (A) Bd. 193, S. 129. 1900.

[7] E. RUTHERFORD, l. c. [8] R. K. MCCLUNG, Phil. Mag. Bd. 3, S. 283. 1902.

Eine Modifikation dieser Methode hat McClung angewendet. Es wird die nach Erreichung des stationären Zustandes unmittelbar nach Abstellung der Röntgenstrahlung abscheidbare Ladung $Q = n_0 e$ bestimmt und außerdem die Sättigungsstromstärke während der Wirkung der Röntgenstrahlen, für welche die Beziehung gilt $i = eqd$, wo d die Distanz zwischen den Elektroden (Plattenkondensator) und $q = \alpha n^2$ ist. Es ist also

$$\frac{\alpha}{e} = \frac{i}{d Q^2}.$$

Man versichert sich durch Variation der Zeit, während welcher der Ionisator wirkt, daß bei dem Versuche wirklich der stationäre Zustand schon eingetreten ist.

G. Rümelin[1] verfolgt den Anstieg der Ionisation nach der Gleichung $n = k\frac{e^{2k\alpha t} - 1}{e^{2k\alpha t} + 1}$, wo $k = \sqrt{\frac{q}{\alpha}}$ ist. Statt den Ionisator ein- und auszuschalten, wird ein starkes Feld zwischen den Elektroden aus- und eingeschaltet. Das Ausschalten wird in bezug auf die Ionisation wie ein Inbetriebsetzen des Ionisators wirken; es wird ebenso wie die Verbindung einer Elektrode mit dem Elektrometer durch einen rotierenden Kommutator bewirkt.

33. Indirekte Methoden zur Bestimmung der Wiedervereinigung. *Messung des Stromes bei niedriger Feldstärke und bei hoher Feldstärke.* Diese Methode ist als erste von J. J. Thomson und Rutherford[2] in ihrer grundlegenden Arbeit benützt worden. Es gilt für den stationären Zustand die Gleichung

$$q - \frac{\alpha i^2}{(u_1 + u_2)^2 e^2 \mathfrak{E}^2} - \frac{i}{e d} = 0.$$

Die Spannung bzw. die Stromdichte ist hierbei so klein zu wählen, daß die Feldverteilung nicht merklich gestört wird, so daß $\mathfrak{E} = V/d$ ist, wo V die Potentialdifferenz der Platten, d ihr Abstand ist. Die Sättigungsstromdichte J ist anderseits gleich qed, so daß

$$\frac{\alpha}{e} = \frac{J - i}{i^2} \frac{(u_1 + u_2)^2 \mathfrak{E}^2}{d},$$

wofür, da i klein gegen J ist, auch gesetzt werden kann

$$\frac{\alpha}{e} = \frac{J}{i^2} \frac{(u_1 + u_2)^2 V^2}{d^3}.$$

Für den Fall, daß i nicht klein gegen J ist, tritt nach E. Riecke[3] an Stelle obiger Gleichung

$$\frac{\alpha}{e} = \frac{J - i}{i^2} \frac{(u_1 + u_2)\mathfrak{E}^2}{d}\left(1 - 0{,}20\frac{J - i}{i}\right).$$

Diese Beziehung hat Retschinsky[4] benützt. Über die Anwendung der Theorie von R. Seeliger s. H. Seemann[5], über den Einfluß der Diffusion auf die Leitung im Plattenkondensator s. G. Jaffé[6].

Langevins[7] *Methode.* Das Gas zwischen zwei Platten wird durch eine kurzdauernde Röntgenbestrahlung ionisiert. Hierauf wird eine Spannung an

---

[1] G. Rümelin, Ann. d. Phys. (4) Bd. 43, S. 821. 1914.
[2] J. J. Thomson u. E. Rutherford, Phil. Mag. (5) Bd. 42, S. 392. 1896.
[3] E. Riecke, Ann. d. Phys. Bd. 12, S. 814 u. 820. 1903.
[4] T. Retschinsky, Ann. d. Phys. Bd. 17, S. 518. 1905.
[5] H. Seemann, Ann. d. Phys. Bd. 38, S. 781. 1912.
[6] G. Jaffé, Ann. d. Phys. (4) Bd. 43, S. 249. 1914; Bd. 75, S. 391. 1924.
[7] P. Langevin, Thès. Paris 1902.

die Platten angelegt und die Aufladung einer Platte in ihrer Abhängigkeit von der Spannung gemessen. Es gelten die Gleichungen

$$\frac{dn}{dt} = -\alpha n^2 - \frac{i}{e d}; \qquad i = (u_1 + u_2)\, e n \mathfrak{E},$$

also

$$\frac{dn}{dt} = -\alpha n^2 - \frac{(u_1 + u_2)\, n}{d} \mathfrak{E}. \tag{1}$$

Die von der Flächeneinheit der Elektrode im ganzen aufgenommene Ladung ist

$$Q = \int_0^\infty i\, dt = e(u_1 + u_2)\, \mathfrak{E} \int_0^\infty n\, dt.$$

Für großes $\mathfrak{E}$ wird

$$Q_\infty = e n_0 d.$$

Durch Einsetzung des aus Gleichung (1) folgenden Wertes von n und Integration ergibt sich

$$Q = \frac{e(u_1 + u_2)}{\alpha} \mathfrak{E} \ln\left(1 + \frac{Q_\infty}{\frac{e(u_1 + u_2)}{\alpha} \mathfrak{E}}\right), \tag{2}$$

woraus sich α/e graphisch oder durch ein Näherungsverfahren bestimmt. LANGEVIN führt statt $\mathfrak{E}$ die Flächendichte der Elektrizität $\sigma = \mathfrak{E}/4\pi$ ein, und Gleichung (2) nimmt dadurch die Form an

$$\frac{\varepsilon Q}{\sigma} = \ln\left(1 + \frac{\varepsilon Q_\infty}{\sigma}\right), \qquad \text{wo} \qquad \varepsilon = \frac{\alpha}{4\pi (u_1 + u_2)\, e}.$$

LANGEVINS Koeffizient ε ist ein von Gas zu Gas verschiedener echter Bruch.

E. BLOCH[1] wendet die LANGEVINsche Methode auf ein strömendes Gas im Zylinderkondensator an und ermöglicht so die Verwendung eines beliebigen Ionisators. Die Gleichung (2) ist ohne weiteres anwendbar, nur bedeutet Q jetzt die pro Längeneinheit der Zylinderelektrode aufgenommene Ladung.

34. Zahlenwerte für den Wiedervereinigungskoeffizienten. Nachdem die ersten Versuche von J. J. THOMSON und RUTHERFORD die Gültigkeit des fundamentalen Gesetzes $dn/dt = -\alpha n^2$ für normale Luft ergeben hatten, konnte MCCLUNG die Gültigkeit für Luft bei Drucken zwischen 0,125 und 3 Atm. und bei Temperaturen zwischen 15 und 300° C sowie in Wasserstoff und Kohlendioxyd feststellen. Für einige Dämpfe hat K. PRZIBRAM dasselbe gefunden. Die bisher vorliegenden Absolutbestimmungen von α sind in folgender Tabelle 6 zusammengestellt.

Durch sorgfältige Reinigung der Luft sinkt nach J. SCHEMEL[2] α um etwa 20%. In Argon findet L. MARSHALL[3] α nur etwa halb so groß wie unter gleichen Umständen in Luft; dies wird auf freie Elektronen zurückgeführt, die eine geringere Wiedervereinigungstendenz zeigen als die Molionen. In sehr reinem Argon, das durch eine elektrische Entladung ionisiert wird, schließt C. KENTY[4] sogar auf α-Werte von der Größenordnung 10^{-10}. Nach O. LUHR[5] ist das Resultat MARSHALLS durch einen Fehler in der Apparatur gefälscht; LUHR hat nach Behebung des Fehlers mit demselben Apparat Messungen in Luft, O_2, N_2, Ar und H_2 ausgeführt und erhielt in N_2 und Ar keine besonders niedrigen, auf Rekombination von freien Elektronen mit positiven Ionen zurückzuführende Werte von α; es bildeten sich auch in diesen Gasen während des Versuches stets auch

---

[1] E. BLOCH, Thès. Paris 1904.
[2] J. SCHEMEL, Ann. d. Phys. Bd. 85, S. 137. 1928.
[3] L. C. MARSHALL, Phys. Rev. Bd. 34, S. 618. 1929.
[4] C. KENTY, Phys. Rev. Bd. 32, S. 624. 1928.
[5] O. LUHR, Phys. Rev. Bd. 36, S. 24. 1930.

Tabelle 6. Wiedervereinigungskoeffizient in verschiedenen Gasen bei Atmosphärendruck und Zimmertemperatur.

Gas	α/e	$\alpha \cdot 10^6$	Beobachter
Luft	3420	1,631	TOWNSEND[1]
,, ...	3384	1,614	McCLUNG[2]
,, ...	3200	1,526	LANGEVIN[3]
,, ...	3300	1,574	HENDREN[4]
,, ...	3500	1,669	ERIKSON[5]
,, ...	3500	1,669	THIRKILL[6]
,, ...	3220	1,536	SEEMANN[7]
,, ...	3566	1,70	J. SCHEMEL[8]
,, Mittel	3386	1,615	
Sauerstoff	3380	1,612	TOWNSEND
Kohlendioxyd	3500	1,669	,,
,, ...	3492	1,661	McCLUNG
,, ...	3440	1,641	THIRKILL
Wasserstoff	3020	1,440	TOWNSEND
,, ...	2938	1,401	McCLUNG
Schwefeldioxyd (680 mm) .	2740	1,307	THIRKILL
Kohlenoxyd	1820	0,868	,,
Stickoxydul	2830	1,350	,,
Wasserdampf bei 100° . .	ca. 1800	ca. 0,86	K. PRZIBRAM[9]
Äthylalkohol bei 78° . .	ca. 700	ca. 0,33	,,

negative Molionen, wobei an die Mitwirkung metastabiler angeregter Molekel gedacht wird. LUHR und BRADBURY[10] geben folgende Tabelle an:

Gas	Luft	O_2	N_2	Ar	H_2
$\alpha \cdot 10^6$	$1,23 \pm 0,1$	$1,32 \pm 0,1$	$1,06 \pm 0,1$	$1,06 \pm 0,1$	$0,28 \pm 0,05$

Auffallend ist der niedrige Wert für Wasserstoff.

35. Abhängigkeit von den Versuchsumständen. *Abhängigkeit vom Druck.* Während McCLUNG aus seinen Versuchen Unabhängigkeit des Wiedervereinigungskoeffizienten vom Drucke folgerte, fand LANGEVIN, daß α unterhalb einer Atmosphäre dem Drucke proportional sei. Das abweichende Ergebnis McCLUNGs führt er auf ungenügende Berücksichtigung der namentlich bei niedrigen Drucken beträchtlichen Diffusionsverluste zurück. L. L. HENDREN findet nach einer Modifikation der Methode von McCLUNG unter Benützung von Radium als Ionisator ebenfalls eine Abnahme von α mit sinkendem Drucke bis herab zu 10 mm, aber keine so rasche wie LANGEVIN. Die Diffusionsverluste werden bestimmt und in Rechnung gesetzt, dagegen mag die Verwendung von α-Strahlen Störungen wegen Kolonnenionisation bewirkt haben. RETSCHINSKY findet, daß α/e zwischen 760 und 200 mm für je 100 mm Druck um etwa 300 sinkt. G. RÜMELIN findet nur eine ganz geringe Abnahme mit sinkendem Drucke. THIRKILL findet dagegen in Übereinstimmung mit LANGEVIN für Luft nahezu proportionale Abnahme bis herab zu 197 mm; er gibt auch Messungsergebnisse ähnlicher Art für CO_2, CO, SO_2 und NO an. Auch PLIMPTON[11] findet Abnahme von α mit sinkendem

[1] J. S. TOWNSEND, Phil. Trans. (A) Bd. 193, S. 157. 1900.
[2] R. K. McCLUNG, Phil. Mag. (6) Bd. 3, S. 283. 1902.
[3] P. LANGEVIN, Ann. chim. phys. (7) Bd. 28, S. 433. 1903.
[4] L. L. HENDREN, Phys. Rev. Bd. 21, S. 314. 1905.
[5] H. A. ERIKSON, Phil. Mag. (6) Bd. 18, S. 328. 1909.
[6] H. THIRKILL, Proc. Roy. Soc. London (A) Bd. 88, S. 488. 1913.
[7] H. SEEMANN, Ann. d. Phys. Bd. 38, S. 781. 1912.
[8] Siehe Fußnote 2 auf S. 378.
[9] K. PRZIBRAM, Wiener Ber. (IIa) Bd. 118, S. 331. 1909.
[10] O. LUHR u. N. E. BRADBURY, Phys. Rev. Bd. 37, S. 998. 1931.
[11] S. J. PLIMPTON, Phil. Mag. (6) Bd. 25, S. 65. 1913; s. ferner E. LENZ, ZS. f. Phys. Bd. 76, S. 660. 1932.

Drucke. Die proportionale Abnahme mit sinkendem Druck ist theoretisch die plausibelste, und die sie ergebenden Messungen dürften die zuverlässigsten sein. Es muß aber betont werden, daß die richtige Abschätzung der Diffusionsverluste, der Rolle der Kolonnenionisation und verwandter Erscheinungen recht schwierig ist. Bei hohen Drucken nimmt nach LANGEVIN α mit wachsendem Drucke wieder ab.

Abhängigkeit von der Temperatur. McCLUNG hatte ein starkes Ansteigen von α mit der Temperatur beobachtet. Dieses Resultat ist aber denselben Einwendungen ausgesetzt, wie seine Beobachtungen bei verschiedenem Luftdruck. H. A. ERIKSON[1] hat unter tunlichster Ausschaltung jener Fehlerquellen Messungen bei verschiedenen Temperaturen ausgeführt und findet Abnahme von α mit steigender Temperatur; die Dichte, nicht der Druck des Gases, ist hierbei konstant. PHILLIPS[2] mißt bei konstantem Druck und findet für Luft folgende Zahlen in relativem Maß:

Abs. Temperatur	289°	373°	428°	449°	546°
α	1,0	0,500	0,399	0,360	0,178

Unter der Annahme, daß α der Dichte der Luft proportional ist, lassen sich diese Zahlen auf konstante Dichte umrechnen und mit denen von ERIKSON vergleichen (Tab. 7).

Tabelle 7. Wiedervereinigungskoeffizient für Luft bei verschiedenen Temperaturen.

Abs. Temperatur	ERIKSON	PHILLIPS
94°	4,3	—
205°	3,25	—
285°	2,00	—
289°	—	1,55
337°	1,33	—
373°	1,00	1,00
428°	0,80	0,91
449°	—	0,86
546°	—	0,52

Tabelle 8. Wiedervereinigungskoeffizient für Kohlensäure und Wasserstoff bei verschiedenen Temperaturen.

CO_2		H_2	
t° C	α	t° C	α
100	2,68	23	4,23
68	3,17	− 64	7,10
52	3,66	−179	40,08
23	4,65		
0	5,48		
−18	5,44		
−24	5,89		

In CO_2 und in H_2 findet ERIKSON die in Tabelle 8 angegebenen Zahlen bei konstanter Dichte in willkürlichen Einheiten.

Nach E. H. BRAMHALL[3] wäre auf Grund von Beobachtungen im Lichtbogen α der 2,5ten Potenz der abs. Temperatur umgekehrt proportional.

Abhängigkeit vom Alter. PLIMPTON fand, daß α von der Zeit (dem Alter der Ionen) abhängt, wie folgende Tabelle zeigt:

Tabelle 9. Abhängigkeit der Wiedervereinigungskoeffizienten vom Alter der Ionen.

Zeit nach Schluß der Ionisierung	Luft		CO_2	
sec	768 mm	411 mm	760 mm	382 mm
0,00 bis 0,05	11540	7150	10000	7500
0,05 „ 0,15	6100	4580	7100	6100
0,15 „ 0,25	4680	3280	6700	5610
0,25 „ 0,35	4600	2820	6500	5310
0,35 „ 1,06	3960	—	4880	—

[1] H. A. ERIKSON, Phil. Mag. (6) Bd. 18, S. 328. 1909.

[2] P. PHILLIPS, Proc. Roy. Soc. London (A) Bd. 83, S. 246. 1910; siehe ferner J. SCHEMEL, l. c.

[3] E. H. BRAMHALL, Proc. Cambridge Phil. Soc. Bd. 27, S. 431. 1931.

Ähnliches geht auch aus den Versuchen von RÜMELIN hervor. Es ist jedoch wahrscheinlich, daß hier Kolonnenionisation mitspielt, die anfangs besonders ausgeprägt sein, mit der Zeit aber infolge des Verschwimmens der Kolonnen durch Diffusion verschwinden wird, wie PLIMPTON dies auch im Falle der Ionisation mit Röntgenstrahlen (sekundäre β-Strahlen) auseinandersetzt. Für diese Deutung sprechen die Beobachtungen von PLIMPTON, daß ein während der Ionisation wirkendes elektrisches Feld die hohe scheinbare Anfangswiedervereinigung erniedrigt, da ja im Felde die Ionen aus den Kolonnen herausgezogen werden, daß ferner die Abnahme der hohen Anfangswiedervereinigung in CO_2 langsamer erfolgt als in Luft mit dem größeren Diffusionskoeffizienten.

L. C. MARSHALL findet in Luft bei Ionisation mit Röntgenstrahlen sehr starke Abhängigkeit des α vom Alter der Ionen: bei einem Alter von etwa 0,0016 sec $4{,}10^{-6}$, bei einem Alter von 0,12 sec $1{,}2 \cdot 10^{-6}$; schließlich scheint sich α einem konstanten Endwert von etwa 0,8 bis $0{,}9 \cdot 10^{-6}$ zu nähern. Nach O. LUHR[1] sinkt α sogar auf 0,6 bis $0{,}5 \cdot 10^{-6}$ nach 1 sec und auf 0,4 bis $0{,}3 \cdot 10^{-6}$ nach 2 sec, wenn die anfängliche Ionendichte $3{,}5 \cdot 10^6$ Ionen pro cm betrug, hingegen auf $1{,}15 \cdot 10^{-6}$ nach 1 sec, wenn die anfängliche Ionendichte $1{,}55 \cdot 10^6$ betrug. In reinem Sauerstoff sind die α-Werte etwas höher als die in Luft unter gleichen Bedingungen. Die Erscheinungen werden auf die allmähliche Bildung größerer Komplexe unter Mitwirkung der durch die ionisierende Strahlung (Röntgenstrahlen) gebildeten Stickoxyde, O_3 oder H_2O_2, zurückgeführt, Komplexe, die infolge ihrer geringeren Beweglichkeit auch eine geringere Tendenz zur Wiedervereinigung zeigen. Indessen haben daraufhin angestellte Beweglichkeitsmessungen[2] kein Anzeichen einer Beweglichkeitsabnahme zwischen 0,01 und 1 sec ergeben. Bei späteren Messungen findet BRADBURY[3] Abnahme der Beweglichkeit um 10% bei Erhöhung des Ionenalters von weniger als 0,08 sec auf 1 sec, die lange nicht ausreicht, um die Änderung der Wiedervereinigung zu erklären, und möchte hierin ein Versagen der bisherigen Beweglichkeitstheorien erblicken[4]. Ein ähnliches Verhalten wird in Ar, N_2 und H_2 gefunden. Als verläßlichster Wert für α wird jener genommen, bei dem der anfängliche steilere Abfall (Kolonnenionisation) in den langsameren übergeht, der auf Komplexbildung zurückgeführt wird (s. die Zahlen von LUHR und BRADBURY auf S. 379).

c) Adsorption.

36. Das Wesen der Ionenadsorption. Treffen Ionen auf die unelektrische Oberfläche eines festen oder flüssigen Körpers auf, so werden sie daselbst, von allfälligen Molekularkräften ganz abgesehen, durch die elektrostatische Anziehung (Bildkraft) festgehalten. Diese Kraft wird die Ionen schon aus einer gewissen Entfernung zur Oberfläche heranziehen. Allerdings sind die in Betracht kommenden Entfernungen sehr klein, worauf EBERT[5] in seinem Bericht über Ionenadsorption hinweist. Ist e die Ladung eines Ions, a der Abstand des Ions von der Oberfläche, so ist die senkrecht zur Oberfläche wirkende Anziehungskraft seitens der Oberfläche gleich $e^2/4a^2$. Unter dem Einflusse dieser Kraft bewegt sich das Ion mit seiner bekannten Beweglichkeit. Befindet sich das Ion im Abstand $a = 0{,}1$ cm von der Oberfläche, so ist seine Geschwindigkeit von der Größen-

[1] O. LUHR, Phys. Rev. Bd. 35, S. 1394. 1930.
[2] O. LUHR u. N. E. BRADBURY, Phys. Rev. Bd. 36, S. 1394. 1930.
[3] N. E. BRADBURY, Phys. Rev. Bd. 37, S. 230 u. 1311. 1931.
[4] Eine Deutung s. bei L. B. LOEB u. N. E. BRADBURY, Journ. Frankl. Inst. Bd. 213, S. 181. 1932.
[5] H. EBERT, Jahrb. d. Radioakt. Bd. 3, S. 61. 1906.

ordnung 10^{-6} cm/sec. Ist der Abstand aber nur 10^{-4} cm, so ist die Geschwindigkeit schon von der Größenordnung 1 cm/sec. Die Zeiten, in denen ein negatives Ion aus einer Entfernung von 0,1 und 10^{-4} cm an die Wand herangezogen wird, findet EBERT zu 2 Stunden 25 Minuten bzw. $8{,}7 \cdot 10^{-6}$ sec. Im ersteren Falle genügt die leiseste Luftströmung, um das Ion von der Wand wegzutreiben. Die Adsorption beschränkt sich daher auf eine sehr dünne Schichte in nächster Nähe der Wand. Ihre Wirkung erstreckt sich aber weiter in das Innere des Gases dank der Diffusion, welche die durch Adsorption bewirkte Verarmung an Ionen an der Wand wieder auszugleichen sucht. Diffusion und Adsorption hängen auf das innigste zusammen.

Quantitativ hat E. RIECKE[1] die Adsorption zu fassen gesucht durch den Ansatz $\nu = x V n$. Hier ist ν die in der Zeiteinheit von der Flächeneinheit der Oberfläche adsorbierte Ionenanzahl, V die mittlere molekulare Geschwindigkeit des Ions, n die räumliche Ionendichte, x ist der Adsorptionskoeffizient. Alle angeführten Größen können für die Ionen beider Vorzeichen verschiedene Werte haben. Weiter ausgearbeitet ist die Theorie bisher nicht. Eine Abhängigkeit des Adsorptionskoeffizienten vom Material der Wand scheint kaum zu bestehen. Eine solche hätte sich bei den Diffusionsversuchen durch Röhrchen aus verschiedenem Material bemerkbar machen müssen (vgl. Ziff. 28). Der von RIECKE eingeführte Adsorptionskoeffizient enthält also keine charakteristische Materialkonstante der adsorbierenden Oberfläche.

Da im allgemeinen die Beweglichkeit der negativen Ionen größer ist als die der positiven, werden in der Zeiteinheit bei gleicher Ionendichte beider Vorzeichen mehr negative Ionen adsorbiert werden als positive, was zu mannigfachen Aufladeerscheinungen Veranlassung gibt. Voraussetzung für den ungestörten Verlauf der Adsorptionsvorgänge ist freilich die sofortige Ableitung der der Oberfläche durch überwiegende Adsorption eines Vorzeichens zugeführten Ladung, da durch die Aufladung selbst abstoßende Kräfte auf die Ionen des betreffenden Vorzeichens und anziehende Kräfte auf die Ionen des anderen Vorzeichens geweckt werden, die den Unterschied in der Adsorptionsgeschwindigkeit ausgleichen und eine weitere Aufladung verhindern. Ferner kommt es nur dann zum Auftreten freier Ladungen an der adsorbierenden Oberfläche, wenn dafür gesorgt wird, daß der Überschuß der langsameren Ionen, der sich durch die raschere Adsorption der Ionen des anderen Vorzeichens in der Nähe der Oberfläche einstellt und eine Art Doppelschichte bildet, weggeschafft wird, etwa durch einen Luftstrom. Aufladungen infolge von Kontaktpotentialen — zwei Metallplatten in einem ionisierten Gase wirken wie ein galvanisches Element — haben mit der hier besprochenen Ionenadsorption eigentlich nichts zu tun.

37. Elektrisierung durch Ionenadsorption. ZELENY[2] hat als erster derartige Aufladungen beobachtet. Er schickte einen Luftstrom durch ein Metallrohr; an einer Stelle des Rohres wurde die Luft durch Röntgenstrahlen ionisiert und gelangte dann weiter durch die engen Zwischenräume eines zusammengerollten Blechstreifens und schließlich durch ein isoliertes zweites Rohrstück, das einen Glaswollepfropfen enthielt und mit einem Elektrometer verbunden werden konnte. Es zeigte sich hier ein Überwiegen der positiven Ionen. E. VILLARI[3] erhielt je nach den Versuchsbedingungen bald positive, bald negative Elektrisierung und glaubte eine Mitwirkung von Reibungselektrizität zwischen Luft und Metall annehmen zu müssen. ZELENY[4] zeigte aber, daß auch VILLARIS

---

[1] E. RIECKE, Göttinger Nachr. 1903, S. 83.
[2] J. ZELENY, Phil. Mag. (5) Bd. 46, S. 134. 1898.
[3] E. VILLARI, Phys. ZS. Bd. 2, S. 178. 1900.
[4] J. ZELENY, Phys. ZS. Bd. 4, S. 667. 1903.

Ergebnisse durch Ionenadsorption zu erklären sind, und erörtert zu diesem Zwecke den Vorgang eingehender. Er denkt sich das ionisierte Gas durch eine lange dünne Röhre (Abb. 13) strömen. Durch die raschere Adsorption der negativen Ionen wird der Teil *AB* der Röhre einen Überschuß an negativer Ladung erhalten. Durch das Verschwinden eines Teiles der negativen Ionen wird aber das Überwiegen der negativen Adsorption über die positive allmählich ausgeglichen, und es wird eine Stelle der Röhre, etwa *C*, geben, wo gleichviel positive und negative Ionen adsorbiert werden, also keine Ladung zugeführt wird. Weiter hinaus, etwa bei *D*, wird die positive Elektrisierung überwiegen, und schließlich, wenn das Rohr lang genug ist, werden etwa bei *E* gar keine Ionen mehr vorhanden sein und es wird daher auch keine Ladung der Rohrwand zugeführt werden. Denkt man sich das Rohr in gegeneinander isolierte Abschnitte *AB*, *C*, *D* und *E* geteilt, so muß sich, auf den Ladungszustand geprüft, *AB* negativ, *D* positiv geladen, *C* und *E* ungeladen zeigen. ZELENY[1] konnte dieses Verhalten durch Versuche nachweisen. Bei komplizierteren Rohrleitungen, Filtern u. dgl. läßt sich a priori kaum aussagen, wie sich ein gegebenes Stück der Apparatur aufladen wird. Gestützt wird die Erklärung durch die Tatsache, daß der Aufladungssinn sich umkehrt, wenn an Stelle von Luft feuchte Kohlensäure verwendet wird, in welcher die negativen Ionen schwerer beweglich sind als die positiven.

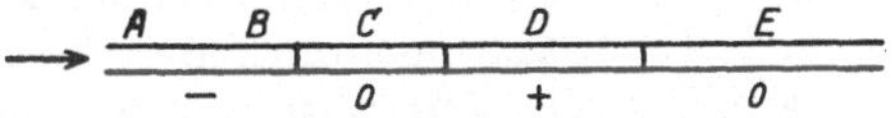

A B C D E
— 0 + 0

Abb. 13. Zur Elektrisierung durch Ionenadsorption.

Statt das ionisierte Gas durch ein ruhendes Rohr zu schicken, kann man Tropfen durch das ionisierte Gas fallen lassen. So erhielt A. SCHMAUSS[2] und, wenn auch in viel geringerem Maße, R. SEELIGER[3] negative Ladung auf Wassertröpfchen, die durch ionisierte Luft fielen, G. C. SIMPSON[4] in ähnlicher Weise auf Sandkörnern. R. LEHNHARDT[5] konnte bei derartigen Versuchen mit Tropfen und Stahlkugeln feststellen, daß die Adsorption der Beweglichkeit der Ionen proportional ist.

Seit man dank der EHRENHAFT-MILLIKANschen Methode der Beobachtung an Einzelteilchen in der Lage ist, Ladungsänderungen durch einzelne Ionen feststellen zu können, kann die Ionenadsorption wesentlich exakter untersucht werden. So fand MILLIKAN[6], daß seine kleinen Öltröpfchen durch Ionisierung der Luft aufgeladen werden, daß z. B. negative geladene Tropfen weiter negative Ionen aufnehmen, daß die Ladung aber einen gewissen Wert nicht übersteigen kann. So beobachtete er und sein Mitarbeiter H. FLETCHER ein Tröpfchen einmal 4 Stunden lang, das 126 bis 150 negative Elementarquanten trug und in der langen Beobachtungsdauer nur einmal ein negatives Ion einfing, während niedriger geladene Tröpfchen bei gleicher Ionisierung sehr häufig negative Ladungen aufnahmen. Die Erklärung ist die, daß die Arbeit, welche zur Annäherung des Ions an den Tropfen gegen die Abstoßung seiner gleichnamigen Ladung durch die Molekularbewegung des Ions geleistet werden muß, eine Ionenaufnahme also nur so lange erfolgen kann, als die potentielle Energie der Abstoßung kleiner ist als die mittlere kinetische Energie eines Ions oder einer Molekel, bis also $\frac{n e^2}{r} = \frac{m \overline{c^2}}{2}$, wo n die Zahl der Elementarquanten auf dem

[1] Vgl. auch E. DORN, Phys. ZS. Bd. 2, S. 239. 1900.
[2] A. SCHMAUSS, Ann. d. Phys. Bd. 9, S. 224. 1902.
[3] R. SEELIGER, Ann. d. Phys. Bd. 31, S. 500. 1910.
[4] G. C. SIMPSON, Phil. Mag. (6) Bd. 6, S. 589. 1903.
[5] R. LEHNHARDT, Ann. d. Phys. (4) Bd. 42, S. 45. 1913.
[6] R. A. MILLIKAN, Phys. ZS. Bd. 11, S. 1102. 1910.

Tröpfchen, r sein Radius ist. In der Tat findet MILLIKAN im Falle jenes lange beobachteten Tröpfchens

$$\frac{n e^2}{r} = 4{,}6 \cdot 10^{-14} \text{ bis } 5{,}47 \cdot 10^{-14} \text{ Erg, während } \frac{m \overline{c^2}}{2} = 5{,}76 \cdot 10^{-14} \text{ Erg.}$$

Man ist hier also tatsächlich an der Grenze der Aufladungsmöglichkeit.

Hierher gehören auch die Versuche von F. HAUER[1], der die Bewegung von Rauchteilchen u. dgl. in einem Kondensator mit ionisierter Luft beobachtete. Er führt die Aufladung der Teilchen ebenfalls auf die Molekularbewegung des Gases zurück und kann die Tatsache, daß sich ein Teilchen in der Nähe einer Elektrode dieser entgegengesetzt auflädt (infolge des Überwiegens der einen Ionenart), auch an größeren an Fäden aufgehängten Probekörpern nachweisen. W. DEUTSCH[2] hat im Anschluß an HAUER diese Überlegungen auf die Aufladung von Teilchen in einem Zylinderkondensator mit Stoßionisation angewendet und kommt zu dem Resultat, daß Teilchen mit Radien von 10^{-6} bis 10^{-3} cm sich so aufladen, daß ihre Beweglichkeit fast unabhängig von ihrem Radius von der Größenordnung 1 cm/sec wird[3].

Auf die Rolle der Adsorption bei der Bildung der langsamen Ionen wurde schon hingewiesen. Einen rechnerischen Ansatz hat C. BARUS[4] gemacht und E. v. SCHWEIDLER[5] ausführlich diskutiert. SCHWEIDLER findet, daß in der freien Atmosphäre die Anlagerung von Ionen an Kerne die Wiedervereinigung weit überwiegt, so daß das Verschwinden der normalen Ionen nicht so sehr durch αn^2 als durch $b n$ gegeben ist, wo b, der „Verschwindungskoeffizient", von der Zahl der vorhandenen Kerne abhängt. Über die Bedeutung der Ionenadsorption für die atmosphärische Elektrizität vgl. H. EBERTS Bericht[6]; praktisch wird sie bei der Rauch- und Staubbekämpfung durch Spitzenentladung (elektrische Gasreinigung) ausgenützt[7].

D. Kinetische Theorie der Ionenkonstanten.

a) Beweglichkeit.

38. Allgemeines. Das allgemeine Problem, das hier vorliegt, ist die Zurückführung der Konstanten der Ionentheorie der Elektrizitätsleitung in Gasen: Beweglichkeit, Diffusionskoeffizient und Wiedervereinigungskoeffizient auf die

[1] F. v. HAUER, Ann. d. Phys. (4) Bd. 61, S. 303. 1920.

[2] W. DEUTSCH, Ann. d. Phys. (4) Bd. 68, S. 335. 1922; s. auch P. ARENDT u. H. KALLMANN, ZS. f. Phys. Bd. 35, S. 421. 1926; CH. TRAGE, V. d. D. Phys. Ges. (3) Bd. 10, S. 30. 1929; Diss. Hannover 1930; A. SCHWEITZER, Ann. d. Phys. (5) Bd. 4, S. 33. 1930; W. DEUTSCH, ebenda (5) Bd. 4, S. 823. 1930.

[3] Auf ein ähnliches Verhalten von Teilchen in Wasser hat G. v. HEVESY aufmerksam gemacht (Jahrb. d. Radioakt. Bd. 11, S. 419. 1914; Bd. 13, S. 271. 1916).

[4] C. BARUS, Ann. d. Phys. (4) Bd. 24, S. 225. 1907.

[5] E. v. SCHWEIDLER, Wiener Ber. (IIa) Bd. 127, S. 953. 1918; Bd. 128, S. 947. 1919; vgl. auch A. D. POWER, Journ. Frankl. Inst. Bd. 196, S. 327. 1923 (nach Science Abstracts Bd. 27, S. 42. 1924); W. SCHLENCK, Wiener Ber. (IIa) Bd. 133, S. 29. 1924; J. J. NOLAN, R. K. BOYLAN u. G. P. DE SACHY, Nature Bd. 115, S. 589. 1925; P. J. NOLAN u. C. O'BROLCHAIN, Proc. Irish. Acad. 28. Jan. 1929.

[6] H. EBERT, Jahrb. d. Radioakt. Bd. 3, S. 61. 1906.

[7] Über neue theoretische und experimentelle Ergebnisse s. R. LADENBURG u. Mitarbeiter [Ann. d. Phys. (5) Bd. 4, S. 863; Bd. 6, S. 581. 1930; Naturwissensch. Bd. 19, S. 987. 1931]. Kritische Bemerkungen hierzu: W. DEUTSCH, Ann. d. Phys. (5) Bd. 9, S. 249. 1931; G. MIERDEL u. R. SEELIGER, Naturwissensch. Bd. 19, S. 753. 1931; s. auch R. STRIGEL, ebenda Bd. 19, S. 626. 1931; W. DEUTSCH, Ann. d. Phys. (5) Bd. 10, S. 847. 1931; C. TRAGE, ebenda (5) Bd. 10, S. 833. 1931; M. PAUTHENIER u. Mme MOREAU-HANOT, C. R. Bd. 193, S. 1068. 1931; Bd. 194, S. 260 u. 544. 1932; H. S. PATTERSON, Phil. Mag. (7) Bd. 12, S. 1175. 1931.

unmittelbaren Eigenschaften der Ionen (Radius, Masse, Ladung) und auf Größen, die das Gas, in dem sich die Ionen bewegen, charakterisieren. Für die Beweglichkeit eines Ions wird die Reibung maßgebend sein, die es in dem betreffenden Gase erfährt, und man könnte versuchen, die innere Reibung des Gases zur Berechnung der Beweglichkeit heranzuziehen unter Verwendung der bekannten Gesetze, welche die Hydrodynamik für die Bewegung eines Körpers im widerstehenden Mittel angibt. Allein die Teilchen, mit denen man es hier zu tun hat, haben, wie sich zeigen wird, wenigstens im Falle der normalen Ionen, molekulare Dimensionen. Für solche gelten aber in einem Gase die Gesetze, die für ein hydrodynamisches Kontinuum aufgestellt werden, nicht mehr. Man muß zur kinetischen Gastheorie greifen, und als für das Gas charakteristische Größen sind dementsprechend die molekularen Dimensionen, Geschwindigkeiten usw. einzuführen.

Was speziell die Beweglichkeit betrifft, so gestaltet sich die Bewegung eines elektrisch geladenen Teilchens unter der Wirkung eines elektrischen Feldes in einem Gase nach dem molekularkinetischen Bilde folgendermaßen: Das Teilchen besitzt zunächst dank seiner Molekularbewegung eine beliebige, nach dem MAXWELLschen Verteilungsgesetze aber von der wahrscheinlichsten in nur sehr seltenen Fällen um ein Vielfaches abweichende Geschwindigkeit in einer gegen die Feldrichtung beliebig geneigten Richtung. Unter der Einwirkung des Feldes wird es eine parabolische Bahn beschreiben, bis es so nahe an eine Molekel des Gases herankommt, daß seine Bahnrichtung und -geschwindigkeit eine plötzliche, meist unter dem Bilde des elastischen Stoßes veranschaulichte Veränderung erfährt. Auf der nächsten freien Weglänge beschreibt das Teilchen wieder eine Parabel, und das Ergebnis während einer längeren Zeit kann man auffassen als Übereinanderlagerung der ungeordneten Molekularbewegung und einer fortschreitenden Bewegung in der Feldrichtung. Die konstante, bei Beobachtung über eine Zeit, die groß ist gegenüber der Zeit zwischen zwei Stößen, sich ergebende Wanderungsgeschwindigkeit in der Feldrichtung ist aufzufassen als ein Mittelwert der mittleren Geschwindigkeiten der gleichförmig beschleunigten Bewegungskomponenten in der Feldrichtung über eine große Zahl von freien Weglängen. Die Einstellung eines konstanten Mittelwertes der Geschwindigkeit in der Feldrichtung rührt daher, daß das Ion bei seinem Zusammenstoß mit den Molekeln diesen von seiner im elektrischen Felde empfangenen Bewegungsgröße abgibt. Der erreichte konstante Mittelwert bedeutet, daß im Mittel so viel Bewegungsgröße an die Molekeln abgegeben wird, als das Ion auf seiner freien Weglänge durch das elektrische Feld empfängt. Es handelt sich darum, diese abbremsende Wirkung der Molekularstöße auf das im Feld bewegte Ion zu berechnen.

39. Theorien ohne Berücksichtigung der Persistenz der Bewegung. Eine Gruppe von Theorien nimmt an, daß das Ion bei einem einzigen Stoß sofort vollständig abgebremst wird. Es besteht keine Tendenz, trotz des Stoßes einen Rest des im Felde erlangten Geschwindigkeitszuwachses in der Feldrichtung beizubehalten. Die in diesem Fall gültigen Formeln sind aus der Elektronentheorie der metallischen Leitung übernommen worden, wo sie von E. RIECKE[1] und P. DRUDE[2] unter verschiedener Mittelwertbildung abgeleitet worden sind. Für die Beweglichkeit ergibt sich nach RIECKE der Ausdruck $\frac{2}{3}\frac{e\lambda}{mV}$, nach DRUDE $\frac{1}{2}\frac{e\lambda}{mV}$, wo e die Ladung des Elektrons, m seine Masse, V die mittlere

[1] E. RIECKE, Wied. Ann. Bd. 66, S. 376. 1898.
[2] P. DRUDE, Ann. d. Phys. (4) Bd. 1, S. 575. 1900.

Geschwindigkeit seiner ungeordneten Bewegung und λ seine mittlere freie Weglänge ist. Auf Ionen in Gasen hat P. LANGEVIN[1] diese Überlegungen angewendet und findet unter Berücksichtigung der Ungleichheiten der freien Weglängen $u = \frac{e\lambda}{mV}$. Die Ableitung gestaltet sich folgendermaßen. Das Ion fliegt während der Zeit x/V (x freie Weglänge, V Geschwindigkeit des Ions) zwischen zwei Stößen frei unter dem Einflusse des Feldes $\mathfrak{E}$ und legt daher in der Richtung des Feldes die Strecke $l = \frac{1}{2}\frac{\mathfrak{E}e}{m}\frac{x^2}{V^2}$ zurück. Die Wahrscheinlichkeit, daß eine Weglänge zwischen x und $x + dx$ beträgt, ist aber $\frac{1}{\lambda}\,e^{-x/\lambda}dx$. Die Zahl der Stöße pro Sek. ist V/λ, die Zahl jener Stöße pro Sek., die nach Durchlaufung einer Weglänge zwischen den Grenzen x und $x + dx$ erfolgen, ist daher $\frac{V}{\lambda^2}\,e^{-x/\lambda}dx$. Die Wanderungsgeschwindigkeit unter Berücksichtigung der Ungleichheiten der einzelnen von 0 bis ∞ reichenden Weglängen wird

$$w = \frac{\mathfrak{E}e}{2mV^2}\int_0^\infty x^2\cdot\frac{V}{\lambda^2}\,e^{-\frac{x}{\lambda}}\,dx = \frac{\mathfrak{E}e\lambda}{mV},$$

woraus sich, da $w = u\mathfrak{E}$ ist, der obige Ausdruck ergibt.

J. J. THOMSON[2] hat die DRUDEsche Formel $u = \frac{1}{2}\frac{e\lambda}{mV}$ zur Abschätzung von Ionengrößen benützt. Diesen Ansätzen haftet der durch die eingangs erwähnte Vernachlässigung der Bewegungspersistenz bedingte Mangel an, so daß sie mit einiger Berechtigung nur auf Teilchen angewendet werden können, die klein sind gegen die Molekel, also auf freie Elektronen, für welche sie ja zunächst gemacht wurden. Auch da aber gebietet die starke Abhängigkeit des Zahlenkoeffizienten von der Art der Mittelwertbildung Vorsicht. Die freie Weglänge eines Elektrons in einem Gase ist, falls der Wirkungsquerschnitt der Molekel beim Zusammenstoß mit dem Elektron dem gastheoretischen Querschnitt gleichgesetzt werden kann, nach der Beziehung: Weglänge eines Teilchens von mittlerer Geschwindigkeit V gleich $\frac{V}{n\pi s^2\sqrt{V^2+W^2}}$, das $4\sqrt{2}$-fache der freien Weglänge einer Molekel, da in diesem Falle $V \gg W$ ist. Da aber der Wirkungsquerschnitt (s. Ziff. 44) eine komplizierte Funktion der Elektronengeschwindigkeit ist, so kann diese einfache Berechnungsweise nicht allgemein angewendet werden.

40. LENARDS Theorie[3]. Der erste, der die Persistenz der Bewegung berücksichtigte, war LENARD[4], der schon im Jahre 1900 einen auf ein weites Intervall von Teilchengrößen anwendbaren Ausdruck für die Ionenbeweglichkeit aufgestellt und in späteren Arbeiten zum Teil gemeinsam mit D. WEICK und H. F. MAYER immer weiter ausgebaut hat[5]. In seiner Arbeit vom Jahre 1900 über die Elektrizitätszerstreuung in ultraviolett durchstrahlter Luft gibt LENARD folgende Berechnung der Beweglichkeit eines geladenen Teilchens (Träger) in einem Gase. „Jeder Träger wird Zusammenstößen mit den Molekülen der Luft ausgesetzt sein. Wir nehmen an, daß in Hinsicht der durch einen solchen Zusammenstoß bewirkten mittleren Geschwindigkeitsänderung Träger und Luftmoleküle als kugelförmige Massen m und M betrachtet werden können, die nur

[1] P. LANGEVIN, Ann. chim phys. (7) Bd. 28, S. 289. 1903.
[2] J. J. THOMSON, Conduction of Electricity in Gases, 2. Aufl., S. 74.
[3] Eine Übersicht über die Untersuchungen LENARDS und eine Kritik anderer Beweglichkeitstheorien gibt H. F. MAYER, Jahrb. d. Radioakt. Bd. 18, S. 201. 1922.
[4] P. LENARD, Ann. d. Phys. (4) Bd. 3, S. 298. 1900.
[5] P. LENARD, Ann. d. Phys. (4) Bd. 60, S. 329. 1919; Bd. 61, S. 665. 1920.

zentrale Kräfte aufeinander ausüben. Ist dann der augenblickliche Wert der Wanderungsgeschwindigkeit des betrachteten Trägers unmittelbar vor einem Zusammenstoß v, so findet man durch Anwendung des Prinzips vom Schwerpunkt und des der lebendigen Kraft die nach dem Stoße übrigbleibende Geschwindigkeitskomponente in Richtung von v, d. i. in Richtung des vorhandenen elektrischen Feldes im Mittel für alle vorkommenden Arten des Zusammenstoßes $= \frac{v\,m}{(m+M)}$[1]. Die Verminderung der augenblicklichen Wanderungsgeschwindigkeit v des Trägers durch einen Zusammenstoß ist daher im Mittel $\frac{v\,M}{(m+M)}$. Im Falle des stationären Zustandes wird dieser Geschwindigkeitsverlust ausgeglichen durch die zwischen je zwei Zusammenstößen stattfindende Beschleunigung des Trägers im elektrischen Felde $\mathfrak{E}$ infolge seiner elektrischen Ladung e, so daß ist

$$\frac{e}{m}\,\mathfrak{E}\,\frac{\lambda}{V} = v\,\frac{M}{m+M},$$

wo λ die mittlere freie Weglänge, V die mittlere Geschwindigkeit der Molekularbewegung des Trägers ist, welch letztere groß gegen die Wanderungsgeschwindigkeit v und derselben superponiert angenommen wird[2]. Die beobachtete Wanderungsgeschwindigkeit w ist die mittlere Geschwindigkeit der gleichförmig beschleunigten Bewegung des Trägers zwischen zwei Zusammenstößen

$$w = v\,\frac{m}{m+M} + \frac{e}{2m}\,\mathfrak{E}\,\frac{\lambda}{V},$$

oder mit dem aus der vorhergehenden Gleichung folgenden Werte von v

$$w = \frac{\lambda}{V}\,e\,\mathfrak{E}\left(\frac{1}{M} + \frac{1}{2m}\right).$$

Nun ist die mittlere freie Weglänge λ einer in geringer Menge in einem Gase vorhandenen fremden Molekülgattung, als welche wir die Träger ansehen, gleich $\frac{V}{n\pi s^2\sqrt{V^2+W^2}}$, wo W die mittlere molekulare Geschwindigkeit des Gases, n die Zahl der Moleküle in der Volumeinheit und $s = r + R$ die Summe der mittleren Radien von Träger und Molekül ist[3]. Dies benutzt, wird die Wanderungsgeschwindigkeit

$$w = \frac{e\,\mathfrak{E}}{n\pi s^2\sqrt{V^2+W^2}}\left(\frac{1}{M} + \frac{1}{2m}\right).$$

Sei (a) die Masse der Träger m klein gegen die Masse der Gasmoleküle M, so wird bei Einführung der Gasdichte $\varrho = nM$

$$\text{a)}\qquad w_a = \frac{1}{2\pi}\,\frac{e\,\mathfrak{E}}{\varrho s^2 W}\sqrt{\frac{M}{m}};$$

sei (b) $m = M$, so wird

$$\text{b)}\qquad w_b = \frac{3}{2\pi\sqrt{2}}\,\frac{e\,\mathfrak{E}}{\varrho s^2 W};$$

sei endlich (c) m groß gegen M, so ist

$$\text{c)}\qquad w_c = \frac{1}{\pi}\,\frac{e\,\mathfrak{E}}{\varrho s^2 W}.\text{“}$$

[1] Diese Berechnung findet sich durchgeführt bei H. F. MAYER, Ann. d. Phys. Bd. 62, S. 358. 1920. Eine Berechnung des mittleren Energieverlustes beim Zusammenstoß zwischen Ionen und Molekeln, die als elastische Kugeln ohne Anziehungskräfte gedacht werden, für den Fall verschiedener Temperatur von Ionen und Molekeln gibt A. M. CRAVATH, Phys. Rev. Bd. 36, S. 248. 1930.

[2] Die LENARDschen Bezeichnungen sind zum Teil abgeändert, um sie mit dem sonst im vorliegenden benutzten Symbolen in Übereinstimmung zu bringen.

[3] J. C. MAXWELL, Phil. Mag. (4) Bd. 19, S. 29. 1860.

Im weiteren Verlaufe seiner Untersuchung (1919) berücksichtigt LENARD auch die Ungleichheiten der einzelnen Geschwindigkeiten und Weglängen und findet, daß zu der oben angegebenen Formel noch der Faktor

$$\Omega_\mu = \frac{8\,(1-\mu)}{\pi\,(1+\mu)} + \frac{2\mu}{1+\mu}$$

zu treten hat. Hier ist $\mu = \frac{m}{m+M}$. Auch der Einfluß der Bewegung der Gasmolekel auf die Geschwindigkeitsverluste des Teilchens bei den Zusammenstößen wird von LENARD ermittelt, und unter ihrer Berücksichtigung ergibt sich der vollständige Ausdruck

$$w = \frac{e\mathfrak{E}}{\pi\varrho s^2 W}\cdot\left\{\frac{3\,(1+\mu)}{2\sqrt{\mu}\,(3+\mu)}\cdot\Omega_\mu\right\}.$$

Der Klammerausdruck nimmt für verschiedene Werte von μ folgende Werte an:

μ	$w/\frac{e\mathfrak{E}}{\pi\varrho s^2 W}$	Entspricht etwa folgenden Trägerarten
0	∞	—
0,00002	284,5	freie Elektronen in N_2
0,0003	73,5	,, ,, ,, H_2
0,5	1,38	monomolekulare Ionen
0,7	1,046	—
0,9	0,837	normale Gasionen
1,0	0,750	grobe Partikel

41. Verschiedene Annahmen über die Stöße; Anschluß an die hydrodynamische Theorie. Bisher war die Rechnung unter der Annahme elastischer Stöße zwischen den kugelförmig gedachten Teilchen durchgeführt worden. LENARD hat aber auch (1919—1920) andere Stoßansätze durchgeführt, und zwar betrachtet er außer dem Falle A (elastische Stöße, soviel wie spiegelnde Reflexion) noch die folgenden:

B. Diffuse Reflexion: die auf das Teilchen auftreffenden Gasmolekel werden so zurückgeworfen, „daß jede Richtung des Fortgehens innerhalb der vom getroffenen Oberflächenelement nach außen gerichteten Halbkugel gleich wahrscheinlich ist“.

C. Aufnahme der Gasmolekeln in die Partikeloberfläche und späterer Wiederaustritt bei rotierendem oder gut wärmedurchlässigem Partikel: jede Austrittsrichtung ist gleich wahrscheinlich.

D. Senkrechtes Abdampfen der Molekel bei nichtrotierendem Partikel. Es ergeben sich folgende Ausdrücke für die Beweglichkeiten:

Fall A und C: $$w_A = w_C = \frac{e\mathfrak{E}}{\pi\varrho s^2 W}\cdot\frac{3}{3+\mu}\left(\frac{4}{\pi}\,\frac{1-\mu}{\sqrt{\mu}} + \sqrt{\mu}\right),$$

Fall B: $$w_B = \frac{e\mathfrak{E}}{\pi\varrho s^2 W}\cdot\frac{3}{3+\mu}\left(\frac{4}{\pi}\,\frac{1-\mu}{\sqrt{\mu}} + \frac{4\mu-1}{4\sqrt{\mu}}\right),$$

Fall D: $$w_D = \frac{e\mathfrak{E}}{\pi\varrho s^2 W}\cdot\frac{3}{3+\mu}\left(\frac{4}{\pi}\,\frac{1-\mu}{\sqrt{\mu}} + \frac{10\mu-4}{10\sqrt{\mu}}\right).$$

Für große Partikel ($\mu = 1$) gehen die Ausdrücke über in

$$w_A = w_C = \frac{3}{4}\,\frac{e\mathfrak{E}}{\pi\varrho R^2 W},\qquad w_B = \frac{9}{16}\,\frac{e\mathfrak{E}}{\pi\varrho R^2 W},\qquad w_D = \frac{3}{5}\,\frac{e\mathfrak{E}}{\pi\varrho R^2 W},$$ wo R der

Partikelradius ist. Der Ausdruck w_A wurde schon von LANGEVIN 1905 und von CUNNINGHAM 1910 erhalten. Auf Veranlassung von R. A. MILLIKAN hat P. S.

EPSTEIN[1] die Beweglichkeit kleiner Kugeln in einem Gas berechnet, für den Fall, daß die Kugeln groß gegen die Molekeln sind, und gelangt zu denselben Ausdrücken wie LENARD. Er macht aber darauf aufmerksam, daß die Fälle B und D mit dem zweiten Hauptsatze unvereinbar sind[2], setzt deshalb die Bedingung für die diffuse Reflexion anders an und findet, je nachdem die Geschwindigkeitsverteilung der reflektierten Molekel der Temperatur des Gases, der Temperatur der nichtleitenden Kugel oder der der vollkommen leitenden Kugel entspricht, den Zahlenfaktor von

$$\frac{e\mathfrak{E}}{\pi \varrho R^2 W} \quad \text{zu} \quad \frac{9}{13}, \quad \frac{1}{\frac{4}{3\pi} + \frac{3}{16}} \quad \text{und} \quad \frac{3}{4 + \frac{1}{2}\pi}.$$

LENARD sucht auch den Anschluß an die hydrodynamische Theorie der Bewegung im widerstehenden Mittel (STOKES-CUNNINGHAM) und diskutiert die Grenze, bis zu der mit wachsendem Teilchenradius seine Formel noch gültig sein kann. Sie wird ihrer gaskinetischen Herleitung entsprechend nur so lange gelten, als die Bewegung der Gasmolekel, von den direkten Zusammenstößen abgesehen, von der Bewegung des Teilchens nicht gestört wird, und dies ist, wie LENARD bemerkt, der Fall, solange der Teilchenradius R kleiner ist als die mittlere freie Weglänge der Gasmolekel λ, also $R < \lambda$. Andererseits setzt LENARD als Grenze für die Gültigkeit der hydrodynamischen Ausdrücke für die Beweglichkeit $R > d$, wo d der mittlere Abstand der Molekel ist. Da in Gasen $\lambda > d$ ist, so gibt es ein Intervall der Radien, in welchem beide Ausdrücke gelten und daher übereinstimmende Werte liefern müssen. Setzt man in der STOKES-CUNNINGHAMschen Formel $w = \frac{e\mathfrak{E}}{6\pi\eta R}\left(1 + A\frac{\lambda}{R}\right)$ den Reibungskoeffizienten $\eta = 0{,}31\,\varrho W \lambda$ und $A = 1{,}5$ für spiegelnde Reflexion nach MCKEEHAN, so wird für großes λ/R $w = 0{,}81\frac{e\mathfrak{E}}{\pi\varrho R^2 W}$, in guter Übereinstimmung mit w_A für große Teilchen. LENARD gibt folgende Tabelle 10, in welcher die Beweglichkeiten von Teilchen mit Radius R angegeben sind, berechnet nach seiner Formel und nach STOKES-CUNNINGHAM, wo $A = 1{,}4$ gesetzt ist; letzterer Wert bringt den Zahlenkoeffizient der Ausdrücke für w_A in Übereinstimmung. Zu den von LENARD angegebenen Kraftbeweglichkeiten $\frac{w}{K}$ sind auch die durch Multiplikation mit $\frac{4{,}77\cdot 10^{-10}}{300} = 1{,}59\cdot 10^{-12}$ erhaltenen Voltbeweglichkeiten u in die Tabelle eingetragen. Die fettgedruckten Werte fallen in den Gültigkeitsbereich der betreffenden Formel. Nach MILLIKANS (l. c.) neuesten Messungen an Öltröpfchen ist allerdings für großes λ/R $A = 1{,}15$

Tabelle 10. Abhängigkeit der Beweglichkeit von der Teilchengröße nach LENARD.

Partikelradius in 10^{-8} cm	Art der Teilchen	Gaskinetisch		Hydrodynamisch	
		w_A/K	u	w_A/K	u
0	freies Elektron	**$6{,}7 \cdot 10^{15}$**	**$10{,}6 \cdot 10^{3}$**	∞	∞
1,5	Luftmolekel	**$8{,}4 \cdot 10^{12}$**	**13,4**	$18{,}0 \cdot 10^{12}$	28,6
10		**$3{,}1 \cdot 10^{11}$**	**0,49**	$3{,}9 \cdot 10^{10}$	0,62
20		**$8{,}9 \cdot 10^{10}$**	**0,14**	$9{,}9 \cdot 10^{10}$	0,16
50		**$1{,}6 \cdot 10^{10}$**	**0,025**	**$1{,}6 \cdot 10^{10}$**	**0,025**
100	ultramikroskopisch	**$0{,}40 \cdot 10^{10}$**	**0,0064**	**$0{,}42 \cdot 10^{10}$**	**0,0067**
500		**$1{,}7 \cdot 10^{8}$**	**$2{,}7 \cdot 10^{-4}$**	**$2{,}1 \cdot 10^{8}$**	**$3{,}3 \cdot 10^{-4}$**
1000		$4{,}2 \cdot 10^{7}$	$6{,}7 \cdot 10^{-5}$	**$6{,}7 \cdot 10^{7}$**	**$10{,}6 \cdot 10^{-5}$**
10000		$4{,}2 \cdot 10^{5}$	$6{,}7 \cdot 10^{-7}$	**$3{,}2 \cdot 10^{6}$**	**$5{,}1 \cdot 10^{-6}$**

[1] P. S. EPSTEIN, Phys. Rev. (2) Bd. 23, S. 710. 1924.

[2] Vgl. auch R. A. MILLIKAN, Phys. Rev. (2) Bd. 22, S. 1. 1923.

zu setzen, wodurch sich die berechneten Beweglichkeiten etwas erniedrigen. Die Frage des Widerstandsgesetzes kleiner Kugeln wird im Zusammenhange mit der Bestimmung des Elementarquantums behandelt.

Nach LENARD haben auch P. LANGEVIN, J. J. THOMSON und J. S. TOWNSEND die Persistenz der Bewegung berücksichtigt. LANGEVINS Theorie wird unter Ziff. 42 besprochen. J. J. THOMSON[1] fügt zu der früher benutzten Formel $u = \frac{e\lambda}{mV}$ den Faktor $p\sqrt{\frac{m}{M}}$, wo p ein unbekannter Zahlenkoeffizient ist. In Unkenntnis dieses Faktors kann die Formel numerisch nicht geprüft werden. TOWNSEND[2] findet, von derselben Beziehung ausgehend, für Ionen, die groß sind im Vergleich zu den Gasmolekeln, unter Berücksichtigung der Persistenz der Bewegung $u = \frac{e\lambda}{MV}$.

42. Berücksichtigung elektrostatischer Kräfte zwischen Ion und Gasmolekel. LANGEVIN[3] hat nach dem Vorgange MAXWELLS die beim Stoß zwischen Ionen und Molekeln übertragene Bewegungsgröße unter Berücksichtigung der Geschwindigkeitsverteilung und anziehender Kräfte zwischen Ionen und Molekeln berechnet, wobei allerdings nicht berücksichtigt ist, daß die Bewegung im Felde zwischen zwei Stößen eine gleichförmig beschleunigte ist, und gewinnt daraus einen Ausdruck für die Beweglichkeit unter der Annahme, das Ion wirke derart auf eine neutrale Molekel wie eine Ladung im Mittelpunkte des Ions auf eine dielektrische Kugel von der Größe der Molekel. Die Anziehungskraft ist dann in erster Annäherung $= \frac{K-1}{2\pi n}\frac{e^2}{r^5}$, wo K die Dielektrizitätskonstante des Gases und n die Zahl der Molekel im Kubikzentimeter bedeutet. Die Beweglichkeit schreibt LANGEVIN in der Form

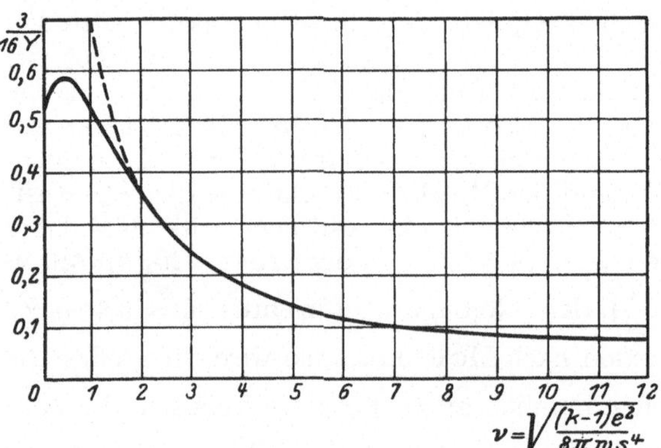

Abb. 14. Zu LANGEVINS Theorie der Ionenbeweglichkeit.

$$u = \frac{3}{16Y}\frac{\sqrt{\frac{M+m}{M}}}{\sqrt{(K-1)\varrho}},$$

wo Y eine Funktion von

$$\nu = \sqrt{\frac{(K-1)e^2}{8\pi p s^4}}$$

ist. Diese Funktion bzw. den Ausdruck $3/16Y$ gibt LANGEVIN in Kurvenform als Funktion von ν (Abb. 14).

Wenn die Anziehung zu vernachlässigen ist, was sicher für große Teilchen gilt, so wird $3/16Y = 3\nu/4$ und nach entsprechender Umformung

$$u = \frac{3}{4\pi}\frac{e}{\varrho s^2 W}\frac{1}{\sqrt{\mu}}.$$

[1] J. J. THOMSON, Proc. Cambridge Phil. Soc. Bd. 15, S. 275. 1909.

[2] J. S. TOWNSEND, Proc. Roy. Soc. London (A) Bd. 86, S. 197. 1912; s. auch Phil. Mag. (6) Bd. 44, S. 384. 1922.

[3] P. LANGEVIN, Ann. chim. phys. (8) Bd. 5, S. 245. 1905; s. auch H. R. HASSÉ, Phil. Mag. (7) Bd. 1, S. 139. 1926; H. R. HASSÉ u. W. R. COOK, ebenda Bd. 12, S. 554. 1931.

Die von LANGEVIN nicht in geschlossener Form erhaltene Funktion Y konnte REINGANUM[1] in vollkommener Übereinstimmung mit LANGEVINS Kurve darstellen durch

$$\frac{3}{16Y} = \frac{3\nu}{4(1 + 1{,}485\nu \cdot 10^{-0{,}5253/\nu})},$$

so daß wird

$$u = \frac{3e\sqrt{\frac{\pi(M+m)}{hMm}}}{8 \cdot n s^2 (1 + 1{,}485\nu \cdot 10^{-0{,}5253/\nu})}, \quad \text{wo } h = \frac{n}{2p}.$$

Während alle bisher angeführten Theorien, wie weiter unten noch besprochen werden wird, zu große Beweglichkeiten ergeben, falls man die Ionen als einzelne Gasmolekel betrachtet, hat E. M. WELLISCH ebenfalls unter Berücksichtigung der elektrostatischen Anziehung zwischen Ion und Molekel eine Beweglichkeitsformel entwickelt, die unter der Annahme monomolekularer Ionen überraschend gute Übereinstimmung mit den beobachteten Werten liefert. WELLISCH[2] setzt die elektrostatische Anziehung ebenso an wie LANGEVIN, berechnet die Verkürzung der freien Weglänge durch diese Kraft nach den Sätzen der Zentralbewegung und setzt den so gefundenen Wert der Weglänge in die LANGEVINsche Formel $u = \frac{e\lambda}{mV}$ ein. Unter Einführung des Koeffizienten der inneren Reibung η des Gases gelangt er zu der Beziehung

$$u = \frac{A\eta}{\varrho_1 p} 4\sqrt{2}\left(\frac{M}{m}\right)^{\frac{1}{2}}\left(1 + \frac{m}{M}\right)^{-\frac{1}{2}}\left(1 + \frac{s_1}{s}\right)^{-2}\left\{1 + \frac{4(K-1)e^2}{\pi n m \overline{c^2}(s+s_1)^4}\right\},$$

wo s, s_1 Molekel- bzw. Ionendurchmesser und ϱ_1 die Dichte des Gases bei 0° und 760 mm, $\overline{c^2}$ das mittlere Geschwindigkeitsquadrat der Gasmolekel und A das von TOWNSEND für die Gasionen bestimmte Produkt ne ist (Ziff. 49).

Ist $m = M$, so wird

$$u = \frac{A\eta}{\varrho_1 p}\left\{1 + \frac{(K-1)e^2}{4\pi\varrho\overline{c^2}s^4}\right\}.$$

Die folgende Tabelle zeigt, daß diese Formel für Gase befriedigende Übereinstimmung mit der Erfahrung, für manche Dämpfe aber zu niedrige Werte liefert.

Tabelle 11. Prüfung der WELLIschen Gleichung für Ionenbeweglichkeit.

Gas	u ber.	u_1 beob.	u_2 beob.	Gas	u ber.	u_1 beob.	u_2 beob.
Luft	1,25	1,36	1,87	N_2O	0,81	0,82	0,90
H_2	6,32	6,70	7,95	NH_3	0,21	0,74	0,80
CO	1,16	1,10	1,14	C_2H_6O	0,19	0,34	0,27
N_2	1,31	im Mittel 1,6		C_2H_5Cl	0,11	0,33	0,31
O_2	1,25	1,36	1,80	$C_4H_{10}O$	0,24	0,29	0,31
CO_2	0,87	0,81	0,85	CCl_4	0,20	0,30	0,31

Trotz dieser zum Teil sehr befriedigenden Resultate ist, wie schon REINGANUM bemerkt hat, die Theorie von WELLISCH nicht stichhaltig. Die Verwendung der Formel $u = \frac{e\lambda}{mV}$ ist zu verwerfen, da sie die Persistenz der Bewegung nicht berücksichtigt, und so gibt denn auch die Theorie von WELLISCH eine sehr große Abhängigkeit der Beweglichkeit von der Ionenmasse, gegen welche die Beobachtungen an schweren Ionen (radioaktive Restatome, Ionen schwerer Dämpfe in einem leichten Gase) sprechen.

---

[1] M. REINGANUM, Phys. ZS. Bd. 12, S. 575 u. 666. 1911.

[2] E. M. WELLISCH, Phil. Trans. (A) Bd. 209, S. 249. 1909.

J. J. THOMSON[1] geht aus vom Diffusionskoeffizienten, wie er von MAXWELL unter Annahme von Kräften prop. $1/r^5$ zwischen den Molekeln berechnet worden ist, und erhält unter Berücksichtigung anziehender Kräfte zwischen Ion und Molekel den Ausdruck

$$D = \frac{1}{2h}\sqrt{\frac{m+M}{m}}\sqrt{\frac{8\pi n}{e^2(\mu-1)}}\,\frac{1}{A\nu_2},$$

wo μ der statt der Dielektrizitätskonstante eingeführte Brechungskoeffizient des Gases, $A = 2{,}659$, $h = n/2p$, n die Zahl der Molekel im Kubikzentimeter bei Atm.-Druck p, ν_2 diese Zahl bei dem jeweils herrschenden Drucke bedeutet. Mittels der TOWNSENDschen Beziehung $u = D\frac{ne}{p}$ ergibt sich daraus

$$u = \sqrt{\frac{m+M}{mM}}\sqrt{\frac{8\pi n}{\mu-1}}\,\frac{1}{A\nu_2}.$$

Dem THOMSONschen Vorgange folgt R. D. KLEEMAN[2], nur nimmt er die Molekel (Radius a) als vollkommen elektrisch leitend an und setzt dementsprechend die Kraft zwischen Ion und Molekel $\frac{2e^2a^3}{r^5}$ und gelangt unter der Annahme, das Atomvolumen sei proportional $\sqrt{M}$ zu der Formel $u = \frac{K}{\varrho}\left\{\frac{M(M+m)}{m}\right\}^{\frac{1}{4}}$, wo K eine Konstante ist. Auch hier können nur funktionelle Beziehungen, nicht numerische geprüft werden. Das Hauptgewicht der Arbeit KLEEMANS liegt übrigens nicht in dieser Formel, sondern in der Erörterung der Veränderungen der als mehr oder weniger instabile Molekelkomplexe angesehenen Ionen, deren Dissoziation und Wiederbildung auf Grund des chemischen Massenwirkungsgesetzes behandelt werden; dies ist in einfacherer Weise schon früher von O. W. RICHARDSON[3] geschehen.

K. PRZIBRAM[4] hat die durch die elektrostatische Anziehung verkleinerte freie Weglänge bzw. den scheinbar vergrößerten Ionenradius, wie die Rechnung von WELLISCH sie ergibt, nicht in jene anfechtbare Formel $u = \frac{e\lambda}{mV}$ eingesetzt, sondern zunächst in den von STEFAN abgeleiteten Ausdruck für den Diffusionskoeffizienten eines Gases in einem anderen Gase, und hat wieder mittels der TOWNSENDschen Beziehung die Beweglichkeit berechnet. Er erhält

$$u = \frac{e\sqrt{\left(1+\frac{m}{M}\right)2p}}{4p\sqrt{\pi\varrho}\,s^2\left(1+\frac{(K-1)e^2}{4\pi\varrho W^2 s^4}\right)}.$$

Der Vergleich mit der Erfahrung zeigt, daß auch diese Formel trotz der Anziehungskräfte zu große Werte liefert, wenn die Ionen wirklich monomolekular sein sollen.

Auf ganz anderem Wege zieht auch W. SUTHERLAND[5] die Anziehung zwischen Ion und Molekel in Betracht. Er geht hierbei aus von seiner bekannten Theorie der inneren Reibung, die eine Veränderlichkeit des Molekelradius mit der Temperatur fordert, und gelangt zu einem Ausdruck $u = \frac{A'\vartheta^{\frac{1}{2}}}{1+\frac{C'}{\vartheta}}$, wo ϑ die absolute

[1] J. J. THOMSON, Proc. Cambridge Phil. Soc. Bd. 15, S. 375. 1909. Eine andere Darstellung der Theorie der Beweglichkeit s. J. J. u. G. P. THOMSON, Conduction of Electricity through Gases, 3. Aufl., Bd. I, S. 165 u. f. Cambridge 1928.

[2] R. D. KLEEMAN, Phys. ZS. Bd. 12, S. 900. 1911.

[3] O. W. RICHARDSON, Phil. Mag. (6) Bd. 10, S. 242. 1905.

[4] K. PRZIBRAM, Phys. ZS. Bd. 13, S. 545. 1912.

[5] W. SUTHERLAND, Phil. Mag. (6) Bd. 18, S. 341. 1909; Bd. 19, S. 817. 1910.

Temperatur und A' und C' Konstanten sind. Die Messungen von PHILLIPS bei verschiedenen Temperaturen können durch diese Formel gut dargestellt werden und ermöglichen die Bestimmung der Konstanten A' und C' ($A' = 0{,}222$, $C' = 509{,}6$ für positive und $A' = 0{,}222$, $C' = 333{,}3$ für negative Ionen in Luft). Um die Ergebnisse dieser Theorie mit der Annahme monomolekularer Ionen zu vereinbaren, muß SUTHERLAND annehmen, daß die Reibung des Ions im Gase durch seine elektrische Ladung 8,6mal vergrößert erscheint. Eine theoretische Begründung hierfür wird nicht gegeben, vielmehr diese Reibungsvergrößerung postuliert, um die Annahme monomolekularer Ionen zu ermöglichen.

43. Theorie von LOEB. J. J. THOMSON[1] hat das Verhältnis der Weglänge des Ions zu der einer Molekel unter Berücksichtigung der elektrostatischen Anziehung berechnet zu

$$\frac{\lambda'}{\lambda} = \frac{1}{2{,}2\left(\dfrac{2k}{s^4 \dfrac{Mm}{M+m} V^2}\right)^{\frac{1}{2}}},$$

V ist hier die mittlere Relativgeschwindigkeit des Ions gegen die Gasmolekel, k die Konstante des Kraftgesetzes: Kraft $= k/r^5$. Macht man den LANGEVINschen Ansatz für die Kraft, so ist $k = \frac{(K-1)e^2}{2\pi n_0}$, wo n_0 die Zahl der Molekel pro Kubikzentimeter bei 0° und 760 mm ist, wenn K unter diesen Bedingungen bestimmt ist.

L. B. LOEB[2] führt den so erhaltenen Ausdruck für die freie Weglänge λ' in LANGEVINS Formel von 1905 ein, die unter Vernachlässigung der Anziehung und unter Berücksichtigung des Unterschiedes von W und $\sqrt{\overline{W^2}}$, $W = \sqrt{\frac{8}{3\pi}}\sqrt{\overline{W^2}}$, geschrieben werden kann

$$u = 0{,}815 \frac{e}{M} \frac{\lambda'}{\sqrt{\overline{W^2}}} \sqrt{\frac{M+m}{m}},$$

und erhält so

$$u = 0{,}815 \frac{e\lambda}{m\sqrt{\overline{W^2}}} \frac{\sqrt{\dfrac{M+m}{m}}}{2{,}2\left\{\dfrac{(K-1)e^2}{\pi n s^4 M \overline{W^2}}\right\}^{\frac{1}{2}}}.$$

Setzt man

$$\lambda = \frac{1}{\pi n s^2}{}^{3}, \qquad n = \frac{n_0 p}{760} \qquad \text{und} \qquad M = M_0 \mu,$$

wo μ die Masse eines Wasserstoffatoms und M_0 das Molekulargewicht des Gases ist und ferner $m = bM$, so wird

$$u = \frac{0{,}104\sqrt{\dfrac{1+b}{b}}}{\dfrac{p}{760}\sqrt{(K-1)M_0}}.$$

Das Merkwürdige an dieser Theorie ist, daß sie die Beweglichkeit vom Radius des Ions unabhängig und von seiner Masse nur nach Maßgabe des Faktors $\sqrt{\frac{1+b}{b}}$ abhängig macht, der nur zwischen den Werten 1,41 für monomolekulare Ionen ($b = 1$) bis 1 für große Komplexe variiert. Die Anwendung auf Teilchen,

[1] J. J. THOMSON, Phil. Mag. Bd. 47, S. 342. 1924.
[2] L. B. LOEB, Phil. Mag. Bd. 48, S. 446. 1924.
[3] Siehe die Berichtigung LOEBS, Phil. Mag. Bd. 49, S. 517. 1925.

die wesentlich kleiner als die Molekeln sind, also auf freie Elektronen, hält LOEB selbst nicht für zulässig. LOEB hat nach seiner Formel die Beweglichkeiten für eine Reihe von Gasen und Dämpfen unter der nicht stark ins Gewicht fallenden Annahme $b = 1$ berechnet und gibt in folgender Tabelle 12 den Vergleich mit der Erfahrung, und zwar zieht er die für positive Ionen gemessenen Werte heran.

Tabelle 12. Berechnung der Beweglichkeit nach LOEB.

Gas	M_0	$(K-1)10^4$	u ber.	u_1 beob.	$u_1\sqrt{M_0}$	$u_1\sqrt{(K-1)\,M_0}\cdot 10^2$
H_2	2	2,73	6,27	6,02	8,5	14,1
He	4	0,74	8,50	5,09	10,2	8,7
A	40	1,0	2,32	1,37	8,6	$8{,}6_5$
Luft	28,8	5,9	1,12	1,37—1,6	7,25—8,6	17,6—21
NH_3	17	77,0	0,41	0,74—0,52	3,05—2,14	26,7—18,8
CO_2	44	9,6	0,72	0,81	5,4	16,6
CO	28	6,9	1,04	1,10	5,8	15,4
SO_2	64	90,5	0,20	0,44	3,5	33,5
N_2O	44	10,7	0,68	0,82	5,45	17,9
C_2H_5OH . . .	46	94,0	0,23	0,34	2,3	22,5
CCl_4	154	42,0	0,18	0,30	3,7	24,1
C_2H_5Cl . . .	65,5	155,0	0,14	0,33	2,67	33,2
$C_4H_{10}O$ . . .	74,0	74,2	0,20	0,24	2,07	17,8

Während die Übereinstimmung in einigen Fällen eine gute ist, z. B. H_2, CO, ist der berechnete Wert in He und noch mehr in Argon zu hoch, in SO_2 und Chloräthyl aber nicht einmal die Hälfte des Gemessenen. Bedenkt man, daß die sicher unrichtige Theorie von WELLISCH auch vielfach gute Übereinstimmung gibt, so muß dies zur Vorsicht mahnen. Nimmt man b größer als 1, also Molekelkomplexe an, so verschlechtert sich im allgemeinen die Übereinstimmung weiter[1].

44. LENARDS Kritik an den Beweglichkeitstheorien. LENARD hat in seinen oben zitierten Abhandlungen die Beweglichkeitstheorien anderer Autoren eingehend und zum Teil sehr scharf kritisiert. Seine Kritik richtet sich, abgesehen von der mangelhaften Berücksichtigung der molekularen Ungleichheiten der Geschwindigkeiten und freien Weglängen in manchen der angeführten Theorien, insbesondere gegen zwei Punkte: die Berechnung der Beweglichkeit aus dem Diffusionskoeffizienten, also gegen die TOWNSENDsche Beziehung, und gegen die Einführung der elektrostatischen Anziehungskräfte zwischen Ion und Molekel. Was den ersten Punkt betrifft, weist LENARD darauf hin, daß Diffusion und Bewegung im elektrischen Felde nicht ganz gleichartige Vorgänge sind, da bei der Diffusion die Bewegung der Teilchen zwischen zwei Stößen eine gleichförmige, bei der Wanderung im elektrischen Felde aber eine gleichförmig beschleunigte ist. Unter Berücksichtigung dieses Umstandes findet man, daß die nach der TOWNSENDschen Beziehung aus dem Diffusionskoeffizienten berechneten Beweglichkeiten noch mit $\frac{1+\mu}{2}$ zu multiplizieren sind. Für große Teilchen fällt diese Korrektur fort.

Was den zweiten Punkt betrifft, so leugnet LENARD die Berechtigung, Anziehungskräfte zwischen Ion und Molekel anzunehmen, und stützt seine Stellungnahme insbesondere auf die Erfahrungen über Absorption von Kathodenstrahlen in Gasen. Die Messungen LENARDS und seiner Mitarbeiter schienen darauf zu deuten, daß der Wirkungsquerschnitt der Molekel gegenüber freien

[1] L. B. LOEB hat in einer neueren Arbeit (Proc. Nat. Acad. Amer. Bd. 11, S. 428, 1925) auf die Ergänzungsbedürftigkeit seiner Theorie hingewiesen; s. ferner Proc. Nat. Acad. Amer. Bd. 12, S. 42. 1926; Phys. Rev. Bd. 32, S. 81. 1928; ZS. f. Phys. Bd. 75, S. 555. 1932.

Elektronen mit abnehmender Elektronengeschwindigkeit sich einem konstanten Werte nähert, der mit dem gaskinetischen Querschnitte identisch ist. Die neueren Untersuchungen der LENARD-Schule (C. RAMSAUER, H. F. MAYER), von anderer Seite bestätigt und ergänzt, ergeben aber einen weit komplizierteren Befund[1]. Mit abnehmender Elektronengeschwindigkeit geht im Falle der Edelgase der Wirkungsquerschnitt durch ein Maximum, das ein Vielfaches des gaskinetischen beträgt, bei den kleinsten untersuchten Geschwindigkeiten nimmt er aber wieder ab und sinkt weit unter den gaskinetischen Querschnitt herab; die Atome werden so gut wie vollständig durchlässig. In Stickstoff und Wasserstoff steigt der Wirkungsquerschnitt ebenfalls weit über den gaskinetischen Querschnitt und fällt bei den kleinsten Geschwindigkeiten wieder ab. Hieraus wird man wohl den Schluß zu ziehen haben, daß der bei gewissen Geschwindigkeiten zufällig mit dem Wirkungsquerschnitte zusammenfallende gaskinetische Querschnitt für die Elektronen überhaupt bedeutungslos ist und nicht zur Beurteilung der Frage, ob die Anziehungskräfte in Betracht zu ziehen sind, verwendet werden kann. Im Falle der normalen Gasionen hat man es auch nicht mit freien, sondern mit an Molekel gebundenen Elektronen zu tun, und es wird wohl schwer fallen, sich vorzustellen, eine geladene Molekel übe auf eine ungeladene, jedoch verschiebliche positive und negative Ladungen enthaltende Molekel keine elektrostatischen Kräfte aus. Allerdings wird man nach dem heutigen Stande der Kenntnisse über Atomdynamik nicht ohne weiteres die Berechnung der Kräfte nach der klassischen Theorie als zutreffend betrachten können, geradezu ablehnen kann man sie aber wohl nicht. Die Argumente, die H. SCHILLING (l. c.) für das Fehlen bzw. den sehr geringen Einfluß von Fernkräften vorbringt, können derzeit wohl kaum als zwingend betrachtet werden. Eine vollständige Lösung der Probleme der Ionenbewegung wird wohl erst auf Grund einer quantenmechanischen Behandlung der Wechselwirkung zwischen Ion und Molekel möglich sein.

45. Prüfung der Theorien an der Erfahrung. a) *Druck.* Solange das Ion als unveränderlich angesehen werden kann, ergeben alle angeführten Formeln für die Beweglichkeit die von der Erfahrung in weiten Grenzen gegebene Beziehung u prop. $1/p$. Die Abweichung von diesem Gesetze im Falle negativer Ionen bei niedrigen Drucken kann gedeutet werden als zeitweiliges Freibleiben von Elektronen.

b) *Temperatur.* Unveränderlichkeit des Ions vorausgesetzt, verlangen fast alle Theorien umgekehrte Proportionalität der Beweglichkeit mit der Quadratwurzel aus der absoluten Temperatur, da W prop. $\sqrt{\vartheta}$. Die Experimente stimmen darin überein, daß für Temperaturen über 0° die Beweglichkeit sich nur wenig mit der Temperatur ändert. ERIKSON findet bei höheren Temperaturen eine Abnahme mit steigender Temperatur, die mit der Proportionalität mit $1/\sqrt{\vartheta}$ vereinbar wäre. Bei niedrigen Temperaturen nimmt aber die Beweglichkeit nach allen Beobachtungen übereinstimmend mit sinkender Temperatur ab, ein Verhalten, das nur durch eine Veränderung des Ions selbst gedeutet werden kann. LOEBS Theorie fordert Unabhängigkeit der Beweglichkeit von der Temperatur; dieser Autor hält ERIKSONS Messungen bei hohen Temperaturen mit seiner Theorie für vereinbar.

c) *Molekulargewicht des Gases.* W. KAUFMANN[2] hatte auf Grund der ersten Beweglichkeitsmessungen erkannt, daß die Beweglichkeit in erster Annäherung

---

[1] Vgl. den zusammenfassenden Bericht von R. MINKOWSKI u. H. SPONER in den Ergebn. d. exakt. Naturwissensch. Bd. 3, S. 67. 1924 und von R. KOLLATH, Phys. ZS. Bd. 31, S. 985. 1930.

[2] W. KAUFMANN, Phys. ZS. Bd. 1, S. 22. 1899.

der Quadratwurzel aus dem Molekulargewichte des Gases umgekehrt proportional ist, eine Beziehung, die — ebenfalls als erste Näherung — von der kinetischen Theorie gefordert wird; man betrachte etwa den Ausdruck ϱW in der LENARDschen Formel. Es geht daraus hervor, daß bei den normalen Ionen die Summe s aus Molekel- und Ionenradius von Gas zu Gas nicht stark variiert. Die späteren Messungen, insbesondere die Einbeziehung der Dämpfe, haben aber ergeben, daß dies nicht allgemein gelten kann.

d) *Dielektrizitätskonstante.* Bei Berücksichtigung der elektrostatischen Anziehung zwischen Ion und Molekel tritt noch die Abhängigkeit von $K - 1$ hinzu, die nach der LOEBschen Formel sogar gleichwertig wird mit der Abhängigkeit vom Molekulargewicht; LOEB findet die Beziehung u prop. $1/\sqrt{(K-1)M_0}$ besser erfüllt als die Beziehung u prop. $1/\sqrt{M_0}$. Die Zahlen der zwei letzten Spalten der Tabelle 12, Ziff. 43, die auf Grund der von LOEB gegebenen Daten berechnet worden sind, zeigen aber, daß weder die eine noch die andere Beziehung dem ganzen Beobachtungsmaterial gerecht wird; weder $u\sqrt{M_0}$ noch $u\sqrt{(K-1)M_0}$ kann als konstant betrachtet werden. Es sind also noch andere Variable in Betracht zu ziehen, in erster Linie wohl der Ionenradius.

e) *Ionenradius.* Daß die LOEBsche Theorie die beobachteten Werte der Beweglichkeit nicht richtig wiedergibt, ist schon bemerkt worden. Bei allen anderen Theorien tritt der Radius des Ions ein, und ohne über diesen eine Annahme zu machen, läßt sich ein Vergleich mit der Erfahrung nicht durchführen. Die Annahme, Ion = Molekel, führt nicht zum Ziele, da die einzige Theorie, die unter diesen Umständen die beobachteten Beweglichkeitswerte befriedigend wiedergibt, nämlich die von WELLISCH, prinzipiell unrichtig ist und auch in anderer Beziehung (starke Massenabhängigkeit der Beweglichkeit) zu Widersprüchen mit der Erfahrung führt. Außer den hier genannten Theorien von LOEB und WELLISCH führen alle Theorien zu einem Ionenradius, der größer ist als der Molekelradius. Erörterungen über die Ionengröße folgen im Kapitel über die unmittelbaren Eigenschaften der Ionen.

f) *Ionenladung.* Die Theorie verlangt für große Ionen in Übereinstimmung mit der Erfahrung an mikroskopischen Teilchen Proportionalität von Beweglichkeit und Ionenladung. Für kleine (normale) Gasionen liegen nur die Versuche von FRANCK und WESTPHAL vor, nach welchen die Beweglichkeit zweifach geladener Ionen derjenigen einfach geladener praktisch gleich ist. Die LENARDsche Theorie muß zur Deutung dieses Befundes annehmen, die Größe des Ionenkomplexes (s^2) wachse mit Vergrößerung der Ladung[1]. Die Theorien von J. J. THOMSON (Ziff. 42) und von LOEB geben unmittelbar Unabhängigkeit der Beweglichkeit von der Ladung. LANGEVINS Theorie fordert dies nur für verschwindenden Ionenradius.

46. Gasgemische. Je nach der Theorie, von der ausgegangen wird, und je nach dem Grade der Mittelwertbildung gelangt man zu verschiedenen Formeln für die Beweglichkeit in Gasgemischen. A. BLANC findet für H_2-CO_2 und Luft-CO_2, daß die reziproken Beweglichkeiten lineare Funktionen der Partialdrucke sind (s. Ziff. 20). J. J. THOMSON[2] hat die Formel angegeben:

$$u_{12} = \frac{2{,}659}{n_1\sqrt{\frac{m M_1}{m+M_1}}\sqrt{\frac{\mu_1-1}{8\pi n}} + n_2\sqrt{\frac{m M_2}{m+M_2}}\sqrt{\frac{\mu_2-1}{8\pi_1 n}}}.$$

[1] Ähnlich der Kompensation einer Ladungszunahme an Teilchen in Wasser durch vermehrte Hydratation; G. v. HEVESY, Jahrb. d. Radioakt. Bd. 11, S. 419. 1914; Bd. 13, S. 271. 1916.

[2] J. J. THOMSON, Proc. Cambridge Phil. Soc. Bd. 15, S. 375. 1909.

Es ist n die Zahl der Molekel im Kubikzentimeter Gas bei Atmosphärendruck, μ_1 und μ_2 die Brechungsquotienten der beiden Gase bei diesem Drucke, n_1 und n_2 die Zahl der Molekel der beiden Gase im Kubikzentimeter, m die Ionenmasse, M_1 und M_2 die Masse der Molekel der beiden Gase.

ALTBERG[1] leitet aus der LENARDschen Theorie die Mischungsformel ab

$$u_{12} = \frac{e}{\pi V} \frac{1}{n_1 s_1^2 \sqrt{\frac{m+M_1}{M_1}} + n_2 s_2^2 \sqrt{\frac{m+M_2}{M_2}}} \left\{ \frac{n_1 s_1^2 \sqrt{\frac{m+M_2}{M_1}} + n_2 s_2^2 \sqrt{\frac{m+M_1}{M_2}}}{n_1 s_1^2 \sqrt{M_1(m+M_2)} + n_2 s_2^2 \sqrt{M_2(m+M_1)}} + \frac{1}{2m} \right\}.$$

V ist die Molekulargeschwindigkeit des Ions.

PRZIBRAM[2] setzt $u_{12} = \frac{A}{p\sqrt{M_{12} s_{12}^2}}$, berechnet M_{12} und s_{12} nach der Mischungsformel

$$M_{12} = \frac{p_1 M_1 + p_2 M_2}{p_1 + p_2}, \quad s_{12}^2 = \frac{p_1 s_1^2 + p_2 s_2^2}{p_1 + p_2},$$

Tabelle 13. Ionenbeweglichkeit in Gasgemischen.
Luft-CO_2-Gemisch; Messungen von A. BLANC.
Gesamtdruck 760 mm Hg.

Negative Ionen			Positive Ionen		
Partialdruck Luft %	u beob.	u ber.	Partialdruck Luft %	u beob.	u ber.
100	2,00	—	100	1,27	—
91,3	1,92	1,86	84,1	1,20	1,18
80,7	1,78	1,73	58,1	1,06	1,05
71,1	1,65	1,59	40,1	0,96	0,97
51,7	1,39	1,39	16,1	0,90	0,88
45,9	1,37	1,35	0	0,83	—
32,4	1,29	1,25			
20,1	1,16	1,15			
0	1,03	—			

H_2-Jodmethyl-Gemisch; Messungen von E. M. WELLISCH.

Partialdruck in mm		Gesamtdruck	Positive Ionen	
CH_3J	H_2		u beob.	u ber.
70	59	129	2,52	2,88
70	183	253	2,18	2,80
70	315	385	2,06	2,56
70	687	757	2,00	2,04
51	16	67	3,8	3,86
51	61	112	3,51	3,98
51	334	385	3,00	3,18
51	714	765	2,65	2,34
25	85	110	5,90	7,5
25	360	385	4,00	4,88
25	732	763	3,50	3,49
12	373	385	5,95	6,88
12	751	763	4,45	4,42
6	379	385	9,50	8,85
6	757	763	5,20	5,23
0	760	760	**6,7**	
760	0	760	**0,25**	

[1] W. ALTBERG, Ann. d. Phys. (4) Bd. 37, S. 849. 1912.
[2] K. PRZIBRAM, Phys. ZS. Bd. 13, S. 545. 1912.

wo p_1, p_2 die Partialdrucke sind und s_1^2 und s_2^2 durch die Beweglichkeiten u_1, u_2 in den Komponenten ausgedrückt werden können, und findet schließlich

$$u_{12} = \frac{p\sqrt{p_1 + p_2}\, u_1 u_2 \sqrt{M_1 M_2}}{\sqrt{M_1 p_1 + M_2 p_2}\,(p_1 u_2 \sqrt{M_2} + p_2 u_1 \sqrt{M_1})}.$$

Vorstehender Vergleich (Tab. 13) mit den Messungen von BLANC und WELLISCH zeigt, inwieweit die hier benützte Mittelwertbildung genügt. G. ROTHGIESSER[1] findet eine allerdings nur grobe Übereinstimmung dieser Formel und ihren Messungen in $CO_2 \cdot H_2$-Gemischen.

b) Diffusionskoeffizient und Wiedervereinigung.

47. Diffusion. Die TOWNSENDsche Beziehung. Der Diffusionskoeffizient ist durch die TOWNSENDsche Beziehung $u = \frac{n e}{p} D$ mit der Beweglichkeit verknüpft. Diese Beziehung läßt sich am einfachsten auf folgende Weise ableiten: Ist n_1 die Zahl der Ionen pro Kubikzentimeter, dn_1/dx das Konzentrationsgefälle, so gehen pro Sekunde $D\frac{dn_1}{dx}$ Ionen durch die Querschnittseinheit. Dies ist gleichbedeutend mit einer Bewegung jedes einzelnen Ions mit der Geschwindigkeit $\frac{1}{n_1} D \frac{dn_1}{dx}$ in der X-Richtung. Durch Einführung eines Partialdruckes der Ionen p_1 kann man diesen Ausdruck auch schreiben $\frac{1}{p_1} D \frac{dp_1}{dx}$. Nun ist aber $\frac{dp_1}{dx}$ die Kraft auf die Ionen in der Volumseinheit, D/p_1 also die Geschwindigkeit unter der Kraft 1. Andererseits ist u die Geschwindigkeit eines Ions im Felde 1, die Kraft auf ein Ion mit der Ladung e ist dann gleich e. Die Kraft auf die Ionen im Kubikzentimeter $= n_1 e$ oder die Geschwindigkeit unter der Kraft 1 auf die Ionen in der Volumseinheit $= \frac{u}{n_1 e}$. Es ist also $\frac{u}{n_1 e} = \frac{D}{p_1}$ oder $u = \frac{n_1 e D}{p_1}$, wo statt n_1/p_1 die universelle Konstante n/p gesetzt werden kann, wenn n die Zahl der Gasmolekel im Kubikzentimeter beim Drucke p ist. Nach LENARD tritt allerdings zu D noch der Faktor $\frac{1+\mu}{2}$ hinzu. Jedem Ausdrucke für die Beweglichkeit entspricht demnach auch ein Ausdruck für den Diffusionskoeffizienten. Häufig ist umgekehrt die Beweglichkeit aus dem gaskinetisch berechneten Diffusionskoeffizienten berechnet worden.

48. Wiedervereinigung. LANGEVIN[2] berechnet die Zahl der Ionen eines Zeichens, die in der Zeiteinheit infolge der Anziehung durch ein Ion des anderen Vorzeichens durch eine dieses Ion umschließende Kugelfläche gehen, und findet sie unabhängig vom Radius a dieser Fläche, sofern a groß ist gegen die freie Weglänge des Ions und klein gegen den mittleren Abstand der Ionen, $= 4\pi(u_1 + u_2)e n_1$. Er schließt hieraus, daß $4\pi(u_1 + u_2)e$ einen Grenzwert für den Wiedervereinigungskoeffizienten bedeutet, der erreicht wird, wenn jeder Zusammenstoß zweier Ionen entgegengesetzten Vorzeichens zur Wiedervereinigung führt. Der beobachtete Wert von α zeigt aber, daß im allgemeinen nur ein Bruchteil (einige Zehntel) der Stöße zur Wiedervereinigung führt, der durch LANGEVINS Koeffizienten ε gegeben ist. TOWNSEND[3] weist darauf hin, daß nach LANGEVINS Theorie kein Grund hierfür einzusehen ist, und daß LANGEVIN den Einfluß der Diffusion vernachlässigt hat. TOWNSEND berücksichtigt die Diffusion und findet jene durch

[1] G. ROTHGIESSER, Diss. Freiburg i. Br. 1913.
[2] P. LANGEVIN, Ann. chim. phys. (7) Bd. 28, S. 433. 1903.
[3] J. S. TOWNSEND, Electricity in Gases, S. 206f. 1915.

eine Kugelfläche um ein Ion hindurchgehende Zahl der Ionen nicht mehr unabhängig vom Radius a dieser Fläche. Jenseits von $a = 10^{-4}$ cm macht sich gegenüber der Molekularbewegung des Ions das Feld überhaupt nicht bemerkbar, wohl aber bei $a = 10^{-5}$ cm, und für $a = 10^{-6}$ cm ist die Zahl der hindurchgehenden Ionen etwa 70mal so groß, als wenn die Anziehung nicht bestände. Die Diffusion ist nach TOWNSEND die Ursache, daß nicht alle nach LANGEVIN berechneten Zusammenstöße, d. h. Durchgänge durch eine Kugelfläche von beliebigem Radius um das Ion zur Wiedervereinigung führen. Bei hohen Drucken tritt der Einfluß der Diffusion zurück, und α/e nähert sich merklich dem Werte $4\pi(u_1 + u_2)$, LANGEVINS Koeffizient ε nähert sich der Einheit, wie folgende Messungsergebnisse LANGEVINS zeigen:

Tabelle 14. Änderung des LANGEVINschen Koeffizienten ε mit dem Druck.

Luft				CO_2			
p	ε	p	ε	p	ε	p	ε
152 mm	0,01	1550 mm	0,62	135 mm	0,01	758 mm	0,51
375 ,,	0,06	2320 ,,	0,80	352 ,,	0,13	1560 ,,	0,95
760 ,,	0,27	5 Atm.	0,9	550 ,,	0,27	2380 ,,	0,97

Einsetzung dieser Werte in $\alpha/e = 4\pi(u_1 + u_2)\varepsilon$ und Berücksichtigung von u prop. $1/p$ zeigt, daß bei hohen Drucken im Gegensatze zum Verhalten bei Drucken unter einer Atmosphäre α mit wachsendem Drucke abnimmt.

O. W. RICHARDSON[1] stellt, um die Änderung von ε mit dem Drucke theoretisch zu deuten, folgende Überlegung an: Ein mit einer gewissen Geschwindigkeit durch die LANGEVINsche Kugelfläche hindurchgehendes Ion wird im allgemeinen keine geschlossene Bahn um das Ion im Zentrum der Kugelfläche beschreiben, sondern es wird nach den Gesetzen der Zentralbewegung nach Durchlaufen eines Perihels wieder aus der Kugelfläche heraustreten und sich ins Unendliche entfernen. Findet aber im Innern jener Fläche ein Zusammenstoß des Ions mit einer Molekel statt, so wird dadurch seine kinetische Energie vermindert und die Bildung einer geschlossenen Bahn um das andere Ion (Wiedervereinigung) begünstigt werden können[2]. RICHARDSON berechnet die Wahrscheinlichkeit dafür, daß 1, 2, 3 usw. Stöße eines Ions in der Kugelfläche vom Radius r stattfinden als Funktion des Kugelradius bzw. des Quotienten $x = r/\lambda$, wo λ die mittlere freie Weglänge des Ions, also dem Drucke proportional ist. Die Wahrscheinlichkeiten sind

$$1 + \frac{e^{-2x} - 1}{2x}; \qquad \left(1 + \frac{e^{-2x} - 1}{2x}\right)(1 - e^{-x}); \qquad \left(1 + \frac{e^{-2x} - 1}{2x}\right)(1 - e^{-x})^2; \qquad \text{usw.}$$

Durch diese Wahrscheinlichkeiten soll LANGEVINS Koeffizient ε, der Bruchteil der in die Kugelfläche eintretenden Ionen, die zur Wiedervereinigung gelangen, dargestellt werden. Der Vergleich mit LANGEVINS Bestimmungen zeigt, daß die Druckabhängigkeit von ε richtig wiedergegeben wird, wenn alle Ionen, die 4 Stöße erleiden, zur Wiedervereinigung gelangen, ferner die meisten, die 3 Stöße, und etwa $\frac{1}{6}$ derjenigen, die nur 2 Stöße erleiden.

Von ähnlichen Anschauungen wie RICHARDSON ist J. J. THOMSON[3] ausgegangen. In einer neueren Arbeit[4] gibt er eine sehr eingehende Theorie der

[1] O. W. RICHARDSON, Phil. Mag. (6) Bd. 10, S. 242. 1905.

[2] Diese sowie die weiter unten besprochenen analogen Betrachtungen J. J. THOMSONS über Wiedervereinigung und Komplexbildung werden sich wohl unschwer auch in die Sprache der Quantentheorie übertragen lassen; man vgl. die „Dreierstöße" in den Überlegungen von M. BORN und J. FRANCK über die Bildung von Molekeln, ZS. f. Phys. Bd. 31, S. 411. 1925.

[3] J. J. THOMSON, Conduction of Electricity through Gases, 2. Aufl., S. 24. 1906.

[4] J. J. THOMSON, Phil. Mag. Bd. 47, S. 337. 1924.

Wiedervereinigung. Die Wiedervereinigung wird als Problem der Zentralbewegung aufgefaßt. Befinden sich zwei Ionen entgegengesetzten Vorzeichens in der Entfernung d voneinander, so tritt Wiedervereinigung, d. h. die Bildung einer geschlossenen Bahn nur dann ein, wenn die kinetische Energie der beiden Ionen kleiner ist als e^2/d. Setzt man die mittlere kinetische Energie der Ionen gleich der der Gasmolekel, also $=\beta\vartheta$, wo $\beta = \frac{3}{2}R$ ist, so kann jene Bedingung für die Wiedervereinigung geschrieben werden $\beta\vartheta < e^2/d$. Es können im Abstande d befindliche Ionen aber auch bei größerer kinetischer Energie zur Vereinigung gelangen, nämlich dann, wenn sie innerhalb von d durch einen Zusammenstoß mit einer Gasmolekel eine Erniedrigung der kinetischen Energie erfahren; der Stoß mit einer Molekel soll genügen, um die kinetische Energie auf den Mittelwert herabzusetzen. Es ist also jeder Stoß eines Ions mit einer Molekel, der im Abstande $r < \frac{e^2}{\beta\vartheta}$ vom anderen Ion stattfindet, wirksam, die Trennung der Ionen zu verhindern. Die Zahl dieser Stöße ergibt sich zu

$$\pi d^2 n_1 n_2 \{U_1^2 + U_2^2\}^{\frac{1}{2}} \left[1 - \frac{\lambda_1}{2d}\left(1 - e^{-\frac{2d}{\lambda_1}}\right) + 1 - \frac{\lambda_2}{2d}\left(1 - e^{-\frac{2d}{\lambda_2}}\right)\right],$$

wo $d = \frac{e^2}{\beta\vartheta}$, n_1 und n_2 die beiden Ionendichten, λ_1 und λ_2 die freien Weglängen beider Ionen, U_1^2 und U_2^2 ihre mittleren molekularen Geschwindigkeitsquadrate sind, und α ist gleich diesem Ausdrucke dividiert durch $n_1 n_2$. Ist d/λ klein, also der Druck klein, so ist

$$\alpha = 2\pi(U_1^2 + U_2^2)^{\frac{1}{2}} d^3 \left(\frac{1}{\lambda_1} + \frac{1}{\lambda_2}\right), \tag{1}$$

ist d/λ und daher der Druck groß, so ist

$$\alpha = 2\pi(U_1^2 + U_2^2)^{\frac{1}{2}} d^2; \tag{2}$$

demnach ist α für große Drucke unabhängig vom Druck, für kleine dem Drucke proportional wegen $1/\lambda$ prop. p. Die Theorie stimmt also mit dem experimentellen Befund bei mäßigen Drucken, gibt aber nicht die von LANGEVIN beobachtete Abnahme von α bei sehr hohen Drucken (vgl. Ziff. 34 u. d. Ziff. oben). α ergibt sich nach dieser Theorie als proportional $\vartheta^{-\frac{5}{2}}$ bei niedrigen und $\vartheta^{-\frac{3}{2}}$ bei hohen Drucken[1]. Die Messungen ergeben in der Tat starke Abnahme von α mit wachsender Temperatur. Zur strengen Prüfung der Abhängigkeit reicht aber die Zuverlässigkeit des Beobachtungsmaterials kaum aus. Numerisch berechnet THOMSON α bei 0° und Atmosphärendruck für Sauerstoff unter der Annahme, die mittlere Geschwindigkeit und Weglänge des Ions seien gleich der der Molekel, zu $1{,}96 \cdot 10^{-6}$. Er bemerkt hierzu, daß wahrscheinlich eine Fehlerkompensation stattfindet, indem λ für das Ion wahrscheinlich infolge der elektrostatischen Anziehung kleiner ist als für eine Molekel, seine Geschwindigkeit aber, wenn es ein Molekelkomplex ist, ebenfalls kleiner als die der Molekel anzunehmen ist. Bei einer neuerlichen Durchrechnung findet THOMSON[2] den numerischen Koeffizienten in Gleichung (1) zu $\frac{4\pi}{3}$ statt 2π, und in Gleichung (2) zu π statt 2π. Für Sauerstoff ergibt sich dann ein mit den Beobachtuungen befriedigend übereinstimmender Wert von $1{,}7 \cdot 10^{-6}$ unter der Annahme, die Masse eines Ions sei in Sauerstoff dreimal so groß wie die der Molekel, und die freien Weglängen der Ionen seien infolge der Ladung in dem in Ziff. 43 angegebenen Maße verkleinert.

---

[1] Vgl. E. H. BRAMHALL, Ziff. 35.

[2] J. J. u. G. P. THOMSON, Conduction of Electricity through Gases, 3. Aufl., S. 47. Cambridge 1928.

Im wesentlichen vom J. J. THOMSONschen Standpunkte ausgehend, behandeln L. B. LOEB und L. C. MARSHALL[1] die Wiedervereinigung als ein Problem der BROWNschen Bewegung zweier Ionen verschiedenen Vorzeichens relativ zueinander.

Theoretische Betrachtungen über die Wiedervereinigung von positiven Ionen und freien Elektronen bei niedrigen Drucken s. J. FRANCK[2].

E. Die unmittelbaren Eigenschaften der Ionen.

a) Die Ladung der Ionen.

49. Vergleich mit dem einwertigen elektrolytischen Ion nach TOWNSEND. Die Versuche zur direkten Bestimmung des elektrischen Elementarquantums, die, mit den Untersuchungen der Cambridger Schule beginnend, schließlich zur Präzisionsmessung MILLIKANS geführt haben, wurde in Kapitel 1 besprochen. Hier soll nur die Frage erörtert werden, ob die normalen Gasionen ein Elementarquantum oder mehrere tragen.

Die TOWNSENDsche Beziehung bietet einen von der direkten Ladungsmessung unabhängigen Weg, dies zu entscheiden. Nach dieser Beziehung ist $ne = \frac{u}{D} p$, wo n die Anzahl der Molekel eines Gases im Kubikzentimeter beim Drucke p ist. Wird $p = 10^6$ gesetzt und u auf ein Feld von 1 Volt bezogen, so ist $ne = 3{,}10^8 \cdot \frac{u}{D}$. Bei der elektrolytischen Wasserstoffabscheidung geben 9650 e. m. E. 1 Grammion, also 1 g = $\frac{1}{2}$ Mol. Wasserstoff; sein Volumen bei Atmosphärendruck ist 11200 cm^3 bei 0° oder 11810 bei 15°. 1 cm^3 wird also durch $\frac{9650}{11810} = 0{,}817$ e. m. E. oder $2{,}451 \cdot 10^{10}$ e. s. E. abgeschieden. Diese Zahl ist die Ladung eines Ions, multipliziert mit der Anzahl der Ionen im Kubikzentimeter. Da aber die Volumeinheit Wasserstoff nur halb soviel Molekel enthält als Atome (elektrolytische Ionen), so ist ne in diesem Falle gleich $\frac{2{,}451 \cdot 10^{10}}{2} = 1{,}225 \cdot 10^{10}$. TOWNSEND hat zuerst aus den von ihm bestimmten Werten der Diffusionskoeffizienten und den ZELENYschen Beweglichkeitswerten ne für die Gasionen bestimmt und folgende Zahlen mal 10^{10} gefunden:

Tabelle 15. Zur Bestimmung der Ionenladung aus Diffusion und Beweglichkeit.

Gas	Trocken		Feucht	
	+	−	+	−
Luft	1,45	1,31	1,28	1,29
O_2	1,63	1,36	1,34	1,27
CO_2	0,99	0,93	1,01	0,87
H_2	1,63	1,25	1,24	1,18

Später hat TOWNSEND[3] nach der Ziff. 29 besprochenen Methode direkt das Verhältnis u/D, also auch ne bestimmt und für negative Ionen, die entweder durch Röntgenstrahlen oder durch Licht erzeugt wurden, folgende Werte mal 10^{10} bei Drucken von 3 bis 25 mm Hg erhalten: Luft 1,23, Sauerstoff 1,23, Wasserstoff 1,24 und Kohlendioxyd 1,23. Für die positiven, durch an blanken

[1] L. B. LOEB u. L. C. MARSHALL, Journ. Frankl. Inst. Bd. 208, S. 371. 1929. Eine weitere theoretische Untersuchung über die Wiedervereinigung bei höheren Drucken siehe W. R. HARPER, Proc. Cambridge Phil. Soc. Bd. 28, S. 219. 1932.

[2] J. FRANCK, ZS. f. Phys. Bd. 47, S. 509. 1928.

[3] J. S. TOWNSEND, Proc. Roy. Soc. London (A) Bd. 80, S. 207. 1908; Bd. 81, S. 464. 1908; Bd. 85, S. 25. 1911.

Metallflächen erzeugte sekundäre Röntgenstrahlen gebildeten Ionen ergab sich für die obengenannten Gase $ne \cdot 10^{-10} = 1{,}26$, 1,24, 1,26, 1,32. C. E. HASELFOOT[1] erhielt mit Becquerelstrahlen ähnliche Werte. Alle diese Beobachtungen deuten darauf hin, daß die Ladung der überwiegenden Mehrzahl der Gasionen gleich ist der Ladung des einwertigen elektrolytischen Ions ($ne = 1{,}225 \cdot 10^{10}$), also gleich einem Elementarquantum.

Merkwürdigerweise traten bei den Versuchen mit positiven Ionen beträchtlich höhere Werte von ne auf, wenn die Metallplatte, auf die die primären Röntgenstrahlen auffielen, nicht blank war. Eine mit Vaselin überzogene Platte gab z. B. in Luft 2,03, Sauerstoff 1,71, Wasserstoff 1,84, Kohlendioxyd 1,55, so daß einem beträchtlichen Teil der Ionen eine mehrfache Ladung zugeschrieben werden muß[2]. Bei tiefen Drucken und hohen Feldstärken versagt die TOWNSENDsche Methode der ne-Bestimmung für die negativen Ionen, da dann die Elektronen frei bleiben und eine kinetische Energie erlangen, die jene der Gasmolekel weit übersteigen kann. Die Methode bietet da gerade ein Mittel, das Verhalten der Elektronen zu untersuchen.

50. Die Versuche von FRANCK und WESTPHAL. FRANCK und WESTPHAL[3] haben den Diffusionskoeffizienten nach der TOWNSENDschen, die Beweglichkeiten nach einer Modifikation der ZELENYschen Methode gemessen und erhielten bei Ionisation durch Röntgenstrahlen für die negativen Ionen Werte von ne, die wieder mit dem Wert für das einwertige elektrolytische Ion übereinstimmten, für die positiven jedoch um etwa 12% höhere Werte. Ein gewisser Prozentsatz der positiven Ionen muß also auch hier als doppelt geladen angenommen werden. Die Beweglichkeitsmessungen ergaben auch für die positiven Ionen nur eine einheitliche Beweglichkeit; die Beweglichkeit der einfach und doppelt geladenen Ionen muß also einander gleich sein. Aus der TOWNSENDschen Beziehung folgt dann aber, daß der Diffusionskoeffizient für die doppelt geladenen Ionen nur halb so groß sein kann wie für die einfach geladenen. Dadurch wurde es FRANCK und WESTPHAL möglich, eine fraktionierte Diffusion der Ionen vorzunehmen. Durch ein engmaschiges Drahtnetz müssen wegen der geringeren Diffusionsverluste mehr doppelt geladene Ionen hindurchgehen als einfach geladene, der nach dem Durchgang durch ein solches Netz bestimmte Diffusionskoeffizient muß kleiner sein als der ohne Netz gemessene. Diesen Effekt zeigen folgende Zahlen:

Ohne Drahtnetz	$D = 0{,}029$
Mit einem Drahtnetz	0,020
Mit drei Drahtnetzen	0,0175

Die Zahl der doppelt geladenen Ionen wird zu 9% aller Ionen geschätzt. Mit α-, β- und γ-Strahlen werden wieder nur normale ne-Werte erhalten.

Das Auftreten doppelter Ladungen an normalen positiven Ionen steht nicht im Widerspruch mit dem in Ziff. 37 Gesagten über die Unmöglichkeit mehrfacher Ladungen selbst an wesentlich größeren Teilchen. Dort handelt es sich um die Anlagerung weiterer Ionen, hier können jedoch durch den Ionisierungsprozeß ohne weiteres zwei Elektronen abgespalten werden[4]. Demnach wäre es erklärlich, daß doppelt geladene negative Ionen nicht auftreten.

[1] C. E. HASELFOOT, Proc. Roy. Soc. London (A) Bd. 82, S. 18. 1909; Bd. 87, S. 350. 1912.

[2] Eine mögliche Erklärung liefert vielleicht die größere Wahrscheinlichkeit einer mehrfachen Ionisierung durch sehr weiche Röntgenstrahlen; vgl. etwa L. MEITNER, Naturwissensch. Bd. 19, S. 497. 1931.

[3] J. FRANCK u. W. WESTPHAL, Verh. d. D. Phys. Ges. Bd. 11, S. 146 u. 276. 1909.

[4] Da TOWNSEND auch in Wasserstoff höher geladene positive Ionen gefunden hat, müßte auf Grund obiger Überlegung geschlossen werden, daß diese Ionen nicht dem Wasserstoff, sondern einer Verunreinigung entstammen, denn eine H_2-Molekel, die beide Elektronen verliert, ist kaum denkbar.

Ein Beispiel von Ionen, die ihre Laufbahn mit doppelt positiver Ladung beginnen, aber bei Zusammenstößen mit Gasmolekeln ein Elementarquant verlieren, bieten nach MUND, CAPRON und JODOGNE[1] die RaA-Rückstoßatome.

LOEB[2] bringt schwerwiegende Bedenken gegen die Existenz von doppelten Ladungen an normalen Gasionen längerer Lebensdauer vor und hält die Versuche von TOWNSEND und FRANCK und WESTPHAL nicht für beweisend.

51. MILLIKANS Versuche. MILLIKAN und seine Mitarbeiter[3] haben die Öltröpfchenmethode zur Beantwortung der Frage nach der Valenz der Gasionen verwendet. Ein kleines Tröpfchen wird im MILLIKANschen Kondensator durch ein elektrisches Feld in Schwebe gehalten; hierauf wird eine Schicht des Gases unterhalb des Tröpfchens kurzdauernd ionisiert und die Ladungsänderung des Tröpfchens beobachtet. Bei Ionisierung durch Röntgenstrahlen verschiedener Härte, durch β- und γ-Strahlen, ergeben sich im allgemeinen Änderungen um nur 1 Elementarquantum. Bei Ionisierung durch sekundäre Röntgenstrahlen einer mit Öl beschmierten Metallplatte — zum Vergleiche mit TOWNSENDS Versuchen — wurden 3mal unter 84 positiven Ladungsänderungen anscheinend doppelt geladene Ionen gefangen. Es könnte sich aber hier auch um rasch hintereinander stattfindendes Auffangen zweier einfach geladener Ionen gehandelt haben. Ausgedehnte Versuchsreihen mit α-Strahlen, die, um die Ionendichte zu vermindern, bei niedrigen Gasdrucken ausgeführt wurden, lieferten in Luft, CO_2, CCl_4, CH_3J und C_2H_3Hg unter 2900 Ladungsänderungen nur 5 Änderungen um 2 Elementarquanten. Unter allen vielfach variierten Versuchsumständen sind also fast alle, wenn nicht überhaupt alle Gasionen einfach geladen. Eine stichhaltige Erklärung für den höheren Prozentsatz doppelt geladener positiver Ionen bei den Versuchen von TOWNSEND und FRANCK und WESTPHAL mit Röntgenstrahlen scheint noch nicht vorzuliegen. Einen höheren Prozentsatz — bis zu 15% — doppelt geladener Ionen erhielt T. R. WILKINS[4] nach der MILLIKANschen Methode mit α-Strahlen im Helium.

Nach neuen, in L. MEITNERS Laboratorium von G. SCHMIDT[5] ausgeführten Versuchen werden in Luft durch α-Strahlen höchstens einige Promille doppelt geladener Ionen gebildet.

52. Umladung der Ionen. Unter Umladung wird hier die Änderung des Ladungszustandes eines Ions durch Elektronenaustausch mit einem neutralen Teilchen verstanden, im Gegensatze zur Wiedervereinigung mit freien Elektronen oder mit entgegengesetzt geladenen Ionen (Ziff. 31 u. f., 48) bzw. zur Anlagerung von freien Elektronen (Ziff. 60). Eine Umladung kann erfolgen durch Abgabe des überschüssigen Elektrons eines negativen Ions an ein neutrales Teilchen oder dadurch, daß ein positives Ion einem neutralen Teilchen ein Elektron entreißt. Ersteres wird z. B. von HOGNESS und HARKNESS[6] in Joddampf angenommen; der letztere Fall ist bei niedrigen Drucken eingehend untersucht worden; KALLMANN und ROSEN[7] haben wellenmechanisch und experimentell gezeigt, daß diese Umladungen um so häufiger auftreten, je kleiner der Unterschied zwischen der Neutralisierungsenergie N des Ions und der Ionisierungsenergie J des neutralen

---

[1] W. MUND, P. CAPRON u. J. JODOGNE, Bull. Soc. chim. de Belg. Bd. 40, S. 35. 1931.

[2] L. B. LOEB, Proc. Nat. Acad. Amer. Bd. 13, S. 726. 1927.

[3] R. A. MILLIKAN u. H. FLETCHER, Phil. Mag. (6) Bd. 21, S. 753. 1911; MILLIKAN, V. H. GOTTSCHALK u. M. J. KELLY, Phys. Rev. (2) Bd. 15, S. 157. 1920.

[4] T. R. WILKINS, Phys. Rev. (2) Bd. 17, S. 404. 1921.

[5] G. SCHMIDT, ZS. f. Phys. Bd. 72, S. 275. 1931.

[6] T. R. HOGNESS u. R. W. HARKNESS, Phys. Rev. Bd. 32, S. 784. 1928.

[7] H. KALLMANN u. B. ROSEN, ZS. f. Phys. Bd. 61, S. 61. 1930; ferner F. GOLDMANN, Ann. d. Phys. (5) Bd. 10, S. 460. 1931; F. WOLF, ZS. f. Phys. Bd. 74, S. 575. 1932. Über Umladung von Hg in He siehe C. F. POWELL u. A. M. TYNDALL, Nature Bd. 127, S. 592. 1931.

Teilchens ist, und zwar ist die Wahrscheinlichkeit vom Vorzeichen dieses Unterschiedes unabhängig für Atome, dagegen sind positive Werte von $N - J$ bevorzugt, wenn es sich um Molekel handelt. Daß auch bei den Komplexionen, wie sie sich bei höheren Drucken bilden, derartige Umladungen vorkommen, ist wiederholt im Hinblick auf die unter Ziff. 61 besprochenen Erscheinungen angenommen worden, kann aber wohl noch nicht als erwiesen gelten.

53. Große Ionen. Die obigen Erörterungen beziehen sich auf normale Gasionen, die für die meisten Zwecke als durchwegs einfach geladen betrachtet werden können. Die großen, langsam beweglichen Ionen könnten sich aber anders verhalten. Eine Anwendung der TOWNSENDschen Beziehung auf diese scheint noch nicht vorzuliegen, hingegen tragen ultramikroskopisch sichtbare Teilchen, wie die direkte Beobachtung ergibt, schon häufig vielfache Ladungen, und da ein kontinuierlicher Übergang von solchen Teilchen zu den nicht mehr sichtbaren langsamen Ionen besteht, so wäre die Frage experimentell zu entscheiden, wie groß ein Ion werden muß, um mehr als eine Ladung aufzunehmen. Theoretisch läßt sie sich teilweise auf Grund der Betrachtungen von MILLIKAN beantworten. Da die mittlere kinetische Energie einer Gasmolekel bei Zimmertemperatur $5{,}7 \cdot 10^{-14}$ Erg ist, so kann eine zweite Ladung nur aufgenommen werden, solange $\frac{e^2}{r} < 5{,}7 \cdot 10^{-14}$ ist, also $r > \frac{e^2}{5{,}7 \cdot 10^{-14}}$ oder $r > 4 \cdot 10^{-6}$ cm.

Sonach wären auch für große Ionen, solange sie amikroskopisch sind, wohl keine durch Anlagerung erlangte höheren Ladungen zu erwarten (Grenze der ultramikroskopischen Sichtbarkeit nach ZIGMONDY für Gold in Rubinglas $3 \cdot 10^{-7}$ cm Radius, bei geringeren optischen Differenzen entsprechend höher); damit ist aber nicht gesagt, daß die großen Kerne bei ihrer Bildung (chemische Prozesse usw.) nicht schon höhere Ladungen mitbekommen könnten[1].

b) Radius und Masse.

54. Einfaches Molekelion oder Molekelhaufen? Die Tatsache, daß der Diffusionskoeffizient der normalen Gasionen von der Größenordnung des Diffusionskoeffizienten hochmolekularer Dämpfe in Luft ist (z. B. Amylisobutyrat in Luft, 0°, $D = 0{,}0423$), legte von Anfang an die Annahme nahe, die Gasionen seien nicht einzelne elektrisch geladene Molekel, sondern Molekelkomplexe (englisch „cluster"), die sich um einzelne elektrisch geladene Teilchen bilden. Diese Folgerung konnte auch aus dem Vergleiche der gemessenen Beweglichkeitswerte mit den theoretischen Formeln gezogen werden. Die unter Ziff. 39 bis 41 besprochenen Theorien geben, wenn man die beobachteten Beweglichkeitswerte zur Berechnung des Ionenradius benützt, durchwegs Werte, die größer sind als der Molekelradius. Aber auch bei Berücksichtigung der elektrostatischen Anziehung zwischen Ionen und Molekel, welche die theoretischen Beweglichkeitswerte herabsetzt, ergeben sich nach LANGEVIN u. a. noch immer Ionenradien, die kleine Vielfache des Molekelradius sind. So schätzt LANGEVIN auf Grund seiner Theorie den Radius der positiven Ionen in Luft gleich dem dreifachen, den der negativen gleich dem doppelten des Molekelradius.

Gegen die Annahme von Molekelkomplexen wendet sich die Theorie von WELLISCH, die für monomolekulare Ionen die beobachteten Beweglichkeiten ergibt. Auch SUTHERLAND nimmt solche einfache Ionen an. Da aber die Theorie von WELLISCH als nicht stichhaltig befunden worden ist und die von SUTHERLAND

[1] Die großen Ionen der Atmosphäre tragen nach J. J. NOLAN, R. K. BOYLAN und G. P. DE SACHY (Nature Bd. 115, S. 589. 1925) einfache Ladung; s. auch A. R. HOGG, Nature Bd. 128, S. 908. 1931. Über Ladungsmessungen in natürlichen Nebeln s. A. WIEGAND, Phys. ZS. Bd. 27, S. 803. 1926; vgl. auch W. BUSSE, Ann. d. Phys. (4) Bd. 76, S. 493. 1925.

eine theoretisch wie experimentell nicht genügend begründete gewaltige Erhöhung der Reibung im Gase durch das elektrische Feld des Ions einführt, so kann der aus diesen Theorien bezogene Schluß auf die einfache Natur der Gasionen nicht als bindend anerkannt werden.

Eine dritte Ansicht des Problems bietet die Theorie von LOEB. Da nach dieser Theorie (Ziff. 43) die Beweglichkeit von den unmittelbaren Eigenschaften des Ions bis auf eine geringe Abhängigkeit von der Masse, die nach LOEB nicht sicher die Fehlergrenze der Messungen in dem hier in Betracht kommenden Intervall übersteigt, ganz unabhängig ist, wäre es durch Beweglichkeitsmessungen überhaupt nicht möglich, die Natur der Gasionen zu ergründen. Allein, da LOEBS Theorie für die Beweglichkeiten numerische Werte liefert, die mit der Erfahrung nur der Größenordnung nach übereinstimmen, so besteht keine Gewähr dafür, daß hier der Einfluß der elektrostatischen Anziehung zwischen Ion und Molekel, der eben in der Theorie eine Größenänderung des Ions gerade kompensiert, richtig in Rechnung gesetzt ist, wie denn diese Theorie von LOEB selbst wieder aufgegeben worden ist (s. Ziff. 43, Anm. 1). Gegen die Bildung von Komplexen spricht die Theorie von LOEB auf keinen Fall. Sie benützt ja die von J. J. THOMSON berechnete Verkürzung der freien Weglänge durch die elektrostatische Anziehung, und THOMSON selbst bemerkt, daß die Bedingung für eine wesentliche Verkürzung der Weglänge dieselbe ist wie die für Komplexbildung. Es muß auch bemerkt werden, daß die Grenze zwischen einem mehr oder weniger instabilen Molekelkomplex und einer nur scheinbaren Vergrößerung durch Anziehung keine ganz scharfe ist[1].

Bei dieser Sachlage wird es wohl am zweckmäßigsten sein, die nach der LENARDschen Theorie, als der am vollständigsten ausgebauten, berechneten Ionenradien zu akzeptieren mit dem Vorbehalte, daß die von dieser Theorie vernachlässigte elektrostatische Anziehung zwischen Ion und Molekel eine die Radien verkleinernde Korrektur bedingen bzw. dazu führen könnte, diese Radien überhaupt nur als „scheinbare" Radien zu betrachten. Eine Ungenauigkeit haftet der Radienbestimmung schon deswegen an, weil die Theorie stets ein kugelförmiges Ion voraussetzt, während weder die wahre Gestalt der Molekel noch die der hypothetischen Molekelkomplexe bekannt ist.

In folgender Tabelle sind für Luft die zu verschiedenen Ionenradien gehörigen Beweglichkeitswerte bezogen auf 1 Volt ausgerechnet, wobei über den nach LENARD zum Ausdrucke $\frac{e}{\pi \varrho W s^2}$ hinzutretenden Faktor zwei verschiedene Annahmen gemacht wurden. Jener Faktor ist nämlich (s. Ziff. 40) eine Funktion von $\mu = \frac{m}{m+M}$, und da dieser Faktor durch den (scheinbaren) Ionenradius nicht eindeutig definiert ist, so ist eine ergänzende Annahme nötig. In Tabelle 16 sind die Radien der ersten Reihe unter der Annahme eines Mittelwertes für

Tabelle 16. Berechnung der Ionenbeweglichkeit nach LENARD.

Ionenradius · 10^8	Beweglichkeit, berechnet		Ionenradius · 10^8	Beweglichkeit, berechnet	
	mit Faktor 1,0	mit m prop. r^3		mit Faktor 1,0	mit m prop. r^3
1,5	9,8	13,4	6	1,57	1,19
2	7,2	7,5	7	1,22	0,91
3	4,35	3,7	8	0,99	0,74
4	2,90	2,32	9	0,80	0,60
5	2,10	1,62	10	0,67	0,50

[1] Neue Messungen in HCl-Luftgemischen deutet LOEB (Proc. Nat. Acad. Amer. Bd 12, S. 35 u. 42. 1926) durch die Annahme labiler Komplexe.

den LENARDschen Faktor = 1,0 berechnet, die der zweiten unter der Annahme, die Masse m des Ions sei dem Kubus seines Radius proportional.

Sonach wäre in Luft der Radius der positiven Ionen (über die negativen wird weiter unten gesprochen werden) zwischen 4 und $7 \cdot 10^{-8}$ cm oder etwa das 3—5 fache des Molekelradius. LANGEVIN hat, wie schon bemerkt, für die positiven Ionen den 3fachen Molekelradius gefunden. Auf ähnliche Weise findet man für die positiven Ionen in Wasserstoff, wenn der LENARDsche Faktor = 1 genommen wird, den Ionenradius etwa $2{,}4 \cdot 10^{-8}$, d. i. gleich dem doppelten Molekelradius $1{,}2 \cdot 10^{-8}$, in Helium $6{,}5 \cdot 10^{-8}$, etwa das 7fache des Molekelradius $0{,}95 \cdot 10^{-8}$, in CO_2 $8 \cdot 10^{-8}$, das 5fache des Molekelradius $1{,}6 \cdot 10^{-8}$.

Unter ziemlich speziellen, theoretisch wohl nicht durchwegs gesicherten Annahmen über die anziehenden und abstoßenden Kräfte zwischen den Gasmolekeln gelangen HASSÉ und COOK[1] in Fortführung der LANGEVINschen Theorie (s. Ziff. 42) zu wesentlich kleineren Beweglichkeiten für monomolekulare Ionen, die den höchsten beobachteten Werten in ganz reinen Gasen schon recht nahekommen, z. B. etwas über 3 cm/sec für Luft und 25 bis 30 cm/sec für Helium, wobei sie bemerken, daß Ladungsübertragung beim Stoß eine weitere Herabsetzung der Beweglichkeit berechnen läßt, bei He bis auf 17 cm/sec, wie sie von TYNDALL und POWELL beobachtet worden ist.

Die Beweglichkeitstheorien sind wohl noch nicht soweit gesichert, daß mit Bestimmtheit behauptet werden könnte, man sei mit der Beobachtung wirklich schon beim monomolekularen Ion angelangt; bei den meist beobachteten handelt es sich jedenfalls nicht um solche.

H. A. ERIKSONS Ansichten über die Größe der Ionen s. Ziff. 56 und 61.

Die Erfahrungen mit Gasgemischen sind ohne Komplexbildung kaum verständlich. Ein nicht zu unterschätzendes Argument zugunsten der Komplexbildung liefern auch die Studien von LINDT[2] und seinen Mitarbeitern über die chemische Wirksamkeit von Gasionen.

55. Die Masse der Ionen. Über die Masse der Ionen läßt sich auf Grund von Beweglichkeitsmessungen bei höheren Drucken nicht viel aussagen, da nach den einwandfreiesten Theorien in Übereinstimmung mit der Erfahrung die Beweglichkeit nur sehr wenig von der Masse des Ions abhängt. Wesentlich von der Masse abhängig ist die Ablenkung eines Ionenstromes durch ein Magnetfeld. Diese erlangt aber praktisch meßbare Beträge erst bei niedrigen Drucken, und demgemäß liegen Massenbestimmungen von Ionen gebildet durch Ionisatoren, wie sie bei den Beweglichkeitsmessungen bei höheren Drucken verwendet werden, nur bei niedrigen Drucken vor. Die negativen Ionen sind dann vorwiegend Elektronen, über die positiven Ionen liegen einige wenige Angaben vor. W. DUANE[3] bestimmte die magnetische Feldstärke, die erforderlich ist, um den Strom durch einen Plattenkondensator, zwischen dessen Platten das verdünnte Gas durch α-Strahlen ionisiert wird, durch Zurückbiegen der Ionenbahnen zu unterdrücken, und schließt aus seinen Beobachtungen, daß die positiven Ionen teils H-Kerne, teils O_2- und N_2-Molekel mit 1 oder 2 Elementarquanten sind. H. D. SMYTH[4] ionisiert Gase bei niedrigen Drucken durch Glühelektronen, die durch ein elektrisches Feld, dessen Stärke variiert wird, beschleunigt werden, und schickt die so erzeugten Ionen in eine Art einfachen Massenspektrographen. Für Wasser-

---

[1] H. B. HASSÉ u. W. R. COOK, Phil. Mag. (7) Bd. 12, S. 554. 1931.

[2] Siehe etwa die Zusammenfassung von S. C. LINDT in Science Bd. 44, S. 1. 1926; vgl. auch H. KALLMANN, Naturwissensch. Bd. 14, S. 427. 1926.

[3] W. DUANE, C. R. Bd. 153, S. 336. 1911.

[4] H. D. SMYTH, Nature Bd. 111, S. 810. 1923; Bd. 114, S. 124. 1924; Proc. Roy. Soc. London (A) Bd. 102, S. 283. 1922; Bd. 104, S. 121. 1923; Phys. Rev. (2) Bd. 25, S. 452. 1925.

stoff wird festgestellt, daß die Ionisation durch Elektronen von ca. 17 Volt Geschwindigkeit zur Bildung von einfach geladenen Wasserstoffmolekeln, also H_2^+, führt; bei höherer Spannung treten je nach Anordnung des Feldes und je nach dem Drucke ein größerer oder kleinerer Bruchteil von H^+ und H_3^+ auf. In Stickstoff ergeben sich folgende kritische Potentiale mit den entsprechenden Ionen:

Kritisches Potential	Beobachtete Ionen	Deutung ihrer Bildung
16,9 Volt	N_2^+	$N_2 \rightarrow N_2^+ + e$
24,1 „	N^{++}	$N_2 \rightarrow N^{++} + N + 2e$ oder $N^{++} + N^- + e$
27,7 „	N^+	$N_2 \rightarrow N^+ + N^+ + 2e$

Es scheint hieraus hervorzugehen, daß jenes Produkt, welches bei steigender Energie des Ionisators zunächst gebildet wird, die einfach geladene Molekel ist, daß aber bei energischerer Ionisierung auch Dissoziation der Molekel und höhere Ladungen auftreten[1]. Von Komplexbildung ist bei diesen Versuchen bei niedrigen Drucken nichts zu merken[2]. Es wäre sehr wichtig, eine Methode auszuarbeiten, die gleichzeitig Ionenbeweglichkeiten nach den üblichen Methoden zu messen und die Masse derselben Ionen bei demselben Drucke nach Art der eben besprochenen Versuche zu bestimmen gestattete.

56. Der polare Unterschied der Ionen. Das auffallendste Ergebnis der ersten Beweglichkeitsmessungen ZELENYS, das immer wieder bestätigt worden ist, ist der Unterschied in der Beweglichkeit der Ionen von entgegengesetztem Vorzeichen. Der Unterschied — die größere Beweglichkeit der negativen Ionen — ist sehr auffallend bei den „permanenten“ Gasen, er ist gering bei CO_2, wo ein geringer Feuchtigkeitszusatz das Verhältnis sogar umkehren kann, er ist ebenfalls klein und nicht immer dem Sinne nach feststellbar bei den Dämpfen. In einigen Gasen ist das Verhältnis sogar kleiner als 1: so in Cl (FRANCK, H. MAYER, LOEB), H_2O (PRZIBRAM, LOEB), HCl und SO_2 (LOEB); s. Tabelle 2. Die Komplextheorie der Gasionen kann dieser Tatsache durch die Annahme einer Abhängigkeit der Komplexgröße vom Vorzeichen der Ladung gerecht werden. Das positive Ion müßte sich sonach im allgemeinen mit einem größeren Komplex umgeben als das negative (vgl. die Schätzung von LANGEVIN); in feuchtem CO_2 und im stark elektronegativen Chlor (J. FRANCK) wäre das umgekehrte der Fall. Eine andere Deutungsmöglichkeit, welche beiden Theorien, der Theorie des komplexen wie der des einfachen Ions zur Erklärung eines $u_2/u_1 > 1$ offen steht, ist die, daß das Elektron zeitweilig das negative Ion verläßt und längere oder kürzere Zeit frei bleibt, ehe es sich wieder an eine Molekel oder einen Molekelkomplex anlagert. Die Frage der Elektronenanlagerung wird im folgenden Absatz behandelt.

Eine eigenartige Deutung, die sich auf die neueren Anschauungen über Atomstruktur stützt, hat K. L. YEN[3] versucht. Die Elektronenhüllen einzelner Atome oder Molekel üben abstoßende Kräfte aufeinander aus. Von den Gasionen, die als einfache Molekel angesehen werden, besitzt das positive ein Elektron zu wenig in der Hülle, das negative ein Elektron zu viel. Jene abstoßenden Kräfte auf die neutralen Molekel sollen dann im Falle des positiven Ions etwas kleiner, im Falle des negativen Ions etwas größer sein; der kleineren Abstoßungskraft soll aber eine kleinere freie Weglänge, dieser eine kleinere Beweglichkeit entsprechen.

Nach ERIKSON (vgl. Ziff. 61) wären die negativen Ionen monomolekular, die (gealterten) positiven bimolekular und die Beweglichkeiten überhaupt nur

[1] Vgl. hierzu auch die Beobachtungen von F. L. MOHLER, Phys. Rev. (2) Bd. 26, S. 614. 1925; T. R. HOGNESS u. E. G. LUNN, ebenda (2) Bd. 26, S. 44 u. 786. 1925.

[2] Bezüglich der Erfahrungen an positiven Strahlen s. ds. Handb. 2. Aufl., Bd. XXII/2.

[3] KIA LOK YEN, Phys. Rev. (2) Bd. 11, S. 337. 1918.

von der Anzahl der Molekel, aus denen das Ion besteht, abhängig[1], doch liegt diesen Annahmen keine durchgeführte Theorie zugrunde.

57. Größenänderung der Ionen. Da der Primärprozeß der Ionisierung eines Gases nach allen vorliegenden Erfahrungen in der Abspaltung eines Elektrons von einer Molekel oder einem Atom besteht, so sind die zunächst gebildeten Ionen negative Elektronen und positive Molekel- oder Atomionen. Da aber die Beweglichkeits- und Diffusionsmessungen ergeben, daß in vielen reinen Gasen und allen Gasen, die nicht besonders gereinigt sind, auch die negativen Ionen molekulare Dimensionen aufweisen, die normalen Ionen nach den meisten und erprobtesten Theorien aus Molekelkomplexen bestehen müssen und ferner in vielen Fällen auch noch weit größere, langsame Ionen entstehen, so erheben sich drei die Größenänderung der Ionen betreffende Fragen: 1. wie erfolgt die Anlagerung der Elektronen an die Molekeln des Gases; 2. wie bildet sich ein Molekelkomplex um die einfachen Molekel- oder Atomionen; 3. wie entstehen die „großen“ Ionen?

58. Freie Elektronen in einem Gase. Dieser Fall, bei dem der Begriff der Beweglichkeit seine einfache Bedeutung verliert, da die Beweglichkeit hier von der Feldstärke wesentlich abhängt, greift über in das Kapitel Durchgang von Korpuskularstrahlen durch die Materie und kann hier nur flüchtig gestreift werden (s. das betreffende Kapitel).

Für die Geschwindigkeit eines Elektrons in einem Gase hat LENARD[2] die Formel abgeleitet $u = \frac{1}{2\pi}\frac{e}{\varrho r^2 W}\sqrt{\frac{M}{m}}$, wenn die mittlere kinetische Energie der ungeordneten Bewegung des Elektrons gleich der der Gasmolekel ist (gastheoretische Geschwindigkeit des Elektrons). Da aber in Gasen, in denen die Elektronen frei bleiben, elastische Zusammenstöße stattfinden, das Elektron also die dem Felde entnommene Energie über eine ganze Reihe von freien Weglängen integriert, wobei auch die weitgehende Durchlässigkeit der Atome für die Elektronen in Betracht kommt, so wächst im Felde seine ungeordnete Geschwindigkeit über den Mittelwert für die Molekel, und LENARD berücksichtigt dies durch Einführung des Faktors a in den Nenner des obigen Ausdruckes, der das Verhältnis der tatsächlichen mittleren Geschwindigkeit des Elektrons zum gastheoretischen Wert dieser Geschwindigkeit ist.

Das Anwachsen der kinetischen Energie der Elektronen im Felde über den gastheoretischen Wert hat zuerst TOWNSEND festgestellt. Die Versuche von FRANCK und G. HERTZ haben dann auf das unmittelbarste das Auftreten elastischer Stöße nachgewiesen. G. HERTZ[3] berechnet die Energiezunahme und demnach auch die ungeordnete Geschwindigkeit v eines im elektrischen Felde wandernden Elektrons unter Berücksichtigung kleiner Energieverluste bei den Zusammenstößen mit den Molekeln und hieraus mittels der Gleichung $w = \frac{e\lambda}{mv}\mathfrak{E}$ auch die Wanderungsgeschwindigkeit im elektrischen Feld, die gleich $\sqrt{\lambda\frac{e}{m}\mathfrak{E}}\cdot\sqrt[4]{\frac{k}{2}}$ gefunden wird, wo k der bei einem Stoß verlorengehende Bruchteil der kinetischen Energie des Elektrons ist. Die Wanderungsgeschwindigkeit ist also der Quadratwurzel der Feldstärke proportional, woraus am deutlichsten das Versagen des Beweglichkeitsbegriffes zu erkennen ist. Theorien der freien Elektronenbewegung

[1] H. A. ERIKSON, Phys. Rev. (2) Bd. 25, S. 111. 1925, über eine Ausnahme hiervon bei H_2 siehe ERIKSON, ebenda (2) Bd. 26, S. 465. 1925.

[2] P. LENARD, Ann. d. Phys. Bd. 3, S. 298. 1900.

[3] G. HERTZ, Verh. d. D. Phys. Ges. Bd. 19, S. 268. 1917; Phys. ZS. Bd. 26, S. 868. 1925; vgl. hierzu V. A BAILEY, ZS. f. Phys. Bd. 68, S. 834. 1931.

in Gasen sind auch von H. A. WILSON[1] und von K. T. COMPTON[2] entwickelt worden. H. A. WILSON betrachtet die Bewegung eines Elektrons in einem Gase, dessen Molekel aus positiven Kernen umgeben von kugelförmigen Elektronenschalen vom Radius R gebildet sind. Unter Benutzung von TOWNSENDS Formel für die Geschwindigkeit eines Elektrons unter Einführung eines Persistenzfaktors der Bewegung findet er $w = \frac{0{,}815\,\mathfrak{E}\,e\,\lambda}{m\,V(1-\overline{\cos\Phi})}$, wo Φ der Winkel ist, um den die Bahn des Elektrons durch das Feld im Atom abgelenkt wird. Für $\frac{1}{1-\overline{\cos\Phi}}$ findet WILSON den Ausdruck $\frac{x^2(x-2)^2}{2\{x(2-x)+(x-1)^2\log(x-1)^2\}}$, wo $x = -\frac{R\cdot 2T}{E\,e}$, T die ursprünglich lebendige Kraft des Elektrons, E die Kernladung ist. Die Theorie vermag die Resultate TOWNSENDS für N_2 und H_2 wenigstens qualitativ wiederzugeben, weniger die für Argon.

COMPTON findet die „Beweglichkeit" eines Elektrons

$$u = \frac{0{,}815\,\lambda\,e}{\left[m\,e\,\Omega + 2m\,e\left(\frac{\Omega^2}{4} + W^2\right)^{\frac{1}{2}}\right]^{\frac{1}{2}}},$$

wo $e\Omega$ die mittlere kinetische Energie der Gasmolekel, eW die eines Elektrons, falls von der Bewegung der Molekel beim Stoße abgesehen wird, λ die mittlere freie Weglänge des Elektrons ist.

H. B. WAHLIN[3] findet seine Messungsergebnisse in N_2 bei Atmosphärendruck bei niedrigen Feldstärken durch COMPTONS Gleichung hinreichend wiedergegeben. Die empirischen Formeln von LOEB s. Ziff. 19.

59. Die Anlagerung der Elektronen an Gasmolekel. Der Übergang der negativen Molionen in Elektronen und der umgekehrte Vorgang läßt sich in Luft und anderen Gasen bei Verminderung bzw. Erhöhung des Gasdruckes beobachten als Abweichung vom Gesetze $u p =$ konst. Die Anlagerung eines Elektrons an eine Molekel entspricht dem, was LENARD als echte Absorption bezeichnet und beim Durchgang von Kathodenstrahlen beobachtet hat[4].

Die Neigung des Elektrons, sich an die Molekel eines Gases anzulegen, also negative Molionen zu bilden, bezeichnet man nach FRANCK als die Elektronenaffinität des Gases. Ihr quantitatives Maß ist die Arbeit, welche zur Abspaltung des Elektrons vom negativen Molekelion bzw. Atomion erforderlich ist (vgl. K. FAJANS[5]). Die Elektronenaffinität ist klein, wenn auch nicht gleich Null[6] für die Edelgase und reinen Stickstoff, in denen auch bei Atmosphärendruck die Elektronen frei bleiben. Sie ist ebenfalls klein in Wasserstoff. Die Elektronenaffinität der elektronegativen Gase schätzt FRANCK aus der Menge des betreffenden Gases, die zu einem Edelgase zugesetzt werden muß, um normale Beweglichkeitswerte der negativen Ionen zu liefern und stellt so die Reihe nach steigender Elektronenaffinität auf: Sauerstoff, Stickoxyd, Wasserdampf, Chlor. Ein Kennzeichen der Elektronenaffinität liefert auch der Wert des Verhältnisses $\mathfrak{E}/p$, bei welchem die Ionengeschwindigkeit rascher als proportional zu wachsen beginnt. Nach LATTEY ergibt sich auf diesem Wege die Reihe Wasserstoff, Luft, Kohlendioxyd, Wasserdampf; nach KOVARIK dagegen wären Luft und Kohlen-

---

[1] H. A. WILSON, Proc. Roy. Soc. London Bd. 103, S. 53. 1923.
[2] K. T. COMPTON, Phys. Rev. (2) Bd. 21, S. 717. 1923.
[3] H. B. WAHLIN, Phys. Rev. Bd. 23, S. 169. 1924; ferner ebenda (2) Bd. 35, S. 1568. 1930.
[4] P. LENARD, Ann. d. Phys. Bd. 8, S. 149. 1902; Bd. 12, S. 449 u. 714. 1903; Quantitatives über Kathodenstrahlen. 1918.
[5] K. FAJANS, Verh. d. D. Phys. Ges. Bd. 21, S. 714. 1919.
[6] R. DÖPEL (Ann. d Phys. Bd. 76, S. 1. 1925) hat in den Kanalstrahlen negativ geladene Heliumatome nachgewiesen.

dioxyd zu vertauschen. In eine ähnliche Reihe lassen sich die Gase in bezug auf die Größe des Energieverlustes beim Zusammenstoß eines Elektrons mit einer Molekel anordnen, die von J. FRANCK und G. HERTZ[1] direkt bestimmt worden ist. Der Verlust ist verschwindend gering in He, merklich größer in H_2 und bedeutend in O_2. Über die Quantenbeziehungen bei derartigen Zusammenstößen wird an anderer Stelle gesprochen. Über die Abhängigkeit der Anlagerungswahrscheinlichkeit von der Elektronengeschwindigkeit s. die Arbeiten von MOHLER, HOGNESS und HARKNESS und HEY und LEIPUNSKI[2].

60. Theorien der Elektronenanlagerung. Hier sollen nur noch zwei Theorien angeführt werden, die, ohne auf diese Quantenbeziehungen einzugehen, die mittleren Geschwindigkeiten berechnen lassen, welche beobachtet werden, wenn teils freie Elektronen, teils negative Molionen vorhanden sind.

LENARD[3] hat die Geschwindigkeit $\omega_{\varrho\xi}$ für den Fall berechnet, daß ein Elektron längs ϱ freien Weglängen reflektiert, während ξ freien Weglängen aber an eine Molekel gebunden wandert, ein Problem, das mit der Umladung bei Korpuskularstrahlen nahe zusammenhängt, und findet

$$\omega_{\varrho\xi} = \frac{\omega_{\text{frei, gasth.}} \frac{\varrho}{r^2 a_{1\varrho}^2} \sqrt{\frac{m}{M}} + \omega_{\text{abs.}} \sqrt{\frac{\mu}{s^2}} \left[\xi - 1 + \frac{1}{4}\frac{1-\mu}{1+\mu} - 2\mu^2 \frac{1-\mu^{(\xi-1)}}{1-\mu^2}\right]}{\frac{\varrho}{r^2 a_{1\varrho}} \sqrt{\frac{m}{M}} + \left(\xi - \frac{1}{2}\right)\frac{\sqrt{\mu}}{s^2}}.$$

Hier bedeutet $\omega_{\text{frei, gasth.}}$ die Geschwindigkeit freier Elektronen, deren mittlere kinetische Energie gleich der der Molekel ist, $\omega_{\text{abs.}}$ die Geschwindigkeit eines monomolekularen Ions, r den Molekelradius, $a_{1\varrho}$ das Verhältnis der mittleren Molekulargeschwindigkeit des Elektrons zu seiner gastheoretischen Geschwindigkeit. Außer auf Flammen (s. daselbst) wendet LENARD diese Formel auch auf die Messungen FRANCKS in Stickstoff und Argon an. Im Hinblick auf die Zahl der Unbekannten ϱ, ξ, a müssen gewisse ergänzende Annahmen gemacht werden, und LENARD gelangt zu dem Schlusse, daß FRANCKS Beweglichkeitswerte erklärt werden können unter der Annahme, die Elektronen legen ebensoviel Weglängen im freien wie im absorbierten Zustande zurück. Indessen haben LOEB und WAHLIN weit größere Beweglichkeiten in Stickstoff usf. erhalten, die sogar den Wert übersteigen, den LENARDS Formel für dauernd freie Elektronen liefert.

Eine relativ einfache Theorie der Elektronenanlagerung hat J. J. THOMSON[4] entwickelt. Er nimmt an, daß unter je n Stößen zwischen Elektron und Molekel einer zur Anlagerung des Elektrons führt. Die Wahrscheinlichkeit, daß ein Elektron sich auf der Strecke x anlagert, ist dann $e^{-\frac{a x}{n \lambda}}$, wo λ seine freie Weglänge und $a = \frac{V}{u_\varepsilon X}$ ist. (V mittlere molekulare Geschwindigkeit des Elektrons, u_ε seine Beweglichkeit, X die Feldstärke.) Mit Hilfe dieses Ausdruckes berechnet THOMSON die Ladung Q, die eine Kondensatorplatte in der Zeit T erhält, wenn an der anderen im Plattenabstand d zu Beginn von T momentan N Elektronen gebildet werden, als Funktion der Spannung und findet, $Q = Ne\, e^{-\frac{\alpha(d - u_2 XT)}{n\lambda(1 - u_2/u_\varepsilon)}}$, wo u_2 die Beweglichkeit des Molions ist.

---

[1] J. FRANCK u. G. HERTZ, Phys. ZS. Bd. 17, S. 433. 1916. Quantitative Angaben über die Energieverluste s. G. HERTZ, Verh. d. D. Phys. Ges. Bd. 19, S. 268. 1917.

[2] F. L. MOHLER, Phys. Rev. Bd. 26, S. 614. 1925; T. R. HOGNESS u. R. W. HARKNESS, ebenda Bd. 32, S. 784. 1928; W. HEY u. A. LEIPUNSKI, ZS. f. Phys. Bd. 66, S. 669. 1931.

[3] P. LENARD, Ann. d. Phys. Bd. 40, S. 393. 1913; Bd. 41, S. 53. 1913.

[4] J. J. THOMSON. Phil. Mag. (6) Bd. 30, S. 321. 1915. Über die freie Lebensdauer eines Elektrons s. auch J. J. THOMSON, ebenda (6) Bd. 47, S. 360. 1924.

Diese Gleichung hat LOEB[1] auf seine Messungen angewendet, findet sie hinreichend erfüllt und bestimmt auf diesem Wege n, die Zahl der Stöße, die das Elektron erleiden muß, um sich an eine Molekel anzulagern. Die Werte von n schwanken stark. LOEB[2] und WAHLIN[3] geben u. a. folgende Werte:

Tabelle 17. Zahl n der Stöße eines Elektrons bis zur Anlagerung.

Gas	n	Gas	n
N_2	∞	N_2O	0,8 bis $6{,}4 \cdot 10^5$
H_2	∞	Luft	0,7 „ $6{,}4 \cdot 10^4$
CO	1,0 bis $6{,}0 \cdot 10^7$	O_2	1,4 „ $5{,}7 \cdot 10^3$
NH_3	0,7 „ $1{,}6 \cdot 10^7$	Cl_2	weniger als $2{,}1 \cdot 10^3$
CO_2	2,3 „ $4{,}3 \cdot 10^6$		

Auch hier erkennt man die FRANCKsche Reihe der Elektronenaffinität. Von seiten TOWNSENDS sind allerdings gegen diese Versuche und ihre Deutung Bedenken erhoben worden, und zwar einerseits gegen die Wechselfeldmethode LOEBS, bei welcher die Elektronen zeitweilig nur verschwindenden Feldstärken unterliegen und anderseits gegen THOMSONS Annahme eines konstanten n*.

Schließlich sei noch einer abweichenden Auffassung von E. M. WELLISCH[4] gedacht. WELLISCH findet bei Messungen nach der FRANCKschen Methode zwei Beweglichkeitswerte: einen, der normalen Ionen entspricht und bis $^1/_7$ mm herab dem Druck umgekehrt proportional ist, und einen höheren, freien Elektronen zuzuschreibenden. Er schließt hieraus, daß man es bei den Abweichungen vom Gesetze $up =$ konst. nicht mit einem Abwechseln von freien und gebundenen Elektronen zu tun hat, sondern mit einem von den Versuchsumständen abhängenden Prozentsatz dauernd freier Elektronen und negativer Molionen, derart, daß der erste Augenblick der Entstehung schon darüber entscheiden soll, ob das Elektron dauernd frei bleibt oder sich in ein Molion verwandelt. Dies wird dahin gedeutet, daß zur Anlagerung eine gewisse kinetische Energie des Elektrons erforderlich sein soll, die es nur im Augenblicke der Ionisierung besitzt. Lagert es sich hier nicht gleich an, so soll es dauernd frei bleiben. Allein LOEB[5] findet bei Erzeugung der negativen Ionen durch Ultraviolettbestrahlung der einen Platte des Meßkondensator selbst keine Spur der von WELLISCH beobachteten zwei verschiedenen Beweglichkeiten und schließt hieraus, daß sie bei WELLISCH dadurch zustande gekommen sind, daß ein Teil der im Vorkondensator gebildeten Elektronen sich schon hier am Molekel angelagert haben, während die, die frei in den Meßkondensator eintreten konnten, keine Gelegenheit zur Anlagerung mehr hatten.

61. Bildung von Komplexen; das „Altern" der Ionen. Da die Möglichkeit in Betracht gezogen werden muß, daß die Bildung eines Molekelkomplexes um ein einfaches Molekelion eine meßbare Zeit erfordert, ist wiederholt nach einem zeitlichen Anwachsen der Ionen, das sich nach der Theorie des komplexen

[1] L. B. LOEB, Proc. Nat. Acad. Amer. Bd. 7, S. 5. 1921.

[2] L. B. LOEB, Phil. Mag. (6) Bd. 43, S. 229. 1922; (7) Bd. 8, S. 98. 1929; ferner A. M. CRAVATH, Phys. Rev. Bd. 33, S. 266 u. 605. 1929.

[3] H. B. WAHLIN, Phys. Rev. (2) Bd. 19, S. 173. 1922.

* Vgl. V. A. BAILEY, Phil. Mag. (6) Bd. 46, S. 213. 1923; V. A. BAILEY u. J. D. MCGEE, ebenda (7) Bd. 6, S. 1073. 1928; Bd. 7, S. 277. 1929; V. A. BAILEY u. W. E. DUNCANSON, ebenda Bd. 10, S. 145. 1930.

[4] E. M. WELLISCH, Sill. Journ. (4) Bd. 39, S. 583. 1915; Bd. 43, S. 1. 1917; Phys. Rev. (2) Bd. 6, S. 53. 1915; Nature Bd. 95, S. 230. 1915; Bd. 128, S. 547. 1931; vgl. aber dagegen J. L. HAMSHERE, ebenda Bd. 128, S. 871. 1931.

[5] L. B. LOEB, Phys. Rev. (2) Bd. 17, S. 89. 1921.

Ions in einer Verminderung der Beweglichkeit zu erkennen geben müßte, gesucht worden. Hier sind zunächst Untersuchungen der Lenard-Schule zu nennen. A. BECKER[1] fand bei Messungen im Zylinderkondensator bei hinreichend großen Strömungsgeschwindigkeiten in Luft bei Atmosphärendruck, die sorgfältig kältegereinigt war, Beweglichkeiten bis hinauf zu 5,9 cm. Das positive Ion erreicht nach diesen Versuchen in 2 Sekunden eine konstante Größe; für die negativen Ionen wurde innerhalb 10 Sekunden eine Abnahme der Beweglichkeit von 2,1 auf 1,6 cm beobachtet. Aus der Langsamkeit des Vorganges schließt LENARD[2], daß für die Anlagerung nicht so sehr die Molekel der Luft, als die noch vorhandenen Spuren anderer Substanzen in Betracht kommen. BECKER läßt jedoch die Möglichkeit offen, daß die hohen Beweglichkeiten durch Diffusion vorgetäuscht sein könnten. W. ALTBERG[3] verwendet die Netzkondensatormethode von ZELENY und findet hohe Beweglichkeiten, die er nach der LENARD schen Formel monomolekularen Ionen zuschreibt. Indessen ist diese Methode nicht geeignet zur Beobachtung sehr „junger" Ionen, und es kann die Vermutung nicht von der Hand gewiesen werden, daß auch hier die Beweglichkeitswerte, abgesehen von einer Korrektur wegen ungleicher Geschwindigkeitsverteilung im Gasstrome, die PIENKOWSKY[4] bei Wiederholung der Messungen ALTBERGS berücksichtigt hat, infolge Diffusion zu hoch erscheinen. Auch W. BUSSES Befund monomolekularer Ionen konnte nicht aufrechterhalten werden (s. Ziff. 13).

WAHLIN[5] verwendet die FRANCKsche Wechselfeldmethode (1800 bis 3600 Perioden) und α-Strahlen als Ionisator. Mit einem Hilfsfeld von 1,5 Volt ergibt sich für positive Ionen in Luft normale Beweglichkeit, mit einem Hilfsfeld über 3 Volt steigt die Beweglichkeit auf 1,8 cm. In letzterem Falle erreichen die Ionen die Meßkammer vor Beendung des Alterungsprozesses, dessen Dauer auf $^1/_{75}$ bis $^1/_{120}$ Sekunde geschätzt wird. Es muß hier noch dahingestellt bleiben, ob die Resultate nicht durch eine gegenseitige Beeinflussung der Felder in Hilfs- und Meßkondensator gefälscht sind (Durchgriff, vgl. LOEB, Ziff. 8).

Zu ganz eigenartigen Resultaten ist H. A. ERIKSON[6] mit der Ziff. 11 beschriebenen Methode gelangt. Er findet, daß das positive Ion zu Beginn seiner Laufbahn dieselbe Beweglichkeit hat wie das normale negative Ion und erst nach $^1/_{50}$ Sekunde seine normale kleinere Beweglichkeit annimmt. Abb. 15 gibt Beispiele der Kurven, die ERIKSON bei Messung der Aufladegeschwindigkeit des Elektrometers als Funktion des Abstandes *FD* (Abb. 15 a) für Ionen beider Vorzeichen von zwei verschiedenen Altern erhält. Bei Steigerung der Strömungsgeschwindigkeiten und Feldstärken erhält ERIKSON sogar gleichzeitig zwei Maxima in den Kurven für die positiven Ionen, entsprechend dem gleichzeitigen Vorhandensein von Ionen der zwei verschiedenen Typen (Abb. 15 b). ERIKSON meint, daß der den negativen und den frisch gebildeten positiven Ionen gemeinsame Beweglichkeitswert den monomolekularen Ionen entspricht, die kleinere Beweglichkeit der älteren (normalen) positiven Ionen aber einem bimolekularen Komplex. In ähnlicher Weise deutet ERIKSON die zwei von ihm mit den Restatomen des Aktinium erhaltenen Beweglichkeiten (Ziff. 23) als den einatomigen AcA und AcB, bzw. einem dreiatomigen Komplex AcB + 1 Molekel Luft zu-

[1] A. BECKER, Ann. d. Phys. (4) Bd. 36, S. 209. 1911.
[2] P. LENARD, Ann. d. Phys. Bd. 41, S. 93. 1913.
[3] W. ALTBERG, Ann. d. Phys. Bd. 37, S. 849. 1912.
[4] ST. PIENKOWSKY, s. P. LENARD, zitiert auf S. 92.
[5] H. B. WAHLIN, Phys. Rev. (2) Bd. 20, S. 267. 1922.
[6] H. A. ERIKSON, Phys. Rev. (2) Bd. 17, S. 421. 1921; Bd. 18, S. 100. 1921; Bd. 20, S. 117. 1922; Bd. 21, S. 720. 1923; Bd. 23, S. 110. 1924; Bd. 24, S. 502. 1924; Bd. 26, S. 465. 1925; s. auch A. M. TYNDALL u. G. C. GRINDLEY, Nature Bd. 117, S. 180. 1926.

kommend[1]. WAHLIN[2] findet nach der FRANCKschen Wechselfeldmethode bei der Ionisierung mit α-Strahlen in reinem Helium für die positiven Ionen eine Erhöhung der Beweglichkeit mit wachsender Feldstärke im Ionisationsraume und überdies zwei Beweglichkeiten, die durch einen allerdings nicht sehr scharfen Knick in der Stromspannungskurve angedeutet sind. So findet er bei einem Hilfsfeld von 18 Volt (junge Ionen) die zwei Werte 8,7 und 13,3 cm, bei einem Hilfsfeld von 1,5 Volt (gealterte Ionen) die zwei Werte 5,13 und 7,17 cm. In einer späteren Arbeit findet WAHLIN[3] auch in Luft positive Ionen verschiedener Beweglichkeit aus angedeuteten Knicken in den nach der Wechselfeldmethode aufgenommenen Stromspannungskurven, nämlich die Beweglichkeiten 1,89, 1,57, 1,35, 1,20, 1,10, 0,970, die zum Teil mit ERIKSONS und NOLANS Messungen übereinstimmen; es gilt aber wohl auch hier das unter Ziff. 22 über NOLANS Messungen Gesagte. LOEB[4] findet in Ätherdampf eine allerdings recht geringe Abnahme der Beweglichkeit der positiven Ionen in den ersten 0,03 Sekunden.

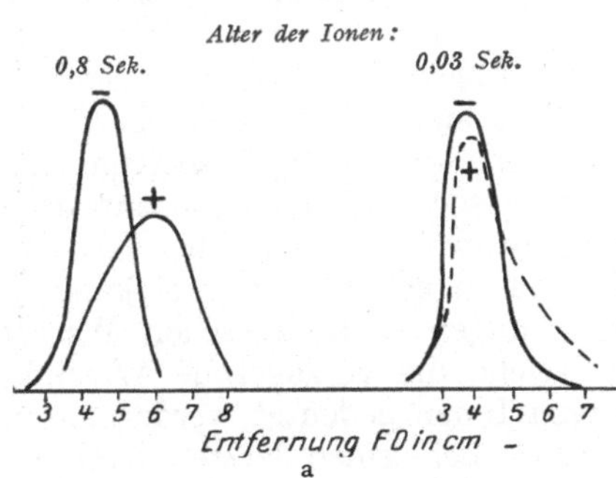

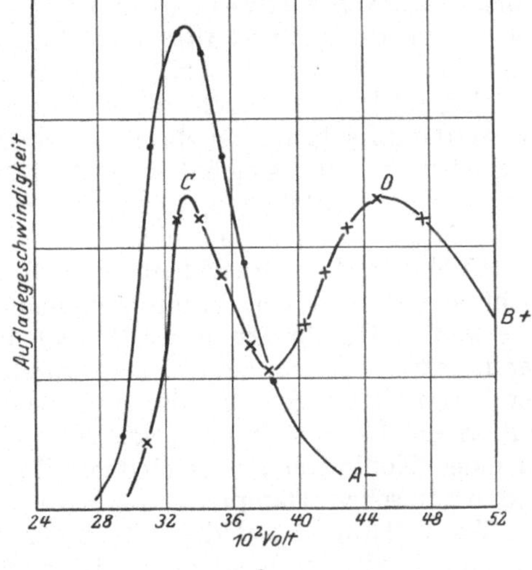

—·—·— negative Ionen. —×—×— positive Ionen.

Abb. 15. Das Altern der positiven Ionen nach ERIKSON.

Auf Änderung der Ionengröße der positiven Ionen deuten auch die Beweglichkeitsmessungen von J. FRANCK im Felde der Spitzenentladung und die von TODD bei niedrigen Drucken.

Die Resultate ERIKSONS für positive Ionen sind von A. M. TYNDALL und G. C. GRINDLEY[5] nach einer Wechselfeldmethode bestätigt worden; gleichzeitig zeigte sich aber das Altern der Ionen sehr vom Feuchtigkeitsgehalte der Luft abhängig. In ziemlich trockener Luft ist ein Altern während 0,007 Sekunden merklich, in feuchter Luft sind dagegen die Ionen noch nach der doppelten Zeit unverändert. Dieser verzögernde Einfluß des Wasserdampfes ist dann auch von L. M. VALASEK[6] und von J. J. MAHONEY[7] beobachtet worden; letzterer findet in gründlich getrockneter Luft überhaupt kein Altern, sondern nach den kürzesten

[1] In einer neuen Arbeit [Phys. Rev. (2) Bd. 26, S. 629. 1925] sucht jedoch ERIKSON diesen Befund und einen ähnlichen mit Ra- und Th-Induktionen erhaltenen auf einfach und doppelt geladene Teilchen zurückzuführen.

[2] H. B. WAHLIN, Proc. Nat. Acad. Amer. Bd. 10, S. 475. 1924.

[3] H. B. WAHLIN, Phil. Mag. Bd. 49, S. 566. 1925.

[4] L. B. LOEB, Proc. Nat. Acad. Amer. Bd. 11, S. 428. 1925.

[5] A. M. TYNDALL u. G. C. GRINDLEY, Proc. Roy. Soc. London (A) Bd. 110, S. 358. 1926; A. M. TYNDALL, G. C. GRINDLEY u. P. A. SHEPPARD, ebenda Bd. 121, S. 185. 1928.

[6] L. M. VALASEK, Phys. Rev. Bd. 29, S. 542. 1927.

[7] J. J. MAHONEY, Phys. Rev. Bd. 33, S. 217. 1929.

Zeiten nur die normalen niedrigen Beweglichkeiten. ERIKSON[1] wiederum findet in gut getrockneter Luft zwar auch kein Altern, aber dafür nur die „Initialionen" höherer Beweglichkeit; werden „gealterte" Ionen in feuchtere Luft gebracht, so verwandeln sie sich wieder in raschere Initialionen, die ihrerseits wieder allmählich altern.

J. S. ROGERS[2] beobachtete Alterung der positiven Ionen in Luft, H_2 und He zwischen 0,002 und 0,01 Sekunden und glaubt hierbei drei Stufen in der Änderung der Beweglichkeiten feststellen zu können; es kann aber bezweifelt werden, daß die Genauigkeit und Zahl der Beobachtungen hierzu ausreicht.

62. Versuche von SCHILLING, TYNDALL und POWELL, LOEB. Von entscheidender Bedeutung sind hier wohl die Versuche von H. SCHILLING[3]. In weitgehendst gereinigter Luft erhielt er die Beweglichkeiten $u = 2{,}40$, $u = 2{,}00$ cm/sec, ohne daß zwischen etwa 0,003 und 0,01 Sekunden ein Altern feststellbar war. Es genügte aber das Einschalten eines Wattefilters oder eines Kautschukschlauches (organische Dämpfe) in die Luftzuführung, um die positive Beweglichkeit auf 1,75 bis 1,4 herabzusetzen, die negative blieb hierbei unverändert. Spuren von Wasserdampf setzen aber die negative Beweglichkeit herab, so daß in manchen Versuchsreihen die gleiche Beweglichkeit beider Vorzeichen von etwa 1,8, wie bei ERIKSONS Initialionen, gefunden wurden. Nach SCHILLING sind die raschesten Ionen in ganz reiner Luft nicht monomolekular, sondern schon Komplexe, die im Hinblick auf die Raschheit ihrer Bildung aus Molekeln des Gases selbst und nicht aus solchen von Verunreinigungen bestehen müssen. Letztere bewirken eine weitere Herabsetzung der Beweglichkeit (Alterung) teils der positiven, teils der negativen Ionen, und dieser Prozeß kann bei sehr geringer Konzentration der Verunreinigungen experimentell erfaßt werden[4], während bei hoher Konzentration die Komplexbildung wieder unmeßbar rasch erfolgt. Hierbei kann es zu einer Konkurrenz verschiedener Verunreinigungen, z. B. zwischen Wasser und organischen Dämpfen, kommen, durch welche die verzögernde Wirkung des Wasserdampfes auf das Altern der positiven Ionen gedeutet werden kann. Zu ganz ähnlichen Ergebnissen ist auch ZELENY bei seinen letzten Arbeiten gelangt (s. Ziff. 14).

Die von TYNDALL und POWELL (s. Ziff. 13) in sehr reinem Helium gefundenen hohen positiven Beweglichkeiten sind schon von der Größenordnung, wie sie für monomolekulare Träger zu erwarten sind; die gewöhnlich gefundenen langsameren Ionen müssen von Verunreinigungen stammen, die in Helium zur Bildung positiver Ionen besonders geeignet sein werden, da sie ein einmal an ein positives He-Ion abgegebenes Elektron diesem nicht mehr entreißen können, wie TYNDALL und POWELL auf Grund der Untersuchungen von KALLMANN und ROSEN[5] bemerken. Dies erklärt auch die zunächst paradox anmutende Tatsache, daß man bei der Berechnung der Ionengröße aus der gewöhnlich angegebenen Beweglichkeit gerade für Helium zur Annahme besonders großer Komplexbildung (bis 7fachem Molekelradius) geführt wird, die man hier am wenigsten erwarten würde.

Sehr aussichtsreich erscheinen Versuche von L. B. LOEB[6] über die Wanderungsgeschwindigkeit von positiven Natriumionen in Wasserstoff. Die Na-Ionen werden von einer Kunsmanelektrode (Na-haltige Mischung auf erhitztem

[1] A. H. ERIKSON, Phys. Rev. Bd. 34, S. 635. 1929.
[2] J. J. ROGERS, Phil. Mag. (7) Bd. 5, S. 881. 1928.
[3] H. SCHILLING, Ann. d. Phys. Bd. 83, S. 23. 1927.
[4] Siehe auch die neueren Versuche von J. ZELENY (Ziff. 13); ferner N. E. BRADBURY, Phys. Rev. Bd. 40, S. 524. 1932.
[5] H. KALLMANN u. B. ROSEN, ZS. f. Phys. Bd. 61, S. 61. 1930.
[6] L. B. LOEB, Phys. Rev. Bd. 36, S. 152. 1930; Bd. 37, S. 1705. 1931; Bd. 38, S. 549. 1931.

Platin) geliefert und wandern in Wasserstoff von 5 bis 70 mm Hg. Es wird eine Wechselfeldmethode benützt und bei 500 bis 2000 Perioden Beweglichkeiten (auf Normaldruck bezogen) von 8 bis 10 cm/sec, bei 5000 Perioden bis zu 21 cm/sec gefunden, welch letzterer Wert auch noch bis 25000 Perioden konstant bleibt (Alter der Ionen ca. $2{,}10^{-5}$ sec). Die höchsten Werte könnten nach LOEB wieder monomolekularen Ionen entsprechen; mit dem Alter (abnehmende Periodenzahl) würde eine Vergrößerung der Ionen durch Anlagerung oder Umladung eintreten. Hier seien auch die während der Drucklegung erschienenen Messungen von TYNDALL und POWELL[1] kurz angeführt, die für Alkalimetallionen in Edelgasen folgende Beweglichkeiten erhielten:

	Na	K	Rb	Cs
Ar	3,21	2,77	2,37	2,23
Ne	8,87	7,88	7,08	6,49
He	23,1	22,3	20,9	19,2

entsprechend insbesondere in Ar einer Massenabhängigkeit von u, prop. $1/\sqrt{\mu}$ (s. Ziff. 40 u. 41).

Beim Überblick über diese Untersuchungen gewinnt man den Eindruck, daß die Forschung hier erst am Anfange einer aussichtsreichen Entwicklung stehe: es handelt sich um die durch elektrische und chemische Eigenschaften der Molekeln bedingte größere oder geringere Neigung zur Komplexbildung (s. auch Ziff. 23b); daß hier nicht allein, wie mehrfach vermutet (TYNDALL, LOEB), das Vorhandensein eines elektrischen Momentes in der Molekel maßgebend ist, zeigt, wie L. B. LOEB bemerkt, die starke Wirkung von Spuren des nichtpolaren Cl_2 auf die negative Beweglichkeit.

63. Theorie der Komplexbildung. Von einer Prüfung der Theorien der Komplexbildung, wie etwa der Theorie von KLEEMAN[2], kann noch keine Rede sein. Hier seien nur noch die Betrachtungen J. J. THOMSONS[3] angeführt über die Größe, die ein Molekelkomplex um ein Ion überhaupt erreichen kann. THOMSON betrachtet Ion und Molekel als leitende Kugeln und wendet den von MAXWELL abgeleiteten Ausdruck für die Anziehung zwischen einer geladenen und einer ungeladenen leitenden Kugel an. Solange die potentielle Energie dieser Anziehung größer als die kinetische Energie der Molekularbewegung ist, kann der Komplex Ion-Molekel bestehen bleiben. So ergibt sich eine Grenze für die Anlagerungsmöglichkeit weiterer Molekel. Ist der Molekelradius $= 10^{-8}$ cm, so kann nach dieser Berechnung der Ionenradius (Radius des Komplexes) bei 0° zwar den doppelten, aber nicht mehr den dreifachen Molekelradius übersteigen. Ist der Molekelradius 10^{-7}, so kann der Ionenradius nicht einmal den doppelten Molekelradius übersteigen. Da die ganze Berechnung nur eine erste Näherung darstellt, kann hierin kein Widerspruch mit den LENARDschen Radien erblickt werden. Aus dieser Betrachtungsweise folgt auch ohne weiteres, daß der Komplex bei höherer Temperatur zerfallen muß.

In einer neueren Arbeit betrachtet THOMSON[4] die Komplexbildung in Analogie mit der Wiedervereinigung. An Stelle der Anziehung zwischen den entgegengesetzt geladenen Ionen tritt die Anziehung zwischen der geladenen und einer ungeladenen, als leitende Kugel vom Radius b betrachteten Molekel, d. i. der Ausdruck $-\frac{2e^2b^3}{r^5}$. Der kritische Abstand d (s. Ziff. 48) ist in diesem Falle nur etwa ein Hundertstel des kritischen Abstandes bei der Wiedervereini-

[1] A. M. TYNDALL u. C. F. POWELL, Proc. Roy. Soc. London (A) Bd. 136, S. 145. 1932.

[2] R. D. KLEEMAN, Proc. Cambridge Phil. Soc. Bd. 16, S. 285. 1911; Bd. 17, S. 263. 1913; Phys. ZS. Bd. 12, S. 900. 1911.

[3] J. J. THOMSON, Conduction of Electricity through Gases, 2. Aufl., S. 26ff.

[4] J. J. THOMSON, Phil. Mag. Bd. 47, S. 352. 1924.

gung; da aber die Molekel so viel dichter gelagert sind als die Ionen, kommt es bei Atmosphärendruck und Ionisierungen, die 10^{13} Ionen im Kubikzentimeter nicht übersteigen, eher zur Anlagerung eines Ions an eine neutrale Molekel als an ein Ion vom anderen Vorzeichen.

Die Lebensdauer eines Molekelions bis zur Komplexbildung in Luft bei Atmosphärendruck ist nach THOMSON nur von der Größenordnung 10^{-8} sec und wächst erst bei 0,76 mm auf 10^{-2} sec an. Danach wären Alterungserscheinungen bei Atmosphärendruck kaum zu erwarten.

Da der Prozeß der Komplexbildung noch recht wenig aufgeklärt ist, so läßt sich auch noch keine quantitative Deutung des Einflusses von Dampfspuren auf die Beweglichkeit in Gasen geben. Sicher scheint nur, daß die Kräfte, welche auch sonst zur Bildung von Molekelkomplexen führen (Dipole, Assoziation), hier mitspielen.

64. Die Bildung großer Ionen. Kann somit die Frage der Bildung normaler Komplexionen bzw. des Alterns der kleinen Ionen noch keineswegs als sicher beantwortet gelten, so ist die Bildung der großen (langsamen) Ionen, insbesondere durch die Untersuchungen von DE BROGLIE und von LENARD und seinen Mitarbeitern wohl als aufgeklärt zu betrachten (vgl. Ziff. 25). Die großen Ionen entstehen nur da, wo im Gase irgendwelche größeren Kerne vorhanden sind oder gleichzeitig mit den normalen Ionen erzeugt werden; die großen Ionen sind nichts anderes als derartige Kerne, an die sich normale Ionen angelagert haben[1]. Das wiederholt beobachtete Altern der großen Ionen (Abnahme der Beweglichkeit mit der Zeit) beruht hauptsächlich auf der Anlagerung an immer größere Kerne bzw. auf der Kondensation von Wasserdampf und anderen Dämpfen auf den hygroskopischen Kernen (vgl. insbesondere POLLOCK). Bei sehr großen Ionen, die mehrere Elementarquanten tragen könnten, käme auch eine Abnahme der Ladung in Betracht.

F. Mechanische und thermodynamische Effekte.

a) Der Ionenwind.

65. Beobachtung und Messung. Der „elektrische Wind“ der Spitzenentladung ist eine altbekannte Erscheinung. Seine ionentheoretische Deutung ist von CHATTOCK gegeben und zur Messung der Ionenbeweglichkeit benutzt worden (Ziff. 11). Der erste, der ähnliche Strömungen bei einer unselbständigen Entladung erhielt, war ZELENY[2]. Er ließ zwischen den vertikalen Platten eines Luftkondensators feine Fäden von Salmiaknebel herabsinken und ionisierte das Gas zwischen den Platten mittels Röntgenstrahlen. Wurde Spannung an den Kondensator gelegt, so konnte eine Ablenkung der Nebelfäden beobachtet werden. Daß diese Ablenkung wenigstens nicht ausschließlich durch die Aufladung der Nebelteilchen verursacht ist, geht daraus hervor, daß ZELENY den Versuch mit gleichem Erfolge mit Kohlensäurefäden, die nach der Schlierenmethode sichtbar gemacht wurden, wiederholen konnte. Die Ablenkung erfolgte stets von Stellen starker zu Stellen schwacher Ionisierung. Ähnliche Strömungserscheinungen hat K. PRZIBRAM[3] mit α-Strahlen und Röntgenstrahlen beobachtet. Quantitative Messungen dieser Erscheinung hat zuerst S. RATNER[4]

[1] Eine andere von A. VÉRONNET (C. R. Bd. 189, S. 1249. 1929) gegebene Deutung kommt wohl kaum ernstlich in Betracht.

[2] J. ZELENY, Proc. Cambridge Phil. Soc. Bd. 10, S. 14. 1898.

[3] K. PRZIBRAM, Wiener Ber. (IIa) Bd. 121, S. 225. 1912; Elster-Geitel-Festschrift 1915, S. 221.

[4] S. RATNER, C. R. Bd. 158, S. 565. 1914; Phil. Mag. (6) Bd. 32, S. 441. 1916.

angestellt, und zwar erst mit Becquerelstrahlen, später mit Ionisierung durch einen Glühdraht. Der Druck des Windes wurde mittels eines nach Art einer Drehwaage aufgehängten Aluminiumflügels gemessen. RATNER fand, daß der Wind unter sonst gleichen Bedingungen für positive Ionen stärker ist als für negative, daß die auf die Drehwaage ausgeübte Kraft annähernd der Ionisation und der Distanz zwischen den Kondensatorplatten proportional und eine sehr komplizierte Funktion der elektrischen Feldstärke ist, derart, daß sogar bei Steigerung derselben eine Umkehrung der Windrichtung eintreten kann. H. GREINACHER[1] gibt im Anschlusse an CHATTOCK und ZELENY Versuche zur Demonstration dieser Strömungen an.

Am eingehendsten ist die Erscheinung von V. F. HESS[2] untersucht worden, der für den ganzen Erscheinungskomplex die Bezeichnung Ionenwind eingeführt hat. Sein dem RATNERschen ähnlicher Apparat ist in Abb. 16 dargestellt. Bei P

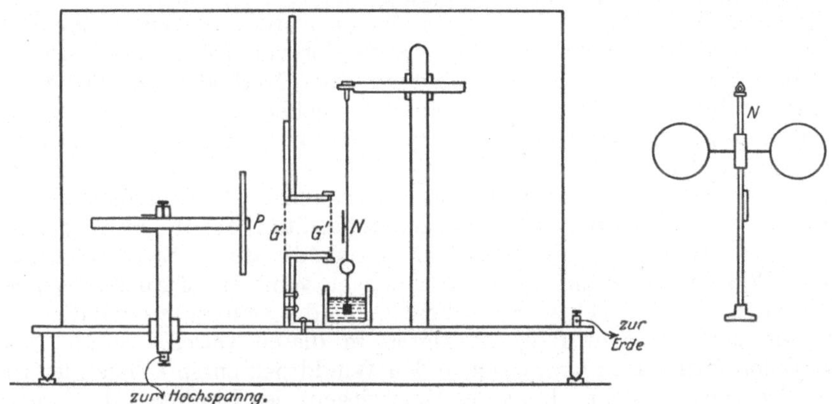

Abb. 16. Ionenwinddruckapparat nach HESS.

befindet sich ein Poloniumpräparat, G und G' sind Netze, N ist die Drehwaage, die daneben von vorn gesehen abgebildet ist. Praktisch kann der Ionenwind von Bedeutung sein bei der Konzentration radioaktiver Restatome im elektrischen Felde sowie bei der elektrischen Gasreinigung (s. Ziff. 37).

66. Theorie und Vergleich mit der Erfahrung. Ein im elektrischen Felde in einem Gase wanderndes Ion erfährt einen Reibungswiderstand, durch den es zu einer konstanten Endgeschwindigkeit kommt. Dieser Reibung entspricht im molekular-kinetischen Bilde eine Übertragung von Bewegungsgröße vom Ion auf die Gasmolekel. Hieraus ergibt sich eine Strömung des Gases als Ganzes in der Richtung der Ionenbewegung, die sich entweder dynamisch als Wind oder statisch als Drucksteigerung in Richtung der Ionenbewegung zu erkennen gibt. CHATTOCK hat für den Fall des Spitzenstromes die Beziehung abgeleitet $P = \frac{i}{u} d$, wo P der Überdruck im Abstand d von der Spitze, i die Stromdichte und u die Beweglichkeit der Ionen ist. Es ist nämlich, wenn ϱ die Dichte der Elektrizität und w die Geschwindigkeit des Ions im Felde ist, $i = \varrho \cdot w$, und die Kraft, die auf das Gas ausgeübt wird, ist $P = d\varrho \cdot X$ (im homogenen Felde), daher $P = d i \frac{X}{w}$, und da $\frac{w}{X} = u$, ergibt sich obige Gleichung. Diese Beziehung gilt in jedem Fall der Oberflächenionisierung, wenn also nur Ionen eines Vorzeichens in das Feld gelangen, und wie er außer bei der Spitzenentladung durch

[1] H. GREINACHER, Phys. ZS. Bd. 19, S. 188. 1918.
[2] V. F. HESS, Wiener Ber. (IIa) Bd. 128, S. 1029. 1919; Bd. 129, S. 565. 1920.

RATNER mittels des Glühdrahtes und durch HESS mittels eines bis auf 1 mm Reichweite abgeschirmtes Poloniumpräparat realisiert worden ist. HESS findet für den Druck auf den Flügel der Drehwaage unter Benutzung der EIFFELschen Winddruckformel den Ausdruck $P = \frac{i \cdot d}{3,5\,u}$.

Sind Ionen beider Vorzeichen im Felde vorhanden, so ist der resultierende Ionenwind eine Differenzwirkung. Bei ungleichförmiger Verteilung der Ionisierung ergibt sich ohne weiteres die experimentell gefundene Tatsache der Bewegung von Stellen stärkerer zu solchen schwächerer Ionisierung. Da im allgemeinen die Beweglichkeit der Ionen beider Vorzeichen verschieden ist, so ergibt sich aber auch bei gleichförmiger Volumionisation ein Wind in der Richtung der Bewegung der langsameren, positiven Ionen. Für diesen Fall sind von GREINACHER und von HESS Formeln entwickelt worden.

Da der Winddruck der Beweglichkeit umgekehrt proportional ist, liefern etwa vorhandene langsame Ionen den größeren Anteil des Winddruckes. HESS hat die Formeln für den Fall des Vorhandenseins von Ionen verschiedener Beweglichkeit verallgemeinert und gelangt zu einer Methode, den Prozentgehalt an langsamen Ionen zu schätzen. Bei seinen Versuchen, die mit starken Poloniumpräparaten ausgeführt wurden, waren etwa 2 bis 3% der pro Sekunde erzeugten Ionen langsame Ionen, die mehr als 99% des beobachteten Winddruckes liefern. Für den Fall der Oberflächenionisation ist die lineare Abhängigkeit des Winddruckes von der durchlaufenen Distanz genau bestätigt, ebenso die Proportionalität mit dem Strom. Insbesondere decken sich die durch Strommessung und aus dem Winddrucke ermittelten Sättigungskurven. Winddruckmessungen in verschiedenen Gasen ergeben Beweglichkeiten, die sich untereinander so verhalten wie die normalen Beweglichkeiten in diesen Gasen. Staub, Wasserdampf, Chloroformdampf usw. erhöhen den Winddruck entsprechend der Herabsetzung der Beweglichkeit. Trotz des Überwiegens des Einflusses der langsamen Ionen bei diesen Versuchen ist der Ionenwind in allen untersuchten Fällen stets größer für die positiven Ionen; es sind also auch unter den langsamen Ionen die positiven im Mittel weniger beweglich als die negativen.

b) Kondensation von Dämpfen an Ionen.

67. C. T. R. WILSONS Methode. Bezüglich der Kondensation von Dämpfen an Kernen kann auf die Berichte von H. GERDIEN[1] und K. PRZIBRAM[2] verwiesen werden, woselbst die Literatur bis 1911 so ziemlich vollständig berücksichtigt ist. Hier soll nur die Kondensation in ionisierten Gasen kurz behandelt werden, die als Hilfsmittel zur *e*-Bestimmung (J. J. THOMSON, H. A. WILSON)

[1] H. GERDIEN, Jahrb. d. Radioakt. Bd. 1, S. 24. 1904.

[2] K. PRZIBRAM, Jahrb. d. Radioakt. Bd. 8, S. 285. 1911. Zur Ergänzung dienen folgende Angaben: L. ANDRÉN, Zählung und Messung der komplexen Moleküle einiger Dämpfe nach der neuen Kondensationstheorie. Ann. d. Phys. (4) Bd. 52, S. 1. 1917; E. BESSON, Sur la dissymétrie des ions positifs et négatifs relativement à la condensation de la vapeur d'eau. C. R. Bd. 153, S. 250 u. 408. 1911; Bd. 154, S. 342. 1912; Bd. 155, S. 711. 1912; C. LEIBFRIED, Neue Untersuchungen des Einflusses von Röntgenstrahlen auf die Kondensation des Wasserdampfes und ein Versuch, die Dampfstrahlmethode quantitativ auszugestalten. Diss. Marburg 1914; P. LENARD, Probleme komplexer Moleküle. III. Sitzungsber. Heidelb. Akad. 1914, 29. Abh.; G. QUINCKE, Ionenwolken in feuchter, expandierter Luft. Verh. d. D. Phys. Ges. Bd. 16, S. 421. 1914; F. STRIEDER, Über den Einfluß der Röntgenstrahlen auf die Kondensation des Wasserdampfes nach Versuchen von C. LEIBFRIED und O. CONRAD. Ann. d. Phys. (4) Bd. 46, S. 987. 1915; C. LAKEMAN u. R. SISSINGH, Deux appareils permettant de montrer le rôle des noyaux de condensation etc. Rec. Trav. chim. Pays-Bas Bd. 42, S. 710. 1923; E. X. ANDERSON u. J. A. FROEMKE, Die Kernbildung bei der Kondensation von Dämpfen in nichtionisierter, staubfreier Luft. ZS. f. phys. Chem. (A) Bd. 142, S. 321. 1929.

sowie zur Sichtbarmachung der Bahnen ionisierender Strahlungen (C. T. R. WILSON) für die Atomphysik von grundlegender Bedeutung geworden ist. Die neueren Beobachtungen sind durchweg nach der mehr oder weniger modifizierten Methode von C. T. R. WILSON ausgeführt, deren Wesen an der Hand der untenstehenden Abb. 17 erläutert werde[1]. Z_1 und Z_2 sind zwei oben zugeschmolzene, leicht ineinander gleitende Glaszylinder, S ein Kautschukpfropfen, durch den das Rohr R in das Innere von Z_2 führt und bei Öffnung des Ventiles V Kommunikation mit der Vakuumflasche F herstellt. Durch den Hahn H_1 kann wieder Luft bis zum Atmosphärendruck eingelassen werden. Das verstellbare Quecksilberniveau N läßt im Raume über Z_2 einen beliebigen, am Manometer M abzulesenden Unterdruck herstellen. Die Dichtung zwischen Z_1 und Z_2 wird durch Wasser besorgt, das gleichzeitig den Luftraum über Z_2 mit Feuchtigkeit gesättigt erhält. Es wird zunächst bei geschlossenem H_1 das Ventil V einen Augenblick geöffnet, wodurch Z_2 luftdicht auf S aufgedrückt wird. Hierauf wird mittels N der gewünschte Druck b_1 hergestellt und H_2 geschlossen. Bei Öffnung von H_1 steigt Z_2 so lange in die Höhe, bis im Raume zwischen Z_1 und Z_2 wieder angenähert Atmosphärendruck b herrscht. Schließt man H_1 und öffnet das Ventil V, so wird Z_2 plötzlich herabgezogen, und der Druck über Z_2 sinkt vom Atmosphärendruck b auf den Wert b_1. Die „Expansion“, das Verhältnis von Anfangs- zum Endvolumen v_2/v_1 ist dann gegeben durch $(b - p_1)/(b_1 - p_1)$, wo p_1 der Sättigungsdruck des Wasserdampfes bei der Beobachtungstemperatur ist. Die Übersättigung nach der Expansion ist gegeben durch $S = \frac{p_1 v_1 \vartheta_2}{p_2 v_2 \vartheta_1}$, wo ϑ_2 die tiefste bei der adiabatischen Expansion erreichte Temperatur $\vartheta_2 = \vartheta_1 \left(\frac{v_1}{v_2}\right)^{\varkappa - 1}$ und p_2 der Sättigungsdruck bei dieser Temperatur ist.

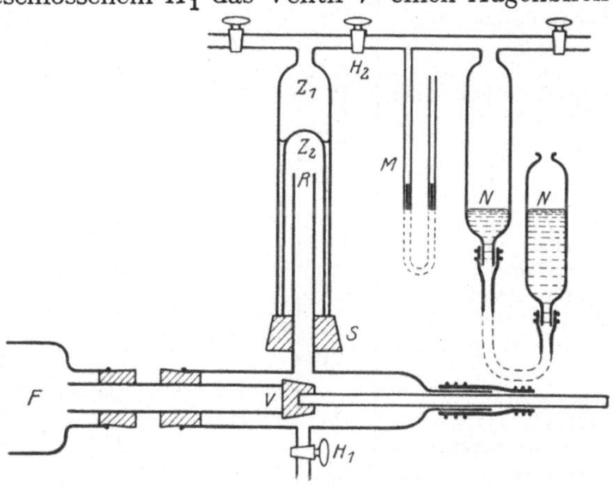

Abb. 17. C. T. R. WILSONS Expansionsapparat.

Beginnt man die Versuche mit kleinen Expansionen, so erhält man zunächst im Raume über Z_2 Kondensation auf Staub und anderen großen Kernen. Durch einige Expansionen können diese groben Kerne beseitigt werden, und dann bleibt jede sichtbare Kondensation aus, bis v_2/v_1 auf 1,25 ($S = 4,2$) gesteigert wird: nun tritt ein schütterer Regen auf, der bei künstlicher Ionisation der Luft in dichten Nebel übergeht und, wie C. T. R. WILSON gezeigt hat, durch Kondensation auf den negativen Ionen zustande kommt. Oberhalb $v_2/v_1 = 1,31$ ($S = 6$) wirken auch die positiven Ionen, wobei aber nach ANDRÉN schon unelektrische Kerne mitgefangen werden, und oberhalb $v_2/v_1 = 1,38$ ($S = 8$) tritt dichter Nebel auch ohne Ionisation ein, hier wirken also kleine ungeladene Kerne, welche stets in der Luft und anderen Gasen enthalten sind. Bei anderen Dämpfen — es wurden bisher nur organische Dämpfe untersucht — beginnt die Kondensation an den positiven Ionen bei kleinerer Expansion als an den negativen. Die Tabelle 18 enthält die bisher bestimmten Grenzexpansionen für negative und

[1] Die Modifikationen der WILSONschen Apparate zur Sichtbarmachung der einzelnen Strahlenbahnen s. ds. Handb. 2. Aufl., Bd. XXII/2, Kap. 3.

Tabelle 18. Kondensation von Dämpfen an Ionen.

Dampf	Beobachter	Grenzexpansion für		Nebelgrenze	Grenzübersättigung für Ionen	Grenzübersättigung, berechnet	
		negative Ionen	positive Ionen			nach J. J. THOMSON mit $e = 4{,}77 \cdot 10^{-10}$	aus Dampfionenradius
Wasser	W.[1]	1,25	1,31	1,38	4,2	4,2	3,77
„	D.[2]	1,29	—	1,42	—	—	—
„	P.[3]	1,26	1,31	1,37	—	—	—
„	L.[4]	1,25	—	—	—	—	—
„	A.[5]	1,245	—	1,397	—	—	—
Methylalkohol	D.	—	1,32	1,42	—	—	—
„	P.	1,306	1,251	1,38	2,3	2,41	2,30
„	L.	—	—	—	(3,1)	—	—
Äthylalkohol	D.	—	1,20	1,25	—	—	—
„	P.	1,200	1,175	1,25	2,3	1,92	1,80
„	A.	—	1,145	1,19	—	—	—
Propylalkohol	P.	1,201	1,178	1,237	3,1	2,95	2,45
i-Butylalkohol	P.	1,214	1,198	1,260	3,7	4,51	3,59
i-Amylalkohol	P.	1,233	1,218	1,293	5,5	6,57	3,63
„	L.	—	1,182	—	4,0	—	—
Amylalk. tertiär	P.	1,307	1,271	1,354	—	—	—
Heptylalkohol	P.	1,306	1,269	1,362	—	—	—
Ameisensäure	L.	—	1,782	—	25,1	—	—
Essigsäure	„	—	1,441	—	9,3	7,16	10,3
Propionsäure	„	—	1,343	—	9,4	—	—
Buttersäure	„	—	1,380	—	15,0	—	—
i-Buttersäure	„	—	1,360	—	13,0	—	—
i-Valeriansäure	„	—	1,220	—	—	—	—
Äthylazetat	„	—	1,486	—	8,9 (6,5)	5,84	3,81
Methylbutyrat	„	—	1,334	—	5,3	—	—
Methyl-i-butyrat	„	—	1,347	—	5,2	—	—
Propylazetat	„	—	1,310	—	5,0	8,36	5,16
Äthylpropionat	„	—	1,410	—	7,8	—	—
Chloroform	P.	1,598	1,528	—	3,0	—	—
Jodäthyl	„	1,530	1,484	—	—	—	—
Azeton	„	2,009		—	—	—	—
Benzol	D.	1,53		1,78	—	—	—
„	P.	1,64		—	—	—	—
„	A.	1,50		1,74	—	—	—
Chlorbenzol	D.	1,48		1,60	—	—	—
Chlorkohlenstoff	„	1,89		—	—	—	—
Schwefelkohlenstoff	„	1,05		1,08	—	—	—
„	P.	1,02		—	—	—	—

positive Ionen und die Nebelgrenze (nebelförmige Kondensation ohne Ionisation) sowie die Grenzübersättigung für die wirksamere Ionenart (für Wasser die negativen Ionen, sonst die positiven).

In einer anscheinend sehr sorgfältigen Arbeit finden E. X. ANDERSON und J. A. FROEMKE[6] als Expansion, bei der Tropfenbildung in nicht künstlich ionisierter feuchter Luft erfolgt, den gegenüber allen anderen Beobachtern wesentlich niedrigeren Wert 1,2006 ± 0,0007. Es muß aber bemerkt werden, daß als Kriterium für das Eintreten der Kondensation die Beobachtung von 2 bis 10 Tröpfchen genommen wird. Es erscheint fraglich, ob da überhaupt noch von einer

[1] C. T. R. WILSON. [2] F. DONNAN, Phil. Mag. Bd. 3, S. 305. 1900.
[3] K. PRZIBRAM, Wiener Ber. (IIa) Bd. 115, S. 23. 1906.
[4] T. A. LABY, Phil. Trans. (A) Bd. 208, S. 445. 1908.
[5] L. ANDRÉN, Ann. d. Phys. (4) Bd. 52, S. 1. 1917.
[6] E. X. ANDERSON u. J. A. FROEMKE, ZS. f. phys. Chem. (A) Bd. 142, S. 321. 1929

scharfen Grenze gesprochen werden bzw. vermieden werden kann, daß eine so kleine Anzahl größerer Kerne auftritt. Da jetzt festgestellt ist, daß die Ionenbeweglichkeit und somit auch die Ionengröße keine einheitliche ist, so könnte nach den unter der folgenden Ziffer dargelegten Anschauungen für eine kleine Zahl von Ionen der Expansionswert niedriger liegen als für die Hauptmenge. Es wird aber gar kein Versuch mitgeteilt, durch den entschieden worden wäre, ob es sich überhaupt um Kondensation an Ionen handelt.

68. Theorie der Kondensation. Die zur Kondensation an einem elektrisch ungeladenen Kern vom Radius r erforderliche Übersättigung ist gegeben durch die Lord KELVINsche Gleichung

$$\sigma R \vartheta \ln \frac{P}{p} = \frac{2\alpha}{r}.$$

Es ist σ die Dichte der Flüssigkeit, R die Gaskonstante bezogen auf die Masseneinheit des Dampfes, ϑ die absolute Temperatur, P der Sättigungsdruck an einer Oberfläche vom Krümmungsradius r, p Sättigungsdruck an der ebenen Oberfläche und α die Oberflächenspannung der betreffenden Flüssigkeit. Eine experimentelle Prüfung hat M. THOMÄ[1] vorgenommen. Den Einfluß einer Änderung der Oberflächenspannung mit abnehmendem Radius hat J. J. THOMSON berücksichtigt; es tritt zur rechten Seite der KELVINschen Gleichung noch das Glied $+d\alpha/dr$ hinzu.

Ist der Kern geladen (Ladung e), so führt die rein thermodynamische Betrachtung zu der Gleichung

$$\sigma R \vartheta \ln \frac{P}{p} = \frac{2\alpha}{r} - \frac{e^2}{8\pi r^4},$$

welche J. J. THOMSON für die Kondensation an Ionen abgeleitet hat[2]. In der folgenden Abb. 18 ist für Wasserdampf die Übersättigung $S = P/p$ als Funktion des Radius r aufgetragen, unter der Voraussetzung $e = 4{,}77 \cdot 10^{-10}$ s. E. und für $e = 0$. Während für ungeladene Kerne die zur Kondensation erforderliche Übersättigung mit abnehmendem Radius ständig wächst, hat sie für geladene Kerne nach der J. J. THOMSONschen Gleichung ein Maximum $S_{\max}$ bei einem Radius von etwa $6 \cdot 10^{-8}$ cm $\left(r_{\max} = \sqrt[3]{\frac{e^2}{4\pi\alpha}}\right)$, nimmt dann wieder ab, so daß ein Tröpfchen von etwa $4 \cdot 10^{-8}$ $\left(r_1 = \sqrt[3]{\frac{e^2}{16\pi\alpha}}\right)$ schon mit einer ebenen Oberfläche im Dampfgleichgewicht ist ($P/p = 1$) und kleinere Tröpfchen automatisch zu dieser Größe anwachsen müssen, da der Sättigungsdruck an ihrer Oberfläche schon kleiner ist als an der ebenen Oberfläche ($P/p < 1$). Die Grenzübersättigung im ionisierten Gase ist nach THOMSON jene maximale Übersättigung $S_{\max}$, da nach ihrer Überschreitung die Tröpfchen automatisch bis zu sichtbarer Größe anwachsen müssen. Die mit dem jetzt akzeptierten e-Wert berechneten $S_{\max}$ sind in der Tabelle 18, 7. Spalte, eingetragen. Die Übereinstimmung ist im großen ganzen befriedigend und wesentlich besser als bei Berechnung mit den älteren, niedrigeren e-Werten. LOEB[3] hat darauf hingewiesen, daß diese Theorie keine besonderen Annahmen über die Natur der Ionen erfordert, da es genügt, daß ein zufällig gebildetes, an sich instabiles Tröpfchen ein Ion durch Adsorption aufnimmt, um bei Überschreitung von $S_{\max}$ bis zur Sichtbarkeit anwachsen zu können.

---

[1] M. THOMÄ, ZS. f. Phys. Bd. 64, S. 224. 1930.
[2] J. J. THOMSON, Anwendungen der Dynamik auf Physik und Chemie. Leipzig 1890.
[3] L. B. LOEB, Journ. Frankl. Inst., Dez. 1917, zitiert in Phil. Mag. Bd. 48, S. 455. 1924.

Die verschiedene Wirksamkeit der Ionen der beiden Vorzeichen sucht THOMSON[1] durch die Wirkung von Doppelschichten an den Tröpfchen zu erklären, die verschieden ausfällt, je nachdem die Innenbelegung dasselbe oder das entgegengesetzte Vorzeichen hat wie die Ladung des Kernes, doch läßt sich diese Deutung nicht ohne weiteres mit den sonstigen Erfahrungen über Oberflächenschichten in Einklang bringen[2].

K. PRZIBRAM[3] hat die größere Wirksamkeit der negativen Ionen für die Kondensation des Wasserdampfes und der positiven für die der organischen Dämpfe mit der *kleineren* Beweglichkeit der *negativen* Ionen im Wasserdampf und der *positiven* in den organischen Dämpfen in Zusammenhang gebracht durch die Annahme, die Kondensation in der mit Dampf gesättigten Luft erfolge zuerst an den größten Ionen des Dampfes, die sich nach der Theorie der veränderlichen Molekelkomplexe zeitweilig auch in der mit dem betreffenden Dampfe gesättigten Luft bilden werden[4] (nach LENARD und ANDRÉN entstammen die wirksamen Kerne ausschließlich dem Dampfe). Man kann die Größe dieser Ionen aus Beweglichkeitsmessungen im reinen Dampfe nach der LENARDschen Formel berechnen und in den THOMSONschen Ausdruck für die Übersättigung einführen. Die Ionenradien in den Dämpfen sind von der Größenordnung 10^{-7} cm, und für solche ist der Einfluß der Ladung, worauf LENARD[5] mit Recht aufmerksam gemacht hat, recht gering (s. Abb. 18); er kann daher ruhig weggelassen werden, was die Rückkehr zur Lord KELVINschen Formel bedeutet. So wurden die in der Tabelle 18, Spalte 8, eingetragenen Übersättigungen unter Benutzung der neuesten Werte für die Molekelradien berechnet. Die Übereinstimmung ist in einigen Fällen besser, in anderen schlechter als bei der THOMSONschen Berechnungsweise; zu einer Entscheidung reicht das Zahlenmaterial demnach noch nicht aus. Einsetzung der Radien der Luftionen statt der Dampfionen liefert viel zu hohe Werte. In der annähernden Übereinstimmung der beobachteten Übersättigungen mit der nach

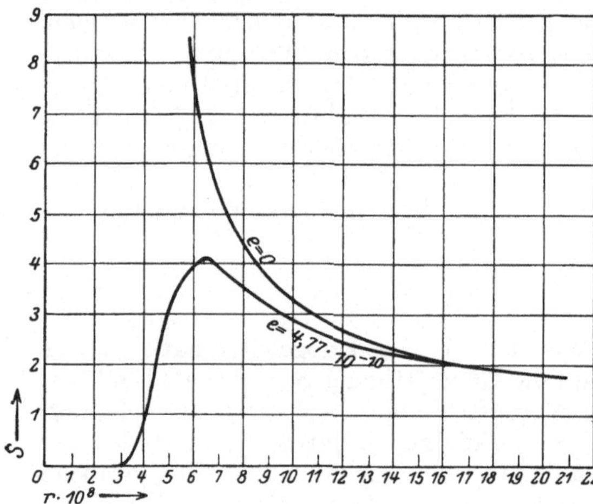

Abb. 18. Übersättigung S als Funktion des Tröpfchenradius r.

[1] J. J. THOMSON, Conduction of Electricity through Gases, 2. Aufl., S. 186. 1906.

[2] Siehe K. PRZIBRAM, Phys. ZS. Bd. 8, S. 564. 1907. LABY (l. c.) hat die Wasserfallelektrizität der von ihm auf Ionenkondensation untersuchten Substanzen untersucht und findet sie im allgemeinen in Übereinstimmung mit der THOMSONschen Doppelschichtentheorie, bei Essigsäure aber nicht.

[3] K. PRZIBRAM, Wiener Ber. (IIa), Bd. 117, S. 665. 1908; Bd. 118, S. 331. 1909.

[4] Nicht in Übereinstimmung mit dieser Auffassung steht anscheinend die Tatsache, daß Chloroformdampf sich leichter an den positiven Ionen niederschlägt, während diese nach den Beweglichkeitsmessungen in gesättigtem Chloroformdampf die beweglicheren, kleineren sind. Nach den Messungen von TYNDALL und PHILLIPS wäre dies auch in Luft-Alkoholgemischen der Fall. Indessen müßte man zur endgültigen Entscheidung auch die Verteilung der Ionenbeweglichkeiten (Ionengrößen) kennen, da die üblichen Beweglichkeitsmessungen nur die mittlere Beweglichkeit (Größe) ergeben, für die Kondensation aber die größten Ionen, also die kleinster Beweglichkeit maßgebend sein werden.

[5] P. LENARD, Heidelberger Ber. 1914, 29. Abh., S. 51 u. f.

LENARD aus der Ionenbeweglichkeit im Dampfe berechneten kann eine Bestätigung dieser Formel zur Berechnung der Ionenradien erblickt werden. Doch könnte die Übereinstimmung auch daher rühren, daß bei der Kondensation die in LENARDS Theorie der Beweglichkeit vernachlässigten Anziehungskräfte im gleichen Maße mitwirken wie bei der Verkleinerung der Beweglichkeiten. Die Frage der Kondensation wäre damit nur weiter zurückgeführt auf die Frage nach der verschiedenen Ionengröße überhaupt.

LENARD hat sich in seinen umfassenden Untersuchungen über „Probleme komplexer Moleküle" mit der herrschenden Theorie der Kondensation an Ionen auseinandergesetzt. Er bemängelt an ihr, daß die Ladung, die durch ein einziges Elektron repräsentiert wird, wie eine Oberflächenladung des Tröpfchens behandelt wird, und weist darauf hin, daß für Kerne, wie sie in ionisierten Gasen vorhanden sind, der Einfluß der Ladung überhaupt sehr gering ist, so daß die beobachteten Übersättigungen nicht zur Prüfung dieses Einflusses herangezogen werden können. Die von LENARD auf Grund seiner Anschauungen über die Konstitution der Oberflächenschicht von Flüssigkeiten entwickelte Theorie der Kondensation gibt für die Abhängigkeit der Übersättigung vom Radius einen ähnlichen Verlauf wie die THOMSONsche, läßt aber wegen Unkenntnis der maßgebenden Faktoren (Prozentsatz der „nichtverdampfbaren" Molekeln) keine streng quantitative Prüfung zu. Bezüglich der Oberflächenspannung fordert sie die Einsetzung eines höheren Wertes als den an der Flüssigkeit im großen bestimmten.

Eine vollständige molekularkinetische Theorie der Kondensation an Ionen, welche zugleich die Bildung der Molekelkomplexe selbst sowie den Einfluß von Dämpfen auf die Beweglichkeit umfassen müßte, fehlt bisher.

Kapitel 5.

Das natürliche System der chemischen Elemente.

Von

FRITZ PANETH, Königsberg i. Pr.

Mit 16 Abbildungen.

1. Begrenzung des Stoffes. Im Rahmen eines Handbuchs der Physik kann es sich bei der Besprechung des natürlichen Systems der chemischen Elemente nicht darum handeln, die Fülle der chemischen Tatsachen zu bringen, die zur Aufstellung des Systems geführt haben und durch dieses ihre übersichtliche Ordnung erfahren; eine solche Darstellung bildet bekanntlich seit Jahrzehnten einen umfangreichen Teil des Lehrstoffs der anorganischen Chemie. Während aber die Chemie sich im wesentlichen mit der Ausarbeitung dieser überraschend leistungsfähigen Systematik begnügen mußte, ist es der physikalischen Forschung der letzten Jahre gelungen, in weitgehendem Maße die Gründe für die hier zutage tretenden Gesetzmäßigkeiten aufzuklären, und darin liegt das Interesse, das das System der Elemente für die Physik bietet. Es dürfte sich darum empfehlen, an dieser Stelle in der Weise eine Auswahl aus dem Stoff zu treffen, daß wir von den *experimentellen Ergebnissen* jene herausgreifen, die für die theoretische Erkenntnis des natürlichen Systems in erster Linie maßgebend waren, und daran anschließend auf die *Deutung der experimentellen Ergebnisse vom Standpunkt des* RUTHERFORD-BOHR*schen Atommodells* ganz kurz eingehen. Die nähere Ausführung dieser in das Gebiet der theoretischen Physik gehörenden Erörterungen ist in verschiedenen anderen Abschnitten ds. Handb. zu finden.

a) Periodische und nichtperiodische Eigenschaften im natürlichen System der Elemente.

2. Die Ordnungszahlen der chemischen Elemente. Unter dem natürlichen System der Elemente versteht man die Gruppierung der chemischen Elemente nach ihren „Ordnungszahlen". Die Ordnungszahl eines Elementes ist im allgemeinen gleich der Nummer des Platzes, den es erhält, wenn man sämtliche Elemente nach steigender Größe ihrer Verbindungsgewichte aneinanderreiht. Doch hat man schon bei der Aufstellung des natürlichen Systems bemerkt, daß man, um die chemischen Regelmäßigkeiten nicht zu stören, bestimmte Plätze für noch unbekannte Elemente reservieren und bei drei Paaren benachbarter Elemente eine Umstellung in der Weise vornehmen muß, daß das Element mit dem höheren Verbindungsgewicht die niedrigere Ordnungszahl erhält. Man kam so zu folgender *Zuordnung der chemischen Elemente zu den Ordnungszahlen 1 bis 92*; diese Zuordnung (Tab. 1) liegt sämtlichen — untereinander oft sehr verschiedenartigen — Darstellungen des natürlichen Systems zugrunde.

Tabelle 1. Zuordnung der chemischen Elemente zu den Ordnungszahlen 1 bis 92.

Ordnungszahl	Element	Symbol	Verbindungsgewicht	Ordnungszahl	Element	Symbol	Verbindungsgewicht
1	Wasserstoff	H	1,0078	47	Silber	Ag	107,880
2	Helium	He	4,002	48	Cadmium	Cd	112,41
3	Lithium	Li	6,940	49	Indium	In	114,8
4	Beryllium	Be	9,02	50	Zinn	Sn	118,70
5	Bor	B	10,82	51	Antimon	Sb	121,76
6	Kohlenstoff	C	12,00	52	Tellur	Te	127,5
7	Stickstoff	N	14,008	53	Jod	J	126,932
8	Sauerstoff	O	16,0000	54	Xenon	X	131,3
9	Fluor	F	19,00	55	Cäsium	Cs	132,81
10	Neon	Ne	20,183	56	Barium	Ba	137,36
11	Natrium	Na	22,997	57	Lanthan	La	138,90
12	Magnesium	Mg	24,32	58	Cer	Ce	140,13
13	Aluminium	Al	26,97	59	Praseodym	Pr	140,92
14	Silizium	Si	28,06	60	Neodym	Nd	144,27
15	Phosphor	P	31,02	61	—	—	—
16	Schwefel	S	32,06	62	Samarium	Sm	150,43
17	Chlor	Cl	35,457	63	Europium	Eu	152,0
18	Argon	Ar	39,944	64	Gadolinium	Gd	157,3
19	Kalium	K	39,10	65	Terbium	Tb	159,2
20	Calcium	Ca	40,08	66	Dysprosium	Dy	162,46
21	Scandium	Sc	45,10	67	Holmium	Ho	163,5
22	Titan	Ti	47,90	68	Erbium	Er	167,64
23	Vanadium	V	50,95	69	Thulium	Tu	169,4
24	Chrom	Cr	52,01	70	Ytterbium	Yb	173,5
25	Mangan	Mn	54,93	71	Cassiopeium	Cp	175,0
26	Eisen	Fe	55,84	72	Hafnium	Hf	178,6
27	Kobalt	Co	58,94	73	Tantal	Ta	181,4
28	Nickel	Ni	58,69	74	Wolfram	W	184,0
29	Kupfer	Cu	63,57	75	Rhenium	Re	186,31
30	Zink	Zn	65,38	76	Osmium	Os	190,8
31	Gallium	Ga	69,72	77	Iridium	Ir	193,1
32	Germanium	Ge	72,60	78	Platin	Pt	195,23
33	Arsen	As	74,93	79	Gold	Au	197,2
34	Selen	Se	79,2	80	Quecksilber	Hg	200,61
35	Brom	Br	79,916	81	Thallium	Tl	204,39
36	Krypton	Kr	83,7	82	Blei	Pb	207,22
37	Rubidium	Rb	85,44	83	Wismut	Bi	209,00
38	Strontium	Sr	87,63	84	Polonium	Po	210
39	Yttrium	Y	88,92	85	—	—	—
40	Zirkonium	Zr	91,22	86	Emanation	Em	222
41	Niobium	Nb	93,3	87	—	—	—
42	Molybdän	Mo	96,0	88	Radium	Ra	225,97
43	Masurium	Ma	—	89	Actinium	Ac	—
44	Ruthenium	Ru	101,7	90	Thorium	Th	232,12
45	Rhodium	Rh	102,91	91	Protactinium	Pa	—
46	Palladium	Pd	106,7	92	Uran	U	238,14

Man erkennt, daß die Elemente *Argon* (Ordnungszahl 18), *Kobalt* (27) und *Tellur* (52) in der Reihe der Elemente früher angesetzt sind, als der Größe ihrer Verbindungsgewichte entspricht, und daß die Plätze 61, 85 und 87 unbesetzt gelassen sind. Es sei ferner darauf aufmerksam gemacht, daß im Beginn der Reihe — vom Wasserstoff abgesehen — auf die Ordnungszahlen immer Elemente entfallen, deren Verbindungsgewicht rund das Doppelte der Ordnungszahl ist; vom Elemente 20 angefangen aber kommen auf die durch die Ordnungszahlen gegebenen Plätze Elemente zu stehen, deren Verbindungsgewicht sich in immer steigendem Maße über das Doppelte der Ordnungszahl erhebt.

3. Die Atomvolumenkurve. Das natürliche System der chemischen Elemente wird oft auch das „*periodische System*“ genannt, weil sich bei der Gruppierung der Elemente nach den Ordnungszahlen ergibt, daß fast alle Eigenschaften der Elemente in einer mehr oder weniger ausgeprägten Weise periodisch wiederkehren. Am deutlichsten zeigt dies die Kurve der Atomvolumina, die in Abb. 1 wiedergegeben ist. In dieser Abbildung sind auf der Abszisse die Elemente in der Reihenfolge ihrer Ordnungszahlen aufgetragen und auf der Ordinate die Atomvolumina (= Quotienten aus Atomgewicht und spezifischem Gewicht jedes Elements); hierbei ergibt sich ein charakteristischer Kurvenzug, der aus mehreren aneinandergereihten, kettenlinienartigen Kurven besteht[1]. Nun läßt sich von fast allen chemischen und physikalischen Eigenschaften zeigen, daß sie bei den Elementen, die auf analogen Stellen — den „aufsteigenden" oder „absteigenden" Ästen, Maxima oder Minima — der Atomvolumenkurve liegen, periodisch wiederkehren. Jede dieser Eigenschaften, zu denen u. a. Valenz, Flüchtigkeit, Schmelzbarkeit, Dehnbarkeit, Kompressibilität, elektrische und thermische Leitfähigkeit gehört, gibt also, als Ordinate gegen die Ordnungszahlen als Abszisse aufgetragen, ein Kurvenbild, das der Atomvolumenkurve in wesentlichen Zügen ähnlich ist. Die einzige wichtige seit jeher betrachtete Eigenschaft, welche keinerlei periodische Funktion der Ordnungszahl ist, ist die spezifische Wärme. Da diese — nach dem Gesetz von DULONG und PETIT — in grober Annäherung dem Verbindungsgewicht umgekehrt proportional ist, würde sie, in obigem Diagramm eingetragen, eine hyperbelartige Kurve ergeben. Der reziproke Wert der spezifischen Wärme — die Temperaturerhöhung pro zugeführte Wärmemenge — würde annähernd als Gerade erscheinen.

4. Die charakteristische Röntgenstrahlung der Elemente. Eine Funktion, welche die Bedingung einer linearen Abhängigkeit von den Ordnungszahlen viel exakter erfüllt als der reziproke Wert der spezifischen Wärme, wurde von MOSELEY[2] in der charakteristischen Röntgenstrahlung (s. Kap. 2A) aufgefunden. Die Quadratwurzel aus der Schwingungszahl einer charakteristischen Röntgenlinie ändert sich fast genau linear mit der Ordnungszahl des chemischen Elements. Abb. 1 läßt dies für die K_α-, L_α- und M_α-Linie erkennen. (Als Ordinaten sind hier nicht die Wurzeln aus den Frequenzen der Röntgenlinien, sondern die Wurzeln einer damit nahe verwandten Größe, der Termwerte ν/R [s. ds. Handb. Bd. XXIV/1], aufgetragen.) Wenn man auf der Abszisse die Elemente nicht in den Abständen ihrer Ordnungszahlen aufträgt, welche von einem Element zum nächsten stets um dieselbe Größe zunehmen, sondern in Abständen, die den gebrochenen Werten der Verbindungsgewichte entsprechen, so zeigen die Kurven der Röntgenlinien unsystematische Abweichungen von den Geraden; dies beweist die Überlegenheit der Ordnungszahl als Einteilungsprinzip über das Verbindungsgewicht und läßt eine tiefe physikalische Bedeutung der Ordnungszahl vermuten (s. Ziff. 38).

Die charakteristische Röntgenstrahlung ist in demselben Diagramm eingezeichnet worden wie das Atomvolumen, um den scharfen Gegensatz zwischen einer typisch linearen und einer typisch periodischen Funktion der Ordnungszahl hervortreten zu lassen.

5. Die Anzahl der chemischen Elemente. Erst die Auffindung der im vorigen Abschnitt erwähnten linearen Gesetzmäßigkeit gestattete es, die Anzahl der im System der Elemente unbesetzt zu lassenden Ordnungszahlen mit Sicher-

[1] Die übliche Methode, die einzelnen Punkte durch eine Kurve zu verbinden, trägt zur Anschaulichkeit bei, doch darf darüber nicht vergessen werden, daß es sich hier nicht um eine stetige Funktion handelt. Gerade die Existenz einer begrenzten Anzahl chemischer Elemente mit sprungweise sich ändernden Eigenschaften ist für die Chemie wesentlich. (Vgl. dazu D. MENDELEJEFF, Grundlagen der Chemie, S. 685, Anm. 10. St. Petersburg 1891; M. PLANCK, Thermodynamik, 4. Aufl., S. 22, Anm. 1. Leipzig 1913.)

[2] H. G. J. MOSELEY, Phil. Mag. Bd. 26, S. 1024. 1913; Bd. 27, S. 703. 1914.

heit anzugeben. Wie aus der Abb. 1 ersichtlich ist, bleibt die Kontinuität der Geraden nur dadurch gewahrt, daß die Plätze mit den Ordnungszahlen 61, 85

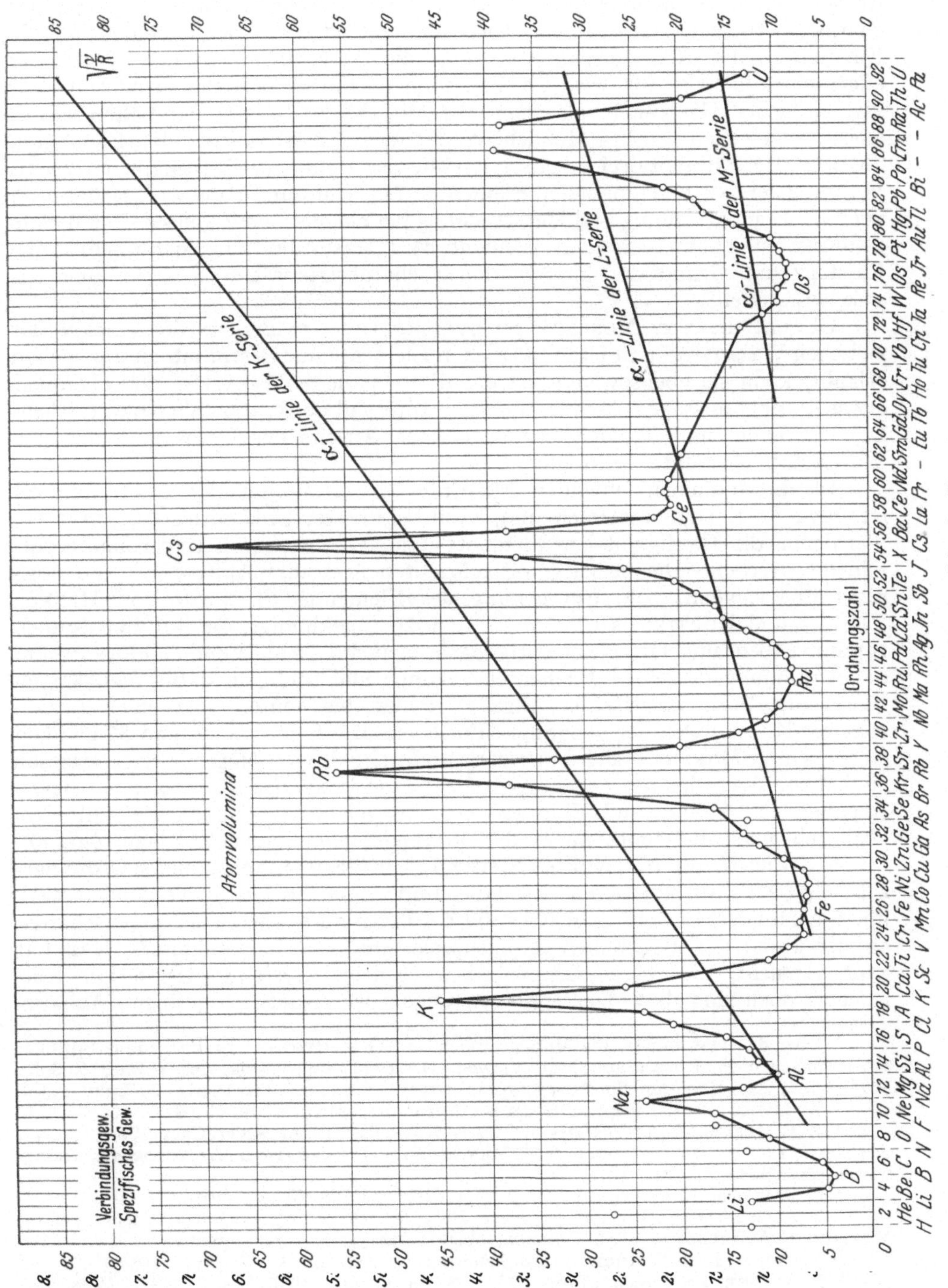

Abb. 1. Atomvolumina und Röntgenlinien der Elemente.

und 87 bei der Auftragung der 89 heute bekannten Elemente übersprungen sind. Die Gesamtzahl der von Wasserstoff bis Uran vorhandenen Elementstellen beträgt demnach 92. Zur Zeit der Aufstellung dieses „linearen Systems der Elemente" mußten noch drei weitere Plätze — 43, 72 und 75 — freigelassen werden. Aber da man eben auf Grund dieser Gesetzmäßigkeit die Lage der charakteristischen Röntgenlinien auch der fehlenden Elemente kennt und die Entstehung der Röntgenspektren durch die Anwesenheit fremder Stoffe im allgemeinen nicht gestört wird, ist die systematische Suche nach neuen Elementen viel einfacher als früher, als man nur auf die analytisch-chemischen Reaktionen angewiesen war; tatsächlich wurden von den sechs fehlenden Elementen die zuletzt erwähnten drei bereits mit Hilfe der Röntgenspektroskopie entdeckt. Während bei zwei von ihnen, den Elementen 72 („Hafnium") und 75 („Rhenium") auch die Reindarstellung und Untersuchung der chemischen Eigenschaften bereits gelungen ist[1], kann von dem Element 43 („Masurium") bis heute nur seine Existenz auf Grund der aufgefundenen charakteristischen Röntgenlinien als gesichert gelten[2].

Obwohl die von MOSELEY festgestellte Gesetzmäßigkeit die Anzahl der zwischen Wasserstoff und Uran möglichen Elemente mit Bestimmtheit anzugeben erlaubt, kann sie ebensowenig wie das ältere periodische System der Chemiker etwas darüber aussagen, ob alle in diesem Intervall denkbaren Elemente tatsächlich existieren, und ob vielleicht auch noch jenseits des Urans und vor dem Wasserstoff Elemente vorkommen.

Ob die drei noch fehlenden Elemente der Ordnungszahlen 61, 85 und 87 irgendwo im Kosmos vertreten sind, kann bei unserer Unkenntnis der Faktoren, von denen die Häufigkeit der Elemente abhängt, nur durch Experimente entschieden werden. Die bisherigen Nachrichten über ihre Auffindung sind noch nicht überzeugend. Die Entdeckung des Elementes 61 wurde von HARRIS, YNTEMA und HOPKINS[3] schon im Jahre 1926 angekündigt, die ihm den Namen Illinium gaben; ungefähr gleichzeitig machten auch L. ROLLA und L. FERNANDEZ[4] die Auffindung desselben Elementes bekannt und schlugen dafür den Namen Florentium vor. Beweisende Angaben fehlen bis heute, trotz einer Anzahl späterer Mitteilungen der genannten Forscher. Die Elemente 85 und 87 glauben ALLISON und MURPHY[5] nach einer sehr undurchsichtigen Methode nachgewiesen zu haben; über die röntgenographische Entdeckung des Elementes 87 liegen Angaben von PAPISH und WAINER[6] vor. Es sei hervorgehoben, daß alle drei noch fehlenden Elemente ungerade Ordnungszahlen haben (s. dazu Ziff. 29).

6. Trans-Urane und Nulltes Element. Ob Elemente mit höherer Ordnungszahl als 92 (Uran) existieren, ist unbekannt; man hat bisher vergeblich nach ihnen gefahndet, obwohl man über die bei ihnen zu erwartenden Eigenschaften an der Hand der BOHRschen Atomtheorie einiges aussagen kann[7]. Man hat auch versucht, die obere „Grenze des natürlichen Systems" theoretisch festzulegen, doch sind diese Überlegungen wegen der bisher nur geringen Anhalts-

---

[1] Über das Hafnium s. die Monographien von G. v. HEVESY (Berlin: Julius Springer 1926) und von H. ROSE (Sammlung Vieweg, H. 86. Braunschweig: Fr. Vieweg & Sohn 1926); über das Rhenium die Monographie von W. SCHRÖTER (Stuttgart: F. Enke 1932).

[2] W. NODDACK, J. TACKE u. O. BERG, Naturwissensch. Bd. 13, S. 567. 1925.

[3] J. A. HARRIS, L. F. YNTEMA u. B. S. HOPKINS, Journ. Amer. Chem. Soc. Bd. 48, S. 1585 u. 1594. 1926; vgl. auch R. J. MEYER, G. SCHUHMACHER u. A. KOTOWSKI, Naturwissensch. Bd. 14, S. 771. 1926.

[4] L. ROLLA u. L. FERNANDEZ, Gaz. Chim. Ital. Bd. 56, S. 435. 1926.

[5] F. ALLISON u. E. J. MURPHY, Phys. Rev. Bd. 35, S. 285. 1930; F. ALLISON, E. J. MURPHY, E. R. BISHOP u. A. L. SOMMER, ebenda Bd. 37, S. 1178. 1931.

[6] J. PAPISH u. E. WAINER, Journ. Amer. Chem. Soc. Bd. 53, S. 3818. 1931.

[7] R. SWINNE, ZS. f. techn. Phys. Bd. 7, S. 166 u. 205. 1926, bes. S. 213ff; Wiss. Veröffentl. a. d. Siemens-Konz. Bd. 10, S. 137. 1931; V. M. GOLDSCHMIDT, Fortschr. d. Min., Krist. u. Petrogr. Bd. 15, S. 73. 1931, bes. S. 93.

punkte über die Stabilität der Atomkerne oder der innersten Elektronenbahn[1] sehr unsicher. Bestimmte astrophysikalische Betrachtungen ließen es als eine Möglichkeit erscheinen, daß im Innern der Sterne solche „Trans-Urane" vorkommen[2]; von anderen Seiten wurden sie als Erzeuger der die Nordlichter erregenden Elektronen[3] bzw. der kosmischen Strahlung[4] angesehen.

Schließlich sind auch Elemente mit einer kleineren Ordnungszahl als 1 — nämlich Null und vielleicht sogar negativen Zahlen[5] — denkbar, doch handelt es sich hier jedenfalls nicht mehr um chemische Elemente im normalen Sinn des Wortes. Das *Element mit der Ordnungszahl Null* scheint kürzlich aufgefunden worden zu sein. Schon vor mehreren Jahren vermutete RUTHERFORD[6], daß bei der künstlichen Atomzertrümmerung auch Teilchen auftreten könnten, die eine so enge Verbindung von einem Proton und einem Elektron darstellen, daß sie nicht den Raum eines Atoms, sondern nur den eines Atomkerns einnehmen; während alle anderen Atomkerne aber positiv geladen sind, wären diese Teilchen von Kerndimensionen elektrisch neutral. RUTHERFORD nannte sie darum *Neutronen*. Die damals angestellten Versuche zu ihrer Auffindung verliefen negativ[7]. Vor kurzem hat aber CHADWICK[8] darauf hingewiesen, daß gewisse Erscheinungen bei der durch α-Strahlung ausgelösten Berylliumstrahlung[9] am besten durch die Annahme erklärt werden können, daß durch die auftreffenden α-Teilchen aus dem Berylliumkern solche Neutronen in Freiheit gesetzt werden (s. dazu auch Ziff. 35). Die Eigenschaften der Neutronen müssen sich von denen aller anderen Atome unterscheiden, da sie nur Kerndimensionen besitzen und wegen dieser Kleinheit und des Mangels eines elektrischen Feldes vermutlich jede Materie leicht durchdringen können; und zwar nicht nur als Neutronenstrahlen im Zustand raschester Bewegung — in dem diese Fähigkeit ja auch den α-Teilchen und Protonen bis zu einem gewissen Grade zukommt —, sondern auch infolge der normalen kinetischen Wärmebewegung und unter dem Einfluß von Gravitationskräften. Wir wissen noch nichts darüber, ob Neutronen in freiem Zustand beliebig lange beständig sind, oder ob sie etwa nach ihrer Ausschleuderung aus Atomkernen die Neigung haben, sich an andere Atomkerne anzulagern. Im ersteren Fall wäre es denkbar, daß ein aus ihnen aufgebautes Element „*Neutronium*"[10] in der Natur eine gewisse Rolle spielt; während ANTROPOFF[10] der Ansicht ist, daß es sich unter dem Einfluß der Gravitationskräfte im Innern der Weltkörper ansammeln müsse, hält SWINNE[11] eine Anreicherung in der Luft nicht für unwahrscheinlich, und MOON[12] vermutet sogar, daß die aus einem Proton und einem Elektron bestehenden Neutronen wegen ihrer Leichtigkeit wie Wasserstoff in den Weltraum entweichen müssen, und daß nur die schwereren Isotope

[1] A. SOMMERFELD, Atombau und Spektrallinien, S. 465ff. Braunschweig: Fr. Vieweg & Sohn 1924.

[2] J. H. JEANS, Nature Bd. 121, S. 173. 1928.

[3] P. LENARD, Sitzungsber. Heidelb. Akad. 1910, Nr. 17.

[4] R. SWINNE, Naturwissensch. Bd. 7, S. 529. 1919; W. NERNST, Das Weltgebäude im Lichte der neueren Forschung, S. 33ff. Berlin: Julius Springer 1921.

[5] Vgl. das von W. LENZ vor Jahren für den Heliumkern aufgestellte „invertierte" Modell von Protonen, die um Elektronen kreisen. Münchener Ber. 1918, S. 355; ZS. f. Elektrochem. Bd. 26, S. 277. 1920.

[6] E. RUTHERFORD, Proc. Roy. Soc. London (A) Bd. 97, S. 396. 1920.

[7] J. L. GLASSON, Phil. Mag. Bd. 42, S. 596. 1921.

[8] J. CHADWICK, Nature Bd. 129, S. 312. 1932; Proc. Roy. Soc. London (A) Bd. 136, S. 692. 1932.

[9] W. BOTHE u. H. BECKER, ZS. f. Phys. Bd. 66, S. 289. 1930; J. CURIE-JOLIOT u. F. JOLIOT, C. R. Bd. 194, S. 273. 1932.

[10] A. v. ANTROPOFF, Naturwissensch. Bd. 14, S. 493. 1926.

[11] R. SWINNE, ZS. f. techn. Phys. Bd. 13, S. 279. 1932.

[12] P. B. MOON, Nature Bd. 130, S. 57. 1932.

dieser Neutronen, die theoretisch denkbar sind — bestehend etwa aus zwei Protonen und zwei Elektronen — im Bereich unserer Atmosphäre aufgefunden werden können. Man sieht aus dieser Divergenz der Ansichten, wie wenig Sicheres sich bei dem heutigen Stand der Forschung über das Verhalten des nullten Elements aussagen läßt. Wegen des Mangels einer Elektronenhülle können ihm natürlich weder chemische Eigenschaften, noch ein optisches oder normales Röntgenspektrum zukommen.

7. Tabellarische Darstellungen des natürlichen Systems der Elemente. Langperiodiges und kurzperiodiges System. Die periodische Wiederkehr der physikalischen und chemischen Eigenschaften, die in der Atomvolumenkurve und den verwandten Kurven (s. oben unter Ziff. 3) zum Ausdruck kommt, läßt es als besonders zweckmäßig erscheinen, bei der tabellarischen Darstellung die Reihe der Elemente immer nach Abschluß einer Periode abzubrechen und die nächste Periode darunter zu schreiben. Man erhält so ein Schema, in dem die untereinanderstehenden Elemente einander in fast allen Eigenschaften ähnlich sind. Da die Felder einer solchen Tabelle in gleichen Abständen aufeinanderfolgen, war dieses Verfahren schon zu MENDELEJEFFS Zeit — allerdings ohne daß dies ausgesprochen wurde — gleichbedeutend mit der Ersetzung der unregelmäßig verteilten Verbindungsgewichte, welche den Kurvenzeichnungen zugrunde gelegt wurden, durch die ganzzahligen Ordnungszahlen[1]. Der Nutzen dieser strengeren Systematik zeigte sich besonders in der Möglichkeit, auch schon aus der Tabelle in ähnlicher Weise die Existenz von Lücken im System der Elemente vorauszusagen wie später aus der Untersuchung der Röntgenspektren; da freilich die Formulierung der Tabelle im Gebiet der seltenen Erden nicht ohne Willkür möglich war, blieb in diesen Reihen die Zahl der noch fehlenden Elemente unbestimmt, und erst MOSELEY konnte mit Hilfe des linearen Systems hier definitive Angaben machen.

Die tabellarische Darstellung des Systems der Elemente kann in zwei verschiedenen Schreibweisen erfolgen, die wir als die „langperiodige" und „kurzperiodige" bezeichnen wollen[2]. Wenn man die Atomvolumenkurve in Tabellenform überträgt, indem man mit jedem Maximum der Kurve eine neue Zeile der Tabelle beginnen läßt, kommt man zu dem *langperiodigen System*, wie es in Tabelle 2 wiedergegeben ist. Als maßgebend für die Zeilenlänge sind hier die langen Perioden der Atomvolumenkurve, welche je 18 Elemente besitzen, gewählt. Die 8 Elemente, welche jede der vorausgehenden kurzen Perioden enthält, sowie die 2 Elemente der ersten Periode, sind nach chemischen Gesichtspunkten[3] in die entsprechenden Felder darüber eingeordnet, während in der — 32 Elemente umfassenden — sechsten Periode den 15 seltenen Erden ein einziger Platz zugewiesen ist. Selbstverständlich haben die freien Felder, die sich so notwendig in den kurzen Perioden finden, nicht die Bedeutung, daß hier noch die Entdeckung von Elementen zu erwarten wäre — die Ordnungszahlen weisen ja keine Lücke auf —, sondern sie lassen nur den Mangel der 10 Elemente vom „Übergangstypus" in den kurzen Perioden erkennen. Manche Autoren ziehen es übrigens vor, die Felder für die Elemente der kleinen Perioden breiter zu zeichnen oder enger zusammenzurücken, so daß keine freien Felder entstehen; dadurch geht aber die scharfe Zuordnung der Elemente der kurzen Perioden zu ihren nächsten Verwandten in den langen Perioden verloren, und es wird dann

[1] Ausdrücklich empfohlen wurde die Einführung der Ordnungszahlen als unabhängige Veränderliche zuerst durch G. R. RYDBERG, ZS. f. anorg. Chem. Bd. 14, S. 66, 94. 1897.

[2] Einführung dieser Bezeichnungsweise ZS. f. angew. Chem. Bd. 36, S. 407. 1923; Bd. 37, S. 421. 1924 (bes. Anm. 9).

[3] Siehe F. PANETH, ZS. f. angew. Chem. Bd. 36, S. 407. 1923; Bd. 37, S. 421. 1924; Chem. Ber. Bd. 58, S. 1138, 1160. 1925; P. PFEIFFER, ZS. f. angew. Chem. Bd. 37, S. 41. 1924.

Tabelle 2. Langperiodiges System.

Periode	Gruppe 1	2	3	4	5	6	7	8	9	10	11	12	13	14	15	16	17	18
I																	1 H *1,0078*	2 He *4,002*
II	3 Li *6,940*	4 Be *9,02*											5 B *10,82*	6 C *12,00*	7 N *14,008*	8 O *16,0000*	9 F *19,00*	10 Ne *20,183*
III	11 Na *22,997*	12 Mg *24,32*											13 Al *26,97*	14 Si *28,06*	15 P *31,02*	16 S *32,06*	17 Cl *35,457*	18 Ar *39,944*
IV	19 K *39,10*	20 Ca *40,08*	21 Sc *45,10*	22 Ti *47,90*	23 V *50,95*	24 Cr *52,01*	25 Mn *54,93*	26 Fe *55,84*	27 Co *58,94*	28 Ni *58,69*	29 Cu *63,57*	30 Zn *65,38*	31 Ga *69,72*	32 Ge *72,60*	33 As *74,93*	34 Se *79,2*	35 Br *79,916*	36 Kr *83,7*
V	37 Rb *85,44*	38 Sr *87,63*	39 Y *88,92*	40 Zr *91,22*	41 Nb *93,3*	42 Mo *96,0*	43 Ma —	44 Ru *101,7*	45 Rh *102,91*	46 Pd *106,7*	47 Ag *107,880*	48 Cd *112,41*	49 In *114,8*	50 Sn *118,70*	51 Sb *121,76*	52 Te *127,5*	53 J *126,932*	54 X *131,3*
VI	55 Cs *132,81*	56 Ba *137,36*	57—71 Seltene Erden*	72 Hf *178,6*	73 Ta *181,4*	74 W *184,0*	75 Re *186,31*	76 Os *190,8*	77 Ir *193,1*	78 Pt *195,23*	79 Au *197,2*	80 Hg *200,61*	81 Tl *204,39*	82 Pb *207,22*	83 Bi *209,00*	84 Po *210*	85 — —	86 Em *222*
VII	87 — —	88 Ra *225,97*	89 Ac —	90 Th *232,12*	91 Pa —	92 U *238,14*												

* Seltene Erden

VI *57—71*	57 La *138,90*	58 Ce *140,13*	59 Pr *140,92*	60 Nd *144,27*	61 — —	62 Sm *150,43*	63 Eu *152,0*	64 Gd *157,3*	65 Tb *159,2*	66 Dy *162,46*	67 Ho *163,5*	68 Er *167,64*	69 Tu *169,4*	70 Yb *173,5*	71 Cp *175,0*

nötig, durch Striche oder eine schräge Feldereinteilung auf die Verwandtschaftsverhältnisse hinzuweisen. Durch Gabelung der Striche, die von den Elementen der beiden ersten Perioden ausgehen, kann man die entfernteren chemischen Beziehungen, welche sonst nur das kurzperiodige System hervortreten läßt, auch im langperiodigen zur Darstellung bringen (vgl. Abb. 16 in Ziff. 41). Auch das Mittel mehrfarbiger Kolorierung wurde dazu bereits herangezogen[1]. Was andererseits die Zusammendrängung der seltenen Erden auf ein einziges Feld betrifft, so ist dies natürlich nicht so zu verstehen, als ob nicht jede von ihnen ein selbständiges chemisches Element mit eigener Ordnungszahl wäre, sondern trägt nur dem Umstand Rechnung, daß sie alle in ihrem chemischen Charakter einander äußerst ähnlich und mit den darüberstehenden Elementen der beiden langen Perioden, dem Scandium und Yttrium, nahe verwandt sind (vgl. Ziff. 41). Wenn man jeder seltenen Erde ein eigenes Feld zuordnet, wird die Tabelle sehr auseinandergezogen und weist in allen Perioden, außer der sechsten, viele freie Felder auf; auch solche Darstellungen sind aber öfters benutzt worden[2]. Berechtigter ist es, innerhalb der abgetrennten Gruppe der seltenen Erden ihre besondere Periodizität zum Ausdruck zu bringen, die aber je nach der betrachteten Eigenschaft zu verschiedenen Gruppierungen führt; die Fähigkeit der seltenen Erden, außer in der dreiwertigen Form auch zweiwertig oder vierwertig aufzutreten, läßt folgende Schreibweise begründet erscheinen[3]:

						La
Ce	Pr	Nd	—	Sm	Eu	Gd
Tb	Dy	Ho	Er	Tu	Yb	Cp

Doch ist auch diese Regelmäßigkeit nur undeutlich ausgeprägt, so daß in einer allgemeinen tabellarischen Darstellung des natürlichen Systems die Periodizitäten geringerer Ordnung, die sich bei den seltenen Erden finden lassen, besser übergangen werden.

Man erkennt aus diesen Erörterungen, wieviel Varianten auch noch innerhalb der langperiodigen Schreibweise der Tabelle möglich sind; wir halten aber die von uns gegebene in der Mehrzahl der Fälle für die zweckmäßigste. Die zweite, prinzipiell andersartige Schreibweise des natürlichen Systems liegt in dem sog. *kurzperiodigen System* vor (s. Tab. 3). In dieser Tabelle ist die Länge der beiden kurzen Perioden — acht Elemente — als Zeilenlänge angenommen; die großen Perioden werden in der Mitte unterteilt, so daß jede zwei Zeilen ausfüllt (mit drei statt eines Elementes am Ende der ersten Zeile). Die Berechtigung zu dieser Unterteilung der großen Perioden liefert die altbekannte Tatsache, daß manche Eigenschaften der Elemente — in erster Linie die Valenz und der elektrochemische Charakter — in den großen Perioden eine sog. „doppelte Periodizität" aufweisen, d. h. zweimal dieselben Werte durchlaufen; da andere Eigenschaften aber — wie etwa das Atomvolumen und die Flüchtigkeit — nur einfach periodisch sind, ähneln die Elemente der beiden Hälften einer großen Periode einander nur in gewissen Beziehungen, und man trägt dem dadurch Rechnung, daß man sie nicht genau untereinanderschreibt. Jede vertikale Gruppe zerfällt demnach in zwei Untergruppen, die in unserer Tabelle mit a und b bezeichnet sind[4]. Für

[1] A. v. ANTROPOFF, ZS. f. angew. Chem. Bd. 39, S. 722. 1926.

[2] Z. B. von A. WERNER, Chem. Ber. Bd. 38, S. 914. 1905.

[3] W. KLEMM, ZS. f. angew. Chem. Bd. 184, S. 345. 1929; Bd. 187, S. 29. 1930.

[4] A. v. ANTROPOFF (ZS. f. angew. Chem. Bd. 37, S. 217 u. 695. 1924) hat den zweckmäßigen Vorschlag gemacht, die Edelgase statt als nullte Gruppe als Untergruppe b der achten Gruppe zu bezeichnen. Wenn wir ihm darin folgen, wollen wir den Edelgasen aber keine Achtwertigkeit zuschreiben (vgl. ZS. f. angew. Chem. Bd. 37, S. 421. 1924), sondern — ebenso wie im langperiodigen System — nur die Gruppen systematisch numerieren. Bekanntlich sind die chemischen Gründe für eine Achtwertigkeit auch bei den drei Triaden der achten Gruppe sehr spärlich und bei den Edelgasen noch völlig hypothetisch.

Tabelle 3. Kurzperiodiges System.

Periode	Gruppe I a	Gruppe I b	Gruppe II a	Gruppe II b	Gruppe III a	Gruppe III b	Gruppe IV a	Gruppe IV b	Gruppe V a	Gruppe V b	Gruppe VI a	Gruppe VI b	Gruppe VII a	Gruppe VII b	Gruppe VIII a	Gruppe VIII b
I														1 H *1,0078*		2 He *4,002*
II	3 Li *6,940*		4 Be *9,02*			5 B *10,82*		6 C *12,00*		7 N *14,008*		8 O *16,0000*		9 F *19,00*		10 Ne *20,183*
III	11 Na *22,997*		12 Mg *24,32*			13 Al *26,97*		14 Si *28,06*		15 P *31,02*		16 S *32,06*		17 Cl *35,457*		18 Ar *39,944*
IV	19 K *39,10*		20 Ca *40,08*		21 Sc *45,10*		22 Ti *47,90*		23 V *50,95*		24 Cr *52,01*		25 Mn *54,93*		26 Fe *55,84* 27 Co *58,94* 28 Ni *58,69*	
		29 Cu *63,57*		30 Zn *65,38*		31 Ga *69,72*		32 Ge *72,60*		33 As *74,93*		34 Se *79,2*		35 Br *79,916*		36 Kr *83,7*
V	37 Rb *85,44*		38 Sr *87,63*		39 Y *88,92*		40 Zr *91,22*		41 Nb *93,3*		42 Mo *96,0*		43 Ma —		44 Ru *101,7* 45 Rh *102,91* 46 Pd *106,7*	
		47 Ag *107,880*		48 Cd *112,41*		49 In *114,8*		50 Sn *118,70*		51 Sb *121,76*		52 Te *127,5*		53 J *126,932*		54 X *131,3*
VI	55 Cs *132,81*		56 Ba *137,36*		57 bis 71 Seltene Erden*		72 Hf *178,6*		73 Ta *181,4*		74 W *184,0*		75 Re *186,31*		76 Os *190,8* 77 Jr *193,1* 78 Pt *195,23*	
		79 Au *197,2*		80 Hg *200,61*		81 Tl *204,39*		82 Pb *207,22*		83 Bi *209,00*		84 Po *210*		85 —		86 Em *222*
VII	87 — —		88 Ra *225,97*		89 Ac —		90 Th *232,12*		91 Pa —		92 U *238,14*					

* Seltene Erden

VI 57—71	57 La	58 Ce	59 Pr	60 Nd	61 —	62 Sm	63 Eu	64 Gd	65 Tb	66 Dy	67 Ho	68 Er	69 Tu	70 Yb	71 Cp
	138,90	*140,13*	*140,92*	*144,27*	—	*150,43*	*152,0*	*157,3*	*159,2*	*162,46*	*163,5*	*167,64*	*169,4*	*173,5*	*175,0*

die Einordnung der Elemente der beiden kurzen Perioden (II und III) in die Untergruppen a und b sind natürlich wiederum chemische Gesichtspunkte maßgebend; die vier letzten Elemente in jeder der kurzen Perioden gehören zweifellos in die Untergruppen b, die ersten (Lithium und Natrium) in die Untergruppe a. Bei den übrigen werden verschiedene Ansichten vertreten — z. B. Mittelstellung zwischen a und b — und ihre Zuordnung ist bis zu einem gewissen Grade willkürlich. Wir haben hier dieselben Entscheidungen wie im langperiodigen System getroffen. Auch über die Frage der Unterbringung der seltenen Erden gilt dasselbe, was beim langperiodigen System bereits ausgeführt wurde; es sei nur noch hinzugefügt, daß man sie im kurzperiodigen System häufig auch unter Aufgabe der Feldeinteilung in zwei Zeilen der Tabelle untergebracht hat, was aber den Nachteil mit sich bringt, daß dann die strenge Zugehörigkeit der Elemente der vorausgehenden Perioden zu den Vertikalgruppen der späteren Perioden nicht mehr so deutlich wird.

Das kurzperiodige System ist naturgemäß zur Einprägung der chemischen Valenzverhältnisse sehr empfehlenswert, da es ihnen ja in erster Linie seine Aufstellung verdankt; es wurde von MENDELEJEFF mit Vorliebe verwendet und dominiert auch noch heute in der chemischen Literatur. Für die meisten physikalischen Betrachtungen — namentlich das Verständnis des periodischen Systems vom Standpunkt des Atombaues — und auch für viele chemische Erörterungen ist das langperiodige aber vorzuziehen (s. dazu Ziff. 41).

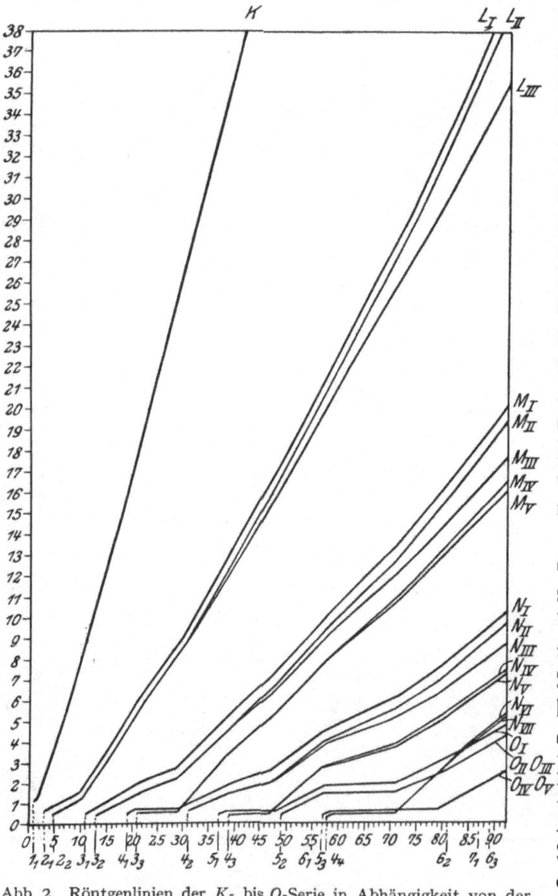

Die Tabellen des periodischen Systems ermöglichen uns, auch über den chemischen Charakter der noch fehlenden Elemente Aussagen zu machen; das lineare System ist dazu nicht imstande, da in ihm die periodische Wiederkehr der chemischen Eigenschaften nicht zum Ausdruck kommt. Wir erkennen, daß das Element 61 eine seltene Erde, 85 das schwerste Halogen und 87 das schwerste Alkalimetall sein muß.

Abb. 2. Röntgenlinien der K- bis O-Serie in Abhängigkeit von der Ordnungszahl der Elemente.

8. Andeutung einer Periodizität in der charakteristischen Röntgenstrahlung. Die Verfeinerung der Röntgenspektrographie, namentlich durch SIEGBAHN und seine Schüler, hat gezeigt, daß die in Ziff. 4 erwähnte Geradlinigkeit der Kurven der charakteristischen Röntgenstrahlung nur in erster Annäherung gilt. In der M-Serie und noch deutlicher in der N- und O-Serie zeigen die Kurven Knickpunkte, wie Abb. 2.

erkennen läßt. Besonders wichtig ist, daß die Knickpunkte zusammenfallen mit dem Beginn und Ende bestimmter Elementfolgen, die auch nach ihren chemischen Eigenschaften als eng zueinander gehörig erkannt worden sind, wie etwa 21 Skandium bis 29 Kupfer, 39 Yttrium bis 47 Silber oder 57 Lanthan bis 71 Cassiopeium. Während in den kleinen Perioden und an den entsprechenden Stellen der großen (s. die Tab. 2 des langperiodigen Systems) der chemische Charakter sich beim Fortschreiten von einem Element zum horizontal benachbarten wesentlich ändert, gehören die genannten Elemente einer „Übergangsreihe"[1] an, wo beim Weiterschreiten in horizontaler Richtung keine starke Änderung des allgemeinen Charakters der Elemente wahrnehmbar ist; in besonders hohem Maße gilt dies Konstantbleiben des chemischen Charakters von der Gruppe der seltenen Erden (57 bis 71). Gerade diese Elementfolgen sind es nun auch, bei denen die Kurven der Abb. 2 einen verlangsamten Anstieg zeigen. Während sich also zunächst die chemischen Eigenschaften in den Röntgenspektren überhaupt nicht auszuprägen schienen, ist durch diese Abweichungen von der Linearität ein enger Zusammenhang zwischen den Röntgenspektren und den allgemeinen verwandtschaftlichen Beziehungen der Elemente, die sich im natürlichen System ausdrücken, zutage getreten.

Über die Frage, ob sich auch in der *Häufigkeit der chemischen Elemente* eine periodische Abhängigkeit von ihrer Stellung im natürlichen System ausdrückt, s. Ziff. 30.

b) Die Isotopie.

9. Isotopie der Radioelemente. Zur Zeit der Aufstellung der chemischen Atomtheorie hielt man die Unzerlegbarkeit der chemischen Elemente für einen Beweis, daß sie nur aus einer Art von Atomen aufgebaut seien. Daß dieser von DALTON gezogene Schluß trügerisch war, zeigte sich zuerst bei der chemischen Untersuchung der radioaktiven Substanzen; denn so verschiedene Stoffe wie etwa das β-strahlende — und sich in Radium E verwandelnde — Radium D und das gewöhnliche inaktive Blei konnten, wenn sie einmal miteinander gemischt waren, trotz vielfacher Bemühungen nicht voneinander getrennt, ja nicht einmal ihr Konzentrationsverhältnis in merklichem Maße verschoben werden. Ein Gemisch dieser beiden sicherlich voneinander verschiedenen Atomarten war also ebensowenig zerlegbar wie ein chemisches Element. Solche Substanzen, die ihrem chemischen Verhalten nach daher auf „denselben Platz" im natürlichen System gehörten, nannte man „Isotope" (s. dazu auch Ziff. 34). Folgende Tabelle 4 gibt eine Übersicht über die bei den Radioelementen festgestellten isotopen Atomarten; der Beweis für ihre Isotopie wurde teils empirisch durch Feststellung ihrer völligen chemischen Untrennbarkeit geführt, teils stützt er sich auf die bei den Radioelementen ausnahmslos bestätigte „Verschiebungsregel" (s. Ziff. 34), nach welcher innerhalb einer Umwandlungsreihe durch Aufeinanderfolge von einer α- und zwei β-Umwandlungen — in beliebiger Reihenfolge — ein isotopes Radioelement entsteht.

Man erkennt aus Tabelle 4, daß in einzelnen Fällen, wie beim Blei oder Polonium, nicht weniger als sieben Atomarten, die sich durch ihre radioaktiven Eigenschaften (s. ds. Band Kap. 3) und durch ihre Atomgewichte wesentlich voneinander unterscheiden, im chemischen Sinn praktisch identisch sind. Die Atomgewichtsdifferenzen betragen bis zu acht Einheiten.

---

[1] Dieser Ausdruck findet sich bereits bei D. MENDELEJEFF, Ann. d. Chem. 8. Suppl.-Bd, S. 133, 146. 1872; s. auch J. D. MAIN SMITH, Chemistry and atomic structure, S. 72. London 1924.

Tabelle 4. Isotopie der Radioelemente.

Ordnungszahl	Name des Elementes	Symbol	Verbindungsgewicht	Name der Atomart	Atomgewicht
81	Thallium	Tl	204,4		
				Actinium C″	207
				Thorium C″	208
				Radium C″	210
82	Blei	Pb	207,18		
				Radium G (Uranblei) . . .	206
				Actinium D	207
				Thorium D (Thorblei) . .	208
				Radium D	210
				Actinium B	211
				Thorium B	212
				Radium B	214
83	Wismut	Bi	209,0		
				Radium E	210
				Actinium C	211
				Thorium C	212
				Radium C	214
84	Polonium	Po	210	Polonium (Radium F) . .	210
				Actinium C′	211
				Thorium C′	212
				Radium C′	214
				Actinium A	215
				Thorium A	216
				Radium A	218
85		—	—		
86	Emanation	Em	222	Radiumemanation	222
				Actiniumemanation . . .	219
				Thoriumemanation	220
87	—	—	—		
88	Radium	Ra	226,0	Radium	226,0
				Actinium X	223
				Thorium X	224
				Mesothorium I	228
89	Actinium	Ac	227	Actinium	227
				Mesothorium 2	228
90	Thorium	Th	232,1	Thorium	232,1
				Radioactinium	227
				Radiothorium	228
				Ionium	230
				Uran Y	231
				Uran X_1	234
91	Protactinium . . .	—	231	Protactinium	231
				Uran X_2	234
				Uran Z	234
92	Uran	U	238,2	Uran II	234
				Actino-Uran	235
				Uran I	238,2

10. Isotopie der inaktiven Elemente. Daß auch inaktive Elemente aus mehr als einer Atomart bestehen können, wurde zuerst von J. J. THOMSON durch *Kanalstrahlanalyse* beim Neon, und später in exakterer Weise von ASTON mit Hilfe seines *Massenspektrographen* bei einer großen Zahl von Elementen festgestellt (s. ds. Band Kap. 2A). Abb. 3 zeigt eine der Aufnahmen von THOMSON, durch welche die Isotopie des Neons entdeckt worden ist. Man beachte die relative Stärke der beiden Neonparabeln und vergleiche damit die durch Isotopentrennung künstlich veränderten Neongemische, deren Zusammensetzung Abb. 8a und 8b erkennen lassen. Die isotopen Atomarten eines nichtradioaktiven Elementes unterscheiden sich ausschließlich durch ihre Massen und die davon abhängigen Größen; die Differenz der Atomgewichte kann bis zu zwölf Einheiten betragen. Die Resultate bei den bisher untersuchten Elementen sind aus folgender Tabelle 5 ersichtlich; die Buchstaben *a*, *b* usw. geben die Reihenfolge der prozentischen Beteiligung an.

In der Tabelle 5 sind die noch zweifelhaften Werte in runde Klammern gesetzt[1]. In eckigen Klammern dagegen sind jene Atomarten aufgeführt, die in so geringer Menge vorhanden sind, daß sie mit Hilfe des Massenspektrographen bisher noch nicht aufgefunden werden konnten, sondern aus bandenspektroskopischen Messungen erschlossen worden sind. Der Nachweis mittels des Massen-

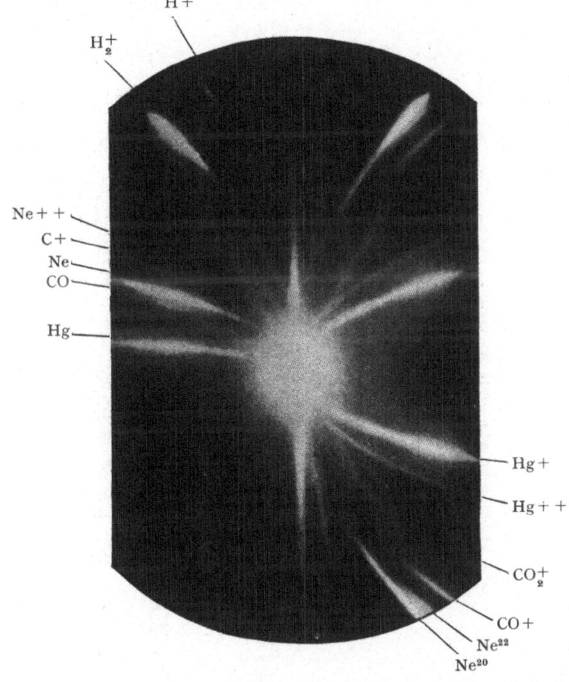

Abb. 3. Aufnahme von Kanalstrahlen verschiedener Gase, darunter Neon, nach der Methode von J. J. THOMSON.

spektrographen versagt nämlich, wenn die Konzentration eines Isotops etwa auf $^1/_{1000}$ der in größter Menge vorhandenen Atomart heruntersinkt. Noch geringere Beimengungen lassen sich aber aus den *Bandenspektren* erkennen. Während nämlich in den Emissionsspektren die Unterschiede der Isotope meist unterhalb der Grenze der Nachweisbarkeit liegen — da hier nur die Bindung der Elektronen eine Rolle spielt, die bei Isotopen wegen der gleichen Kernladung praktisch dieselbe ist —, hat die theoretische Spektroskopie voraussagen können, daß bei Bandenspektren sich deutliche Unterschiede zwischen isotopen Molekülen zeigen müssen. Denn ein Teil der Linien kommt durch die Rotation und die Schwingungen der Atome innerhalb der Moleküle zustande, und diese Effekte hängen direkt von der Masse ab. Bei der außerordentlichen Empfindlichkeit spektroskopischer Methoden ist es möglich gewesen, nicht nur durch Massenspektroskopie bereits erschlossene Isotope auch auf diesem Wege zu bestätigen, sondern es wurden in den letzten Jahren auch Linien beobachtet, die nur durch

[1] Fast alle massenspektrographischen Bestimmungen von Isotopen verdankt man F. W. ASTON, dessen Versuchsergebnisse in den letzten Jahrgängen der Nature und — ausführlicher — der Proceedings der Londoner Royal Society zu finden sind.

Tabelle 5. Atomistische Zusammensetzung der inaktiven Elemente.

Ord-nungs-zahl	Name des Elements	Symbol	Verbindungs-gewicht	Atomgewichte
1	Wasserstoff	H	1,0078	1,0078, [2]
2	Helium	He	4,002	4
3	Lithium	Li	6,940	6b, 7a
4	Beryllium	Be	9,02	[8b], 9a
5	Bor	B	10,82	10b, 11a
6	Kohlenstoff	C	12,000	12a, [13b]
7	Stickstoff	N	14,008	14a, [15b]
8	Sauerstoff	O	16,0000	16a, [17c], [18b]
9	Fluor	F	19,00	19
10	Neon	Ne	20,18	20a, 21c, 22b
11	Natrium	Na	22,997	23
12	Magnesium	Mg	24,32	24a, 25b, 26c
13	Aluminium	Al	26,97	27
14	Silizium	Si	28,06	28a, 29b, 30c
15	Phosphor	P	31,02	31
16	Schwefel	S	32,06	32a, 33c, 34b
17	Chlor	Cl	35,457	35a, 37b, [39c]
18	Argon	Ar	39,94	36b, 40a
19	Kalium	K	39,104	39a, 41b
20	Calcium	Ca	40,07	40a, 44b
21	Skandium	Sc	45,10	45
22	Titan	Ti	47,90	48 (50)
23	Vanadium	V	50,95	51
24	Chrom	Cr	52,01	50c, 52a, 53b, 54d
25	Mangan	Mn	54,93	55
26	Eisen	Fe	55,84	54b, 56a
27	Kobalt	Co	58,94	59
28	Nickel	Ni	58,69	58a, 60b
29	Kupfer	Cu	63,57	63a, 65b
30	Zink	Zn	65,38	64a, 65e, 66b, 67d, 68c, 69f, 70g
31	Gallium	Ga	69,72	69a, 71b
32	Germanium	Ge	72,60	70c, 71g, 72b, 73d, 74a, 75f, 76e, 77h
33	Arsen	As	74,93	75
34	Selen	Se	79,2	74f, 76c, 77e, 78b, 80a, 82d
35	Brom	Br	79,916	79a, 81b
36	Krypton	Kr	82,9	78e, 80d, 82c, 83c, 84a, 86b
37	Rubidium	Rb	85,45	85a, 87b
38	Strontium	Sr	87,63	86b, 87c, 88a
39	Yttrium	Y	88,93	89
40	Zirkonium	Zr	91,22	90a, 92c, 94b, (96)
41	Niob	Nb	93,3	93
42	Molybdän	Mo	96,0	92d, 94e, 95c, 96b, 97g, 98a, 100f
44	Ruthenium	Ru	101,7	96f, (98), 99e, 100d, 101b, 102a, 104c
47	Silber	Ag	107,880	107a, 109b
48	Kadmium	Cd	112,41	110c, 111e, 112b, 113d, 114a, 116f
49	Indium	In	114,8	115
50	Zinn	Sn	118,70	112i, 114k, 115l, 116c, 117e, 118b, 119d, 120a, 121h, 122g, 124f
51	Antimon	Sb	121,76	121a, 123b
52	Tellur	Te	127,5	125d, 126c, 128b, 130a
53	Jod	J	126,93	127
54	Xenon	X	130,2	124h, 126h, 128g, 129a, 130f, 131c, 132b, 134d, 136e
55	Zäsium	Cs	132,81	133
56	Barium	Ba	137,36	135, 136, 137, 138a
57	Lanthan	La	138,90	139
58	Zerium	Ce	140,13	140a, 142b
59	Praseodym	Pr	140,92	141
60	Neodym	Nd	144,27	142, 144, (145), 146
73	Tantal	Ta	181,4	181

Tabelle 5 (Fortsetzung).

Ordnungszahl	Name des Elements	Symbol	Verbindungsgewicht	Atomgewichte
74	Wolfram	W	184,0	182c, 183d, 184a, 186b
75	Rhenium.	Re	186,3	185b, 187a
76	Osmium	Os	190,9	186e, 187f, 188d, 189c, 190b, 192a,
80	Quecksilber	Hg	200,61	196g, 198e, 199c, 200b, 201d, 202a, 204f
81	Thallium	Tl	204,39	203b, 205a
82	Blei	Pb	207,21	203, 204, 205, 206b, 207c, 208a, (209), 210
83	Wismut	Bi	209,00	209

das Vorhandensein bisher unbekannter Isotope gedeutet werden konnten; mittels dieser Methode wurden die in Tabelle 5 in eckigen Klammern stehenden Isotope des Wasserstoff[1], Beryllium[2], Kohlenstoff[3], Stickstoff[4], Sauerstoff[5] und Chlor entdeckt[6].

11. Definition des chemischen Elementes. Reinelemente und Mischelemente. Atomgewichte und Verbindungsgewichte. Wie aus der Tabelle 5 hervorgeht, trifft die alte Annahme von Dalton, daß ein chemisches Element nur aus einer ganz bestimmten Atomart bestehe, für einen Teil der Elemente anscheinend das Richtige; wenigstens kennen wir bis heute keine Isotope des Heliums, Fluors, Natriums usw., und auch die nur durch Bandenspektroskopie aufgefundenen Atomarten des Kohlenstoffs, Sauerstoffs und Stickstoffs treten an Menge so stark zurück, daß auch bei diesen Elementen die Daltonsche Annahme in erster Näherung heute noch gilt. Ebenso können viele radioaktive Elemente leicht in einem atomistisch homogenen Zustand gewonnen werden. Die meisten stabilen Elemente aber bestehen aus zwei oder mehr Atomarten in vergleichbarem Mengenverhältnis. Die Vermutung, die sich zuerst auf Grund der chemischen Untrennbarkeit verschiedener radioaktiver Substanzen ergeben hatte (s. Ziff. 9), daß chemische Unzerlegbarkeit eines Stoffes kein Beweis für seine atomistische Einheitlichkeit sei, ist demnach durch die Untersuchungen von Aston völlig bestätigt worden. Dadurch haben sich unsere theoretischen Ansichten vom Wesen eines chemischen Elementes stark verändert, nachdem man über 100 Jahre lang die von Dalton gegebene Grundlage der Atomistik (Zahl der Atome = Zahl der chemischen Elemente) für sicher angesehen hatte. Aber daß diese lange Zeit hindurch der komplexe Charakter, den so viele Elemente besitzen, von den Chemikern völlig übersehen werden konnte und erst durch Forschungen aufgedeckt worden ist, welche der Chemie so fern stehen wie die Kanalstrahluntersuchungen, dieser Umstand zeigt bereits,

[1] H. C. Urey, F. G. Brickwedde u. G. M. Murphy, Phys. Rev Bd. 39, S. 164. 1932. Die Existenz des Wasserstoffisotops von der Masse 2 ist inzwischen auch mit dem Massenspektrographen bewiesen worden; s. W. Bleakney, Phys. Rev. Bd. 39, S. 536. 1932, und H. Kallmann u. W. Lasareff, Naturwissensch. Bd. 20, S. 472. 1932.

[2] W. W. Watson, Phys. Rev. Bd. 36, S. 1019. 1930; W. W. Watson u. A. E. Parker, ebenda Bd. 37, S. 167. 1931.

[3] A. S. King u. R. T. Birge, Nature Bd. 124, S. 127. 1929; R. T. Birge, ebenda Bd. 124, S. 182. 1929.

[4] S. M. Naudé, Phys. Rev. Bd. 34, S. 1498. 1929; Bd. 35, S. 130. 1930; Bd. 36, S. 33. 1930; G. Herzberg, ZS. f. phys. Chem. B Bd. 9, S. 43. 1930; H. C. Urey u. G. M. Murphy, Phys. Rev. Bd. 38, S. 575. 1931.

[5] W. F. Giauque u. H. L. Johnston, Journ. Amer. Chem. Soc. Bd. 51, S. 3528. 1929; H. D. Babcock, Proc. Nat. Acad. Amer. Bd. 15, S. 471. 1929; S. M. Naudé, Phys. Rev. Bd. 36, S. 333. 1930; R. Mecke u. W. H. J. Childs, ZS. f. Phys. Bd. 68, S. 362. 1931.

[6] H. Becker, ZS. f. Phys. Bd. 59, S. 583 u. 601. 1930; G. Hettner u. J. Böhme, Naturwissensch. Bd. 19, S. 252. 1931; ZS. f. Phys. Bd. 72, S. 95. 1931.

wie gering die praktische Bedeutung dieser Erkenntnis für die Chemie ist. Die Systematik der Chemie — das natürliche System — muß daher nach wie vor auf dem Begriff des chemischen Elementes aufgebaut werden. Da nun die chemischen Elemente nach unseren heutigen Vorstellungen nicht mehr schlechthin unzerlegbar sind — eine Trennung der in ihnen vorhandenen Atomarten und dadurch eine Zerlegung in verschiedenartige Stoffe ist im Prinzip (und bis zu einem gewissen Grade auch praktisch, s. Abschnitt c) möglich —, so dürfen wir die Definition des Elementbegriffes nicht mehr auf die völlige Unzerlegbarkeit stützen. Man definiert heute zweckmäßig folgendermaßen[1]: *Ein chemisches Element ist ein Stoff, der durch kein chemisches Verfahren in einfachere zerlegt werden kann.* Denn gerade die chemische Unzerlegbarkeit der Elemente, die für alle praktischen Zwecke Geltung behält, ist der Grund, warum diese Stoffe als beharrend in allem chemischen Wechsel betrachtet werden können und daher den Namen der chemischen „Elemente" mit Recht führen. Für andere als chemische Versuche stellen dieselben Stoffe nicht notwendig etwas Unzerlegbares dar; durch gewisse physikalische Kunstgriffe läßt sich eine Entmischung der isotopen Atomarten (s. Ziff. 21 bis 24), durch andere eine Zertrümmerung der Atome (s. Ziff. 35 bis 37) bewerkstelligen; da beiderlei Vorgänge sich aber nicht in der Chemie abspielen, kann diese — in doppeltem Sinne vorhandene — Zusammengesetztheit der Elemente in dem ganzen ungeheuren Gebiet der praktischen Chemie vernachlässigt werden[2].

In theoretischer Hinsicht aber nehmen natürlich die Elemente, welche nur aus einer Atomart bestehen, demnach weder durch chemische noch durch physikalische Mittel entmischt werden können, eine Sonderstellung gegenüber den anderen Elementen ein, welche aus mehr als einer Atomart aufgebaut sind und nur betreffs der chemischen Unzerlegbarkeit in denselben Rang gehören. Wir tragen dem Rechnung, indem wir die Unterscheidung zwischen *Reinelementen* und *Mischelementen* einführen[1], entsprechend den Definitionen: „*Ein Reinelement ist ein Element, das nur aus einer Art von Atomen besteht*", und: „*Ein Mischelement ist ein Element, das aus mehreren Arten von Atomen besteht.*" Ein Reinelement ist demnach im thermodynamischen Sinn ein einheitlicher Stoff, ein Mischelement nicht. Da wir aber sowohl Mischelemente wie Reinelemente als chemische Elemente betrachten, so sehen wir, daß uns die Notwendigkeit, die chemische Systematik trotz Entdeckung der Isotopie zu bewahren, dazu gezwungen hat, den chemischen Elementbegriff vom thermodynamischen Stoffbegriff loszulösen. *Die Glieder des natürlichen Systems der Elemente sind die chemisch unzerlegbaren, aber thermodynamisch meist nicht einheitlichen Stoffe.*

Im Gebiet der Radioelemente, bei denen — zum Unterschied von den gewöhnlichen Elementen — die isotopen Atomarten getrennt in der Natur vorkommen, ist es üblich, die langlebigste Art, an der die chemischen Eigenschaften am besten beobachtet werden können, im natürlichen System anzuführen; also etwa als Element 90 das Reinelement Thorium und nicht Uran X_1 (s. Tab. 4). Zu speziellen Zwecken werden gelegentlich auch sämtliche Arten der Radioelemente in den Tabellen des Systems aufgeführt.

---

[1] F. PANETH, ZS. f. phys. Chem. Bd. 91, S. 171. 1916.

[2] Die chemische Unzerlegbarkeit ist *im Prinzip* für alle chemischen Elemente zu fordern, doch kann die Existenz eines chemischen Elementes auch auf andere Weise bewiesen werden. Manche Elemente, wie z. B. Fluor und Radium, waren als „Grundstoffe" bereits erschlossen worden, ehe ihre Darstellung als unzerlegbare „einfache Stoffe" gelang. (Über die Verwendung der Ausdrücke Grundstoff und einfacher Stoff für die zwei verschiedenen Bedeutungen des chemischen Elementbegriffs s. F. PANETH, Schriften d. Königsb. Gelehrten-Ges., Naturwiss. Kl. Bd. 8, S. 101. 1931.) Namentlich die modernste Methode des Elementnachweises mittels Röntgenspektroskopie verzichtet auf die Herstellung der einfachen Stoffe.

Etwas Vorsicht ist seit der Entdeckung der Isotopie auch bei der Verwendung des Ausdrucks „*Atomgewicht*" geboten. Da ein Element aus Atomen von verschiedenem Gewicht aufgebaut sein kann, können wir im strengen Sinn nicht mehr von dem Atomgewicht eines Elementes reden, wenn es sich nicht um ein Reinelement handelt. Bei einem Mischelement ist der früher als Atomgewicht bezeichnete Wert ja nur ein Mittelwert aus verschiedenen Atomgewichten, und man spricht darum zweckmäßiger von seinem „*Verbindungsgewicht*"[1].

12. Angenäherte Ganzzahligkeit der Atomgewichte. Die wichtigste Tatsache, die sich neben dem komplexen Charakter vieler Elemente aus Tabelle 5 ersehen läßt, ist die praktische Ganzzahligkeit aller Atomgewichte, wenn sie in der üblichen Weise auf $O = 16{,}0000$ bezogen werden; nur der Wasserstoff macht eine Ausnahme. Die Verbindungsgewichte, welche sich bei der chemischen Analyse ergeben, sind Mittelwerte aus den Gewichten der in dem betreffenden Elemente vorhandenen Atomarten und stellen daher oft gebrochene Zahlen dar. Bei Reinelementen ist das Verbindungsgewicht notwendig gleich dem Gewicht ihrer einzigen Atomart und daher nahezu ganzzahlig; aus einer starken Abweichung des Verbindungsgewichtes von der Ganzzahligkeit können wir nach den bisherigen Erfahrungen daher stets schließen, daß das betreffende Element ein Mischelement ist; umgekehrt darf natürlich nicht aus der Ganzzahligkeit auf ein Reinelement geschlossen werden, da der Mittelwert mehrerer Atomarten auch ganzzahlig sein kann. Dieser letztere Fall ist praktisch beim Mischelement Brom verwirklicht, welches aus den Atomarten 79 und 81 etwa in gleichem Verhältnis besteht, so daß sein Verbindungsgewicht fast genau 80 ist.

Auffallend ist die Ausnahmestellung, die der Wasserstoff einnimmt, der gegenüber der Einheit der Atomgewichte fast um 1% zu schwer erscheint. Der nächstliegende Gedanke seit Bekanntwerden der Isotopie war natürlich, daß der Mangel an Ganzzahligkeit im Verhältnis Wasserstoff zu Sauerstoff auf der Isotopie des einen oder beider Elemente beruhe; nachdem aber schon früher durch Diffusionsversuche bewiesen worden war, daß beide Stoffe praktisch Reinelemente sind[2], hat ASTON noch durch besonders sorgfältige Versuche mit positiven Strahlen gezeigt, daß die Abweichung von der Ganzzahligkeit tatsächlich den einzelnen Atomen des Wasserstoffs zukommt (s. dazu Ziff. 42).

Geringere Abweichungen von der Ganzzahligkeit finden sich übrigens auch bei anderen Elementen als Wasserstoff. Tabelle 5 gab auf ganze Zahlen abgerundete — bzw. nicht genauer bestimmte — Werte; diese Abrundung ist für einen Überblick sehr berechtigt, da die Massen der Atome, auf $O = 16$ gerechnet, den ganzen Zahlen außerordentlich nahe liegen. Trotzdem sind die Abweichungen von dieser „Regel der ganzen Zahlen", die ASTON in den letzten Jahren durch bewundernswerte Präzisionsbestimmungen festgestellt hat, von höchstem theoretischem Interesse, da sie uns Einblicke in die Energieverhältnisse der Atomumwandlungen gestatten. Ein näheres Eingehen auf diese Fragen liegt außerhalb des Themas dieses Abschnitts (s. darüber Kap. 2A), doch soll folgende Tabelle 6,

[1] F. PANETH, ZS. f. phys. Chem. Bd. 92, S. 677. 1917. Oft wird auch der Ausdruck „Praktisches Atomgewicht" verwendet, der aber wenig glücklich ist, da er die Vorstellung von für die Praxis abgerundeten Zahlen nahelegt und daher öfters kritisiert worden ist. Im Englischen ist es üblich, von „average atomic mass" zu reden, doch kann auch hier der Ausdruck „combining weight", entsprechend unserem „Verbindungsgewicht", Verwendung finden. Über die verschiedene Bedeutung, in der früher der Ausdruck „Verbindungsgewicht" gebraucht worden ist, s. loc. cit. S. 678, Anm. 1.

[2] O. STERN und M. VOLMER, Ann. d. Phys. Bd. 59, S. 225. 1919. Die inzwischen mittels Bandenspektroskopie aufgefundenen Isotope des Wasserstoffs und Sauerstoffs sind wegen ihrer geringen Menge fast ohne Einfluß auf die Verbindungsgewichte der beiden Elemente, die aber im strengen Sinn heute natürlich als „Mischelemente" betrachtet werden müssen.

die die von ASTON am genauesten — etwa auf 1:10000 — bestimmten Werte enthält, eine Vorstellung davon vermitteln, daß die Atomgewichte nur in Ausnahmefällen genau ganzzahlig sind; es kommen sowohl Abweichungen nach oben wie unten vor. Wasserstoff nimmt demnach nicht prinzipiell, sondern nur nach der Stärke seiner Abweichung von der Ganzzahligkeit eine Sonderstellung ein.

Tabelle 6. Präzisionswerte von Atomgewichten.

Ordnungszahl	Name des Elements	Atomart	Atomgewicht	Ordnungszahl	Name des Elements	Atomart	Atomgewicht
1	Wasserstoff	H	1,00778	33	Arsen . . .	As	74,934
2	Helium . .	He	4,00216	35	Brom . . .	Br^{79}	78,929
3	Lithium . .	Li^{6}	6,012	35	Brom . . .	Br^{81}	80,926
3	Lithium . .	Li^{7}	7,012	36	Krypton . .	Kr^{78}	77,926
5	Bor	B^{10}	10,0135	36	Krypton . .	Kr^{80}	79,926
5	Bor	B^{11}	11,0110	36	Krypton . .	Kr^{82}	81,927
6	Kohlenstoff	C^{12}	12,0036	36	Krypton . .	Kr^{83}	82,927
7	Stickstoff .	N^{14}	14,008	36	Krypton . .	Kr^{84}	83,928
8	Sauerstoff .	O^{16}	16,0000	36	Krypton . .	Kr^{86}	85,929
9	Fluor . . .	F	19,0000	42	Molybdän .	Mo^{98}	97,946
10	Neon . . .	Ne^{20}	20,0004	42	Molybdän .	Mo^{100}	99,945
15	Phosphor .	P	30,9825	50	Zinn	Sn^{112}	111,918
17	Chlor . . .	Cl^{35}	34,983	50	Zinn	Sn^{120}	119,912
17	Chlor . . .	Cl^{37}	36,980	53	Jod	J	126,932
18	Argon . . .	Ar^{36}	35,976	54	Xenon . . .	X^{124}	133,929
18	Argon . . .	Ar^{40}	39,971	80	Quecksilber	Hg^{200}	200,016
24	Chrom . . .	Cr^{52}	51,948	82	Blei	Pb^{206}	206,016
30	Zink	Zn^{64}	63,937				

13. Die Basis der chemischen Atomgewichte. Seit vielen Dezennien nimmt der Chemiker als Basis das Atomgewicht des Sauerstoffs, 0 = 16, an. Dieser Wert ist aber, wie wir seit kurzem wissen, eigentlich kein Atomgewicht, sondern ein Verbindungsgewicht, da im Sauerstoff neben den in gewaltig überwiegender Menge vorhandenen Atomen vom Gewicht 16 auch solche vom Gewicht 17 und 18 enthalten sind, und der Chemiker bei allen seinen Berechnungen dementsprechend den Mittelwert dieser Atomgewichte = 16 setzt. Wenn dagegen auf Grund der Massenspektroskopie Atomgewichte angegeben werden, so sind sie auf das Gewicht der häufigsten Atomart des Sauerstoffs bezogen, also nur auf die Atome vom Gewicht 16. Der Unterschied zwischen dem Verbindungsgewicht des Elements Sauerstoff und dem Atomgewicht seiner wichtigsten Atomart ist aber so gering, daß ASTON[1] den wohl von allen Seiten akzeptierten Vorschlag machte, weiter als Basis der chemischen Atomgewichte das Verbindungsgewicht des Sauerstoffs festzuhalten und gleich 16,0000 zu setzen, ohne sich dadurch stören zu lassen, daß der Physiker das Gewicht der leichtesten Atomart des Sauerstoffs auch als genau 16 annimmt, während es im chemischen Maß nur 15,9984 ist. Dieser Unterschied liegt heute noch meist innerhalb der bei chemischen Bestimmungen erreichbaren Genauigkeit. Für sehr exakte Messungen und theoretische Überlegungen ist aber zu beachten, daß die physikalischen Atomgewichte mit 0,99988 zu multiplizieren sind, um mit der chemischen Skala völlig übereinzustimmen[2].

[1] Vgl. die Diskussion bei der Versammlung der British Association in London am 28. Sept. 1931 (Nature Bd. 128, S. 731. 1931).

[2] Hierbei ist die Annahme zugrunde gelegt, daß das Verhältnis O^{18} zu O^{16} gleich 1:1250 ist (O^{17} ist so schwach vertreten, daß sein Einfluß zu vernachlässigen ist). Neuere Unter suchungen (R. MECKE u. W. H. J. CHILDS, ZS. f. Phys. Bd. 68, S. 362. 1931) sprechen für ein Verhältnis $O^{18}:O^{16}$ gleich 1:630, wodurch sich der Umrechnungsfaktor auf 0,99978 verringern würde.

14. Isobare. Da alle Atomgewichte praktisch ganzzahlig sind und viele Elemente eine beträchtliche Anzahl von Atomarten besitzen, muß man erwarten, daß gelegentlich die Atome verschiedener Elemente dasselbe Gewicht zeigen. Dies ist tatsächlich in vielen Fällen beobachtet worden. Solche Atome verschiedener Elemente, welche dasselbe Gewicht haben, werden *Isobare* genannt — während man unter Isotopen bekanntlich (s. Ziff. 9 u. 10) Atome desselben Elementes von verschiedenem Gewicht (oder verschiedenen radioaktiven Eigenschaften) versteht. Folgende Tabelle 7 gibt einen Überblick über die bisher festgestellten isobaren Atomarten inaktiver Elemente[1].

Tabelle 7. Isobare Atomarten inaktiver Elemente.

[Cl^{39}] K^{39}	Ar^{40} Ca^{40}	(Ti^{50}) Cr^{50}	Cr^{54} Fe^{54}	Cu^{65} Zn^{65}	Zn^{69} Ga^{69}	Zn^{70} Ge^{70}	Ga^{71} Ge^{71}	Ge^{74} Se^{74}	Ge^{75} As^{75}
Ge^{76} Se^{76}	Ge^{77} Se^{77}	Se^{78} Kr^{78}	Se^{80} Kr^{80}	Se^{82} Kr^{82}	Kr^{86} Sr^{86}	Rb^{87} Sr^{87}	Zr^{92} Mo^{92}	Zr^{94} Mo^{94}	(Zr^{96}) Mo^{96} Ru^{96}
Mo^{98} Ru^{98}	Mo^{100} Ru^{100}	Cd^{112} Sn^{112}	Cd^{114} Sn^{114}	In^{115} Sn^{115}	Cd^{116} Sn^{116}	Sn^{121} Sb^{121}	Sn^{124} X^{124}	Te^{126} X^{126}	
Te^{128} X^{128}	Te^{130} X^{130}	X^{136} Ba^{136}	Ce^{142} Nd^{142}	W^{186} Os^{186}	Re^{187} Os^{187}	(Pb^{209}) Bi^{209}			

Es sei darauf hingewiesen, daß in den radioaktiven Zerfallsreihen immer Isobare entstehen, wenn ein Atom unter Aussendung eines β-Teilchens zerfällt und sich dadurch in eine Atomart des nächst höheren Elements (vgl. Ziff. 34) von praktisch gleichem Gewicht verwandelt.

15. Das Mengenverhältnis der Isotope. In der Tabelle 5 ist die Reihenfolge, in der die Atomarten eines Elementes, nach ihren Mengen geordnet, in der Natur vertreten sind, durch Buchstaben deutlich gemacht. Man sieht, daß bald die schwerere und bald die leichtere Atomart überwiegt, und es ist noch nicht gelungen, hier einfache Gesetzmäßigkeiten aufzufinden (s. dazu auch Ziff. 43). Die große Zahl der Atomarten mancher Elemente und ihr anscheinend beliebiges Mischungsverhältnis muß es uns heute fast als wunderbarer erscheinen lassen, daß die Verbindungsgewichte der natürlich vorkommenden Mischelemente im allgemeinen mit der Ordnungszahl ansteigen, als daß in den erwähnten drei Fällen (s. Ziff. 2) eine Ausnahme von dieser Regel stattfindet. Folgende Abb. 4, welche die Isotope von benachbarten Halogenen, Edelgasen und Alkalimetallen darstellt, wird dies noch anschaulicher machen. Die Isotope der Halogene sind durch weiße Felder, die der Edelgase durch gestreifte und die der Alkalimetalle durch schwarze kenntlich gemacht, wobei die Höhe der Felder die relative Menge der betreffenden Atomart im natürlich vorkommenden Mischelement angibt. Man erkennt aus dem verschiedenartigen Anblick der vier Diagramme sofort, daß keinerlei Regelmäßigkeit innerhalb der Gruppen vorhanden ist; die Zahl der Isotope nimmt bei den Edelgasen mit steigendem Atomgewicht zu, während das schwerste Halogen und schwerste Alkalimetall Reinelemente sind. Man sieht ferner, daß die Anomalie in der Stellung Argon-Kalium darauf beruht, daß beim Argon die schwerere Atomart weitaus überwiegt, beim Kalium dagegen die leichtere. Wären die Mengen der Atomarten in beiden Fällen gleichmäßig verteilt, dann käme Kalium auch nach dem Verbindungsgewicht, nicht nur nach der Ordnungszahl, nach Argon zu stehen. Ebenso sind auch beim Nickel zwei Atomarten nachgewiesen worden, und zwar ist die Atomart 58 stärker

[1] Vgl. O. Hahn, Chem. Ber. Bd. 65A, S. 10. 1932.

vertreten als die Atomart 60; wäre das Umgekehrte der Fall, dann würde Nickel ein Verbindungsgewicht größer als Kobalt besitzen, also auch keine Ausnahme im natürlichen System mehr sein.

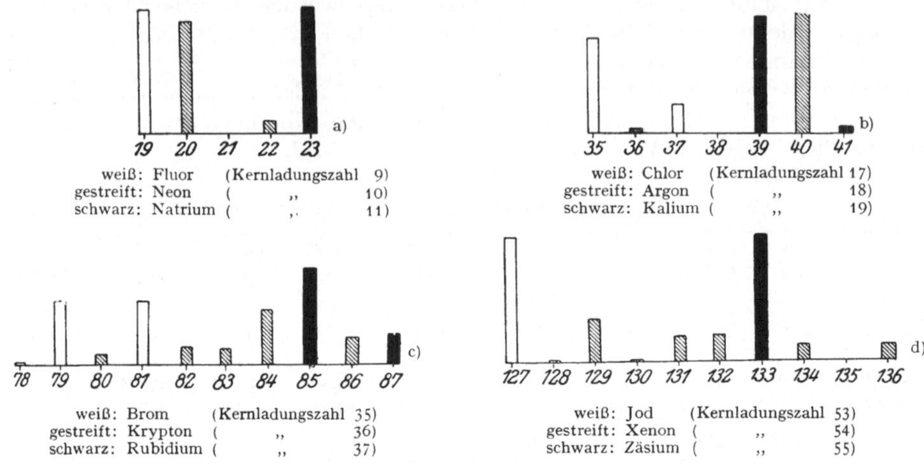

Abb. 4. Atomgewichte und Mengenverhältnis der Isotope der Halogene (weiß), Edelgase (gestreift) und Alkalimetalle (schwarz).

16. Die Anzahl der Isotope. Während wir seit MOSELEYS Forschungen über die Zahl der Elemente zwischen Wasserstoff und Uran genau orientiert sind und mit Bestimmtheit sagen können, daß auch in Zukunft höchstens noch drei entdeckt werden können, haben wir vorläufig gar keinen Anhaltspunkt, der auf die Anzahl der Isotope eines Elements zu schließen gestattete. Gerade die oben (Ziff. 10) erwähnten Erfolge der Bandenspektroskopie haben gezeigt, daß unsere Kenntnisse durchaus von der Empfindlichkeit unserer Meßverfahren abhängen, und daß wir darum im gegenwärtigen Zeitpunkt weniger als je in der Lage sind, irgend etwas Bestimmtes über die Anzahl der tatsächlich vorhandenen Isotope auszusagen. Es ist darum auch nicht sehr fruchtbar, an dem heutigen Material den Versuch zu machen, bestimmte Regeln festzustellen. So schien z. B. bis vor kurzem die Gesetzmäßigkeit zu gelten, daß bei Elementen mit ungerader Ordnungszahl die Maximalzahl der Isotope zwei beträgt; die Bandenspektroskopie hat aber kürzlich beim Element Chlor auch noch ein Isotop vom Gewicht 39 festgestellt[1], so daß wir hier bereits drei Isotope kennen. Wir müssen es als durchaus wahrscheinlich betrachten, daß in Zukunft noch bei sehr vielen anderen Elementen, bei denen diese modernsten und empfindlichsten Methoden zur Anwendung gebracht werden, neue Isotope entdeckt werden. Wir wollen uns darum hier darauf beschränken, festzustellen, daß bei den Elementen mit gerader Ordnungszahl die Anzahl der Isotope im Durchschnitt wesentlich größer ist als bei denen mit ungerader; daß die Höchstzahl der uns bekannten Isotope bei einem und demselben Element — es handelt sich um Zinn — 11 beträgt (die Gewichtsdifferenz zwischen leichtestem und schwerstem Isotop beläuft sich dabei auf 12 Einheiten), und daß von den bis heute auf ihre atomistische Zusammensetzung untersuchten 72 Elementen 228 Atomarten gefunden worden sind. 17 Elemente sind wegen experimenteller Schwierigkeiten noch nicht geprüft worden. Wir müssen daraus schließen, daß zu der Gesamtzahl der heute bekannten 89 Elemente sicher mehr als 250 Atomarten gehören.

[1] H. BECKER, ZS. f. Phys. Bd. 59, S. 583 u. 601. 1930; G. HETTNER u. J. BÖHME, Naturwissensch. Bd. 19, S. 252. 1931; ZS. f. Phys. Bd. 72, S. 95. 1931.

17. Isotope zweiter Ordnung. Unter Isotopen zweiter Ordnung versteht man Atome, die nicht nur gleiche Kernladung besitzen, sondern auch dieselben Kernbausteine, bei denen sich die Unterschiede daher auf den verschiedenen Aufbau der Kerne und den damit verbundenen verschiedenen Energieinhalt beschränken. Daß solche Isotope vorkommen können, müssen wir aus verschiedenen radioaktiven Erscheinungen schließen; wenn z. B. in einer Zerfallsreihe eine Verzweigung auftritt, bei der beide Wege unter α- oder unter β-Zerfall eingeschlagen werden, aber unter verschiedener Energieproduktion, dann müssen auch die entstehenden Atome verschiedenen Energieinhalt haben, aber dieselben Bausteine besitzen, demnach Isotope zweiter Ordnung sein. Dieser Fall liegt bei Uran Z und Uran X_2 vor (s. Tab. 4). Auch die Feinstruktur der α-Strahlen, die α-Teilchen abnormer Reichweite, das kontinuierliche Spektrum der β-Strahlen, und bestimmte Erscheinungen bei der künstlichen Elementzertrümmerung legen die Vermutung nahe, daß im Anfangs- oder Endzustand dieser Vorgänge Isotope zweiter Ordnung auftreten. Es ist möglich, daß sich ähnliche Energieunterschiede auch in den Atomen stabiler Elemente finden; da die ihnen entsprechenden Massendifferenzen aber für das Auflösungsvermögen des Massenspektrographen viel zu klein sind, fehlt uns vorläufig jede Möglichkeit, darüber experimentell zu entscheiden.

c) Trennung von Isotopen.

18. Schwierigkeiten der Trennung. Als die ersten Versuche, Isotope zu trennen, sind die Bemühungen der Chemiker anzusehen, gewisse Paare von Radioelementen, wie etwa Radium und Mesothorium, Thorium und Ionium oder Radium D und Blei, voneinander zu scheiden. Sie verliefen sämtlich negativ und führten eben dadurch zur Aufstellung des Begriffes der Isotopie (s. Ziff. 8). Ein viel weiteres Arbeitsfeld ergab sich nach Feststellung der Erscheinung der Isotopie bei den gewöhnlichen Elementen (s. Ziff. 9), da hier zum erstenmal ganz beliebige Mengen des Versuchsmaterials zur Verfügung standen und auch keinerlei zeitliche Beschränkung der angewendeten Verfahren wegen spontanen Zerfalls mehr in Betracht kam. Daß eine Trennung auch hier nicht leicht sein könne, ging schon daraus hervor, daß bei keinem der Mischelemente unter den gewöhnlichen Elementen trotz der außerordentlich mannigfaltigen Versuchsbedingungen, denen sie bei Gelegenheit vieler physikalischer und chemischer Untersuchungen schon unterworfen worden waren, eine auch nur partielle Entmischung aufgefallen war. Doch waren vor Entdeckung der Isotopie keine systematischen Versuche in dieser Richtung angestellt worden, und eine genaue Prüfung der Bedingungen, unter denen Isotope getrennt werden können, war, abgesehen vom theoretischen Interesse, auch deshalb nötig, weil wichtige Konstanten, wie z. B. die Verbindungsgewichte oder die Dichte des Quecksilbers, durch eine solche Trennung in sehr störender Weise beeinflußt werden konnten.

19. Scheinbare Trennung von Isotopen. Bevor wir im folgenden die Versuche zur Isotopentrennung besprechen, sei vorausgeschickt, daß wir das Gelingen einer solchen Trennung nur dann annehmen dürfen, wenn die Isotope zu Beginn des Versuches in völlig gleichmäßiger Vermischung vorlagen. Bei den isotopen Atomarten der natürlich vorkommenden Elemente ist diese Bedingung stets erfüllt (s. Ziff. 32), nicht aber bei den isotopen radioaktiven Substanzen. So ist das aus Mineralien gewonnene Radiothor stets von dem isotopen Thorium begleitet; man kann es aber auch thorfrei darstellen, wenn man seine unmittelbare Muttersubstanz, das Mesothor, vom Thor abtrennt und die Neubildung des Radiothor aus dem Mesothor abwartet. In analoger Weise lassen sich alle isotopen Radioelemente in getrenntem Zustand erhalten, wenn ihre Muttersubstanzen voneinander trennbar sind und ihre Nachbildung nicht allzu lange Zeit in Anspruch nimmt. Es ist aber klar, daß man in diesen Fällen, welche sich auf die verschiedene Abstammung der Isotope gründen, nicht von einer Isotopentrennung reden darf, da die Trennung ja nur ihre — nicht isotopen — Muttersubstanzen betrifft. Etwas anders liegen jene Fälle, wo durch die Verschiedenheit der Lebensdauer zweier gemischter Isotope die Gewinnung des einen in reinem Zustand möglich wird. Dies trifft etwa bei dem aktiven Niederschlag, der aus atmosphärischer Luft gesammelt wird, zu; er enthält zunächst die beiden Isotope Radium B und Thorium B, nach einem Tag aber praktisch nur mehr Thorium B, da das Radium B inzwischen abgestorben ist. Hier wird man deshalb nicht von einer Isotopentrennung reden, weil das eine Isotop überhaupt verschwindet.

Nun gibt es aber auch weniger übersichtliche Fälle, wo eine Trennung vermischter radioaktiver Isotope scheinbar wirklich gelungen ist. So wurde, um nur einen Fall zu erwähnen, beobachtet, daß das Verhältnis Thorium B:Thorium C gegenüber dem Verhältnis Radium B:Radium C steigt, wenn diese vier Elemente gleichzeitig von Eisenhydroxyd adsorbiert werden[1]; es müssen also entweder die beiden isotopen B-Produkte oder die gleichfalls isotopen C-Produkte in verschiedenem Maße adsorbiert worden sein. Wenn wir hier trotzdem nicht von einer Isotopentrennung im eigentlichen Sinne reden dürfen, so liegt der Grund darin, daß die Bedingung der völlig gleichmäßigen Vermischung vor Beginn des Versuches offenbar nicht erfüllt war. Die B- und namentlich die C-Produkte haben eine große Neigung, mit den Eigenschaften kolloider Teilchen in Lösung zu gehen, und der Betrag des kolloiden und des molekulardispersen Anteils hängt von der Dauer der Einwirkung des Lösungsmittels ab. Wegen der verschiedenen Halbwertszeiten war diese Einwirkungsdauer bei den Thor- und bei den Radiumprodukten nicht gleich, und da die Adsorption bei kolloiden Teilchen immer wesentlich kräftiger ist als bei molekulardispersen, dürfen wir uns über die Verschiebung des Konzentrationsverhältnisses durch die Adsorption nicht wundern. Dieser etwas spezielle Fall einer scheinbaren Isotopentrennung — dem sich noch manche ähnliche anreihen ließen — wurde deshalb näher diskutiert, weil er zeigt, wie genau man die Bedingung beachten muß, daß die Isotope zunächst einmal völlig gleichmäßig vermischt sind. Auch bei der Verwendung der Radioelemente als Indikatoren (s. ds. Band Kap. 3C) kann man zu ganz falschen Ergebnissen kommen, wenn man nicht streng darauf achtet, daß die Vermischung mit dem Indikator in molekulardisperser Lösung oder in flüssigem oder in gasförmigem Zustand erfolgt.

20. Prinzipien der Isotopentrennung. Da Isotope, wie durch viele Versuche festgestellt worden ist, in den chemischen Eigenschaften und in den meisten physikalischen Eigenschaften praktisch völlig gleich sind, müssen die üblichen Methoden zur Stofftrennung, welche sich auf Verschiedenheiten in der Löslichkeit, im Dampfdruck od. dgl. stützen, bei ihnen notwendig versagen. In ihrer Masse weisen Isotope aber recht beträchtliche Unterschiede auf, und diese Massenverschiedenheit hat man vielfach zur Trennung auszunutzen versucht[2]. In der Regel handelt es sich dabei um Verfahren, die sich grundsätzlich von den sonst in der Chemie zur Trennung von Stoffgemischen angewendeten unterscheiden. Doch ist kürzlich gezeigt worden, daß unter Umständen auch eine Trennung von Isotopen durch normale Destillation möglich ist; wegen der

[1] J. A. CRANSTON u. R. HUTTON, Journ. chem. soc. Bd. 121, S. 2843. 1922; Bd. 123, S. 1318. 1923.

[2] Isotope zweiter Ordnung, die nicht nur chemisch gleich, sondern auch von gleicher Masse sind, müssen als völlig untrennbar gelten (vgl. Ziff. 17).

prinzipiellen Wichtigkeit dieser Erkenntnis wollen wir dieses Verfahren zuerst besprechen und dann erst jene beschreiben, bei denen auf die Verschiedenheit der Massenunterschiede besondere Trennungsmethoden gegründet worden sind.

21. Trennung durch normale Destillation. Wie unabhängig voneinander O. STERN[1] und F. A. LINDEMANN[2] gezeigt haben, ist zu erwarten, daß Isotope bei sehr tiefen Temperaturen merkliche Differenzen in ihren Dampfdrucken zeigen. Wenn man mit Nullpunktsenergie rechnete, ergab sich, daß bei tiefen Temperaturen das leichtere Isotop den *höheren* Dampfdruck haben muß, dagegen den *geringeren* Dampfdruck, wenn keine Nullpunktsenergie existiert. Durch diese Überlegungen veranlaßt, haben KEESOM und VAN DIJK Trennungsversuche an den Neonisotopen ausgeführt[3]. Es gelang ihnen, Neon bei einer Temperatur von $-248{,}4\,^\circ$C fraktioniert zu destillieren; sie erhielten im flüchtigen Anteil ein Neon von deutlich geringerer Dichte als das normale, im Rückstück dagegen eine schwerere Fraktion. Wenn das Verbindungsgewicht des normalen Neons zu 20,18 angesetzt wird, war das Verbindungsgewicht der leichtesten Fraktion 20,14 und der schwersten 20,23. Das leichtere Isotop hat also den größeren Dampfdruck.

Die hohe Bedeutung dieses Ergebnisses von KEESOM und VAN DIJK liegt vor allem darin, daß dadurch die Notwendigkeit einer Annahme von Nullpunktsenergie durch ein experimentum crucis bewiesen worden ist. Für die Praxis der Isotopentrennung kommt aber dieses umständliche und kostspielige Verfahren naturgemäß nicht in Betracht.

22. Trennung durch ideale Destillation. Die erste Methode, welche in wägbaren Mengen eine partielle Isotopentrennung erzielte, ist die von BRÖNSTED und HEVESY ausgeführte „ideale Destillation"[4]. Sie beruht auf folgender Erwägung:

Wenn eine Flüssigkeit im Gleichgewicht mit ihrem gesättigten Dampf steht, so prallen in der Zeiteinheit eine gewisse Anzahl Dampfmoleküle auf die Oberfläche der Flüssigkeit auf und bleiben hier haften; diese Zahl muß gleich sein der Zahl der Moleküle, die innerhalb derselben Zeit aus der Flüssigkeit in den Dampfraum übertreten. Die Geschwindigkeit dieses kinetischen Austausches hängt von der mittleren Geschwindigkeit der Dampfmoleküle — und ebenso auch der Moleküle in der Flüssigkeit — ab. Von zwei Isotopen wird daher das leichtere (von der Masse m_1) sich in regerem Austausch befinden als das schwerere (von der Masse m_2). Da $m\overline{v^2}$ nach den Gesetzen der kinetischen Theorie (s. ds. Handb. Bd. IX) konstant sein muß, werden sich die Geschwindigkeiten umgekehrt verhalten wie die Wurzeln aus den Massen; daher werden in der Zeiteinheit von dem leichteren Isotop $\sqrt{m_2/m_1}$ mal mehr Moleküle als von dem schwereren aus der Oberfläche in den Dampfraum übertreten und umgekehrt aus dem Dampfraum kondensiert werden. Bei der gewöhnlichen Destillation ist die Zahl der Moleküle, die im Destillat kondensiert werden, nur ein kleiner Bruchteil der Zahl der Moleküle, die während der gleichen Zeit zwischen Flüssigkeit und Dampf ausgetauscht werden. Obwohl also von dem leichteren Isotop pro Zeiteinheit mehr Moleküle aus der Flüssigkeit austreten, reichert es sich doch nicht im Destillat an, da auch umgekehrt aus dem Dampfraum mehr Moleküle des leichteren Isotops sich kondensieren; die mittlere Zusammensetzung des Dampfes ist dieselbe wie die der Flüssigkeit. Sowie man aber den Prozeß irreversibel

[1] Siehe die weiter unten zitierte Arbeit von W. H. KEESOM u. H. VAN DIJK.

[2] F. A. LINDEMANN, Phil. Mag. Bd. 38, S. 173. 1919; s. auch K. F. HERZFELD, Müller-Pouillets Lehrbuch d. Phys., 11. Aufl., Bd. III 2, S. 389. 1925.

[3] W. H. KEESOM u. H. VAN DIJK, Proc. Amsterdam Bd. 34, S. 42. 1931.

[4] J. N. BRÖNSTED u. G. v. HEVESY, ZS. f. phys. Chem. Bd. 99, S. 189. 1921.

leitet, indem man verhindert, daß die aus der Flüssigkeit ausgetretenen Moleküle wieder zurückgeworfen werden, kann man das leichtere Isotop im Destillat konzentrieren. Denn wenn alle Moleküle, die die Flüssigkeit verlassen haben, festgehalten werden, ehe sie durch Zusammenstöße mit anderen Molekülen ihre Richtung umkehren, muß das Verhältnis, in dem die isotopen Molekülarten in dem Destillat stehen, gleich sein ihrem Verhältnis in der Flüssigkeit, multipliziert mit dem Verhältnis ihrer mittleren Geschwindigkeiten. Von dem leichteren Isotop wird also $c_1/c_2 = \sqrt{m_2/m_1}$ mal mehr kondensiert werden als von dem schwereren. Obwohl also der *Dampfdruck* zweier Isotope, abgesehen von den tiefsten Temperaturen (vgl. Ziff. 21), ununterscheidbar gleich ist, gelingt es so unter Benutzung ihrer verschiedenen *Verdampfungsgeschwindigkeit* eine partielle Trennung zu erzielen. Durch Wiederholung dieser „idealen Destillation" kann ebenso wie bei anderen fraktionierten Destillationen der Grad der Trennung gesteigert werden.

Aus dem Gesagten ergibt sich, daß für die Durchführbarkeit der Methode verschiedene Bedingungen erfüllt sein müssen. Vor allem muß der Dampfdruck so niedrig gehalten werden, daß die Zusammenstöße der Moleküle untereinander, welche eine Reflexion in die Flüssigkeit bewirken, vernachlässigt werden können. Ferner muß die Fläche, auf die die verdampften Moleküle auftreffen, so beschaffen sein, daß auch hier keine Reflexion eintritt, sondern alle Moleküle festgehalten werden; dies geschieht am zweckmäßigsten dadurch, daß gegenüber der Flüssigkeitsoberfläche eine stark gekühlte Glasfläche angebracht wird. Schließlich muß dafür Sorge getragen werden, daß die Zusammensetzung der Flüssigkeitsoberfläche sich nicht gegenüber der des Flüssigkeitsinnern verändert; denn wenn kein genügend schneller Austausch zwischen Oberfläche und Innerem stattfindet, wird sich als Folge des Entweichens des leichteren Isotops das schwerere an der Oberfläche anreichern und dadurch eine weitere Anreicherung des leichteren im Dampfraum verhindern. Diese letzte Bedingung beschränkt die Anwendbarkeit der geschilderten Trennungsmethode auf Flüssigkeiten und macht sie für feste Körper unbrauchbar.

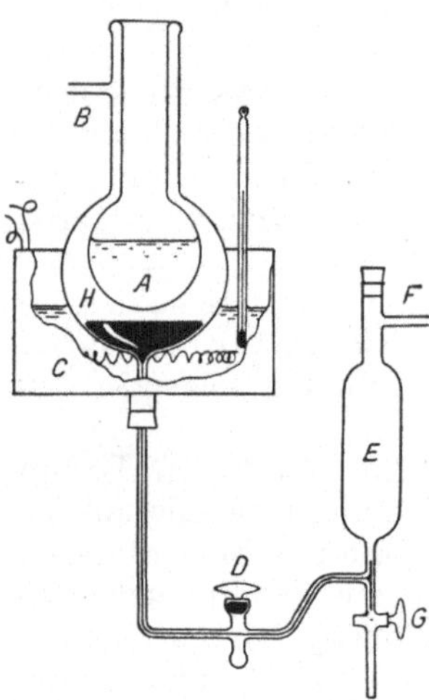

Abb. 5. Apparat zur Trennung der Quecksilberisotope durch „ideale Destillation".

Den ersten Erfolg erzielten BRÖNSTED und HEVESY mit dem geschilderten Verfahren der idealen Destillation bei der partiellen Trennung der Quecksilberisotope. Die hierzu verwendete Apparatur ist aus Abb. 5 ersichtlich. In den Zwischenraum H der beiden Glaswandungen eines DEWARschen Gefäßes wurden 300 cm³ Quecksilber gebracht, hierauf der Zwischenraum hoch evakuiert und das Innere des Kolbens A mit flüssiger Luft gefüllt. Durch das Ölbad C wurde das Quecksilber auf etwa 45° erhitzt; sein Dampfdruck betrug ungefähr 0,01 mm und die pro Stunde und Quadratzentimeter Oberfläche verdampfende Menge etwa 0,35 cm³. Dieses verdampfende Quecksilber fror an der Glaswand des Kolbens A fest. Nachdem etwa ein Viertel der Quecksilbermenge in dieser Weise übergegangen war, wurde unterbrochen und zunächst das zurückgebliebene — schwerere — Quecksilber durch Öffnen des Hahnes D in das evakuierte Gefäß E gebracht und dann durch den Hahn G aus dem Apparat ausfließen gelassen. Sodann wurde durch Entfernen der flüssigen Luft das an A haftende Quecksilber auftauen gelassen und auf demselben Wege wie der Destillierrückstand aus dem Apparat entnommen. Durch wiederholte Ausführung dieses Prozesses gelang es, eine Ausgangsmenge von 2700 cm³ Quecksilber in eine Anzahl von Fraktionen zu zerlegen, die teils ein größeres, teils ein geringeres spezifisches Gewicht hatten als normales Quecksilber. Die schwerste Fraktion (0,2 cm³) zeigte eine Dichte von 1,00023 (auf normales Hg = 1 bezogen), die leichteste Fraktion (ebenfalls 0,2 cm³) eine Dichte von 0,99974; der Dichteunterschied des schwersten und leichtesten Quecksilbers betrug demnach etwa $^1/_2{}^0/_{00}$. Die Leitfähigkeit der beiden Proben, auf gleiche Volumina bezogen, war ununterscheidbar gleich[1], dagegen waren die Verbindungsgewichte erwartungsgemäß um fast 0,1 Einheit verschieden; die schwerste Fraktion zeigte ein Verbindungsgewicht von 200,632, die leichteste eines von 200,564[2], während das Verbindungsgewicht von gewöhnlichem Quecksilber 200,61 ist[3].

Nach demselben Verfahren ist es BRÖNSTED und HEVESY auch gelungen, die Chlorisotope partiell zu trennen[4]; hierzu wurde die ideale Destillation von HCl in 7normaler wässeriger Lösung verwendet. Der Unterschied im Verbindungsgewicht der beiden Chlorfraktionen betrug etwas mehr als zwei Einheiten der zweiten Dezimalstelle, entsprechend einer Verschiebung des Mischungsverhältnisses der beiden Isotope Cl_{35} und Cl_{37} um rund 6%.

Die ideale Destillation von Quecksilber wurde später mit ähnlichem Erfolg auch von HARKINS und seinen Mitarbeitern ausgeführt[5]. EGERTON und LEE geben an, daß sie auch bei Zink zu einer partiellen Isotopentrennung führte[6], dagegen konnte bei Blei von BRÖNSTED und HEVESY, die versucht haben, durch Destillation des Chlorids eine Trennung zu bewirken, bisher kein Erfolg erzielt werden[7].

Besonders interessant waren die Versuche, das Mengenverhältnis der Isotope des Kaliums zu verschieben, da daraus Schlüsse auf den Träger der Radioaktivität des Kaliums gezogen werden konnten. Durch Anwendung der idealen Destillation gelang es[8], in dem aus 95% K^{39} und 5% K^{41} bestehenden Mischelement Kalium eine schwerere Fraktion zu erhalten, in welcher das K^{41} um 4,8% angereichert war[9]. Da die Radioaktivität des so erhaltenen Kaliums um 4,2% größer war als die des gewöhnlichen Elements[10], kann man aus diesen Versuchen den Schluß ziehen, daß die Eigenschaft der Radioaktivität wahrscheinlich ausschließlich dem Isotop K^{41} zukommt. Die Möglichkeit, daß ein in minimaler Menge vorhandenes Isotop K^{40} Träger der Aktivität sei[11], ließ sich durch eine Verfeinerung der Aktivitätsmessungen[12] mit Sicherheit ausschließen; dagegen wären hypothetische aktive Kaliumisotope vom Gewicht 42 oder 43 mit neueren Werten der Atomgewichtsbestimmung, die von O. HÖNIGSCHMID und G. P. BAXTER erhalten worden sind[13], ebensogut vereinbar, wie die Annahme. daß K^{41} der aktive Bestandteil des Kaliums ist.

[1] W. JÄGER u. H. v. STEINWEHR, ZS. f. Phys. Bd. 7, S. 111. 1921.
[2] O. HÖNIGSCHMID u. L. BIRCKENBACH, Chem. Ber. Bd. 56, S. 1219. 1923.
[3] O. HÖNIGSCHMID, L. BIRCKENBACH u. M. STEINHEIL, Chem. Ber. Bd. 56, S. 1212. 1923.
[4] J. N. BRÖNSTED u. G. v. HEVESY, Nature Bd. 107, S. 619. 1921.
[5] R. S. MULLIKEN u. W. D. HARKINS, Journ. Amer. Chem. Soc. Bd. 44, S. 37. 1922; R. S. MULLIKEN, ebenda Bd. 44, S. 2387. 1922; W. D. HARKINS u. S. L. MADORSKY, ebenda Bd. 45, S. 591. 1923.
[6] A. C. EGERTON u. W. B. LEE, Proc. Roy. Soc. London (A) Bd. 103, S. 499. 1923.
[7] Vgl. O. HÖNIGSCHMID u. M. STEINHEIL, Chem. Ber. Bd. 56, S. 1831. 1923.
[8] G. v. HEVESY u. M. LÖGSTRUP, ZS. f. anorg. Chem. Bd. 171, S. 1. 1928.
[9] Vgl. O. HÖNIGSCHMID u. J. GOUBEAU, ZS. f. anorg. Chem. Bd. 163, S. 93. 1927; Chem. Ber. Bd. 62, S. 8. 1929.
[10] M. BILTZ u. H. ZIEGERT, Phys. ZS. Bd. 29, S. 197. 1928.
[11] L. MEITNER, Naturwissensch. Bd. 30, S. 719. 1926.
[12] G. v. HEVESY, W. SEITH u. M. PAHL, ZS. f. phys. Chem., Bodenstein-Festband, S. 309. 1931.
[13] Privatmitteilung von G. v. HEVESY.

23. Trennung durch Diffusion. Wenn man ein Gemisch zweier isotoper Dampfarten durch eine enge Öffnung ausströmen läßt, so wird das leichtere Isotop (von der Masse m_1) infolge seiner größeren Molekulargeschwindigkeit öfter an die Öffnung gelangen als das schwerere (von der Masse m_2), und daher wird die Wahrscheinlichkeit seines Durchtritts im Verhältnis m_2/m_1 größer sein (s. ds. Handb. Bd. IX). Wenn nun dafür Sorge getragen ist, daß die Moleküle jenseits der Öffnung festgehalten und dadurch am Zurückströmen verhindert werden, so wird auch bei dieser Methode im idealen Falle das leichtere Isotop im Kondensat im Verhältnis $\sqrt{m_2/m_1}$ angereichert werden.

ASTON hat im Jahre 1913 versucht, die beiden Neonisotope dadurch zu trennen, daß er sie bei geringem Druck durch poröse Tonröhren strömen ließ[1]. Er erhielt eine sehr geringe, aber wahrscheinlich reelle Verschiebung des Konzentrationsverhältnisses; die Dichte der zwei Gasfraktionen betrug, auf $O_2 = 32$ bezogen, 20,15 und 20,28. Als er bei einer Wiederholung des Versuches den Druck erhöhte, blieb der Effekt der Anreicherung aus[2], was theoretisch ganz verständlich ist.

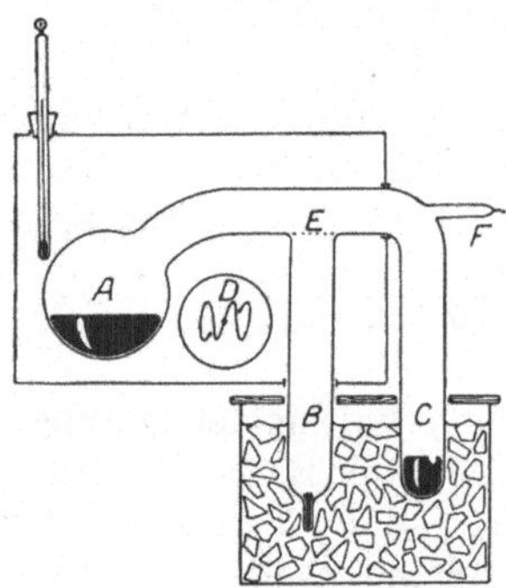

Abb. 6. Apparat zur Trennung der Quecksilberisotope durch Diffusion.

Das erste sichere Ergebnis mit einer analogen Methode erzielten BRÖNSTED und HEVESY[3]. Der verwendete Apparat ist in Abb. 6 dargestellt. Das Quecksilber strömte aus dem mittels einer Glühlampe D erwärmten Raum A in einen durch Eis gekühlten Raum C; hierbei hatte ein Bruchteil des strömenden Quecksilbers Gelegenheit, durch die Löcher des Platinbleches E in den ebenfalls eisgekühlten Raum B zu gelangen. (Die Platinfolie vom Durchmesser 2 cm enthielt 1000 Löcher vom Durchmesser 0,15 mm.) Das in B erhaltene Quecksilber hatte eine Dichte, die um $1,3 \cdot 10^{-5}$ kleiner war als die des gewöhnlichen.

Schon früher hatte HARKINS nach einer ähnlichen Methode gearbeitet und eine Trennung der Chlorisotope als wahrscheinlich bezeichnet[4]; sie wurde von ihm und seinen Mitarbeitern später noch in vielfacher Ausführung und zum Teil in sehr großen und komplizierten Apparaten auf Chlor und Quecksilber angewendet, ohne daß die Resultate dementsprechend sehr viel bessere geworden wären[5].

Eine gute Anreicherung des leichteren Chlorisotops erhielten HARKINS und JENKINS[6], als sie Salzsäuregas bei Atmosphärendruck durch Ton diffundieren ließen; das Verbindungsgewicht ihres Chlors betrug 35,418, also fast 4 Einheiten der zweiten Dezimale weniger als das des normalen Chlors. HARKINS und MORTIMER[7] zeigten, daß eine Kombination von Destillation bei tiefem Druck und Diffusion durch Filtrierpapier eine starke Verschiebung im Verhältnis der Quecksilberisotope ermöglicht, wobei das „leichte“ und das „schwere“ Quecksilber in Mengen von über 100 g gewonnen werden konnten. Die schwerste von ihnen erhaltene Quecksilberfraktion hatte das Verbindungsgewicht 200,706, die leichteste 200,517, gegenüber dem normalen Wert 200,61[8].

---

[1] F. W. ASTON, Phil. Mag. Bd. 39, S. 449. 1920; Isotopes, 2. Aufl., S. 41. London 1924.
[2] F. W. ASTON, Isotopes, 2. Aufl., S. 43. London 1924.
[3] J. N. BRÖNSTED u. G. v. HEVESY, ZS. f. phys. Chem. Bd. 99, S. 189. 1921.
[4] W. D. HARKINS u. R. E. HALL, Journ. Amer. Chem. Soc. Bd. 38, S. 53. 1916; W. D. HARKINS u. C. E. BROEKER, Nature Bd. 105, S. 230. 1920.
[5] W. D. HARKINS u. A. HAYES, Journ. Amer. Chem. Soc. Bd. 43, S. 1803. 1921; R. S. MULLIKEN, ebenda Bd. 45, S. 1592. 1923.
[6] W. D. HARKINS u. F. A. JENKINS, Journ. Amer. Chem. Soc. Bd. 48, S. 58. 1926.
[7] W. D. HARKINS u. B. MORTIMER, Phil. Mag. Bd. 6, S. 601. 1928.
[8] Vgl. Chem. Ber. Bd. 63, S. 11. 1930.

Die von KOHLWEILER[1] behauptete Trennung der Jodisotope bei der Diffusion durch poröse Platten ist, abgesehen von experimentellen Bedenken, durch das Resultat von ASTON, daß Jod keine Isotope in nachweisbarer Menge hat, als falsch erwiesen.

Weitaus den größten praktischen Erfolg in der Isotopentrennung hat ganz kürzlich G. HERTZ[2] mit einem Verfahren erzielt, das im Prinzip auch auf einer Diffusion von Gasen durch poröse Wände in das Vakuum beruht, das er aber so weitgehend vervollkommnet hat, daß die Resultate unvergleichlich viel bessere geworden sind. Sein Apparat besteht aus 24 Trennungsgliedern, jedes Glied aus zwei Tonrohren und einer Quecksilber-Dampfstrahlpumpe (vgl. Abb. 7, in der nur vier Trennungsglieder gezeichnet und durch gestrichelte Linien gegeneinander abgegrenzt sind). Das Gas, das durch das erste Tonrohr eines Trennungsgliedes strömt, wird zu einem Drittel von der Pumpe des rechten Nachbargliedes herausgesaugt, wobei sich in diesem Anteil das leichtere Isotop etwas anreichert. Das im Innern verbliebene Gas strömt durch das zweite Tonrohr,

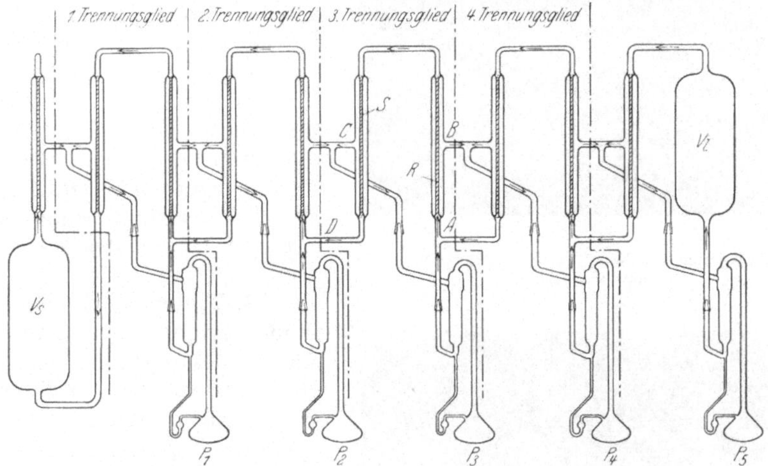

Abb. 7. Apparat zur Trennung von Isotopen durch Diffusion (1/15 der natürlichen Größe) nach G. HERTZ, Naturwissensch. 1932.

durch dessen Wand ein zweites Drittel von der Pumpe des betrachteten Trennungsgliedes herausgesaugt wird, und nur das dritte Drittel strömt weiter zu dem linken Glied, in dem sich derselbe Vorgang wiederholt. Die Schaltung ist so getroffen, daß das leichte Isotop sich in einem kontinuierlichen Strom von links nach rechts durch die ganze Apparatur hindurch anreichert, während das schwerere Isotop in entsprechender Weise von rechts nach links eine Konzentrationserhöhung erfährt. Genaueres über die Schaltung und über die Anordnung an den beiden Enden der Reihe ist aus der Abb. 7 zu erkennen. Die bisherigen Versuche mit Neon haben gezeigt, daß man bereits nach 8stündigem Arbeiten des Apparats einige Kubikzentimeter eines Gasgemisches erhalten kann, in dem die Isotope des Neons nahezu gleich stark vertreten sind, während im natürlich vorkommenden Neon das Intensitätsverhältnis $Neon^{20}:Neon^{22}$ 9:1 beträgt. Mit demselben Verfahren wurde auch eine leichtere Fraktion gewonnen, in der das schwerere Isotop nur mehr zu ungefähr 1% enthalten war. Die Abb. 8a und 8b geben Aufnahmen mit einem Perot-Fabry-Etalon wieder und lassen deutlich

[1] E. KOHLWEILER, ZS. f. phys. Chem. Bd. 95, S. 95. 1920.
[2] G. HERTZ, Naturwissensch. Bd. 20, S. 493. 1932.

erkennen, daß in der einen Neonfraktion praktisch nur mehr das eine Isotop 20 enthalten ist, während in der anderen Fraktion beide Isotope 20 und 22 annähernd gleich stark (im Verhältnis 5:4) vertreten sind. (Man vergleiche damit die Parabeln der natürlichen Neonisotope in Abb. 3.) Mit diesem Erfolg hat HERTZ die bisherigen Ergebnisse gewaltig übertroffen, und die Hoffnung scheint begründet, daß es ihm gelingen wird, nach seinem Verfahren Isotope der gewöhnlichen Elemente praktisch vollständig voneinander zu scheiden. Eine andere Verwendungsmöglichkeit seiner Methode liegt darin, daß sich mit ihrer Hilfe seltene Isotope, deren Existenz mit dem Massenspektrographen nicht — oder nicht sicher — erkannt werden kann, in bestimmten Fraktionen so lange anreichern lassen, bis eine eindeutige Entscheidung möglich wird; so wurden bereits Anzeichen für die Existenz eines vierten Neonisotops von der Masse 23 gewonnen.

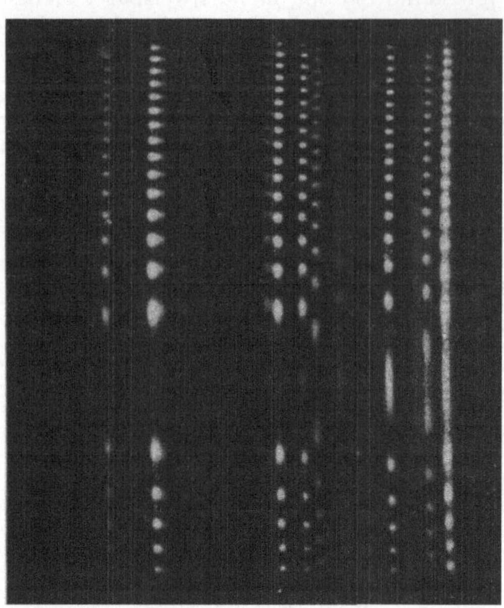

Abb. 8a. Spektrum von Neon^{20} (nach G. HERTZ Naturwissensch. 1932).

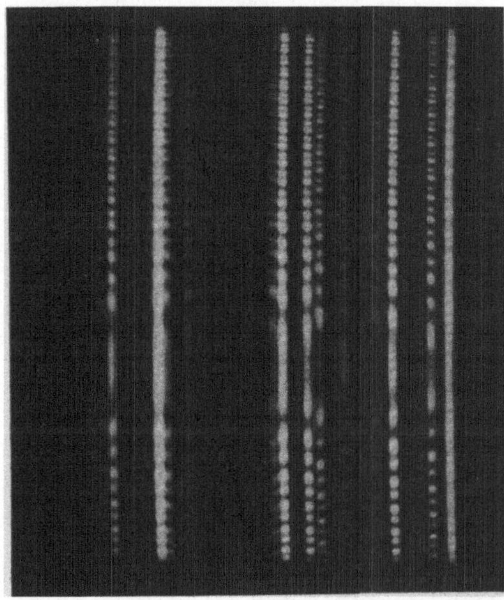

Abb. 8b. Spektrum von Neon^{20} + Neon^{22} (nach G. HERTZ, Naturwissensch. 1932).

24. Trennung durch die Methode der positiven Strahlen. Der Massenspektrograph von ASTON und, in weniger vollkommener Weise, die älteren Kanalstrahlapparate ermöglichen die Erkennung der Isotope durch ihre Trennung. Sie arbeiten insofern ganz ideal, als hier nicht nur wie bei den anderen Verfahren die Isotope in ihrem Mischungsverhältnis verschoben, sondern wirklich in sauberer Weise getrennt werden; die Mengen, die man auf diesem Wege erhält, sind allerdings äußerst gering. Immerhin scheint es nicht unmöglich, bis zur Größenordnung von Kubikmillimetern der reinen isotopen Bestandteile eines Gases zu kommen[1]. Alle anderen Verfahren arbeiten mit bedeutend größeren Mengen, der Grad der Trennung ist aber ein viel geringerer.

[1] F. W. ASTON, Isotopes, 2. Aufl., S. 170. London 1924; K. P. JAKOWLEW, ZS. f. Phys. Bd. 64, S. 378. 1930.

25. Andere Versuche zur Isotopentrennung. Abgesehen von den erwähnten Methoden, deren Wirksamkeit bereits experimentell erwiesen worden ist, wurden auf Grund theoretischer Überlegungen auch noch verschiedene andere Verfahren versucht, ohne aber bisher zu Erfolgen zu führen. So wurde vielfach die *Diffusion in wässerigen Lösungen* herangezogen, z. B. um die beiden isotopen Uranarten[1] zu trennen. Doch wird bei der Diffusion in Flüssigkeiten der Vorteil der größeren Molekulargeschwindigkeit, den das leichtere Isotop hat, durch die vielen Zusammenstöße mit den Flüssigkeitsmolekülen — bei denen es auch leichter seine Richtung verliert — wieder wettgemacht; auch kann in wässeriger Lösung der Unterschied in den Massen — und daher auch den Beweglichkeiten — der isotopen Partikel durch den Effekt der Hydratation wesentlich verringert sein[2]. Tatsächlich konnte niemals ein merkliches Vorauseilen des leichteren Isotops beobachtet werden. Dasselbe gilt für die Ionenbeweglichkeit in Lösungen[3].

Eine spontane Trennung der Isotope in den natürlich vorkommenden Mischelementen könnte man als Folge der Einwirkung des *Gravitationsfeldes* der Erde erwarten. Ebenso wie die leichteren Gase der Atmosphäre sich in den höheren Schichten gegenüber den schwereren anreichern dürften, ist auch anzunehmen, daß das Verhältnis der beiden Neonisotope in größeren Höhen zugunsten des leichteren Isotops verschoben ist; in 10 km Höhe sollten statt 91% $Neon^{20}$ und 9% $Neon^{22}$ bereits 92% $Neon^{20}$ und nur 8% $Neon^{22}$ vorhanden sein[4]. Doch ist eine solche Verschiebung der atomistischen Zusammensetzung nur unter der Voraussetzung zu erwarten, daß die Verteilung sich streng nach den Diffusionsgesetzen im Schwerefeld ausbilden kann ohne Störung durch Konvektionsströme; diese spielen aber in Wirklichkeit innerhalb der Atmosphäre eine ausschlaggebende Rolle. Ähnliche Betrachtungen gelten für die Abhängigkeit des Isotopenverhältnisses in Mischelementen von der Meerestiefe. NaCl aus der tiefsten Stelle des Weltmeeres — rund 10 km — sollte um so viel reicher an Cl^{37} als an Cl^{35} sein, daß das Verbindungsgewicht des darin enthaltenen Chlors 35,6 statt 35,46 betragen müßte[5]. Aber auch hier finden so starke Störungen der Gravitationsverteilung durch Meeresströmungen statt, daß der Effekt nicht einmal qualitativ nachgewiesen werden konnte.

Im Prinzip dieselben Wirkungen wie durch die Kräfte des Schwerefeldes müßten sich auch durch *Zentrifugalkräfte* erzielen lassen. Eine Umdrehungsgeschwindigkeit von 1 km/sec entspricht einer Höhendifferenz von etwa 40 km. Es ist noch nicht möglich gewesen, Zentrifugen von solcher Leistungsfähigkeit zu bauen und zugleich die durch Konvektionen zu befürchtenden Störungen so völlig auszuschließen, daß eine Entmischung von Isotopen mit ihnen möglich gewesen wäre[6].

Statt wie in den unter Ziff. 22 und 23 erwähnten Methoden die Teilchen größerer Geschwindigkeit festzufrieren, ist öfters auch vorgeschlagen worden, sie durch chemische Reaktionen zu binden und dadurch den leichteren Anteil anzureichern. Hier sollte also die verschiedene *chemische Reaktionsgeschwindig-*

---

[1] G. v. HEVESY u. L. v. PUTNOKY, Phys. ZS. Bd. 14, S. 63. 1913; H. LACHS, M. NADRATOWSKA u. L. WERTENSTEIN, C. R. de la Soc. d. Sciences de Varsovie Bd. 9, S. 670. 1917.

[2] G. v. HEVESY, Phys. ZS. Bd. 14, S. 1202. 1913.

[3] J. KENDALL u. E. D. CRITTENDEN, Proc. Nat. Acad. Bd. 9, S. 75. 1923; E. MURMANN, Österr. Chem. ZS. Bd. 26, S. 14. 1923.

[4] F. A. LINDEMANN u. F. W. ASTON, Phil. Mag. Bd. 37, S. 523. 1919; E. W. ASTON, Isotopes, 2. Aufl., S. 163. London 1924.

[5] Siehe G. v. HEVESY u. F. PANETH, Lehrbuch der Radioaktivität, 2. Aufl., S. 186. Leipzig: Barth 1931.

[6] I. JOLY u. I. H. I. POOLE, Phil. Mag. Bd. 39, S. 372. 1920; R. S. MULLIKEN, Journ. Amer. Chem. Soc. Bd. 44, S. 1033. 1922.

keit der isotopen Atomarten zur Trennung benutzt werden. So ließ man einen Strom von HCl über eine Wasseroberfläche streichen, in der Erwartung, daß die leichtere HCl-Art stärker absorbiert werden würde; es konnte aber kein Effekt nachgewiesen werden. Auch die Vereinigung mit NH_3 erfolgte bei beiden HCl-Arten praktisch gleich schnell[1]. Der ebenfalls vorgeschlagene Versuch[2], einen Bruchteil eines Chlorstromes bei sehr geringem Druck durch Silberbleche binden zu lassen, wurde noch nicht ausgeführt.

Alle Versuche, durch gewöhnliche — nicht „ideale" — Destillation Isotope zu trennen, sind fehlgeschlagen, mit Ausnahme der Arbeit von KEESOM und VAN DIJK (s. oben Ziff. 21), bei der auf Grund theoretischer Voraussagen nahe beim absoluten Nullpunkt rektifiziert wurde; so konnte z. B. Neon nicht durch fraktionierte *Kondensation an gekühlter Kohle*[3], HCl nicht durch Fraktionieren an Kohle von höherer Temperatur[4] entmischt werden. Ebenso versagten alle rein chemischen oder elektrochemischen Trennungsversuche, wie sie mit besonderer Genauigkeit an Blei[5] und an Quecksilber[6] ausgeführt worden sind. Gewisse Aussichten schien ein neues Verfahren der *Diffusion gegen einen Gasstrom* zu bieten, doch war auch dessen Leistungsfähigkeit nur zur Trennung merklich verschiedener Gase, nicht zur Isotopentrennung ausreichend[7]. Die Verwendung der sog. *„thermischen Diffusion"* zur Trennung von Isotopen ist zwar vorgeschlagen[8], aber noch nicht geprüft worden. Eine spezielle photochemische Methode, die die verschiedene *Lichtabsorption* der Chlormoleküle aus Cl^{35} und aus Cl^{37} ausnützen wollte, hat sich bisher praktisch als nicht brauchbar erwiesen[9].

d) Häufigkeit der Elemente und Atomarten.

26. Bedeutung der Häufigkeit der chemischen Elemente für die Atomforschung. Schon in den ältesten Zeiten war es aufgefallen, daß manche Stoffe, wie etwa Sand, fast überall, und oft in ungeheuren Mengen, vorhanden sind, während andere, z. B. Gold, nur spärlich an einzelnen Stellen vorkommen; seit dem Beginn der Chemie spielte darum die Frage nach der Häufigkeit der chemischen Elemente eine namentlich für die Praxis äußerst wichtige Rolle. In neuerer Zeit haben nun die radioaktiven Forschungen uns Elemente kennen gelehrt, deren Menge um Größenordnungen geringer ist, als die aller früher bekannten Stoffe; für die Seltenheit dieser Radioelemente sind wir imstande, einen klaren Grund anzugeben, nämlich die *geringe Stabilität ihrer Atomkerne.* Bekanntlich ist in ein und derselben Zerfallsreihe nach erreichtem Gleichgewicht das Mengenverhältnis der Radioelemente direkt proportional ihren Halbwertszeiten (siehe Kap. 3 A ds. Bandes). Der Gedanke lag darum nahe, auch für die verschiedene Häufigkeit der gewöhnlichen Elemente eine Erklärung darin zu suchen, daß sie nur scheinbar stabil seien, in Wirklichkeit aber ebenso wie die radioaktiven Elemente mit größerer oder geringerer Geschwindigkeit zerfielen.

---

[1] E. B. LUDLAM, Proc. Cambridge Phil. Soc. Bd. 21, S. 45. 1922/1923.

[2] J. N. BRÖNSTED u. G. v. HEVESY, ZS. f. phys. Chem. Bd. 99, S. 189. 1921.

[3] F. W. ASTON, Isotopes, 2. Aufl., S. 39. London 1924.

[4] JITSUSABURA SAMESHIMA, KAZNO AIHARA u. FOSHIAKI SHIRAI, Journ. chem. soc. Jap. Bd. 43. 1922.

[5] TH. W. RICHARDS, H. S. KING u. L. P. HALL, Journ. Amer. Chem. Soc. Bd. 48, S. 1530. 1926.

[6] H. S. KING, Journ. Amer. Chem. Soc. Bd. 49, S. 1500. 1927.

[7] G. HERTZ, ZS. f. Phys. Bd. 19, S. 35. 1923.

[8] S. CHAPMAN, Phil. Mag. Bd. 38, S. 182. 1919; R. S. MULLIKEN, Journ. Amer. Chem. Soc. Bd. 44, S. 1033. 1922.

[9] T. R. MERTON u. H. HARTLEY, Nature Bd. 105, S. 104. 1921; H. HARTLEY, A. O. PONDER, E. J. BOWEN u. T. R. MERTON, Phil. Mag. Bd. 43, S. 430. 1922.

Ob diese Ansicht richtig ist, läßt sich nicht mit Sicherheit sagen, da aus den Versuchen über die künstliche Zertrümmerung der stabilen Elemente keine Schlüsse auf eine etwa vorhandene Neigung zu spontanem Zerfall gezogen werden können. Wohl aber kann nach den bisherigen Ergebnissen der Atomforschung kein Zweifel darüber bestehen, daß alle chemischen Elemente aus denselben Urbestandteilen, Protonen und Elektronen, aufgebaut sind; wenn ihre Menge sehr verschieden ist, so bleiben uns zur Erklärung dieser Unterschiede nur die zwei Annahmen, entweder daß sie sich ursprünglich in so verschiedener Menge gebildet haben, oder daß die in anderen Mengenverhältnissen entstandenen Elemente infolge ihrer verschiedenen Beständigkeit erst später die jetzige Häufigkeitsverteilung angenommen haben. Es ist von vornherein wahrscheinlich, daß die beiden Faktoren, Bildungshäufigkeit und Beständigkeit, in einer nahen Beziehung zueinander stehen, wenn es auch durchaus möglich ist, daß die relative Beständigkeit der Elemente unter den besonderen Bedingungen ihrer Bildung — vielleicht höchste Temperaturen — eine wesentlich andere war, als heute auf unserer Erde, daß wir es also gewissermaßen jetzt mit „eingefrorenen Gleichgewichten" zu tun haben. Unter allen Umständen dürfen wir aber hoffen, aus genauen Kenntnissen über das Mengenverhältnis, in dem heute die einzelnen Elemente und Atomarten auf der Erde und im ganzen Weltall vorhanden sind, wichtige Einblicke in den Bau der Atomkerne zu gewinnen.

27. Methoden zur Bestimmung der Häufigkeit der Elemente. Als unmittelbarster Weg steht uns die *chemische Analyse* des uns zugänglichen Teils der *Erdoberfläche* offen. Dabei ist es nicht nur notwendig, die einzelnen Gesteine mit immer steigender Genauigkeit zu analysieren, um auch alle seltenen Bestandteile quantitativ zu erfassen, sondern es ist auch unerläßlich, eine möglichst große Anzahl von Gesteinen in dieser Weise zu untersuchen, um Schlüsse auf die Häufigkeit der Elemente in der gesamten Erdoberfläche ziehen zu können. Trotzdem wird ein solcher Durchschnittswert immer mit einer sehr beträchtlichen Unsicherheit behaftet sein müssen, da wir nicht über die Verbreitung der einzelnen Gesteine auf allen Teilen der Erdoberfläche Daten haben.

Noch unsicherer werden die Berechnungen, wenn aus den chemischen Analysen der Oberflächengesteine Schlüsse auf die *chemische Zusammensetzung des gesamten Erdballs* gezogen werden sollen, da die Erde im Innern zweifellos ganz anders zusammengesetzt ist als an der Oberfläche und auch die tiefsten Bohrlöcher nur einen verschwindend kleinen Bruchteil des Erdinnern erschließen. Aus den seismologischen Daten folgt ein schalenförmiger Aufbau der Erde, und zwar wird angenommen, daß zwischen dem im wesentlichen aus nickelhaltigem Eisen bestehenden Erdkern und der Silikathülle der Erde mindestens noch eine durch Unstetigkeitsflächen abgetrennte Zwischenschicht vorhanden ist. Die Geschwindigkeit der Fortpflanzung der Erdbebenwellen, das spezifische Gewicht der Schichten und physikalisch-chemische Überlegungen stehen im Einklang mit der in Abb. 9 (nach V. M. Goldschmidt) wiedergegebenen Anschauung, daß auf eine verhältnismäßig sehr dünne Silikathülle zunächst eine veränderte Silikatschale, dann eine Sulfid-Oxydschicht und dann der Metallkern

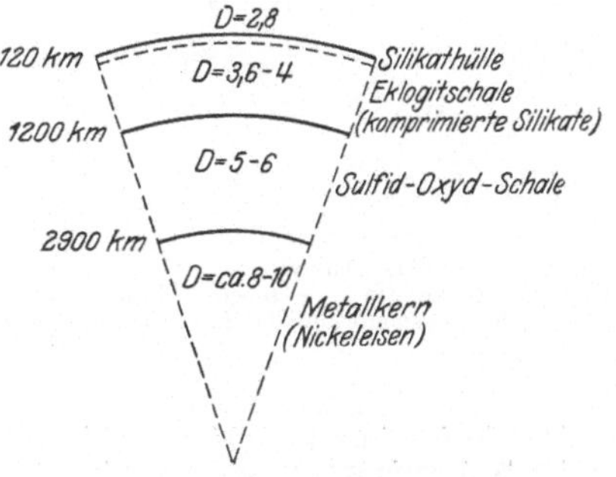

Abb. 9. Schematischer Querschnitt durch die Erde (nach V. M. Goldschmidt, Naturwissensch. 1932).

der Erde folgt[1]. Die Elemente gehen je nach ihren chemischen Eigenschaften in verschiedenem Konzentrationsverhältnis in diese Schichten ein; manche Elemente, die in dem uns zugänglichen Teil der Erdoberfläche selten sind, wie z. B. die Schwermetalle, müssen nach diesen Überlegungen in den tieferen Schichten relativ häufig sein. Eine schematische Darstellung, in welcher Weise sich die Konzentrationen verschieben, gibt Abb. 10, die selbstverständlich auf keine quantitative Genauigkeit Anspruch machen kann; namentlich der hohe Wasserstoffgehalt der höchsten Atmosphärenschichten ist rein hypothetisch.

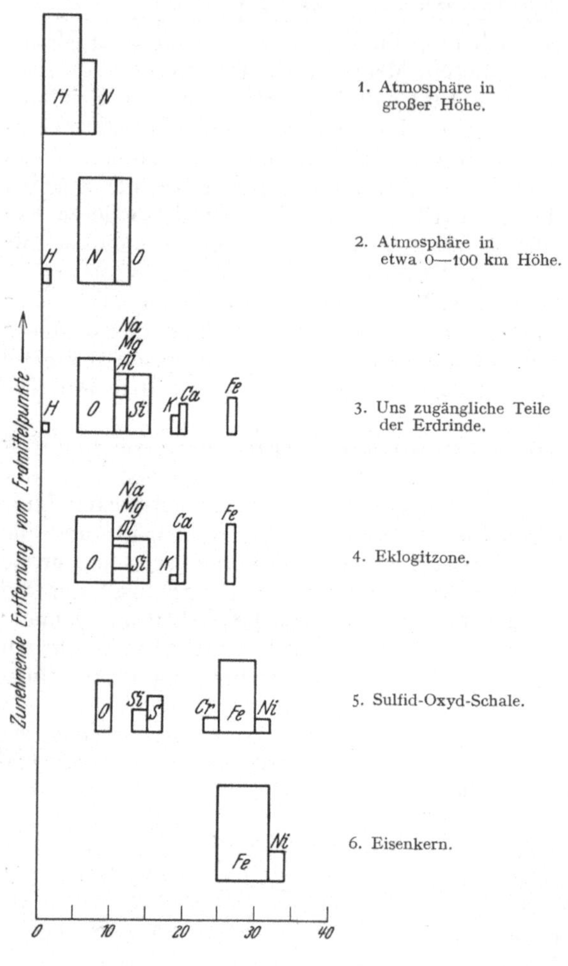

Abb. 10. Graphische Darstellung der chemischen Zusammensetzung verschiedener Zonen der Erde (nach G. BERG, Das Vorkommen der chemischen Elemente auf der Erde. Leipzig: J. A. Barth 1932).

Diese Ansicht vom Aufbau des Erdballs wird besonders auch durch die Erfahrungen der *Meteoritforschung* gestützt. Wenn wir annehmen dürfen, daß die auf die Erdoberfläche niederfallenden Eisen- und Steinmeteorite aus einem Weltkörper stammen, der vor der Zertrümmerung eine ähnliche Zusammensetzung wie unsere Erde hatte, dann können wir die Meteorite als eine Art Proben aus sämtlichen, auch aus den uns nicht zugänglichen, Teilen des Erdinnern ansehen. Wie von DAUBRÉE[2], RAMMELSBERG[3], SÜSS[4], TSCHERMAK[5] und in neuerer Zeit besonders von V. M. GOLDSCHMIDT[6] gezeigt worden ist, lassen

[1] V. M. GOLDSCHMIDT u. Mitarbeiter, ZS. f. Elektrochem. Bd. 28, S. 411. 1922; Skrifter Kristiania 1922, Nr. 11; 1923, Nr. 3; 1924, Nr. 4 u. 5; 1925, Nr. 5 u. 7; Naturwissensch. Bd. 18, S. 1000. 1930; s. auch G. TAMMANN, ZS. f. anorg. Chem. Bd. 131, S. 96. 1923; Bd. 134, S. 269. 1924; S. WASHINGTON, Journ. Washington Acad. Bd. 14, S. 435. 1924; Sill. Journ. Bd. 9, S. 351. 1925.

[2] A. DAUBRÉE, C. R. Bd. 62, S. 369. 1866.

[3] C. RAMMELSBERG, Über die Meteoriten und ihre Beziehung zur Erde. Berlin: C. G. Lüderitzsche Verlagsbuchhandlung 1872.

[4] E. SÜSS, Das Antlitz der Erde Bd. III/2, S. 625ff., 650, 699. Wien 1909.

[5] G. TSCHERMAK, Wiener Ber. Abt. IIa, Bd. 116, S. 1407, 1411. 1907.

[6] Siehe außer den in Anm. 1 zitierten Arbeiten von V. M. GOLDSCHMIDT und seinen Mitarbeitern namentlich auch Gerlands Beitr. zur Geophys. Bd. 15, S. 38. 1926; Stahl u. Eisen Bd. 49, S. 601. 1929; ZS. f. phys. Chem. (A) Bd. 146, S. 404. 1930; Göttinger Nachr. Fachgruppe IV, Nr. 4, 11 u. 16. 1930 u. 1931.

sich so aus den chemischen Analysen der Meteorite wichtige Schlüsse auf die wahrscheinliche Zusammensetzung des Erdinnern ziehen.

Zweifelhaft bleibt bei diesen Überlegungen aber die Frage, ob die Zusammensetzung der Meteorite und der Erde wirklich als weitgehend ähnlich vorausgesetzt werden darf; dies wird sich so lange nicht entscheiden lassen, als über die Herkunft der Meteorite nichts Sicheres bekannt ist. Von manchen Forschern wird angenommen, daß Meteorite aus einem von jeher dem Sonnensystem angehörigen Himmelskörper, vielleicht einem Planeten oder Planetoiden, stammen, der aus der Sonne im wesentlichen dieselbe Elementzusammensetzung mitbekommen haben müßte wie die Erde. Für diese Ansicht spricht besonders die Tatsache, daß das Mengenverhältnis der Isotope in den aus Meteoriten stammenden Elementen genau dasselbe ist, wie in den entsprechenden irdischen Elementen (siehe Ziff. 32), und daß bei der Untersuchung des Alters von 25 Eisen- und einem Steinmeteoriten die Zeit, die seit ihrer Erstarrung verflossen ist, nicht höher gefunden worden ist, als das für das Sonnensystem angenommene Alter von $3 \cdot 10^9$ Jahren[1]. Gegen diese Ansicht wird aber angeführt, daß die beim Niederfallen einzelner Meteorite beobachteten Bahnen ihre Herkunft aus dem Sonnensystem auszuschließen scheinen; das Argument, daß dann wenigstens bei einigen Meteoriten das Alter wesentlich größer sein sollte als das des Sonnensystems, verliert an Gewicht, wenn — im Zusammenhang mit neuesten astrophysikalischen Ansichten — dem ganzen Weltsystem statt des früher für wahrscheinlich gehaltenen Alters von 10^{12} Jahren, auch nur ein solches von 10^9 Jahren zugeschrieben wird[2].

Noch willkommener für atomtheoretische Fragen als die Kenntnis der Elemente auf der Erde wäre die ihrer *Verbreitung im Weltall.* Wie weit die Analysen von Meteoriten dafür als typisch angesehen werden können, hängt völlig von der eben gestreiften Frage ab, ob man als den Ursprungsort wenigstens einiger von ihnen ferne Fixsterne annehmen darf. Eindeutigere Ergebnisse über die kosmische Verbreitung der chemischen Elemente liefert die Spektralanalyse. Doch wenn bei dieser zwar keine Unsicherheit darüber herrschen kann, auf welchen Himmelskörper sich die Informationen beziehen, so ist andererseits die Genauigkeit der zu erhaltenden Resultate gering; denn die Stärke der einzelnen Linien läßt nur dann einen Schluß auf die relative Häufigkeit der das Licht aussendenden Elemente zu, wenn wir wissen, welches die Anregungsbedingungen, also namentlich die Temperaturverhältnisse, an der betreffenden Stelle der Gestirnatmosphäre sind; ferner geht das Licht, das wir in unseren Spektroskopen untersuchen, von der äußersten Hülle der Sterne aus, und wir können nur durch recht unsichere Schlüsse daraus etwas über die Zusammensetzung der tieferen Schichten der Gestirne erfahren. Nur durch sehr eingehende theoretische Diskussion der spektrographischen Resultate lassen sich daher einigermaßen zuverlässige Häufigkeitszahlen für die chemischen Elemente erhalten[3].

28. Wahrscheinliche Häufigkeit der Elemente auf der Erde und im Kosmos. Nach dem Gesagten ist es klar, daß wir in der Frage der Häufigkeitsverteilung der chemischen Elemente sowohl auf der Erde wie im Weltall uns vorläufig mit ziemlich unsicheren Zahlen begnügen müssen, die von den einzelnen Forschern daher oft auch in stark abweichender Weise angegeben werden. Eine nähere

[1] F. Paneth, Wm. D. Urry u. W. Koeck, ZS. f. Elektrochem. Bd. 36, S. 727. 1930; ZS. f. phys. Chem. (A) Bd. 152, S. 110 u. 127. 1931; Bodenstein-Festband, S. 145. 1931; Naturwissensch. Bd. 19, S. 164. 1931. Die an einem Steinmeteoriten (Pultusk) ausgeführte Untersuchung ist noch nicht publiziert; s. aber die Erwähnung bei E. Öpik, Scient. Monthly, August 1932, S. 109.

[2] Siehe E. Öpik, l. c.

[3] Siehe C. H. Payne, Stellar Atmospheres. Cambridge, Mass. 1925.

Diskussion an dieser Stelle würde darum zu viel Raum in Anspruch nehmen[1], und wir begnügen uns damit, nachstehend zwei Abbildungen zu reproduzieren, die von V. M. GOLDSCHMIDT[2] auf Grund der gegenwärtig besten Daten entworfen sind (Abb. 11 u. 12).

Das Zahlenmaterial ist bei den Analysen irdischer Gesteine in erster Linie den grundlegenden Werken von CLARKE[3] entnommen, bei den Meteoriten den Angaben von J. und W. NODDACK[4]; wichtige Ergänzungen und Korrekturen lieferten die Institute von GOLDSCHMIDT[5], v. HEVESY[6] und anderen. Die Zahlen über die Sternatmosphären stammen aus dem Buch von Miss PAYNE[7], die über die Sonnenatmosphäre aus den Berechnungen von RUSSELL[8]. Es ist zu beachten, daß die Mengen der Elemente auf den Ordinaten in logarithmischem Maße aufgetragen sind (Menge des Sauerstoffs = 1), und daß daher die in dieser Weise wiedergegebenen Unterschiede viele Größenordnungen betragen.

29. Regelmäßigkeiten in der Häufigkeit der Elemente. Ohne auf Einzelheiten der Abb. 11 u. 12 einzugehen, wollen wir nur die in die Augen springenden Hauptzüge besprechen.

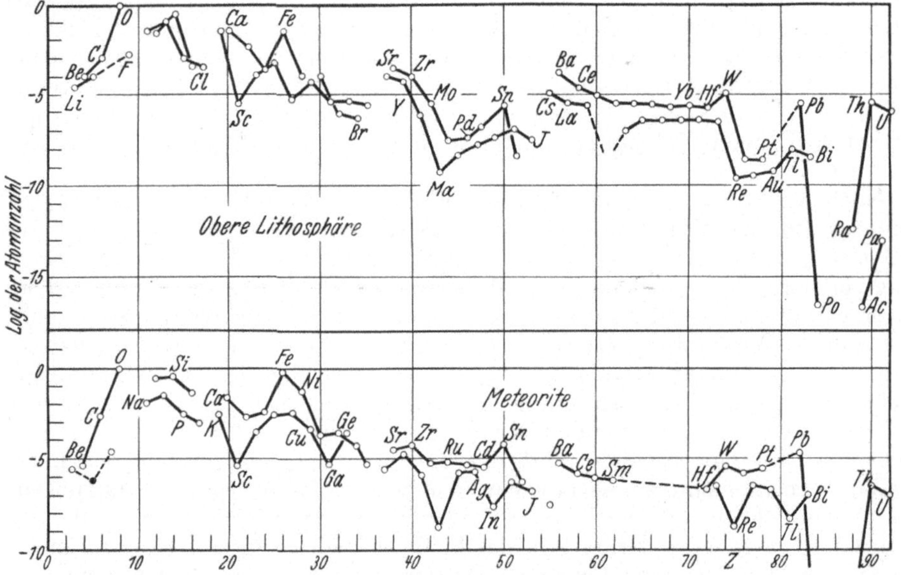

Abb. 11. Zusammensetzung der oberen Lithosphäre und der Meteorite (nach V. M. GOLDSCHMIDT, Naturwissensch. 1930).

a) Der allgemeine Gang aller vier Kurven ist sehr ähnlich; die Materie des gesamten Weltalls scheint demnach nicht nur qualitativ, sondern auch quanti-

[1] Ausführliche Angaben über die Häufigkeit der Elemente finden sich namentlich in den kürzlich erschienenen Werken: H. v. KLÜBER, Das Vorkommen der chemischen Elemente im Kosmos. Leipzig: Barth 1931; G. BERG, Das Vorkommen der chemischen Elemente auf der Erde. Leipzig: Barth 1932.

[2] V. M. GOLDSCHMIDT, Naturwissensch. Bd. 18, S. 1008 u. 1009. 1930.

[3] F. W. CLARKE u. H. S. WASHINGTON, The Composition of the Earth's Crust, U. S. Geol. Survey, S. 127. Professional Paper 1924.

[4] J. u. W. NODDACK, Naturwissensch. Bd. 18, S. 757. 1930.

[5] S. Anm. 1 und 6 auf S. 456.

[6] Zusammenfassend dargestellt in: G. v. HEVESY, Chemical Analysis by X-Rays and its Applications. New York: McGraw-Hill Book Company 1932.

[7] C. H. PAYNE, l. c.

[8] H. N. RUSSELL, Astrophys. Journ. Bd. 70, S. 11. 1920.

tativ recht gleichartig zusammengesetzt zu sein. Die einzige sehr wesentliche Ausnahme bildet der Wasserstoff, der in der Atmosphäre der Sonne und der Sterne in unvergleichlich stärkerem Maße vertreten ist als auf der Erde und in Meteoriten; wenn wir ihn als Urelement ansehen wollen, so läßt sich daraus folgern, daß von diesem Baustoff nur ein sehr kleiner Bruchteil zur Bildung der höheren Elemente verwendet worden ist. Ähnliches gilt vom Helium. Übrigens dürfte ein beträchtlicher Teil des ursprünglich zur Erde gehörenden Wasserstoffs und Heliums infolge der Leichtigkeit dieser beiden Gase im Laufe der Zeiten in den Weltraum entwichen sein.

b) Die Kurven nähern sich mit steigender Ordnungszahl der Abszissenachse. Wenn man von den recht beträchtlichen Schwankungen nach oben und unten absieht, kann man eine Abnahme der Häufigkeit der Elemente ungefähr mit der 7. oder 8. Potenz ihrer Ordnungszahl konstatieren[1]. Dementsprechend haben an dem Aufbau der gesamten Materie quantitativ die leichten Elemente

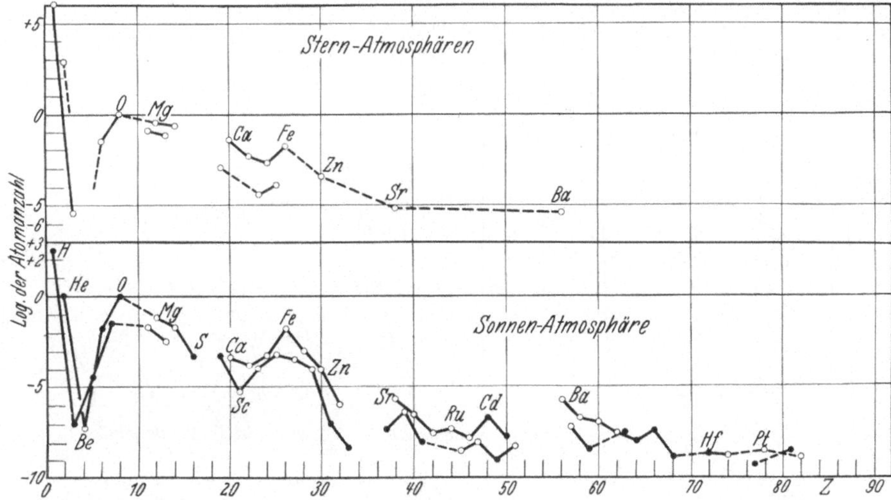

Abb. 12. Zusammensetzung der Stern-Atmosphären und der Sonnen-Atmosphäre (nach V. M. GOLDSCHMIDT, Naturwissensch. 1930).

den größten Anteil; tatsächlich ist fast das gesamte Material der Erdkruste und der Meteorite aus Elementen mit der Ordnungszahl 1 bis 29 aufgebaut, wie Tabelle 8 erkennen läßt[2].

Tabelle 8. Prozentgehalt der Erdkruste und Meteorite an Elementen niederer Ordnungszahl.

	Elemente mit der Ordnungszahl	
	1 bis 29	30 bis 92
Lithosphäre	99,85	0,15
Steinmeteorite	99,98	0,02
Eisenmeteorite	100	0

c) Jede Abbildung besteht aus zwei Kurven, von denen die eine die Elemente gerader, die andere die Elemente ungerader Ordnungszahl miteinander verbindet; fast ausnahmslos liegt die zweite Kurve unterhalb der ersten. Auf

[1] V. M. GOLDSCHMIDT, Gerlands Beitr. zur Geophys. Bd. 15, S. 38, 43. 1926.
[2] Nach W. D. HARKINS, Journ. Amer. Chem. Soc. Bd. 39, S. 856, 870. 1917.

diesen Unterschied in der Häufigkeit der geradzahligen und ungeradzahligen Elemente hat zuerst HARKINS[1] aufmerksam gemacht; wenn man die Reihe der Elemente — ohne Trennung in geradzahlige und ungeradzahlige — durch einen Kurvenzug verbindet, erhält man dementsprechend eine sehr deutliche Periodizität von zwei, da stets das Element mit gerader Ordnungszahl durchschnittlich um eine Zehnerpotenz häufiger ist, als die beiden benachbarten Elemente mit ungerader Ordnungszahl. Für Steinmeteorite veranschaulicht diese Erscheinung das folgende Diagramm (Abb. 13), welches die Elemente bis zur Ordnungszahl 29 umfaßt[2]. Doch auch unter den Elementen mit höherer Ordnungszahl als 29 scheint diese Regel zu gelten; so wurde sie bei den seltenen Erden durch HARKINS und GOLDSCHMIDT und THOMASSEN[3] bestätigt gefunden; Abb. 14 zeigt die von letzteren erhaltenen Versuchsergebnisse. Und gerade in dieser Gruppe ist es besonders über-

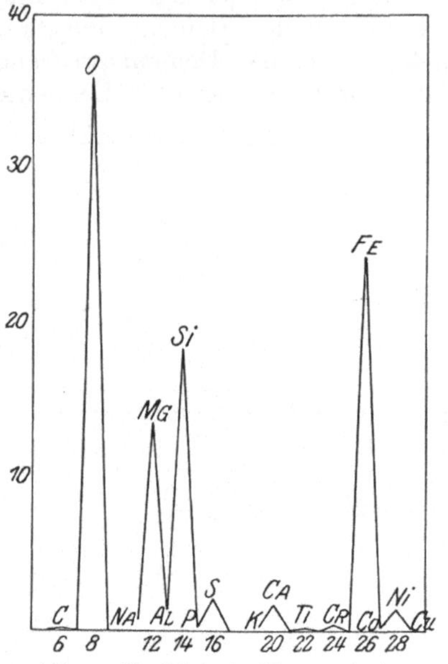

Abb. 13. Häufigkeit der Elemente in den Steinmeteoriten.

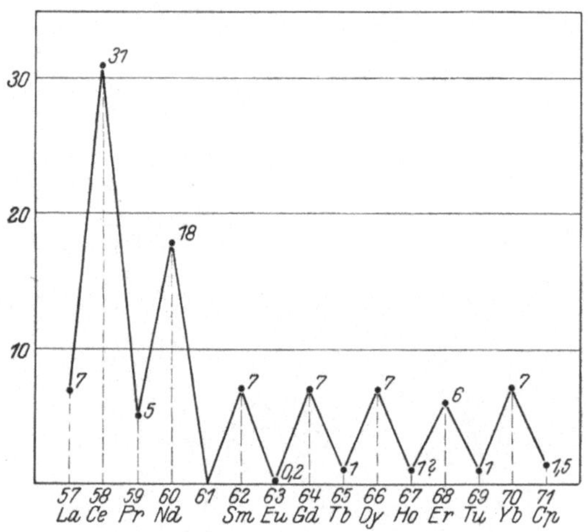

Abb. 14. Häufigkeit der seltenen Erden. Nach V. M. GOLDSCHMIDT, Naturwissensch. 1930.

zeugend, daß nicht etwa die chemische Entmischung der Weltmaterie zufällig unter den uns zugänglichen Elementen zu einer größeren Häufigkeit der geradzahligen geführt haben kann, da die seltenen Erden infolge ihrer außerordentlichen chemischen Ähnlichkeit bei der Entmischung des Erdballes an denselben Stellen angereichert worden sein müssen. Wir haben daher in der Regel von HARKINS über das quantitative Vorwiegen der Elemente mit gerader Ordnungszahl jedenfalls kein Zufallsergebnis unserer Analysen zu sehen. Auch daß die drei noch fehlenden Elemente ungerade Ordnungszahlen haben (vgl. Ziff. 5), paßt gut zu dieser Regel.

d) In allen Abbildungen fallen einzelne Elemente, wie etwa Sauerstoff und Eisen, durch besondere Häufigkeit auf, während andere, wie z. B. Lithium, Beryllium und die Edelgase, tiefer liegen, als man es nach dem allgemeinen Verlauf der Kurven erwarten sollte. HARKINS hat bereits darauf hingewiesen, daß allein fünf der häufigsten Elemente schon 96% des Meteoritmaterials aus-

[1] W. D. HARKINS, Journ. Amer. Chem. Soc. Bd. 39, S. 856. 1917; vgl. auch G. ODDO, ZS. f. anorg. Chem. Bd. 87, S. 253, 266. 1914.
[2] W. D. HARKINS, l. c. S. 863.
[3] V. M. GOLDSCHMIDT u. L. THOMASSEN, Skrifter Kristiania 1924, Nr. 5.

machen. In Tabelle 9 ist neben der prozentischen Beteiligung dieser fünf Elemente auch angegeben, welchen Anteil die jeweilig häufigste Atomart besitzt[1]; man erkennt daraus, daß die fünf häufigsten Atomarten schon über 90% des Gesamtmaterials ausmachen. Besonders erwähnenswert ist, daß die Atomgewichte dieser fünf Atomarten ganzzahlige Vielfache von 4, dem Atomgewicht des Heliums, sind und — mit Ausnahme des Fe_{56} — das Doppelte der Ordnungszahlen betragen (vgl. Ziff. 2).

Tabelle 9. Prozentgehalt der Meteorite an den fünf häufigsten Elementen und Atomarten.

Element	Ordnungszahl	Menge des Elements in Atomprozenten	Wichtigste (resp. einzige) Atomart	Menge der Atomart in Atomprozenten
O	8	53,16	O_{16}	53,16
Mg	12	13,15	Mg_{24}	9,86
Si	14	15,35	Si_{28}	13,82
S	16	1,46	S_{32}	1,46
Fe	26	12,79	Fe_{56}	12,28
		95,91		90,58

Goldschmidt nennt solche Elemente, die abnorm stark vertreten sind, „abundant“, dagegen die Elemente, die besonders spärlich vorkommen, „defizient“.

30. Versuche einer gesetzmäßigen Zusammenfassung. Es ist schon öfters der Versuch gemacht worden, das große Zahlenmaterial, das in den Häufigkeitszahlen der chemischen Elemente zusammengetragen ist, in Formeln zu fassen. Einen unbestrittenen Erfolg hat bisher nur die „Harkinssche Regel“ gehabt, welche den überaus deutlichen Unterschied in der Häufigkeit der Elemente mit gerader und ungerader Ordnungszahl betont (s. oben Ziff. 29). Hierbei ist aber namentlich von dem auffallenden Überwiegen der abundanten Elemente noch keinerlei Rechenschaft gegeben. P. Niggli[2] hat darauf aufmerksam gemacht, daß die Ordnungszahlen der häufigsten Elemente sich um 6 unterscheiden, wie nachstehende Zusammenstellung erkennen läßt:

Element	O		Si		Ca		Fe
Ordnungszahl	8		14		20		26
Differenz		6		6		6	

Sonder[3] hat im Anschluß daran gezeigt, daß sich eine ähnliche Zahlenbeziehung anscheinend über das ganze Elementsystem erstreckt, indem die nachstehenden Elemente Maxima der Häufigkeit aufweisen:

Element	Fe		Sr		Sn		Ba		W		Hg		U
Ordnungszahl.	26		38		50		56		74		80		92
Differenz.		2 × 6		2 × 6		6		3 × 6		6		2 × 6	

Auch in diesen Fällen scheint demnach die Differenz 6 eine bevorzugte Rolle zu spielen. Diesen Regelmäßigkeiten sind Niggli[4] und Sonder[5] später noch weiter nachgegangen, und namentlich der letztere hat sich bemüht, für den Atomkern die Existenz eines ähnlichen „periodischen Systems“ nachzuweisen, wie es für die Elektronenhüllen der Atome gilt. Alle diese weitergehenden Versuche kranken an der Unsicherheit, mit der vorläufig noch die Zahlenwerte für die

[1] Nach W. D. Harkins, Phil. Mag. Bd. 42, S. 305. 1921.

[2] P. Niggli, Naturwissensch. Bd. 9, S. 463. 1921; Die leichtflüchtigen Bestandteile im Magma, S. 5. Leipzig: B. G. Teubner 1920.

[3] R. A. Sonder, ZS. f. Krist. Bd. 57, S. 611. 1923.

[4] P. Niggli, Fennia Bd. 50. Helsingfors 1928.

[5] R. A. Sonder, ZS. f. anorg. Chem. Bd. 192, S. 257. 1930; s. auch R. Swinne, Wiss. Veröffentl. a. d. Siemens-Konz. Bd. 10, S. 137. 1931.

Häufigkeit vieler chemischen Elemente behaftet sind; immerhin scheinen manche der Gesetzmäßigkeiten von SONDER gerade durch die neueren analytisch-chemischen Untersuchungen von J. und W. NODDACK bestätigt worden zu sein[1].

Öfters ist auch eine direkte Beziehung der Häufigkeit der Elemente zu den Perioden des natürlichen Systems vermutet worden. So betont SASLAWSKY[2], daß die häufigsten Elemente in — oder nicht weit von — den Minima der LOTHAR MEYERschen Atomvolumenkurve stehen[3]; und J. und W. NODDACK[4] heben hervor, daß die Elemente der vierten Gruppe des natürlichen Systems, Silizium, Zinn und Blei, deutliche Maxima der Häufigkeitskurve bilden, dagegen die Elemente der dritten Gruppe, Skandium, Gallium, Indium, Thallium, ebenso wie die der siebenten Gruppe, Chlor, Brom, Jod, Masurium und Rhenium, ausgesprochene Minima. Hinzuzufügen wäre noch, daß auch die Edelgase in bezug auf ihre auffallend geringe Häufigkeit zusammen zu gehören scheinen, doch hat schon ASTON[5] darauf hingewiesen, daß die Seltenheit der Glieder dieser Gruppe auf unserer Erde vielleicht nicht in ihrem absolut geringen Vorhandensein begründet ist, sondern nur eine Folge ihres inerten chemischen Charakters, der bei der Bildung der Erde — nach der Planetesimaltheorie — ihre Ansammlung auf ihr verhindert habe.

31. Die Häufigkeit der Atomarten. Noch aufschlußreicher als die Häufigkeit der Elemente ist für atomtheoretische Überlegungen die der Atomarten, da ja jedes Isotop eines Elementes eine unabhängige Bildungswahrscheinlichkeit und Stabilität besitzt. Aus diesem Grunde wurde schon in Ziff. 29 bei der Besprechung der fünf häufigsten Elemente angegeben, wie sich die Mengen ihrer vorherrschenden Atomarten verhalten. ASTON[6] hat diese Frage für die ersten 39 Elemente — also rund 99,8% der Materie der Lithosphäre — diskutiert; er glaubte damals aus seinen Zahlen schließen zu können, daß das Mengenverhältnis, in dem die Isotope eines und desselben Elementes zueinander stehen, sich stets in einem relativ engen Bereich hält, verglichen mit den gewaltigen Differenzen, die die verschiedenen Elemente in ihrer Häufigkeit zeigen. Z. B. kommen auf ein Atom Cl^{37} nur rund drei Atome Cl^{35} und auf ein Atom Ga^{71} nur rund zwei Atome Ga^{69}; demgegenüber gibt es etwa 200mal soviel Atome Chlor als Atome Gallium auf unserer Erde.

Die Entdeckung von minimalen Beimengungen seltener Isotope mit Hilfe der Bandenspektroskopie (s. Ziff. 10) hat aber die Tatsache enthüllt, daß die anscheinende Ähnlichkeit im Mengenverhältnis der Isotope eines und desselben Elementes nur durch die mangelnde Empfindlichkeit des Massenspektrographen vorgetäuscht war. Wir wissen heute, daß z. B. Chlor neben den Atomen 35 und 37 noch Atome 39 besitzt, die anscheinend nur Bruchteile eines Promilles der Masse des Mischelements ausmachen[7]. Da aber auch die Bandenspektroskopie bereits bei einem Mengenverhältnis der Isotope von eins zu einigen tausend an der Grenze ihrer Leistungsfähigkeit angelangt ist, können wir heute gar nichts darüber sagen, in welchem Verhältnis das seltenste Isotop zur Masse des gesamten Elements stehen mag.

---

[1] Vgl. R. A. SONDER, Naturwissensch. Bd. 18, S. 939. 1930.

[2] J. J. SASLAWSKY, ZS. f. anorg. Chem. Bd. 204, S. 222. 1932.

[3] Für die radioaktiven Elemente hat schon vor längerer Zeit ST. MEYER die Vermutung ausgesprochen, daß großes Atomvolumen die Instabilität begünstige (Wiener Ber. IIa Bd. 115, S. 83. 1906; Bd. 124, S. 249. 1915).

[4] J. u. W. NODDACK, l. c. S. 763.

[5] F. W. ASTON, Nature Bd. 113, S. 393. 1924 (Fig. 1); Bd. 114, S. 786. 1924.

[6] F. W. ASTON, Nature Bd. 113, S. 393. 1924.

[7] Vgl. die vergeblichen Versuche zum Nachweis von Cl^{39} in den ultravioletten Absorptionsbanden des AgCl (M. ASHLEY u. F. A. JENKINS, Phys. Rev. Bd. 37, S. 1712. 1931).

Dabei sind die in geringer Menge vertretenen Isotope eines häufigen Elements bei Betrachtungen über den Aufbau der Materie quantitativ durchaus nicht zu vernachlässigen; so hat GOLDSCHMIDT darauf aufmerksam gemacht, daß das seltene Sauerstoffisotop O^{18} (s. Anm. 2 zu Ziff. 13) in der Sonnenatmosphäre immer noch häufiger ist, als alle Atome des Titans oder Chlors, und sogar das Isotop O^{17} noch häufiger, als alle Atome des Zinns oder Bleis[1].

32. Die Konstanz der Verbindungsgewichte. Bei den Überlegungen des vorangehenden Abschnitts (Ziff. 31) ist vorausgesetzt, daß in jeder Probe eines Elements das Verhältnis seiner Isotope konstant sei. Mit dem Massenspektrographen sind naturgemäß bisher wenige Untersuchungen an Elementproben verschiedener Provenienz ausgeführt worden[2]; wir können aber die Berechtigung dieser Annahme indirekt an der Konstanz der Verbindungsgewichte der Elemente prüfen, denn es ist äußerst unwahrscheinlich, daß genau dasselbe Verbindungsgewicht sich aus verschiedenen Isotopengemengen ergeben sollte. Die Frage ist daher, ob wir die Verbindungsgewichte der Elemente als Naturkonstanten betrachten können.

Bei Reinelementen ist es klar, daß keinerlei Schwankungen des Verbindungsgewichts möglich sind, da ja nur eine einzige Atomart des Elements vorhanden ist. Aber auch bei Mischelementen, deren Verbindungsgewichte nur Mittelwerte sind, die sich aus den Gewichten und dem Mengenverhältnis der in ihnen vertretenen Isotope ergeben, scheint die Frage der Konstanz der Verbindungsgewichte ohne Rückhalt zu bejahen zu sein, wenn wir uns auf die gewöhnlichen inaktiven Elemente beschränken. Bei diesen hat man bisher nicht die geringsten Schwankungen des Verbindungsgewichts feststellen können, auch wenn man Material von ganz verschiedenen Fundorten untersuchte. Kupfer[3] und Chlor[4] aus weit voneinander entfernten Lagerstätten, Calcium aus Marmor und aus Sylvin[5], Eisen[6], Nickel[7], Silizium[8] und Chlor[9] aus irdischen Mineralien und aus Meteoriten, Quecksilber aus Mineralien sehr verschiedenen geologischen Alters und geographischen Vorkommens[10] zeigten innerhalb der Fehlergrenzen vollständige Konstanz ihrer Verbindungsgewichte. Wir müssen daraus wohl schließen, daß vor Erstarrung des Sonnensystems die Atomarten der Elemente bereits gebildet waren und Gelegenheit zu vollständiger Vermischung hatten; die auch aus anderen Gründen wahrscheinliche Annahme eines feurig-flüssigen oder gasförmigen Anfangszustandes unseres Sonnensystems gibt bekanntlich für eine solche Möglichkeit Raum.

---

[1] V. M. GOLDSCHMIDT, Naturwissensch. Bd. 18, S. 999, 1011. 1930.

[2] Kürzlich wurde mittels Bandenspektroskopie festgestellt, daß das Isotopenverhältnis von Stickstoff und Sauerstoff unabhängig von der Herkunft der beiden Elemente ist (G. M. MURPHY u. H. C. UREY, Phys. Rev. Bd. 41, S. 141. 1932).

[3] TH. W. RICHARDS, Amer. Chem. Journ. Bd. 10, S. 187. 1888; TH. W. RICHARDS u. A. W. PHILLIPS, Journ. Amer. Chem. Soc. Bd. 51, S. 400. 1929.

[4] E. GLEDITSCH u. M. B. SAMDAHL, C. R. Bd. 174, S. 746. 1922; E. GLEDITSCH, Journ. chim. phys. Bd. 21, S. 456. 1924.

[5] O. HÖNIGSCHMID u. K. KEMPTER, ZS. f. anorg. Chem. Bd. 195, S. 1. 1931; vgl. auch die Diskussion zwischen O. HÖNIGSCHMID u. A. V. u. O. FROST, Nature Bd. 125, S. 48 u. 91. 1930.

[6] G. P. BAXTER u. T. THORVALDSON, Journ. Amer. Chem. Soc. Bd. 33, S. 337. 1911.

[7] G. P. BAXTER u. L. W. PARSONS, Journ. Amer. Chem. Soc. Bd. 43, S. 507. 1921; G. P. BAXTER u. F. A. HILTON, ebenda Bd. 45, S. 694. 1923; G. P. BAXTER u. S. ISHIMARU, ebenda Bd. 51, S. 1729. 1929.

[8] F. M. JAEGER u. D. W. DYKSTRA, ZS. f. anorg. Chem. Bd. 143, S. 233. 1925; ZS. f. Elektrochem. Bd. 32, S. 328. 1926.

[9] W. D. HARKINS u. S. B. STONE, Proc. Nat. Acad. Bd. 11, S. 643. 1925; s. aber auch A. W. C. MENZIES, Nature Bd. 116, S. 643. 1925.

[10] J. N. BRÖNSTED u. G. v. HEVESY, ZS. f. anorg. Chem. Bd. 124, S. 22. 1922.

Im Rahmen dieser Vorstellung müssen wir erwarten, daß die Konstanz des Verbindungsgewichtes fehlt, wenn nach Erstarrung der Erdkruste eine Neubildung von Atomarten erfolgt ist. Dieser Fall ist bei den Radioelementen, und zwar ausschließlich bei ihnen, eingetreten. Das Blei, das sich im Lauf geologischer Zeiten in Uranmineralien bildete, hatte nicht oder nur unvollständig Gelegenheit, sich mit dem gewöhnlichen Blei zu vermischen, und dementsprechend finden wir hier ein Verbindungsgewicht, das wesentlich tiefer liegt; während gewöhnliches Blei ein Verbindungsgewicht von 207,22 hat, fand HÖNIGSCHMID 206,0 für reines Uranblei aus kristallisiertem Pecherz und 206,4 für das Gemisch von Uranblei und gewöhnlichem Blei, das aus Joachimsthaler Pechblende erhalten wird[1]. Entsprechend ist das Verbindungsgewicht des Thoriums aus Pechblende wegen Anwesenheit des neugebildeten Ioniums von 232,12 auf 231,51 erniedrigt[2]. Im Gegensatz zum „Uranblei" zeigt das „Thorblei" ein erhöhtes Verbindungsgewicht; der höchste bisher gefundene Wert[3] beträgt 207,9. Diese Abweichungen bei Blei und Thorium radioaktiven Ursprungs sind neben den durch künstliche Isotopentrennung bei Neon, Quecksilber, Chlor, Kalium und Zink erzwungenen (s. Ziff. 21 bis 23) die einzigen Schwankungen des Verbindungsgewichtes, die bis heute festgestellt werden konnten[4]. In allen anderen Fällen scheinen die Verbindungsgewichte der chemischen Elemente Naturkonstanten zu sein, die durch die Erkenntnis des komplexen Charakters der Mischelemente nichts von ihrer praktischen Bedeutung eingebüßt haben.

Ob wir freilich auch das Isotopenverhältnis der Elemente in den Fixsternen als identisch mit dem irdischer Elemente ansehen dürfen, ist durchaus fraglich; denn wenn wir eine unabhängige Bildung von Materie an verschiedenen Stellen des Weltalls annehmen, ist es wahrscheinlicher, daß je nach den speziellen Entstehungsbedingungen sich Unterschiede im Mengenverhältnis der Isotope finden. Da es möglich ist, daß ein Teil der Meteorite aus Gegenden außerhalb des Sonnensystems stammt (vgl. Ziff. 27), wird eine fortgesetzte Untersuchung der Verbindungsgewichte der aus Meteoriten isolierten Elemente vielleicht doch gewisse Abweichungen enthüllen. In besonderen Fällen wird vielleicht auch die Bandenspektroskopie Entscheidungen treffen können.

e) Natürlicher und künstlicher Atomzerfall.

33. Die Bausteine der chemischen Elemente. Das natürliche System der Elemente hat seit seiner Aufstellung — im Sinne von LOTHAR MEYER und trotz des Widerspruchs von MENDELEJEFF[5] — sehr dazu beigetragen, den durch die

---

[1] O. HÖNIGSCHMID, ZS. f. Elektrochem. Bd. 20, S. 319. 1914; Wiener Ber. Bd. 123, S. 2407. 1914; s. auch G. P. BAXTER u. A. D. BLISS, Journ. Amer. Chem. Soc. Bd. 52, S. 4848. 1930.

[2] O. HÖNIGSCHMID, ZS. f. Elektrochem. Bd. 22, S. 18. 1916.

[3] O. HÖNIGSCHMID, ZS. f. Elektrochem. Bd. 25, S. 91. 1919.

[4] Die Behauptung von F. H. LORING und J. G. F. DRUCE (Chem. News Bd. 140, S. 34. 1930; Bd. 142, S. 33. 1931), daß das aus Kartoffelblättern oder -stengeln gewonnene Kalium ein höheres Atomgewicht als das normale besitze, war von vornherein äußerst unwahrscheinlich und ist inzwischen von H. H. LOWRY (Journ. Amer. Chem. Soc. Bd. 32, S. 4332. 1930) und von K. HELLER und C. L. WAGNER (ZS. f. anorg. Chem. Bd. 200, S. 105. 1931; Bd. 206, S. 152. 1932) auch experimentell widerlegt worden.

Nicht ganz klar sind die Resultate beim Bor. Die von BRISCOE und seinen Mitarbeitern gefundenen Schwankungen wurden von anderer Seite nicht als beweiskräftig angesehen (H. V. A. BRISCOE u. P. L. ROBINSON, Journ. chem. soc. Bd. 127, S. 150 u. 696. 1925; H. V. A. BRISCOE, P. L. ROBINSON u. G. E. STEPHENSON, ebenda 1926, S. 70; H. V. A. BRISCOE, P. L. ROBINSON u. H. C. SMITH, ebenda 1927, S. 282; dagegen A. COUSEN u. W. E. S. TURNER, ebenda 1928, S. 2654).

[5] Siehe dazu F. PANETH, Naturwissensch. Bd. 18, S. 964. 1930; bes. S. 967ff.

Entwicklung der qualitativen Atomistik stark in den Hintergrund gedrängten Gedanken einer Einheit der Materie dem Interesse der Chemiker wieder nahezubringen; denn es schien prinzipiell nicht möglich, die im natürlichen System zutage tretenden verwandtschaftlichen Beziehungen zwischen den Elementen anders zu deuten als auf Grundlage der Vorstellung, daß in sämtlichen Elementen die gleichen Bausteine in gesetzmäßig variierter Weise vorhanden seien. Damit war gleichzeitig auch das alchimistische Problem der Elementverwandlung wieder in den Bereich theoretischer Möglichkeit gerückt; doch erst die mit der Elektronentheorie und Radioaktivität einsetzende Entwicklung brachte nähere Aufschlüsse. Eines der wichtigsten Ergebnisse der Forschungen über die Kathodenstrahlen und verwandten Phänomene war der Nachweis, daß aus jeder Art Materie stets die gleichen negativen Elektrizitätsteilchen in Freiheit gesetzt werden können, daß also die *Elektronen* einen gemeinsamen Baustein aller chemischen Elemente darstellen. In den β-Strahlen der radioaktiven Stoffe begegnete man später denselben — praktisch masselosen — Bausteinen wieder. Ihnen gegenüber verrieten die α-strahlenden radioaktiven Substanzen zum erstenmal etwas über die materiellen Bausteine der Atome; die Identifizierung der α-Strahlen mit zweifach positiv geladenen Heliumatomen (s. Bd. XXII/2, Kap. 3) bewies, daß mindestens in den schweren radioaktiven Atomen als unmittelbare Bestandteile *Heliumpartikel* anzunehmen sind. Daß neben Helium auch noch *Wasserstoffkerne* und *Neutronen* als Bruchstücke von Atomen auftreten können, zeigten schließlich die Versuche über künstliche Elementzertrümmerung (s. Ziff. 35).

34. Die radioaktiven Zerfallsreihen. Die Entstehung von Helium aus α-strahlenden radioaktiven Substanzen war das erste völlig überzeugende Beispiel einer Elementverwandlung. Die RUTHERFORD-SODDYsche Theorie führte aber alle radioaktiven Prozesse, also auch die unter β-Strahlung vor sich gehenden, auf die spontane Verwandlung einer Atomart in eine andere zurück und nahm so viel verschiedene radioaktive Substanzen an, als verschiedenartige radioaktive Vorgänge festgestellt werden konnten. Die anfangs damit verbundene Annahme, daß diese verschiedenen radioaktiven Stoffe auch ebenso viele verschiedene chemische Elemente seien — die durch den Erfolg der chemischen Charakterisierung dreier von ihnen, des Radiums, der Radiumemanation und des Poloniums, besonders nahegelegt war —, führte zunächst zu Schwierigkeiten, da im natürlichen System nicht Plätze für über 30 neue chemische Elemente verfügbar waren. Die nähere chemische Untersuchung der Radioelemente zeigte einen Ausweg durch das unerwartete, aber vielfach bestätigte Resultat, daß gewisse Gruppen von Radioelementen chemisch überhaupt nicht voneinander zu unterscheiden sind. Infolgedessen machten zunächst STRÖMHOLM und SVEDBERG[1] den Vorschlag, solche untrennbare Radioelemente an ein und derselben Stelle des natürlichen Systems einzuordnen. Dieser Gedanke wurde in umfassenderer Bedeutung und größerer Klarheit von SODDY[2] im Jahre 1910 aufgenommen und später (1913) mit dem Fachwort „*Isotopie*" bezeichnet[3] (siehe Ziff. 9). SODDY[4] gelang es auch als erstem, eine Beziehung zwischen der Art der radioaktiven Umwandlung und dem Platz des entstehenden Radioelementes im natürlichen System zu finden, indem er (1911) darauf hinwies, daß die Aussendung eines α-Teilchens in vielen Fällen zu einer Erniedrigung der Ordnungszahl des Elementes um 2 führt; diese „Verschiebungsregel für α-Strahlen" wurde

[1] D. STRÖMHOLM u. T. SVEDBERG, ZS. f. anorg. Chem. Bd. 61, S. 338. 1909; Bd. 63, S. 197. 1909.

[2] F. SODDY, Report of the Chem. Soc. Bd. 7, S. 256, 286. 1910.

[3] F. SODDY, The Chemistry of the Radio-Elements, Part. II, S. 5. London 1913.

[4] F. SODDY, The Chemistry of the Radio-Elements, S. 29. London 1911.

1913 von RUSSELL[1] durch eine „Verschiebungsregel für β-Strahlen" ergänzt, die aber erst FAJANS[2] und kurz darauf SODDY[3] in ganz richtiger Form aussprach. Danach führt die *Aussendung eines α-Teilchens stets zu einer Erniedrigung der Ordnungszahl um 2, die Aussendung eines β-Teilchens stets zu einer Erhöhung der Ordnungszahl um 1.* Wenn in beliebiger Reihenfolge ein α-Teilchen und zwei β-Teilchen ausgesendet werden, muß sich wieder dieselbe Ordnungszahl, also ein isotopes Radioelement mit einem um vier Einheiten verringerten Atomgewicht, ergeben.

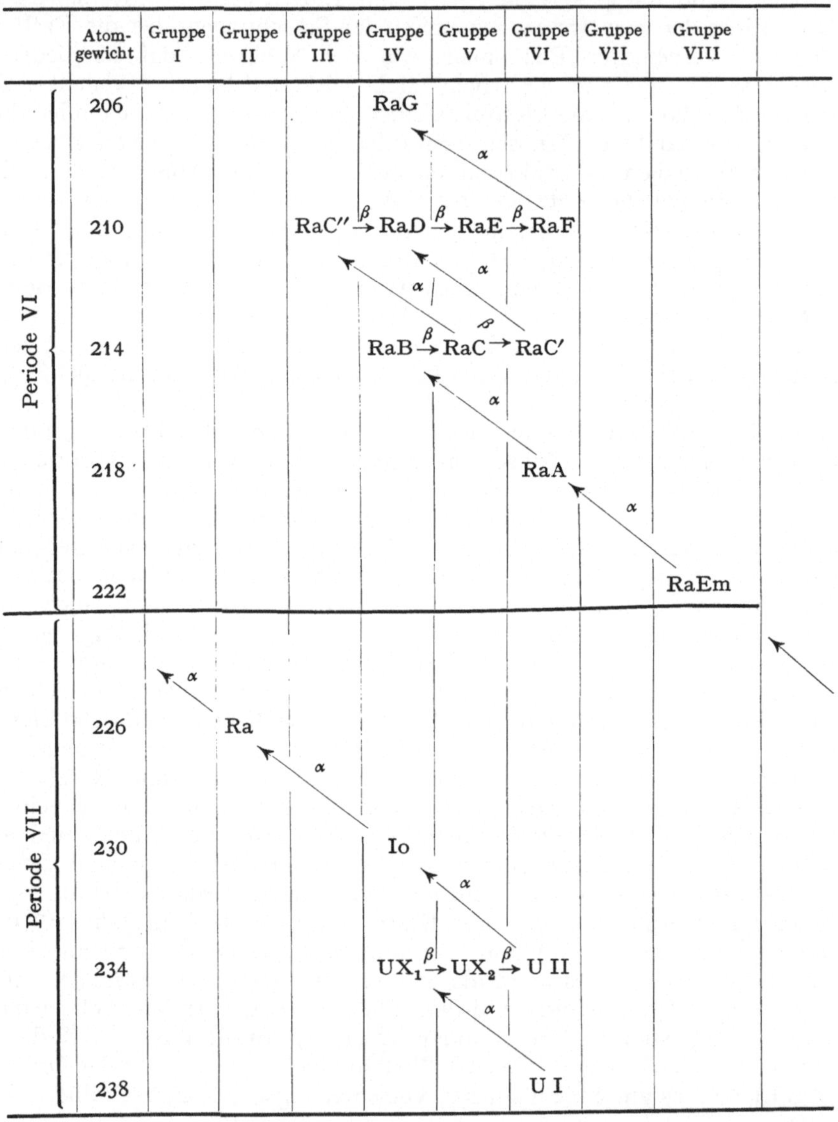

	Atom-gewicht	Gruppe I	Gruppe II	Gruppe III	Gruppe IV	Gruppe V	Gruppe VI	Gruppe VII	Gruppe VIII
Periode VI	206				RaG				
	210			RaC″ $\xrightarrow{\beta}$	RaD $\xrightarrow{\beta}$	RaE $\xrightarrow{\beta}$	RaF		
	214				RaB $\xrightarrow{\beta}$	RaC $\xrightarrow{\beta}$	RaC′		
	218						RaA		
	222								RaEm
Periode VII	226		Ra						
	230				Io				
	234				UX_1 $\xrightarrow{\beta}$	UX_2 $\xrightarrow{\beta}$	U II		
	238						U I		

Abb. 15. Einordnung der Uran-Radium-Reihe in das natürliche System.

[1] A. S. RUSSELL, Chem. News Bd. 107, S. 49. 1913.
[2] K. FAJANS, Phys. ZS. Bd. 14, S. 131 u. 136. 1913.
[3] F. SODDY, Chem. News Bd. 107, S. 97. 1913.

In welcher Weise sich infolge der Gültigkeit der beiden Verschiebungssätze die Elemente der Uran-Radium-Reihe in das natürliche System einordnen, ist in vorstehender Abb. 15 zur Darstellung gebracht, welche die VI. und VII. Periode des natürlichen Systems — und zwar in der kurzperiodigen Schreibweise, vgl. Tab. 3 — umfaßt. Die Abnahme des Atomgewichts um 4, die jede Aussendung eines α-Teilchens zur Folge hat, ist an der Atomgewichtsskala an der linken Seite der Tabelle zu erkennen.

In analoger Weise ist auch die Actinium- und Thoriumreihe in das natürliche System einzugliedern, worüber Näheres in dem Artikel über radioaktive Substanzen (s. ds. Band Kap. 3B) zu ersehen ist.

35. Atomzertrümmerung durch α-Strahlen. Neben der spontan verlaufenden und durch experimentelle Hilfsmittel nicht zu beeinflussenden radioaktiven Umwandlung ist seit 1919 noch eine andere Art der Elementverwandlung bekannt, nämlich die von RUTHERFORD[1] aufgefundene Zertrümmerung der Atome mancher Elemente durch die α-Strahlen radioaktiver Substanzen. Bis heute liegen gesicherte Beobachtungen vor über die Zertrümmerung von Bor, Stickstoff, Fluor, Neon, Natrium, Magnesium, Aluminium, Silizium, Phosphor, Schwefel, Chlor, Argon und Kalium. Die von den α-Teilchen zum Zerfall gebrachten Atome senden dabei *H-Teilchen* aus, wie durch Ablenkungsversuche eindeutig erkannt werden konnte. In welche Elemente die getroffenen Atome durch den Verlust des H-Teilchens übergehen, konnte dagegen bisher nicht direkt nachgewiesen werden. Theoretische Überlegungen und die Photogramme der Bahnen in der Wilsonkammer machen es wahrscheinlich, daß statt der herausgeschleuderten H-Teilchen die α-Teilchen im getroffenen Atomkern bleiben; es ist daher anzunehmen, daß z. B. aus Stickstoff (Ordnungszahl 7, Masse 14) ein Element mit der Ordnungszahl 8 und dem Atomgewicht 17, also jenes Isotop des gewöhnlichen Sauerstoffs entsteht, dessen Existenz bandenspektroskopisch entdeckt worden ist (s. Ziff. 10).

Während RUTHERFORD und seine Mitarbeiter anfangs der Ansicht waren, daß nur ungeradzahlige Elemente in dieser Weise zertrümmert werden könnten[2], wurden zuerst von KIRSCH und PETTERSSON[3] und dann auch von RUTHERFORD und CHADWICK[4] Fälle von Atomzertrümmerung bei gerader Ordnungszahl mitgeteilt. Immerhin scheinen die Elemente mit ungerader Ordnungszahl stärker zum Zerfall zu neigen; abgesehen davon, daß diese Erscheinung unter ihnen häufiger gefunden wurde, zeigt sich dies auch deutlich in der größeren Reichweite der von ihnen emittierten H-Teilchen[5]. Die größere Instabilität, die die Elemente mit ungerader Ordnungszahl gegenüber dem Bombardement von α-Teilchen zeigen, ist jedenfalls in Beziehung zu setzen zu ihrer oben erwähnten geringeren Häufigkeit, die sich graphisch ganz ähnlich ausdrückt (vgl. Abb. 13).

Vor kurzem ist es gelungen zu zeigen, daß bei der Beschießung mit α-Strahlen manche Elemente nicht unter Emission von H-Strahlen, sondern in anderer Weise zertrümmert werden. BOTHE und BECKER[6] haben nachgewiesen, daß einzelne Elemente, in besonders starkem Maße Beryllium, beim Bombardieren mit α-Teilchen zur Aussendung von äußerst durchdringenden γ-Strahlen veranlaßt werden; gewisse Eigentümlichkeiten der im Beryllium ausgelösten

[1] E. RUTHERFORD, Phil. Mag. Bd. 37, S. 581. 1919.
[2] E. RUTHERFORD u. J. CHADWICK, Phil. Mag. Bd. 44, S. 417. 1922.
[3] G. KIRSCH u. H. PETTERSSON, Wiener Ber. Bd. 132, S. 229. 1923.
[4] E. RUTHERFORD u. J. CHADWICK, Proc. Phys. Soc. London Bd. 36, S. 417. 1924.
[5] Siehe die Abb. auf S. 421 in der zuletzt zitierten Abhandlung; ferner Abb. 27 auf S. 93 bei H. PETTERSSON u. G. KIRSCH, Atomzertrümmerung. Leipzig: Akad. Verlagsgesellschaft 1926.
[6] W. BOTHE u. H. BECKER, ZS. f. Phys. Bd. 66, S. 289. 1930.

Sekundärstrahlung, die CURIE und JOLIOT[1] beobachtet hatten, führten CHADWICK[2] zur Vermutung, daß mindestens ein Teil der Berylliumstrahlung aus *Neutronen* bestehe (vgl. Ziff. 6). Die weiteren Untersuchungen haben es sehr wahrscheinlich gemacht, daß nicht nur Beryllium, sondern auch Bor und vielleicht eine Anzahl anderer Elemente bei der Zertrümmerung durch α-Strahlen Neutronen aussenden; diese müssen wir daher neben den α-Teilchen und Protonen als unmittelbare Bausteine der Atomkerne betrachten.

36. Atomzertrümmerung durch Neutronenstrahlen. Die Neutronenstrahlen verdienen besonders auch deswegen großes Interesse, weil sie ebenso wie α-Strahlen die Fähigkeit haben, Atome zu zertrümmern. Wie FEATHER[3] mit Hilfe von Wilsonaufnahmen nachgewiesen hat, können nicht nur Stickstoff-, sondern sogar Sauerstoffatome beim Aufprall von Neutronen zerschlagen werden. Da α-Teilchen Sauerstoffatome nicht zu sprengen vermögen, besitzen wir in den Neutronenstrahlen demnach ein neues eigenartiges Mittel zur Atomzertrümmerung; da wir aber vorläufig keinen anderen Weg haben, Neutronenstrahlen herzustellen, als indem wir sie durch α-Strahlenbeschießung aus geeigneten Elementen in Freiheit setzen, sind wir hierbei doch wiederum auf die α-strahlenden Substanzen als letzte Quelle der künstlichen Atomzertrümmerung angewiesen. Hierbei wird stets nur ein winziger Teil der Energie, die durch den spontan verlaufenden Zerfall des α-strahlenden Radioelements frei wird, dazu verwendet, um stabile Atome zum Zerfall zu bringen, also gewissermaßen eine „induzierte Aktivität" hervorzurufen. Wenn wir demnach hier auch eine — durch α- oder Neutronenstrahlen — willkürlich erzeugbare Elementverwandlung vor uns haben, so sind wir dabei doch stets an eine in viel stärkerem Maße vor sich gehende natürliche Elementverwandlung gebunden.

37. Elementverwandlung ohne radioaktive Energiezufuhr. Die vielen Versuche, durch Anwendung anderer als radioaktiver Energie Elemente zu verwandeln, die nicht nur im alchimistischen Zeitalter, sondern auch in der neueren und neuesten Zeit unternommen worden sind, haben bisher mit einer einzigen Ausnahme negative Resultate ergeben.

So kann die Entstehung von Neon und Helium durch elektrische Entladungen, die von COLLIE und PATTERSON[4] behauptet worden ist, durch die Versuche von STRUTT[5], PIUTTI[6] u. a. als widerlegt gelten. Dasselbe gilt von den Angaben J. J. THOMSONS[7] über die Bildung von Helium beim Bombardieren von verschiedenen Salzen mit Kathodenstrahlen; es konnte gezeigt werden, daß eine unter den beschriebenen Versuchsbedingungen etwa entstehende Heliummenge sicher nicht mehr als 10^{-9} cm^3 beträgt, also weniger als den fünftausendsten Teil der von THOMSON angegebenen Menge[8]. Hier, wie in einer Reihe anderer Fälle, scheint die Täuschung dadurch hervorgerufen worden zu sein, daß Glas bei höherer Temperatur für das Helium der Atmosphäre leicht durchlässig wird, und daß die geringen Heliumspuren, die im Glas gelöst sind, beim Erwärmen —

[1] J. CURIE-JOLIOT u. F. JOLIOT, C. R. Bd. 194, S. 273. 1932.

[2] J. CHADWICK, Nature Bd. 129, S. 312. 1932; Proc. Roy. Soc. London (A) Bd. 136, S. 692. 1932.

[3] N. FEATHER, Proc. Roy. Soc. London Bd. 136, S. 709. 1932; Nature Bd. 130, S. 237. 1932.

[4] J. N. COLLIE u. H. S. PATTERSON, Journ. Chem. Soc. Bd. 103, S. 419. 1913; J. N. COLLIE, H. S. PATTERSON u. I. MASSON, Proc. Roy. Soc. London (A) Bd. 91, S. 30. 1915; siehe auch R. W. RIDING u. E. C. C. BALY, ebenda Bd. 109, S. 186. 1925.

[5] R. J. STRUTT, Proc. Roy. Soc. London (A) Bd. 89, S. 499. 1914.

[6] A. PIUTTI, ZS. f. Elektrochem. Bd. 28, S. 452. 1922.

[7] J. J. THOMSON, Proc. Roy. Soc. London (A) Bd. 101, S. 290. 1922; Rays of positive Electricity, S. 122. London: Longmans, Green and Co. 1913.

[8] F. PANETH u. K. PETERS, ZS. f. phys. Chem. (B) Bd. 1, S. 170. 1928.

namentlich in Gegenwart von Wasserstoff — in Freiheit gesetzt werden[1]. Vor einigen Jahren ist von verschiedenen Seiten die Umwandlung von Quecksilber in Gold durch verhältnismäßig sehr geringe elektrische Energien behauptet worden[2]; für das überraschende Auftreten von Goldspuren lieferten unerwartete Schwierigkeiten im analytisch-chemischen Nachweis von Gold als Verunreinigung des Quecksilbers die Erklärung[3]. Die Angaben über eine analoge Umwandlung von Blei in Quecksilber[4] wurden vom Autor selber nach einer Wiederholung der Versuche nicht mehr mit Bestimmtheit vorgebracht[5].

Das einzige bisher aufgefundene Verfahren zur Atomumwandlung ohne α-Bestrahlung besteht im *Beschießen mit rasch bewegten Protonen.* COCKCROFT und WALTON[6] haben Wasserstoffionen, die sie durch Felder von 120000 Volt aufwärts beschleunigt hatten, auf Lithium auftreffen lassen und dabei die Aussendung von korpuskularen Teilchen großer Energie und Reichweite beobachtet. Alle Anzeichen sprechen dafür, daß diese Teilchen Heliumkerne sind; während also bei der Zertrümmerung durch α-Strahlen Protonen ausgesandt werden, ist es hier umgekehrt gelungen, durch Beschießung mit Protonen α-Teilchen aus den getroffenen Atomen auszuschleudern. Der Mechanismus ist ähnlich wie beim Bombardieren mit α-Strahlen so zu denken, daß das auftreffende Teilchen nicht reflektiert, sondern in den Atomverband aufgenommen wird; aus dem Lithiumatom vom Gewicht 7 entstehen in dieser Weise zwei Heliumatome je vom Gewicht 4. Es ist COCKCROFT und WALTON bereits gelungen, außer Lithium auch noch die Elemente Beryllium, Bor, Kohlenstoff, Fluor, Natrium, Aluminium, Calcium, Kobalt, Nickel, Kupfer, Silber, Blei und Uran zur Aussendung von α-Strahlen zu veranlassen; die stärksten Effekte, nach Lithium, zeigen Beryllium und Fluor.

Da die Zahl der Protonen, die zur Anwendung kommt, ein hohes Vielfaches der Zahl der α-Teilchen auch der stärksten radioaktiven Präparate betragen kann, bietet die Elementverwandlung durch Protonenbeschießung quantitativ die besten Aussichten, wenn auch die bisher umgewandelten Mengen selbst bei diesem Verfahren zu einem chemischen Nachweis noch nicht ausreichen. Theoretisch ist es aber sehr wichtig, daß bereits drei Methoden zur Elementverwandlung zur Verfügung stehen: Beschießung mit α-Teilchen, Neutronen und Protonen, und daß die Resultate anscheinend je nach dem angewendeten Mittel auch qualitativ verschieden sind; man kann darum durch diese Forschungen sehr wichtige Aufklärungen über die Struktur der Atomkerne erwarten[7].

f) Deutung der experimentellen Ergebnisse vom Standpunkt des RUTHERFORD-BOHRschen Atommodells.

38. Die Ordnungszahl der chemischen Elemente als Kernladung der Atome. Welche Versuche und Überlegungen zur Aufstellung des RUTHERFORD-

[1] F. PANETH u. K. PETERS, loc. cit. S. 191 und ZS. f. phys. Chem. (B) Bd. 1, S. 253. 1928.

[2] A. MIETHE u. H. STAMMREICH, Naturwissensch. Bd. 12, S. 597. 1924; H. NAGAOKA, ebenda Bd. 13, S. 682. 1925.

[3] E. H. RIESENFELD u. W. HAASE, Naturwissensch. Bd. 13, S. 745. 1925; E. TIEDE, A. SCHLEEDE u. F. GOLDSCHMIDT, ebenda; F. HABER, J. JAENICKE u. F. MATTHIAS, ZS. f. anorg. Chem. Bd. 153, S. 153. 1926; M. W. GARRETT, Nature Bd. 118, S. 84. 1926; Proc. Roy. Soc. London (A) Bd. 112, S. 391. 1926; H. H. SHELDON u. R. S. ESTEY, Phys. Rev. Bd. 27, S. 515. 1926.

[4] A. SMITS u. A. KARSSEN, Naturwissensch. Bd. 13, S. 699. 1925; ZS. f. Elektrochem. Bd. 32, S. 577. 1926.

[5] A. SMITS u. W. A. FREDERIKSE, ZS. f. Elektrochem. Bd. 34, S. 350. 1928.

[6] J. D. COCKCROFT u. E. T. S. WALTON, Proc. Roy. Soc. London (A) Bd. 136, S. 619. 1932; Bd. 137, S. 229. 1932.

[7] Vgl. E. RUTHERFORD, ZS. f. Elektrochem. Bd. 38, S. 476. 1932.

BOHRschen Atommodells geführt haben und in wie verschiedenen Gebieten der Physik es bereits seine hohe Leistungsfähigkeit bewiesen hat, wird in anderen Kapiteln ds. Handb. besprochen. An dieser Stelle soll nur angedeutet werden, in welcher Weise die moderne Atomtheorie zur Erklärung der Tatsachen des natürlichen Systems der Elemente, die im vorangehenden besprochen worden sind, herangezogen worden ist. Hierbei werden die Grundzüge des Atommodells als bekannt vorausgesetzt (s. ds. Band Kap. 2A, außerdem Bd. XXIV/1).

Wie in Ziff. 4 erwähnt, haben sich die Ordnungszahlen als Einteilungsprinzip im natürlichen System den früher verwendeten Verbindungsgewichten überlegen gezeigt. Diese Ordnungszahlen hatten zunächst, etwa als Feldnummer im natürlichen System (vgl. Ziff. 7), keinerlei physikalischen Sinn, sondern gaben nur die Nummer an, die das Element erhielt, wenn man die gebrochenen Verbindungsgewichte aller Elemente auf die ganzen Zahlen der Zahlenreihe verteilte (vgl. Ziff. 2). Wenn sich aber die Schwingungszahlen der charakteristischen Röntgenlinien regelmäßiger mit den Ordnungszahlen der chemischen Elemente änderten als mit ihren Verbindungsgewichten (s. Ziff. 4), so mußte diesen Ordnungszahlen auch eine physikalische Bedeutung zukommen. Nun ist gerade eine der Grundlagen der BOHRschen Atomtheorie die Annahme, daß die positive elektrische Ladung des Atomkerns von Element zu Element um eine Einheit zunimmt, genau wie die Ordnungszahl. MOSELEY zögerte daher nach Entdeckung der regelmäßigen Änderung der Röntgenspektren mit der Ordnungszahl nicht, diese Ordnungszahl im Sinn der RUTHERFORD-BOHRschen Theorie als positive Ladung des Atomkerns zu interpretieren. Daß auch die chemischen Eigenschaften direkter von der Kernladung als vom Verbindungsgewicht bestimmt sind, zeigte sich darin, daß in jenen drei Fällen, wo die Anordnung der Elemente nach ihrem chemischen Charakter eine Abweichung von der Reihenfolge der Verbindungsgewichte erfordert hatte, auch die aus den Röntgenspektren zu erschließende Kernladung abweichend von der Reihenfolge der Verbindungsgewichte, aber im Einklang mit der chemischen Gruppierung stieg.

Die Gruppierung der Elemente im natürlichen System ist demnach ohne jede Ausnahme eine Ordnung nach der Reihenfolge ihrer Kernladungen. Dies gibt auch den Schlüssel für die Gültigkeit der *radioaktiven Verschiebungssätze* (s. Ziff. 34). Die Aussendung des zweifach positiv geladenen α-Teilchens muß zur Folge haben, daß der Kern zwei positive Ladungen verliert; das entstehende Element muß also um zwei Ordnungszahlen herabgesetzt sein. Die Aussendung des negativen β-Teilchens aus dem Kern erhöht dagegen den Überschuß der positiven über die negativen Ladungen im Kern um 1, und das entstehende Element muß von der nächsthöheren Ordnungszahl sein.

39. Die Erhaltung der Elemente. Kerneigenschaften und Elektroneneigenschaften. Nach den Vorstellungen der Atomtheorie treten bei den chemischen und den meisten physikalischen Prozessen nur die äußeren Elektronen eines Atoms ins Spiel, indem sie ihre Bahn ändern oder auch ganz abgetrennt werden; für die Erregung der charakteristischen Röntgenstrahlung der K-Serie sind die innersten Elektronen maßgebend; der Atomkern aber bleibt von allen diesen Einwirkungen vollständig unberührt. Wenn etwa ein Metall in eine chemische Verbindung übergeführt wird, so werden die äußeren Elektronen der Metallatome nunmehr ganz andere Bahnen beschreiben als im elementaren Zustand, und die Metalleigenschaften sind dementsprechend vollständig verschwunden; Änderungen in den Elektronenbahnen sind aber immer auf mehr oder weniger einfache Weise reversibel, und so kann das Metall auch stets aus seiner Verbindung wieder zurückgewonnen werden. Die Frage, welche manchen Chemikern und Philosophen sogar erkenntniskritische Schwierigkeiten zu bieten schien[1], was unter der — scheinbar nur virtuellen — *Erhaltung der Elemente* in den chemischen Verbindungen zu denken sei, ist demnach im Sinn der modernen Atomtheorie als *Erhaltung der Atomkerne* zu verstehen; da infolge der Unveränderlichkeit der Atomkerne stets die Möglichkeit der Rückgewinnung der Elemente gegeben ist, haben wir hier die physikalische Erklärung für die Unzerstörbarkeit der chemischen Elemente.

Die meisten chemischen und physikalischen Eigenschaften, z. B. Volumen, elektrische Leitfähigkeit, Magnetismus usw., sind *Elektroneneigenschaften*, also dem Element nicht unveränderlich zu eigen. Als *Kerneigenschaften*, und daher dem Element in allen seinen Verbindungen unverlierbar anhaftend, sind nur Masse und Radioaktivität zu nennen. Die strenge Additivität der Masse und die vollständige Unabhängigkeit der Radioaktivität vom chemischen Verbindungszustand sind die Folge des unveränderten Fortbestehens der Atomkerne beim Eingehen und Lösen chemischer Verbindungen.

In den wenigen Fällen, wo wir eine Elementverwandlung beobachten, müssen wir annehmen, daß der Kern des Atoms in Mitleidenschaft gezogen wurde. Die außerordentliche Schwierigkeit, an den durch sein starkes elektrostatisches Feld geschützten Kern heranzukommen, erklärt das Versagen der meisten Versuche zur Elementverwandlung und den geringen, aber nachweisbaren Erfolg bei der Beschießung mittels der mit hoher kinetischer Energie begabten α-Teilchen, Neutronen und Protonen (s. Ziff. 35, 36 u. 37).

40. Der Bau der Elektronenhüllen. Die als „Elektroneneigenschaften“ zusammengefaßten Eigenschaften der chemischen Elemente zeigen untereinander ein sehr verschiedenartiges Verhalten; manche, wie etwa die chemische Valenz, sind periodische Funktionen der Ordnungszahl (s. Ziff. 3), während die charakteristische Röntgenstrahlung sich praktisch linear mit der Ordnungszahl ändert (s. Ziff. 4). Nach der Atomtheorie liegt die Erklärung für diese Verschiedenheit darin, daß bei den chemischen Vorgängen nur die äußersten Elektronen ins Spiel kommen, deren Zahl und Anordnung sich mit steigender Kernladung periodisch ändert, während die Röntgenspektren von den innersten Elektronen ausgesandt werden, die — bei gleichbleibender Zahl und Verteilung — der direkten Einwirkung der von Element zu Element regelmäßig ansteigenden Kernladung unterliegen. Doch nehmen, wie in Ziff. 8 ausgeführt, die Röntgenfrequenzen der N- und besonders der O-Serie, welche nicht von den allerinnersten, sondern von etwas weiter außen kreisenden Elektronen hervorgerufen werden, insofern eine Mittelstellung zwischen den nichtperiodischen und den periodischen Funktionen der Ordnungszahl ein, als sie jene Stellen im natürlichen System, an denen die Übergangselemente liegen, als Knicke in dem Anstieg ihrer Termwerte bereits deutlich erkennen lassen (s. Abb. 2); wie die nähere Diskussion ergibt, treten gerade bei den Übergangselementen[2] und besonders in der Gruppe der seltenen Erden die neu aufgenommenen Elektronen tief ins Atominnere ein, statt sich in der äußersten Schale anzulagern.

In dieser hier nur angedeuteten Weise gelang es Bohr auch, die chemische Ähnlichkeit, die die Übergangselemente untereinander zeigen, und namentlich die annähernde chemische Gleichheit der seltenen Erden verständlich zu machen. Die abschließende Leistung der von ihm aufgestellten und neben ihm besonders von Kossel, Stoner und Pauli auf das natürliche System angewendeten Atomtheorie bestand in der Entwicklung einer strengen *Systematik der Elektronenbahnen*, die eine Erklärung des Auftretens der „kurzen“ und „langen“ Perioden

---

[1] Siehe F. Paneth, Schriften d. Königsb. Gelehrten-Ges., naturwiss. Kl. Bd. 8, S. 101. 1931; bes. S. 109 u. 118f.

[2] Über die Bedeutung dieses Ausdrucks s. Ziff. 7 und 8.

und des regelmäßigen Wechsels in der Valenz der Elemente liefert. Näheres darüber s. ds. Handb., 2. Aufl., Bd. XXIV/1.

41. Tabelle des natürlichen Systems vom Standpunkt der BOHRschen Atomtheorie. Um die Verwandtschaftsbeziehungen zwischen den Elementen vom Standpunkt seiner Theorie des Atombaues darzustellen, hat sich BOHR, im Anschluß an JULIUS THOMSEN[1], des Schemas eines — vertikal geschriebenen — langperiodigen Systems mit Verbindungsstrichen (s. Ziff. 7) bedient, und darin immer jene Folgen von Elementen eingerahmt, bei denen mit steigender Ordnungszahl die neu hinzukommenden Elektronen nicht außen, sondern in tieferen Schichten eingelagert werden, in deren Atomen sich also eine innere Elektronengruppe in einem Entwicklungsstadium befindet (s. Abb. 16). Die

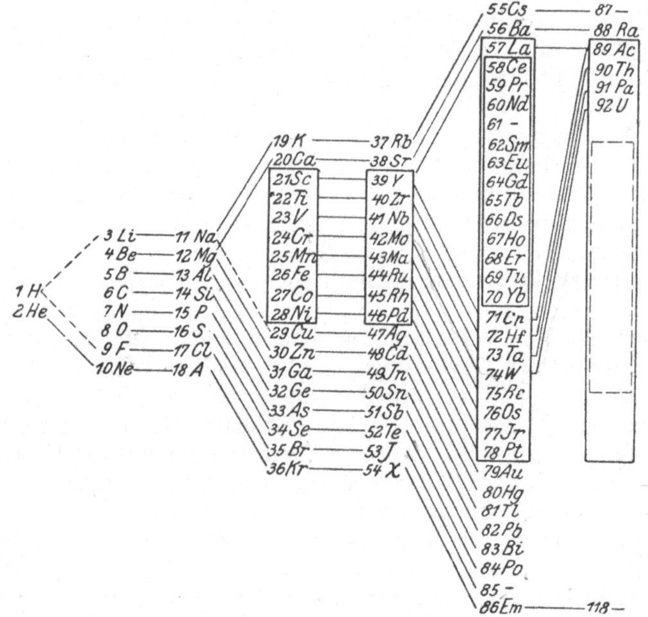

Abb. 16. Natürliches System der Elemente in Beziehung zum Atombau.

Einrahmung in der vierten Periode (21 Scandium bis 28 Nickel) deutet die endgültige Komplettierung der Gruppe von Elektronen in dreiquantigen Bahnen an; die Einrahmung in der fünften Periode (39 Yttrium bis 46 Palladium) entspricht der vorletzten Vervollständigung der Gruppe von vierquantigen Bahnen. Bei der sechsten Periode sind zwei Einrahmungen ineinander geschaltet; die innere (58 Cer bis 70 Ytterbium) weist auf die endgültige Komplettierung der Gruppe der vierquantigen Bahnen hin, die das fast völlige Stillstehen des chemischen Charakters beim Durchschreiten der Gruppe der seltenen Erden bewirkt; die äußere Umrahmung (57 Lanthan bis 78 Platin) bezeichnet das Gebiet, über welches sich der allmähliche Ausbau der fünfquantigen Bahnen erstreckt. Die Verbindungslinien zwischen den Elementen der verschiedenen Perioden sollen auf die vorhandene Analogie der chemischen und physikalischen Eigenschaften hinweisen; man beachte besonders, daß keine Verbindungslinien gezogen sind zwischen zwei Elementen, die eine ungleiche Stellung bezüglich ihrer Einrahmung einnehmen.

---

[1] JULIUS THOMSEN, ZS. f. anorg. Chem. Bd. 9, S. 190. 1895.

Es ist wichtig, im Auge zu behalten, daß die Einrahmungen nur die Elemente zusammenfassen, bei denen eine innere Elektronenschale im Ausbau begriffen ist, ohne Rücksicht auf Ähnlichkeiten in der Valenz, und daß für chemische Gruppierungen die Valenz maßgebender ist. So sind die *seltenen Erden* in erster Linie durch die Dreiwertigkeit verknüpft, die sich von Lanthan (57) bis zum Cassiopeium (71) erstreckt[1]. Da die N-Schale aber erst vom Cer (58) angefangen und nur bis zum Ytterbium (70) durch den im Gang befindlichen Einbau von Elektronen gestört ist, geht auch die Einrahmung nur vom Element 58 bis zum Element 70; dies ist atomtheoretisch berechtigt und findet namentlich im spektroskopischen und magnetischen Verhalten eine Stütze, darf aber nicht dazu verleiten — wie es gelegentlich geschehen ist — Lanthan und Cassiopeium unter mißverständlicher Berufung auf BOHR nicht mehr zu den „seltenen Erden" zu rechnen. Wohl aber mußte beim Element 72, das zur Zeit der Aufstellung des BOHRschen Schemas noch unbekannt war, angenommen werden, daß es statt drei bereits vier Valenzelektronen besitzt, sich daher chemisch anders verhält als die seltenen Erden und mit dem Zirkon nahe verwandt ist. Diese Voraussage bildete den Anstoß zur Untersuchung von Zirkonmineralien mittels Röntgenspektroskopie und führte so zur Auffindung des Hafniums durch COSTER und v. HEVESY (s. Ziff. 5).

42. Die Ladung der Atomkerne; die Zahl der Kernelektronen. Aus den vorangegangenen Abschnitten ist ersichtlich, daß die Zahl und Anordnung der äußeren Elektronen nur von der positiven Ladung des Kerns abhängt. Wir müssen nach BOHR annehmen, daß ein Kern von einer bestimmten Ladung, wenn er zunächst auch von allen Elektronen entblößt ist, sich aus der Umgebung bis zur Neutralisierung der Kernladung Elektronen einfängt, die stets in denselben quantenmäßig bestimmten Bahnen kreisen und jene chemischen und physikalischen Eigenschaften hervorbringen, die wir an dem Element zu beobachten gewohnt sind. Ein solcher Vorgang des Einfangens von Elektronen geht tatsächlich vor sich, wenn die α-Strahlen ihre Geschwindigkeit so weit verlangsamt haben, daß sich Elektronen anlagern können (s. ds. Handb. Bd. XXII/2, Kap. 3); dadurch entstehen dann normale Heliumatome, in welchen jeder Kern von zwei Elektronen umkreist wird. Die Kerne der höheren Atome kommen unter irdischen Verhältnissen wegen der starken Anziehung ihrer Ladung nicht frei von Elektronen vor, doch müssen wir annehmen, daß auch bei ihnen der Aufbau des Atoms von dem nackten Kern aus in derselben Weise möglich wäre.

Die positive Kernladung, von der in der geschilderten Weise das gesamte chemische und physikalische Verhalten des Elementes regiert wird, kommt dadurch zustande, daß im Kern die positiven Bausteine die negativen überwiegen. Daß auch *negative* Bausteine (Elektronen) im Kern vorhanden sind, zeigen besonders deutlich die unter primärer β-Strahlung zerfallenden radioaktiven Substanzen (s. Kap. 2B). Als *positive* Bausteine sind experimentell α-Teilchen (Heliumkerne) und Protonen (Wasserstoffkerne) nachgewiesen (siehe Ziff. 33 und 35). Neben den positiven und negativen Bausteinen enthält der Kern, wie wir aus den oben (Ziff. 35) erwähnten Experimenten schließen dürfen, auch *neutrale* Partikel, die sog. Neutronen.

Vermutlich sind die Neutronen und die α-Teilchen aber nicht einfach, sondern die Neutronen aus einem Proton und einem Elektron, die α-Teilchen aus vier Protonen und zwei Elektronen zusammengesetzt. Daß die Masse eines

---

[1] Sogar die weit entfernt stehenden Elemente Scandium (21) und Yttrium (39) werden wegen der sehr ähnlichen Valenzverhältnisse meist noch zu den seltenen Erden gerechnet; die Elemente Lanthan bis Cassiopeium bezeichnet man dann als seltene Erden im engeren Sinn, oder als „Lanthangruppe", oder als „Lanthaniden" (V. M. GOLDSCHMIDT).

Heliumatoms (4,002) wesentlich geringer ist als die von vier Wasserstoffatomen ($4 \cdot 1{,}0078 = 4{,}0312$), ist im Sinne der Relativitätstheorie wahrscheinlich so zu deuten, daß bei der Aggregation der vier Wasserstoffatome zu Helium unter Masseverlust große Energiemengen frei geworden sind („*Packeffekt*"); diese müßten bei der Zerlegung des Heliums wieder aufgewendet werden, und zwar läßt sich berechnen, daß dazu etwa dreimal so viel Energie erforderlich wäre, als sie ein α-Teilchen von Radium C besitzt. Dies erklärt, warum die künstliche Zertrümmerung der Heliumkerne bisher noch nicht gelungen ist und warum sie auch beim Zerfall der radioaktiven Atome intakt als α-Strahlen entweichen. Daß sie auch in leichteren Atomen als Bausteine vorhanden sind, wird dadurch wahrscheinlich gemacht, daß häufig die Gewichtsdifferenz der Atomarten auch leichter Elemente — und zwar im allgemeinen zweier nicht unmittelbar benachbarter (vgl. die Verschiebungsregel für α-Strahlen, Ziff. 34) — vier Einheiten beträgt; z. B. C = 12, O = 16, Ne = 20, Mg = 24, Si = 28, S = 32. Da aber zwischen unmittelbar aufeinanderfolgenden Elementen die Differenz oft nur 1 bzw. 3 ausmacht, müssen wir auch aus diesem Grunde neben Helium noch auf einen leichteren materiellen Bestandteil des Kerns zusammengesetzter Atome schließen, als welcher unter den uns bekannten Elementen nur Wasserstoff in Frage kommen kann.

Wenn wir zur Vereinfachung der folgenden Betrachtungen die Zusammengesetztheit des Heliumkerns und Neutrons als sicher ansehen, also als letzte Bausteine nur Protonen und Elektronen annehmen, können wir die *Zahl der Kernelektronen* E aus der Zahl der Protonen P — die gleich ist dem auf Ganzzahligkeit abgerundeten Atomgewicht — und der Kernladung Z nach der Gleichung

$$Z = P - E$$

berechnen; denn beim Proton, dem einfach positiv geladenen H-Atom als Baustein, ist $Z = 1 = P$, und bei den höheren Atomen bleibt die Kernladung um so viel hinter dem Atomgewicht zurück, als Kernelektronen zur Neutralisation der Ladung der Protonen vorhanden sind. Im Grenzfall der Neutronen erreicht die Zahl der Kernelektronen die der Protonen.

Beim Helium und den anschließenden Elementen bis etwa zur Kernladung 20 ist meist $Z = P/2$ (s. Ziff. 2 u. Tab. 5), also auch $E = P/2$. Die Kerne dieser Atome enthalten demnach halb so viel Elektronen als Protonen. Dieses *Verhältnis Kernelektronen zu Protonen* (E/P) ist nie kleiner als 0,5 und steigt mit steigender Kernladung an, da bei den höheren Elementen das Atomgewicht mehr als das Doppelte der Kernladung beträgt. Beim Uran erreicht es den Maximalwert 0,61. Es gilt demnach $0{,}5 \leqq E/P \leqq 0{,}61$[1]. In den Neutronen allerdings ist $E/P = 1$, doch wissen wir noch nicht, ob diese Partikel als Atome eines selbständig existierenden Elementes angesehen werden dürfen.

Näheres über die vermutliche Struktur der Kerne, namentlich über die Frage, in welcher Weise die α-Teilchen und Protonen im Kern sich mit den vorhandenen Elektronen zu neutralen Gruppen vereinigen dürften, s. Kap. 3.

43. Periodizität der Atomkerne. In Ziff. 30 haben wir hervorgehoben, daß sich in der Häufigkeit der chemischen Elemente gewisse Periodizitäten erkennen lassen; am eindrucksvollsten die Periodizität von zwei (HARKINSsche Regel), daneben aber auch mehr oder weniger deutliche Analogien zu den Perioden des natürlichen Systems. Da die Häufigkeit der Elemente von der Bildungsmöglichkeit und Beständigkeit der Atomkerne abhängt, führen diese

---

[1] Näheres s. z. B. bei Mme. PIERRE CURIE, L'isotopie et les éléments isotopes. Paris 1924; vgl. auch W. KOSSEL, Phys. ZS. Bd. 20, S. 265. 1919.

Feststellungen zur Annahme einer Zweierperiodizität im Bau der Kerne, über die sich gewisse Ähnlichkeiten mit der Periodizität der Elektronenhülle der Atome zu überlagern scheinen. Ein klarer Einblick wird sich erst erreichen lassen, wenn über die Gesetze, die den Aufbau der Atomkerne aus Protonen und Elektronen regeln, wesentlich mehr als heute bekannt ist; als Material zu theoretischen Überlegungen seien hier aber noch einige Tatsachen zusammengestellt, welche ebenso wie die in der Häufigkeit der Elemente zutage tretenden Regeln für Periodizitäten im Bau der Atomkerne sprechen.

Die Periodizität von zwei drückt sich auch im Isotopenreichtum der stabilen Elemente aus. Die geradzahligen Elemente haben bis zu elf Isotope (Zinn), die ungeradzahligen fast nie mehr als zwei; die einzige bisher bekannte Ausnahme bildet das Chlor, bei dem vor kurzem ein drittes, allerdings nur in verschwindend geringer Menge vorhandenes Isotop festgestellt worden ist (vgl. Tab. 5 in Ziff. 10, und Ziff. 16). Auch im Gebiet der instabilen Radioelemente ist die Anzahl der Isotope im Durchschnitt bei denen mit ungerader Ordnungszahl geringer (vgl. Tab. 4 in Ziff. 9).

Die relative Seltenheit und Isotopenarmut der ungeradzahligen Elemente scheint auf eine geringere Beständigkeit von Atomkernen mit ungeraden Ladungszahlen hinzuweisen; eine Bestätigung dafür kann man in den Ergebnissen der Beschießung mit α-Strahlen sehen (vgl. Ziff. 35). Doch haben gerade die neueren Versuche gezeigt, daß die Zertrümmerbarkeit der Atomkerne davon abhängig ist, mit welchen Strahlen sie beschossen werden; so sind z. B. Lithium, Beryllium und Fluor besonders empfindlich gegen ein Bombardement mit Protonen (siehe Ziff. 37), und das Element Sauerstoff, das sich durch α-Strahlen und Protonen nicht zertrümmern läßt, wird durch Neutronen gespalten (s. Ziff. 36).

Während die bisher genannten Erscheinungen die Periodizität zwei im Atomkern bestätigen, sei als Stütze der Auffassung, daß der Kernaufbau auch Analogien zu den Perioden des MENDELEJEFFschen Schemas zeigt, als Ergänzung des früher Gesagten noch erwähnt, daß die Isotopenzahl der Elemente bei bestimmter Betrachtungsweise einen ähnlichen Gang wie die Atomvolumenkurve aufweist[1], und daß die beiden einzigen Elemente, die außerhalb der Uran-, Thorium- und Actiniumreihe radioaktiv sind, nämlich Kalium und Rubidium, „Gruppennachbarn" im Sinne MENDELEJEFFS sind.

44. Atomtheoretische Definition des chemischen Elements. Die oben (Ziff. 11) besprochene Definition des chemischen Elements ist für den praktischen Gebrauch wohl die zweckmäßigste, da sie sich auf jenes Merkmal stützt, welches den eigentlichen Grund für die Beibehaltung des chemischen Elementbegriffs auch in der heutigen Zeit bildet, nämlich die Unzerlegbarkeit durch chemische Verfahren. Sie ist aber insofern nicht ganz scharf, als die Unterscheidung zwischen chemischen und physikalischen Verfahren bis zu einem gewissen Grade willkürlich ist, und bietet auch den Nachteil, daß sie bei jener kleinen — und praktisch nicht sehr wichtigen — Gruppe von Stoffen, welche überhaupt keine chemischen Eigenschaften zeigen, den Edelgasen, naturgemäß nicht zur Entscheidung der Einheitlichkeit herangezogen werden kann.

Die Atomtheorie gestattet es uns, die Elementdefinition schärfer zu fassen, wenn wir uns dabei auch von dem eigentlichen chemischen Sinn des Begriffes weiter entfernen. Wir können ganz streng sagen[2]: *Ein chemisches Element ist ein Stoff, dessen sämtliche Atome gleiche Kernladung haben.* Diese Definition ist zum Unterschied von der früheren, unmittelbar auf ein experimentelles Merkmal

[1] G. I. POKROWSKI, Naturwissensch. Bd. 19, S. 573. 1931; Journ. Amer. Chem. Soc. Bd. 54, S. 623. 1932; vgl. auch HENRY A. BARTON, Phys. Rev. Bd. 34, S. 1228. 1929; Bd. 35, S. 408. 1930.

[2] F. PANETH, loc. cit. in Anm. 1 auf S. 440 (bes. S. 194).

gestützten, mehr theoretisch; über die Art und Weise, wie in jedem einzelnen Fall die Einheitlichkeit der Kernladung festgestellt wird, ist in ihr nichts gesagt. Dies kann durch Bestimmung der Kernladung mit Hilfe der charakteristischen Röntgenstrahlung erfolgen; indirekter, aber meist einfacher und in vielen Fällen nicht weniger sicher, durch den Beweis der chemischen Unzerlegbarkeit; bei den Edelgasen durch die Unveränderlichkeit des Spektrums bei allen Fraktionierungsversuchen usw.

Die Begriffe des „*Reinelements*" und „*Mischelements*", die von keiner praktischen Bedeutung sind, sind schon oben (Ziff. 11) atomtheoretisch definiert worden.

45. Isotope und Isobare. Protonen und Elektronen müssen im Kern in solcher Anzahl vorhanden sein, daß sich als algebraische Summe die betreffende Kernladung ergibt. Die Lösung dieser Aufgabe ist mathematisch auf unendlich viele Arten und auch physikalisch oft auf mehr als eine möglich, wie die Existenz der Isotope beweist. Isotope haben dieselbe Ordnungszahl, also dieselbe Kernladung; da sie — in der weit überwiegenden Zahl der Fälle — verschiedenes Gewicht haben, müssen wir im Sinn der Atomtheorie annehmen, daß der Kern des schwereren Isotops einen gewissen Mehrbetrag an Protonen enthält, deren Ladung aber nicht zur Geltung kommt, da sie durch die gleiche Zahl von Elektronen kompensiert ist. Daß darin der Unterschied zwischen den Isotopen liegt, zeigt sich besonders deutlich innerhalb einer und derselben radioaktiven Zerfallsreihe, wenn nach Aussendung eines α-Teilchens (= 4 Protonen und 2 Elektronen) und zweier β-Teilchen (= 2 Elektronen) ein Isotop auftritt (s. Ziff. 34).

Die Verschiedenheit der Isotope erstreckt sich fast immer auf die Masse und ist bei den inaktiven Elementen nur dann nachweisbar; im Gebiet der radioaktiven Elemente kennen wir aber auch „Isotope zweiter Ordnung" (s. Ziff. 17) — Uran Z und Uran X_2 (s. Kap. 3) —, bei denen der Unterschied bloß im radioaktiven Verhalten liegt; so hat Uran Z eine Halbwertszeit von 6,7 Stunden und Uran X_2 nur von 1,17 Minuten, während beide dieselbe Kernladung (91) und dasselbe Atomgewicht (234) besitzen. Allgemein müssen wir daher in der Sprache der Atomtheorie sagen: *Isotope* sind *Atome, die gleiche Kernladung und verschiedene Kernstruktur haben.*

Isobare haben dieselben Atomgewichte, also dieselbe Anzahl von Protonen; da sie aber verschiedene Kernladung haben, muß die Anzahl ihrer Kernelektronen verschieden sein. Auch hier werden die Verhältnisse in den radioaktiven Zerfallsreihen am deutlichsten; durch Aussendung eines Kernelektrons als β-Teilchen geht z. B. das Radium D, eine Bleiart, in das isobare Radium E, eine Wismutart, über. Atomtheoretisch sind also *Isobare* als Atome zu definieren, die die *gleiche Anzahl von Protonen und verschiedene Anzahl von Kernelektronen* besitzen.

Namenverzeichnis.

Sachverzeichnis.